山东

食品药品监督管理年鉴

SHANDONG SHIPIN YAOPIN JIANDU GUANLI NIANJIAN

2018

山东省食品药品监督管理局 编

方志出版社
Publishing House of Local Records

图书在版编目（CIP）数据

山东食品药品监督管理年鉴．2018 / 山东省食品药品监督管理局编．--北京：方志出版社，2018.9

ISBN 978-7-5144-3256-5

Ⅰ．①山…　Ⅱ．①山…　Ⅲ．①食品—质量管理—山东—2018—年鉴②药品管理—质量管理—山东—2018—年鉴

Ⅳ．①TS207.7-54②R954-54

中国版本图书馆CIP数据核字（2018）第210064号

山东食品药品监督管理年鉴2018

编　　者： 山东省食品药品监督管理局

责任编辑： 王　品

出 版 人： 冀祥德

出 版 者： 方志出版社

地址　北京市朝阳区潘家园东里9号（国家方志馆4层）

邮编　100021

网址　http://www.fzph.org

发　　行： 方志出版社图书经销中心

电话（010）67110500

经　　销： 各地新华书店

印　　刷： 山东黄氏印务有限公司

开　　本： 889×1194　　1/16

印　　张： 33.5

字　　数： 1340千字

版　　次： 2018年9月第1版　　2018年9月第1次印刷

印　　数： 001～600册

ISBN 978-7-5144-3256-5　　**定　价：** 300.00元

《山东食品药品监督管理年鉴（2018）》

编纂委员会

《山东食品药品监督管理年鉴（2018）》

编辑部

编辑说明

一、《山东食品药品监督管理年鉴（2018）》是由山东省食品药品监督管理局主办的行业性年鉴，每年编辑出版一卷。本年鉴以马克思列宁主义、毛泽东思想、邓小平理论、“三个代表”重要思想、科学发展观、习近平新时代中国特色社会主义思想为指导，坚持辩证唯物主义和历史唯物主义的立场、观点和方法，全面、客观、系统地记述2017年山东食品药品监督管理的发展成果。

二、本卷年鉴共设置15个部分：1. 领导批示；2. 图片专辑；3. 特载；4. “食安山东”建设；5. 食品安全监督管理；6. 药品化妆品监督管理；7. 医疗器械监督管理；8. 新旧动能转换重大工程实施；9. 药品医疗器械审评审批制度改革；10. 综合管理；11. 直属事业单位工作；12. 市县监管概况；13. 大事记；14. 附录；15. 索引。

三、本卷年鉴由山东省食品药品监督管理局机关各处室、各直属单位、各市县食品药品监管部门撰写供稿，并经单位领导审核，由《山东食品药品监督管理年鉴（2018）》编辑部组织统编。凡涉及的食品药品监管统计数字均以各单位报送材料为准，截止时间为2017年12月31日。

四、本卷年鉴在附录中收录了山东省食品药品监督管理统计报表，涉及食品、保健食品、药品、医疗器械、化妆品的相关行政受理、审批、监管等情况的分析汇总，便于读者对照使用。

五、本卷年鉴中的国家食品药品监督管理总局简称国家总局，山东省食品药品监督管理局简称省局，各市食品药品监督管理局简称市局，县（市、区）食品药品监督管理局（市场监督管理局）简称县（市、区）局。

领导批示

习近平总书记对食品安全工作的重要批示

2017 年 1 月，习近平总书记对食品安全工作批示：民以食为天，加强食品安全工作，关系我国 13 亿多人的身体健康和生命安全，必须抓得紧而又紧。这些年，党和政府下了很大气力抓食品安全，食品安全形势不断好转，但存在的问题仍然不少，老百姓仍然有很多期待，必须再接再厉，把工作做细做实，确保人民群众“舌尖上的安全”。各级党委和政府及有关部门要全面做好食品安全工作，坚持最严谨的标准、最严格的监管、最严厉的处罚、最严肃的问责，增强食品安全监管统一性和专业性，切实提高食品安全监管水平和能力。要加强食品安全依法治理，加强基层基础工作，建设职业化检查员队伍，提高餐饮业质量安全水平，加强从“农田到餐桌”全过程食品安全工作，严防、严管、严控食品安全风险，保证广大人民群众吃得放心、安心。

李克强总理对食品安全工作的重要批示

2016 年 12 月，李克强总理对食品安全工作批示：食品安全是全面建成小康社会的重要标志。2016 年，各级食安委及成员单位做了大量工作，取得了积极成效。谨向同志们致以诚挚问候！新的一年，面对依然复杂严峻的食品安全形势，要认真贯彻党中央、国务院决策部署，把保障食品安全放在更加突出的位置，完善食品安全监管体制机制，大力实施食品安全战略。要切实发挥食安委统一领导、食安办综合协调作用，坚持源头控制、产管并重、重典治乱，夯实各环节、各方面的责任，着力提高监管效能，凝聚社会共治合力，进一步治理“餐桌污染”，推动食品安全形势持续改善，不断提高人民群众满意度和获得感。

省委、省政府主要领导同志关于食品药品安全工作的批示

2017 年 1 月，时任山东省委书记姜异康对全省食品药品安全工作批示：加强食品药品安全工作关系广大人民群众的身体健康和生命安全，必须作为一项重大政治任务和保障民生工程抓紧抓实。面对依然复杂严峻的食品药品安全形势，全省各级党委、政府及有关部门要坚决贯彻落实习近平总书记“四个最严”重要指示精神，在已有工作基础上，不断深化提升“食安山东”建设，切实提高食品药品安全监管能力和水平，将全过程严防、严管、严控要求落到实处，保证广大人民群众吃得放心、用得安心。

2017 年 1 月，时任山东省委副书记、省长郭树清对全省食品药品安全工作批示：近年来，全省各级各相关部门认真贯彻习近平总书记关于食品药品安全系列重要指示精神，做了大量富有成效的工作，“食安山东”建设取得新进展。谨向同志们表示问候。新的一年，希望大家全面落实党中央、国务院和省委、省政府的部署要求，坚持把以人民为中心的发展思想贯穿到工作全过程。要不断完善食品药品安全监管体制机制，坚持严字当头，做到源头严防、过程严管、风险严控，夯实各环节、各方面责任。要加强基层监管力量和职业化检查员队伍、基础设施建设，加快构建食品药品全程追溯体系，提升监管执法与技术支撑能力。要凝聚社会共治合力，推动食品药品安全形势持续改善，不断提高人民群众满意度和获得感。

2017年5月，山东省委书记刘家义对食品安全工作批示：保障食品安全事关人民群众身体健康和生命安全，是重大的政治责任。全省各级各部门要牢固树立“四个意识”，坚决贯彻落实习近平总书记重要指示精神，按照中央部署要求，从严从实做好食品安全各项工作。要以“食安山东”建设为统领，以“双安双创”为抓手，着力整治突出问题、完善体制机制、强化风险管理，严把从农田到餐桌的每一道防线，不断提升食品安全治理能力和保障水平，努力把山东建设成为全国食品最安全地区之一，让党中央放心、让人民群众放心。

2017年6月，山东省委书记刘家义在省第十一次党代会上强调：要深化“食安山东”建设，把好饮食用药安全的每一道关口，切实保障人民群众“舌尖上的安全”。

2017年5月，山东省委副书记、省长龚正对食品安全工作批示：确保食品安全是重大的民生工程、民心工程，是我们义不容辞的重大责任。各级各部门要坚持以习近平总书记关于食品安全的系列重要指示精神为指引，全面落实好党中央、国务院的部署要求，认真总结推广“双安双创”试点取得的成功经验，强化责任落实，强化协调配合，强化投入保障，全域推进食品安全城市和农产品质量安全县创建，努力打造山东食品安全品牌，助推食品产业新旧动能转化，为加快实现我省由大到强战略性转变作出新的更大贡献。

2017 年 9 月 19 日，国家食品药品监督管理总局与山东省人民政府签订食品药品安全战略合作协议，省委副书记、省长龚正（右），国家食品药品监督管理总局局长毕井泉（左）代表双方签字

2017 年 5 月 26 日，国家食品药品监督管理总局副局长孙咸泽（前右二）到山东调研药品安全工作

2017 年 7 月 17 日，国家食品药品监督管理总局副局长焦红（前右一）到威海调研食品药品安全工作

2017 年 11 月 2 日，国家食品药品监督管理总局副局长（正部长级）尚勇（前左三）到济南检查食品安全城市创建工作

2017 年 7 月 2 日，国家食品药品监督管理总局副局长孙梅君出席山东省“双安双创”和食品安全工作专题研讨培训班并作辅导报告

2017 年 9 月 4—5 日，国务院食品安全委员会专家委员会副主任委员王明珠（左三）带队到山东开展食品安全督查工作

2017 年 8 月 25 日，省食安委全体会议在济南召开，省委常委、常务副省长、省食安委主任李群（后左二）出席会议并讲话

2017 年 7 月 2 日，副省长王书坚出席全省“双安双创”和食品安全工作专题研讨培训班开班式并讲话

2017 年 8 月 2 日，副省长任爱荣到山东省食品药品监督管理局座谈调研，听取全省食品药品监管工作及党建工作情况汇报

2017 年 10 月 25 日，省政协副主席、致公党山东省委主委赵家军到山东省食品药品监督管理局调研，围绕开展仿制药质量和疗效一致性评价工作进行民主监督

2017 年 1 月 18 日，省十二届人大常委会第二十五次会议审议通过《山东省食品小作坊小餐饮和食品摊点管理条例》，该《条例》于 2017 年 6 月 1 日起正式实施

2017 年 6 月 29 日，首批国家食品安全示范城市授牌仪式在北京举行，济南、青岛、烟台、潍坊、威海五市荣获国家食品安全示范城市荣誉称号，占首批全国数量的三分之一

2017 年 7 月 2—4 日，由省食品安全办公室、省农业厅、省食品药品监督管理局共同组织的全省“双安双创”和食品安全工作专题研讨培训班在济南举行

2017 年 6 月 29 日，2017 年山东省食品安全宣传周活动正式启动，本年度宣传周的主题为:“尚德守法 共治共享食品安全”

2017 年 11 月 14 日，省政府召开全省盐业体制改革推进工作电视会议，安排部署全省盐业体制改革工作。自 2018 年 1 月 1 日起，全省食盐质量安全管理与监督等职能移交至食品药品监管部门

2017 年 11 月 29 日—12 月 1 日，第十届“7+1”沪苏浙皖闽赣鲁豫食品药品监督稽查联防协作区会议在济南召开

2017 年 6 月 1 日，省食品药品监督管理局局长马越男（左）为全省第一家“三小”业户颁发小餐饮登记管理证

2017 年 9 月 7—8 日，省食品药品监督管理局副局长桂敦山（前左二）到枣庄对食品药品安全风险防控工作进行专题督导

2017 年 6 月 19—20 日，省食品药品监督管理局副局长陈耕（左二）到临沂督导检查食品安全监管工作

2017 年 11 月 14 日，省食品药品监督管理局副局长李超群（右二）到济宁调研省级食品安全市创建和食品监督抽检工作

2017 年 5 月 10 日，省食品药品监督管理局一级巡视员欧阳兵（右二）到威海调研食品医药产业新旧动能转换工作

2017 年 6 月 14 日，省纪委驻省食品药品监督管理局纪检组组长刘明（右二）到山东省医疗器械产品质量检验中心调研工作

2017 年 5 月 4—5 日，省食品药品监督管理局副局长王建政（右三）到枣庄督导调研省级食品安全市创建及食品“三小”整治工作

2017 年 5 月 10 日，省食品药品监督管理局副局长李宇红（右四）到四川调研医药产业创新发展工作

2017 年 6 月 14—17 日，省食品药品监管局副局长廖发银（右三）到东营调研基层标准化建设、检验检测体系建设情况和药审改革相关财政奖补政策等工作

2017 年 5 月 11 日，省食品药品监督管理局二级巡视员辛仁东（左四）到高青调研医药产业发展

2017 年 12 月 27 日，省食品药品监督管理局二级巡视员史国生（右二）出席国家食品药品监督管理总局药品审评中心山东实训总结表彰暨实训基地揭牌仪式

2017 年 8 月 31 日，省食品药品监督管理局副巡视员刘本功（右二）到枣庄督导医疗器械专项整治 2017 行动开展情况

2017 年 12 月 29 日，省食品药品监督管理局局长马越男（右）与国家食品药品监督管理总局药审中心主任许嘉齐（左）签订审评能力共建战略合作补充协议，并共同为“国家食品药品监督管理总局药品审评中心药品创新与审评制度改革联系点”落户山东省食品药品监督管理局揭牌

2017 年 3 月起，省食品药品监督管理局在政务服务大厅设立专门咨询室，安排专人分时段、分专业“一对一、面对面”为企业提供咨询服务

2017年7月14日，省食品药品监督管理局印发实施《关于实施三通道行政许可的工作方案》和《关于实施并联审批的工作方案》，建立食品药品行政许可“创新通道”“快捷通道”和“常规通道”，进一步提高行政许可审批服务效能，促进食品医药产业创新，推动新旧动能转换

2017年11月1日起，省食品药品监督管理局会同省农业厅，在全省范围内对韭菜产品实施“双证制”（产品合格证和市场销售凭证）管理，进一步加强食用农产品产地准出和市场准入衔接

2017 年 11 月 15 日，省食品药品监督管理局稽查局开展“贯彻落实十九大精神，重温入党誓词，牢记使命担当”党性教育活动

2017 年 6 月 6—7 日，省食品药品检验研究院迎接国家增设药品进口口岸现场评估检查组现场评估检查，并以优异的成绩通过考核

2017 年 5 月 12 日，国家食品药品监督管理总局到省医疗器械产品质量检验中心指导、督办医疗器械标准化工作

2017 年 4 月 12 日，盖茨基金国际专家对省食品药品监督管理局审评认证中心进行省级药品检查机构能力调查评估

2017 年 4 月 24 日，省药品不良反应监测中心被省总工会授予“富民兴鲁劳动奖状”

2017 年 9 月 8 日，山东药品食品职业学院举行教师节宣誓仪式

2017 年，省食品药品监督管理局信息中心对全部应用系统进行规范整理，并于 2017 年底前全部迁移到省政务云平台，为全省食品药品监管应用系统安全运行奠定了基础

2017 年 5 月，省食品药品监督管理局机关服务中心组织车容车貌和司机交规知识考核

2018年6月29日，全国“双安双创”成果展上，济南作为首批15个获“国家食品安全示范城市”称号的城市，展示“透明工厂”建设、“放心肉菜超市”创建、“智慧监管”等方面的工作成果

2017年12月25日，济南市食品药品监督管理局参加由中共济南市委、济南市人民政府主办的“直面问题、践行承诺”大型电视问政节目《作风监督面对面》

2017年9月，济南市高新区市场监督管理局组织开展药品生产企业第三方符合性审核工作，强化属地监管职责，提升监管效能

2017 年 11 月 1 日，平阴县食品药品监督管理局执法人员对商场超市韭菜“双证制”执行情况进行检查

2017 年 5 月 26 日，“食安号”科普地铁启动仪式，全国首趟“食安号”地铁专列在青岛开跑

2017 年 6 月 29 日，全国“双安双创”成果展在北京举行，青岛西海岸新区三大监管成果集中亮相

2017 年 7 月 25 日，青岛市城阳区食品药品监督管理局工作人员抽检流亭豆制品园区产品

2017 年 12 月 27 日，即墨市食品药品监督管理局工作人员对超市销售食品进行检查

2017 年 3 月，淄博市食品药品监督管理局建立完善“互联网 +”食品安全防控体系，提升网格化管理水平

2017 年 6 月 29 日，淄博市张店区食品药品监督管理局开展“你点我检”食品安全宣传周活动

2017 年 11 月 13 日，淄博市周村区食品药品监督管理局开展食用油专项检查

2017 年 3 月 15 日，桓台县食品药品监督管理局执法人员在居民广场组织食品药品安全宣传

2017年11月9日至12日，枣庄市食品药品监督管理局组织党员赴井冈山革命根据地开展理想信念和党性教育培训

2017年7月，枣庄市台儿庄区食品药品监督管理局召开食安山东百家“透明工厂”体验日活动

2017年11月15日，枣庄市山亭区食品药品监督管理局举行“智慧监管”工具箱发放仪式

2017年7月，东营市食品药品检验中心组织对外开放日活动

2017年12月1日，东营市东营区市场监督管理局与区电信公司等单位签订“智慧监管”三方战略合作协议

2017年9月25日，首批“东营市放心肉菜超市”授牌仪式在垦利区举行

2017 年 9 月 16 日至 17 日，2017 医药创新与发展国际会议（PhIDIC Yantai）在烟台召开

2017 年 8 月 14 日，烟台市召开 2017 年度医药健康产业创新发展奖励兑现会

2017 年 8 月 18 日，烟台市芝罘区市场监督管理局组织辖区“小饭桌”经营单位负责人召开食品安全专题培训会

2017 年 5 月 24 日，海阳市场监督管理局开展“春蕾行动”集中整治校园周边“五毛”小食品

2017 年 6 月 1 日，潍坊市食品药品监督管理局、市商务局、市出入境检验检疫局签署出口食品内外销“三同”（同线同标同质）工程合作备忘录

2017 年 3 月 29 日，潍坊市奎文区市场监督管理局执法人员对超市食品进行日常检查

2017年6月7日，诸城市市场监督管理局组织“三小”条例专题培训

2017年5月10日，昌邑市市场监督管理局召开创建全国文明城市暨省食品安全先进市推进会议

2017年12月8日，济宁市召开创建山东省食品安全先进市暨全域推进“双安双创”工作动员大会

2017 年 6 月，济宁市任城区食品药品监督管理局在幼儿园举办学校食堂开放日活动

2017 年 8 月 2 日，泗水县召开食安委工作会议暨食品“三小”条例贯彻落实调度会议

2017 年 12 月 26 日，泰安市食品药品监督管理局利用信息化手段，通过“食药执法通”手机终端开展餐饮服务食品安全事故应急处置演练

2017年4月12日，泰安市岱岳区食品药品监督管理局对城区学校幼儿园周边环境开展综合整治联合执法活动

2017年7月5日至7日，2017年全国药品医疗器械检验检测系统业务管理工作研讨会在威海召开

2017年10月27日，威海市食品药品监督管理局联合燕喜堂医药连锁公司举办过期药品绿色回收大型公益活动

2017 年 6 月 14 日，威海市环翠区食品药品监督管理局开展联合执法活动

2017 年 4 月 20 日，荣成市食品药品监管局执法人员抽检市场在售食品，开展食品快检进市场活动

2017 年 5 月 18 日，日照市食品药品监督管理局执法人员检查饮品市场

2017 年 5 月 27 日，日照市岚山区食品药品监督管理局开展食品安全科普宣传周活动

2017 年 6 月 23 日，日照市山海天旅游度假区市场监督管理局为辖区内五星级民俗旅游户颁发星级评定奖牌

2017 年 4 月，莱芜市食品药品监督管理局开始采取“两不一直”（不发通知、不打招呼、直奔现场）的方式开展药品 GSP 认证跟踪检查

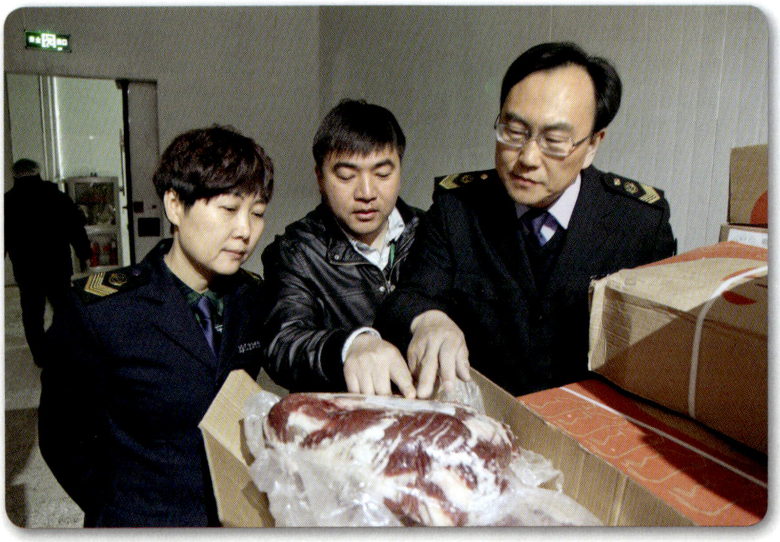

2017 年 3 月 30 日，莱芜市食品药品监督管理局执法人员到企业开展动物源性食品生产专项检查

2017 年 6 月 9 日，莱芜市食品药品监督管理局高新区分局颁发莱芜市首张《山东省食品小作坊小餐饮登记证》

2017 年 5 月 25 日，山东省暨临沂市化妆品安全公益宣传活动仪式在临沂市举行

2017 年 5 月 5 日，临沂市河东区召开全区食品药品安全暨严厉打击食品药品违法犯罪行为守护舌尖上的安全专项整治行动会议

2017 年 9 月 30 日，蒙阴县食品药品监督管理局开展食品快速检测进超市、进农贸市场活动

2017 年 11 月 9 日，德州、沧州、衡水两省三市食品药品监管、公安部门，召开食品药品稽查（侦查）联动协作区第一次联席会议，制定区域协作机制，共同打击食品药品违法犯罪

2017 年 4 月 19 日，德州市德城区召开全区食品药品安全暨创建省级食品安全城市推进会议

2017 年 6 月 19 日，庆云县组织食品安全事故应急演练桌面推演

2017 年 7 月 18 日，聊城市食品药品监督管理局召开省级食品安全先进县创建工作推进会

2017 年 9 月 22 日，聊城市东昌府区食品药品监督管理局开展中秋节月饼专项检查

2017 年 3 月 15 日，茌平县食品药品监督管理局开展“网络诚信　消费无忧”主题宣传活动

2017 年 5 月 5 日，高唐县食品药品监督管理局率先在聊城市开展早餐店规范升级工作，助推餐饮业质量安全提升

2017 年 5 月 23 日，滨州市食品药品监督管理局开展食品宣传周活动

2017 年 3 月，无棣县食品药品监督管理局执法人员现场为民众讲解真假酒鉴别方法

2017 年 8 月 3 日，邹平县食品药品监督管理局举办邹平县“食安杯”食品安全知识电视大奖赛

2017 年 5 月 25 日，菏泽市食品药品监督管理局组织开展“5·25 护肤日”宣传和义诊活动

2017 年 12 月 15 日，菏泽市牡丹区市场监督管理局举办食品安全监管执法检测车辆发放仪式

2017 年 9 月 22 日，单县市场监督管理局举行第二批无注水牛羊肉承诺户授牌仪式

目 录

新旧动能转换重大工程实施

药品医疗器械审评审批制度改革

综合管理

直属事业单位工作

市县监管概况

大事记

附 录

索 引

特　载

孙伟在省食品安全委员会全体会议上的讲话

（2017 年 1 月 20 日）

刚才，书坚省长作了讲话，对这次会作了全面总结，对 2016 年全省食品安全工作，既充分肯定取得的成绩，也指出了存在的问题和不足；对 2017 年的工作，讲了三个方面的重要意见：一是坚决守住食品安全的底线，防止重大安全事件发生；二是健全部门协同协作和联动机制，形成工作合力，从这几年的运作情况看，省食安委的机制很好，我省食品安全工作取得的成绩得益于各个部门密切的配合；三是抓好“双安双创”，提升“食安山东”品牌，坚持问题导向，加快转型升级，加大品牌建设的力度。书坚省长的讲话非常重要，我都完全赞成，省食安委各成员单位要认真地学，结合实际，抓好贯彻落实。

党的十八大以来，以习近平同志为核心的党中央高度重视食品安全工作，把切实保障食品安全作为维护人民群众切身利益、全面建设小康社会的重要举措来常抓不懈。今年 1 月 3 号，国务院食安委第四次会议召开前，习近平总书记又专门作了重要指示，习近平总书记指出，民以食为天，加强食品安全工作关系我国 13 亿多人的身体健康和生命安全，必须抓地紧而又紧。这些年，党和政府下了很大气力抓食品安全，食品安全形势不断好转，但存在的问题仍然不少，老百姓仍然有期待，必须再接再厉，把工作做细做实，确保人民群众舌尖上的安全。各级党委和政府有关部门，要全面做好食品安全工作，坚持最严谨的标准、最严格的监督、最严厉的处罚、最严肃的问责，增强食品安全监管的统一性和专业性，切实提高食品安全监管水平和能力；要加强食品安全依法治理、加强基层基础工作，建设职业化检查员队伍，提高餐饮业质量安全水平，加强从农田到餐桌全过程的食品安全工作，严防严管严控食品安全风险，保证广大人民群众吃得放心、安心。

克强总理也作出重要批示，克强总理指出，食品安全是全面建成小康社会的重要标志，2016 年各级食安委和食安党委做了大量工作，取得了积极成效，谨向同志们致以诚挚问候。新的一年，面对依然复杂严峻的食品安全形势，要认真贯彻党中央、国务院的决策部署，把保障食品安全放在更加突出的位置，完善食品安全监管体制机制，大力实施食品安全战略，要切实发挥食安委统一领导作用、食安办综合协调作用，坚持源头治理、长短并重、重点治乱，夯实各环节、各方面的责任，着力提高监管效能，凝聚社会共治合力，进一步治理餐桌污染，推动食品安全形势持续改善，不断提高人民群众满意度和获得感。张高丽副总理主持召开国务院食品安全委员会第四次总体会议，汪洋副总理出席会议并讲话。

今天我们这次会议，就是要认真学习、深刻领会、全面贯彻习总书记、克强总理等中央领导同志的重要指示、书面批示和讲话精神，把思想和行动统一到中央的决策部署上来，扎实做好食品安全各项任务的落实，给党和广大人民群众交上一份满意的答卷。

近年来，省食安办在成员单位的协调配合下，在食品安全方面做了很多扎实有效的工作，也取得了较好的成绩。这些成绩的取得，得益于省食安委成员单位的协调配合和密切协作。特别是省食安委会机制很好，每年召开全体会议，研究实际问题，健全了部门的协同协作和联动机制，形成了工作合力，这一机制很值得其他部门学习和借鉴。

下面，我再强调几点意见：

一、2016 年全省食品安全工作取得的成效

过去这一年，在以习近平同志为核心的党中央的领导下，在省委省政府的直接领导下，省食安委和各市有关工作，取得了积极的成效，为实现“十三五”良好开局做出了应有的贡献。

（一）*依法治理迈出新步伐*。在食品安全监管中，最难的就是“三小”食品（小作坊、小餐饮、食品摊点），最近省人大审议通过“三小”条例，说明我省在食品安全工作基础方面迈了很大的步伐。《山东省动物防疫条例》也通过审议，还有今年准备出台的《畜禽屠宰管理办法》，以及食品安全标准建设、考核机制等等，这些都是做好食品安全工作的基础。

（二）严惩重处取得新成效。按照“一年抓好几件事，几年抓好一件事”的原则，我省持续开展“守护舌尖安全”整治行动，打击食品安全违法犯罪行为，取得明显的效果。目前，我们还要继续对违法犯罪分子严惩重处。要全程严管，加强从源头到过程、到最后的销售等各个环节的监管，加大检验检测、信息化等建设，全力提升食品安全保障能力。

（三）品牌建设有了新提升。我省在 2014 年最早提出开展“食安山东”示范创建行动，起到了很好的正面引领作用，成为我省一张新的名片。同时，全省各级各部门协同共治，各地方守土有责，各个部门各负其责，形成治理合力，有力提升我省食品安全水平。

（四）思想认识上了新台阶。各级各部门对食品安全的重视程度上了一个新台阶，从地方到部门，每个人的思想认识明显上升，不再有畏难情绪和事不关己的想法。所有人心往一处想，劲往一处使，措施上更加强化，行动上更加自觉。我认为这是个成绩，也叫软实力，是非常难得的，大家都把食品安全是当作很大的事来做。

二、当前食品安全面临的形势

对食品安全的形势判断，就像当前反腐败的形势，一开始说食品安全问题严峻复杂，现在可能还处在一定的复杂状态，还到不了胶着状态，压倒性优势更是没有完全形成，还属于一个老问题时有发生，按倒葫芦起来瓢的情况。新的矛盾、新的问题还在，特别是食品安全和人民群众之间的期待还有很大的差距。食品安全工作任重道远，各成员单位，还是要从思想上提高重视。我省的食品安全工作基础弱，标准、规范、体系等等还不完善，队伍、能力建设等方面还有待加强。总的来说，食品安全工作还处在一个攻坚的阶段，是一场持久战，食品安全工作永远在路上。

总书记提出“四个最严”，即要用“最严谨的标准、最严格的监管、最严厉的处罚、最严肃的问责”狠抓食品安全。总书记又强调，能不能在食品安全上给老百姓一个满意的交代，是对我们执政能力的考验。异康书记也反复强调，要始终坚持以人民为中心的发展理念，时刻绷紧食品安全这根弦，认真负责、扎实细致的做好“食安山东”建设，全面推进“双安双创”工作，不断提升全省食品安全的治理能力。书坚省长也反复强调，要深入实施食品安全战略，以建设全国农产品和食品消费最安全、最放心的地区为目标，以“食安山东”建设为统领，深入推进依法监管、科学监管和严格监管，不断提升综合治理能力，保障人民群众的食品安全。今年下半年，国务院将进行督查和现场审核，并将国家食品安全“十三五”规划实施情况纳入对省级政府的考核内容，国家对我省的食品安全考核内容再次加大。

各级、各部门必须认清目前的形势，各个部门对食品安全工作要党政同责，各地方政府对食品安全要负总责。要严格落实食品安全责任，主要是落实三个方面的责任：一是企业主体责任，二是部门的分工责任，三是各级党委政府的守土责任。要把食品安全摆到严格执行政治纪律、政治规矩，保证政令畅通、维护中央权威的高度来认识。要做到总书记提出的“四个最严”，必须同时相应做到“四个实”，把各项工作实实在在的落到实处；要把“严”和“实”从党风廉政建设的角度上去落实，把它作为“三严三实”和“两学一做”的一个方面，强化紧迫感和责任感。

三、2017 年全省食品安全工作安排

食品安全工作要坚持问题导向，确保人民群众舌尖上的安全。做好食品安全工作，一是正面激励，以“双安双创”为中心，把好的品牌、好的东西树立起来，这是目的。二是加强教育，加强科学普及，用道德来感化一部分人。三是严厉打击，对那些确实有问题的，发现一起绝不手软，处罚到直至倾家荡产。抓住这三条，我们的食品安全就有保障。要大张旗鼓地激励正面典型，把“食安山东”品牌建设工作做好。同时，要把食品“三小”条例的贯彻落实作为今年的一项重点工作，规范“三小”食品的生产经营活动。

（一）把几个要害管住管好。农药等投入品是食品安全的源头，是蔬菜、畜禽水产品种养殖监管的重要方面，要加强剧毒农药化肥、抗生素等的监管。要严格落实粮食质量安全责任制，开展土壤、水污染治理，构建从田间到餐桌全环节监管体系。要重点加强学校食堂、中央厨房、工地食堂等集体用餐单位的监管，特别是要提高对工地食堂的监管力度，防止出现群体性的食品安全事件。要加强清真食品的管理，保障少数民族群众的合法权益。要强化肉、鱼类等新鲜产品的品牌建设，引导百姓理性消费，让低端、掺假食品没有市场，同时，加强农贸市场、“三小”食品等的监管，防止假冒伪劣产品的流入。

（二）要强本固基。食品安全工作监管基础比较弱，监管人员少，缺枪少炮，装备不足。各部门加大监管能力建设投入，提高技术装备，加大科技研发，打牢监管基础；要加强协调配合，加快信息化建设，建立信息共享机制，实现互联互通。要继续推进依法治理，同时抓好品牌建设、示范创新和标准制定这三个战略性的工作，真正把食品安全工作做好，做到标本兼治，提高群众的获得感和满意度。要加强正向引领，深入开展示范创建，逐步规范食品生产经营单位，给百姓提供放心的饮食环境。

（三）加强应急机制。要进一步完善应急预案、措施，开展应急演练，在发生食品安全事件时，能够以最快的速度，消灭在萌芽、初始、小范围，尽可能减少影响。完善预警机制，提高预警的灵敏性，提前防范食品安全风险。

（四）加强舆情管控。第一要及时发现一些舆情信息，第二不能让造谣分子发声。要加强对打造的品牌示范单位进行正向引领和形象保护，严厉打击恶意炒作行为，宣传部门要更加关心和关注食品安全。各部门在推动“三安联动”的同时，还要加上“网安”，最后是“民安”，实现“食安、农安、公安、网安、民安”五安联动。

李群在省食品安全委员会全体会议上的讲话

（2017 年 8 月 25 日）

这次省食安委全体会议的主要任务是，听取全省食品安全工作情况汇报，安排部署重点任务，研究审议《山东省餐饮质量安全提升工程实施意见》。

下面，就做好食品安全工作，我讲几点意见。

一、提高政治站位，进一步增强做好食品安全工作的责任感和紧迫感

保障食品安全事关人民群众身体健康和生命安全，事关经济发展和社会和谐稳定，是重大的政治责任。党中央、国务院对此高度重视。习近平总书记多次作出重要批示指示，把食品安全放在“最大政治”的高度来强调，放在关系党的“执政能力”的位置来要求，放在关乎“公共安全”的层面来部署。去年 12 月 21 日，习近平总书记在主持召开中央财经领导小组会议时专门就食品安全工作强调，“各级党委和政府要把这项工作作为一项重大的政治任务来抓，要坚持源头严防、过程严管、风险严控。完善食品药品安全监管体制，加强统一性、权威性”。今年 1 月 3 日，在国务院食安委全体会议召开前，又作出重要批示，要求“加强从‘农田到餐桌’全过程食品安全工作，严防、严管、严控食品安全风险，保证广大人民群众吃得放心、安心”。李克强同志多次作出批示指示，张高丽同志、汪洋同志多次提出明确要求。省委、省政府始终高度重视食品安全工作，省第十一次党代会提出明确要求，家义同志、龚正同志多次作出批示，要求努力将山东建设成为全国食品最安全地区之一。

近年来，全省各级各有关部门严格落实习近平总书记对食品安全实行“最严谨的标准、最严格的监管、最严厉的处罚、最严肃的问责”要求，以“食安山东”建设为统领，做了大量扎实有效的工作，在监管体系建设、监管方式创新、“食安山东”建设、加强风险管理等方面取得了新成效，总体工作走在全国前列。同时也要清醒看到，食品安全正处于隐患多、风险多，公众关注度高、社会敏感度高的阶段，保障食品安全容不得半点松懈。我省是食品产业大省，食用农产品产量、食品工业规模均居全国首位，是全国重要的生产供应基地。2016 年，全省食用农产品总产量达 2.1 亿吨；规模以上食品工业企业主营业务收入 1.76 万亿元，占全国六分之一；餐饮业收入 3244 亿元，居全国第二位。山东农产品供应全国，做好食品安全工作，不仅关乎山东自身，而且还影响全国，责任非常重大。

大家一定要对照习近平总书记重要指示要求，对照中央和省委省政府一系列决策部署，进一步统一思想认识，提高政治站位。牢固树立全面国家安全观，充分认识到食品安全是公共安全的重要组成部分，关系国家整体安全，须臾不可放松。牢固树立以人民为中心的发展思想，充分认识到没有健康、就没有小康，始终把人民群众对美好生活的向往、对食品安全的期盼作为我们不懈努力的方向。牢固树立底线意识，充分认识到防范食品安全风险的极端重要性，确保山东在党的十九大期间不出任何问题。要进一步细化任务措施，狠抓工作落实，切实把智慧和力量凝聚到抓好食品安全各项工作上来，给党和广大人民群众交上一份满意答卷，让省委省政府放心，让全省人民满意。

二、坚持严字当头，进一步做好食品安全各项工作

各有关部门单位要坚决落实食品安全“四个最严”要求，按照省第十一次党代会部署，以“食安山东”建设为统领，以“双安双创”（食品安全城市创建、农产品质量安全县创建）为抓手，全面推进实施餐饮质量安全提升工程，严把从农田到餐桌的每一道防线，努力打造食品安全放心省，让人民群众吃得更加放心、更加安全。

（一）要防范安全风险。要牢固树立风险意识，突出预防为主，找准风险点，健全风险分析、研判、处置机制，强化风险管控。省食药监局探索将大数据理念运用于风险管理，通过对海量数据的分析利用，从中挖掘大数据背后的潜在规律和风险点，及早发现并处置风险隐患的做法，值得各部门学习借鉴。要高度重视舆情风险，进一步健全舆情防控和处置机制，有效避免舆情扩大扩散、发酵蔓延，严防重大舆情事件发生，为党的十九大召开营造良好环境。

（二）要强化源头治理。食品安全的源头在农业。保障食品安全，要把源头治理作为重中之重。要把提高农业供给质量作为主攻方向，推动农业规模化、标准化、绿色化发展。要坚持标本兼治、综合施策，集中治理农业环境突出问题，加强农业投入品管控，把牢保障食品安全的第一道防线。要加快建立食用农产品产地准出制度和市场准入制度，强化衔接配合，严把准入准出关口，倒逼种植养殖源头加强质量安全管控，严防安全风险向下游转移。

（三）要实施全程严管。食品产业链长、业态复杂，必须聚焦突出问题，实施全过程严管。要突出监管重点。在监管全覆盖的基础上，着重抓好消费量大、风险高的重点食品和食品相关产品，旅游景区、城乡接合部、车站码头等重点区域，以及食用农产品批发市场、大中型商超、集体食堂、“三小”（食品小作坊、小餐饮和食品摊贩）等重点业态的监管，提高监管的靶向性和针对性。同时，要加强餐饮具集中消毒监管，着力提升餐厨废弃物、病死畜禽无害化处理水平。要坚持严打重治。全面推行食安、农安、公安“三安”联动机制，加强部门和区域协作配合，聚焦公众反映强烈的突出问题和薄弱环节，出重拳、下猛药，持续进行打击治理，始终保持高压震慑态势。要创新工作方法。充分运用飞行检查、“双随机”抽查、跟踪检查等多种检查方式，加大抽检监测力度，提高问题发现率，倒逼生产经营者严格自律。充分借助现代信息技术手段，加快实施“智慧监管”工程，实现“机器换人”，提高监管效率。

（四）要深化示范创建。近年来，各有关部门单位按照省委、省政府部署要求，坚持正向引领，广泛开展“双安双创”，深入推进品牌引领行动，全面推动“食安山东”建设，取得显著成效。事实证明，“食安山东”建设已经成为我省加强食品安全工作的有效载体，必须牢牢抓在手上，深入推进，确保取得更大成效。一方面，要全域推进“双安双创”工作，加快实施食品安全市县创建三年行动计划，以更高标准、更大力度，在更广范围开展创建工作，确保到2020年所有市、县（市、区）创建成为省级以上食品安全城市和食品安全先进县（市、区），所有涉农县（市、区）创建成为省级以上农产品质量安全县。另一方面，要以“安全、健康、口碑”为核心，全面推进“食安山东”品牌建设和“齐鲁灵秀地、品牌农产品”公用品牌建设，全产业链培育放心品牌，塑造“品牌方阵”，带动食品安全水平整体提升。

三、完善工作机制，进一步凝聚工作合力

食品产业链条长、环节多，抓好食品安全工作，需要各级各部门共同努力。要充分发挥考核指挥棒作用，优化考核指标，改进考核方式，推进各级政府严格落实食品安全属地责任和“四有”（有岗位、有职责、有人员、有手段）要求。要充分发挥省食安委的统一领导作用，加强统筹指导，定期召开会议研究具体事项，协调解决重点难点问题。要充分发挥省食安办综合协调作用，建立健全联席会议、督导调度和信息通报等制度，督促各成员单位各负其责，落实监管责任；建立健全部门间风险会商、联合执法、行刑衔接、事故处置等方面的协调联动机制，形成工作合力。各成员单位要牢固树立“一盘棋”思想，认真履行部门职责，密切协作配合，做到各负其责、步调一致。要充分发挥群众监督、舆论监督、社会监督、行业自律等重要作用，强化政府、企业、社会组织、公众等多元参与，强化协同共治。

王书坚在全省“双安双创”和食品安全工作专题研讨培训班上的讲话

（2017年7月2日）

在当前各项工作十分繁忙的情况下，安排这次培训班，主要任务是深入学习贯彻省第十一次党代会精神，分析食品安全工作面临的新形势、新要求和新任务，探讨做好当前和今后一个时期全省食品安全工作的思路和举措。刚才，马越男同志宣读了省食安委《关于命名山东省食品安全示范城市、山东省食品安全先进县（市、区）的通知》，我们为省食品安全示范城市和食品安全先进县授了牌。我代表省政府，向受表彰的单位表示热烈祝贺，希望你们再接再厉，再创佳绩。其他开展创建的市县要主动对标，以更大力度、更高标准推动创建工作取得更大成效。下面，我先讲几点意见，与大家共同交流。

一、深入贯彻省第十一次党代会精神，进一步增强做好食品安全工作的责任感和使命感

前不久，我省刚刚胜利召开了第十一次党代会。这次会议是在我省全面建成小康社会决胜阶段和由

大到强战略性转变关键时期召开的一次十分重要的会议。大会深入贯彻习近平总书记系列重要讲话精神和治国理政新理念新思想新战略，全面落实习近平总书记视察山东重要讲话、重要指示批示精神，牢牢把握走在前列的目标定位，认真总结经验，科学谋划未来，明确了今后五年山东工作的总体要求、奋斗目标和主要任务，对实现山东创新发展、持续发展、引领发展，不断开创经济文化强省新局面，在全面建成小康社会进程中走在前列，作出了全面部署。学习好贯彻好省第十一次党代会精神，是全省上下的一项重大政治任务。全省食品安全监管系统要准确把握省第十一次党代会的重大意义和精神实质，结合工作实际，把党代会确定的目标任务和具体要求贯穿到工作全过程、各领域。特别要着力把握好强化安全监管和推动产业转型两个维度，推动食品安全工作再上新台阶。

第一个维度就是，深化食安山东建设，着力加强食品安全监管。食品安全直接关系人民群众身体健康和生命安全，不仅是民生问题、公共安全问题，也是经济问题和政治问题。家义书记在党代会报告中明确强调，要坚持以人民为中心的发展思想，深化食安山东建设，切实保障人民群众“舌尖上的安全”，让人民群众拥有更多安全感、幸福感。这为我们做好今后食品安全工作提供了重要遵循。我省是农业大省和食品大省，做好食品安全工作不仅关系山东，还影响全国。近年来，各级各有关部门全面落实习近平总书记关于食品安全“四个最严”要求，按照省委、省政府决策部署，坚持以“食安山东”建设为统领，依法监管、科学监管、严格监管，着力解决人民群众普遍关心的突出问题，食品安全形势总体稳定向好。在全国食品安全考核中，始终处于第一方阵。同时，也要看到我省食品安全保障水平还需进一步提高。尤其是随着工业化、信息化、城镇化、农业现代化的快速推进，新兴业态不断涌现，安全隐患在增多，防控难度不断增大，食品安全风险居高不下；基层监管力量和能力建设，与实际工作要求相比还有一定差距。因此，我们要深刻领会省第十一次党代会精神，不断提高对食品安全工作极端重要性的认识，认真履职、担当作为，全力做好各项监管工作，确保人民群众饮食安全。

第二个维度就是，加快新旧动能转换，努力推动山东食品产业转型升级。省第十一次党代会明确提出，把加快新旧动能转换作为统领全省经济发展的重大工程，通过“四新促四化”，培育壮大新动能，改造提升传统动能，推动经济保持中高速增长，产业迈上中高端水平。加快推动我省食品产业转型升级，不仅是从根本上提高食品安全保障水平的重要途径，也是加快我省新旧动能转换的重要内容。我省食用农产品产量、食品工业规模均居全国首位。2016 年，全省食用农产品总产量达 2.1 亿吨；规模以上食品工业企业主营业务收入达 1.76 万亿元，占全国 1/6，占全省工业总产值的 11%。特别是通过开展示范创建，全省已认证“三品一标”产品 10706 个，创建食品生产加工示范企业 466 家、食品流通示范单位 4633 家、餐饮服务示范单位（街区）2063 家。这些数据很好地反映了我省作为食用农产品和食品工业大省的“家底”，是“大”的表现。但产业结构层次偏低、品牌影响力较弱、技术创新能力不强、发展质量效益不高等，大而不强的阶段特点也很鲜明。这就要求我们必须抓住全省实施新旧动能转换重大工程机遇，立足食用农产品和食品产业的基础优势和有利条件，在工作思路、政策措施和服务保障等方面聚焦聚力，积极助推食品产业健康发展、做大做强。

总之，省第十一次党代会对食品安全工作提出了新要求、赋予了新使命。我们必须时刻牢记习近平总书记“四个最严”的要求，时刻牢固树立以人民为中心的发展思想，自觉将保障食品安全放在更加突出的位置，自觉在加快新旧动能转换中找准工作定位，切实把思想和行动统一到省第十一次党代会部署要求上来，把智慧和力量凝聚到抓好食品安全各项工作上来，以更加坚定的决心、更加有力的举措，坚决打赢保障食品安全这场攻坚战、持久战，让省委省政府放心，让全省人民满意。

二、坚持严字当头，全力保障人民群众饮食安全

保障人民群众饮食安全，守住不发生重大食品事故的底线，必须坚持“全覆盖、零容忍、严执法、重实效”，有针对性地加强生产、流通、消费全过程治理，全力做好食品安全监管工作。

（一）推动关口前移，严控食品安全源头。食品安全的源头在农业。保障食品安全，要把源头治理作为重中之重，做到标本兼治、综合施策，集中解决好人民群众反映强烈的环境污染、重金属污染、农业用水污染等问题。一要紧盯田间地头。严格实行农业投入品生产使用和监管制度，下大力气解决农兽药残留超标、非法添加、假劣农资等问题，把牢保障食品安全的第一道防线。要加快建立完善农产品质量可追溯制度，努力实现农产品从田头到餐桌的全程可追溯，为食品安全上把“放心锁”。二要深化农业改革。加快农业供给侧结构性改革，大力发展生态农业，增加绿色优质农产品供给，提高农产品供给质量，转变农业发展方式。这是从根本上提高农产品安全保障水平的治本之策。三要引入市场机制。加快探索建立食用农产品产地准出和市场准入有效衔接机制，发挥政策导向作用，依靠市场调节作用，倒逼源头加强质量管控。去年，我省以韭菜为突破口开展重点农产品专项整治，绘制了全国首张精准的放心韭菜地图，获得良好社会反响。今年要把这一经验做法向更多的产品领域延伸，一个产品、一个产品地去突破，争取用 3—

5年时间，把整个产业的质量和档次提升到一个新的水平。

（二）坚持问题导向，严密实施全程监管。食品产业链长、业态复杂，聚焦突出问题，实施过程严管，是保障食品安全的有效办法。一要突出重点。各地要在监管全覆盖的基础上，着重抓好消费量大、风险高的重点品种，城乡接合部、车站码头等重点区域，以及农村集贸市场、集体配餐单位、网络订餐等重点业态的监管，不断提高监管的靶向性和针对性。食品加工小作坊、小餐饮、小摊贩等“三小”治理和餐饮质量安全提升工程两项工作，是今年国家部署的重点任务，要集中精力抓好落实。二要严打重治。实践证明，在当前食品安全总体上处于问题“多发期”、社会“关注期”和监管“薄弱期”三期叠加的关键时期，严打重治是改善食品安全环境最直接、最有效的手段之一。要全面推行食安、农安、公安“三安”联动机制，加强部门和区域协作配合，聚焦公众反映强烈的突出问题和薄弱环节，特别是对那些利欲熏心、挑战法律底线的人和企业，出重拳、下猛药，持续进行打击治理，始终保持高压震慑态势。三要创新方法。当前，食品产业中的新技术、新业态、新模式层出不穷，违法手段也日益智能化、隐蔽化，监管方式也要跟上形势，主动求变，不断创新。要充分借助大数据、云计算、“互联网+”等信息技术，加快实施“智慧监管”工程，建立电子追溯服务平台，实现“机器换人”，提高监管效率。同时，要建立健全食品企业信用体系，把对失信违法者的“惩罚权”交给社会，让失信违法者一处失信违法，处处受阻、寸步难行。

（三）强化底线思维，严格做好风险防控。习近平总书记多次强调，要善于运用底线思维的方法。对食品安全工作而言，不发生重大食品安全事故就是一条必须坚守的底线。当前，食品安全领域风险隐患还有很多，安全形势依然严峻复杂，容不得半点松懈。大家要切实强化风险管理意识，完善风险监测应对机制，努力减少风险存量、遏制风险增量、控制风险变量，让监管跑在风险前面。一方面，要排查整治风险隐患。各级要建立健全多层级跨部门的风险会商机制，定期进行会商交流，充分运用信息技术，排查风险隐患，列出问题清单，确定风险等级，制定应对措施，严防区域性、系统性风险。各地产业规模不同、各具特色，要充分结合实际，采取“一品一策”“一域一策”等措施，实施差异化监管，突出抓早、抓小、抓苗头，力争把风险消除在萌芽和初始状态。另一方面，要高度重视舆情处置。自媒体时代，人人都是麦克风。食品安全公众关注度高，燃点低、触点多，一旦出问题，很容易引起公众恐慌，甚至酿成公共事件。去年发生的非法经营疫苗网络舆情，就给了我们深刻教训。大家一定要绷紧这根弦，加强舆情监测，发现苗头性问题第一时间妥善处置、主动发声，严防舆情发酵、恶意炒作，确保事态发展始终保持在可控状态。

另外，要认真做好药品安全工作。和食品一样，我省也是医药产业大省。去年医药工业销售收入达到4544亿元，占全国的1/6，居全国第一位。保障药品安全的任务同样艰巨繁重。工作中，要做到“两手抓、两手硬”。一方面，要切实强化风险管理理念，严格依法履职，实施精准化监管、系统化治理，下大气力整治行业“潜规则”，严防药品安全区域性、系统性风险，坚决守住药品安全底线。另一方面，要切实筑牢服务意识，继续深化药品医疗器械审评审批制度改革，按照国家改革部署要求，健全完善配套政策，抓好仿制药一致性评价、药品上市许可持有人制度试点等重点改革任务，加快推进医药产业新旧动能转换。

三、巩固创建成果，全域推进“双安双创”深入开展

近年来，我省在加强食品安全监管的同时，强化正向引领，深入开展“食安山东”建设，积极参与“双安双创”，食品安全治理能力和保障水平得到有效提升，整体工作走在全国前列。2015年以来，国家先后在威海、青岛召开“两个创建”试点工作现场会和座谈会，汪洋副总理对我省创建工作给予充分肯定。刚刚不久，在全国食品安全宣传周启动仪式和“双安双创”成果展上，我省济南、青岛、烟台、潍坊、威海被命名为首批“国家食品安全示范城市”，数量居全国第一。创建工作呈现出了各级重视程度高、整体规划覆盖广、财政投入力度大、示范创建实施准四个方面的显著特点，放大和扩散效应正在加速形成。同时，各地在创建工作中，大胆探索、主动作为，形成了很多行之有效的做法。比如，威海市建立了食安、农安、公安“三安联动”机制，青岛市开展了食品安全网格化管理和“双随机、一公开”监管方式等。这些特点和做法，既是创建实践的经验总结，也是深化创建的重要指导，一定要继续坚持好、发扬好。

开展“双安双创”活动，目的就是紧紧围绕确保食品安全这一根本目标，以示范创建为主要手段，进一步提高对食品安全工作规律的认识，完善治理体系，提升监管能力，以点带面，辐射带动全省食品安全工作稳定向好。省委、省政府明确提出，要以“双安双创”为抓手，持续加大创建力度，努力打造全国农产品和食品消费最安全、最放心地区。对于这项工作，要在已有工作基础上，着力作好“巩固、扩大、提升、管理”四篇文章，确保“双安双创”工作全域推进、深入开展。一是巩固创建成果。创建成为食品安全示范城市、食品和农产品质量安全县，既是一种荣誉，更是一份责任。要巩固和发展已有创建成果，更好发挥示范引领作用。国家级创建市县要继续加大创建力度，对标先进，提档升级，进一步提高食品安全保障水平。省级

创建市县要在做好省级创建工作的同时，积极争创国家级示范单位。二是扩大创建范围。当前，各地创建工作开展还不够平衡，城市与农村、东部与西部差距还比较大。对照省里提出的“市市创、县县创”的目标，要以更大力度、更严要求，继续推动全省更多领域、更大范围开展创建活动。同时，积极鼓励各地结合实际，开展各具特色的示范创建活动，形成上下联创、全域推进的创建工作大格局。三是提升创建标准。目前，国家食品安全示范城市的验收标准已经提高，综合验收达标由85分提高到了90分。各地要坚持高标准、严要求，充分发挥创建标准的导向作用，不断提高创建水平。同时，也要鼓励制定比国家和省更高、更严、更细的标准，高水平开展创建工作，进一步提高老百姓的食品安全感、满意度。四是加强动态管理。按照国家和省里创建的要求，对创建成功的市县，要加强事后管理，通过抽查、年检等方式，督促持续保持创建状态和合格水平。同时，要健全退出机制，对通过验收但不能持续保持的，要及时采取警告、约谈等措施，督促做好整改提高；对发生重大、影响恶劣食品安全事故的，要坚决摘牌，严肃问责。

四、强化责任落实，全面构建共治共管新格局

“一分部署，九分落实”。深化食安山东建设，保障群众“舌尖上的安全”，需要各级各有关部门继续深入推进“两学一做”学习教育常态化制度化，进一步强化担当作为，狠抓责任落实，努力形成食品安全共治共管的工作合力。

（一）夯实政府属地责任。食品安全属地管理责任是《食品安全法》赋予各级政府的法定职责。政府主要负责同志和分管负责同志都要认真学习《食品安全法》，倒查属地管理责任落实情况，进一步提高责任意识。市、县政府要承担好这份责任，最直接、最首要的任务就是要确保监管部门“有职责、有岗位、有人员、有手段”，履行好日常工作职责。各地要结合实际，抓关键、抓短板，解决实际问题，提高保障水平。尤其是在监管力量方面，有编制的地方要及时补充所需人才，加强在岗人员专业技能培训，建设职业化食品检查员队伍；成立市场监管局的地方，要把食品安全监管摆在突出位置，切实加强食品安全监管力量建设。

（二）加强部门协作配合。食品安全工作涉及面广，参与部门多，需要加强部门间的协作配合，从整体上推进工作开展。各级食安委要定期分析当地食品安全形势，制定食品安全监管的重大政策，统筹指导、部署推进本区域内的食品安全工作；食安办要充分发挥统筹调度、综合协调作用，健全部门间及区域间的信息通报、形势会商、联合执法、行刑衔接、事故处置等方面的协调联动机制，督促成员单位各尽其职、各负其责，落实监管责任；食安委各成员单位要牢固树立“一盘棋”思想，做到守土有责、守土负责、守土尽责，把好食品安全从农田到餐桌的每一道关口。

（三）推动工作作风转变。抓好工作落实，主体是干部，关键靠作风。全省食品安全监管系统的广大干部，要牢固树立“四个意识”，驰而不息加强作风建设，坚持以干为先、务求实效，自觉将中央和省委、省政府关于食品安全的决策部署，对接具体现实、化为具体方案、变成具体措施。尤其在座的各位，都是抓食品安全的关键少数，要坚持亲自抓、带头干，做到重要决策亲自部署、重大方案亲自把关、关键环节亲自协调、落实情况亲自督查。在推动工作落实中，要有敢于担当、勇于负责的精神，挑最重的担子、啃最硬的骨头，在矛盾困难面前坚定信心、顶住压力、尽心竭力。要加快建立完善尽职免责、容错纠错机制，为担当者担当，进一步保护和调动广大干部的工作积极性。

为办好这次培训班，省委组织部、省农业厅、省食药监局和省干部学院做了精心准备，邀请的授课教师既有国家食药监总局的领导，也有国内相关领域的专家学者，还有省农业厅、省食药监局具体分管的同志，课程安排充实紧凑，授课形式丰富多样。希望大家珍惜机会，自觉遵守学习纪律和规定，集中精力，认真学习。同时，要坚持学以致用，结合日常工作，带着问题学习，联系实际研讨，开阔视野、更新观念，加深对中央和省委、省政府决策部署的理解，切实提高做好食品安全工作的能力和水平。

任爱荣在省食品安全委员会全体会议上的讲话

（2017 年 8 月 25 日）

刚才，越男同志汇报了全省食品安全工作情况，就提升工程作了说明，大家提了很好的建议，我都同意。一会，立成、国安同志还要讲话，李群同志将对下步工作提出明确要求。我们要认真学习领会，抓好贯彻落实。

日前，我到省食药监局进行了调研，又听了刚才的汇报发言，总的感到，近年来，在省委、省政府的坚强领导下，省食安办充分发挥综合协调作用，各成员单位深入贯彻食品安全“四个最严”要求，着力完善监管体制机制，不断夯实工作责任，形成了各司其职、各负其责、相互配合的工作局面。牢固树立风险意识与底线意识，严防严管严控安全风险，保持了食品安全形势总体稳定向好的局面。牢牢把握工作规律，思路清晰、重点突出，做了大量富有成效的工作，啃了不少硬骨头，打了许多漂亮仗，总体工作走在了全国前列。特别是示范创建成绩突出，“食安山东”品牌在全国逐步打响，成绩来之不易，应当充分肯定。

食品安全直接关系群众身体健康和生命安全，是社会最大关切。当前，食品安全形势依然严峻，老百姓仍有很多期待，容不得半点松懈。党的十八大以来，习近平总书记先后提出“四个最严”、党政同责、加快完善统一权威食品药品监管体制等明确要求。我们必须把食品安全工作作为重大政治任务，作为全面建成小康社会的重要内容来抓，坚持守土有责、守土有为，主动担当，积极作为，更加扎实细致地做好各项工作，让人民群众更满意，让党和政府更放心。

一、严守安全底线

食品安全监管，本质上就是风险管控。要坚持问题导向和底线思维，时刻绷紧安全这根弦，进一步健全完善风险排查防控机制，全面排查食品安全各类风险隐患，注重抓早、抓小、抓苗头，将风险消除在萌芽和初始状态，坚决守住不发生重大食品安全事件这一底线。要更加关注舆情风险，建立完善舆情监测和处置机制，多下功夫，共同研究更有力的防控举措。要坚持严字当头，源头严防、过程严管、风险严控，夯实各环节、各方面的责任，严把每一道关口。要全面推行食安、农安、公安“三安联动”机制，严厉打击食品安全违法犯罪行为，始终保持高压震慑态势。

二、加强协作联动

食品安全工作涉及面广、环节多，需要大家协作配合、整体推进。过去，各成员单位紧密协作，在共同组织考核、开展联合打击、推进示范创建等方面取得了很好效果。下一步，省食安办要继续发挥综合协调作用，进一步健全完善部门间、区域间协调联动机制，督促各成员单位各负其责，落实监管责任。各成员单位要牢固树立一盘棋的思想，积极支持配合，主动加强横向协调，形成监管合力，实现职能联动互补，政策紧密衔接，管理相互支撑。当前，要全力做好迎接国务院食安委食品安全督查的各项准备，深入开展自查，及时查漏补缺，争取好的成绩。

三、全面推进提升工程

实施餐饮质量安全提升工程，是落实习近平总书记关于食品安全一系列重要指示批示和重要讲话精神的具体举措。也是进一步压实各方责任，全面加强食品安全工作的有效载体。要把推进提升工程作为当前和今后一个时期的重要工作任务，建立台账、落实责任，明确具体时间表和路线图，定期跟踪问效，一张蓝图绘到底，确保取得实实在在的成效，推进全省食品安全水平整体提升，助推产业转型升级，打造食品安全放心省。

马越男在全省食品药品监督管理工作会议上的讲话

（2018年2月2日）

刚才，会议传达了刘家义书记、龚正省长的批示要求，书面印发了全国会议精神传达提纲，我们要认真学习领会、切实抓好贯彻落实。济南等5市作了很好的发言，其他各市都有不少好的经验做法，时间关系没有全部交流，已书面印发，请大家认真学习借鉴。下面，我讲几点意见。

一、充分肯定食品药品监管工作成绩

2017年，在省委、省政府的正确领导下，全系统认真学习领会习近平新时代中国特色社会主义思想，全面贯彻落实党的十九大精神，保持披荆斩棘的勇气、敢为人先的锐气、蓬勃向上的朝气，凝心聚力、埋头苦干、奋勇争先，各项工作取得了积极成效。

（一）监管水平全面提升。坚持用风险管理理念引领食品药品安全监管，不断完善风险排查、研判、交流、处置机制，推进分级分类分层监管和规范化、模块化、痕迹化“三化”监管，加大飞行检查和“双随机”检查力度，实现日常检查制度化、专项检查靶向化，全省共检查食品生产经营企业81万家次、药械生产经营企业11万家次。圆满完成了党的十九大安保维稳等任务。聚焦公众关切的突出问题和屡禁不止的难点问题，组织实施“三小”规范提升行动，“三小”登记备案和监管覆盖率已达93%。统一组织“守护舌尖安全”“药品生产质量提升行动”、医疗器械“规范实施年”和“食安护佳节”等行动，持续保持打击高压态势，全年共查处食品药品违法违规案件4.38万起。

（二）“食安山东”建设成效显著。全域推进食品安全市县创建，济南、青岛、烟台、潍坊、威海等5市被命名为国家首批食品安全示范城市，占全国1/3，全省70%的市县已开展创建。深入开展品牌建设，全省已创建食品生产加工示范企业466家、食品流通示范单位4633家、餐饮服务示范单位（街区）2373家。全面启动餐饮质量安全提升工程，整体提升“从农田到餐桌”全链条食品安全水平。在规模以上生产企业全面推行良好生产行为规范。持续抓好农产品批发市场、大中型商超等流通主渠道监管，农产品批发市场100%建立快检室，586家大中型商超完成公开评价。深入开展“寻找笑脸就餐”等活动，已创建“清洁厨房”8.3万家，实施“明厨亮灶”工程3.8万家。学校食堂“四查”（学校月度自查、监管部门季度检查、飞行检查和督导检查）制度进一步推行，学生小饭桌动态登记公示和星级管理深入实施。与农业部门的合作有了新突破，加强食用农产品产地准出和市场准入衔接，对韭菜等重点品种实施“双证制”管理。

（三）基层基础更加坚实。加快实施食品药品安全“十三五”规划，持续加强基层基础建设，食品药品安全的监管根基进一步筑牢。各级财政对食品药品安全工作的支持力度不断加大，省级财政投入实现四连增，市级安排资金比上年增长16%。基层监管机构标准化建设工程加快推进，基层监管所执法装备总值平均达到16万元，比2014年增长4倍。组织实施“专业化培训工程”等系列培训，队伍整体素质和监管执法能力明显提高。加快提升检验检测能力，市级检验机构实验室总面积达到12.1万平方米，增长31%；仪器设备总值达到6.6亿元，增长22%。

（四）共治格局持续完善。充分发挥各级食安委、食安办综合协调作用，部门间协作交流和信息共享更加通畅。大力推行良好行为规范，严格落实质量受权人、企业履责报告等制度，压实企业主体责任。加强宣传引导和科普教育，建立与主流媒体的常态化合作机制，省市县三级官网和微博微信矩阵作用充分发挥，食品安全宣传周、安全用药月、百家透明工厂和千家学校食堂开放日等主题活动扎实开展。积极推行有奖举报、企业内部吹哨人等制度，投诉举报渠道进一步拓宽，公众参与监督积极性充分调动。风险管理、应急处置、法律顾问等各类专家作用得到有效发挥。

这一年，全系统把学习贯彻习近平新时代中国特色社会主义思想作为首要政治任务，牢固树立“四个意识”，坚决维护以习近平同志为核心的党中央权威和集中统一领导。严格落实全面从严治党要求，始终以党的建设统领各项工作，与监管工作一体部署、融合推进，保持正确的前进方向，最大限度地凝聚监管事业发展正能量。坚持把纪律和规矩挺在前面，加强廉政教育和廉政风险防控，政风行风持续改善，进一步树立了食品药品监管部门的新形象。

2017年的成绩，是党的十八大以来，全系统齐心协力、砥砺奋进、持续努力的集中体现。我们坚定不移贯彻习近平新时代中国特色社会主义思想，严格落实“四个最严”要求，始终以“走在前列”为目标定位，坚持不懈推动“食安山东”建设，坚韧不拔守护“从农田到餐桌”“从实验室到医院”的每一道防线，迎难而上、奋发有为，啃硬骨头、打攻坚战，推出了一系列重大举措，推进了一系列重大工作，解决了一系列突出问题，食品药品安全监管工作迈出坚实步伐、实现跨越发展。

——*我们的监管理念日臻成熟*。我们全力抓改革、建体系，夯实基础，扎牢篱笆。坚持“一年抓几件事、几年抓好一件事”，实施“打建创”并举、“放管服”结合，持续发力、久久为功。坚持正向引领，以示范创建带动整体工作提升。坚持产管并重，以优化服务促进产业发展。坚持多元参与，以责任落实构建社会共治格局。坚持监管为民，用实实在在的工作成效不断增强公众获得感。一路走来，我们的方向越来越明确，路径越来越清晰，精神越来越昂扬，步子越来越有力。

——*我们的监管体系逐步完善*。各级党委政府高度重视、大力支持，省市县乡四级监管体系基本建立，监管力量不断加强。深入开展执法能力提升年等活动，加快基层监管机构标准化建设，基层监管所业务辅助用房平均面积从不足 50 平方米增至 170 平方米。省局连续多年会同省委组织部举办专题培训班，对各市政府分管负责人进行系统培训。各级组织实施“双基能力提升工程”“专业化培训工程”等系列培训，不断提高队伍整体素质和监管执法能力。

我们瞄准全国一流勇往直前。率先提出“食安山东”建设构想，上升为省委、省政府重大决策部署。食品安全市县创建成效显著，2015 年威海全国现场会，2017 年全国成果展，汪洋同志都对山东工作给予充分肯定。率先从省政府层面推动开展餐饮质量安全提升工程，全链条提升食品安全保障水平。率先建立实施抽检监测“三统一”机制，着力扩大抽检覆盖面、增强抽检靶向性，食品抽检千人样本量已达 4.99 份，保持全国领先。率先实施食安、农安、公安“三安联动”监管机制，始终保持对食品药品违法犯罪行为的高压态势，打击成果连续多年位居全国前列。率先组织实施“智慧监管”工程，13 个信息系统在全省推广应用，服务企业用户近 60 万家。在全国系统考核中，我省始终处于第一方阵，整体工作持续走在全国前列。

——*我们的服务水平不断提升*。正确处理加强监管与促进发展的关系，深化“放管服”改革，推进简政放权，优化审批流程，实施全程网办，加强技术指导，为产业发展创造良好环境。省级行政审批事项削减一半以上，市级初审等环节精简 60 个，材料申报精简 170 余种。积极参与新旧动能转换重大工程，加快药品医疗器械审评审批制度改革，上报国家的一致性评价品种约占全国 10%，112 个项目申报上市许可持有人制度试点，约占全国 20%，数量居全国第二位。济南、烟台等市制定仿制药一致性评价奖补政策，助推医药产业创新发展。这几年，我省食品医药工业年均增速都超过两位数，对全省经济的贡献能力不断提高。

——*我们的信心更加坚定*。以习近平同志为核心的党中央始终高度重视食品药品安全工作，省委、省政府将食品药品安全工作纳入重大决策部署，省委常委会会议多次听取汇报，研究食品药品安全工作，并审议出台食品安全党政同责意见，省人大出台《山东省食品小作坊小餐饮和食品摊点管理条例》，省政府印发“食安山东”品牌引领行动方案、餐饮质量安全提升工程实施意见、“十三五”规划等系列重要文件，省政协连续多年将食品药品安全方面的建议作为重点提案。各级党委政府、各有关部门对食品药品安全工作越来越支持，社会各界和广大人民群众对我们的工作越来越关注、满意度越来越高。食品药品监管工作的地位越来越高，正所谓有为才有位、有为才有威。我们比以往任何时候都更加自信、更加坚定、更加斗志昂扬。

党的十八大以来的工作成绩和可喜变化，归根于以习近平同志为核心的党中央的坚强领导，得益于我们所处的伟大时代，凝聚着系统上下全体干部职工的心血和汗水。

二、深刻把握习近平总书记食品药品安全战略思想

党的十九大高举中国特色社会主义伟大旗帜，将习近平新时代中国特色社会主义思想确立为党的指导思想，作出中国特色社会主义进入新时代、我国社会主要矛盾发生变化等一系列重大政治判断，描绘了决胜全面建成小康社会、夺取新时代中国特色社会主义伟大胜利的宏伟蓝图。食品药品监管系统贯彻落实党的十九大精神，首要任务就是学习领会习近平新时代中国特色社会主义思想，增强做好食品药品安全工作的政治自觉性和责任感使命感。

党的十八大以来，以习近平同志为核心的党中央始终高度重视食品药品安全工作，始终把人民利益摆在至高无上的地位，历次全会都对食品药品安全工作作出部署。在推进伟大事业的征程中，习近平总书记心里始终装着人民，对关系人民群众切身利益的食品药品安全问题始终高度关注、格外关心，发表了一系列重要讲话，作出一系列重要指示批示，提出一系列新思想、新理念、新论断，形成了完整系统的食品药品安全战略思想。这些战略思想，是习近平新时代中国特色社会主义思想的重要组成部分，为做好新时代食品药品安全工作指明了方向。汪洋同志在 2017 年“双安双创”北京现场会上进行了系统总结，我们要认真学习，深刻领会。

（一）*牢牢把握食品药品安全是重大政治任务的基本要求*。习近平总书记明确指出，食品安全是民生，民生与安全联系在一起就是最大的政治；能不能在食

品安全上给老百姓一个满意的交代，是对我们执政能力的重大考验；药品安全关系人身健康和生命安全，容不得含糊；各级党委和政府要把食品安全作为一项重大的政治任务来抓。总书记的重要论断，为做好食品药品安全工作明确了政治定位，拓展了监管工作的历史使命。

（二）牢牢把握食品药品安全必须坚持党政同责的基本原则。习近平总书记指出，确保食品安全是民生工程、民心工程，是各级党委政府义不容辞之责。总书记的这一重要论断，体现出党总揽全局、协调各方的政治担当，强化了各级党委对食品药品安全工作的领导责任。

（三）牢牢把握食品药品安全“四个最严”的基本方法。习近平总书记在2013年中央农村工作会议上首次提出，要用最严谨的标准、最严格的监管、最严厉的处罚、最严肃的问责，确保广大人民群众“舌尖上的安全”。在此后一系列重要指示中，又多次强调要求把“四个最严”落到实处。总书记的要求，明确了食品药品安全工作的方法、原则，为我们做好食品药品安全工作提供了基本遵循。

（四）牢牢把握食品药品安全从农田到餐桌、从实验室到医院全过程监管基本规律。习近平总书记指出，要更加注重食品安全，注重生产源头治理和产销全过程监管；要坚持产管并重，加快建立健全覆盖生产加工到流通消费的全程监管制度；要严把从农田到餐桌、从实验室到医院的每一道防线。总书记的指示不仅揭示了食品药品安全监管的科学规律，也为我们完善食品药品安全治理体系明确了方向。

（五）牢牢把握食品药品安全形势依然严峻的基本判断。习近平总书记多次讲到，我国食品安全形势依然严峻，人民群众热切期盼吃得更放心、吃得更健康；食品安全形势不断好转，但存在的问题仍然不少，老百姓仍然有很多期待；药物临床试验数据造假现象令人担忧，也反映出药品质量安全形势的严峻程度。在今年中央农村工作会议上，习近平总书记再次强调，农产品和食品安全问题，我讲过多次了，这是底线要求。如果这个起码的底线要求都做不到，老百姓对“舌尖上的安全”都不放心，还谈什么质量兴农，还谈什么竞争力。总书记的重要指示，指明了当前食品药品安全工作的主要矛盾，也明确了新时代食品药品安全工作的重点任务。

进入新时代，与人民群众日益增长的美好生活需要相比，食品药品安全工作仍然存在许多不平衡不充分的问题。横向看，区域之间、城乡之间还不够平衡，部分地区治理能力和保障水平还有待提升。纵向看，各级监管能力还有差距，基层监管基础还存在不少短板。全链条看，风险防控还有薄弱环节，对源头风险、潜在风险的防控能力不足。从整个产业看，产业大而不强，质量安全水平不高，中小企业创新发展能力较弱，整体发展不充分。从社会层面看，诚信体系还不健全，尚德守法氛围还不浓厚，公众参与监督的积极性还不够高。就具体问题而言，食品中农兽药残留超标、环境污染向食物迁移、食用农产品霉变等源头问题还较为突出；食品中非法添加、制假售假，保健食品消费欺诈、虚假宣传和中药饮片掺杂使假、染色增重等问题仍时有发生。从监管自身看，机构、队伍还不够健全，基层监管力量仍然比较薄弱，专业化人才缺乏，监管手段不强，还不能很好地适应监管需要，等等。对此，我们必须保持清醒头脑，切实增强忧患意识、责任意识。

三、以习近平新时代中国特色社会主义思想为指导，扎实做好2018年各项工作

2018年是贯彻党的十九大精神的开局之年，是改革开放40周年，是决胜全面建成小康社会、实施“十三五”规划承上启下的关键一年。党的十九大明确提出，“实施食品安全战略，让人民吃得放心”“健全药品供应保障制度”。省委、省政府提出打造食品安全放心省。这都为我们做好当前和今后一个时期的食品药品安全工作指明了方向，提供了遵循。我们要全力以赴抓好落实。

今年工作的总体思路是：以习近平新时代中国特色社会主义思想为指导，深入贯彻落实党的十九大精神，坚持以人民为中心的发展理念，以“走在前列”为目标定位，以“食安山东”建设为统领，以规范提升为主线，大力实施食品安全战略，全域推进食品安全市县创建，全链条实施餐饮质量安全提升工程，深化药品医疗器械审评审批制度改革，促进食品医药产业高质量发展，严防、严管、严控食品药品安全风险，努力打造食品安全放心省，让人民群众饮食更加放心、用药更加安心、生活更加舒心。

（一）坚持点线面结合，全面推进“食安山东”建设。2014年以来，经过全省上下积极探索、不懈努力，“食安山东”品牌越擦越亮。面对新形势、新要求，我们必须进一步丰富“食安山东”建设的内涵，从点线面三个维度深入推进。

在点上，要以企业为主体，着力开展品牌建设。习近平总书记在2013年中央农村工作会议上强调，要发挥优秀品牌质量管理的示范带动作用，加强品牌建设，积极争创名牌，用品牌保证人们对产品质量的信心。2014年初，省局提出“食安山东”建设的构想，主要考虑是，坚持打建结合，在整治突出问题的同时，强化正向引领，通过培育放心品牌，用正能量引领公众消费，提振消费信心，以品牌创建促进产业升级，打造“食安山东”整体品牌。从2014年4月省政府部署开展品牌引领行动，到2016年全省品牌大会将“食安山东”列为四大公共品牌进行重点推介，

再到 2017 年省政府印发关于“食安山东”品牌建设的实施意见，品牌建设一直在持续深入推进。

当前，要全面落实省政府部署要求，围绕食品产业供给侧结构性改革和高质量发展，以“安全、健康、口碑”为核心，进一步加大品牌培育力度，不断扩点增量，打造品牌方阵。需要注意的是，品牌是企业“创”出来的，不是监管部门“评”出来的。我们的任务是设定标准，并通过严格监管、加强指导，引导企业达到标准要求。只要符合标准要求，都可以自动成为“食安山东”示范企业和品牌，不要有量的限制。对不能持续保持的，要及时予以淘汰。同时，要加大宣传推介力度，敢于为诚信守法企业、质量过硬产品撑腰鼓劲，让品牌企业有更大市场、有更好发展，从而带动更多企业争创品牌。

在线上，要以部门为依托，大力实施餐饮质量安全提升工程。按照 2017 年初习近平总书记关于提高餐饮业质量安全水平的重要批示要求，省里研究出台了《餐饮质量提升工程实施意见》，并以省政府文件印发。意见确定了“全链条、抓重点、补短板、促发展”的总体思路，针对人民群众反映强烈的突出问题、食品安全重点难点问题和监管薄弱环节，部署了“九项提升任务”和“九项重点行动”。一是坚持全链条。从农业源头、食品生产加工、流通、餐饮、餐厨废弃物等各环节入手，找准工作着力点和关键节点，进行全面提升。二是坚持抓重点。比如，在农业源头，重点抓好产地环境保护，开展农业投入品管控等行动。在食品流通环节，重点管好流通主渠道。在餐饮环节，针对学生家长和社会各界高度关注的学生食品安全问题，深入开展校园绿色餐饮行动，全面推行学校食堂“四查”制度，开展品牌食品进校园活动等。三是坚持补短板。聚焦薄弱环节，强化综合治理，促进规范提升。比如，针对群众身边的食品小作坊、小餐饮和食品摊点问题，在前期工作基础上，确定深入开展“三小”规范提升行动。针对网络食品交易、网络订餐中存在的安全隐患，开展“净网”行动等。四是坚持促发展。从规划指导、产业指导、品牌建设等方面入手，优化产业布局，推动集聚发展，助推产业转型升级、创新发展。

结合落实《国务院食品安全办等 14 部门关于提升餐饮业质量安全水平的意见》，省食安办已会同相关部门制定了一系列配套实施文件。各地要尽快出台具体实施方案，细化任务清单，明确时间表、路线图，积极推进各项任务落实。要注重发挥各级食安办的综合协调作用，充分调动各相关部门的积极性和主动性，形成合力。意见中确定的任务措施，主要是针对全省共性问题提出的，各地还应结合本地监管和产业实际，进一步找准问题和短板，制定更有针对性的改进提升措施。

在面上，以政府为主导，全域推进食品安全市县创建。通过持续推动，食品安全市县创建已经成为加强食品安全工作的重要载体和有力抓手。下一步，一要扩大创建范围。省政府决定，到 2020 年所有市县全部创建成为省级以上食品安全市县，实现创建全覆盖。对各市县来讲，创建工作不再是想不想、愿不愿的问题，而是一项必须完成的硬指标、硬任务。二要提高创建标准。形势、任务、要求都在发生变化，创建的标准、方案、重点要及时改进完善，要积极对标先进、找出差距、及时完善。鼓励省级创建市县积极争创国家级示范单位。要健全推进机制，通过召开现场会、加强集中督查和随机抽查、开展观摩学习、第三方评估等形式，推动创建工作深入开展。三要巩固创建成果。积极总结推广有效做法和成熟经验，及时上升为制度成果，形成放大和扩散效应。建立动态管理机制，加大抽查复审力度，做到有进有出，持续保持创建状态。对发生重大食品安全事件的，在创建工作中弄虚作假的，不仅仅是摘牌，还要采取相应的处罚和问责措施。

（二）牵住监管牛鼻子，着力提升风险防控能力。“提衣提领子、牵牛牵鼻子”。面对日益繁重的监管任务，只有深入研究、准确把握监管工作规律，善于抓主要矛盾和矛盾的主要方面，善于抓关键、抓要害，工作才会事半功倍。经过多年的探索实践，目前来看，检查抽检、风险管理、追溯管理三个体系是实施科学监管的关键因素，应当重点强化。

一是完善检查抽检体系。检查和抽检是监管的两个基本手段，也是最重要的手段。今年，要重点对检查工作进行全面梳理和系统研究，逐步建立以企业自查为前提、日常检查为基础、飞行检查为重点、体系检查为补充的监督检查体系。要规范检查工作，各品种、各环节都要制定检查规范，形成检查手册，检查什么、标准是什么、关键点有哪些、流程是什么，都要明确清晰、具体可操作。检查要覆盖所有监管对象，多长时间覆盖一遍要根据产品或企业的风险等级，科学合理确定。在日常检查全覆盖的基础上，突出加强飞行检查、“双随机”检查，并将检查与抽检相结合，使检查更专业、更有效。从今年开始，要统筹安排全省检查计划，明确各级检查任务（如食品生产环节，省局主要负责大中型企业和高风险食品企业的飞行检查、体系检查等，市县局主要负责食品生产企业的日常检查），确保全省一盘棋、各有侧重，消除检查盲区，避免重复检查、多头检查。

在抽检方面，全省食品抽检千人样本量已超过国家“十三五”规划目标，接近发达国家水平。如何从增加数量向提升质量转变，是抽检面临的重大课题。要认真总结梳理抽检中存在的问题，系统研究改进办法，力争使抽检更科学、更精准、更高效。在稳步提升抽检数量的同时，要着力扩大抽检的覆盖面，实现类别、项目、企业、区域和业态上的全覆盖。要聚焦公众关注度高、风险程度高、消费数量大的重点产品、重点区域，加大抽检监测频次，提高抽检的问题发现率。要进一步规范和改进快检工作，所有快检信息要尽快纳入抽检系统，形成快检大数据。

要加快构建大检查体系，整合检查、抽检、稽查力量，共同执行检查任务，发挥各自优势，提高问题发现率，对涉及违法违规的，第一时间固定证据，及时解决问题、化解风险。

二是完善风险管理体系。食品药品安全没有零风险，我们的职责是管控已知风险，防控未知风险，及时消除苗头性风险，坚决防止系统性区域性风险。近年来，全系统坚持以风险管理引领监管工作，风险管理的体系框架已经搭建起来。各级要结合自身实际，不断进行完善，逐步建立系统完备的风险管理体系，牢牢掌握工作主动权，使监管始终跑在风险的前面。一要完善风险排查机制。综合利用检查、抽检、不良反应监测、舆情监测、投诉举报等多种渠道，收集排查各类风险信号。要加大对未知风险的排查力度，既要把浅层面、显性化的风险标出来，也要把那些深层次、隐性化的风险找出来，做到识别风险精准化。二要完善风险研判机制。各级都要定期进行风险研判，对排查出的风险进行深入分析，研究制定具体有效的化解或防控措施，形成风险清单，并实行动态管理。研判会商要精心准备，把每一次风险会商会开成改进监管工作的推进会。三要完善风险交流机制。畅通监管部门、行业协会、企业、消费者之间的沟通交流渠道，及时传递风险信息，形成防控合力。四要完善风险处置机制。风险处置要及时，做到第一时间处置，及时切除病灶。同时，举一反三，从制度上堵塞漏洞，做到标本兼治。涉及其他部门的，要及时移交。

当前来看，舆情风险仍是我们面临的突出问题。食品药品安全触点多、燃点低、敏感性强，即便是一起简单的事件，如果处置不当，就可能影响社会稳定。大家一定要高度重视，加快提升全系统的舆情监测和应对能力，制定切实可行、简便易行的应对举措及流程，既要扬汤止沸，又要釜底抽薪，做到反应迅速、处置果断。要始终占领舆论主阵地，对各种网络谣言和恶意炒作，及时科学解读，回应公众关切，牢牢掌握话语权。

三是完善追溯管理体系。建设追溯体系是国际通行做法，有利于强化产品全过程质量安全管理与风险控制，实现来源可查、去向可追、责任可究。美国、欧盟的追溯体系都非常完善，我国《食品安全法》以及国务院有关文件，对食品药品追溯体系建设也提出了明确要求。这项工作已经势在必行。在推进中，我们要重点把握以下几点：一要压实企业责任。《食品安全法》明确规定，食品生产经营者应当建立食品安全追溯体系，保证食品可追溯。《国务院办公厅关于加快推进重要产品追溯体系建设的意见》明确提出，要围绕婴幼儿配方食品、肉制品、乳制品、食用植物油、白酒等食品，督促和指导生产企业依法建立质量安全追溯体系；以推进药品全品种、全过程追溯与监管为主要内容，建设完善药品追溯体系。建追溯体系是企业的法定义务，是强制要求，是必须履行的主体责任。二要加快建设信息化追溯平台。对于监管部门来讲，建好追溯平台主要是为监管工作和消费者服务，监管部门发现问题产品能够追根溯源，消费者也能准确查询产品信息，买得放心。省里已经建立了食品追溯平台（已纳入9420家企业和29620种产品），药品追溯平台建设正在稳步推进。追溯要从品种抓起，尽快将所有重点品种和高风险品种纳入追溯平台。要及时汇集相关信息数据，既要将产品追溯信息收集好，又要把监管数据尽快汇总进来。同时，要加强许可系统、监管系统和追溯平台之间的互联互通。三要进行监管倒逼。将追溯体系建设情况、平台应用情况纳入监管的重要内容，作为食品安全市县创建、品牌建设等工作的硬性指标，倒逼企业落实主体责任。还要探索建立激励机制，让建有追溯体系的企业有更大市场，让追溯体系更好地转化为企业竞争力。

*（三）抓住改革机遇期，积极推动产业高质量发展。*食品医药产业都是永远的朝阳产业，随着经济社会发展，人民生活水平不断提高，对高质量食品药品的需求越来越强，食品医药产业的发展前景越来越广阔。我省是食品医药产业大省，但大而不强的问题突出。当前，我国经济已由高速增长阶段转向高质量发展阶段，国家深化审评审批制度改革鼓励药品医疗器械创新等改革措施密集出台，我省正在加快实施新旧动能转换重大工程，为加快推动食品医药产业高质量发展提供了良好机遇。一方面，要通过优化服务助推产业发展。注重把握产业发展规律，切实增强服务意识，进一步简政放权，优化审批流程，提高服务效能。要加强专业指导，积极帮助企业解决在生产经营、技术支撑等各方面遇到的难题。要立足实际，加强调研，梳理生物医药、高端医疗器械、海洋食品、食品新技术等领域重点项目，积极争取纳入各级新旧动能转换的大盘子，得到更多的政策资金扶持。另一方面，要通过严格监管创造良好环境。严厉打击违法者，就等于保护守法者。必须坚持严字当头，依法监管、科学监管，着力解决“劣币驱逐良币”问题，确保高质量产品优质优价，营造公平竞争的市场环境。

去年7月，习近平总书记主持召开中央深改组会议，审议通过了《关于深化审评审批制度改革鼓励药品医疗器械创新的意见》。10月，以中办、国办文件印发。《意见》是药品医疗器械领域深化改革鼓励创新的纲领性文件，是对医药产业的一次重新洗牌，具有里程碑意义。中办、国办《意见》印发后，我们起草了《关于深化审评审批制度改革鼓励药品医疗器械创新的实施意见》，已经省政府专题会议审议，争取以省委办公厅、省政府办公厅文件印发。各级要认真学习、全面贯彻这两个文件，提出实施方案，找出具体办法，将文件要求落地落细落实。要加快仿制药一致性评价进程，集中力量对重点企业、重点品种开展技术指导，帮助解决实际困难。要全面推进上市许可持有人制度试点，吸引更多好品种、好技术到本地生产，将新药研究成果本地转化，将优质“青苗”培育成“参天大树”。在《实施意见》制定过程中，省里已明确了相关的支持政策，如省财政已出台仿制药一致性评价奖补政策，省科技厅将通过后补助方式支持药物创新，省人社厅将及时把新药纳入医保支付范围等等。大家要利用好这些政策，积极争取当地党委政府和有关部门的支持，进一步完善改革配套制度。

改革不仅给产业发展带来深远影响，同时也给监管带来新的挑战。《意见》提出全面实施上市许可持有人制度，要求上市许可持有人对药品全生命周期的安全负责，这将对原来分段监管模式带来颠覆性变革。大家要围绕改革新要求，认真研究改进和加强药品、医疗器械监管的思路举措，完善与上市许可持有人制度相适应的全链条监管措施，加强各环节衔接配合，进一步提升监管的科学性、有效性。

（四）划好安全责任田，构建“三位一体”责任体系。食品药品安全工作是一项系统工程，企业、监管部门、党委政府都有自己不可推卸的责任，都要守好自己的责任田，做到各负其责、各尽其责。

一是督促落实企业主体责任。企业是市场主体，也是食品药品安全的责任主体，必须对自己生产经营的产品质量安全承担法律责任。发生食品药品安全事件，企业必须在第一时间对公众作出解释、采取措施，而不是躲在监管部门后面。食品药品的每一个领域都要制定和推行良好行为规范，引导企业普遍建立科学规范的生产经营体系，积极推行质量受权人、问题企业约谈、红黑名单和行业禁入等制度，倒逼企业依法诚信经营。要综合运用检查、抽检、办案、公开等多种手段，加大对违法违规行为的打击力度，所有不合格的产品、所有违法违规行为，都要处罚到人，提高违法违规成本，增强震慑力，真正起到警示作用。特别是要发挥好信息公开的作用，引导消费者用脚投票。同时，要改进信息公开的方式方法，既要敢公开，又要会公开。

二是严格落实部门监管责任。食品药品监管部门不是企业的“保姆”，不能代替企业承担主体责任。我们的主要职责是对企业产品质量安全承担监督责任，发现问题要对相关企业进行事件调查、责任追究、行政处罚，涉嫌犯罪的移交司法机关追究刑事责任。这一职责定位必须牢牢把握。在全国会上，毕井泉同志强调，“要明确各级食品药品监管部门的事权。国家、省、市、县四级监管部门不能‘上下一般粗’，做同样的事情。更不能监管事权层层下放，监管责任层层下卸。”食品安全如何进一步完善分层分级监管机制，是总局提出的重要课题，我们都要做好“作业”，省市县共同探索。同时，要充分发挥食安办作用，督促食安委各部门严格依法履行职责。加强部门间协作配合，共享资源、互通信息，切实防范监管失责缺位，提升食品安全协同共治能力。

三是推动落实党政同责。习近平总书记多次强调要落实食品安全党政同责。去年年底，省委、省政府出台了《关于食品安全党政同责的意见》，对全省各级党委政府和相关部门的责任进行了明确，这对于进一步加强党委政府对食品安全工作的领导，强化属地管理责任，加快落实“四有”要求，具有十分重要的意义。大家要认真研读文件，吃透文件精神，切实用好这一“尚方宝剑”。各市局“一把手”要亲自抓，推动当地尽快制定具体实施意见，加大食品药品安全工作支持保障力度，加快提升基层监管执法能力、检验监测能力和信息化监管水平。要发挥好参谋助手作用，找准监管工作中的重点难点问题，积极提报党委常委会会议和政府常务会议研究解决，不断夯实基层基础。下一步，在省食安委年度食品安全督查中，将把党政同责落实情况作为重点督查事项。

四、全面贯彻从严治党要求，为监管工作提供坚强保障

食品药品安全监管工作是政治任务、民心工程，关系人心向背、关系经济发展和社会稳定。完成好党和人民赋予的神圣职责，必须按照党的十九大部署要求，毫不动摇地坚持和完善党对食品药品安全监管工作的领导，毫不动摇地落实全面从严治党要求，毫不动摇把各级党组织建设得更加坚强有力，着力打造一支对党忠诚、个人干净、勇于担当、业务精通、作风过硬的高素质监管干部队伍，为监管工作提供坚强有力的政治保障。

（一）旗帜鲜明讲政治。要把学习贯彻习近平新时代中国特色社会主义思想作为当前和今后一个时期的首要政治任务，进一步增强“四个意识”，坚定“四个自信”，坚决维护习近平总书记的核心地位，坚决维护以习近平同志为核心的党中央权威和集中统一领导。坚持将习近平总书记食品药品安全战略思想贯穿于监管工作的全过程。要把管党治党作为最根本的政治责任，强化主责主业意识，将管党治党工作与监管工作同部署、同落实、同检查、同考核。

（二）廉洁从政守纪律。食品药品监管部门集审批权、监督权于一体，面临很大的廉政风险。我们每

年的工作会议都将党风廉政建设作为重点内容单独强调，目的就是要提醒大家必须始终绷紧党风廉政建设这根弦，始终把纪律和规矩挺在最前面，对腐败坚持零容忍态度，以队伍的廉洁，保证监管的权威。要把风险管理理念贯穿党风廉政建设全过程，健全完善廉政风险排查、研判、处置机制，加强风险防控，确保廉政风险化解在小、解决在早。全系统的同志都要主动接受各方监督，形成在监督和约束环境下工作生活的良好习惯。在座的每一名领导干部，不但要严格自律，率先垂范，还要严格落实党风廉政建设工作责任制和“一岗双责”要求，看好自己的门、管好自己的人。

（三）持之以恒提能力。习近平总书记强调，领导干部不仅要有担当的宽肩膀，还得有成事的真本领。食品药品监管专业性、技术性强，监管任务重，对干部队伍能力素质的要求高。全系统都要有本领恐慌意识，自觉加强学习、钻研业务，不断提升自身能力素质，力争成为食品药品监管领域的行家里手。要继续把教育培训摆在突出位置，通过集中培训、实践锻炼等多种形式，使监管执法人员懂法律、懂业务、会办案、会执法，提升依法治理能力。同时，严格落实中办、国办《意见》部署要求，积极争取各方支持，加快推进职业化检查员队伍建设。

（四）驰而不息转作风。作风建设永远在路上，必须持续努力、久久为功。一要勇于担当。食品药品监管部门担负着为人民群众饮食用药安全把关的职责，必须始终保持敢于担当、奋发有为的精神状态，坚持原则，敢于碰硬，严格执法。要直面矛盾问题，不能存有“鸵鸟心态”，更不能上推下卸，只当“二传手”。二要加强调研。全系统要大兴调查研究之风，坚持问需于民、问计于民，深入基层一线，加强与群众的互动交流，听实话、察实情，出实招、办实事、求实效。要改进调研方式，多搞些暗访暗查、随机调研、蹲点调研，不断提高调研的针对性、实效性。三要攻坚克难。全系统要继续发扬善于攻山头、打硬仗的优良传统，一个问题一个问题跟进解决，一个难关一个难关接续攻克。比如，食品安全市县创建、餐饮质量安全提升工程、审评审批制度改革等工作，每一项都是影响全局的大事，都是难啃的硬骨头，需要大家集中优势兵力，迎难而上、全力攻坚。

这里我再强调两件事，关于食盐监管工作：一要做好职能交接。尚未完成交接的市，要积极向党委政府汇报，加强与编制、人社、经信、盐业等相关部门单位的沟通，积极参与改革方案和人员安置政策的制定，按照“人随事走”的原则，争取相应的编制和人员（省局成立了食盐质量安全监管处）。二要抓好监管工作。针对改革新情况，深入开展调研，摸清底数，谋划思路，科学制定检查和抽检计划，强化风险管理，加强日常监管，坚决守住质量安全的底线。

马越男在2017年度全局总结表彰暨党风廉政建设大会上的讲话

（2018年2月13日）

刚才，我们隆重表彰了2017年度先进个人和优秀党员。在此，我代表局党组向受到表彰的同志表示热烈的祝贺！希望你们珍惜荣誉，再接再厉，争取更大成绩。全体干部职工要以先进为榜样，锐意进取，积极作为，不断开创工作新局面。会上，党组书记与班子成员、班子成员与分管处室单位层层签订了党风廉政建设责任书，请大家严格遵照执行，切实抓好贯彻落实。下面，我和大家共同回顾去年工作，并就做好今年各项工作讲几点意见。

一、回顾过去一年，我们团结奋进创佳绩

2017年，是省局发展进程中极不平凡、令人难忘的一年。我们坚持走在前列，团结一致、砥砺奋进，我们瞄准全国一流，专注用心、持续发力。一年来，全局上下深入学习贯彻党的十九大精神，坚持以习近平新时代中国特色社会主义思想为指导，坚持以人民为中心的发展思想，紧紧围绕保障公众饮食用药安全，推出了一系列重大举措，推进了一系列重点工作，解决了一系列突出问题，推动监管事业实现新的跨越。全国人大常委会《药品管理法》执法检查组、国务院食安委督查组分别检查督导我省工作，都给予充分肯定。

（一）监管工作取得新成效。坚持以风险管理理念引领食品药品监管，以问题为导向，综合运用检查、抽检、办案、公开等多种手段，强化风险防控，实施精准监管、靶向治理，监管效能进一步提升。风险排查、会商、交流、处置机制日趋完善，多层级跨部门的定期会商研判已成为常态，定期开展例行会商、综合性会商，并根据需要随时开展专题会商。制定风险

清单，实施“一品一策”“一企一策”“一域一策”，及时防范化解风险。圆满完成了党的十九大安保维稳工作任务，扎实做好上合组织元首青岛峰会食品安全筹备保障工作，高标准完成G20杭州峰会、厦门金砖会晤等重大活动食品安全保障任务43次。舆情监测机制更加完善，处置方法更加有效。全面推行分级分类分层监管，不断完善监督检查体系，检查计划更加科学合理，“双随机”检查、飞行检查力度不断加大，实现了日常检查制度化、专项检查靶向化，省局全年直接组织各类检查1380家次，药品检查数量是上一年的3倍。继续加强抽检监测，着力扩大抽检覆盖面、提高问题发现率，食品抽检千人样本量达到4.99份，提前完成“十三五”目标任务。省局全年完成食品抽检监测6.6万批次、药品抽检监测9800余批次、医疗器械监督抽检948批次。从公众关切的身边事入手，深入开展“守护舌尖安全”“食安护佳节”、食品保健食品欺诈和虚假宣传整治、药品生产质量提升、中药材（饮片）市场整治、医疗器械规范实施年等专项行动，加大违法违规行为查处力度，一大批突出问题得到有效整治。充分发挥信息公开监管新利器作用，建立常态化公开曝光机制，每周三公布食品抽检信息，每逢重大节假日发布消费警示，对行政审批、日常监管、案件查处等信息应公开尽公开，引导消费者“用脚投票”。在省政府政务公开考核中，我局位列省直部门第二。宣传工作取得新成效，建立了与主流媒体的常态化合作机制，中国医药报头版发稿35篇，大众日报头版发稿16篇，是上一年的4倍。《食安山东》电视栏目播发报道268条，收视率在同时段栏目中名列前茅。

（二）*食安山东建设步入新阶段*。坚持以“食安山东”建设统领食品安全工作，系统设计，统筹推进，通过持续探索，不断丰富创建工作的内涵，形成了“点线面”立体化推进的工作格局，“食安山东”名片越擦越亮。一是在点上，以企业为主体，着力开展品牌建设。推动省政府办公厅出台“食安山东”品牌建设实施意见，深入开展跨行业、多层次、全方位的品牌创建，打造品牌方阵，“食安山东”品牌的影响力和带动力逐步扩大。二是在线上，以部门为依托，大力实施餐饮质量安全提升工程。推动省政府出台实施意见，坚持全链条、抓重点、补短板、促提升，全面提升从农田到餐桌的食品安全水平。重点抓好规模以上生产企业和高风险品种，全面推行良好生产规范，开展食品添加剂“对标规范”行动，添加剂“两超”问题得到有效治理。立足管好流通主渠道，开展农产品批发市场、大中型商超质量提升行动，农产品批发市场全部建立快检室，完成586家大中型商超公开评价。持续开展“清洁厨房”行动，不断扩大“明厨亮灶”覆盖面。推动落实学校食堂“四查”制度，深入实施学生小饭桌动态登记公示和星级管理，得到学生家长的一致好评。制定出台“三小”登记和备案管理办法，扎实开展规范提升行动，“三小”监管走上法治化、规范化道路。三是在面上，以政府为主导，全域推进食品安全市县创建。按照省委省政府部署要求，在更广领域、以更高标准、用更大力度，深入推进创建工作。济南等5市成功创建为国家食品安全示范城市，占全国首批创建数量的1/3。在国务院食安办组织的首批示范城市评价性抽检中，前6名中我省占有5席。在全国“双安双创”成果展上，汪洋等领导同志到我省展区视察，对山东工作给予肯定。省级创建深入开展，目前已涵盖全省17市和80%以上的县（市、区）。通过持续创建，各创建地区的食品安全治理能力和保障水平、群众满意度均得到显著提升。

（三）*服务改革发展实现新突破*。自觉融入全省改革发展大局，积极作为，主动服务，推动全省食品医药产业新旧动能转换和高质量发展。大力推进“放管服”改革，实施简政放权，优化审批流程，将所有公共服务事项集中至政务服务大厅。在实现全程网办的基础上，探索“证照寄递”，做到让群众“最多跑一次”或“零跑腿”。实施“创新通道”“快捷通道”和“常规通道”三通道审批，将部分审批事项由“串联”改为“并联”，进一步提高审批协同性。齐鲁制药、鲁抗医药、泰邦生物等重大项目搬迁审批时限缩短50%以上。建立重大项目库，为企业提供“一对一、面对面”技术咨询和上门服务。重点支持济南药谷等园区建设，推动食品医药产业集聚发展。深入推进药品医疗器械审评审批制度改革，推进改革鼓励创新的实施意见已经省政府专题会议研究，即将提交省政府常务会议审议。药品上市许可持有人制度试点、仿制药一致性评价等任务取得重大进展，医药创新能力进一步提升。会同省政府研究室开展专题调研，提出建设性意见，引起省领导高度重视。顺应改革需要，积极探索监管新模式，研究出台促进药品流通行业转型升级创新发展的意见，积极推进京津冀鲁四省药品协同监管新机制建设。顺利通过国家药品进口口岸局（所）现场评估。促成省政府与总局签订战略合作协议，开展省部共建。省局与总局南方所、药审中心深入合作，更好服务产业发展。总局药审中心药品创新与审评制度改革联系点落户山东。

（四）*基础能力建设迈出新步伐*。推动省委、省政府出台食品安全党政同责意见，为压实各级党委政府领导责任、推动“四有”落实提供了有力制度保证。改进考核评价机制，优化考核指标，突出考重点、考关键，推动省食安委组织食品安全现场督查，考核的“风向标”“指挥棒”作用更加凸显。坚持法治思维，注重建章立制，《山东省食品小作坊小餐饮和食品摊点管理条例》正式颁布实施，出台《山东省医疗器械经营企业分类分级管理办法》等规范性文件12个，监管篱笆扎得更紧更牢。针对基层监管执法遇到的困惑，研究制定食品药品执法办案指导意见，统一办案尺度。出台履职尽责容错纠错实施意见，为全系统依法行政保驾护航。持续推进“智慧监管”工程，食品药品日常监管系统等前三期25个项目已全部应用，四期项目全面展开，信息化监管水平进一步提升。食品追溯体系建设稳步推进，药品信息化追溯体系建设正式启动。检验检测能力明显提升，省级食品药品检验实验室项目进入收尾验收阶段，食品药品检验设备总值达2.8亿元，新增食品药品检验参数97个、医疗器械检验项目89项。2017年，省级财政投入4.28亿元，比2013年翻了两番，实现四连增。

（五）全面从严治党焕发新气象。坚持把抓好党建作为最大政绩，以党的建设统领各项工作，将党建与监管一体研究、一体部署、一体推进，做到融在日常、抓在经常，形成了一级抓一级、层层抓落实的党建工作格局，营造了风清气正、干事创业、奋勇争先的良好氛围，树立了食品药品监管部门的新形象、新气象。深入学习贯彻党的十九大精神，领导班子成员带头学习、带头宣讲、带头抓落实，各基层党组织和广大党员干部紧密结合实际，分专题学习研讨交流。扎实推进“两学一做”学习教育常态化制度化，全年开展中心组集体学习33次，得到省直机关工委通报表扬。严格落实民主集中制，坚持每周党组会、局务会例会制度，所有重大事项都通过集体研究决定。各支部积极争创过硬支部，创新开展主题党日活动。群团组织作用充分发挥。党风廉政建设不断加强，廉政风险防控更实更严。持之以恒纠正“四风”，改进作风。全力支持驻局纪检组聚焦中心任务，强化执纪监督，把党员干部成长发展全过程、工作生活各领域、思想行为各方面都置于严格监督之下。坚持“有为才有位”，严格执行干部工作政策和制度，严格按程序选人用人，做到公平、公正。全年提拔重用处级干部40人，机关交流轮岗干部27人，一批优秀年轻干部走上处级领导岗位。稳妥有序推进职务职级并行试点工作，89名同志享受到政策红利。

一年来，我们的机构职能进一步理顺，新设行政许可处、药械风险处，实现许可事项集中办理，进一步强化事中事后监管和药械风险管理。组建了食盐监管处，探索实施品种监管。一年来，我们的机关运行更加顺畅，综合处室和业务处室密切配合，协同作战，步调一致，做到了全局一盘棋。一年来，我们的队伍更加壮大，局机关编制增加到137名，我们的监管大家庭更加年轻、更有朝气、更有战斗力。一年来，省食安办作用得到更好发挥，我们主动完善机制、主动沟通协调、主动加强服务，与食安委成员单位的衔接更加顺畅、合作更加密切。很多成员单位主动与我们开展合作，由以前的单打独斗变成了共商共举、集团作战，从“各说各话”走向了“同频共振”、齐抓共管。这一年，我们努力做好政策研究、统计、科技、培训、外事、财务、第一书记帮扶、援藏援疆、离退休干部等各项工作，蹄疾步稳、扎实推进，取得了积极成效、创造了优异成绩。

一年来，各直属单位立足本职，积极进取，各项工作成效显著，捷报频传。稽查局牢固树立“大稽查”理念，深入推进稽查执法与日常监管融合，持续加大违法案件查处力度。省食品药品检验研究院完成法人治理结构改革，综合检验检测能力稳步攀升，成为总局药审中心实训基地。省医疗器械检验中心标准制修订工作走出国门，淄博、威海分中心建设扎实推进。审评认证中心不断加强机构建设，审评机制和现场检查流程进一步优化，审评能力位居全国第一梯队。不良反应监测中心进一步健全监测体系，监测报告数量稳居全国前列，报告质量明显提升。信息中心积极参与“智慧监管”工程建设，加强网络运维管理与技术服务。服务中心不断改进加强后勤保障，服务管理水平进一步提升。职业学院积极争创优质高职院校，办学条件日益完善，招生和就业质量不断提高。

一年来，我们共同努力，共同进步，共同收获。省局继续保持省级文明单位称号，被授予“省直部门决算工作先进集体”“全省档案工作科学化管理先进单位”“全省机要工作先进单位”等称号，保密工作连续两年被评为“优秀”，荣获省直机关健步走活动第二名、游泳比赛第七名、篮球比赛“优秀组织奖”，获得驻文东社区单位演讲比赛第一名。办公室被省委、省政府授予“全省信访工作先进集体”称号，被国家总局、省委、省政府同时表彰为政务信息先进单位；食品监管一处被总局评为“G20杭州峰会食品药品安全保障工作先进集体”；食品监管二处在党的十九大期间食品安全保障工作表现出色，得到总局通报表扬；食品监管三处圆满完成重大活动食品安全保障工作，被省委、省政府记二等功；机关党委被省直机关工委评为“机关党建宣传报道工作先进单位”；省食品药品检验研究院被评为“国家药品抽检工作表现突出单位”；不良反应监测中心成功创建为省级文明单位，被省总工会授予“富民兴鲁劳动奖状”，并荣获省直机关“最佳志愿服务组织”；信息中心被评为“全省网络安全先进集体”。赵森、胡梅两名同志当选省政协委员，李洋均被评为省政协先进提案工作者，栾振兴、赵洪涛被评为信息工作先进个人，王之香被评为“省直机关三八红旗手”，金育皎被评为省直机关党建宣传工作先进个人，等等。

一年来，我们戮力同心，真抓实干，既有艰辛、更有收获，创造了一个又一个优异成绩，开创了多点开花、亮点纷呈的可喜局面。这一年，省委、省政府先后4次召开常委会会议、常务会议研究食品药品安全工作，先后有15位省部级以上领导同志对我们的工作给予具体指导，人民群众对食品药品安全的满意度达到70%以上。这一年，我们的监管理念日臻成熟，“打建创”“点线面”、正向引领、风险管理等经验做法，得到总局高度认可。一路走来，我们的方向越来越明确，路径越来越清晰，步子越来越有力。这一年，我们瞄准全国一流勇往直前，我们的“食安山东”品牌全面叫响，我们的食品安全市县创建引领全国，我们的餐饮质量安全提升工程全链条高层次推进，我们的审评审批制度改革深处发力，我们的食品抽检数量全国第一，我们的“智慧监管”工程持续领跑，等等。整体工作迈上新台阶，继续走在全国前列。

成绩浸透着汗水。一年来，同志们顾大局、讲奉献，舍小家、为大家，始终保持着强烈的事业心和责任感。一年来，同志们心往一处想、劲往一处使，积极传递正能量，形成了干事创业的强大合力。一年来，同志们“五加二”“白加黑”，或在办公室挑灯夜战或在监管一线冲锋作战，兢兢业业、任劳任怨。一年来，同志们始终把纪律和规矩挺在前面，遵纪守法、廉洁勤政，不断改进工作作风，树立了良好形象。一年来，同志们不畏艰难，涉险滩、攻难关、啃硬骨头，集中力量打歼灭战，取得了一个又一个胜利。我们应该为自己点赞。在此，我代表局党组，对同志们的辛勤付出表示衷心的感谢！

经过几年的艰辛探索，全省食品药品安全形势持续好转，但压倒性态势尚未形成，存在的问题还不少。进入新时代，社会主要矛盾发生变化，与人民群众日益增长的美好生活需要相比，食品药品安全工作仍然存在许多不平衡不充分的问题，食品药品的供给质量还不够高。面对新形势新任务，我们自身的监管能力还有不小的差距，对监管规律的把握还不够深刻，监管理念和思路举措还需进一步创新，科学谋划和统筹引领能力还有待加强，专业化监管水平亟待提升。我们还不能有松口气、歇歇脚的想法，还需要继往开来、接续奋斗，还需要百尺竿头、更进一步。我们必须时刻保持清醒头脑，正视当前问题，坚定前行信心，拿出更加饱满的热情、更加昂扬的斗志，撸起袖子加油干，在新时代开创新局面、展现新气象、实现新作为！

二、展望新的一年，我们重整行装再出发

2018年，是贯彻党的十九大精神的开局之年，是改革开放40周年，是决胜全面建成小康社会、实施“十三五”规划承上启下的关键一年。关于今年的食品药品安全工作，党中央、国务院提出了明确要求，总局、省委、省政府都作出了安排部署，全省“双安双创”工作电视会议、省食安委全体会议、全省监管工作会议，都对重点工作任务作了具体安排。做好今年工作，责任重大、任务艰巨。惟其艰难，才更显勇毅；惟其笃行，才弥足珍贵！站在新的历史起点和关键节点上，我们必须接力探索、接续奋进，重整行装再出发，以更加昂扬的姿态继续走在全国前列。

（一）*走在前列，要进一步提高政治站位。*旗帜鲜明讲政治是我们党作为马克思主义政党的根本要求，是共产党人最鲜明的本质特征，必须把党的政治建设摆在首位，不断增强讲政治的思想自觉和行动自觉。一要牢固树立“四个意识”。要把学习贯彻习近平新时代中国特色社会主义思想和党的十九大精神作为当前和今后一个时期的首要政治任务和鲜明工作主题，在学懂弄通做实上下功夫。每一名党员干部都要注重理论学习，提高政治能力，自觉向总书记看齐，向党中央看齐，坚决维护习近平总书记的核心地位、领袖权威，坚决做到在思想上认同核心、政治上维护核心、行动上紧跟核心，坚决维护以习近平同志为核心的党中央权威和集中统一领导。二要认真学习贯彻习近平总书记食品药品安全战略思想。党的十八大以来，习近平总书记高度重视食品药品安全工作，发表了一系列重要讲话，作出了一系列重要指示批示，提出了一系列新思想、新理念、新论断，形成了完整系统的食品药品安全战略思想。这些战略思想，是习近平新时代中国特色社会主义思想的重要组成部分，为做好新时代食品药品安全工作指明了方向、提供了遵循。对我们而言，旗帜鲜明讲政治，必须要学习好、贯彻好、落实好习近平总书记食品药品安全战略思想，自觉用这一思想武装头脑、指导实践、推动工作。三要自觉融入发展大局。当前，国家经济社会发展进入新阶段，全省“由大到强”步伐不断加快，新旧动能转换工程深入推进，供给侧结构性改革机遇不容错过。在这个重要历史节点，我们必须深入思考如何定位自身工作、把握发展大势，必须正确认识大局、积极融入大局，正确处理监管工作与发展大局之间的关系，自觉从全局高度把握形势、分析问题、谋划工作，借助改革大势，做好融合文章，搭上全省经济社会发展的“高铁”快车，在融入大局中积极作为，实现监管事业的更好发展。

（二）*走在前列，要进一步提振信心。*信心比黄金更重要。站在新时代新起点，面对新形势新任务，我们还需要进一步坚定信心、充满决心。一是对事业要有信心。加强食品药品安全工作，是习近平总书记念兹在兹、关心关注的一件大事，是党中央高度重视、持续推进的一件大事，是事关广大人民群众身体健康和生命安全的一件大事。随着人民生活水平不断提高，食品药品安全肯定会越来越被重视，监管事业前景一定会越来越好。这是一份使命光荣而艰巨的事业，从事这份事业，我们很幸运。干好这份事业，我们更要有信心！二是对自己要有信心。法国思想家罗曼·罗兰说过，先相信自己，然后别人才会相信你。近年来，

我们在不断抛洒汗水、收获成绩的同时，自身也得到了充分的锻炼。每开展一项全新工作、每破解一个棘手难题、每完成一项重要任务，我们都得到了进一步的磨砺，有了新的提升。在不断的探索实践中，我们学会了高标准工作、创造性工作，形成了优良作风，打造了过硬本领，无论今后遇到什么难题，相信大家都能从容淡定、举重若轻。对自己有信心，既是肯定昨天的付出，正视今天的努力，更是为了开创更加美好的明天。三是对集体要有信心。新局组建以来，大家并肩作战，一起爬坡过坎、一起攻坚克难，形成了一个讲团结、能干事、有温暖、共向上的战斗集体，风清气正的生态已经形成，干事创业的氛围越来越浓厚。大家在这个集体中，沟通越来越顺畅，配合越来越默契，工作越来越带劲。希望大家继续甩开膀子干工作，专注事业、心无旁骛，多琢磨事、少琢磨人。只要你对工作有担当、对事业负责任，党组一定会为你担当、为你负责。

（三）**走在前列，要进一步增强本领。**习近平总书记在党的十九大报告中指出，我们党既要政治过硬，也要本领高强，并明确提出要增强“八个本领”。他强调，领导干部不仅要有担当的宽肩膀，还得有成事的真本领。这要求我们不仅要有敢担当的“铁肩”，更要有会担当的“妙手”。一要在科学谋划上实现新提升。作为省级机关，加强顶层设计十分重要。大家在做好日常监管的同时，要善于从具体事务中跳出来，更加注重对工作的谋划和设计，当好全省监管工作的“设计师”，而不仅仅只是一个“泥瓦匠”。磨刀不误砍柴工。再忙也要抽出时间深入地研究工作，把情况掌握全，把事情研究透，抓住“牛鼻子”，着力提高工作的预见性和计划性，做到运筹帷幄、有条不紊、忙而不乱。要加强对监管规律的研究，开展一项工作，从为什么干、干什么、怎么干，到谁来干、干到什么程度，都要研究明白、考虑清楚，出台的文件、设计的方案才会更具指导性和实效性。二要在攻坚克难上实现新提升。习近平总书记指出，中国改革经过30多年，已进入深水区，好吃的肉都吃掉了，剩下的都是难啃的硬骨头。食品药品监管工作亦是如此。浅层面的问题已基本解决，剩下的大多是深层次的问题。今年，我们确定的工作主线是抓规范促提升，就是要针对这些“老大难”“拦路虎”，拿出“明知山有虎，偏向虎山行”的勇气，补短板、强弱项，锲而不舍、持续发力、久久为功。三要在改革创新上实现新提升。习近平总书记指出，惟改革者进，惟创新者强，惟改革创新者胜。破解难题、攻克险关，离不开既有的宝贵经验，更需要深化改革、勇于创新，拿出更多的过硬办法。怎么改革创新？要坚持问题导向，问题在哪里，改革点、创新点就在哪里。要围绕怎么把问题有效解决，想办法、谋思路，敢闯敢试。要坚持监管为民，加强与基层和群众的联系沟通，多掌握第一手资料，多了解他们的所需所盼。他们关心什么，我们就加强什么；他们担心什么，我们就预防什么；他们痛恨什么，我们就整治什么。

（四）**走在前列，要进一步加强党的建设。**做好食品药品监管工作，必须坚定不移地落实全面从严治党要求。要以“不忘初心、牢记使命”主题教育为主线，以问题为导向，以廉政风险防控为重点，以创建全国精神文明单位为抓手，全面强化党的领导，加强党的建设，为监管事业提供有力的思想和组织保证。一要压实党建责任。要始终把抓好党建作为头等大事、作为最大政绩，时刻记在心里、扛在肩上、抓在手上。我和其他班子成员将带头抓、经常抓，各基层党组织书记要亲自抓、具体抓。做好党建工作，也是每一位党员的应尽之责，大家要群策群力，积极参与。二要创新党建工作方式。认真总结运用推进“两学一做”学习教育常态化制度化的经验做法，积极搭建党建平台载体，注重与业务工作的结合、契合和融合，开展形式多样的各类活动，切实增强党建工作实效。去年，很多支部创造性开展了一系列主题党建活动，取得了良好效果，希望大家继续发挥主观能动性，努力把党建工作抓得更细更实更有效。要进一步完善党建工作制度，大力推进支部标准化建设，把全面从严治党要求贯穿到党员发展、教育、管理、监督各个环节，提升基层党组织的组织力。要进一步加大机关文化建设力度，通过多种形式加强人文关怀，深入细致地做好党员干部职工思想政治工作，提高组织的向心力、凝聚力，让大家充分感受到组织的温暖。要积极争创全国精神文明单位，全员参与、共建共享，进一步凝聚干事创业的强大正能量。三要加强党风廉政建设。党风廉政建设事关党的事业兴衰成败，事关监管事业的发展，事关每一位同志的前途和幸福。我们必须要坚守廉政底线，严格自律、两袖清风，清清白白做人、干干净净做事。要把思想教育抓在日常、严在经常，坚持双向约谈，多扯袖子、勤咬耳朵，筑牢廉政思想防线。要注重建章立制，用制度管人、管事、管权，扎牢织密制度笼子，筑牢廉政“防火墙”。近日，党组研究制定了《廉政风险防控制度》，明确了一系列工作机制，就是要前移关口、前推防线，抓早、抓小、抓苗头。大家要认真抓好落实，自觉主动接受各方监督，形成在监督和约束环境下工作生活的良好习惯。

（五）**走在前列，要进一步锤炼过硬作风。**新局组建后，党组提出了“高、精、快、严、实”的工作标准，倡导“把优秀当成一种习惯”。大家积极响应党组号召，一级带着一级干，一级做给一级看，埋头苦干，真抓实干，取得了骄人成绩。继续走在前列，我们的标准还要更高、要求还要更严、措施还要更实。要大兴学习之风。习近平总书记强调，好学才能上进。

中国共产党人依靠学习走到今天，也必然要依靠学习走向未来。我们要不务虚功，把学习作为一种生活方式、当成一种工作习惯，在学习中进步，在进步中学习。既要学好监管业务知识，也要关注当前焦点、热点及前沿知识，紧跟时代步伐、更新知识结构、提高理论素养、拓宽思维思路。要把干部教育培训摆在重要位置，精心制定培训计划，注重利用“周五课堂”等形式加强日常培训，注重开展专业化培训和综合能力培训，提高培训质量。要大兴调查研究之风。习近平总书记强调，调查研究是谋事之基、成事之道，没有调查就没有发言权，没有调查就没有决策权。调查研究是做好工作的基本功。今年，我们要在全系统兴起调查研究之风，深入基层一线，多搞蹲点式调研，摸实情、查实底。到基层调研，要尽量减少陪同人员，多到问题多的地方去，把更多精力放在掌握情况、解决问题上。要多走出去，多到先进省份调研，他山之石、为我所用。要切实提高调研质量，提出具有建设性、可行性的对策建议，真正使每一次调研转化为改进监管工作的有效举措。需要强调的是，在省内调研，要尽量结合检查、抽检等日常监管工作开展，减轻基层负担。要大兴狠抓落实之风。喊破嗓子不如甩开膀子，要坚决防止以会议落实会议、以文件落实文件，防止空喊口号、流于形式，防止大而化之、只部署不落实。各处室单位主要负责同志要带好头，建好周台账、月台账，明确任务、标准和时限，定期碰头、跟进调度，做到日事日毕、日清日结。对牵涉面广、影响大的工作，要抓紧抓实、盯住不放，对难度大、见效慢的工作，要亲自上手、敲钟问响。要进一步完善督查机制，做到工作推进到哪里，督查就跟进到哪里，做到凡有部署、必有督查，凡有部署、必见成效。

新时代要有新气象，新使命呼唤新作为。让我们以习近平新时代中国特色社会主义思想为指导，全面贯彻落实党的十九大精神，以只争朝夕的紧迫感、舍我其谁的责任感，团结奋进，锐意争先，不断书写新时代食品药品监管事业的新辉煌！

不忘初心　继续前进　让实干成为一种自觉担当

——马越男“七一”讲话提纲

（2017 年 6 月 30 日）

2016 年 7 月 1 日，习近平总书记在庆祝中国共产党成立 95 周年大会上发表重要讲话，全面回顾党的光辉历程，系统梳理党的理论体系，统一全党思想，面向未来发出了豪情满怀、催人奋进的动员令和宣言书。在总书记“七一”讲话一周年之际，根据“两学一做”学习教育常态化制度化工作安排，结合工作实际，我就学习贯彻习近平总书记系列重要讲话，进一步推进食品药品监管工作，与大家交流一下学习体会。

习近平总书记在去年“七一”讲话时，将党的执政比作历史性考试。他讲到，“1949 年 3 月 23 日上午，党中央从西柏坡动身前往北京时，毛泽东同志说：‘今天是进京赶考的日子。’60 多年的实践证明，我们党在这场历史性考试中取得了优异成绩。同时，这场考试还没有结束，还在继续。今天，我们党团结带领人民所做的一切工作，就是这场考试的继续。”他向全党发出号召：“一定要不忘初心、继续前进，继续在这场历史性考试中经受考验，努力向历史、向人民交出新的更加优异的答卷！”

食品药品安全就是这场历史性考试的重要内容，也是必答题。习近平总书记指出，“食品安全关系群众身体健康，关系中华民族未来。能不能在食品安全上给老百姓一个满意的交代，是对我们执政能力的重大考验。”

2013 年 7 月，我们局重新组建，现已整整 4 年。回望来路，我们扪心自问：在这场历史大考中，我们的初心是什么？我们是否坚守了初心？哪些需要认真总结？哪些需进一步反思和改进？

食品安全是天大的事，药品安全是人命关天的事，关系每一个人的身体健康和生命安全，关系改革发展稳定大局。保障公众饮食用药安全，是我们做好各项工作的出发点和落脚点。

这些年，我们一路走来，共同探索。

2013 年，我们按照国家统一部署，全力抓改革，推进机构整合、人员融合，着力建好监管体系（这次改革，是从 2013 年初开始的，国务院召开的第一次会议就是关于食品药品监管体制改革的。之后，组建了国家食品药品监管总局。省政府也是年初就开始推动改革，并专门成立了由常务副省长牵头的改革领导小组。在那之前的一个时期，食品处于“九龙治水”的状态，安全事件频发，食品安全成为每年全国“两会”期间排前三位的热点问题，社会关注度居高不下。特别是“三聚氰胺奶粉”“地沟油”“毒生姜”“福喜肉”

等事件连续发生，食品安全饱受诟病。基于对形势的准确判断，中央果断作出改革食品药品监管体制的重大决策，核心就是“统一、整合和加强”。我们抓住机遇，全力推进改革，积极争取人员编制、装备设备等，可以说是跑断了腿、磨破了嘴。改革工作整体走在全国前列）。

2014年初，提出正确处理“四个关系”（食品和药品的关系、审批和监管的关系、政府监管和社会共治的关系、加强监管与促进发展的关系）、做到“五个注重”（注重抓基础、注重抓关键、注重抓规律、注重抓典型、注重抓宣传），统一思想，形成共识，探索抓工作的方法（比如，注重抓基础，抓住改革窗口期，利用各方重视的有利条件，抓紧把监管队伍、技术支撑能力、设施配备等基础打牢。注重抓关键，坚持“一年抓几件事、几年抓好一件事”，解决好人民群众反应强烈的突出问题和监管中的重难点问题。注重抓宣传，解决以前监管声音传播不出，外界质疑多、误解多等问题，等等）。

2015年，确立“夯实基础、扎牢篱笆、主动作为、务求实效”的思路。

2016年，实施“打、建、创”并举（强化严打重治、构建长效机制、推进示范创建）。

2017年，提出“四个着力”（着力强根基、着力防风险、着力抓引领、着力提升公众获得感）等。

这些工作的思路和要求，都是根据形势的发展和任务的要求，经过大家的认真研究提出的。一路走来，步子越来越扎实，路径越来越清晰。

*——我们不忘初心，坚持以严格监管保障食品药品安全。*习近平总书记多次强调，“要用最严谨的标准、最严格的监管、最严厉的处罚、最严肃的问责，确保人民群众‘舌尖上的安全’。”这是我们做好食品药品安全工作的行动纲领和基本遵循。

围绕保障公众饮食用药安全，我们坚持严字当头，主动出击。将严打作为改善公众饮食用药环境最直接、最有效的手段之一，针对群众反映强烈的突出问题，持续开展“守护舌尖安全”系列整治行动，进行严厉打击，并建立常态化公开曝光机制，形成了强大震慑，打出了声势、打出了权威。

同时，立足最严格、覆盖全过程、监管更有效，全面梳理、修改和完善监管制度，着力解决制度碎片化和交叉空白问题，及时将实践经验转化为制度成果。出台了不合格食品核查处置、食用农产品批发市场质量安全监管、药品生产质量管理规范认证、医疗器械经营企业分类分级管理、行政处罚程序规定实施细则等24个规范性文件和60余项监管制度。今年6月1日，“三小”条例正式实施。不断创新监管方式，加大飞行检查、暗访暗查、抽检监测的力度和频次，大力推行分级分类分层监管、“智慧监管”、模块化规范化痕迹化“三化”监管、双随机抽查等，努力让监管更加科学、精准、高效。

坚持以风险管理理念引领监管，推动监管由被动处置向主动防控转变，定期进行风险会商研判，科学划分风险等级，实施差异化监管，牢牢掌握监管的主动权。

经过持续努力，全省食品药品安全形势整体稳定向好，食品评价性监测合格率稳定在94%以上，药品评价性监测合格率达到99.81%。监管执法的权威性逐步树立起来，越来越多的企业感受到了来自监管的压力。监管工作得到了各级党委政府、相关部门及各方面越来越多的认可与支持。公众对食品药品安全的获得感与信任度不断提升，看待食品药品安全问题更加理性，参与监管的意愿更加强烈。

*——我们不忘初心，坚持以品牌引领提振消费信心。*习近平总书记在2013年12月召开的中央农村工作会议上强调，“要大力培育食品品牌，一个品牌一旦在老百姓心目中确立起来，就可以成为质量的象征、安全的象征，老百姓就会放心购买和消费。要发挥优秀品牌质量管理的示范带动作用，加强品牌建设，积极争创名牌，用品牌保证人们对产品质量的信心。”

2014年初，局党组认真组织研究，提出了开展“食安山东”建设的构想。主要考虑是，坚持打建结合、扶优汰劣相结合，突出正向引导，树立先进典型，培育放心品牌，用“正能量”引领公众消费，提振消费信心，以品牌创建促进产业升级，积极探索食品安全治理的新途径，打造“食安山东”整体品牌。同时，食品安全是一项系统工程，搭建“食安山东”建设这一平台，可以让党委政府更加重视，使相关部门都能参与进来，增强工作的整体合力（创建标准主要包括落实“党政同责”、完善监管体制、经费保障、源头治理、监督执法、落实企业主责、社会共治等，涵盖了食品安全工作的整个链条和方方面面）。

2014年4月，省政府印发文件，正式启动“食安山东”品牌引领行动。下半年，我们积极参与国家食品安全示范城市创建，并同步开展省级试点。2015年国务院在我省召开现场会。2016年初，推动实施食品安全市县创建三年行动计划。2017年，推动出台《关于“食安山东”品牌建设实施意见》，坚持点线面相结合，以更大力度、更高标准，在更广领域开展示范创建（一是增点，即深化品牌引领行动，继续抓好“十个一批”等创建，并拓展创建新的品牌，打造更多示范典型，实现拓点增量；二是连线，即将前期培育打造的品牌分行业、分业态、分层次进行划分，细化完善品牌标准，树立各领域标杆，引导同领域其他生产经营者进行对标、追标，实现连点成线；三是扩面，即以开展“双安双创”为载体，全域推进食品安全城市和农产品质量安全县创建，实现由线到面，进一步放大“食安山东”品牌效应）。济南、青岛、烟台、潍坊、威海5市全部通过创建验收，被命名为首批国家食品安全示范城市，数量占全国1/3。昨天，国务院食安委举办“双安双创”成果展暨首批国家食品安全示范城市授牌仪式，汪洋副总理亲自出席并授牌。

经过三年多的创建，“食安山东”建设已经上升为省委、省政府的重大决策部署，成为全省食品安全工作的统领和提升食品安全治理能力的有效抓手。2015年、2016年，省委、省政府连续两年分别召开常委会、常务会，专门听取我们的工作汇报，主题都是“食安山东”建设。在刚刚闭幕的省第十一次党代会上，刘家义书记又就深化“食安山东”建设作了专门强调（党代会前，刘家义书记、龚正省长分别对食品安全工作作出批示。刘家义书记批示：保障食品安全事关人民群众身体健康和生命安全，是重大的政治责任。全省各级各部门要牢固树立“四个意识”，坚决贯彻落实习近平总书记重要指示精神，按照中央部署要求，从严从实做好食品安全各项工作。要以“食安山东”建设为统领，以“双安双创”为抓手，着力整治突出问题、完善体制机制、强化风险管理，严把从农田到餐桌的每一道防线，不断提升食品安全治理能力和保障水平，努力把山东建设成为全国食品最安全地区之一，让党中央放心、让人民群众放心。龚正省长批示：确保食品安全是重大的民生工程、民心工程，是我们义不容辞的重大责任。各级各部门要坚持以习近平总书记关于食品安全的系列重要指示精神为指引，全面落实好党中央、国务院的部署要求，认真总结推广“双安双创”试点取得的成功经验，强化责任落实，强化协调配合，强化投入保障，全域推进食品安全城市和农产品质量安全县创建，努力打造山东食品安全品牌，助推食品产业新旧动能转化，为加快实现我省由大到强战略性转变作出新的更大贡献）。这些年，各级党委政府对食品药品安全工作越来越重视，支持力度越来越大。这些都与“食安山东”建设密不可分。

——*我们不忘初心，坚持以优化管理服务促进产业发展*。习近平总书记指出，“发展是基础，经济不发展，一切都无从谈起。实现全面建成小康社会奋斗目标，仍然要把发展作为第一要务，努力使发展达到一个新水平”，“发展是解决所有问题的关键”。

新局组建后，我们就提出要正确处理加强监管与促进发展的关系，准确把握产业是什么，监管为什么。产业是监管的基础，监管是产业健康发展的保证，两者相辅相成、互促互进。产业发展好了，企业安全意识和产品质量安全水平提升了，监管就会省心省力。监管到位了，营造公平竞争的发展环境，可以有效防止“劣币驱逐良币”现象，推动产业健康发展。

这些年，我们以“食安山东”品牌建设推动食品产业转型升级，重点抓好标准化生产基地、放心食品生产加工基地等覆盖全链条的“十个一批”创建（即创建一批标准化生产基地、放心农产品品牌和区域公用品牌；打造一批出口农产品质量安全示范区；培育一批放心食品生产加工基地和龙头骨干企业；发掘、保护和发展一批食品老字号与传统品牌；打造一批新兴品牌产品；创建一批食品经营示范单位；规划建设和升级改造一批农产品批发市场、冷链加工配送中心和农贸市场；培育一批知名大型餐饮企业；创建一批餐饮安全示范街区、示范学校食堂和示范店；挖掘、保护和发展一批餐饮老字号和地方风味名吃），提升安全保障水平，引领产业健康发展。加快推进药品医疗器械审评审批制度改革，积极推动仿制药一致性评价、药品上市许可持有人制度试点等重点改革任务落实，助推我省医药产业抢抓改革机遇，提升核心竞争力。“十二五”期间，我省食品医药工业年均增速都超过两位数，对全省经济的贡献能力不断提高。

按照习近平总书记建立“亲”“清”新型政商关系的要求，坦荡真诚同企业接触交往，进一步优化管理服务，帮助解决实际困难，为产业发展创造宽松有利的发展环境，真心实意支持企业发展。

2017年4月份，省委、省政府启动实施新旧动能转换重大工程后，我们迅速行动，积极参与，主动融入大局，推动食品医药产业新旧动能转换（比如，建立重大项目库，对十大创新药物、十大创新医疗器械和50个仿制药一致性评价品种，实施个性化的“一对一”重点帮扶。鼓励支持济南药谷、烟台生命科学创新示范区等重点园区聚集发展。加快推进科研创新、检验检测和大数据等公共服务平台建设，药品进口口岸局（所）建设顺利通过国家考核，为产业聚集发展主动提供服务。积极推动省部共建，争取国家层面更多支持，等等）。

——*我们不忘初心，坚持从解决身边问题入手提高群众获得感*。2014年12月，习近平总书记在中央深改领导小组会上强调，“要解决群众生产生活中面临的突出问题，务必使改革思路、决策、措施都能更好满足群众诉求，做到改革为了群众、改革依靠群众、改革让群众受益。”

我们坚持从群众普遍需求出发，主动换位思考，以看得见、摸得着的方式提升群众的满意度、获得感。实施“开门监管”，广泛开展学校食堂开放日、“透明工厂”“寻找笑脸就餐”、你点我检、你送我检等系列活动。通过网站、报纸、电视、官方微博、微信公众号、手机APP等多渠道，积极开展科普宣传。定期召开新闻发布会、媒体通气会，发布权威信息、消费提示和风险警示，引导公众理性消费。

我们从解决公众普遍关心的身边问题和食品药

品安全监管的薄弱环节、空白难点出发，创新治理手段，让公众从我们的具体工作中切实感受监管带来的成效与变化。比如，针对学生“小饭桌”监管问题，联合教育等多个部门，实施登记公示制度，供学生家长选择和监督，有效促进了“小饭桌”开办者规范经营。针对食用农产品批发市场监管难问题，探索开展快检信息公示，现场公布检测结果，倒逼市场开办者严把准入关口。针对公众关注的“三小”问题，推动出台“三小”条例，并抓好组织实施，广泛开展规范提升行动，等等。

——*我们不忘初心，坚持以全面从严治党提升队伍战斗力*。习近平总书记强调，“坚持全面从严治党是推进党的建设新的伟大工程的必然要求，是我们做好一切工作的重要保障”“打铁还需自身硬”“党要管党，首先是管好干部；从严治党，关键是从严治吏”。

食品药品监管是管别人的，首先就得自身过硬。这四年来，我们持之以恒抓党建，全面落实党建主体责任，不断加强和改进党建工作。扎实开展党的群众路线教育实践活动、“三严三实”专题教育活动、“两学一做”学习教育。我们结合自身实际，研究制定了抓党建促监管争一流十五条措施，修订完善《党组工作规则》，主动增强“四个意识”，旗帜鲜明讲政治，确立了“走在前列”的目标定位。完成了基层党组织换届，深入开展过硬党支部建设，着力发挥基层党组织的战斗堡垒作用。不断加强党风廉政建设，将纪律和规矩始终挺在前面。严格落实中央八项规定精神，矢志不渝抓作风，不断提升工作标准和效能。我们树立“有为才有位”的用人导向，坚持凭工作实绩论英雄，努力营造风清气正、干事创业的良好生态，打造食品药品监管的铁军。

回顾新局组建以来的工作，想必大家都有一个深刻的感受，就是很辛苦、很不容易。新局组建之初，既面临机构重组、队伍重建、人员融合、任务骤增的改革问题，又面临缺人、缺钱、缺物的现实难题，千头万绪，很多工作需要重新谋划部署。在开基立业、爬坡过坎的关键时期，局党组确立了“高、精、快、严、实”的工作标准，倡导“把优秀当成一种习惯”。我本人奉行慈不掌兵，对人对己都是从严要求，很多同志挨了不少批评，有时还难免受一些委屈。但大家积极响应党组号召，一级带着一级干，一级做给一级看，瞄准全国一流专注用心，埋头苦干。很多同志克服家庭困难，牺牲个人时间，全身心扑在工作上，“五加二、白加黑”是家常便饭，展现出了很高的工作热情，体现了食药监人可贵的敬业精神。这种干劲在省直机关中是不多见的，我们应该给自己点个大大的赞。

我们这么拼，到底图什么？为了提拔？职务总有天花板。为了收入？工资总是有限的。答案就是我们内心的责任，就是保障公众饮食用药安全的担当。直白一点，就是不想让别人小瞧了我们食药监人，不想让老百姓戳脊梁骨。

回顾过去，想必大家还有一个共同感受，就是很自豪、很有成就感。功夫不负有心人，努力自然有回报。经过全局上下的持续努力，新的监管体系基本建成，基层基础稳步夯实，监管措施明显强化，突出问题得到有效治理，食品药品安全监管能力和保障水平稳步提升。在全国食品药品安全考核中，始终处于第一方阵。2015 年 10 月，国务院在我省召开全国食品安全城市和农产品质量安全县创建试点现场会，汪洋副总理对山东工作给予充分肯定。2016 年、2017 年，全国人大常委会分别派出执法检查组，对我省实施《食品安全法》和《药品管理法》的情况进行检查，均给予高度评价。这些年，几乎每个处室、每个领域的工作都在全国有地位、有影响，很多工作位列全系统前三位，甚至引领全国。省局连续多年在全国监管工作会议上作典型发言，绝大多数处室单位也都在各自领域在全国会议上进行经验交流，展示出了新形象、新作为。同时，随着事业的发展，大家的工作能力和综合素质都有了很大提升，很多同志还走上了更高的领导岗位。

过去的成绩证明，我们的方向是正确的，努力是有效的，付出是值得的。我们从未忘记为什么出发，从未忘记食品药品监管的初心。

回首是为了再出发。正如习近平总书记在“七一”重要讲话中指出的，“我们回顾历史，不是为了从成功中寻求慰藉，更不是为了躺在功劳簿上、为回避今天面临的困难和问题寻找借口，而是为了总结历史经验、把握历史规律，增强开拓前进的勇气和力量。”

当前，成绩固然可喜，但形势依然严峻，前进的道路并不平坦，压力依旧很大。和全国一样，食品药品安全领域的问题十分复杂，大小矛盾叠加，新旧问题交织，真伪命题并存，源头风险、过程风险、潜在风险、舆情风险较为突出，解决难度很大，容不得半点松懈。同时，我们的监管体制机制、监管能力、基层基础等，与复杂艰巨的监管任务相比，还有很多不相适应的地方。做好食品药品监管工作，任重道远。

习近平总书记指出，“历史总是要前进的，历史从不等待一切犹豫者、观望者、懈怠者、软弱者。只有与历史同步伐、与时代共命运的人，才能赢得光明的未来。”面对压力、面对挑战，需要我们不忘初心，保持定力，坚定信心，以更大的决心和恒心，克难攻坚，继续前进。

——*继续前进，我们要有“千磨万击还坚劲，任尔东西南北风”的定力*。习近平总书记指出，“人民对美好生活的向往，就是我们的奋斗目标。”人民群众对食品药品安全的期盼，就是我们不可动摇的努力方向和终极目标。无论是全面建成小康社会，还是实现中华民族伟大复兴的中国梦，食品药品安全都是其中的重要组成部分，不容缺位。以前，社会上很多人不知道还有食品药品监管部门，这个部门是干什么的。而现在，公众对食品药品监管部门越来越熟悉，对食品药品监管工作的关注度、参与度和支持度越来越高。一句话，我们在老百姓那里有了位置。人民群众是力量之源，只要心中装着老百姓，工作为了老百姓，真心实意为老百姓办实事，就会有群众基础，困难再大也不用怕。作为共产党员，就要坚持以人民为中心的发展理念，不管外界发生了什么，形势如何变化，都要坚定自己的初心，坚守我们的目标，心无旁骛、倍加努力地工作。

——*继续前进，我们要有“乘风破浪会有时，直挂云帆济沧海”的信心。*党的十八大以来，党中央、国务院对食品药品安全工作高度重视，将其提到执政能力的高度，作为公共安全的重要内容和关系民生的政治任务来部署。习近平总书记多次作出批示指示，先后提出“四个最严”“党政同责”“严防、严管、严控食品安全风险”等一系列明确要求。省委、省政府历来高度重视，近期，刘家义书记、龚正省长又分别作出批示。刚刚闭幕的省第十一次党代会再次强调要深化“食安山东”建设。党委政府的重视，就是最大的资源，为我们提供“尚方宝剑”，没有理由不信心满满。

——*继续前进，我们要有“黄沙百战穿金甲，不破楼兰终不还”的决心。*经过大家共同努力，我们的监管体系建了起来，监管触角延伸到了最基层；我们的监管队伍愈发壮大，监管执法能力显著提升；我们的法规制度愈加完善，监管篱笆越扎越牢；我们的监管措施更加严格，一批突出问题得到有效解决；我们的考核机制趋于科学，在全省经济社会发展综合考核中占有重要一席；我们的示范创建成效显著，“食安山东”品牌叫响全国；等等。这些年，我们更加注重调查研究，工作思路越来越清晰；更加注重监管创新，工作办法越来越有效；更加注重社会共治，工作合力越来越强大。一路走来，这些实实在在的成效，说明我们完全有能力做好食品药品监管工作。不管未来困难和挑战再大，既然选择了这项工作，就要下定决心，风雨兼程，持续努力，不达目的誓不罢休，坚决守护好公众“舌尖上的安全”。

——*继续前进，我们要有“路漫漫其修远兮，吾将上下而求索”的恒心。*保障食品药品安全是一场持久战，不可能毕其功于一役，必须久久为功，持续努力，必须要有水滴石穿、铁杵磨针的恒心和毅力。基层基础建设、严打重治、“智慧监管”、示范创建等等，就是在不断地积小胜为大胜，积跬步以致千里。前进道路上，我们有了保障人民群众饮食用药安全这一坚定的目标，绘就了“十三五”期间的宏伟蓝图，就要一张蓝图绘到底，持之以恒抓落实；就得守得了孤独，耐得住寂寞，淡泊名利，安心做事；就得逢山开路、遇河架桥，永远向前。

应当讲，我们正处在监管事业大发展的时期，问题不可回避，但前景更加美好。唯有不忘初心，继续前进，撸起袖子加油干，让实干成为一种自觉担当，才能不辜负这个时代。

习近平总书记指出：“我们是历史唯物主义者，要认识到没有继承，就没有发展；没有创新，就没有未来。必须始终坚持在继承中创新，在创新中发展。”过去的四年里，我们已经探索了许多行之有效的办法，趟出了监管的新路子，形成了干事创业的良好氛围，这些都需要继续坚持，一以贯之地抓下去。同时，要根据新形势、新任务、新需求，不断创新、不断完善，走好食品药品监管新的长征路，继续接受考试和考验。

——*走好食品药品监管新的长征路，要牢记责任，自觉担当。*习近平总书记指出，“比认识更重要的是决心，比方法更重要的是担当。”志不求易者成，事不避难者进。担当大小体现着党员干部的胸怀、勇气、品格，有多大担当才能干多大事业，尽多大责任才会有多大成就。

担当，是一种状态和激情。有了这种状态，干事创业就有了基础，有了这种激情，开展工作就有了动力。大家都要有一股子冲劲，不服输、争一流。都要有一股子狠劲，敢于涉险滩，敢于啃硬骨头。都要有一股子韧劲，善始善终，善作善成、久久为功。

担当，还是一个人内心深处最朴素的情怀。人之所以称之为人，是因为人具有独立思维、超越感性的理智以及有意识的劳动。人和动物的区别，按照马斯洛层次需求理论，通常动物只需要生理需求、安全需求两个层次，而人则需要爱和归属感、尊重、自我实现等三个更高层次，人不是为了单纯享受而来到世界上的，得有实现自我的理想和担当。年轻时，每个人或多或少都有着治国平天下的雄心和抱负。随着时间的推移，一些人始终坚守年轻时的情怀，矢志不渝，逐步成长为国家的栋梁和脊梁。但有的则陷入平庸，只追求个人所谓的“幸福”，甚至为追逐权力和财富不择手段。在我们成长的道路上，不可能一帆风顺。失意时，要耐得住寂寞，不放弃，不懈怠，切忌在抱怨中放弃理想，迷失自己。得意时，要保持清醒头脑，切忌忘乎所以。“牢骚太盛防肠断，风物长宜放眼量”，不管身在何处，都应保持赤子之心，不要忘了内心深处的雄心和抱负，不要忘了公众的热切期盼，不要放弃对国家和社会的责任。

作为党员干部，担当就是要有事业心和责任感。拿着纳税人的钱，就应该为国家和社会工作，这是最基本的契约精神。对于党员干部而言，是最基本的要求。在入党时，我们就已庄严宣誓：对党忠诚，积极工作，为共产主义奋斗终生。这不是空话，要落在行动上。

作为党员干部，必须严格落实全面从严治党要求，认真对照“四讲四有”，旗帜鲜明讲政治，始终把纪律和规矩挺在前面，从细处着眼，从小处着手，从严从实管束自己的一言一行，始终践行忠诚干净担当的共产党人本色。

“火车跑得快全凭车头带”。一个团队作风过不过硬，战斗力强不强，从一把手身上就能看出来。事业要发展、团队要进步，首先需要一把手想干事、能担当。希望各处室单位主要负责同志真正发挥“关键少数”作用，切实发挥示范表率作用，要求别人做到的，自己必须首先做到，要求别人不做的，自己必须首先不做。不能只当传声筒、甩手掌柜。在工作中，要严格要求、严格把关，带着大家一齐干，共同提高、共同进步，不要让一名同志成为沉淀下来的人。在生活上，要相互关爱，敢为下属担当，注意掌握同志们的思想动态，帮助解决实际困难。局班子的各位同志，从我做起，都要带好头，发挥好表率作用。

——**走好食品药品监管新的长征路，要善于取势，自觉融入。**2013 年 4 月，习近平总书记在在博鳌会见台湾两岸共同市场基金会荣誉董事长萧万长一行时指出，“肯取势者可为人先，能谋事者必有所成。”《孙子兵法・势篇》讲到：“善战者，求之于势。故善战人之势，如转圆石于千仞之山者，势也”。意思是说，善于用兵打仗的人，总是努力寻求有利的态势。善于用兵打仗的人所造就的态势，就像让圆石从极高极陡的山上滚下来一样，来势凶猛，形成排山倒海般的力量，最后战而胜之。

监管工作也要善于借助各种有利形势和条件，在大势中找到最有利的位置，乘势而上，顺势而为。这样才能势如破竹，势不可挡，事半功倍。

党委、政府的重视和支持，就是我们需要借助的势。形有万千，势在主导。我们积极推动食安山东建设上升为省委、省政府决策部署，就是为监管工作创造一种有利态势，牢牢掌握工作主动权，使监管事业的格局更大、道路更宽广。当前，省委、省政府将新旧动能转换工程作为全省由大到强战略性转变的突破口强力推进，我们也积极主动地参与了进去。有的同志觉得新旧动能转换是经济发展的事。这实际上是只看到了具体的事，没有认清无形的势。顺势而为，方能致远。我们积极参与，抢抓机遇，就是要找准自己的定位，将食品药品监管工作融入全省经济社会发展的大势中。

强者愈强、弱者愈弱的马太效应，本质上也是一种势，体现在我们生活工作的方方面面。一个人健康乐观、积极向上，身上的正能量就会越来越大，气场越来越强。工作也是如此，有一个良好基础，工作就会越干越顺，成绩就会越来越多。

借势者智，借力者强。这就需要我们多学习、勤思考，善于观察形势、借东风，不断提高把握势的能力、利用势的本领，开创性地做好食品药品监管工作。

在学习中提高把握势的能力。习近平总书记在“七一”重要讲话中强调，“各级领导干部要加快知识更新、加强实践锻炼，使专业素养和工作能力跟上时代节拍，避免少知而迷、无知而乱。”当今时代，知识更新周期大大缩短，各种新知识、新情况、新事物层出不穷。食品药品监管工作专业性技术性强，要想让监管跑在风险前面，就要始终走在行业的最前沿，成为做好工作的行家里手。

真正的学习，应该像毛泽东同志一样，把学习作为终身的任务，养成自觉学习、主动学习的习惯，活到老，学到老。经常听到有的同志说自己想学习，但工作太忙没时间学。工作后指望有完整的、大把的时间来学习，是不现实的。会学习的人都是善于挤时间学，不放过那些犄角旮旯的时间。哪怕是一天挤出半小时，即使读几页书，只要坚持下去，必定会积少成多、积沙成塔。我们局为大家搭建了“周五课堂”、微信群等平台，就是想从外部给大家一个学习的推动。学习是日积月累的功夫，要学在平常、学在日常。

彼得原理指出，“在一个等级制度中，每个职工趋向于上升到他所不能胜任的地位”。而要想获得更大的发展空间，就要不断地提升本领。党员干部特别是年轻同志，你们是食品药品监管事业的未来，活力四射，精力充沛，更要加强学习，使自己持续保持进步的能力。不要留有“少壮不努力，老大徒伤悲”的遗憾。

需要特别强调的是，党的十八大以来，习近平总书记围绕治党治国治军、改革发展稳定、内政外交国防等方面，发表了一系列重要讲话，以巨大的理论勇气和政治智慧，提出了许多富有创见的新思想、新观点、新论断、新要求。对食品药品安全工作，习近平总书记多次作出重要指示批示，为我们指明了方向，提供了根本遵循。我们要把学习习近平总书记系列讲话放在一个十分重要的位置，持续系统地进行学习。同时，更要学习他坚定的理想信念、深厚的民本思想与为民情怀；学习他强烈的制度意识、求真务实的作风；学习他宽广的眼界与视野；学习他观察、分析、解决问题的马克思主义立场、观点和方法。

在思考中提高利用势的本领。我多次和大家交流过如何思考。比如，每天拿出几分钟，闭上眼睛过电影，思考和回忆一天的工作；发挥集体的智慧，共同研究、交流、碰撞等等。“学而不思则罔”。从事同一项工作，为什么有的同志进步快、有的进步慢，原因也在于善于思考与否。无论是学习还是工作，都不能囫囵吞枣、不求甚解，要知其然，更要知其所以然。要注重总结、勤于反思，做到举一反三、融会贯通。希望大家把思考当成一种自觉习惯，凡事多思考，做一步想三步，日积月累，自身能力就会增长许多。

说到思考，就得提提我们的政策研究。现在一些处室单位开展工作，很容易陷入具体出不来，站位偏低、缺乏大思路和管用的措施，一个重要原因就是对工作规律研究得不深不透。建议大家，一方面要沉下去。多往基层跑，向基层求经问宝。另一方面要走出去。把眼界放宽，多往外面跑，多学习兄弟省份的好经验、好做法，他山之石，为我所用，不能坐井观天，自我感觉良好。同时，还要养成集体研究的好习惯。“食安山东”建设、抽检思路方法、科学的考核办法等等，都是依靠大家集体的智慧才出来的。

——**走好食品药品监管新的长征路，要真抓实干，自觉行动**。小平同志曾经强调：“世界上的事情都是干出来的，不干，半点马克思主义也没有，只有把嘴上说的、纸上写的、会上定的，变成具体的行动、实际的效果、人民的利益，我们的工作才算做到了位、做到了家”。党的十八大以来，习近平总书记反复强调抓落实。他指出，“再好的目标，再好的蓝图，如果不沉下心来抓落实，也只是镜中花、水中月。”我们在抓落实上要有真办法、下真功夫，坚决克服被动应付不愿抓落实、办法有限不会抓落实等问题，真正做到踏石留印、抓铁有痕，确保各项任务落地生根、开花结果。

要抓细节抓具体。奔驰公司的一名生产总监，先后为三家中国企业提供推进工业 4.0 技术服务，在过去的五年里，这位总监记录了中国工厂的浪费竟然高达 151 种（主要归为八类：1. 时间的浪费；2. 创意的浪费；3. 材料与供应品的浪费；4. 机器与设备的浪费；5. 人力的浪费；6. 意外事故的浪费；7. 缺乏合作的浪费；8. 空间的浪费），这主要是细节出了问题，出现了很多不必要的内耗和浪费。

细节决定成败，我们的工作也是如此，无论是业务工作还是综合工作，无论是党建工作还是监管工作，都要从一件件具体的事做起，将任务落实到具体人，把每一个细节、每一个环节都考虑周全，真正做细、做实、做到位。一项工作拿到手里，要先认真谋划，起点在哪、终点在哪，中间有哪几个环节、节点，都要了然于胸。什么时候该干什么、干到什么程度都很明确，就不会忘事、漏事、误事和忙乱。建立工作流程是一项很重要的基础性工作，我强调过很多次，希望大家真正重视起来。

要日清日结。抓落实就要立说立行。接受了任务，作出了决策，就要马上行动起来，趁热打铁、一刻也不要耽误。如果等一等、放一放，等想起来了再去做，工作热情已经减退，周围环境也发生了变化，推进难度就会变大。现在工作任务十分繁重，不立说立行、日清日结，活就会越积越多，形成恶性循环。有的同志接到任务后，领导不催自己就不急，不报告也不请示，遇到解决不了的问题也不吭气，往往是到了最后时限才硬着头皮上交所谓的“成果”，质量可想而知。每天下班前，各处室的同志都要坚持碰碰头，交流一下工作完成情况。

要有检查有督查。检查督查是抓落实的重要手段。抓落实不能满足于开会部署了，文件下发了，就什么也不管了，还要经常进行检查和督查，及时发现问题、解决问题。各处室单位要定期梳理总结全年重点工作进展情况，及时研究工作推进措施，不要等到了年终再临时抱佛脚。很多工作落实都在基层，这就需要我们常下去转转，多下去看看。到了基层，不能走马观花，要下马品花；不能当老好人、稻草人，要敢于动真碰硬，一针见血地指出问题；也不能吹毛求疵，光挑毛病，更多的是要给予精心指导，帮助基层改进提高。

要有总结有评估。一项工作干完了，不要扔在一边就不管了，要及时总结评估。肯定成绩、总结经验的同时，更要找出问题不足，找到解决的办法，避免在同一个问题上犯两次错误。很多工作是长期性的，虽然阶段性任务完成了，但仍要继续抓下去。要经常组织“回头看”，查问题、找原因、想对策，进一步完善工作措施，加大工作力度，这样才能持续抓出成效。绝不能当时热、过后冷，致使问题反弹、前功尽弃。

保障食品药品安全永远在路上。正如习总书记在“七一”重要讲话时所指出的：这场考试还没有结束，还在继续。让我们不忘初心、继续前进，始终保持昂扬的斗志和锐气，以“走在前列”为目标定位，瞄准全国一流专注用心，以时不我待的责任感、只争朝夕的紧迫感，团结一致，奋力前行，让实干成为一种自觉担当，继续在这场历史性考试中经受考验，努力向历史、向人民交出新的更加优异的答卷！

马越男在全省“双安双创”和食品安全工作专题研讨培训班上的总结主持讲话

（2017 年 7 月 4 日）

今天上午共有两项议程：一是请部分市县作“双安双创”工作经验交流；二是我就专题研讨培训班作简要总结。

刚才，潍坊、威海、冠县和商河等 4 个市县的同志就“双安双创”工作作了典型经验介绍，讲得都很好，听了以后，很受启发，深受鼓舞。在座的其他创建市县也都有许多好的经验做法，由于时间关系，不再一一现场交流。希望大家相互学习借鉴，加强横向交流，进一步提高创建水平。培训班上，我们印发了国家食品安全示范城市创建材料汇编，将好的经验做法分享给大家，下步我们还将印发省级食品安全市县创建材料汇编。

同志们，在大家的共同努力下，全省“双安双创”和食品安全工作专题研讨培训班，圆满地完成了各项培训任务，达到了预期目的，取得了很好成效。受省食安委领导委托，我就本次研讨培训班作一简单总结，主要讲两个方面。

一、关于培训班的基本情况

大家一致认为，这次培训班虽然时间不长，但主题集中、特色鲜明、务实管用，办得非常及时，非常必要。整个培训以贯彻落实习近平总书记“四个最严”要求为主线，涵盖从农田到餐桌全过程食品安全监管，主题鲜明、重点聚焦。

培训班之所以成功，首先是省政府的高度重视和省委组织部的大力支持。书坚副省长高度重视本次培训工作，培训前专门听取情况汇报，严格审定培训方案，亲自参加开班仪式并讲话，围绕深入贯彻省第十一次党代会精神、全力保障人民群众饮食安全、全域推进“双安双创”工作、全面构建共治共管新格局，作了深刻阐述，既分析形势，又安排任务；既讲工作，又教方法，对做好当前和今后一个时期的重点工作提出明确具体要求。

第二是国家食品药品监管总局全力支持，在此之前我们向国家总局分管局长作了汇报，并得到积极回应，上周毕井泉局长又亲自批复，委派孙梅君总监前来作专题辅导。孙总监从深刻领会习近平总书记关于食品安全工作战略思想、准确把握食品安全工作的形势和任务、切实做到党政同责守土尽责三个方面，围绕是什么、怎么看、怎么办，全面系统地作了食品安全工作专题辅导。

国家行政学院杨小军教授在依法行政、法治政府建设、党政干部问责制研究领域有很深的造诣，特别对食品安全属地责任与问责，已经多次来我省授课解读。

省食安办副主任王建政、省农业厅副厅长林国华分别就食品安全市县创建、农产品质量安全形势和任务进行授课，讲得非常全面和到位。开班式上，还给第一批创建成功的省级食品安全市县授了牌，对深入推进“双安双创”进行了再动员、再部署。

同时，大家围绕如何贯彻落实习近平总书记对食品安全工作要求和省委省政府决策部署，深入推进“双安双创”，进一步加强食用农产品和食品安全监管进行了深入讨论交流，通过思想的碰撞和观点的交流，使所学知识很好地入脑入心，许多同志还结合本地本部门实际，提出了许多宝贵的意见建议。我们将进行认真梳理，研究提出具体改进意见。

7 月份是推进全年工作的关键时期，大家工作很繁忙。除了几位市长参加更高层的培训或会议外，各位代表能够积极克服工学矛盾，静下心来认真学习，非常难得。整个培训安排非常紧凑，白天、晚上都有培训内容，大家非常珍惜这次学习机会，始终保持高昂的学习热情，严格遵守培训纪律，全身心投入到学习中，并紧密联系工作实际，深入研讨，畅谈体会，真正做到了学有所悟、学有所获、相互启发，体现出了良好的学风。

通过学习，大家一致认为，党的十八大以来，党中央、国务院把食品安全工作提到前所未有的高度，纳入国家公共安全和治理体系建设的重要内容，提出了一系列新理念、新论断和新要求。习近平总书记的一系列重要指示批示，将保障食品安全放在事关党的“执政能力”的高度来强调，放在关乎“公共安全”的层面来部署，明确提出“四个最严”“党政同责”，严防、严管、严控食品安全风险等要求，这是我们各级做好食品安全工作的总纲领、总遵循。在刚刚结束的省第十一次党代会上，刘家义书记就打造农产品质量安全省、深化“食安山东”建设等作了强调。前段时间，家义书记、龚正省长还专门就食品安全工作作出重要批示。这些都为做好食品安全工作提供了“尚方宝剑”。

通过这次系统学习和研讨交流，大家对于如何落实政府属地责任、部门监管责任，如何加快推进各项食品安全工作，有了更加清晰的认识，找准了努力的方向，明确了主攻目标和重点任务。大家一致表示，感到压力大、责任重，有些坐不住的感觉，必须要紧密结合工作实际，深入贯彻落实“四个最严”和“四有两责”（四有：有责、有岗、有人、有手段；两责：生产过程中的监管职责和食品中农药、兽药残留和非法添加的检验职责）要求，持续加大投入保障力度，始终坚持严字当头，实施源头严控、过程严管、风险严防，严把从农田到餐桌的每一道防线，着力提升食品安全治理能力和保障水平，切实保障人民群众“舌尖上的安全”。

二、关于培训班精神的贯彻落实

培训结束后，各地要迅速将省委、省政府主要领导同志批示要求和本次培训班的主要精神向党委、政府主要负责同志作好汇报，并组织相关人员集中深入学习，研究提出贯彻落实措施，切实把思想和行动统一到省委、省政府决策部署上来。进一步理清本地区、本部门“双安双创”和食品安全工作思路，明确重点工作任务，切实采取有效措施，推动各项工作取得新突破、新实效。

时至年中，请各级各相关部门对照省政府办公厅印发的《2017 年全省食品安全重点工作安排》，认真总结梳理工作进展情况，进一步加大工作推进力度，全面抓好各项重点任务落实。下面，我结合贯彻落实培训班精神，围绕大家普遍关心的几个问题，与大家作一简要交流。

（一）深入贯彻培训班精神，在完善食用农产品准出准入机制上求突破。实施食用农产品产地准出和市场准入制度是实现从“农田到餐桌”全过程、无缝隙监管，提升食用农产品质量安全水平的重要手段。任何产品只要进入市场，就具备了商品的基本属性，具有一定的价值和使用价值，同时也应达到一定的质量标准。食用农产品作为生活必需品，关系每个人的生命健康安全，更需要按照质量管理规范和食品安全标准进行生产。达不到一定的标准，不能作为商品进入市场随便买卖。比如，日本、欧盟等国家和地区，通过提高准入标准，倒逼食用农产品规范化、标准化生产。近年来，我省在出口农产品示范区建设方面一直走在全国前列，但有时被吐槽采取的国内外生产标准不一致。目前，大家已认识到这一点，一些地方和企业正在积极推动国内外同标，即同一标准生产、同一标准准出。

昨天，国华同志讲，要加强产地准出和市场准入的衔接，我非常赞同，有几位分管农业的副市长也有相同的观点，这说明我们已经达成了共识。一方面，要严格准出管理。我省是全国主要食用农产品合格证管理试点省份。我们应当抓住试点的有利契机，加大工作推进力度，推动生产经营者采取质量控制措施，规范生产经营行为，切实将不合格产品斩断在“源头”。另一方面，要严把准入关口。督促市场开办者全面落实食用农产品质量安全管理责任和入场销售者主体责任，严格落实索证索票等制度，继续加大日常检查和抽检监测的频次与力度，倒逼源头加强质量管控。同时，进一步完善追溯服务平台，加快建立完善食用农产品质量安全全程追溯体系，这是国际通行做法。建议各地进一步加大投入力度，健全完善追溯体系，实现产品来源可追、去向可追和责任可追。我们正针对婴幼儿配方食品、肉制品、食用植物油、白酒等重点品种，开展追溯体系建设试点。下一步将与农口、商务等部门衔接，切实将链条接起来、数据串起来。食安委各成员单位之间应进一步强化工作衔接，着力构建常态化的信息共享、沟通会商、联合执法和应急处置等工作机制，实现无缝监管。

（二）深入贯彻培训班精神，在餐饮质量安全提升上见实效。餐饮是从农田到餐桌的最后一关，人民群众普遍关心。习近平总书记指出，“目前普通居民外出就餐越来越普遍，加强食品安全监管，要抓住餐饮业。促进餐饮业提高安全质量，关系千家万户。各地要上重手，多花点精力，抓餐饮质量安全，抓出效果”。

早在 2001 年，时任福建省省长时，习近平总书记就在全国率先提出了“治理餐桌污染、建设食品放心工程”，亲自挂帅担任食安委主任，要求突出农产品种养和食品加工、流通、消费四个环节，健全完善从农田到餐桌全过程、全链条的监管体系，开展全面治理，努力营造人民群众放心满意的食品消费环境。

餐饮质量安全提升涉及方方面面，是全面提升食品安全工作的系统工程，国家正在制定工作意见。这项工作需要地方政府落实属地责任，加强统一规划，加大资金投入和政策扶持力度。需要相关部门协调联动、协作配合，形成齐抓共管合力。今年以来，按照国家统一部署，食品药品监管部门注重加强监督检查，强化关键环节管理，继续实施餐饮单位分级分类管理，重点加强中央厨房、集体用餐配送单位等高风险业态和学校食堂、旅游景区、车站码头等餐饮消费聚集区监管，防止发生系统性、区域性风险。同时，加强工作指导，推广现代管理模式，积极发展加盟连锁，大力引进知名餐饮连锁公司，培育一批跨区域、全国性的餐饮连锁示范企业，促进餐饮业改造升级。

充分发挥省食安办综合协调作用，积极协调食安委相关部门，共同推进餐饮质量安全提升工程。比如，与城市规划、市政部门的协作，充分考虑餐饮业的特点，预留好城市餐饮业的发展空间；加强与教育部门的协作，不断强化对学校食堂的食品安全管理，严防群体性食物中毒事件发生；加强与旅游等部门的协作，强化旅游景区及周边的餐饮安全监管；加强与交通部门的协作，强化对高速公路服务区、铁路候车区、航空候机厅等区域的食品安全监管；加强与住建等部门的合作，切实加快推进餐厨废弃物无害化处理体系建设，严防回流餐桌；加强与卫生计生部门的合作，联合开展餐饮具集中消毒单位整治，规范餐饮具集中消毒经营行为，等等。

希望各地都要切实行动起来，完善协调推进机制，细化明确部门职责，形成既有分工又有协作的整体推进合力，进一步提升餐饮质量安全水平。

（三）深入贯彻培训班精神，在加强“三小”治理上用实招。食品小作坊、小餐饮和食品摊点与公众日常生活息息相关、密不可分，在方便群众生活、传承饮食文化、推动特色产业发展、增加就业等方面发挥着重要作用，特别是在解决弱势群体家庭生计、促进社会和谐稳定方面，也有着不可替代的作用。同时，这些小食品业态具有规模小数量多分布散、生产经营条件差、市场主体资格不全、生产经营不规范等特点，一旦管理不到位，容易引发食品安全问题，且长期以来法律空白，一直是基层食品安全监管的重点和难点，亟需立法加以引导规范。《食品安全法》规定：“食品生产加工小作坊和食品摊贩等的具体管理办法由省、自治区、直辖市制定。”为此，省人大于2015年启动食品安全地方立法工作，今年6月1日，《山东省食品小作坊小餐饮和食品摊点管理条例》正式实施，相关配套制度措施也逐步健全完善，为加强“三小”治理提供了法律依据和政策支撑。

前期，各地围绕条例贯彻做了大量工作，取得初步成效。下一步，各地要坚持综合治理、社会共治，着力加强“三小”安全监管，推动“三小”规范提升。特别是县级政府要履行好统一领导、组织协调职能，落实属地责任，并将“三小”治理纳入经济社会发展综合考核。当前，一些地方正在开展“拆违拆临”等工作，应当借助这一有利时机，统筹规划、合理布局，鼓励和支持“三小”业主进入集中区域、店铺等固定场所生产经营，不断改善生产经营环境。指导乡镇（街道）要按照“三小”条例规定，指派专人做好食品摊点备案等具体工作，并定期与食品药品监管部门互通相关信息。相关部门应正确处理好坚守底线和服务群众的关系，寓管理于服务，引导“三小”健康发展。要在前期工作基础上，深入开展“三小”规范提升行动，继续抓好“我在一线助规范”活动，改造提升一批有影响、有传统的“三小”业户，同时发挥示范引领作用，开展示范创建，每个县（市、区）都要创建不少于5个“三小”示范街（区、园、村），力争用三年左右时间，使“三小”食品安全水平整体上有一个大的提升。

这里，需要再跟大家交流的是，企图通过一次立法解决所有问题是不现实的。任何一部法律从他诞生之日起，就已经落后于现实。同样，我们的这部“三小”条例也不可能完美。在法律调整范围上，大家还有不同的认识。在条例的起草中，省人大的立法思路是：考虑地域性差异、不同业态特点和监管工作实际，本着突出重点、有取有舍的原则，将小餐饮纳入调整范围，小食杂店、提供餐饮服务的托管场所等不予纳入。有些人对此还不能理解，我这里再跟大家解释一下。关于小餐饮，一方面是数量大，群众需求高；另一方面更为重要的是食品安全风险较高，必须加以立法规范。关于小食杂店，一是经营品种繁杂，食品仅为其中之一；二是多数经营预包装食品，简单买进卖出，无加工环节，安全风险较低；三是法定许可条件简单，发证率较高，适用《食品安全法》管理；无需纳入地方立法调整。关于提供餐饮服务的托管场所（“小饭桌”是典型代表），不纳入立法调整范围的原因：一是就餐只是这些托管场所的功能之一，主要功能还包括安全照看、提供休息或休闲场所；二是安全隐患涉及人身安全、消防安全、公共卫生等问题，需要社会综合治理；三是用房多为居民住房，无法取得营业执照；四是各市并不平衡，如学生“小饭桌”问题，有的市政府要求学校必须配建食堂，有的市实行集中配餐。目前，已立法省份均未将其纳入调整范围。我省条例对此规定：“设区的市可以依据本条例，结合本地实际，对食品小作坊、小餐饮和食品摊点等的监督管理作出具体规定。中小学生校外托管场所食品安全监督管理办法，由设区的市制定。”老年人日间照料场所的餐厅，可以按照单位食堂来管理，无需再作规范。对于学生校外托管场所（“小饭桌”），建议采取多种措施，进行综合治理。一是由各市立法进行调整，并纳入社会治安和城市管理的突出问题，由地方政府牵头，各部门各司其职、强化协作、联合进行整治。二是办好学校食堂，建议各级政府将学校食堂建设纳入中小学校建设整体规划，加快学校食堂建设步伐，从根本上解决问题。三是对因条件限制，暂无法建设学校食堂的，可探索由政府出资，在社区开办学生餐饮服务中心，或引进优质配餐企业为学校提供配餐服务，实现学生就餐的安全可控。另外，还有农村集体聚餐管理，属于熟人经济，非经营行为，对其管理尚处于探索和逐步规范阶段，立法条件还不成熟，国家相关部门已对其管理作出规定。

（四）深入贯彻培训班精神，在加快新旧动能转换上立新功。省委、省政府将实施新旧动能转换作为统领全省经济发展的重大工程，作为实现由大到强战

略性转变的重要突破口。书坚副省长在开班式上强调，要着力把握好强化安全监管和推动产业转型两个维度（第一个维度就是，深化食安山东建设，着力强化食品安全监管；第二个维度就是，加快新旧动能转换，努力推动山东食品产业转型升级）。加快推进食品医药产业转型升级，不仅是从根本上提高食品药品安全保障水平的重要途径，也是加快我省新旧动能转换的重要内容。我们要紧紧抓住全省实施新旧动能转换重大工程机遇，将实施新旧动能转换的过程转化为加快农业供给侧结构性改革和食品医药产业转型升级发展的过程。我们要立足食用农产品和食品医药产业的基础优势和有利条件，紧密结合部门职责，积极寻找发挥优势的路径、载体和抓手，切实在推进新旧动能转换的工作思路、政策措施和服务保障等方面聚焦发力。

在食用农产品和食品领域，一方面实施严格监管，进一步健全完善食用农产品准出准入衔接机制，通过提高准入门槛，积极发展“公司＋农户”“合作社＋农户”等多种形式规模经营，提高产业的组织化、标准化、产业化水平，促进产业素质整体提升。始终保持严打高压态势，严惩各类违法违规行为，倒逼企业合法诚信经营，防止“劣币驱逐良币”。另一方面按照推进品牌高端化要求，持续抓好产品品牌、企业品牌、区域品牌等品牌创建，继续推行良好生产经营管理规范，带动质量安全管理水平的整体提升，提升品牌核心竞争力。

关于“双安双创”工作。要按照书坚副省长提出的，在已有工作基础上，着力做好“巩固、扩大、提升、管理”四篇文章，确保“双安双创”工作全域推进、深入开展。食品安全市县创建目前已经进入关键时期，希望已创建成功的5个市（济南、青岛、烟台、潍坊、威海）和12个县，认真总结推广创建经验做法，进一步巩固和深化创建工作成果，形成可复制、可推广的创建经验。我们将持续推进省级创建工作，拟于7、8月份，适时组织召开第二批5个市（淄博、泰安、日照、德州、滨州）的现场观摩和第二批35个县、第三批2个市（东营、菏泽）及25个县的创建现场推进会。同时，进一步修订创建验收标准、群众满意度调查方案等，扎实做好第二批创建市县验收相关工作。此外，对目前暂未列入创建计划的市县，我们也鼓励各地积极创建。

在医药产业领域。我省是医药产业大省，但整体大而不强，“低、小、散”问题比较突出，与先进省份相比，药物创新不够，缺乏核心技术，单靠低水平重复和低成本竞争，产业层次不高，等等。2015年，国务院出台了《关于改革药品医疗器械审评审批制度的意见》等系列文件，部署推动药品医疗器械审评审批制度改革，对于提升药品质量安全水平，推动产业转型升级具有里程碑式的重要意义。要紧紧抓住改革有利机遇，进一步深化药品医疗器械审评审批制度改革，特别是济南、淄博、烟台、济宁、临沂、菏泽等医药产业大市，要在优化审批、创造环境、项目扶持和完善平台等方面狠下功夫，突出抓好改革重点任务落实，推动企业抢抓先机。在全省新旧动能转换重大工程中，已将济南药谷、烟台生命科学创新示范区、淄博高新区医药创新中心、威海火炬医疗器械产业园建设等纳入规划内容，我局积极给予重点支持和个性化帮扶，助推医药产业转型升级。同时，各市也要立足本地医药产业实际，积极搭建项目平台，创新工作载体，优化管理服务，加快本地医药产业健康快速发展。

（五）*深入贯彻培训班精神，在强化风险排查化解上下气力*。这次培训班上，书坚副省长就风险排查等工作作了特别强调。党的十九大将于下半年召开，这是全国人民政治生活中的一件大事，做好各方面的维稳工作，是各级各部门必须完成的政治任务。当前，各类不安全、不稳定、不确定的因素仍然不少。特别是食品药品安全问题，极易引起网上炒作，引发社会公众广泛关注，甚至被境外不法分子操纵利用，需要我们引起高度警醒，不容有任何闪失。

确保食品药品安全工作不出事，必须扎实做好风险排查化解工作，并要将这项工作固定下来，形成常态化制度化。通过全面深入排查，做到对辖区内、领域内的风险隐患了然于胸。找出了风险点，监管工作就会有底气，也才能有的放矢。如果对本辖区的风险隐患做不到心中有数，一旦出了问题，就会非常被动。

近两年，我局在风险防控方面进行了积极探索，也取得了一定成效。我们通过开展抽检监测、舆情监测、不良反应监测、投诉举报、日常监管等，积累了海量监管信息数据，定期开展多部门、多层次的风险交流、会商和评估，从中挖掘大数据背后的潜在规律和风险点，形成风险清单，并实行动态管理和销号管理，及早发现安全风险隐患和行业潜规则，为加强和改进监管找准靶子。比如，通过近年来的数据积累和分析研判，我们梳理查找出了食品药品安全领域的一些主要风险点和问题隐患，比如食品领域的“两超一非”（超范围超限量使用食品添加剂和食品中非法添加非食用物质）、保健食品非法添加药物成分；药品领域的研发数据造假、中药饮片掺杂使假和染色增重等。又如，通过分析历年抽检监测数据，主动发现了蜂蜜掺假、植物油塑化剂超标、银杏叶提取擅自改变工艺等“潜规则”，并进行重点整治；针对抽检问题突出的海米、辣椒制品、大桶水、淡水鱼等品种集中开展专项整治，有效避免了系统性、区域性安全风险发生。省食安委相关成员单位也都在各自监管领域深入开展风险排查，探索建立了较完善的风险防控机制。

希望各地在既有工作基础上，按照书坚副省长的要求，进一步细化食品安全风险排查工作，列出风险清单，做到底数清、情况明，并及时采取有效措施化解，逐一对账销号，力争在最早的时间、最低的层级、以最小的成本把风险消灭在萌芽状态，努力营造安全稳定的社会环境，以实际行动迎接党的十九大胜利召开。

马越男在全省食品药品监督管理工作视频会议上的讲话

（2017 年 8 月 25 日）

这次会议的主要任务是，贯彻落实省第十一次党代会、全国食品药品监管工作年中座谈会和刚刚召开的省食安委全体会议精神，部署下一阶段工作任务。

在主会场参加会议的有：省局领导班子成员、机关全体干部和直属单位主要负责同志。在分会场参加会议的有：各市局领导班子成员、机关中层干部。

根据会议安排，先请省局相关负责同志就今年以来重点工作推进情况及下一阶段工作要求分别讲话。

刚才，省局 6 位负责同志结合职责分工，总结了各自分管领域前阶段工作，就做好下一阶段工作提出了明确要求，讲得很实很具体，我完全赞同，请大家认真抓好贯彻落实。

7 月 24—25 日，全国食品药品监管工作年中座谈会在北京召开。会议的主要任务是，贯彻党中央国务院决策部署，落实食品和药品“十三五”规划、食品安全重点工作安排以及全国人大常委会关于药品管理工作的意见，深入推进药品医疗器械审评审批制度改革，全面排查食品药品安全风险，保障食品药品安全，为党的十九大胜利召开营造良好环境。毕井泉局长主持会议并讲话。他指出，今年上半年，全系统坚持“稳中求进”，遵循“四个最严”，强化“四有两责”，积极推进年初部署的九大任务，打基础、强基层、谋长远、促改革，各项工作都取得了积极进展，食品药品安全形势总体稳定。下半年将召开党的十九大，保障食品药品安全具有特殊重要意义。要认真学习贯彻习近平总书记关于食品药品安全工作的一系列重要指示批示精神，加强“从农田到餐桌”“从实验室到医院”的全过程监管，确保广大人民群众“舌尖上的安全”。要统筹用好检查、检验、办案和信息公开四个监管手段，在推进食品安全源头治理上下功夫，继续整治群众普遍关心的突出问题，推进“放心肉菜”超市创建，深化审评审批制度改革，鼓励药品、医疗器械创新，加快职业化检查员队伍建设，以良好的精神状态和优异的成绩迎接党的十九大胜利召开。

今天上午，省食品安全委员会全体会议在济南举行。省委常委、常务副省长、省食安委主任李群，副省长任爱荣出席会议并讲话。会议听取了全省食品安全工作情况汇报，安排部署重点任务，研究审议了《山东省餐饮质量安全提升工程实施意见》。会议充分肯定了全省食品安全工作取得的成效。会议强调，要切实提高政治站位，牢固树立全面国家安全观，牢固树立以人民为中心的发展思想，牢固树立底线意识，进一步增强做好食品安全工作的责任感和紧迫感。坚持严字当头，坚决落实习近平总书记关于食品安全“四个最严”要求，以“食安山东”建设为统领，全力推进食品安全各项工作。要强化风险管控，确保不发生重大食品安全事件。要强化源头治理，实施过程严管，深化示范创建，全域推进“双安双创”工作。全面推进实施餐饮质量安全提升工程，努力打造食品安全放心省。要充分发挥省食安委统一领导作用，完善工作运行机制，加大督查考核问责力度。

目前，全年时间马上过去三分之二。大家要对照年度工作要点和年初工作计划，逐项进行梳理盘点，结合贯彻落实全国会议和省食安委会议精神，进一步加大工作力度，强化推进措施，扎实做好后面四个月工作，确保圆满完成全年各项任务。

下面，我讲几点意见。

一、防风险

食品药品安全没有“零风险”，出问题容易，见成效难。当前，食品药品安全形势依然严峻，影响和制约安全的因素还很多，产业基础薄弱，源头风险、过程风险、潜在风险、舆情风险等错综交织。加之食品药品安全社会关注度高、燃点低，一旦出问题，极易发酵蔓延，还可能转化为影响稳定的突出问题。这需要我们始终保持高度的警醒，须臾不能松懈，不容任何闪失。

经过几年的共同探索，我们整个系统的风险意识和防控能力都有了很大提升，初步建立起省市联动、部门协同、多方参与，立体化排查风险、系统化研判风险、常态化交流风险的管理机制。将大数据理念运用于风险管理，通过对海量数据的分析利用，从中挖掘大数据背后的潜在规律和风险点，及早发现并处置风险隐患。希望各地继续坚持问题导向和底线思维，进一步强化风险管理，健全完善多层级多部门的风险排查、会商和处置机制，加大风险隐患排查处置力度，把工作做得再细致一些、再扎实一些，坚决守住不发生重大食品药品安全事件的底线，为党的十九大胜利召开营造稳定和谐的良好环境。

（一）加大排查力度，把风险找出来。风险排查是风险管理的基础，是防控风险的前提条件。排查不到位，风险防控就是一句空话。各地要在前期工作基础上，深入开展经常性风险排查工作，列出本辖区的风险清单，真正做到底数清、情况明。排查风险，面上要全覆盖。既要盯紧生产加工企业、批发市场、大型商超，也要关注零售门店、农贸市场、小作坊小餐饮和食品摊点，不留死角。同时，点上要深入。要解剖麻雀，深入剖析，把面上存在的问题具体化、条目化。要持续开展24小时舆情监测，对舆论关注、有可能发酵的重要敏感舆情信息，早分析、早判断、早处置。

（二）加大会商力度，把风险分析透。风险会商，实际上是对排查出的风险进行去粗取精、去伪存真的过程。只有经过充分会商、科学会商后确定的风险清单才有价值。无论是面上的综合会商，还是围绕重点品种、重点环节、重点区域开展的专题会商，要邀请相关方面的专业人士、技术专家参与，本着科学精神，从监管、技术等多维度深入分析。要把风险的类别分析透彻，区分哪些是个性的，哪些是共性的；哪些是点上的，哪些是面上的；哪些是个案问题，哪些是系统性、区域性问题；哪些是输出型风险，哪些是输入型风险；哪些是安全事件，哪些是舆情事件。同时，还要把风险产生的根源剖析透，分清哪些是农业源头造成的，哪些是生产、流通、使用环节造成的；哪些是标准缺失引起的，哪些是监管不到位引起的；哪些是产品本身的原因，哪些是人为使用的原因，等等。只有把这些都搞清楚了，监管才能做到有的放矢。

（三）加大处置力度，把风险掌控住。化解风险是风险管理的关键和终极目标。排查出的每一项风险，都要有具体有效的化解措施和办法，要注重抓早、抓小、抓苗头，力争把风险消除在萌芽和初始状态。要根据风险的不同特征，开出不同的药方，做到“一把钥匙开一把锁”。化解措施要细化、实化、专业化、可操作。对风险清单要实施动态管理，每一次风险会商前，首先要研究上一次风险会商结果的化解处置情况，对已经有效防控的，及时销号，并开展“回头看”，避免问题反弹；对尚未化解到位的，要研究进一步防控措施，直到问题有效解决，防止久拖不决，个别问题演变成系统性、区域性问题；对于一时难以有效化解的，要盯紧跟紧，使风险始终处于可掌控的范围。要科学把握舆情风险处置规律，建立健全与宣传、网信、公安等部门的信息沟通机制，加强正面宣传和舆论引导，对发现的影响恶劣、有可能引发公众不安的有害及不实信息，要依法采取有力措施予以封堵删除，力争在最早的时间、最低的层级、以最小的成本把舆情控制住。同时，要加强内部管理，看好自己的门，管好自己的人，并扎实做好维稳、信访等工作，确保万无一失。

二、促提升

经过各级的持续努力，全省食品药品安全形势总体稳定，各项工作取得积极成效。需要在既有工作基础上，厚植食品药品安全的根基，不断提升安全治理能力和保障水平。

（一）全面启动实施餐饮质量安全提升工程。去年12月21日，习近平总书记在中央财经领导小组会议上强调“目前，普通居民外出就餐越来越普遍，加强食品安全监管，要抓住餐饮业。促进餐饮业提高安全质量，关系千家万户。各地要上重手，多花些精力抓餐饮质量安全，抓出效果来”。今年1月2日，又作出了“提高餐饮业质量安全水平，加强从‘农田到餐桌’全过程食品安全工作”的重要批示。为落实习近平总书记指示批示要求，国务院食安委决定实施餐饮质量安全提升工程，目前国家的方案尚未正式印发。根据省食安委主要负责同志要求，借鉴广东等省做法，结合我省实际，拟先行启动这项工作。今天上午，省食安委全体会议审议通过了我省餐饮质量安全提升工程实施意见，近期将提交省政府常务会议研究，以省政府名义印发。

实施意见的起草思路主要是，按照省第十一次党代会提出的“走在前列”的目标定位和严把饮食用药安全每一道关口的要求，坚持全链条、抓重点、补短板、促发展，瞄准人民群众反映强烈的突出问题、食品安全重点难点问题和监管薄弱环节，整体提升从农田到餐桌的全链条食品安全水平。将各地各部门在食品安全工作中形成的行之有效的经验做法，以及当前需要在更高层面持续推进的重点工作等，充分吸收并纳入到实施意见中来。同时，结合“十三五”规划、全省食品安全现状和产业发展实际，确定了提升工程的总体目标。即，到2020年，全省食品安全水平、产业发展水平与全面建成小康社会的标准要求相适应，将山东建设成为全国食品最安全地区之一，努力打造食品安全放心省。围绕总体目标，确定了一系列量化指标，提出了九项提升任务和九项重点行动。

省政府印发实施意见后，省食安委各成员单位将制定具体实施方案，省局也将陆续出台一系列行动方案，各市要结合本地实际认真抓好落实。一要细化分解任务。要根据自身实际，制定具体实施方案，细化任务清单，明确时间表、路线图。每年、每季度、每月干什么都要有具体计划。要主动审视每一项工作，看看预期目标是多少，目前实现了多少，还有多大的差距。对照差距，查找原因，进一步明确提升的具体路径和措施。二要创造性开展工作。鼓励各地制定高于省里的目标、增加新的指标，丰富提升的内容。各地要在完成省级任务的同时，结合当地产业特点和监管实际，开展更具特色、更有针对性的提升行动，创造更多的经验。三要加强组织协调。餐饮质量安全提升是一项系统工程，涉及方方面面，需要齐抓共管、共同努力。各地要充分发挥食安办的统筹协调作用，及时做好汇报，为党委政府当好参谋，切实发挥政府主导作用，并积极协调食安委成员单位，进一步完善工作机制，全链条全领域推进提升工程。

（二）深化食品安全市县创建和“食安山东”品牌建设。自“食安山东”建设启动以来，全省上下共同努力，广泛开展食品安全市县创建，深入推进品牌建设，取得了明显成效。今年，济南、青岛、烟台、潍坊、威海5市成功创建为首批“国家食品安全示范城市”，数量占全国1/3。全省食品安全市县创建总体比例达到70%以上。“十个一批”创建扎实推进，品牌方阵初步形成，“食安山东”在全国的影响力和知名度进一步扩大，走在了全国前列。

成绩只能代表过去。下一步，在已有工作基础上，要继续深化“食安山东”建设，进一步加大工作力度，着力抓好巩固提升，以更高的标准、更严的要求深入推动各项工作。一方面，要全域推进食品安全市县创建。餐饮质量安全提升工程实施意见提出，到2020年，所有市、县（市、区）创建成为省级以上食品安全城市和食品安全先进县（市、区）。以前是各地自愿创建，现在成了必须完成的硬任务。这一点要跟党委、政府主要负责同志汇报清楚。食品安全市县创建目前已经进入关键时期，各地要进一步扩大创建范围，提升创建标准，并在创建过程中补短板、补漏洞、提能力，确保创建工作全域推进、深入开展。希望已创建成功的5个市和12个县，认真总结推广创建经验做法，进一步巩固和深化创建工作成果，形成可复制、可推广的创建经验；正在创建的市县，要加大工作力度，争取一次成功；目前尚未参与创建的市县，要尽快启动创建。另一方面，要全面推进“食安山东”品牌建设。为进一步深化品牌建设，年初省政府印发了《关于“食安山东”品牌建设的实施意见》。主要思路是，以“安全、健康、口碑”为核心，聚焦重点产品、重点行业、重要业态和关键环节，通过持续培育、整体创建、巩固提升，实现品牌数量持续增加，品牌经济贡献率显著提高，公众消费信心明显增强，努力打造山东食品安全整体形象。工作目标是，坚持“点线面”立体化推进，在持续开展品牌引领行动的基础上，完善创建标准，树立示范标杆，分行业、分领域、分层次进行复制推广，实现增点、连线、扩面，打造品牌方阵。我们这个品牌是动态管理的，要严格准入退出机制，对达到创建标准的，都可以纳入品牌建设范围。要跟进对品牌示范单位的后续监管，对品牌示范单位的监管要高于一般监管要求，加大监督检查和抽检力度，对不能持续达标的，坚决予以淘汰。要加大对品牌企业、品牌产品的宣传推介力度，让好的品牌有市场，切实提高企业参与创建的积极性和自觉性。

（三）提升药械监管水平。针对药品、医疗器械领域存在的突出问题和薄弱环节，我们正在组织开展药品生产质量提升行动和医疗器械生产经营“规范实施年”活动，取得了阶段性成效。刚才，辛仁东同志和刘本功同志已就提升药械监管水平作了部署，请各地认真执行，力争使全省药械质量安全保障水平迈上新台阶，这里重点强调三个方面的问题。

一是关于药械监管专业性问题。主要有两个方面问题：一是药械监管有弱化的趋势，各级投入的人力、物力、财力、精力有所削减；二是监管的专业性还不够，检查中发现深层次问题的能力还有所欠缺。药品和医疗器械监管的专业性、技术性很强。药品的处方、生产工艺千差万别，医疗器械几乎涉及所有工业门类，鉴于对药械安全性、有效性、质量可控性的要求，没有一定的专业背景和多年的实践锻炼，难以实施有效监管。为此，国家总局和省局这两年一直强调事权划分，也做了一些规定。因为药械监管的专业要求高，国际上通行的行之有效的做法都是根据风险等级，明确各级事权划分，防止层层下放。省局2015年制定出台了事权划分的意见，作了较为系统的界定，目前正在根据总局一系列新的部署要求，组织修订完善。希望各市局高度重视事权划分工作，下放事权不能搞一刀切，要充分考虑药械监管的专业性和基层的承受力，做到监管能力与监管任务相匹配、相适应。对已经下放的事权，要进行再评估，防止出现把划权变成卸责；对基层接不住、干不好的事项，该收回来的一定要收回来。

二是关于中药饮片监管问题。中药饮片质量问题已经成为药品行业的一大顽疾，中药材种植养殖环节粗放，中药饮片熏蒸染色、掺假增重，中药生产企业擅自改变工艺、非法添加、减量投料、以次充好等问题时有发生。今年省局收回6张药品GMP证书，全部都是中药生产企业，不得不警惕。中药饮片问题，很大程度上是中药材种植源头问题。对中药材的监管，要充分借鉴食品监管的做法，通过加强对市场流通环节的监管，加大检查和抽检力度，用严格监管倒逼中药材源头治理。

三是关于药品医疗器械审评审批制度改革问题。7月19日，中央深改组审议通过了《关于深化审评审批制度改革鼓励药品医疗器械创新的意见》，将以中办国办名义印发。《意见》聚焦药品质量提高和鼓励药物创新，提出了一系列改革政策措施。改革力度之大前所未有，对于推动中国制药产业的创新发展具有里程碑意义。这是实现医药产业转型发展的重大机遇，抓住了这次机遇，就会凤凰涅槃，实现跨越发展；抓不住，很快就会被淘汰掉。希望各地要紧紧抓住这一重大机遇，充分利用好政策杠杆，进一步细化配套措施，继续抓好仿制药一致性评价和上市许可持有人制度试点工作，在改革中抢占先机，实现率先发展。同时，改革也给监管工作带来了挑战。我们要积极适应，主动求变，确保监管跟上改革的步伐，为改革保好驾、护好航。

在仿制药一致性评价工作方面，省局积极搭建信息和技术公共服务平台，主动开展技术指导，各市加大工作推进力度，我省整体工作走在全国前列。下一步，各市特别是医药产业大市，要继续做好宣传动员和工作指导，推动企业盯紧跟上国家不断出台的改革政策措施，确保在一致性评价工作中抢先机、不掉队。在上市许可持有人制度试点方面，国家作出新的政策调整，明确了上市许可持有人对于产品设计、临床研究、生产销售、不良事件报告等药品全生命周期负有全部法律责任。这项改革必将引起整个医药产业的颠覆性变化，对现行药品监管体系、监管模式产生根本性变革，涉及药品研制、生产、流通和使用全链条监管。希望大家要及时学习研究政策，对改革产生的影响要有预见性。要针对出现的多点委托加工、药品现代物流发展等新业态、新模式进行系统研究，提出对策建议，用好政策红利。比如有的市可以充分利用本地药品生产企业多、车间剂型全的优势，积极打造代工基地，引导中小企业转型发展，化解过剩产能。

三、强能力

破解监管难题，提升食品药品治理能力和保障水平，必须要把强能力作为一个重要手段。各地要紧紧抓住食品药品安全“十三五”规划实施的有力机遇，着力在技术支撑能力、追溯体系、基层监管能力等方面用劲发力，确保有足够的资源和力量履职尽责。

（一）加强技术支撑能力建设。日常检查、监督抽检是监管部门的两项重要职责，也是防控安全风险、实现科学监管的重要手段，必须要统筹用好。

要在构建科学有效监督检查体系的同时，切实加强技术支撑能力建设，提升抽检监测工作水平。近年来，市县检验检测机构的硬件条件有了较大改善，但检测能力整体提升还不够明显，承担政府性检验的任务量仍然较少。检验检测能力建设，不能寄希望于毕其功于一役，需要长远谋划、系统设计。通常至少需要 3 ～ 5 年时间的持续努力，才能形成与监管需要相适应的检验检测能力。希望各市局主要负责同志亲自研究部署，亲自调度过问，切实把检验检测能力提升牢牢抓在手上，督促指导检验检测机构发挥好公益性机构的作用。

要进一步加大抽检监测力度，上半年市县层面食品抽检任务完成率为 44.6%，没有实现时间过半任务过半的目标。各地要倒排工期，加快计划任务的执行进度。要坚持问题导向，聚焦重点区域、重点品种开展抽检，提升针对性靶向性。要进一步加大核查处置力度，规范工作流程，确保处置完成率和信息公开率两个 100%。要严格承检机构管理，科学评定机构能力，合理安排工作任务，引导遴选第三方机构由“拼价格”转变为“拼质量”。要进一步加强药品抽检。当前，药品抽检的针对性、靶向性有待进一步增强，检验检查的协调联动机制有待进一步完善。下一步，一是进一步突出抽检重点，提高抽检工作的针对性靶向性，特别要加强对中药饮片抽检力度，发挥好市场的倒逼作用；二是进一步强化规范核查处置工作。对抽检不合格药品，要及时控制产品风险，要加大信息公开力度，及时公开抽检处置结果。三是进一步加强风险监测。通过针对性地开展探索性研究，主动发现药品领域的“潜规则”问题。

同时，要强化不良反应监测。药品不良反应是合格药品正常用法用量下发生的与用药目的无关的有害反应，是药品安全情况在临床上的现实表现。药品不良反应监测是药品不良反应的发现、报告、评价和控制的过程，是强化药品事中事后监管的重要措施之一，也是国际通行的成熟做法。实践证明，药品不良反应监测可以发现检验检测、监督检查等其他监管手段不能发现的药械安全风险，在弥补药械上市前研究的局限性、及早发现和控制药品风险、避免药害事件重复发生和蔓延等方面发挥了不可替代的作用。各市局要高度重视，摆上更加重要的位置，投入更多的精力，进一步健全完善不良反应报告和监测工作体系。要加强药品不良反应监测机构、人才队伍和监测网络建设，市级层面要积极推动建立独立的不良反应监测机构，县级要明确专人负责药品不良反应监测工作，组建专家队伍，构建完善的药品不良反应监测工作体系。要狠抓不良反应报告和监测质量，着力提升风险信息收集、分析评价和预警能力，及时捕捉风险信号，保证风险的早发现、早报告、早评价、早控制，当好风险排查的侦查哨兵，实现对监管工作的有力支撑，推动药品生产企业落实药品安全主体责任。

（二）加快追溯体系建设。利用信息化技术，健全完善食品药品安全追溯体系，是世界公认的督促企业落实主体责任、防范风险的有效办法。目前，广大消费者对产品追溯越来越看重，企业为了自身发展也有这方面的需求，主动建立追溯的意愿越来越强烈。随着互联网、物联网等现代技术的发展，实现信息化追溯成为可能，并且更加简便快捷，也有利于形成大数据。此外，农业供给侧结构性改革正在全面推进，提高农业供给质量成为重要内容，为建立食用农产品追溯体系带了机遇。这些都是我们开展工作的有利因素。

按照食品药品安全“十三五”规划要求，到2020年，规模以上重点食品生产加工企业全部建立食品安全追溯体系。各地要加强政策引导，强化业务指导，督促企业加快建立健全食品安全追溯体系。前期，省局建立了食品安全追溯公共服务平台，并在青岛、威海两市开展了试点，下步将在全省推广，希望各地积极参与。

关于药品追溯，今年年初，商务部、食药总局等7部委印发了推进重要产品信息化追溯体系建设指导意见，对药品全过程追溯提出了明确要求。上半年，在药品电子监管码停用的情况下，省局通过调研，初步形成了建立药品追溯体系的基本思路，即以原药品电子监管系统为基础，按照企业主体、政府引导、第三方参与的模式进行构建。重点推进两项工作：一是建立以企业为主体的药品追溯体系。药品生产、经营和使用单位通过第三方追溯平台，建立“一物一码、物码同追”的追溯体系，力争2019年底前实现全省范围内追溯闭环。二是建设监管部门药品追溯管理平台。依托阿里健康药品追溯平台及标准，在2018年底前构建全省统一、满足省市县三级管理要求的“药品追溯管理平台”及“大数据中心”。希望各地按照省局的统一部署，积极做好相关工作。

（三）加强基层监管能力建设。国家和省食品药品安全“十三五”规划都对基层执法装备、执法条件和监管队伍等作出明确要求，各地要积极争取当地政府加大支持和投入保障力度，加快推进基层监管机构标准化工程建设，加强执法装备基本配备，满足监管急需。要加强与编制、人社等有关部门的沟通协调，配齐配强基层监管人员。编制不足、任务繁重的地方，可以通过政府购买服务等方式，增加人员力量。要把加强教育培训摆在更加重要的位置，有计划、有步骤地持续开展，重点强化实际操作技能培训，提高队伍整体素质和监管执法能力。要加快推进职业化检查员队伍建设，增强监管的专业性与专注度。各市要提前谋划，加强与有关部门沟通协调，争取在人员编制、经费保障方面给予重点倾斜，着力建设一支专业化监管队伍。

这里，再跟大家通报一下盐业体制改革情况。去年4月，国务院发布《盐业体制改革方案》，提出要“创造条件将食盐质量安全管理与监管职能移交食品药品监管部门或市场监管部门”。为做好改革有关工作，省局加强与国家总局、省编办、省经信委等部门的沟通，深入研究相关政策，先后多次向有关部门反映我局意见。今年，总局年中座谈会对做好改革相关工作提出了明确要求。8月3日，省政府召开专题会议研究了改革方案。8月9日，省编办就改革方案征求意见。目前来看，食盐监管职能移交给食药部门已成必然趋势，而且推进速度明显加快。各地要立即行动起来，积极做好相关准备工作。一是要积极向党委政府汇报争取支持，加强与经信、编制、盐务等部门的沟通，掌握工作主动权。二是要充分认识食盐监管的特殊性和专业性、监管任务的艰巨性、食品药品监管系统执法能力的薄弱性，加强基础调研，认真测算承接食盐质量安全监管职能需要的机构、编制、人员、检测能力等条件，向有关部门提出机构设置的合理化建议。三是要加大争取力度，努力在机构、人员、编制等方面加强与编制部门的沟通，争取职能划转的同时，确保机构编制等事项同步划转，并区分盐务部门人员情况做好人员划转和补充工作。四是要加强食盐监管政策研究。食盐监管职能一旦移交，要立即履行好相关职责，确保食盐质量安全。

四、严政纪

加强党的建设是最大政绩，也是必须完成好的政治任务。各级食品药品监管部门必须认真贯彻中央和省委全面从严治党的决策部署，坚持以党的建设统领各项工作，严明党的纪律，培育良好作风，打造过硬队伍，为监管事业发展提供更加有力的组织保障。

（一）旗帜鲜明讲政治。要不断加强理论学习，深入学习贯彻习近平总书记系列重要讲话精神和视察山东重要讲话、重要指示批示精神，筑牢信仰之基、补足精神之钙、把稳思想之舵。牢固树立政治意识、大局意识、核心意识、看齐意识，把维护习近平总书记核心地位和领袖权威作为第一位的政治要求，始终在政治方向、政治路线、政治立场、政治主张上与党中央保持高度一致。要把讲政治体现在具体行动上，将习近平总书记系列重要讲话和重要指示批示精神落到实处、开花结果。对我们系统而言，最鲜明的讲政治就是贯彻落实习近平总书记关于食品药品安全工作的一系列重要讲话和重要指示批示精神，把习近平总书记“四个最严”要求作为食品药品安全工作的最高纲领和行动指南。各地要对习近平总书记关于食品药品安全工作的一系列重要讲话和重要指示批示进行系统梳理，编印成册，发给每一位工作人员，使之更好地武装头脑、指导实践。

（二）从严从紧守纪律。保障食品药品安全，推进监管事业发展，加强自身建设至关重要，只有自己一身正气、刚正不阿，监管才能有底气、办事才能让人服气。要始终把纪律和规矩作为不能突破的底线、不可逾越的红线、不可触碰的高压线，时刻体现“挺纪在前”。要严格落实党风廉政责任制，将党风廉政建设列入领导班子、干部队伍目标管理，责任到岗到人，作出廉政承诺。加强廉政风险点研判，定期分析研究，有针对性地制定廉政风险防范措施，及时发现并解决苗头性、倾向性问题。要坚持原则、铁面无私、慎于行权，不拿原则做交易，不为利益所诱惑。要有始终保持如履薄冰、如临深渊的警觉，慎权、慎欲、慎微、慎独，淡泊名利，洁身自好，公平、公正地履行监管执法职责。同时，要强化责任担当，注意保护敢于担当、善作善成的同志，加快完善尽职免责、容错纠错机制，为担当者担当。

（三）*改进作风抓落实*。作风硬才能保证工作实。这些年，我们啃了不少硬骨头，打了许多漂亮仗，就是得益于良好的作风和饱满的精神状态。作风建设永远在路上，永远没有休止符。食品药品安全是群众身边最直接的民生，大家要以群众的所思所盼为努力方向，围绕如何提高群众的获得感和满意度下功夫、做文章。要进一步增强服务意识，优化行政审批程序和操作流程，实施全程网办，压缩审批时限，为企业和公众提供更加高效便捷的服务。要创新服务方式，主动对接企业，采取“一企一策”“一域一策”等有针对性的帮扶措施，推动产业健康发展。

一分部署，九分落实。督查考核是抓好落实的助推器，要充分发挥督查考核的指挥棒作用，推动各项工作任务落实。9月4日—8日，国务院食安委将对我省进行食品安全督查，各地要在省食安委督查抽查基础上，进一步对照督查内容，查缺补漏，做好迎查准备工作。下一步，省食安委将参照国务院食安委做法，对各市食品安全工作进行常态化、制度化督查，督查结果纳入年终考核。即将印发的《省食品安全工作评议考核办法》，解决了“考谁”“谁考”“考什么”“怎么考”“结果怎么用”等问题，大家一定要学好、用好。今年的经济社会发展综合考核，在考“四个率”的基础上，增加了重点工作考核，各地要对照考核任务逐项梳理盘点，倒排工期，加快进度，确保全年任务圆满完成。

食品药品安全监管，责任重大、使命光荣。惟其艰难，才更显勇毅；惟其笃行，才弥足珍贵！让我们坚持以人民为中心的发展思想，牢固树立“四个意识”，落实“四个最严”要求，再接再厉，再立新功，不断提高食品药品安全保障水平，以优异成绩迎接党的十九大胜利召开！

以党的十九大精神为指引　奋力谱写食品药品监管新篇章

——马越男在学习宣讲党的十九大精神时的辅导报告

（2017年11月20日）

这段时间，我们集中收看了党的十九大开幕闭幕盛况、新一届中央政治局常委中外记者见面会、中央宣讲团党的十九大精神报告会，省局机关、局党组理论学习中心组、各支部（党委、总支）都开展了一系列主题鲜明、丰富多彩的集中学习活动。我和部分局领导班子成员还参加了省委专题轮训。同志们普遍感到，党的十九大报告，越学越感到博大精深、气势磅礴，越学越感到令人振奋、备受鼓舞，越学越感到信心百倍、复兴可期。每读一次都有新体会，每学一次都有新收获。

今天，我围绕“以党的十九大精神为指引，奋力谱写食品药品监管新篇章”这一主题，与大家共同交流一下学习体会。

一、全面准确学习领会党的十九大精神

学习宣传贯彻党的十九大精神是当前和今后一个时期的首要政治任务。要着重在学懂、弄通、做实上下功夫，结合实际学、持续深入学，深刻领会准确把握党的十九大精神的思想精髓、核心要义，自觉增强“四个意识”特别是核心意识和看齐意识，切实把思想统一到党的十九大精神上来，切实把力量凝聚到实现党的十九大确定的各项任务上来，切实用习近平新时代中国特色社会主义思想武装头脑、指导工作、推动实践。

党的十九大是在全面建成小康社会决胜阶段、中国特色社会主义进入新时代的关键时期召开的一次十分重要的大会。

大会主要取得了三大成果。一是理论成果。明确提出习近平新时代中国特色社会主义思想，这是党的十九大最大的贡献，开辟了马克思主义新境界、中国特色社会主义新境界、治国理政新境界、管党治党新境界。二是制度成果。通过了党章修正案，以党内根本大法形式，进一步明确了习近平总书记在党中央、在全党的核心地位，把习近平新时代中国特色社会主义思想写入党的指导思想。三是组织成果。选举产生了以习近平同志为核心的新一代中央领导集体，为决胜全面建成小康社会、夺取新时代中国特色社会主义

伟大胜利提供了坚强保证。

大会的主要精神体现在“四新”上（即新时代、新使命、新思想、新征程）：

（一）新时代。党的十九大报告提出，“经过长期努力，中国特色社会主义进入了新时代”。这是我国发展新的历史方位，是党的十九大作出的最为重大的判断。

怎样理解新时代，为什么作出中国特色社会主义进入新时代的重大判断？新时代不是随便说出来的，是干出来的。习近平总书记带领全党全军全国各族人民干出了新天地、新时代、新未来。

党的十八大以来，以习近平同志为核心的党中央，提出一系列新理念新思想新战略，出台一系列重大方针政策，推出一系列重大举措，推进一系列重大工作，解决了许多长期想解决而没有解决的难题，办成了许多过去想办而没有办成的大事，推动党和国家事业发生历史性变革。5 年来的成就是全方位的、开创性的，5 年来的变革是深层次的、根本性的。

比如全面深化改革方面，十八大以来，中央先后出台 1500 多项改革措施，重要领域和关键环节改革取得突破性进展。

比如经济方面，虽然我国 GDP 增速有所减缓，但发展的质量效益提上来了，正稳步有序进入可持续发展的轨道。

新时代是什么？正如总书记在报告中从 5 个方面对新时代丰富内涵作的高度概括：“这个新时代，是承前启后、继往开来、在新的历史条件下继续夺取中国特色社会主义伟大胜利的时代；是决胜全面建成小康社会、进而全面建设社会主义现代化强国的时代；是全国各族人民团结奋斗、不断创造美好生活、逐步实现全体人民共同富裕的时代；是全体中华儿女勠力同心、奋力实现中华民族伟大复兴中国梦的时代；是我国日益走近世界舞台中央、不断为人类作出更大贡献的时代”。这一精辟论述，体现了我们党对我国发展新的历史方位的精准把握，彰显了我们党的使命追求和责任担当。

新时代最为显著的特点是什么？我个人体会，就是我国社会主要矛盾发生了新变化，已经转化为人民日益增长的美好生活需要和不平衡不充分的发展之间的矛盾。关于我国社会主要矛盾的说法，大家熟悉的表述是：人民日益增长的物质文化需要同落后的社会生产之间的矛盾，这是 1981 年党的十一届六中全会提出来的。36 年前，我们的物质还很匮乏，吃饭靠粮票，衣着很单调，电力不稳定，交通不便捷，医疗条件也比较落后。那时候的梦想是什么？有人说“点灯不用油，耕地不用牛”“楼上楼下，电灯电话”。

经过改革开放近 40 年的长期努力，我国稳定解决了十几亿人的温饱问题，总体上实现小康，不久将全面建成小康社会，人民美好生活需要日益广泛，不仅对物质文化生活提出了更高要求，而且在民主、法治、公平、正义、安全、环境等方面的要求日益增长。

同时，我国社会生产力水平总体上显著提高，社会生产能力在很多方面进入世界前列，更加突出的问题是发展不平衡不充分，这已经成为满足人民日益增长的美好生活需要的主要制约因素。比如城乡差距、地域差距、贫富差距等还比较明显。

必须认识到，我国社会主要矛盾的变化是关系全局的历史性变化，对党和国家工作提出了许多新要求。我们要在继续推动发展的基础上，着力解决好发展不平衡不充分问题，大力提升发展质量和效益，更好满足人民在经济、政治、文化、社会、生态等方面日益增长的需要，更好推动人的全面发展、社会全面进步。

必须认识到，我国社会主要矛盾的变化，没有改变我们对我国社会主义所处历史阶段的判断，我国仍处于并将长期处于社会主义初级阶段的基本国情没有变，我国是世界最大发展中国家的国际地位没有变。这一“变”与“不变”，是我们学习时要重点把握的。

（二）新使命。党的十九大报告指出，“实现伟大梦想，必须进行伟大斗争”“必须建设伟大工程”“必须推进伟大事业”。“伟大斗争、伟大工程、伟大事业、伟大梦想，紧密联系、相互贯通、相互作用，其中起决定性作用的是党的建设新的伟大工程”。

“四个伟大”系统地展示了中国发展的愿景，搭建起了党中央治国理政新理念新思想新战略的“四梁八柱”。“四个伟大”明确了新时代中国共产党的历史使命，体现了新时代建设中国特色社会主义的责任和自信，彰显了对实现中华民族伟大复兴的强烈期待和信心，必将指导我们更好把握新定位、践行新思想、激发新状态、展现新作为。

一个时代有一个时代的使命。回顾我们党的历史，可以用“三件大事”来概括。第一件大事是解决民族独立和人民解放的问题，使中国人民从此站起来了。第二件大事主要解决经济发展和人民富裕问题，使中国人民富起来了。第三件大事就是党的十八大以来，我国发展站到了新的历史起点上，久经磨难的中华民族实现了从站起来、富起来到强起来的历史性飞跃，中华民族伟大复兴展现出前所未有的光明前景。

总书记在十九大报告中，用历史的眼光总结了中华民族苦难辉煌的历程。大家都知道，中国近代史是一部久经磨难的屈辱史，从 1840 年鸦片战争到 1919 年“五四运动”，中法战争、甲午中日战争、八国联军侵华，一次又一次的列强侵略，《南京条约》《马关条约》《辛丑条约》，一个又一个的不平等条约签订。中国近代史更是一部坚强不屈的奋斗史，近代以来，为了救亡图存，强国富民，无数仁人志士进行了可歌可泣、不屈不挠的探索和奋斗，最后都失败了。只有中国共产党，把实现共产主义作为党的最高理想和最终目标，义无反顾肩负起实现中华民族伟大复兴的历史使命，举起民族独立和人民解放的大旗，团结带领人民进行了艰苦卓绝的斗争，谱写了气吞山河的壮丽史诗。新中国成立特别是改革开放以来，我们党带领人民艰苦创业，不断夺取中国特色社会主义新胜利，我国发生了翻天覆地的变化，经济实力大幅增长，人民生活水平显著提高，我们一步步走向中华民族伟大复兴的目标。今天，我们比历史上任何时期都更接近、更有信心和能力实现中华民族伟大复兴的目标。

行百里者半九十。站在新的历史起点，冲刺在全面建成小康社会、建设社会主义现代化强国的关键一程，不可避免要“爬雪山”“过草地”，什么时候都不要想象轻轻松松、敲锣打鼓就能实现中华民族伟大复兴，必须准备付出更为艰巨、更为艰苦的努力。这是总书记对于我们的谆谆告诫，是新时代赋予我们的神圣使命。

（三）新思想。一切伟大的时代，都需要思想领航。习近平新时代中国特色社会主义思想是党的十九大的一个历史性决策和最重要的贡献，体现了我们党在理论上的高度成熟、高度自信，反映了全党共同意志和全社会共同意愿，具有丰富内涵。

党的十九大报告深刻阐述了“8 个明确”的丰富内涵和“14 个坚持”的基本方略，涵盖了我们党治国理政的方方面面，包括改革发展稳定、内政外交国防、治党治国治军，是一整套系统完整、逻辑严密的科学体系，有三个鲜明特点：一是继承性，这一思想是对马克思列宁主义、毛泽东思想、邓小平理论、“三个代表”重要思想、科学发展观的继承和发展，是马克思主义中国化最新成果，是中国特色社会主义理论体系的重要组成部分。二是创新性，反映了党的十八大以来党在理论创新上实现的新飞跃及其对坚持和发展中国特色社会主义的重大指导意义。三是时代性，突出了这一思想在马克思主义中国化进程中的时代意义和时代特色。

这一思想是党和人民实践经验和集体智慧的结晶，其主要创立者是习近平总书记。党的十八大以来，习近平总书记以顽强的意志品质和强烈的使命担当，革故鼎新、励精图治，带领全党全军全国各族人民砥砺奋进，在各方面取得了一系列具有重要现实意义和深远历史意义的成就，赢得了广大人民群众的衷心拥护。总书记在领导全党全国推进党和国家事业的实践中，以马克思主义政治家、理论家的深刻洞察力、敏锐判断力和战略定力，提出了一系列具有开创性意义的新理念新思想新战略，为这一思想的创立发挥了决定性作用、作出了决定性贡献。总书记的核心地位、领袖权威，不是封出来的，而是干出来的；总书记是在人民群众中成长起来的领袖，是全党的选择、人民的选择。

我们学习宣传贯彻党的十九大精神，我体会最重要的就是维护核心、拥戴核心。马克思说过，每一个社会时代都需要有自己的大人物，如果没有这样的人物，这个社会时代就要把他们创造出来。孙中山曾感慨，中国四万万人，一盘散沙而已。就是因为没有坚强有力的领导核心。我们党的发展进程充分证明了核心的巨大作用。通过党的十九大，我们更加明确了习近平总书记是全党全军全国各族人民的坚强核心、英明领袖、伟大统帅，是新时代中国坚持和发展中国特色社会主义的主心骨、领路人。维护总书记核心地位、领袖权威，就是维护党中央权威和集中统一领导，就是维护党的团结统一。只有维护核心、拥戴核心，才能凝聚 8900 万共产党人和 13 亿多人民团结奋斗的无穷力量，实现“中国之治”、铸就“盛世中国”、领跑国际社会。

（四）新征程。党的十九大报告为我们擘画了从现在到本世纪中叶的全新发展蓝图：“第一个阶段，从 2020 年到 2035 年，在全面建成小康社会的基础上，再奋斗 15 年，基本实现社会主义现代化。第二个阶段，从 2035 年到本世纪中叶，在基本实现现代化的基础上，再奋斗 15 年，把我国建成富强民主文明和谐美丽的社会主义现代化强国”。这一总体设计，描绘了我国未来发展的宏伟蓝图，明晰了我国未来发展的实施步骤。也许有人说，这只是远景规划而已，能不能实现还不一定。我想说的是，这个世界上如果说，还有哪个国家、哪个政党是真正持续不断地敢承诺、有规划、并且能兑现承诺的，除了我们中国和中国共产党，应该找不到第二个国家、第二个政党。

1987 年，党的十三大报告提出了我国现代化建设的“三步走”发展战略。当时也有一些人不愿相信、不敢相信，但事实证明，第一步在 20 世纪 80 年代末已经实现，第二步目标在 1995 年就提前完成，现在我们把第三步的目标从本世纪中叶提前到 2035 年了，提前了 15 年。这是基于我们党对社会主义现代化目标的全面认识和实践经验总结，根据我国已有的发展成就和现实可能，作出的有理由、有底气的判断。

党的十九大报告明确提出，“把我国建成富强民主文明和谐美丽的社会主义现代化强国”。这里有两个亮点。一是过去的“富强民主文明和谐”后面又加了一个“美丽”，强化了绿色发展的理念，使我国现代化建设的内容更加全面。二是把社会主义现代化国家改为社会主义现代化强国，一字之差，境界全变。我们的目标更为远大，从一个富强民主文明和谐的社会主义现代化国家，向着综合国力更强、国际影响力更大、世界领先的社会主义现代化强国迈进。

新目标开启新征程，新征程需要新举措。总书记在党的十九大报告中，围绕新时代的新蓝图，对经济建设、政治建设、文化建设、社会建设、生态文明建设、国防和军队建设、港澳台工作、外交工作及全面从严治党等各个方面作了重大部署。体现了战略设计、宏观谋划与实施步骤、具体举措的统一，有很高的思想含量、政策含量和改革含量，必将对推动经济社会持续健康发展发挥巨大指导作用。

一代人有一代人的责任，一代人有一代人的担当。党的十九大已为我们擘画新蓝图、开启新征程，学习宣传贯彻党的十九大精神，就是要牢固树立“四个意识”，坚定“四个自信”，在习近平新时代中国特色社会主义思想的指引下，牢记使命，砥砺奋进，创造属于新时代的新辉煌！

二、习近平新时代中国特色社会主义思想铸就非凡五年

党的十九大报告指出，“十八大以来的五年，是党和国家发展进程中极不平凡的五年”。这极不平凡的五年，我国在经济、政治、文化、社会、生态文明建设等各方面取得历史性成就、发生历史性变革。这极不平凡的五年，描绘在960多万平方公里的中华大地上，展现在13亿多中国人民的笑容中。这极不平凡的五年，是我们身边看得见、摸得着，变得越来越美好的生活，是中国国家力量的速度、高度、温度、深度和热度。

——非凡五年，高铁奔腾展现“中国速度”。2017年9月，“复兴号”动车组以350公里的时速连通京沪，中国成为世界上高铁商业运营速度最快的国家。转眼之间，中国高铁通车里程达到2.2万公里，占世界高铁通车总里程的60%。高铁速度是中国发展速度的具体体现，党的十八大以来，中国发展面对“新常态”下行压力，保持定力，蹄疾步稳，向全面建成小康社会的目标大步迈进，发展速度令世人震惊。五年来，中国工业强势崛起，制造业产值稳居全球第一；国内生产总值高歌猛进，从54万亿元增长到80万亿元，从2010年超越日本后，到2016年已是日本的2倍还要多，对世界经济增长贡献率超过百分之三十。

——非凡五年，“墨子”飞天标志“中国高度”。2016年8月，世界首颗量子科学实验卫星“墨子号”在酒泉卫星发射中心升空。2017年5月，世界上第一台光量子计算机在上海诞生。2017年8月，全球第一条量子通信干线网络“京沪干线”项目完成全网技术验收，我国已抢占量子科技创新的全球制高点。中国桥、中国路、中国港，标志着我国发展新高度的超级工程也层出不穷。国外媒体惊叹：“昨天还是求学者，今天已成长为领跑者”！我们应该看到，科技的高度是十八大以来我们党伟大理论和实践高度的结果，特别是习近平总书记的远见卓识，极大推动着中国的理论和实践创新。

——非凡五年，脱贫攻坚传递“中国温度”。2016年，中央和省级财政专项扶贫资金首次突破1000亿。党的十八大以来，每年有1300万以上贫困人口稳定脱贫，贫困发生率从10.2%下降到4%以下。脱贫攻坚作为人类历史上最大规模的减贫行动，把中国力量的温度传递到每个中国人。党的十八大以来，城乡居民收入增速超过经济增速，中等收入群体持续扩大，覆盖城乡居民的社会保障体系基本建立，人民健康和医疗卫生水平大幅提高。以人民为中心的发展思想得到深入贯彻，一大批惠民举措落地实施，人民获得感显著增强。

——非凡五年，蛟龙潜海彰显“中国深度”。2010年8月，“蛟龙号”载人潜水器3000米级海试成功，到目前，下潜最大深度已达7062米，创造了新的世界纪录。2017年9月，世界首艘深海采矿船在福建完成船体安装，最大设计作业水深达2500米，成为世界船舶制造业的又一个里程碑。“国之重器”涉险滩、探深水，映射了党的十八大以来全面深化改革的魄力，“中国改革经过30多年，已进入深水区，可以说，容易的、皆大欢喜的改革已经完成了，好吃的肉都吃掉了，剩下的都是难啃的硬骨头”。五年来，以习近平同志为核心的党中央豪迈推进中国改革“再出发”，确定了涉及60个方面的“任务清单”，推出1500多项改革举措，国家治理体系和治理能力现代化水平明显提高，全社会发展活力和创新活力明显增强。

——非凡五年，一带一路辐射“中国热度”。2013年9月、10月，习近平总书记在出访中亚和东南亚国家期间，先后提出共建“丝绸之路经济带”和“21世纪海上丝绸之路”的重大倡议，得到国际社会高度关注。总书记发出“一带一路”倡议以来，全球100多个国家和国际组织积极支持和参与，40多个国家和国际组织同中国签署共建合作协议。“桃李不言，下自成蹊。”一带一路只是中国热度的一面。从建立亚投行到创设金砖银行，从举办APEC会议到主办二十国集团峰会，倡导构建人类命运共同体，促进全球治理体系变革。中国的国际影响力、感召力、塑造力不断提高，国际社会对党的十九大高度关注，大会期间有165个国家452个主要政党发来855份贺电贺信，充分肯定中国特色社会主义道路和制度的成就，充分肯定我们党在中国发展中所起的领导作用，高度评价总书记的核心地位和领袖权威，表示希望借鉴中国的道路和发展经验。我们正以前所未有的信心和力量，不断为完善全球治理体制机制提供“中国思想”、提出“中国方案”、贡献“中国智慧”。

非凡五年，关键在于我们拥有了习近平总书记这一党的伟大核心掌舵定向，关键在于有习近平新时代中国特色社会主义思想的科学指导。在推进伟大事业的征程中，总书记心里始终装着人民，对关系人民群

众切身利益的食品药品安全问题始终高度关注、格外关心，作出一系列重要指示批示，提出一系列新思想、新理念、新战略，形成了完整系统的食品药品安全治理理论体系，是我们做好食品药品安全工作的最高纲领和行动指南。

2001年，习近平总书记在福建任省长时，就在全国率先提出并亲自挂帅，治理餐桌污染、建设食品放心工程，全过程推进食品安全工作。“人民关心的事情就是我们关心的事情！”“餐桌污染问题若得不到解决，我们就无法向全省人民交代，就意味着失职”。总书记当时谈及餐桌污染治理时的一席话，至今听来仍掷地有声。

担任总书记之后，始终高度关注食品药品安全问题，在考察、开会，甚至是吃饭间隙，都不忘询问食品安全，叮嘱要把食品安全放在第一位。他到庆丰包子铺买包子吃，在和店铺经理交谈时说道，“食品安全是最重要的，群众要吃得放心，这是我最关心的”。当年他到山东视察时，一路上谈得最多的也是食品安全。

2013年，总书记在中央经济工作会议、中央农村工作会议上先后对食品安全作了系统阐述。他指出，“食品安全关系群众身体健康，关系中华民族未来。能不能在食品安全上给老百姓一个满意的交代，是对我们执政能力的重大考验”“用最严谨的标准、最严格的监管、最严厉的处罚、最严肃的问责，确保广大人民群众‘舌尖上的安全’”“要大力培育食品品牌。用品牌保证人们对产品质量的信心”。

2014年，他密集调研食品药品安全工作，深入基层了解食品药品安全状况。

2015年1月，总书记针对食品安全问题强调，“食品安全是民生，民生与安全联系在一起就是最大的政治”。2月，在陕西考察时强调，“食品安全、生产安全、社会治安，对老百姓来说是关乎身家性命的大事。‘食’字下面是‘良’字，食品行业必须有良心，食品生产必须是良好的”。5月，在主持中央政治局第23次集体学习时指出，“各级党委和政府要切实承担起‘促一方发展、保一方平安’的政治责任，以完善食品安全责任制、安全生产责任制、防灾减灾救灾责任制、社会治安综合治理责任制为重点，明确并严格落实责任制”。5月，在浙江召开华东7省市党委主要负责同志座谈会时，强调，“全面解决好人民群众关心的教育、就业、收入、社保、医疗卫生、食品安全等问题，让改革发展成果更多、更公平、更实在地惠及广大人民群众”。7月，在敖东药业延吉股份有限公司考察时强调，“药品安全责任重于泰山。保障药品安全是技术问题、管理工作，也是道德问题、民心工程。每家制药企业都必须认真履行社会责任，使每一种药、每一粒药都安全、可靠、放心”。

2016年1月，总书记在总局药物临床报告上批示，“药品安全关系人身健康和生命安全，容不得含糊。要加快完善统一权威的监管体制和制度，把‘四个最严’落到实处，确保人民群众用药安全、有效”。同月，对食品安全工作批示，“确保食品安全是民生工程、民心工程，是各级党委、政府义不容辞之责”“要牢固树立以人民为中心的发展理念，坚持党政同责、标本兼治”。12月，在中央财经领导小组第十四次会议上强调，“各级党委和政府要作为一项重大政治任务来抓。要坚持源头严防、过程严管、风险严控”“要从满足普遍需求出发，促进餐饮业提高安全质量”。

2017年1月，总书记批示指出，“民以食为天，加强食品安全工作，关系我国13亿多人的身体健康和生命安全，必须抓得紧而又紧”“提高餐饮业质量安全水平，加强从‘农田到餐桌’全过程食品安全工作，严防、严管、严控食品安全风险，保证广大人民群众吃得放心、安心”。10月，在党的十九大报告中，总书记明确提出，“实施食品安全战略，让人民吃得放心”“健全药品供应保障制度”。

从2001年到2017年，从福建到北京，从治理餐桌污染到食品安全战略……总书记关于食品药品安全工作的思想既一以贯之，又不断升华。回首十多年前总书记发起的那场“民生战役”，领会17年来总书记擘画的食品安全战略，我们依然能感受到他“一枝一叶总关情”的为民情怀，能感受到他“铁肩担道义”的担当精神，能感受到他“一览众山小”的全局视野。

在食品药品安全工作的新长征路上，全国食品药品监管系统一心跟着以习近平同志为核心的党中央走，一心向着习近平总书记重要指示批示的指引前行。

从2008年“三鹿奶粉事件”以来，特别是近五年以来，我国食品药品安全工作后发先至、弯道超车，用了短短几年时间，走过了发达国家十几年甚至几十年的监管之路，取得了有目共睹的进步。

五年来，我国不断改革完善食品药品监管体制，结束了食品安全长期“九龙治水”的局面，实现了对生产、流通、消费环节的食品安全和药品的安全性、有效性的统一监管。

五年来，不断健全完善食品药品法规制度体系，以史上最严《食品安全法》为代表的一系列法律法规和规章制度先后出台。

五年来，积极推进食品安全城市示范创建，不断探索食品药品安全治理新路，食品药品安全责任得到有效落实，治理能力和保障水平显著提升。

五年来，严防、严管、严控食品药品风险隐患，努力让监管跑在风险前面，全国食品药品安全事件明显减少，安全形势总体稳定向好。

五年来，坚持问题导向，实施最严监管，保健食品“打四非”、药品“两打两建”、农村食品市场“四打击四规范”、医疗器械“五整治”等行动成果丰硕。

五年来，全面深化药品医疗器械审评审批制度改革，基本消除注册申请积压，有效激发医药产业创新活力，提升产品质量，一批中国造、世界新的药品和医疗器械产品造福百姓。

五年来，全国奏响食品药品安全社会共治“大合唱”，政府、部门、企业、协会、媒体和社会公众共同参与，从“各说各话”走向了“同频共振”、齐抓共管。

十八大以来的五年，同样是我省食品药品安全工作遵循战略思想、迈出坚实步伐、实现跨越发展的五年。这五年，我们以习近平总书记系列重要指示批示为指引，一路披荆斩棘、迎难而上，一路开山架桥、乘风破浪。

*——这是探索的五年，我们的监管理念日臻成熟。*2013年，我们全力抓改革、建体系。2014年初，提出正确处理“四个关系”（食品和药品的关系、审批和监管的关系、政府监管和社会共治的关系、加强监管与促进发展的关系）、做到“五个注重”（注重抓基础、注重抓关键、注重抓规律、注重抓典型、注重抓宣传）。2015年，确立“夯实基础、扎牢篱笆、主动作为、务求实效”的思路。2016年，实施“打、建、创”并举（强化严打重治、构建长效机制、推进示范创建）。2017年，提出“四个着力”（着力强根基、着力防风险、着力抓引领、着力提升公众获得感）。一路走来，我们的方向越来越明确，路径越来越清晰，精神越来越昂扬，步子越来越有力。

*——这是自强的五年，我们的监管体系逐步完善。*指导和推动基层健全完善监管体系，争取编制、人社等部门加强力量配备，县乡监管人员到岗率从不足70%增至93%；我们联合发展改革、财政等部门开展执法能力提升年活动，加快推进基层监管机构标准化建设工程，基层监管所业务辅助用房平均面积从不足50平方米增至170平方米；我们会同多部门联合印发加强检验检测能力建设的指导意见，加快检验检测体系建设；连续多年会同省委组织部举办专题培训，组织实施“十百千万培训工程”“双基能力提升工程”“专业化培训工程”等系列培训，不断提高队伍整体素质和监管执法能力；全面完善监管制度体系，及时将实践经验上升为制度成果，监管篱笆越扎越牢。

*——这是奋进的五年，我们的监管水平全面提升。*我们坚持严字当头，实施食安、农安、公安“三安联动”监管机制，针对群众反映强烈的突出问题，主动出击、重拳打击，持续开展“守护舌尖安全”系列整治行动，打出了声势、打出了权威。坚持以风险管理理念引领食品药品监管，积极推行分级分类分层监管、规范化模块化痕迹化“三化”监管、“智慧监管”，不断提升监管科学性和有效性。坚持品牌引领，“点线面”立体化推进“食安山东”建设，打造山东食品安全整体形象。坚持问题导向，实施“开门监管”，从解决人民群众身边问题入手，推动出台“三小”条例，开展规范提升行动，着力提高人民群众满意度和获得感。

*——这是提速的五年，食品药品产业蓬勃发展。*新局组建后，我们就提出要正确处理加强监管与促进发展的关系，坚持产管并重，推动共同发展。我们以“食安山东”建设推动食品产业转型升级，重点抓好“十个一批”创建，引领产业健康发展。积极参与新旧动能转换重大工程，加快推进药审制度改革，助推我省医药产业创新发展，提升核心竞争力。进一步优化管理服务，实施全程网办，简化审批流程，开展“一对一、面对面”咨询，实行“三通道”审批，建立重点帮扶项目库，为产业发展创造宽松有利的发展环境。这几年，我省食品医药工业年均增速都超过两位数，对全省经济的贡献能力不断提高。

*——这是成长的五年，我们的信心更加坚定。*五年前，食品药品监管系统还缺兵少将、缺枪少炮，少有人知、少有人问。五年过去，我们这支队伍的旗子亮出去了、硬仗打下来了、腰杆挺起来了。五年前，省级财政专项资金长年维持在1亿元左右。五年过去，我们的省级财政专项资金达到4.28亿元，翻了两番。五年的不懈努力、艰辛付出，让我们的工作得到的关注越来越强，得到的认可越来越多，得到的支持越来越大。五年的工作成绩、可喜变化，让我们比以往任何时候都更加自信、更加坚定、更加斗志昂扬。

我们的工作成绩和可喜变化，是党和国家事业历史性成就和历史性变革的一个缩影，是驶向中华民族伟大复兴航船上的一颗螺钉。我们的工作成绩和可喜变化，归根于我们所处的伟大时代，得益于以习近平同志为核心的党中央的坚强领导。我们的工作成绩和可喜变化，证明了我们的方向是正确的、努力是有效的、付出是值得的，鼓舞着我们不忘初心、牢记使命，鼓舞着我们继续迎难而上、奋勇前行。

在前行的道路上，我们也要清醒认识食品药品安全面临的严峻形势，认真审视食品药品安全领域发展不平衡不充分的问题：横向看，区域之间、城乡之间发展不平衡，部分地方发展不充分。纵向看，省市县乡发展不平衡，基层监管能力发展不充分。全链条看，各环节风险防控能力不平衡，对源头风险、潜在风险的防控能力不足。从品种看，各品种之间质量安全水平不平衡，部分高风险产品质量安全水平发展不充分。从整个产业看，发展也不平衡，产业大而不强，没有核心竞争力的中小企业数量众多，整体发展水平和质量安全水平仍然不充分。从社会层面看，诚信体系建设还不充分，尚德守法氛围还不浓厚，公众对食品药品安全的认知不平衡，参与监督的积极性调动不充分等等。这些问题，已经成为我们“实施食品安全战略、让人民吃得放心”的主要制约因素。

新时代开启新征程，新时代呼唤新作为。党的十九大已经为全国人民描绘了未来一个时期的宏伟蓝图。食品药品安全是这一宏伟蓝图的重要组成部分，没有食品药品安全的小康算不上全面小康，没有食品药品安全的强国也算不上真正的强大。在全面建成小康社会、基本实现社会主义现代化、建成社会主义现代化强国的伟大征程中，食品药品安全必须与时代同频共振、同步前行，担负起必须担负的历史使命，正视并认真解决前行中遇到的各种困难和问题，向着远方砥砺前行。

三、坚持以人民为中心的发展思想，推动全省食品药品监管工作再上新台阶

3 万多字的党的十九大报告，200 多次提到“人民”，足见“人民”在我们党心中的分量。党的十九大报告指出，“为什么人的问题，是检验一个政党、一个政权性质的试金石”。报告开篇强调，“全党同志一定要永远与人民同呼吸、共命运、心连心，永远把人民对美好生活的向往作为奋斗目标”。

食品安全是天大的事，药品安全是人命关天的事，关系每一个人的身体健康和生命安全，是重大的基本民生问题，是人民对美好生活向往的重要内容。食品药品安不安全、放不放心，直接关系到人民的获得感、幸福感和安全感。我们的初心和使命，就是保障公众饮食用药安全，让人民吃得放心、用得安心。这些年来，我们始终秉承监管为民的理念，坚持“一年做好几件事、几年做好一件事”，以“四个最严”为遵循，全面加强监管工作，用实际行动回应了人民的期待。比如，我们持续开展“守护舌尖安全”等系列整治行动、实施“三小”规范提升行动，让群众感受到身边的食品安全等等。

民有所呼，我有所应；民有所求，我有所为。人民的需要就是我们监管的出发点和落脚点，也是监管的动力源泉和最硬底气。做好新时代食品药品监管工作，必须以党的十九大精神为最高纲领和根本遵循，坚持以人民为中心的发展思想，准确把握食品药品安全工作所处的历史方位、现实地位，开拓创新，真抓实干，不断提升人民的获得感、幸福感、安全感，使党的十九大精神在食品药品监管领域落地生根、开花结果。我想，可以从以下几个方面着手：

（一）*从群众需求出发*。群众是生活的先知。食品药品安不安全，存在哪些问题，群众的感受最直接、最深刻。以人民为中心，首先要了解群众需求，这样工作才能有的放矢。要多搞调查研究，多往基层跑，多与群众面对面、心对心交流，主动听取意见，倾听群众呼声，找准工作的努力方向，为做决策、出政策提供源头活水。决不能光坐在办公室里闭门造车，“遐想”群众的需要，替群众“做主”。

一方面，要守住安全风险这一底线。按照马斯洛需求层次理论，安全需求是人类仅次于生理需求后的第二个层次的基本需求。食品药品安全不仅仅是产品安全，还涉及公共安全甚至是政治安全，已经成为总体国家安全的重要组成部分。食品药品安全没有零风险，我们的职责就是防控好各种风险，坚决守住不发生系统性、区域性风险的底线。新局组建以来，我们坚持以风险管理引领监管工作，不断健全完善风险管理制度机制，整个系统的风险意识和防控能力都有了很大提升。同时，也要清醒地看到，当前食品药品安全形势依然严峻，影响和制约安全的因素还很多，防控风险的压力还很大、任务还很重。

防控安全风险，要在已有工作基础上，总结经验，查摆不足，进一步改进和加强风险管理。一是全面掌握风险。风险管理不仅要管控已知风险，更要防控未知风险。要加大对未知风险的排查力度，重点提高风险识别能力，既要把浅层面、显性化的风险找出来，也要把那些深层次、隐性化的风险找出来，切实做到洞若观火、了如指掌。二是及时消除风险。掌握了风险，就要第一时间着手处理，决不能等靠。要用好检查、抽检、办案等监管手段，对能立竿见影的要雷厉风行、立即处置，对短期内难以见效的要久久为功、持续发力。三是健全工作机制。要进一步健全多层次、跨部门的风险排查、会商、交流、处置机制，做到及时、精准、高效。同时，要紧紧抓住“十三五”规划实施的窗口期，继续加强检验检测、审评、不良反应监测、应急体系建设，加快推进职业化检查员队伍建设，以更大力度和更高标准实施“智慧监管”工程，力争使监管能力与风险管理要求相匹配，始终让监管跑在风险的前面。

需要高度关注的是，食品药品安全触点多、燃点低、敏感性强，即便是一起简单的事件，如果处置不当，很容易被别有用心的人大做文章，有可能转化为影响社会稳定的突出问题，甚至成为敌对势力攻击我国、抹黑我国的借口，造成重大国际影响。大家一定要上升到意识形态的高度，来看待和处置食品药品安全事件，将食品药品安全纳入意识形态工作的重要内容，占领宣传主阵地，牢牢掌握话语权，旗帜鲜明地反对和抵制各种错误观点、网络谣言和恶意炒作。当前来看，舆情风险仍然是我们面临的最大风险，其危害性不亚于甚至大于实体事件。这些年，食品药品监管部门在这方面吃的亏不少，教训也很深刻。要加快提升全系统的舆情应对能力，制定切实可行、简便易行的应对举措及流程，做到反应迅速、处置果断，坚决扭转被动局面。

另一方面，要坚持提高质量这一主线。这几年，大家都有一个共同感受，食品药品越来越安全，但我们的监管任务却越来越重。这是为什么？很重要的一个原因是，食品药品安全的主要矛盾发生了变化，已由数量安全转变为质量安全，原来是供给不足，现在是产业发展不充分，产品供给质量不高，难以满足群众日益增长的美好生活需要。党的十九大报告提出，“实施食品安全战略，让人民吃得放心”“健全药品供应保障制度”。贯彻落实好这一战略部署，必须把提高食品药品供给质量作为主攻方向，增加优质供给，增强人民群众的获得感。

食品方面，要围绕提升安全、营养、健康标准水平，不断提高监管标准，提升食品供给质量，真正让群众吃得更放心。近期，省政府出台的餐饮质量安全提升工程实施意见，就是突出抓重点、补短板、强弱项，瞄准全链条上的关键环节、薄弱环节，严把从农田到餐桌每一道防线，全面提升食品安全治理能力和保障水平，提高公众的获得感。

药品方面，供给短板更为明显。我国医药产业总体发展水平不高，低水平重复问题突出，一些仿制药疗效不明确，创新药非常少，药品供给质量严重滞后于群众需求。

2015 年，国家启动药品医疗器械审评审批制度改革，从消除审评审批积压、开展临床数据核查等入手，积极推进仿制药一致性评价、上市许可持有人制度试点等重点改革任务落实。10 月 8 日，中办、国办联合发布《关于深化审评审批制度改革鼓励药品医疗器械创新的意见》。国家这次强力推进药审制度改革，就是从供给侧结构性改革入手，破除药械监管领域的体制机制弊端，鼓励研发创新，改变我国医药产业整体创新能力不强、产品质量不高的局面。

我省是医药产业大省，但大而不强的问题突出，产品结构不够合理，原料药、仿制药、低价药比重偏高，终端制剂、创新药物较少，终端制剂产值仅占 18%（江苏为 40%），创新药物总数不足江苏的三分之一，企业平均利润率仅为 9.94%，整体竞争力缺乏。我们必须抓住这次改革的重大机遇，充分用好用足政策杠杆，完善产业激励政策，积极推进各项改革任务落实，在改革中抢占先机，加快医药产业新旧动能转换和创新发展步伐。改革是一场刀刃向内的自我革命，难度大、阻力大。药审制度改革关乎医药产业发展、关乎公众用药安全有效，必须坚定改革的信心和决心。

（二）*从身边的事入手*。党的十九大报告强调：“要坚持把人民群众的小事当作自己的大事，从人民群众关心的事情做起，从让人民群众满意的事情做起，带领人民不断创造美好生活”！食品药品是每一个人生活的必需品。做好食品药品安全工作，不仅要让群众受益，而且要让群众看得见、摸得着。近年来，我们开展的“寻找笑脸就餐”、小饭桌公示、“你点我检”等工作，就是从小处着眼，从身边入手，得到了群众的欢迎和认可。我们要继续坚持从群众日常生活接触最多、感受最深的地方入手，用心、用情、用力，用实实在在的工作成效，让群众真切感受到安全就在身边。

一是监管工作要做到“家门口”。要聚焦群众关心的身边热点、焦点、痛点问题，想出路、找对策，让群众在点滴生活中增强获得感。如，深入开展校园绿色餐饮行动、“清洁厨房”行动、“三小”规范提升行动、窗口单位食品安全提升行动、食品安全“净网”行动、农村食品安全提升行动，加强药店监管等，解决突出问题，让群众更踏实、更放心。要把监管工作做深做细做实，延伸到村居社区，打通最后一公里，防止中梗阻，防止“真金白银”变成“空头支票”。不能自己喊得震天响，群众那里却体会不到获得感。当前，全省正在实施餐饮质量安全提升工程，打造食品安全放心省，这是省政府对全省人民作出的庄严承诺，大家一定要抓紧抓实，抓出成效。

二是服务工作要做到“心坎上”。党的十九大报告提出：“转变政府职能，深化简政放权，创新监管方式，增强政府公信力和执行力，建设人民满意的服务型政府”。为人民服务是我们党的根本宗旨，也是政府部门的根本宗旨和职责所系。政府的监管主要是为各类市场主体创造公平公正的发展环境。作为监管部门，这几年，我们正确处理加强监管与服务发展的关系，在“放管服”方面取得了一些成效。要百尺竿头更进一步，继续深入推进“放管服”改革，在服务上狠下功夫。要多换位思考，从群众关心的事、对企业创新发展有利的事抓起。要自我加压，主动求变，大胆探索，积极推进工作流程简化优化，最大限度地为群众和企业提供便利。要充分借助信息化手段改进服务，力争让群众和企业不跑腿就能把事情办成，并探索推行个性化服务，真正让人民满意、群众说好。

三是宣传工作要做到“接地气”。食品药品安全工作专业性强，虽然公众关注度很高，但相关知识却较为匮乏。我们付出了这么多努力，工作做了很多，公众却不太了解。要把宣传摆在更加重要的位置，在干工作的同时加大同步宣传的力度，进一步改进宣传报道方式，拓展宣传平台，多用事实说话，用鲜活、温暖的事例说话，让公众真正感受到监管工作成效和带来的新变化。要常态化、持续广泛开展科普工作，采取公众喜闻乐见、听得懂、看得明白的方式，普及食品药品安全知识，提升公众安全意识和防范能力。比如，《小鲁科普课》就是不错的形式。要及时做好辟谣工作，通过转发权威文章、实验数据等，消除公众疑虑和恐慌。科普要在线，及时留存已有的辟谣文章和权威解读，让公众可以随时检索和查询。

（三）*大家的事大家办*。党的十九大报告提出，“打造共建共治共享的社会治理格局”。食品药品安全工作是一项系统工程，必须紧紧依靠群众，借助社会各方力量，汇聚起共同维护食品药品安全的合力。我们从2014年启动实施的食安山东建设，就是改变监管部门单打独斗的局面，调动党委政府、监管部门、企业、专家学者、社会公众等各方力量，构建共治格局，凝聚工作合力。通过三年多的努力，党委政府对食品安全工作的重视程度提高了、支持力度更大了，监管部门工作更积极、更主动了，企业的责任感更强了，社会公众的关注度和参与度提升了、获得感和满意度更高了，食品安全治理的大治理格局正在形成。但这一格局还不够成熟、不够充分，还需进一步巩固深化。

要发挥党委政府主导作用。要坚定不移深化食安山东建设，充分借助这一平台，推动落实党政同责，抓紧压实“四有两责”，确保工作有人抓、责任有人担。要以示范创建为抓手，进一步发挥党委政府及监管部门的主导作用，全域开展食品安全城市和食品安全先进县（市、区）创建，到2020年，所有市、县（市、区）创建成为省级以上食品安全城市和食品安全先进县（市、区），努力打造食品安全放心省，切实把我省打造成落实“四个最严”的样板区、实践“四有两责”的先行区、促进社会共治的示范区。

要让群众深度参与。众人拾柴火焰高，十指抱拳力千斤。要善于汇集群众智慧和力量，让每一个人都成为食品药品安全的参与者和受益者，共同织就“舌尖上”的安全网。要加大信息公开力度，做到监管阳光化、透明化，让群众及时全方位了解我们的工作、获得关心的信息，保障群众的知情权。其次要拓展公众参与渠道，坚持开门搞监管，让群众有充分的渠道参与到监管工作中来，进一步加强“12331”投诉举报平台建设，切实做到事事有着落，件件有回音，保障公众的参与权和监督权。同时，要广泛建立爱公益、讲奉献、懂食药的志愿者队伍，将食品药品安全工作做到群众身边，发挥他们的纽带和桥梁作用。要坚持群众自治，自己人管好自己人、身边人管好身边人，进一步加强食品药品安全协管员队伍建设，切实发挥好协管员队伍的信息员、宣传员、监督员的作用。

要善于借助专业力量。专业的事离不开专业的人。我们要善于借助外脑，借智借力。要建立政治坚定、业务精湛的专家队伍，为科学决策、科普宣传、应急处置等提供智力支持。同时，要制定专门管理办法，加强对专家队伍的管理，给他们定任务、压担子，不能满足于开开会发发言。专家队伍要相对固定，重要事项要全程深度参与，使其发挥更大的作用。

四、全面加强党的建设，做到打铁自身硬

习近平总书记在党的十九大报告中指出，“中国特色社会主义进入新时代，我们党一定要有新气象新作为。打铁必须自身硬。党要团结带领人民进行伟大斗争、推进伟大事业、实现伟大梦想，必须毫不动摇坚持和完善党的领导，毫不动摇把党建设得更加坚强有力”。

这些年，我们着力加强党的建设，制定并认真执行“抓党建促监管争一流”的十五条措施，制定党组工作规则，将党建工作与监管工作一体部署、融合推进，力求抓得更实更细更有力度。在全局推行“高、精、快、严、实”的工作作风，将“优秀是一种习惯”作为党员干部的共同追求，坚持凭工作实绩论英雄，制定“四坚持、四注重”的干部选拔任用原则，树立“有为才有位”的用人导向，并出台尽职免责文件，为担当者担当，充分调动大家抓落实、出成绩的积极性。

正如决定战争胜负的因素是人而不是武器，党组织和党员干部是工作的一切根本。我们必须深入贯彻落实党的十九大关于党的建设总要求和8个方面的重点任务，坚持以政治建设为统领，以党的理想信念宗旨为根基，加强党的建设，全面从严治党，做到政治过硬、组织过硬、作风过硬、本领过硬。

（一）*政治过硬*。党的十九大报告指出，“党的政治建设是党的根本性建设，决定党的建设方向和效果”。习近平总书记反复强调，“必须旗帜鲜明讲政治”“政治问题任何时候都是根本性的大问题”。一名党员，只有讲政治、具备过硬的政治素质，才能立场坚定，才能方向正确。

要把坚定理想信念作为一项长期任务来抓，通过常态化制度化的学习教育，不断打牢理论根基，加强党性修养，发自内心坚定实现共产主义的理想信念，坚信党中央对社会主义建设的科学判断和正确部署，自觉用习近平新时代中国特色社会主义思想武装头脑，解决好世界观、人生观、价值观这个“总开关”问题。

要牢固树立政治意识、大局意识、核心意识、看齐意识，特别是核心意识和看齐意识，坚决维护习近平总书记的核心地位，坚决维护以习近平同志为核心的党中央权威和集中统一领导，在政治立场、政治方向、政治原则、政治道路上始终同以习近平同志为核心的党中央保持高度一致。

要严守政治纪律政治规矩，坚定执行党的政治路线，尊崇党章，严格执行新形势下党内政治生活若干准则，增强党内政治生活的政治性、时代性、原则性、战斗性。要坚决防止和反对个人主义、分散主义、自由主义、本位主义、好人主义，坚决防止和反对宗派主义、圈子文化、码头文化，坚决反对搞两面派、做两面人。要加强党性锻炼，不断提高政治觉悟和政治能力，把对党忠诚、为党分忧、为党尽职、为民造福作为根本政治担当，永葆共产党人政治本色。

（二）*组织过硬*。党的十九大报告指出，“党的基层组织是确保党的路线方针政策和决策部署贯彻落实的基础”。上级的各项决策部署，终归要落到每个基层党组织，由每名党员具体执行。如果把党比作一个

人，各级党组织构成了各部位，每名党员就是其中的细胞。只有细胞活跃了，各部位肌体都健康了，身体才会健康，才有生机、有活力。

要打造勇于担当、主动作为、清正廉洁、争创一流的领导集体。“火车跑得快全靠车头带”。局领导班子成员和支部书记是大家的带头人，要从我做起，充分发挥“关键少数”作用，带头抓好学习、带头宣讲习近平新时代中国特色社会主义思想，带头用新思想武装头脑；带头执行组织生活各项制度，坚持过好双重组织生活，加强党性修养，主动接受各方面的监督；带头严守各项纪律，严肃工作作风，清正廉洁，做好表率；带头严格落实民主集中制，加强相互沟通交流，做到政治上互相信任、思想上互相交流、工作上互相支持。

要打造政治坚定、团结有力、担当尽责、群众信任的“过硬支部”。基层党组织是党的组织体系的“神经末梢”，是党全部工作和战斗力的基础。要树立“抓好党建是最大的政绩”的理念，将党的建设与业务工作同部署、同落实、同考核。要全面开展“过硬支部”建设，打造一批优秀基层党支部，带动基层组织建设全面提升，把支部建设成为坚强的战斗堡垒。建立完善机关党支部工作规范，明确工作内容和规则程序，完善工作运行机制，推进基层党建的规范化、程序化、痕迹化。党支部要严格落实“三会一课”制度，从严从实过好组织生活，不要仅停留在贯彻上级布置的任务上，还要注重结合支部自身情况，开展与本支部工作密切相关的活动。要开好党支部组织生活会，拿起批评与自我批评的武器，使积极健康的组织生活成为常态。要积极创新组织生活方式，特别重视与新媒体的结合，利用好网站、微博、微信等新媒体，增加组织生活的吸引力和影响力。

要打造“高、精、快、严、实”的党员队伍。每名党员都要强化党员意识，从身边的事做起，做到讲政治、有信念，讲规矩、有纪律，讲道德、有品行，讲奉献、有作为，做一名合格的共产党员。在此基础上，要进一步提升标准，处处从严要求，事事争创一流，把优秀当成一种习惯，深入开展“共产党员先锋岗”建设，充分发挥示范引领作用，人人争做优秀党员，事事走在前列，充分发挥党员队伍的先锋模范作用。

（三）作风过硬。党的十九大报告严肃指出，“我们党来自人民、植根人民、服务人民，一旦脱离群众，就会失去生命力”“坚持以上率下，巩固拓展落实中央八项规定精神成果，继续整治‘四风’问题”。党的十八大以来，我们坚决贯彻中央和省委部署要求，从贯彻执行中央八项规定精神着手，不断加强作风建设、纪律建设，树立了新系统的新气象、新形象。前几天，中央印发了中央政治局贯彻落实中央八项规定的实施细则，省委正在修订实施办法。下一步，要根据党的十九大精神要求，严格落实中央和省委相关制度规定，持之以恒正风肃纪，让作风优良、纪律严明成为食品药品监管系统的亮丽名片。

要加强党风廉政建设。要将党风廉政建设和反腐败工作摆在重要位置，列入目标管理，与监管工作同部署、同落实、同检查、同考核，做到常讲、常抓、抓细、抓长。局领导班子成员要认真履行“一岗双责”，践行廉政承诺，抓好分管领域内的党风廉政建设，种好自己的“责任田”。各处室单位要认真梳理廉政风险点，列出风险清单，有针对性地制定防范措施，确保责任到岗到人。要强化廉政教育，定期谈心谈话，及时扯袖子咬耳朵。要完善内部监督机制，健全审计管理制度，坚持内部审计全覆盖。要积极支持驻局纪检组开展执纪监督，主动接受监督。要充分发挥机关纪委和党风廉政监督员作用，及时交流发现的违纪苗头和问题隐患，及早采取防范措施。党纪国法和道德规范是每名党员的“底线”，越过底线就是“雷区”，就要受到惩罚，不能认为别人可以做，自己也可以做；不能认为小过错一次两次不要紧；不要觉得吃点喝点无所谓，谁不把纪律规矩当回事，纪律规矩就会找他的事。希望大家对自己负责，不要心存侥幸。

要持续改进工作作风。“作风建设永远在路上，永远没有休止符”。要从讲政治的高度巩固和拓展落实中央八项规定精神成果，从“小切口”入手，标本兼治，驰而不息改作风转作风。要改进调查研究，坚持问题导向，把调研与监管工作有机结合，及时将调研成果转化为推动监管工作的有效举措。要加强和改进督查工作，不能仅作书面督查，要采取实地督查、调研督查、随机督查、暗访督查等方式，掌握真实情况，确保每一项工作落地落实落细。要进一步改进文风会风，围绕解决实际问题开会、发文，开会要开短会，发文要简洁明了，具有可操作性。

（四）本领过硬。党的十九大报告指出，“领导十三亿多人的社会主义大国，我们党既要政治过硬，也要本领高强”。并明确提出，要增强学习本领、政治领导本领、改革创新本领、科学发展本领、依法执政本领、群众工作本领、狠抓落实本领、驾驭风险本领。总书记在十九届中央政治局第一次集体学习时强调，“领导干部不仅要有担当的宽肩膀，还得有成事的真本领”。新局成立以来，我局持续加大干部队伍建设力度，总体战斗力增强。但随着形势任务的不断变化，本领不足、本领恐慌、本领落后的问题仍不同程度存在。

要加强学习。学习是克服本领恐慌的不二法门，是安身立命的根本。关于学习的态度，我们要向习近平总书记看齐。在梁家河当知青时，在繁重的体力劳动中从没忘记学习，《资本论》这种大部头就读过三遍。为了读《浮士德》这本书，走了30里路去借，看完后又走了 30 里路送回去。正是这种学习精神，奠定了总书记深厚的学识素养和独特的文化魅力；正是这种积累，使总书记能在讲话中旁征博引、信手拈来、妙语连珠、充满自信。

关于学习，要着重把握好两点。一方面，要持之以恒。学习不是一朝一夕的事，而是一个厚积薄发、从量变到质变的过程。学习应该成为一种人生态度，成为生活的一部分。希望大家在学习的路上，静下心来、耐住寂寞，无论多忙都要挤出时间来学，这样才能达到积跬步而至千里的效果。另一方面，要成体系。学习好比盖房子，快餐式的学习、碎片化的学习，缺乏深度、不成体系，就是一堆瓦砾，没有什么价值。大家一定要先在头脑中构建起清晰的知识脉络和知识框架，然后再有针对性地向里面不断填充知识，这样才能盖起知识的大厦。基本理论、经典原著虽然有时读起来会比较艰深晦涩，但这是必修课，是知识大厦的基石，要多读多思，不断提升思维的高度、深度和宽度。

要担当实干。习近平总书记多次强调，空谈误国，实干兴邦。学习宣传贯彻党的十九大精神，学懂弄通是做实的基础，做实则是学习的出发点和落脚点。踏上新征程、肩负新使命，只有每一步都稳稳当当、踏踏实实，才能把党的十九大精神真正落实到位，才能确保党中央的战略部署顺利实现。我们要原原本本、反反复复研读报告全文，更要扑下身子苦干真干实干，以学促行、以行促学，立足职责、结合实际，真正让实干成为推动党的十九大精神落地生根的生动注脚。

干部干部，干是当头的，既要想干愿干积极干，又要能干会干善于干。要保持主动担当的精神状态，早半拍、快半拍、抢半拍。对待工作要有责任心，努力做到不让领导交办的事情在我手里积压，不让差错在我手里发生，不让群众在我这里受到冷落，不让单位的形象在我这里受到损害。对待困难要有耐心，在难题面前要敢为人先、敢于创新，在风险面前要敢于作为、敢于承担责任。只有不惧其难，不厌其烦，才能坚定执着、耐心细致地做好每一件事情，才能战胜工作中的困难和挑战。

我们要继续坚持“有为才会有位”的用人导向，把“信念坚定、为民服务、勤政务实、敢于担当、清正廉洁”好干部标准落到实处，科学选人用人，让真抓实干、锐意进取的干部能干事、干成事，有地位、有尊严，充分调动干部担当实干的积极性，让大家“少琢磨人、多琢磨事”，营造风清气正的良好政治生态。要抓好年轻干部的发现储备和选拔培养工作，多让年轻骨干到监管一线接受锻炼，让他们在实践中经受磨炼、提高本领、增长才干。要定期开展轮岗交流，通过多岗位实践锻炼，提高干部的业务能力和综合素质，为党的事业、为监管事业不断培养人员、积累力量。

新思想引领新时代，新征程肩负新使命。让我们以党的十九大精神为指引，不忘初心，牢记使命，坚持以人民为中心的发展思想，以永不懈怠的精神状态和一往无前的奋斗姿态，一件事接着一件事办，一年接着一年干，奋力谱写食品药品监管新篇章，为实现中华民族伟大复兴的“中国梦”作出无愧于新时代的新贡献。

“食安山东”建设

综　述

【概况】 2017年，在省委、省政府的正确领导下，全省各级各相关部门严格落实习近平总书记食品安全“四个最严”要求，以“食安山东”建设为统领，以打造全国农产品和食品消费最安全、最放心地区为目标，坚持“打、建、创”并举，全面实施依法监管、科学监管、从严监管，着力解决公众普遍关心的突出问题，各项工作取得积极成效，全省食品安全状况整体稳定向好。

【省食安委工作】 *坚持党政同责*。省委、省政府始终高度重视食品安全工作，召开省委常委会议、省政府常务会议，专题研究餐饮提升工程、党政同责、“双安双创”等工作。省委书记刘家义、省长龚正先后作出批示，要求努力将山东建设成为全国食品最安全地区之一。省委常委会工作要点、省政府工作报告都对食品安全工作作了安排部署。12月26日，省委、省政府研究出台《关于食品安全党政同责的意见》。

召开省食安委会议。1月、8月召开两次省食安委全体会议，及时调整省食安委组成人员，研究食品安全市县创建、品牌建设、餐饮提升工程等工作，协调解决重点难点问题。推动明确毛皮动物养殖、胴体处置的监管部门，消除监管空白和隐患。研究制定《2017年全省食品安全重点工作安排》，并由省政府办公厅印发。迎接国务院食安办督查的档案材料，并配合做好迎查相关工作。

【省食安办日常工作】 *加强综合协调*。每季度召开省食安委部分成员单位联席会议，通报交流“食安山东”建设、食品安全风险监测、专项整治、追溯体系、责任保险等工作情况，研究食品安全工作推进措施。协调推动食品监管处室开展食品追溯体系建设和食品安全责任保险试点工作，定期调度成员单位相关工作进展情况，将推进食品安全追溯体系建设纳入食品安全市县创建和“食安山东”建设考核。积极参与食安委成员单位组织的各项活动，扎实做好粮食安全、“菜篮子”市长负责制等配合工作，及时对霉变花生、超标粮食、病死猪等领导批示进行核查督办。

开展志愿者行动。联合省教育厅等部门在山东师范大学举办全省“食安山东”大学生志愿者在行动启动仪式，并组织开展暑期问卷调查、公益宣传等活动。

【品牌建设】 *示范单位创建*。组织开展跨行业、多层次、全方位的品牌创建工作，培育放心品牌，提振消费信心，推动食品产业转型升级和提质增效。重点新打造一批餐饮示范街区（示范食堂）、放心食品生产基地和流通示范单位（大型商超、农贸市场）。截至2017年底，全省认证“三品一标”产品10706个，创建食品生产加工示范企业466家、食品流通示范单位4633家、餐饮服务示范单位（街区）2373家。全省无公害农产品、绿色食品、有机食品和农产品地理标志产品达到10706个，区域公用品牌超过300个。

强化整体设计。由省政府办公厅印发《关于“食安山东”品牌建设的实施意见》，配套出台《〈“食安山东”品牌建设的实施意见〉任务分解方案》，进一步细化工作措施，落实食安委有关成员单位和省局相关处室工作任务，确保各项品牌建设工作取得实效。

发挥专家作用。组织行业协会、高校等专家学者参与品牌建设。联合山东师范大学食品安全战略协同研究中心开展“食安山东”品牌提升调研。依托省标准化研究院，在“食安山东”食品生产示范单位中选择白酒、食用植物油和肉制品3个优势行业和企业，开展“食安山东”品牌安全评价体系研究，初步建立3个重点行业品牌安全评价体系，并在每个行业选取3家企业开展试评价。完成“食安山东”品牌建设重点行业调研，完成调研报告。研究制定2017年“食安山东”品牌示范创建实施意见，完成220家申请企业的专家答辩，制定《食品生产加工示范基地创建评估工作实施方案》，完成10家示范基地专家评估工作。加强对示范单位的后续管理，研究制定“食安山东”示范单位退出机制，对各市的品牌创建工作进行督导检查，督促各地深入推进“食安山东”示范单位创建工作。

发挥部门作用。立足大食品，充分发挥食安办机制作用，主动上门沟通、专题对接、跟踪调度，定期召开省食安委部分成员单位联席会议，加快构筑部门联动联创格局，协同推进“食安山东”品牌建设工作。各部门积极开展农业标准化生产基地、水产健康养殖场、经济林示范基地、畜牧业示范品牌引领企业等系列创建活动，推动农产品区域公用品牌和企业产品品

牌遴选和考核管理工作。

强化示范品牌的宣传推广。组织开展"食安山东"建设专题培训，进一步强化企业的品牌推介意识，凝聚品牌建设氛围。组织新华社、《中国医药报》等媒体记者挖掘先进经验，深入报道"食安山东"建设和示范创建，并在新华社《要情动态》刊发专题报道。结合食品安全宣传周活动，在全省开展"食安山东"示范单位和"双安双创"集中宣传展示活动。各市通过分类召开现场观摩会、典型经验报告会，总结、宣传"食安山东"示范单位食品安全管理方面的典型经验，展示"双安双创"优秀成果，带动全省食品安全水平整体提升。

【餐饮质量安全提升工程】 2017年省局起草《山东省餐饮质量安全提升工程实施意见》，加强调研论证，先后召开基层监管人员、生产经营业户座谈会6次，部门协调会2次，分3次征求17市意见，分4次征求36个部门意见，修改达30余次。9月1日，省政府常务会议通过该意见；9月21日，以省政府名义印发。同日，国务院食品安全办等14部门印发《关于提升餐饮业质量安全水平的意见》后，省局并会同18个部门共同转发。为落实国务院食安办等14部门文件精神和省政府实施意见精神，采取召开部门协调会、征求各部门落实措施等形式，加强工作调度和推进力度。为落实实施意见，分别以食安办和省局名义制定部门和省局处室任务清单，同时印发《山东省规模以上食品生产企业落实食品安全主体责任行动方案》《山东省食用农产品批发市场质量安全管理提升行动方案》《山东省"放心肉菜示范超市"创建行动方案》《山东省清洁厨房行动方案》4个行动方案，并修订印发《山东省餐饮服务食品安全监督量化分级和等级公示管理规定》。

大中型商超放心肉菜公开评价。2017年4月7日，省局制定印发《关于开展大中型商场超市放心肉菜公开评价工作方案》，全面推进大中型商超放心肉菜公开评价工作；5月16日在济南召开大中型商超放心肉菜公开评价现场推进会暨示范超市创建工作推进会，统一工作标准，5—6月、9—10月，采取"双随机一公开"方式，依法对省内部分从事食品（含食用农产品）销售的大中型商场超市食品安全管理合规性、销售食品（含食用农产品）质量安全水平、食品安全管理员安全知识水平等3个方面进行检查，其间邀请人大代表、政协委员、食品安全社会监督员、消费者代表、媒体记者等参与，对大中型商超食品安全管理水平，特别是肉菜质量安全管控水平进行客观综合评价，并将商超落实食品安全主体责任情况向社会公开，完成全省586家大中型商场超市放心肉菜公开评价工作。

"放心肉菜示范超市"创建。2017年4月25日，省局按照国务院食安办、国家总局召开"放心肉菜示范超市"创建活动动员部署工作会议并印发山东省《关于开展创建"放心肉菜示范超市活动的工作方案》通知，全省80家超市申请参与创建。创建期间，通过积极与省检验检疫局沟通，探索建立"供港蔬菜基地"、出口食用农产品、三同产品生产单位与国内食品经营单位信息沟通机制。5月10日，省局印发《山东省食品药品监督管理局关于通报供港蔬菜备案种植场名单等信息的通知》。6月1日，潍坊市局联合潍坊检验检疫局、潍坊市商务局共同主办出口食品企业内外销"同线同标同质"（以下简称"三同"）产品进超市活动启动仪式。共同签署《推进潍坊市出口食品内外销"同线同标同质"工程合作备忘录》，加强各自职责范围内的协调合作，共同推动"三同"工程落实。6月6日，济南以"通过检测达到质量安全放心、通过追溯达到责任传递放心、通过先赔达到消费索赔放心"3个放心为切入点再次召开示范超市创建推进会，对创建承诺、公示等提出要求。家家悦集团对生鲜产品采取"订单农业""源头直采""农超对接"采购模式，与全国200多个农业专业合作社建立稳定的合作关系，基地每天根据订单采收。6月16日省局和省商务厅、省检验检疫局联合组织"三同工程研讨会"并做"结合市场食品安全监管推进三同企业共同发展"做主旨发言。同时，省局落实餐饮提升工作要求，制定省级示范超市创建标准，组织开展创建工作，力争用3年时间，推动大中型商超对与百姓相关的肉、蛋、蔬菜等重点食用农产品进场销售实现严格把关，且提升大中型商超该类产品质量安全水平，打造放心、安全的消费场所。

开展"清洁厨房"行动。"清洁厨房"行动，就是让餐饮业户重视厨房，整治"脏乱差"，树立抓餐饮安全从厨房抓起的意识。按照5个方面20条标准要求，把学校、景区、车站码头、医院和餐饮聚集区等5大区域列为"清洁厨房"行动重点。全省创建"清洁厨房"餐饮单位106924家，其中2017年新增"清洁厨房"27996家。

推进"明厨亮灶"工程。在前期"厨房亮化"工程的基础上，加强调度，定期通报，全面推进中型以上餐馆、中央厨房、集体配餐、学校食堂及示范街区、示范店以及美食街（城）等餐饮特色区域餐饮服务单位"明厨亮灶"工作，重点在新办、改造餐饮单位和餐饮聚集区推进。2017年，有44934家餐饮单位实施"明厨亮灶"工程，其中，玻璃幕墙可视厨房22502家，视频传输厨房21013家，网络厨房1419家。

深化"寻找笑脸就餐"行动。规范量化分级和公示管理，扩大量化分级公示和查询渠道，开展"A级单位随手查"活动，将深入开展"寻找笑脸就餐"行动作为推动量化分级管理工作的有力抓手，将笑脸笑到店外，引导理性消费。全年开展寻找笑脸就餐宣传2535次，发放宣传材料50577份。

【示范创建】2017年，全省有国家、省级食品安全创建市13个、县73个（占全省市、县的70%以上），农产品质量安全创建市3个、县69个，数量均居全国首位。建成全国首个“出口食品农产品质量安全示范省”，全省建成国家级出口食品农产品质量安全示范区49家，总数居全国第一。

推进国家食品安全示范城市创建。经省级验收、省食安委全体会议研究审议同意，推荐济南等5市申报国家食品安全示范城市。圆满组织5市参加国家综合评议并进行现场答辩，全面展示山东省创建工作的特色与亮点。在5市申报和拟命名公示期间，配合国家总局开展一系列创建宣传活动，开展创建工作“回头看”集中进行隐患排查，巩固创建成效。省市联动实行舆情监测和投诉举报日报告制度，迅速处置突发情况。2017年6月，济南等5市顺利被国务院食安办命名为国家食品安全示范城市，示范城市数量全国第一。

组织参加全国“双安双创”成果展。认真总结省级层面亮点工作，组织济南等5市筛选工作亮点、设计初步方案、搜集相关素材上报。与第三方机构策划设计展览方案，确定展区展览的基本结构、内容和形式等，及时进行各项展览设备的调试，撰写多套不同方案的现场解说词。认真做好展会组织、秩序维护、来访接待等工作，并组织全省17市食药监管系统人员分批进京参观学习。国务院副总理汪洋，国务院食安办主任、国家总局局长毕井泉等领导亲临山东省展区视察，并给予高度评价。

推动省级食品安全市县创建。巩固提升第1批市、县创建成果。省食安委印发《山东省食品安全先进市、县（市、区）创建管理办法（暂行）》，对创建各阶段工作做出明确要求，督促各市、县持续保持创建状态，巩固创建成果。召开专题会议，研究确定国家食品安全示范城市和省级食品安全先进县（市、区）授牌后工作方向和8个方面的重点工作。及时调度食品安全示范创建城市数据统计体系有关数据。着手编辑首批示范市县创建亮点图册。深化第二批市县创建工作。组织对第二批5个市、35个县创建工作开展中期绩效评估，根据评估情况，分别约谈5市食安办主要负责人、通报35个县党委政府主要负责人，力促以评促建、以查促建。召开第二批市县创建现场会、推进会，组织第二批淄博等5个创建市进行现场观摩，促进各地互相启发、互相学习。开展群众满意度调查，第二批创建市县群众满意率均达到70%以上；制定印发验收细则，并于12月开省级验收工作。推进第三批市县创建工作。遴选确定东营市等2个市、平阴县等25个县（市、区）为第三批创建单位，分3组开展重点创建任务落实情况督查；同时坚持每月对创建市县开展1次暗访检查，及时了解掌握各地创建进展。督促创建县完成监督抽检任务，及时调度工作进展。

（撰稿：贾雁高　李翠华　郭修娟　刘彬
核稿：李忠祥　尚青　王蕊　周海亮）

共筑食安

山东省教育厅

【日常监管】按照《山东省学校食堂食品安全监督检查办法》，对辖区内所有学校食堂（含幼儿园）开展全面检查；对检查发现风险隐患较高单位的整改情况，进行“回头看”再检查，督促整改到位，形成工作闭环；支持学校先行实施学校食堂餐饮质量提升工程，鼓励学校实施“明厨亮灶”工程和开展“清洁厨房”行动，鼓励学校实施色标管理，开展白手套、白毛巾、白口罩“三白”行动等。

【食品安全校长负责制】落实食品安全校长负责制，学校主要负责人要亲自领导、亲自部署，推动校园食品安全管理制度和文件要求落到实处，将保障学校食品安全作为维护学校安全的重要内容，做到同部署、同安排、同考核。加强学校食品安全管理，建立食品安全管理机构，配备责任心和业务能力强的食品安全管理人员，定期进行专题研究，定期组织食堂食品安全检查，明确每个岗位、每个环节从业人员的工作职责，建立从业人员健康管理档案，强化食品安全风险防控措施，确保校园食品安全。提高应急处置能力，学校制定食品安全事故处置方案，积极开展应急演练，及时通报相关信息，回应学生家长关切，防止部分媒体借助学校食物中毒事件进行恶意炒作。健全饮水安全管理制度，做好自备水源、二次供水、食堂蓄水池、直饮水、桶装水等供水设施的清洁、消毒等卫生管理工作，防止污染，确保饮用水安全卫生。

【食品安全培训】分别于5月和11月举办全省地市和高校学校食品安全管理人员培训班，解读校园食品安全管理形势与任务，提升学校食堂及校园食品安全管理水平。与省食药监局联合，以县（市、区）为单位，对辖区内所有学校校长、分管校长、食品安全管理员、厨师长，集中开展学校食堂食品安全培训。

【社会共治】 与省食药监局建立工作会商和日常联络机制，对校园周边小饭桌实行动态登记公示和星级管理。会同宣传部门做好舆论引导工作，对学校食品安全典型案例要敢于曝光。鼓励学校（幼儿园）在厨房、配餐间等安装监控摄像装置，实现食品制作实时监控；开展学校食堂开放日活动，广泛动员师生、家长和全社会通过多种形式参与校园及周边食品安全管理，实现学校（幼儿园）家长间的良性互动。

山东省公安厅

【概况】 全省公安机关食药环侦部门按照公安部、省食安办《2017 年全省食品安全重点工作安排》和“守护舌尖安全”整治行动部署要求，全力开展食药打假“利剑”行动，打击实效稳步提升，连续破获青岛“3·21”制售有毒有害食品案、潍坊部督“7·07”特大制售病死猪肉等多起重大食品犯罪案件，以实际行动维护全省食品安全。同时，强化大要案件侦办，大要案件数量同比上升 20%，依靠行政监管部门移交打击的模式彻底扭转，7 起案件报请公安部批准后发起全国协查，20 起案件被公安部挂牌督办，22 起案件由省公安厅挂牌督办并直接指挥进行侦办，各项打击战果居全国前列。

【专项整治】 开展“两节”食品安全整治行动。会同省食安办在元旦、春节期间开展为期 2 个月的整治行动，侦办食品犯罪案件 99 起，抓获犯罪嫌疑人 182 名，打掉黑窝点 63 个，涉案价值 1987 万元。办理食品行政案件 5 起，行政拘留违法人员 5 名。

开展食盐市场专项整治行动。联合省盐务局开展为期 3 个月的元旦春节食盐市场专项整治行动，立案侦办涉盐犯罪案件 24 起，抓获犯罪嫌疑人 25 名，查扣工业盐、私盐 300 余吨，涉案价值 200 余万元。

开展“鲁剑 3 号行动”。根据阿里巴巴通报的网上销售保健食品线索，部署开展“鲁剑 3 号行动”，立案侦办制售有毒有害保健食品犯罪案件 83 起，抓获犯罪嫌疑人 105 名，打掉犯罪“黑窝点”73 个，涉案价值 2.3 亿元。

开展“保卫党的十九大严打食药犯罪”工作。对非法添加有毒、有害，在养殖和屠宰环节使用“瘦肉精”，制售假冒伪劣食品和病死畜禽肉制品、制售假劣药品、疫苗、化妆品、医疗器材和中药饮片等食品药品违法犯罪行为进行重点打击，取得显著成效。组织开展打击食品犯罪抽检专项活动，以打击肉制品、保健食品、水产及其制品、辣椒面（粉）、豆制品制品等 5 类食品犯罪为重点，重点打击加工食品非法添加有毒有害的非食品原料，保健食品非法添加药物成分，在养殖和屠宰环节使用“瘦肉精”等犯罪行为。

【夯实基层基础】 加快推进快检实验室一体化建设，坚持共建共享，首创快检实验室与刑事技术室一体化建设，制定《全省市、县公安机关食药环快检实验室建设配备标准》，以印发文件、现场指导、督导检查等方式指导市、县实施一体化建设和升级改造。

举办首届食药环侦案例评析活动，探索举办案例评析活动，邀请中国人民公安大学、山东警察学院专家教授和厅直有关警种负责人出任评委，评析 2016—2017 年侦办的 30 起典型案例，提炼一批优秀技战法，表彰一批优秀办案集体，得到全省食药环侦民警和评委们的高度评价。

不断提升应用平台实战效能，进一步充实、优化实战应用平台数据资源，新引进全省食药监系统行政案件等数据信息 6 万余条。实现案件数据自动统计、比对关联等，减轻基层人工统计报表的负担，有效提升实战应用效能，辅助办理案件 50 余起，公安部三局 3 次来总队调研考察并给予肯定。

进一步破解检验评估难题，优化全省签约食品检测、环评机构区域布局，在鲁西地区新增签约机构 4 家，有效解决检验评估难题。

【联动执法】 深化“两法衔接”，加强与行政监管部门协作配合，推动联勤联动工作机制向基层落实，行政监管部门移交案件数同比提升 10 个百分点。针对央视“3·15”晚会曝光和农业部风险监测发现的涉及山东省相关问题，会同有关行政监管部门迅速核查，依法妥善处置，消除不良影响。积极配合开展“守护舌尖安全”整治行动、食品保健食品欺诈和虚假宣传违法犯罪专项打击行动，取得明显成效。

深化大数据侦查应用，实施线上线下协同打击“互联网 + 食药违法犯罪”战略，依托大数据资源无偿开展深度分析比对，协助调查取证、落地追逃等。2017 年，对电商平台提供的 3 批 500 余条涉网食药案件线索联合研判，立刑事案件 75 起。

山东省农业厅

【农业标准化建设】 加快建立以推动农业提质增效和提升农产品质量安全水平为目标的农业标准体系，以“三品一标”产品和农业标准化基地建设为重点，加快农业标准推广应用。通过健全完善山东省农业标准化技术委员会，强化农业标准化工作的协调推进。联合省质监局对现有农业地方标准和技术规程进行集中清理评估，2300余项地方标准和技术规程中，地方标准841项，技术规程1500余项，主要侧重于生产规范和投入品使用规范。2017年，批准立项118项生产中急需的省农业地方标准，发布标准29项。积极探索小规模种植户标准化生产实现路径，在韭菜质量安全专项整治的基础上，安排经费600万元，以小规模韭菜种植（0.5～2亩）户为主，结合其他蔬菜品种，推行科学合理用药，完善生产记录，实现按标生产。认真开展省级农业标准化基地复审和验收认定工作。按照“五统”“十有”标准，对蔬菜、水果、茶叶、食用菌、中草药生产基地进行复审和验收认定工作。截至2017年底，省级农业标准化生产基地达915家。

【农产品质量安全监测】 组织47家农产品质量安全检测机构初次、扩项或复查考核评审。截至2017年底，全省双认证农产品质量安全检测机构总计101家。研究制订《山东省农产品质量安全监测承检机构管理办法》。举办检测技术培训班1期。组织开展农产品质量安全能力验证工作2次，先后有54家和18家检测机构纳入省级农产品质量安全监测承检机构备选库。为加强承检机构监管，根据线索，对1家机构进行不预先通知的监督抽查，根据检查结果依法作出注销机构考核合格证的严肃处理。对承担两次例行监测和监督抽查任务的48家农产品质量安全监测承检机构进行飞行检查和样品复检，飞行检查和样品复检结果在全省进行通报。针对监测工作中发现的普遍性和苗头性问题，改进抽样方式、增加检测项目。抽样方式上，组织开展产地韭菜和草莓暗抽，由检测机构独立抽样，更准确地掌握实际情况；检测项目上，在以往重点检测禁限用农药的基础上，新增加生产中常用的常规农药和一些高风险的农药品种，例行监测检测参数由上年的9种增加到33种，监督抽查由上年的9种增加到20种。截至2017年底，开展例行监测13次，抽检样品7661个，合格7452个，合格率为97.3%；开展监督抽查7次，抽检样品5219个，合格5184个，合格率为99.3%。

【专项整治】 召开2017年全省农资打假专项治理行动电视电话会议暨农资领域失信联合惩戒备忘录发布会，会同12个部门部署全省农资打假专项治理行动。在全省部署开展“放心农资下乡进村宣传周”活动，联合德州市政府在夏津县举办“2017年山东省暨德州市放心农资下乡进村宣传周”活动启动仪式，营造出春耕农资打假强大声势。印发《山东省农业厅关于深入开展2017年农产品质量安全专项整治和农资打假工作的通知》，会同省经信委、省公安厅等7部门转发《2017年全国农资打假和监管工作要点》，部署农药、种子、肥料领域农资打假专项治理行动和农药专项整治行动。农药方面，查处山东汤普乐公司假农药案件、济南棉隆未登记农药案件；组织开展全省农药监督抽查2次，重点抽查涉嫌存在问题的产品，特别是对近年来质量、标签存在严重问题的农药批发市场、农药经营门店和生产企业进行重点抽查，抽取样品645个。种子方面，开展春季种子市场监督检查和质量抽检，检查经营门店268个，检查各种农作物品种369个，涉及玉米、棉花、大豆和花生以及蔬菜五大作物，抽检生产经营企业种子样品43个。肥料方面，省内11市的肥料生产企业和经销单位开展抽样工作，抽取样品181个。2017年，全省出动执法人员60252人次，查获假冒伪劣种子、肥料、农药14.2万公斤，货值299.83万元，检查企业24088个（次），整顿市场10806个（次），查处案件1273件，涉案人数764人。

【农产品质量安全县创建】 印发《关于转发〈农业部关于认定第二批国家农产品质量安全县（市）创建试点单位的通知〉的通知》，组织青岛和潍坊2个市、平阴县等12个县（市、区）根据农业部要求开展国家级农产品质量安全县（市）创建工作。联合省财政厅、省海洋与渔业厅、省畜牧兽医局组织专家对各县（市、区）报送的《2017年省级农产品质量安全县项目实施方案》进行评审，统筹确定长清区等16个县（市、区）为2017年省级农产品质量安全县创建单位。2017年，省财政下拨经费4800万元，各项目县正在积极开展创建工作。参加由国务院食安办、农业部、国家食药监总局在北京举办的全国“双安双创”成果展，展览工作受到国务院汪洋副总理的肯定。举办农产品质量安全县创建培训班。7月，在省干部学院举办全省农产品质量安全县创建培训班，对开展省级农产品质量安全县创建工作的县（市、区）进行培训。出台《关于加快推进农产品质量安全县创建工作的通知》。2017年，山东省建或创建完成整建制农产品质量安全市3个、安全县69个。

【农产品质量安全监管追溯体系建设】 梳理摸清全省农产品质量安全追溯平台底数，省厅印发《关于调查山东省农产品质量安全监管追溯体系建设情况的通知》，对全省农产品质量安全监管追溯体系建设情况进行调查摸底。据统计，山东省已建或在建市级追溯平台8个，已建或在建县级追溯平台102个。纳入追溯农产品生产基地3110个，纳入追溯农药经营门店6626个，纳入追溯乡镇监管机构1088个。在对农产品质量安全监管追溯平台不断优化升级的基础上，继续开展农产品质量安全追溯体系建设。2017 年，新建县级农产品质量安全监管追溯平台 16 个。扎实组织开展国家农产品质量安全追溯管理试运行工作。结合实际，主动推进试运行工作。联合省海洋与渔业厅、省畜牧局成立试运行工作领导小组，组织召开国家农产品质量安全追溯管理信息平台山东省试运行工作推进会议（日照），制定印发《山东省国家农产品质量安全追溯管理信息平台试运行实施方案》和《关于开展国家追溯平台山东省试运行工作的通知》。组织相关人员参加国家农产品质量安全追溯管理信息平台区域试运行培训（北京），举办国家追溯平台山东省试运行培训班（济南），指导协调各试运行组织召开县级培训班，并认真督促相关市、县开展试运行工作。2017 年注册农产品生产经营主体 57 家，监管机构 7 家，检测机构 4 家，执法机构 4 家。

【宣传培训】*“双安双创”成果展示卓有成效。*山东省“双安双创”展区以“齐民新术，农安山东”为主题，主要展示全省农产品质量安全县创建成效以及创建工作典型经验做法。

*举办山东省农产品质量安全主题日活动。*在济南市历城区唐王镇活动现场，农业厅志愿者分队等人员通过公益广告、发放宣传资料、现场解答等方式，大力普及法律知识和农产品质量安全常识。活动期间，发放各类宣传资料 2000 余份，现场解答群众咨询近 20 人次。

*组织开展农产品质量安全实验室公众开放日活动。*邀请部分市民、消费者到省农科院，参观部级食品质量监督检验测试中心（济南）、观摩农产品质量安全展览室，考察农产品质量安全检测流程，有效增强公众参与兴趣，提振消费信心。

*举办农产品质量安全专家论坛。*邀请山东省农业专家顾问团农产品质量安全分团的专家齐聚滨州举办首次农产品质量安全专家论坛，论坛研讨农产品质量安全保障措施，解读《农药管理条例》及配套办法，培训蔬菜安全生产及病虫害防控技术，解答各类生产经营主体代表密切关注的问题 8 个。

*发挥专栏热线微信平台作用。*在《农业知识》杂志开设“质量兴农”专栏，对推进“质量兴农”的举措、进展、成效和典型经验做法等进行宣传报道，对农产品质量安全热点问题进行科普解读，积极回应社会关切。同时，利用“12316”服务热线和山东省农业“12316”微信平台，开展农产品质量安全知识的宣传和技术咨询，进一步加大举报受理及处置工作力度，推动“人人参与、社会共治”的工作机制。

*开展全覆盖立体式宣传。*充分发挥各类媒体的资源优势，与各类新闻媒体多方沟通、密切合作，积极邀请各级各类新闻媒体宣传报道涉及农产品质量安全方面的新闻和活动，正面引导公众关切，营造良好舆论氛围。

*开展村级监管员培训工作。*以县为单位遴选农产品质量安全村级监管员和韭菜种植户进行培训，重点培训农产品质量安全法律法规及监管相关知识，韭菜及相关蔬菜安全高效生产关键技术标准等内容，切实提升村级监管员整体素质。截至 2017 年底。在寿光市等 10 个县（市、区）举办 10 期培训班，培训村级监管员 1500 人。

山东省海洋与渔业厅

【概况】 2017 年，山东省海洋与渔业厅认真贯彻落实国务院、省政府关于食品安全重点工作的决策部署，以努力确保不发生重大水产品质量安全事件为目标，坚持稳中求进的工作总基调，全面落实“四个最严”工作要求，坚持问题导向，全面深化治理整顿，扎实推进质量兴渔，着力强化长效机制构建，全省水产品质量安全水平保持稳定。

【落实责任】 完善法律保障，从法律层面保障两个责任落实，《山东省水产品质量安全管理办法》进入立法最后收尾阶段。强化考核保障，水产品质量安全考核层层纳入各级政府年度考核，2017 年，山东省水产品质量安全首次纳入农业部农产品质量安全监管延伸绩效管理考核。从国务院到省、市、县各级政府，农业部到省、市、县渔业行政主管部门质量安全考核工作机制基本建立。加强宣传引导，将水产品质量安全纳入各级宣传培训重点，连续多年开展水产品质量安全宣传周、宣传月主题日活动，2017 年食品安全宣传周期间，省级编印 5000 册水产品质量宣传手册，不断强化对企业法律法规和主体责任的落实。强化服务支撑，制定印发全省水产品质量安全工作要点和水产品质量安全整治方案，并将自控制度、三项记录、规范生产实施等列为巡查和服务重要内容，全面推动企业责任落实。

【专项整治】 *落实农业部“农产品质量安全提升年活动”和省食安办重点工作部署。*围绕“三鱼两药”等重点区域和项目扎实开展水产品质量安全专项治理，突出问题导向原则，全面抓好隐患排查整顿。全年出动执法人员 1.1 万余人次，检查水产品生产经营企业 7500 余家次，阳性样品移送处置率 100%，有力打击养殖生产者违法添加禁用药物行为。

*持续开展畜禽水产品专项治理。*召开由各级渔业、畜牧部门参加的视频部署会，逐级落实责任和工作措施。结合工作实际，启动大菱鲆和重点水产品 2

个专项监督抽查，对重点品种、隐患多发主产区有针对性地进行问题隐患排查和治理；5月按照全省统一部署开展整治工作专项督察，全面提高整治成效。从完善检打联动、行刑衔接工作机制震慑违法犯罪行为，到依托信息化开展质量追溯试点健全全程监管体系，通过整治全省监管长效工作机制不断完善。

完善重点产品应急工作机制。针对贝类质量安全监管，召开全省贝类质量安全监管视频会，下达《山东省海洋与渔业厅关于加强贝类质量安全监管的紧急通知》，进一步落实基层监管与长效工作机制；编印6000份贝类食用安全宣传海报印发基层，大力宣传应急和安全消费警示，确保高温季节不发生贝毒中毒事件。

加大重点时段水产品质量监管力度。印发《关于加强国庆节中秋节及党的十九大期间水产品质量安全保障工作的通知》，从强化组织领导、加强问题隐患排查、强化应急值守、强化应急培训等方面，多措并举，有效维护重点时段水产品质量安全稳定。

【检打联动】 **强化监测工作**。按照省食安委工作部署，组织专家制定《水产品质量安全监督抽检和风险监测工作方案》，全年安排部级1250个、省级3780个监督抽检和风险监测任务，充分发挥监测对监管的支撑作用，截至2017年底，省级监督抽检和风险监测任务全部完成，4160个水产品监督抽检和风险监测任务，其中监督抽查抽检样品1800个，总体合格率98.7%；23个省级监督抽查阳性样品均第一时间移交处置，阳性样品执法处置率达到100%。

开展渔用投入品风险监测。制定印发《2017年渔用投入品风险监测工作方案》，继续对全省养殖环节渔用投入品开展质量安全风险隐患排查，全省监测380个渔用饲料、渔用兽药（化学药品、中草药）、渔用添加剂样品，积极探索建立投入品使用风险预警机制。

完善风险预警工作机制。继续对28个贝类主产区开展开展卫生监测和生产区域划型工作，年划型面积141146公顷，初步建立贝类产品风险预警机制。对2013年制定的《山东省水产品质量安全突发事件应急预案》重新修订并印发实施，增加重点产品贝类、河鲀等食用中毒相关应急内容，保障公众身体健康与生命安全。

【标准化生产】 **积极推进标准化生产**。组织完成对现行203项渔业地方标准清理评估；完成《海洋牧场标准建设规范》《休闲海钓钓场建设技术规范》等25项产业发展急需的地方标准制定工作，并将海洋牧场、休闲渔业等43项“海上粮仓”重点产业发展急需的标准制修订计划给予立项。稳步推进三品一标工作，全面加强现场检查和证后监管工作，累计认证产品1224个，认定产地609个，累计申报地理标志登记保护产品48个，无公害产品认证、地理标志登记保护数量继续位居全国首位。

加快水产健康养殖模式创新步伐。加快海洋牧场“生态方”、池塘生态混养、节能环保措施等新模式的应用，积极推进水产健康养殖，有效拓展养殖发展新空间；2017年全省新创建省部级水产健康养殖示范场88个，省级以上健康养殖示范场面积达18万公顷。

实施“海上粮仓”规划，推进深远海牧场建设。以全省海洋牧场现场会为契机，编制《山东省海洋牧场建设规划（2017—2020年）》，大力推进离岸海洋农牧化建设，打造集生态旅游、互联网等先进生产要素于一体的全价值链“海洋生态牧场综合体”，建设国家海洋牧场建设示范区，推动海洋牧场成为源头安全水产品供给新载体。

实施品牌战略。通过《中国水产品》杂志、全国农业品牌推进大会暨农业品牌建设成果展、“厚道鲁商”品牌形象榜等多种平台、活动，积极宣传推介山东省水产区域公用品牌和企业产品品牌，成效显著；初步建成山东省水产品区域公用品牌和企业产品品牌数据库。2017年，全省水产品区域公用品牌75个，企业产品品牌193个，其中拟重点培育的区域公用品牌36个，极具发展潜力的企业产品品牌100个；威海刺参被农交会组委会授予“2017百强农产品区域公用品牌”称号，宇王集团的鱼鳞胶原蛋白系列产品入选“2017创新加工水产品”，济南海鲜大市场入选“2017最具影响力水产品批发市场”，美佳集团等17家企业入选“2017最具影响力水产品企业品牌”，为全国首位；7个品牌入选第二批“山东省知名农产品区域和企业产品”品牌。

【社会共治】 **举办2017水产品质量安全宣传周暨主题日活动**。重点开展海洋牧场品牌宣传、“质检机构实验室开放日”、水产品质量安全知识问答和专家在线咨询、编印水产品质量安全科普手册发放基层等活动，水产品质量安全宣传有声有色，社会共治氛围日益浓厚。

开展水产品质量知识培训。认真贯彻落实国务院和省政府工作精神，通过举办省级水产品药残快速检测培训、每年40学时的全省水产品质量安全监管培训，进一步提高各级水产品质量监管人员依法行政和科学监管能力，有力保障水产品消费者“舌尖上的安全”。

加强对水产品质量安全承检机构的监管。建立承检机构飞行检查和督查制度，并要求获证机构参加农业部能力验证，上半年组织所有获证检测机构开展水产品质量检测执法培训，全面提升检测机构质量内控和检测技术能力建设。

开展水产品质量追溯试点。按照“区域推进，规模带动，品种示范，协同推动”工作思路，结合农业部水产品质量安全追溯试点项目，省财政拿出600余万专项资金，选择“一市一县一品”开展省级水产品质量追溯试点，初步完成系统框架和平台设计。在开发中，努力做到3个“注重”（注重信息化引领，从《山东省海上粮仓建设规划》和《山东省水产品质量安全“十三”五规划》高度谋篇布局，全面统领信息化追溯工作；注重技术支撑，以监管、执法部门和渔业项目、“双安”创建县渔业实施单位为重点，大力推行水产品药残快检技术；注重平台“互通”“共融性”）。系统开发中明确要求做到“对上”“对下”系统兼容互通，并与省厅“一张图”“渔业通”“海洋牧场观测网”实现互通共融、数据共享。

山东省林业厅

【抽检监测】 圆满完成全年监测任务。根据全省食用林产品质量安全监测计划，完成全年监测任务。2017年，全省食用林产品质量安全监测总计抽检5600批次，检出不合格样品24批次，抽检合格率99.57%。其中：监督抽检2775批次，不合格12批次，合格率99.57%；风险监测2825批次，不合格12批次，合格率99.58%。连续3年食用林产品质量安全监测合格率提升。

印发抽检监测实施方案。在济南召开全省食用林产品质量安全监测专家论证会。经与会专家讨论研究，确定2017年全省食用林产品质量安全监测项目。完成检验检测机构考核工作。完成2017年食用林产品质量安全监测承检机构遴选工作。印发《2017年全省食用林产品质量安全监督抽检和风险监测实施方案》。按照《山东省食品安全委员会办公室关于下达2017年山东省省级食品安全监督抽检和风险监测计划的通知》要求，制定并印发《2017年食用林产品质量安全监督抽检和风险监测实施方案》。

召开工作部署会。组织召开2017年全省食用林产品质量安全监测工作部署会，会议总结2016年食用林产品质量安全监管工作，部署2017年监测任务。对2017年食用林产品监测中注意的问题和事项进行讲解，并邀请专家对食用林产品抽样检验操作流程及注意事项进行讲解。

部署国家林业局抽样监测工作。根据《国家林业局关于开展2017年林产品质量安全监测工作的通知》要求，印发《山东省林业厅办公室关于配合国家林业局开展经济林产品及其土壤质量监测工作的通知》，配合国家林业局经济林产品质量检验检测中心（杭州）第三季度对山东省鲜枣及其土壤抽样监测工作进行部署，并按计划组织实施。

【专项整治】 根据省食安办要求，制定印发《山东省林业厅2017年全省“守护舌尖安全”整治行动食用林产品专项整治实施方案》，主要针对生产领域的风险隐患，重点整治违法使用剧毒、高毒和禁限用农药，低毒农药非法添加高毒成分，以及滥用和不合理使用农药等违法违规行为，消除食用林产品安全隐患。

【品牌建设】 开展“齐鲁放心果品”品牌创建活动。为贯彻落实《山东省人民政府关于加快推进品牌建设的意见》精神，大力实施品牌强省战略，推动供给侧结构性改革，按照《山东省人民政府办公厅关于“食安山东”品牌建设的实施意见》要求，在全省组织开展“齐鲁放心果品”品牌创建活动，并制定《“齐鲁放心果品”品牌创建办法》，主要目的是以食用安全为重点，全面提升山东果品质量管理水平，培育一批放心果品生产经营示范单位，打造一批知名果品品牌，引领齐鲁果品品牌进一步开拓国内外市场。截至2017年底，“齐鲁放心果品”品牌创建活动完成初步评选工作，达到标准60家，2018年予以公布授牌。

推进省级经济林标准化示范园建设。为认真贯彻落实《山东省人民政府办公厅关于加快特色经济林产业发展的意见》和《山东省木本油料产业提质增效转型升级实施方案（2016—2020年）》精神，尽快提升全省特色经济林建设的质量效益水平，按照2017年全省林业重点工作安排的要求，编制印发《山东省林业厅关于进一步加强省级以上经济林示范基地建设与管理的通知》，进一步提高思想认识，切实抓好示范基地建设，全面提升示范基地建设水平。截至2017年底，省级经济林标准化示范园建设工作进入最后的验收、评定阶段，省级经济林标准化示范园达到123处。

【宣传培训】 开展食用林产品质量安全宣传活动。6月30日，山东省暨济南市2017年食用林产品质量安全宣传周主题日活动在济南长清区举行。引导食用林产品生产者学法、知法、守法、用法，强化主体责任，推进行业凝聚共识，诚信经营，努力实现“十三五”期间农药、化肥零增长的目标，把山东省创建成全国食用林产品和食品消费最安全、最放心地区。

组织完成全省食用林产品质量安全培训工作。为全面贯彻落实《中华人民共和国食品安全法》《山东省人民政府关于贯彻落实国发〔2012〕20号文件加强食品安全工作的实施意见》《山东省农产品质量安全条例》精神，进一步加强全省食用林产品质量安全，促进全省经济林产业健康有序发展，确保人民群众"舌尖上的安全"，2017年9月4—8日，在青岛举办全省食用林产品质量安全监管培训班。各市、重点县林业局站长、监管工作人员及承检机构负责人80多人参加，培训班就特色经济林体质增效关键技术和发展趋势，果园精准施药技术，食用林产品检测过程质量控制，食用林产品抽样、运输、制样及相关注意事项，食用林产品质量安全相关法律法规等内容进行培训。培训分室内教学和室外现场教学2种方式进行。

山东省商务厅

【概况】 2017年，全省商务系统全面贯彻落实"食安山东"各项工作部署，按照商务工作职能和工作安排，深入推进以生鲜食用农产品为主的追溯体系建设，推动我省重要产品追溯体系示范建设创新发展。省级追溯管理平台正式上线运行，包括12家大型连锁超市、38家"老字号"生产企业、49家可追溯供应商，烟台苹果、临沂水蜜桃两个特色产品追溯体系建成上线，中药材流通追溯系统完成升级改造，追溯体验中心项目运行良好。12月14日，省平台累计上传追溯信息389万余条，累计赋码240.7万个，累计扫码2.3万次。

【重要产品追溯体系示范建设】 *开展项目筛选和评审工作。*按照商务部、财政部重要产品追溯体系示范建设工作要求，省商务厅和财政厅分别制定《山东省重要产品追溯体系示范省建设实施方案》和《山东省重要产品追溯体系示范省建设资金管理办法》，并正式上报商务部、财政部，明确项目筛选和资金安排的责任分工。7月，省财政厅、商务厅联合印发《关于做好中央冷链物流和重要产品追溯体系建设示范项目申报工作的通知》，对重要产品追溯体系示范建设项目支持对象、扶持标准、申报要求、申报时限、评审程序等提出明确要求。在广泛申报的基础上，商务部门会同省财政厅组织专家组，对各市申报的城市追溯体系建设方案开展论证评审，确定德州、济宁、菏泽、莱芜为"扩面"示范市；对大型连锁销售企业追溯体系建设方案开展论证评审，确定银座集团、家家悦集团等12家连锁销售企业为追溯体系建设示范企业；从省级、国家级"老字号"企业中，筛选出38家适合开展追溯体系建设的食品企业，作为山东省重要产品追溯体系示范建设"老字号"追溯系统试点企业；汇总各市推荐食用农产品可追溯供应商试点建设企业50家。

*开展追溯示范建设培训调研。*为充分借鉴肉菜流通追溯体系建设的成功经验，省商务厅组织"扩面"示范市4次赴先进省市学习考察，在威海、淄博、烟台肉菜流通追溯体系建设考核验收过程中，专门组织"扩面"示范市现场观摩。同时，开展追溯体系建设培训，省商务厅统一组织委托商务部研究院、山东商职院开展追溯体系示范建设管理培训和技术培训6期，对全省17市追溯体系建设主管负责人、重点试点示范企业经理人员、追溯系统操作人员，进行较为系统的示范建设培训。在威海召开全省重要产品追溯体系建设工作现场会议，观摩威海市肉菜流通追溯体系建设和运行情况，交流各地经验和做法，对全省重要产品追溯体系建设进行再动员、再发动。

*规范奖补资金使用。*为加快预算执行进度，省财政将中央支持资金按项目法切块下达各市。在扶持资金的使用上，与财政部门协商，改革以往直补企业的方式，由商务部门组织竞争性谈判并聘请第三方咨询机构对追溯体系承建企业开展进行深入调研，逐个企业撰写《绩效目标概要》，明确承建企业的建设目标、推进措施、设备采购、系统升级等任务和标准，并以此作为扶持资金下拨和绩效考核的主要依据。在项目建设过程中，由咨询机构向承建企业提供一对一个案辅导。项目建成后，引入第三方评价机制对试点建设开展评估评价。

*开展追溯宣传活动。*制定《我省重要产品追溯体系建设宣传推广计划》，以9月初省级平台上线测试为契机，以"关注追溯产品，共享健康生活"为主题，在各市广泛开展山东省重要产品追溯体系建设宣传活动，主要包括：在济南舜耕国际会展中心举办追溯产品展销活动，72家示范试点企业参加展销活动，参展商品包括蔬菜、肉类、禽蛋、包装食品、调味品、酱菜、水果、海参、扒鸡、阿胶、西洋参等11大类570多个品种，产品全部实现二维码追溯信息查询。展会期间，接待社会消费者5万余人，发放购物袋2.6万个、宣传折页1.5万张，形成3万人次的情景宣传效果；举办"追溯与品牌保护"主题论坛，邀请国家示范项目省市和国内知名专家学者等，就追溯体系理论研究与创新实践开展热烈研讨，全省各市商务局代表、参展企业代表、新闻媒体记者等120余人参加；在济南银座玉函店举行"山东省重要产品追溯体系示范建设消费体验中心"揭牌仪式。银座体验中心展出面积1000多平方米，常年展销来自104家追溯试点示范企业的1000余种产品，涵盖肉类、蔬菜、水果、地标、特产等食用农产品，全部实现二维码追溯查询；在广播电视报纸等传统媒体开展"讲追溯故事"系列宣传活动，形成关注、关心、支持追溯体系建设的社会氛围。

*启动考核验收的准备工作。*根据商务部《重要产品追溯体系建设示范工作考核验收办法》有关规定，全省重要产品追溯体系示范建设考核验收工作由省商

务厅、财政厅联合组织、分步实施。省商务厅、财政厅联合印发《关于印发〈山东省重要产品追溯体系示范建设考核验收方案〉的通知》，对全省追溯示范建设考核验收工作做出明确规定，并规范考核验收的实施步骤：2017 年，先后对省级管理平台开展评估论证，包括可追溯供应商追溯系统、“老字号”追溯系统、商超生鲜追溯系统、中药材追溯升级系统、追溯体验中心项目以及烟台苹果和临沂水蜜桃等特色产品追溯系统。省商务厅采取政府购买服务方式，通过竞争性评审确定全省统一的考核验收承办机构。截至 2017 年底，第三方机构加紧开展省级平台直连项目的测试和评估工作。

山东省卫生和计划生育委员会

【概况】 2017 年，省卫生和计划生育委员会食品安全工作以迎接和学习贯彻党的十九大为中心，以落实《食品安全法》为主线，紧紧围绕“健康山东”和“食安山东”建设目标，履行法定职责，健全工作机制，创新工作思路，强化工作措施，狠抓落实，全省食品安全标准和风险监测评估工作取得新成效。

【食品安全风险监测】 根据 2017 年国家食品安全风险监测计划和省食安委要求，制定印发全省 2017 年食品安全风险监测方案和实施方案，召开全省卫生计生食品安全工作会议进行专门部署。共安排监测样本 2.5 万份，哨点医院继续保持 436 家。先后开展风险监测采样及数据报送培训班、食源性疾病主动监测技术培训班、食源性疾病监测县乡村一体化试点培训班。专项督导各市检测工作，为落实年度监测计划奠定良好基础。12 月 20 日，各项监测任务进展顺利：完成污染物监测样本 2.49 万份，获得监测数据 40 万余条；其中，食品中化学污染物监测完成 19 大类 9857 份样品的监测，监测指标 9 类 179 项，获得数据 10 万余条；食品中微生物及其致病因子监测完成 8 大类 159 细类样品 6360 份样品，获取监测数据 24106 条，完成甲醛，多环芳烃等专项监测及药敏检测，菌株审核等 4010 份。食品中放射性物质监测完成样本 18 份。17 个市 436 家哨点医院上报 91465 例食源性疾病病例信息。主动监测哨点医院采集病例标本 3797 份，若如病毒等专项监测采集样本 855 份。

【食品安全标准管理】 *企业标准备案管理服务工作规范开展。*加强对各市备案工作的督导和指导，从严从细落实备案工作相关要求。各市备案前公示制度落实较好。12 月 21 日，全省新备案（含延续、变更、修订）企业标准 5700 多件次，省卫计委网站“食品安全企业标准备案信息查询平台”公开备案信息 35579 件次。及时受理社会各方关于企业标准备案管理的（书面和电话）咨询 70 多件次，办理政府信息公开书面答复 140 多件次。

*地方标准管理积极作为。*广泛征集地方标准立项建议。省卫计委发布关于征集地方标准立项建议的公告。同时，利用全省食品安全工作会议、专项工作督导、食品安全标准管理培训等时机，向各市、各相关部门宣传国家卫生计生委关于食品安全地方标准的政策和相关规定。积极协调近 20 个部门和单位、广泛收集整理山东省西洋参相关资料，为国家修订《按照传统既是食品又是药品目录》提供素材并通过国家卫生计生委组织的专家论证评审。帮助青岛市卫生计生委及青岛相关企业做好“明日叶”报批国家新食品原料相关工作。为全省白花蛇舌草饮料、蚂蚱、毛梾树籽油等相关生产企业做好标准解答和服务工作。

*国家标准宣贯和跟踪评价工作成效显著。*联合“网易济南”新媒体共同做好卫生计生食品安全宣传。发挥网络传媒平台传播快、受众广等优势，借“食品安全宣传周”项目契机，在“网易济南”平台开设卫生计生食品安全专题版块，设置“活动要闻、现场直播、食品安全知识、营养科普、标准评价、图片报道”等网络专栏。12 月 20 日，“卫生计生食品安全专题”网页浏览量超过 190 万人次。“实验室开放日”“居民食物消费量调查进社区活动”2 场直播参与人数突破 9 万人次。制定国家标准跟踪评价工作方案，把任务分解到各市、各相关部门和单位，举办全省食品安全标准宣传与管理工作培训班，对标准跟踪评价工作进行培训和再督促再部署。2017 年收集各方意见建议 374 条，全部通过国家食品安全风险评估中心国家标准跟踪评价系统进行填报和反馈。跟踪评价意见反馈数量和质量居于全国前列。按照山东省“健康山东·全民健康生活方式——‘一评二控三减四健’专项行动方案”，启动“营养标签宣传月”活动，对相关国家标准和知识进行专题宣传。

【创新措施】 *制定出台全省卫生计生食品安全标准与监测评估工作“十三五”规划。*委党组高度重视食品安全工作，将“全省食品安全标准与监测评估工作‘十三五’规划”列为全省卫生计生事业发展“十三五”规划的 6 个重点子规划之一，融入全省卫生计事业的全局，摆到重要位置，深入调研，科学论证，统筹布局，长远规划，为“十三五”期间做好卫生计生食品安全工作提供重要保障。山东省成为全国为数不多的出台卫生计生食品安全专项规划的省份之一。

试点探索建立覆盖城乡的食源性疾病监测体系。

2017年省卫计委启动食源性疾病监测县乡村一体化试点工作。3月24日，印发试点工作方案，确定在泰安东平县、威海乳山市和临沂平邑县开展县乡村一体化试点，着力通过网络直报和现场调查相结合，搜集食源性疾病病例信息资料，了解山东省急性胃肠炎病例的就医习惯及其食源性病因所占比例。3月29日，在泰安东平县召开试点工作启动会议，作出具体部署。11月，国家卫生计生委组织兄弟省市的领导来山东省就县乡监测一体化工作进行调研和现场观摩，给予充分肯定。

*食品安全企业标准备案信息全部信息化管理、主动公开。*认真研究食品安全企业标准备案工作的性质特点、重要意义、现实需求、法律定位、部门职责和历史问题，坚持把企业标准备案工作纳入到食品安全大监管体系中认识和定位，立足服务企业生产经营、促进企业自律、利于部门监管、方便社会监督，积极探索符合山东实际的备案管理办法。在全国率先实行备案工作下放，率先实现备案信息全部网上主动公开，实现便捷查询和下载。

山东省工商局

【概况】2017年，省工商局抓住“国际消费者权益日”“食品安全宣传周”等重要节点，联合报刊、广播、电视等传统媒体和微信、微博等新兴媒体，以工商和市场监管部门的门户网站为主阵地，立足职能，加大对食品安全的宣传教育力度，营造良好的舆论氛围，积极构建企业自律、政府监管、社会协同、公众参与的食品安全社会共治格局。其中，食品安全宣传周期间，全省组织普法宣传活动298场次，印发科普读物22万余册（份），播放公益广告1000余条，出动执法人员8900余人次，公布典型案例47个。

【整治违法广告】*虚假违法食品广告整治力度不断加大。*始终把直接关系人民群众健康安全的食品广告尤其是保健食品广告等作为整治重点。2017年，利用工商总局广告监管平台监测普通食品类广告1.1万条、30.5万条次，处理涉嫌违法线索1335条、4103条次；保健食品类广告2700条、4.7万条次，处理涉嫌违法线索409条、4024条次。

*食品广告综合治理效果不断提升。*充分发挥整治虚假违法广告联席会议作用，积极协调各部门整合监管资源，综合采用工商机关行政处罚及公开曝光、卫计委和食药监部门撤销审查批准文号、食药监部门暂停产品销售、宣传部门追究媒体单位负责人责任等经济、行政、法律措施，加大惩处力度。全年印发《工商总局广告监测大数据通报》10期。

山东省粮食局

【粮食质量监测体系建设】*“十二五”期间的粮食质量安全监测建设项目验收工作。*“十二五”期间，全省17市中除莱芜市粮食质量监测机构建设项目因刚刚启动，没有争取到中央补助资金，其余16市和省粮油检测中心均足额获得项目建设中央补助资金，资金总额4618万元。按照国家粮食局有关要求，省局于2017年9月组织16市采取交叉验收的方法，对“十二五”粮食质量安全检验监测能力项目建设情况进行验收，重点对各项目单位中央资金使用、地方配套资金落实和检验监测能力提升等方面进行现场检查验收。省粮食局组织验收组对省粮油检测中心的项目建设情况进行验收。验收结果显示，全省“十二五”粮食质量安全检验监测能力项目建设全部符合要求。验收结束，及时向国家粮食局提交项目建设验收报告。

*开展“十三五”期间的粮食质量安全监测体系建设。*2017年，国家粮食局“优质粮食工程”全面启动。按照国家粮食局关于在粮食流通领域实施“粮食质量安全监测体系建设”的要求，结合各市县级粮食质检机构建设申报情况，全省确定2017年度对1个市级、24个县级机构进行扶持建设，并制定建设方案。截至2017年底，各项目单位均完成项目建设实施方案的制定，省粮食局对各项目单位建设方案进行认真审核，督促各市按照国家粮食局和省粮食局要求抓好粮食质量安全检验监测体系建设。

*检验监测队伍建设。*按照国家粮食局要求，4月，组织省粮油检测中心和部分市级监测站的技术骨干6人参加国家粮食局在南京财经大学组织的粮食质量安全指标快速检验技术培训比对工作；7月，组织市级粮食质量安全监测站技术骨干16人进行粮食中重金属和农药残留的检验和判定方法培训，11月，组织市级监测站26人进行食品安全指标检验技术培训和比对考核，通过培训，较好提高市级检测机构检验人员的技术水平。

【粮食质量安全监测】*组织开展新收获粮食质量监测。*全省安排扦取新收获粮食质量调查、品质测报和安全监测样品1526个，截至2017年底，检测工作全部结束，新收获小麦、玉米质量会检数据及时通过省局网站对外发布，用于指导粮食收购，服务种粮群众和粮食经营企业。对于监测发现的粮食质量安全风险及时通报有关市，督促做好风险防控，严防超标粮食流入口粮市场。

*开展库存粮食质量抽查。*5月，在库存粮食检查省级督查阶段，从全省有资质的粮食质量监测机构抽

调专业人员24名，编成6个工作组分赴济南、枣庄、东营、泰安、德州、滨州6市对当地库存粮食进行扦样，国家级监测扦取各类中央事权粮食样品121个，省级监测扦取各类中央事权粮食样品244个、地方事权粮食样品66个（包括地方储备粮、军供粮、应急供应和放心粮油），同时对省粮食行业协会挂牌认定的放心粮油店进行专项抽查，抽查覆盖率达到20%，抽检样品27个。监测结果显示全省政策性粮食和“放心粮油”质量总体良好，对监测发现的问题责成有关市粮食局做好进一步监测并妥善处置。

积极配合有关部门单位。在食安委的统一部署下，积极开展“食安山东”品牌建设工作，按照省食安委对品牌创建工作的分工要求，做好粮食质量安全监测工作。举办食品安全宣传周活动。在食安委的统一领导下，制定《全省食品安全宣传周省粮食局主题日活动方案》，派有关人员出席宣传周活动启动仪式。认真做好国务院2017年食品安全评议考核工作。配合省卫计委完成全省新收获小麦风险监测采样工作，采取从农户购置小麦样品方式，为省卫计委开展风险监测提供小麦样品340个。

山东省畜牧兽医局

【专项整治】 印发《2017年畜产品质量安全专项整治方案》，集中开展瘦肉精、生鲜乳、兽药抗菌药、生猪屠宰、农资打假等5项专项整治，并着力推进专项整治和日常监管执法相结合，出动执法人员136121余人次，检查企业、养殖场户105212家，发放材料120余万份，查处问题210起，涉及金额211.47万元。开展全省打击畜产品质量安全违法犯罪“百日行动”，期间安排检测4.5万余批次，查处案件191起，公安部门侦破案件3起，抓获犯罪嫌疑人2名。

【抽检监测】 开展承担2017年监测任务机构遴选工作，实施上、下半年畜产品质量安全监测，并组织专家对承担任务检测机构进行飞行检查。根据发现的隐患联合相关处室制定《2017年畜禽屠宰企业飞行检查方案》《2017年中秋、国庆期间禽蛋产品质量安全监督抽检方案》《2018年元旦、春节畜产品质量安全监督抽检方案》。抽检2万余批次，监督抽检发现的100多个问题畜产品全部依照法律规定进行查处，“瘦肉精”等涉嫌犯罪的全部移交公安部门处理。举办全省畜产品质量安全检验检测职业技能竞赛，评选出团体一等奖2个，团体二等奖3个，个人1等奖1个，个人二等奖3个。举办监测工作培训班2次，对抽样人员和检测人员进行专业培训。

【应急处置】 在“3·15”曝光事件中，加强和省公安厅、省食药监局的沟通联络，形成处置合力。联合公安厅对农业部例行监测不合格产品飞行抽检，并对泰安上高食品站检出沙丁胺醇进行查处。积极参与江苏、浙江追溯“瘦肉精”牛案件查处，并组织开展飞行抽检。妥善参与禽蛋质量安全事件应急处置。

【品牌建设】 实施“食安山东”品牌引领行动，截至2017年底，认定发布4类129家畜产品品牌示范企业，无公害畜产品1478个，无公害产地1814个，地理标志畜产品34个，东阿县东阿黑毛驴遴选为中国特色农产品优势区，济南牧人有品旗舰店列入山东省第二批品牌农产品体验店。按照刘家义书记和于国安副省长的批示，制定《山东畜牧“诚信、质量、品牌”专题宣传活动方案》，通过畜牧博览会、走进农科直播间、新闻媒体宣传调研等系列宣传活动，形成重品牌，创品牌，推品牌的良好氛围。

【标准化工作】 联合省质监局印发《关于加强畜牧业标准化工作的意见》，以“粮改饲”、疫病防控、质量安全为重点，深入推进标准化进程，持续开展地方标准制修订，探索实施标准化试点项目。组织标委会专家对现有畜牧业地方标准开展清理评估，保留标准173项；确定修订标准50项；废止标准56项，提高畜牧业地方标准体系的时效性和科学性。

【风险会商】 以“横向联动，纵向互通，形势会商，信息公开”方式，建立起各环节的畜产品质量安全信息互通机制，有效破解各环节之间信息不畅的问题。横向联动是联合省食药监局、省卫计委对9个瘦肉精隐患较多的市政府进行通报。纵向互通是每季度调度各市畜产品质量安全问题发现率、处置率和公布率，汇总上报省食安办。形势会商是2次召开全省形势会商会议，通报近期质量安全形势，座谈交流质量安全监管情况，安排部署下步工作重点。在政务信息网分上下半年2次公开畜产品质量安全监督抽检信息和处置信息。

山东出入境检验检疫局

【出口食品质量提升】 召开全省进出口食品农产品检验检疫工作会议，研究分析当前工作中面临的矛盾和问题，汇总整理分支局意见建议113条，逐条研究予以答复。制定印发《持续深入抓出口食品农产品质量提升指导性意见》，指导分支局从抓基地建设促源头治理、抓产业规划促加工升级、抓监管服务促出口增长、抓协同配合促社会共治等四个方面发力，巩固出口食品农产品质量安全示范省创建成果，指导企业提高质量安全管理体系运行水平，强化国外技术贸易措施研究和标准引领，全面提升山东出口食品农产品质量安全水平。开展出口食品农产品“增品种、提品质、创品牌”专项行动，开创出口食品农产品质量提升新格局。2017年，在增品种方面，帮助企业新增水煮地瓜梗、酱油、养殖鲍鱼、养殖白虾类等出口产品近百个，禽肉和保鲜洋葱分别率先打入美国和新西兰市场，冷冻生禽肉成功恢复对马来西亚出口。在提品质方面，出口食品农产品源头质量基础更加坚实，出口禽肉、宠物食品等高风险产品实现零通报。在创品牌方面，联合省商务厅等部门赴日本、印度和泰国开展出口食品农产品专题推介，山东质量品牌效应持续扩大，全省出口食品国际品牌达到70余个、国内品牌1400余个。

【示范创建】 建成全国首个“出口食品农产品质量安全示范省”。打造出口食品农产品质量安全示范区升级版，示范省的创建工作得到国家质检总局支树平局长、吴清海副局长批示和充分肯定。6月在威海成功举办示范省总结大会和成果展。示范省的创建在完善体制机制、提升质量安全水平、培育出口竞争新优势、推动食品安全社会共治、加速新旧动能转化等方面取得显著成效。2017年，全省有7个县（市、区）新获批为国家级示范区称号。

【工作创新】 探索实施进出口食品农产品监管工作方式改革。围绕全面实施风险管理，全面落实市场主体责任，全面实施科学的合格评定制度，全面加强事中事后监督管理和深化质量提升工作等5个方面，启动进出口食品农产品检验检疫监督管理工作方式改革。通过开展自下而上、以点带面的改革试点工作，取得阶段性成果。初步构建实施风险管理为核心的全过程监督管理工作新方式，推行全面落实主体责任、科学实施合格评定、强化事中事后监管的检验检疫监管模式，优化检验检疫流程，推进质量提升，在打造“三最”口岸（服务最好、费用最低、速度最快）基础上，实现检验检疫工作提速、减负、增效的目标。

【应急处置】 认真开展国门安全排查，对进口肉类、水产品、酒类、出口干果、供港蔬菜等重点产品进行风险点排查，并提出有效应对措施。全面做好进出口食品化妆品安全监督抽检和专项监督抽检工作，全年抽取进口食品化妆品检测样品13960个，完成检测项次54617项。抽取出口食品化妆品样品8846个，完成检测项次38721项。检出涉及重要安全卫生项目的不合格进口食品化妆品162批，不合格产品涉及15类产品，对不合格产品均依法进行销毁或退运等处理。检出涉及重要安全卫生项目的不合格出口食品化妆品32批，出口检出的安全卫生项目是黄曲霉毒素超标、微生物和农残超标等问题。从4批进口美国花生果中检出黄曲霉毒素B1含量为370.8μg/kg，远远超出国标规定的20μg/kg的限量要求。4批货物共计约1909.11吨、货值128.29万美元，为近年来全国进口花生检出黄曲霉毒素超标数重量最大、货值最高的批次。快速应对日本核辐射食品、巴西“黑心肉”和欧盟“氟虫腈”毒鸡蛋事件，确保辖区进口食品安全。

【协调配合】 开展“进口食品安全社区行”食品安全宣传周活动，通过现场宣传、企业培训、在线访谈和实验室参观等活动向消费者宣传进口食品安全知识，营造全民共享共治食品安全氛围。开展食品、保健食品欺诈和虚假宣传专项整治活动，重点监督进口商落实主体责任，严格进口食品保健食品标签标识审核，严格监督抽检等工作，并赴威海、荣成等地开展督导检查。按照国家食品安全工作评议考核任务，在促进出口食品农产品示范区建设和出口食品企业内外销“三同”工程方面取得显著成效。积极配合山东省餐饮质量安全提升工程安排，提出进口食品的提升措施和推进目标。

【信息化建设】 选取进口肉类和出口花生为试点，使用移动终端（平板电脑）依托于E-ciq主干系统，实现移动接单分单、现场查验、样品抽取和送检、合格评定等执法工作各个环节的电子化、信息化，推进进口肉类执法全过程记录试点。对进口预包装食品，在威海、黄岛等口岸试点“外检内放”通关模式，采信第三方检测结果，将检测环节前置在进口国实施。在烟台口岸开展进口葡萄酒模式改革。对入境自捕水产品采取提前申报、船边验放工作措施，激发远洋自捕回运渔获的积极性。进一步压缩通关流程，按照总局部署将进口食品的现场查验率由100%降为3%～30%，实验室抽检率降为3%～5%，进口食品通关速度大幅提升。实现进口肉类、红酒等产品查验现场与“国检110”的视频和信息对接，实现了现场监控、指挥、展示功能。

【供给侧结构性改革】 积极围绕省政府潍坊国家农业开放发展综合试验区和泛济青烟新旧动能转换综合试验区建设部署，发挥检验检疫部门职能优势，对接出台相关支持发展措施。落实“放管服”的要求，简化进口商、出口食品原料种植场备案以及动植物产品检疫审批程序，11月，山东辖区进口商备案达到3590家，出口备案种养殖场5513个，签发进境动植物食品检疫审批488份。顺利迎接马来西亚、蒙古、欧盟、加拿大等官方对全省出口冷冻禽肉，熟制禽肉、花生、含馅粮食制品的安全卫生管理体系的检查，保障企业的顺利出口和助推企业获得更多国外注册资格。积极推荐进口肉类、冰鲜水产品指定口岸申请，新获批筹建 2 个进口肉类口岸。

【调研培训】 举办“进口加工食品化妆品标签检验培训班”“出口肉类质量提升和欧盟肉类食品法规培训班”等 3 个培训班，邀请省食药监局和省畜牧兽医局、商务厅等专家进行授课，提高一线监管水平，加强部门间交流。加强分支局调研，围绕进出口食品农产品模式改革、通关流程时限等重点工作多次到分支局开展调研和督导，召开相关研讨会，掌握分支局的新做法新动态，上下联动，推进各项工作开展。

食品安全监督管理

【概况】2017年，省委、省政府始终高度重视食品安全工作，召开省委常委会议、省政府常务会议，专题研究餐饮提升工程、“双安双创”等工作。食品安全监管工作严格按照“四有两责”要求，坚持多元参与、社会共治，食药监管部门在改革中推动监管创新，不断提高食品产业集约化、规模化和标准化水平，提升食品安全保障水平，努力将山东建设成为全国食品最安全地区之一。

【产业状况】截至2017年底，全省有食品生产企业15847家；食品生产企业15229家；食品添加剂生产企业441家，保健食品生产企业177家；餐饮服务单位24.5万家。其中，中央厨房51家，集体用餐配送单位234家，学校食堂17292家，其他集体食堂24328家，中型以上餐饮服务单位28079家，中型以下餐饮服务单位17.5万家。全年新办《餐饮服务许可证》88936个，延续15214个，吊销、注销5789个。2017年，全省规模以上食品企业实现主营业务收入1.63万亿元，占全国近1/6。

【行政许可】2017年6月，省局印发《关于进一步改进食品经营许可工作的通知》，完成食品经营许可系统的改造工作及人员培训工作。10月，省局部署开展全省食品经营许可和小作坊、小餐饮登记备案专项检查工作，加强对基层食品经营许可工作的监督力度。依据国家总局《保健食品生产许可审查细则》，新开发保健食品生产许可网上审批系统，推动全省保健食品生产许可与食品生产许可纳入一个体系，实现食品生产许可、保健食品生产许可两证合一。

2017年，按标准、条件和程序办理省局发证食品生产许可事项525件：包括核发120件（其中不予许可16件，占13.3%），延续121件（其中不予许可10件，占8.3%）、变更284件（其中不予许可10件，占3.5%）、注销1572件；保健食品广告审批803件。无超时办结或许可投诉事项。

【监督检查】生产环节。修订印发《山东省食品生产企业分级分类分层监管工作指导意见》，合理划分企业风险和省各级监管事权，完成13950家企业风险分级，A、B、C、D级分别为3333、8167、2043和407家，为日常监管打好基础。明确省、市两级监管事权，指导市局制定并完成市级飞检计划（1010家）。制定省局飞检计划，完善省局飞检企业库（2000家，大型、高风险和抽检不合格企业）和省级检查员库（140人），实际完成飞行检查102家，发现问题隐患366个，责令改正89家，警告3家，约谈2家，处罚4家。

流通环节。各级监管部门检查食品经营单位、食品摊点10万余家次，下达责令整改通知书1325份，立案查处99件，取缔食品经营户、食品摊点216家。市、县两级监管部门组织监督抽检1.7万余批次，发现不合格产品245批次，均按规定进行核查处置。

餐饮服务环节。以学校食堂“四查”制度为标准，会同教育部门制定监督检查计划，印发《关于进一步加强学校校园及周边食品安全管理工作的通知》。落实学校食堂自查、季度检查、飞行检查、督导检查“四查”制度，按照“双随机”方式，督导检查102家学校食堂组织，68家学校食堂进行飞行检查，发现问题269项，跟进督促整改。开展小饭桌动态公示，春、秋季开学前，对全省学生小饭桌食品安全部署监督检查，对春季8322家、秋季9768家学生“小饭桌”在学校门口和网站进行公示，让学生家长择优选择，并参与监督。举办“千家学校食堂（幼儿园）开放日”活动，全省有1106家学校食堂举办开放日活动。与省教育厅联合印发《关于开展学校食堂食品安全大培训大检查大整改大提升的通知》，集中开展学校食堂食品安全大培训、大检查、大整改、大提升活动。组织开展学校食品安全培训，全省培训8186所学校的校长、分管校长、食品安全管理员、厨师长总计27841人。在全国学校食品安全工作会议上，山东省做典型发言。

【监督抽检】2017年，省市县三级完成食品抽检监测55.895万批，发现不合格（问题）产品17424批，整体合格率96.9%。其中省级任务70695批，发现不合格（问题）产品2191批，合格率96.9%；市县任务488255批，发现不合格产品15233批，合格率96.88%。

生产环节。破解生产环节抽样难题，推动日常监管与省级抽检的工作融合，探索开展网络抽检，全年完成24382批次抽检任务，整体合格率97.7%，较2016年提高0.3个百分点。强化异议集体研判，先后开展集体研判5次，确保异议处置准确到位。同时，强化抽检大数据应用，对抽检发现的食品添加剂“两超”、食用植物油塑化等突出问题及时开展专项治理，先后开展相应的风险防控行动，取得良好的防控效果。

流通环节。2017 年，省局安排省级监督抽检计划 9805 批次。其中包括元宵、粽子、茶叶、重点水产品、保健食品、韭菜等专项抽检计划 5 项，省抽问题发现率 3.01%。2017 年安排国抽转地方计划 972 批次，问题发现率 7.92%，监督抽检工作坚持问题导向、坚持与监督检查相结合的原则，抽检的针对性、有效性得到提高。核查处置工作实现风险消除到位、行政处罚到位、信息公开到位。

餐饮服务环节。聚焦公众关注度高、风险程度高、消费数量大的重点产品，以问题为导向，科学制定监督抽检方案，加大抽检监测频次，重点加强对学校食堂食品的抽检监测力度，提高抽检的问题发现率和处置率，及时公开抽检结果和不合格产品处置情况，加强社会监督。分季度印发 4 期餐饮安全监督抽检工作方案，完成国抽和省抽常规抽检计划 4680 批次，检出不合格样品 247 批次，问题发现率 5.28%，罚没款 136.57 万元。开展重大活动保障抽检 509 批次，保障重大活动餐饮安全。开展军民共建抽检 399 批次，保障部队就餐安全，促进军民融合发展。

【风险管理】 2017 年，省局起草《食品药品风险管理办法》和《食品药品风险管理工作规范》，明确风险管理的对象、信息收集、分析研判、风险防控、工作保障等内容。组织召开专题风险会商会议和半年综合性风险会商会 20 余次，并通过省局网站，发布风险解读和消费提示 23 期，主要针对舆情关注、容易引起消费恐慌或消费误读的品种和项目进行风险解读，包括畜肉中瘦肉精、韭菜中腐霉利、鸡蛋中氟苯尼考、炒货坚果中过氧化值等。

生产环节。加强风险会商研判，先后召开综合性会商 4 次，专题会商 4 次。实施风险问题清单管理，先后发布《食品 / 保健食品生产环节重点风险信息》《生产环节食品安全风险清单及防控措施清单》。开展风险治理行动。完成 10 市区域性风险防控，先后开展动物源性原料兽药残留、食用植物油塑化剂污染、食品添加剂“对标规范”、食品和保健食品标签虚假标注、防范真菌毒素超标粮食流入、加强肉制品监管等 9 项风险治理行动。通过开展风险管理，形成风险排查 + 风险清单 + 风险会商交流 + 督办警示约谈 + 专项治理的风险防控体系，主动预判和防控风险，让监管跑在风险前面。结合风险清单，实施“一品一策”“一域一策”治理模式。对全省共性问题，在全省开展治理，先后开展食用植物油塑化剂污染、食品添加剂“对标规范”、防范真菌毒素超标粮食流入等 9 项行动，取得较好地效果。其中，食用植物油塑化剂问题样品检出率由 32.5%（2015 年）降为 9%；食品添加剂“两超”问题样品占全部不合格食品的比例，由 41%（2015 年）、46%（2016 年）降为 17%；小麦粉呕吐毒素样品检出率显著下降。各市自行开展区域性风险治理。

流通环节。2017 年，组织 4 次风险会商会。分别研判蔬菜、水产品、农村市场、散装白酒销售等问题，并提出风险防控措施。向省农业厅通报韭菜农残风险，督促临沂市等问题集中区域报当地政府；向省海洋与渔业厅通报螃蟹重金属超标问题；根据监督抽检和评价性抽检情况分析，向枣庄市下达风险通报，要求其对辖区内滕州批发市场销售的银耳产品采取风险防控措施。组织开展农村市场风险防控工作，围绕群众日常大宗消费食品、儿童食品、进口食品、散装食品及地方特色食品等重点品种，覆盖自然村、城乡接合部、农村校园及周边、旅游景区、农村庙会及集市开展风险排查，以抓代理商、供货商为主要环节，对销售过期、变质、商标侵权和仿冒食品、回收再销售的食品等违法行为进行重点检查，督促经营者落实索证索票和进货查验等主体责任。

餐饮服务环节。建立常态化风险排查机制，综合分析利用许可审查、日常监管、全程追溯、部门通报等各渠道信息，及时筛查和梳理监管风险点。督促餐饮服务单位建立健全食品安全风险自查和事故隐患报告制度，加大食品安全风险排查力度，提高监管效能。2017 年，省局餐饮环节召开风险会商会 4 次，研判食品安全风险因素及防控措施，制定风险清单 4 份，列出风险点 90 余条，制定有针对性的防控措施 100 多条。在重点时段发布春节、中高考、夏秋季、中秋国庆、元旦等 5 期餐饮安全警示信息，提醒消费者注意食品安全。

【专项整治】 *“守护舌尖安全”整治行动*。针对公众反映强烈的突出问题和抽检监测发现的食品安全风险，继续组织实施全省性的专项整治，出台《2017 年全省“守护舌尖安全”整治行动总体方案》，深入开展农药使用、畜禽水产品、集体用餐、“三小”食品、农村食品安全等五个方面的专项整治，严惩违法犯罪行为。转发《国务院办公厅关于进一步加强“地沟油”治理工作的意见》，要求各市落实工作责任，强化部门协调，加强督促检查，推动建立长效机制。2017 年，全省查处食品安全违法案件 39014 件，侦破犯罪案件 2625 起，抓获犯罪嫌疑人 3499 人，取缔无证生产经营业户 5227 家，吊销证照 542 个，兑现举报奖金 184.17 万元，向公安机关移交案件 1108 件。

食品、保健食品欺诈和虚假宣传整治。贯彻落实国务院食安办等 9 部门印发的专项整治方案要求，成立整治工作领导小组，召开全省视频工作会议，并联合印发《关于进一步加强食品、保健食品欺诈和虚假宣传整治工作的通知》。每月召开联络员会议，及时

调度各部门工作进展情况。加大督导检查，会同各部门对 17 市整治工作进行专项督查，督促各地深入开展整治工作。

畜禽水产品抗生素、禁用化合物及兽药残留超标专项整治。按照《山东省食安办等部门关于印发〈山东省畜禽水产品抗生素、禁用化合物及兽药残留超标专项整治行动实施方案〉的通知》要求，整治期间，全省系统积极行动，全面部署，强化措施，力求实效。5 月，省局与省海洋与渔业厅、省卫生计生委、省畜牧兽医局等部门分别组成督查组对济南等 8 个地市的畜禽水产品抗生素、禁用化合物及兽药残留超标专项整治工作情况采取现场检查、查阅资料、召开座谈会等方式进行第一次督查，各市都结合实际制定专项整治方案，开展抽检监测和集中检查，严厉查处一批违法违规案件，专项整治取得初步成效。其中济南市作为山东省代表城市被国家总局确定为水产品重点抽检城市，两次国抽产品合格率均居全国前列。11 月，全部完成专项整治工作，检查各类畜禽水产品交易市场 1762 个，畜禽水产品经营户 28764 户，餐饮服务单位 32342 家，监督抽检畜禽肉水产品 14922 批次，不合格 59 批次，立案查处案件 45 件，查扣问题畜禽水产品 483 公斤，罚没收入 30 万元。开展双随机检查 27 次，责令整改 67 次，全部如期完成整改。

食用农产品批发市场专项治理。6 月 27 日，省局印发《山东省食用农产品批发市场质量安全监督管理办法》的通知，制定“山东省食用农产品市场销售凭证”，统一食用农产品销售凭证样式，于 8 月 1 日施行。为改进和优化信息统计，省局组织开发食用农产品批发市场信息采集系统，于 9 月 1 日正式上线运行，11 月各市完成食用农产品批发市场信息采集上报工作。11 月 8 日，省局印发《关于进一步加强食用农产品批发市场安全监管工作的通知》，要求各地要全面履行告知义务，督促市场开办者和经营者全面开展自查自纠，严格落实主体责任。指导各地组织力量对区域内批发市场开办者、入场销售者履行义务情况逐条进行检查，实现检查对象全覆盖，问题整改全覆盖，违法行为查处全覆盖。12 月 6 日，落实餐饮质量提升行动要求，制定《山东省食用农产品批发市场销售质量安全提升行动实施方案》，启动全省食用农产品批发市场质量安全提升工作，落实“四个一”建设标准。

【“三小”监管】 2017 年 6 月 1 日，实施《山东省食品小作坊小餐饮和食品摊贩管理条例》，组织“三小”条例实施主题日宣传等活动。省局制定食品小作坊小餐饮登记管理办法及现场核查办法、核查清单以及食品小作坊小餐饮登记文书 14 套；开发“三小”登记备案打证系统。截至 2017 年底，全省登记备案 153186 户，其中，小餐饮 72198 户，小作坊 29341 户，食品摊点 51647 户。开展“三小”视频远程培训，全省 5000 余名基层监管人员参加培训。印发“三小”三年规范提升方案，明确提升任务指标、措施和要求。启动“在一线促规范”行动，开展“一对一”助“三小”，全省 9494 名监管人员全部完成帮扶工作。

【产地准出市场准入衔接】 9 月 5 日，省局与省农业厅联合印发《关于全面推行韭菜产品“双证制”管理进一步强化的通知》，明确对入市的韭菜产品实施合格证和市场销售凭证“双证制”管理。探索以重点品种为切入点，创新构建产地准出和市场准入衔接机制。10 月 20 日，与省农业厅联合召开全省推进韭菜产品“双证制”管理工作视频会议，对推进韭菜产品“双证制”管理工作进行动员部署。11 月 1 日，与省农业厅联合召开新闻发布会，全面启动监管韭菜产品生产销售“双证制”监督管理，并赴济南七里堡市场、匡山市场对济南市局韭菜产品“零点行动”进行督导，同时，全面部署在全省 17 市对实施“双证制”后的市售韭菜的进行监督抽检。2017 年完成检测 3000 余批次。

【制度建设】 *生产环节*。2017 年，研究制定风险分级分类分层监管、飞行检查年度检查计划、食品安全追溯体系建设指导意见、加强许可工作的通知、食品添加剂“对标规范”行动、规模以上企业落实主体责任方案、《食品召回管理办法》实施细则等食品生产监管制度文件，推动日常监管、监督抽检等各项工作的制度化、规范化，为全省食品生产监管工作提供制度保障。制定完善食品生产环节问题食品召回工作规范，明确召回工作流程，满足监管实际需要。加强不合格食品召回工作，受理市局在省局网站发布公告申请，在省局网站发布不合格食品召回公告 39 期。

流通环节。6 月 18 日，省局印发《山东省规范化农贸市场创建行动方案》，按照分步实施、全面规范、整体提升的原则，自 2017 年下半年开始，在全省范围内组织开展规范化农贸市场创建工作，通过培树典型、示范带动，争取 2 年内食品安全示范县（市、区）实现区域内 80% 以上农贸市场达到规范化标准要求，全省申报规范化创建单位 264 家。11 月 6—30 日，开展全省食品安全管理规范化农贸市场创建行动中期评估工作，完成对全省 37 家农贸市场的创建中期评估。进一步规范食品安全应急处置工作，制定山东省餐饮服务食品安全突发事件处置工作流程。2017 年，全省食品安全应急处置 29 起，省局参与处置 8 起，均做到依法有序、及时准确。其中，省局参与处置的学校食品安全事件得到省委主要领导的批示表扬。

（撰稿：贾雁高　李翠华　郭修娟　刘彬
核稿：李忠祥　尚青　王蕊　周海亮）

药品化妆品监督管理

【概况】 2017年，全省药品化妆品安全监管工作以“十三五”规划实施为主线，全面落实“四个最严”要求，坚持问题导向，坚持源头严防、过程严管、风险严控，切实保障公众使用药品和化妆品安全。

【产业状况】 截至2017年底，全省有药品生产企业445家，其中，化学药品制剂（含生物制品、血液制品）142家，中成药制剂48家，化药和中药制剂45家，总计235家，纯原料药生产企业58家，中药饮片生产企业63家，医用氧生产企业47家，药用辅料生产企业42家。全省有化妆品生产企业139家。药包材企业190家，医疗机构制剂室160家、中药提取物备案企业20余家。全省有药品批发企业608家，药品零售连锁总部798家，药品零售连锁门店29035家，单体药店8091家，药品使用单位7.8万余家。2017年，全省医药工业规模以上企业861家，累计实现主营业务收入4798.9亿元，同比增长11.88%；实现利润总额510.20亿元，同比增长14.41%，利税总额720.63亿元，同比增长14.81%。出口交货值279.66亿元，同比增长7.68%，在全国医药工业出口交货值的比重13.82%，位居全国第三位。

【行政许可】 *药品*。2017年全年认真按标准、条件和程序办理药品生产许可事项281件：包括核发9件，换证25件（不予许可1件，占4%）、变更246件（不予许可1件，占0.4%）、补发1件、注销0件；药品生产质量管理规范（GMP）认证118件（不予许可3件，占2.5%）；药品批发经营许可417件：包括核发筹建6件（不予许可1件，占16.7%）、核发验收1件、换发3件、变更402件、补发1件、注销4件；药品经营质量管理规范（GSP）认证67件。药品广告审批669件；药品广告备案1012件；互联网药品（医疗器械）信息服务资格证书189件。办理药品委托生产许可批件52件，出具山东省药品生产企业接受外省药品生产企业委托生产药品审核意见10件，办理医疗机构制剂委托配制批件2件。办理医疗机构配制许可事项总计34件：其中，新核发1件，制剂许可证变更26件，换发新证3件，注销制剂许可证4件。

特殊药品。2017年办理各类特殊药品许可事项290件，其中办理蛋白同化制剂肽类激素出口准许证191件，教学科研用麻精药品购用证明45件，药品类易制毒购用证明29件，非药品生产企业咖啡因购用证明3件，取消二类精神药品定点经营资格21件，放射性药品生产经营许可证核发各1件。

化妆品。2017年办结化妆品生产许可74件，其中核发（包括换证）56件、变更13件、注销2件，不予许可3件。无超时办结或许可投诉事项。

【注册管理】 *产品注册备案*。2017年完成各类药品注册申请受理审查1375件。其中，药品注册申请97件（新药31件，仿制药63件，药用辅料3件），同比增长115%；药品补充申请965件；药品再注册198件；医疗机构制剂注册（含调剂使用）80件。完成技术转让审评审批35件，累计获批108件，获批数量继续保持全国第1位，引进西红花总苷片、铝镁匹林片（II）、蒲元和胃胶囊等一批新药大品种。全年确认国产非特殊用途化妆品备案8035件，按时完成国家总局安排的各季度备案督查工作任务。

标准制定实施。为提高山东省地方药品标准，促进全省中医药产业发展，2017年开展《山东省医疗机构制剂》标准提高品种的标准审核工作。分别于4月、8月和11月组织专家召开技术审评会，审核351个品种。其中通过320个，发补31个，完成年度医疗机构制剂审评任务。

药品注册现场核查。2017年省局审评认证中心实施的药品注册现场核查工作包括国家总局审批事项的现场核查和省局审批事项的现场核查。全年完成药品注册现场核查417项，其中省内核查303项、省外核查114项；派出核查组206个，其中省内派组144个、省外派组62个；抽调核查员534人次。

药品注册技术审评。组织专题培训班对全省180名药品注册现场核查员进行培训，邀请国内知名专家针对性授课，着力提升核查员发现问题、解决问题的能力。继续选派4名业务骨干到国家总局药品审评中心挂职工作，以干代训，参与国家药品集中审评工作。

【监督检查】 *生产环节*。完善监督检查体系，建立以检查为中心的监管思路，充分利用日常检查强调全覆盖，跟踪检查突出以品种为主线，随机检查重在公正性，有因检查发挥检查的精准性的特点，实施日常检查、跟踪检查、随机检查、有因检查有机结合。公布年度监督检查计划，聚焦风险，制定药品10类必查清单和化妆品5大重点品种、6类重点企业清单。全年计划安排检查药品生产企业120家，化妆品生产企业30家。全年全省各级实际检查药品（含化妆品、医疗机构、药包材）生产企业2449家次，实现日常监管全覆盖，发现问题隐患6762条。其中，省级检查药品生产企业143家（含医疗机构制剂室16家）、化妆品生产企业32家等，全年省级检查企业总数达到175家。药品方面，立案查处13家，责令停产8家，收回药品GMP证书10张，省局直接约谈药品生产企业11家，发放风险告诫信7张，罚没款300余万元。化妆品方面，撤销生产许可证3家，立案查处4家，约谈6家。在省局网站及时公开检查和查处信息，发布检查情况通告13期，倒逼企业落实主体责任。在国家总局对全省27家企业开展飞行和跟踪检查中，未发现违法违规问题和国家总局曝光单位。全力推进全省药化监督检查信息化系统的应用，在国内率先实现检查情况、缺陷问题的查询和分析，并实现与省局信息资源平台和国家总局直报系统的数据对接、互联互通。

市场环节。从日常检查、随机检查、跟踪检查和飞行检查4个方面制定全年监督检查计划，明确检查重点和检查频次，在确保药品批发企业全覆盖检查的基础上，对药品零售使用和化妆品经营单位开展广覆盖、高频次检查。2017年，全省检查药品批发经营使用单位51271家次，化妆品经营使用单位29295家次；其中省局本级检查药品批发、零售、药品使用单位225家，化妆品经营使用单位63家，撤销药品批发企业GSP证书14个，零售连锁总部GSP证书4个，收回19个，全省撤销零售企业GSP证书199个。根据国家总局要求，对公告暂停使用的单唾液酸四己糖神经节苷酯钠注射液、责令召回的山西振东安特制药生产的红花注射液、江西青峰药业喜炎平注射液、以及长春长生公司生产的不合格百白破联合疫苗，积极配合做好相应产品跟踪追溯及召回工作。

按照双随机一公开的要求，监督检查做到将检查结果以通告的形式在网站向社会公开和将处理结果以公告的形式在网站向社会公开。省局全年发布药品市场监督检查结果通告14期，公告18期，化妆品市场检查结果通告7期。信息实时公开，有效地保护消费者权益，有力地震慑违法违规行为。

特殊药品监督检查。强化二类精神药品和罂粟壳备案管理，对使用量较大、检查频次较低的重点企业进行现场检查后方予备案，从源头上控制特药风险。加强对特殊药品生产环节的飞行检查，全年检查相关药品生产企业58家，通过开展飞行检查和强化日常监管等工作措施，持续对特殊药品生产企业保持监管高压态势，进一步规范特殊药品生产秩序，确保特药合法生产，有效防范特殊药品流弊。

中药材专项检查。持续加强对中药材（中药饮片）生产企业监管，在全省药品生产质量提升2017行动中专门安排中药饮片、中药提取物专项检查。根据国家总局工作部署集中开展中药提取物专项检查，全年检查中药材（中药饮片）63家次。

疫苗经营使用单位监督检查。2017年省局先后印发2个关于加强疫苗流通监管工作的通知，要求强化对疫苗区域仓储企业、疫苗配送企业、接种单位的监督检查。各市按照文件要求，加强对三类经营使用单位的检查，并对经营企业库存疫苗进行定期检查和处置。截至2017年底，全省14个市完成库存疫苗销毁工作。

互联网药品交易（信息）服务专项检查。互联网药品交易行政许可取消后，为加强事中事后监管，在全省开展专项检查，严厉打击通过互联网发布虚假药品信息、销售假冒伪劣药品等违法犯罪行为，规范互联网药品交易和信息服务秩序。全省检查互联网药品交易（信息）服务单位700余家次，发现经营涉嫌违法违规34家，实施行政处罚案件16起，罚没6万余元。

【监督抽检】 *药品抽检*。2017年，药品抽检建立抽检新体系。由药械风险处牵头抓总，各监管处室、检验机构、稽查部门各负其责、协调配合的药品抽检新体系；健全完善抽检工作制度，省局制定印发《抽检不合格药品核查处置工作程序》《药品质量抽检信息公布工作制度》等文件对不合格产品核查处置和信息公示进行规范；实施抽检信息“月公告”、抽检进度“季通报”、问题产品应急抽检、不合格药品分类分级处置、风险监测成果综合评定以及年度质量分析报告等制度。

山东省承担的5个国评项目（全部138个国评项目）全部进入优秀等级。其中，省食品药品检验研究院承担的女金丸、青岛市食品药品检验研究院的根痛平片分别位列中药组第一、第二名，省食品药品检验研究院的复方胃蛋白酶颗粒位列抗生素生化综合组第四名（生化类产品第一名），省食品药品检验研究院承担的维生素E盐酸酯胶囊、青岛市食品药品检验研究院的吡拉西坦片分别位列化药组第7、第12名。

全省药品抽检工作由省级抽检和地方监督抽检两部分组成。2017年，全省完成3759个品种23332批次的抽检任务，整体合格率为94.8%。抽检品种涵盖化学药品、中成药、生物制品、中药饮片（材）、医疗机构制剂及药用原辅料、中药提取物等各大类别。其中，完成省级抽检9804批，覆盖2631个品种2075家单位，合格率96.1%，包含药品8139批、合格率99.4%，中药饮片（材）抽检1665批次，合格率80.2%。完成地方监督抽检13528批，覆盖2595个品种3986家单位，合格率93.7%，包含药品10034批，合格率99.3%，中药饮片（材）3494批，合格率77.9%。

化妆品抽检。2017年，全省化妆品抽检监测任务总计612批次，生产环节安排152批次，重点抽取洗浴类、美白祛斑类、香水、口红、去屑类洗发水、眼霜、面膜等类产品，流通环节安排460批次，重点抽取面膜、洗浴、香水、口唇等类产品。全省采集612批样品进行检验，合格583批，初检不合格29批，均为国产样品，包括：香水类产品14批，洗浴类产品13批，一般护肤类产品2批，总合格率95.3%，不合格率4.7%。香水类产品不合格原因为检出禁用物质邻苯二甲酸二异辛酯，全部14批不合格产品均来自流通领域，不合格率6.8%；洗浴类产品不合格原因为准用防腐剂超限值，13批不合格产品中，7批来自省内生产领域，6批来自流通领域，不合格率为11.9%；一般护肤类产品不合格原因为准用防腐剂超限值，2批不合格产品均来自省内生产领域，不合格率4.8%。

【风险管理】 针对山东省风险隐患大的15个品种项目，省局研究制定《药品质量风险监测工作方案》，组织检验研究机构开展风险监测和探索性研究，并取得积极成效。阿胶类制剂（2个）、水蛭、红花等4个品种的补充检验方法被国家总局获批立项（全国16个项目）。根据研究结果，天津某制药企业主动召回31批小儿复方氨基酸注射液。在山东省研究基础上，小儿复方氨基酸注射液、青霉素过敏原物质研究等被国家总局列为2018年国评项目。综合药品抽检、不良反应监测等数据信息，定期组织药械安全风险评估，完成3期综合性风险会商和14期专项风险会商。结合年度不良反应监测情况组织召开风险会商会，识别挖掘注射剂热原反应、抗生素过敏反应等风险信号，以及信号集中的重点企业和重点品种，并研究确定风险防控措施20余项；组织并召开阿胶专项风险会商会，约谈济南、聊城等5市阿胶主产地市，省内所有阿胶生产企业全部进行自查自纠，以检验新方法、新标准保障原料供应和产品质量，可疑产品全部封存、召回。

生产环节。加大风险会商力度，把风险会商作为风险管理的重要抓手，建立定期会商机制，先后召开季度风险会商会3次，中药产品、药品化妆品等专题会6次，累计收集风险信息50余条。实行问题清单管理，制定药品生产风险清单、化妆品生产两清单，列出共性、个性和品种等风险清单，确定风险等级，实行一域一策、一企一策，实行销号管理，指导各市开展有针对性监管，有效防范药品安全质量事件的发生。加强风险分级分类管理。经综合评定，全省药品生产企业A级30.3%、B级50.1%、C级14.5%、D级5.1%，有力推动风险分级分类管理工作。探索以品种为主线的检查模式。针对羟乙基淀粉注射液不良反应较多和多批次抽检不合格问题，启动以品种为主线的检查模式，纵向主要检查品种、质量体系和上下游供应商；横向主要对比生产工艺、原辅料来源、质量标准等差异。在青岛、淄博、威海、日照、聊城等市局积极配合下，通过现场检查和对比分析，发现导致不同企业产品质量差异的因素，有针对性地责令停产和督促整改，消除风险隐患，并形成《羟乙基淀粉注射液风险分析报告》。

市场环节。2017年开展风险会商10余次，认真研判药品化妆品经营使用环节风险隐患和监管薄弱环节，梳理出药品风险45条，化妆品风险18条，制定风险清单，提出工作措施，建立工作台账，逐条进行控制和解决。

【专项整治】 药品生产质量提升2017。以多组分生化药、胶类产品、含贵细药材中成药、中药饮片、中药提取物和委托生产药品等六大类为治理重点，重点打击擅自改变工艺、非法添加等潜规则行为，推动药品生产领域突出问题和潜在风险的整顿治理。加强中药材（中药饮片）监管，全年省级检查企业数达到63家次，全省中药材（中药饮片）质量持续提升。开展中药提取物和生化药品2个专项检查，全面和重点检查全省备案中药提取物生产使用企业和生化药品生产企业，开展省级检查企业23家。对4家企业9个中药提取物备案发布注销公告，对发现存在质量隐患较大的2家中药提取物厂外车间，采取暂停生产等紧急控制措施，切实消除风险隐患。开展原料药、胶类等重点品种大整治，防控系统性区域性风险。针对原料药垄断、供应紧张情况，明确八个禁止，规范原料药生产使用行为。开展阿胶针对性抽验和探索性研究，及时开展风险会商，部署阿胶生产专项整治，通报问题，落实三个责任（主体责任、部门监管责任、地方负总责），防控质量风险、促进阿胶产业健康发展。

中药材（饮片）专项整治。针对中药材（饮片）质量问题，印发《关于在全省开展中药材（饮片）市场专项整治工作的通知》，对经营使用单位的中药材（饮片）质量进行大检查，同时监检结合，开展快检和专项抽检，及时发现问题，快速进行处置，有力地震慑违法违规行为，促进全省中药材（饮片）质量提升。中药饮片合格率由2016年88%上升至90.5%。

化妆品专项整治。对化妆品生产企业使用新标签标识、未按时换证企业停产、产品注册备案、依法生产等四个重点环节进行检查治理，确保化妆品生产企业合规生产。开展工作情况大督导，对全省9个市局提升行动、中药提取物和生化药品整治情况进行专项督导，抽查19家企业进行现场检查，通过督导考核有力地推动各项工作深入开展。制定《关于在全省开展化妆品标签标识专项检查的通知》，在全省开展为期3个月的化妆品标签标识专项检查，严厉打击化妆品夸大、虚假宣称等违法违规行为，全省检查化妆品生产经营使用单位近2.1万家次，下达整改意见2311份，立案44起，罚没16万余元。印发《关于开展农村和城乡接合部化妆品市场检查的通知》，对农村及城乡接合部化妆品专营、兼营及使用单位进行全面检查。专项检查期间，全省检查化妆品经营使用单位1.3万余家次，发现经营涉嫌违法违规化妆品单位近1100家，查扣涉嫌违法违规化妆品3000多盒，立案72起，罚没20万余元。

城乡接合部药店诊所集中整治。全省4.56万家药店诊所提交自查整改报告，未按期提交整改报告的129家药店诊所，在省局网站进行公告，并列为重点检查对象，并派出检查组对27家药店、32家诊所进行督导抽查，全面提升流通使用环节药品安全水平。

【药品GMP实施】 强化药品GMP跟踪检查，全年公布跟踪企业名单，同时结合随机检查、有因检查等多种检查方式，全年持续加大对药品生产企业实施GMP情况的检查力度，推动企业深入实施药品生产质量管理规范，全省药品生产企业GMP管理水平不断提升。开展生产企业检验能力评估工作。组织省内157家中药企业和176家化药企业参加检验能力评估，形成评估报告并通报结果，对评估偏离度较大的企业采取针对性监管措施，督促其提升检验能力建设。注重发挥行业协会作用，推动行业自律。加大与省医药协会、省医药商会、省中药材协会等合作，推动行业自律。青岛定期召开协会交流会，菏泽实施企业药品质量公开承诺和生产企业“吹哨人”制度，推动由单纯“政府监管”向“社会多元治理”转变。

【药品进口口岸局（所）建设】 省局积极协调济南海关，全力推进药品进口口岸（局、所）建设。选派业务骨干组成药品进口口岸局（所）迎评工作小组，在完成日常工作的同时，努力学习《药品进口管理办法》等法律法规和通关备案所需英语知识。赴北京、成都等先进口岸局（所）调研，系统学习药品进口备案工作程序和审查要点等。先后制定《药品进口备案报关和口岸检验工作制度》等15项工作制度。协调全省药品进口企业提供通关备案资料，先后6次开展模拟演练，提高工作熟练程度。配备专门办公室、专业化打印机和完善的信息化系统，符合国家考核标准要求。6月6—7日，顺利通过国家药品进口口岸局(所)考核组现场评估考核，高分通过专业和英语闭卷考试。

【药品安全性监测】 2017年，全年收集药品不良反应报告14.2万份，其中严重报告1.6万份（占11.2%）；化妆品不良反应报告8860份，百万人口达到92份，各项数据继续居全国前列。注重不良反应报告由数量向质量转变，推荐4家医院成为国家级监测哨点、6家医院申报国家监测哨点，召开9次报告质量评估会、4次质量评估培训班，确保报告真实、准确。突出不良反应风险监测预警作用，针对不良事件聚集性信号，组织对华鲁制药等8家企业开展监督检查，督促其分析原因、查找存在的质量安全隐患，制定整改措施，强化药品不良反应监测和药品风险管控。

【跨区域协作监管】 积极推进京津冀鲁四省协同监管，11月18日，京津冀鲁四省市药品生产监管联席会议在天津召开，签署合作协议，推进区域协同发展、协同监管、联合检查、检查结果互认等工作。制修订监管配套制度。修订出台《山东省长期停产药品生产企业恢复生产监督管理规定》，起草《药品医疗器械飞行检查实施办法》《药品上市许可持有人监督管理实施办法》《药品上市许可持有人实施质量受权人制度管理办法》等制度。

【制度建设】 编印《药品化妆品市场监督检查工作手册》，明确检查纪律、检查程序及不同环节业态检查重点，设计标准化检查表，解决全员检查时检查内容不明确、检查项目遗漏的问题。制作《药品化妆品市场监管飞行检查文书模板》，规范飞行检查全过程的文书，确保检查程序完备、证据完备，实现检查痕迹化和执法责任可追溯。制定《关于药品经营企业撤收证后处置程序》，规范撤证收证后的后处置工作。在对莒县刘官庄镇化妆品市场规范化建设试点总结的基础上，于2017年7月召开现场会，推广刘官庄镇试点建设经验，17市化妆品市场监管人员进行实地观摩学习。会后，省局制定印发《全省基层化妆品市场监管规范化建设三年提升工程实施方案》，从监管机构、经营者、消费者3个层面细化监管规范化建设工作标准，确定用3年时间，初步实现监管的规范化、标准化，提升全省化妆品整体安全水平。

（撰稿：赵炎　于涛　孙富家　何西坤
核稿：王新建　隋晓燕　李涛　林炳勇）

医疗器械监督管理

【概况】 2017年，全省医疗器械监管工作以组织开展医疗器械生产经营“规范实施年”活动为导向，完善医疗器械质量管理体系，依法、规范、高效完成各项监管任务，防控风险隐患，稳步推进各项工作，取得较好成效。

【产业状况】 山东医疗器械产业发展迅速，涌现出威高集团、新华医疗、山东药玻、蓝帆医疗、青岛伦敦杜蕾斯等一批医疗器械龙头企业和多种优势产品。截至2017年底，全省医疗器械生产企业1044家，经营企业3.3万家，使用单位6.8万家。2017年，全省医疗器械工业销售收入达到663亿元。

【行政许可】 2017年，认真按标准、条件和程序办理各类医疗器械生产许可事项501件：包括核发52件（不予许可7件，占13.5%），延续86件（不予许可4件，占4.6%）、变更352件、补发2件、注销9件；医疗器械广告审批565件。无超时办结或许可投诉事项。

【监督检查】 省局编制2017年医疗器械生产经营企业监督检查计划，确定监督检查重点，明确监督检查程序和措施，对市县监管部门督检查工作提出具体要求。全省完成1004家生产企业(其中，三类123家、二类553家、一类328家，15家企业因停产等原因未检查)、17031家经营企业、24219家使用单位的日常监管任务。其中，省局按照计划安排，组织完成对103家重点监管医疗器械生产企业和问题企业的飞行检查以及对40家医疗器械经营企业和20家使用单位进行双随机抽查。国家总局飞行检查发现问题需整改的5家企业全部进行跟踪检查，确保企业整改到位。

【监督抽检】 根据全省医疗器械产业和监管工作实际，按照“避免重复、互为补充”原则，研究制定2017年省抽工作方案，2017年度抽查检验138个品种746批样品，重点关注高风险产品、第二类延续注册产品、专项整治产品、历年抽验不合格产品和严重不良事件报告较多产品等，同时在抽验计划中首次设置预警抽验，进一步提升抽验的科学性和靶向性。2017年省抽完成626批样品检验任务，56批次不合格，按期完成国抽202批抽样和353批检验任务。

【风险管理】 坚持以风险管理理念引领医疗器械监管，充分发挥抽检监测、监督检查等风险排查主渠道作用，注重收集汇总医疗器械各层级、各领域、各环节风险点，前移关口防线，推动监管由被动处置向主动预防转变，让监管跑在风险前面，同时建立定期和多方参与的风险会商机制。全年组织开展医疗器械风险会商会议3次，主要针对抽验情况、飞行检查情况和不良事件监测情况进行风险分析、研判和评估，并根据风险会商研判结果，列出风险清单，制定实施有针对性的风险管控措施。组织召开风险交流会议1次，省市两级监管部门、技术支撑机构和生产企业共同参与，围绕产品安全风险、防控措施交流信息、意见和看法，共同应对风险、消除隐患，确保监管责任和企业主体责任同步落实。

【专项整治】 2017年对社会反映较为集中的注射用透明质酸钠、定制式义齿、避孕套、隐形眼镜开展专项整治，重点打击生产经营无证产品和无证生产经营行为、篡改说明书标签标识等不法行为。在专项整治期间，全省检查医疗器械生产企业152家，经营企业13550家，使用单位8675家，其中，省局承担4家注射用透明质酸钠、1家隐形眼镜、9家避孕套生产企业的全覆盖监督检查，抽取10家定制式义齿生产企业、10家经营企业、3家三级医院和4家医疗美容机构开展监督检查。专项整治中抽检相关产品151批次，其中不合格6批次，不合格率4.1%。对检查发现存在问题的企业依法严肃查处，警告、责令整改2770家，责令停产停业13家，罚没款808万元。同时，坚持“打、建、创”并举，结合整治工作实际，探索建立长效监管机制，启动《山东省定制式义齿生产现场检查指南》和《山东省体外诊断试剂生产现场检查指南》制定用于规范现场检查工作。按照国家总局部署，在全省组织开展无菌和植入性医疗器械、角膜塑形镜、互联网医疗器械经营专项检查。

【质量管理规范实施】 为督促企业落实主体责任，完善管理体系，规范生产经营行为，提升质量安全水平，在全省组织开展医疗器械生产经营“规范实施年”活动，推进全省所有生产企业、冷链管理经营企业和第三类经营企业全面实施质量管理规范。采取市局全查、省局抽查的方式，对质量管理规范实施情况开展全覆盖监督检查，发现问题及时督促企业整改。活动期间，全省检查企业11412家（其中，生产企业946家，经营企业10466家），责令改正3593家，立案274起，罚款421.6万元。截至2017年底，三、二、一类生产企业规范符合率分别达到100%、76%、68%，冷链管理和第三类经营企业规范符合率分别达到89%和60%，企业质量管理体系得到进一步完善。同时积极开展示范创建，经企业申报、市局推荐和省局初评，遴选出30家规范实施优秀企业，委托第三方认证机构进行检查评估，评选出10家标杆企业。

【不良事件监测】 制定《山东省“十三五”期间医疗器械不良事件重点监测工作实施方案》，对国家总局安排的5个重点监测品种启动监测。强化对不良事件监测信息的分析运用，对24个不良事件风险高、不良事件频发的品种开展飞行检查，派出检查组赴现场核实问题原因，对属于产品质量问题的，约谈企业并监督整改，督促企业严格实施质量管理规范，对质量管理体系存在严重问题的企业，责令停产停业，收回一类产品注册证6个。

【制度建设】 制定印发《山东省医疗器械经营企业分类分级管理办法》，根据经营产品风险程度、企业质量管理水平和信用信息等因素，将医疗器械经营企业分为三个级别监管，并按照属地监管的原则，实施分级动态管理。制定印发《山东省医疗器械不良事件预警管理办法》，进一步规范全省医疗器械不良事件风险预警工作，明确不良事件监测中发现的风险信号调查、分析和评价工作方法，规定组织协调、信息发布、防控和处置风险工作要求。制定印发《关于开展医疗器械经营多仓协同管理试点的通知》，根据医疗器械经营新业态发展情况，量身定制多仓协同监管制度，选择瑞康医药股份有限公司作为第一批医疗器械多仓协同管理试点经营企业，试点期限2年。制定印发《关于实施医疗器械召回管理办法有关事宜的通知》，明确全省医疗器械召回启动与实施程序，并对召回备案、评估、信息发布等工作进行明确，规范问题产品召回管理工作。制定印发《山东省食品药品监督管理局关于出具医疗器械产品出口销售证明有关事宜的通知》，进一步规范医疗器械产品出口销售证明管理工作，明确由设区的市局负责办理辖区内生产企业《医疗器械产品出口销售证明》，并制作统一文本格式。

（撰稿：张斌　核稿：孙敏）

新旧动能转换重大工程实施

【概况】 全省新旧动能转换重大工程启动以来，省局坚决贯彻省委、省政府决策部署，将推进新旧动能转换重大工程作为保障食品药品安全、促进食品医药产业转型升级发展的重要着力点来抓，扎实推进各项工作开展。

【推进机制】 省局印发《关于建立新旧动能转换重大工程推进机制的通知》，建立一把手挂帅、全员参与、协调联动、定期通报的工作推进机制，并抽调相关处室单位30多名骨干力量，成立推进新旧动能转换重大工程办公室，设立综合协调、品牌创建、药审制度改革、管理服务、平台建设等5个工作组，明确主要职责与任务分工，全力推进各项工作。同时，建立联系点制度，每位班子成员负责联系食品医药产业1～2个重点区域和重点企业，进行帮扶推进。

【调查研究】 5月3—12日，省局全体班子成员分9个调研组赴各市和部分省进行实地调研，充分听取推进食品药品领域新旧动能转换的意见建议。同时，会同省政府研究室、省财政厅等部门，分赴四川、广东等省份和省内部分地市，围绕新旧动能转换、药审制度改革等重点工作进行专题调研。5月15日，组织召开党组会，结合专题调研情况，围绕“新旧动能转换中如何改进食品药品监管工作”主题进行深入研讨交流，进一步提出促进食品医药产业新旧动能转换、改进监管工作的具体对策建议。《关于深化药品审评审批制度改革助推全省医药产业创新发展的调研报告》，省委常委、常务副省长李群给予充分肯定，并批示要求将医药产业纳入新旧动能转换重大项目。

【重点帮扶】 设立重点帮扶项目库。对10大创新药物、十大创新医疗器械和50个仿制药一致性评价品种实施“一对一”重点帮扶，采取有效措施支持济南药谷生物医药产业园、烟台生命科学创新示范区等5大重点园区集聚发展。针对帮扶项目实际情况，省局多次现场指导和对接，帮助企业完善质量保证体系，召开专题会，推动产品工艺验证、注册核查和GMP认证动态现场检查并联进行。截至2017年底，完成1项创新医疗器械（山东新华医疗器械股份有限公司一次性无菌手术衣）、1个重点建设项目（山东泰邦生物制品有限公司整体搬迁项目）、2个仿制药一致性评价品种（齐鲁制药有限公司盐酸特比萘酚片、利培酮片）和2个质量提升项目（麦德龙济南分支机构设立和华润、九州通、大舜等企业多仓协同试点）帮扶。

【服务政策】 优化审批流程，实施“创新通道”“快捷通道”和“常规通道”三通道审批，将创新产品项目列入“创新通道”，即来即办；对重点建设项目、临床急需或市场短缺产品列入“快捷通道”，单独排队，审批时限比“常规通道”缩减一半以上。将部分事项由“串联”审批改为容缺受理、合并检查、“并联”审批，进一步提高审批协同性。认真落实国务院和省新旧动能转换启动会要求，在充分调研、征求意见的基础上，出台《关于进一步促进药品流通行业转型升级创新发展的意见》，积极推动药品流通企业跨地区、跨所有制兼并重组，支持开展药品第三方物流业务，鼓励药品经营企业跨区域配送，积极探索多仓协同、直调试点，推进“互联网＋药品流通”新模式，优化全省流通布局，提升药品流通规模化、集约化水平，以适应“两票制”实施。

提高服务质量，在行政受理大厅设立专门咨询室，安排专人分时段、分专业“一对一、面对面”为企业提供咨询服务，为企业解决行政许可、生产经营管理、技术支撑等方面的问题。加强与国家总局南方医药经济研究所、药品审评中心等单位的交流合作，进一步提升服务能力。积极推进医疗器械检验分中心和审评分中心建设，延伸服务触角。

【平台建设】 推进仿制药一致性评价平台建设，将省食品药品检验研究院仿制药一致性评价平台纳入“山东省食品药品检验安全保障平台”建设，进行整体规划、统筹推进。打造监管大数据平台。开展企业信息共享工作，推进数据标准化汇聚，与工商、卫生计生等部门和各级监管部门共享交换数据1100余万条。

【战略合作】 2017年9月，国家总局与省政府签署《食品药品安全战略合作协议》，着力推动山东省食品药品产业健康发展，建成食品药品安全放心省。省局与国家总局南方所、药审中心深入合作，国家总局药品审评中心药品创新与审评制度改革联系点落户山东。

（撰稿：陈志刚　核稿：禹金涛）

药品医疗器械审评审批制度改革

【概况】2017年，为深化山东省药品医疗器械审评审批制度改革，加快推进仿制药质量和疗效一致性评价及药品上市许可持有人制度试点工作，省局认真学习领会国家改革政策，坚决执行党中央、国务院决定，完善药品监管体制，推动企业提高创新和研发能力，激发企业提高创新和研发能力，2017年全省药品审评审批制度改革取得阶段性效果。

【改革配套政策】4月19日，省局党组书记、局长马越男主持召开全局改革工作推进会，重点研究改革中出现的新情况、新问题和推进新举措，要求各处室单位主动思考，积极应对变革，全力抓好改革重点任务落实。5月23日，组织召开深化改革鼓励创新研讨会，马越男与全省大型研发、生产、流通、使用等单位负责人及“千人计划”“泰山学者”等专家，就国家鼓励药品、医疗器械创新等4个文件和一致性评价等相关政策进行深入研讨，向国家总局报送30余条有建设性的意见建议。4月，在济南、青岛、淄博、烟台、临沂、菏泽等地市，分片区组织召开药审制度改革现场工作会，省局副局长辛仁东带领省局相关处室单位的业务骨干到各地市督导检查工作，并现场解疑答惑。济南市出台《鼓励仿制药质量和疗效一致性评价工作专项政策》，对通过一致性评价的品种最高奖励400万元，是全国各地出台政策中奖励力度最大的。烟台市出台《关于促进医药健康产业创新发展建设国际生命科学创新示范区的实施意见》，获得临床试验批件给予最高100万元奖励，完成临床试验给予50万～100万元奖励。

【服务医药产业创新发展】建立产品注册咨询服务日制度，组建政策技术服务团队，开设服务窗口，主动为企业和科研单位提供“一对一、面对面”的专业咨询服务。2017年为150余家单位解答政策和技术问题300多个。开辟创新药物办理绿色通道，对山东步长、绿叶制药、康立泰、黄海制药等企业申报的一类创新药，主动纳入《山东省药品注册加快办理工作程序》，在受理审查、现场核查和注册检验等环节加快办理，同时积极帮促企业申请国家优先审评。青岛杰华生物公司申报的一类创新药物“重组高效抗肿瘤抗病毒蛋白注射液”正在国家药品审评中心进行技术审评。

【仿制药一致性评价】搭建信息共享平台，在省局网站开设“山东省仿制药一致性评价供需信息”专栏，发布全省仿制药一致性评价品种名单（1039个品种），鼓励有意向、有实力的单位参与到全省一致性评价工作中。省食品药品检验研究院联合多家科研单位，投入设备资金达4000余万元建立仿制药一致性评价公共服务平台，为企业提供专业技术服务。充分发挥仿制药一致性评价专家委员会的作用，集中力量对重点企业、重点品种的评价工作进行技术指导。建立定期调度工作机制。研究制定《仿制药一致性评价品种进展情况统计表》，包括药品名称、规格、剂型、批准文号、药学启动时间等14项内容，满足各类一致性评价数据统计需求。截至2017年底，347个品种（以批准文号计）启动仿制药一致性评价，65个品种正在开展BE临床试验，其中齐鲁制药有限公司的盐酸特比萘芬片、利培酮口崩片、富马酸替诺福韦二吡呋酯片和山东京卫制药有限公司的草酸艾司西酞普兰片等8个品种完成全部研究工作上报国家审评。

【药品上市许可持有人制度试点】完善配套制度，规范试点开展。印发《关于开展药品上市许可持有人制度试点工作的通知》和《山东省药品上市许可持有人申报程序和资料要求的通告》，明确试点申请主体、申请条件等相关要求，并制定《临床试验风险责任承诺书》等6个申报资料模板。搭建信息平台，促进药品上市许可持有人与受托生产企业间信息交流。在省局门户网站“全省药品生产企业承接委托生产信息”专栏发布信息329条。探索风险救济制度，保障患者和受试者权益。大力推动药品研发机构或者科研人员申报药品上市时购买商业保险，提升持有人责任赔偿能力。2017年，太平洋保险公司专门为上市许可持有人设计的“太有责、药安心”系列保险在山东投入使用，并与8个药品上市许可持有人签订合作协议，赔偿额度从500万～5000万元不等。

【审评审批工作流程优化】落实“放管服”改革要求，优化工作流程，对10项行政许可工作和7项药品补充申请备案工作进行流程再造，工作层级由三级审批优化为二级审批，提高行政审批效能。为保障首次上市产品质量，对医疗机构制剂和二类医疗器械注册，实行上市前集体审议制，组织审评认证中心和注册处相关人员集体讨论审核。医疗器械审评审批上，探索实施受理预审评，对申请材料早介入早指导，对问题早发现早解决；并联开展材料审评、体系核查和临床试验核查，实现材料审评和核查环节问题的传递和相互反馈；核查方式调整为重点产品省局直接参与检查、其余产品市局核查和省局后续监督抽查，保障产品注册质量；对重点项目和临床急需产品实施优先办理，延续注册单独排队等多种方式，重点解决注册收费前大量集中申报导致的审评任务繁重的问题。

【国家药品审评员实训基地建设】 根据省局与国家总局药品审评中心签署的共建协议，建设以省食品药品检验研究院为主体，市级检验中心、大型药品生产流通企业和临床试验机构参与的国家药品审评员实训基地。2017 年，101 名国家总局药品审评中心新入职员工在济南、烟台和淄博等地进行为期 4 个月的实训。2017 年 12 月 26 日，国家总局药品审评中心在省食品药品检验研究院召开总结表彰会议，并授予省食品药品检验研究院“国家食品药品监督管理总局药品审评中心山东实践教育基地”。

【药品医疗器械临床试验管理】 遴选 50 个临床专家，组织 10 个核查组对全省 28 家机构（15 家资质认定，13 家资质复核）进行严格检查。研究制定《2017 年山东省医疗器械临床试验检查要点》和《关于开展医疗器械临床试验监督检查工作的通告》，将临床试验核查工作纳入审评审批环节，核查 11 家药物临床试验机构 44 个二类医疗器械产品的临床试验。组织召开全省药物临床试验工作现场观摩会和药物临床试验质量管理规范培训班，全面培训全省药物临床试验机构负责人和药品注册现场核查员。

【药械创新实施意见】 2017 年 10 月 8 日，中共中央办公厅、国务院办公厅印发《关于深化审评审批制度改革鼓励药品医疗器械创新的意见》，征求 11 个省直部门单位的意见和省局相关处室直属单位的建议，共同研究起草山东省关于深化改革鼓励药械创新的实施意见，对文件先后进行 26 次修改完善。先后到省卫生计生委等部门当面交流沟通，逐条核实贯彻意见。12 月 15 日，副省长任爱荣召开专题会议，听取实施意见起草工作情况和省直相关部门单位的意见建议，并对下步工作作出部署。

（撰稿：孙富家　核稿：李涛）

综合管理

行政管理

【公文办理】 2017年，省局接收运转公文6000余件，较2016年增加1500余件，对4000余件公文提出办理意见。其中，紧急程度标注为特提、特急公文1300余件。对于每一件公文，都按照公文运转的要求，认真把好收发文登记、运转和归档“三道关”，全面做好各环节工作，促进机关办事效率和工作质量提升。坚持做到当日拆封、及时登记，准确分文、迅速运转，催办检查、认真办理，及时立卷、严格保存，实现公文办理一件不漏、公文存档一件不丢。建立实施公文分类处理工作机制，对于紧急公文，不论节假日或夜间，都及时进行文件接收，并实现送签和交办双轨进行，有效保障公文运行效率。加强公文审核把关，严控发文数量，提高公文质量，全年审核印发公文1200件。

【政务信息】 2017年，省局完善“主要领导亲自抓、分管领导牵头抓、办公室具体抓”的“三抓”工作体系，并认真组织做好推动落实。省局主要负责人召开信息宣传专题会议，研究政务信息工作。完善机关各处室、直属单位以及市县局工作网络，建立完善市县级信息交流微信群。积极探索食品药品监管政务信息规律，加大约稿力度，深入挖掘提炼，强化对动态类信息、问题类信息和调研类信息的编报力度。加大政务信息培训，组织开展全省系统政务信息培训班，培训200余人次。实施月通报机制，全年发布12期通报，组织对全年工作表现良好的济南等10个市局、崂山区局等10县局、综合处等处室单位进行通报表扬。全年编审各处室单位、各市县局报送信息3000余篇，编印《山东食品药品监管简报》41期、《信息交流平台》44期。省局简报采用各市县局、处室单位信息73篇，省局网站采用各市县局、处室单位信息1500余篇。上报国家总局信息202篇，被国家总局简报、网站采用77篇；上报省委办公厅、省政府办公厅信息各161篇，被采用66篇。其中，《省食品药品监管局四措并举推动食品医药产业新旧动能转换》被省新旧动能转换重大工程工作简报采用。被国家总局办公厅、省委办公厅、省政府办公厅表彰为政务信息先进单位。

【政策研究】 坚持问题导向，加强调查研究，全年组织开展重点调研11项、专项调研19项。强化调研成果转化，及时将调研成果转化为改进监管工作的具体举措，推动省政府研究出台《关于餐饮质量安全提升工程的实施意见》，为今后三年的食品安全工作提供遵循。省委、省政府启动新旧动能转换重大工程后，第一时间组织开展专题调研，并联合省政府研究室赴外省考察学习，组织撰写《关于深化药品审评审批制度改革助推全省医药产业创新发展的调研报告》，省委常委、常务副省长李群给予充分肯定，并批示要求将医药产业纳入新旧动能转换重大项目。充分发挥参谋助手作用，树立精品意识，全年撰写各类文稿280篇130多万字。立足理论研究和实践探索，全年编印《山东食品药品监管参考》杂志6期，及时收集国内外先进经验和最新动态，推动监管工作创新发展。高标准推进年鉴编纂工作，进一步优化年鉴框架和内容条目，《山东食品药品监督管理年鉴（2017）》荣获全省优秀年鉴。

【政务保障】 坚持围绕中心，服务大局，组织全省系统开展食品药品安全领域风险隐患排查防控工作，圆满完成党的十九大安保维稳工作和督导滨州市安保维稳工作。加强会议管理，整合会议内容，压缩会议数量，全年安排会议64项，其中综合性会议15项、专项性会议49项，同比分别压缩35%、8%。坚持每周例会制度，全年服务保障党组会议45次、局务会议22次、专题会议23次。旗帜鲜明讲政治，认真做好党组理论学习中心组学习服务保障工作，科学制定学习方案，丰富学习形式，交流研讨成为学习的常态，全年服务保障学习33次。中心组学习受到省直机关工委的通报表扬，其中学习贯彻党的十九大精神“快、严、活、实”的经验做法被省委宣传部推荐刊发在《山东干部函授大学学报》上。加强督查督办，全年完成省委、省政府重大督查任务11次，组织省局重点工作督查23次，完成每周工作调度52次。严格落实中央八项规定和省委实施办法，热情简朴地做好政务接待工作，全年接待省部级以上领导调研指导活动12次。认真做好值班值守、印章管理、公车使用管理等工作，有效保障机关正常高效运转。

【建议提案办理】 2017年，省局承办人大建议10件、政协提案30件，主要涉及食品药品监管、农产品质量安全、仿制药一致性评价、“三小”食品安全监管、医药产业发展等方面。其中，致公党提出的《关于加快我省医药产业创新发展的建议》、崔建平委员提出的《当前农产品质量安全存在的突出问题与建议》等为重点提案。所有建议提案均按时办理完毕，在充分协商一致的基础上全部书面答复人大代表和政协委员，满意率为100%。

【档案管理】 加强档案管理制度化建设，完善《归档范围和保管期限》等相关文件制度。认真做好档案整理工作，对6000件档案进行整理归档。加强档案信息化建设，开发建设档案管理系统，采购蓝光储存系统并投入使用，对200万页档案进行数字化。增强省局档案利用服务，在档案管理科学化测评中被省档案局评为“先进单位”。

【保密管理】 加强保密管理，健全保密制度，加大检查频次，配齐保密设备，高质量完成保密自查自评工作，连续两年被省委保密局评为“优秀”。加强机要管理，全年接收运转电报220余份；其中特提、特提电报文件160多份，完成省委机要局普通密码保密检查工作，省局在省委机要局举办的密码使用培训班上作典型发言。

（撰稿：陈志刚　核稿：禹金涛）

宣传工作

【食品药品重大主题宣传】 *食品安全宣传周。*6月29日至7月13日，山东省开展以“尚德守法 共治共享食品安全”为主题的食品安全宣传周活动。制定印发《山东省食品安全办等23部门关于开展2017年全省食品安全宣传周活动的通知》，做好前期筹备工作，提前营造舆论环境，积极做好“双安双创”成果展参展工作。6月29日上午，在山东广播电视台演播大厅举办2017年山东省食品安全宣传周启动仪式。启动仪式上，省食安办、省农业厅、省海洋与渔业厅、省畜牧兽医局、省卫计委等五部门分别从食品添加剂、韭菜地图、水产品质量安全、“速生鸡”、食源性疾病等公众关心的热点问题引入，发出“食安之声”，传递科普知识，展现监管工作。启动食安智库建设，邀请陈君石院士、中国农业大学朱毅副教授等分别从专业角度解读食品安全，传播正能量。来自生产、经营和监管环节一线的3名“出彩食安人”，分别讲述各自为守护舌尖安全做出的努力。随后，举办“餐饮质量安全能提升与新旧动能转换”高端论坛，专家围绕新旧动能转换，餐饮产业发展形势、存在的突出问题和提升路径等内容，为食品安全产业发展和监管献言献策。活动期间，组织开展百家“透明工厂”体验日、千家学校（幼儿园）食堂开放日、万批食品检测进行时系列活动，开展品牌创建展示、中国主流媒体食安山东行、“约起来：食品检验机构邀您来”和省直部门“主题日”等活动。推动形成食品安全宣传声势，擦亮“食安山东”名片。

*开展2017年安全用药月宣传活动。*2017年10月11日至11月10日，在全省范围内举行“安全用药月”活动。制定印发《关于开展2017年全省安全用药月活动的通知》，宣传主题围绕落实省委、省政府重大决策部署，促进医药领域新旧动能转换，宣贯药品医疗器械审评审批制度改革有关政策、展示成果；围绕落实药品“十三五”规划，宣贯药品追溯体系建设等重点工作开展推进情况，解读有关政策；围绕消费者关注儿童用药、药物滥用等热点问题，普及儿童、大学生等安全用药理念和实用知识；围绕落实执业药师有关制度，宣传贯彻法规条文和政策举措，树立执业药师队伍形象，切实发挥执业药师药学服务作用。活动期间，开展“2017年山东省药品安全网络知识竞赛”活动，制作和播出一批安全用药专家访谈节目，印发药品、化妆品科普手册，开展“执业药师在身边”活动，举办“药品安全知识进校园”“药品安全知识进社区”等系列活动。通过开展安全用药主题宣传，向公众进一步普及药械安全理念和实用知识，提升全民安全用药意识和水平，营造全民关注、共同关心药品安全的良好氛围。

*开展2017年“食安山东”好新闻评选活动。*为进一步擦亮“食安山东”品牌，通过开展“食安山东”好新闻评选加大对全省食品药品安全宣传工作的舆论引导，积极传播正能量，形成食品药品安全良好舆论氛围，11—12月，省局与省新闻工作者协会联合举办“食安山东”好新闻评选活动。活动期间收到各类来稿140余篇，来自中央、省、市媒体的60件作品分别获得一、二、三等奖。本次活动评选办公室组织评审团成员，对推荐作品进行初评、复评和定评，获奖作品涵盖报纸、广播、电视、网络等4类。

【专题新闻发布】 *举办山东省食品小作坊、小餐饮、食品摊点条例实施有关情况和学生食品安全监管工作有关情况发布会。*6月1日上午，山东省食品小作坊、小餐饮、食品摊点条例实施有关情况和学生食品安全监管工作有关情况发布会在济南召开。省食品安全委员会办公室副主任、省局副局长陈耕，食品监管二处处长王蕊，食品监管三处稽查专员周海亮介绍条例实施有关情况。新华社、《大众日报》等41家中央驻鲁新闻单位，省直及济南市主要新闻单位的媒体记者参加现场发布会。大众网、齐鲁网、中国山东网、鲁网等网站对发布会进行现场直播；国务院新闻办通过官方网站转载新闻发布会的消息。

举办山东推行食用农产品“双证制”管理有关情况发布会。11月1日上午，山东推行食用农产品“双证制”管理有关情况发布会在济南召开。省农业厅党组成员、副厅长、新闻发言人林国华，省局食监二处处长王蕊，省农业厅农产品质量安全监管处处长张刚介绍山东省推行食用农产品“双证制”管理有关情况。新华社、中新社等30余家中央驻鲁新闻单位、香港新闻媒体驻鲁分支机构，省直及济南市主要新闻单位的媒体记者参加现场发布会。大众网、齐鲁网、中国山东网、鲁网等网站对发布会进行现场直播；国务院新闻办通过官方网站转载新闻发布会的消息。

举办山东省医疗器械专项整治2017行动暨三年专项整治行动新闻发布会。12月5日上午，山东省医疗器械专项整治2017行动暨三年专项整治行动新闻发布会在济南召开。省局副局长廖发银，医疗器械监管处处长孙敏，省医疗器械产品质量检验中心主任施燕平介绍整治行动有关情况。《人民日报》、央广网、中新社等32家中央驻鲁新闻单位，省直及济南市主要新闻单位的媒体记者参加现场发布会。大众网、齐鲁网、中国山东网、鲁网等网站对发布会进行现场直播；国务院新闻办通过官方网站转载新闻发布会的消息。

举办山东省食品小作坊小餐饮和食品摊点管理条例相关情况新闻发布会。1月18日，省人大召开新闻发布会。省政府法制办和省人大法工委有关领导分别介绍《条例》的立法背景、制定过程和主要内容。省局刘本功副巡视员出席新闻发布会，并介绍下一步《条例》贯彻落实的措施。

举办《山东省食品小作坊小餐饮和食品摊点管理条例》新闻发布会。3月3日上午，省局召开《山东省食品小作坊小餐饮和食品摊点管理条例》新闻发布会。刘本功副巡视员出席并介绍《条例》制度设计主要内容及宣传贯彻工作的安排和部署。会上，还就媒体记者关注的“三小”生产经营的规范要求、“黑作坊”监管、网络订餐服务以及食品摊点的管理等问题，做权威解答。法制处、食品监管三处相关负责人回答记者提问。新华网、《中国医药报》、省电视台、大众网、齐鲁网等近20家媒体记者参加新闻发布会。

举办全省食品安全专项整治和建筑工地食堂监督检查媒体通气会。3月3日上午，省局召开“守护舌尖安全”食品安全专项整治和建筑工地食堂监督检查媒体通气会。会上，食品协调处、食品监管三处有关负责同志分别通报食品安全专项整治和建筑工地食堂监督检查情况。《中国医药报》《大众日报》等15家省级以上主流媒体参加会议。

举办行政许可工作媒体通气会。7月25日上午，省局召开行政许可工作媒体通气会。媒体通气会通报省局多措并举强化行政许可6个方面的工作。人民网、《大众日报》、省广播电视台等20余家新闻媒体参加媒体通气会，参观政务服务中心，采访企业办理业务人员

举办迎接党的十九大新闻宣传媒体通气会。9月4日上午，省局召开迎接党的十九大宣传新闻媒体通气会。会上，省局介绍喜迎党的十九大宣传方案，并就如何做好此项宣传工作与媒体记者进行沟通交流。《中国医药报》《大众日报》、山东广播电视台、《齐鲁晚报》《中国食品报》山东站等17家新闻媒体20余人参加会议。

举办药品不良反应监测中心媒体开放日暨新闻媒体通气会。12月1日上午，省局召开药品不良反应监测中心媒体开放日暨新闻媒体通气会。来自中央驻鲁、省主要新闻媒体的近20名记者首先参观山东省承担药品、医疗器械和化妆品不良反应监测职责的山东省药品不良反应监测中心，实地察看不良反应监测在线报告系统，了解监测机构进行信息收集、分析评价、风险预警的流程。现场参观后，省局药品、医疗器械风险管理处、不良反应监测中心负责人和工作人员同参加活动的媒体进行交流。

举办全省食品安全督查新闻媒体通气会。12月4日上午，省局召开全省食品安全督查工作的媒体通气会。省局综合处负责人介绍全省食品安全督查工作情况。《中国医药报》、新华社、《大众日报》等18家新闻媒体20余人参加会议。

举办“食安护佳节”专项行动新闻媒体通气会。12月29日上午，省局召开“食安护佳节”专项行动新闻媒体通气会。食品监管一处、二处、三处负责人向媒体记者介绍全省开展“食安护佳节”行动情况，并就媒体记者关心的问题进行现场解答交流。新华网、省广播电视台、《中国食品报》等12家新闻媒体20余人参加会议。

【“食安山东”宣传】 2017年，围绕中心工作，以“食安山东”为主题，开展重磅级宣传。在新闻宣传方，党的十九大召开前夕，对新局组建以来的工作进行梳理，制定专项宣传方案，集中开展专题宣传，山东新闻联播头条播出《牢记总书记嘱托 打造安全放心餐桌》，《大众日报》1～4版整版刊发《总书记

牵挂的民生事 食品安全篇》。在贯彻学习党的十九大精神、省党代会等重要时间节点，播发主要负责人采访，集中展现食药监管工作。在书记刘家义视察大众报业集团当天，头版头条刊登食安山东宣传稿件。在户外公益宣传方面，开通胶济铁路"食安山东"动车号，在济南西站、济南站开展食品药品公益广告宣传，扩大"食安山东"品牌影响力。在主题宣传方面，继续做好食品安全宣传周活动，组织开展"食安山东"媒体行、"食安山东"好新闻评选活动，提升宣传实效。

【新闻媒体交流合作】 深化与主流媒体合作，打造点面结合的宣传格局。充分发挥《中国医药报》山东站和山东电视台、《大众日报》驻局通讯站等资源优势，组织其参与食品药品飞行检查、食品安全督查、各类专项整治等，进行现场跟拍，通过开展深度报道，将"点"上宣传挖深做透，取得良好效果。与中国健康传媒集团建立密切联系，加深宣传报道、联合辟谣、科普宣传、舆情监测、资源共享等方面的合作。在新华网、人民网、大众网、齐鲁网、《齐鲁晚报》《生活日报》等主流媒体开展宣传报道，在"面"上提高宣传的覆盖率和渗透率。充分运用新媒体平台，入驻腾讯"企鹅号"、今日头条"悟空问答"、澎湃"问政"等新媒体栏目，做好分众化对象化传播，提升科普宣传效果。

【科普宣传】 依托省局官网以及山东电视台、新华网、人民网等媒体开设科普专栏，积极向公众传播食品药品科普知识。制作推送"小鲁科普课"微信科普文章200余篇，在每篇微信文章后添加索引，对推动的科普文章整合汇总，方便公众查询。组织"辟谣百科"系列科普宣传，制作H5微信页面，传递生动鲜活的安全知识；积极推进省级科普基地建设，加快科普基地建设进程。

【重要报道】 围绕中心工作，选取重点时段，以"食安山东""双安双创""智慧监管"、药审制度改革等工作为主题，开展重磅级宣传。2017年，全省系统刊发稿件9937篇，比2016年增加20%，其中省局在省级以上媒体刊稿1271篇。《中国医药报》全年发稿71篇，其中头版35篇（含头版头条13篇）。《大众日报》1～3版发稿41篇，其中头版16篇，是2016年的4倍。《山东新闻联播》播发报道29条，《食安山东》电视栏目播发报道268条，收视率在同时段栏目中名列前茅。

（撰稿：赵洪涛　核稿：禹金涛）

应急管理

【概况】 2017年，全省未发生较大级别（Ⅲ级）及以上的食品安全事故，构成一般级别（Ⅳ级）的食品安全事故32起，涉及人数165人；未发生药品和医疗器械安全突发事件。监测并及时处置食品药品安全舆情预警信息99条，成功处置和引导"染色砂糖橘事件""假鸭血事件""坑老保健品营销乱象事件""羊吃葱叶致死事件"等多起敏感舆情，有效控制事态发展，未造成较大社会负面影响。

2017年发生的食品安全事故全部发生在餐饮消费领域，其中，发生在集体食堂的2起，发生在饮食服务单位的28起，占总数的93.75%，涉及人数158人，占总数的95.76%。从食物中毒原因来看，报告食物中毒事件33起，不明原因的28起，占总数的85%，能够确认中毒原因的只有5起，其中，微生物食物中毒3起，化学性食物中毒2起。

【应急体系建设】 2017年，省局调整内设机构，把应急职能调整至办公室，工作机构、人员力量进一步加强，应急组织指挥更加直接、有力，应急管理职能得到强化。同时，及时调整应急工作领导小组及其办公室成员，为应急管理工作开展和突发事件防范应对工作提供坚强的组织领导保障。各市局也都结合本地本部门实际，进一步健全完善应急组织领导架构，调整充实应急管理队伍，全省构建起覆盖省市县三级，上下贯通、分类管理、分级负责、条块结合、属地为主的应急管理体制。

结合新时期应急工作面临的新形势、新任务、新要求，坚持问题导向，按照预防为主、常态与非常态管理相结合的应急管理理念，组织修订《山东省食品安全事故应急预案》，以省政府办公厅文件印发，修订后的预案强化联合响应的处置机制，明确上下结合、不同层级各有侧重的处置思路，科学性、实用性进一步增强。各级食品药品监管部门对照本级政府《总体应急预案》编制目录，全面检查现行应急预案的齐全性、合规性和适用性，统筹安排应急预案的编制和修订工作，全面规范应急预案审批、备案和公布程序，不断健全应急预案体系，做到全面覆盖、不留空白。

在系统内部，注重应急工作与舆情监测、不良反应监测、投诉举报、日常监管和稽查执法的工作衔接，建立健全信息监测、预警、报告、通报、响应、调查和善后等工作机制，制定较大级别以上食品安全事故应急处置流程图，突发事件防范应对工作更加有序高效。同时，注重外部信息和多种资源的整合，积极与宣传、网信、公安、农业、卫计等部门建立工作协调机制，推动形成突发事件应对处置合力，协调联动、快速有效的一体化应急处置格局构建成形。

【舆情监测与处置】 加强舆情监测处置，通过舆情工作平台实施24小时不间断舆情监测，实现舆情信息收集、监测、预警、督办、反馈和考核的工作闭环。全年监测舆情信息共计131.2万条，评估筛选出易引发关注的负面舆情信息，按照轻重缓解分别采用舆情平台、手机预警短信、舆情日报等不同的方式推送并处置。2017年，监测处置舆情信息99条，比2016年减少45%。编辑制作舆情日报365篇，舆情月报11篇，舆情年报1期，舆情专报1篇。强化案例分析，邀请省委宣传部、省委网信办、舆情专家等，围绕天津假调料等国内典型案例开展分析，总结突发事件应对规律。

【应急能力】 组织开展覆盖省市县三级的应急演练和应急培训，通过现场模拟突发事件处置、接受采访、拟写新闻通稿、回复微博提问、舆情评估研判等形式，提供应急处置能力。同时，进一步充实和完善专家队伍，组织相关专家参与培训演练、会商评估、决策咨询、危害控制、事件调查和信息发布等活动，突发事件应对工作的专业性、有效性不断提高。加强信息化建设，建设完成覆盖省市县三级的应急管理信息化平台，完成国家总局信息直报平台的试用工作，进入试运行阶段。加强不良反应监测、舆情监测、投诉举报、重大信息直报等平台的硬软件对接，发挥各“哨点”的监测预警作用，畅通信息传导渠道，强化重大信息报告制度落实，建立信息共享和预警信息快速发布机制，提高全系统预警响应能力。

【应急保障】 投入100余万元分别用于舆情监测与处置、日常应急管理、应急演练、智库等应急体系建设，保障应急管理各项工作开展。配备应急通讯、现场调查、应急办公、快速检验等设备装备。

（撰稿：赵洪涛　核稿：禹金涛）

食品药品安全考核

【国家食品安全考核】 2017年6月29日，国务院食安办印发《2017年食品安全工作评议考核方案》，启动国家食品安全考核工作，从组织领导、监督管理、能力建设和食品安全保障四个方面，考核地方政府工作部署、落实“四有两责”、加强全链条监管、打击违法犯罪、完善法规标准、健全工作机制、加强队伍建设、加强设备配备、推动社会共治等重点工作落实情况。

2018年3月7日，国务院食安办向各省、自治区、直辖市人民政府通报考核结果，山东省获得95.5分，考核等次为A级，得分排名连续多年名列前茅，受到国务院食安办肯定。

【国家药品监管考核】 2017年12月20日，国家总局印发《2017年药品监管工作评议考核方案》，启动国家药品监管考核工作，从重大改革任务、监督管理责任、能力建设责任和安全保障责任四个方面，考核药品医疗器械审评审批制度改革、职业化检查员队伍建设、药品医疗器械、化妆品监管、投诉举报、案件查办、应急管理、新闻宣传、组织保障、科技支撑、信息化建设等重点工作落实情况。

2018年2月27日，国家总局向各省局通报考核结果，山东省获得94.3分，考核等次为A级，得分排名名列前茅。

山东省食品药品考核获得双A级，为八省份之一。

【山东省食品安全考核】 为与国务院食安办和国家总局组织开展的食品安全考核和药品监管考核对接，结合全省实际，2017年山东省将食品安全考核和药品监管考核分开组织实施。

按照《山东省食品安全工作评议考核办法》，省食安办会同省食安委有关成员单位，研究制定《2017年全省食品安全考核工作方案》，从“食安山东”建设、食品抽检合格率、加强组织领导、否决项四个方面，考核重点工作落实情况，其中“食安山东”建设包含食品安全城市及先进县创建、“食安山东”品牌引领行动、餐饮质量安全提升工程、“三小”规范提升行动等工作。

在全省督导检查基础上，2018年1月，各市组织开展自查评定，各考核责任单位对落实情况进行年度评定打分，出具评价意见，形成分析报告。省食安办汇总考核结果。3月，分别向省政府、省委组织部和省考核办报送考核结果。4月，向各市政府通报考核情况。在2017年山东省食品安全考核中，青岛、潍坊、威海、济南、烟台、淄博、泰安、济宁市评定为A级，日照、滨州、德州、东营、菏泽、临沂、聊城、枣庄、莱芜市评定为 B 级，因均未发生重大食品安全事故，无考核评定为 C 级地市。

【山东省药品监管考核】 为做好山东省药品监管考核工作，省局研究制定《2017 年全省药品监管考核工作方案》，从监督管理情况、能力保障情况、综合项目三个方面，考核监督检查、抽检监测、信用体系建设、追溯体系建设、信息化建设、队伍能力建设等重点工作落实情况，为鼓励新旧动能转换，促进医药产业转型升级，从医药产业发展和药品审评审批制度改革方面设置加分项。

2018 年 1 月，各市组织开展自查评定，省局对 17 市工作落实情况进行年度评定打分，出具评价意见，形成分析报告。3 月，分别向省政府、省委组织部和省考核办报送考核结果。4 月，向各市局通报考核情况。在 2017 年山东省药品监管考核中，济南、烟台、淄博、威海、青岛、临沂、菏泽市评定为 A 级，济宁、德州、日照、泰安、东营、潍坊、滨州、聊城、莱芜、枣庄市评定为 B 级，因均未发生重大药品安全事故，无考核评定为 C 级地市。

【省食安委成员单位食品安全考核】 按照《食品安全法》要求，省食安委委托省食安办，组织开展省食安委有关成员单位食品安全工作考核。省食安办研究制定《2017 年省食安委有关成员单位食品安全监督管理工作评议考核方案》，印发省公安厅、省农业厅等 11 个直接承担食品安全监管责任的成员单位执行。

成员单位考核基础分 100 分，含共性指标、个性指标，另设加分减分项。共性指标是对贯彻国家和省食品安全工作部署、履行成员单位职责、实施餐饮质量安全提升工程等工作情况进行考核；个性指标是各部门具体职责完成情况；加分项是对取得全国领先的工作或创新性工作予以加分；减分项是对国家考核中失分的单位予以减分。

2018 年 1 月，各考核责任单位提报工作总结和证明材料，省食安办会同相关单位对考核材料进行审核打分，并召开考核情况分析会进行研究讨论，确认考核指标完成情况和工作创新情况，形成最终考核结果。

从考核情况看，各成员单位均能认真履行职责，积极参与全省食品安全工作，完成既定监管任务，部分单位还先行先试，在“双安双创”、出口食品农产品质量安全示范省创建、韭菜“双证制”管理等方面走在全国前列。各单位得分均在 100 分以上，全部评定为 A 档。

（撰稿：姜淑娟　核稿：王立河）

追溯体系建设

【食品安全追溯体系建设】 2017 年印发《山东省食品生产企业食品安全追溯体系建设指导意见》，明确追溯形式和建设目标，并将追溯体系建设纳入考核，召开全省追溯平台应用视频培训，推动追溯追溯平台全面应用，546 名监管人员和 2304 家企业参训。全省有 3400 家企业注册省级追溯平台账号，录入 10700 个品种 12 万批产品信息。全省有 2521 家重点品种生产企业建立追溯体系，其中 642 家实现信息化追溯，婴配、乳制品生产企业全部建立信息化追溯体系，圆满完成 2017 年追溯建设工作任务。

【药品安全追溯体系建设】 2017 年，省局联合省卫计委、省经信委制订《山东省药品信息化追溯体系建设工作方案》，以规范性文件形式印发实施，全国率先启动药品信息化追溯工作。组织召开全省视频会，解读药品信息化追溯体系建设方案，并提出“十个坚持”（坚持方向目标不动摇、坚持企业主体、坚持形式多样与互联互通相结合、坚持“一物一码”追溯标准、坚持品种环节全覆盖、坚持密切联系实际、坚持推进工作与解决实际问题相结合、坚持追溯与监管相统一、坚持追溯数据“谁产生、谁所有”、坚持与 GMP、GSP 的有机融合）工作原则，对追溯体系建设提出具体要求。印发 1000 余本“一问一答”小册子发放给各市、各相关企业，答疑解惑；借助“食安山东”专题栏目、“政事面对面”等平台，宣传普及山东省药品追溯体系建设相关政策。

（撰稿：李翠华　宿丽霞　核稿：尚青　曹森）

法制建设

【法规制度制定与实施】 首部食品安全地方性法规获通过。2017 年 1 月 18 日，《山东省食品小作坊小餐饮和食品摊点管理条例》（以下简称条例）经山东省十二届人大常委会第二十五次会议审议通过，于6月1日起施行。条例是山东食品安全领域首部与《食品安全法》配套的地方性法规，是山东食品安全法治体系建设的重要里程碑。

条例主要内容。条例共8章55条，对全省“三小”的生产经营以及监督管理与服务作出规定。条例制定坚持如下原则：一是疏堵结合，源头治理。立足山东省实际，从群众利益出发，正确处理坚守底线和服务群众的关系，鼓励和引导“三小”进入集中区域、店铺等固定场所生产经营，既通过立法解决无法可依的问题，又达到规范提升的目的。二是宽进严管，便民服务。转变政府职能，放管结合，简化法律手续，强化服务措施，加强事中事后监管。在管理方式上，坚持宽进严管，降低准入门槛，不实行严格的许可管理，而实行便捷的登记或备案管理。三是突出重点，风险管控。依据监管风险，将“三小”纳入立法重点规范对象，做到重点突出、有取有舍。对生产经营实施禁止目录管理，强化风险管理。四是正确引导，社会共治。明确市、县人民政府在综合治理、统筹规划、改善生产经营环境等方面的职责。鼓励组建行业协会、商会并加强自律，鼓励社会公众投诉举报，以社会共治实现社会治理的目标。五是宽严相济，过罚相当。将“四个最严”要求与规范对象的实际承受能力紧密结合。对于轻微违法行为，以教育、责令改正为主。对拒不改正的，设置一定数额的罚款，促其改进提高。

条例制度设计。条例在制度设计上体现的监管理念，概括起来有八个方面：一是实施登记备案制度，体现民生为本理念。对食品小作坊、小餐饮实行登记制度，对食品摊点实行备案制度，这既考虑现实状况，也体现民生为本的理念。二是实行负面清单制度，体现风险管控理念。规定“三小”不得生产经营的品种，即负面清单，为从业者明晰了经营边界，便于遵守执行。三是明确生产经营要求，体现规范引导理念。将实践中行之有效的管理制度要求，如“亮证经营、安全承诺、原料公示、单据留存、操作规范、场所清洁”吸收到相关规定之中，体现管理手段的创新，突出柔性的规范引导。四是明确各方职责分工，体现齐抓共管理念。在纵向上明确各级政府及街道村居的责任。横向上，规定食品药品监管、工商、质监、卫生、城市管理、教育、公安等部门各负其责，体现齐抓共管理念。五是落实服务鼓励措施，体现管服并重理念。规定市、县政府应当对“三小”实行综合治理、统筹规划，改善生产经营环境；鼓励和支持其进入集中区域、店铺等固定场所生产经营。免费对其进行食品安全培训，提高其守法经营意识。六是推进多方参与监督，体现社会共治理念。规定从业者对其生产经营食品的安全负责，落实主体责任；规定举报奖励制度，畅通举报渠道，促使社会公众依法监督维权；规定行业协会、商会应当按照章程提供培训咨询等服务，加强行业自律，推进行业诚信建设；引导公众参与治理，形成群防群治格局。七是引导诚信守法经营，体现信用管理理念。规定建立信用档案，并依法向社会公布，对有不良信用记录的增加监督检查频次。同时，结合实施“红黑名单”管理制度，形成有效的激励惩戒机制。八是合理界定法律责任，体现温情执法理念。合理设定罚则，对一般违法行为先“责令限期改正”，逾期不改正的再进行处罚。

积极推动条例全面贯彻实施。3月1日，省局印发条例宣传贯彻工作方案，3月3日组织召开条例宣传贯彻新闻发布会。省食安委3月15日印发关于全面贯彻条例的通知。省局4月24日印发《山东省食品小作坊小餐饮登记管理办法》，并于5月17日与省食安办、省住建厅联合印发《山东省食品摊点备案办法》，印发食品摊点备案信息卡样式，规范全省食品摊点备案工作；组织编写条例释义，分发至全系统，指导基层执法操作。举办全省系统条例宣传培训师资班，推动条例的宣传普及工作。

【规范性文件审核与清理】 合法性审核工作。认真落实规范性文件“三统一”要求，完成《山东省医疗器械经营企业分类分级管理办法》《山东省医疗器械不良事件风险预警管理办法》等12件规范性文件的法制审核、登记、公报以及备案工作。有效开展重大行政决策的合法性审查工作，协调处理省局等三部门制发的《山东省药品信息化追溯体系建设工作方案》被质疑的事宜。

清理工作部署。2月13日，印发《关于认真做好2017年度食品药品监督管理制度建设工作的通知》，对做好省局2017年度食品药品监督管理制度建设工作做了部署，要求局机关各处室依据《山东省行政程序规定》《山东省食品药品监督管理局规范性文件制定程序规定》，专题研究并提出2017年度拟制定、修订或废止的规范性文件以及制度性文件的项目。同时要求对2018年3月底前到期的规范性文件及时进行评估，作出修订、废止计划。5月18日印发《关于公布2017年度规范性文件及制度性文件制定计划的通知》。

清理工作开展。结合制度建设，认真梳理2012年以来登记备案的文件和2015年公告保留的文件，逐一进行评估甄别，2017年12月18日对外发布《关于公布部分有效期届满规范性文件处理结果的通知》，12月28日对外发布《关于公布现行有效规范性文件目录的通知》。2017年还承接省政府文件涉及省局职能事项的文件清理任务，并分别于8月21日和9月

25 日两次向省政府办公厅报送省政府文件清理意见及理由汇总表，对 17 个文件提出清理意见。9 月 26 日向省政府法制办报送关于地方性法规规章规范性文件清理情况汇报，9 月 29 日向省人大法工委报送关于地方性法规清理情况汇报。

清理结果处置。根据《山东省行政程序规定》和省政府法制办关于规范性文件清理工作的要求，省局对现行规范性文件进行全面梳理和评估，分别提出处理意见。对 17 件有效期届满后仍需继续实施的规范性文件延长有效期，重新登记编号并公布；对 15 件有效期届满不再实施或者已被新的文件取代的规范性文件宣布失效和废止。清理后，现行有效的 60 件规范性文件目录对外予以公布。

【依法行政】 *重视法治政府部门建设*。坚持把依法行政理念融于各项业务工作，突出依法行政统领作用。省局主要负责人严格落实第一责任人责任，多次主持召开党组会、局务会、专题会研究法治政府建设议题，先后对法治系统建设、食品安全地方性法规宣传贯彻以及各项监管制度等重大法治建设工作进行研究部署。积极争取省人大和有关部门的支持，推动条例顺利颁布实施。

推进全省系统法治建设。6 月 8—9 日，在济南召开全省系统法制工作会议。学习传达全国系统法制工作会议精神，总结 2016 年度全省系统法制工作，研究部署 2017 年度全省系统法制工作任务，推进系统法治建设。省局副巡视员刘本功与会并强调，当前和今后一段时期，是法制工作顺势发展的重要机遇期，也是全面加强系统法治建设的攻坚期，各地要注意把握好三方面关系：一是把握好监管与法制的关系。法治建设工作是主要负责人的法定职责，一定要树立严抓法制工作为监管工作保驾护航的意识。同时，分管领导要靠上抓，及时协调解决遇到的问题，带头强化法治意识。二是把握好制度建设与规范执法的关系。要加强行政执法配套制度建设，对执法行为的全过程做出规范，确保每项执法活动有章可循，确保每项制度得到切实执行。三是把握好监督指导与规范服务的关系。要建立制度健全、程序规范、监督有力的监督机制，通过及时纠正违法或不当的执法行为，不断提高执法规范化水平。通过对执法行为的分析研究，加强执法指导，促进执法人员增强程序意识、责任意识。

建立履职尽责容错纠错机制。为激励全省系统依法履职、干事创业，按照中央和省委的部署要求，6 月 23 日省局印发《山东省食品药品监管系统履职尽责容错纠错实施办法（试行）》。办法共五章二十六条，包括总则、履职尽责和干事创业、责任追究与减免、容错纠错程序及附则等内容。办法规定依法履职必须做到职权法定、事实清楚、依据准确、程序规范，按照清单要求行使行政权力。建立宽容失误、容错纠错的鼓励引导机制，通过建立完善实绩考核、重大改革创新工作集体研究及对诬告陷害行为的澄清保护机制，为积极作为、勇于担当者提供制度保障。

出台行政执法三项制度。积极落实国务院和省政府关于全面推进行政执法公示等“三项制度”的要求，11 月 17 日印发《行政执法信息公示制度》等 3 个文件。《行政执法信息公示制度》坚持及时、准确、合法、便民的原则，实行“谁执法谁制作、谁制作谁公示、谁公示谁负责”，加强事前公开、规范事中公示、推动事后公开，全面及时向社会公开有关行政执法信息，接受社会监督。《执法全过程记录制度》要求通过文字记录、音像记录及信息技术等方式，对执法过程中执法程序启动、调查取证、审查决定、送达执行、归档管理等法定程序和环节进行过程跟踪、实时留痕和可回溯管理。《重大执法决定法制审核制度》要求作出行政许可、行政处罚、行政强制等重大执法决定前，必须进行法制审核，并明确法制审核的主体、范围、内容、标准、程序、方式和时限等。

【执法监督】 *完善执法监督工作机制*。为进一步强化行政执法监督工作，8 月 18 日出台全省系统行政执法监督管理办法、行政复议行政诉讼案件报告制度、山东省食品药品监管指导性案例管理办法 3 项制度。

加强行政执法规范指导。针对《食品安全法》及相关配套规章部分条款规定的较为原则，实践中存在理解不一致、尺度把握不统一的问题，省局 9 月 15 日印发《山东省食品药品监管系统食品类案件办理指导意见（一）》，对法律适用规则、食品安全标准、违法所得认定、经营者免予处罚认定、标签及说明书的瑕疵认定等疑难问题，明确指导意见，做出统一规定。同时，加强以案释法工作，定期发布指导案例，明确评析意见，以点带面推动依法办案工作。编辑 2016 年度全省系统执法案例点评并印发到基层监管所，强化对执法办案的指导。

组织开展执法监督工作。组织对 17 市局及 34 个县（市、区）局进行执法监督检查。检查重点包括监管制度建设、条例宣贯实施、推进放管服、行政执法监督以及信用体系建设五个方面。总体看，各地扎实开展法律法规宣传培训，规范日常执法行为，强化执法监督，执法能力和水平有较大提升。

组织开展案卷评查活动。随机抽取 53 份行政执法案卷，抽调系统骨干人员进行集中评查，并邀请法院、法制办和法律顾问等专家进行第三方复评。案卷评查分为系统内集中初评、专家复审、汇总评价三个阶段进行。经综合评判，评出随机抽查类优秀案卷

20卷，推荐类优秀案卷10卷。从评查结果看，绝大多数案卷基本符合实体及程序要求，能够做到认定事实清楚，适用法律准确，办案程序合法，卷宗整理规范。存在问题主要是证据搜集不全、执法程序瑕疵、裁量说理不严谨、案卷管理不规范等。

召开执法监督检查通报会。对行政执法监督检查及行政处罚案卷评查情况进行通报。省局党组副书记、副局长桂敦山出席会议并对做好今后一个时期的法制工作、全面提升执法能力提出要求：一是充分发挥法制部门的积极作用。要善于发挥法制部门在推进依法行政中的监督、服务、规范指导作用和参谋助手作用。二是切实加强法制队伍与能力建设。要按照专业化要求，配齐配强法制工作队伍，并保持队伍的相对稳定。三是健全法制工作机制。积极构建系统完备、科学规范、运行有效的执法制度体系，确保执法工作始终在法治轨道和制度框架内运行。四是强化检查考核。建立行政执法评议考核制度，科学制定考核指标体系，发挥考核评议在推进依法行政中的督促引导作用。

加强执法监督能力培训。组织召开全省系统行政执法监督能力培训会，邀请省高院、济南市法制办专家以及系统内业务骨干，分别从行政诉讼、行政复议及执法办案的角度，对行政执法存在的普遍问题及系统内典型问题进行深入分析，突出针对性和实效性。各市分管法制工作的领导、法制机构及稽查机构负责人参加培训。

【普法宣传】 *全面推进普法责任制*。按照省普法办和国家总局法制宣传教育工作的要求，全面推进“七五”普法工作。10月30日，印发全省系统“谁执法谁普法”普法责任制实施意见，对全系统普法责任制的落实提出具体要求。该意见确立普法工作与法治实践相结合、上下联动与属地管理相结合、开拓创新与注重实效相结合的原则，要求建立普法责任制、明确普法内容、落实普法规划，通过建立以案释法制度，围绕热点问题普法，在执法实践中释法，通过民主立法普法，加强普法载体创新等措施，推动形成分工负责、各司其职、齐抓共管的普法工作格局。

开展条例宣传培训。制定工作方案，明确任务分工，通过媒体宣传、有奖竞赛、宣传海报等方式，对18万余户“三小”从业者开展多形式、多维度宣传。编写统一教材，培训师资270人。通过层层培训和宣贯，实现从业人员和监管人员知晓率100%的目标。

组织法律知识竞赛。按照国家总局的统一部署，组织全省系统全国食品安全法律知识竞赛活动，遴选组队在2018年3月12日全国食品安全法律知识竞赛半决赛（第二赛区）中荣获二等奖。

申报普法责任制示范点。11月17日，向国家总局法制司提交推荐青岛西海岸新区局为“谁执法谁普法”普法责任制示范点材料，国家总局向全国普法办推荐，列为全国普法责任制示范点。

【复议应诉】 *行政复议情况*。2017年，全省系统办理被复议案件（说明：自2016年4月起，按照山东省法制办关于规范完善集中复议职权的要求，全省行政复议权由县级以上人民政府统一集中行使。自此，我省各级政府部门均不再审理复议案件。国家总局仍依法审理对省局的复议案件。复议案件数据以同级政府和总局受理案件计数，不予受理的案件不计入统计范围）350件（含上年度结转案件），其中，结案320件，未结案30件。从案由看，投诉举报类186件、信息公开类98件、行政处罚类56件、行政不作为类7件、其他类3件。从涉及业务看，食品类281件、药品类40件、医疗器械类17件、化妆品类12件。从复议结果看，维持149件、撤销21件、确认违法16件、责令履行9件、驳回复议申请90件、终止复议（申请人撤回复议申请）35件。从行政主体角度看，省局7件、市局35件、县区局308件。

行政诉讼情况。2017年，全省系统办理行政应诉案件114件（含上年度结转案件），其中，结案82件，未结案32件。从案由看，投诉全年转办复议案件20件，办理被复议案件11件，应诉案件5件，无败诉案件。举报类61件、信息公开类11件、行政处罚类40件、其他类2件。从涉及业务看，食品类90件、药品类17件、医疗器械类7件。从裁判结果看，驳回诉讼请求37件、撤销3件、确认违法4件、变更6件、驳回起诉11件、原告撤诉19件、其他2件。从行政主体角度看，省局5件、市局24件、县区局85件。

复议诉讼案件特点。败诉率（纠错率）高于全省平均水平。全省系统诉讼案件败诉率为15.9%，复议案件纠错率为14.4%。根据省高院和省法制办统计数据，2017年全省行政机关败诉率为10.4%，复议决定纠错率为12.4%。引发复议应诉的行为类型较为集中。一是食品类案件数量居高不下，占比达80%。《食品药品投诉举报奖励办法》的修订，拓宽奖励范围，提高奖励标准，食品类投诉举报投入成本低、维权周期短，以职业打假人为主引发的投诉举报—信息公开—复议—诉讼“链条型”案件数量持续增长。二是投诉举报、信息公开和行政处罚等三类行政行为引发的复议诉讼案件高发，占比达97%。基层执法规范化水平亟待提升。县区局行政行为引发的复议诉讼案件在全省系统占比高达84.7%，败诉率和纠错率分别为21%和15.4%，均高于系统平均水平。县区局执法任务量大，执法规范化建设亟待加强。

【放管服改革】 *出台贯彻落实方案*。根据省委办公厅、省政府办公厅《关于深化放管服改革进一步优化政务环境的意见》要求，省局制定贯彻落实方案，以打造“审批事项少、监管效能高、服务质量优”的食品药品监管政务环境为目标，实施削权减证、提升效能、精准监管、规范用权“四大行动”，进一步推动简政放权、放管结合和优化服务。方案规定事权下放、简化材料、优化流程等10项任务及25项具体措施，并明确任务分工和进度要求。

着力推进削权减证。梳理评估省局保留的行政审批备案类事权的必要性，审批备案流程及签发人等问题，依法推进省级事权应放尽放。同时通过合并、削减证明材料，公布需保留的证明材料清单，简化企业申报材料。通过对62小项行政审批事项逐项梳理，综合考虑产品风险程度、技术复杂程度、审评检查资源等因素，取消互联网药品（含医疗器械）交易服务核准等3小项许可事项，整合食品生产许可等3大项许可事项；取消已有国家标准药用辅料备案等2小项行政权力事项，并按规定程序报批取消药品上市许可持有人制度试点核查等9项权力事项。对全系统省市县三级行政审批、备案及公共服务事项所需证明材料和中介服务事项逐项进行清理，取消证明材料176项。

着力提升工作效能。通过实施“全程网办、快递送达”、行政审批全程电子化、审批事项合并办理、分类审签等措施，实现审批优化提速；通过实行备案事项全程网办、公共服务事项上网办理、开展咨询服务等工作，实现服务便民化；通过推行分类审评、实行模板引领、优化审评流程、搭建服务平台，提高审评检查效能。根据法律法规规章修订及“三定”调整情况，组织对权力清单、公共服务事项目录和服务指南、行政审批目录清单和业务手册服务指南、备案事项服务指南和业务手册等及时进行动态调整。

着力推动精准监管。通过风险管理，实施分级分类分层监管；加大日常检查力度，深化模块化、规范化、痕迹化监管和“双随机”检查，实现执法事项随机抽查全覆盖；改进抽检监测方式，明确抽检分工和重点，强化核查处置和信息通报；加大案件查处力度，完善行刑衔接，提升联合执法效能；积极推行良好行为规范、质量受权人、问题约谈、信用管理等制度，落实企业主体责任。进一步完善随机抽查工作机制，公告随机抽查事项清单，合理确定随机抽查比例和频次。

着力加强规范用权。通过规范性文件的立改废释以及制定行政执法公示、重大执法决定法制审核、执法全过程记录等制度，促进行政执法公开透明、合法规范、全程留痕。省局的“放管服”改革工作得到省职能办和省编办的高度评价。

【其他工作】 *积极推动信用体系建设*。信用系统基本功能测试版上线运行，9大功能模块已完成架构，实现数据归集、信用评价、汇总分析等功能。省局及时公开行政许可、行政处罚、“双随机”监管结果以及产品监督抽验等信用信息，并按要求实时上传“信用山东”网站。

汇总法律法规修订意见。配合参与全国人大《药品管理法》执法检查组来山东的检查工作，组织开展《药品管理法》《食品安全法实施条例》《医疗器械监督管理条例》《山东省行政执法信息公示办法》等10余部法律法规规章制修订草案修改意见的征集汇总工作，向上级部门反馈修改意见100余条。

做好法制服务工作。完成省局信息公开答复、咨询请示、合同签订等法律服务40余项。购买发放《全国“七五”普法统编教材》，编辑2016年度《食品药品监督管理政策法规文件汇编》，为系统执法人员提供学习资料。为基层局提供《食品安全法》和条例相关知识讲座5次。参与国家总局高级研修学院普法教材《药品监督管理技能》撰写工作，负责编写药品行政处罚章节内容。

（撰稿：张宗利　核稿：赵森）

行政许可

【概况】 2017年2月3日，省局进行内设机构调整，成立行政许可处，承担原分散在6个处的行政审批职能，对食品药品生产经营许可等行政审批事项实行集中办理。按照集中许可职能的要求，制定许可工作交接方案，按照“既是工作交接也是工作培训”要求，与6个处室逐项进行交接，每个交接事项达到“主办人员基本掌握，其他人员全面了解”；逐项梳理审批系统办理流程，变更经办人员450多人次；梳理许可依据和工作流程，梳理出涉及四品一械许可的13部法律法规、19个规章和67个规范性文件，重新修订编制44个事项的服务指南和业务手册。

按照对集中许可职能的工作定位，初步建立主办负责、审批分离、多元会商和信息共享4项机制，明确工作责任，强化集中许可后的工作协同和信息共享。主办负责。按照“一专多能”的要求，建立许可事项主办人员负责制，审核和签批人员负责监督主办人员工作质量；审批分离。围绕建立审评为主导的审评审批技术体系，明确技术支撑机构的技术审查责任，实现技术审查与行政审批的分离；多元会商。对行政许可标准条件的把握尺度、新开办药品生产经营企业等许可事项，与相关处室单位开展专题会商。2017 年组织召开专题会商会议 16 次；信息共享。开放许可数据库，相关部门可以随时查询相关许可数据；建立许可事项办理结果推送和办理过程查询机制，及时向相关部门推送办理结果和相关资料。

【三通道许可机制建设】 从优化审批流程、简化办事程序、提高工作效能入手，制定《关于实施三通道行政许可的工作方案》，实施食品药品行政许可通道“一变三”，在“常规通道”的基础上，增加“创新通道”和“快捷通道”。对于创新项目和产品，进入“创新通道”，按照即来即办的原则，第一时间进入办理流程，不需要排队等待，并安排专人负责，与相关企业对接联系，实施预先服务指导。对列入国家、省的重点建设项目、优势品种（产品）改造升级和临床急需、市场短缺的产品进入“快捷通道”，实行单独排队，优先办理。

【并联审批】 以药品生产企业整体搬迁或变更生产地址等涉及的《药品生产许可证》变更、药品注册补充申请和药品 GMP 认证，药品生产企业换发《药品生产许可证》和药品 GMP 认证，新开办中药饮片生产企业核发《药品生产许可证》和药品 GMP 认证等为切入点，针对部分许可事项受审批流程（串联进行）限制，审批时间比较长，实施“串联审批”改为“并联审批”，实行“容缺受理、合并检查、关联审批、依序发证”，提高行政审批的协同性。

【分类审签】 简化办理环节，优化流程提高效率。认真研究分析 20 大项 44 个子项的行政许可事项，梳理 67 个办理流程的 297 个办理环节，根据许可事项的重要程度、风险级别、工作时限等因素，制定分类审签和流程再造工作方案，推动实施分类审签，减少合并 157 个办理环节，保留 140 个办理环节，进一步提高办事效率。

【阳光审批】 标准条件网上公开。动态公布许可目录、标准的办事指南及业务手册，实现省政府政务服务网、省局门户网站同步公开，方便公众查询和使用。许可过程阳光透明。4 月 1 日，不再保留网上与纸质双轨制，取消纸质签字流程，所有省级审批事项全环节、全过程的网上办理，即“网上申报、网上受理、网上审评、网上审批”，所有环节、过程在网上办理并留痕。许可结果实时公布。在省局网站设置公示公告栏，实时公示审批信息 254 项，实时公告审批结果 4336 项；企业可以通过省局网站“行政审批查询窗口”和微信客户端，及时查询审批进度和相关审批信息。

（撰稿：何西坤　核稿：林炳勇）

科技和标准

【概况】 2017 年，全省科技标准工作继续走在前列。国家总局在山东召开信息化现场会，省局作唯一典型发言，并通过简报专刊介绍山东省经验做法。在全国科技标准工作会上，省局以“实施科技工作‘项目 + 人才 + 平台’一体化融合发展”为题，连续第三年做典型发言。在省政府和国家总局政务公开考核中，省局分别位列第 2 名和第 5 名，并在全省工作会议上作典型发言。省政府办公厅将省局政务公开规范样表作为案例，印发全省参考。在省信息化领导小组和国家总局网站评比中，省局分别位列第 3 名和第 5 名。

【日常监管系统建设】 建设并推广日常监管系统，通过系统下达检查计划，自动上传检查结果，便于汇总日常监管大数据。开发风险分级模块，系统根据风险级别自动生成年度监督检查计划，提高风险分级的科学性、准确性。强力推进系统使用，多次召开专题会、视频和现场培训、模拟检查。2017 年，全省 16 市有 75 个县（市、区）局使用系统开展日常监督检查，录入食品检查数据 39564 条（生产 5441 条，流通 19293 条，餐饮 14017 条），药品经营使用环节检查信息 47942 条，化妆品经营使用环节信息 13065 条。

【食品药品安全科技工作】 组织开展科研项目申报和成果登记。争取省级发展类财政资金 350 万，围绕监管急需、潜规则等问题，组织开展食品药品安全关键技术攻关。围绕食品药品监管一致性评价、掺假使假等重点领域和关键技术问题，组织申报 6 项省重点研发计划项目和 1 项省自然科学基金项目获得立项，项目经费 205 万元；立项“十三五”国家重点研发计划项目 2 个，项目经费 75 万元。省食品药品检验研究院联合东南大学等单位申报的国家重点研发计划重点专项项目“食品真实性鉴别检测关键技术研究”顺利完成答辩；省医疗器械产品质量检验中心积极开展横向课题研究，经费达 277 万元。推荐省科学技术进步奖项目 1 个、第二届山东省专利奖项目 1 个，完成 2 项省级重点研发计划结题。向国家总局推荐 128 项科技成果进行登记、18 项成果进行备案。

*参与和开展顶层设计。*组织开展山东省科技资源和科技需求调查，深度参与国家总局食品药品安全监管科技创新指导意见起草，完成《澳大利亚新西兰食品药品监管部门科技创新有关情况调研报告》。

*组织开展科技活动周。*全省 791 家单位、4990 人参加科技活动，公众参与 44.9 万余人次。

【食品药品标准管理工作】 *以竞赛和培训促进能力提升。*围绕农药残留限量标准等内容，邀请全国知名专家，对系统 200 余人开展食品安全标准培训。组织全省系统开展食品安全标准技能竞赛，并选派代表参加国家总局决赛，1 名选手获得二等奖。

*推动食品安全标准制修订和补充检验方法研究。*收集整理食品安全标准执行中发现的问题及制修订意见建议 204 条，并通报国家总局和省卫计委。组织征集花生油中大豆油成分测定等 20 项食品药品补充检验方法立项建议并上报国家总局。组织省食品药品检验研究院牵头申报 1 项食品补充检验方法，获国家总局批准。省医疗器械产品质量检验中心起草 1 项补充检验方法，由国家总局通过公告发布实施。组织德州市食品药品检验中心申报 1 项食品补充检验方法，获国家总局批准参与。省医疗器械产品质量检验中心审定并完成 19 项行业标准制修订和 21 项行业标准预立项申报工作，发布国家和行业标准 23 项；参加 2 项国际标准起草、3 项 Round-rubbin 试验，代表中国参加国际标准化 ISO/TC210 年会、ISO/TC194 韩国第 28 届年会，积极筹办 2018 年济南 ISO/TC76 第 15 次年会，在国际标准制定领域发出中国声音。省食品药品检验研究院完成食品安全国家标准 3 项，起草药品标准 10 个品种、复核 9 个品种。

*规范食品快速检测方法使用管理。*组织开展第一批在用食品快检产品评价工作，配合国家总局开展在用食品快检产品现场抽查评价试点工作。省食品药品检验研究院研制的《蔬菜中敌百虫、丙溴磷、灭多威、克百威、敌敌畏残留的快速检测》食品快速检测方法，经国家总局批准发布。

【食品药品检验检测体系建设】 *统筹规划省级区域性检验检测机构。*谋划布局省级食品区域检验机构建设，开展省级食品区域检验检测机构摸底调查，形成调研报告、省级食品区域检验检测机构专项建设规划、管理办法以及评分细则等，省级食品区域机构顶层设计基本形成。

*监督实施《食品检验工作规范》。*将各级监管部门监督实施《食品检验工作规范》列为常态化工作，制定现场检查细则和评分标准，开展系统内和省局遴选第三方食品检验机构《食品检验工作规范》执行情况现场检查。

*开展能力验证及考评工作。*省局连续第三年组织开展检验机构能力考核评价工作，采取现场检查、盲样考核和留样再测等方式，对 17 个市级检验机构的食品、药品检验能力进行综合考评，规范提升市级检验能力。组织系统内机构参加国家总局 2017 年能力验证工作，39 家次参加溶液 pH 值测定等 7 项能力验证并获得满意结果；系统内各级检验机构参加相关部门能力验证满意结果率较高。

*开展检验能力提升工作。*连续三年组织检验技能竞赛，联合省人社厅开展全省药品检验技能竞赛，个人优胜选手由省人社厅授予“山东省技术能手”称号。会同省质监局等十三部门，联合开展检验检测、计量技术机构能力提升行动。开展检验机构开放日活动，组织省内 16 家食品药品检验机构对外开放。

*加强检验检测能力建设。*省级层面，增加食品、化妆品 64 个产品、265 个方法和 97 个参数检验资质，食品药品检验仪器设备原值达到 2.8 亿元；医疗器械检验资质扩项 89 项，拨付专项资金，启动 2 个省级医疗器械分中心建设，提升医疗器械检验检测综合实力。继续进行市县两级食品检验检测能力建设月调度、季通报。市级食品药品检验检测机构实验室总面积达到 12.1 万平方米，比上年同期增长 16.5%；仪器设备总值达到 7 亿元，比上年同期增长 11.2%；其中，食品检验实验室面积达到 5.8 万平方米，比上年同期增长 16.8%，食品检验设备总值达到 4.4 亿元，比上年同期增长 15.2%。承担政府性食品检验任务达到 6.7 万批次，比上年同期增长 32.3%。县级综合性检验机构建设在资质认定、实验室建设及仪器设备配备方面均有不同程度提升（见附件 1 ～ 5）。

附件1：

市级食品药品检验机构食品检验能力建设总体情况

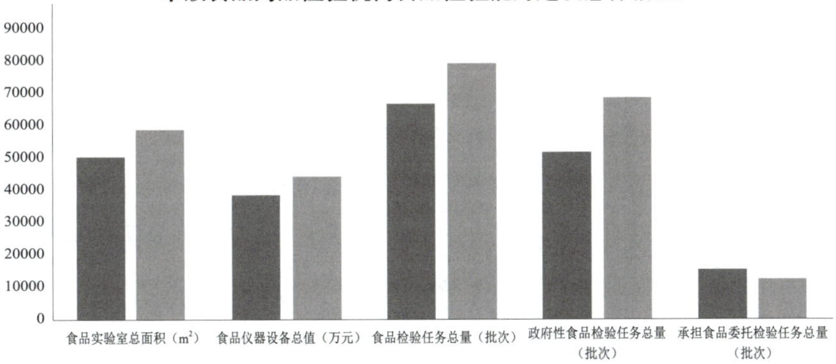

	食品实验室总面积（m²）	食品仪器设备总值（万元）	食品检验任务总量（批次）	政府性食品检验任务总量（批次）	承担食品委托检验任务总量（批次）
2016	49905	38448.92	66081	51372	15483
2017	58275	44304.79	78586	67980	12038

附件2：

县级综合性检验机构食品检验能力建设情况

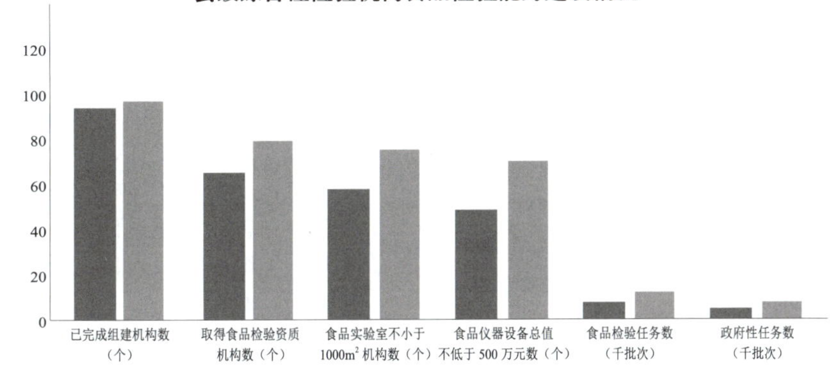

	已完成组建机构数（个）	取得食品检验资质机构数（个）	食品实验室不小于1000m²机构数（个）	食品仪器设备总值不低于500万元数（个）	食品检验任务数（千批次）	政府性任务数（千批次）
2016	93	65	58	49	7.9876	5.6868
2017	96	78	75	68	11.6818	9.0608

附件3：

市级食品药品检验机构食品实验室面积（m²）

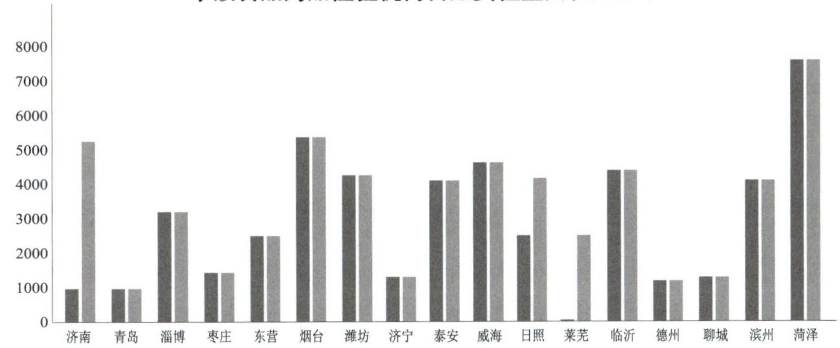

	济南	青岛	淄博	枣庄	东营	烟台	潍坊	济宁	泰安	威海	日照	莱芜	临沂	德州	聊城	滨州	菏泽
2016	1000	1000	3200	1470	2500	5350	4250	1327	4100	4618	2500	40	4400	1200	1300	4100	7550
2017	5250	1000	3200	1470	2500	5350	4250	1327	4100	4618	4160	2500	4400	1200	1300	4100	7550

【“智慧监管”工程建设】 严把质量关口，优化创新服务。前三期31个项目中25个项目全面投入应用，第四期项目12个项目全面启动建设，基本完成对全省业务工作的信息化覆盖。组织召开70余次项目建设推进会，约谈浪潮软件公司等承建方13次。食品生产许可、日常监管等13个信息系统均实现全省的统一应用，覆盖监管人员近2万人，覆盖企业用户近60万家。许可“全程网办”事项数量位居省直部门前列，加快推进“全程电子化”，力争实现“零跑腿”。组织省局技术运维团队全年受理技术咨询8000余次，开展各类信息系统升级改造近40次。

强化共享利用，发挥数据价值。开展数据的标准化归集，许可、抽检、处罚等数据全部标准化汇聚至省局统一平台，基本实现数据的标准化存储。推进数据的关联检索，完善“食药监管云”搜索功能，按照社会信用代码等唯一标识，对各类数据进行跨库关联检索。开展数据交换共享，依托信息资源平台，开展与省政务服务网、“信用山东”平台、国家总局数据中心等开展数据交换，并向济南等4个省内市局开放数据服务，与省工商局、省卫计委开展企业登记和医疗机构登记信息的数据共享，首批工商登记数据落户省局。与电子科技大学等有关科研单位合作，挖掘分析食品抽检数据，初步实现安全风险的自动预警预测。

调研摸清底数，强化制度约束。编制形成《数据管理办法》《信息系统运维保障管理办法》（征求意见稿）。先后赴贵阳、成都等地开展大数据应用专题调研，并形成调研报告。对省局机关及直属单位的76个政务信息系统进行全面普查，梳理政务信息资源目录204条，结构化信息记录数1387万条。编制形成2018年度信息化项目预

附件 4：

市级食品药品检验机构食品检验仪器设备总值（万元）

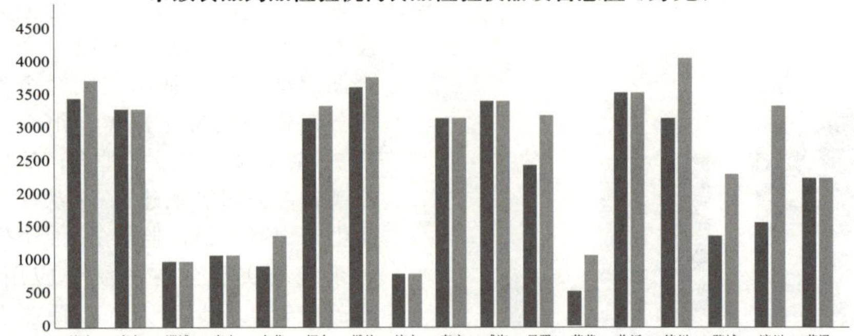

	济南	青岛	淄博	枣庄	东营	烟台	潍坊	济宁	泰安	威海	日照	莱芜	临沂	德州	聊城	滨州	菏泽
2016	3410	3267.9	1000	1087	935	3106	3580	800	3100	3365	2547.23	567	3495	3100	1353	1584	2241.79
2017	3676	3267.9	1000	1087	1388	3306	3730	800	3100	3365	3159.63	1071.47	3495	4000	2320	3297	2241.79

附件 5：

市级食品药品检验机构承担政府性食品检验任务情况（批次）

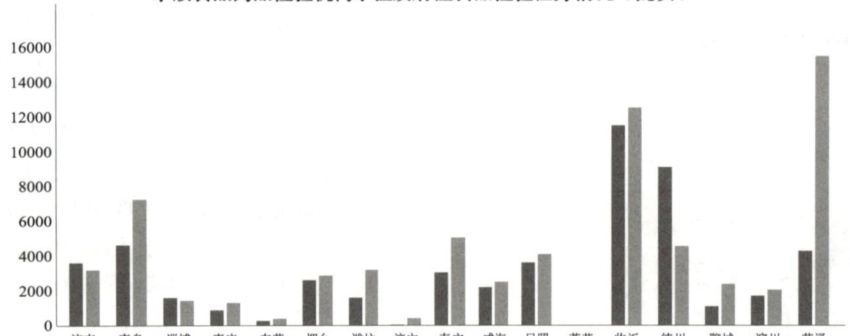

	济南	青岛	淄博	枣庄	东营	烟台	潍坊	济宁	泰安	威海	日照	莱芜	临沂	德州	聊城	滨州	菏泽
2016	3567	4529	1645	908	315	2619	1641	37	3044	2198	3672	0	11228	8920	1109	1712	4228
2017	3113	7028	1629	1361	414	2874	3212	461	4953	2514	4128	0	12288	4556	2336	2028	15085

算申请及实施方案。邀请电子科技大学专家对全省系统进行监管大数据应用讲座。

严肃周密布防，确保网络安全。完成党的十九大网络安全保卫任务，防范“永恒之蓝”系列病毒，邀请公安部专家对全省系统进行网络安全知识讲座。

【政府信息公开和网站管理工作】 **扎实推进政务公开。**在省政府2016年度政务公开考核中，位列省直部门第二名，在省政府办公厅召开的全省培训会议上作典型发言，并被山东行政学院纳入培训案例。在国家总局6月发布的政务公开考核工作中，位列省级局第5名。全省食品经营许可、“三小”等级备案数据56万余条通过省局网站全部公开。省政府在《开展基层政务公开标准化规范化试点工作实施方案》中，将省局规范样表印发全省参考。

着力规范依申请公开。印发省局《2017年度政务公开实施方案》和《关于进一步保障政府信息公开申请人知情权监督权等有关事项的通知》，进一步规范工作流程。组织答复信息公开申请180件，均依法依规作出答复。

加强省局网站管理。组织全省系统各单位对门户网站进行漏洞扫描和整改加固，做好党的十九大安保维稳工作，严防网站攻击篡改，杜绝任何反动言论、谣言等有害信息通过网站进行传播。全年组织完成对网上政务服务大厅、处室子站、“党的十九大精神学习”专栏等各类调整优化80余次，对在线咨询栏目重新进行改版设计。对省局网站各个栏目运行状况进行每日巡查，发现数据库连接异常、网页文字错误、链接失效等各类问题46次，均及时进行问题修复。在国家总局2016年度网站评比中，位列省级局第5名，在省信息化领导小组组织的网站测评中位列省直部门第3名。

（撰稿：秦菁　核稿：任绍彦）

人事教育

【省级资源配置】 **完成省局“三定”修订。**2017年1月，按照省委、省政府推进简政放权政府职能转变的部署和省编委关于政府部门“三定”规定修订工作要求，对省局“三定”规定进行修改完善。新修订的“三定”规定进一步集中行政审批职能，强化事中事后监管。为进一步完善省局内设机构职责，2月，省局党组研究通过“小三定”修订意见，按照“人随事走、优化组合”原则，对相关处室人员进行调整。

食盐监管体制改革。11月3日，省政府印发《山东省食盐体制改革实施方案》和《山东省食盐监管体制改革方案》，将全省食盐质量安全管理与监督，以及食盐定点生产企业审批、食盐批发许可证核发等相关职能移交省局。12月11日，根据省编办《关于调整省食品药品监管局机构编制事项的通知》，省局增加食盐质量安全管理与监督管理等工作职责，设立食盐质量安全监管处，局机关增加行政编制5名，正处级领导职数1名，副处级领导职数1名，省局稽查局（投诉举报中心）增配副局长（副主任）1名。12月18日，省局党组研究决定设立食盐质量安全监管处，相关人员划转到位。

直属单位机构编制情况。省不良反应监测中心增加编制17名，信息中心增加编制5名，获批高级岗位12个，其中正高级岗位3个。医疗器械产品质量检验中心、审评认证中心、不良反应监测中心、药品食品职业学院年度用编进人计划66个，进行岗位设置，完成招聘录用6批55人次。

【队伍建设】 2017年7月，启动全省药品高级专业技术职务资格评审工作。11月，组织全省药品技术职务高级评审委员会职称评审会，完成191名专业技术人员的答辩、评审工作，评审通过103人，其中，13人获得主任药师（中药师）职务资格，88人获得副主任药师（中药师）、高级工程师职务资格。省食品药品检验研究院祝建华获批专业技术二级岗。继续推进食品药品职业化检查员队伍建设。先后协调省编办到国家总局进行对接沟通，联合省编办到潍坊、淄博2家药品生产企业实地调研检查员现场检查工作情况，向省编办正式报送《关于加快省级职业化食品药品检查员队伍建设等事项的请示》，相关内容纳入落实中办国办《关于深化审评审批制度改革，鼓励药品医疗器械创新的意见》等相关文件。

【干部人事管理】 1—3月，2次开展干部选拔任用工作，选拔任用处级干部32人，其中，提拔19人，重用13人。职务调整科级干部4名。参加省直单位统一招考、遴选公务员6名，组织对855名报名人员进行资格审查、派人参加面试、做好考察和体检等工作。参加省委组织部2018年选调生优选计划2名，完成对报名人员资格审查等工作。先后对省局机关服务中心、省食品药品检验研究院、稽查局、医疗器械检验中心等4个直属单位领导班子进行调整，提拔重用8名干部。开展职务与职级并行制度试点工作。10月，组织完成职级设置备案、职级套改工作。11月，完成首次职级晋升工作，对局机关和稽查局105人进行职级套改，35名处级干部、54名科级干部进行职级晋升。开展机关干部基层调研工作。5月，选派局机关15人，深入6个县局26个乡镇所进行蹲点调研。做好干部“双向交流”个人报名、推荐选拔、配合考察、接收安排等工作，接受、派出挂职干部各1名。接收系统内1名处级干部，2名科级干部到省局机关挂职。推荐全省系统3名干部到国家总局挂职锻炼。

领导干部个人事项填报工作。组织完成2017年领导干部个人事项填报、审核和系统录入工作。对处级以上干部进行集体政策解读和培训，组织134名处级及以上干部填报干部个人事项报告，纠正完善各类信息2656项，报告率100%。开展随机抽查14人、重点核查10人，及时进行查核结果比对和处理。

完成直属单位领导班子和领导干部年度考核工作。384人参加民主测评，个别谈话131人次，党组听取考核情况汇报，基本摸清8个直属单位领导班子、37名处级干部的思想工作状况。组织做好考核结果反馈、整改措施制定和落实工作。

【教育培训】 根据省委组织部《省直单位2017年领导干部专题研讨培训计划》，7月2—4日，省食安办、省农业厅和省局联合举办“双安双创”和食品安全工作专题研讨培训班，副省长王书坚、国家总局食品安全总监孙梅君出席开班式并讲话。各市政府分管食品药品监管或农业的负责人；省食安委成员单位分管负责人；各市局（食安办），农业局（农委）主要负责人；第一批省食品安全先进县（市、区）政府分管负责人，县局（食安办）主要负责人；第一批农产品质量安全县政府分管负责人，县农业局（农委）主要负责人；以及省局、省农业厅负责人和各处室负责人263人参加培训。

3月14日，经省局务会议审议通过，印发《山东省食品药品监督管理局2017年培训计划》，计划加强培训计划统筹，年度培训计划项目35个，较上年度压减20%。建立培训备案制和培训联络员机制，加强对培训计划执行情况的督导，组织实施培训项目32个，培训12727人次，其中实训6个，培训1048人次。组织各处室编写通用课件和案例41件，初步组建68人的省级培训师资库，初步遴选实训基地27家，在线学习系统上传培训课件和视频110余个。开展周五课堂30期，培训3200余人次。选派省局干部及市县局长参加党校、行政学院、国家总局培训83人次。

【监管能力提升】 *食品生产环节*。2017年食品生产环节先后组织开展许可审查员、日常监管系统、追溯平台、生产监管业务、省级检查员等5类业务培训，其中针对食品生产许可业务，解读食品生产许可工作岗位职责流程，宣传贯彻食品生产许可审查通则及相关细则，培训400余人次。各市局组织多轮次的食品安全标准业务培训，开展监管业务大比武活动，提升基层监管人员的业务能力，取得良好地培训效果。以市或县为单位，对辖区企业开展GB2760、GB7718等知识培训，特别是针对添加剂“两超”、食品归类错误等突出问题，15000 多家企业参训，进一步提升企业的食品安全保障水平。

药化生产环节。开展分级分类大培训。全年举办各类药品化妆品生产检查人员培训班 5 期，培训检查员 600 余人次，实现对骨干检查员、一般检查员和新检查员的分级分类培训，着力提升全省药品检查员能力水平。建立全省药品实训基地。确定齐鲁制药、辰欣药业、绿叶制药、鲁南厚普、瑞阳制药、临邑安替等 6 家生产企业作为省级药品实训基地，确定 2 家化妆品生产实训基地，组织检查员实地学习，强化理论联系实际能力。实施理论培训和跟踪检查相结合培训模式，每期理论培训后安排跟踪检查，增强检查员实战能力。

药化市场环节。加大对市县监管人员培训锻炼力度，先后举办药品批发、零售及化妆品市场检查员培训，培训检查员近 500 人次，大力实施理论培训和监督检查相结合的培训模式，不断增强检查员实战能力，进一步夯实监管基础。

医疗器械环节。全年组织举办全省医疗器械检查员理论培训班 1 期，分生产、经营、使用 3 个环节举办 3 期实训班，新聘省级检查员 197 名，全省专业化检查员队伍达到 270 余人。理论培训班采取集中授课与现场答疑相结合的形式开展，主要讲授 YY/T0316–2016、YY/T0287–2017、生产经营环节检查方法、实验室检查要点、不良事件监测和医疗器械产品召回等内容；实训班采取理论教学和实训基地现场培训相结合的方式进行，分别在威海、济南、青岛举办生产、经营、使用 3 个环节的进行实训，培训全省骨干检查员 130 余人次。实训结束后，组织参训人员开展飞行检查，并针对检查情况进行汇报交流，进一步巩固实训效果。通过理论培训和现场实训，充实检查员队伍，提升现场检查能力。

【执业药师注册管理】 全省办理注册执业药师 13445 人次，其中首次注册 6808 人次、再次注册 3471 人次、变更注册 2962 人次、注销注册 204 人次，注册在生产单位 330 人、批发单位 1934 人、零售单位 26372 人、使用单位 791 人。注册有效期内人数为 29474 人。办理执业药师注册信息维护 45 人次。12 月，省局向国家总局提出开通执业药师注册网上全程办理功能的请示，实行“网上申报，窗口受理”和“网上全程办理”双轨制，继续简化办事环节，优化办事流程，提高办事效能。加强执业药师继续教育，指导省执业药师协会与省内 3 所高校（山东大学、山东中医药大学和山东药品食品职业学院）紧密合作，开展执业药师网络继续教育，全年参加网络继续教育人数达 30750 余人，参训率约为 47.31%。

【对外合作交流】 3 月 13 日，局党组研究通过年度出访计划。全年选派 16 批 52 人次执行出国（境）考察（培训）任务。首次赴日本开展食品安全风险预警与追溯体系培训，省局副局长廖发银为团长，局机关、直属单位及部分市局领导 17 人参加。先后组织赴英国、法国开展药品安全考察，赴澳大利亚、新西兰开展食品安全考察活动。选派 1 人参加国家总局赴美食品生产监督检查体系和方法培训，1 人随省台办赴台参加山东省海峡两岸经济文化发展促进会。受国家总局委托，完成美国 FDA 驻华办古丽主任一行 7 人到省局交流访问接待工作。严格执行干部因私出国（境）各项规定。严格执行领导干部因私出国（境）审批制度，组织开展全面自查和督查，确保应收全收。完成局机关、稽查局及驻济直属单位 272 人登记备案自查和相关整改工作。全年因私出国（境）审批 4 件、工作人员登记备案 30 人次。

【第一书记帮扶】 4 月，第二轮第一书记圆满完成帮包任务，顺利通过省委组织部考核验收，5 人均荣获东平县人民政府“三等功”并被授予“脱贫攻坚先进个人”和“东平荣誉市民”荣誉称号。根据省委、省政府《关于从省直单位选派第三轮第一书记抓党建促脱贫攻坚的意见》要求，选派机关和直属单位 5 人赴菏泽市成武县白浮图镇挂职第一书记。第一书记帮包组到岗开展工作后，开展走访调研，了解帮包村经济发展情况、村民基本素质、党群关系、党员思想动态以及党支部班子建设情况，通过开展党建活动月、七一庆党建、重阳节等活动，扎实推进帮包村党建工作，带领帮包村村民研究制定产业扶贫项目，2017 年建成徐官庄村和当典村建设 80 万光伏项目，张庄村和陈庄村建设扶贫车间 1 座，朱楼村建设中温棚 4 座。

【人事管理】 *工资待遇*。全年核算报批工资业务 86 人次，办理社保调入调出等业务 12 人次。按照养老保险制度改革有关政策，落实改革后退休人员一次性补贴，完成统筹内新老办法退休待遇比对核算工作，确保老干部待遇及时发放到位。

干部人事档案信息化管理。完善干部人事档案管理机制，建立直属单位干部人事档案联络员制度。完成干部档案室规范化、数字化改造，党组管理的 229 卷干部人事档案实现信息化管理。重点审核拟提拔重用干部档案 47 本。

人大代表、政协委员推荐和联合审查。向省委统战部推荐 3 名政协委员初步人选，赵森、胡梅 2 人当选为十二届省政协委员，实现历史性突破。组织完成 2000 余名人大代表、政协委员联合审查工作。

（撰稿：马超　核稿：郭朝波）

规划财务

【"十三五"规划实施】 *责任落实*。根据国家和省级食品药品安全规划，结合监管工作实际，梳理重点任务工程，2017 年 2 月和 8 月先后印发《山东省食品药品安全"十三五"规划实施任务分解方案》《山东省食品药品安全"十三五"规划实施计划》，对各级各部门规划实施工作提出明确要求，明确规划实施的责任、任务、时限和标准。

项目管理。从项目管理、资金管理等方面加强省、市级食品检测能力建设项目、县级食品安全检验检测资源整合项目和食品快检车配备项目建设，推动基层基础支撑能力提升，制定食品安全检（监）测能力建设和县级食品安全检验检测资源整合项目验收督导工作方案，对验收内容、材料要求等予以明确。建立定期督导机制，督导检查项目进展较慢的项目，将检查结果正式向所在市食安委反馈，对下一步工作提出具体要求。截至 2017 年底，获批的 33 个项目中验收 21 个，基本具备验收条件准备验收的 5 个，计划 2018 年完工的 7 个。通过项目的实施，食品检验检测能力得到提升，实验场所面积由 14745 平方米增加至 58780.41 平方米，检验检测人员由 284 人增加至 399 人，仪器设备数量增加 151.38%，仪器设备价值增加 305.86%。加快食品快检车项目立项和资金申请进度，国家发改委批复山东省 2017 年配备食品快检车 64 辆，拨付资金 2358 万元。

统筹推进。抓住省以下财政事权与支出责任改革的机遇，将基层监管机构标准化建设、检验检测机构建设等重点工程纳入省与市县共同事权，加强省级支持力度，通过建立奖补政策，推动实施食安山东、示范创建、餐饮提升等重点工作。同时，加强基层经费考核，促进各级地方政府责任落实，严格监控规划实施。

【预算编制与执行】 2017 年，争取中央、省级专项资金 5.66 亿元。其中，中央财政补助资金 1.38 亿元，省级发展类专项资金 4.28 亿元。

预算编制。结合"十三五"规划任务实施，梳理本年度重点建设项目，部门预算重点支持食品药品放心工程、监管执法能力建设、食品药品安全抽检和风险监测等工作。其中：食品药品放心工程安排资金 1.38 亿元、执法能力建设安排资金 5350 万元、抽检和风险监测安排资金 2.36 亿元。

预算执行。2017 年初，根据批复的部门预算制定执行计划，将资金、项目明确到具体单位，统筹协调各业务处室、直属单位制定具体项目实施方案，签订《省级食品药品监管专项资金预算执行承诺书》，明确项目目标、范围、内容和组织实施、执行时间等各类事项。建立进度执行汇总分析机制，根据预算总额和各处室单位执行进度，分别形成局机关和直属单位预算执行的汇总表，进行汇总分析。加强重点项目预算执行管理，梳理出各处室单位重点项目预算执行情况，计算执行进度，及时开展针对性跟踪服务。加强协调督促，按年初制定的执行计划，定期进行进度统计、督促和通报。按照《政府信息公开条例》等相关规定，做好"三公经费"公开工作。

预算管理。修订印发《山东省食品药品监督管理局机关培训费管理办法》等制度，明确开支范围与标准、报销结算管理方式等，形成依靠制度规范财务管理的良好工作机制，确保资金使用安全。围绕食品、药品抽检等项目开展绩效评价，探索实现"花钱必问效、无效必问责"的长效机制。

【资产管理】 *固定资产管理*。组织开展国有资产全面清查，建立国有资产卡片管理制度，实施固定资产标签化登记，进一步加强和完善省局机关国有资产管理。

政府采购。在政府采购方面进行创新探索，进一步优化招标方案，组织相关单位编报采购需求，组织专家进行指标论证，加快推进政府采购工作进度。项目招标过程中认真贯彻落实"三重一大"规定，邀请机关纪委进行全程监督，有效保障政府采购的公开、公平、公正。

【审计监督】 扎实开展内部审计工作，印发《山东省食品药品监督管理局内部审计工作暂行办法》，开展 2017 年内部审计和离任审计，开展落实中央八项规定精神情况专项审计。加强对审计发现问题的整改工作力度，确保审计问题切实整改到位。

【援疆援藏】 在充分对接和调研的基础上，制定年度援藏援疆工作计划，召开援藏援疆工作座谈会，总结前期工作，进一步完善工作机制。与新疆建设兵团十二师食品药品监督管理局签订对口支援合作协议。在资金、设备、产业、技术等方面给予援助，全系统援助资金 200 万元，用于提升日喀则和喀什两地食品药品监管能力建设，其中：省局从自有资金中安排 100 万元，支持日喀则、喀什两地购置执法装备和检验设备，全面深化与喀什地区的产业合作，推动当地食品药品产业发展。

（撰稿：赵晓旭　核稿：张恒心）

离退休干部服务

【概况】 2017年，省局深入贯彻落实省委关于进一步加强和改进离退休干部工作的实施意见，突出政治引领，加强组织凝聚，注重作用发挥，推进文化养老，用心用情用力做好各项服务管理工作，逐步提高老干部政治生活待遇，提升获得感、幸福感和安全感。

【组织领导】 3月1日，省局副局长、领导小组组长廖发银主持召开领导小组会议，调整充实省局离退休干部工作领导小组组成人员。传达学习全国老干部工作“双先”表彰大会、全国老干部局长会议和省委常委会第234次会议精神以及杨东奇部长、厉彦林局长在全省老干部局长会议上的讲话，紧密联系工作实际，制定《2017年省局老干部工作要点》，明确工作任务。认真落实《关于进一步加强和改进离退休干部工作的意见》《关于加强和改进离退休干部工作的实施意见》文件精神。按照省委老干部工作要求，1—3月，组织各单位对贯彻落实文件情况，开展全面系统自查自纠1次。4月21日，省局召开老干部工作座谈会，组织直属单位老干部工作部门负责人，汇报交流有关工作。5月，向省委老干部局报送省局贯彻落实情况。

【政治引领和思想建设】 推进“两学一做”学习教育常态化制度化。坚持每月1次集中学习制度，组织离退休干部认真学习中央、省委和省局的重大决策部署，学习时事政治，及时了解省局重要工作动态，引导离退休干部增强“四个意识”，自觉在思想上政治上行动上同以习近平同志为核心的党中央保持高度一致。6月25—27日，结合纪念建党96周年，局机关以“学思践悟不忘初心”为主题，组织离退休党员干部在曲阜市政德教育培训中心，举办政德教育培训班1期。坚持在职领导干部联系离退休干部制度，健全和落实走访慰问制度。元旦春节期间，局领导分头集中走访慰问，在离退休干部生病住院、家庭出现重大变故时及时关心看望，使老同志时刻感受到组织的温暖。2017年局机关走访慰问老干部及遗属120余人次。广泛开展“畅谈、建言”活动。按照省委老干部局部署要求，开展“畅谈十八大以来变化、展望党的十九大胜利召开”和“建言十九大”活动，举办“点赞食药监，喜迎十九大”老同志座谈会，推动正能量活动不断深化。积极推进网上党建平台建设，局机关建起“老人缘”微信群，拓宽思想教育和交流沟通渠道。组织4名离退休干部参加全省省管干部研习班。认真学习宣传贯彻党的十九大精神。制定具体学习配档表，给每位老同志发放报告、党章单行本和专用学习笔记本等，利用“主题党日”，认真开展学习讨论，组织老同志集体收看党组书记、局长马越男有关党的十九大精神宣讲报告录像，参加省委老干部局举办的学习党的十九大知识竞赛活动。做好经常性思想政治工作。及时了解掌握老干部思想状况，加强情感沟通，春节前，局机关给每位老干部邮寄慰问信。认真对待老同志及其亲属来电来访，坚持按政策规定及时、妥善处理所反映的问题，不能解决的耐心细致地做好说服解释工作。2017年，接待来电来访26人次，答复养老金发放等问题咨询6起、协助办理有关证明材料21份。

【党组织建设】 严格党内组织生活。建立“主题党日”制度，每月9日召开老干部党总支例会，10日各支部组织离退休干部党员过组织生活，每季度定期组织非党员同志学习，使政治学习和党建工作抓在日常、严在经常、落在平常。落实“三会一课”、组织生活会、集体学习等制度，给每个支部和每位党员分别配发组织生活记录本和学习笔记本，在省局门户网站专设老干部党建和工作动态专栏。加强流动党员的管理。跟随子女在外地居住的老党员、身体不好行动不便的老党员，所在支部每月至少电话联系1次，党总支每季度走访1次，确保每一名老党员都在组织管理服务之中。加强党费收缴管理。重新计算离退休干部党员党费缴纳数额。对行动不便的老同志，由工作人员上门收取党费，确保及时足额上缴。加强支部自身建设。强化对支部班子成员的学习培训，努力把支部建设成为团结动员老同志的坚强战斗堡垒。11月，选派1名离退休党支部书记，参加全省离退休干部党组织书记深入学习贯彻党的十九大精神示范培训班。

【服务保障】 落实老干部政治待遇。坚持完善阅读文件、参观考察、情况通报、订阅报刊和购买学习资料等制度。离退休干部党总支每月定期召开1次扩大会议，通报学习中央、省委重要文件和省局重要工作动态；坚持局主要负责人向离退休干部通报情况制度。春节前夕，党组书记、局长马越男以PPT方式，图文并茂、生动直观地向机关老干部通报全省食品医药产业发展、系统建设、监管工作、老干部工作等有关情况。提高老干部生活待遇。离退休干部生日蛋糕券由200元提至300元，并制作生日贺卡，在每位老同志生日前及时送去温暖和祝福；离退休干部节日用品发放标准由每人每年1000元提升到1600元。做好医疗保健服务。加强与社保部门、省级医疗单位沟通协调，尽力解决老同志寻医就诊、医疗保健等需求，全年安排老干部就医拿药车辆130余次，帮助联系专家问诊42次，联系住院床位9次，定期看望2名长年住院老干部，基本做到“离休干部就诊检查全程服务，退休同志寻医问药有问必应”。组织23名保健对象和68名退休人员进行健康查体，安排14名离退休干部及家属到青岛、泰安、临沂等地进行健康疗养。组织老干部学习省社保局《关于省直医疗保健省内异地住院联网备案的通知》，并印制发放《省内异地住院直接结算定点医院名单》。妥善办理老干部善后事宜。按照组织程序和有关政策规定，主动与家属沟通协调，积极与有关处室配合，尽量满足家属需要，全力帮助家属办理遗体存放、生平拟定和印制、讣告张贴、车辆租借、遗体告别火化、骨灰存放、抚恤金领取等一系列善后事宜，尽力提供全方位服务保障，全年办理老干部善后事宜4起。推进文化养老。认真贯彻落实全省离退休干部文化养老工作经验交流会精神，加强文化阵地建设，机关老干部活动中心增添文体娱乐设施，先后举办“青松杯”象棋赛、“长乐杯”麻将比赛。10月26日，局机关在长清区马山举办“喜庆十九大，欢度老年节”趣味运动会。坚持特困帮扶制度。做好离休干部遗属特殊困难专项救助摸底工作，为2位老干部遗属申请办理生活困难补助，并按照有关政策规定，及时调整补助标准。国庆节前夕，走访慰问2名困难离退休干部党员。

【夕阳风采】 按照上级部署要求，以“展示阳光心态、体验美好生活、畅谈发展变化”为主题、紧贴工作中心，积极开展丰富多彩、各具特色的为党和人民的事业增添正能量活动。局机关组织开展“助力食药监管、展示夕阳风采”活动，引导老同志不忘初心，当好食品药品监管工作的宣传员、信息员、监督员，为推进监管贡献力量，为社会增添正能量。局机关姜健康、孙艳波、宋月华、陶锡林4位老同志主动担当新组建的宿舍区物业管理机构负责人，热心为大家服务；冯世顺、张庆公等主动联系有关人员，修剪解放路家属院树木，组织清运树枝10余车；邹世和、颜炳菊经常清扫院内树叶和垃圾；孙玉亭、朱增法主动清扫宿舍区积雪；曲庆芝为老干部活动中心撰写春联等。

（撰稿：马长虹　核稿：石永敏）

党建工作

【概况】 2017年，省局全面落实中央、省委关于基层党建工作部署，认真学习宣传贯彻党的十九大精神，以推进“两学一做”学习教育常态化制度化为抓手，全面加强思想政治建设、基层组织建设、党风廉政建设、精神文明建设，机关党建工作水平又有新的提高，为推进省局食品药品监管工作做出积极贡献。省局党组高度重视机关党建工作，于2017年3月1日、7月14日和12月27日，3次召开党建工作专题会议，党组书记、局长马越男听取汇报，对党建工作作出部署要求。副局长、局直属机关党委书记陈耕，副局长、局直属机关党委副书记廖发银，多次研究部署机关党建工作，制定《2017年局直属机关党的工作要点》，明确20项重点工作任务，并认真组织实施。

【学习宣传贯彻党的十九大精神】 坚持把学习宣传贯彻党的十九大精神作为首要政治任务，统筹谋划，精心组织，周密安排，扎实推进。制定局党组《关于学习宣传贯彻党的十九大精神的通知》，分层次定指标、列出硬杠杠，对班子成员、各基层党委（总支、支部）书记、普通党员干部提出“三个三”要求，抓严抓实宣贯工作。组织全局党员干部观看党的十九大开幕盛况，印发《深入学习习近平总书记报告的通知》，召开动员部署会，及时发放习近平总书记在党的十九大上的报告、新《中国共产党章程》单行本、十九大学习笔记本等，方便大家学习。各基层党组织迅速开展集体学习和党员自学，掀起全员学习热潮。加强辅导交流，组织厅级领导干部参加省委组织部组织的集中培训，正处级领导干部参加省直工委组织的集中培训，其余党员干部分2期、每期2天进行集中培训，分管局领导作动员，省委、省直机关工委宣讲团主要负责人作辅导，119名党员干部参加培训，实现学习辅导全覆盖。利用周五课堂，组织全局党员干部收听收看汪永清辅导报告、杨凤城辅导讲座录音。组织开展学习座谈和心得体会交流活动，在省局网站开通“学懂弄通做实党的十九大精神”专栏，每周制作更新省局学习宣传展板，利用蓝信、微信加强学习宣传交流，促进学习宣传活动开展。做好宣传宣讲。制定《宣讲方案》，“请进来”与“走出去”相结合，组织党的十九大精神宣传宣讲。局党组书记马越男为全体党员干部讲“第一课”，班子成员、基层党组织书记积极开展宣讲。省直机关宣讲团王树山、李合洲分别来省局作宣讲。党的十九大精神进基层、进社区、进企业、进农村工作有序推进。将党的十九大精神列入省局应知应会考试内容和周五课堂测试内容，使学习宣传贯彻党的十九大精神成为全局广大党员干部的共同意志和自觉行动。

【"两学一做"】 制定省局《推进"两学一做"学习教育常态化制度化工作方案》和《学习计划安排》，对"学""做""改""关键少数"引领示范作用、支部主体作用等提出明确要求。组织编印《习近平总书记关于食品药品安全工作的重要论述和指示批示摘编》《党建工作手册》，发放《马克思主义十五讲》《习近平 7 年知青岁月》《学思践悟》等 2000 余册学习资料，供党员干部学习。党组书记马越男"七一"率先给全局党员干部上党课。局党组理论学习中心组率先垂范，坚持每一到两周组织集体学习讨论 1 次。局机关坚持办好"周五课堂"，重点加强对习近平新时代中国特色社会主义思想、党章、党的基本理论知识的学习。省第十一次党代会召开后，组织省局党员干部观看党代会盛况，制定学习方案，邀请省委政策研究室张成杰作专题辅导，推动党代会精神学习宣传贯彻落实。不断丰富形式和内容，开展经常性思想教育，提高学习教育成效。组织开展"庆七一"系列活动，局机关全体党员干部重温入党誓词，编印《不忘初心 砥砺奋进——走好食品药品监管新的长征路》宣传图册，组织举办"学习习总书记系列讲话争做合格党员"和"我与食品药品监管共成长"演讲活动、"巾帼心向党·喜迎十九大"座谈会等，组织部分党员干部到威海教育基地进行党性教育。各基层组织积极开展主题党日活动，参观党性教育基地、与基层党组织结对子、帮扶困难党员等活动丰富多彩、富有成效。编印《机关党建简报》8 期；开通党建工作网上展播平台，50 个党支部全部开通网上"e 支部"，完成"灯塔——党建在线"党员注册，积极参加网上学习交流。《山东机关建设》刊登省局党建信息 11 篇。

【党组织建设】 *加强党的组织建设*。调整充实省局党建工作领导小组。对人员调整较大的 16 个处室支部及时进行支部改选，省食品药品检验研究院党委完成换届选举。组织召开直属机关党委会 7 次，研究审议议题 20 个。认真统计核实省局党的组织情况，局直属机关 57 个支部、475 名党员进行党组织和党员信息采集，完成"灯塔——党建在线"党员注册工作。规范党费收缴管理，上缴清理党费。指导局直属单位加强对聘用制党员的管理，组织发展党员 4 名。加强服务型党组织建设，中秋前后，走访慰问省局直属机关 12 名困难党员、群众。顺利完成党的十九大、省十一次党代会代表推荐相关工作。

完善党建工作制度机制。组织开展机关党委书记抓基层党建重点突破项目调研，制定省局《党的工作督导考核管理办法》，探索建立对各处室单位党组织的量化考核标准。督促各基层党组织认真落实好"三会一课"、民主评议党员等党内政治生活制度。组织年度民主生活会和专题组织生活会。局领导全部参加双重组织生活。各支部在推动党建与业务工作相融合，推动党员干部进社区，强化反邪教措施，做好党的十九大期间维稳工作，创新服务管理党员方式方法方面，积极探索，取得很好成效。

推动过硬党支部建设。围绕过硬支部建设进行认真调研，积极探索过硬党支部标准和推进过硬支部建设措施。提高基层党务干部能力素质。3 月和 8 月分别举办党组织书记和专职党务干部培训班，提升党务干部的综合素质和业务工作能力，副局长廖发银等作专题辅导培训。开展争做合格党员活动。结合"两学一做"学习教育，明确局机关合格党员标准，督导各支部结合自身实际，细化合格党员标准，规范党员言行。利用线上线下多种方式，对局直属机关党员干部进行培训。支持支部活动。树立一切工作到支部的鲜明导向，在省直机关首创性制定《支持支部自主开展活动经费管理办法》，为各支部自主开展党建活动提供支持，激发各支部发挥主体作用，开展活动的主动性、自觉性。

【党风廉政建设】 *严格落实党风廉政建设责任制*。认真落实党风廉政建设主体责任，省局层层签订党风廉政建设责任书，全面落实"一岗双责"。组织各处室单位细化廉政风险清单，制定具体防范措施。持续抓好贯彻落实中央八项规定精神和纠正"四风"工作，组织各处室单位认真查摆机关作风建设中存在突出问题，认真整改。

全面做好廉政风险防控工作。坚持例会制度。每月组织召开党风廉政监督员例会，及时交流违纪苗头和问题隐患，提出防范措施，有效推动各项制度落地。加强廉政教育。坚持每周发 1 条廉政提醒短信微信。组织机关和直属单位党员干部到泰安监狱进行反腐倡廉警示教育，观看《永远在路上》视频，做到廉政教育警钟长鸣。做好专项监督工作。加强对工程建设、服务项目的招投标、遴选检测机构、直属单位人员招录和职称评定等事项的监督工作，形成常态化监督机制。参与制订省局《内部审计工作暂行办法》《履职尽责容错纠错实施办法》。做好节日腐败预防工作。印发关于做好元旦春节、国庆中秋节日期间的党风廉政建设通知，严防各类"节日腐败"。

加强作风建设。根据省纠风办和省广播电台的安排，3 月 29 日和 9 月 20 日，省局 2 次参加"阳光政务热线"节目，党组书记、局长马越男，副巡视员史国生分别带队，宣传食品药品监管工作，解答听众提出的问题。机关纪委及时做好群众反映问题的处置和反馈工作。落实《省委省直机关工委〈关于切实解决

省直机关作风建设中存在突出问题的意见〉的通知》要求，围绕6个方面的重点问题，逐条分析，认真查找，制定措施，认真整改。印发《关于严肃会风会纪等问题的通知》，提出要求，加强督导检查，认真调查处理工作纪律方面出现的问题，促进省局党员干部作风进一步转变。

【精神文明建设】 做好文明创建工作。调整省局精神文明建设领导小组，认真落实局党组《关于加强机关精神文明建设的工作方案》。强力推进文明单位创建工作，积极做好省局机关国家级文明单位申报、省级复查和5个直属单位文明单位创建申报、复查工作，其中不良反应监测中心顺利通过省级文明单位评审检查。加强机关文化建设，进一步完善阅览室、党员之家、篮球场、健身房等基础设施，方便干部职工开展活动。

【群团工作】 完成局直属机关和局机关团委、妇委会换届工作，成立局直属机关、局机关青年工作委员会，工会换届组织筹备工作进展顺利。组织开展宣讲“四品一械”安全知识等志愿服务活动。组织开展争创富民兴鲁劳动奖、共青团员先锋岗（队）、“三八红旗手”等活动，省局不良反应中心获“省富民兴鲁劳动奖状”，王之香荣获省直机关“三八红旗手”称号。

【文体活动】 2017年，省局举办春节联欢会、瑜伽培训、健步走活动。积极组织参加各项文体比赛活动，在省直机关健步走活动获得第二名，省直机关游泳比赛获得团体第七名，省直机关第二届乒乓球比赛闯进前16名，首次参加省直机关篮球比赛，获得“优秀组织奖”，参加驻文东社区单位演讲比赛，获得第一名，展示省局干部职工良好的精神风貌。组织职工健康查体，按照标准发放节日福利、生日慰问，增强直属机关凝聚力和向心力。

（撰稿：金育皎　核稿：张立军）

直属事业单位工作

山东省食品药品监督管理局稽查局

【概况】 山东省食品药品监督管理局稽查局（省食品药品监督管理局投诉举报中心，以下简称“省局稽查局”）是省食品药品监督管理局直属正处级事业单位，参照公务员法管理。主要职责是：受省食品药品监督管理局委托，承担全省食品、药品、医疗器械、化妆品重大违法案件查处和投诉举报受理工作；按规定开展药品、医疗器械广告监测工作；承担全省食盐质量安全跨区域和重大违法案件查处工作；受理食盐质量安全投诉举报工作；指导市、县（市、区）食盐质量安全稽查执法工作。截至2017年底，核定编制65名，实有在编人员51人。

2017年，省局稽查局带领全省各级食品药品稽查机构，深入学习贯彻党的十九大精神，以习近平新时代中国特色社会主义思想为指导，认真落实“四个最严”要求，紧紧围绕全省食品药品监管中心任务，坚持以办案能力提升为主线，以查办大案要案为重点，着力推进稽查执法与日常监管深度融合，着力加强涉案产品控制和社会危害消除，着力提高办案质量、规范办案行为，严厉打击食品药品违法违规行为，较好发挥了食品药品监管的“拳头”作用。

【违法行为查处】 2017年，全省各级食品药品监管部门查处食品药品违法案件35554件，同比增长21.15%，其中食品类案件23762件、药品类案件10165件、医疗器械类案件1166件、化妆品类案件461件。案件货值金额5078.23万元，同比下降84.17%；罚款2.35亿元，同比增加8.35%；没收违法所得2219.45万元，同比下降28.05%。捣毁制假售假窝点22个，责令停产停业280家，吊销许可证15件。向刑事司法部门移送案件283件，同比增长64.53%，刑事判决20件，刑事处罚43人。全省公开行政处罚案件信息2.58万件，符合行政处罚信息公开条件的案件公开率为100%。在国家总局稽查工作考核中，山东省办案数量、案卷质量均位居全国第一，综合考核第五名；入选2017年度全国优秀案例6个，位居全国第3位。

【专项稽查行动】 针对群众反映强烈的食品药品安全问题，省局稽查局组织全省各级食品药品稽查机构开展多次专项稽查行动。畜禽水产品专项稽查行动，全省检查畜禽水产品生产经营单位16万余家，查处案件416件，涉案货值35万元，查扣违法畜禽水产品4567公斤，罚没款375万元，部门间移送案件线索36件，向公安机关移送案件或线索109件。打击食品、保健食品欺诈和虚假宣传专项行动，全省立案查处食品、保健食品欺诈和虚假宣传案件857件。打击非法医疗美容专项行动，全省检查药品、医疗器械生产经营企业3200余家，医疗美容机构1100余家，立案查处27起，责令改正60起，移送公安机关案件6起。开展打击食品药品领域侵权假冒工作，全省检查食品药品生产经营单位14.4万次，查处制售假冒伪劣产品案件544件。

【办案协作联动】 组织全省各级食品药品稽查机构核查处置国家抽验不合格药品12批，外省抽验标示山东省生产不合格药品50批，山东省抽验标示外省生产不合格药品108批。组织查处跨省、跨区域案件10余起，指导督办烟台、日照等市办理案件6起。落实重大案件办案专项经费补助政策，对18起重大食品药品违法案件给予补助11.12万元。组织召开第十届沪苏浙皖闽赣鲁豫（“7+1”）食品药品监督稽查联防协作区会议，上海、江苏、浙江、安徽、福建、江西、山东、河南等省（市）局共同签署《第十届“7+1”食品药品监督稽查联防协作区备忘录》和《关于建立“7+1”食品药品监督稽查联防协作区联合惩戒机制的意见》。推动省会城市群稽查联动协作区、环黄渤海“6+1”稽查打假协作区、冀鲁交界区域稽查执法协作区建设，建立起信息通报、案件协查等稽查工作模式。全省各级公安机关送检涉嫌犯罪药品269批，完成检验256批，不合格214批，不合格率83.6%。参与国家总局稽查局和公安部行刑衔接工作督导检查，对济南、青岛、威海等市行刑衔接工作实地检查。

【违法广告治理】 2017年，全省各级食品药品监管部门向工商行政管理部门移交违法广告1676条，发布违法药品、医疗器械保健食品广告公告11期，公告违法广告397条次，其中药品349条次、医疗器械9条次、保健食品39条次，公布违法广告典型案例15个。约谈涉及发布违法广告的省内保健食品生产企业2家。省局稽查局组织12个市局紧急核查处置利用养生栏目销售违法产品，核查处置涉及山东省66条媒体信息、8个相关产品，及时向国家总局报告调查处理结果。将发布虚假药品、医疗器械保健食品广告的网站纳入公告范围，先后公告互联网发布的违法广告13条，其中药品广告11条，保健食品1条，医疗器械1条。

【投诉举报】 2017年，全省接收投诉举报及咨询建议13.58万件，同比增长20.57%，其中，投诉举报8.72万件，同比增长29.09%；受理8.05万件，受理率92.31%；咨询4.84万件，同比增长7.62%；意见建议225件，同比增长20.57%；其中普通食品类11.23万件、药品类1.12万件、保健食品类6484件。省局投诉举报中心接收食品药品投诉举报及咨询建议1.42万件，同比增长34.37%，接待群众来访89人次。转办各市办理投诉举报3606件，移送其他部门70件，投诉举报事项按时办结率100%。全省每十万人口投诉举报信息总量平均为1.24万件，每十万人口投诉举报量和咨询量分别为8375件和3957件。在全省范围内，组织以“12331——守护食品药品安全”为主题的系列宣传活动，开展“局长接听日”“媒体开放日”“12331宣传进企业、进校区、进社区”及现场集中宣传等活动。12月，“12331”食品药品投诉举报电话与“12345”市民服务热线对接整合。初步建成全省投诉举报数据中心，完成与国家总局受理和举报中心系统对接，投诉举报实行网上交办、督办和办理反馈。

【典型案例】

1. 潍坊市妇幼保健院使用未依法注册医疗器械医用无油空气压缩机（组）案。2017年3月，潍坊市局根据群众举报，查处1起由业务员盗用生产厂家资质，私刻公司公章参与招标并销售的，潍坊市妇幼保健院使用未依法注册的医疗器械案件，给予当事人没收未依法注册医用无油空气压缩机（组）1台，并处罚款12.5万元。

2. 日照市东港区顺源水产冷藏厂销售未经批准的“Anti-Wrinkle Vital BB Cream”等进口化妆品案。2017年4月，日照市局根据群众投诉举报，依法对位于日照市东港连云港路336号的日照市东港区顺源水产冷藏厂经营场所进行现场检查，当场查扣无行政许可批件的进口化妆品15种，总计2619盒（或桶）。

3. 临沂市查办“3·10”特大制售假药案。2017年3月，临沂市罗庄区局查办1起依托“快递擦边球”及“发展下线”模式制售假药案，该案自2016年以来通过“培训班”发展销售人员，通过淘宝、微信销售等方式向广东、广西、山东、吉林、河南、河北、天津、重庆、上海等全国30省市长期销售假药。确认并抓获犯罪嫌疑人11人（逮捕9人），打掉生产假药窝点4处，查获生产、储存窝点2个，扣押假药2万余粒，以及其他半成品及原料、包装物、生产设备一大宗，涉案货值300余万元。

4. 滕州市查办山东三十香调味食品有限公司生产与标签标注的内容不符食品案。2017年3月，滕州市局根据投诉举报，发现山东三十香调味食品有限公司生产的“沈记三十香”调味料标签含有虚假内容，实际生产使用的配料与产品标签标注的配料不相符，并销售至西安市和成都市多个地区。经执法人员奔赴投诉产品“沈记三十香”调味料销售地调查，确定山东三十香调味食品有限公司生产经营标签含有虚假内容的“沈记三十香”调味料货值金额25万余元。行政处罚如下：没收违法所得300元、罚款181.13万元。

5. 淄博查处李某等非法经营西地那非原料药、游某某生产销售有毒有害保健食品及刘某某生产销售假药等系列案。2015年6月至2017年6月，根据群众举报，淄博市局联合公安部门查办1起李某等非法经营西地那非原料药、游某某生产销售有毒有害保健食品及刘某某生产销售假药等系列案件。该案抓获犯罪嫌疑人16人，涉及全国21个省市，涉案价值1000余万元。

6. 威海韩品贸易有限公司经营未经批准（检验）的进口化妆品案。2017年3月，威海市局、威海市出入境检验检疫局联合查处威海韩品贸易有限公司，该公司涉嫌经营非正常渠道进关的未经检疫的韩国进口化妆品，现场查获吕（RYO）洗发水、Abybom洗发水、润膏洗发水等5个品种韩国进口化妆品，货值金额13万余元。威海市局依据《化妆品卫生监督条例》规定，给予威海韩品贸易有限公司没收产品，没收违法所得6161.50元并处违法所得3倍罚款的行政处罚，罚没款合计2.46万元。

【其他工作】 2017年3月31日，全省各级食品药品监督管理局开展以“12331——守护食品药品安全”为主题系列宣传活动。省局副局长陈耕在省局投诉举报中心现场接听“12331”投诉举报电话，解答公众咨询。活动当天，全省接收投诉举报及咨询电话551件。

9月13—15日，省食品药品监督管理局和省石油化学工会委员会在济南联合举办全省食品药品监管系统第六届稽查执法办案技能竞赛决赛。全省6568名执法人员参加初赛，68名选手参加全省决赛，2名稽查执法人员被省总工会授予“山东省富民兴鲁劳动奖章”。省石化工会副主席孙利斌代表省总工会在总结表彰会上宣读表彰决定并讲话，省局副局长陈耕出席总结表彰会议并讲话。

11 月 29 日—12 月 1 日，省局稽查局在济南举办全省食品药品稽查执法能力培训班。国家总局稽查局、行政事项受理服务和投诉举报中心有关领导以及法律法规、行政执法文书写作和行刑衔接等方面专家分别授课。省局副巡视员史国生在开班仪式上讲话。省、市、县三级近 300 名稽查执法人员参加培训。

11 月 29 日—12 月 1 日，第十届沪苏浙皖闽赣鲁豫（“7+1”）食品药品监督稽查联防协作区会议在济南召开。上海、江苏、浙江、安徽、福建、江西、山东、河南等省（市）局分管稽查工作领导、稽查局（处）主要负责人和稽查业务骨干 60 余人参加会议。国家总局稽查局综合处处长周岸鹏、省局局长马越男出席会议并讲话，省局副巡视员史国生主持会议，“7+1”监督稽查协作区成员单位负责人作交流发言。各市局分管稽查工作领导和稽查机构负责人列席会议。

12 月 12 日，山东省食品药品监督管理局、山东省财政厅《食品药品违法行为举报奖励实施办法》正式印发实施。

党总支书记、局长：李玉基
电话：0531−88592918
地址：济南市经十路 16122 号
邮编：250014

（撰稿：王苗苗　核稿：李玉基）

山东省食品药品检验研究院

【概况】 山东省食品药品检验研究院（以下简称“省院”）创建于 1956 年 6 月，是山东省食品药品监督管理局直属事业单位。主要承担食品（包括保健食品）、药品、化妆品的检验检测和科研职责，开展监督检验、许可注册检验、评价性检验、风险检测、标准制修订以及科研工作，并作为技术龙头，承担全省食品药品检验机构的技术指导和专业技术培训工作。设有办公室、人事科、科研管理科、化学药品室、中药室、抗生素室、保化室、微生物室、食品化学室等 24 个科室。事业编制 176 名，在职职工 306 人，高级职称资格 79 人，硕士以上学历占专业技术人员总数 70% 以上。其中享受国务院特殊津贴专家 2 人，有突出贡献的青年专家 1 人，各类国家级食品药品专业委员会委员 22 人。实施“引智”工程，先后聘请中国工程院陈君实院士、沈建忠院士、美国食品药品监督管理局专家王功明博士等知名专家学者作为学科带头人。省院连续 9 年被授予“省级文明单位”称号，是国家认定的食品复检机构，是国家蔬菜和化学药品评价抽检技术牵头组长单位、全国第一家食品添加剂发证检验机构、是首批 8 家婴幼儿配方乳粉发证检验机构之一；是 10 家国家本级保健食品检验任务的机构之一；是国内唯一正式挂牌的国家总局药品审评实践培训基地及山东大学优秀教学基地。

【设施建设及管理】 全院占地 40 亩，药品检验楼 12000 平方米，食品检验楼（借用）6000 平方米，15770 平方米的食品药品检验大楼 2017 年竣工。检验和科研仪器设备价值 2.8 亿元，拥有高分辨质谱联用仪等一批精密检验仪器。检验能力基本涵盖所有食品（包括保健食品）、药品和化妆品。先后承担国家重大专项、国家自然科学基金等项目课题 31 项，荣获省部级科技进步奖 10 项，主持参与食品药品标准制修订 400 余项等。制定《目标考核管理实施方案》，以建立可操作、可评价、可激励、可约束考核机制，提高科室执行力为目标，以做好人力资源和效率产出分析为考核方式，将科室工作目标列入年度考核评比，促进资源配置，提高工作效率。

【能力验证】 2017 年，省院与 FAPAS、LGC、EDQM、中检院、认监委等国际国内权威机构保持密切联系，组织实验室报名参加。2017 年报名参加国际能力验证包括牛奶中氯霉素检测、100% 玉米粉中玉米检测、药品微粒子污染检测等 9 项，国内能力验证 14 项，测量审核 1 项，实验室比对 1 个，收到满意结果 20 项。

【监督检验】 截至 2017 年底，省院完成检验工作 27097 批。其中食品检验 18035（其中委托检验 7352 批次，国家抽检监测 5404 批次，省抽检监测 5279 批次）；完成药品检验 5885 批（监督抽验 755 批，注册检验 708 批，委托检验 3599 批，风险排查 823 批）；完成保健食品 1804 批（包括抽验 653 批，委托检验 1124 批，注册检验 24 批）；完成化妆品 1373 批（包括抽验 760 批，委托检验 328 批，许可检验 285 批）。

【应急检验】 省院在“染色橘子”“毒大葱”“毒鸡蛋”等食品安全突发事件中响应及时，严格按规定积极应对，及时组织、协调抽样、检验工作，第一时间完成并上报国家总局、省局等监管部门相应结果和分析报告，为应对舆情提供强力支持，有效维护执法处罚震慑力。

【国家药品抽验】 2017年，省院完成国家药品抽验569批，检出不合格样品4批次。在现场评议比赛中，女金丸获得全国中药组第1名、复方胃蛋白酶颗粒获得抗生素生化辅料组第4名，维生素E盐酸酯胶囊获得化学组第7名。

【提高检验标准】 2017年完成药品标准起草15个品种，复核10个品种；申报阿胶、止咳平喘类等食品药品保健食品补充检验方法14项；食品制修订《食品中叶酸的测定》等3项食品安全国家标准；被国家总局遴选为首批食品快检评价机构并完成《蔬菜中敌敌畏、敌百虫、丙溴磷、克百威、灭多威的快速检测》方法。

【仿制药一致性评价】 省院投入3200余万元购置仪器设备及软件，构建仿制药一致性评价平台。与山东省药学科学院、北京中日友好医院、齐鲁制药、CRO等知名研发机构签订技术服务合同10余个。完成14个品种仿制药一致性评价前期复核准备工作。完成2个品种技术复核任务。投资1300万元建立生物样本检测（BE）实验室，购置包括3台液质在内的仪器设备，完善独立的实验室管理体系和质量体系，完成10余个品种方法学研究。

【监督抽样】 省院2017年派出抽样人员2000余人次、使用车辆280台次、行程90万公里，足迹遍布21个省市75个地级市120个县区及省内17市。截至2017年12月20日，完成抽样任务11298批次，其中食品5588批次、药品4951批次、保健食品301批次、化妆品458批次。

【能力提升】 省院发挥“龙头”作用，2017年举办对外培训班14期，培训人员1200余人次，内容涉及领导班子综合能力提升、食品安全、监督抽样、药物安全性评价等。免费为地市检测中心培训技术骨干20余人，接收山东大学实习生30余人次。组织全省药品检验技术比武，邀请中检院、科研高校等知名专家组成专家委员会，促进全省药检技术整体提升。聘请陈君实院士、沈建忠院士、丁健院士等知名专家作为学科带头人。落实出访计划6次，出访人员15人次。其中2名食品骨干赴美国佛罗里达国际大学进修，1名药品骨干以国家公派访问学者身份，赴美国FDA国家毒理学中心留学。省院先后搭建食品中有毒有害物质分离分析、分子生物学等7个研究平台；开展肉及肉制品监管技术研究等2～3个重点实验室筹备工作。参与国家重大专项“溶出曲线库的建立”等2项；获得省科技厅批准立项山东省重点研发计划4项，参与合作2项；山东省自然科学基金1项。利用省发展类项目资金250万元，支持13项院自拟课题项目。“山东省中药材和饮片质量标准规范化研究”获得2017年度山东省科技进步二等奖；获得山东省药学会科学技术奖8项，其中一等奖3项。发表论文43篇，其中SCI收录4篇。获得国家发明专利2项，实用新型专利3项。

【信息化建设】 省院搭建实验室信息管理系统（LIMS），并配合完成色谱数据（CDS）软件、BE实验室WATSON LIMS软件等接入院网络工作。实现食品、药品、保健食品、化妆品实验室信息管理系统全覆盖，各项检验检测数据具有可溯源性，实现实验室业务规范化、自动化、数字化管理。

【法人治理结构建设改革】 按照省委、省政府部署要求，省院开启法人治理结构改革，完成实施方案起草、组建理事会、健全管理层、选派监事、制定章程等工作。6月8日召开首届理事大会，6月30日召开首届理事会，表决通过院管理层人选、《章程》《十三五发展规划》等重大事项改革成果多次在全国系统、省级会议上介绍经验。

【通过口岸所现场评估】 6月5日经过国家总局检查组查看实验室、模拟进口药品抽样送检、模拟样品检验、笔试等多个环节检查，顺利通过现场评估。

【完成总局药审中心实训任务】 12月27日，国家总局药品审评中心实训工作圆满结束，省院被授予“优秀实训单位”称号。实训过程中，省院加强领导，精心组织实训工作。成立实训工作领导小组，先后遴选确定实训单位19家、带教老师300余位，制定详细的实训方案。科学规划，讲求实训效果。综合考虑各实训单位的业务特点，采用模块化形式进行培训，科学调配，通过学术讲座、实验操作、交流互动、实地观摩等方式，让学员全面了解药品研发、临床试验、药品生产、药品检验等与审评相关的一线工作情况。严格考核，保证实训质量。每期培训结束都对基本实验操作和实验室基础知识进行现场考核。参训学员成绩优异。

【党建工作】 增强党委班子自身建设，顺利完成班子交接和党委换届工作，选出新一届党委和纪委，理清发展思路和举措。明确“三项管理措施”（激发内生活力、推动精细化管理、严格落实工作责任），强化“三个保障”（政治保障、组织保障、制度保障），提升“三种意识”（服务意识、风险意识、创新意识）。在法人治理结构中，明确加强党对全院政治、思想和组织领导，保证改革正确方向。坚持做到理事会决策地位与坚持党的领导相统一，理事会重大业务决策与党组织职责作用发挥相统一，理事会用人权与党管干部原则相统一。党委班子战斗力和凝聚力进一步增强。

党委书记、理事长：李军
电话：0531-81216568
地址：济南市高新区新泺大街 2749 号
邮编：250101

（撰稿：于咏梅　核稿：李军）

山东省医疗器械产品质量检验中心

【概况】 山东省医疗器械产品质量检验中心（以下简称“检验中心”）成立于 1989 年，是山东省唯一的医疗器械和药包材产品检测机构，并加挂国家食品药品监督管理局济南医疗器械质量监督检验中心、济南药品包装材料检验中心牌子，是全国 10 个国家级医疗器械检验中心之一、3 个国家级药包材检验中心之一，是山东省医疗器械生物学评价重点实验室。主要承担全国医用输液输血注射器具、医用高分子材料、生物材料、卫生材料、生化试剂、医用电器类、理疗类等医疗器械和药品包装材料的产品注册检验、监督抽查检验、仲裁检验和委托检验，以及洁净厂房检测等业务。中心是全国医用输液器具标准化技术委员会（SAC/TC106）、全国医疗器械生物学评价标准化技术委员会（SAC/TC248）两个标准化技术委员会秘书处挂靠单位，全国医用卫生材料及敷料标准化技术归口单位。承担国际标准化组织 ISO/TC76 和 ISO/TC194 国内技术对口工作，参加和承办国际标准化技术委员会会议和国际学术交流会议。负责医疗器械生物学评价、医用高分子材料、卫生材料、医疗器械包装等国家标准、行业标准的制修订和对口国际标准的转化及投票工作。检验中心还是国家医用高分子产品、卫生材料标准化技术归口单位，承担归口产品的标准化工作。通过国家总局、国家认监委和中国合格评定国家认可委员会认证认可的检验项目达 890 项。

检验中心有编制 63 名，在职员工 183 人，其中编制内人员 61 人，合同制人员 122 人，专业技术人员占 91%，博士、硕士占 56%。内设生物学评价室、化学检验室、物理检验室、医用电器检验室、包装材料检验室、微生物检验室、电磁兼容检验室、标准科技办公室、业务办公室、受理及抽验办公室、综合办公室、财务办公室、质量管理办公室、党务人事办公室、设备保障办公室、信息化办公室等 16 个室（办）。

【仪器设备】 2017 年，检验中心新建动物手术室，改造党员活动室和职工活动室，补齐院内西北角围墙。加大安全工作力度，全面核查登记大楼消防、中央空调等设备。2017 年，完成设备政府采购 128 台套，总计 2327 万元。截至 2017 年底，检验中心配备各类国内外先进检验仪器设备 1548 台（套），仪器设备总资产 1.6 亿元，其中 20 万以上设备数 215 台 / 套，一批高精尖仪器设备具备国际先进水平。

【资质认定及体系管理】 实验室自 2016 年监督及扩项评审后，由于组织结构、人员变动、增加特殊领域应用说明（CNAS-CL45；CNAS-CL58），实验室对质量手册和程序文件做了相关内容的修订。2 月 3 日，实验室进行内部审核，对发现的 6 个不符合项进行整改，整改结果有效。3 月 17 日，进行管理评审，管理评审输入内容完整，输出的改进要求明确。10 月 21—22 日，检验中心进行监督扩项评审，现场评审专家对申请的 130 项进行确认，确认推荐 130 项。其中，扩项 87 项，扩标准 2 项，变更 40 项，取消限制项 1 项。2017 年初，实验室制定年度质量控制计划，积极组织人员参加能力验证、人员比对、留样再检等活动，共进行质量控制项目 30 个。2017 年，参与 CANS 及中检院等组织的能力验证及比对试验 16 项，结果均为满意。

【日常检测】 2017 年，受理各种医疗器械、药包材样品等各类检测 6219 批次，审核出具报告 6067 批次。

【技术支撑】 2017 年，完成国家监督抽验 353 批次，省监督抽验 653 批次，省药包材抽验 197 批次。配合省局医疗器械监管处、注册处、许可处、审评中心，派出多人次对山东省医疗器械生产企业质量体系进行现场核查、日常检查和飞行检查工作。负责编写《国家总局医疗器械重点实验室评分细则》；完成《医疗器械分类目录》中《注输、护理和防护器械》《呼吸、麻醉和急救器械》等子目录修订工作；编写培训教材，参与全国范围的培训工作；参加并完成国家总局组织的《医疗器械生产质量管理规范附录无菌医疗器械》培训教材的编写工作，参加全国医疗器械监管培训教材《医疗器械标准知识》的编写。协助省局完成“十三五”规划实施任务、《关于加强食品药品安全科技创新的指导意见》《山东省医疗器械标准管理办法》草案稿、科技创新工作调研报告等的起草。完成对省内涉及义齿、避孕套等产品的多个生产、经营、使用企业的专项整治检查工作。完成《我省医疗器械检验现状及未来定位与发展方向调研报告》的编制工作。在国家总局组织的2016年医疗器械监督抽验质量分析评估报告评比中，检验中心参加现场评议的5个无源医疗器械品种分别获得第一、二、三、五、九名的成绩，1个有源品种获得第二名。

【标准制修订】 2017年，完成19项行业标准制修订工作，其中生物学评价技委会制修订标准5项，输液器具技委会制修订标准13项，卫生材料及敷料行业标准1项。完成21项行业标准的网上预立项填报工作，其中生预立项物学评价标准5项，输液器具标准11项，卫生用品及敷料标准5项。完成输液器具技委会归口的3项国家标准和生物学评价技委会归口的3项国家标准的立项申请工作。发布国家和行业标准28项，其中输液器具标准15项；生物学评价标准9项；卫生材料和敷料标准4项。

【标准宣贯会】 7月3—5日，在烟台举办全国医用输液器具标准化技术委员会（SAC/TC106）归口制修订的2016年发布的医用输液器具相关17个行业标准宣贯会，来自全国生产企业、监管部门、科研院校和检验机构的代表接受了宣贯培训。

7月5—7日，在烟台举办归口制修订的2016年发布的医用卫生材料及敷料标准相关12个行业标准宣贯会，来自全国生产企业、监管部门、科研院校和检验机构的代表接受了宣贯培训。

【标委会工作】 根据标委办综合〔2017〕51号文件中的技委会评估方案，全国医疗器械生物学评价标准化技术委员会（SAC/TC248）和全国医用输液器具标准化技术委员会（SAC/TC106）对2014—2016年的运行管理情况进行总结，按时按要求完成自评考核。SAC/TC248最终结果为II级，SAC/TC106最终结果为III级。

【国际标准化工作】 2017年，参加2项国际标准起草，3项Round-rubbin试验。代表中国进行ISO/TC210/ JWG4和WG5两个工作组的所有国际标准进行投票。联合全国医疗器械质量管理和通用要求标准化技术委员会（SAC/TC 221）秘书处组织检验中心委派2位代表组团参加10月召开的ISO/TC210年会（JW4和WG5两个工作组）。10月，6人代表团参加了ISO/TC194在韩国首尔召开的第28届年会和工作组会议。筹办2018年在济南召开的ISO/TC76第15次年会及工作组会议。

【科研工作】 2017年，检验中心组织上报6项2017年度山东省重点研发计划项目，4项2018年度山东省重点研发计划项目；1项2017年度山东省自然科学基金项目，1项2018年度山东省自然科学基金项目。其中“新型心血管用生物材料临床前血液相容性评价技术研究及应用”获得2017年度山东省重点研发计划立项批准。组织申报1项省局课题“医疗器械检验检测新技术”。“植入式人工心脏及心室辅助装置”和“个性化医疗器械的产品标准和规范研究”立项“十三五”国家重点研发计划；“动物源性生物材料免疫学评价标准以及检测关键技术的创新及推广应用”和“SPR生物传感技术在手足口病早期快速检测中的应用研究”等2项山东省科技计划项目通过结题验收。完成国家总局下达的《聚氯乙烯输液输血器具中荧光物质识别及定量补充检验方法》任务，是医疗器械行业内首个补充检验方法，意义重大。组织申报《医疗器械及材料生物学评价标准与关键检测技术的应用》获得2017科学技术进步奖，获得省二等奖专家评审推荐。完成2014—2016年山东省医疗器械生物学评价重点实验室绩效评估工作。组织申报2个国家总局重点实验室。2017年，检验中心扩大横向科研合作，签订36项277万元的横向科研课题。

【人才队伍建设】 2017年，检验中心按规定面向社会公开招聘专业技术人员4人，其中博士研究生1人，硕士研究生3人。按照组织程序，经党委民主推荐，全体干部职工民主评议投票，省局党组任命施燕平为中心主任。注重专业培训，多次邀请国外专家到中心授课、培训、交流。中心派遣14人次出国参会培训。组织全体职工到淄博新华医药公司进行实地业务培训。各室自行组织培训成为常态，通过能力考核、业务大讲堂等多种形式，营造学习氛围。

【分中心建设】 按照省局错位发展、资源共享的建设要求，以服务监管和产业发展为目的，淄博、威海分中心建设列入省局新旧动能转换帮扶项目。中心积极规划项目建设，稳步推进，为助推产业、提升省中心综合实力打下基础。

【实验室信息管理系统（LIMS）】 检验中心拟建设LIMS（Laboratory Information Management System）实验室信息管理系统，满足省局医疗器械产品质量的技术监督和标准化工作的要求及检验中心医疗器械、药品包装及洁净厂房检验的具体需求。通过计算机、网络对实验室的各种信息进行管理。项目建设覆盖检验中心所有业务流程，并通过选择融合先进的实验室管理理念、规范和方法的成熟、先进的商品化检验检测信息系统软件，结合软件的实施，对原有的管理制度进行修订、工作流程进行优化、管理方式进行改革。同时通过对业务流程中各个环节的条件、成本、期限、人员等进行控制，实现对业务工作的可知、可控、可预测管理。实现实验室业务的规范化、自动化、数字化管理，通过仪器数据的自动采集，以及信息的自动调用、自动计算、自动判定和查错，提高工作的自动化程度和工作效率、减少因人工操作而产生的差错，确保实验室检验数据的准确性、可溯源性，以及检验流程最大限度的无纸化。截至2017年底，完成需求调研，正在进行分析、设计、研发和系统实施配置阶段。

【企业培训工作】 2017年，检验中心分别举办无源医疗器械、有源医疗器械和诊断试剂生产企业3个培训班，免费培训相关技术人员和质量管理人员，针对在注册检验和监督抽验过程中发现的问题进行分析解剖，帮助企业查找原因。

党委委员、主任：施燕平
电话：0531-82682977
地址：济南市世纪大道15166号
邮编：250101

（撰稿：徐露　核稿：施燕平）

山东省食品药品监督管理局审评认证中心

【概况】 2017年，山东省食品药品监督管理局审评认证中心（以下简称“审评认证中心”）顺应药品医疗器械审评审批制度改革，承接药品生产许可现场检查等7项新职责，审评认证中心职责达到25项。适应职能扩充和推进职业化检查员队伍建设需要调整内部科室设置，增设药品注册检查科、医疗器械检查科，药品GMP认证科扩展为药品生产检查科，药品GSP认证科扩展为药品市场检查科，增设业务科加强质量体系建设和综合业务管理，内设科室由6个扩充到9个。山东驻国家总局药品审评中心挂职团队连续第二年获“先进挂职团队”荣誉称号，挂职团队获主审资格人数居各省挂职团队之首。专家型人才培养有力提升审评能力，山东省药品技术转让审评工作全国领先，转让品种受理数量全国第一，审评完成数量全国第一，取得批准文号数量全国第一，审评品种在国家总局通过率100%。文明建设取得新成果，继续保持“省直文明单位”称号。

【审评检查实施】 保健食品。2017年，完成保健食品生产许可技术审查189家次959个产品，保健食品生产许可现场核查83家次306个产品，7—12月审查保健食品广告775条。

化妆品。2017年，完成化妆品生产许可现场检查54家次，审核国产非特殊用途化妆品网上备案23899个品次。

药品。2017年，完成药品再注册审评250个品种，药品补充申请受理和审查995个品种，医疗机构制剂审评40个品种，已有国家标准药用辅料审评10个品种，药品注册现场核查417项，药品技术转让34个品种；组织132家次药品GMP认证现场检查，组织75家次药品生产许可检查，完成无菌制剂现场检查28家次，组织12家次医疗机构制剂许可检查，组织5家次医疗单位使用放射性药品许可证核发检查，组织6家次药品委托生产检查，协助省局安排药品GMP跟踪检查92家次。组织68家次药品经营许可证现场验收，55家次药品批发企业GSP认证检查，35家企业飞行检查，35家企业跟踪检查，审查药品广告申请440个，审查互联网药品信息服务资格证书申请261个。

医疗器械。2017年，完成二类医疗器械技术审评1248份，审查医疗器械广告477项。完成二类医疗器械注册质量体系核查188项，三类产品注册核查49项，41个产品的临床试验核查，医疗器械生产许可现场检查271项。

【质量体系建设】 通过2017年度ISO 9001质量管理体系认证年度监督审核。适应新版ISO 9001质量管理体系的发布实施，制定实施换版再认证工作计划，依照新版标准、结合科室调整修订审评认证中心质量手册，完善质量体系文件。顺利通过盖茨基金国际专家项目省级药品检查机构能力调查评估，国际专家对全省药品认证检查管理体系表示认可。

优化审评检查机制。完善审评体系。深入推进以工作人员为核心、管理专家和协作单位为补充的“三位一体”审评技术体系建设。优化审评机制。药品审评严格主审负责制和集体负责制。医疗器械审评探索开展延续注册快速处理、分级分类审评、审评回头看、建立多部门协调沟通机制，优化“1+X”审评模式，开展精细审评。落实“三通道”和“并联审批”机制。针对列入省局“快捷通道”的制药企业整体搬迁项目，采取“容缺受理”和“并联审批”，审评审批时限至少缩短3个月，同时也大幅节约企业搬迁成本。优化审评检查流程。按产品风险等因素，制定个性化现场检查方案。整合申请资料受理前的形式审查和受理后的技术审查，压缩审查时限。整合后，GMP 认证形式审查和技术审查由 30 个工作日缩短为 5 个工作日。改革现场检查定期按批次派遣检查组模式，对于药品 GMP、药品 GSP 及创新药品、医疗器械注册核查，采取随到随排的派组方式，缩短企业申报到进行检查时间。

【调研科研】 配合省局开展政策形势调研，省局牵头、审评认证中心参与撰写的《山东省食品药品职业化检查员队伍建设调研报告》荣获省政府优秀调研成果三等奖、省行政管理体制改革及机构编制管理科研成果二等奖、全国药品检查机构征文一等奖和全省食品药品监管系统调研报告一等奖。审评认证中心选送的 12 篇调研报告在全国药品检查机构 2013—2016 年征文比赛中获奖。1 篇博士后调研论文获“山东省新旧动能转换重大工程”博士后专题研究征文三等奖。完成本年度全系统重点调研课题 1 项，调研课题 5 项。审评认证中心主要负责人随省局考察团到美国考察学习美国食品药品监管及审评检查工作经验。积极参加国家总局各中心政策或业务研讨 18 次。积极参与国家或行业标准制修订，承担医疗器械注册技术指导原则课题 2 项。医疗器械技术审评报告规范化研究取得阶段成果，《医疗器械技术审评报告撰写指导原则及报告模板》得到国家国家总局医疗器械审评中心认可。1 人作为特聘研究生导师到山东大学授课。1 人作为国家总局基层监管人员培训教材编委会成员在相关培训项目上授课。发表学术论文 10 余篇。

【人才队伍建设】 省编办批复审评认证中心增加副处级领导职数 1 名。新提拔任用 7 名年轻科级干部。全年引进人才 18 人，审评检查队伍壮大到 89 人。着力开展能力提升工程。规范和加强岗前和岗位培训。根据不同岗位特点，全方位、多层次分类实施教育培训。建立新进人员岗前培训和传帮带机制，开展为期 1 周的新进人员入职培训。各科室结合专业实际开展形式多样的内部培训：知识研讨、经验交流、骨干宣讲、专家讲座、外出学习成果汇报等；建立外出检查返回后汇报制度，集体讨论工作得失；药品审评科牵头开展为期半年、每周半天、惠及全中心的集中业务培训；业务科组织成立质量管理体系学习小组。加强骨干力量能力提升。制度化常态化安排到上级部门挂职，在继续做好驻国家总局药品审评中心挂职团队工作基础上，新选派 14 人到国家总局药品审评中心、审核查验中心、医疗器械审评中心、保健食品审评中心挂职锻炼。积极参加国家、省局及相关部门组织的各类培训讲座论坛等 156 人次。《全省药品审评骨干人员知识更新研修项目》获批省级高级研修项目并成功举办。安排 54 人次分别到药品医疗器械化妆品实训基地实训学习。积极参加国家总局、省局组织的监督检查。积极参加国际交流，审评认证中心主要负责人随省局考察团到美国考察学习美国食品药品监管及审评检查工作经验，1 人出国参加国际认证检查。能力提升工程取得积极成效。驻国家总局药品审评中心挂职团队连续第二年获“先进挂职团队”荣誉称号，挂职团队获主审资格人数居各省挂职团队之首；7 人成为国家总局第一批国家化妆品检查员，占全国总数 44 名的近六分之一。

【党建和精神文明建设】 加强党的建设，筑牢审评检查工作坚强的思想堡垒。开展“过硬党支部”建设，推进“两学一做”学习教育常态化制度化，认真学习贯彻党的十九大精神。组织支部书记参加党务干部培训，参加政府工作报告在线学习答题，组织参加“学习总书记讲话、做合格党员”演讲。组织参观山东省党史陈列馆、赴胶东党性教育基地开展党性教育，参加省局庆七一“我与食药监管共成长”演讲比赛。制作风采展示视频及 PPT 在省局蓝信展示。狠抓党风廉政，为审评检查事业改革发展保驾护航。健全党风廉政建设配套制度，制定印发《岗位风险防范管理制度（试行）》等 7 项制度。加强廉政风险防范管理，深入开展廉政风险点排查，查出 5 大风险点，制定 20 余条防范措施。严格落实主体责任和“一岗双责”，逐级签订党风廉政建设责任书和廉政承诺书。学习有关典型问题通报，组织观看专题警示教育片，组织班子成员、支部书记和党务干部到泰安监狱开展警示教育。加强文化建设，激发党员干部干事创业精神动力。联合中建八局、省中医等 10 余家省直（级）文明单位举办“美丽相约、浪漫情缘”单身青年联谊活动。药品审评科获“省直机关三八红旗集体”。开展志愿服务活动，增强干部职工社会责任意识。组织无偿献血志愿活动、“低碳环保，绿色出行”骑行活动等，志愿服务分队不断发展，成员达到 60 多名。

【第一书记】 审评认证中心选派“第一书记”抓党建促脱贫工作卓有成效。争取省财政专项扶贫资金 160 万元，建设“1000 吨电力变压器散热器项目”扶贫车间，完成立项建设“年产 60 吨保健酒项目”，全村 165 位贫困人员人均年收入增加约 678 元，脱贫成效达到省定脱贫标准。开拓当地农产品深加工途径，“黑大蒜素片”“黑蒜薹素片”等定型包装营养食品即将投放市场。联合清华大学健康产业同学会援资改建 200 平方米村卫生室，协调完成社保手续及镇医院派驻医生入驻。审评认证中心党总支到第一书记扶贫村开展主题“共建美丽乡村”主题党日活动，开展文明共建。争取省财政专项资金 170 万元，社会捐资 15

万元，村民捐资 5.04 万元，全村“七改”（改路、改电、改校、改房、改厕、改水、改暖）落实到位，村级办公、服务、活动场所功能完善。建设党员村民活动室 300 平方米，文化娱乐广场 700 平方米，成立广场舞队和秧歌舞队，开展群众性健康文化活动，广场舞队获得镇农民文化艺术节舞蹈二等奖。完成创建省级美丽乡村示范村建设，通过省市两级验收。

党总支书记、主任：李泮海
电话：0531-88562388
地址：济南市经十路 16122 号
邮编：250014

（撰稿：黄传海　核稿：李泮海）

山东省药品不良反应监测中心

【概况】 山东省药品不良反应监测中心（挂山东省药物滥用监测中心牌子，以下简称“省监测中心”），为山东省食品药品监督管理局直属社会公益一类事业单位，正处级，经费来源为财政拨款；核定事业编制 30 名，配备主任 1 名、副主任 2 名。主要职责是：承担全省药品和化妆品不良反应、医疗器械不良事件和药物滥用资料的收集、核实、评价、反馈、上报工作；承担药品和化妆品不良反应、医疗器械不良事件和药物滥用监测方法的研究和交流工作；对全省药品和化妆品不良反应、医疗器械不良事件和药物滥用监测工作进行业务和技术指导。内设办公室、药品不良反应监测评价科、医疗器械不良事件监测评价科、药物滥用监测评价科、化妆品不良反应监测评价科。2017 年 2 月 16 日，经省机构编制委员会办公室批复，省监测中心编制由 13 名调整编制为 30 名，增加化妆品不良反应监测职能。2017 年 6 月 2 日，省人力资源和社会保障厅批复。增编后的岗位设置方案，增加 6 名高级、7 名中级和 4 名初级技术岗位。莱芜市监测中心经市编办批复独立设置，编制 5 名，全省独立设置的市级监测机构达到 11 个。2017 年，通过公开招聘 3 名中级专业技术工作人员，全部工作人员 21 人。其中：在编工作人员 15 人，退休人员 1 人，购买服务岗位人员 5 人，中共党员 12 人，中国农工民主党党员 1 人，全部本科以上学历，研究生学历 11 人。

2017 年，全省收集药品不良反应报告 143006 份，其中严重报告 15875 份（占 11.10%），新的报告 20492 份（占 14.33%）；收集化妆品不良反应报告 8833 份，同比增长 40.25%；收集药物滥用监测调查表 1.12 万份；医疗器械不良事件报告 52735 份，严重伤害报告 12635 份，占报告总数的 23.96%；二级以上医疗机构报告覆盖率达到 90%。

2017 年，向国家总局药品评价中心报告季度报告上报国家中心风险信号 46 个，上报省局风险信号 49 个，召开风险会商会 10 次，组织专家对 53 个信号进行评价，与 11 家生产企业风险交流；召开报告质量评估会 9 次、质量评估培训班 4 次，确保报告真实、准确；国家监测中心据此约谈单光子发射断层及 X 射线计算机体层摄影成像系统生产企业，并拟将山东省报告的医用悬浮床列为国家再评价品种；约谈生产企业 10 家；飞行检查医疗器械生产企业 24 家，跟踪检查药品生产企业 10 家；省监测中心 14 人次参加省局组织的药品 GMP 检查、医疗器械 2017 专项行动、医疗器械飞行检查等。推荐齐鲁医院等 4 家医院成为国家级药品监测哨点，报告能力得到大幅度提升，推荐滨州医学院附属医院等 20 家单位参加培训并申报国家级监测哨点。在全国人大组织的《药品管理法》检查工作中，李建国副委员长对山东省不良反应监测工作给予充分肯定。省监测中心被山东省食品药品监督管理局、山东省公安厅、山东省司法厅和山东省卫生和计划生育委员会，联合表彰为“2017 年度山东省药物滥用监测工作先进单位”。

【药品化妆品不良反应监测】 药品不良反应监测信息收集。2017 年，全省收到药品不良反应（ADR）报告 143006 份，其中严重报告 15875 份（占 11.10%），新的报告 20492 份（占 14.33%）。全省接收通过国家药品不良反应监测系统上报的 PSUR 报告 348 份，其中涉及国产药品 344 份，进口药品报告数 4 份。国产药品 PSUR 中，化学药品 230 份，中药 104 份，生物制品 10 份。2017 年通过预警事件管理平台处理共享预警事件 458 条，处理省内补充预警事件 4037 条，提醒关注疑似药品质量风险信号 7 起。

风险信号挖掘。2017 年，省监测中心致力于开展药品风险信号的提取和信息风险评估工作，向国家监测中心提交复方氨林巴比妥注射液、复方甘草片、蔗糖铁注射液、云南白药胶囊、静注人免疫球蛋白、二羟丙茶碱注射液、替格瑞洛片、注射用泮托拉唑钠、丙泊酚注射液、甲磺酸阿帕替尼片、银杏达莫注射液、蒲参胶囊、丙泊酚注射液、盐酸米托蒽醌注射液、碘克沙醇注射液、盐酸二甲双胍缓释片、三拗片、双氯芬酸钠等 18 个品种风险信息及安全监测建议。国家监测中心认可并要求企业完善说明书的品种有甲磺酸阿帕替尼片、蒲参胶囊等3个品种。国家监测中心委托省监测中心开展复方甘草片安全性研究工作。国家监测中心拟对泮托拉唑钠静注人免疫球蛋白开展国内外风险情况进行评估。国家监测中心拟委托省监测中心对二羟丙茶碱注射液开展评价。

成绩和荣誉。完成国家监测中心委托的丹参注射液安全性和复方甘草片安全性2项研究项目，根据研究结果，国家监测中心拟督促企业完善说明书安全信息；协助国家监测中心开展含呋喃唑酮药品再评价临床应用情况的预调研工作。

化妆品不良反应监测信息收集。2017年，全省收集化妆品不良反应报告8833份，同比增长40.25%，年化百万人口报告数为90份。

制度建设。2017年10月，印发《山东省化妆品不良反应风险快速报告程序（试行）》以及《山东省药品不良事件聚集性信号报告和审核规范》。修订《山东省化妆品不良反应风险快速报告程序(试行)》与《山东省药品定期安全性更新报告处理程序》。

监测体系。2017年2月，山东省机构编制委员会正式批复省监测中心增加化妆品不良反应监测职责，科室人员增加至4名。全省化妆品监测队伍基本稳定。

服务监管。2017年，省监测中心向省局报告化妆品风险信号5次。通过药品不良事件聚集性信号监测发现红花注射液质量事件1起，国家总局在全国通告召回该批次药品。

项目研究。2017年，省监测中心承担由国家监测中心委托的《化妆品成分及其不良反应/事件关联性研究》项目，并正式启动《化妆品不良反应皮损形态基础信息库（II期）研究》。

宣传培训。省监测中心配合省局开展以“安全护肤 美丽人生”为主题的大型“5·25护肤日”宣传活动。主会场设在临沂市，新增绿色骑行等宣传形式，全省参与人数多达8万余人次，山东电视台公共频道、《中国医药报》《大众日报》、大众网等权威报刊、各地方电视媒体等均同步对各地市开展的宣传活动进行报道宣传。2017年，全省近150余名化妆品不良反应监测技术人员参加全省化妆品不良反应监测培训班，培训班为培训人员申请省级继续教育学分2分。150余家生产企业参加国家总局药品评价中心在山东举办的生产企业药品不良反应报告和监测培训班。

成绩和荣誉。“品琪”事件在全国化妆品不良反应监测工作会被当做典型案例介绍。同时省监测中心在全国药品不良事件聚集性信号监测处置工作能力培训班上作经验介绍。

【医疗器械不良事件监测】 **信息收集**。2017年，全省上报医疗器械不良事件报告52735份，严重伤害报告12635份，占报告总数的23.96%。

风险信号挖掘。2017年建立信号挖掘与专业评价相结合、调查分析与风险会商相结合、专家评价与企业交流相结合的风险识别与研判“三结合”机制，在2017年全国药品不良反应监测中心主任座谈会上做典型经验介绍，在《中国医药报》头版头条发布。全年挖掘风险信号122个，召开风险会商会6次，组织专家对68个信号进行评价，与11家生产企业风险交流。上报省局风险信号37个，上报国家监测中心28个。据监测结果，国家监测中心约谈医用直线加速器的生产企业，子宫探针风险被国家总局医疗器械不良事件信息通报。

深化服务。精准服务于安全监管。依据省监测中心对生产企业不良反应数据的分析和评价，省局将高风险品种列入年度抽检品种目录；约谈生产企业10家；飞行检查医疗器械生产企业24家，跟踪检查药品生产企业10家。参加省局医疗器械2017专项行动、医疗器械飞行检查等。主动服务产业发展。针对蒸发器、一次性使用静脉留置针等7个风险产品与生产企业进行风险交流。全面服务临床安全使用。通过不良反应信息管理网络平台、山东省医疗器械安全信息服务专刊、省监测中心门户网站向全省医疗机构反馈发现的风险。2017年发布信息服务专刊3期。

开展重点监测。承担国家总局“十三五”重点监测项目5项。起草实施方案，经专家论证后，上报国家监测中心；组织山东省医疗器械不良事件重点监测启动会暨培训班、重点监测工作组成员到生产企业和使用单位实地调研。

建设专业评价平台。建立由省、市中心、医疗机构和省主流生产企业组成的5个医疗器械不良事件专业评价平台，对呼吸机、输注泵、血液透析机、婴儿培养箱、医用高分子的全省数据深入专业评价，医疗机构发现风险信号直报省监测中心。

科研成果。承接国家级课题《医疗器械故障类不良事件自动报告模式研究》，在山东省立医院、滨州医学院附属医院、烟台毓璜顶医院、威海市立医院、泰安市中心医院、山东大学第二医院建立试点，探索在医疗机构医疗器械管理软件中增加自动提取故障维修信息、一键生成不良事件报告等功能。2017年，在5家医院试点成功，并顺利结题。

生产企业示范。在威高集团建立全国首个医疗器械不良事件生产企业专业评价平台，推进生产企业主动履行监测职责。威高集团建立独立的不良反应监测中心，配备专职人员，在各子集团成立监测机构，主动收集上报不良事件。2017年全国药品不良反应监测中心主任座谈会期间，国家总局、国家监测中心和各省级监测中心主任到威高集团现场观摩。

【药物滥用监测】 信息收集。2017 年，全省药物滥用监测调查表上报单位 83 个，上报药物滥用监测调查表为 11112 份。

沟通协调。2017 年，省监测中心分别到省公安厅、省司法厅、省卫生计生委以及省戒毒管理局、各监测单位协调沟通药物滥用监测工作 10 余次。积极参加省禁毒办组织的 2016 中国合成毒品防治论坛征文活动和“6・26”国际禁毒日宣传活动。

宣传教育。在 6 月 26 日国际禁毒日组织各市级监测中心开展药物滥用监测宣传活动，积极参加省禁毒办组织的“6・26”国际禁毒日宣传活动，制作《远离毒品——从预防药物滥用开始》漫画宣传册，印制 2 万份向市级监测中心发放。

项目研究。承担国家监测中心“多渠道药物滥用监测调查表设计及填写规范研究”项目和“医疗机构药物滥用监测模式研究”项目。与司法强戒所开展“山东省强制隔离戒毒机构医疗用药品药物滥用监测项目”，了解吸毒人群中使用医疗用麻精药品和非管制药品等信息。

成绩和荣誉。参加公安部、教育部、国家新闻出版广电总局、全国总工会、共青团中央、全国妇联、国家禁毒委员会办公室联合举办的首届全国禁毒微视频摄影大赛荣获微视频组优秀奖。1 人被省禁毒委通报表扬。

【科研情况】 2017 年，承担完成国家监测中心委托的《脂溶性维生素注射液安全性研究》《通痹制剂安全性研究》《复方甘草片的安全性研究》《丹参注射剂安全性研究》《我国公众药械化妆品不良反应监测模式研究》《医疗器械故障类不良事件自动报告模式研究》等 6 项课题，启动国家监测中心委托的《化妆品成分及其不良反应 / 事件关联性研究》《医疗机构药物滥用监测模式研究》《多渠道药物滥用监测调查表的设计研究》等项目，自行组织开展《山东省药品安全哨点医院运行模式研究》等 6 项研究项目。科研调研工作取得明显成效，《山东省化妆品不良反应重点监测及化妆品关联性评价方法研究》获 2017 年省药学会科技二等奖，《山东省医疗机构普通人群药物滥用监测研究》报告被纳入《国家药物滥用监测年度报告（2016 年）》，《山东省普通人群药物滥用情况、监测现状及对策调研报告》获 2017 年度省局优秀调研成果二等奖。《我国公众药械化妆品不良反应监测模式研究》《医疗器械故障类不良事件自动报告模式研究》和《化妆品成分及其不良反应 / 事件关联性研究项目》3 个项目填补国内空白，《复方脂溶性维生素安全性研究》获国家第六届药物警戒大会十佳优秀论文奖。承担国家总局“十三五”重点监测项目 5 项。

2017 年 6 月，省监测中心承担的《我国公众药械化妆品不良反应报告模式研究项目》课题顺利通过国家监测中心组织的专家验收，并得到与会专家和领导肯定与认可。

2017 年 9 月，承担国家监测中心《多渠道药物滥用监测调查表的设计及其填写规范研究》项目。9 月 27—28 日在北京组织召开《多渠道药物滥用监测调查表的设计及其填写规范研究》专家论证会。

2017 年 12 月，承担国家监测中心《医疗机构药物滥用监测模式研究》项目。12 月 5 日，在潍坊市组织召开医疗机构药物滥用监测模式研究项目方案专家论证会。

2017 年，省监测中心组织完成《通痹制剂安全性研究》《医疗器械故障类不良事件自动报告模式研究》等 11 项科研成果的登记工作。

【党建和精神文明建设】 党建工作。修订完善《中共山东省药品不良反应监测中心支部委员会议事规则》《中共山东省药品不良反应监测中心支部委员会组织原则》《中共山东省药品不良反应监测中心支部关于支部委员会思想作风和党风廉政建设的规定》《中共山东省药品不良反应监测中心支部委员会责任追究制度》《中共山东省药品不良反应监测中心支部委员会民主生活会制度》《中共山东省药品不良反应监测中心支部“三会一课”制度》和《中共山东省药品不良反应监测中心支部民主评议党员制度》等党建相关制度；制定《中共山东省药品不良反应监测中心党支部关于落实党建工作责任实施细则》，从支部委员会、支部书记、支部委员、党务干部、党小组组长、科室负责人、党员等各层面，全面压实党建工作责任。

“两学一做”。印发《关于推进“两学一做”学习教育常态化制度化的工作方案》《“两学一做”学习教育 2017 年学习计划》《2017 年党日活动计划》等；通过制定月学习计划表和组织各类主题党日活动等方式，扎实开展中心推进“两学一做”学习教育常态化制度化工作。

政治理论教育培训。修订完善《中心组学习制度》《党员教育培训制度》《职工教育培训制度》，制定并印发《周五课堂制度》，进一步明确省监测中心组、党员、职工学习或教育培训的对象、时间、频次、要求，规范相关事项。建立周五课堂制度机制，以此为载体开展经常性政治理论学习。各科室每周五轮流组织学习《中国共产党章程》《习近平谈治国理政》《习近平系列重要讲话读本》、党的十九大报告等理论，观看《把改革进行到底》等专题片，并组织干部职工开展专题研讨。先后组织到焦裕禄纪念馆、万里纪念馆和中共山东省党史陈列馆等党性教育基地参观学习。

党的十九大精神学习宣传贯彻。组织全员观看党的十九大开幕会直播，并对党的十九大报告原文组织再学习；组织观看了山东电视台公共频道实时直播的中央宣讲团党的十九大精神辅导讲座及专家解读直播；组织学习中央人民广播电台特别策划节目中国之声《一日一课》节目的专家解读。印发《中心党支部关于认真学习宣传贯彻党的十九大精神的通知》。完成5期学习宣传贯彻党的十九大精神省局宣传展板的设计。

省级文明单位创建。制定2017年创建省级文明单位实施方案，合理规划工作措施，组织清明节祭扫烈士墓、志愿服务、城乡文明牵手共建、线上公益捐款、药品安全知识下乡等文明创建活动。组织完成社会主义核心价值观24字宣传挂图上墙，完成走廊文化建设工程。2017年4月，省监测中心被山东省总工会授予“富民兴鲁劳动奖状”。2017年11月，志愿服务分队被山东省省直机关精神文明建设委员会表彰为第一届省直机关“最佳志愿服务组织”。2017年12月，被山东省精神文明建设委员会授予“省级文明单位”称号。

党支部书记、主任：吴世福
电话：0531-88592701
地址：济南市经十路16122号
邮编：250014

（撰稿：王家法　核稿：吴世福）

山东药品食品职业学院

【概况】 山东药品食品职业学院（以下简称“学院”）始建于1958年，为山东省食品药品监督管理局直属事业单位，是一所专科层次的全日制公办普通高校，也是省级技能型人才培养特色名校。学院总占地1043亩，校舍面积21.05万平方米，教学、科研仪器设备资产总值7603万元，在校生1.02万余人。2017年有教职工645人，其中高级职称资格194人，硕士以上占专业技术人员总数超过55.7%。学院设有药学系、经营管理系、中药系、医疗器械系、食品系、制药工程系6个专业系和人文社科部、基础教学部2个教学部，同时设有省食品药品监管系统培训中心、省执业药师培训点、省医药行业第二职业技能鉴定所、省食品药品产业从业人员能力提升培训中心，主要为省内外药品食品生产经营企业、医院药房、药物研究机构、药品食品检测机构等培养高素质技能型人才，同时为食品药品监管和从业人员提供继续教育服务。

【优质院校创建】 2017年，学院成立优质校争创工作领导小组和办公室，确定“8+2”建设项目10个，并按照方案进行重点建设。3月，学院按时向教育厅报送申报材料。围绕优质校建设思路和指标，不断跟进重点建设任务。

【人才培养】 专业设置。学院开设药品生产技术、药学、中药、药品经营与管理、食品营养与检测、医疗器械维护与管理、保健食品和化妆品等27个专业。

内涵建设。2017年，新增3个专业，药品类品牌专业群通过省财政厅、省教育厅专家组验收，中药学现代学徒制项目完成中期检查并举行拜师仪式。牵头承担和参与国家专业资源库建设2项、省级专业资源库建设1项，并承担行指委相应专业教学标准制定。立项省职业教育精品资源共享课程8门，开发院级精品资源课程20门。全年获得省级及以上奖项18个。承办全国食品药品职业教育类会议2次。

创新创业教育。2017年，获批省中华职教社“山东省创新创业学院”，与省中小企业局共建省创业创新学院，“智健康”众创空间获得省科技厅省级众创空间备案。5名教师参加全省首期公共就业服务系统创业咨询师培训。20位教师入选“山东省首批创新创业教育导师库”。累计开展学生创业训练营3期、培训学员108人；师资训练营1期，培训教师41名。孵化学生创业项目21个，其中6家进入创业苗圃。荣获省“互联网+”大学生创新创业大赛青岛赛区选拔赛创意组铜奖1项、第二届威海市创业大赛驻威高校大学生类三等奖1项、在省级黄炎培职业教育奖双创大赛中获高职组一等奖1项，二等奖3项和优秀组织奖1项。

【招生就业】 2017年学院录取新生3078人，其中山东省文科最低录取分数358，理科最低录取分数307，录取成绩和名次分别达到全省高职院校25、26名。2017年校园招聘会供需比达1∶6，毕业生就业率达到96.18%。

【师资队伍建设】 公开选拔4名副处级干部、20名正科级干部、34名副科级干部（含教研室主任），不断完善干部队伍梯队建设。引进高端人才、博士等8人，获批2个高等职业教育名师工作室。23名教师入选威海市中高级职称评审委员会评委，3名教师入选省局药品安全专家。45名教师参加省培国培工作；62名新进教师参加岗前培训，高级教师资格证通过率100%。获批2017—2019年申报省级培训项目和国家级培训项目资质。成功组织申报 2 项省级培训项目，累计培训 53 名学员。

【科研情况】 2017 年，药物研发中心成功立项省级“十三五”工程技术研发中心，获批立项山东省中医药科技发展计划项目 2 项，获资助经费 80 万元。获批立项威海市重点研发计划 1 项，获资助经费 40 万元。“中药传统技艺技能传承创新平台”荣获“山东省职业教育技艺技能传承创新平台”称号。获山东省教育厅 2017 年度职业教育教学改革研究项目立项 9 项。

【社会服务能力提升】 承接不同层次业务培训 12 期，累计培训各级监管人员近 3000 人次。与山东大学联合开展远程教育工作，与中国药科大学、沈阳药科大学合作开展药学、医疗器械专业函授专升本，函授学生 500 余名。承担 5 个执业药师继续教育培训教材编写，参训执业药师超过 3 万人次。开展 45 名企业员工和 3000 余名学生的技能鉴定工作。获批“教育部职业院校信息化教学指导委员会师资培训基地”。

【山东食品药品职业教育集团成立】 2017 年 12 月 15 日，山东食品药品职业教育集团在威海成立。省内外近 60 家食品药品企业、食品药品职业教育院校和科研院所参加成立大会。大会审议通过《山东食品药品职业教育集团章程》《山东食品药品职业教育集团第一届理事会理事单位名单》等文件，并举行职教集团揭牌仪式。

【学院建设及合作交流】 *中长期规划编制*。2017 年，学院启动学院中长期发展规划（2018—2025 年）编制工作，形成具有指导性意义的累计 2 万余字的学院中长期总规划及 10 个子规划初稿。

办学条件改善。新建新食堂、开闭所近 2 万平方米，新建 5 个标准排球场。旧食堂改造顺利推进，引进家家悦超市，完成运动场周边绿化景观改造、新食堂周边绿化工程。图书信息大楼项目完成工程招标。新增纸质图书 4 万余册、电子图书 100 万册，新建数据中心超融合 16 个节点、云桌面 480 套、多媒体教室 71 间。顺利通过山东省教育信息化试点单位验收。

校企合作。与威海市环翠区政府签署校地合作战略协议，与青海省海北州经信委签订战略合作协议，与威高集团联合成立第三方食品检测中心，与中国知网成立联合创新实验中心。与鲁南制药、威高集团建立良好合作关系，鲁南制药捐资助学，威高集团捐赠设备 238 万元。

国际交流合作。与新西兰坎特伯雷学院、日本关西大学、韩国西原大学、韩国东义大学、台湾树德科技大学达成友好合作意向，向日本西山短期大学输送学生 7 名，向台湾大仁科技大学输送短期交流学生 30 名，同韩国西原大学签订“3+2”专升本合作办学项目协议书。

【党建工作】 *党委换届*。2017 年 7 月 11 日，学院成功召开第一次全体党员大会，圆满完成党委换届工作，选举产生新一届党委和纪委委员。

“两学一做”和思想政治工作。扎实推进“两学一做”学习教育常态化制度化，认真学习宣传贯彻党的十九大精神，召开全院学习贯彻党的十九大精神暨思想政治工作会议。严格规范中心组学习，全年领导班子集体学习累计达 27 次。大力推进学院思想政治工作，构建“四位一体”的思想政治工作体系，确定 54 项重点工作并分解落实。积极开展庆建党 97 周年歌咏比赛、“戴徽章温誓词”活动、教师节宣誓、思政教师座谈会、学风建设、十九大学习演讲比赛等各类主题活动 20 余次。

从严治党。深入推进反腐倡廉工作，印发学院党风廉政建设文件汇编，制定学院规范领导干部操办婚丧喜庆事宜暂行规定等制度，全面梳理排查廉政风险，着力强化全过程监督，持续转变工作作风，切实加强廉政教育。

意识形态工作责任制。制定意识形态工作责任制实施细则，明确党委领导班子、领导干部的意识形态工作责任。层层签订意识形态工作责任书，明确党委书记是第一责任人，党委副书记是直接责任人，党委其他成员根据工作分工，按照“一岗双责”要求，主抓分管处室系部的意识形态工作。各党总支书记对本单位意识形态工作直接抓、亲自抓，切实解决师生意识形态实际问题。

宣传统战。重视宣传阵地建设，创建新媒体工作室，学院官方微信公众号综合影响力进入全国高职院校前 50 名。成立统一战线工作领导小组，加强对统战工作的领导和督促检查，制定《关于加强新形势下统一战线工作的实施意见》等 4 个文件，推选省市政协委员 2 名，市区人大代表 1 名。

党组织建设。健全完善基层组织，完成 2 个党总支、5 个党支部调整充实工作，推进系部党总支和党支部建设。积极推进党员发展工作，全年发展教师党员 10 人，学生党员 60 人，入党积极分子 300 余人。组织两校区 154 名党员分别到胶东（威海）党性教育基地和淄博原山党性教育基地进行党性教育现场学习。组织 1 人作为省派第一书记到菏泽市成武县朱楼村助力脱贫攻坚。

群团工作。建立关心下一代工作委员会，规范学团代会，累计开展志愿服务 1.8 万余人每小时，

获得“全省志愿服务先进集体”称号。

党委书记：刘玉东
院长：张晖
电话：0631-5712996
地址：威海市高技术产业开发区科技新城和兴路西首
邮编：264210

（撰稿：孙学朋　冀国强　核稿：张晖）

山东省食品药品监督管理局信息中心

【概况】 山东省食品药品监督管理局信息中心（以下简称“信息中心”）为省局直属公益一类全额拨款事业单位，正处级，编制16名，所有工作人员11人，配备主任1名，副主任2名。内设综合科、应用系统科、数据管理科、网络管理科、电子政务科。2017年，信息中心按照省局党组的决策部署，紧紧围绕年度重点任务，全面加强中心建设，网络安全与信息化建设成绩显著，“全程网办”实现“信息多跑路，群众少跑腿”的目标。省局门户及所有业务系统全部迁移到云服务平台，为其他省直单位系统迁移上云提供借鉴经验，所有系统都进行等级保护定级备案及测评整改，6个信息网络安全规章制度重新修订，日常管理更加规范。开展2次应急演练排查网风险，通过多方监控、多种安防手段，确保党的十九大期间网络安全。特别是为省局“智慧监管”工程的全面建设、为各业务系统的顺利实施、为信息化监管手段的广泛应用作出突出的贡献，为建设“食安山东”奠定坚实的基础。

【网络安全】 *网络信息等级保护工作*。2017年1月，信息中心组织召开专家评审会，对省局新增加的23个信息系统进行定级（其中三级系统7个、二级系统16个），顺利完成省局信息系统等级保护定级和备案工作。2017年4—5月，通过第三方等级保护测评机构对省局门户网站、监管信息平台、药品注册信息系统进行等保测评和整改工作。根据省局信息系统开发应用进度11月对部分具备测评条件的信息系统开展测评准备工作，2018年开展测评工作。

系统迁移工作。在2016年迁移11个信息系统的基础上，2017年3月，“智慧监管”工程二期、三期16个信息系统分别迁移、部署到云平台，2017年5月，互联网出口迁移到云平台。针对部署在云服务平台的系统安全问题，信息中心及时与云服务平台协商明确安全责任与边界，选取上云安全检测、云杀毒、身份认证、网络安全日常监测及VPN等安全服务项目，以加强信息安全防护能力。

存储扩容工作。信息中心协同云服务平台对云服务存储设备进行扩容，通过存储虚拟化设备，建成存储资源池，对重要数据统一规划备份。2017年11月，完成从计算资源、网络资源、存储资源形成资源互备，确保硬件设备、网络设备、业务系统升级等扩容更换不停止业务运行，加强重要数据安全保障工作。

应急演练情况。根据《网络安全法》制定应急预案和定期演练，确定每年至少开展2次应急演练工作。2017年，修订完善《山东省食品药品监督管理局信息系统管理应急预案》，内容包括：信息系统管理综合预案、机房盗窃应急预案、机房火灾应急预案、机房漏水应急预案、机房电力故障应急预案、网络事件应急预案、关键应用安全事件应急预案、数据泄露事件应急预案等。5月开展应急演练，对重要信息系统出现故障、机房出现停电、火情等情况进行模拟演练。根据工作计划，12月重点针对发生门户网站被攻击事件进行2017年度第二次应急演练。

网络安全监测预警工作。信息中心协调云服务提供商，部署应用防火墙、入侵检测、杀毒软件、日志审计、数据库审计、VPN、WAF、堡垒机等安全设备，由云平台、开发商、服务商的安全运维人员每天利用各安全监控预警功能对全系统进行安全监控和设备巡检，每月提供云平台网络安全运行维护报告，对发现的网络问题能通过短信息、邮件等功能及时提醒管理人员。同时，以省局网络安全技术力量为主，协调协会专家、软件测评、安全运维、云服务、等保测评、安全厂商等机构的技术力量组成安全保障团队，在处置勒索病毒、保障党的十九大召开期间信息网络安全等方面发挥积极作用。

【系统运维】 针对省局业务应用系统不断增多、运维任务量大幅增加、系统中注册企业达到74.3万多家的情况，信息中心采用开发商、服务商和自身联合运维模式，每天解答和解决处理企业、基层监管人员提出与发现的问题，并形成周报、月报。2017年，累计解答处理各类问题398184件次，累计维修维护信息化办公设备1300余件次，保障视频会议88次，演示会、培训会、局务会、应急会等多媒体会议153次，每季度分别开展1次办公设备、网络安全和保密检查，并为所有办公计算机安装“三合一”安全防护软件，确保省局系统往云平台迁移、数据存储备份、等保测评、安全监测、业务办理等方面顺利实施。

【数据管理】 2017 年，信息中心参与制定《全省食品药品监督管理数据管理办法》、全省食品药品安全监管数据汇聚工作方案，完成与省工商局的企业信息交换共享工作，并与其签署《企业信息共享交换合作协议》，向国家总局上报食品经营企业信息 494548 条、药品经营企业信息 110193 条、向省公共信用平台上报行政许可公示信息数据 784637 条，向青岛市局提供共享数据 6166 条、潍坊市局 8083067 条、荣成市局 16511 条，完成省局数据库向省政务云平台迁移割接并建立数据库异地备份体系，涉及到 151 个虚机、5 套数据库 RAC、近 30T 数据量。

截至 2017 年底，实现省局与省政务服务网、信用山东、政务信息共享交换平台实现互联互通，在信息资源平台汇聚 20 个目录的 407 项资源和 86091567 条数据。2017 年，向省政务服务共享平台推送数据 4429938 条，向省公共信用共享平台推送数据 760575 条。

【政务信息系统整合共享】 根据山东省人民政府办公厅《关于印发山东省政务信息系统整合共享实施方案的通知》要求，参与制定省局信息系统整合共享实施方案和任务书，梳理信息资源目录 237 条、共享目录 191 条、开放目录 128 条、应用系统 76 个，清理"僵尸""影子"系统，对视频会议、邮件系统、腾讯通系统、视频监管等通用系统应用情况，结合台账形成及时报送机制。按照采购时间、应用状态，重新建立台账，分类管理机房现有计算、存储、网络等硬件资源。结合政务信息系统整合和省电子政务内容建设要求，制定省局电子政务内网建设方案，并及时组织专家论证评审报送省委保密局、省政府办公厅，为 2018 年省局电子政务内网建设接入和启用新版通用系统做好基础准备工作。

党支部书记、主任：刘继京
电话：0531—88562380
地址：济南市经十路 16122 号
邮编：250014

（撰稿：庞岳利　核稿：刘继京）

山东省食品药品监督管理局机关服务中心

【概况】 山东省食品药品监督管理局机关服务中心（以下简称"机关服务中心"）为省局直属处级事业单位，编制 18 名，实际正式在编 15 名。2017 年，服务中心党支部将组织建设放在首位，突出支部主体责任，严格履行"一岗双责""三会一课"等组织生活制度，积极开展批评与自我批评，认真学习《党章》等系列党的章程，确保党员的廉洁自律和遵纪守法。工作中，服务中心党支部目标明确，接续奋斗，时刻将高标准服务机关，保证机关满意度为目标。餐饮服务常创新、公务用车严管理、节能降耗挖潜力、完善美化院落常出新、安全保卫零事故。

【后勤保障】 重创新、补短板，提升服务标准和水平。2017 年 3 月，召开后勤工作座谈会，研究制定 3 个方面 15 条科学有效的整改措施，提升服务保障水平。全年 4 次约谈服务企业主要负责人，督促其认真履行合同和承诺事项，进一步提升服务质量。提高餐饮服务质量。主动接受餐厅民主监督小组监督，完成 20 项整改内容，及时公布成本核算和收支情况，健全完善餐厅考核细则，通过考核促进服务质量提升。严格落实餐厅"6S"规范化管理，做到供货渠道可追溯、出入库验收严格、检测检验合格、"明厨亮灶"公开透明、操作间物品摆放有序，全年安全保障用餐 9.6 万人次，保障加班用餐 60 余次。严格公务用车使用审批和车辆运行管理，统一调度，实行"三定点"管理制度。完成驾驶员服务岗位采购招标，健全完善车辆服务保障市场化运行机制。进一步完善《汽车服务公司考核办法》和《驾驶员考核办法》，注重抓好驾驶员的思想教育、安全教育和业务培训，克服保障任务多、驾驶员人数少等实际困难，努力提高服务车辆保障水平、完成公务用车和执法执勤车辆标识化喷涂工作。全年保障公务用车 1500 余次，安全行车 3 万余公里，节油 3800 余升。因地制宜、合理规划，美化绿化办公环境。注重搞好花木的有机配植，做到"三结合"（落叶树与常青树相结合，以常青树为主；木本与草本相结合，以木本为主；点、线、面相结合，以点、线搭配植物为主），做到三季有花、四季常青。狠抓节能管理，切实降低能耗。深入学习《山东省公共机构节能管理办法》，积极开展节能宣传周活动，宣传节能减排和垃圾分类知识，营造节能减排和绿色办公的良好氛围。重点抓好照明、电热水器、信息机房、空调机房等耗能设施设备的节能改造。办公院全年用水量较上年节约 5%，用电较上年节约 26.65%。机关服务中心被山东省机关事务管理局评为 2017 年度全省机关事务系统先进集体。及时地做好机关办公用品发放工作，收发快递 2500 件；及时排除办公电话故障53次、办理电话迁移机49次；保障会议492次，打印文件材料141万张，扫描上传文件7000份；为新来的18名公务员办理集体户口；完成办公家具等国有资产的统计管理，为机关职工办理医保事宜47起。

【安全保卫】 保证院区管理安全无事故。严格出入登记和受访者签字制度，把住进出关。24小时不间断跟班、巡查、巡防，运用信息化手段检查安保巡逻情况，利用“巡更棒”系统信息辅助人工现场检查，解决检查管理力量不足矛盾，提高检查管理效率。进一步强化人防、物防、技防配套措施，实现机关平安建设目标。消防工作常抓不懈。完善《省局消防安全预案》等各项应急措施。对30名一线从业人员进行消防安全知识培训。将消防安全教育纳入到局“周五大课堂”，提高全体干部职工消防意识。2017年10月24日，根据省局《消防安全应急预案》，组织全局职工进行消防大演练，锤炼后勤人员消防技能，落实省政府今冬明春火灾防控工作要求，确保办公区消防形势安全稳定。

【功能项目建设】 深挖潜能，完善院落美化建设。新拓荒500平方米，优化花木种类，新增苗木10类；完成老干部活动室、水泵房改造、受理大厅窗帘防盗网安装、礼堂篮球场花园灯光改造、办公楼女儿墙防水等工程项目；完成办公楼质保期结束前维修工作，由专人负责对所有工程项目进行“拉网式”排查，将存在的问题登记造册并与施工方无缝对接，采取逐项维修逐项过关的办法，在预定的时间内完成工程验收。

【党支部建设】 2017年组织党支部改选，将党建目标任务分解到支部班子成员，细化责任分工，推动班子成员积极履行“一岗双责”，明确即抓业务又抓党建工作的双重责任；严格组织生活，增强生机活力。切实抓好“三会一课”制度落实，开好党支部专题组织生活会，认真开展批评与自我批评，对党员在遵纪守法、廉洁自律和生活作风等问题及时提醒；严格执行民主集中制。发扬党内民主，重大事项均通过召开支委会、全体党员大会、行政班子会议、集体研究决定。2017年召开支委会12次，支部党员大会4次，科长办公会47次，完成会议纪要5万余字；加强风险防控，抓好党风廉政建设。利用集中学习加强正面教育，结合反面案例加强警示教育，夯实清正廉洁思想基础。严格落实党风廉政建设责任制，认真查摆廉政风险点，根据查找出7个方面风险点，分别制定出规章制度，采取切实措施，抓好党风廉政建设。

党支部书记、主任：公茂龙
电话：0531-88562100
地址：济南市经十路16122号
邮编：250014

（撰稿：张建峰　核稿：高华）

市县监管概况

济南市

【概况】 济南市食品药品监督管理局（济南市食品安全委员会办公室），为济南市政府工作部门，主要对生产、流通、消费环节食品安全和药品安全性、有效性实施统一监管，同时承担济南市政府食品安全委员会的具体工作。内设12个职能处室，下设济南市食品药品稽查支队（济南市局投诉举报中心）和济南市食品药品检验检测中心（济南市药品不良反应和医疗器械不良事件监测中心）2个直属单位。

2017年，济南市食品药品监管系统人员编制1487名，实有人员1340人（不含工勤）。其中，机关行政编制83名，行政人员72人。济南市食品药品稽查支队（济南市局投诉举报中心）事业编制40名，实有在编人员36人。济南市食品药品检验检测中心（济南市药品不良反应和医疗器械不良事件监测中心）事业编制112名，实有在编人员104人。全市12个县（市）区局、高新区市场监督管理局、南部山区市场监督管理局编制1252名，实有人员1128人。

截至2017年底，全市有食品生产企业774家，食品生产加工小作坊901家；保健食品生产企业17家；食品流通（批发、零售）业户6.78万余家；餐饮服务单位近3万家。全市食品生产经营企业（单位）总计10.5万多家，其中“三小”单位约5700家。全市常年申报药品注册研发机构50多家，药物临床试验机构9家，通过GLP认证的研发机构3家；全市有药品生产企业56家，药品批发企业127家，零售药店2931家；医疗器械生产企业197家，经营企业5564家，使用单位5210家；全市有各级各类医疗机构5210所；全市有化妆品生产企业17家，经营企业4.5万家。

2017年，济南市食品药品监管系统紧密围绕全市“453”工作体系（四个中心、五项重要工作、三大攻坚战），深入学习贯彻党的十九大精神，以抓一流班子、带一流队伍、创一流业绩为目标，以保障泉城人民饮食用药安全为中心，以创建国家食品安全示范城市为抓手，全面落实习近平总书记“党政同责”和“四个最严”要求，着力强根基、严监管、抓服务、促共治，食品药品安全治理水平不断提高，全市食品药品安全形势持续稳定向好。

【食品安全监管】 开展飞行检查、体系检查55家，责令停产停业5家，建议吊销许可证1家。对白酒及配制酒、肉制品、小麦粉、植物油等4类产品生产企业实施第三方公开评价工作。济南市新增8家企业被评为省级食品示范企业，全市“食安山东”示范企业达36家。启用二维码，把小作坊产品纳入追溯管理。启用小作坊LOGO，核发登记的小作坊均在牌匾、产品包装上使用该标识。开展韭菜“双证制”专项整治，11月1日联合省局开展零点行动，即时起进入市场内销售的韭菜全部具备“合格证”和“销售凭证”，并以韭菜为突破口，推动食用农产品的进货查验和记录专项治理。两次与市教育局联合，采用“双随机一公开”和“三不一直”方式，公开评价全市115家学校食堂。探索实施校外托管场所“微管理”，让开办者和学生家长随时了解食品安全工作要求和监管情况，全市7家校外托管场所作为第一批试点正式实行“微管理”。完成省市两会、省党代会、外国元首来访、国家领导人视察、专案等国家、省、市级重大活动食品安全监管任务50起，保障就餐人数3万余人、餐次4500次，快检8100批次，出动执法人员300人次、车辆150台次，未发生1起食品安全事件。6月1日，《山东省食品小作坊小餐饮和食品摊点管理条例》正式实施，全市小作坊登记727户，小餐饮登记3912户，食品摊点备案588户。突击开展保健食品会议营销专项整治行动，检查会销举办者62家，其中发现未进行事先报告的34家，约谈21家，网上曝光14家，依法取缔3家；检查会销场地提供者60家，其中发现未履行告知义务的15家，擅自租借场地的5家，约谈19家，网上曝光7家。严厉打击欺诈和虚假宣传等违法违规行为，截至9月30日，专项整治摸底排查1419家，其中会议营销127家，实体店1282家，其他经营方式10家，检查问题数量144件。

2017年，先后召开9次风险交流和预警会议，梳理食品生产、流通、餐饮和保健食品方面90余项风险点，分别制定防控措施，如针对集体配餐单位风险高、隐患大的问题，将日常监管事权由监管所上收到县区局，并专门制定《集体用餐配送食品安全日常监管重点》。

建立“统分结合”抽检监测工作机制，全覆盖抽检与群众密切相关、消费量大、安全隐患多的肉、蛋、奶、蔬菜及保健食品、化妆品，全市开展食品抽检39655批次，抽检信息公示率和不合格产品核查处置情况公开率均达100%。

修订《食品安全事故应急预案》和操作手册，加强应急管理培训，联合历下区局开展网络订餐突发事件应急演练。完善应急物资储备，食品药品应急指挥中心投入试运行。

【药品监管】 全覆盖监督检查全市56家药品生产企业、29家医疗机构制剂室、11家药包材生产企业。开展药品生产质量安全隐患“排雷”行动，检查相关企业和单位43家次，发现缺陷176条。根据问题程度，有2家单位停产整改，2家单位注销许可，1家企业收回GMP证书。开展中药材（饮片）市场专项整治工作，检查经营使用单位831家。以飞行检查模式开展随机检查6次，检查药品经营企业71家，其中，收回GSP证书9张，撤销GSP证书8张，限期整改54家；随机检查医疗机构12家，限期整改12家，全覆盖检查10家县区级疾病预防控制中心。全市约1500家药店开展远程视频药事服务工作，累计服务190万人次，开具电子处方150万张。对16家化妆品生产企业的基础材料进行全面摸底汇总，完善“一企一档”和“一品一档”档案。开展多项专项整治，检查化妆品生产经营企业3341家。

2017年先后召开7次风险会商会，分析排查药品、医疗器械、化妆品生产经营使用环节存在的15个方面76个风险点，药品生产环节实施1+N风险会商模式，印发《风险警示汇编》。药品经营环节针对零售药店销售回收药品的风险开展专项检查。同时，注重舆情风险防控，监测负面舆情信息198件，完成舆情分析报告12期，收集药品、医疗器械、化妆品安全性监测报告16880例。

药品、化妆品抽检2712批次，抽检信息公示率和不合格产品核查处置情况公开率均达100%。

【医疗器械监管】 对注射用透明质酸钠、定制式义齿、安全套、隐形眼镜4类产品开展专项整治，严厉打击无证生产经营、销售使用无证产品等不法行为。针对济南市贴敷类产品生产品种多、易出现问题的实际，开展贴敷类产品专项整治。对民营整形美容医院、隐形眼镜、安全套、贴敷类产品经营企业集中的市场进行重点监管。

【专项整治】 聚焦公众反映强烈的突出问题和重点难点问题，以“守护舌尖安全”专项行动为抓手，大力开展畜禽水产品、集体用餐、“三小”食品、农村食品安全、韭菜“双证制”、保健食品会销、食品保健食品欺诈和虚假宣传等专项整治，严守“从农田到餐桌”每一道防线。积极开展药品生产质量安全隐患“排雷”行动、中药材（饮片）市场整治、医疗器械“规范实施年”活动等，检查相关企业和单位1234家，收回撤销GMP、GSP证书18张，责令限期整改60余家，医疗器械生产企业和冷链经营企业规范符合率分别达79.7%和89.6%。实施重典治乱，坚持以打击促规范，全市食品药品监管系统查处违法案件1686件，涉案货值金额832.82万元，罚没款数额2876.97万元，移送司法机关20起。

【基层基础建设】 全市10个县区设立食品药品监管机构，高新区、南部山区管委会设立综合市场监管机构，143个镇街建立147个食品药品监督管理所，125个所办公业务用房达到320平方米国家规定标准。12个县区执法车辆197辆，执法装备总值8000多万元，执法人员全部实现通过手机移动执法终端开展现场检查。推动“1+6”食品检验检测体系建设，总投资1877万元的济南市食品药品检验检测中心食品实验室完成改造搬迁，6个县级综合检验检测机构食品检验实验室总面积达7550平方米，仪器设备总值超过1600万元。

落实企业责任，推动食品生产企业建立自查制度，学校食堂实行“四查”制度，在规模以上食品生产企业试行质量受权人制度，推行HACCP先进质量管理模式，建立“黑名单”和“内部吹哨人”制度，推动食品安全责任保险，成立全市食品安全诚信联盟，深入开展食品药品企业信用分级分类监管试点工作，实行差异化监管，并主动加强与“信用济南”平台数据对接，倒逼企业诚信守法经营。

【服务食品医药产业发展】 着力强服务，推进简政放权。根据新“三定”和相关法律法规规章，动态调整行政审批事项目录、权力清单和责任清单等“三个清单”，及时清理规范各类证照，编制《公共服务事项目录》，实现行政权力事事清、时时清，规范有序、便民高效。深入落实“放管服”改革要求，在食品药品审批环节提出“只跑一次”承诺，实施“五办”工作法，14项审批事项实现“只跑一次”，全年受理并办结审批事项11837件，群众满意度100%。开展服务大局、服务企业、服务基层和服务群众“四服务”活动，列出12项为民服务清单，开展百家企业大走访。充分发挥在政策、信息和技术等方面优势，积极推进新药创制服务平台建设，提高新药研发创新能力，全力推动仿制药一致性评价和上市许可持有人试点。济南市局与市经信、财政、卫计4部门联合出台《鼓励仿制药质量和疗效一致性评价工作专项政策》，单品种最高奖励达400万，为全国之最，9家企业42个品种启动一致性评价。持续开展"食安济南"品牌建设，全市创建食品生产经营示范单位775家（条），济阳县成为全省首家省级放心食品生产基地，银座等4家大型超市先行创建放心肉菜示范超市，270家单位创建"四好"农村食品店。

【社会共治】 *协作联动*。充分发挥市食安办综合协调作用，推动出台济南市食安委组成人员和职责分工调整方案以及济南市落实食品安全党政同责的意见，协调多部门共同开展"守护舌尖安全"专项整治、"食安济南"品牌建设和餐饮质量提升工程等，形成齐抓共管合力。创建《济南食安信息》，向市几大班子报送食品药品监管工作。深入推进行刑衔接，食品药品稽查支队联合公安查处假酒300余瓶，货值金额17319元；向公安机关出具假药及未经注册医疗器械认定函13份，认定产品47种，通报涉罪食品药品案件线索32起。

社会群防群治。持续开展食品安全宣传周、安全用药月主题宣传，广泛开展第五届学生漫画比赛、最美基层监管员和社会监督员评选、食药科普校园（社区）行等系列活动，参与群众达16万余人次，制作6部公益宣传片在4000辆公交车播放。充分运用官网和微信打造新媒体矩阵，深化与新闻媒体合作力度，在济南广播电视台设立食药安全专栏，在《大众日报》等5家媒体制发专版34个。注重发挥协会组织、专家学者和群众的积极性，新成立的食药安全文艺宣传志愿团参与宣传3100人次。实现"12331"与"12345"并线运行，全年接收并处置各类诉求21950件，按时办结率100%。收到人大代表建议、政协委员提案21件，办结率、面复率和满意率均达100%，受理信访问题27件，全部按规定办结。

【党风廉政和干部队伍建设】 全面推进从严治党。新一届局党委在首次党委会上提出"六个带头""三个一流"理念，即领导班子带头讲政治、讲大局、讲团结、讲担当、讲创新、讲廉洁，建一流班子、带一流队伍、创一流业绩。严格落实"三会一课"、民主生活会、主题党日等各项制度，严守八项规定等廉政制度，全面规范基层组织建设，党员全部纳入党建信息化平台，全部录入"灯塔—党建平台"，全年党委中心组集体学习13次，14个党支部学习400余次，召开党风廉政建设工作会和座谈会5次，坚持每周发1条廉政短信，每月观看1次廉政专题片，教育引导党员干部警钟长鸣、防微杜渐。坚持"实在、实干、实绩"用人导向，健全"为担当者担当、让实干者实惠"机制，着力打造唯优必争、唯旗必夺、争创一流的干部队伍，全年接收安置军转干部2名，招考（聘）录用公务员、事业人员12名，干部队伍结构进一步优化。严格落实领导干部个人有关事项报告制度，完成10名市管干部、44名处级干部个人事项填报工作。大力加强干部教育培训，按照"实际、实用、实效"的原则，通过集中轮训、基地实训、网络培训、举办技能竞赛、挂职锻炼等多种方式和渠道提升干部综合素质，全年举办各类培训50余期，受训3000余人次，队伍职业素养和专业水平进一步提升，在全省系统稽查执法办案技能竞赛和药品检验技能竞赛中，济南系统参赛选手获团体一等奖。开展"直面问题、践行承诺"活动，全年参加"作风监督面对面"1次、"作风监督热线"2次、连线"阳光政务热线"2次，线上线下解决问题25个。

【监管创新】 *创新方式*。在日常检查全覆盖基础上，加大飞行检查、跟踪检查等频次和力度。结合建立"双随机一公开"抽查机制，借助第三方、媒体记者、监督员等社会力量，对白酒及配制酒、肉制品、小麦粉、植物油等4类食品生产企业、学校食堂、中央厨房及集体用餐配送单位、城市综合体、大型商超等600余家单位实施公开评价，评价结果全部向社会公开，有效促进各方责任的落实。在全市1500余家零售药店推行远程电子处方工作，累计远程视频药事服务190万人次，开具电子处方150万张，方便群众购药。以山东省"三小"管理条例实施为契机，出台《济南市食品生产加工小作坊良好操作规范》，发布并推行食品生产小作坊LOGO标识，全面实施"三小"三年规范提升行动，开展"一线助规范"帮扶活动，"三小"整体面貌得到改善。

"智慧监管"。推行"机器换人"，投资920万的"智慧监管"一期工程和移动执法平台二期工程基本建成，投资870万的"智慧监管"二期顺利启动。食品药品监管数据标准规范、食品抽检快检系统、日常监管系统、移动执法平台、应急指挥平台等多个应用系统上线运行，实现与省食品药品"智慧监管"平台和市级各综合平台数据对接，与市事中事后监管平台实现并联审批和联合惩戒，与济南市政务服务平台实现业务同步。全年许可系统发放各类证书36780个，录入食品药品日常监管数据、行政处罚结果信息5.17万份（条），对接外部数据125万条，交换数据超过200万条。针对网络订餐迅猛发展，量大面广、鱼龙混杂的难题，探索实施大数据监管；选取历下、市中等7家校外托管场，探索实施"微管理"；在20家食品生产企业试点"透明工厂"建设，让企业生产经营情况实时暴露在阳光下，接受群众监督。

国家食品安全示范城市创建。结合全市创建文明城市的中心工作任务，在食品药品行业发出"创文明城，食安先行"的倡议，构建起"政府主导、部门联动、全域覆盖、多元参与"的创建格局。济南市长王忠林

亲自到北京参加验收答辩，并多次对创建工作作出批示指示。创城工作连续3年写入政府工作报告。食品安全在经济社会发展综合考核中的比重由2014年2.4%增至2017年3.5%。2017年济南市安排食品检验经费3600万元，其中济南市局安排经费2056万元，保障创建工作顺利开展。食品抽检总体合格率由创建前94%增至96%以上，其中大宗日常消费食品合格率保持在98%以上。经第三方调查显示，济南市食品安全群众满意度由创建前不到60%提升到80.3%。2017年6月，济南市被国务院食安办命名为国家食品安全示范城市，济阳、历城、长清、章丘4个县区完成省级食品安全县区验收。

党委书记、局长：靳磊（2017年5月9日离任）
党委书记、局长：刘永浩（2017年12月31日任职）
党委副书记、副局长：刘吉利（2017年5月9日离任）
党委委员、副局长：赵金民、王道祥、李学忠、刘金宏、王玉强（2017年5月9日任职）
纪委书记：高峰（2017年5月9日离任）
副巡视员：赵云刚、周捷
副巡视员：武磊（2017年5月9日任职）
电话：0531－66603600
地址：济南市历下区龙鼎大道1号龙奥大厦A区11层
邮编：250099

（撰稿：蔡海霞　核稿：李学忠）

历下区

【概况】济南市历下区食品药品监督管理局（济南市历下区食品安全委员会办公室）为历下区政府工作部门，设5个职能科室：办公室（挂宣传和应急管理科牌子）、政策法规科（挂行政审批办公室牌子）、综合协调督查科、食品监管科、药品化妆品医疗器械监管科。全区13个街道设立13个食品药品监督管理所，为历下区局派出机构，机构规格与历下区局内设机构相同。历下区局核定行政编制19名。领导职数核定局长（区食品安全委员会办公室主任）1名、副局长（区食品安全委员会办公室副主任）3名（其中1名兼任区卫生和计划生育局副局长），科长（主任）5名、副科长（副主任）5名。13个食品药品监督管理所核定行政编制65名。各食品药品监督管理所行政编制均核定5名，领导职数均核定所长1名、副所长1名。济南市历下区食品药品稽查大队，为区食品药品监督管理局所属财政拨款副处级事业单位，核定事业编制18名，内设机构设综合科、稽查一科、稽查二科、稽查三科，领导职数核定大队长1名、副大队长2名，内设机构领导职数核定科长4名、副科长4名。

2017年，历下区面对国家食品安全示范城市创建和全国文明城市创建两大工作难点，以及中央环保督查这一社会关注点，将工作难点和社会关注点变为工作亮点。全区食品药品安全形势整体持续稳定向好。

【监督检查】通过日常巡查和专项整治等手段，不断规范市场秩序，确保公众用药用械安全有效。2017年，历下区局检查药品经营企业320余家，责令整改25家次，配合省局、济南市局对药品经营企业飞行检查、跟踪检查3次，检查单位8家，收回GSP证书2份，约谈企业负责人3家次；检查医疗器械生产企业10家，经营企业537家次，责令整改66家次。

【监督抽检】合理分配抽检的范围、品种、批次，切实为食品安全监督执法提供有力依据。2017年，历下区局组织开展综合性抽检、专项抽检和应急性监督抽检计划完成2002批次，完成2438批，抽检任务完成率达到121.8%，批次数保证历下区常住人口每千人3.188批，检测项目达到每千人2.615项，两项均超出全市抽检覆盖率要求，抽检结果公示率达到100%。完成药品抽验监督抽样120批，重点监督抽样44批，专项抽样3批，药品评价性监测合格率达到100%。

【专项整治】历下区局组织开展2017年药品生产质量提升行动暨重大隐患排查行动、中药材专项整治、城乡接合部及农村地区药店诊所专项整治、查处违法违规应用人类辅助生殖技术专项行动、打击非法医疗美容专项行动；组织开展医疗器械生产经营“规范实施年”活动和医疗器械专项整治2017行动，不断规范医疗器械市场秩序，确保公众用械安全有效。检查生产企业10家，经营企业537家次，其中，三类（不含冷链经营）457家，冷链经营44家。责令整改66家次，专项整治中全局办结案件6件，罚没款6.5万元；完成《严厉打击畜禽水产品抗生素、禁用化合物及兽药残留超标专项稽查行动实施方案》及《“国门利剑2017”专项行动》相关工作。按照省、市局要求对集中交易市场检查80余次，对畜禽水产品销售者检查190余次，餐饮环节300余次，完成济南市局交办专项整治月，期间食品采样6份，涉嫌犯罪的一律移送公安机关。

【全国文明城市创建】通过入户发放《致经营业

户创城一封信》、督促悬挂公示监督牌、张贴“食安药美”宣传画资料、定期开展“食品药品安全知识大讲堂活动”等多种形式和途径，广泛宣传创城和食品药品安全相关法律法规知识。投入25万余元制作各类宣传资料，摆放文明餐桌牌10万余张，张贴核心价值观公益广告、行业规范、禁烟标示等各6500张，发放《致监管业户倡议书》2万余份。开展食品药品安全知识大型宣传活动5次，现场发放宣传彩页1.5万余份，接受群众咨询200余人次。2017年，历下区局被表彰为“创建全国文明城市先进集体”。

【山东省首张食品“三小”登记证发放】 2017年6月1日，山东省食安办主任、省局局长马越男在文东食药监管所为经营业户颁发“三小”条例实施后首张登记证。山东卫视等多家媒体对历下区“三小”发证、在一线助规范一对一帮扶工作进行宣传报道，省局对历下“三小”监管工作予以肯定。截至2017年底，发放小餐饮、小作坊登记证1056张，食品摊点备案76家。

【“明厨亮灶”和“清洁厨房”行动】 按照“试点先行，重点突破；因地制宜，逐步推进”原则，以学校食堂为重点对象，积极稳妥推进“明厨亮灶”建设，并把实施“明厨亮灶”作为省级“清洁厨房”验收的条件，推动创建省级“清洁厨房”的餐饮服务单位率先实施“明厨亮灶”。2017年，全区有实施“明厨亮灶”的餐饮服务企业180家、学校食堂50家，实施透明厨房的餐饮服务单位170家。

党组书记、局长：杨彩云
电话：0531-81280505
地址：济南市历下区十亩园街1号
邮编：250013

（撰稿：祁琪　核稿：杨彩云）

市中区

【概况】 济南市市中区食品药品监督管理局（市中区食品安全委员会办公室）内设办公室（挂政策法规科、审批办牌子）、综合协调督查科（挂应急管理办公室牌子）、食品监管一科、食品监管二科、药品化妆品医疗器械监管科5个职能科室，核定机关行政编制19名，工勤2名；下设市中区食品药品稽查大队（副处级事业单位），核定事业编制18名；在17个街道分别设立食品药品监督管理所，为区局派出机构，核定行政编制85名。截至2017年底，实有人员105名，其中局机关19名，稽查大队16名，监管所70名，缺19名。

2017年，全区有各类“四品一械”（食品、药品、保健食品、化妆品、医疗器械）生产经营单位17084家。其中，食品生产企业35家、食品添加剂生产企业2家、食品生产加工小作坊35家、餐饮单位2246家（大中型餐饮855家，小型餐饮910家，食堂212家，集体配餐企业6家，快餐店158家，饮品店、甜品站105家）、校外托管场所423家、食品流通经营企业3015家、保健食品生产经营单位643家（生产2家、经营641家）、化妆品生产经营单位274家（生产2家、经营272家）、药品生产经营及使用单位315家（生产2家、医疗机构制剂室5家、批发12家、零售连锁总部16家、药品零售企业280家）、医疗器械生产经营单位1036家（生产36家、经营1000家）、药品、医疗器械使用单位560家，“三小”行业8500家。

【监督检查】 行政审批。全年发放《食品经营许可证》2741个，小饭桌登记321家，药品经营筹建、变更、换发、注销40家，GSP 6起，药品使用备案50起，保健食品会议营销52起，小餐饮登记232起，小作坊登记66起。

食品安全。坚持以日常监管深化专项整治，以专项整治强化日常监管，围绕群众关心的热点、难点问题，突出重点部分，狠抓关键环节，有针对性地开展专项整治，在食品药品重点环节、重点品种、重点区域扎实有序地推进。2017年开展各类食品药品专项整治18次，检查期间累计出动执法人员5500余人次，监督检查食品生产加工单位386家次，食品流通企业6200余家次，餐饮服务企业5700余家次，药品、医疗器械生产经营使用单位1300余家次，化妆品经营使用单位1400余家次。加强药品、医疗器械、化妆品不良反应监测，2017年药品不良反应上报1194例，新的、严重的报告367例，新严比30.2%，二级以上医院机构上报1165例，占比97.6%。医疗器械不良事件上报580例，严重报告132例，严重比22.8%，二级以上医院机构上报566例，占比97.6%。化妆品不良反应上报20例。

联动机制。2017年，市中区局联合公安查处假药案件2件，移送公安6起案件，被公安立案处理2起；受理公安部门移送2件案件，并依法进行行政处理。开展行政处罚案件信息平台的录入工作及处罚案件公示工作。完善不合格产品处置机制，全年处置食品药品抽检不合123批次。通过案件协查追根溯源，依法查处不合格食品的生产者、经营者，收发全国各地协查信函201件，建立问题企业约谈机制，针对抽检发现问题较突出的生产经营单位，对相关责任人进行约谈，督促企业认真落实主体责任，查找问题原因并整改，防控食品安全风险。2017年，受理投诉举报2729件，其中“12345”投诉举报受理数1883件；济南市局“12331”转办投诉举报（含“12331”电话、网络、信函转办）数273件，其中省局交办件19件；市中区局投诉举报受理数400件。其中电话（67883760）受理361件，群众来访16件，信函举报23件；接收协查函、案件线索告知/移送函、市场监管行政建议书173件。确保投诉举报事事有回音，件件有落实，处结率100%。全年查处各类案件330件，一般程序违法案件信息公开率达100%。

【监督抽检】 2017年度抽检检测样品1463批次，其中67批次样品不合格，1396批次样品合格，整体合格率为95.42%。其中：加工食品抽检639批次，22批次不合格，合格率为96.56%；食用农产品抽检192批次，44批次不合格，合格率为94.44%；餐饮自制食品及餐饮用具抽检32批次，1批次不合格，合格率96.88%。不合格样品类别调味品、水果制品、炒货食品及坚果制品、食糖、淀粉制品、糕点、豆制品、蔬菜制品、面制品、肉制品、速冻食品、畜肉、水产品、鲜蛋、蔬菜、餐饮用具16个品类，涉及的不合格项目包括理化指标、食品添加剂、农药残留、兽药残留、微生物和标签。

【专项整治】 开展“药品生产质量提升”“药品排雷”、省市级飞行检查整治工作，针对注射用透明质酸钠、定制式义齿、隐形眼镜、安全套、贴敷类医疗器械、角膜塑形镜、无菌和植入性医疗器械等重点整治品种组织开展医疗器械专项整治2017行动、角膜塑形镜专项检查、互联网医疗器械经营专项检查、无菌和植入性医疗器械监督检查等专项整治工作。对2家药品生产企业、5家医疗机构制剂室开展原料药、贵细中药材、中药提取、物料平衡、药品检验等重点环节中的高风险品种进行专项检查，对药品生产企业和制剂室开展飞行检查，结合检查情况及时总结分析存在的风险30条。开展日本辐射食品专项检查整治行动、食品摊贩专项整治行动、畜禽水产品专项整治、进货查验和记录专项治理、学校周边专项整治行动及“五毛”小食品专项检查工作、开展瘦肉精风险防控专项检查工作、韭菜产品“双证制”专项检查工作、保健食品会议营销专项整治、食品保健食品欺诈和虚假宣传专项整治、开展茶叶食用植物油塑化剂白酒化妆品各类专项整治工作。与市中区农业局联合印发《市中区实施韭菜产品“双证制”管理强化产地准出市场准入衔接工作方案》。

【食药安全宣传】 2017年，市中区局每月开展2次“食品安全进社区”活动，联合济南市局和济南电视台开展“食药科普社区行”大型宣传活动3次。结合食品、药品和保健食品安全防范、识别假冒伪劣食品和常用中药、食品消费维权、食物中毒预防等内容为社区居民普及食药安全知识。全年累计发放宣传资料1.75万余份，悬挂宣传标语27幅，接受现场咨询1500余人次。形成工作信息5期，上传市中区政府门户网站及济南市局各类工作信息320余条，在各类外部媒体上发布新闻信息8条。

【文明城市创建】 为深入推进文明城市创建工作，实行一把手负责制并签订承诺书。积极配合街道办事处和相关部门开展联合整治，对整治中发现的食品安全问题，当场提出整改意见，并督促商户落实。联合街道社区积极推进“文明餐桌活动”。在餐厅、超市等显著位置展示行业规范，从业人员文明用语，礼貌待人，规范服务，建立高效的投诉机制，公开投诉方式，在餐桌上摆放“文明用餐”桌牌2万余个，在餐厅醒目位置张贴“文明餐桌行动”公益海报2000余张，营造良好氛围。

党委书记、局长：汪宏志
电话：0531－81769736
地址：济南市英雄山路8号
邮编：250001

（撰稿：唐婷　核稿：李明俊）

槐荫区

【概况】 济南市槐荫区食品药品监督管理局（济南市槐荫区食品安全委员会办公室）作为槐荫区政府工作部门，对生产、流通、消费环节食品、药品、保健食品、化妆品、医疗器械的安全性、有效性实施统一监管，同时承担区政府食品安全委员会的具体工作。内设办公室（挂政策法规科牌子）、综合协调督查科（挂宣传和应急管理办公室牌子）、食品监管一科、食品监管二科、药品医疗器械监管科5个科室，1个稽查大队，16个派出机构（16个街道办事处食品药品监督管理所）。机关行政编制19名，可配工勤人员2名，实有在编人员14名，工勤人员2名；食品药品监管所行政编制80名，实有在编人员71名；稽查大队事业编制18名，实有在编人员16名。

【监督检查】 槐荫区局按照日常监管属地原则，夯实监管基础，加强对食品安全日常监管力度，在餐饮环节制定“以点带线、以线带面”的小作坊小餐饮提升计划，对第一批80余家小作坊小餐饮进行“一对一”帮扶规范，全区基本达到学校周边餐饮单位店店有证、家家卫生、户户规范。在食品流通环节，在匡山蔬菜批发市场开展“韭菜管理双证制零点行动”，规范韭菜入场双证索取、开展现场快检，落实入场经营者主体责任。进行全区大中型商超、连锁单位公开评价检查工作，培训从业人员5000人次，全面提升食品从业人员的食品安全意识和食品经营知识。加大对各类食品药品违法行为的查处力度，2017年查办各类案件117件，结案117件，没收物品1.61万元，行政处罚148万元，有效打击各类食品药品违法行为。

【监督抽检】 槐荫区局不断优化抽样检测的科学性和目标性，全区2017年投入食品抽检经费180万元。全年组织2017年槐荫区“年夜饭”供餐单位食品安全专项抽检、第一季度食品安全监督抽检、学校幼儿园食堂专项抽检、茶叶专项抽检、第二季度食品安全监督抽检、第三季度食品安全监督抽检、槐荫区保健食品专项抽检、第四季度食品安全监督抽检和每月食用农产品抽检等20次抽检工作，抽检批次数2336批次。结果出具的食品中，其中2253批次合格，83批次不合格，合格率为96.45%，结果均及时在网站上向社会公布。根据重要节日开展快速检测活动，9月开展200批次快速检测，主要对节日期间消费量比较大的产品进行快速检测，检测结果当场出具，全部合格。全年抽检抽取监管单位528家次，实现生产、流通、餐饮100%全覆盖，32中食品大类100%全覆盖，抽检结果公示率达到100%，不合格单位处置率100%。

【专项整治】 以“食安山东”“食安济南”品牌建设为统领，结合“食安护佳节”专项活动，突出重点区域、重点环节、重点品种，组织开展畜禽水产品、食用农产品、化妆品生产、保健食品会议营销等专项整治行动。加大对农村食品治理力度，积极整治农村及城乡接合部地区食品安全风险隐患。持续推进中药材（饮片）和医疗器械专项整治，集中治理饮片分包装、改换标签、违规经营中药配方颗粒、经营染色、增重、掺杂、使假中药材（饮片）等违法行为，加大对无菌、植入性风险高医疗器械经营企业和使用单位专项检查，严厉打击食品药品领域各类违法行为。

【食安创建】 在创建食安城和文明城工作中，坚持两城联创、形成合力。在全区制作发放1.5万个“节俭养德、文明餐桌”桌牌和7100幅宣传画。给全区大中型餐饮单位制作400个宣传门框展架，印制3.5万份食品药品宣传画册，发放到辖区学生及家庭中，印制5000个创建宣传台历到企事业单位。印制1500份投诉举报处理流程、登记表发放到辖区餐饮单位和药店。同时，通过进学校、进企业、进社区以及开设“食安槐荫”公众号等加大宣传力度。各项创建工作同步进行、有机结合，做到有序高效、事半功倍，取得食安城、文明城共创建、双达标。

【亮点工作】 强化基层监管所规范化建设。全区16个街道办事处监管所按照“四室、两库、一厅、一廊”的规范标准和信息化建设要求，全部达标。基层监管建设规范、实用，特色鲜明，走在全市前列。深入落实“放管服”改革要求，让数据“多跑路”，群众“少跑腿”，全部行政审批“最多跑一次”。自2017年9月1日起，槐荫区局全部10类行政许可审批事项率先在全区实现“最多跑一次”。

党组书记、局长：付少柱
电话：0531-87589575
地址：济南市槐荫区经十路29851号
邮编：250117

（撰稿：陈静娴　核稿：付少柱）

天桥区

【概况】 济南市天桥区食品药品监督管理局（天桥区食品安全委员会办公室），机关实有行政编制23名，行政工勤编制人员1名，食品药品监督管理所实有行政编制人员63名，区食品药品稽查大队实有事业编制人员19名。新购配10辆新能源执法车、60辆电动执法车，15个街道食品药品监督管理所按照320平方米标准完成达标建设并正式搬迁入驻，基层监管执法保障水平明显增强。

2017年，天桥区局深入新材料产业园区和食品药品生产经营企业调研，搭建微信群、QQ群等交流平台，及时回应企业诉求，山东蓝奥生物、美迪宇能、老来寿等24家食品药品生产企业相继落户新材料产业园区。宏济堂、益康、秦老太、稻香园4家企业成功入选济南市品牌建设规划，大润发商业街区等多家食品企业被评为“食安山东”品牌示范单位。天桥区局以创建国家食品安全示范城市、文明城市为抓手，坚持“打创建”并举，“放管服”结合，实现无重大食品药品安全事故的目标。天桥区局被济南市委、市政府授予创文明城先进单位，4人被评为济南市“最美食药安全守护者”。

【监督检查】 对小作坊实行“五统一”和二维码追溯管理，使小作坊生产加工的食品进入商超、餐饮环节获得“身份证”和“通行证”。强力推行韭菜“双证”管理，确保源头可溯、过程可控。对学校食堂按季度进行飞行抽查，依托第三方组织开展大型商超、城市综合体等公开评价，提高社会公众的知情权、选择权和监督权，倒逼企业严格落实主体责任。利用现代信息技术，强力推行透明工厂、透明厨房等提升行动，进一步细化餐饮量化分级、小饭桌评星公示等评价考核标准，引导消费者和学生家长“看脸”就餐和“凭星”选饭桌，270 家餐饮服务企业实现“明厨亮灶”。2017 年受理各类投诉举报 2340 件，依法及时办理 49 件环保督办件。

【监督抽检】 按照每千人两份标准，累计监督抽检食品 1525 批，快检食品 175 批，抽检经费投入 210 多万，并依法对不合格食品进行调查处置。充分发挥快检设备作用，利用快检进市场、进商超活动和日常监督检查等时机，组织进行快检，全年快检样品 800 多批次。

【专项整治】 扎实开展“守护舌尖安全”、药品生产“排雷”、医疗器械“规范年”、城乡接合部和农村地区药品质量安全等整治行动，精心组织各类专项检查，立案查处违法违规行为 53 起。开展快检进市场、进商超活动。

【“双创”建设】 发挥区创食安示范城领导小组办公室牵头抓总和督导协调职能，重新梳理上报 1110 个备查点，加大对重点区域、重点单位、重点环节的严防死守。对 3 家必查点和辐射到的近 1.8 万家食品药品经营业户对标创建，自行印制并张贴各类创城标语 8 万余份，有 LED 显示屏的食品药品生产经营单位不间断滚动播出创城宣传标语，营造浓厚氛围。监督检查发现的问题，列出清单、限时销号。天发舜和酒店作为天桥区首个实地测评受检点，顺利通过检查。借力拆违拆临、环境综合整治、环保督查等重大行动，圆满完成师范路夜市、标山、韩家窑大集等综合整治，依法及时办理 49 件环保督办件。

【亮点工作】 提升服务效能，推动食药审批“只跑一次腿”改革，率先施行食药审批“零跑腿”，开通“天桥食药审批”微信公众号，让数据“多跑腿”、群众“少跑路”，简化办事程序、优化审批流程、提升服务效能。累计新发放许可证 2912 件，接受各类咨询 9000 余件，办结率、及时率、满意率均达 100%。

党委书记、局长：王虎
电话：0531-81609917
地址：济南市天桥区凤凰山路 67 号
邮编：250033

（撰稿：谢勇　核稿：吴晓刚）

历城区

【概况】 济南市历城区食品药品监督管理局（历城区食品安全委员会办公室）人员编制 116 名，实有干部职工 104 人。14 个街镇 342 个村居配备协管员 427 名，通过劳务派遣方式招聘食品药品监管员 48 人，济钢转岗职工 28 人。领导职数核定局长（区食品安全委员会办公室主任）1 名、副局长（区食品安全委员会办公室副主任）3 名（其中 1 名兼任区卫生局副局长）。局机关设有办公室、综合协调督查科、食品生产流通监管科、餐饮服务食品监管科、药品医疗器械监管科 5 个科室；所属事业单位为历城区食品药品稽查大队，稽查大队设有综合科、稽查一科、稽查二科、稽查三科 4 个科室；历城区各镇（街道）设立 14 个食品药品监督管理所，作为历城区局派出机构。2017 年全区食品药品监管系统区财政预算批复资金总计 2833.37 万元，固定资产 990 余万元。14 个基层所装备设施均达到国家局标准 60%。除华山所外，其他所业务及辅助用房面积均超过 320 平方米。

2017 年，历城区局办理省局舆情平台舆情信息 34 件，受理投诉举报 2169 起，其中受理“12345”服务热线 1522 件，办结率 100%，回复满意率 100%，无退办件。强化稽查执法协作，综合分析日常监管、抽检监测和投诉举报等信息，挖掘案件线索，查结一般程序案件 180 起，罚没款 389.46 万元。

2017 年，历城区局被评为“省级文明单位”“济南市创建国家卫生城市先进单位”“历城区 2017 年度经济社会发展先进单位”“区创建全国文明城市工作先进单位”“区 2017 年度‘12345’市民服务热线工作先进单位”“区 2017 年度脱贫攻坚工作先进单位、区 2017 年度食品安全工作先进单位”“区 2017 年度提案办理先进单位”等。

【监督检查】 *食品生产*。历城区局会同省、济南市局飞行检查企业 6 家，对企业下达责令整改 9 件，并对 1 家生产企业无证生产食品添加剂行为进行立案处罚。采取“执法人员 + 第三方义务检查员”的形式，对全区 113 家食品生产企业进行监督检查。聘请食品体系认证专家，采取“进车间 + 查资料”的形式，公开评价“乳制品”等风险性较高的 30 余家企业。推行“内部吹哨人”制度，在 7 家规模以上生产企业推行质量受权人。引导创建“食安山东”示范企业 4 家，“食安济南”示范企业 2 家，新培育“食安山东”企业 4 家（待批），透明工厂 3 家，通过质量体系认证企业 13 家，督促 6 家高风险产品企业参加食品安全责任保险。

食品流通。开展“以执法检查为基础、以肉菜放

心为核心、以综合评价为结果、以公开发布为手段、以促进自律为目的”的大中型商场超市公开评价检查工作，引入第三方检测机构对 20 余家超市展开食品质量、自律管理和规范经营 3 个方面检查，进行食品安全综合评价。推动韭菜产品“双证制”监管工作，印制韭菜产品“双证制”《公告》及承诺书，指导规范业户对索取的“合格证”及“供货凭证”进行公示。开展规范化农贸市场创建工作，推动全区农贸市场建设，提高食用农产品市场销售质量安全水平。创建“食安山东”食品流通示范店 89 家并进行表彰。

餐饮服务。探索学校食堂食品安全检查员制度，开展学校食堂开放日活动。开展学校食堂第三方评价检查，对全区学校（含托幼机构）食堂进行全面检查并打分评级，在全省尚属首次。开展网上订餐单位专项治理，与拉扎斯网络科技（上海）有限公司（饿了么平台运营商）签订《关于推动餐饮业质量安全提升、创新社会共治模式相关工作的备忘录》，推行“明厨亮灶”，试行“互联网 + 食品安全监管”新模式。完成各项重大活动食品安全保障任务 8 次，保障 158 餐次，19521 人次就餐。组织对辖区 216 家登记的校外托管场所进行星级评定，全面规范提升集体用餐配送单位。

药品、医疗器械。组织药品零售企业 GSP 认证 9 次，认证总部 3 家，门店 39 家，单体 13 家。上报药品不良反应报告 940 份，器械不良事件报告 546 份，化妆品不良反应报告 34 份。

【监督抽检】 2017 年，历城区局区级抽检食品 3088 批次，其中食品生产环节抽检 463 批次，检查不合格食品 11 批次；食品流通环节抽检 1369 批次，检出不合格食品 36 批次；餐饮环节抽检 1256 个批次，检出不合格食品 16 个批次。抽检药品 188 批次，检出不合格产品 14 批次；抽检医疗器械 5 批次、化妆品 11 批次。食品药品抽检中发现问题处置率达到 100%。

【专项整治】 2017 年，历城区局先后开展生产环节肉及其制品“瘦肉精”、食用植物油塑化剂等专项整治活动 5 次；组织开展畜禽水产品、保健食品、日本核辐射食品、韭菜等专项整治 14 次；组织开展春、秋季学校食堂等专项整治 9 次；重点加强对中药制剂、中药饮片的监管，开展 2017 质量提升行动、阿胶药品生产专项检查等工作；积极开展药品零售企业违法行为集中整治工作，采用“行政监管 + 行业监督”相结合的方式，抽调药品批发企业质管人员 12 人组成 6 个检查组，检查药品零售企业 294 余家次，出动执法人员 1200 余人次；在全区范围内开展医疗机构药品质量安全集中整治工作，检查医疗机构 375 家，基本达到药品使用环节监管全覆盖。

【行政许可】 坚持“便民、高效、廉洁、规范”工作原则和“以监督为中心，监、帮、促相结合”的工作方针，推行行政审批服务容缺受理审查制度，梳理、编制行政审批服务事项容缺材料目录，实行预先受理并审查。2017 年受理新办食品经营许可 3594 件，办结 3364 件；受理变更食品经营许可 54 件，办结 51 件；受理注销食品经营许可 137 件，办结 137 件。受理保健食品会议营销证明件 18 件，办结 18 件。受理新开办药品经营许可（单体药店）42 件、变更 57 件、注销 4 件。医疗器械申办 59 件、变更 81 件、延续 56 件、注销 13 件。

【省级食品安全市创建】 充分发挥食安办牵头作用和创建主力军作用，历城区局与各街镇签订创建工作责任书，将食品安全纳入对各街镇的科学发展考核，所占权重达到 37‰。源头治理方面，农业、畜牧、林业部门加大监管力度，全区农产品、畜产品、林产品抽检合格率均达到 99% 以上。综合治理方面，各街镇、城管执法、市场监管、食品药品监管等部门大力规范“三小”业户，登记小作坊 32 户、小餐饮 533 户、备案食品摊点 84 户，辛甸便民美食城被省食安办命名为“食安山东”餐饮服务示范街登记备案数量和比例均位居全市前列。11 月 23 日，由济南市食安办主任、市局局长刘永浩带队，市食安办创建省级食品安全市验收工作组对历城区创建工作进行市级验收，历城区委书记吴承丙，区委常委、常务副区长张庆国，分管副区长付修琍，区食安办主任、区局局长刘冠山参与汇报答辩并陪同检查调研。12 月 6 日，历城区局顺利通过市级验收，济南市食安办向省食安办推荐申请省级验收。12 月 25 日，山东财经大学公共管理学院院长张红凤带领省级食品安全市验收工作组一行 12 人，对历城区创建工作进行省级验收，历城区委副书记、区长刘科，副区长付修琍陪同验收，就历城区创建省级食品安全市工作情况进行汇报。验收组查看创建工作档案资料，实地检查山大路食品药品监管所等基层所、济钢高中食堂等。

党委书记、局长：刘冠山
电话：0531－66892000
地址：济南市历城区桑园路 28 号
邮编：250100

（撰稿：郇田　核稿：刘卫国）

长清区

【概况】 济南市长清区食品药品监督管理局（长清区食品安全委员会办公室）是长清区政府工作部门，内设办公室、综合协调督查科、食品生产监管科、食品流通监管科、餐饮服务食品监管科、药品医疗器械监管科6个职能科室，行政编制22名，工勤人员2名。下设长清区食品药品监督管理局稽查大队，事业编制23名。全区10个街镇均设立食品药品监督管理所，为长清区局派出机构，行政编制50名。截至2017年底，实有人员79人，其中局机关20人，稽查大队17人，街镇监管所42人。

截至2017年底，长清区有餐饮服务单位1277家（其中大型16家、中型116家、小型368家、快餐店129家、小吃店501家、饮品店12家、学校食堂109家、工地食堂10家、其他食堂16家）。保健食品生产企业（证书持有人）2家；保健食品经营单位136家（专营22家、兼营114家）；化妆品经营单位385家。全区流通环节各类食品经营主体有2089家（个体工商户1700家，企业389家）；批发经营户15家（批发企业15家，批发经营个体户0家）。食品生产企业84家，纳入监管的食品生产加工小作坊30余家。药品批发企业4家，药品零售企业240家（药品零售连锁总部6家，连锁门店221家，单体药店13家，连锁率约92%）。医疗器械经营企业282家（其中经营高风险医疗器械品种的63家，药店兼营医疗疗器械的117家，隐形眼镜店34家），二类医疗器械经营企业备案222家。

2017年，长清区局紧紧围绕保障全区人民群众饮食用药安全中心任务，以创建省级食品安全先进市为抓手，切实明确“四个主攻方向”（守住食药风险点、破解监管难点、突出服务重点、增加工作亮点），大力实施“五个监管”（严格监管、依法监管、专业监管、协同监管、“智慧监管”），不断提升食品药品安全治理能力，助推食品医药产业持续健康发展，为全区人民群众饮食用药安全提供坚实保障。

【监督检查】 *食品生产*。实现企业分级分类监管，迅速推进小作坊登记。2017年，重点品种小作坊全部完成登记，累计34家。配合济南市局对全区酒类、肉制品、面粉生产企业11家，完成3类企业的第三方公开评价工作，90%达到B级以上。完成辖区内所有企业在追溯平台注册，并将相关信息进行录入，实现产品顺向可追踪、逆向可溯源、风险可管控、责任可追究。

食品市场。开展“放心肉菜示范超市”创建活动，达到6家。开展规范化农贸市场创建活动，督促城区市场全部设立食品安全快检室，实施食用农产品“一票通”制度。开展“你送我检”食品快检及快检进市场活动，快检食品、农产品600余批次。以“四好”（证照公示好、经营环境好、自律行为好、食品质量好）为引领，开展食品安全示范店创建活动，创建活动实现全区10个街镇全覆盖，累计创建50余个。辖区街镇内全部开展食品摊点备案管理。开展韭菜产品“双证制”管理工作。开展大中型商超落实良好规范评价工作，完成20家大中型商超公开评价。

餐饮服务。全面推进餐饮服务食品安全量化分级管理工作，积极推动辖区餐饮单位通过透明玻璃、视频等方式实现“明厨亮灶”。督促集体食堂严格执行采购准入、进货索证、质量验收、肉菜可追溯、餐厨垃圾回收追踪等制度，集体食堂、餐饮企业进货索证率100%，进货台账登记率100%，积极落实集体食堂食品安全主体责任。开展食品安全进校园、以会代训等形式培训监管人员、食品安全管理人员、食品从业人员7次，累计1500余人。强化宣传引导，张贴创城宣传画3000余张、张贴文明城市创建告知书4000余份、发放文明就餐桌牌6000余个。实施创建引领，2017年推荐上报“食安山东”示范食堂1家、示范街1条。截至2017年底，长清区局检查餐饮单位（食堂）5000余家（次），出动执法人员900余人次；餐饮服务单位指导发放《食品经营许可证》594个、发放小餐饮登记证432个。

药品、医疗器械。长清区局按照深化行政审批制度改革和“两证合一”要求，认真做好辖区内单体药店的换证与GSP认证的衔接工作，截至2017年底，4家批发企业6家连锁总部206家门店和9家单体店通过新版GSP认证。组织各监管所对药店安全信用分类管理工作进行专门部署，按时限完成药店许可、监督检查、行政执法案件信息的录入和维护工作，对医疗器械生产经营企业按照飞机分类管理要求，指导基层所开展日常监督检查和档案管理工作。规范管理15家过期药品回收点，堵塞过期药品非法回流社会的渠道，截至2017年底，回收家庭过期药品270余盒。截至2017年底，上报药品不良反应病例报告748例，其中新严报告250例，占33%；上报医疗器械不良事件病例报告396例，其中严重报告98例，占25%；上报化妆品不良反应35例。

稽查办案。完善案件来源登记，强化案卷档案整理，截至2017年底，查办各类案件138件，一般程序案件134件、简易程序4件，较上年增长84.0%；罚没款总额184.59万元，较上年增长120%。移送案件11件，其中移送公安机关7件、市场监管局2件、卫计局1件、农业局1件。2017年收到各类投诉举报692件，较上年增长32.3%。投诉举报及时办结、回复率100%，其中立案查处9件，立案率1.4%。认

真落实投诉举报奖励制度，2017 年发放举报奖励 4 次，发放奖励金额 2600 元。

【监督抽检】 2017 年，生产环节抽取样品 130 余批；流通环节抽检 1117 批次，移交监管所不合格食品核查处置 89 份，通报外地监管部门 46 份，上报济南市局核查处置 40 份；餐饮服务环节国抽 20 批次、省抽 36 批次、市抽 162 批次；长清区监督性抽检 1790 批次。药品、医疗器械质量抽样，2017 年配合省市局完成医疗器械生产环节抽样 5 批次，检出不符合标准医疗器械 1 批。2017 年完成全项目重点抽样 40 批次，专项抽样 3 批次，监督检查抽样 101 批次，快检 245 批次，抽样情况 100% 录入信息系统。

【专项整治】 稽查专项。开展打击畜禽水产品抗生素、禁用化合物及兽药残留超标专项稽查行动、打击侵犯知识产权和制售假冒伪劣商品违法犯罪活动、查处打击食品“一非两超”制假售假和互联网食品安全违法犯罪行为、食品药品稽查执法办案集中月活动等专项行动，出动执法人员 1800 人次，查处食品药品违法案件 84 件。

食品安全。开展校园周边专项整治、肉制品专项整治行动、集贸市场内经营者的专项检查、重点食品专项整治。出动执法人员 2300 余人次，检查相关食品经营者 2589 户次，查处案件 72 件。

药品、医疗器械。开展城乡接合部和农村地区药店诊所药品质量安全集中整治、中药材中药饮片集中整治、疫苗质量安全专项检查，出动人员 306 人次，检查医疗机构 110 家，责令改正 15 家，检查药品经营企业 105 家，责令改正 22 家，对 4 家撤销收回《药品经营质量管理规范认证证书》，办理药品类案件 7 起。开展医疗器械专项整治 2017 行动和规范实施年活动，检查医疗器械生产单位 6 家次、经营使用单位 100 余家次，责令整改 20 家次，立案 3 起。

【亮点工作】 构建食药精细管理矩阵，其包含自上而下，横纵结合，线网交融的食药监管组织矩阵，内外结合，重点突出、覆盖全面的精细监管矩阵，模式求变、对象求精、方式求新的精细宣传矩阵，有效强化全区食品药品监管工作，精细管理矩阵，受到创建省级食品安全市验收组的表扬，并被评选为长清区创新工作二等奖。围绕长清特色，结合长清大学城管理，推广实行“四查”制度，即学校月度自查、监管部门季度检查、飞行检查和督导检查。全区学校食堂量化分级全部达到 B 级以上，A 级以上达到 41 家，占 56%，2017 年未发生食品安全事件。推出“大数据监管”，要求各业务科室、监管所要强化对各类数据的分析研判，形成风险和问题清单，有针对性实施监督检查，提升监管的精准性。同时，大力推行智慧食药，在长清区局一楼新建可容纳 300 路径“智慧监管”平台，一期开通 50 路，将重点行业纳入平台监管。

党组副书记、副局长（主持工作）：张振利
电话：0531−87205717
地址：济南市长清区水鸣街 1498 号
邮编：250300

（撰稿：张璐　核稿：贾胜泉）

章丘区

【概况】 2017 年 12 月 30 日，章丘区政府印发《济南市章丘区人民政府办公室关于印发济南市章丘区食品药品监督管理局主要职责内设机构和人员编制规定的通知》，内设 8 个职能科室，下设 18 个镇（街道）食品药品监督管理所，1 个副科级全额事业单位食品药品稽查大队。局机关行政编制 29 名，实有 31 人，行政工勤 2 人；乡镇（街道）监管所行政编制 109 名，实有 98 人；食品药品稽查大队事业编制 30 名，实有 31 人；政府购买公益性岗位 19 人；政府安置退役士兵公益岗 50 人；聘任 895 名协管员（每个行政村 1 名）。全面落实“四有两责”，先后投入建设经费 1000 万元，全部完成 20 个镇街监管所的选址改造维修，为基层执法人员更新配备移动执法终端 156 部，配备配齐规定的执法装备，基层监管所基本实现标准化。2017 年，招录新公务员 5 名，安置退役士兵公益岗人员 50 人，接受转业干部 2 名，全部充实到基层监督管理所。同时，为 895 个行政村的食品药品协管员发放工作补助，激励村级协管员发挥辅助监管作用，消除村级监管盲区。

截至 2017 年底，辖区内有食品生产企业 78 家，小作坊 9300 家，食品流通企业 6500 家，餐饮服务单位 4200 家；有药品生产企业 12 家，医院制剂室 1 家，药品经营企业 550 家，医疗器械生产企业 9 家，医疗器械经营企业 183 家，药包材生产企业 3 家，各级各类医疗机构 870 家；有保健食品生产企业 5 家，保健食品经营单位 580 家；化妆品经营单位 1240 家。2017 年，全区食品医药产业年销售收入 100 亿元以上。

2017 年，济南市获得国家食品安全示范城市称号，章丘区作为唯一县级代表接受验收并顺利通过。2017 年 12 月，章丘区通过省级食品安全市的验收。2017 年，章丘区政府印发《章丘区食品安全示范镇街创建活动方案》，按照“试点先行、积累经验、有序推进、全面规范”的要求，启动食品安全示范镇街创建工作，明水、双山、刁镇、枣园、相公庄 5 个镇街率先启动，以此带动提升全区食品安全整体水平。

【监督检查】严格落实网格化监管措施，加大对食品生产经营企业飞行检查力度，药品生产经营企业实施风险管理，医疗器械生产企业实施分级管理，加强化妆品市场源头治理，监督检查覆盖率 100%。强化药品化妆品不良反应、医疗器械不良事件监测，全年上报药品不良反应报告 1388 例、医疗器械不良事件报告 769 例、化妆品不良反应 32 例。2017 年，受理投诉举报 1339 起，其中咨询服务类 340 起，投诉举报类 999 起，投诉举报类比上年同期增长 17.25%，全部调查处理并及时回复，回复满意率 99%，办结举报奖励 2 起。与公安等部门联合开展“守护舌尖安全”“利剑”等重大行动，曝光典型案例 2 起，办理一般程序案件 263 件，罚没款 307 万元。推动“明厨亮灶”改造工程，“明厨亮灶”餐饮单位达到 860 户，其中，大学食堂和大型餐馆实现 100%，有 18 家获省级“清洁厨房”称号。同时，落实学校食堂和校外托管机构食品安全主体责任，推动学校食堂色标管理、食品快检室建设，开展校园食堂开放日活动 2 次。

【监督抽检】食品抽检按照每千人 3 份标准，对肉和肉制品、粉条粉皮、银耳木耳、海产品、韭菜芹菜等高风险食品进行重点抽检，抽检食品 3200 批次，不合格率在 3% 以内。抽检发现的问题食品均立案查处，抽检信息、处置信息全部在官方网站公示。药品抽检 176 批，其中，中药饮片 45 批，中成药 45 批，其他药品 86 批。完成医疗器械抽检 11 批次，其中国抽 1 批次，省抽 10 批次。

【专项整治】食品安全。扎实推进“守护舌尖安全”系列整治行动，重点抓好乳制品、肉制品、食用植物油、食品添加剂等重点食品专项整治 20 余项。开展学校食堂及校园周边食品安全专项整治，强化景区农家乐、农村集体聚餐等食品安全监管，严防群体性食物中毒事件发生。大力整顿规范食品市场秩序，开展打击食品无证生产经营专项整治行动，开展畜、禽、水产品专项整治。

药品、医疗器械、保健食品和化妆品。开展药品生产质量安全“排雷行动”、中药材中药饮片质量安全专项整治行动。实施医疗器械“规范实施年”活动，开展医疗机构医用设备及医疗器械专项整治。对义乌小商品城、秀水批发市场的化妆品专柜进行专项整治，打造济南市级标杆市场。针对保健食品无证会议营销、虚假宣传、营销三无产品等行为，联合市场监管、老龄委、媒体开展专项整治，引导群众理性消费。

【小作坊监管】以“十统一”为标准，对北套粉皮、龙山水豆腐、大沟崖下货、黄家烤肉等四个小作坊专业村实施规范整治，率先在济南市试点建立“食品生产加工和监管信息二维码”平台，实现产品去向可追踪、源头可追溯；打造杨官豆腐、牛大姐凉皮等行业示范点 55 处，为章丘传统美食注入新活力。以“一业一示范、一镇一标杆”为特色的小作坊监管做法，成为其他县区学习典范。2017 年，224 家食品加工小作坊纳入规范管理，章丘区被确定为济南市“小作坊先进示范区”。

【示范创建】继续打造“食安章丘”品牌效应，打造农村食品安全示范店 115 家；加强对大型商超、农贸市场的监管，打造 2 家放心肉菜超市；开展食品快检进市场、进社区、进集市活动 28 次；试点成立食品生产领域专家库，为食品生产环节实施精准化、专业化监管提供智力保障。

【宣传推广】2017 年，《中国医药报》《大众日报》《济南日报》先后刊登稿件，宣传推介章丘区局在示范创建、小作坊治理、零售药店电子处方等方面的经验做法；山东新闻联播“砥砺奋进的五年”头条播报章丘区小作坊监管创新做法，齐鲁电视台《每日新闻》栏目以《章丘：家庭小作坊产出放心食品》为题进行 15 分钟报道，章丘区局联合章丘电视台《平安 360》栏目录制食安章丘 32 期，参加政务媒体见面会、新闻媒体通报会，宣传 3 年来创建文明城、示范城和先进区取得的成效；“百名作家写章丘”走进章丘区局，全面宣传食药安全监管成效和特色亮点工作；制作《食安章丘看变化》专刊 10 万册，通过《齐鲁晚报》投放渠道，免费向“两代表、一委员”发放；利用无线章丘、“食安章丘”微信公众平台，普及食药知识，订阅人数超过 5000 人次。

党委书记、局长：任军
电话：0531-83312307
地址：济南市章丘区绣水大街 4100 号 3 号楼
邮编：250200

（撰稿：桑丛丛　核稿：韩乃忠）

平阴县

【概况】平阴县食品药品监督管理局（平阴县食品安全委员会办公室）为平阴县政府工作部门，主要对生产、流通、消费环节食品安全和药品的安全性、有效性实施统一监管，承担平阴县食品安全委员会的具体工作。内设 6 个职能科室，下设 8 个镇（街）食品药品监督管理所，1 个副科级全额拨款事业单位食品药品稽查大队。局机关行政编制22名，配工勤2名，实有机关行政编制人员18人，工勤人员2人；基层监管所行政编制40名，实有行政人员38人；食品药品稽查大队事业编制19名，实有事业人员18人。

平阴县以玫瑰、阿胶特色资源为支撑，投资4.6亿元建成玫瑰高端产业园，成立全国首家玫瑰商品交易中心，福胶集团荣获市长质量奖提名奖。截至2017年底，平阴县有食品生产企业85家，食品小作坊登记174家；食品经营单位2791家，其中食品流通业户1998家，餐饮服务单位704家，食品摊点登记业户89户；药品生产企业5家，药品经营企业211家，药品使用单位250家；医疗器械经营企业165家；化妆品生产企业2家。行政审批窗口办理行政许可事项1420件，其中食品流通环节946件，餐饮环节271件，食堂36件，药品经营167件。

2017年，平阴县局以创建国家食品安全示范城市、省级食品安全县为契机，严格落实“四有两责”，夯实工作基础，创新监管手段，扎实开展食品药品日常监管和各类专项整治工作，确保全县人民群众饮食用药安全。

【监督检查】 调整事权划分。调整行政处罚案件办理权限和监管业务权限，平阴县食品药品稽查大队负责平阴县范围内案件查处工作，食品药品监管所负责本辖区内食品药品安全监管和案件查处工作，并根据食品药品稽查大队需要派人参与跨所办案。各业务科室负责指导、督导本业务口食品安全工作。实施网格化监管。推行网格化、规范化、痕迹化监管模式，在平阴县346个行政村各聘1名协管员，负责收集报送食品药品违法生产经营的信息和线索，协助食品药品监管部门做好日常监管、宣传教育等工作，建立起横向到边、纵向到底的食品药品监管网络。加强执法联动。与县公安局联合制定《关于建立平阴县打击危害食品药品安全违法犯罪活动联动执法工作机制的通知》，在线索通报、信息共享、执法协助、联合办案等多个方面确立联动机制，形成执法办案的强大合力。加大违法犯罪打击力度。围绕重点品种、环节、行为重拳出击，严厉惩处，2017年查处各类违法案件135起，罚没款收入157万元。畅通社会诉求渠道。对县政府网站民生连线、“12331”“12345”投诉举报平台、电话、信函等各类投诉举报，迅速核实处理。2017年受理投诉举报218件，办结率、回复率和群众对过程满意率均为100%。强化不良反应安全监测。2017年监测上报药品不良反应583例，其中新的、严重的不良反应病例185例，比例达31.73%，严重报告97例，比例达到16.64%；医疗器械不良事件289例，严重报告110例，比例达38.06%；化妆品不良反应19例。

【监督抽检】 2017年完成食品抽检1005批次，其中不合格47批次，问题发现率4.67%，问题食品全部按照要求进行后处置，监督抽检结果依法向社会进行公开。药品抽检131批次，其中不合格4批次，问题发现率3.05%；医疗器械抽检1批次，未发现问题；化妆品抽检9批次，未发现问题。

【专项整治】 开展羊肉及其制品专项整治行动，检查羊肉及其制品经营单位56家，餐饮服务单位45家；开展食品、保健食品欺诈和虚假宣传整治行动，检查食品经营单位195家，保健食品经营单位143家，食品生产企业44家，保健食品生产企业1家；开展白酒生产和散装白酒经营单位专项监督检查，检查白酒生产企业10家，散装白酒经营单位34家；开展牛百叶、豆芽、大葱、韭菜、散装熟食、茶叶等重点食品专项整治；开展餐饮服务单位专项整治活动和学校食堂提升“四大”行动，着力推进“明厨亮灶”示范创建；规范“三小”经营行为，开展早餐点专项整治；开展中药材（饮片）、医疗器械、化妆品生产企业和标签标识专项整治。

【创建工作】 包挂督导，推进创建。县长为创建国家食品安全示范城市和省食品安全县总调度，五名副县长分别包挂镇（街）和创建责任部门，各镇（街）领导包挂具体单位，上门督促指导，及时协调解决创建中遇到的难题，有序推进创建工作。借力生威，助力创建。借助有资质的第三方考评机构，公平公正的对各镇（街）、各有关部门食品药品安全工作进行考核，考核出真实成绩，查找出真实问题，列出问题清单，逐项反馈给被考核单位，考核成绩直接作为2017年平阴县科学发展考核食品药品安全考核成绩，食品药品安全工作重视程度进一步提升。

【档案科学化管理】 按照《山东省档案工作科学化管理规范》规划建设平阴县局档案室，对档案集中统一管理，把档案收集、整理、移交程序植入局具体业务工作流程，各门类档案材料收集规范、真实有效、齐全完整、应归尽归。截至2017年底，档案室室存档案5413件，其中行政文书档案2325件，行政许可档案3088件，会计档案52册，照片档案2册。2017年，平阴县局获“山东省档案工作科学化管理先进单位”荣誉称号。

党组书记、局长：张建华
电话：0531-87899960
地址：平阴县锦东新区质检大厦7层
邮编：250400

（撰稿：王岩　核稿：张建华）

济阳县

【概况】 济阳县食品药品监督管理局（济阳县食品安全委员会办公室）为济阳县政府正科级组成部门，负责对辖区食品、药品、保健品、化妆品和医疗器械生产经营行为实施统一监管，承担济阳县政府食品安全委员会具体工作。内设办公室、政策法规科、综合协调督查科（应急管理办公室）、食品安全监管科、药品医疗器械监管科、保健食品化妆品监管科等6个职能科室。核定行政编制27名，另配工勤人员2名。下设济阳、济北、曲堤、仁风、太平、孙耿、垛石、新市、崔寨、回河等10个镇（街道）食品药品监督管理所，核定行政编制54名。直属单位为济阳县食品药品稽查大队，核定事业编制20名。截至2017年底，济阳县局行政人员70名，事业人员17名，行政工勤人员2名。

食品产业是济阳县经济发展的重要支柱产业，在济阳县“两城三区四园”的产城融合总体格局中，食品工业城为“两城”之一。济阳县食品饮料产业产值年均增长20%，达到302亿元，占全县工业产值50%以上，占济南市同类行业产值的1/3，实现税收占全县工业税收比重57%。全县食品生产企业72家，食品经营单位2939家，食品摊点98家；药品生产4家、医疗器械生产3家、药品批发1家、连锁总部6家，药店174家、医疗器械经营企业243家，二级医疗机构3家、一级医疗机构17家、个体诊所16家、卫生室671家。

2017年，济阳县局以创建“省级食品安全县”为抓手，不断提升食品安全治理水平。2017年5月，省级食品生产加工示范基地考核评估顺利通过；6月，代表济南市参加全国“双安双创”成果展；7月，成功举办第一届全省休闲食品大会；12月23日，省级食品安全县考核评估顺利通过；山东电视台《食安山东》栏目先后4次对济阳县局食安创建工作进行专题报道。2017年，济阳县局先后荣获“济阳县廉政文化示范点”、全县“科学发展二等奖”“突出贡献奖”等荣誉。

【监督检查】 *食品安全*。累计完成食品经营许可1835件，其中餐饮环节705件，流通环节1130件。建立“一单两库一细则”监管模式，明确12项抽查清单、3928户检查对象和79名检查人员，严格参照《山东省食品安全先进市、县（市、区）验收细则》要求，开展定期日常监管和“双随机”督导检查。在全市率先制定实施食品生产经营风险分级分类监管工作计划，完成流通领域风险分级分类监管2939家，完成餐饮服务量化分级管理和等级评定684家。对辖区62家学校食堂、13家大中型商超、2处食用农产品批发市场、199家食品批发企业重点开展全覆盖检查。规范提升登记备案的61家小餐饮，备案登记98家食品摊点。完成省纪委廉政基地会议、县委县政府历次重大会议、休闲食品大会等8次重大活动餐饮安全保障任务。

药品、医疗器械、化妆品。全年新办理药品企业认证13家，完成经营企业设立登记21家，变更17家，注销8家。对辖区7家药品、医疗器械生产企业、181家药品经营企业、20家一级以上医院实施全覆盖检查，检查村级卫生室405家。开展药品生产企业排雷行动、药品生产质量提升、中药材（饮片）、医疗器械经营、化妆品生产（专营）安全等专项整治行动9次，检查生产、经营企业260余家次，责令整改14家次。及时报送不良反应（事件），累计上报药品不良反应654例，医疗器械不良事件296例，化妆品不良反应45例。全年未发生因药品质量缺陷导致的药害事件。

【监督抽检】 2017年济阳县局开展国家级监督抽检124批次，省级监督抽检123批次，市级监督抽检1098批次，其中不合格产品11批次，全部立案处理。制定落实《2017年度食品安全监督抽检计划》，争取县财政150万元，通过公开招标，选定山东拜尔等6家公司作为济阳县第三方抽检机构。全年完成县级监督抽检1673批次，涉及肉制品、粮食加工品、蔬菜制品、豆制品、保健食品等27大品类，超出创建省级食品安全县要求每千人3份的标准。反馈不合格产品60批次，全部核查处理。全年实际完成省、市级药品抽检任务167批次，超出计划任务数5批次。反馈结果143批次，抽样结果全部合格。

【专项整治】 开展学校食堂、校园周边食品、保健食品会销、食用农产品、畜禽水产品及“食安护佳节·百点大连查”等专项整治行动20余项。制定印发《2017年度“守护舌尖安全”整治行动方案》，联合县公安局、农业局、畜牧局、市场监管局等多部门开展食违法行为综合整治。通过日常监管、专项检查、监督抽检、投诉举报等手段加大案件查办力度，查处食品药品违法违规行为128起。

【示范创建】 *省级食品生产加工示范基地创建*。独创“一廊一室两平台，三示四警五技法”监管模式，建立“共治、法治、德治”三治工作体系，完成省级食品生产加工示范基地创建考核验收。

省级食品安全县创建。2017年2月，将创建省级食品安全县工作列为县委、县政府“四城联创”任务目标之一。由县委副书记和分管副县长共同牵头，

具体负责推动落实。11 月顺利通过市级考核验收，12 月迎接省级验收组最终考核验收。2017 年，青岛、菏泽、聊城等 10 多个地市食品药品监管部门先后到济阳县参观学习基地创建经验。

打造“食安山东”品牌企业。培育“食安山东”“食安济南”示范标杆企业，鼓励企业推行更先进的管理模式，13 家通过 ISO22000、HACCP 管理体系认证。注重培养发挥龙头单位引领作用，采取全程指导、重点培育等方式做好创建工作，全县有“食安山东”示范企业 5 家、流通示范单位 39 家、餐饮示范单位 13 家，“食安济南”示范企业 8 家，总量居全市前列。

党组书记、局长：徐洪华
电话：0531－84246801
地址：济阳县新元大街 1 号
邮编：251400
（撰稿：刘晓慧　赵贝贝　核稿：徐洪华）

商河县

【概况】 商河县食品药品监督管理局（商河县食品安全委员会办公室）核定机关行政编制 22 名，领导职数核定局长（县食品安全委员会办公室主任）1 名、副局长（县食品安全委员会办公室副主任）3 名（其中 1 名兼任县卫生局副局长），科长（主任）6 名、副科长（副主任）6 名，配工勤人员 2 名。内设办公室、政策法规科、综合协调督查科（挂应急管理办公室牌子）、食品安全监管科、药品医疗器械监管科、保健食品化妆品监管科 6 个科室；下设 1 个副科级事业单位—商河县食品药品稽查大队，为商河县局所属财政拨款，事业编制 20 名，负责食品、药品、医疗器械、化妆品有关投诉举报受理和案件查处工作；负责药品、医疗器械和保健食品广告监测工作；承担重大活动餐饮服务食品安全保障工作。在 12 个乡镇（街道）分别设立食品药品监督管理所，为县局派出机构，承担本区域食品药品监管和行政执法工作，核定行政编制 60 名。在全县 965 个村（居）选聘食品药品安全监管协管员 965 人，健全县、乡、村三级食品药品监管体系。

商河县有食品生产企业 52 家，食品流通经营业户 2353 家，餐饮服务经营业户 664 家，食品加工小作坊 142 家，小餐饮单位 99 家，备案食品摊点 102 家；药品生产企业 3 家，药包材生产企业 1 家，医疗器械生产企业 4 家，药品批发企业 1 家，药品零售企业连锁总部 3 家，药品零售企业 161 家（其中连锁直营门店 68 家，连锁加盟门店 46 家，单体药店 47 家）；第三类医疗器械经营企业 47 家，第二类医疗器械经营企业 112 家；药品使用单位 434 家（其中二级医疗机构 3 家，一级以上医疗机构 14 家，村级卫生医疗机构 417 家）；保健食品生产企业 1 家（山东健康源生物工程有限公司），保健食品经营企业 102 家，化妆品经营企业 210 家，化妆品使用单位 238 家，化妆品不良反应监测哨点医院两家（商河县人民医院、商河县中医医院）。

【监督检查】 食品安全。对全县 52 家企业健全完善企业基础数据库，142 家小作坊进行登记备案，并 100% 签订质量安全承诺书。积极开展餐饮服务环节“食安山东”品牌创建工作，创建“食安山东”示范街区 1 个（商河县田园路南段），“食安山东”示范店 1 个（商河温泉基地有限公司）。开展“食安护佳节”行动，按照《商河县“食安护佳节”行动方案》，对全县肉制品、白酒、植物油三类生产企业进行突击检查，检查肉制品生产企业 13 家，白酒生产企业 2 家，植物油生产企业 2 家。

药品、医疗器械。以新版 GSP 认证检查工作为契机，检查药品经营单位购销渠道是否合法，是否存在超范围、超方式经营，规范企业经营行为，从源头上保障药品质量。积极开展药品抽验、快检工作，严厉打击掺杂使假和非法添加化学药物等行为，完成监督性抽验 90 批次、快检 200 余批次。稳步推进药械安全性监测工作，上报药品不良反应 757 例，医疗器械不良事件 412 例；申办、换发、变更、注销《药品经营许可证》48 份。

【监督抽检】 2017 年商河县局开展县级监督抽检 4 次，专项抽检 1 次，抽检 26 类食品样品 2400 批次，其中检验项目合格的样品 2321 批次、不合格样品 79 批次，样品合格率 96.71%、不合格率 3.29%。2017 年度县级抽检合格率比 2016 年度提高 2.21 个百分点；上级考核评价性监测合格率同比提高 4.48 个百分点，高于全市平均水平，与到 2020 年食品抽检合格率达到 96% 以上的工作目标相差 0.19 个百分点。

【专项整治】 食品安全。商河县局强化与县公安局、县教体局、县住建委的联动。在生产环节，开展食用植物油塑化剂、酒类产品风险排查；在餐饮环节，先后开展建筑工地食堂食品安全专项检查、集体用餐配送单位专项检查、秋季学校食堂食品安全专项检查、网络订餐专项检查、学校风险隐患排查专项整治、学校食堂四大行动（大培训、大检查、大整改、大提升）、餐饮食用油专项整治、现制现售乳制品专项检查、养老机构食品安全集中整治等 9 项专项行动；在流通环节，先后开展畜禽水产品专项检查、大葱专项检查、日本辐射食品专项检查、瘦肉精风险防控专项行动、假劣调味品专项检查、重点食品专项检查、韭菜产品“双证制”管理专项检查、农村市场食品安全整治等10项专项检查工作。截至2017年底，出动执法人员2200余人次，执法车辆1000余车次。

*药品、医疗器械。*重点开展非法渠道购进药品专项整治、制售假劣药械专项整治、超方式超范围经营药品专项整治、非法经营使用疫苗专项检查、中药材中药饮片质量安全专项整治、药品生产质量提升行动、药包材、特殊药品、终止妊娠药品、定制式义齿等专项整治工作，出动执法人员1300人次，对571家药品、医疗器械生产、经营、使用单位进行检查。

*保健食品、化妆品。*突出对保健食品、化妆品重点企业、重点区域和重点品种的监督检查力度，监督检查覆盖率达到100%。集中开展虫草类、美容美发经营使用单位、8批次不合格化妆品等专项整治活动。截至2017年底，检查保化经营企业360户次，出动执法人员1085人次。

*重大活动食品药品安全保障。*在花博会、党的十九大期间，通过印发《食品安全保障方案》，成立由局长任组长的“花博会暨北纬37° 美食游乐嘉年华”暨“十九大”期间食品安全保障工作领导小组和3个监管工作小组，对负责接待的餐饮服务单位（下称接待单位）和小吃街进行全面食品安全监督检查、指导，并做好相关记录。强化接待单位食品安全第一责任人的责任落实管理，向接待单位发放食品安全责任告知书，督促其履行“第三届中国（济南）花卉园艺博览会食品安全责任承诺”。花博会、党的十九大期间，累计出动执法人员447人次，车辆66车次，排查食品安全隐患120人次，受理投诉举报7件，处置应急事件2件，保障节日期间食品药品安全。

【监管执法“新模式”】 创新打造“化零为整”的“局所联动、科所互动、所所齐动”的“三动”监管整治模式，打通食品药品安全监管“最后一公里”。在整治行动前，召开全体干部职工会议，制定整治方案。短时间内出动大量执法车辆、检查人员，集全局之力对某一镇（街）的食品药品监管对象进行地毯式检查，不留死角，不存盲区，彻底排查食品药品安全隐患，对于整治行动中发现的问题，责令经营业户限期整改，对于违法行为绝不姑息，从严惩处。

【食堂监管“新亮点”】 截至2017年底，全县有学校食堂25家，正在申请许可的5家。全县学校食堂在2017年上半年济南市局组织的学校食堂食品安全双随机飞行检查中，总成绩位列全市第三名。2017年，商河县局将各镇政府、敬老院食堂全部纳入监督抽检范围，并从资格培训、申请材料、硬件建设、操作规范、制度落实等多个方面入手，逐步进行登记许可规范管理。积极推动“明厨亮灶”改造工程，食品生产的关键部位和重要环节，通过透明玻璃窗、显示屏等方式展示给消费者，实现阳光操作、透明化管理，商家的诚信经营意识和自律行为明显加强。

【韭菜“双证制”】 以韭菜产品“双证制”、食品批发小作坊食品标签和“一票通”管理为重点，以全市“餐饮”加强农贸市场和“三小”监管，强化“一企两档”和生产经营自律管理，着力打造餐饮示范单位、示范街区、富东和明辉等农贸市场、中润和宏盛“放心肉菜示范超市”等“食安山东”品牌亮点。密切与县商务、农林畜和综合检验检测中心等单位配合，加大“食用农产品品牌”、农贸市场“食品安全管理规范化销售单位”“食品生产加工示范基地”等“食安山东”品牌培育力度，拟定小作坊、小餐饮等地方特色食品进园区、进市场规划，着力提升食品产业规模化、标准化、集约化生产经营管理水平。

党组书记、局长：张本军（2017年2月15日离任）
张超（2017年2月15日任职）
电话：0531-84860800
地址：商河县田园路23号
邮编：251600

（撰稿：李继民　核稿：张超）

济南高新技术产业开发区

【概况】 济南高新技术产业开发区管委会市场监督管理局（以下简称“高新区局”）有人员142人，聘任（局领导、主任、主办）108人，内设机构包括“五室、一大队、九所”，即：机关内设5室、1大队，包括综合办公室、行政审批办公室、食品药品监管办公室、工商物价监管办公室、质监监管办公室和执法大队。派出机构设9个市场监督管理所（舜华路、正丰、会展、颖秀、综合保税区、东区、创新谷、遥墙和临港）。

2013年12月以来，按照济南市的改革部署，高新区局率先试点，推行食药、工商、质监、食安办“四合一”机构改革。2016年3月起，物价管理职能并入，“五合一”改革的局面初步形成。2017年4月，高新区“双打”职能并入；2017年12月，高新区卫生、文体、旅游、商务等执法职能并入，高新区市场监管大执法格局基本建立。截至2017年底，全区有食品药品监管单位3981家。其中，食品生产经营单位2544家，药品生产经营单位354家，器械生产经营单位806家，保健和食品、化妆品生产经营单位277家。

高新区积极建设集生物制药、化学药、中药及天然药、医疗器械四大门类的研发和生产基地，打造国内一流、世界知名的“济南药谷”。不断完善国家综合性新药研发大平台建设。按照“统化管理、分平台运营”的平台运营模式，为“济南药谷”品牌发展提供动力，成为招商引资和孵化服务的靓丽名片。平台全年对外服务企业316家，服务次数2323次，平台运作模成功实现由政府引导逐步向企业主导转变。完成大平台仪器设备在山东省大型科学仪器设备协作共用网备案工作，备案设备52台。中药创新药研发平台取CMA资质认证证书，药代动力学研究平台顺利通过动物使用许可证认证，药械结合平台取得化妆品生产许可证。在平台创新内核的持续带动作用下，银丰生物人体冷冻、亨利制药针对慢性肾衰的创新药5074项目等一批尖端技术取得突破。亨利医药3个在研新药同时获批国家“十三五”新药创制重大科技专项。

2017年，高新区局以创建国家食品安全示范城市为抓手，以推进食品药品监管工作信息化为主线，狠抓基层基础建设，全面落实“四有两责”，在食品药品日常监管全覆盖的基础上，对重点食药单位进行“双随机抽查”，做到全面检查、重点监控。深化“互联网+”在食品药品监管领域的应用，通过“智慧监管”平台实现OA办公、行政审批、监管稽查、抽样检测等“一网办理”；推进““智慧监管”平台”与上级局工作平台数据实时交互共享，为高效监管和精准履职提供坚强支撑。强化硬件支撑，深化基层市场监管所规范化、标准化建设，全面改善基层办公环境，在监管所建立标准化快检室、档案室、执法处理室、党员活动室、信息化室、执法装备库、罚没物品库“五室两库”，建立高新区局与监管所的视频会议系统，不断强化基层硬件和人才支撑。探索推进以KPI考核为统领的信息化绩效考核，干部队伍履职动能和作风纪律得到大幅提升，在2017年度高新区行风评议工作中位列第一名；绩效考核工作被《中国工商报》《济南日报》《齐鲁晚报》等多家新闻媒体予以报道；承办全市食品药品监管系统基层监管所规范化建设。

【监督检查】 *食品安全*。高新区将食品安全工作列入十三五规划，作为全区推行的绩效考核工作的关键指标。区和街道办事处层面均建立食安委，健全组织、明确责任，面向社会聘请食品安全协管员200名。扎实开展创建国家食品安全示范城市及文明城市工作，对辖区内食品生产经营单位进行全面检查规范，出动检查人员8634人（次），检查各类食品经营业户4317户（次），印发限期责令整改通知书132户，督促食品从业人员办理《食品经营许可证》67户。辖区700余家餐饮单位进行食品安全量化分级评定；每季度对辖区内60家学校食堂进行检查，做到检查有记录、问题有反馈、整改有结果、违法有查处。

药品、医疗器械。结合药包材使用、胶囊剂生产等专项检查，完成对辖区内8家药品生产企业、16家次的监督检查；结合药品流通领域违法经营行为集中整治专项工作，完成全部29家药品批发企业、46家药品使用单位的检查。对138家医疗器械生产及高风险经营企业进行检查，进一步规范医疗器械生产经营秩序。

保健食品、化妆品。按季度完成保健食品和化妆品生产企业检查任务，1—3季度检查和信用评定分别完成2家、4家、5家。

示范创建工程。开展餐饮服务“明厨亮灶”打造工程，以典型为引导、以示范创建为抓手，全面推进各餐饮单位的规范提升工作，2017年打造“透明及视频厨房”140家。

综合评价。将辖区内4家农贸市场、24家大中型商超列入全年KPI评价检查中，强化对食品经营重点风险环节的检查，通过重点防控，及时排查风险因素，全面提升经营环节食品安全水平。

【监督抽检】 2017年，高新区局完成食品药品各类抽检任务1440批次。其中，完成济南市局抽样任务640批次；组织本级抽样800批次。收到抽检不合格报告53份，对收到的不合格报告，及时组织监管所执法人员进行核查处置，处置率100%。

【专项整治】 在食品生产经营环节相继开展食品类阿胶、食用植物油、肉制品、预包装食品标签、烧烤专项检查、进口食品专项检查、畜禽水产品抗生素、禁用化合物专项整治行动、农村食品专项检查、羊肉专项检查、月饼飞行检查、守护舌尖安全、学校食堂季度检查等20余项专项整治工作，出动执法人员1260人次。完成药械生产经营领域违法经营行为集中整治、药品质量规范提升年、中药提取物专项检查、药包材生产使用、医疗器械规范实施年、互联网医疗器械专项检查、一次性无菌医疗器械专项检查、小药店小诊所专项检查等专项检查工作，出动执法人员368人次。全面普查辖区内药品批发企业及医疗机构，在保健食品、化妆品环节积极开展保健食品虚假宣传专项整治行动，检查食品保健食品单位69家，出动执法人员138人次。

【亮点工作】 *购买专业服务*。制定《药品符合性审核工作购买服务方案》，通过竞争性磋商评估，确定第三方医药咨询服务单位对药品生产企业开展符合性审核。审核采取“2+1”（2名检查人员和1名专家）检查模式，针对不同企业逐一制定评估计划和评估方案，围绕“审核、检查、反馈、整改、复查、处理”6个环节，对质量安全风险因素全面审核评价，出具《GMP符合性审计报告》，监管人员根据报告监督企业对缺陷项目严格整改，形成“政府监督管理、专家专业服务、企业整改提升”的监管闭环。2017年完成4家药品生产企业的符合性审核工作，审计出缺陷项目100余项，全部要求企业对照整改。

强化快检公示。严把食品安全“总闸门”，构建“第三方抽检、农贸市场自检、监管部门快检”三位一体联动检测机制，委托具有认证资质的第三方检测机构进驻农贸市场，配备专业快检设备和专职农产品检测人员，对果蔬农残开展抽检，检测结果通过电子显示屏全天候播报，并实时上传“食品安全检验检测管理云平台”。同时，对所有检测商品逐一建立台账，保存检测纸质依据，保证食品快检工作的专业性和公信力。

推进社会共治。制定《高新区无照无证食药生产经营微信举报小额快速奖励办法》，通过微信举报奖励，引导消费者积极参与无证无照食药单位查处取缔工作，织紧织密全民共治监管网，提升辖区食药单位的持证率。

党总支书记、局长：张志强
电话：0531-82689631
地址：济南市高新技术产业开发区舜华路77号
邮编：250101
（撰稿：刘文凯　王兹东　核稿：李士勇）

南部山区

【概况】 济南市南部山区管委会市场监管局作为管委会内设机构，承担着工商、质监、食品药品的监管职责，2017年7月组建，现有人员32人，全部为行政编制，其中，管委会局机关编制核定6名，现有副局长2人，主任科员2人（分别由市质监局、市工商局调入）。基层站所编制核定30名，现有28人，其中，正科实职6人，副科实职3人，主任科员5人，副主任科员4人，科员10人，全部由原仲宫、柳埠、西营市场监督管理所和仲宫、柳埠、西营食品药品监督管理所原班人员整体划转，历城质监局无人员划转。

2017年7月组建后，经管委会领导批准，对原来的3个市场监督管理所和3个食品药品监督管理所进行整合，重新组建仲宫、柳埠、西营市场监督管理所，承担着基层执法和登记业务；为对接市工商局、市质检局、市食品药品监管局的业务，参考高新市场监管局模式，抽调11名基层所的所长、副所长和一般人员组建局机关临时机构，分别是综合办公室、工商办公室、食药办公室、质检办公室、审批办公室、综合执法大队、信息中心，承担着对口业务的协调、指导和职责落实。以上基层所和业务办公室均无三定方案明确，属临时机构，受管委会编制限制，11名抽调人员编制属基层站所。

党总支书记、副局长（主持工作）：黄文席
电话：0531-88112696
地址：济南市历城区柳埠街道办事处第三职业中专院内
邮编：250101

青岛市

【概况】 青岛市食品药品监督管理局内设16个职能处室，分别是办公室、财务装备处、人事处、政策法规处、科技处、食品安全协调督查处、食品生产监管处、食品流通监管处、餐饮服务食品监管处、保健食品、化妆品监管处、药品注册管理处、药品生产监管处、药品市场监管处、医疗器械监管处、应急管理处、食盐质量安全监管处。按规定设置机关党委。局机关行政编制103名，工勤编制10名。下辖高新区分局、稽查支队、市食品药品检验研究院3个单位。其中，青岛市食品药品监督管理局高新区分局行政编制24名，工勤编制1名，青岛市食品药品监督管理局稽查支队事业编制88名（含食品药品稽查支队高新区大队11名），青岛市食品药品检验研究院事业编制120名。

2017年，根据国家、省、市盐业体制改革要求，原青岛市盐务局承担的食盐质量安全监管职责交由青岛市食品药品监督管理局承担。调整后，增加食盐质量安全管理监督及行政执法等工作职责。局机关行政编制由94名增至103名，青岛市食品药品监督管理局稽查支队事业编制由68名增至88名（含食品药品稽查支队高新区大队11名）。按照青岛市委市政府《关于印发青岛市盐业体制改革实施方案的通知》，原青岛市盐务局7名行政编制人员，2名工勤编制人员划入青岛市食品药品监督管理局机关。原青岛市盐务局所属的青岛市盐政稽查支队整建制划转至青岛市食品药品监督管理局稽查支队，8 名离退休人员一并划转。

截至 2017 年底，全市有食品药品生产经营业户约 12 万家，总产值约 2787 亿元。其中，食品、保健食品生产经营单位约 10 万家，工业总产值约 2185 亿元；药械、化妆品生产经营单位 2 万余家，工业总产值约 602 亿元，包括药品生产企业 40 家，涉及生物制品、化学药、生化药、中成药、中药饮片、医用氧等 6 大类药品；药品包装材料生产企业 14 家；医疗器械生产企业 158 家，注册产品 476 个。2017 年，全市药械产业总产值约 109.7 亿元（药品 77.2 亿元；药品包装材料 4.2 亿元；医疗器械 28.3 亿元），产值过亿元的企业 16 家，过 10 亿元的企业 3 家。

2017 年，青岛市局围绕创建国家食品安全示范城市，坚持习总书记提出的“四个最严”要求，全市食品药品安全形势稳定向好，没有发生较大及以上食品安全事故，全市食品抽检合格率达到 98.6%，药品合格率达到 100%，群众满意度达到 87.15%，均处于历史最高水平；食源性疾病发病率为十万分之一点九，远低于国家十万分之六的标准规定，近两年内未发生 30 人以上等级的食品药品安全事故。青岛市食品药品安全工作连续 4 年在省委省政府综合考核中名列第一。2017 年 6 月，青岛市被评为全国首批 15 个国家食品安全示范城市。国家、省多次召开现场会，推广青岛经验。青岛市党政同责、抽检体系、规范药房建设等工作先后被国家总局和省局专报推广。

【食品安全监管】 *推行“阳光生产”。*在全市食品生产企业开展“规范提升年”行动，建设 5 个规范化生产企业加工园区、100 家食品生产示范企业、30 个食品加工示范小作坊。以青岛市政府文件出台《关于加快食品生产小作坊集中产业园和特色食品加工基地建设的实施方案》。截至 2017 年底，在 7 个区（市）建设 13 处园区和基地，全市食品小作坊产品抽检合格率达到 92.9%。在全省率先开展食品生产企业体系检查工作，20 余家风险较高的食品生产企业实施检查。率先开展食品生产企业公开评价工作，让食品生产从幕后走向台前，有效控制系统性风险。

*开展放心肉菜商超创建活动。*升级改造商超快检实验室 231 个，建立“优质精品肉菜专柜组”5 处，公开评价超市 22 家，创建规范化市场和规范化食品店 358 家。深入推进市场质量保证金和不合格农产品退市制度，截至 2017 年底，全市上交保证金 1545 万元，退市 115 家不合格农产品供货商。将全市 20 家批发市场、108 家农贸市场、103 家大中型商超全部纳入快检体系，完成入市检测 65 万批次，市场农产品合格率从 92% 提升至 98%。

*实施餐饮质量安全提升工程。*制定餐饮示范街区建设、重点餐饮提升改造方案，出台城市综合体餐饮聚集区创建规范和网络餐饮服务管理办法，建立治理外卖联席会议制度，检查并约谈网络外卖平台商。提升改造重点餐饮酒店 20 家，各区（市）分别培育 2 ～ 5 个餐饮示范街区和 100 家餐饮示范点。量化分级公示 2.36 万家餐饮服务单位，占全市餐饮服务单位总数 91%。研发完善全国首张大数据“笑脸食安地图”，全市 4251 家“大笑”饭店和 1005 家小饭桌首批入围，接受市民的用餐评价和举报监督。深入推进“明厨亮灶”工程，10777 家饭店、食堂实现后厨“直播”。

*开展“三小”规范提升行动。*加强“三小”登记备案，开展“在一线、助规范”监管人员和“三小”业主“一对一”帮扶活动，编制监管名录和帮扶台账，推进“三小”业态登记 10368 户，规范提升 682 家。截至 2017 年底，全市规划建设 15 处小作坊加工园区、基地，小作坊抽检合格率由 2014 年的 72% 提高到 92.9%，提升近 21 个百分点。

【药品监管】 *创新开展“规范药房”创建。*严把渠道关，要求医疗机构要对上年度重点品种和购进进行溯源自查，化学药及中成药应不少于 5 个品种或使用品种总量的 5%；有使用中药饮片的单位，中药饮片不少于 10 个品种。严把品种关，建立中药饮片采购验收责任制、中药配方颗粒和代客煎药规范管理制度和行业准入退出机制，有效解决中药饮片安全隐患较多的问题。严把储存关，联合青岛市人社局、卫计委印发《关于加强使用单位药品储存质量监管的通知》，督促各药品使用单位配齐温控设备，解决高温高湿条件下药品容易变质的问题。

*持续开展药品流通领域整治工作。*开展广覆盖、高频次的飞行检查。截至 2017 年 12 月，先后组织 19 个飞行检查组，抽调全市 64 名药品 GSP 骨干检查员，集中对 68 家药品批发和零售连锁总部开展飞行检查。撤销零售企业 GSP 证书 6 个，收回零售企业 GSP 证书 8 个，报请省局撤销批发企业 GSP 证书 1 个，收回批发企业 GSP 证书 3 个。实施处罚与教育相结合的警示曝光制度。对内，坚持未雨绸缪、风险监管，尚不具备处罚条件的“问题企业”及时发出警示函，飞行检查发现问题较多的企业主要负责人进行约谈，督促企业落实主体责任，强化证后管理。2017 年，约谈 45 家企业负责人，68 家企业下达限期整改通知书。对外，将飞检结果全部面向社会公开。2017 年，在省、市两级网站公布飞行检查信息 168 批次。强化疫苗、特殊管理药品经营企业监管。建立原疫苗经营企业周报告制度，定期进行监督检查，及时监督销毁过期疫苗。截至 2017 年底，累计检查特殊管理药品经营企业 8 家，封存、销毁原疫苗经营企业库存过期疫苗 5.2 万余支，货值 90 余万元。开展中药材（饮片）

市场、城乡接合部和农村地区药店诊所药品质量安全专项整治工作，截至2017年底，出动执法人员7500余人次，检查企业3724家，其中，药品批发企业33家，药品经营企业1654家，使用单位2047家，查处案件132起，移交公安4起，下达责令整改694份，罚没款379.8万余元。

*构建药品安全监管全方位风险防控体系。*上报药品不良反应报告10336例，其中，“严重”报告918例，“新的＋严重”报告2871例，上报《药物滥用监测调查表》300例。定期汇总分析风险信息，总结出“高风险药品、普通制剂、原料药、中药饮片、医用氧”企业15方面主要风险点，制定针对性防控建议20条。定期召开风险会商例会，汇总风险因素325条。强化防控体系检查机制，将青岛卫生医用氧厂等15家区市局监管单位列为重点跟踪督导单位，不定期进行突击检查，数量占区市局监管企业52%，发现问题91项。坚持将监督抽检与日常监管相结合，确保监督抽检工作有效落实。2017年，药品生产环节评价性抽验合格率100%。

*深化家庭过期药品回收和销毁活动。*全市设置228个药品回收点，新增回收点12个，组织开展家庭过期药品宣传回收进社区活动。4月，组织“青岛市回收过期药品暨没收不合格药品集中销毁”活动，销毁回收家庭过期药品20吨，罚没不合格药品8吨，同时，组织企业自主销毁过期、不合格药品31吨，总计59吨。

【保健食品、化妆品监管】 *全面落实企业主体责任。*致力于强化企业内控机制，建立和完善企业负责人和质量受权人约谈制度，对重大风险隐患及时约谈企业负责人和质量受权人，确保产品生产安全有人抓、有人管。致力于提高企业主体意识，与保健食品、化妆品生产企业签订质量安全承诺书，全面实施企业承诺制，努力提高企业第一责任人意识。致力于健全企业标准化管理，保健食品生产企业全部许可产品现行有效备案企业标准进行梳理，建立53个产品标准库。致力于培育企业诚信约束环境，在全市17家保健食品生产企业中全面实行保健食品安全责任保险制度。致力于完善企业可追溯体系，引导企业承担追溯体系建设的主体责任，要求企业以批生产记录、索证索票、台账记录标准化为抓手，建立从原辅料、生产过程、产品出厂、问题产品召回等一系列的全程可追溯链条。此项工作在省局交流会上做题为《坚持四个到位，推进“智慧监管”，努力构建保化生产企业追溯体系》典型发言。

*全面落实监管网格化、规范化、创新化要求。*将全市保健食品监管对象划分为128个基层监管网格，落实风险隐患排查和监督检查责任。全面筛查监管薄弱环节，制定监管暗访工作计划，将暗访工作与“双随机”抽查相结合，将专项整治与暗访工作相结合，把监管精力集中于重点对象、重点产品，切实提高监管的针对性、有效性。开展飞行检查49家次、双随机抽查38家次、暗访保化生产企业39家，经营企业68家，发现问题进行及时处置。开展保健食品会销行为专项整治行动，查处以会议、讲座形式销售保健食品的事件5起，查扣涉嫌非法销售的保健食品9万余元，责令整改8家，立案10起，罚款33万元。

*开展化妆品专项整治行动。*采用明察暗访、飞行检查等方式开展专项整治工作，全面排查生产企业，对所有在产品种进行监督检查。出动执法人员5690余人次，检查化妆品生产企业21家，经营单位1000余家，其中生产企业13家在产，8家停产，德尔沃工贸有限公司办理注销手续。3家化妆品标签标识不符合规定的单位予以警告，立案2件，罚没款300元，下达责令整改通知书102份。

【医疗器械监管】 *全面实施医疗器械“网格化、痕迹化、标准化”三化监管。*实施“网格化”监管，健全“网格化”管理体系，做到监管网格到边到底、工作责任到岗到人、监管对象全面覆盖，建立青岛市医疗器械网格化监管信息系统平台和登记本。健全医疗器械企业“第一责任人”体系，与辖区内医疗器械企业和使用单位签订责任书。实施“痕迹化”监管，积极应用“青岛市医疗器械网格化电子监管系统”，收集完善维护有关数据和信息，全市录入医疗器械基本信息生产企业150家（检查录入75家），检查录入率50%；经营企业2268家（检查录入1256家），检查率录入55.4%，使用单位6247家（检查录入3522家），检查录入率56.5%。加大纸质档案管理，完善“一户一档”，对空壳企业及时进行清理登记，新成立企业及时纳入台账管理，实现档案动态监管。实施“标准化”监管，结合区市特点编印标准化文件，及时发给食药所网格监管人员及所有医疗器械使用单位，基本形成监管“标准化”体系。

*开展医疗器械专项整治2017行动。*重点对无菌和植入性医疗器械、注射用透明质酸钠（按医疗器械管理）、定制式义齿、隐形眼镜、避孕套等品种进行专项整治，对医学美容机构进行专项治理，检查全市医学美容机构28家并进行等级评定工作。开展医疗器械经营企业飞行大检查和医疗器械使用单位飞行大检查，开展互联网医疗器械经营监督检查及网络销售备案工作。加大稽查办案力度，对违规行为进行严肃查处。全年立案157起，结案142起。警告82起、罚款324.4万元（比2016年增加100万），没收违法所得69.93万元，责令停产停业3家，移送公安5起。

开展“规范实施年”活动。加强对医疗器械生产、经营质量规范和使用单位质量监督管理办法的培训，开展现场宣传和网络宣传活动125次。召开约谈会，分类检查生产企业。组织全市生产企业集体约谈会，学习传达贯彻专项整治工作和规范实施年活动精神，增强企业的质量意识和自律意识。按照《山东省医疗器械生产企业分类分级管理办法》，对15家重点监管的生产企业飞行检查率、一般企业的日常监督检查覆盖率和问题企业的跟踪检查覆盖率都达到100%。做好企业整改情况的跟踪检查，跟踪检查率100%。强化重点目录产品监管，检查覆盖率100%。制定《青岛市医疗器械贮存、配送管理办法》规范性文件。

深化医疗器械使用质量安全等级评定。全市各级医疗机构进行评定，在各区（市）一级以上医院和基层医疗机构中快速复制等级评定的监管模式，连线成面，形成矩阵效应。选出3家A级医院设立“青岛市医疗器械使用质量管理实践性培训基地”、3家不良事件监测工作好的医院设立“青岛市医疗器械不良事件检测实践性培训基地”，作为“孵化器”，加强四级联动帮带体系建设。召开三级医院医疗器械使用质量安全调度会，通过介绍经验，聘请专家进行点评，典型引领巩固三级医院等级评定成果。抽调市北区5名市级专家委员会专家组成检查组，赴西藏和厦门开展交流实训，走出去锻炼队伍。8月，抽调各区局检查员、辖区医院医疗器械质量管理及不良事件监测专家60多人，组成检查员组，开展全市72家一级以上医院飞行大检查。集中举办医疗器械使用质量安全监管实训暨医疗器械不良事件监测培训班，提高监管水平。2017年，全市上报医疗器械不良事件报告4867例，其中“严重”报告1505例，全市检查一级以上医院315家，检查率达100%，检查基层医疗机构（小诊所）检查率达93.3%，立案76起，警告、责令整改1669家，罚没款134.4万元，各级医疗机构均进行ABCD等级评定，完成从“孵化”到“转化”再到“覆盖化”的三化过度。

【专项整治】 2017年，全市累计查处食品药品行政违法案件3236起、罚没款3076万元，保持每年立案3000起以上、罚没款3000万元以上的高压态势。积极向公安机关移交犯罪线索，公安机关侦破刑事犯罪案件299起，抓获犯罪嫌疑人387人。青岛市局稽查支队荣获国家总局、公安部联合表彰的“全国食品药品案件查办工作成绩突出集体”称号。创新工作机制，坚持严厉打击，和公安机关联动作战、快查快侦；建立健全“环黄渤海‘6+1’稽查打假区域协作机制”，重点打击窝案和流窜作案；出台《“双随机”抽查实施细则》，实施“四不两直”暗访式检查模式，尤其在药品市场监管方面，将年度检查覆盖比例提高到全市药品经营企业的30%，频次提高到每年2～3次，高于全省平均水平；充分发挥抽检的“眼睛”作用，提高问题发现率和打击靶向性，全市2017年完成食品安全定性定量检测6.5万批次，将抽检任务90%用于监督性抽检，发现问题全部进行处理。

【基础建设】 *深化科研发展*。扎实推进“科教兴院”三年工作规划（2017—2019年），深化与高校、科研院所交流合作，加快推进适应国家监管需要的一流区域性食品药品检验检测机构建设。2017年，青岛市食品药品检验研究院承担课题9项，发表文章6篇、获得专利3个、起草复核各类标准33个；获市南区“创新发展引领奖”1项。完成食品药品检验任务7854批。其中，食品5419批（各类监督抽查4177批，不合格103批，合格4074批），平均合格率97.53%；药品2435批，平均合格率95.6%；保健品323批，检出非法添加32批；完成化妆品33批、器械包材检验20批次，全部合格。在“三品一械”检验能力基础上，以政府监管需要为重点做好扩项准备。

严格质量管理，提升服务能力。开展质量体系适用性全面核查和内审、危险毒麻品等专项检查，进行1000多份文件受控管理，参加中检院、省局组织的21项38个参数的能力验证，通过2次现场审查、3次检查和1次复评审。强化技术支撑作用，累计撰写食品、药品质量分析报告等16篇，向国家总局、省局发出药品质量风险提示函6个、提报补充检验方法4个。密切做好不良反应检测工作，2017年，全市上报药品不良反应报告10336例，收集医疗器械不良事件报告4057份，收集化妆品不良反应报告467份。

提升监管能力。全市食品药品监管队伍总人数为1483人，新增334名基层食品药品监管人员和专职协管员，监管人员达到每万人口4.35人。其中，83%监管人员配备在镇（办）基层一线。全市食品药品安全经费投入达到9亿元，监管所平均面积387平方米，执法车辆配备达到每3～4名执法人员1辆的标准。

【社会共治】 *科普宣传*。全市上下利用新闻媒体、科普宣传站、户外广告、手机短信等多种形式广泛普及食品药品知识，开通全国首辆“食安号”科普地铁专列，和1600辆校车、1000辆公交车共同组成独具青岛特色的流动科普文化。打造市北区“食在市北、安在身边”科普品牌，李沧区“社区食药讲堂”，胶州市食药文化主题公园、村庄彩绘墙、公交车体画等，探索科普宣传新形式。市南区加强网络谣言治理，对“棉花肉松”谣言及时组织新闻发布，并对2名造谣者予以行政拘留，经验做法被国家总局、省局和青岛市委宣传部推广。

群众参与。全市连续3年开展“问计于民”调查

活动，做到监管什么群众说了算，累计百万市民踊跃参与。根据“问计于民”结果，在全省率先开展十大食品“你点我检”活动，邀请市民自愿报名参加现场抽样，连续3年“十大食品”抽检合格率均达96%以上。

便企便民服务。积极帮促引导医药产业发展，5家10亿元以上医药企业有落户青岛意向。高新区管委积极走访国内外龙头医药企业，储备在谈项目20余个，预计总投资170亿元。崂山区积极为崂山茶、王哥庄大馒头等传统产品解决销售渠道问题，王哥庄大馒头年销售收入近1个亿。西海岸新区建成全国首家食药便民服务中心。

【党风廉政和干部队伍建设】 *全面落实主体责任*。层层落实责任，制定《落实党风廉政建设主体责任和监督责任，推进全面从严治党工作方案》，修订完善《2017年度党风廉政建设主体责任清单》，明确领导班子、主要负责人、班子成员、党支部（总支）书记4个层面的主体责任，列出领导班子、主要负责人、班子成员3个层面责任清单，建立由主要负责人主抓、班子成员主动分责、纪检监督监察，一级抓一级、层层传导压力的责任机制，严格落实各班子成员“一岗双责”要求，与分管部门廉政谈话、向党组定期汇报党风廉政工作等制度。坚持制度规范，研究制定《关于进一步加强机关党建促进食品药品监管工作的意见》《党风廉政建设日常检查工作办法》等党风廉政建设工作制度，列出党建工作13项清单。

严明党的纪律。坚持廉政提醒，采取党组书记全面谈、分管领导个别谈等方式，全年开展廉政谈话、廉政提醒35人（次），及时遏制苗头性问题。开展廉政风险隐患排查，制定印发《廉政风险点及防控措施》。强化权力运行的监督制约，把好“三重一大”关，加强对大额资金支出、市药检所改造项目、实验室信息管理系统项目、GSP认证工作、固定资产清查等事项的监督管理；把好行政执法关，全面推行“双随机”抽查机制，确保批后监管落实。健全案件日常审核和重大案件集体讨论制度，凡罚没款合计10万元以上的案件，一律提交局案审委集体讨论决定，健全执法全过程网上记录制度，做到除涉密案件外，全部行政处罚案件网上办案；把好行政审批关，制定《行政审批服务中心工作手册》和《办事指南》，进一步简化程序、减少环节；把好食品抽检关，制定《食品安全抽样检验工作管理规定（暂行）》，从检测机构招标、检测任务分配、检测计划实施、检测结果公示利用等环节，对易产生廉政风险的关键节点进行明确规范，制定《食品药品抽样检测中介机构管理办法》，强化对承检机构考核，考核末位的检测机构一年内不再分配检测任务；建立行政执法公示制度、执法全过程记录制度、重大执法决定法制审核制度等3项制度，进一步推进“放管服”改革，全面规范行政执法行为。严明党的纪律，青岛市纪委转办的个别干部违反有关规定的问题查实办结，对当事人进行调离岗位、诫勉谈话的组织处理。违反“八项规定”的人员分别给予纪律处分和批评教育。

提升干部队伍素质。制定印发《关于进一步严格干部选拔任用工作的办法》，完善对干部推荐提名、考察、酝酿、讨论决定等工作程序，开展局机关及所属单位5名副处级非领导职位竞争上岗和4名科级非领导职务晋升工作。5月，配合青岛市委组织部严格按照程序完成巡视员的推荐、考察、公示等相关工作。着力解决业务监管力量不足问题，对新招录的工作人员全部安排基层一线和业务处室，与青岛市总工会联合开展第六届稽查执法办案技能竞赛活动。全面加强机关党的建设，健全完善工青妇组织，制定机关党委和各党支部党建工作“三个清单”，加强对党员的组织管理，做好党费收缴工作，开展“洁净家园 喜迎五一”“打造美丽青岛 喜迎党的生日”“义务奉献日”等机关文化活动。加强对干部的日常管理和作风纪律管理，修订完善《关于进一步严格工作纪律的通知》。

【监管创新】 *创建工作圆满成功*。2017年，在青岛市创建成为国家食品安全示范城市的基础上，西海岸新区、城阳、即墨、胶州、平度、莱西6个区（市）通过省级食品安全市创建验收，全市食品安全工作迈上新台阶。战略层次明显提升。食品安全治理由部门工作上升为城市战略，成为重要的党政工程、社会工程。青岛市政府连续4年将食品药品治理纳入“七项治理”范畴，连续6年将食品安全检测工作纳入市办实事。保障水平明显提升。创新探索具有青岛特色的全链条监管模式，全市食品抽检合格率比创建前提升8.2个百分点，多项创新工作走在全国全省前列，成为“青岛模式”。市民的满意度和获得感明显提升。广泛开展全城总动员式的宣传发动和知识普及，群众食品安全工作满意度在创建的3年时间里提高近20个百分点。

监管创新持续发力。深入落实食品药品安全治理措施30条，用创新手段弥补上位法不足，提升食品药品安全保障水平。创新改善生产企业治理机制。在全省率先推行食品生产企业自查制度和药品生产企业记分管理制度，让监管触角深入到企业生产的每一个环节。创新建设“契约自律”下的“严格市场”。运用协议机制，对全市市场开办者收取保证金1609万元，清退142家不合格供货商，市场农产品合格率从92%上升至98%。创新启用全国首张大数据“笑脸食安地图”。全市2万余家餐饮单位全部入围，消费者可以凭借地图导航就餐，并对饭店食安状况点赞评价和投诉举报。创新推进“三小”综合治理。全市规划

建设15处小作坊加工园区、基地，小作坊抽检合格率由2014年的72%提高到92.9%，提升近21个百分点；小作坊、小摊贩、小餐饮登记备案近万家，规范化数量位居全省前列。崂山区中韩社区小餐饮示范街、青大一路小餐饮示范区、王哥庄大馒头小作坊示范区，探索“三小”治理的新路子。创新强化药品市场关联检查制度。针对中药饮片、特殊药品等强化上下游关联检查，确保票、证、货相符。创新开展“规范药房”创建工作。全市6000多家医疗机构100%达到规范标准。创新推广分类分级管理制度。在全国全省率先实施医疗器械使用质量安全等级评定、化妆品生产企业量化分级管理，分类分级管理基本覆盖各个环节、各个业态。

党组书记、局长：孙利国
巡视员：鲍国春、李治荣
党组成员、副局长：柏建超、白友喜、赵树民、冯寿青
党组成员、市纪委派驻第四纪检组副组长、市监察局派驻第五监察室副主任：栾杰
副巡视员：史日安、张传增
电话：0532-85916810/85916766
地址：青岛市香港中路19号市政府4号楼
邮编：266071

（撰稿：蔡静　核稿：孙立伟）

市南区

【概况】 2016年，青岛市市南区食品药品监督管理局认真贯彻落实市南区委、区政府决策部署，以创建国家食品安全示范城市为统领，不断完善长效监管机制，加大执法整治力度，严厉打击违法行为，规范基层基础建设，各项工作目标任务进展顺利，取得良好成效。

【监督检查】 *落实党政同责，完善食品药品安全的制度基础。*根据国家、省里关于加强食品药品监管有关意见，结合青岛市局《关于落实党政同责加强食品药品工作的意见》，及时向市南区委、区政府汇报，争取工作支持，并以区委、区政府印发《市南区关于落实党政同责加强食品药品工作的实施意见》，进一步明确食品药品监管工作的党委领导责任和政府行政责任，建立食品药品责任追究制度。落实食品安全党政一把手工程，调整食品安全委员会成员名单，由区长亲自担任组长，并首次将街道办工委书记纳入成员名单。

*完善事中事后监督检查机制。*严格按照“双随机，一公开”监督要求，完善和规范《督导检查日志》《基层执法人员检查日志》和《食品安全风险评估排查和治理台账》“两日志一台账”等制度，在基层食药所落实网格化、痕迹化、规范化、标准化“四化”日常监管要求，出动执法人员22531人次，检查食品生产经营单位37623户次，开展药械化各环节监督检查1400户次。

*贯彻实施“三小”条例。*6月1日，《山东省食品小作坊小餐饮和食品摊点管理条例》开始实施，根据条例精神，制定辖区“小作坊、小餐饮”登记管理办法，将有固定营业地点的小作坊和经营面积50平方米以下的餐饮单位纳入登记管理。同时，借助食安办牵头抓总的职能，协调综合执法局、各街道办等部门单位落实食品摊点备案职责，广泛征求意见，以食安委名义制定并印发《市南区关于落实食品“三小”条例加快食品摊点管理工作的实施意见》，明确食品摊点备案职责边界和行政责任，确保市南区食品摊点备案工作顺利铺开。截至2017年底，市南区发放小作坊小餐饮登记证176张，食品摊贩备案47张。

【监督抽检】 *坚持问题导向，提升食品药品检测效能。*组织开展食品安全监督性、考核性、国家评价性抽检1044批次，区级计划3493批次，发布抽检信息网上公示9期。通过抽检，发现食品安全问题，发现问题食品163批次，立案处罚106起。依托街道食药所快检实验室，对蔬菜、肉类等9大品种的食品农药残留、添加剂、非法添加物等的含量进行快速检测，市南区11处快检单位实施快速检测3万批次，发现不合格样品量97批，样品合格率99.67%，涉嫌不合格食品全部按规定查处。不合格食品全部下架查处。在全区42家农贸市场、商场超市和重点餐饮单位建成快速检测实验室，鼓励企业更新设施、设备和场所。按照“谁投资、谁受益，谁积极、谁获补”原则，设立引导资金，采取政府制定标准、企业投资建设、专家集中评审、分级分类奖励的方式，从实验室空间面积、硬件设施、制度管理、检验程序等多个方面，全面提升食品经营者食品自检工作。

*加强示范引领，提高食品生产流通监管水平。*开展示范市场和示范便利店建设，对照“食安山东”建设标准，立足“食安市南”品牌建设，统一升级11处农贸市场的各项制度上墙、自检信息公示模式，规范31家经营食品的商超、单体店食安管理，全面提升市场食品安全管理水平，其中八大峡团岛市场和金门路金麦园市场列入市级“规范化市场”创建对象，并被推荐参与全省食品安全规范化农贸市场创建。团岛市场作为标杆市场，迎接青岛市政协杨军主席、省局陈耕、王建政副局长和青岛市局主要领导等多次视

察，得到高度评价和好评。

【专项整治】 食品安全。实施重点单位和环节精准整治。开展集中用餐、建筑工地食堂、学校及周边、旅游景区周边、餐饮单位专间、“清洁冰箱”、无证单位排查整治等专项整治活动19次，深入排查和整治带有行业共性隐患和“潜规则”问题，开展风险会商，防范区域性、系统性和行业性餐饮食品安全风险。做好高风险领域食品监管。强化学校（托幼机构）食堂监管。辖区54家学校食堂、67家幼儿园食堂和1家集体用餐配送单位开展高频次巡查。加强对企事业单位、工地、养老机构食堂及会议、婚宴、旅游团餐等活动接待酒店的许可审查和巡查力度，约谈隐患单位，召开夏季高风险餐饮单位集中培训4次，培训单位500多家次。抓好网络食品经营和餐饮外卖监管，排查网络经营餐饮单位286家，建立健全风险台账。继续推动餐饮环节示范创建，全年完成“明厨亮灶”工程150家；培育示范学校食堂3家、大型餐饮单位示范店12家、中型及以下餐饮示范店20家，打造金茂湾购物中心餐饮食品安全示范街区。

药品、医疗器械。开展中药饮片市场、药品购进使用、医疗器械“规范实施年”和城乡接合部化妆品市场专项检查等25次专项整治，完成药品监督抽验112批次，医疗器械监督抽验6批次，化妆品监督抽验3批次。组织开展家庭过期药品集中销毁，集中销毁2016年回收的家庭过期药品、行政执法罚没药品及过期疫苗等药品5吨，其中含过期疫苗5万余支。青岛电视台《今日会客厅》栏目予以专题报道。

【行政许可】 在市南区财源办协助下，撰写医疗器械产业调研报告。牵头召开市南区医药医疗器械重点企业代表座谈会，组织辖区11家纳税500万元企业代表参加。协助漱玉平民大药房顺利经营。青岛漱玉平民大药房有限公司总部落户市南区，在总部及22家门店许可现场核查、GSP认证等工作中快审批、快通过，调动全局力量组建10个许可现场核查组、5个GSP认证检查组，在全市范围内率先完成各项工作，保证企业总部和门店的顺利经营。

进一步简化优化行政许可服务流程，加快推进“互联网+政务服务”工作。截至2017年底，发放食品经营许可证3685张，发放药械相关许可、备案材料423件次。许可信息每月在政府网站向社会公示。行政审批大厅窗口坚持耐心微笑服务，接听咨询电话约7000次，接待窗口咨询人员2500余次，整理许可档案7343份。行政审批大厅窗口先后获得“青岛市巾帼文明岗”和“市南区示范窗口单位”荣誉称号，并有1人被授予“青岛市服务标兵”称号。

【投诉举报和应急处置】 全年受理处置食品药品投诉3916件，落实回复率100%；做好旅游旺季、传统节日的应急处置工作，全年处置2人，食品安全突发情况99件，均得到妥善处置，未引发舆情或形成食品安全事故；圆满完成第五届世界摄影大会、亚洲峰会、国际标准化论坛会议，青岛亚欧数字互联互通高级别论坛等重大活动保障16次，未出现食物中毒事件。

【新闻宣传】 妥善处置“5·22”棉花肉松舆情，处置情况得到央视等多家重量级媒体报道，及时澄清相关谣言。“棉花肉松”舆情处置工作得到国家总局和省、市、区有关领导肯定，先后被市南区委书记华玉松和区委副书记张忠给予书面肯定性批示，并在区委常委会进行专题汇报；青岛市局在全市食药系统给予棉花肉松舆情处置工作给予通报表扬。加强食品药品宣传工作，开展“3·15”、食品安全宣传周，药品安全宣传月、食品安全军民共建活动等多种形式的宣传活动10余次，邀请媒体报道食品药品监管90篇次，其中中央级媒体报道3次，传播食品安全正能量，营造市南区食品安全良好的舆论氛围。

【能力建设】 强化法制教育。贯彻落实领导班子每季度集体学法制度，公务员网上学法考法率100%。在全国食品安全标准知识竞赛中位列全市第一，为青岛市在全省竞赛取得优异成绩做出贡献。认真开展案卷评查。参加市南区行政许可案卷评查中取得优异成绩。行政处罚案卷作为优秀案件代表青岛市参加全省食药系统案卷评查。继续推行法律顾问制度。对重大案件讨论、法律问题及风险分析、议诉讼的应对等全部邀请律师参与，化解法律风险。完善法制工作制度。修订《重大行政执法事项集体研究决定办法》，进一步规范行政执法行为。完善和建立“四类清单”。将审批目录清单、权力清单、责任清单和公共服务事项清单，全部网上录入和公示，接受社会监督。

认真做好复议诉讼的应诉工作。全年复议案件8件，审结8件，3家复议败诉案件做出纠错报告。积极推进信用体系建设工作。启动对市南区食品药品行政相对人信用信息归集、信用计分评价、信用信息修复、信用等级确定、信用分类管理、信用信息披露及档案管理等各项工作。实现行政处罚信息的全部公开公示，并与“信用青岛”网站信息同步对接。

【国家食品安全示范城市创建】 对照《国家创城验收标准》，组织食安委成员单位先后召开2次创建国家食品安全示范城市推进会。加大协调督导，组织食安委各成员单位积极参与；通过各类媒体、公益广告、宣传栏等形式营造创建氛围，在10个街道建设食品药品安全科普宣传站，组织开展普法教育活动，形成全社会共同创建的良好氛围，圆满完成全区创建迎检任务，青岛市获国家食品安全示范城市授牌。

党委书记、局长：朱俊萍
电话：0532–81639396
地址：青岛市市南区岳阳路10号
邮编：266071

（撰稿：牟文沛　核稿：郭涛）

市北区

【概况】 青岛市市北区食品药品监督管理局编制186名，实有166人，设有6个职能科室、1个稽查大队，23个食品药品监督管理所，监管涉食涉药单位2.23万家。2017年，市北区局按照“注重整体谋划、推进分类施治、突出示范引领、加快技术升级、坚持惩防并举”的思路，深化食品药品安全治理，食品抽检合格率97.3%，评价性药品抽检合格率100%，快检体系建设等民生实事落地见效，未出现食品安全事故和较大影响的舆情事件，食品药品安全工作保持稳中向好势态。

全区食品药品生产经营企业有2.2万多家，其中：餐饮服务企业3876家，食品生产流通企业12031家，药品生产经营企业903家，医疗器械生产经营企业999家，保健食品经营企业802家，化妆品经营企业4492家。食品生产经营行业虽形成一定的规模，但生产企业仍缺乏大型的、具有带动作用的龙头企业，作坊式食品生产企业多，优势产品少。药品批发企业多，药品零售以连锁企业为主，药品生产企业数量少，但高风险产品较多。市北区是食用农产品对外依存度高达95%的流通消费大区，辖区大型商超和农贸市场的食用农产品供应全区80%的居民。全区没有保健食品和化妆品生产企业。

【监督检查】 召开全区食品药品安全工作会议，与各部门和街道签订《食品药品安全责任书》，食品安全在区对街道一级科学发展考核中所占比例保持3.5%。

食品生产。 实施分类分级监管，根据产品风险等级、生产过程控制、有无违法事项等情况将全区43家食品生产企业分为ABCD四个等级，执法人员根据不同等级确定不同检查频次，对风险等级最高的D级企业，每年至少监督检查3～4次，推行六图上墙制度，落实食品“逢出必检、批批必检”。在食品流通环节，推行一票通制度，要求进入市场食品必须符合相应食品安全标准并附检验合格标志、证明，通过快检禁入9户，销毁不合格农产品150公斤；建立业户信用档案，进行等级评定，对经营者实行分类分级监管，建档率、分级评定率均达到90%以上；引导农贸市场对社会实行质量保证金承诺制度，全区2家食用农产品批发市场、35家农贸市场缴纳质量保证金总计237万元，缴纳率100%。

餐饮服务。 继续推进“明厨亮灶”工程，“明厨亮灶”单位总数达650家，占全区餐饮单位72%。坚持量化分级评定；3500家餐饮服务单位全部完成量化分级，412家学校（托幼机构）食堂量化分级全部对标整改到B级以上；开展学校食堂“四查”，在落实学校自查的基础上，食药所开展季度检查，市北区局开展飞行检查的三级检查模式，充分发挥第三方评估机构作用；开展“寻找笑脸就餐”活动，食品安全状况通过“笑脸、哭脸”和“A、B、C”等通俗易懂的形式公示给消费者，引导消费者选择食品安全状况良好的业户就餐购物。

药品、医疗器械、保健食品和化妆品。 检查医疗器械生产企业18余家，医疗器械经营单位430余家、医疗器械使用单位410余家；上报医疗器械不良事件1362例，完成率267%，严重不良事件219例，完成率214%，各类不良反应（事件）报送数量持续3年保持全市第一。在“三小”整治环节，率先实施《小作坊、食品摊贩、小餐饮备案登记条例》制度，登记小餐饮191家，备案小作坊27家、食品摊贩219家，“三小”持证率达97%。

【专项整治】 结合七大领域治理，以学校食堂、大型以上餐馆、企事业单位食堂、旅游景区餐饮店等为重点；以乳制品、食用油、肉类、食品添加剂等为重点品种，开展专项整治行动30余次。查处各类食品药品违法案件260起，罚没款428万元（其中5万元以上的大案要案22起），端掉食品生产加工黑窝点2个，查扣不合格食品药品价值100余万元，监督销毁不合格食品1000余公斤，移交公安机关案件21起，逮捕犯罪嫌疑人10余人。受理和办结“12331”和政务热线等投诉举报3867件，回馈满意率达99%。

【快检体系建设】 全区大中型商超、农贸市场、千人以上学校食堂安装快检设备，完成84家快检实验室的建设，能够有效检测有机磷类、氨基甲酸酯类等2000多种农药残留和瘦肉精、氯霉素类17种兽药残留和抗生素。各农贸市场、商场超市主办方每天必须对所经营的食用农产品进行快速检测，通过网络当日上传到市北区局食品检测数据平台。实现收集检测数据6036条，合格率99.85%，检出不合格农产品9批次，涉及的2600公斤蔬菜全部责令下架并监督退回或销毁。快检体系与定性定量抽检体系一道，健全食品药品检测体系，由1个移动检测实验室、20个固定检测快检室、123个市场主体检测点组成的食品检测监控网络体系防火墙基本形成。

【区街两级协同监管】 制定出台《市北区落实党政同责加强食品药品安全工作的意见》，进一步明确区直部门和街道党政主要负责人承担食品安全首问责任。按照“分级负责、属地管理、重心下沉”原则，制定《职责划分方案》。在实际运行中，一些专业性较强、食药所接手有难度的事项，比如药品生产、批发、经营企业，特大型餐饮、学校食堂的审批工作和二级及以上医疗机构的日常监管，由市北区局实施，其他与群众生产生活密切相关、专业技术要求适宜的大型以下餐饮、食品销售和一级以下医疗机构的许可事项和日常监管则交由食药所具体实施，逐步建立起事权与监管能力向匹配的监管体系。采取“两条腿走路”的公文运转模式，明确基层食药所日常检查、区级机关飞行检查，所有检查“四不一直”。

党委书记、局长：宁召队
电话：0532-66952751/66952761
地址：青岛市市北区山东路107号办公楼
邮编：266034

（撰稿：谭晓龙　核稿：郭冰）

青岛市西海岸新区

【概况】 青岛市西海岸新区食品药品监督管理局内设9个职能科（室），在全区各镇（街）设立23个食品药品监督管理所，作为局的派出机构。下设区食品药品稽查执法大队（副处级）和区药检所（正科级）2个事业单位。全局核定行政事业编制240名，实有336人，其中在职在编人员202人（行政编制107人，机关工勤4人，全额事业编制91人），派遣制食品药品专职协管员96人。

2017年，全区有食品生产、流通、餐饮服务单位23887家，其中食品生产单位232家，包括添加剂生产单位20家；食品流通单位17142家，包括大中型超市10家、批发市场4家、农贸市场11家、食用农产品销售单位5543家、食杂店11574家；餐饮单位6513家，包括中型以上餐馆2331家、快餐店808家、小吃店1589家、饮品店265家、食堂1478家、集体配送餐公司42家。

【监督检查】 西海岸新区局以镇街行政区域为基准将全区划分成26个监管网格，全面实行网格化监管，做到“定人、定岗、定责”，全面监督检查辖区业户；探索实施“双随机一公开两评定”监管模式，认真制定“十化标准”（流程简捷化、监管全程化、结果公开化、防控源头化、执法规范化、风险预警化、服务便民化、指挥一体化、监督科技化、评定综合化）。严格落实“六大流程”。针对监管环节多、业务量大的特点，制定“一定、二抽、三查、四转、五明、六评”工作流程。全面推行“四级联动”（局局联动、局所联动、所所联动、所内联动）。

【监督抽检】 2017年开展食品生产、流通、餐饮单位监督性抽检、食品快检14万余次，检查合格率99.98%。全年开展药械生产经营单位监督及评价性抽检、药品快检300余次，检查合格率96.4%。2017年食品、药品抽检合格率分别为99.98%和96.4%。全区有药械生产经营使用单位2638家，包括药品生产企业7家、医疗器械生产企业24家、药品经营企业517家、医疗器械经营企业1133家、药品使用单位957家、医疗器械使用单位957家。

【专项整治】 以“春夏秋”三场战役即“春风—2017”食药综合应急演练、“夏雨—2017”食品安全专项整治、“秋露—2017”学校及托幼机构食品安全专项整治为牵引，对全区食药市场进行全面规范整治。

【“作风年”建设】 开展“作风建设年”活动，分季度开展凝聚力、执行力、战斗力、向心力四大提升行动，分别结合迎接党的十九大、迎接食品安全先进区考评专项督导行动，开展基层走访调研活动，干部队伍作风得到有效历练。深入开展素质提升行动。先后举办全区食品安全监管系统素质提升班、食药监管业务素质培训班等主题班次，深入落实“以考促学”制度，监管执法队伍理论业务素养明显增强。积极开展机关文化建设，开展三八妇女节主题演讲，举办“弘扬正能量、展现新风采”庆祝建军90周年主题表彰活动，开展封闭式军事训练活动。

【“双随机”监管改革】 按照监管方式随机化、机构设置一体化、指挥体系扁平化、平台建设信息化、队伍管理精细化、技术保障专业化“六化标准”重构监管机制和队伍，在全市率先创新“双随机一公开两评定”监管模式，建成全国领先的双随机指挥中心，成立双随机指挥中心和14个专业中队，各食药所加挂监管中队牌子，有力压缩权利寻租空间、倒逼监管责任和主体责任落实，营造良好的市场氛围。

【宣传教育】 创新开展“五进+”食药安全科普宣传行动，启动食品药品“小手拉大手”活动，开展“琅琊台杯”食品安全文艺作品评选活动，先后开展食品安全宣传月、透明工厂等社会宣传活动。广泛组织党的十九大精神学习宣传活动，组建宣讲团深入基层、企业、镇街开展宣讲报告会20余场，组织开展食药系统学习党的十九大精神、学习食品安全法“双学”知识竞赛活动，70多个代表队参加评比。组队参加青岛市食品安全法知识竞赛活动，荣获团体全市第一名。

【零距离便民服务中心创建】在西海岸新区人流密集场所建立全国首座食药便民服务中心，兼具食用农产品快速检测、免费便民快检、投诉举报受理、行政审批咨询服务、食药安全宣传等7大职能，配备一流的检测设备和专业检验人员，每天开展随机抽样快检、比对检测等工作，24小时接受群众咨询和免费送样检测。全年完成农产品快检12.9万批次，免费为市民提供检测321批次，服务群众3.79万人次，有力保障食用农产品的质量安全。

【亮点工作】*以机制创新为依托，织密监管体系。*全面落实“四个最严”要求，积极争取工委管委支持，出台西海岸新区工委、管委《关于落实党政同责进一步加强食品药品安全工作的实施方案》，进一步明确党委政府和部门食药安全监管职责。联合中国海洋大学成立食品安全风险评估联合实验室，科学指导监管、抽检等工作开展，进一步提升监管谋划研判科学化水平。推进实事项目建设，完成食品药品检验检测8741批次，超额完成计划任务，顺利完成2座食安服务中心建设，为各食药所和10家农贸市场、批发市场配备检验设备，进一步增强监管技术支撑能力。

*以创建食安城市为牵引，凝聚监管合力。*西海岸新区局将创建国家食品安全示范城市和全省食品安全示范区为总牵引，迅速开展食安监管规范化建设，努力“双安双创”融入新区发展蓝图，整体推进监管、执法、服务、宣传各项工作开展，食品安全水平稳步提升，代表青岛市圆满完成国家食品安全示范城市测评迎检任务，顺利通过省级食品安全先进市验收，三大成果集中亮相全国“双安双创”成果展，荣获全国食药监管系统先进集体、全国“谁监管谁普法”示范点等荣誉。

*以稽查办案为利剑，肃清行业风气。*西海岸新区局坚持“严”字当头的理念，坚决向食品违法犯罪行为“亮剑”，通过源头治理、规范引领、重典治乱，营造良好的食品安全氛围。加强源头治理。试点“镇街农产品一体化监管”模式，探索建立食用农产品产地准出与市场准入衔接机制，实现“从田间到餐桌”的无缝隙监管。加强业态规范引领。重点培育食品生产、经营、餐饮和种养殖单位2000多家、无公害水产品养殖基地43家、农业部健康养殖示范基地29家、农产品生产基地5处、休闲观光采摘园98家。其中，“三品一标”水产品养殖面积12850.9公顷，达到水产品养殖总面积95.49%；新申报无公害认证基地712家纳入青岛市农产品质量安全监管平台管理。加大惩处力度重典治乱。2017年，先后开展“守护舌尖安全”等专项整治40余次，查办各类案件802起，处结罚没款992万元，同比增长89.31%，大案要案41起，同比增长70.83%。联合开展私屠滥宰、蔬菜农残等专项整治行动，查处、移交违法案件50余起。向司法机关移交线索78起，立案53起，批捕20人，取保候审14人。

*以实事项目为抓手，提高人民满意度。*西海岸新区局坚持以持续改善民生为落脚点，不断强化项目建设改善百姓饮食用药环境。2017年，投入2000多万元用于无烟烧烤示范街、食品安全高风险电子监管等工程建设，打造5条无烟烧烤示范街（区），集中安装130套无烟烧烤和“明厨亮灶”设备；累计投入600万元建成集七大功能于一体的国内一流食品药品电子监管中心，投资600万元经费，建立集快速检测、投诉举报受理、行政审批咨询服务、食品药品安全宣传等功能于一体的食药服务中心。

局长：李汉洲
电话：0532-86996616
地址：青岛西海岸新区珠江路577号
邮编：266400

（撰稿：李清华　核稿：李涛）

崂山区

【概况】青岛市崂山区食品药品监督管理局，挂崂山区食品安全委员会办公室牌子，对全区生产、流通、消费环节的食品安全和药品、医疗器械、保健食品、化妆品安全实施统一监管。局机关内设5个科室，下设崂山区食品药品稽查大队，在5个街道办事处设立5个食品药品监督管理所。机关核定编制25名，5个基层监管所核定编制34名，稽查大队核定事业编制21名。全区业户8092家，其中，食品生产企业196家，食品流通单位3764家，餐饮服务单位2574家，食品摊点515家；药品生产企业8家，药品经营企业202家，医疗器械生产企业16家，医疗器械经营企业242家，药械使用单位410家；保健食品生产企业4家，保健食品经营企业100家，化妆品生产企业4家，化妆品经营企业57家。2017年，在青岛市局的正确指导下，崂山区局以党建促发展，在夯实监管基础、打击违法犯罪、实施社会共治等方面创新工作，圆满完成国家食品安全示范城市创建任务，推动全区食品药品安全治理工作深入开展，保障全区人民群众“舌尖上的安全”。在全市食品药品安全科学发展综合考核中位列第一，在全省率先打造食品“三小”示范街区、食品流通溯源体系建设、商超放心肉菜公开评价等工作被省、市专报推广。

【监督检查】 食品安全。摸排统计出全区食品生产经营主体7049家，全部建立监管档案。对190家食品生产企业开展风险分类分级监管。建立完善食品追溯系统，178家食品经营企业录入追溯系统平台。全区5家农贸市场和农村大集食品摊贩告知性备案率达到100%，自检室建设达到100%，每天对蔬菜品种检测并公示。学校食堂量化等级B级量化比例达到100%；完成“明厨亮灶”单位数量达到409家。

药品、医疗器械。开展药械生产经营“规范实施年”活动，2017年检查医疗器械生产企业17家、药品经营企业128家次、药品和药包材生产企业3家，51家药品经营企业药品流通企业开展GSP认证跟踪检查和飞行检查。开展常态化药品回收，销毁过期药品12.9吨。

保健食品、化妆品。2017年实施对保健食品和化妆品生产企业信用等级评定，6家在产企业评定为A级企业，全区8家保化生产企业、218家经营企业签订“质量安全承诺书”。

食品安全重大活动保障。采取“提前介入、全程监督、严格保障、跟踪服务”工作模式，先后圆满完成国际百公里越野赛、妈祖文化节、中国卫生信息技术交流大会等10余项重大活动的食品安全保障，累计保障5万多人次的饮食安全，实现“零投诉”“零事故”。

【监督抽检】 突出抓好食品药品抽检工作，连续3年将食品药品安全检测列入区政府实事项目，实现食品药品安全抽检全区覆盖。2017年开展常态化食品、药品、保健食品、化妆品检测5482批次，合格率达97.5%，位居全市前列。将抽检任务90%以上用于监督性抽检，不断提高问题的发现率和打击的靶向性，及时发现隐患，严控食品药品安全风险，发现的问题全部进行处理。抽检结果定期在各级抽检公示平台上公示，维护消费者的知情权和监督权。

【专项整治】 积极组织开展安全隐患大排查、快整治、严执法集中行动、旅游季节食品安全、啤酒节及党的十九大期间维稳等专项整治行动57次。受理投诉举报1310起，较上年同期递增30%，按时办结率100%。立案查处违法案件106起，罚没款金额215万元，较上年增加30万余元，破获大案要案6起，移交公安线索9起，辖区食品药品安全形势平稳向好。

【食品流通溯源体系建设】 积极探索建立互联网+食品安全监管的新模式。在100家重点餐饮单位开展食品流通溯源体系建设，其中，区属中小学、幼儿园、医疗机构食堂100%纳入，实现食品来源可溯、去向可查、责任可究。

【食品“三小”示范街区建设】 结合2017年实施的《山东省食品小作坊小餐饮和食品摊点管理条例》，在全省率先打造中韩社区“新市民”小餐饮示范街和王哥庄大馒头小作坊示范园区，带动辖区内其他“三小”业户规范经营。其中，中韩社区“新市民”小餐饮示范街被评为2017年“食安山东”餐饮示范单位，在全省起到示范带头作用，得到省、市有关领导的充分肯定。

【亮点工作】 在全市率先开展大中型商超放心肉菜公开评价工作，强化食品安全保障，青岛市局在丽达超市召开现场会推广市北区的工作经验。在麦岛路示范街和丽达餐饮区创新实施绘制“笑脸地图”活动，对餐饮单位开展动态等级评定，便于消费者就餐选择，提升餐饮业的整体水平。建立健全保健食品、化妆品生产企业质量安全全程可追溯体系，全市现场会在崂山区召开。

党组书记、局长：杜萍
电话：0532-88997733/88999579
地址：青岛市崂山区仙霞岭路20号A座
邮编：266061

（撰稿：于小乔　核稿：姜楠）

李沧区

【概况】 2017年，青岛市李沧区食品药品监督管理局认真贯彻李沧区委、区政府决策部署，以创建国家食品安全示范城市为主线，坚持规范监管与创新监管相结合、从严监管与为民服务相结合，按照“四个最严”的要求，全方位开展食品药品安全治理工作，全区食品药品安全形势稳中向好，全面完成全年监管目标任务，未发生较大食品药品安全事故。李沧区食用农产品市场规范化管理、过期药品回收、网络订餐监管等亮点工作成效突出，走在全市前列。6月29日—7月3日，全国“双安双创”成果展暨全国第一批国家食品安全示范城市命名授牌仪式在北京举行，青岛被国务院食安办命名为国家食品安全示范城市，李沧区创建工作得到国家、省评审组的充分肯定。

【监督检查】 以创建国家食品安全示范城市为

契机，全年累计检查各类经营业户7000余家次，责令整改600余家次。全年抽检食品5219批次，整体合格率98.9%，不合格的57批次均公开曝光并依法进行处理。建立“双随机、一公开”抽查机制，全年完成抽查任务28批次，检查业户78家次。认真贯彻落实《山东省食品小作坊小餐饮和食品摊点管理条例》，开展“三小”调查摸底和登记备案630家，监管人员与经营业户“一对一”结对帮扶，帮扶率100%。深入推进质量保证金制度和不合格供货商退市制度，全区缴纳质量保证金198.6万元，扣除7.5万元，退市不合格供货商4家。开展学校、托幼机构“标准化食堂”创建工作，李沧区新建、改扩建的13所学校全部配建高标准食堂，学生在校就餐比例达到96%以上，就餐安全得到有效保障。开展“食安山东”“规范化农贸市场”“放心肉菜示范超市”“规范药房”等创建活动，创建规范化农贸市场21家，规范药房292家，53家餐饮单位荣获“食安山东”示范品牌称号。

【专项整治】 开展春节期间农贸市场、禽类产品、校园及周边、中药材（饮片）市场、保健食品会议营销等各类食品药品安全专项整治40余次，维护市场秩序稳定。全年查处各类食品药品违法案件243起，比上年增长11%，其中大案要案19起，罚没款入库220余万元。建立食安、公安联动机制，2017年移送刑事案件线索25起，抓捕犯罪嫌疑人36名，对违法犯罪形成强烈震慑。严格案件信息公开和“黑名单”制度，所有案件全部依法公开，切实提高违法成本，营造不法分子不敢犯、不能犯的高压态势。圆满完成区两会、高（中）考、世园会啤酒节、海外院士青岛行重大活动食品安全保障4次，检查相关经营单位1160家，提出整改意见1206条，全部监督整改到位，实现食品安全零事故。建立完善突发事件应急预案，组织应急演练1次。

【市场管理规范】 全面落实市场行业退出制度、质量保证金制度及不合格供货商退市制度，上缴质量保证金198.6万元，扣除7.5万元，退市不合格供货商4家。强化食品安全追溯体系建设，规范标准化食用农产品检测室使用管理。全面推行韭菜产品食用农产品合格证、食用农产品市场销售凭证“双证制”管理，实现韭菜产品全程可追溯。开展“放心肉菜示范超市”创建活动，并于青岛利客来集团有限公司召开公开评价现场会。《山东新闻联播》对华中蔬菜批发市场精细化管理进行专题报道。

【“明厨亮灶”】 在餐饮单位深入推进“明厨亮灶”，截至2017年底，全区617家餐饮单位后厨实现阳光操作，“明厨亮灶”率达30%。作为政府实事项目，李沧区先后投资230余万元，分四期在全区193家重点餐饮单位建立完善餐饮单位远程监控系统，群众可通过实时视频进行远程监督。截至2017年底，通过该系统发现并纠正食品安全不良操作习惯89次，约谈违规餐饮单位负责人11次，起到良好的监督震慑作用。

【网络订餐监管】 创新网络订餐监管方式，促进网络餐饮行业健康有序发展。出台《李沧区网络餐饮服务监管方案》，对全区网络餐饮单位定期开展摸底排查。建立定期约谈机制和第三方平台信息共享联动机制，约谈美团网、饿了么、百度外卖等第三方平台公司8家次，进一步落实平台主体责任。建立食药、市场监管、人社、公安、交警等多部门联席会议制度及联合执法机制，召开专题会议3次，开展联合执法6次，37家存在伪造证件等违法行为的网络餐饮单位要求平台下线并进行处罚，网络订餐更加安心可靠。

【食品药品安全共治】 开展“3·15”“3·31”“食品安全进社区、进学校”等宣传活动80余次，广泛普及食品药品安全知识，社会反响良好。组织开展“我请代表委员来打分”放心肉菜示范超市公开评价、“十大市民关注食品”抽检等活动，邀请媒体记者及群众代表全程参与，营造出浓厚的食品安全共治共享氛围。拓宽投诉举报途径，全年受理投诉举报1840件，按期答复率100%，群众满意度99.78%，对26起依法进行立案查处。兑现举报奖励3起，发放奖金6000余元。积极推行食品经营许可四级网办，努力做到审批流程最简，审批速度最快，审批服务最优，让群众不跑腿即可完成许可，得到群众的广泛认可和好评。加强媒体宣传报道，在各级媒体网站宣传报道260余篇，营造良好社会氛围，提高群众对食品药品安全的知晓度和满意率。

【队伍建设】 建立完善工作督查管理办法及实施细则、政务信息和新闻宣传工作管理办法等内部制度，队伍管理更加规范。扎实推进“两学一做”学习教育常态化制度化，深入学习党的十九大报告，深刻领会习近平新时代中国特色社会主义思想，扎实开展形式多样的“主题党日+”活动，确保全局党员干部头脑清醒、政治坚定。严格落实中央八项规定精神，组织开展述廉述责，签订《廉政纪律责任书》，制定“二十条决不”，加强制度约束。加强工作纪律和廉政纪律监督检查，严防廉政风险。积极参与行风在线，坚持“双月恳谈”制度，认真办理政协提案1件、政协委员意见建议1件，面复率和满意率均为100%。定期召开社会监督员座谈会，广泛听取意见建议，牢固树立监管为民理念。

党委书记、局长：杜强
电话：0532-87623108/87062311
地址：青岛市李沧区果园路9号
邮编：266100

（撰稿：孙晨阳　核稿：赵延国）

城阳区

【概况】青岛市城阳区食品药品监督管理局加挂城阳区食品安全委员会办公室牌子，为区政府工作部门，正处级，负责对食品、药品、保健食品、化妆品和医疗器械实施全程监督管理。局机关内设3个职能科室：办公室（应急管理科）、食品安全监管科、药品医疗器械监管科，行政编制14名，工勤编制2名。下设7个派出机构，分别为城阳、城阳蔬菜批发市场、流亭、夏庄、惜福、棘洪滩和上马食品药品监督管理所，行政编制35名。下设2个事业单位，分别为：城阳区食品药品稽查大队，有事业编制42名；城阳区食品安全综合协调办公室，事业编制3名。截至2017年底，全区有食品生产企业313家，证书数量348张，涵盖32个大类；食品流通企业7153家，餐饮服务单位4782家，涉药单位1053家，医疗器械企业256家，总计13557家。

2017年，城阳区坚持把创建省级食品安全市作为最有力的引领，以保障群众饮食用药安全为己任，披坚执锐，倾心守护"舌尖上的安全"，食品评价性检测合格率提高6个百分点，查处立案数、移交线索数、抓获犯罪嫌疑人数量均居全市首位，行刑衔接"城阳模式"得到各级认可，多项创新经验在全国"双安双创成果展"上重点推介，顺利通过省级食品安全市验收。

【监督检查】食品安全。严把食品生产、流通、餐饮等各环节的准入关、规范关和追溯关，推行关键风险点控制、"三档一台账"等制度，积极打造示范点，发挥引领带动作用。2017年，创建市级规范化农贸市场2家，打造食品安全示范街7条、示范业户80家；完成小餐饮、小作坊、便民摊点登记备案979家。

药品、医疗器械。加强执业药师在岗管理，建立执业药师诚信档案，"笑脸引领安全用药"单位达到300家以上。开展疫苗安全、中药饮片等专项整治，规范流通秩序和存放使用。在全市率先开展义齿生产企业质量管理规范工作，全区16家义齿生产企业达到省级规范标准。

【监督抽检】围绕酱腌菜、熟肉制品、蔬菜、面制品、水产品、中药饮片等重点品种，聚焦中秋、端午、春节等重点时段，突出大型商超、批发市场、学校食堂、"三小"等重点业户，力求问题找得准、挖得深。开展国家、省、市监督抽检2723批次、区级监督抽检3242批次，问题发现率首次突破10%，不合格产品全部按规定进行下架、约谈、移送、处罚等处理。

【专项整治】围绕群众关心的热点难点问题，对学校食堂、工地食堂、网络订餐、"冰箱清洁"、美容制品等进行专项整治，查处案件182起（大案要案35起），罚没款351万元。先后移送涉嫌犯罪线索12起，抓获犯罪嫌疑人53名，起诉48人，打出安全和秩序，《中国医药报》介绍做法。其中，联合公安等部门查处保健食品非法添加一案，跨省抓获犯罪嫌疑人24名，案值近亿元，公安部在城阳区召开现场会。

【行政许可】按照"放管服"工作要求，设立行政审批首席代表，落实首办负责制，推行预防性技术审查、"手把手"办理、送证上门、绿色通道等便民举措，提高办事效率。全年新办《食品经营许可证》3574个，其中，食品销售类1996个，餐饮类1452个，单位食堂类156个；发放《药品经营许可证》1个，医疗器械备案证明111个。

【"智慧监管"平台建设】实施"智慧食安"工程，投入50万元建成"1+5"食品药品"智慧监管"平台，在167家集体配餐企业、大型餐饮单位、学校食堂、食品小作坊、食品生产企业等安装远程监控设施，过程监管"零距离"，以"阳光、公开"促自警自律。尤其是对食品小作坊实行远程"喊话"和"面对面"监督，让违规行为无处遁形，监管效能显著提高。

【示范创建】在全国率先探索小作坊园区化发展、集中式监管之路，一手抓政策扶持，一手抓严格监管，企业效益和监管效能实现"双提升"，2017年12月，流亭豆制品集中加工园区被评为"食安山东"食品生产加工示范基地。

【中药饮片快检室建设】在全国率先建成区县级中药饮片快检室和常用药材标本库，购置先进设备，强化业务培训，具备对80余种常见、易出现问题中药饮片的快检筛查能力。2017年完成快检110批次，发现不合格药材19批次，经青岛市食品药品检验研究院测定，有16批次确认为不合格批次，准确率为84.2%。

党组书记、局长：王志刚
电话：0532-87968379
地址：青岛市城阳区和阳路325号

邮编：266109

（撰稿：卢燕燕　核稿：孟庆法）

即墨区

【概况】 青岛市即墨区食品药品监督管理局有20个基层监管所队，其中15个派驻各镇街的食品药品监督管理所，5个下设在稽查大队的执法中队（1个综合执法中队、1个专职药械监管执法中队、1个农副产品批发市场执法中队和2个食品监管执法中队）。各基层监管所均设有快检室，其中自有快检室4个。全局编制157名，聘用合同制专职协管员18人。职工平均年龄40岁，本科以上学历占68%，食品药品相关专业占51.4%，法律及其他专业占48.6%。另按照每个村（居）1名协管员的要求，全区配备基层村居食品安全协管员1060人。

全区有监管业态3.6万余家，其中，食品生产企业211家，流通单位6310家，餐饮业户3870家；药品生产企业4家，经营单位618家，使用单位1052家，医疗器械相关单位1490家，保健食品相关单位1760家，化妆品相关单位6120家；“三小”业户14500家；专业市场与集贸市场260家。

2017年，即墨区立足食品药品安全水平和监管服务效能的整体提升，围绕国家食品安全示范城市和省级食品安全市创建活动，有效实施创城推进、抓“智慧监管”等“七抓”措施，积极创新工作机制，各项工作取得明显成效。全年开展各类食品药品专项检查43次、重大活动食品安全保障23次、现场宣传活动32次；培训食品药品从业人员12000余人次；受理食药投诉举报1620起，调查处置率100%，处结满意率达99%以上；立案查处707起，向公安机关移交公安案件和犯罪线索35起（条）；办理行政许可事项3126件，限时办结率、办理准确率、窗口满意率均为100%；全区食品流通企业持证率94.86%，餐饮服务单位持证率96%，药品经营企业持证率100%，医疗器械经营企业持证率100%。全局“七抓措施”与“集中办案月”两个工作经验，得到即墨区委主要领导批示肯定，并以区委、区政府两办专报形式在全区推广。

【监督检查】 *完成省级食品安全市创建。*争取政府支持，落实党政同责。即墨区委、区政府分别印发《关于落实党政同责加强食品安全工作的意见》《关于进一步加强食品安全监管工作的意见》，压实党政同责，实现区、镇两级党委、政府全年专题研究食安工作不少于2次，主要负责人亲自过问、亲自督办食品安全工作，进一步夯实监管基础。优化工作机制，改善基础保障。形成了行刑衔接机制、风险会商机制、定期联合办公机制，强化工作协调和督导调度；招录9名公务员和18名合同制协管员，充实食药一线执法；落实协管员的劳动报酬，充分调动起区镇两级食安办牵头组织作用，构建起区、镇、村三级无缝监管网络。将监管大数据平台列入全区2017年度为民办事“十件实事”之一，专款筹建；新配备1辆检测车、10台检测仪、20台打印机、20台电脑等设施设备，有效提升监管水平和服务效能。拓宽舆论宣传阵地，提升群众满意度和获得感。通过在传统媒体和网站、微信等新兴平台开专栏、刊专版、播动态，正确引导舆论，曝光违法违规行为，提升食药监管知晓度和公信力；着力拓展人员密集公共场所宣传，开展古城节庆、农贸市场、农村大集等32次现场主题宣传活动，发放宣传材料11.3万份，解答群众咨询3560条，设置各种标语5.4万条，通过各种媒体宣传报道1483篇次，充分调动群众参与、支持食品安全工作的热情。其中，群众满意度达到75%以上，形成“食安即墨，有你有我”的共治氛围。

*“智慧监管”。*进一步完善食品追溯公共服务平台，将180家生产企业、31家批发商和商场超市、106家餐饮服务单位注册入网，生成追溯信息25001条；通过平台对24大类1553种产品实现信息全链条可追溯。投资90余万元筹建完成列入“2017为民服务十件实事之一”的“智慧食安”大数据平台，将监管对象全部录入平台，2017年11月投入试运行，形成食品监管动态化、检查随机化、源头追溯化、考核常态化的新格局。

*食品安全。*食品生产企业全面落实质量安全授权和风险分级分类管理，企业参与率达到100%；123家企业实施“车间亮化”工程，提高企业食品安全主体意识和社会责任意识；帮助企业通过HACCP和ISO22000认证，提档升级改造；建立健全小作坊一户一档，筹建一处小作坊集中园区。食品流通市场建立农产品产地准出和市场准入衔接机制，要求进入集市的食用农产品经营者要随货附带产地证明、合格证明到固定地点进行交易；建立市场主办方主体责任机制，督促4家农产品批发市场和2家农贸市场缴纳质量保证金105万元；建立食品摊贩实名备案和“一票通”销售机制，在5处市场、7家超市和7所学校实行安全自检；建立市场准入和退出机制，10家经营不符合食品安全标准的农副产品经营业户予以退市处理。餐饮消费市场，继续保持学校食堂持证率、安全承诺率、业务培训率、量化分级率4个100%，保障学校食堂餐饮食品安全；春秋两个学期分别对193家和207家小饭桌实行登记公示管理，有效防控学生就餐安全隐患；完成1050家餐饮单位“明厨亮灶”示范工程；做好重大活动期间餐饮食品安全保障22起，

未发生食品安全事故。

药品、医疗器械。按照风险等级实施分级分类管理，对辖区内的4家药品生产、19家医疗器械生产、1家药包材生产、1家保健食品生产、2家化妆品生产企业和2家医疗机构制剂室施行分类分级管理，根据等级评定结果确定日常监管频次。积极开展药品流通使用环节风险会商制度，开展风险排查，确定监管重点。全面推进“规范药房”建设，614家一级以下医疗机构实现“规范药房”。认真落实国产化妆品备案后现场检查工作，10家化妆品经营企业备案的48种国产非特殊用途化妆品进行现场核查。持续加强不良反应监测工作，组织不良反应监测人员培训120余人次，上报药品不良反应（事件）1575例、化妆品不良反应（事件）100例、医疗器械不良反应（事件）348例，为及时预测预防群体性安全事件打下坚实基础。将临床常用药品、中药饮片等列为重点抽检品种，完成药品监督抽检112批次、医疗器械监督抽验7批次、化妆品监督抽验10批次，18批次不合格，提升问题发现率并及时对不合格产品追溯查处。加大执法力度，相继开展医疗机构购进药品、保健食品市场、药品流通领域、城乡接合部药店诊所、中药材（饮片）市场、保化市场等12次集中整治活动，立案查处85起，罚没款118万余元。做好广告稽查工作，对电视、报刊、网站等媒体广告监测210余次，发现涉嫌虚假宣传的违法药品广告及时移交工商部门依法进行查处。

【监督抽检】 通过双随机抽、交叉抽、飞行抽、区域覆盖抽等方式，不断提升抽检靶向性和不合格产品发现率，全年完成即墨区级定性定量抽检5200批次，问题发现率上升近2%；不合格产品处结率和公示率均达到100%。同时，组织各所队每月到农贸市场或村庄大集快检蔬菜、水果、畜禽肉等销量大的食品品种，把好市场源头安全。

【社会共治】 *用好群众监督引领舆情导向*。进一步规范投诉举报办理职责和流程，及时将1600余条举报线索进行风险评价和分类，使其成为加大执法办案力度的重要途径，通过举报线索查实严办违法行为150余起；正确引导“棉花肉松饼”“塑料紫菜”等多次舆情导向，提高对舆情的把控能力。

“局长问案”制提高办案质量和效能。实施“局长问案制”和“案件集体讨论制”，对所有的投诉举报和每个案件的查办，由局长进行询问和督办；重大疑难案件进行集体讨论、审核和决定。通过全程跟进督导和集体讨论研判，有效规避外界因素对执法人员的干扰，保证案件办理的科学性、规范性、合法性。全年有1186起投诉举报、600起违法案件实行局长问案制，集体讨论大要案28次185起，调查处置率达到100%，确保投诉举报和执法办案合理合法，有始有终。

部门联动巩固共治格局。加强与公安、法院、检察院政法部门和其他职能部门配合协作，立案查处违法案件707起，查办的所有案件零诉讼；完成罚没款入库504万元；移交公安案件35起，申请强制执行8起。

“集中办案突击月”提升执法力度和效果。围绕年初制定的“争创青岛市前三名”的奋斗目标，9月开展全局人员参与的集中办案“会战”1次，严格把好“线索关”“人情关”“时间关”“追责关”四个关口，有效提升办案水平。突击月立案查处各类案件224起，新增入库罚没款171.6万元。同时，为严肃纪律，鞭策后进，对工作不力的2个单位给予通报批评，取消评先争优资格。

【亮点工作】 *逐村工作法推进“三小”条例实施*。采取逐个村庄、逐条街道地毯式排查的方法，边摸排建档、边指导规范、边整治查处，并将登记备案列入审批，确保“三小”条例贯彻落实到位。完成402家小作坊、575家小餐饮、1634家食品摊点的登记备案。

“风雷”行动打击震慑违法犯罪行为。采取打“歼灭战”的方式，全年开展“风雷”系列执法检查行动10次，排查各类业户4708家，下达责令整改382份，查处问题单位233家，问题发现概率、立案查处数量、群众知晓率、震慑覆盖面等均有大幅提升。

刚柔并济法提升许可服务效能。建立与市场监管局“照证”信息联动机制，并采取模版参照、错峰审批、限期办结和帮助网上提交、所队送证上门等柔性服务措施，提高许可办理效率。同时，强化部门联动，严厉打击无证经营行为。全年办理各类许可3162家，帮助弱势群体网上提交材料758份，所队送证上门620余家，限时办结率、办理准确率、窗口满意率均达到100%；辖区食品生产企业和药械生产经营单位持证率100%，餐饮持证率96%以上。

党委书记、局长：李嘉坚
电话：0532-88513977/88512588
地址：青岛市即墨区创智新区宁东路166号
邮编：266200

（撰稿：邱伟　核稿：郭玉臣）

胶州市

【概况】 胶州市食品药品监督管理局，加挂胶州市食品安全委员会办公室牌子，系胶州市工作部门之一，正科级，对生产、流通、消费3个环节食品、药品、保健食品、化妆品和医疗器械实施监督管理，同时承担胶州市食品安全委员会办公室日常工作。内设综合科、协调督查科、法制科、食品监管科、药品监管科5个职能科室。在阜安、中云、胶北、三里河、胶东、九龙、李哥庄、胶莱、胶西、铺集、里岔、洋河等12个镇办分别设立食品药品监督管理所，为局派出机构。胶州市局现有人员编制104名，其中：行政编制87人（含工勤2人），事业编制17人。胶州市食品药品产业发达，农副产品加工企业640余家，大型农产品专业批发市场4家。现有食品生产企业209家，食品流通企业1万余家，餐饮服务企业4500余家，药品和医疗器械生产经营企业、医疗机构1700余家。

2017年，胶州市局立足于守护餐桌安全和用药安全，确保守住"不发生重大食品药品安全事故"这条底线，开展大规模的全环节摸底调查，高标准完成食品药品"一户一档"工作。狠抓小作坊、小摊贩、小餐饮等"三小"场所，企业、学校、机关单位集体食堂等重点单位的治理整顿，处理食品领域投诉举报1293件，办理食品领域案件249起，罚没款323.4万元，没收涉案食品3.6吨，移送公安案件30起。

【监督检查】 清理整顿辖区药品企业，实施GSP认证飞行检查120家。完成药品监督性抽验112批次，中药饮片针对性抽检40批次。上报药品不良反应报告970例，医疗器械不良事件报告412例。查处药械保化案件6起，下达处罚决定102万元。受理完成34家次食品企业生产许可证核发，参与64家食品企业生产许可证实地核查观察员工作。发挥高效指挥效能。健全工作责任制，形成各成员单位密切配合、齐抓共管和资源共享机制。围绕青岛市综合考核、食品安全示范市创建及各部门承担的职责任务，推动镇办落实属地管理责任，健全跨部门的信息通报、联合执法、行刑衔接等联动制度。

【监督抽检】 胶州市局围绕投票产生的"市民关心十大食品"，安排食品抽检。全年完成定性定量检测5064批次，合格率98.38%，依法查处不合格食品150批次。着眼于推动检测便民，在每个镇办建成食品快检室1处，配备快检车1辆，邀请市民开展"你点我检"、快检进社区、进市场、进农村大集等系列活动，为百姓快检"餐桌食品"2万多批次。

【专项整治】 在青岛市率先出台《胶州市落实党政同责加强食品药品安全工作实施方案》，强化镇（街道）党委政府对食品药品安全的领导责任，严格落实食品药品安全责任制。将食品药品监管纳入全市构筑现代化社会治理体系。从预防发现、监管惩处和长效治理3个方面分解细化措施，形成监管合力，推动食药安全治理常态化、标准化、精细化和科学化。胶州市政府与镇办部门签订责任书。将食品药品安全纳入全市科学发展观综合考核，占年度目标考核的权重达到1.5%，实施季度考评、半年考核和年终总评，提高镇办部门的工作积极性。

【行政许可】 2017年受理药品零售许可申请72件，发放72个（包括新开55个、变更17个）。受理一类医疗器械生产备案3个，一类医疗器械产品备案4个。二类医疗器械经营备案149个，三类医疗器械经营许可5个。发放《食品经营许可证》3524个（包括食品销售1872个，餐饮服务1438个，单位食堂214个）。发放《山东省食品小作坊小餐饮登记证》696个（包括小作坊180个，小餐饮516个）。

【基层基础建设】 建成青岛市首座食品药品文化主题公园、首个科普宣教基地，举办"画出心中食安城"漫画比赛，食安彩绘墙、宣传特色街、公交车体画被誉为"胶州特色"。各镇办对食药所的投入持续增加，先后解决办公面积近4000平方米，配备监管人员51人，满足日常办公需要。以村居为单位，建立840人的基层协管员队伍，市镇两级按照每人每月100元的标准，为协管员发放补贴，解决"看得见管不了、管得了看不见"的难题。

【监管信息化建设】 树立"互联网+"思维，将"加强食品安全检测"列入2017年政府实事，着力打造"食安亮化"网上直播平台。建成食品药品信息化监管中心，开发综合监管系统，不断完善"明厨亮灶""食品车间亮化"等配套工程，应用移动执法终端上传现场检查数据，实现从单一现场监管到远程实时动态监管与现场监管相结合的转变。

【服务产业发展】 以胶州市"国字号"平台和重点功能区为重点，促进食品医药产业新旧动能转换。将"放管服"改革融入许可审批，优化办事流程，压缩审批时限，全年办结各类食品药品许可3439件，"许可事项网上远程办理""送证上门"等举措，极大方便办事群众。落实"服务企业经理人"制度，所有监管人员与监管对象结成帮扶对子，通过帮助产品注册、许可审批、技术服务、政策引导等途径，促进食品产业规模发展壮大、龙头企业加快成长。先后帮助维良、顺昌、柏兰、品品好等企业完成新增生产线的许可审批，新希望琴牌乳业成为省内第一家、全国第七家优质乳加工企业。其中"开会座谈"变为"上门访谈"

服务企业的做法作为典型案例，引起各级媒体报道。

党组书记、局长：王桂懂
电话：0532-82289385
地址：胶州市北京路61号行政服务中心东楼6楼
邮编：266300

（撰稿：侯静怡　核稿：裴志涛）

平度市

【概况】平度市食品药品监督管理局（平度市食品安全委员会办公室）为平度市政府工作部门，负责对生产、流通、餐饮环节的食品安全和药品、保健食品、化妆品以及医疗器械的安全性实施统一监督管理，承担着食品安全委员会日常工作。全局行政编制118名，内设办公室、协调督查科、政策法规科、食品安全监管科、餐饮服务监管科、药品及医疗器械监管科等6个职能科室；其直属单位平度市食品药品稽查大队为全额拨款副科级事业单位，核定事业编制18名，内设办公室和3个稽查中队。

2017年，平度市以创建国家食品安全示范城市和省级食品安全市为中心，以规范化建设为抓手，着力打造统一权威高效的食品药品安全治理体系，构筑食品药品科学监管新格局，圆满通过省级食品安全市验收，全市食品药品安全形势稳中向好。

【监督检查】坚持加大保障性投入，创新监管模式，加强监督检查力度，提升监管效能。招聘60名专科及以上毕业生和30名退伍士兵作为食品药品安全专职协管员，新招录10名公务员，充实到基层一线执法监管队伍。投入511万元用于全市食品安全定性定量检测，498.1万元用于信息化平台建设，78.2万元用于快检室建设。建设完成“智慧食安”食品药品电子综合监管平台，提升食品药品安全信息化监管水平。建成食品药品电子综合监管中心，为每一位执法人员配备移动执法终端，360家食品生产经营企业、大中型餐饮店及学校食堂安装2000路高清摄像头，监控数据直接接入监管平台，实现24小时实时监控。在18个基层监管所建立标准化食品快检室，提升监管便捷化、科学化水平。11月29日，承办青岛市“守护—2017食品安全突发事件应急演练”，并进一步完善应急预案，提高平度市应对突发性食品安全事故的能力。开展“放心肉菜超市”评价活动，邀请平度市消费者协会和部分社会义务监督员参与食品安全“诊脉行动”，将“利群集团平度购物中心”推选为首批“放心肉菜”超市。深化“寻找笑脸就餐”活动，推动“笑脸”标识“店外迎客”，完善餐饮电子地图。推进“三小”综合治理，采取培训教育、典型引导、依法查处等方式，全年累计办理食品加工小作坊登记222家，小餐饮经营登记213家，食品小摊点备案1093家。开展“规范药房”建设，全市一级及一级以上医疗机构45家和一级以下医疗机构847家全部通过现场验收。加大案件查办力度，建立健全有奖举报制度，畅通“12331”24小时投诉举报电话，全年受理群众举报投诉1285余起，各类食品药品安全案件立案483起，罚没款306.9万元，切实维护广大消费者合法权益。

【监督抽检】持续加强监督抽检力度，着力解决群众关注的食品药品安全问题。全年开展食品定性定量检测6641批次，合格率98.19%，范围涵盖食用油、蔬菜、水果、酒水饮料等16个大类，80多个品种。将药械保化抽检工作与日常监督检查、飞行检查、跟踪检查、专项整治有机结合起来，完成药品、医疗器械、保健食品、化妆品等抽检209批次。抽检结果通过平度政务网向社会公开，对于抽检不合格的，严格执行不合格商品退市制度，并对生产、经营者给予相应的行政处罚。

【专项整治】组织开展打击畜产品质量安全违法犯罪“百日行动”、大桶水专项整治、农村市场专项整治、集体用餐、“食在平度”餐饮市场安全等专项整治行动20余次，规范主体经营行为。开展大桶水专项整治，全市具备生产资质的大桶水生产企业由原来的1家增加到12家，行业自律性和规范性大幅提升。开展农村市场食品安全专项整治行动，一举破获经营标注虚假生产日期方便面食品案，查扣方便面1980箱，罚款362040元，创历史新高。开展中药材（饮片）市场专项整治、城乡接合部和农村地区药店诊所药品质量安全集中整治、药械使用环节专项整治、医疗器械专项整治、保健食品会销专项整治、化妆品非法添加专项整治等6次药械保化专项整治行动，立案查处违法案件54起，规范药械保化市场秩序。

【亮点工作】*加强初级农产品监管，实施规范化农贸市场建设工程。*以新建封闭式便民农贸市场项目为平台，以福安农贸市场为重点，开展食品安全规范化农贸市场创建工作，新改扩建农贸市场100%达到规范化要求，实现监测实时化、监管智能化、管理制度化。督导3家农产品批发市场、2家农贸市场建立快检实验室，严格落实快检制度。姜家疃市场以快速检测实验中心为依托，建立地方政府方、市场主办方、监管方、场内业户方、场外需求方“五方联动”、全民参与的食品安全控制体系。

围绕“食在平度”品牌创建，实施餐饮业质量安

全提升工程。积极参与打造尚街美食街、凯莱美食街等“四大美食部落”，圆满完成全国首届养生美食文化节食品安全保障工作。开展为期7个月的餐饮环节专项整治行动，检查业户3076家，规范到位2800家。全市3356家餐饮单位实现量化分级，2家餐饮单位采用4D厨房食品安全管理模式，3家餐饮单位引入4D管理元素，“明厨亮灶”总数达850家。深化“食安山东”示范单位创建，45户流通单位被评为示范单位，同和小学被评为示范食堂，将“尚街”打造为餐饮聚集城市综合体示范街，并在其核心地段建立我市首家“美食街”食品快检实验室，青岛天祥食品集团金喜燕制粉有限公司、青岛众地坚果食品有限公司、青岛海之圣生物工程有限公司等3家食品生产企业入选2017年度“食安山东”示范企业。

落实主体责任，提升食品生产领域监管水平。推行食品生产企业公开评价制度，邀请人大代表、政协委员、新闻媒体记者等人对平度市食品添加剂龙头企业青岛花帝食品配料有限公司和食品重点企业青岛鼎喜冷食有限公司等2家企业开展首次公开评价。积极参与打造崔家集镇咸鸭蛋生产基地，5家咸鸭蛋加工小作坊全部取得《食品加工小作坊登记证》。

党组书记、局长：王清祥
电话：0532-88391212/88391220
地址：平度市广州路89号
邮编：266700

（撰稿：刘玲玲　核稿：郭常陆）

莱西市

【概况】 莱西市食品药品监督管理局内设6个科室和事业编制稽查大队1个（4个中队），12处镇（办）分别设立了基层食品药品监督管理所；全局编制120名，实有113人。2016年车改后，全局实有公务车辆18辆，平均每个科室队所1辆，食药快速检测箱、执法记录仪等主要装备达到每2～3人1台，计算机基本达到每人1台。2017年莱西市未发生重大食品药品安全事故，成功创建省级食品安全市。

2017年，莱西市有食品生产企业140家，食品流通单位4322家，食品餐饮单位1354家，“三小”监管对象1300多家，药品监管对象1127家（包括生产企业5家，经营企业281家，使用单位841家），医疗器械监管对象207家（包括生产企业17家，经营企业190家，使用单位841家），保健食品监管对象267家（主要是经营企业267家），化妆品监管对象542家（包括生产企业1家，经营企业541家）。

【监督检查】 全市建立起一支887人的市、镇、村三级食品药品安全协管队伍，全面落实“四有两责”（有责、有岗、有人、有手段，落实日常监管和监督抽验两个责任）的要求，构建“监管有人抓、案件有人办、市场有人巡、责任有人担”的网格化监管体系。坚持“抓基层、打基础”，争取市政府拨付专项经费，补充执法车辆、快检设备、执法终端、执法记录仪等装备，2015年以来增配专用执法车6辆，通过公开招考充实29名工作人员到基层一线。截至2017年底，全市建立监管网格28个，继续推进“明厨亮灶”工程，完成单位集体食堂、特色小吃店等餐饮服务单位“明厨亮灶”工作208户；推进企业和小作坊示范创建，培育示范生产企业50家、小作坊20家；开展规范药房创建，一级以上医疗机构达标率100%。成功创建“食安山东”餐饮服务示范街2条，省级食品经营示范店10家，省级学校示范食堂1家。97个餐饮流通单位完成网上注册登记工作并通过审核，135家食品生产企业接入省局“食品追溯公共服务平台”，实现企业生产、销售可追溯化管理。实施监管痕迹化。全市11300多家监管对象进行信息登记，纳入网格化监管体系，监管覆盖率达99%以上，完成121家食品生产企业分类分级监管。构建空中“五条线”（电视、报媒网站、微信、手机短信、投诉电话）、地上“五条线”（车体宣传、墙体彩绘、护栏宣传、交通指示牌、候车厅宣传）立体化宣传网络，在电视台发布公益广告，在报刊网站开辟专栏，用微信短信定期推送，在全市投放642处墙体彩绘、1826块交通护栏广告、50块候车厅广告，群众对食药安全的知晓率达到80%以上。

【专项整治】 发挥行政审批的把关作用。组织行政审批窗口针对4类行政许可和6类备案职能，明确其办理条件、工作程序和办结时限，制作推广“审批办理微视频”，手把手教业户解决不会办的问题；探索推行“限时办结”和“一站式办结”，业户满意率达到100%。发挥抽检预警作用。完成食品监督抽检3941批次，发现问题19批次，药品监督抽检112批次，发现问题3批次，所有问题均依法立案查处。发挥稽查办案的震慑作用。加大专项整治力度，先后开展阿胶糕、蜂蜜制品、烤鱼片、食品添加剂、配制酒、食用植物油、羊肉制品、蜜饯生产、保健食品会议营销、中药饮片、化妆品、医疗器械等各类专项整治23项，先后查处食品药品违法案件221起，罚没款入库200余万元。发挥投诉举报的监督作用。投诉举报电话24小时开机，全年处置投诉举报650多件，群众满意率99.8%，未出现行政复议、行政诉讼案件。

【亮点工作】 以“大排查”摸清监管底数。集中3个月时间对全市监管对象进行拉网排查，制作镇（街）监管示意图，配套完善监管清单、现场检查记录表和检查照片，建档登记监管对象1.13多万家。

以“大整治”助推铁腕执法。全年先后组织开展城区餐饮单位集中整治、药店诊所集中整治、学校食堂拉网检查、全市企业和养老院食堂集中整治、食品生产企业进行“全覆盖”集中整治、“三小”业态集中整治等9次大型整治活动，监管的全部食品药品生产经营业态实现集中整治“全覆盖，无死角”。

以“大保障”护航重大活动。在全市党代会、人大会、政协会、青岛市委市政府领导调研、新旧动能转换产业项目集中签约暨金融对接仪式、青岛市工业“三去一降一补”暨工业经济运行联席会议、全国青少年足球冠军杯赛、中塞足球学校启动仪式、中高考等18次重大活动仪式中，在第三届休闲美食节、大沽河国际休闲节、莱西市糖球会等5项重大节庆活动期间，食品安全继续保持“零事故”。

党组书记、局长：王仁江
电话：0532-88436508/88436510
地址：莱西市石岛东路7号
邮编：266600

（撰稿：朱少伯　核稿：刘波）

青岛高新技术产业开发区

【概况】青岛市食品药品监督管理局高新区分局于2013年组建，有36名编制，其中行政编制24名，工勤编制1名，事业编制11名。截至2017年底，高新区分局到位工作人员31人，其中行政编制23人，事业编制8人。

2017年，高新区局确立“2355”发展战略（创建国家精神文明单位、打造国家食药安全示范区），夯实“三项建设”（基础建设、机关建设、队伍建设），执行“五位一体工作思路”和落实“五项重点工作”，顺利完成各项年度工作目标。2017年被青岛市局评为“先进单位”，被青岛市精神文明办评为“文明单位标兵”。

【监督检查】*实施企业报告制度*。高新区局按照2016年度的评定等级对红岛经济区“四品一械”企业进行分类监管，对高风险企业进行等级细化，确定企业自查报告频次。截至2017年底，31家食品生产企业，520家食品流通企业，598家餐饮企业，193家药械保化企业，总计1342家“四品一械”企业按计划完成自查报告并存档备份。

落实标准统一的监管制度。深化网格化监管。在红岛经济区35个社区推行“片长制”，各食药监管所所长为总负责人，各社区“片长”为分管负责人，确保责任到人。组织印刷《食品药品网格化监督检查记录本》，明确监管内容，全面实行“一户一档”管理制度，强化监管模式。食品药品规范创建工作全面铺开。分局将食品安全量化分级与“明厨亮灶”建设工作相结合，统一食品安全示范企业创建要求。红岛经济区实现“明厨亮灶”企业58家。79家药品经营、使用单位全部完成“规范化药房”创建工作。

推行现场检验制度。在红岛经济区农村大集组织近10次现场检验活动，对群众提供的食材进行现场检测，并现场公示检测结果。2017年度累计现场检验食品及食用农产品200余批次。

打造全程追溯制度。2017年高新区局全力打造“智慧监管”平台与手机监管APP，红岛经济区“四品一械”企业信息基本录入完毕。

严格稽查办案制度。完善接诉处理流程。高新区局高度重视投诉举报工作，提倡“首问制”，确保投诉举报事事有回音，件件有落实。全年累计受理投诉举报44起，根据线索查实立案6起，处置时限内办结率100%。健全风险防控机制。制定《红岛经济区食品药品安全突发事件应急预案》，以此为依托，健全应急值守制度。完成蓝治会、党的十九大维稳等重大活动食品安全保障10余次。2017年度红岛经济区未发生较大及以上食品药品安全事故。

【监督抽检】截至2017年底，红岛经济区完成食品抽检685批次，抽验合格率为96.64%。完成药械保化产品抽验50批次，合格率100%。对食品生产、流通、餐饮三个环节中29大类食品及相关产品进行抽样检验，食品生产环节抽检12批次，合格率100%；流通环节抽检306批次，不合格产品7批次，合格率97.71%；餐饮环节抽检367批次，不合格产品16批次，合格率95.64%。抽检批次总量达到每千人6.85批次，超过每千人6批次的国际标准。

【专项整治】2017年度加强红岛经济区中央厨房、集体用餐配送单位、学校食堂、建筑工地食堂等重点业态食品安全专项检查；组织开展隐形眼镜、避孕套、食品添加剂、羊肉及其制品、包装饮用水等高风险品种的专项整治；开展“两节三会”、中秋国庆双节、创建国家食品安全示范城市等重点时段食品药品安全综合整治100余次，出动执法人员900余人次，严厉打击各种违法经营行为，查处案件38起，罚没款11万余元。

【亮点工作】*争创国家食品安全示范城市*。保质保量提升审批效率，针对食品流通、餐饮“两证合一”

并实行网上申请的情况，高新区局不断简化审批流程，加强现场审核工作，提升审批效率。2017 年度完成各类审批备案 451 件。开展多方位宣传活动，高新区局在青岛市局、高新区管委网站发布新闻稿件 40 余篇，被《青岛早报》《青岛日报》报道 2 次，接受高新区领导专访 1 次，建立高新区管委食品药品安全信息群，每日发布相关信息。

加强工地食堂联合监管。随着红岛经济区的发展，工地食堂数量也激增。高新区局联合街道办事处、公安分局、社会事务局、建设局、综合行政执法局等部门开展对工地食堂、学校食堂的现场检查行动，多次联合召开现场会。分局以食堂开放日活动为切入点，利用节日在集市及工地食堂周边开展食品药品安全宣传活动 10 余次。

加强农村大集监管。农村大集在监管层面有着流动摊贩多、产品来源杂、环境卫生差等难点。坚持网格化监管，协助集市主办方健全管理制度并将大集整治与“食安山东”“双安双创”等工作结合，通过抽检快检、联合执法、协查办案等方式，将监管工作落到实处。

推进“三小”综合治理。高新区局坚持监管与帮扶并重，以推进小作坊规范提升，培育便民摊点群，加强小餐饮治理为目标，有针对性地加大摸排和宣传力度，为“三小”登记备案提供便利，2017 年度完成“三小”业户备案登记 53 家。

“智慧监管”平台建设。2017 年度高新区局在“食安亮化”基础上，打造集公共服务、应急管理、稽查执法、信息追溯为一体的“智慧监管”平台。同时，开发手机 APP，完成日常检查、企业自查等功能。平台录入红岛经济区 1096 家企业信息，平台和 APP 的投入使用为全面掌握食药企业动态情况，进行有效分析、决策提供参考。

党支部书记、局长：李新荣
电话：0532–68013006
地址：青岛市高新区河东路 368 号
邮编：266112

（撰稿：程雯　核稿：魏泽胜）

淄博市

【概况】 淄博市食品药品监督管理局（挂淄博市食品安全委员会办公室牌子）内设 13 个职能科室和机关党委，下设高新区分局 1 个派出机构和市食品药品稽查支队、市食品药品检验研究院、市药品不良反应监测中心、市医疗器械产品质量检验中心 4 个直属单位。截至 2017 年底，全局编制 241 名，实际人员 231 人。其中局机关编制 62 名、实际 62 人，高新区分局（含稽查大队）编制 27 名、实际 28 人；市食品药品稽查支队编制 45 名、实际 46 人，市食品药品检验研究院编制 85 名、实际 83 人，市药品不良反应监测中心编制 14 名、实际 12 人，市医疗器械产品质量检验中心编制 8 名、实际 0 人。截至 2017 年底，全市有食品、药品、保健食品、化妆品和医疗器械生产经营业户 65636 家。其中，食品生产企业 494 家，食品经营业户 44127 家，新办食品小作坊、小餐饮、餐饮摊贩登记备案证 12082 个；药品生产企业 31 家、药品包装材料生产企业 28 家、医疗机构制剂室 14 家，药品经营单位 2222 家（药品批发企业 45 家，药品零售连锁企业 50 家，药品零售企业 2127 家），医疗机构 4408 家。医疗器械生产企业 86 家、经营企业 2130 家；保健食品生产企业 7 个；化妆品生产单位 7 个。淄博市局全年完成行政许可服务事项 1365 件，办结率和群众满意率均达 100%。2017 年，全市食品药品安全形势总体稳定向好，食品药品产业实现持续健康发展。淄博市局被评为 2017 年度全市绩效考核优秀单位，顺利通过全国文明单位复审。

【食品安全监管】 全市 494 家食品生产企业全面实施分类分级监管。在全市 4.4 万家食品经营单位全面推行“一票通”可追溯管理，全市 192 家超市、批发农贸市场建立实施肉菜流通追溯系统。在全市 63 处食用农产品交易场所成立食品安全管理机构。在全市所有餐饮单位实行量化分级管理，严格落实学校食堂季度四查制度，联合教育部门推进“放心食堂”建设，有效提升农村学校食堂食品安全水平。试点推行“互联网 + 明厨亮灶”模式，取得积极成效，该项工作入选淄博市委改革办 2017 年第二批创新改革经验备选名单。大力实施“食安山东”品牌引领，传承发扬周村烧饼、景德东、清梅居等一批老品牌、老字号的传统技能和文化内涵，培育发展 26 家生产企业、346 家经营企业等一批“食安山东”品牌和示范单位。

【药品监管】 在全省率先建立药品生产实训基地，建立完善远程培训网络系统，每年对所有基层食品药品监管人员轮训一遍。严格落实药品生产经营质量管理规范，全市所有药品生产企业全部通过新版GMP认证，将GSP、GUP列为药品零售药店和医疗机构申报医保定点的必要条件。2017年，全市系统开展“双随机”检查、飞行检查、认证跟踪检查、督导检查等3870次，约谈56家企业主要负责人。对违反规定的9家药品经营企业收回GSP认证证书并责令整改，注销61家企业《药品经营许可证》。在国家总局、省局对淄博市药品（药包材）生产企业进行的跟踪检查中，均未发现严重缺陷。4月，全国人大常委会执法检查组由李建国副委员长带队，对淄博市落实《药品管理法》情况进行执法检查并给予充分肯定。

【保健食品、化妆品监管】 组织开展打击保健食品非法会销专项行动“回头看”活动，全市检查单位320家，立案1起，移交公安1起，抽检会销保健食品29批次。组织开展化妆品标签标识、农村和城乡接合部化妆品市场专项检查，全市检查化妆品经营企业1530家，责令改正95家，查处案件8起。2017年完成保健食品省、市级监督抽检130批次，合格率为99.2%。化妆品国家、省、市级监督抽检任务74批次，合格率为97.3%。

【医疗器械监管】 建立防控体系，每季度召开1次医疗器械质量风险会商会议，查找问题、分析原因、制定措施、强化落实，全年查找并防控风险隐患13项。组织实施医疗器械生产经营“规范实施年”活动，2017年检查医疗器械生产企业86家，其中一类39家、二类35家、三类12家。检查医疗器械经营企业1355家，其中三类（不含冷链经营的）563家、冷链经营41家。

【综合治理和专项整治】 制定印发《2017年全市“守护舌尖安全”整治行动总体方案》，组织食安委成员单位对农药管理与使用、畜禽水产品、集体用餐、“三小”食品、农村食品安全及食品、保健食品欺诈和虚假宣传等进行整治。建立并落实月报制度，及时调度、汇总、上报各区县、各有关部门整治情况。截至2017年底，全市系统检查食品药品单位103294家次，下达监督意见书90137份，查办食品违法案件1492件，侦破犯罪案件66起，抓获犯罪嫌疑人48名，取缔无证生产经营业户1176家，捣毁制假“黑窝点”11处。淄博市食品药品稽查支队荣获2017年“全国食品药品案件查办工作成绩突出集体”荣誉称号。

【技术支撑体系建设】 制定《2017年淄博市市级食品安全抽检监测计划》，全市食品药品监管部门、农业部门、水利与渔业部门、林业部门、畜牧部门共同安排食品、食用农产品抽检监测经费2867万元，较上年增长15.3%，计划开展抽检监测41160批次，包括监督抽检28926批次、风险监测12234批次，全市达到每千人6.23批次。抽检范围涵盖淄博市在产和流通的33类食品和食用农产品，检测项目涉及产品理化指标、微生物指标、污染物指标、食品添加剂指标、农药残留、兽药残留、违法添加物质、动物源性成分等。组织开展市级食品安全抽检监测承检机构备选库竞争性磋商，遴选出第三方承检机构15家。对2017年全市食品安全抽检监测数据进行汇总分析，形成《淄博市2017年食品安全监督抽检分析报告》。2017年，市县两级食品药品监管系统开展食品监督抽检25623批次，不合格产品952批次，合格率96.28%。省级评价性抽检方面，药品生产环节113批，合格率100%；药品流通环节102批，合格率100%。省级重点监督抽验方面，药品生产环节65批次，合格率100%；药品流通环节407批，不合格33批次，不合格率8.11%，处置率100%。市级重点监督抽验方面，完成药品重点抽检计划1260批，不合格27批，不合格率2.14%。

2017年，全市收集上报药品不良反应报告6338份，其中严重报告1091份，占报告总数17.21%；医疗器械不良事件报告3208份，其中严重伤害报告850份，占报告总数26.50%；化妆品不良反应报告459份，医疗机构报告比例80.6%；《药物滥用监测调查表》654份。挖掘30个风险信号，其中，3个风险信号被省药品不良反应监测中心采纳并报国家药品不良反应监测中心。完成药品、医疗器械、化妆品监测数据季度、年度分析报告8个，重点对全市6家药械生产企业监测数据进行风险分析，提出风险管控建议，对羟乙基淀粉130/0.4氯化钠注射液、注射用脂溶性维生素、注射用头孢他啶、注射用头孢噻肟钠等4个药品风险品种进行重点关注。处理药品预警事件1130例。连续第5年承担2个山东省药品评价平台项目，连续第3年承担2个山东省医疗器械评价平台项目，承担国家药品安全“十三五规划”4个医疗器械品种的重点监测，省药品不良反应监测中心委托的《化妆品不良反应皮损形态基础信息库》II期项目。组织开展《防晒类、美白祛斑类化妆品不良反应重点监测项目》。在2017年全省药品不良反应报告质量评估中取得总分第一。

发挥职能优势，加大企业调研力度，多次召开推进药品审评审批制度改革、仿制药质量和疗效一致性评价工作专题会议和座谈会，指导企业全面掌握国家医药产业创新和转型升级相关政策要求，抓住机遇，加快发展。2017年，全市51个药品批准文号顺利开展仿制药一致性评价，19个批准文号拟申报药品上市许可持有人。淄博市中心医院和北大医疗鲁中医院被国家总局授予《药物临床试验机构资格认定证书》，实现淄博市药物临床试验基地零的突破。淄博市医疗器械产品质量检验中心建设较为顺利。

【服务食品医药产业发展】 2017年建立重大产业招商项目库5个，引进山东省沂源县新医药产业园建设项目，外来投资额21.73亿元；引进山东康成药业有限公司健康产业配套中心项目，外来投资额1.32亿元；策划山东圣海保健品有限公司年产60亿粒保健食品、淄博九州通智慧医药物流中心、山东康成药业有限公司健康产业配套中心、山东博山制药有限公司新厂区二期、山东立新制药有限公司高端特色原料药及制剂等重大产业招商项目5个；实际到位外来投资额12460万元，顺利完成淄博市政府招商引资任务。

【党风廉政和干部队伍建设】 规范机关党建工作。落实全面从严治党主体责任，制定《关于建立健全党建责任机制落实全面从严治党任务的实施意见》《党支部党建工作考核办法》。规范党内组织生活制度，按要求开展“三会一课”、主题固定党日活动，党委班子成员带头讲党课，基层党建工作目标全面落实。严格落实党风廉政责任制。制定《2017年党风廉政建设工作意见》《关于践行监督执纪四种形态的实施办法》，与直属单位、机关科室签订《党风廉政建设工作目标责任书》，与干部职工签订《廉政承诺书》。组织全体党员干部到原山艰苦创业教育基地、鲁中监狱廉政建设教育基地、齐文化德政廉政教育基地开展现场教育活动并进行党性体检。认真抓好淄博市委巡察反馈问题整改落实工作。打造食药监管文化。创建“食药天盾 安康万家”服务品牌，树立监管队伍新形象。丰富精神文明建设活动，深入开展社会主义核心价值观宣传教育，与文明城市、卫生城市、食品安全城市创建有机结合，同步推进。深入开展百个科室社会评议活动。

【省级食品安全市县创建】 淄博市委、市政府将“加强基层食品药品监管能力规范化建设，完善食品药品检验检测技术支撑体系，确保实现省级食品安全市创建目标”列入“十个新突破”工作重点，实行“六个一”督查机制。各级财政把夯实基层基础、提升技术支撑和监管能力纳入财政保障重点。经费投入和人均样本量较创城之前均实现翻番。实施快检网络建设工程，在市场、商超、学校食堂建设快检室201个，以市县两级检验中心为主，监管部门和企业快检室为辅，覆盖城乡的技术支撑网络初步建成。部署开展食用农产品源头治理、农贸批发市场改造提升、食品“三小”整治、食品追溯体系等十大重点工程。淄博市政府明确农贸市场建设标准，总投资13亿元新改建市场51处，建设便民市场30处，疏导2万余业户进场进店经营。建成肉类蔬菜流通追溯体系，192家商场超市、市场实现肉类蔬菜电子化追溯。遴选20个大中型商场超市开展放心肉菜公开评价工作。深入开展省“三小”条例宣贯活动，对663户“三小”实施“一线助规范”一对一精准帮扶，全市新办小作坊、小餐饮、餐饮摊贩登记备案证12082个。发挥集聚经营正效应，培育小作坊集中加工园区3处，示范点36家。2017年2月，高青县、沂源县被省食安委命名为首批“山东省食品安全县”。

【食安办工作】 淄博市政府召开市食品安全委员会全体（扩大）会议，市、县、乡层层签订食品安全责任书，将食品安全纳入全市经济社会发展综合考核体系。积极构建“从农田到餐桌”全过程闭环式监管链条，会同农业部门建立食用农产品产地准出、市场准入机制，会同公安部门建立市、区县、镇办三级行刑衔接机制，建立农安、公安、食安“三安”联动机制，省会城市群食品药品稽查联动协作区作用发挥良好。牵头组织开展“守护舌尖安全”整治行动，对农兽药管理使用、畜禽水产品、肉及肉制品、病死畜禽无害化处理、集体用餐等重点领域进行重点治理。

党委书记、局长：谢锡锋
党委副书记、副局长：王立民
党委委员、副局长：刘雨春、安烈忠、陶学进
党委委员、总工程师：马建国
党委委员、工会主席：李建国
党委委员、市医药行业协会会长：邱峰
副调研员：葛金锋
电话：0533-2182219
地址：淄博市张店区新村西路140号
邮编：255033

（撰稿：张锰锰　核稿：于宗杰）

张店区

【概况】 淄博市张店区食品药品监督管理局（挂淄博市张店区食品安全委员会牌子）为区政府工作部门，正科级。内设办公室、食品经营监管科、食品生产监管科、药械保化监管科、行政许可科等职能科室，下设张店区食品药品稽查大队和12个镇办食品药品监督管理所。核定人员编制120名，在岗120人。12个镇办食品药品监督管理所核定编制68名，在岗67人；张店区食品药品稽查大队，核定编制24人，在岗30人。全区监管对象12087家，其中食品生产企业40家，餐饮单位1350家，流通单位2671家，“三小”

单位4014家，药品、医疗器械生产经营单位1365家，保健食品生产经营单位534家，化妆品生产经营单位2113家。

【监督检查】 加强食品生产环节监管，对辖区小作坊进行进一步的规范整治，提档升级，打造23处示范点和1处集中加工示范区。加强食品流通和餐饮环节监管，在3家批发市场、12家商场超市建立食品快检室，完成快检入场食品达到17809批次，快检不合格产品要求相关单位立即下架退市。全面梳理全区169家学校食堂的《食品经营许可证》档案，举办全区学校（幼儿园）食品安全大培训讲堂，对学校幼儿园食堂进行全面提档升级。加强药械保化监管，开展药械互联网专项整治，检查有互联网药品信息服务资质的单位8家，提供互联网药品交易服务企业4家，排查医疗器械经营企业89家。开展药品经营认证跟踪检查，跟踪检查药品批发企业20家，覆盖率100%，上报收回GSP证书1家。联合工商、公安等部门开展保健食品非法会销专项检查回头看行动，检查有保健食品经营范围企业380家。强化稽查执法办案，2017年查办案件224起，上报符合省级、市级重大及较大案件12件。向公安机关移交涉嫌犯罪案件9起。通过“12331”投诉举报渠道收到投诉举报915件，全部及时依法进行调查处理。

【监督抽检】 2017年完成各级食品监督抽检3615批次，不合格171批次，药品监督抽检229批次，不合格1批次，抽检结果100%作出公示，对发现的不合格产品，要求相关单位立即采取下架处理等措施，控制风险，并依法予以查处。

【专项整治】 坚持“网格化、规范化、痕迹化”执法，先后开展食品生产加工小作坊、羊肉及其制品、食用植物油塑化剂、食品添加剂、假劣调味品、瘦肉精、柑橘类水果、大葱、酱腌菜、兽药残留等专项检查，检查经营单位2500余家。先后组织开展药品生产质量提升专项行动、药品流通领域违法经营行为集中整治、医疗器械专项整治行动及保健食品非法会销专项检查，针对疫苗、中药饮片、高风险医疗器械等重点品种进行专项治理，检查药械保化经营使用单位1146余家次，开展责任约谈22家。

【行政许可】 推进“放管服”改革，按照淄博“三最”城市建设相关要求，修订出台《关于加强行政许可工作的意见》。将审批时限由法定的20个工作日压缩到3个工作日，将申请食品经营许可应当提交的材料由原来的12项精简到7项，行政审批效能显著提高。2017年核发《食品经营许可证》2492个，《药品经营许可证》92个，同比增长49.3%。登记小餐饮2639户、食品小作坊504户，食品摊点备案669户，居淄博市首位。

【“互联网＋明厨亮灶”】 积极推行“互联网＋明厨亮灶”，以万象汇、学校食堂为试点，将全区学校食堂、大型餐饮单位的后厨接入直播平台，消费者、监管人员可通过手机、平板电脑等移动终端实时查看厨房情况，实现社会的共同关注、共同监督。截至2017年底，有260家单位实现“互联网＋明厨亮灶”。

【食品安全示范街（区）】 着力打造“食品安全示范街（区）”，以“南西六路食品安全示范街”为示范点，通过沿街设立LED电子显示屏、宣传立柱、沿线灯杆广告牌，在沿街店面悬挂吊牌、张贴门条等多种形式，形成浓厚的食品安全宣传氛围。2017年全区先后建成8条“食品安全示范街”、2处“食品安全示范街区”。

【基层规范化建设】 投资89.2万元配备基层监管所执法装备，按照“十个一”的标准配备到位；采购30辆电动摩托车弥补执法车辆不足问题；拨付50万元用于3个基层监管所的办公用房改造，争取政府支持，着力解决业务用房达标问题，截至2017年底，12个镇办基层监管所业务用房面积全部达标；完善区、镇办、社区、网格四级监管网络，在全区12个镇办划分906个网格，设立799个网格员。

党组书记、局长：刘华
电话：0533-3102306
地址：淄博市张店区联通路90号黄河河务局3楼
邮编：255000

（撰稿：沈象钦　核稿：付文刚）

淄川区

【概况】 淄博市淄川区食品药品监督管理局（挂淄川区食品安全委员会办公室牌子），为区政府工作部门。负责对全区范围内生产、流通、消费环节食品、药品、保健食品、化妆品、医疗器械安全实施监督管理，同时承担区食品安全委员会办公室的日常工作。内设办公室、食品安全协调督查科、政策法规科、行政许可科、食品安全监管科、药品医疗器械监管科、保健食品化妆品监管科7个职能科室。下设淄川区食品药品稽查大队（挂淄川区药品不良反应中心牌子）1个科级财政拨款直属事业单位和经济开发区、洪山、昆仑、双杨、罗村、寨里、龙泉、岭子、西河、太河、般阳路、将军路、松龄路13个食品药品监督管理所。全局编制总额103名，实有在职人员103人。其中，局机关编制总额18名，在职人员22名；区食品药品稽查大队编制20名，在职人员21人；食品药品监督管理所总编制65名，在职人员60名。

2017年，全区食品、药品、保健食品、化妆品和医疗器械监管对象总计4812个，其中食品4144个，食品生产环节86个，保健食品1个，化妆品1个。食品经营环节3836个，保健食品220个。药品、医疗器械、化妆品监管对象总计668个。药品生产环节6个、药包材4个，医疗器械5个。药品经营环节335个、医疗器械186个、化妆品132个。

【监督检查】 食品安全。坚持源头治理、全程监管的理念，监督管控生产、经营全过程，全力守护人民群众“舌尖上的安全”。重点加强食品全过程监管，全面建立监管档案。加大食品检验检测力度，对在产食品生产经营企业实现抽检全覆盖。大力推进食品分级分类监管和规范化、模块化、痕迹化“三化”监管，实现日常检查制度化、专项检查靶向化。严格落实量化分级、进货查验、索证索票、餐具清洗消毒、食品留样、环境卫生、操作流程、操作间标识、仓储间管理等管理规定。突出学校食堂食品安全监管，落实《山东省学校食堂监督管理办法》，制定印发学校食堂食品安全检查实施方案，与学校逐一签订食品安全责任书，强化学校的食品安全主体责任意识，严格实施“四查”制度，持续推进师生就餐安全。全区55所学校食堂，87所托幼机构累计开展季度检查4次，飞行检查3次，督导检查3次，下达68份整改意见书。

药品、医疗器械。强化药品、医疗器械生产经营使用全过程监管，对中药、高风险药品生产企业组织开展风险检查和飞行检查。组织开展药品零售企业和药品使用环节的专项治理和高风险药品管理。加大对高风险医疗器械的监管力度，确保群众医疗器械使用安全。做好药品经营监管和GSP认证工作。全年完成50余家药品零售企业GSP认证工作。做好医疗机构GUP监管工作。随机开展《药品使用质量管理规范确认书》跟踪检查。检查医疗机构40余家，检查药包材生产企业4家，药品批发企业2家，药品经营企业200余家，下达整改意见书27份。检查医疗器械企业60余家，下达整改意见书18份。组织1300余名药械从业人员进行健康查体，并分4批组织药械企业管理人员进行相关知识培训。

保健食品、化妆品。进一步加强保健食品、化妆品安全监管，严格规范保健食品、化妆品市场秩序，严厉打击保健食品、化妆品生产经营企业违法违规行为。推进保健食品、化妆品产品追溯体系建设，加强保化品生产企业现场检查和过程监管及跟踪检查工作，保障保化品安全。加强化妆品生产企业监督检查工作，辖区内2家化妆品生产企业进行日常例行监督检查。检查单位29家，出动人次81人次。

【监督抽检】 加大抽检力度，着力提高问题发现率。定期研判分析抽检结果，加大问题品种的监管力度和抽检频次，对风险程度高、社会关注的产品加大抽检频次，提高日常监管工作的针对性和靶向性，提高科学监管工作水平，最大限度的管控风险。全年完成食品2903批次样品的抽检工作，其中公示2903批次，占比100%。通过抽检，发现75批次不合格样品，整体抽检合格率97.42%。

【专项整治】 高标准严要求，部署开展食品安全综合整治，全面抓好重点难点治理。按照省级食品安全市创建测评标准和各专项整治工作方案，明确细化工作目标任务，改进整治方法，切实解决群众关注的食品安全焦点问题，提高食品市场秩序整治成效，提升食品安全保障工作水平。组织开展重点品种、重点区域、重点环节领域专项整治行动。以肉及肉制品、食用油等为重点品种，以城乡接合部、学校及周边、旅游景区等为重点区域，以小作坊、小餐饮、小摊贩等为重点环节的专项整治活动。针对食品生产、经营各环节，分14个业态，组织开展综合治理和专项整治活动。组织开展食品生产、经营专项整治、小作坊专项整治等专项行动，检查单位6000余家次，下达整改意见书2000余份。

【“智慧监管”科学治理体系构建】 淄川区局按照依法规范、公平公正、及时全面、客观真实、便于查询的原则，制定出台《淄川区食品药品监督管理局关于做好行政许可和行政处罚等信用信息公示工作的实施意见》《淄川区食品药品监督管理局关于加强日常监管信息公开工作的通知》和《淄川区食品药品监督管理局关于印发食品药品监管执法信息公开制度的通知》文件及实施细则，组织开展日常监管信息公开公示工作。广泛在淄川区政府网站、淄川工作、淄川区局微信公众号等重点网站、报刊公开公示监管信息，全面提高公众知晓率。全年公示日常监管信息12条，公示食品药品生产、经营、使用单位160余家次。

党组书记、局长：贾刚
电话：0533-5159879
地址：淄博市淄川区文汇街3号
邮编：255100

（撰稿：王传锋　核稿：王成）

博山区

【概况】 淄博市博山区食品药品监督管理局为博山区政府直属工作部门，内设7个职能科室，下设10个乡镇监管所和1个全额事业单位，代管区检验检测中心。博山区局核定编制88名，其中，行政编制63名、工勤编制2名、事业编制23名。在编在岗人员81名，其中，行政编制58名、工勤编制1名、事业编制22名。全区监管对象总计6124家，其中，食品生产企业42家，餐饮单位1472家，小餐饮704家，小作坊174家，小食品摊点231家，流通2332家，药品、医疗器械1169家。

2017年，博山区以创建省级食品安全市为抓手，以打造绿色健康食安博山为目标，深入推进食品药品治理体系和治理能力建设，全区食品药品安全状况持续向好。

【监督检查】 *食品安全。*2017年，博山区局检查食品生产经营单位5500余户次，发放监督意见书7000余份。坚持提前介入、排查风险，先后顺利完成元旦、春节、区两会、蓝莓采摘节、端午节、猕猴桃采摘节、中高考、女子国际象棋比赛等重大活动食品安全保障18次，为重大活动提供放心、安全的食品保障。组织全区学校食堂大培训大检查大整改大提升活动，严格按照标准要求每季度检查辖区58所中小学（幼儿园）食堂、84家学生校外托管机构。开展“学校食堂开放日”活动，带领学生家长参观学校食堂并现场答疑解惑，监管部门、学校食堂与学生家长充分交流，进一步加强学校食品安全。对景区周边餐饮经营业户开展专项治理工作，签订并张贴食品安全责任书，落实日常监督检查记录等痕迹化材料。加强食品安全诚信体系建设，建立健全生产经营者信用档案，推行量化分级管理等制度。全面推行“一票通”和“一本通”追溯制度，规范完善索证索票制度。在景德东食品有限公司开展“透明工厂”开放日活动。各基层所积极组织协管员、食堂和餐饮工作人员等进行培训活动，大力开展食品安全进校园、进大集、进农村、进社区、进食堂“五进”宣传活动，普及食品安全知识。

*药品、医疗器械、保健食品和化妆品。*根据淄博市局文件，完成对2家化妆品生产企业化妆品生产许可证换证跟踪检查和29家药品使用单位GUP办换证工作。结合博山区实际，分别制定药品市场、医疗器械、保健食品和化妆品监督检查计划和实施方案，逐项开展各类日常监督检查，先后下达监督意见书578份。根据《博山区药品零售企业集中整治检查方案》要求，完成对300多家药品零售企业集中整治检查工作，约谈药品连锁经营企业相关负责人，签订规范经营保证书，同时将检查情况及时上报药化日常监管系统。多次参与淄博市局组织的药品批发企业GSP认证及跟踪检查，先后4次配合淄博市局对博山区药品经营企业进行GSP，并完成认证中药饮片监督抽检，配合省局完成医疗机构制剂室进行飞检。

*联动制度建设。*成立案件审核委员会，制定并执行行政处罚案件办案工作有关规定，确保重大执法决定合法合理。充分发挥联动执法办公室作用，举行公安食药监执法联动联席会议，安排部署2017年“两安”联动工作；召开“三安联动”工作现场会，确定下一步将组建食安、公安、农安联合工作组，深挖带有行业共性的“潜规则”，确保不发生区域性、系统性食品安全事故，守住食品安全底线；成立博山区人民检察院派驻博山区局检察官工作室，制定《检察官工作室工作制度》，促进“两法”衔接，为有效预防职务犯罪、规避执法风险等方面提供有力保障。

*开展联合治理。*与博山区城管局等部门多次协同整治食品摊贩无序、无证经营行为，进一步规范食品摊贩；加强“三安”联动，深入开展“守护舌尖安全”整治行动，与公安联动执法对微信销售非法添加西布曲明的减肥食品“闪电SO果素酵母”进行调查取证，深入开展畜产品质量安全违法犯罪“百日行动”、桔梗加工市场专项整治工作和打击“两非”专项整治；与博山区公安局联动执法对小城味道原料牛肉抽检发现瘦肉精进行调查取证，并开展42度牛栏山陈酿市场专项检查；配合淄博市支队市公安局联合查处未经许可生产白酒的酒厂，完成对下郝峪酒厂的查处工作，周边餐饮单位进行拉网式检查，收回流出的白酒。

全年查处案件179件，其中一般程序案件147件，简易程序32件，移送司法机关案件数4件，其中刑事立案3件，移送其他行政机关案件16件。

*行政许可。*严格落实每周五现场核查制度，统一组织现场核查50次，累计547家单位，发放《食品经营许可证》1294份，《食品加工小作坊备案证》115份，《食品经营实名备案证》80份，《药品经营许可证》65个。许可科推行“零跑腿”“容缺后补”“线上+线下”等便民措施。

【监督抽检】 按照每千人3.4批次的要求，全年监督抽检1663批，其中，生产环节（包括小作坊）抽检147批次，流通环节抽检831批次（含保健食品15批次），餐饮环节抽检685批次；涉及餐饮食品、糕点、熟肉制品、食用农产品、酱腌菜、调味品等27大类。发现不合格产品79批，问题发现率4.80%。省市抽检情况：食品流通环节省抽检37批，市抽检388批。2017年监督抽检食用农产品440批，其中不合格21批，合格率95.23%。上述不合格批次产品第一时间启动不合格食品核查处置工作，及时采取下架封存等措施，确保产品整改复查到位。

【专项整治】 *食品安全*。2017 年先后组织开展市场销售柑橘类水果、假劣调味品、禽类产品、银耳、粉丝粉条、酱腌菜、经营环节牛羊肉、餐饮服务单位食用油、畜禽水产品抗生素、销售散装及简易包装蛋糕、市场销售大葱、“咔哇潮饮”饮料以及日本核辐射食品等 14 次食品类专项整治行动，进一步督促各单位落实原辅材料（含食品添加剂）进货查验、食品添加剂使用台账和产品出厂检验及销售记录制度，实现从原辅材料购进到产品销售全程可追溯。

药品、医疗器械、化妆品。2017 年先后开展城乡接合部和农村地区药店诊所药品质量安全集中整治、祛痘类化妆品专项整治、中药材（饮片）市场专项整治、辖区化妆品经营单位关于 29 批次不合格化妆品的专项检查、2017 年无菌和植入性医疗器械专项检查、化妆品标签标识专项检查、整形美容医疗机构专项检查、角膜塑形用硬性透气接触镜监督检查等工作。全区医疗机构开展药品和医疗器械专项整治行动和药品零售企业集中整治行动等，严查各类挂靠走票、使用未经注册以及过期失效医疗器械等违法行为，突出重点，强化监管。全年药品不良反应病例 500 例，可疑医疗器械案例 260 例，化妆品案例 30 例，完成年指导计划 100%。

妥善处理投诉举报。全年受理投诉 201 起，其中食品类 153 起，药品 29 起，保健食品 8 起，医疗器械 7 起，化妆品 4 起，所有投诉均及时受理并按期办结，及时将结果反馈当事人。

【省级食品安全市创建】 *“一把手”工程强力推进*。坚持党政统领，纳入政府十三五规划和政府工作报告；坚持高位推动，博山区委书记、区长先后调研全区食品安全监管体系建设等，支持创建工作；调整充实食品安全委员会，召开创建动员会、协调调度会 12 次；将创建工作纳入政府重点工作和经济社会发展综合考核，与 10 个镇街、12 个主创部门、36 个相关部门签订《食品安全责任书》58 份，全域创建的工作格局全面建立。

“一条龙”保障夯实根基。全区 10 个基层监管所业务辅助用房均超 320 平方米，按照高于“十个一”的标准配备执法基本装备 53 种，达到国家总局指导标准 70%；7 月，全市食品药品监管系统基层监管能力建设现场会暨半年工作会议在博山区隆重召开；博山区检验检测中心按食品标准规定，项目检验检测能力达到 70% 以上，实验室总面积达到 1430 平方米，通过食品检测资质和农产品检测资质“双认证”；在全区 10 个基层监管所、5 处大中型超市、4 处农贸市场全部设立快检室；各镇街均设立食安办并配备 13 名专职协管员，并组建 277 人的兼职协管员队伍，覆盖区镇村三级的食品安全监管体系全面建立。

“一盘棋”格局健全机制。实行“挂图作战”，10 个镇街和 12 个主创部门的创建任务分解细化为 95 个小项，销号管理，切实压实细化创建责任；出台《关于建立博山区食品安全监管工作长效机制的实施意见》《博山区创建省级食品安全先进区宣传工作方案》以及《博山区人民政府关于实行村居安全生产监督员、农产品质量安全监管员、食品药品协管员“三员合一”的实施意见》等创建机制文件；全区争创工作“一盘棋”工作格局全面建立。

实施“互联网 + 明厨亮灶”工程。建立对 78 家食品生产企业、学校食堂以及相关餐饮单位的数字化远程监管平台，食品监管人员可通过手机 APP 随时随地监管本责任区业户；不断强化品牌建设，在 47 家“食安山东”业户的基础上，2017 年新增加 1 家生产企业、1 家示范食堂、1 处示范街区，命名创建先进区明星店 10 家，B 级以上学校食堂达到 95%；突出治理“三小”问题，开展小作坊提档升级、“一对一帮扶全员行、心贴心服务助发展”活动，2017 年新建 2 处、升级改造 1 处农贸市场，规范便民市场，引导“三小”进场进店经营；组织开展“大型商超放心肉菜”评价工作，提高食品安全管理水平。

加强宣传，共建共治，实现全地域创建无盲区。分别在博山世纪广场和凤凰山广场上建成高品质的“食安博山”主题文化广场；建成白塔食安共治街、城西食安巷、池上食安漫画长廊等各具特色的 10 条宣传街；在公交车、出租车、LED 屏、美团网络平台外卖电动车等设置宣传标语；通过食品安全进大集、进商超、进社区、进市场开展“你点我检”等活动，组织开展“创建省级食品安全先进区满意度调查”，营造积极引导全员参与的浓厚氛围。

党组书记、局长：岳玲（2017 年 9 月 6 日离任）
孙丽鹏（2017 年 9 月 6 日任职）
电话：0533-4188844
地址：淄博市博山区青龙山北路 35 号
邮编：255200
（撰稿：刘维娟　核稿：王成刚）

临淄区

【概况】 淄博市临淄区食品药品监督管理局人员编制 100 名，2017 年实有干部职工 97 人。12 个街镇 471 个村居配备协管员 471 名，通过劳务派遣方式招聘食品药品专职协管员 32 人。领导职数核定局长

（区食品安全委员会办公室主任）1名、副局长（区食品安全委员会办公室副主任）3名。局机关设有办公室、行政许可科（挂政策法规科牌子）、食品安全协调督查科（挂应急管理和科技宣传科牌子）、食品生产和流通监管科、餐饮保化监管科、药品医疗器械监管科6个科室；下设事业单位为临淄区食品药品稽查大队；各镇（街道）设立12个食品药品监督管理所，为临淄区局派出机构。临淄区局先后获“山东省食品安全区”“全区宣传思想文化工作成绩突出单位”等23项荣誉称号。

【监督检查】 *食品生产*。督促食品生产企业落实自查制度，建设生产企业食品安全信用档案。要求企业就是否规范落实原辅料进货查验、过程控制、出厂检验、问题食品召回等制度，是否执行食品添加剂使用管理、风险问题报告、产品合格放行等规定开展自查并形成自查报告。全面建立食品生产企业食品安全信用档案，实行“一企一档”，全区食品生产企业食品安全信用档案建档率达到100%。

食品流通。先后组织开展假劣调味品、柑橘类水果等专项检查、淀粉制品及银耳食品等专项治理。依法对学校周边200余家食品经营业户进行规范、指导，对重点食品经营业户签署食品安全承诺书34份。积极推进韭菜“双证制”管理工作。对韭菜产品经营者进行培训，同时在市场显著位置张贴通告，与韭菜经营者签订责任书，严禁不具有合格证和市场销售凭证的韭菜产品进入食用农产品市场。落实完成食安山东品牌店面30家。先后完成三会、中高考、全国举重比赛、广饶轮胎节、招商引资推介会暨项目签约仪式、2017院士专家进临淄、齐文化旅游节、齐文化学术研讨会等重大活动餐饮服务食品安全保障任务。

药品、医疗器械。全区365家药品生产、批发、零售企业、化妆品生产企业、二类精神药品经营企业、药品连锁总部、一级以上医疗机构、三类医疗器械经营企业进行全覆盖检查，下达责令整改189份。上报评价药品不良反应645例，医疗器械不良事件278件，化妆品不良反应13例。组织辖区内3家医药连锁有限公司家庭回收过期药品定点单位送交过期失效药品3000余盒。

【监督抽检】 全年开展区级食品安全集中抽检16次，抽检食品3476批、化妆品42批次，检测项目数67673，其中抽检不合格127批次。抽检结果全部公示。全年抽检药品151批次。截至2017年底，抽检不合格6批次。所有抽检不合格批次开展不合格后处理工作。

【专项整治】 2017年先后组织开展假劣调味品、淀粉制品及银耳食品、柑橘类水果、食品流通环节酱腌菜食品、日本核辐射区食品等专项检查。切实加大对学校及周边环境的整治力度，严厉打击违法违规经营，全面规范校园周边经营秩序，确保学校及周边食品安全环境，对校园及其周边食品安全开展多次专项整治行动，出动执法人员220余人次，依法对学校周边200余家食品经营业户进行规范、指导，重点食品经营业户签署《食品安全承诺书》34份，切实保障学校周边食品消费安全。

【亮点工作】 *省级食品安全市创建*。临淄区委、区政府对创建省级食品安全市工作高度重视，召开创建动员会、成立创建工作领导小组，制定创建方案，印发职责分工、工作制度等一系列文件，每季度召开1次创建工作领导小组成员会，每月召开1次创建工作领导小组主任会，调度督导创建工作进展情况，形成创建项目化、问题清单化、督导常态化的创建工作推进机制。通过月调度会、各级创建督查、季度考核等形式，对照省、市创建验收标准，对14个承担创建主要任务的部门，列出问题清单、整改标准和整改时限，经临淄区政府主要领导批阅后印发各单位，各创建单位按照整改清单有序推进，创建工作成效显著。

全面推进“明厨亮灶”工程。在总结2016年试点经验的基础上，充分发挥示范引领带动，全面推进“明厨亮灶”工程，营造放心就餐的食品安全新环境。2017年，260余家餐饮单位实现“互联网＋明厨亮灶”，全区160余家学校幼儿园食堂实现全覆盖，安装监控摄像设备260余个，电子监控终端97台。

组织开展“三小”条例主题宣传活动。通过组织有奖知识问答、张贴悬挂宣传画、发放宣传彩页、进“三小”经营业户等形式进行宣传，发放各类宣传材料6000余份。启动“在一线助规范”行动，基层监管所所有人员和区局负责食品安全监管工作的人员每人确定一定数量的“三小”业户作为帮扶和联系服务活动对象。按照“三小”监管“六项标准”（亮证经营、安全承诺、原料公示、单据留存、操作规范、场所清洁），定期对所帮扶“三小”业户进行指导，帮助其查找不足，纠正其经营中存在的问题，督促其落实主体责任。截至2017年底，完成小餐饮登记1062家，小作坊登记327家，备案食品摊贩75家。

党组书记、局长：赵家富
电话：0533-7183501
地址：淄博市临淄区管仲路181号
邮编：255400

（撰稿：李倩　核稿：于刚）

周村区

【概况】 淄博市周村区食品药品监督管理局（挂周村区食品安全委员会办公室牌子）为周村区政府工作部门，承担生产、流通、消费3个环节食品、药品、保健食品、化妆品和医疗器械的监督管理及区食品安全委员会日常工作。内设办公室、财务装备科、食品药品安全协调督查科、食品安全监管科（食盐监管科）、药械保化监管科和行政许可科（法制科）等6个职能科室，在全区8个镇（街道）设食品药品监督管理所，为区局派出机构，分别为王村镇、南郊镇、北郊镇、大街街道、丝绸路街道、永安街街道、青年路街道、城北路街道食品药品监督管理所。设下属事业单位周村区食品药品稽查大队。周村区局（含稽查大队）核定行政编制52名、行政工勤编制2名、事业编制20名，合计74名；行政人员49名、行政工勤1名、事业人员19名，合计69名。其中食药所核定编制40名，实际人员34名。

截至2017年底，辖区内有食品生产加工单位41家，食品流通经营单位1464家，餐饮服务单位2157家；药包材生产企业1家，药用辅料生产企业1家，医疗机构制剂生产企业1家；药品零售连锁企业总部3家，门店114家，单体药店49家，药品批发企业3家；医疗机构408家；医疗器械生产企业3家，医疗器械经营企业（含隐形眼镜）150家；保健食品经营单位174家。

【监督检查】 *食品生产*。突出消费量大、群众日常生活必需的肉制品主食类、豆制品等进行监督检查，出动执法人员600余人次，检查生产企业41家，食品加工小作坊200家，存在问题和隐患的小作坊全部下达责令整改通知书，要求限期整改。

食品流通。以创建省级食品安全规范化农贸市场为重点，努力提升农产品质量，要求市场开办者建立食品和食用农产品质量安全自查、食用农产品检测、准入、退市、召回、销毁、市场卫生等安全管理制度。开展日本核辐射区食品、“咔哇潮饮”饮料、市售大葱、牛百叶、贝类、禽畜水产品抗生素与禁用化合物及兽药残留超标专项检查，确保食品风险得到有效防控。

餐饮服务。采取“指导与处罚并举，指导为主，处罚为辅”人性化执法模式，对辖区内所有餐饮服务单位进行拉网式摸底造册和指导检查。重点对小饭桌、学校食堂等集体用餐单位进行指导检查，按照要求建立统一格式的进货台账和索证制度。全面推进餐饮服务单位量化分级工作，全区950家餐饮服务单位进行量化分级等级评定，其中优秀20家，良好895家，一般35家。

药品、医疗器械。强化数据库完善和信息管理，规范药品生产经营行为，突出风险控制、细化检查品种，严把进货渠道关和药品流向控制，关注网络销售，加快建立药品安全考核评价体系，大力强化药品安全技术支撑体系。严厉打击违规生产使用药品，制售假冒伪劣药品等违法犯罪行为，确保群众用药安全放心。

对生产企业生产、检验条件、原材料采购、生产全过程、出厂检验直至销售实行全程追溯，对医疗器械经营使用企业的经营、仓储条件、进货查验记录、销售记录，销售资质证明实行全面监督，严查重处夸大宣传、误导消费的不法行为。

保健食品、化妆品。重点区域、重点单位加大监督检查频次，建立健全日常监管档案，加强备案登记，全面推进“一店一档”建设。

【专项整治】 突出长行农贸市场、管庄批发市场、城区便民市场、古商城景区等重点区域，馒头、糕点、食用油等重点品种，学校、幼儿园食堂等关键部位，先后组织开展17项专项整治，有力提升食品安全总体保障能力和水平。2017年，立案查处食品药品案件101起，向公安机关移送案件3起、线索1起，收缴罚没款153.09万元。全面公开行政处罚信息，对食品安全违法犯罪行为形成有力震慑。突出“三小”综合治理。深入开展省“三小”条例宣贯活动，通过发放宣传材料、开展现场咨询等方式，大力宣讲《条例》新内容、新规定、新要求，促进行业自律。累计发放“三小”宣传材料1.5万余份，组织各类宣传活动26次，发放小作坊登记证214个，小餐饮登记证1258个，小摊贩备案证259个，“三小”登记备案总数位居全市第二。深入推进“一镇一标杆、一业一示范”食品小作坊示范点创建活动，开展“一线助规范”行动，对76户“三小”实施一对一精准帮扶。

【行政许可】 按照相关规定清理行政审批项目，将餐饮服务许可、食品流通许可“合二为一”，整合为食品经营许可。进一步简化办事程序，规范相关文书，方便群众办理许可业务。努力推进申请、查询、审批等全程网络化操作，实现行政许可和服务事项的全程网上办理。提供证件邮递、上门送达服务，不断提高办事效率，减少群众跑腿次数，切实提高服务质量和水平。2017年办理各类行政许可事项1999件，注销及变更427件。

【宣传培训】 认真组织开展食品药品安全监管员、从业人员培训工作，培训2600人次，在各镇、街道聘请210名食品药品安全政风行风监督员。组织2017年食品安全宣传周活动，开展广场宣传、部门主题宣传日、食品安全“五进”“双安双创”集中宣传展示、百家“透明工厂”体验日、千家学校（幼儿园）食堂开放日、“你送我检”“你点我检”等系列宣传活动。通过悬挂横幅、设立展板、现场咨询、印发宣传材料、现场观摩、现场快检展示等形式，进行全方位、多视角、多角度的宣传，发放宣传资料 9.5 万余份，接受群众咨询 2000 余人次。

党组书记、局长：聂凤霞（2017 年 3 月离任）
郁引利（2017 年 3 月任职）
电话：0533-6419768
地址：淄博市周村区新建东路 211 号
邮编：255300

（撰稿：岳荣岩　核稿：石磊）

桓台县

【概况】 桓台县食品药品监督管理局（挂县食品安全委员会办公室牌子）为县政府工作部门。内设办公室、政策法规科（挂行政许可科牌子）、综合协调督查科（挂应急管理和科技宣传科牌子）、食品生产流通监管科、餐饮服务食品监管科、保健食品化妆品监管科、药品医疗器械监管科，机关行政编制 14 名，工勤人员编制 1 名。辖 9 个镇（街道）食品药品监督管理所，挂镇（街道）食品安全委员会办公室牌子，行政编制 45 名。下属县食品药品稽查大队（全额事业）编制 18 名。全局有编制 78 名，实有人员 71 人，其中，行政 54 人、工勤人员 1 人、全额事业 16 人。截至 2017 年底，全县有食品药品监管单位 6273 家，其中，食品监管单位 4807 家，包括食品生产企业 45 家、食品加工小作坊 352 家、食品流通单位 2320 家、餐饮服务单位 1829 家、保健食品经营单位 277 家；药品、医疗器械、化妆品监管单位 1450 家，包括药品生产企业 3 家、药品经营单位 275 家、药品使用单位 397 家、医疗器械生产经营单位 223 家；化妆品经营使用单位 552 家。

【监督检查】 2017 年，桓台县局先后开展“食安山东”创建、食品生产企业专项检查、“你点我检”进市场、学校食堂托幼机构“飞行”检查等系列检查活动，维护辖区饮食用药安全。开展药品零售企业 GSP（药品经营质量管理规范）认证 11 家，通过 GSP 认证 8 家。完成药品使用单位 GUP 复检 6 家，药品不良反应 673 例、医疗器械不良事件报告 363 例，化妆品不良反应上报 33 例。2017 年，各镇（街道）对各村（社区）的上年度食品药品安全信息员工作进行考核，根据考核结果对全县 294 名食品药品安全信息员发放工作补贴 10.5 万元。

【监督抽检】 2017 年，惠仟佳、喜乐佳、银座超市和桓台商厦、桓台百货大楼、信誉楼及城区农贸市场先后建成食品快检室并投入使用。桓台县财政拨付专款，购置配置高、设施全的食品安全快检车，进一步提高检验检测装备水平。完成县级食品抽检 2087 批，不合格 43 批，不合格率 2.06%，不合格处置率 100%。

【专项整治】 按照上级部署，结合创建食品安全城市、全国文明县城、全国卫生县城工作，开展“三小”专项治理、“你点我检”进市场、大中型商超公开评价、校外托管机构联合检查、学校食堂托幼机构飞行检查、食用农产品专项检查、韭菜双证管理、药品生产经营使用单位专项检查、医疗机构制剂、中药饮片、特殊管理药品、疫苗专项检查、医疗器械专项整治、化妆品经营使用等 23 项集中整治和专项检查，保障全县人民饮食用药安全。

【“智慧食药监管”平台建设】 2017 年，桓台县局以“智慧桓台”为依托，争取桓台县政府支持，将食药监管纳入“智慧桓台”平台，积极推行“智慧食药监管”平台建设。在马桥食药监管所开展试点，率先建立起“平台 + 应用”“网格化 + 可视化”监管模式。借势全县打造“技防街”，推进“智慧城市”建设工作，在 386 家食品药品生产经营单位经营场所安装视频监控设备，实现监管对象可视化，为“智慧食药监管”平台全面启用奠定基础。

【基层监管能力建设】 2017 年为桓台县局“基层食品药品监管规范化建设年”，桓台县局大力推进基层基础设施和执法装备标准化建设，争取政府专项资金 130 余万元，配备执法装备、检测设备；新招录公务员 7 人，充实基层监管力量。2017 年顺利通过淄博市局基层监管能力建设专项检查。

【行政许可】 2017 年，受理食品生产申请材料 19 份，食品经营许可申请材料 999 份，受理药品零售经营许可申请材料 18 份，第二类医疗器械经营备案申请材料 36 份，第三类医疗器械（角膜接触镜及护理用液）申请办结 2 份。

【食品药品安全宣传活动】 2017 年先后组织开展“3·15”国际消费者权益日、“12331”守护食品药品安全投诉举报主题宣传日、食品安全宣传周等活动。利用桓台县局食品安全微信公众号、电视台、报社等新闻媒体广泛宣传饮食用药安全常识及食品药品执法监管工作动向，为消费者营造安全放心的消费环境。

【全国人大《药品管理法》执法检查】 2017年4月14日，中共中央政治局委员、全国人大常委会副委员长李建国率检查组到桓台县检查指导《药品管理法》贯彻实施情况。检查组分别实地考察桓台县医院西药房、中药房及静脉用药调配中心和淄博华信宏仁堂医药连锁有限公司桓台县康盛堂大药店。检查组在桓台县会务中心召开基层监管人员座谈会，听取桓台县局、卫计局、公安局、工商局等部门贯彻实施《药品管理法》情况的汇报，全国人大执法检查组对桓台县及桓台县局《药品管理法》执法情况给予高度评价。

【业务培训】 2017年，桓台县局组织食品生产、餐饮服务、药品监管、执法办案、信息员等专题培训28期（次），培训干部职工、信息员近8000人次。加强执法培训力度，提升执法工作水平，在全市稽查执法技能比赛中获团体一等奖，在全市8名食品药品稽查标兵中占据3席。

【整合监管执法力量】 2017年，依据“三定”方案要求，在充分调研、争取意见建议的基础上，优化体制机制，重新整合县食品药品稽查大队，全局日常监管、执法稽查力量得到全面优化。同时，对中层干部实行岗位轮岗；其他人员岗位实行双向选择，实现优化组合。

党组书记、局长：孙希胜
电话：0533-8211464
地址：桓台县卫生街126号
邮编：256400

（撰稿：劳淑薇　核稿：王庆冰）

高青县

【概况】 高青县食品药品监督管理局有编制83名，其中行政编制48名，事业编制35名。截至2017年底，有行政人员41人，事业单位食品药品稽查大队23人。2017年，全县有食品药品监管对象4859家，其中，食品生产单位269家（企业48家、小作坊221家），食品经营单位1956家（业户1522家、摊点434家），餐饮服务单位1173家（业户781家、学校食堂38家、企事业单位食堂60家、小餐饮294家），药品、医疗器械生产经营使用单位1459家，食用农产品销售市场2个。

2017年，高青县食品药品监管工作紧紧围绕“十个新突破”工作任务，深化省级食品安全县创建成果，扎实开展食品药品安全监管，强化源头严防、过程严管、风险严控，积极助推文明城市测评和省级食品安全县创建工作，全县食品药品安全保障水平不断提升。

【监督检查】 *食品安全。*以巩固提升食品安全先进县和绿色农产品安全示范县成果为契机，把握监管重点，强化市场监管。加强对学校食堂、企事业单位食堂、校外托管机构的监管，在学校食堂推行“色标管理”和“六常管理”。开展“互联网+明厨亮灶”行动，全县中小学食堂基本实现视频厨房改造，部分餐饮单位通过玻璃幕墙改造、视频厨房等方式实现“明厨亮灶”。加大“三小”整治，确保源头安全。落实“三小”条例的宣贯工作，明确标准，指导食品加工小作坊改造工作。加大“三小”业户的摸排，开展深化小作坊提档升级工程，积极打造标杆小作坊。

*药品。*制定各类工作计划及检查方案，查找风险点，有的放矢地开展监管工作。检查药品生产、经营、使用单位累计625家次，化妆品生产、经营单位80家次。开展异地交叉执法、中药饮片、疫苗专项整治等多项工作，发现违法行为及时依法进行处置，有效扼制药械领域可能存在的风险点。进一步加强药品抽检力度，全年快检药品1500余次，抽验药品372批，超额完成抽验任务。抽验发现的4批不合格药品全部进行处置。收集整理、评价上报药品不良反应报告453例。

*医疗器械。*制定各类监督检查方案，开展医疗器械规范实施年、医疗器械专项整治、角膜塑形镜专项检查等工作，检查医疗器械生产、经营、使用单位486家次。收集医疗器械不良事件238例；收集上报化妆品不良反应32例。

【专项整治】 开展各类节日、党的十九大等重大活动期间食品市场、生肉市场、假劣调味品、腌菜类食品、柑橘类水果、粉丝粉皮、动物源性食品、禁用化合物及兽药残留超标、小餐饮集中整治、打击畜产品质量安全违法犯罪“百日行动”等21项专项行动。实行韭菜“双证制”，倒逼种植环节合理使用农药，实现韭菜产品的溯源。开展学校食堂及周边食品经营专项整治活动，达标的学生小饭桌进行登记和公示。

【基层基础建设】 高青县委、县政府高度重视食品药品安全工作，将食品药品安全工作列入全县科学发展综合考核，按照加强基层食品药品监管能力“五化”建设要求，增加全额事业编制6名，新招录公务员和事业编人员7人，招聘15名专职食品安全协管员。重新调配全县行政村的食品安全信息员，负责食品安全信息报送工作。推进快检设备配备及快检室建设，构建快检信息平台，提高快检能力。

【服务食品医药产业发展】 深化“放管服”，做好行政审批服务工作。进一步简化办件流程，开展延时服务、上门服务、代办服务等工作，实行服务关口前移，高效率、高质量为开展行政许可业务。全年处理行政审批事项2154件次，核发各类证照总计854个。审批服务窗口被评为优秀服务窗口。

【社会共治】 积极营造社会共治氛围。在高青政务网站开设“食安高青”专栏，在高青电视台和高青电台黄金时间段播放食品安全宣传公益广告、视频广告和开设食品药品安全科普知识栏目，在全县767个行政村全部设置食品安全科普宣传栏。向各级媒体报送食药安全相关报道508篇，合计采用1000篇（次），其中《大众日报》《经济日报》《淄博日报》《今日高青》对高青县局在助推“食安山东”建设、小作坊安全监管、基层规范化建设、抽样检验等方面的工作进行重点报道。

【党风廉政和干部队伍建设】 抓好廉政建设，落实主体责任。坚持把党风廉政建设与监管工作同部署、同落实、同考核。定期组织党员廉政谈话和集体谈话，督查全体党员干部严格执行党风廉政责任制，自觉接受干部群众的监督，在工作生活中发挥表率和带头作用。认真贯彻执行“三重一大”制度，自觉接受高青县纪委派驻组的监督和指导，努力打造清正廉洁、务实高效的高素质干部队伍。

强化党建引领，建设学习阵地，推进“两学一做”常态化、制度化。加强党建活动场所标准化建设，制定并严格落实年度“三会一课”计划，开辟“两学一做”学习专题，确保党建学习形成常态。按照方案计划开展各类集中学习活动30余次。

【亮点工作】 创建“食药天盾 安康万家”服务品牌。扎实推进诚信体系建设，逐步建立覆盖食品药品安全全过程的信用体系。依托公共信用信息平台，公示行政处罚、行政许可、食品抽检等各类信息1005条。积极开展信用评价活动，在大型超市开展“放心肉菜评价工程”，在餐饮服务单位组织开展“寻找笑脸就餐”活动。继续开展“食安山东”品牌创建活动，推动食品药品监管工作实现新跨越。

党组书记、局长：李红

电话：0533-6961467

地址：高青县大悦路5号机关综合办公楼9楼

邮编：256300

（撰稿：孙姗姗　核稿：王克军）

沂源县

【概况】 沂源县食品药品监督管理局（加挂县食安办牌子），为县政府工作部门，正科级，对生产、流通、消费3个环节食品、药品、保健食品、化妆品和医疗器械实施监督管理，同时承担县食品安全委员会日常工作。内设办公室、食品安全协调督查科、食品生产流通科、餐饮服务监管科、保健食品化妆品监管科、药品医疗器械监管科、行政许可科8个科室，下设12个镇（街办）食品药品监督管理所和县食品药品稽查大队、县检验检测中心（代管）2个事业单位。根据沂源县人民政府办公室《关于综合行政执法体制改革涉及机构职责及人员编制划转有关工作的通知人员编制划转有关工作的通知》要求，2017年11月，县食品药品稽查大队更名为县市场监督管理稽查大队，调整为县市场监督管理局领导的正科级财政拨款事业单位。局机关有编制118名，在职人员110人。2017年，沂源县局以开展省级食品安全县创建工作和巩固提升食品安全县创建成果为统领，着力加强日常监管，深化治理整顿，先后获“省级文明单位”“第五届全国文明城市创建成绩突出集体”、市级青少年维权岗、全市第五届稽查执法竞赛团体二等奖、全市食品安全知识竞赛一等奖、“2017年度全县经济社会发展综合考核优秀单位”“沂源先锋基层党组织”等称号。

2017年，沂源县有食品生产企业78家，其中饮料企业22家，酒类企业6家，糕点企业10家，蜜饯生产企业6家，肉制品企业3家，其他食品生产企业31家；食品经营单位1768家；餐饮服务单位1089家。药品生产经营单位129家，其中，药品生产企业3家，批发企业3家，药品经营连锁总部3家，连锁门店94家，药品经营单体店26家；医疗器械生产经营单位170家，其中，生产企业6家，三类经营企业20家，二类备案经营企业139家；药包材生产企业5家。保健食品经营单位212家，化妆品经营单位552家。沂源县以有机农产品为依托，发展海达、汇源果汁、沂蒙山花生油、绿兰莎啤酒、鲁源酒业、乐利事薯片、飞龙果脯等食品生产企业。积极培植壮大医药特色产业集群，培育同行业亚洲规模最大药包材企业山东药用玻璃股份有限公司和全国规模最大的头孢类原料药企业瑞阳制药有限公司。

【监督检查】 沂源县局大力推行预先指导和现场网上申报指导服务，积极推行“微信咨询”“网络申报”“快递送证”等便民服务新举措，优化审批流程，提高许可效率。2017 年，办理各类许可和服务事项 1959 件，办结率达 100%。强化食品“三小”单位监管，深入开展“在一线助规范”活动。2017 年，登记、备案“三小”单位 1257 家，确定帮扶单位 76 家，建设食品小作坊示范点 48 处，兑现奖励资金 5.9 万元。省电视台《食安山东》栏目、《大众日报》先后对沂源县开展“一对一”帮扶，推动食品“三小”单位提档升级做法进行报道。召开药械生产经营使用示范点建设现场会，严格落实“四步走”流程，推进卫生室药品管理规范化；完成全市首家中药饮片生产企业 GMP 认证，指导 12 家药品零售企业开展 GSP 认证，帮助 15 家医疗机构通过 GUP 认证。组织开展食品“三小”条例进村居、进学校、进社区、进“三小”单位、食品安全宣传周和安全用药月等 10 余项宣传活动，制作播放“沂源食药”节目 48 期，在《沂源通讯》刊发食药安全专版 6 期，通过网站、微信、短信平台等媒体发布信息 2 万余条，发放宣传手提袋 1 万余个，宣传年画 5000 份，围裙 2000 余个，宣传资料 4 万余份，受教群众 10 万余人次。

【监督抽检】 实行抽检计划、经费、信息公开“三确保”。2017 年，抽检食品 2510 批次，达到每千人 4.4 份，完成全年抽检任务 130.2%，合格率 95.18%。制定《食品安全快速检测工作考核办法》，开展食品快检 1800 批次，完成率 100%。上报药品不良反应事件 657 例，医疗器械不良反应事件 329 例，均超额完成年度上报任务。完成药品抽检 126 批次，合格率 99%；开展快检 326 批次，完成率 100%。

【专项整治】 2017 年，沂源县局组织开展“守护舌尖安全”整治行动、药品零售企业集中整治、医疗器械生产经营“规范实施年”和美容机构药械使用情况专项检查、保健食品非法会销专项治理等治理整顿 30 余次，查处食品药品违法案件 253 起，遣散保健食品会销 8 场次。强化行刑衔接，联合沂源县公安局集中销毁假冒伪劣食品 2000 余公斤，回收、销毁过期药品 3000 余盒；县公安机关侦破食品安全刑事案件 6 起，抓获犯罪嫌疑人 7 人。

【县级食品安全检验检测资源整合项目建设】 2017 年，沂源县检验检测中心与县农业局检验检测机构完成设备整合，并通过检验检测机构资质认定和农业部农产品质量安全监测机构认证。沂源县检测中心实验室面积达到 1363 平方米，仪器设备 148 台套，中级以上（含中级）专业技术职称或同等能力人员比例达到 52%，具备检验食品类 248 个产品 6125 个参数、药品 42 个项目、环境及公共场所卫生 21 个产品 40 个参数、生活饮用水 2 个产品 41 个参数的检验检测能力。

【餐饮服务质量安全提升工程】 2017 年，沂源县委、县政府专门召开全域旅游酒店宾馆创建工作会议。沂源县局制定酒店宾馆提升标准，召开全县餐饮业规范提升现场会，指导餐饮单位积极打造“4D 厨房”，全面提升餐饮服务食品安全水平。完成 1089 家餐饮服务单位量化分级管理评定，《大众日报》、凤凰网、齐鲁网、《淄博日报》等媒体对沂源县打造“4D 厨房”，推动餐饮业提档升级的做法进行报道。深入开展“食安山东”示范创建活动，发放食品经营“一票通”留存本 1.6 万份，经营信息公示牌 7000 余个，创建“食安山东”示范单位 96 家。扎实推进学校食堂“智慧监管”工程，30 处学校食堂试点实时监控系统进行规范提升，在沂源四中食堂试点建设“互联网 + 明厨亮灶”，提升对餐饮服务食品环节的监管、追溯效能。

党组书记、局长：吕春晖
电话：0533-3241368
地址：沂源县城南麻老街 17 号
邮编：256100

（撰稿：周波　核稿：董立武）

淄博文昌湖省级旅游度假区

【概况】 淄博文昌湖省级旅游度假区市场监督管理局（挂淄博文昌湖省级旅游度假区工商行政管理局、淄博文昌湖省级旅游度假区质量技术监督局、淄博文昌湖省级旅游度假区食品药品监督管理局牌子），为区管委会工作机构，正科级单位，承担辖区内工商、质监、食品药品安全监管和行政执法职能。内设办公室、工商管理科、质量监督科、食药监管科 4 个职能科室；下设商家市场监督管理所、萌水市场监督管理所 2 个派出机构。全局编制 20 名，实际人员 15 名。

2017 年，全区有食品生产企业 12 家、食品加工小作坊 17 家，食品流通单位 180 家，学校食堂 15 家、餐饮服务单位 140 家、农村大集 10 处，便民市场 1 处。一类医疗器械生产单位 1 家，二类医疗器械经营单位备案 3 家；药品零售经营单位 13 家，其中：药品零售连锁店 6 家，药品零售单体药店 7 家，主要分布在胶王路、杨萌路两侧；有医疗机构 73 家，其中乡镇卫生院 2 家，乡村卫生室 71 家。

2017 年，淄博文昌湖省级旅游度假区局按照全市食品药品监管工作要求，结合辖区实际情况，积极开展食品药品安全综合整治，着力解决食品药品安全突出问题，不断提高全区食品药品安全保障水平，保持全区食品药品安全形势总体稳定向好，食品药品产业持续健康发展，获得“全区目标管理考核先进单位”。

【监督检查】 2017年，以证照管理为切入点办理食品生产、经营许可、备案138家。提高规范化管理水平，统一印制食品安全信用监管档案盒1000个，各类检查表2000份，发放食品安全公示牌300个。突出重点业户，对比较集中的粉皮、瓜子行业小作坊管理，通过发放小作坊告知书，采取现场指导等方式，备案登记17家，12家食品生产企业进行分级分类监管。突出重点行业，督导食品店、餐饮店落实“五项标准”，检查规范260家，餐饮单位量化分级140家；突出重点领域，加大旅游景区、学校食堂及其周边监管力度，15家学校食堂严格落实“四查”制度，抽检实现全覆盖。

【专项整治】 突出加强重点区域、重点食品、重点行为整治，检查食品生产经营业户220家，检查学校周边食品经营户80家，检查餐饮服务单位120家。开展食品药品抽检361个批次，食品监督性抽检结果公布率千人批次数3.16，处置率100%。开展重点食品、药品、医疗器械、保健食品等系列专项检查20次。

认真落实区食安办职责，召开全区创建食品安全城市工作动员会议，制定印发《文昌湖旅游度假区创建省级食品安全城市工作方案》，厘清部门职责，明确目标要求，细化实施步骤，确保创建工作按期完成。

【宣传培训】 固化“周五讲堂”，倡导全员“学写讲干”，广泛参加各类培训。开展“3·15”、食品安全宣传周、食品药品安全知识宣传等活动，在主要街道悬挂条幅50条、100家次药店滚动播出宣传口号，发放宣传材料2000份，受理公众咨询300人次，张贴食品安全告知书500份。

党组书记、局长：谭明文
电话：0533-6882331
地址：淄博市文昌湖旅游度假区兴萌路3号
邮编：255300

（撰稿：王东　孔健　核稿：谭新社）

枣庄市

【概况】 枣庄市食品药品监督管理局为市政府组成部门，负责对生产、流通、消费环节的食品安全和药品的安全性、有效性实施统一监督管理，加挂食品安全委员会办公室牌子。内设办公室、人事科、规划财务科、法制科（挂行政许可科牌子）、食品安全协调督查科（挂宣传和应急管理科牌子）、食品生产监管科、食品流通监管科、餐饮服务食品监管科、保健食品化妆品监管科、药品生产监管科、药品市场监管科、医疗器械监管科、机关党委等13个职能科室；下辖市食品药品稽查支队（副县级）和市食品药品检验中心（正科级）两个直属单位。市局机关行政编制39名，市食品药品稽查支队事业编制26名，市食品药品检验中心事业编制40名。

截至2017年底，全市有食品生产企业701家，食品添加剂生产企业32家，食品流通经营单位18397家，餐饮服务单位9204家；药品生产企业11家，药品批发企业13家，药品零售连锁企业35家，药品零售药店1348家（含药品连锁药店）；保健食品生产企业3家，经营单位2178家；化妆品经营单位2257家；医疗器械生产企业13家，三类经营企业326家。

2017年，枣庄市局坚持“监管促发展、服务惠民生”，致力创新、主动作为，各项工作取得新成效，全市食品药品安全形势持续稳定向好。枣庄市局连续8年保持省级文明单位称号，相继获得“平安枣庄建设先进集体”“全市党的十九大安保维稳信访工作先进集体”等称号。

【食品安全监管】 贯彻落实《山东省食品小作坊小餐饮和食品摊点管理条例》，对区域内“三小”从业者以及监管人员开展全员培训，先后举办24场培训班，培训各类人员1800余人次。实施食品“三小”规范提升工程，结合业态品种特点，制定提档升级10项标准，截至2017年底，创卫区域6000余家“三小”单位得到整治规范，登记备案持证率提升到99.4%，关停整改小餐饮135家，取缔无证小作坊、小餐饮87家，扶持新开办“三小”32家。启动“在一线助规范”活动，全市确定联系“三小”业户超过400家。加强分级分类监管，670家食品生产企业开展信用再评价，动态调整监管频次和重点；集中约谈14家风险度较高、具有区域化特点的蜂蜜生产企业。扎实开展大中型商超放心肉菜公开评价工作，现场监督抽检146批，发现各类问题90余个。继续开展“你点我检”活动，完成快检量700余批次。全面推行学校安全量化分级管理和等级公示制度，依法实施动态监管，学校食堂量化分级等级评定和信息公示覆盖率达到100%。全年联合枣庄市教育局开展2次校园食堂食品安全监督检查，检查44家学校食堂。实施学生小饭桌动态登记公示制度，在枣庄市局网站对全市564家学生小饭桌名单予以公示。召开全市保健食品风险会商会议，分析研判19项生产经营环节安全风险点，划分风险等级，明确防控措施。开展食品、保健食品欺诈和虚假宣传专项整治工作。

【药品监管】 积极推进仿制药一致性评价工作，巩固新版GMP、GSP认证成果，加大惩戒力度，全年对药品生产企业飞行检查2次、跟踪检查3次，现场认证检查219家药品经营企业。开展化妆品标签标示、农村和城乡接合部化妆品市场专项检查，严厉打击化妆品侵权假冒违法行为。开展药品生产跟踪检查、专项整治、监督抽验、风险分级管理等工作，以保障药品质量安全为核心，突出抓好风险防控和责任落实，以风险防控和落实监管责任为手段，辖区9家药品生产企业、8家配制制剂单位做到无缝隙监管；实施2017年枣庄市药品生产质量提升行动，压实生产企业主体责任。

【医疗器械监管】 深入开展医疗器械质量管理规范实施年活动，全年检查生产企业13家，经营企业232家。突出重点，深入整治，全年相继开展角膜塑形用硬性透气接触镜、无菌和植入性医疗器械、互联网医疗器械经营监督检查工作，全面净化规范医疗器械市场。开展医疗器械专项整治2017行动。行动开展以来，监督检查医疗器械生产、经营使用单位1029家，出动执法人员2776人次，责令整改93家，立案查处79家，结案74家，罚没款42.05万元。充分利用电视电台、报刊、微信等多种媒介开展专题宣传54次，现场宣传116次，营造浓厚的宣传氛围。

【专项整治】 健全完善“三安联动”机制，推进监管、执法、检测、信息等资源的共享与合作。实行检打联动和行刑衔接，注重发挥联合作战效果。坚持问题导向，突出薄弱环节，以排查出的各类食品药械隐患为重点，联合市直有关部门扎实开展各类各环节专项整治行动，着力构建全链条风险防控体系，严把“从农田到餐桌，从实验室到医院”每一道防线。2017年，相继针对畜禽水产品、“一非两超”制假售假、“守护舌尖安全”、医疗器械专项整治2017行动、药品质量提升行动、保健食品、食品欺诈和虚假宣传、化妆品标签标示等开展系列整治，从严、从快查处一批大案要案。全年全市检查食品药品各类业态企业超过3.3万家次，出动执法人员8000余人次，责令停产停业整顿1500余家，全市办理食品药品行政处罚一般程序案件517起，涉案货值金额64.78万元，罚没款417.58万元。

【基层基础建设】 2017年，枣庄市政府相继印发《全市食品药品安全“十三五”规划》《枣庄市食品安全工作评议考核办法》和《关于餐饮质量安全提升工程的实施意见》等文件，成效明显。枣庄市政府进一步调整加强食安委领导力量，由市委常委、常务副市长任主任，5名副市长任副主任。区（市）、乡镇两级均设有食安委和食安办。全年全市系统新招考人员24名、通过退役士兵公益岗和政府购买服务等方式招聘人员120余名，调整充实镇街食安办人员60余名，20余个镇街监管所与食安办合署办公。新建市检验中心2000万经费列入市财政预算。滕州市投资700余万元的综合性检验中心投入使用，台儿庄区综合检验中心主体改扩建工程完工。加强食用农产品检验检测，加大对基层监管所、农贸市场、超市等快检室建设投入力度。滕州、山亭、市中3个创建县增加创建经费760万元，19个基层监管所完成规范化建设，办公用房均超过320平方米，全部配备新的执法车辆和快检设备。峄城区新增设2个基层监管所，全市65个镇（街）实现监管所全覆盖。

【服务食品医药产业发展】 积极推进简政放权，注重提升服务能力。制定“零跑腿”和“只跑一次”事项清单，食品生产许可实现“全程网办”。对招商引资项目开辟绿色通道，专人专项服务，优先许可办理，优化审批流程，森乐食品、汉诺集团新增生产线第一时间拿到许可；山东立健、漱玉平民2家省内知名药企103家门店完成GSP认证工作，2家企业前期投资约1.4亿，建成后门店将达到600家，年销售额达到5亿元。立足部门职能，提供政策技术支持，推动企业研发创新。威智百科8个原料药完成增项许可；康力医疗与省科学院合作开展“栓塞微球”项目，产品技术填补国内空白；帮扶滕州大宗生物研发元宝枫系列产品。加大产业招商，推动兼并重组，指导康力与海王开展战略合作，海王康力医疗器械产业园进入实质性建设。着力打造苏鲁海王医药物流中心，2020年销售收入将突破100亿元。全国首家药典博物馆及健康产业园建设稳步推进，修正、九州通等知名药企落户枣庄，三九药业、万邦赛诺康、一笑堂阿胶、天康生物、莺歌食品和锦旺食品等企业竞争力持续增强，滕州食品工业园、山亭潮汕食品工业园、市中医疗器械产业园和大坞生物医药产业园等园区发展呈现良好态势。

【社会共治】 全年相继组织开展“12331”主题日、食品安全宣传周、食品“三小”进社区进校园、安全用药月等大型宣传活动。在全市“三小”业户、社区学校等场所宣传《山东省食品小作坊小餐饮和食品摊点管理条例》，张贴发放调查问卷1200份、印制发放宣传资料3.55万份。建立“枣庄食品药品安全”微信公众号，借助新媒体加强科普宣传。与《枣庄日报》、枣庄市电视台、枣庄市广播电台等13家媒体建立协作机制，深入开展形式多样、常态化的宣传教育活动，开辟“食安枣庄”专栏，发表各类信息报道超过120篇。聚焦食品药品安全监管领域的重点、热点工作，增强信息上报的针对性、典型性和可用性。在市委、市政府工作动态、每日工作要情上刊发信息20余篇，多次获得市政府有关领导批示。2017年枣庄市局参加“政风行风热线”2次，与社会公众实时沟通。联合枣庄市新闻办举行食品“三小”条例解读新闻发布会，联合枣庄日报社举办“2017年枣庄市民最喜爱的餐饮单位评选活动”，发挥好舆论引导作用。在枣庄市局网站上开设专栏，推动信息公开，全年公开工作动态、专项整治、监督抽检结果公示公告、行政处罚、预算公开等各类信息超过100余条。畅通投诉举报渠道，全年全市接收电话投诉、咨询等3535起，其中受理投诉举报1806起，主动接受社会和公众监督。

【党风廉政和干部队伍建设】 制定党组中心组专题学习计划、干部队伍培训计划、党的十九大精神专题学习教育培训方案，建立5名党组成员基层联系点制度，班子成员轮流为党员干部上党课，全年开展集中专题学习26次、专题党课7次，在枣庄市委党校组织专题培训班1期，开展领导能力提升、业务技能培训班10余次，参训人数超过2000人次。用好用活“主题党日活动”载体，全年开展10余次主题党日活动。制定党建责任清单、任务清单、问题清单，推动创建过硬党支部、基层党建示范点建设，层层压实党建责任。组织全体党员干部开展“远学廖俊波近学韦昌进”学习活动，收集整理优秀学习心得36份。建立“市局党员学习交流群”，2017年超过80名在职及离退休党员加入，发送信息（图片）超过2000条（张）。先后开展党史知识竞赛、慰问贫困党员、“第一书记”帮扶村联谊、“爱心妈妈”等活动，巩固深化“两学一做”学习教育常态化制度化成果。严格落实主体责任和第一责任，建立健全党员干部廉政档案，排查梳理廉政风险点66项，形成高、中、低三级廉政风险点目录清单，抓好廉政风险防控。制定、修订全面从严治党、党廉建设、财经纪律、工作纪律等规章制度23项，用制度管人管事，打牢制度“笼子”。

【风险防控体系建设】 扎实开展食品药品抽检监测工作，为监管整治提供靶向。2017年，全年完成市级食品评价性监测810批、合格率93.46%，食品（含食用农产品）监督抽检6326批、问题发现率4.06%，药品监督抽检602批次、问题发现率3.82%；采取神秘买家方式，创新性开展网络食品抽检115批次，发现虚假标注1批次。建立多渠道风险排查机制，针对食品药品领域各层级、各环节风险点，分别召开全市食品生产、医疗器械、保健食品、化妆品等环节的风险会商会议，健全多部门食品安全风险共享共商机制，汇总食品抽检、投诉举报、重大案件等信息，梳理蜂蜜产品掺杂掺假、农药残留超标等近20项食品安全隐患，整理《食品安全风险隐患清单》，有针对性地开展专项整治。推动全程追溯体系建设，着重在肉制品、乳制品、面粉、食品添加剂等8类高风险产品食品生产企业试点推行食品安全追溯体系建设工作，全市114家食品生产企业建立追溯机制。实施餐饮质量提升“1+1”工程，计划利用3年时间，在全市所有餐饮企业中全面落实索证索票制度，实现食品监管全程可追溯。全面落实“一票通”的食用农产品追溯体系建设，联合枣庄市农业局等部门开展韭菜产品双证制管理，对入市韭菜抽样检测超过30批次。

【品牌引领与示范创建】 突出正向引领，持续推进品牌引领行动和食品安全城市创建工作。滕州市成功创建省级食品安全县，山亭区通过现场验收，市中区创建工作进展顺利。枣庄市和台儿庄区被省食安办列入2018年省级食品安全市县创建名单，峄城区主动加入创建范围，市、区两级展现出全域创建的良好局面。枣庄市政府办公室出台《关于“食安枣庄”品牌建设的实施意见》，通过打造“食安枣庄”示范典型，建立“食安山东”品牌创建“储备库”。截至2017年底，全市有效期内“三品一标”数量293个，认证省级无公害水产品基地33个，创建省级林产品标准化示范园5处、市级示范园12处，创建市级及以上畜产品标准化养殖场96个，新创建“食安山东”省级食品生产加工示范企业4家，流通示范单位55家，餐饮示范单位19家。“食安山东”累计创建食品生产加工企业15家、食品流通企业65家、餐饮示范店（街区、学校食堂）112家；2017年评选出第二批102家“食安枣庄”食用农产品种植养殖基地和食品生产、流通、餐饮示范企业，进一步形成品牌方阵。山亭区城头镇豆制品基地成为全省第一批放心食品生产基地，市中区饮料基地被省食安办列入第二批创建范围。

【食品医药产业新旧动能转换】 紧紧围绕省市开展新旧动能转换重大工程工作部署，借助食品医药产业纳入全市265产业规划的契机，组织开展为期3个月的食品医药百家企业新旧动能转换调研活动，摸清行业发展症结。市区联动深入204家食品医药企业，梳理制约产业发展的瓶颈因素20余项，制定帮扶解决措施，形成调研报告 15 篇并汇编成册。枣庄市局进一步调整推进新旧动能转换重大工程领导小组，结合全市食品医药产业发展现状，制定《推进新旧动能转换工作实施方案》，明确提高行政审批服务效能、推进品牌高端化建设、扶持骨干企业做大做强、引导产业集聚化发展、强化招商引资工作力度等 5 项重点任务。建立督查推进机制，定期调度工作进展，全年印制工作简报 10 余期，有针对性的促进新项目、新技术、新产品发展，实现食品医药产业转型升级、健康发展。

党组书记、局长：张峰
党组成员、副局长：王彬、董叶茎、秦乔、孙春雨
调研员：郑洪光
副调研员：贾广平、李振宏
电话：0632-8021518
地址：枣庄市新城嘉汇大厦 4 层 A 区（民生路 659 号）
邮编：277800

（撰稿：贾继鹏　核稿：张峰）

市中区

【概况】 枣庄市市中区食品药品监督管理局为市中区人民政府职能部门，负责全区食品安全、药品、保健食品、化妆品、医疗器械监管工作。内设办公室（挂食品安全协调督查室牌子）、法制室（挂行政许可室牌子）、食品生产流通监管室（挂保健食品化妆品监管室牌子）、餐饮服务食品监管室、药品医疗器械监管室等 5 个股室，下辖市中区食品药品稽查大队和 11 个乡镇（街道）食品药品监督管理所。截至 2017 年底，核定行政编制 80 名、实际在岗 42 人，核定事业编制 35 名，实际在岗人数 26 人。

截至 2017 年底，全区有食品生产企业 117 家、经营单位 5255 家，保健食品经营单位 263 家，化妆品生产企业 1 家、经营单位 1552 家，餐饮服务单位 3210 家，药品生产企业 1 家、经营企业 220 家、药品使用机构 233 家，医疗器械生产企业 3 家、经营企业 70 家，以上监管对象 10925 家。

【监督检查】 开展饮料示范基地创建工作，开展食用植物油塑化剂风险排查行动，检查食品生产经营单位 12 家。开展蜜饯生产企业专项检查，检查蜜饯生产企业 3 家。开展“咔哇潮饮”饮料、低劣调味品、瘦肉精等专项检查活动，在全区组织大中型商超开展放心肉菜公开评价工作，及时贯彻落实韭菜“双证制”管理工作。对全区 78 家学校食堂、312 家小餐桌进行 4 次季度检查，联合市中区卫计局、区教育局、区盐务局、市水质监测中心，对全区学校食堂进行督导检查 2 次，在春秋两季开学前对经检查合格并备案的 258 家小餐桌进行公示。完成 255 家药店新版 GSP 认证，认证率达到 100%，连锁企业及其门店达到 241 家，连锁经营率 95%。开展药品拆零销售专项整治，组织开展全区医疗器械专项整治行动。对生产、经营、使用注射用透明质酸钠、装饰性彩色隐形眼镜、定制式义齿等产品的单位进行重点检查。出动执法人员 330 余人次，检查对象 193 家，责令整改 23 家。积极开展药品器械不良反应监测活动，2017 年上报药品不良反应监测报告 294 例，上报医疗器械不良事件监测报告 180 例。积极开展“食品药品安全知识大讲堂”活动，接收群众咨询 600 余人次，累计回收过期药品 500 余盒。全年办理各类案件 47 起，罚没金额 40 万余元。切实发挥投诉举报主渠道作用，利用“12331”宣传日、创城走访等时机进一步加大“12331”投诉举报系统宣传力度，认真受理消费者的投诉举报，探索和完善消费者维权机制。2017 年接待来人、来电及来函举报 45 起，受理来电咨询 300 余起，为消费者挽回经济损失 40 万余元。办理市食品药品稽查支队转交的涉案交办事项 150 起，较上年同期相比增长 13 倍。通过案件办理对违法事实确凿的坚决打击，对逃避检查的，坚决关停。

【监督抽检】 2017 年，市中区级财政拨款食品监督抽检 1720 批次。其中：食品生产环节安排 220 批，生产加工小作坊安排 90 批，食品流通环节安排 510 批（其中农产品全年抽检不少于 280 批次），餐饮环节 365 批，保健食品 15 批，评价性监测 480 批（其中 100 批用于风险监测、380 批用于科学发展综合考核），组织开展区级以上各类食品抽检 1568 余批次。

【专项整治】 加强与公安机关的协同合作。与市中区公安分局、检察院等有关职能部门建立常态化联勤联动执法机制，形成“信息共享、事先介入、联合行动、优势互补”的工作格局，为打击食品药品违法犯罪提供有力保障。2017 年先后与公安部门联合开展白酒、节日食品、猪肉、豆制品、水产品等专项检查，快检食品 30 批次，抽样送检相关食品 50 余批次，配合公安部门深入开展利剑行动，重点领域食品专项抽样 40 批次。移送公安案件 2 起。

【省级食品安全市创建】 加大食药监所标准化建设，提升基层监管能力。市中区政府专门印发《关于加强食品药品监管能力的意见》，突出关口前移、重心下移，着力强化基层基础工作。各镇街全部成立食安办，配备专职食安办主任（副科级）1 名，专职

工作人员3～8人，推行镇街食安办、食药监所合署办公，有效破解人员、场所、经费不足的瓶颈制约，节约集约各种资源。11个镇街配备112间办公用房，面积3600平方米，9个镇街达到国家总局规定的办公用房标准，高标准配备执法装备、办公设备和检测仪器，基层监管“硬实力”得到有效提升。将食品安全综合监管经费纳入年度财政预算，设立专项资金，不断加大对设施配备、队伍建设的投入。2017年，配备快检车，增加15个事业编制，局机关人员到岗率达到70%，监管工作体系进一步健全。依托全区网格化社会管理平台，将全区230余名网格员纳入食品药品监管协管员队伍，全面实行食品药品安全网格化监管，做到业态分布在网格、动态监管在网格、问题解决在网格，食品安全监管责任网和群众监督网真正实现镇村全覆盖。

【社会共治】2017年，市中区局努力构建部门联动、多方参与、群众自治、社会共治的工作格局。健全风险评估分工协调机制，先后与教育、民政、市场监管等部门，就托幼托老机构的食品安全问题、商场超市环节的市场准入索证索票问题、农业领域的产地准出问题进行有效协商。探讨群众自治管理的新模式，在提高生产者、消费者、经营者依法经营、依法维权意识上探讨新路径。康滋餐饮学校食堂集中配送的“三监督三评价”六位一体监督模式，将家长开放日、家长委员会、“明厨亮灶”网络视频监管平台融为一体，完善面向家长、面向社会的监督网络，有效解决家长接送难、学生就餐难、学校管理难的问题，让服务方成为自律主体，被服务方成为监督主体。超优教育通过家长微信群，以学生家长为监督主体，将执法部门的事后处置变为事前事中主动服务，更加注重全方位多角度调动生产者、经营者、消费者的自我管理积极性，实现群众自治到社会共治的目的。

党组书记、局长：王兆良
电话：0632−3177600
地址：枣庄市市中区振兴北路440号
邮编：277100

（撰稿：杜文兴　核稿：王兆良）

薛城区

【概况】枣庄市薛城区食品药品监督管理局为薛城区政府组成部门，负责对全区生产、流通、消费环节的食品安全和药品的安全性、有效性实施统一监督管理，同时加挂薛城区食品安全委员会办公室牌子，承担薛城区政府食品安全委员会的具体工作。内设办公室、行政许可科、食品安全监管科、药品安全监管科、食品安全协调督查科5个科室，下辖食品药品稽查大队和临城、周营、沙沟、常庄、巨山、陶庄、邹坞7个镇（街）食品药品监督管理所，截至2017年底，核定行政编制60名，其中，公务员编制40名，事业编制20名，在编在岗人员45人。

截至2017年底，全区有食品生产企业63家，食品添加剂生产企业2家；食品流通经营单位1802户；餐饮服务单位1238家，其中大型餐馆44家，中型餐馆57家，小型餐馆924家，学校托幼机构食堂41家，机关企事业单位食堂32家，集体配送餐单位1家，学生小饭桌65家，小餐饮891家，小作坊334家，食品摊点323家；药品批发企业1家，药品零售连锁门店222家；保健食品生产企业2家，经营单位235家；化妆品经营单位196家；医疗器械生产企业1家，经营企业214家。

2017年，薛城区局以“食安薛城”建设为统领，围绕“全国卫生城市”和“全省文明城市”两个创建工作，落实“四个最严”要求，积极构建食品药品监管长效机制，大力规范食品药品市场秩序，连续保持食品药品安全“零事故”，切实保障人民群众饮食用药安全。加强双基建设，执法人员配备执法记录仪、便携式打印机等执法装备，充实调整村居协管员队伍；强化企业主体责任，督促企业认真落实食品药品安全管理制度，履行“第一责任人”义务。“地方政府负总责，监管部门各负其责，企业是第一责任人”的食品安全责任制得到全面贯彻落实。积极加强作风建设，严格落实组织生活制度，重点解决“不能为”“不想为”“不敢为”思想。调动工作积极性和创造性，抓内在动力。把学习教育成果及时转化到加强党员队伍建设中，不断提高机关干部职工党性觉悟和监管履职能力。2017年在全市稽查比武中，获得总成绩第一，食品、药品单项第一。引导企业进行示范单位申报，2017年创建“食安山东”省级食品示范单位6家，申报“食安枣庄”市级示范单位9家。

【监督检查】深入开展日常监督检查、排查隐患，严惩违法违规行为。围绕儿童食品、奶制品、豆制品、调味品、中药等重点品种，对学校周边、农村和城乡接合部、旅游景区、高速路服务区等重点区域开展拉网式检查，检查食品药品生产经营单位3189家次，下达责令整改552份，查处食品药品安全违法行为81起，立案76件，罚没款50余万元，移送公安机关2起。全面推行“亮证经营、安全承诺、单据留存、操作规范、场所清洁”五项提升行动，指导改造环境布局近300家，办理食品“三小”登记备案1548家，发放食品安全公示牌2000余个，责令停业整顿194家，查封扣押食品生产加工设备251家，逐步达到“规范一批、提升一批、淘汰一批”的工作目标。强化内部审批流程的监督，发放《食品经营许可证》1258 份，受理食品生产企业现场核查 31 家。以城乡接合部、农村为重点区域，以零售连锁药店、诊所、医疗器械经营使用单位、美容美发业户等为重点单位，先后开展中药饮片、药品 GSP 跟踪检查、接触镜类医疗器械、无菌及植入类医疗器械、不合格化妆品等专项检查 20 余次，检查各类单位 710 家次，下达责令改正通知书 121 份，警告 23 份。改正 61 家次，警告 12 家次；监测上报药品不良反应 640 例、医疗器械不良事件 75 例，化妆品不良反应 7 例。

【监督抽检】 完成水产品、禽畜产品、淀粉制品、食用农产品、预包装食品等抽检 1642 批次、药品 80 批次，对检测不合格食品 48 批次、不合格药品 2 批次，依法采取下架、召回、查封、处罚，全部处理完毕；开展“食品快检进市场”活动，抽检集贸市场 23 家次，对 71 个种类、383 个批次的食用农产品进行现场检测并公示监测结果。

【专项整治】 联合薛城区公安分局、消防中队、卫计局、水利渔业局、城管局、文广新局、市场监管局等部门开展“八小”行业集中整治行动。检查督导“八小”业户 6900 余家次，责令整改 200 余家，停业整顿 191 家，查封扣押物品 262 家，关停 33 家，清理自备井 29 处，拆除违建 6 处，拆除户外棚 2 处。按季度开展学校、托幼机构及周边餐饮服务食品安全专项整治，检查学校（托幼机构）食堂 167 家次，检查校园周边食品经营单位 492 家次，发放食品安全宣传单 600 余份，下达责令整改通知书 51 份，并及时将检查情况向教育部门通报。

【亮点工作】 *创新监管模式，打造食品药品“智慧监管”系统。*借助“智慧监管”手段，随时上传检查现场、企业信息、执法文书等资料，强化“监管留痕”，实行定岗、定人、定责，横向到边，纵向到沿。逐步建立食品、药品、保健食品、医疗器械、化妆品企业分级分类监管档案，摸清辖区食品安全风险点和风险区域，实行网格化监管全覆盖。

*开展过期药品定点回收，消除过期药品潜在的危害。*联合枣庄百姓药业零售连锁有限公司及广州白云山和记黄埔中药有限公司开展家庭过期失效药品回收公益活动。通过现场答疑解惑、面对面讲解法律法规、发放食品药品安全宣传资料等形式，向广大群众宣传过期药品的危害、假劣药辨别等基本知识，让群众了解合理配备家庭用药和科学储存药品的方法，提高公众对使用过期药品和随意丢弃过期药品造成危害的认识，防止过期药品流向社会或随意丢弃污染环境。授牌过期药品回收点 39 家，回收药品 3432 盒。

*加快新旧动能转换，助推产业转型升级。*对支柱产业、优良企业进行服务指导，寓监管于服务之中，促进产业发展。联系指导夫宇食品二期、银牛面业高档挂面等项目，帮扶九州通医药集团与枣庄百姓药业公司达成投资意向，一期投资 2 亿元建设九州通医药鲁南医药仓储物流中心项目。

党组书记、局长：赵辉
电话：0632-4428009
地址：枣庄市薛城区匡泉巷 16 号
邮编：277000

（撰稿：赵德志　李涛　核稿：赵辉）

峄城区

【概况】 枣庄市峄城区食品药品监督管理局内设综合办公室、食品安全协调督查股（加挂宣传和应急管理股牌子）、食品安全监管股（加挂保健食品、化妆品监管股牌子）、药品医疗器械监管股 4 个股室，下辖峄城区食品药品稽查大队和 5 个镇（街）食品药品监督管理所。局机关行政编制 12 名、工勤编制 2 名，稽查大队事业编制 14 名，镇（街）监管所行政编制 27 名。截至 2017 年底，峄城区有食品生产企业 41 家，食品流通企业 1698 家，餐饮单位 479 家，学生小饭桌 60 家，药品经营企业 157 家，医疗器械生产企业 4 家，医疗器械经营企业 11 家，二级医院 2 家，一级医院 8 家。

2017 年，峄城区局在峄城区委、区政府和枣庄市局的正确领导下，全面落实“四个最严”要求，认真贯彻市、区关于食品药品安全监管工作的决策部署，不断完善监管体制，履行监管职责，全面提升食品药品安全保障水平。2017 年被评为“全区依法行政工作示范单位”。

【监督检查】 持续推进食品药品市场监管，保障群众“舌尖”安全。全力开展“创卫”工作。实行网格帮包，定人定责，对照食品安全标准，针对食品安全隐患问题进行反复检查、规范、整改。对问题多、隐患大、严重威胁群众饮食安全的“钉子户”，开展 7 次集中整治活动。创城期间，创城区域食品生产经营单位开展 30 多次地毯式整治排查，实现创城区内近 1000 家食品经营业户的《食品经营许可证》《餐饮服务许可证》及《备案证》发放率及亮证公示率近 100%。加强对源头风险的防控能力，对辖区食品生产企业进行分级分类监管，推进食品生产企业建设食品安全追溯体系，督促企业落实主体责任。开展大中型超市放心肉菜公开评价工作，提高销售肉、菜质量安全水平。峄城区局针对“三小”多、小、散的特点制定工作方案对全区“三小”单位进行摸排建档，实行分片包干，一对一帮扶。积极召开镇街食安办人员会议，部署讲解食品摊贩的备案与管理工作。组织食品“三小”从业人员培训，开展食品“三小”安全知识进社区等活动，有力地促进“三小”单位的食品安全管理。2017 年发放小作坊小餐饮登记许可证 241 张、小摊点备案证 59 张。实施品牌引领战略，成功创建 2017 年“食安山东”餐饮示范街 1 条、示范店 1 家、食品流通示范单位 3 家，示范带动作用逐步显现。完成对全区 60 家学生小饭桌星级评定，学校食堂和中型以上餐饮经营者量化分级率达到 100%。强化药械监管，利用药品 GSP 认证跟踪检查、日常监督检查、飞行检查等各种形式开展新版 GSP 宣传培训工作。2017 年枣庄漱玉平民大药房有限公司及枣庄立健药店连锁有限公司进驻峄城区，峄城区局按照认证实施方案，督促、指导企业依据新标准及时修订相关管理制度和质量体系文件，引导企业做好改造和实施工作。有计划、分步骤开展药品及医疗器械不良反应事件监测工作，全年上报药品不良反应 533 例，医疗器械不良反应 167 例。

【监督抽检】 强化食品药品安全抽检监测工作，2017 年开展食品监督性抽检 864 批次，药品监督性抽检 66 批次，提高食品药品监管效能。食品安全宣传周期间在峄城区百姓消费集中的市场、超市集中开展“你送我检”进市场活动，快检总量 100 多批次。

【专项整治】 加强对重点品种、重点环节、重点区域食品药品安全专项整治。开展排查安全隐患防范四类风险专项行动，整改各类安全隐患 56 处，对隐患较大的学校食堂等集体就餐单位开展专项治理。与全区 42 家学校食堂餐饮服务提供者及负责人签订食品安全责任承诺书，建立健全食品安全责任制。党的十九大期间联合教育、民政等部门，对全区 7 个镇（街）学校（含托幼机构）食堂及 14 家养老机构食堂开展食品安全专项整治行动，对检查中发现的问题责令学校及养老机构立即整改。全年开展各类食品药品专项整治行动 50 余项，出动执法人员 1500 余人次，立案查处食品药品案件 53 起，罚没款 25 万元，下达责令改正通知书 200 余份。

【监管体系完善】 食品安全监管链条长、环节多，监管力量、信息资源分散，需要在建立健全综合协调机制上下功夫。2017 年 8 月，峄城区局筹备召开全区食品安全工作会议，调整充实峄城区食安委，明确区长任主任、各分管副区长任副主任，有关职能部门为成员，并将峄城区食安委办公室设在峄城区局。印发《关于进一步加强基层食品药品监管能力建设的通知》，督促镇街设立食品安全工作办公室，加强监管人员和协管员的配备，进一步构建上下联动、网格触底的食品药品安全监管体系。召开镇街分管领导、食安办负责人工作协调会、调度会 5 次，及时解决镇街食安办建设、小摊贩备案管理和食品药品安全宣传及食品药品监管整治等方面遇到的问题，促进镇街食品药品监管工作的有效开展。

党组书记、局长：刘建国
电话：0632-7720988
地址：枣庄市峄城区中兴大道 9 号
邮编：277300

（撰稿：肖莹　核稿：张光伟）

台儿庄区

【概况】 枣庄市台儿庄区食品药品监督管理局（挂区食品安全委员会办公室牌子）负责对全区生产、流通、消费环节的食品安全和药品的安全性、有效性实施统一的监督管理，同时承担区政府食品安全委员会的具体工作。内设办公室（加挂应急管理工作室、法制和行政许可工作室牌子）、食品生产与流通监管工作室、餐饮服务食品与化妆品监管工作室、药品医疗器械与保健食品监管工作室 4 个科室，下辖食品药品稽查大队（副科级编制的事业单位）1 个，镇（街）食品药品监督管理所 6 个，代管区综合性检验检测中心（正科级编制的事业单位）。截至 2017 年底，机关有行政编制人员 36 名，机关工勤人员 2 名，事业编制人员 13 名。

2017 年，台儿庄区局紧紧围绕省局、枣庄市局和台儿庄区委、区政府重点工作，切实抓好辖区内“四品一械”监管，严厉打击食品药品违法违规行为，有效保障人民群众的饮食用药安全，开创全区食品药品监管工作的新局面。

【监督检查】 食品安全。加强执法检查。以农村、学校（幼儿园）、旅游景区、城乡接合部为重点部位，针对肉类、粮油类等重点品种，不断强化日常监管。全面落实“四有两责”。建立健全基层“网格化”监管模式和“食安”“农安”“公安”三安联动机制，实现全过程无缝隙痕迹化监管。将全区 3826 家监管对象划分为 8 大片区、38 个重点网格，聘请 211 名村级食品安全协管员，建立区、镇、村三级监管网络；台儿庄区食安委定期召开联席会议，分析研判食品安全形势，开展联合执法，严厉打击食品药品犯罪任务。持续保持打假治劣高压态势。加大监督检查和案件查处力度，开展食品非法添加、网络售药、保健食品打假等专项行动，强化案件线索管理及重大案件查办，推进行政处罚信息公开及黑名单制度实施。加强行政执法与刑事司法、日常监督与稽查执法的有效衔接。全年检查生产经营单位 3500 家次，出动执法人员 1600 余人次，累计查处各类食品药品违法案件 125 起，捣毁制假售假窝点 2 个，全区无重大食品安全事故发生。强化食品“三小”综合治理。举办监管人员和“三小”从业人员培训班 7 次，发放宣传资料、明白纸 5000 余份，摸排辖区内食品“三小”情况，建立“三小”食品经营动态管理台账，做到底数清、情况明。辖区内有小作坊 193 家、小餐饮 540 家、食品摊 67 家，登记备案率均达到 100%。严格按照“六项标准”开展专项整治活动，加大食品“三小”违法行为的惩戒打击力度，落实基层监管人一对一帮扶，实现整治一户，带动一片，规范一条街的效果。

药品、医疗器械。强化药品流通领域、医疗器械经营使用环节监管，针对疫苗等预防性生物制品、抗菌类药物以及含特殊药品的复方制剂、中药材、定制式义齿医疗器械等方面，积极组织开展各类专项整治，有效规范药品、医疗器械生产、经营秩序。出动执法人员 300 人次，发现存在违规行为的企业 25 家，其中 14 家给予行政处罚，9 家责令整改。2017 年完成药品不良反应报告、医疗器械不良事件报告 504 例。

保健食品、化妆品。建档案、抓规范，逐步完善保健食品、化妆品经营企业电子监管档案。65 家保健食品经营单位和 68 家化妆品经营单位开展治理规范，严格日常检查，下达责令改正通知书 37 份。

【监督抽检】 完成食品药品监督性抽检 1043 批次，其中餐饮 214 批次、流通 624 批次、生产 105 批次，药品 65 批次、化妆品 14 批次、保健食品 12 批次、小作坊 9 批次，不合格产品总计 41 批次，截至 2017 年底，抽检不合格的 41 批次全部立案查处，处置率达到 100%；完成食品药品评价性抽检监测 104 批次，不合格 5 批次，合格率 95.2%；完成区级自行抽检的食用农产品 360 批次，抽检结果全部上传至省局抽检监测系统，并在政府网站进行公示，公示率达到 100%。

【专项整治】 开展酒类、食用植物油、瘦肉精、蜂产品、假劣调味品、畜禽水产品等重点产品，城乡接合部、学校周边、旅游景区等重点区域，学校和幼儿园食堂、托老机构食堂、景区餐饮及周边农家乐等重点单位的 16 项食品安全专项整治。联合台儿庄区教育、民政等部门对全区 38 家学校、19 家托幼机构和 10 家托老机构食堂开展秋季联合大检查，清除食品安全隐患。持续开展中药材（饮片）、疫苗专项、器械经营等专项整治。进一步加强对药械生产、流通、使用环节主渠道的监督检查，重点检查药械渠道、索证索票、药品储存条件、执业药师在岗履职情况，严厉打击制售假劣药品违法行为。开展化妆品标签标识、夏季防晒类化妆品、农村和城乡接合部化妆品市场和保健食品专项整治活动。严厉打击经营假冒伪劣产品、标签标识混乱、虚假夸大保健食品宣传等违法违规行为。

【“智慧监管”】 积极推动“一中心一平台”建设，为食品药品监管提供强有力的技术支撑。加快推进“区综合检验检测中心”建设，建立健全适合台儿庄区社会经济发展的食品药品安全检验检测体系，全面提升食药安全监管能力；借助初级食用农产品远程监管系统建设，积极打造“食品药品智慧监管平台”，截至 2017 年底，“智慧监管”一期工程将 2 家食品生产企业、3 家流通企业、18 家学校（幼儿园）食堂纳入远程电子监管系统，实现 24 小时全程视频监控。

【示范创建】 深入开展“食安山东”“食安枣庄”品牌引领示范行动。在培育祥和乳业等 13 家“食安山东”品牌示范单位和 8 家省级“清洁厨房”的基础上，2017 年，实施分级、分类、分业态创建，积极创建“食安山东”品牌示范单位 12 家，“食安枣庄”品牌示范单位 17 家。

【社会共治】 着力推进部门监管、企业自律、媒体宣传、公众参与四方同频共振，积极营造食品药品安全监管社会共治新氛围。2017 年，开展各类培训 20 余次，培训人员 3000 余人；开展食品安全宣传周、“12331”、安全用药月、“三小”条例等活动，接受食品药品咨询、投诉举报 199 件；积极推进国家卫生城市和省级文明城市创建工作，印制宣传海报 2500 份、“节俭用餐、文明消费”桌牌 6500 份，免费发放到各餐饮服务单位；张贴“创文明城，做文明人”宣传展板 2500 余个，制作安装文明宣传道旗 50 余面；利用网络、媒体、微信公众号广泛宣传食品药品安全工作，联合台儿庄区电视台连续拍摄 10 期“食安台儿庄—我们在行动”栏目，营造食药安全的浓厚氛围。主动邀请台儿庄区人大、区政协对全区食品药品安全情况进行调研，得到广大代表、委员的一致好评。

【党建工作】 开展“抬高标杆、争先进位”解放思想学习讨论活动，深入推进“两学一做”学习教育常态化制度化，积极配合台儿庄区委第五巡察组对台儿庄区局的巡察工作。以落实区委巡察整改为契机，不断完善和严格执行各项纪律制度，研究制定问题整改清单和整改方案，确保整改及时彻底。全面落实“一岗双责”和党风廉政建设主体责任，认真开展“三会一课”、组织生活会、谈心谈话和“28日主题党日”活动，提升组织生活质量。组织全体党员集中收听收看党的十九大开幕会和学习宣传贯彻党的十九大精神宣讲报告会，制定《学习宣传贯彻党的十九大精神实施方案》和实施计划，扎实开展“十个一”活动。积极创建“食安民康、党旗领航”市级党建品牌。

党组书记、局长：时培芳
电话：0632-6662899
地址：枣庄市台儿庄区华兴路西首
邮编：277400

（撰稿：刘晗　核稿：姜东省）

山亭区

【概况】 枣庄市山亭区食品药品监督管理局（挂山亭区食品安全委员会办公室牌子）内设办公室（加挂政策法规股、行政许可股牌子）、食品安全协调督查股（加挂宣传和应急管理股牌子）、食品安全监管股（挂保健食品监管股牌子）、药械化妆品监管股4个职能股室。下辖10个镇（街）食品药品监督管理所、1个直属事业单位（山亭区食品药品稽查大队）。机关行政编制11名，镇（街）监管所行政编制40名，各镇（街）食品药品监督管理所均核定编制4名，稽查大队事业编制20名。2017年，辖区有食品生产企业142家、食品流通单位1861家、餐饮服务单位1653家、学校（幼儿园）食堂144家、食品加工小作坊862家；药械经营单位98家、药械使用单位418家。

2017年，山亭区局以保障群众饮食用药安全为基本出发点，以创建省级食品安全市为主线，按照“源头严防、过程严管、后果严惩”思路，全面落实“四有两责”和“四个最严”要求，健全监管机制，强化能力建设，推进示范创建，实施精准监管，引领食品药品产业健康发展，食品药品安全治理水平不断提升。

【监督检查】 食品安全。围绕生产加工环节食品安全质量提升，督促企业推行良好行为规范，加强质量安全关键点控制，切实管住生产源头，深入开展淀粉制品、肉制品、豆制品、桶装水、食用植物油、薯类食品等多项整治行动。针对食品流通环节的农贸市场、集贸市场、商超，采取食品快检进市场、“你送我检”、完善产品追溯体系等手段，实施重点监管，管好流通主渠道。实施餐饮安全“三查”（监管对象月度自查，监管部门季度检查、飞行检查）制度，全区餐饮单位实施量化分级管理。积极开展“明厨亮灶”“清洁厨房”工程。重点加强学校（幼儿园）食堂、养老机构食堂、农村集体聚餐等重点业态监管，全区144家学校食堂和校外托管机构建立每季度定期检查、开学前全面检查、重点隐患专项检查的监管机制。在全市率先对全区10处镇（街）养老机构食堂进行规范化建设。深入开展食品安全放心工程，在农贸市场和贵诚购物中心建立食品快速检测室，配备快检设备，进一步提升检测能力。

药品、医疗器械。建立健全药械经营企业和使用单位基础信息档案，做到“一企一档、有案可查”。巩固药品GMP、GSP认证成果，突出抓好药品流通领域集中整治，进一步规范药械市场秩序。持续开展农村地区、城乡接合部小诊所、小药店药械质量安全整治，全区98家药品经营企业开展风险隐患排查。加强药品不良反应报告和监测工作，2017年上报药械、化妆品不良反应273例。加大对中药材、中药饮片、植入性医疗器械、生物制品、医疗机构制剂、特殊药品的监管力度，确保药械质量安全，严把药械经营使用环节的每一道防线。

【监督抽检】 以重点区域、重点品种、重点项目和大型企业为目标，强化风险监测工作，提高监管的靶向性。针对既往问题集中和风险较高的品种、区域、环节，特别是对大宗食品和农兽药残留、违规使用添加剂等因素引起的食品安全问题加大抽检力度和频次。2017年，食品生产环节监督抽检269批次，其中小作坊75批次，不合格10批次；食品流通环节监督抽检342批次，不合格18批次；餐饮服务环节监督抽检215批次，不合格15批次；保健食品监督抽检6批次，全部合格；食品安全先进县抽检130批次，不合格4批次。药品监督性抽检60批次，不合格3批次。食品药品监督性抽检发现问题处置率和公布率100%。

【专项整治】 聚焦公众反映强烈的突出问题和屡打不绝、屡禁不止的重点难点问题，主动出击、重典治乱，严厉打击食品药品违法犯罪行为。食品领域，针对消费量大、安全隐患多的重点品种、重点区域和重点场所，开展淀粉制品、肉制品、豆制品、桶装水、调味品等“守护舌尖安全”整治系列行动。药品领域，开展城乡接合部和农村地区药品质量安全集中整治、无菌和植入性医疗器械、中药材等专项整治。结合季节和节日消费特点，有针对性地开展节日大检查、旅游景区、羊肉及其制品、毛皮动物胴体肉等多项专项整治，净化食品药品市场秩序。针对群众关注的小作坊、小餐饮和食品摊点，开展食品“三小”规范提升行动和“一对一”帮扶规范活动。2017 年，出动执法人员 8278 人次，开展各类专项整治 64 次，检查食品药品生产经营单位 4564 家次，查处食品药品违法案件 82 件。

【基层监管能力建设】 山亭区局按照国家总局对基层监管所办公用房不少于 320 平方米的要求和“三室一库”标准，投资 260 余万元对十个镇（街）监管所进行规范化建设。按照“十个一”标准为基层监管所统一配备电脑、打印机、照相机、执法记录仪、快检设备、冰箱、空调等装备。筹资 120 万元为基层监管所统一更新执法车辆。投资 30 万元，建设“12331”投诉举报中心和网络食品药品安全监测平台，配备“‘智慧监管’工具箱”，实现动态化网络监管，有效提升食品药品安全保障能力。连续 2 年招录公务员 12 名，充实基层监管力量，提高监管人员素质，有效提升食品药品安全保障能力。全区 10 处镇（街）成立食安委和食安办，配备 3 ～ 5 名人员，在村（居）配备 276 名协管员，推动全区食品药品监管工作重心下移、关口前置，有效提升监管能力。

【示范创建】 以“食安山东”品牌创建活动为引领，深入推进示范创建工作。2017 年，山亭区成功创建“山东省食品安全区”，创建“食安山东”食品生产加工示范基地 1 处，创建“食安山东”示范企业 6 家，省级“清洁厨房”49 家，“食安山东”示范食堂 5 家，“食安山东”示范店 18 家，其中 8 家单位荣获“食安山东”示范流通单位称号，2 家餐饮单位荣获“食安山东”地方风味名吃称号，2 条街道荣获“食安山东”餐饮服务品牌示范街称号。

【服务产业发展】 山亭区局坚持以“品牌立区，服务发展”为理念，大力实施名牌战略，积极扶持城头豆制品、桑村淀粉制品、水泉薯类食品等地方特色食品产业发展。投资 367 万元高标准规范豆制品产业园区。入驻园区的 116 家豆制品生产企业进行升级改造，实行统一原材料购进、统一添加剂使用管理、统一工艺流程、统一产品出厂检测。对桑村粉条产业进行重点规范提升，通过实施工艺流程改造、加强质量管控、完善车间布局，25 家获得食品生产企业 QS 认证。2017 年全区新增食品生产企业 12 家，其中规模以上企业 2 家。

【社会共治】 以人民群众的安全感和满意度为落脚点，深入开展食品安全宣传“进社区、进农村、进企业、进学校”活动 36 次，开展“食品快检进市场”“你送我检”“校园活动日”“透明工厂体验日”等活动 18 次，免费为群众快速检测食品 1600 批次，发放各类食品安全宣传手册、宣传彩页 6 万余份，发放创建食品安全先进县致全体市民的一封信 8 万余张，切实让人民群众广泛参与到创建工作中来。形成全民参与，政府、企业、社会“三位一体”联动格局，群众对食品安全的知晓率和满意度不断攀升。

党组书记、局长：王延成
电话：0632-8820698
地址：枣庄市山亭区北京路中段
邮编：277200
（撰稿：李娜　核稿：陈连伟　任衍辉）

滕州市

【概况】 滕州市食品药品监督管理局内设办公室、人事教育科、食品安全协调科、药品市场科、食品生产科等 10 个职能科室，下辖副科级食品药品稽查大队和 21 个镇街食品药品监督管理所。全局共有编制 201 名。截至 2017 年底，滕州市有药品生产企业 5 家，药品批发公司 7 家，药品零售连锁企业 16 家，单体零售药店及连锁门店 400 家，医疗器械生产经营企业 50 家，各级各类医疗机构 1000 余家，食品生产企业 200 余家，食品流通、餐饮服务单位 5600 余家，小餐饮、小食品店、食品加工小作坊等“三小”单位 1 万余家，化妆品、保健食品经营单位 1000 家，累计监管对象 1.8 万余家。

2017 年，滕州市局始终把确保全市人民的饮食用药安全作为工作出发点和落脚点，牢固树立科学监管理念，以示范创建工作为抓手，大力实施基层基础建设，全面提升队伍监管能力，认真履行监督管理职责，努力营造良好舆论氛围，圆满完成市委、市政府和上级食品药品监管部门安排部署的各项任务，切实保障全市人民群众的饮食用药安全。

【监督检查】 实施食品“三小”规范提升工程。借助国家卫生城市创建平台，举全局之力对城区食品加工小作坊、小食品店、小餐饮店进行拉网式大排查，截至 2017 年底，整改达标 8500 家，强制关停 500 家。

药品监管精细化。实行检查人员、检查对象“双随机”检查模式，全市 625 家药品企业生产经营行为进行严格检查，建立监管档案，纳入信用体系，实行分类管理，确保市场规范有序。

电子监管智慧化。对原有“食品药品电子监管系统”进行升级完善，建立电子二维码追溯系统；在局机关搭建远程电子监管平台，全市200家大中型食品药品企业安装远程监控终端，实施全时远程监管。

【监督抽检】 制定2017年食品药品抽检计划，加大监督抽检批次、频次，对粮食加工品、蔬菜制品、肉及肉制品、食用油、调味品、豆制品、中药饮片等产品进行重点抽查。截至2017年底，完成技术检测1857批次，其中不合格品种54批次。抽检不合格的生产经营业户进行处罚，并追溯相关人员责任。

【专项整治】 围绕公众关心关注的突出问题，针对消费量大、安全隐患多的重点品种、重点区域和重点场所，先后开展学生小餐桌、学校幼儿园托老机构食堂、杏花村嘉誉市场周边加工户、酒类、食用油、医疗器械、中药饮片、疫苗等专项整治，解决一批食品药品安全突出问题，净化市场秩序。

结合日常监管、抽检监测、投诉举报、广告监测等信息，有针对性地组织开展专项稽查，严厉打击制假售假黑窝点，2017年查处案件182件，罚没款520万元。

【示范创建】 围绕“抓基层打基础、抓提升促转型、抓群防促共治”的创建工作思路，强力推进创建工作，2017年2月被省食安委评为全省首批食品安全先进市。深入开展“食安山东”“食安枣庄”品牌引领行动。2017年创建“食安山东”示范单位33家，“食安枣庄”示范单位27家，全市有今缘春酒业、鲁南美食城、育才中学食堂、正德康城等147家企业和单位荣获“食安山东”“食安枣庄”称号，充分发挥示范引领作用。

【宣传培训】 多渠道开展宣传报道。在滕州电视台、《滕州日报》、滕州电台等媒体开设食品药品专题专栏，通过景区、公交港湾、公交报站、出租车LED广告屏等方式播放食品药品公益提示，营造良好的宣传氛围。多层次举办专业培训。多次邀请国家总局、枣庄市局及滕州市专家教授对监管人员、监管对象进行培训，提升从业人员业务水平。多形式普及安全知识。利用“3·15”“3·31”食品安全宣传周等活动宣传食品药品安全知识，提高广大群众的食品安全意识。

党组书记、局长：孙勇
电话：0632-5537790
地址：滕州市安乐街112号
邮编：277599

（撰稿：陈龙　核稿：孙勇）

枣庄高新技术产业开发区

【概况】 枣庄高新技术产业开发区市场监督管理局，承担食品药品监督、质量技术监督、工商行政管理县级局的职能。设注册局（副科级）、稽查大队（副科级）、综合科（股级）、工商科（股级）、食药科（股级）、质监科（股级）等，下辖兴仁、兴城、张范等3个市场监督管理所。截至2017年底，有人员编制45名，其中，行政编制27名（含2名工勤编制），事业编制18名，实有人员30名（含退休人员5名）。

截至2017年底，全区有食品生产企业15家，食品经营企业847家；药品生产企业2家（目前在停产状态1家），药品经营企业25家（含1家批发企业）；二、三类医疗器械经营企业27家，医疗器械使用单位4家；保健食品经营企业25家；化妆品经营企业63家。

2017年，高新区局严格落实新《食品安全法》要求，坚持队伍建设和市场监管并重，强化综合监管，严打食品药品违法犯罪行为，食品药品安全治理水平不断提升。

【监督检查】 制定食品流通、餐饮监管、保化监管、药品市场2017年工作计划和要点，制定医疗器械专项整治2017行动、器械企业“规范实施年”活动计划和食品生产环节监督检查计划，制定高新区食品摊点备案工作实施方案等具体任务目标。全年办理《食品经营许可证》74件，筹建验收药品经营企业12家、开展GSP认证14家、变更申报9件，配合枣庄市局核查第三类医疗器械企业6家。

【监督抽检】 全年开展食品（生产、流通、餐饮）监督抽检103批次，药品抽检30批次，处理评价性抽检不合格6批次。

【专项整治】 组织开展食品生产添加“两非一超”专项、食品生产风险分级管理、食品保健食品欺诈和虚假宣传整治、韭菜市场摸底排查、“三小”行业排查整治、节日市场专项检查、农村市场食品安全专项整治、清真食品检查、春秋两季学校食堂监督检查、餐饮集中消毒单位专项整治、药品零售使用环节专项检查、药品GSP跟踪检查、中药材（饮片）市场专项检查、疫苗市场专项检查、医疗器械专项整治·2017行动、医疗器械“规范实施年”整治行动、化妆品标识专项整治等16项专项整治活动。

【培训活动】 全年组织监管人员参加学习培训6次，组织企业代表培训2次，组织参加考试竞赛活动3次，开展宣传保障活动3次。具体包括“三小”条例学习培训、保健食品、化妆品监管工作培训、省级食品安全追溯平台技术培训、药品药械稽查工作培训、食品药品监管系统领导干部能力提升培训，学校食堂食品安全培训、食品流通安全培训，参加全市“祥和杯”食品安全法律知识竞赛活动、食品安全标准技能竞赛、参加食药工作网上考试活动；开展“12331”主题宣传日活动、开展食品“三小”知识进社区活动、开展2017年高考食品安全保障活动。

党组书记、局长：李桂葆
电话：0632-8690568
地址：枣庄市高新区光明西路1699号
邮编：277800

（撰稿：崔晓健　核稿：薄其付）

东营市

【概况】东营市食品药品监督管理局为东营市政府工作部门，挂东营市食品安全委员会办公室牌子，负责食品、药品、化妆品、医疗器械安全统一监督管理，同时承担食品安全协调督查职能。内设13个职能科室及机关党委，机构编制44名，其中行政编制40名、工勤编制4名，实有人员42人。下设东营市食品药品稽查局和东营市食品药品检验中心2个直属事业单位，其中东营市食品药品稽查局核定管理人员编制25名，实有人员24人，东营市食品药品检验中心（东营市药品不良反应和医疗器械不良事件监测中心）核定编制43名，实有人员42人。截至2017年底，全市有食品、药品、医疗器械、化妆品生产经营单位21744家，其中，食品生产、流通及餐饮单位19194家，药品化妆品生产、经营及使用单位1822家，医疗器械生产、经营企业728家，从业人员20余万人。全市规模以上食品加工企业主营业务收入489亿元。

2017年，东营市局按照“12345”的工作思路，以省级食品安全市创建为统领，大力实施检验检测、执法办案两个能力提升工程，突出抓好强根基、控风险、树品牌三项重点工作，充分发扬团结、实干、创新、争先四种精神，各项工作取得明显成效。

【食品安全监管】食品生产。对全市281家食品生产企业建立诚信档案，根据风险等级，全面实施分级分类监管。开展食用植物油塑化剂风险排查，完成24家重点生产企业的飞行检查，严控各类风险。指导县区建设食品生产加工小作坊园区2处，引导40余户小作坊入驻并实施统一管理。

食品流通。联合海洋与渔业、畜牧部门深入开展畜禽水产品专项整治，严厉打击违规使用禁用物质等行为。联合农业部门印发《东营市实施韭菜产品“双证制”管理强化产地准出市场准入衔接工作方案》，全面推行韭菜产品“双证制”管理。组织开展大中型商超放心肉菜公开评价活动，评选公布放心肉菜商超11家。重点培育打造鑫昊批发市场、胜大超市、信誉楼作为流通环节的示范标杆。

餐饮服务。围绕提升餐饮质量安全水平，深入开展“寻找笑脸就餐”“清洁厨房”和“明厨亮灶”3项行动，学校食堂和中型以上餐饮单位量化分级率达100%，“清洁厨房”达3200余家，达到“明厨亮灶”标准单位820家。突出抓好学校食堂监管，在全市396家学校食堂落实“四定”要求，对65家学校食堂开展飞行检查，监督整改问题189条。深入宣贯“三小”条例，开展“三小”规范提升行动和基层人员“在一线助规范”活动，按照“六项标准”进行“一对一”指导规范，全市小作坊、小餐饮登记率达100%，“一对一”帮扶241家。

保健食品。健全完善原辅料备案制、停产复查报告、质量受权人等制度，对6家在产企业开展飞行检查，整改各类隐患27项。组织开展元旦春节、中高考期间的保健食品专项整治，重点打击非法销售、夸大宣传等行为，为退休老人挽回损失20万元，中央电视台法制频道做专题报道。

【药品、化妆品监管】药品生产。深入开展药品生产质量提升2017行动，排查风险问题40余项。加大对高风险企业飞检的频次和力度，检查药品、药用辅料、药包材、医疗机构制剂生产单位37家次，监督整改缺陷项目167项。强化特殊药品监管，定期对生产经营企业特殊药品的进、销、存等情况进行现场检查，全市无流弊事件发生。药品流通。集中开展二级医疗机构和基层医疗机构全覆盖检查和中药材、中药饮片专项治理，检查用药单位343家次，立案8起。加大对药品零售企业GSP飞行检查力度，检查单位100家，撤销GSP认证证书4家。化妆品。化妆品监督抽检国家级26批和省级36批，市本级化妆品100批次。发现不合格化妆品6批次，并全部按程序完成后处置工作。对风险隐患较为突出3家企业开展专项行政约谈。对全市化妆品生产企业开展跟踪检查和飞行检查，发现并列出化妆品生产环节风险隐患7项，督促企业逐一整改落实到位。

【医疗器械监管】 在90家冷链管理产品、无菌和植入性器械经营企业开展实施规范提升行动，61家单位实现规范达标。深入开展医疗器械专项整治2017行动，对透明质酸钠、定制式义齿、避孕套和隐形眼镜四种产品进行集中整治，对95家违规企业下达责令整改通知书，警告27家，立案38起。

【专项整治】 *创新监管方式*。实施小作坊“进园区”建设，通过完善配套、集中监管，打造食品加工园区3处，入驻业户40余家。通过社会评价、第三方评估、测评打分等方式，推选放心肉菜超市示范店11家。*加强稽查整治*。探索实施市县乡三级联合办案模式，密切层级联动，形成稽查合力。2017年，全市查办案件854起。与公安部门建立信息通报、案件会商、联合执法工作机制，出具“产品认定意见书”5份，移送涉嫌食品药品违法案件16起，通报信息152条，协助公安部门抓获犯罪嫌疑人3人。*完善隐患排查机制*。制定食品药品风险隐患排查整治工作实施方案，对全市59个网格责任区进行全覆盖、无死角的风险排查整治，先后检查企业单位1.5万家次，召开风险会商会议7次，约谈企业60家次，排查处置重点隐患70余处，全市无食品药品安全事故发生。

【基层基础建设】 保障食品药品安全纳入东营市国民经济和社会发展“十三五”规划，明确提出未来5年的发展目标。实施市食品药品检验能力提升工程、“智慧监管”、办公楼建筑节能改造3个项目。5800平方米实验楼建成并投入使用。在全市15处食用农产品批发市场、农贸市场、学校食堂设立食品快检室，配备快检设备，初步建立快检筛查网络。修订出台“三定”方案，撤销保化监管科，新增设行政许可、药械风险管理2个科室，进一步优化管理配置。推进基层监管机构标准化建设，强化基层监管所建设，配备执法车辆、移动终端和快检设备，协调镇街政府为监管所解决办公用房，基层所标准化配备率达到70%。

【服务食品医药产业发展】 深入推进“放管服”。进一步优化审批流程，提升服务效能，按时办结率保持100%，群众满意度保持在99%以上，在东营市简政放权推进政府职能转变第三方评估工作中东营市局位列全市第二。助推食品产业提质增效。加大对蓝海集团、欣马酒业、一大早乳业、万得福等食品企业在质量控制、品牌建设、人才培训等方面的指导扶持，推动企业提质增效。上半年，规模以上食品生产经营企业主营收入同比增长超20%。服务医药产业健康发展。推动亦度生物项目列入省局加快新旧动能转换重点支持的3家企业之一，项目投产后将填补山东省疫苗生产领域空白；鲁宁药业原料药生产范围获得省局批准；天东制药顺利通过欧盟药品GMP现场审计，“依诺肝素钠注射液”取得药品注册批件；益生堂药业连锁与康杰大药房完成兼并重组，实现销售总额2.5亿元，跻身全国百强药品零售连锁企业。东营市2家企业的3个品种率先启动仿制药质量和疗效一致性评价工作。1家医疗机构取得《药物临床试验机构资格认定证书》。引导企业参与药品上市许可人试点，凤凰制药成为冻干粉针剂、大容量注射剂所涉及的28个品种的上市许可人。

【社会共治】 强化宣传教育。东营市委宣传部、市食安办联合召开创城宣传工作会，投入100余万元开展全媒体、全方位的宣传攻势，打造党报党媒、微信微博、科普基地、志愿服务、健康讲堂“五大阵地”。组织各类宣传活动30余场次，建设宣传站点50处，媒体报道300多条次，编印科普资料10万余册。连续2年争取市财政30万用于实施过期药品回收活动，探索建立过期药品回收的长效机制，《人民日报》给予专题报道。拓宽共治渠道。组织开展“12331”食品药品投诉举报宣传日活动，加强“12331”投诉举报平台建设，建立健全接听、受理、转办、反馈工作机制，及时解决群众诉求。2017年，接受公众咨询1164人次，受理投诉举报917件，办结率和回复率均达到100%。

【党风廉政和干部队伍建设】 党风廉政建设主体责任全面落实。按照“一岗双责、谁主管谁负责、一级对一级负责”的原则，研究制定党风廉政建设主体责任清单，明确党组主体责任、党组主要负责人责任、班子其他成员责任和科室、单位负责人的责任。2017年，先后召开党组会议60次，其中，召开党风廉政建设专题党组会2次，传达学习中央和省市纪委会议、文件精神17次，审议通过“三重一大”事项86项。增强“四个意识”，坚定“四个自信”，严肃党内政治生活。制定完善党组权力清单、党组工作规则、机关党的工作运行程序等6项制度。严格党的组织生活，落实“三会一课”、民主评议党员等基本制度。落实廉政谈话制度，做到廉政谈话“全覆盖”，组织干部职工赴临沂革命教育基地、市廉政教育基地接受教育等，提升党员干部的纪律规矩意识和廉洁自律意识。认真贯彻执行中央八项规定精神。深入贯彻落实习近平总书记纠正“四风”重要指示精神，抓好中央八项规定实施细则和省委、市委具体办法的落实，切实解决“四风”突出问题。规范公务接待，加强公务用车管理，做好作风纠治工作，严格落实“十个严禁”，机关作风明显好转。积极开展“学习年”活动。着眼综合能力提升，通过走出去与请进来、理论培训与实地教学相结合等多种形式开展学习。全市围绕稽查办案、快检检测、认证检查、依法行政等重点科目举办各类培训班40余期，累计培训人员1800余人次，基层执法人员综合素质显著提高。强化干部的实践锻炼，选派优秀干部到农村下派帮扶，到企业挂职锻炼。深入实施“执法能力提升工程”，在全系统开展“大培训、大比武、大练兵”活动。围绕创城工作先后到青岛、潍坊、宜昌、西安等地进行实地考察，举办清华大学食安专题培训，累计开展专题培训、外出学习、专家授课30余次并受到良好效果。遴选38人组建稽查人才库，连续两年举办技术比武活动。在全省稽查执法办案竞赛中，东营取得全省第四名的优异成绩。

【监督抽检】 2017年，全市抽检食品（含食用农产品）15092批次，合格率为96.77%，较2016年上升0.26个百分点；抽检药品671批次，合格率为98.78%，较2016年上升0.22个百分点。广泛开展“你点我检”“你送我检”等活动，快检食品5000多批次，征集意见2000多条，对反映突出的银耳、酱腌菜进行集中整治。

【示范创建】 争创省级食品安全市。召开全市创建食品安全城市动员会议，市委书记申长友亲自参加并作重要讲话，市长赵豪志亲自挂帅担任创城领导小组组长。对照65条考评细则逐一进行分解赋分，层层签订责任书。建立健全会议、督查、通报、考核等工作制度，开展基础调研、督查督办、明察暗访10余次，整改落实问题80余项。各县区推动创建工作深入开展，积极对标先进、找出差距、及时完善。加强“食安山东”品牌建设。突出抓好“十个一批”系列创建，全市创建食品生产加工示范企业12家、食品流通示范单位108家、餐饮示范单位（街区）69家。积极开展“厚道鲁商”品牌三级联创企业评选，推选9家企业进入省级品牌遴选，引导企业遵章守法、诚信经营。

【依法行政】 完善制度规范，强化执法监督。制定《全系统法治建设实施意见（2017—2020年）》《法治宣传教育第七个五年规划（2017—2020）》，为建设法制部门明确时间表和路线图。出台《重大行政执法决定法制审核若干规定》，进一步规范重大行政执法行为。联合市检察院、市政府法制办对2016年度全市食品药品行政处罚优秀案卷进行表彰。

党组书记：刘仁豪
局长：王秀凤
党组成员、副局长：张新林、王金泽、王长军、王学锋
电话：0546-8087820
地址：东营市东营区府前大街87号
邮编：257091

（撰稿：王栋　核稿：王学伟）

东营区

【概况】 东营市东营区市场监督管理局内设食品药品安全协调督查室、食品生产监管股、食品流通监管股、餐饮服务食品监管股、医疗器械监管股、药品化妆品监管股等15个股室，在商贸园和10个镇、街道设基层市场监督管理所11个；直属事业单位3个，分别为食品药品稽查大队、消费者投诉中心、个体私营经济服务中心。人员编制情况：核定编制220名，其中行政编制145名，事业编制67名，工勤编制8名。截至2017年底，有干部职工198人，其中行政136人，事业62人。截至2017年底，全区有食品生产企业55家，餐饮单位3800家，流通单位3322家，小餐饮566家，小摊点368家，小作坊50家，药店355家。东营区局着眼于整顿和规范市场经济秩序，优化市场发展环境，先后培育药品零售连锁企业15家，药品零售向规模化、品牌化发展的趋势明显。截至2017年底，全区连锁药店196家，占全区药品零售企业的55.2%。

2017年，东营区紧紧围绕保障群众饮食用药安全的中心任务，以创建省级食品安全市为抓手，强化食品药品监管，深化治理整顿，加强能力建设，提升治理水平，全区食品药品安全形势保持良好态势。全年受理各类投诉412件，查处食品药品违法案件222起，完成药品监督抽验136批，检出不合格产品9批，完成区级食品安全监督抽检3027批，检出不合格产品87批。

【监督检查】 食品安全。截至2017年底，办理《食品经营许可证》3141件。食品生产环节实施食品企业分级分类监管。完善全区食品生产企业信用档案，55家食品生产企业全部建立完成。流通环节开展大中型商超放心肉菜评价工作，对辖区内的食品摊点进行调查摸底，组织开展“你送我检”活动等。餐饮服务环节对全区范围内餐饮单位进行年度评级和等级公示全覆盖，评定动态等级2943家。顺利完成东营区两会、马拉松赛、夏季中高考、石油装备展等食品安全保障工作。

药品、医疗器械、化妆品。新开办药店34家，

变更114家，注销10家。组织开展药店现场验收和GSP认证。加大药品安全信用体系建设力度，建档A级药店247家，B级药店13家，C级药店8家，D级药店7家，A级药品生产企业1家。开展以“安全护肤，美丽人生”为主题的化妆品安全使用及不良反应知识宣传活动。陪同省局飞行检查化妆品生产经营企业6家。推进全区医疗器械生产经营企业贯彻实施质量管理规范，组织辖区内184家医疗器械生产经营单位进行自查。加强无菌和植入性等医疗器械监督检查。

【监督抽检】 *食品抽检*。分8期抽检3027批次，其中合格2940批次，不合格87批次，合格率97.13%，并对监督抽检结果进行公示。*药品抽检*。完成重点监督抽检13批次，地方监督抽验54批次。完成中药材、中药饮片快检260批次。完成专项抽检8批次。*化妆品抽检*。配合东营市局完成化妆品国抽、省抽13批次的采样工作，完成化妆品20批的市级抽检任务。

【专项整治】 *食品安全*。坚持问题导向，深入开展食品安全专项治理。针对高风险环节、重点领域、敏感时段，深入开展专项整治。生产环节先后开展蜜饯专项整治，植物油专项整治，食品添加剂氮气使用检查，食品生产企业食品添加剂使用“对标规范”行动，食品、保健食品生产企业标签标示规范和监督检查工作，真菌毒素超标专项检查。餐饮环节组织开展元旦春节期间食品安全整治，召开“年夜饭”餐饮服务食品安全约谈会。组织开展单位食堂食品安全专项整治行动、啤酒专项整治行动、春季和夏季学生小饭桌食品安全专项整治行动。流通环节对现制现售乳饮品质量安全、东营区畜禽水产品抗生素、婴幼儿配方乳粉标签标识、经营环节牛羊肉中“瘦肉精”等开展专项整治行动。

药品、医疗器械、化妆品。开展药品零售连锁企业专项整治、中药材中药饮片专项检查、打击“两非”专项行动等重点整治。开展农村和城乡接合部化妆品市场专项检查，检查化妆品经营企业50家。开展注射用透明质酸钠、定制式义齿、隐形眼镜、避孕套产品专项整治。

【“智慧监管”平台建设】 全面推进“智慧监管”工作，重点提升食品安全监管效能，保障群众饮食安全。“智慧监管”平台建设主要包括“智慧监管”平台软件系统、智慧调度中心系统、移动执法终端系统、“明厨亮灶”视频系统四大部分。平台项目建成后可以实现办公档案管理、远程视频巡查、投诉举报受理、应急指挥调度、移动执法等功能，可以有效缓解当前食品行业监管面广量大，监管力量严重不足，缺乏信息化平台支持，信息处理方式落后等问题，有效提升食品安全监管效能，推动落实食品监管“四个最严”要求。

党组书记、局长：孙海深
电话：0546-827576
地址：东营市东营区宁阳路96号
邮编：257091

（撰稿：苏洋　核稿：刘福强）

河口区

【概况】 东营市河口区市场监督管理局（挂河口区食品药品监督管理局牌子），正科级单位。局机关核定行政编制32名、工勤编制6名，内设12个职能股、室、局，分别为办公室、人事教育股、政策法规股（挂行政审批股、区食品安全协调督查室牌子）、餐饮服务监管股、食品生产监管股、食品流通监管股（挂保健食品化妆品监管股牌子）、药品医疗器械监管股、消费者权益保护股（挂“12315”“12331”申诉举报指挥中心牌子）、商标广告监管股、市场规范管理股（挂网络交易管理股牌子）、企业注册局、公平交易局。下设6个派出机构，核定行政编制36名，分别为河口、六合、新户、义和、孤岛、仙河市场监督管理所（食品药品监督管理所）。下设河口区食品药品稽查大队（副科级事业单位），核定编制16名。下设河口区消费者投诉中心（股级事业单位），核定编制9名。截至2017年底，河口区局在编人员104名，其中行政人员79名（含工勤人员），事业人员25名。

【监督检查】 *食品安全*。对全区食品生产企业和食品生产加工小作坊进行拉网式检查，检查食品生产企业及食品加工小作坊87户次，下达责令整改通知书6份，召开食品安全约谈会议2次，约谈企业负责人4人。全面落实小作坊生产报告承诺制度，完善小作坊质量安全信用档案。规范食品经营许可，组织实施流通环节食品经营企业现场核查25户。按照市场、大中型商超、小食品店3个业态，印制并发放流通环节食品安全监督检查明白纸培训试卷2000余份，制度牌8块，信息公示栏400块，散装食品信息牌1800个及食用农产品“一票通”320本，有效规范食品经营行为。严格落实学校食堂“四查”制度，加大飞行检查力度。规范餐饮服务单位经营行为，统一印制并发放食品采购验收台账、留样记录本、消毒记录本、餐饮加工标签标识等，督促其执行食品安全相关制度，落实主体责任。继续深化“寻找笑脸就餐”“清洁厨房”和“明厨亮灶”活动，不断提高餐饮监管水平。

药品、医疗器械、保健食品和化妆品。对辖区内药品生产经营使用单位开展全面检查，检查225家，针对不规范的生产经营及使用药品的行为，下达责令改正48份，查处涉药涉械案件8起。开展二类、三类医疗器械经营企业82家，下达责令改正27家。组织开展29批不合格祛痘类化妆品排查。

【监督抽检】年初制定《2017年度食品安全监督抽检计划》1300批次，覆盖食品生产、流通、餐饮三大环节。完成区本级抽检1237批次，检出不合格食品40批次，完成药品抽检74批，对检出的不合格食品药品依法进行查处，有效防范食品药品安全隐患。

【专项整治】持续开展“守护舌尖安全”系列整治行动，针对蜜饯制品、塑化剂、假劣调味品、畜禽水产品、羊肉制品、白酒等重点品种，持续开展食品安全专项整治。针对假药骨肽注射液、中药材、中药饮片等重点品种开展药品专项整治，持续维护药品市场秩序。针对注射用透明质酸钠、定制式义齿、隐形眼镜和避孕套等4种产品开展专项整治。全年查办食品药品案件92起，罚没款46.2万。

【食用农产品“电子化”追溯管理系统】投资46万元在河口蔬菜批发市场建立食用农产品“电子化”追溯管理系统，为45家批发业户配备智能化电子秤，每台电子秤接入互联网，建立追溯管理平台，通过进场登记、打印销售票据，后台保存销售数据，实现全区蔬菜批发环节来源可追溯、去向可查询，得到省级食品安全市验收组的充分肯定。

【“三小”行业整治】投资180万元在三义和市场建立食品小作坊园区，对面点行业小作坊进行聚集，实行集中管理，设立食品小作坊产品检验室，配备专职检测员，负责园区产品的检验工作；在镇街设置12个食品摊贩疏导点，引导食品摊贩集中经营，严格落实“六项规范”，促进食品行业规模化、规范化、集聚化发展。

【“智慧监管”平台建设】通过实施“互联网+”，建立食品安全在线“智慧监管”系统，在全区所有学校幼儿园食堂、部分食品生产企业、大中型商超、农贸市场等60家单位安装120个在线监控点，对重点业态、重点部位、关键环节的24小时远程监控，通过实施“智慧监管”系统，实现区监控中心、移动终端、企业现场的亮化“三同步”。

党组书记、局长：张军
电话：0546-3659012
地址：东营市河口区河聚路9号
邮编：257200

（撰稿：李洁　核稿：张建华）

垦利区

【概况】东营市垦利区市场监督管理局（加挂垦利区食品药品监督管理局牌子）成立于2015年3月，正科级政府工作部门，是东营市第一个县区市场监管局。2017年，全局在岗工作人员130人，其中科级干部34人。局机关设办公室、食品安全协调督查室、食品流通监管股、餐饮服务监管股、药品医疗器械监管股、消费者权益保护股、市场规范管理股、企业信用管理股、商标广告股、企业注册局、公平交易局等14个职能股室和稽查大队、消费者投诉中心、药品不良反应监测中心3个事业单位，另设7个副科级市场监督管理所，承担着市场主体注册登记、维护市场经济秩序、保护消费者合法权益、保障食品药品安全等16项具体职责。

2017年，垦利区局将省级食品安全市创建作为工作引领，以食品药品抽检为抓手，全年实施各类抽检1921批次，办理食药案件120件，构建全方位、全要素、全链条的食品药品监管新格局。2017年，垦利区局被省文明委表彰为“省级文明单位”，先后获“市级安全生产先进单位”“全区十九大安保维稳先进单位”等称号。

【监督检查】**食品安全。**全区25户食品生产加工单位均取得《食品生产许可证》，登记备案学生小饭桌25户，2017年办理登记小餐饮173户，小作坊35户，食品摊点183户，合计391户。实施企业信用分级分类管理。根据省、市食品生产企业分级分类监管的有关要求对全区20家生产加工企业（其余5家食品生产企业是2017年新申请的，还未对其进行分级分类）进行分级分类监管，其中A级14家，B级6家。在餐饮单位开展“寻找笑脸就餐”活动，将量化分级评定结果在餐饮服务食品安全信息公示栏上进行公示。组织实施区级食品监督抽检1921批次，对抽检不合格的进行依法处理，全部按要求在省市级网站和区级网站媒体进行公示。开展示范创建活动，全区有23家餐饮服务单位获省级“清洁厨房”称号，6家餐馆、1家企业食堂、6家学校食堂获得“食安山东”品牌示范单位称号，1个街区获得“食安山东”示范街称号，起到良好的示范带动作用，2017年新申报4家餐饮单位。开展羊肉及其制品、网络订餐、农村餐饮服务、学校食堂、校园周边等专项检查，累计检查食品经营单位3400余户次。

药品、医疗器械。对新申办或变更经营许可的企业严格审核，2017年，新申办药品经营企业11家，取得8家，受理变更32家，换发7家，注销7家；通过GSP首次或再次认证企业15家，GSP变更企业8家；指导完成二类医疗器械备案10家，三类医疗器械经营许可2家、变更2家、延续2家，注销1家。实施食品药品企业信用分级分类管理。对全区1家药品生产企业，81家药品经营企业、63家医疗器械经营企业建立信用档案。对全区1家药品生产企业、80家药品经营企业、262家药品使用单位、63家医疗器械经营企业、262家医疗器械使用单位进行信用分级评定，实行动态化监管。2017年，飞行检查经营企业22家、使用单位10家，跟踪检查经营企业12家，对5家经营企业进行有因检查，梳理出企业存在的问题260余条，未发现企业存在严重缺陷。先后开展无菌和植入性等医疗器械、隐形眼镜、避孕套、义齿、透明质酸钠等专项整治活动，检查各类药品经营业户400余户次。开展过期药品回收工作，与药店、社区等联合开展6次过期药品回收活动，发放宣传材料800余份，接受群众咨询200余人次。

【省级食品安全市创建】 积极争取垦利区委、区政府将省级食品安全市创建列入2017年度区政府为民办实事工程，区委、区政府召开创建动员会议，印发创建方案。成立区政府主要领导为组长，2位分管副区长为副组长，25个相关部门和7个镇街主要领导为成员的创建工作领导小组，将创建工作纳入各镇街、部门年度综合目标考评。区政府为创建工作拨款509.1万元专项经费，为食品安全抽检工作列支经费102万元，各镇街也根据实际情况安排一定的食品安全专项经费。对照创建验收细则将65项目标任务分解到32个相关镇街部门，明确工作责任，细化工作标准，强化责任落实，定期督导调度。调度创建进展9次，印发督导通知单50余份，召开调度会3次，各项任务稳步推进。

【"智慧监管"】 垦利区局在全国首创"智慧监管"，每年都被列入区政府为民办实事工程，基本覆盖全区学校和大型企业食堂、中型以上及旅游景区饭店，"天眼"监控对高危特殊业态实现全覆盖，全区"明厨亮灶"业户达到100户。在全市率先推行食品经营个体工商户证照核发一体化，对从事食品经营（不含三小）的个体工商户，发放证照核发一体化文书，一次性告知办理证照所需的材料，一个窗口办理、一次受理申请、一人审核完成、一体发放证照，实现申请、受理、审核、证照发放的一体化，降低行政许可成本。在全省率先实施区级食品单一品种全覆盖式精准抽检，聚焦时令热点和群众关心焦点品种，单次只抽检一个品种，抽检区域覆盖全区所有镇街，检测后出具抽检品种的调研报告、消费指南，引导群众的消费行为。2017年抽检粽子29批次，糕点20批次，月饼51批次，及时公示抽检信息和消费警示。2017年，垦利区局以金钊源公司为试点，探索打造食品安全经营新模式。指导金钊源公司开发仓储管理系统，对食品进行电子编码管理，确保来源可追、去向可查。在公司建设快检室，对所经营食品进行入库检测、加工过程监控、出库检测留样，确保食品质量。为其协调董集中学、黄河口中学等学校食堂统一配送，确保食堂供应的及时性、稳定性。通过打造食品经营、检测、配送一体化新模式，保证食品来源明白、去向清楚、全程监控，确保食品安全责任可追、风险可控。

党组书记、局长：赵志峰
电话：0546-2523124
地址：东营市垦利区行政办公新区建行办公楼
405室
邮编：257500

（撰稿：崔巍　核稿：杜辛店）

利津县

【概况】 利津县市场监督管理局（加挂利津县食品药品监督管理局牌子）为县政府工作部门。内设食品药品监督管理相关工作科室5个：食品安全综合协调股（挂食品安全应急管理股牌子）、食品生产监管股、餐饮服务食品监管股、保健食品化妆品监管股、药品医疗器械监管股（挂药械安全性监测管理股牌子）；下设食品药品稽查大队（副科级）、质量技术监督稽查大队（副科级）、计量测试检定所、消费者投诉中心、个体私营经济服务中心5个事业单位，为县局所属财政拨款单位；在各乡镇、街道设立市场监督管理所（加挂食品药品监督管理所牌子），为县局派出机构，承担本辖区内市场监督管理工作。全局核定编制150名，实有工作人员142名。

截至2017年底，全县有食品生产企业37家，食品添加剂生产企业3家。流通领域食品经营户477户，其中供货商80户，商场超市397户。各类餐饮服务单位653家，其中特大型餐馆1家，大型餐馆34家，中型餐馆126家，小型餐馆400家，学校托幼机构食堂49家，机关企事业单位食堂35家，学生小饭桌8家、食品摊贩188家，餐饮服务单位653家，备案率100%。药品生产企业1家，药品批发企业2家，药品零售连锁企业 3 家，药品零售药店 62 家（含药品连锁药店 28 家，连锁率达 45.16%）；保健食品经营单位 62 家；医疗器械经营企业 62 家。

【监督检查】 2017 年，利津县局全面落实网格化、规范化、痕迹化监管模式，监督覆盖率达 100%。推进食品生产企业分级分类监管制度，全县 10 家食品生产企业建立安全追溯体系。食品经营信息备案、食品进销货“一票通”制度落实到位，2 家大型商超被授予“东营市放心肉菜超市”。落实学校食堂“四查”制度，集中开展学校食品安全培训 2 次、260 余人。继续开展“寻找笑脸就餐”活动，餐饮服务单位量化分级管理率达 95% 以上。狠抓食品“三小”条例宣传落实，在全县划定食品摊点经营区域 15 处。登记备案“三小”单位 474 家，登记备案率达 100%。45 家“三小”经营单位通过“一对一”帮扶规范达标，帮扶完成率达 100%。

【监督抽检】 全年完成县级食品监督抽检 1156 批次，同比增长 112%，发现不合格食品 15 批次，食品安全合格率 98.7%，完成药品抽检 79 批次，发现不合格药品 4 批次，合格率 94.93%。合理安排国家、省、市三级抽检工作，组织县级以上食品抽检 858 批次，对发现的 30 个不合格产品全部依法进行处理。同时，围绕春节、中秋节等重点时段，在农贸市场、超市开展“食品快检进市场”活动，快检各类食品 270 批次，并现场公示快检结果，受到群众的欢迎。开展不良反应监测工作，收集上报药品不良反应报告 415 份，医疗器械不良反应报告 145 份，化妆品不良反应报告 19 份。

【专项整治】 持续开展“守护舌尖安全”集中整治行动，围绕影响食品安全和群众反映强烈的突出问题，集中开展学校食堂、旅游景区及周边、网络订餐、肉类及肉制品、调味品、植物油等食品安全专项整治 10 余次。不断强化基本药物和特殊药品监管，组织开展麻醉药品、精神药品、中药饮片专项检查活动。突出定制式义齿、角膜接触镜、一次性无菌和植介入医疗器械开展专项整治，打击各类违法经营行为。开展中高考期间保健食品非法宣传、非法销售专项治理工作。全年查处食品药品违法违规案件 130 起，其中食品类 94 起，药品及医疗器械类 36 起，罚没款 156 万余元。

【监管能力提升】 利津县委、县政府将食品安全保障能力提升工程列入全县重点民生实事，先后投入 100 万元提升全县食品安全保障能力。2017 年，利津县局多方筹集 160 余万元，先后对 6 个有独立办公场所的基层所进行维修改造，配备部分办公设施和执法装备。为提高全县食品安全保障水平和基层监管执法能力，先后投入 32 万元，在全县建设 2 个食用农产品快检室，配备各类检测仪器 10 件套。投入 40 万元，为基层市场监管所购置食品安全快检设备。

【监管体制】 结合政府部门和人员调整情况，对县食品安全委员会领导班子和成员单位进行调整，完善联席会议、督查督办、联合执法等食品安全工作制度。按照“属地管理、分级负责、依法行政、权责一致”的原则，研究出台《关于进一步调整部分股室与基层监管所工作职责和事权划分的意见》，对局、所两级食品药品行政审批、日常监管、检验检测、投诉举报等方面进行“条块”式具体划分，运行机制逐步健全，监管执法不断规范。建立村级协管员队伍，赋予各村（居）人民调解员食品药品监管协管职责。目前，全县县—乡（镇、街道）—村（居）三级食品药品监管职责明确，工作流程衔接紧密，食品药品安全监管能力全面加强。

【示范创建】 继续开展“食安山东”品牌创建工作，指导相关企业加强自身软硬件建设，改善生产经营条件。2017 年新遴选 2 家食品生产企业，1 家餐饮店、1 家学校食堂、1 条餐饮街参加“食安山东”品牌示范创建。继续开展“清洁厨房”行动和“明厨亮灶”建设，年度新增“清洁厨房”18 家，达到“明厨亮灶”标准餐饮单位 12 家。联合县文明办、县卫计局组织开展药品经营使用单位示范创建活动，评选“药品使用质量规范化管理示范点”6 家，“药品经营文明示范单位”3 家。

党委书记、局长：牛建民
电话：0546-5622538
地址：利津县利一路 123 号
邮编：257400
（撰稿：岳德朝　核稿：马登强）

广饶县

【概况】 广饶县市场监督管理局（广饶县食品药品监督管理局）设 14 个职能股室和县食品药品稽查大队、县消费者投诉中心 2 个事业单位，10 个镇街派出机构，现有在职干部职工 145 人。主要职责：负责各类企业、农民专业合作社和从事经营活动的单位、个人等市场主体的登记注册和食品、药品、医疗器械、化妆品等行政许可；依法规范和维护各类市场经营秩序；承担消费者权益保护责任；广告活动的监督管理；商标监督管理，推荐著名商标；指导全县民营经济发展；负责保健食品、化妆品、酒类食品安全的监督管理；承担食品生产、流通及餐饮服务环节的食品质量安全监管职责；指导食品药品安全事故应急处置和调查处理等工作。

截至2017年底，全县有食品药品监管企业4322家，其中食品生产加工企业122家，食品流通2028家，餐饮单位1195家，药品生产企业6家，药品批发零售企业178家，医疗机构22家，村级卫生室402家，化妆品经营单位369家。

【监督检查】 食品生产。开展食品生产企业产品可追溯信息化试点工作，组织食品生产企业负责人培训4期。对122家食品生产企业实行A、B、C三级管理。组织开展植物油塑化剂、粮食企业预防真菌毒素超标、食品添加剂、食品生产企业“对标规范”行动和标签标示规范等专项检查活动，开展药品生产质量提升活动，检查医院制剂室4家、中药饮片生产企业3家、医用氧气生产企业2家。

食品流通。启动“食品快检进市场”活动，重点对蔬菜、水果、生鲜肉、熟肉制品、馒头等日常食品进行现场检测，检测9种181批次，当场公布快检结果。开展大中型商超放心肉菜公开评价工作，广饶佳乐购物广场有限公司全福元店被授予“东营市放心肉菜商超”称号。开展食用农产品批发市场质量安全监管、食品摊贩、农村市场食品安全执法行动，对进口食品市场销售、流通环节婴幼儿配方乳粉、酒类产品及食用植物油、贝类、大葱、牛百叶等开展专项整治活动，有效净化食品市场环境。

餐饮服务。举办“春苗营养厨房”食品安全与营养配餐培训班，培训学校分管校长及食堂管理员200人次。组织城区学校周边“小饭桌”从业人员食品安全培训，举办学校食堂开放日活动。组织开展全县学校（幼儿园）食堂季度专项整治，检查学校食堂及周边小饭桌350家次。圆满完成县两会、第八届中国（广饶）国际橡胶轮胎暨汽车配件展览会、2017年夏季高考及中考等重大活动的食品安全保障工作。

药品、医疗器械、保健食品和化妆品。开展医疗器械生产经营规范实施年活动，督促11家三类医疗器械经营企业提交自查报告。开展中药材中药饮片专项整治、药品流通领域集中整治、二级以上医疗机构药械使用专项检查、医疗器械专项整治2017行动等药械市场专项检查行动，严厉查处涉药械违法行为，全县未发生药械安全事件。深入开展保健食品、化妆品经营环节专项治理，严厉打击各类以开展义诊、免费讲座、免费诊疗和免费礼品等名义会销保健食品的活动，维护公众合法权益。

【监督抽检】 完善食品安全抽检机制，制定印发全局2017年食品安全监督抽检工作方案，明确全年食品抽检监测范围涵盖食品生产、流通、餐饮等环节，抽检品种包括蔬菜、肉及肉制品、乳制品、酒类、饮料等30余个品种，全年计划抽检食品1018批次，截至2017年底，完成食品抽检1067批次。在药械和保化品抽检中，全年抽检保健食品20批次，药品116批次，医疗器械4批次，快检药品300批次，上报药品不良反应513例，医疗器械不良事件154例，化妆品不良反应4例。

【专项整治】 注重从食品药品抽检、专项检查、投诉举报中发现挖掘案源，组织有关部门开展2017年守护舌尖安全专项整治、“食品放心工程”、节日期间专项检查、畜禽水产品专项整治、创建食品安全先进县“回头看”等活动，全年查处食品药品违法案件222起，罚没金额94万元。

【亮点工作】 开展“食安山东”品牌创建工作。以点带面，逐步规范食品经营行为。2017年底，半球面粉有限公司、鹤园食品有限公司等40家食品生产经营单位获得“食安山东”品牌，1家餐饮单位被认定为地方风味名吃，广饶县锦湖商业街被认定为“食安山东”餐饮服务品牌示范街区，全福元超市被认定为全市“放心肉菜示范超市”。

推进食品安全“智慧监管”。加强食品安全在线监控平台的应用，为食品在线监控中心专门配备4名公益岗人员，2名负责网上巡查，2名负责网络维护，从网络平台紧盯容易发生问题的重点部位、关键环节，进行全程跟踪和监督。在通过“智慧监管”平台加强对监管对象远程监管的同时，远程监管中发现的个别不规范问题画面截图，不定期进行通报，并与示范单位的规范化管理画面进行对比，要求各监管单位以示范单位为范例，全面提升规范化管理水平。

健全食品药品安全宣传机制。推进食品药品宣传工作常态化，引领群众健康消费新理念。在开展食品安全宣传周、药品安全宣传月等集中宣传活动的基础上，借助报纸、网站、电视台等传统媒体和公众号等新兴平台，对食品药品安全进行广泛宣传。发放宣传资料2.6万份，悬挂横幅、标语300余条，在电视台专题报道食品安全工作20多期，营造食品药品安全监管浓厚氛围。

党组书记、局长：黄蓬勃
电话：0546-6459906
地址：广饶县乐安大厦综合楼4楼西
邮编：257300

（撰稿：孙文者　核稿：纪东联）

烟台市

【概况】 烟台市食品药品监督管理局（挂烟台市食品安全委员会办公室牌子），为市政府工作部门，主要职责是负责食品生产、流通、餐饮服务环节食品安全监管，负责药品、医疗器械、保健食品、化妆品安全监管，承担市食品安全委员会、医药健康产业发展领导小组办公室日常工作。核定行政编制62名，内设办公室、政策法规科、食品安全综合协调科、食品生产监管科、食品流通监管科、餐饮服务食品监管科、保健食品化妆品监管科、药品生产监管科、药品市场监管科、医疗器械监管科、政工科、规划财务科、宣传和应急管理科、行政许可科、科技和标准科、医药健康产业发展科16个职能科室。烟台市食品药品稽查支队为副处级参公管理事业单位，核定人员编制32名。烟台市食品药品检验检测中心为副处级财政拨款事业单位，核定编制89名。烟台市药品不良反应监测中心为正科级事业单位，人员编制为12名。截至2017年底，全市有监管相对人76196家。其中，食品生产企业1421家，小作坊登记1672家，食品流通企业31756家，小摊点备案3451家，餐饮服务单位13035家，小餐饮登记4054家，保健食品生产企业25家，保健食品经营企业4715家，化妆品生产企业8家，化妆品经营企业4479家，药品生产企业40家，药品经营企业3970家，药品包装材料生产企业26家，医疗机构制剂单位11家，医疗器械生产企业91家，医疗器械经营企业2643家，医疗机构、村卫生室和诊所4903家。2017年，烟台市局获评“山东省文明单位”“烟台市经济社会发展综合考核先进集体”。

【食品安全监督】 制定和实施《全市食品生产企业分级分类监管工作实施方案》，评定A级企业575家、B级企业687家、C级企业68家、D级企业2家。应用省局“食品安全“智慧监管”平台”，完成939家食品生产企业监督检查信息上传工作。

食品生产。全年完成国家、省级、市级监督抽检和风险监测任务3261批次，抽样完成率100%，产品合格率98.9%。其中国家级监督抽检任务940批，省级监督抽检和风险监测1121批次，市级监督抽检任务1200批次。对32批次国家和省、市级监督抽检不合格产品报告依法进行核查处置，累计罚款41.5万元。发放《食品生产许可证》880张，其中市级发证635张，县级发证245张。全市不予行政许可数量58家，占比6.6%。根据全省统一部署，先后开展食品添加剂氮气使用监管、严防真菌毒素超标粮食进入食品生产企业专项检查、食品添加剂“对标规范”行动、食品生产企业标签标识规范行动、食用植物油塑化剂检查、茶叶专项监督检查等活动。在此基础上，全市组织开展水产加工品、桶装饮用水、植物油塑化剂、“两超一非”等多个专项治理工作。积极推行食品安全追溯体系建设，全市在山东省食品安全追溯公共服务平台上通过审核的食品生产企业824家，实际应用平台企业224家，累计录入生产信息11244条。全市办理《小作坊登记证》1700余个，小作坊登记率100%。

食品流通。全市85家大型商超、83家农贸市场和5家批发市场建设食用农产品快速检测室173处。全市投入资金173万余元、整修房屋5190平方米、配备仪器设备697台、培训快检人员346人。

餐饮服务。全面推进餐饮质量安全规范提升工程，实施“三年规范提升计划”，全市846家初中、高中、小学、幼儿园学校食堂实行食品大宗原料集中招标采购供应，3200多家餐饮单位、846家学校食堂得到规范提升，餐饮服务单位量化等级评定率达100%，学校食堂量化等级均达到优秀级别以上。加强小餐饮登记、网络订餐监管以及小饭店餐饮服务许可管理，主城区小餐饮持证率达100%。严格落实学校食堂“四查”制度，全面提升规范学校食堂经营管理，与全市1213所学校及托幼机构签订《餐饮服务食品安全责任书》，全面落实学校主体责任，进一步落实学校月度自查、基层监管部门季度检查工作以及市县两级督导检查工作。完成565家小饭桌登记备案及公示工作，接受社会监督。

保健食品。全市25家保健食品生产企业全部实施质量受权人备案、停复产报告制度，严格自查报告管理，建立健全产品安全追溯体系，推行年度质量承诺、警示约谈制度，提高企业主体责任意识，督促质量管理体系正常运行。对全市保健食品生产经营企业实行全覆盖检查，生产企业每年至少2次，经营企业每年至少1次。2017年，飞行检查生产企业20家，经营企业25家，立案查处1家。组织开展食品、保健食品欺诈和虚假宣传专项整治工作，重点整治未经许可生产经营、标签虚假标识声称和违法营销宣传、欺诈销售等违法违规行为，实行保健食品会议营销报告管理，加强对会议讲座等保健食品营销行为监管。

【药品、化妆品监管】 药品生产。组织开展药品生产质量提升行动。针对药品生产领域难点、焦点，对多组分生化药品、含贵细药材中成药、胶类产品、中药饮片、中药提取物、违规委托生产等6个风险领域和风险品种进行专项检查。发现各类缺陷147

项，约谈药品生产企业3家企业，排查风险点19个。运用中药生产企业检验能力评估结果，对3家问题企业质量负责人进行约谈，对3家检验结果离群企业进行外部比对，对12家记录存在问题企业，监督整改到位；采用量化分级管理方法，对全市药品生产企业逐一进行风险等级量化评定，确定A级企业14家、B级企业11家、C级企业8家、D级企业3家。协同国家总局和省局对10家企业进行飞行检查、跟踪检查和现场抽验。对问题企业监督整改到位。全年完成药包材抽验13批，其中高风险品种6个品种12批次，一般药包材品种1批；对21家药品生产企业76个品种的委托检验进行审查备案；完成省内19家企业110个批次和烟台市27家企业73个批次评价性抽样；受省局委托，完成硫酸庆大霉素原料专项抽样；完成4个中药提取物品种现场抽验和检验工作。

药品流通。在全市开展城乡接合部和农村地区药店诊所药品质量安全集中整治、中药材（饮片）专项整治。检查药品经营企业3919家，其中批发企业43家，零售连锁总部58家，责令整改34家；零售企业3818家，责令整改525家，对35家长期不经营企业注销其《药品经营许可证》；检查药品使用单位1707家，责令整改1361家。按照“两随机一公开”工作要求，飞行检查批发企业8家、零售连锁总部12家、零售药店94家、使用单位55家，公告收回GSP证书12家、撤销GSP证书11家，公告不符合《药品使用质量管理规范》14家。制定出台《烟台市药品零售连锁企业管理办法》，对新形势下连锁企业开办、设立分公司、兼并组织、委托配送及监管、处罚等方面提出明确要求。

化妆品。全市8家化妆品生产企业全部实施质量受权人备案、停复产报告制度，推行年度质量承诺，提高企业主体责任意识，督促质量管理体系正常运行。开展基层化妆品监管规范化建设工作，规范化妆品市场秩序，提升基层化妆品监管能力。与水母网联合举办“我健康　我美丽”保健食品、化妆品有奖问答活动，联合市卫计委、烟台市各大医院皮肤科专家共同举行“5·25护肤日”公益义诊宣传活动，提高消费者安全意识，促进社会共治。开展宾馆酒店化妆品专项检查，监督抽检洗发洗浴类等化妆品90批次，查处不合格化妆品36批次；完成国产非特殊用途化妆品备案审查461款次。

【医疗器械监管】 在全市开展以“强化规范实施，完善质量体系”为主题的规范实施年活动。全市医疗器械一二类生产企业83家，含冷链三类经营企业74家，于2017年9月中旬全部完成规范现场检查，责令限期整改245家，责令停产整顿2家。落实“双随机一公开”工作要求，对21家涉械单位组织飞行检查，发现缺陷127项，责令限期整改并在市局网站通告，同时，针对检查发现问题召开专题风险会商会议，提升防控风险能力。

【专项整治】 加强跨部门合作。与公安部门累计召开联席会议51次，通报及移送司法机关案件262起，抓捕850余人。联合市葡萄与葡萄酒局进行专项稽查行动，先后抽查葡萄酒厂10家，现场抽取样品12份，下达责改1家，立案处理1家。推进跨区域合作。牵头召开环黄渤海“6+1”稽查协作区推进及培训会，协作区成员单位分管局领导、稽查机构负责人及相关业务骨干300余人参加会议。2017年，协作区联合查办案件15起，协查57次。跨国际合作成效显著。与法国波尔多葡萄酒协会举行专门座谈会，根据双方线索互通机制以及投诉举报，查获假冒波尔多产区葡萄酒3万余瓶，涉案货值120余万元。开展专项稽查，结合烟台地域特点，组织开展水产品、美容整形、中药饮片等20余项专项稽查，先后接受群众投诉举报6942件，受理5964件，查办食品药品案件456件，罚没款合计432万元，涉案货值近6000万元。

【基层基础建设】 制度建设。完成政府公共服务事项清单编制工作。其中涵盖“依申请提供事项”3件，“主动提供”事项7件，撰写对应公共服务指南1.2万余字。完成公共信用信息目录编写工作，目录包含自然人、法人2种信息主题，基本信息、良好信息、失信信息3种信息大类，抽查类、许可类、荣誉类、违法违纪类、处罚类、失信类6种信息小类、361项信用信息事项。以提高行政执法透明度，促进严格规范公正文明执法为目的，建立《行政执法信息公示制度》《执法全过程记录制度》《重大执法决定法制审核制度》等3项制度。完善法律顾问工作制度，2017年法律顾问参与重大行政处罚案件审核讨论3件次，审阅相关合同订立5份，参与行政诉讼案件应诉工作2件次；推进行政审批事项全面提速，对烟台市局10类行政审批事项办理时限、材料项数、收费情况等要素，与全国全省20个先进地市进行标杆对比，梳理出落后要素276项，持平要素197项，领先要素127项。

技术支撑能力建设。在完成国家级和省级2100余批食品、保健食品、化妆品抽检任务基础上，集中组织开展市级监督性抽检工作。全年食品生产、流通、餐饮环节抽检样品9835批次，其中9634批次合格，201批次不合格，合格率97.96%。完成食品评价性监测986批次，合格率98.07%；完成生产环节抽检1155批次，合格率98.18%；流通环节抽检5322批次，合格率98.67%；餐饮环节抽检2900批次，合格率94.90%；保健食品抽检167批次，合格率100%；化妆品抽检133批次，合格率100%；宾馆酒店用化妆品专项抽检90批次，合格率60%；完成药品抽验2233批次，其中评价性抽验401批，合格率100%；省级监督抽验482批（重点抽验430批、跟踪抽验20批、专项整治抽验3批、其他抽验10批、风险排查抽验19批），不合格率3.8%；地方监督抽验1350批次，不合格率3.3%。切实加强不良反应监测报告工作，上报药品不良反应报告10830例，医疗器械不良事件报告5990例，化妆品不良反应监测报告766例，药物滥用监测报告1459例。烟台市局被确定为全省药品风险预警平台3个试点平台之一，审核风险预警信号1512个，为管控药械质量风险、保障公众用药用械安全发挥积极作用。

*基层监管所标准化建设。*截至2017年底，全市有基层监管机构150个，在职1264人，实有房屋面积80425.5平方米，其中131处达到320平方米以上，标准化配备率达到86%。基层监管所各类执法设备总计5747个，价值3779.02万元，其中取证工具类1770个，快检设备类1881个，应急装备类491个。

【服务医药产业发展】 *牵头制定扶持政策。*围绕落实市政府《关于促进医药健康产业创新发展建设国际生命科学创新示范区的实施意见》文件精神，协调市科技局、财政局等部门共同研究制定针对新药研发、医疗器械新产品申报及仿制药一致性评价等方面具体奖励实施细则，组织召开2017年度医药健康产业创新发展奖励兑现会，对11家企业兑现创新发展奖励1000余万元；起草完成《关于进一步支持我市医药健康产业创新发展的补充意见》，印发市政府文件，从园区规划、土地供应、项目技改等15个方面对产业发展给予鼓励支持，营造良好发展氛围。

*举办高端国际会议。*2017医药创新与发展国际会议于9月16—17日在烟台召开，17位国家部委副司级以上领导、4位国内外院士、41位医药领域“千人计划”专家、22家世界著名跨国药企代表、23家国内医药百强企业代表等400余人参会。会议期间，市政府与省局、中国医药创新促进会分别签署合作共建烟台国际生命科学创新示范区协议，石药集团（山东）中诚医药物流等14个项目签约，与拜耳、雅培等跨国药企达成合作意向16个。

【社会共治】 加大与宣传、网络信息管理部门及各新闻媒体的沟通联系，及时发布监管信息，宣传工作进展和成效，在各类主流媒体发稿1500多篇。完善市、县、乡三级新闻宣传联络工作体系，发挥传统媒体和网站、微博、微信等新媒体作用，将宣传主阵地延伸到基层社区、村居，打通食品药品宣传最后一公里；加强网络评论员队伍管理培训，提高网评员网上评论能力，及时、有效引导社会舆论；与烟台大学文经学院合作，组建成立全省首支高校科普宣传志愿者队伍，组织大学生志愿者进社区宣传等活动3次，进一步拓宽食药社会宣传渠道。创新宣传载体，建立起食品药品科普宣传站，首批选择部分村居、食品药品单位、医疗机构、学校、农贸市场快检室等场所设立食品药品科普宣传站400个；依托食品药品安全宣传站、村居科普宣传栏、休闲广场LED屏、村居文化大院等有效载体，开设食药安全“大讲堂”、张贴宣传海报、举办文艺晚会、宣传大篷车等形式活动，组织食药安全进万家宣传活动600余场，在大中专院校、中小学开展食品药品安全春蕾宣传活动10余场。

【党风廉政和干部队伍建设】 完成烟台市局、市食品药品检验检测中心、市不良反应监测中心13名监管人员招考及选调工作，监管执法力量进一步增强。完成11名中层干部提拔任用工作，优化干部队伍。制定印发《烟台市食品药品监督管理局2017年度干部培训工作计划》，调训干部2名，组织专题培训24次，组织全体人员完成烟台市网络学校培训任务、科级干部德廉知识测试任务、党建知识测试任务。完成机关干部医疗保险改革工作及干部档案重新审核工作。出台《中共烟台市食品药品监督管理局党组“两学一做”学习教育常态化制度化实施方案》。健全完善日常学习教育长效机制，建立每月至少2天的集中学习制度，组织开展集体学习26次；坚持交流发言制度，组织党员开展书面交流、专题交流、随机交流200多人次；坚持每季度党课制度，组织党员领导干部、党支部书记上党课12人次。健全完善践行“四个合格”长效机制，深入开展“双联双促”工作，为定点帮扶的蓬莱市潮水镇潮水三村引进的山东百骏生物科技有限公司项目建成投产，帮扶村筹措资金20万元，第一轮帮扶工作顺利完成；开展党员“双管双责”活动，全年深入社区走访调研12次，组织党员深入社区开展活动5次，为联系社区居民开展服务400多人次；深入开展党员服务360服务品牌创建活动，组建6支党员服务队，开展服务群众志愿活动12次。

【国家食品安全示范城市创建】 全市组织召开市食安委全体（扩大）暨创建国家食品安全示范城市推进会议，市政府与各区县政府签订《2017年度食品安全暨国家食品安全城市创建目标责任书》，对2017年食品安全及创建工作进行安排部署。抽调市县两级骨干力量，整理完成创建验收自查报告及现场汇报材料，多次召开答辩筹备会议，组织现场模拟演练，5月，烟台市以全票通过国家层面综合评议、公示和明察暗访。6月29日，在2017年全国食品安全宣传周启动仪式上，烟台市正式被授牌命名为国家食品安全示范城市。全市8个区县进入省级食品安全县创建范围，42家企业申报“食安山东”示范企业，创建和申报数量均居全省前三位。在此基础上，牵头研究制定并以市政府办公室名义印发《烟台市食品安全“三年提升行动”实施方案》，在全面抓好食品安全各项工作基础上，集中力量推进一批重点事项，解决薄弱环节和问题，持续巩固和提升示范创建水平，食品安全保障能力不断增强。

【信用体系建设】 2017年，烟台市局启动省级食品药品安全诚信体系建设试点，加大对基层信用体系建设工作督导力度，组织各县市区局信用体系工作联络员召开工作座谈会，公布黑名单6批次，上报许可处罚信息537条，录入食品药品企业信息2762家。完成信用等级评价，其中A级1155家、A^-级5105家、B级0家、B^-级0家、C级1家、D级0家、N级1602家。牟平区的饮料和莱阳市的速冻食品两个省级食品生产加工示范基地于2017年5月通过省局中期评估，11月通过验收答辩。16家食品生产企业和2家保健食品生产企业被省局认定为“食安山东”食品生产加工示范企业。开展以推进农商直联机制、完善肉菜追溯体系等7项措施为主要内容的“放心肉、菜示范超市”创建活动，落实肉菜质量安全责任，培育创建“放心肉、放心菜示范超市”30家、食品安全管理规范化农贸市场14家。打造“食安山东”餐饮服务品牌示范单位20个，“明厨亮灶”“清洁厨房”3500家。建立药品经营企业关键岗位人员事前考核管理制度，对连续三次药事法规闭卷测试不合格人员责令企业予以更换，强化药品经营企业质量管理主体责任意识。

党组书记、局长：李伟
副局长：王瑞
党组成员、副局长：刘文彬、杜平、曲洪功、王贵春
电话：0535-6692301
地址：烟台市芝罘区毓璜顶西路7-5号
邮编：264000

（撰稿：宫帅　核稿：曲洪功）

芝罘区

【概况】 截至2017年底，烟台市芝罘区市场监督管理局共有人员编制282名，实有人员282名，分办公室、政工科（挂组织科牌子）、财务科、政策法规科、市场合同科、商标广告管理科、消费者权益保护科、食品安全综合协调科、食品生产科、食品流通科、餐饮服务食品监管科、保健食品化妆品监管科、药品和医疗器械监管科、特种设备安全监察科、质量监督管理科、标准计量科、企业注册局（副科级）、公平交易局（副科级）18个内设科室，有执法大队（副科级）、投诉服务中心（副科级）、信息中心3个事业单位，局领导班子成员9名。在食品药品监管方面，主要负责对食品药品生产经营单位以及药械生产、经营、使用单位进行监管。截至2017年底，辖区共有食品生产经营企业14406家；小餐饮811家、小作坊338家、小摊点约366家；药品批发企业14家，零售连锁总部10家，零售企业456家；医疗器械生产企业24家，经营企业695家，使用单位214家；备案登记管理保健食品和化妆品经营单位850家。

2017年，芝罘区以建设烟台“首善之区”为目标，以新旧动能转换工程为重点，坚持创新引领，提升服务效能，坚守安全底线，深入开展市场监管专项整治活动，加大违法违规案件查处力度，全区市场监管工作稳步推进，没有发生重大食品药品安全事故。年内医药销售收入达到217.66亿元，实现地方税收5093万元。被烟台市食品药品监督管理局、烟台市卫生和计划生育委员会授予烟台市医疗器械不良事件监测工作优秀集体。在国家食品安全示范城市创建工作中，作为主阵地顺利通过国家验收。在新旧动能转换工作中，准确定位，抢抓机遇，迅速融入烟台市“一区七园”规划中，出台《关于加快建设烟台医药健康综合产业园的实施意见》，从企业投资、运营、税收、土地、人才等各个方面，制定23条优惠政策，充分发挥中心区独特优势，强抓项目建设，积极打造烟台医药健康综合产业园。

【监督检查】 加强主体责任落实，结合“食安山东”品牌创建活动，分别针对食品生产、流通、餐饮等市场主体开展6次专业培训，培训人数达8000多人次，进一步提升经营主体责任意识，31家企业达到标准；全面落实食品经营许可监管制度，颁发《食品经营许可证》1094家、单位食堂184家，对606家企业严格按照审查标准进行现场审查；加强行政指导服务，申报6家示范学校、13家示范店，对全辖区185家“小饭桌”进行登记备案；开展小饭桌“五化”升级打造工作，选取加工环境、硬件设施、人员管理相对较好的15家小饭桌进行“五化”现场试点打造，取得良好成效。加强应急管理处置，及时妥善处置各项舆情信息82起。开展药品和医疗器械生产质量提升行动，累计下达责令整改书70多份，完成各类药

械检测 320 批次，上报药品不良反应病例 365 例，新严病例 119 例，医疗器械不良事件 166 例，严重 38 例。强化保健食品和化妆品监管，严把许可准入，加大抽检力度，累计检查各类单位 1600 余家，验收不合格问题 40 个，上报化妆品不良反应信息 40 例。

【监督抽检】将食品药品抽查检验检测作为监管工作的切入点和总抓手，围绕常规性抽样监测范围和重点，突出高风险评价性抽验品种，不断加大食品药品抽检力度。2017 年完成食品抽检 3468 批次、药品抽检 316 批次、保健食品抽检 37 批次、化妆品抽检 19 批次。

【专项整治】食品生产。开展“两超一非”及复配添加剂、桶装饮用水、标签标识、塑化剂等 4 次专项整治，共出动执法人员 300 余人次，检查企业 90 余户，责令整改 12 户，立案查处 3 户。

食品流通。开展畜禽水产品抗生素、禁用化合物及兽药残留超标、日本核辐射区域食品、放心肉菜大中型超市、婴幼儿配方乳粉、假劣调味品、经营环节牛羊肉中“瘦肉精”、农村市场食品安全风险防控、牛百叶等食品、韭菜产品双证制管理等专项整治，出动执法人员 4620 余人次，检查企业 1.65 万家，指导规范企业 200 余家。

餐饮服务。开展年夜饭、羊肉及其制品、违法添加罂粟壳、食用油食品安全、现制现售乳饮品等专项整治行动，出动执法人员 1500 多人次，检查餐饮单位 2500 余家，查究问题 2356 个，全部进行整改。开展学校食堂专项整治，中高考、学校食堂及其周边专项整治，出动执法人员 344 人次，检查单位 194 家，发现问题 30 个，下达责令整改 30 个。

药品、医疗器械。开展城乡接合部药店诊所安全集中整治、中药材（饮片）市场、注射用透明质酸钠、定制式义齿、隐形眼镜、避孕套产品等专项整治，出动执法人员 1700 余人次，检查单位 392 家，发现并整改问题 65 个次。

保健食品、化妆品。开展 29 批次祛痘类不合格化妆品专项整治、化妆品标签标识、农村和城乡接合部化妆品市场、保健食品、食品欺诈和虚假宣传、宾馆酒店用化妆品等各类专项整治，出动执法人员 1812 人次，检查保健食品、化妆品单位 1600 多家，对 8 家存在问题的经营企业下达责令整改。

稽查工作。充分发挥“12331”举报专线和“网上民声”便民专栏的作用，加大对违法违规行为的查处力度。2017 年，受理群众食品药品投诉举报 3433 起，出动执法人员 3600 余人次，立案查处违法违规案件 81 起，罚款 48 万元，移送案件 32 起，通报违法线索 15 个。

【国家食品安全示范城市创建】组织召开芝罘区食品安全委员会全体（扩大）暨创建国家食品安全示范城市工作推进和业务培训会议，分区政府同各街道园区、食安委同食安委成员单位、区市场监管局同各监管所 3 个层面分别签订食品安全责任书，卡实部门监管责任、街区属地责任和各所主管责任。印发《山东省创建国家食品安全城市验收细则》，梳理汇总 18 类 2000 个业态点名单及每类业态的检查标准，按部门、属地下达到各责任单位，细化明确创建任务分工和具体要求。抽调部门业务骨干成立 4 个创城督导组，持续开展 9 轮督导，现场检查业态点 400 多个，发现整改各类问题 200 余个，印发《政务督查通报》3 期，芝罘区顺利通过国家验收。

党委书记、局长：任松泰
电话：0535-6784371
地址：烟台市芝罘区环山路 2 号
邮编：264000

（撰稿：徐飞龙　核稿：韩静）

福山区

【概况】烟台市福山区市场监督管理局（挂福山区食品药品监督管理局、福山区食安办牌子），为正科级单位，配备局长 1 名，食品药品专职副局长 1 名，副局长 6 名，公务员编制 99 名，实有 76 人，参照公务员管理编制 19 名，实有 16 人，事业人员编制 44 名，实有 28 人，其中 11 月从商务局划转事业人员 7 人，编外人员 21 人，工勤 10 人，在职 151 人。内设办公室、人事政工科、财务科、法规与食安综合协调科（挂宣传应急科牌子）、食品生产流通监管科、餐饮服务监管科、药品医疗器械监管科、保健食品化妆品监管科、商标广告科、市场合同科、消费者权益保护科、特种设备安全监察科、工业产品质量监管局、标准计量科 14 个科室，下设企业注册局、公平交易局 2 个副科级直属局、8 个副科级市场监督管理所（挂食品药品监督管理所牌子）、1 个执法大队为参照公务员管理的副科级事业单位以及信息中心、消保中心 2 个股级事业单位。

2017 年，福山区有食品生产企业 51 家，食品加工小作坊和食品经销单位 2800 余家，饭店、食堂等餐饮服务单位 1100 余家，药品和药包材生产企业 18 家，医疗器械生产企业 7 家，医疗器械经营企业 208 家，药品经营企业 220 家，药品使用单位 230 家，保健食品经营企业 239 家，化妆品生产企业 1 家，化妆品经营企业 97 家。医药工业销售收入 5.0 亿元，医药流通销售收入 4.9 亿元，地方税收 0.33 亿元。

2017 年，福山区通过定期督导、模拟验收、专项整治等措施，在全区构建横向到边、纵向到底的食品药品安全监管网络，对食品药品安全风险零容忍。对食品、药品、保健食品生产经营行业和餐饮服务行业开展拉网式排查，建立健全动态管理档案和长效机制。对全区食品经营单位管理人员进行一轮食品安全管理知识专题培训并与重点企业签订食品安全责任书，提高食品经营者食品安全意识和管理水平。加快推进集新技术研发、医药包装生产、教育培训、产品展销于一体的综合性药包材产业园建设，明确功能分区，确定五年发展目标，落实激励政策，督促、引导企业扩大生产规模。

【监督检查】 在全区范围内开展韭菜、羊肉及其制品、食用油、水产品、调味品、超市农副产品、“两节”食品等专项整治检查 32 次，责令 350 多家缺证少照业户限期整改。开展餐饮行业和学校食堂大培训、大检查、大整改、大提升活动，联合市食药监局、区教育局先后 3 次对全区学校分管领导、食品安全管理人员开展培训，整治规范“小饭桌”并备案 39 家。为党代会、两会、中高考等重大活动提供食品安全保障 8 次。结合日常监督检查、飞行检查、跟踪检查，先后开展药品生产企业、化妆品企业、药包材生产企业专项检查、医疗机构制剂室、药品流通集中整治、中药饮片、处方药品等 10 余项专项整治工作，组织召回不合格化妆品 3 次 58 件，组织回收过期药品 2 次 180 余件。开展药品经营质量管理规范认证追踪，检查企业 56 家，撤销和收回 GSP 认证证书 4 家。开展医疗器械生产经营企业“规范实施年”活动，合规企业 22 家。

【监督抽检】 研究制定全区食品抽检工作计划及年度食品安全抽检方案，对食品、药品、经营行业和餐饮服务行业开展全面排查，抽样检测 1024 批次，检出不合格食品 57 批次。严格落实韭菜双证制度改革，在快检基础上，组织检验机构抽检韭菜 60 批次，处置不合格 18 批次，联合公安抽检水产品 18 批次，不合格 5 批次，追查在水产品中添加有害防腐药品的违法犯罪团伙，打击餐饮环节食品违法行为，有关信息获张永霞市长批示推广经验。制定《2017 年保健食品、化妆品日常监督检查计划》，以保健食品生产企业和化妆品委托生产企业为重点，全面开展日常监督检查，全年检查保化品生产经营单位，签订安全生产经营承诺书。

【专项整治】 组织开展打击保健食品欺诈和虚假宣传、化妆品非法添加、化妆品违规标识等 6 次专项检查，检查经营使用单位 239 户，抽检保健食品 10 批次、化妆品 17 批次。“3·15 消费日”和“5·25 护肤日”，在家家悦广场和振华超市设立咨询台，开展保健食品、化妆品安全公益宣传活动，发放安全知识手册及宣传单 200 余份，受理投诉举报 3 起，解答相关咨询 6 起。通过新闻媒体、网站、微信等渠道开展有奖知识问答，参与群众 300 余人，其中 8 人获奖，提高群众认知水平和安全消费意识，营造良好氛围。

【亮点工作】 **医药健康产业**。制定区医药包装产业园区发展规划和布局规划方案。投资 4.5 亿元的烟台鑫汇包装有限公司新厂区一期工程和烟台联合众生医药公司现代化健康物流产业园投入生产使用。

食品安全宣传。从执法人员、食品经营者等多个角度开展宣传教育工作。对执法人员加强培训，组织开展新《食品安全法》学习培训，提升执法效能。组织食品生产经营者参加产品质量安全意识、法律法规要求等方面培训，指导、监督食品生产经营者诚信守法经营。先后印发宣传海报 13000 余张，悬挂宣传横幅 1300 余条。通过微信群、QQ 群、电子屏幕、画廊橱窗、板报专栏、广场文艺演出、电视专题节目、发放宣传资料等多种形式开展食品安全宣传活动，宣传普及食品安全政策法规和知识，全民食品安全意识得到提升。利用福山市场监管网及时向社会公示小饭桌备案情况、食品安全监督抽检结果、食品违法案件查处结果等信息，保障民众知情权。开展食品安全宣传周、“3·15”、质量月等宣传活动。

党委书记、局长：刘晔
电话：0535-2732619
地址：烟台市福山区永达街 1021 号政务服务中心 7 楼
邮编：265500
（撰稿：史雨田　核稿：孙庆欣）

牟平区

【概况】 烟台市牟平区市场监督管理局主管全区工商行政管理、食品药品监督管理和质量技术监督工作，挂烟台市牟平区食品药品监督管理局、烟台市牟平区食品安全委员会办公室牌子。人员编制 231 名，在职人员 222 人，其中公务员 161 人、工勤 16 人、参公人员 20 人，事业人员 25 人。内设办公室、政工科、财务科、政策法规科、食品安全协调督导科（挂食品药品应急管理办公室牌子）、食品生产流通监管科、餐饮服务监管科、药品医疗器械保健食品化妆品监管科（挂不良反应监测中心牌子）等 14 个内设机构，下设行政许可和注册局、公平交易局 2 个直属副科级行政机构，14 个市场监督管理所（挂食品药品监督管理所牌子），1 个副科级执法大队（事业单位参公），消费者投诉服务中心、信息中心 2 个事业单位。2017 年，全区有食品经营业户 3209 家，其中食堂 105 家（学校、托幼食堂 71 家）；食品摊点 106 家、小餐饮 241 家、小作坊 139 家；食品生产加工企业 76 家，营业收入 2000 万以上的食品企业 15 家；城区有 3 处农贸市场，乡镇有 80 余处农村大集；药品生产企业 2 家，医疗器械生产企业 1 家、药品经营单位 227 家、医疗器械经营单位 214 家、保健食品、化妆品经营业户 300 余家。规模以上医药相关企业 8 家，营业收入 13.6 亿元，利税 4400 万元。

2017 年，牟平区局获“市级文明单位”“创建国家食品安全示范城市工作先进集体”“烟台市医疗器械安全监测工作先进单位”等称号。

【监督检查】 食品生产、流通。对辖区内 76 家食品生产企业进行日常监督管理，对全区食品生产企业进行风险分级管理；严格食品生产经营许可审查审批，对辖区内 36 家食品生产企业进行《食品生产许可证取证》换证工作；新增办理流通环节《食品经营许可证》637 份；推进食品安全追溯系统使用，企业录入量达 36 家，信息录入量达 1000 余条；加强“食安山东”建设，精心准备“放心肉菜示范超市”创建，金茂超市等两家单位通过烟台市级的评估验收；组织参与“食安山东”饮料生产加工示范基地创建，分别于 2017 年 5 月和 12 月通过省食安办组织的检查验收和现场答辩工作。

餐饮服务。每季度对全区学校、幼儿园食堂持证情况及从业人员管理、食品原料采购索证索票及登记、餐具清洗消毒、食品留样等进行全面检查，出动执法人员 140 余人次，检查学校及幼儿园食堂 284 家次。完成中高考及会考期间和牟平区两会等重大活动餐饮保障工作，保障就餐人员 3600 人次。全区登记备案学生小饭桌 67 个，寒暑假开学前在各学校周边和微信平台、政府网站公示学生小饭桌信息。

药品、医疗器械、化妆品。受理新开办药店 26 家，变更地址和经营范围 10 家，其他变更 43 家，注销企业 11 家，组织上报认证企业 79 家，培训企业相关人员近 100 人次。收集、审核、提交、上报药品不良反应 / 事件报告 596 例，其中新的严重报告 154 例，新严比例 25.83%，医疗器械不良事件报告 335 例，其中严重的 72 例，严重比例 21.49%，报告及时评价率和报告类型的准确率均为 100%，完成化妆品不良反应监测 56 例。

【监督抽检】 全年开展 2100 多批次的区级食品安全抽检，达到创城的每千人 4 份的标准要求，检测合格率 98% 以上；完成市级以上生产环节食品抽检 182 批次，流通环节抽检 391 批次，抽检合格率均在 99% 以上，餐饮环节完成市级以上抽检 194 批次，合格率 97.4%。全年抽检药品 392 批次，其中快检 307 批次，医疗器械 2 批次，化妆品和保健食品 17 个批次。对抽检不合格的产品，全部按照规定进行调查处理和后期处置。

【专项整治】 组织开展畜禽水产品抗生素、禁用化合物及兽药残留超标、贝类产品、婴幼儿配方乳粉标签标识、小饭桌、网络订餐、大型集体聚餐及农村餐饮服务食品安全、农家乐、渔家乐等旅游餐饮、餐饮环节乳制品、建筑工地、养老机构、企事业单位食堂食品安全、中药饮片专项、互联网售药、药包材、装饰性彩色平光隐形眼镜（美瞳）、体外诊断试剂、定制式义齿、一次性无菌医疗器械、无菌和植入医疗器械、注射用透明质酸钠等专项整治，出动执法人员 3300 余人次，立案 69 起，收缴罚没款 19 万余元。重点加强“三小”管理工作，摸清全区食品加工小作坊、小餐饮和食品摊点监管底数，组织“三小”经营业主、市场监管所及各镇街政府分管负责人和具体工作人员，分批次开展学习培训。持续推进食品摊贩备案管理，开展“一对一”互助规范主题活动，按照“六项标准”要求，规范“三小”加工经营行为，提升食品安全水平。全年办理食品加工小作坊登记证 154 户，食品摊点备案 105 户，小餐饮登记证 176 户。

【省级食品安全市创建】 自 2016 年 2 月正式申请省级食品安全市活动开展以来，牟平区局作为牵头部门，协调组织各方力量，推进基层基础建设。分别于 2017 年 5 月、11 月和 12 月迎接省级中期测评、市级初评和省级最终测评验收。

【生物医药健康产业建设】 石药集团中诚医药物流中心项目开工建设，预计 2018 年上半年将投入生产经营。烟台康石医药科技有限公司于 2017 年第三季度完成生物安全 II 级细胞实验室和 SPF 级动物实验室建设并投入使用。山东海王医疗器械公司与区政府达成战略合作协议，成立烟台海王医疗科技有限公司，拓展建设消杀中心、检验试剂托管及区域检验中心、医疗器械第三方物流等新的市场业务，总投资 5 亿元以上。

【“智慧监管”系统建设】 牟平区政府拨付 60 多万元专款建设食品安全“智慧监管”系统，为全局执法人员配备 200 多台执法终端、云打印机等移动执法设备，联合第三方研发食品安全“智慧监管”平台并投入到实际工作应用。组织实施学校食堂“明厨亮灶”工程，投资80多万元在全区38所公办中小学校的食堂（厨房）配置高清摄像头，与牟平区局“智慧监管”平台联网，对学校食堂的餐饮食品加工过程实行全程监控。

党委书记、局长：杨军
电话：0535-4320105
地址：烟台市牟平区正阳路368号政务服务中心8楼
邮编：264099

（撰稿：王瀚英　核稿：方卉明）

莱山区

【概况】烟台市莱山区市场监督管理局设15个内设机构、7个市场监督管理所，2个事业单位，副科级单位9个。涉及食药工作的职能科室有食品安全综合协调科（挂宣传和应急管理科牌子）、药品与医疗器械监管科（挂药品不良反应监测中心牌子）、餐饮服务食品监管科（挂学校食堂监管科牌子）、食品流通监管科、食品生产监管科、保健食品化妆品监管科。

2017年，辖区内有食品生产单位82家，食品流通单位1382家，餐饮单位1376家，保健食品生产经营单位111家，化妆品经营使用单位174家，药品生产及经营企业180家，医疗机构306家，医疗器械生产及经营企业89家。营业收入2000万以上的食品相关企业共有13家，营业收入25.3亿元，产值24.8亿元。医药相关企业5家，营业收入79.6亿元，产值86.7亿元。2017年，莱山区局被烟台市政府评为“创建国家食品安全示范城市工作先进集体”“市级文明单位”。2017年，全区新增“食安山东”省级食品流通示范单位15家，餐饮示范单位6家，餐饮示范街区1家。推广“放心肉菜示范超市”创建活动，初步实现肉类蔬菜来源可溯、去向可追、责任可究。同时，完成全区74家食品生产企业风险分级评定，全区食品生产企业基本建立起“四环一链”追溯体系。制定全区餐饮质量安全三年提升工作计划，“明厨亮灶”餐饮服务单位245家。

【监督检查】2017年，莱山区局重点开展婴幼儿配方食品、畜禽产品、水产品、日本核辐射区域食品、调味品、“两节”食品、韭菜、食品相关产品的专项检查，检查涉及食品经营业户264家，未发现重大食品安全问题。重点对各餐饮单位的肉、油索证索票，自制火锅底料公示、食品添加剂使用等情况进行检查。联合教体局开展学校食堂飞行检查2次，对24所学校食堂食品安全管理情况进行检查。以城乡接合部等为重点区域，以小药店、小诊所为重点检查对象，以索证索票，核查票、账、货相符为重点检查内容，以中药饮片、疫苗、19种无菌和植入性医疗器械、冷链产品为重点检查对象，检查药品生产、经营、使用单位、药包材生产企业、医疗机构制剂室200余家，器械生产、经营、使用单位50余家，下达责令整改通知书10余份，并及时复查。行政处罚5起。在“3·15”期间，莱山局集中销毁过期失效药品2吨，货值30余万元，保障莱山区无非法收购过期失效药品行为发生。按计划落实日常监督检查。制定《2017年保健食品、化妆品日常监督检查计划》，以保健食品生产企业和化妆品委托生产企业为重点，开展日常监督检查，全年检查保化品生产经营单位121户，签订安全生产经营承诺书86份。

【监督抽检】研究制定全区食品抽检工作计划及年度食品安全抽检方案，完成抽检公司招标工作，确定4家第三方承检机构。完成全区生产、流通、餐饮、保化各环节1242批抽检任务。重点对各级抽检企业的安全指标，按照规定的程序和方法进行抽样检测。完成食品生产企业国抽40批次、省抽50批次、市抽66批次、区抽125批次的抽检任务。年初制定全区食品流通环节抽检计划，涵盖预包装食品、散装食品、食用农产品等三大类400个批次。区级抽检计划已完成420个批次，完成省级抽检30批次，市级抽检280批次，专项抽检60批次。全区抽检179家餐饮单位自制面食、肉类、蔬菜等700份样品，对19家存在问题的餐饮单位进行立案查处。重大活动期间，采取驻点监督和不间断巡查相结合的方式，快检食品172批次。认真分析全省药品质量抽验不合格品种和发布的各类假药信息，以国家基本药物目录、广告量大、进销差价大、降脂降糖壮阳和市场热销等5大类品种为重点抽验对象，特别是82种易出现质量问题的中药饮片、胶囊剂、基本药物和注射剂进行抽验，完成药品快速检测110批次，抽样送检57批次，医疗器械生产环节抽样送检2批次，经营环节送检5批次。完成保化品抽检74批次，其中保健食品53批次（省抽3批次，市抽8批次，区抽42批次），化妆品21批次（国抽4批次，市抽17批次）。抽检不合格产品4批次，其中保健食品3批次，化妆品1批次。

【专项整治】开展食品添加剂、蜂蜜、酒类产品、植物油、氮气使用情况、食品欺诈及虚假宣传、婚宴集中聚餐、学校周边、旅游景区周边、火锅食品、冷鲜肉及肉制品、建筑工地食堂、水产品、食用油、韭菜等专项整治。检查餐饮单位2800余家，出动执法人员 5600 人次，97 家餐饮单位下达责令改正通知书。

结合日常监督检查、飞行检查、跟踪检查，开展药品生产企业、药包材生产企业专项检查、医疗机构制剂室、药品流通集中整治、药品经营质量管理规范（GSP）、药品使用质量管理规范（GUP）、疫苗、药械互联网信息（交易）服务单位、中药饮片、处方药品、人工终止妊娠药品、麻醉药品和精神药品等 10 余项专项整治工作。

开展医疗器械说明书和标签、装饰性彩色平光隐形眼镜（美瞳）、避孕套、注射用透明质酸钠、体外诊断试剂、无菌和植入性医疗器械、医疗机构使用医疗器械、人工终止妊娠相关器械 8 项专项整治工作。

开展宾馆酒店化妆品、化妆品标签标识、城乡接合部化妆品、保健食品欺诈和虚假宣传等专项整治工作。

【推动医药健康产业发展】 莱山区中医药与精准医疗产业园作为莱山区加快医药健康产业集聚发展而规划建设的专业园区，被纳入烟台市国家级生命科学创新示范区“一区七园”总体规划。通过多次协调沟通，引进山东瑞康医药集团投资建设乐康金岳医疗产业综合基地。牵头组织参加全国首届医药创新与发展国际会议，会议期间，佳诺华研发中心及产业基地、沈阳药科大学共建体外诊断联合实验室、中医经典名方研发中心、中药谱效评价研究中心等 4 个项目进行集中签约。2017 年，全区落地项目 9 个（润中药业、江麟中药饮片、熊去氧胆酸项目、海城医疗器械、乐康金岳医疗产业综合基地、艾维可生物、精准基因科技、质谱生物、天仁医学检验实验室），总投资达 50 亿元。其中艾维可生物、润中药业等 5 个项目建成投产或试生产，海城医疗器械等项目开工建设。此外，在创新产品奖励、仿制药一致性评价、申请国际国内认证等方面积极与上级部门沟通联系，争取市级奖补资金 330 万元。

【“智慧监管”新模式】 “慧投诉”。为调动全社会力量共同参与维护食品安全，构建食品安全社会共治格局，实行“一个平台解诉求”，统一受理消费者咨询、投诉、举报，完善受理、分派、核查、反馈等工作流程。同时，保留原“12315”“12331”“12365”投诉举报电话，与国家、省以及各地市保持一致，方便群众继续使用，拨打 3 个电话号码都可直接转到莱山区局投诉举报中心。自“三线合一”以来，受理并处理食品类投诉举报 300 件。

“慧饭桌”。为实现让“小饭桌”变成“放心桌”，莱山区局转变监管思路，实行硬件设备标准化、从业人员专业化、管理制度规范化、场所布局合理化、食品原料公开化的“现场五化”管理措施；实行“微信晒五化”，通过微信等各类媒体对备案小饭桌进行公示，监督小饭桌业主建立家长微信群，公开投诉举报电话

“慧协管”。坚持关口前移，重点推进乡镇监管体制建设，在各街道（园区）均设立镇级食品安全办公室，在全市率先为每个村居社区、大中专院校、重点农贸市场聘请食药安全协管员，全区协管员总数由 2015 年的 132 人增加到 144 人。通过配强食药协管人员，建立起区、街、村居三级食品安全监管网络，初步形成“一县（区）一局、一镇（街道）一所、一村一员”的食品安全监管体系，建立起从源头到终端，从生产到流通、餐饮环节的“无缝隙”的食品安全监管网络，有效解决以往食品监督管理部门多、范围小、执法力量少、执法力度弱等问题。

“慧宣传”。完善食品药品宣传队伍建设，延伸宣传触角，开展形式多样的科普宣传活动。在全区建立 30 个食品药品科普宣传站。引导基层群众参与监管，运用媒体传播增加消费者科学知识的信息，联合社会力量参与宣传站建设和维护，努力将科普宣传站建设成为群众家门口的宣传阵地。举办食药科普“春蕾宣传”进校园活动，在学校与政府之间构建文化活动平台，整合社会资源形成教育合力。志愿服务助力食安烟台创建。烟大文经学院食品系“微尘”志愿服务队与黄海、初家、滨海、莱山经济开发区 4 个食药监管所结成对子，协助工作人员深入开展走访、调研、督查、宣传等创城工作，助力“食安烟台”建设。

党委书记、局长：姜景卫
电话：0535-6891331
地址：烟台市莱山区祥隆国际大厦 B 座 21 楼
邮编：264003

（撰稿：谭文龙　核稿：辛宏伟）

龙口市

【概况】 龙口市市场监督管理局主要承担依法规范和维护全市各类商品市场经营秩序、商标广告监督管理、行政许可、登记注册管理、消费者权益保护、食品药品安全监管、质量管理、质量监督、认证认可、计量监督管理、标准化管理、特种设备安全监察等 16 项工作职责。全局行政编制 225 名，工勤编制 14 名，事业编制 49 名，在编职工 265 人，其中行政 201 人，工勤 17 人，事业参公 16 人、事业 31 人。内设 14 个职能科室、2 个直属局以及 1 个执法大队、1 个消费者投诉服务中心、1 个信息中心，下设 11 处市场监管所。2017 年，龙口市局被烟台市委、市政府授予“创建国家食品安全示范城

市工作先进集体”称号，被烟台市精神文明建设委员会授予“文明单位”称号。

截至2017年底，龙口市有食品生产单位180家，食品经营单位4406家，餐饮服务单位2249家（其中大型以上餐饮单位80家，中型餐饮单位270家，小型餐饮单位1279家，学校及托幼机构食堂129家，企业食堂136家，小吃店356家），农产品批发市场1个，各类农贸市场3个，药品、医疗器械、药包材生产企业24家，药品经营企业445家，医疗器械经营企业42家，药品使用单位406家。保健食品生产企业1家，保健食品经营单位520家，化妆品经营使用单位116家，化妆品委托生产企业2家。全年食品加工及储存产业主营业务收入380亿元；药品规模以上生产经营企业2家（年销售收入超过2000万）。生产经营企业年销售额约2亿元，税收约900万元。

【监督检查】 2017年，龙口市局综合运用行政审批、网格巡查、“双随机”抽查等监管措施，加大对食品药品生产经营单位的监管力度，年内新发或延续《食品生产许可证》24个，发放《食品经营许可证》1500个，小作坊小餐饮备案206个，小摊点登记194个。严格执行学校自查制度和季度检查制度，对全市56家学校食堂季度检查覆盖率为100%，对102家幼儿园进行全面规范。配合烟台市局开展药品、医疗器械经营单位的审核验收，初审上报新开办药品零售企业16家，变更项目药品零售企业37家。

【监督抽检】 加大食品药品抽检力度，在全市11个基层监管所、1个批发市场、5个农贸市场和8个大中型商超建立食品快检室，完成国家及省级生产经营单位食品安全监督抽检298批次，市级监督性抽检474批次、评价性抽检76批次、风险监测39批次，县级各类抽检3647批次，开展食用农产品快检6万批次。监督抽验药品93批次，抽检保健食品、化妆品60批次；全年监测、上报药品不良反应1127多例，医疗器械不良事件463例，保健食品、化妆品不良反应71例。

【专项整治】 以群众消费量大、安全隐患多、问题易发多发的酒类产品、肉及肉制品、保健食品、水产品、“四品一械”、疫苗等为重点品种，开展专项治理行动，严查各类产销违法违规行为，调查处理群众食品安全投诉举报106起，其中食品加工环节21起，经营环节85起，查办外地协查案件34起，查办食品抽检不合格后处理等各类食品安全违法案件39起，罚没款69万余元，没收涉案产品7000余公斤。查办投诉、交办、协查等各类药品违法违规案件50起，其中一般程序案13起，受理投诉35起，外发协查13起，协助异地协查1起，查处违规药械近300种；受理保健食品、化妆品投诉举报20余起，其中省转投诉2起，市转投诉3起，立案6起，罚没款3万余元。

【亮点工作】 *省级食品安全市*。镇街区食品安全“党政同责”，明确食品安全协管员645名，实现基层食品安全协管网络建设覆盖率100%。开展“守护舌尖安全”、食品安全隐患排查等活动30余次，强化“三安”联动，形成食品安全齐抓共管工作合力。开展食品安全宣传周、健康大篷车进社区等宣传活动20多场次，建设基层食品药品科普宣传站34个，全市食品安全共建、共治、共享氛围进一步浓厚。2018年3月正式被省食安委命名为“山东省食品安全市”。

优化药械行业规范。落实药品经营质量管理规范，指导4家药品经营连锁总部及128家门店进行兼并重组，解决企业走向、人员流向、利益分配等难题。执行医疗器械生产质量管理规范，对2家生产企业进行注销。联合药品零售连锁企业总部，轮流对其下属药店开展监督检查，提升监管效能。

党委书记、局长：杜枫
电话：0535-8517740
地址：龙口市东莱街道通海路151号
邮编：265701

（撰稿：张正锡　核稿：迟亮德）

莱阳市

【概况】 莱阳市市场监督管理局设18个科(室)，2个直属局，1个执法大队，2个中心和18个市场监管所。在职人员254人，其中公务员编制176人，参公人员17人，事业编制45人，机关工勤16人。截至2017年底，实有食品生产企业193家，食品加工小作坊235户，流通经营业户2781户，餐饮经营单位967家，药品生产经营使用单位970家。有龙大、鲁花、春雪、恒润等规模以上食品生产龙头企业87家，产品涵盖冷冻保鲜蔬菜、调理食品、海产品、花生油、肉制品、乳制品、调味品等品种，出口亚欧美等50多个国家和地区，84家食品生产企业通过HACCP或ISO 22000标准体系认证，规模以上食品生产企业认证比率96.6%。有惠诺、永康、江波、司邦得、鸿杰、中鑫东泰6家药品生产企业，品种涵盖注射剂、中药制剂、化药制剂、中药饮片，有5家药品生产企业全部通过GMP认证。

2017年，莱阳市加强基础建设，参加国家食品安全示范城市和省级食品安全县创建，严格食品药品生产经营市场准入，组织食品药品抽样检测，开展日常监督检查和专项监督检查，查处食品药品违法案件，保障市民饮食用药安全。

【监督检查】 食品生产。全年办理《食品生产许可证》34 个，《小作坊备案证》235 个，推进食品行业质量安全受权人工作，全年授权 112 家。组织食品生产企业和小作坊食品安全管理人员培训 4 次，建立健全食品生产企业食品安全信用等级分类档案，实现“一户一档”。

食品流通。全年办理《食品经营许可证》1756 个，在大中型商场超市、食用农产品批发市场、食品供货商、学校周边食品店、婴幼儿配方乳粉专卖店中推行食品安全信用等级管理，食品安全信用信息系统数据录入 613 条。

餐饮服务。全年办理《餐饮服务经营许可证》264 个，小餐饮登记业户 576 家，餐饮服务单位量化分级率达 90%，学校食堂量化分级 B 级以上单位达 100%。规范餐饮单位食品原料采购渠道，严格落实进货检查验收、索证索票、购销台账和质量承诺制度，以学校及托幼机构食堂、单位食堂、工地食堂、小型餐饮单位作为检查重点，推行网格化、规范化和痕迹化监管，完成食品抽检计划。开展餐饮食用油、养老院服务质量、鲜奶吧、酒类食品质量安全、“食安护佳节”食品安全等专项检查，检查餐饮服务单位 990 家次。

药品、医疗器械。全年核准新开办药店 14 家，变更 20 家，对 123 家药品经营企业进行 GSP 现场认证检查和跟踪认证检查。完成药品抽样 367 批次，组织涉药人员查体 500 余人次。组织开展医疗器械、药包材、特殊药品、血液制品及疫苗等专项检查，对涉药单位进行拉网式巡查和重点监督检查。全年上报药品不良反应报告 1227 份，新的严重报告 133 份；器械不良事件 637 份，新的严重报告 128 份。

食品药品安全宣传。食品安全宣传周期间，莱阳市食安办联合教体、农业和畜牧等部门，在市工人文化宫广场开展安全宣传周启动仪式，期间，市场监管局组织开展食品快检进市场、A 级餐厅随手查和食药安全随手拍等特色活动。全年张贴食品安全宣传海报及一封信 3 万张，悬挂横幅 2500 条，喷刷墙体宣传标语 166 条，开通市场监管微信公众号并入驻《今日头条》，发布食品药品监管信息 26 条，在《今日莱阳》报刊和政府网站刊登食药安全监管信息 82 条，开展食品药品安全科普宣传 8 次，发放宣传材料 1200 份，受理解答群众投诉咨询 52 件。

【监督抽检】 2017 年，在食品生产环节，配合上级完成国家抽检 134 批次，省抽检 51 批次，市抽检 106 批次，自行组织抽检 900 批次，不合格产品处理率为 100%；在食品流通环节，配合上级完成抽检 382 批次，专项抽检 229 批次，自行组织食品流通环节抽 1990 批次，快速检测 2.16 万批次，监督抽检结果均实现莱阳政府网站公示，快检结果全部录入快检系统；在餐饮环节，完成日常监督抽检县级 900 批次、烟台市级 184 批次；专项抽检 100 批次、烟台市级 28 批次；评价抽检烟台市级 58 批次。

【专项整治】 联合公安机关查处刘某等销售不合格肉制品案件 1 起，查封扣押报废不合格肉制品 4.5 吨，向公安机关移送犯罪嫌疑人 2 名。

【亮点工作】 通过国家食品安全示范城市和省级食品安全先进县达标验收，16 家速冻食品企业通过省级中期评估，被确定为“食安山东”速冻食品生产加工基地创建单位。深入推进“食安山东”品牌创建，1 家餐饮店被省食安办评为“食安山东”餐饮示范店，2 家学校食堂被认定为全省示范学校食堂，6 家学校食堂被认定为烟台市级“三星级学校食堂”，37 家食品经营单位和 1 家食用农产品批发市场被省食安办确定为第二批“食安山东”食品流通示范单位。在全市 16 个市场监管所设立快检室，在 7 个大型超市、3 个农贸市场、1 个批发市场设立快检室，为莱阳两会、樱花节、梨花节、中高考和山会等大型活动提供食品安全保障。

党委书记、局长：李健
电话：0535-7800501
地址：莱阳市昌山路 5 号
邮编：265200

（撰稿：陈业涛　核稿：徐世太）

莱州市

【概况】 莱州市市场监督管理局（挂莱州市食品药品监督管理局、莱州市食品安全委员会办公室牌子），下设 15 个职能科室、2 个直属局、3 个事业单位和 17 处市场监督管理所（市场监督管理所挂食品药品监督管理所牌子）；莱州市局总编制 313 人，其中：公务员 230 人，事业 83 人；在岗在编干部职工 262 人，其中：公务员 194 人，事业 58 人（含参公 17 人），工勤 10 人；领导班子成员 10 人，其中：局长 1 人，副局长 8 人，主任科员 1 人。承担食品药品监督管理相关工作科室有 5 个：综合协调和应急管理科、食品生产流通监管科、餐饮服务食品监管科、保健食品化妆品监管科、药品医疗器械监管科；事业单位1个：莱州市市场监督管理局执法大队（作为过渡暂保留市质量技术监督局稽查队、市食品药品稽查大队牌子）。全局专兼职从事食药监管人数235人，其中：局机关94人，基层监管所141人。

2017年，莱州市有食品生产经营企业和业户2319户，其中，规模以上企业63家。2017年，食品产业营业收入达到4.3亿元，实现利税4200万元，分别比2016年增长6.2%和4.4%。药品和医疗器械产业：有药品和医疗器械生产经营企业455家，其中规模以上企业21家，科技创新型企业3家。2017年，药品和医疗器械产业营业收入3.6亿元，实现利税2300万元，分别比2016年增长7%和5%。保健食品和化妆品产业：有保健食品和化妆品生产经营企业和业户1378家，其中规模以上企业12家。2017年，保健食品和化妆品产业营业收入4100万元，实现利税200万元，分别比2016年增长3.7%和2.6%。2017年，莱州市局积极参与莱州市创建“全国文明城市”活动，被莱州市委、市政府表彰为“创建全国文明城市突出贡献单位”。被省文明委授予“省级文明单位”荣誉称号。

【监督检查】 2017年，办理食品生产许可28家，食品经营许可1162家，小作坊登记证90户，小餐饮登记209户，食品摊点备案695个。

2017年，初审上报药品经营许可179家，上报药品不良反应事件1160例、医疗器械不良事件620例、化妆品不良反应事件55例。受理并转报药品经营企业新开办、变更、换证申请181份，医疗器械新开办、变更、换证申请20份。在规定时限内对48家企业完成验收工作。

【监督抽检】 2017年，17个基层市场监管所、万通市场和百大、利群、十八乐3家超市，21处食用农产品快检室基本建成，并投入运行。全年完成县级食品抽检4530批次、快检4.3万批次，抽检结果均在中国莱州网食安莱州专题和莱州市场监管公众号公示，快检结果在各市场或监管所公示。

2017年，完成抽检医疗器械1批，保健食品国抽1批、省抽4批、市抽4批，配合市检验检测中心抽样10批，化妆品省抽4批、市抽6批，配合烟台市检验检测中心抽样10批。

【专项整治】 2017年，会同莱州市教育体育局等单位完成86家学校食堂食品安全专项检查；开展羊肉及羊肉制品、学校及学校周边食品、进口食品、一次性无菌医疗器械等专项整治40余次，检查涉药涉食企业726家，立案查处60余起，组织协调开展冷冻肉、假蜂蜜等联合执法11次，移交公安机关食品案件3起，查处假正大鸡柳、无证销售保健食品等案件。

【亮点工作】 争创省级食安城市。协调莱州市政府召开全市“创建山东省食品安全先进市”动员部署会议，印发《创城方案》和《创城宣传方案》《2017年县级食品抽检计划》。召开镇街部门创城培训会，组织协调各镇街、各相关部门按照方案、计划要求推进工作。万通市场、百大、利群、十八乐超市快检室（点）基本建成，17处基层市场监管所食用农产品快检室基本建成并投入运行，开展省市级食品抽检800余批次，县级4530批次，其中不合格135批次。建成43处科普宣传站，在2处社区开展科普宣传；督导8处学校开展“春蕾宣传活动”。组织农业、畜牧、卫计、教育体育等部门开展食品安全督查2轮次。编发《食品安全简报》11期，在中国莱州网、市场监管公众号发布食品安全警示信息100余条。17处镇街村庄（社区）1049名食品药品协管员全部到位开展工作。全市未发生重大食品安全事故。

党委书记、局长：周小麟
电话：0535-2212329
地址：莱州市光州东街285号
邮编：261400

（撰稿：张京亮　核稿：徐希奎）

蓬莱市

【概况】 蓬莱市市场监督管理局挂蓬莱市食品药品监督管理局、蓬莱市食品安全委员会办公室牌子，为市政府工作部门。内设办公室、人事政工科、财务装备科、政策法规科、食品生产流通监管科、餐饮服务食品监管科、保健食品化妆品监管科、药品医疗器械监管科（挂新医药产业发展办公室和不良反应监测科牌子）、食品安全综合协调与应急管理科、等16个科室。设2个直属机构，分别为企业注册局（挂行政许可办公室牌子）、公平交易局（挂打击产销办公室牌子）；设11个派出机构，分别为登州、紫荆山、蓬莱阁、新港、南王、刘家沟、大柳行、大辛店、小门家、村里集、北沟市场监督管理所，承担辖区内市场监管和行政执法有关工作；设3个事业单位，分别为执法大队（副科级事业单位，内设6个中队）、消费者投诉服务中心（正股级事业单位）、信息中心（正股级事业单位）。截至2017年底，全局行政编制150名，机关工勤7名，事业编制51名，在职干部职工205人。

截至2017年底，全市有食品生产企业121家，其中葡萄酒生产企业 56 家，规模以上企业（年产值 2000 万以上）9 家，食品类个体工商户 3400 余家，化妆品生产经营单位 1761 家。全市生物医药企业规模达 17 家，其中，医药生产企业 4 家（含在建 1 家），保健食品生产企业 8 家、医药器械生产企业 2 家，新引进未开工企业 3 家，全年生物医药产业总产值为 11.7 亿元，利润 8764 万元，税收 1.5 亿元。

2017 年，蓬莱市局被烟台市局授予“创建国家食品安全示范城市工作先进集体”，被蓬莱市委、市政府授予“蓬莱市最佳部门”“蓬莱市产业发展先进集体”“蓬莱市民生热线服务工作先进单位”。

【监督检查】 以创建省级食品安全市为契机，与全市 121 家食品生产企业签订质量受权人承诺书，以葡萄酒、肉制品、食品添加剂使用、进口食品、学生食品为重点对象，以索证索票为检查重点，检查食品生产经营户 2000 余家次。全市 11 个市场监管所、大型商超及农贸市场建立食用农产品快检室，日常开展食品快检工作，全年各市场所开展快检 7100 余批次，大型商超及农贸市场开展快检 1000 余批次。全年飞行检查学校食堂检查学校（幼儿园）食堂 364 家次，整改问题 26 项。全年累计检查批发企业 1 家，连锁总部 4 家，零售企业（含连锁门店）190 余家，责令整改 5 家，收证 2 家，撤证 2 家。检查药品使用单位 15 家，责令整改 2 家，警告 8 家；检查医疗器械经营单位 27 家，责令整改 5 家。全年立案查处各类食品违法行为 45 起，收缴罚没款 23.14 万元；立案查处药品和医疗器械违法行为 3 起，收缴罚没款 8150 元。

【监督抽检】 2017 年，食品生产、流通、餐饮环节抽检 1806 批次，其中食品流通环节抽检 1465 批次，食用农产品抽检 520 批次。专项抽检蓬莱小面 8 批次、羊肉 19 批次、月饼 60 批次，检出不合格样品 28 批次。全年开展宾馆酒店用化妆品、城乡接合部化妆品、保健食品标签标识、食品与保健食品虚假宣传等专项检查 7 个，抽检 50 批次保健食品和化妆品，检出不合格样品 4 批次。

【专项整治】 开展畜禽水产品抗生素、假劣调味品、日本涉核污染进口食品、婴幼儿配方乳粉标签标识、食品添加剂“对标使用”、食品生产、流通风险隐患排除等专项整治，检查食品生产企业 230 余家次，食品流通单位 1300 余家次，发现问题 78 家，均督促整改到位。开展“放心早餐”专项整治活动，规范评选“放心早餐”示范店 11 家。开展集体聚餐专项和火锅类餐饮单位专项整治活动，检查餐饮单位 129 家次，提出整改问题 65 项。组织开展玻尿酸、肉毒素、特殊药品、中药饮片、血液制品和疫苗等专项检查 6 次，开展隐形眼镜膜塑形镜、标签和说明书、一次性无菌医疗器械和植入性医疗器械等一系列医疗器械专项检查。对城乡接合部和农村地区药店诊所开展专项整治，检查药店 118 家，诊所 85 家，责令整改 39 家。

【亮点工作】 海参示范园区建设。引导、规划建设湾子口海参生产加工小作坊示范园区，对 30 余户海参加工业主采取宣传引导、分期培训、现场指导、技术帮扶等方式，积极拓宽园区主干道，为园区主干道两侧制作食品安全宣传展板 35 块，培训从业人员 320 多人次，接待咨询 100 多人次，帮助 7 户海参加工户改造升级为生产企业，58 户办理小作坊登记证。

“放心早餐”专项整治。以“三小”监管“六项标准”为基本要求，以蓬莱小面早餐店为重点，重点检查早餐店的泡打粉、罂粟碱、蓬灰等食品添加剂的规范使用情况，检查 110 余家早餐店，约谈 3 家，对蓬莱小面海鲜卤、餐饮具等开展 52 批次专项抽检，评选 11 家“放心早餐”示范店，带动行业整体规范提升。

省级食品安全市创建。针对食品安全重点、难点问题，创新监管方法，开展食品安全整治排查工作，构建“共建、共治、共享”的食品安全治理工作机制。2017 年 12 月 12 日，省食安办通过群众满意度调查、现场检查和社会公示等形式对蓬莱市进行验收，整体水平达到验收合格要求。2018 年 3 月 23 日，经省食安委全体会议研究同意正式命名蓬莱为“省级食品安全县”。

党委书记、局长：程普明
电话：0535-5725001
地址：蓬莱市登州街道南关路 249 号
邮编：265600

（撰稿：侯敏　核稿：张良栋）

招远市

【概况】 招远市市场监督管理局为正科级行政单位，内设办公室、政工科、财务装备科、食品安全综合协调科、食品安全监管科、保健食品化妆品监管科、药品和医疗器械监管科、药品不良反应监测科、商标广告管理科、市场合同管理科、消费者权益保护科、法制科等 18 个科室。设企业注册局、公平交易局 2 个直属局；设信息中心、执法大队、招远市消费者投诉服务中心 3 个事业单位；设罗峰、梦芝、泉山、温泉、大秦家、张星、阜山、夏甸、蚕庄、金岭、玲珑、辛庄、齐山、毕郭 14 处市场监督管理所。配备编制 343 名，在编 290 人，其中行政编制 188 人，事业编制 94 人，工勤编制 8 人。

截至 2017 年底，招远市有食品生产企业 157 家，食品生产登记小作坊 108 家，食品流通经营单位 2873 家，食品摊点 521 户，餐饮经营单位 836 家，单位食堂 118 家，小餐饮经营户 519 家，保健食品生产企业 1 家，保健食品经营单位 107 家，化妆品经营单位 170 家，药品生产企业 1 家，医疗器械生产企业 3 家，药品经营单位 298 家，医疗器械经营单位 78 家。全市医药健康产业收入 35.47 亿元，同比增加 0.76 亿元。

2017 年，招远市局被山东省精神文明建设委员会授予“2017 年度省级文明单位”称号，被招远市委市政府授予“先进集体”称号。全年未发生重大食品药品安全事故，食品药品安全监管工作名列烟台市第一。开展省级食品安全县（市、区）创建活动，2018 年 3 月，招远市被省食安委命名为“山东省食品安全市”。

【监督检查】 食品生产。指导食品生产企业使用“山东省食品安全追溯公共服务平台”，全市食品生产企业注册率达 100%。加强“三小”条例落实，对 108 户食品生产小作坊摸底登记，提升辛庄水盘芝麻糖小作坊园区生产监管水平。推动规模以上企业实施生产规范认证，鼓励酒类企业落实食品安全责任保险，指导 1 家食品生产企业创建“食安山东”食品生产示范企业。确定企业监管风险，对 152 家食品生产企业实施风险分级分类监管。2017 年，组织生产企业日常监督检查 305 次，配合烟台市局完成生产企业现场许可核查 20 次，发放《食品生产许可证》23 件。

食品流通。按照“三小”监管“六项标准”，开展“三小”业户“一对一”帮扶，印制、发放“三小”公示牌 800 份，录入食品摊点备案信息 497 户。推行一本通制度落实，发放《食品经营一本通》2200 本。推行电子台账，11 户规模较大的供货商实现“一本通”电子化管理。建立食品信用档案 2075 户，其中 A 级经营业户 55 户，B 级经营业户 582 户，C 级经营业户 1438 户，录入监管信息 3400 余条。开展“放心粮油店”创建活动，对 20 户粮油经营户进行全面规范。优化审批流程，办理《食品经营许可证》381 家。

餐饮服务。创新监管模式，与上海溯往科技有限公司合作，运用大数据分析，实时掌握餐饮单位数据，及时排除食品安全隐患。加强重大活动食品安全保障，完成“两会”、中高考、黄金节等 10 次大型食品安全保障任务。开展企业、学校、乡镇食安办宣讲 14 次，对 3640 名学生、630 名农村食品安全协管员进行培训。开展专项检查 8 次，规范业户 892 家，实行电子索证索票系统餐饮单位 107 家，办理《食品经营许可证》678 家。

药品、医疗器械。落实新开办企业核查约谈、关键岗位人员事前考核制度，约谈率和上岗人员考核合格率均达 100%。开展“医疗器械规范实施年”、药品 GSP 跟踪检查等活动，检查药品经营企业 162 家，药械使用单位 153 家，下达责令改正通知 157 份，收回 GSP 证书 2 家。评价上报药品不良反应事件 971 例，医疗器械不良事件报告 442 例。组织烟台宁远药业参加烟台 2017 医药创新与发展国际会议签约仪式，帮助山东凯利医疗器械申请奖励基金 100 万元。

保健食品、化妆品。对保健食品、化妆品经营单位开展全覆盖检查，评价上报化妆品不良反应报告 82 例。利用“3·15”消费者权益日和“5·25”全国护肤日开展宣传活动，发放宣传单 3000 余份，宣传资料 600 余份，现场答疑 300 余人。办理《食品经营许可证》43 家，化妆品备案 14 家。

【监督抽检】 食品安全。制定《招远市 2017 年抽检工作计划》，进行公开招标。2017 年，开展监督抽检 2132 批次，食用农产品快检 1 万余批次，专项监督抽检 212 批次，公示 2344 批次。

药品、医疗器械、保健食品和化妆品。抽检药品、医疗器械 6 批次，合计 481 件；抽检保健食品、化妆品 26 批次，合计 156 件。

【专项整治】 食品安全。以粉丝、韭菜、食用油、葡萄酒、桶装水、畜禽肉类、水产品、乳及乳制品、食品添加剂等为重点，开展食品市场专项整治 35 次，检查食品单位 1500 余户，查处违法案件 55 起，查扣并销毁过期食品 103 件。

药品、医疗器械、保健食品和化妆品。开展医疗器械生产、经营、使用单位专项检查，取缔无证药品销售点 7 处，13 起涉嫌经营假药违法犯罪案件全部移交公安机关。针对宾馆酒店化妆品、化妆品标签标识、农村和城乡接合部化妆品市场、祛痘类化妆品、保健食品生产企业开展专项整治，检查经营业户 161 家，涉及产品 385 种。

【省级食品安全市创建】 2017 年，招远市扎实开展省级食品安全县（市、区）创建活动。3 月 14 日，组织召开全市食品安全工作会议，印发《招远市食品安全工作考核办法》，实行重大食品安全事故“一票否决”；5—10 月，召开 7 次食安城市创建工作调度推进会议，深入部门、现场开展督查 45 次，印发督办通知单 12 份，编发创城督查通报 8 期；12 月 11 日，招远市通过山东省食品安全县（市、区）验收。

【粉丝行业规范提升】 2017 年，对粉丝生产企业开展以食品添加剂为检查重点的专项整治行动。现场查封问题严重企业 7 家，下达责令改正通知书 48 份，约谈粉丝生产企业 11 家。以会代训，组织 70 家粉丝生产企业 140 余人参加专项整治会议，指导粉丝行业打造“分层分类、精准定位、突出特色、错位发展”的良性经营模式，为全市粉丝品牌做大做强创造良好营商环境。

党工委书记、局长：徐青林
电话：0535–8235379
地址：招远市魁星路 278 号
邮编：265400

（撰稿：王修晓　核稿：刘龙娟）

栖霞市

【概况】 栖霞市市场监督管理局（挂栖霞市食品药品监督管理局的牌子），履行食品、药品、保健食品、化妆品、医疗器械监管以及工商管理、质量监督职能，在岗人员 267 名。内设办公室、人事政工科、财务装备科、政策法规科、食品安全综合协调科、食品生产流通监管科、餐饮服务食品监管科、保健食品化妆品监管科、药品医疗器械监管科等 16 个科室，设公平交易局、企业注册局 2 个直属局，下设执法大队、栖霞市消费者投诉服务中心、信息中心 3 个事业单位。在 16 个乡镇设立市场监督管理所（挂食品药品监督管理所牌子）。截至 2017 年底，辖区内有监管对象 6321 户；其中餐饮类 470 户，食品生产及销售类 5315 户，药品生产及销售类 536 户。2017 年，药品、医疗器械销售收入 45055 万元，利润额 3736 万元，纳税 482 万元。2017 年，栖霞局被烟台市委、市政府评为“创建国家食品安全示范城市先进集体”；被栖霞市委市政府评为“文明城市创建先进集体”。

【监督检查】 食品安全。制定食品生产、流通日常监督检查计划、监管计划及县级食品安全监督抽检计划，食品安全监管链条有效畅通。围绕烟台创建国家食品安全示范城市和栖霞争创省级食品安全市，开展春蕾宣传活动、商超放心肉菜公开评价、学校食堂开放日、食品安全大培训、“明厨亮灶”“双示范”单位展示、食品快检进市场、“三小”条例宣贯等活动，食品安全和创城意识深入人心。以“舌尖上的安全”为中心，开展食品安全专项大排查活动，对全市学校食堂、小餐桌及餐饮企业、农村聚餐活动、养老机构等进行规范排查，从规范生产加工间、设备、工具和容器清洗、消毒、保洁要求抓起，完善业户“三防”等相关设施设备，检查食品生产加工企业 285 家次。

药品、医疗器械。2017 年，对辖区内的药械生产、经营、使用单位、疫苗使用单位进行全面监督检查，检查相关单位 518 家，责令整改 117 家。组织开展药品流通领域集中整治、中药材中药饮片、疫苗经营使用、特殊药品、药品购进渠道、医疗器械标签和说明书、无菌和植入性医疗器械、角膜塑形镜、注射用透明质酸钠等一系列专项整治，检查相关单位 338 家，责令整改 58 家。

保健食品、化妆品。2017 年，将辖区内 340 家保健食品、356 家化妆品经营企业纳入日常监管，覆盖率达 100%。加强企业信息档案建设，实现档案动态化管理，建立保健食品和化妆品经营企业信息档案 696 家。规范保健食品经营许可，发放经营范围含保健食品的《食品经营许可证》344 份。完成 29 批次祛痘类不合格化妆品处置、化妆品标签标识专项整治、宾馆酒店用化妆品专项检查、农村和城乡接合部化妆品市场专项检查、食品保健食品欺诈及虚假宣传整治工作。利用“3·15”“12331”“5·25”等主题宣传日，组织“我健康我美丽”保化知识有奖问答和保健食品、化妆品知识宣传活动。做好化妆品不良反应监测，上报不良反应报告 68 份。

畅通应急处置及投诉举报机制。制定一般食品安全事故应急演习演练脚本，每年组织开展 1 次应急知识培训，每两年组织 1 次食品安全应急演练或桌面推演。建立食品安全新闻发言人、宣传联络员、信息报送等制度，健全食品安全舆情监测处置机制，对突发事件按规定进行报告，做到食品安全问题早发现，早应对，妥善处理，正确引导舆论。强化“12331”投诉举报体系建设，制定《食品安全举报奖励暂行办法》，24 小时不间断受理食品安全投诉举报，累计受理举报投诉 180 余件，办结率 100%。

【监督抽检】 2017 年，食品方面完成县级抽检 2376 批次，任务完成率 101%，不合格 148 批次，问题发现率近 8%；完成国家转移地方、省级、市级三级监督抽检及评价性抽检累计 800 余批次；不合格食品防控和后处置均达到 100%；食品安全抽检流通环节移交不合格报告 20 份次。针对保健食品、化妆品领域非法添加和微生物超标等问题，进行 15 批次保健食品抽检（省抽 2 批次、烟台市抽 13 批次）和 19 批次化妆品（省抽 3 批次、烟台市抽 16 批次）抽检。药械方面开展药品监督抽验 95 批次，不合格 4 批次，问题发现率为 4.21%，位于烟台市前列（第 2 名）。

【专项整治】 围绕进货查验、食品加工制作过程、环境卫生、落实食品经营制度、经营许可等方面，开展农村聚餐活动、餐饮服务、养老机构、食用油、羊肉及制品、活禽交易市场、学校食堂、网络订餐、畜禽水产品、动物源性食品、桶（瓶）装饮用水、食品标签标识和食品添加剂、假劣调味品、婴幼儿配方乳粉标签标识、日本核辐射区食品、牛羊肉瘦肉精、牛百叶、大葱、“咔哇潮饮”饮料等一系列专项整治行动，下达责令整改通知书32份。加强食品安全监管信息共享，加强与公安、农业、畜牧等部门沟通协作，签订《联勤联动执法合作机制》，规范协作联动，促进行政执法。2017年，联合公安机关办理食品类案件2起。

【亮点工作】 栖霞市委、市政府把食药安全列为“惠民办实事”之一，持续加大人员、资金、设备支持力度，专设1名分管食药工作副局长（正科级），在16个所均设1名分管食药工作副所长（副科级）。市政府拨付专门经费用于镇村食品检验和食品药品安全协管员、信息员工作补助，全市有食品药品安全协管员、信息员965名，构建起市、镇、村三级监管网络，实施网格化监管模式。创城期间，协调召开食品安全委员会全体（扩大）暨创建国家食品安全示范城市推进工作会议，签订责任书，明确19个部门、16个乡镇创城责任分工。结合省级验收工作，组织各单位严格按照《山东省食品安全城市和食品安全先进县（市、区）验收细则及责任分工》开展自查自评，并组成4个组对各乡镇创城工作进行督导，发现问题缺陷，及时纠正完善。

党委书记、局长：孙振会
电话：0535-5262701
地址：栖霞市山城路76号
邮编：265300

（撰稿：林宏　核稿：孙振会）

海阳市

【概况】 海阳市市场监督管理局内设16个职能科室（含企业注册局、公平交易局）、下设15个市场监管所（其中1个基层市场监督管理所因人员缺编暂未设立）及3个事业单位。全局编制268名，在编191人。辖区内有食品生产经营单位4746户、农贸市场2个、农村集市72个、药械生产经营和使用单位661家。2017年，全市9家生产企业通过HACCPH或GB/T22000食品安全管理体系认证，1条街、2个学校食堂、2个餐饮服务单位、2家食品生产企业分别获评2016年度“食安山东”餐饮服务示范街、“食安山东”示范学校食堂、“食安山东”餐饮服务示范单位、“食安山东”食品生产加工示范企业，助力烟台市成功创建为国家首批食品安全示范城市。海阳市局、方圆市场监管所被烟台市委、市政府表彰为“创建国家食品安全示范城市先进集体”，4名工作人员被烟台市食安委评为“创建食品安全示范城市先进个人”。

【监督检查】 强化内部监管责任。将18个镇区街道划分为6个网格，海阳市局6名班子成员分别负责3个网格区域食药安全监管。将食药生产企业、大型商超、中型以上餐饮服务单位、企事业机关单位食堂、药品批发企业、药品连锁总部、医院（诊所）划归职能科室和执法大队监管。14个基层市场监管所，各自负责1～2个镇区街道食品生产加工小作坊、食品流通个体工商户、小型以下餐饮服务单、单体及连锁（零售）药店的安全监管。在此基础上，每2～3人编成一组，每组分别负责50～150户不等食药安全监管，全面实行食药网格化、体系化、板块化监管。

强化社会共治共管。将食品安全工作纳入海阳国民经济和社会发展五年规划，列入党委和政府重要议事日程，出台食品安全党政同责相关文件，纳入23个食安委成员单位、18个镇区街道年度岗位目标考核；吸纳18个镇区街道、732个行政村（居）758名食品药品安全协管员，协助开展食品药品安全宣传信息提供、违法协管、行风监督；建立31个食品药品科普宣传站，深入企业、社区、学校、医院等开展食品安全科普常识宣传48场次；在“3·15”国际消费者权益日、食品安全宣传周等活动中悬挂宣传横幅1500余条、张贴海报2万余张、发放《致广大市民的一封信》等宣传材料13万余份；在海阳电视台、《今日海阳》开辟专栏，播放新闻30余期、发表动态信息90余篇；通过市场监管局“双微”平台发布食药安全提醒警示、监管动态、食安创城等信息140余条，社会共治共管进一步形成。

强化依法行政许可。严格食品药品生产经营行政许可及“四小”备案制度落实，严把食药安全准入关口。全年发放《食品生产许可证》5个、《食品流通经营许可证》752个、《餐饮服务许可证》491个。发放食品小作坊备案证178个、小餐饮备案证251个、小摊贩备案证373个、学生小饭桌备案证18个。发放《药品经营许可证》17个。

强化量化分级管理。将辖区内食药生产经营单位按照A、B、C、D四个等级实施量化分级管理。其中，食品生产企业评定为A级23家、B级46家、C级5家；食品流通单位评为A级404家、B级2062家；餐饮食品服务单位评为A级62家、B级539家、C级60家；药品经营企业评为A级309家、B级7家；药品使用单位评为A级371家、B级1家。

强化检查全面覆盖。通过常态监管、专项治理、创城准备及重大活动、重要节日保障等时机，对全市现有2个农贸市场、72个农村集市、88家食品生产企业、178家加工小作坊、165家保化品经营单位、2466家食品流通单位、373家食品摊贩、712家餐饮服务单位、251家小餐饮、120家学校幼儿园食堂、345家单位食堂、48家学生小饭桌、1家药品生产企业、2家药品批发企业、2家药品连锁总部、327家药品零售（连锁）门店、76家医疗机构、27家三类医疗器械经营企业、226家二类经营企业全面覆盖监督检查，确保全市广大市民饮食用药安全。

【监督抽检】依托全市19个食用农产品快检室，开展食用农产品日常快检2.5万余批次，为食用农产品“入商超、进市场、上餐桌”把好第一道关口。申请资金150万元，采取政府公开招标，通过第三方检测机构承检方式，严格执行国抽、省抽、市抽、县抽等监督抽检计划，抽检药品291批次（其中药品快检210批次、监督抽验81批次）、食品2670批次（每4份 / 千人），对106批次不合格食品依法予以下架、停售、召回等处理措施。

【专项整治】开展畜禽水产品抗生素、禁用化合物及兽药残留超标、婴幼儿配方乳粉、日本核辐射食品、大葱、韭菜、桶装水、植物油塑化剂、食品添加剂、旅游景区餐饮服务食品、学校幼儿园食堂及药械领域大型医疗设备、骨科植入器械、一次性使用无菌医疗器械、血液制品和疫苗等30余项专项整治行动。出动执法人员6300余人次，检查相关单位1.6万余户次，下达责令整改通知书3000余份，立案查处违法行为101起，罚没款入库143万元。

【亮点工作】学生小饭桌监管经验亮相全国“双安双创”。全市48家学生小饭桌全部登记备案，均实现“一户一档”监管，打造硬件设备标准化、从业人员专业化、管理制度规范化、场所布局合理化、设备设施标识化“五化”现场。小饭桌监管经验被国家食安办、国家总局推广。6月29日，海阳市“宝贝家”和“爱心营养”两个小饭桌开办业主微信群与北京展览中心现场实时连线互动，在全国“双安双创”成果展中展出。

食安创城活动被评为海阳发展“十大事件”。分别于2月16日和4月6日两次组织召开全市创建国家食品安全示范城市推进工作会议，围绕农业、畜牧、餐饮具、食品监管、氛围营造等10余项工作进行全面部署，助力烟台市获得“国家食品安全示范城市”称号。海阳市局、方圆市场监管所、4名工作人员分别被烟台市食安委表彰为创建国家食品安全示范城市先进集体、站所和个人，创建食品安全城市呵护市民餐桌安全被评为“2017海阳发展十件大事”。

党委书记、局长：邹化安
电话：0535-3259736
地址：海阳市海阳路247号
邮编：265100

（撰稿：刘修发　核稿：李海瑛）

长岛县

【概况】长岛县市场监督管理局（挂长岛县食品药品监督管理局、长岛县食品安全委员会办公室牌子）属长岛县政府序列正科级工作部门，承担全县工商行政管理、质量技术监督、食品药品监管工作，主要负责食品、药品、医疗器械、保健食品、化妆品、商标、广告、合同、质量、计量、标准、特种设备等具体行政事务的管理，以及工商注册登记、流通领域商品质量管理、消费者权益保护等市场秩序维护和民生保障工作。设13个职能科室、4个派出机构、3个事业单位。全局有编制61名，截至2017年底，在岗人员43人。辖区10个乡镇40个村均设立协管员，人员信息全部备案。截至2017年底，全县有食品生产企业14家，食品流通经营单位560家，公共餐饮服务单位148家，学校食堂、幼儿园食堂6家，渔家乐经营单位985家。全县无公害产品认证达50个、产地认定企业29家，有机产品认证8个，“三品一标”总面积1.3万多公顷。2017年长岛县局深入推进食品安全城市创建，完成创建任务。强化食品、药品、医疗器械、保健食品、化妆品监管，保民生保安全，监管能力和监管水平取得明显提升。发挥食安办对全县食品安全工作的协调职能，圆满完成“食品安全城市”创建任务分工，被烟台市委、市政府授予“创建国家食品安全示范城市工作先进集体”，下属城区市场监管所、南北长山市场监管所被烟台市委、市政府授予“创建国家食品安全示范城市工作先进基层站所”，3人被烟台市食安委授予“创建国家食品安全示范城市工作先进个人”。

【监督检查】2017年，以“三小”条例实施为契机，长岛县局重点加强“三小”监管，入户排查“三小”经营单位109家，发放“三小”条例张贴画、宣传资料500余份，完成小作坊、小餐饮规范登记45家，小食品摊贩备案46家。以乡镇、村等食品监管薄弱环节为重点，重点加强监管体系建设，首次制定乡镇食品安全考核办法并纳入全县目标管理综合考评体系；对全县10处乡镇食品药品管理人员和40个行政村的食品安全协管员进行集中业务培训；安排专人下乡入村开展食品安全执法，助力南隍城全国卫生乡镇创建。实施示范引领，继续开展“食安山东”示范创建活动，按照“试点先行，重点突破；因地制宜，逐步推进”的原则，积极稳妥推进“清洁厨房”“明厨亮灶”工作，累计完成“清洁厨房”创建15家，“明厨亮灶”建设3家；创建“食安山东”食品流通示范单位9家，餐饮服务示范店1家，餐饮服务示范街1条。强化药械经营使用单位监管，对辖区内药械、保化经营使用单位进行拉网式全覆盖的日常监督检查；督促2家医疗器械生产企业进行自查并上报自查报告，完成20家药品经营企业GSP跟踪检查；全面加强执业药师履职情况的监管，与批发、连锁企业及其执业药师签订履职承诺书；严格准入监管，现场核查《保健食品经营许可证》3家次，通过1家。评价并上报药品不良反应51例，医疗器械不良事件31例。

【监督抽检】 强化抽检、快检，认真制定并落实食品药品抽检工作计划，围绕面食制品、瓶（桶）装饮用水、水产制品、初级农产品等海岛群众关心的食品类，组织开展县级食品抽检206批次，食品快检200批次；先后协助完成国家、省、市食品抽检任务243批次；对抽检不合格的4批次食品依法完成后处置。扎实做好药品抽检评价，完成药品监管抽样31批次，保健食品6批次，化妆品4批次，完成药品评价抽样8批次。

【专项整治】 辖区大部分食品依靠船运入岛，把好入岛食品及相关产品质量关，成为食品安全工作关键。长岛县局通过集中整治，严格落实农贸市场、商场超市、酒店饭店开办经营者主体责任，贯彻实施索证索票制度，强化进岛食品检验，确保食品“源头性”安全问题。对食品生产经营者全部建立健全食品安全管理责任制度，明确质量受权人，履行质量受权人责任；在食品生产经营许可准入和跟踪检查时，严格审查场地环境、设施设备、卫生条件、流程布局、从业人员等基本情况。把幼儿园食堂、学校餐厅、工地食堂等集体用餐单位作为整治重点，加大检查力度，突出节假日和旅游旺季等重点时段，开展节令食品检查8轮次；集中在开学前夕，开展中小学食堂、幼儿园食堂专项执法5轮次；完成全县两会、海洋生态文明建设专家行、马拉松、海鲜节等重大活动食品安全保障任务7次，全县全年食品安全零事故。2017年处置接收投诉、移交转交投诉82起，办结82起，案件处结率100%。

【亮点工作】 *深入开展文明旅游环境创建工作。*从涉旅经营主体规范、诚信经营意识提升和违法违规行为整治等3个方面，加强旅游市场食品药品秩序整治。开展涉旅监管行业调查摸底，规范经营单位主体资格。3—5月，依托市场监管网格化分工，开展食品生产、流通、餐饮服务、药品经营等经营行业市场主体调查摸底和经营证照规范工作，摸排经营单位900余家，督促经营单位新办补办变更营业执照310户、食品经营许可证206户。

*开展食品药品行业培训，提升从业人员文明经营意识。*以诚信经营和法规知识为重点内容，大力开展食品药品行业培训，4—6月，先后开展餐饮服务、食品流通等旅游相关行业集中培训6批次，培训有关人员400余人次。

*开展旅游市场专项执法检查，严厉整治违法违规行为。*4—11月，先后对商场超市、景区摊贩销售的包装商品、进行旅游市场食品安全专项检查，保障涉旅食品安全。

党组书记、局长：于仁海
电话：0535-3213828
地址：长岛县县府街96号
邮编：265800

（撰稿：杨海昌　核稿：门廷年）

烟台高新技术产业开发区

【概况】 烟台高新区市场监督管理局主管全区工商行政管理、食品药品监督管理和质量技术监督工作，加挂高新区食品安全委员会办公室牌子，正科级单位。设办公室、政策法规科、工商行政管理科、质量技术监督科、食品药品安全监管科、行政许可科、稽查大队，有行政编制12名，事业编制8名，实有18人。截至2017年底，高新区有食品生产企业23家，食品流通经营单位303家，餐饮服务单位224家，单位食堂23家，小餐饮经营户67家，保健食品生产企业3家，保健食品经营单位26家，化妆品经营单位23家，医疗器械生产企业6家，药品经营单位19家，医疗器械经营单位18家。全区医药工业实现销售收入12.45亿元，同比增加1.30亿元，医药流通实现销售收入36.22亿元，同比增加5.13亿元。

2017年，高新区局获“创建国家食品安全示范城市先进集体”“高新区年度考核先进集体”称号，未发生重特大食品药品安全事故。

【监督检查】 *食品生产。*高新区局对辖区20家食品生产企业进行日常监督管理，并开展食品生产企业风险等级评定工作，在食品生产行业建立安全风险评价体系，根据食品安全风险事项等级，建立风险等级档案和监管台账。

食品流通。高新区局做好食品经营环节的日常监督工作，制定印发监督抽检计划。对肉类制品、乳制品等重点品种进行重点检查。以问题多、隐患多、投诉多的经营主体为工作重点。规范食品原料采购渠道，严格索证索票和质量检测把关，将餐饮服务使用的肉制品、食品添加剂等作为监督检查的重点品种，严格查处违法违规行为。2017 年检查食品经营单位 100 余家次。

药品、医疗器械。按照《烟台市药品经营使用日常监督管理办法》要求，突出药品购销渠道检查重点，开展基层药品经营单位专项整治，对辖区 22 家诊所和 15 家药店进行监督检查。对本行政区域的无菌和植入性医疗器械生产经营企业和使用单位开展深入监督检查。全年检查生产企业 5 家，经营单位 14 家，使用单位 13 家。

保健食品、化妆品。按照烟台市局要求，对辖区保健食品、化妆品经营与使用单位进行排查，检查保健食品生产企业 2 家，经营企业 5 家，化妆品生产企业 1 家，经营企业 7 家。

【监督抽检】 加强食品安全风险防控，对辖区学校食堂、重点餐饮单位米、面、酱油、蔬菜等重点食品进行抽验，抽样 288 批次。配合国家、省、市局抽检工作安排，对辖区生产、流通、餐饮环节中果酱、葡萄酒、糕点、小麦粉、花生等食品进行 175 批次抽检。

【专项整治】 2017 年，完成包括对畜禽水产品抗生素和禁用化合物及兽药残留，劣质调味品，食用油，大葱，韭菜，“双节”期间食品安全、农村集体聚餐食品安全、餐饮服务食品安全大检查、重点餐饮单位整改提升在内的 13 项专项检查行动，确保辖区食品安全。

【亮点工作】 “食安山东”品牌创建自 2014 年启动，为烟台高新区一项重点工作，全区有 2 家食品生产企业（烟台瑞华食品有限公司、烟台丰泰食品有限公司）获得“食安山东”品牌，品牌获得率为 9%。

对餐饮服务、药品经营场所的设置布局、设施设备进行先期指导，缩短行政审批办理时效。规范现场核查工作，督促经营单位达到制度健全、环境整洁、设施完备、流程合理的开办标准，2017 年受理并发放《食品经营许可证》326 个，《药品经营许可证》7 个。

开展“3·15”维权日、食品安全宣传周、药品安全宣传月等活动，通过悬挂宣传横幅、发放食品药品安全知识宣传资料、现场解答等方式开展创城相关宣传工作，发放宣传资料 1000 余份，接受现场咨询 100 多人次。制定《2017 年高新区科普宣传工作实施方案》，并在烟台二中、烟台职业学院、高新区初级中学等 4 所院校和马山街道办事处建成食品药品安全科普宣传站。部署开展“春蕾”宣传活动，采用发放宣传资料和开展科普教育等多种形式，树立全民食品药品安全意识。发放宣传册 300 余册，《致全体市民的一封信》500 余份。

党组书记、局长：王建波
电话：0535-6922329
地址：烟台高新区科技大道 69 号创业大厦 26 楼
邮编：264670

（撰稿：陈宁　核稿：刘新海）

烟台经济技术开发区

【概况】 截至 2017 年底，烟台经济技术开发区市场监督管理局有工作人员 142 名，其中行政编制人员 85 名，事业编制人员 23 名，工勤人员 5 名，劳务派遣人员 29 名。内设 8 个职能处室，下设 6 个市场监督管理所，3 个事业单位。辖区内有食品生产企业 93 家，餐饮单位 1344 家，食品销售单位 1849 家，药品生产企业 7 家，医疗机构制剂室 1 家，药包材生产企业 1 家，涉及使用特殊药品（咖啡因）非药品生产企业 1 家，药品批发企业 7 家，药品零售连锁总部 3 家，零售连锁门店 241 家，单体门店 17 家，医疗机构 187 家，医疗器械生产企业 16 家，批发企业 70 家，零售企业 108 家，保健食品生产企业 5 家，化妆品生产企业 4 家，保健食品经营单位 348 家。2017 年查处食品药品违法案件 15 起，罚没款合计 7.58 万元。2017 年，开发区农副食品加工和食品制造业工业总产值 1919335 万元，利润总额 168105 万元；医药制品业工业总产值 247761 万元，利润总额 35469 万元。2017 年，开发区局被烟台市委、市政府评为“创建国家食品安全示范城市工作先进集体”。

【监督检查】 2017 年，辖区内新注册食品经营单位 1642 家，其中餐饮服务经营单位 777 家，食品销售经营单位 885 家。全年检查食品经营单位 3800 余家，全部建立监管档案。查处疑似食物中毒案件 8 起，处理餐饮相关投诉 21 起，配合协助调查 6 起；为春秋季学校开学、中高考、国际医药峰会等重大活动提供餐饮保障 10 次；食品经营单位量化分级管理覆盖率 92%，学校食堂 B 级以上 100%。全年新增食品生产企业 5 家，7 月，蓬莱潮水镇划归开发区，划转食品生产企业 18 家；推行山东省食品小作坊小餐饮登记制度，发放《食品小餐饮登记证》159 个、《小作坊登记证》66 个；按照全市《食品生产企业食品安全信用分级分类监管意见》部署，对区内 95 家食品生产企业进行全面评定，建立《食品生产加工企业诚信档案》，A、B级评定率分别达到42%、55%；通过HACCP或ISO 22000认证企业26家；开展食品生产企业日常监督检查150余次，直接或协助省市局办理《食品生产许可证》20余家，约谈生产企业负责人10人，推进食品生产企业管理标准化。

【监督抽检】 完成区级食品专项抽检25批次，监督抽检1280批次，其中生产领域74批次，流通领域400批次，餐饮领域806批次。食品生产领域国抽89批次、省抽61批次，市抽69批次；食品流通领域国抽22批次、省抽36批次、市抽327批次；餐饮领域省抽24批次、市抽160批次。依法处理不合格食品13批次，约谈不合格食品经营单位13家。开展保健食品、化妆品专项抽检，保健食品市抽9批次、省抽6批次、配合省局国抽2批次；化妆品市抽9批次、国抽2批次、省抽6批次，对2批次不合格化妆品进行立案查处。

【专项整治】 食品安全。组织开展全区餐饮环节食品安全大检查，检查餐饮单位1080户。开展2017年食品生产环节专项整治活动、食品生产领域日常监督检查和水产品、桶装水、肉制品等专项治理，检查食品生产企业95家；组织春、秋季学校食堂、托幼机构、旅游景点等重点部位食品安全大检查，检查食堂125家、旅游景点餐饮单位20家；配合烟台市局完成对学校食堂风险隐患排查工作、食用油食品安全监督管理专项整治工作。开展销售来自日本核辐射区食品专项检查行动，对327户商场超市、进口食品专营店、网络食品交易平台及入网经营者等进行检查；开展假劣调味品专项检查工作，对辖区327家商场、超市、食杂店、调味品店进行专项检查；开展经营环节牛羊肉中“瘦肉精”专项检查活动，检查销售牛羊肉肉及其制品商户102家，出动执法人员318人次；开展大葱专项检查，出动执法人员52人次，检查217户经营业户，同时组织大葱专项抽检，抽检大葱10批次；开展农村市场食品安全风险防控工作、对销售“咔哇潮饮”饮料进行专项检查、开展牛百叶等食品安全风险防控专项整治工作。

药品。开展城乡接合部和农村地区药店诊所药品质量安全集中整治、中药饮片专项整治、血液制品和疫苗专项检查、互联网药品交易（信息）服务专项检查。检查药品批发企业7家，零售连锁总部3家，零售（门店）企业246家，医疗机构130家，预防接种门诊7家。下达责令改正50家，当场行政处罚2起，撤销2家药品零售门店《药品经营质量管理规范认证证书》，公告3家医疗机构不符合《药品使用质量管理规范》。对1家药包材生产企业、5家使用企业进行检查。检查4家药品生产企业、1家医疗机构制剂室。开展麻醉药品和精神药品专项检查。检查2家第二类精神药品经营企业。

医疗器械。开展医疗器械专项检查。检查口腔义齿生产企业1家、经营企业5家、使用单位4家，隐形眼镜经营单位15家，避孕套经营企业10家，透明质酸钠使用单位2家，出动执法人员80人次，执法车辆40台次。开展医疗机构用药用械安全专项检查。开展无菌和植入性医疗器械监督检查。检查无菌生产企业1家、植入类生产企业1家、经营企业10家，三级医疗机构1家，出动执法人员40人次，执法车辆20台次。开展医疗器械说明书和标签专项检查。企业自查整改阶段，14家生产企业、37家经营企业、1家使用单位提交自查报告；全面检查阶段，检查4家生产企业、7家经营企业、1家使用单位。

【亮点工作】 做好食品安全城市创建省级验收工作，协调开发区管委召开创建国家食品安全示范城市推进会议，完善创建国家食品安全示范城市迎检相关资料，开展创城宣传活动5次，发放宣传材料1500余份，迎接创建国家食品安全城市明察暗访，助推烟台成功创建国家食品安全示范城市。

完成493家药品经营使用单位信用等级评定。对药品零售（含连锁）企业在药品经营质量管理规范方面进行调研，分析存在问题，并提处建议和对策。承担互联网药品信息服务和交易服务管理工作，对6家互联网药品信息服务网站，1家互联网药品交易服务网站进行重点监测。开展医疗器械生产经营“规范实施年”活动。对14家生产企业进行GMP检查，对21家经营企业进行GSP检查。

党组书记、局长：左寒松
电话：0535－6371161
地址：烟台经济技术开发区长江路290－1号
邮编：264006
（撰稿：王泽松　孙静　王谦　董冬　核稿：朱为强）

昆嵛山国家级自然保护区

【概况】 昆嵛山国家级自然保护区市场监督管理局主管全区工商行政管理、食品药品监督管理和质量技术监督工作。局机关干部职工9人，其中局长1名，公务员2名，事业编制2名，派遣人员4名。辖区内有餐饮服务单位36家，连锁药店两家，村医务室6家，在营企业6家，其中乡村旅游林家乐接待游客1.62万人次，综合收入92.3万元，实现全年旅游总收入同比增长13.68%。

【监督检查】 对全区所有食品生产、食品经营单位每月检查 1 次，增加对昆嵛山大酒店、金茂超市等重点监管区域不定期抽查频次；重点检查集体食堂采购、贮存、加工制作、清洗消毒和留样等关键环节，严格执行《餐饮服务食品安全操作规范》，落实食品原料进货查验、采购索证索票、从业人员健康查体培训及食品添加剂“五专”管理等制度；对检查中发现的问题一律下达责令整改通知书，并加强跟踪问效，确保昆嵛区无群体性食品安全事故发生。

在春节、清明、五一和国庆小长假期间成立食品安全监管领导小组，制定工作方案。严格执行节假日值班制度，落实带班领导和值班人员。强调以消费量大的和群众生活必需的食品为监管重点；以景区周边、较大超市、农村大集等为重点区域；以食品包装是否具有“质量安全”标志，是否标明生产日期、保质期、净含量、配料表，是否按规定合理存放食品及其原料，是否执行进货查证验票、购销记录等食品经营管理制度为重点内容，深入开展监督检查，对检查中发现的不合格食品，督促经营者第一时间下架退市。

【监督抽检】 餐饮服务。按照《餐饮服务食品安全监督动态等级评定操作手册》要求，对全区 36 家餐饮服务单位进行现场核查打分，发放动态管理公示牌。

药品、医疗器械。以索证索票、核查票、账、物相符为重点检查内容，严查从非法渠道购进药品行为，规范药品购销、使用行为。完成中药材专项整治；完成中药饮片专项整治工作；完成安全用药月科普宣传活动；完成无菌和植入性医疗器械监督检查。

【专项整治】 突出食品安全问题专项检查。完成肉制品、葡萄酒、蜂蜜及其制品、“五毛”小食品、羊肉及制品等专项整治检查 10 余次。做好案件查处工作，对不合格食品的来源和去向进行调查核实，跟踪立案查处，加大稽查工作和跟踪查处工作的力度。2017 年抽检不合格食品案件均处置完毕。

【监管体系建设】 建立健全食品安全监管网格。昆嵛区局于 6 月 7 日牵头召开全区食品安全委员会会议。会上通过建立昆嵛镇食品安全委员会、由各村安全协管员兼任村食品安全员的决定，正式建立横向到边、纵向到底、上下贯通、高效运转的县、乡两级食品安全监管网络。做到“人人身上有责任，人人身上有任务”，避免出现监管不到位、失职、渎职等情况。诚信自律体系建设。切实监督食品经营者把好食品进货关、销售关和退市关，协助全区 11 个重点食品经营单位建立健全食品进货查验制度、食品进货查验记录制度、食品质量承诺制度、食品协议准入制度、食品安全管理制度、食品退市和销毁制度、食品运输贮存及销售安全管理制度、食品经营从业人员健康管理制度、食品安全事故应急处置管理制度等。

扩大社会宣传面。到乡村基层宣传普及新版《食品安全法》。2017 年累计发放各类宣传资料 1000 余份，扩大社会宣传面，营造良好社会氛围。10 月 25 日，开展“昆嵛区餐饮从业单位人员培训班”活动，增强餐饮从业人员整体素质和食品安全意识。鉴于昆嵛区局工作人员食品安全监管知识相对不足现状，建立周五学习制，同时尽可能多地派人到省、市参加业务培训，使全体干部职工快速掌握食品安全各环节监管重点和相关法律法规，逐步提升监管人员素质和能力。2017 年，全局干部职工累计参加省、市各类学习培训 80 人次。

党支部书记、局长：李红春
电话：0535-4693315
地址：烟台昆嵛山保护区管委大院林场办公楼 1 楼
邮编：264112

（撰稿：白雪　核稿：丛旭明）

潍坊市

【概况】 潍坊市食品药品监督管理局（挂潍坊市食品安全委员会办公室牌子）为潍坊市政府工作部门，对全市生产、流通、餐饮服务环节食品安全和药品的安全性、有效性实施统一监管。内设 13 个职能科室，下设市食品药品稽查支队、市食品药品检验检测中心、市药品不良反应监测中心 3 个直属单位，均为公益一类事业单位。其中，市食品药品稽查支队、市食品药品检验检测中心均为副处级规格，市药品不良反应监测中心为正科级规格。核定局机关行政编制 54 名（其中军转安置行政编制 4 名），配备局长（主任）1 名，副局长（副主任）4 名（其中 1 名兼任市卫生局副局长），正科级领导职数 14 名（含机关党委专职副书记 1 名），副科级领导职数 9 名。实有工作人员 56 人（含工勤人员 3 人）。潍坊市食品药品稽查支队核定编制 37 名，配领导职数 1 正 3 副。实有工作人员 39 人。潍坊市食品药品检验检测中心核定编制 81 名，配领导职数1正3副。实有工作人员78人。潍坊市药品不良反应监测中心核定编制8名（挂潍坊市医疗器械不良事件监测中心、潍坊市药物滥用监测中心牌子），配领导职数1正2副。实有工作人员8人。

截至2017年底，全市有食品生产企业1921家、食品流通企业45350家、餐饮服务单位24213家，其中发放《食品经营许可证》的餐饮单位17214家，发放登记证的小餐饮6999家；保健食品生产企业8家、保健食品经营企业4381家；化妆品生产企业16家、化妆品经营企业3051家；药品（药用辅料）生产企业29家、医疗机构制剂室有21家、药品批发经营企业42家、零售连锁企业67家、零售药店4231家；医疗器械生产企业62家，经营企业3267家，使用单位9390家。

2017年，全市系统依托市场机制推动社会共治，各项工作取得显著成效。成功创建为首批国家食品安全示范城市。9个县市区参与省级创建，在省内率先实现应创尽创，创建数量居全省首位。全省食品安全先进县（市、区）创建工作现场会议在潍坊市安丘市召开，昌乐、寿光等6个县市顺利通过省级验收。不断创新完善监管长效机制模式，深入实施快检托管全覆盖、赋码追溯、阳光厨房、透明快检、阳光开放等监管模式，极大提高监管效能。积极开展“放心肉菜示范超市”创建工作，全市90%以上的大中型商超达到创建标准。大力实施品牌引领，“食安潍坊”品牌方阵初步建立。新创建省级品牌单位543家，创建总量达到2889家，创建数量位居全省前列。

【食品安全监管】 **食品生产**。组织对全市1921家食品生产企业进行分类分级，其中A级287家，B级1395家，C级104家，D级30家。按照风险等级确定检查频次，组织开展日常监督检查，覆盖率达100%。推行飞行检查制度，全年暗访企业41次。推进食品生产企业建立追溯体系建设，全市1513家食品生产企业建立追溯体系，建成率78.76%。继续推行赋码追溯制度，截至2017年底，全市有810家食品生产企业的产品实施赋码追溯。积极开展“食安山东”创建，18家企业新获得“食安山东”示范企业称号，全市获得“食安山东”示范企业称号的达到40家。

食品流通。组织开展“放心肉菜示范超市”创建工作和大中型商超放心肉菜公开评价，持续提升大中型商超食品安全水平。全面推进快检托管全覆盖和“透明快检室”建设，全市67家市场快检室全部推行“政府主导并购买部分服务，市场开办者委托第三方检测机构进驻”的快检模式，2017年各市场累计完成食用农产品快检近80万批次。开展规范化农贸市场创建工作，通过培树典型、示范带动，加快市场升级和业态规范，提升全市农贸市场规范化水平，全市24家食用农产品批发市场、农贸市场参与创建。

餐饮服务。研究制定《潍坊市重大活动餐饮服务食品安全监督管理工作实施意见》，进一步规范重大活动保障工作。加强学校食堂食品安全监管，推进学校食堂快检广覆盖工程，截至2017年底，全市建成学校食堂快检室370个。推行学校食堂大宗物品集中采购，截至2017年底全市实行大宗物品集中采购的学校食堂达到750家。“明厨亮灶”工作扎实推进，截至2017年底，全市“明厨亮灶”餐饮单位达到5000家。积极推动“小餐饮”登记管理工作，全市完成“小餐饮”登记6999家。

【药品监管】 **药品生产**。加强药品生产企业日常监督检查、专项检查和跟踪检查。全市开展现场检查119家次，出动检查力量260余人次，发现问题1100多条。所有监管对象全覆盖检查达到2次以上，企业整改完成率100%。评价性抽检合格率、在产基本药物监督抽验覆盖率、抽验合格率均100%。加强风险防控，开展风险会商4次，将4家企业纳入高风险企业名单，约谈企业4家，对2家企业下达停产整顿的意见，配合省局收回药品GMP证书1张。

药品经营。严格药品零售企业认证工作，完成药品零售许可材料和GSP认证材料806件，安排药品经营许可验收、GSP认证现场检查总计2380人次。强化药品风险防控，综合开展日常监督检查、专项检查、飞行检查，2017年检查等开展日常监督检查9535家次。持续推进信息化智慧化监管，全年完成药品经营企业监管信息录入3918条，药品使用单位监管信息录入1728条。

【医疗器械监管】 实行精准监管，生产环节突出高风险企业监管，经营环节强化规范化管理，使用环节抓好质量检查。2017年检查医疗器械生产企业62家、经营企业1875家、医疗机构2426家，发现问题844个，罚款100.33万元。以“规范实施年”活动为契机，强化规范管理，通过宣贯指导示范引领检查倒逼推动企业落实《规范》全市所有生产企业和冷链经营企业全部通过规范检查。强化风险防控，加强抽检结果的分析和运用，及时掌握产品质量安全趋势，推进不良事件监测，科学整理分析数据，指导医疗器械监管。

【专项整治】 针对社会普遍关心的突出问题，开展“守护舌尖安全”、畜禽水产品、大葱、肉制品、城乡接合部和农村地区药店诊所药品质量安全、中药制剂及中药饮片等15项集中整治行动。检查各类食药生产经营单位10.2万家次，查处食药案件2169起，罚没款总计 1236 万元。深入开展风险隐患大排查大整治行动，排查消除风险隐患 2079 个（次）。加大监督抽检力度，抽检各类食品 51088 批次，达到每千人口 5.46 批次，抽检药品 1014 批次，食品药品评价性抽检合格率名列全省前茅。

【基层基础建设】 制度建设。制定行政执法公示、执法全过程记录、重大执法决定法制审核 3 项制度，建立行政执法事项清单、随机抽查事项清单、行政执法主体资格清单、行政执法人员资格清单、重大执法决定法制审核目录清单及重大执法决定法制审核要素清单 6 个清单，行政执法程序流程图、重大执法决定法制审核流程图 2 张流程图，行政执法服务指南 1 个指南，全面规范行政执法行为。认真落实规范性文件“三统一”制度，起草政府规范性文件《潍坊市食用农产品集中交易市场准入监督管理暂行办法》，根据新《食品安全法》及《食品药品违法行为举报奖励办法》，完成对政府规范性文件《潍坊市食品安全举报奖励办法（试行）》的评估修订。

技术支撑能力建设。检验检测。市级检验检测中心顺利通过实验室地址变更、资质认定复审和扩项认证工作，认证参数达 22604 个，基本涵盖食品药品检测项目。参加中检院、省质监局组织的能力验证、实验室间对比，结果均为满意。加强业务培训交流，采取走出去请进来的方式，开展培训 37 次。注重科研创新，获得“2017 年度山东省药学会科学技术奖二等奖”，与省检验研究院建立长期科研协作关系。

“智慧监管”。建设潍坊市食药信息资源平台，将各类业务数据从省局落地潍坊，规划食药信息资源目录体系，建设完善以基础数据库、行业数据库为主要内容的市级数据资源中心，并与省食药监管云相关数据实现异地同步更新及部门间数据共享交换，为风险防控及大数据分析提供支撑。潍坊食药监 APP 上线试用，移动执法监管工作顺利推进。组建市到省、市到县移动 VPN 监管网，实现全省系统“智慧监管”移动端 APP 的配置和使用，提高在日常检查、监督抽检等执法应用中的工作效率。实施“阳光厨房”工程，利用广电网络对所有学校食堂、重点餐饮单位的后厨实施远程监控和电视直播，让市民参与监管，倒逼其解决后厨脏乱差和操作不规范问题。截至 2017 年底，中心城区 300 家餐饮单位建设“阳光厨房”。建立“透明快检”信息平台，62 家市场快检室实现检测数据实时上传和网络视频直播。

基层监管所标准化建设。截至 2017 年底，全市有市场监管所 139 个，人员 1470 人。全市镇（街道）食药监管所办公场所约 3.89 万平方米，所均近 300 平方米；配备执法装备 11193 件，所均 80 余件；执法装备价值 3998 万元，所均 30 余万元。

【服务食品医药产业发展】 深化放管服改革，所有审批事项比承诺时限提速 30% 以上，按时办结率达到 100%，潍坊市局审批窗口持续保持“红旗窗口”称号。建立企业帮扶制度，开展生物医药产业发展调研，初步制定支持产业快速发展的措施。对新建、扩建、改建食品药品产业项目，实施提前介入、专人靠上，全程跟踪服务，帮助企业申请国家和省级审批、认证。积极帮扶山东格林检测股份有限公司建设仿制药一致性评价中心。以潍坊康华生物技术有限公司的医药产业园、潍坊国药医疗器械有限公司的健康产业智慧物流园、山东潍坊奥精国际健康科技产业园等为重点扶持项目，打造集群产业标兵，形成产业集群。

【社会共治】 深化提升“双四”宣教，全市打造宣传街 9800 多条、文化大院 5600 个，“双四”宣教活动基本实现全市村居全覆盖。积极拓展社会化宣传，采取文艺会演、有奖问答、知识讲座、电影放映等百姓喜闻乐见的形式，开展食品安全宣传周、药品安全用药月、食药安全知识“八进”现场宣传教育活动 324 场次，有力提升群众食药安全常识科学认知水平和参与监督的积极性、主动性。加大与新华网、《中国医药报》等 15 家主流媒体合作，通过推送微信、发布微博等多种方式，将宣传阵地扩大至多种媒体终端。积极推行有奖举报、企业内部吹哨人等制度，投诉举报渠道进一步拓宽。

【党风廉政和干部队伍建设】 组织修订职权目录、廉政风险防控表，进一步梳理对人事、财务、审批、认证、验收、稽查办案等重点环节和关键岗位的廉政风险点，有针对性地制定防控措施，更新廉政风险信息库，编制《廉政风险防控工作材料汇编》，促进权力公开透明运行。开展“作风建设年”活动，大力加强党风廉政建设，积极参加寻提提标达标活动，完善提升“五治并举”治理模式。研究制定培训教育计划，潍坊市局常年开设“周四学习日大讲堂”，工作人员轮流登台讲授食品药品监管业务知识，有效提升工作人员综合素质。加强基层监管人员培训，全年举办各类法律法规和专业知识培训班 30 多期次，累计培训人员 1700 多人次。与潍坊市工总会、市人社局联合组织食品药品稽查办案、药品检验技能竞赛，有力提升基层监管能力。

【食品安全市、县创建】 以全国第一名的成绩成功创建为首批国家食品安全示范城市。组织联合督导考评组，持续采取分片包靠、现场培训、联考联评、暗访督导等方式，督促各级各有关部门深入落实食品安全监管责任，完善监管机制措施，全力推进基层工作落实。全省食品安全先进县（市、区）创建工作现场会议在潍坊市安丘市召开。参与第二批省级食安县创建的昌乐等 6 个县市全部创建为省级食品安全先进县（市、区），寒亭等 3 县区入选第三批省级创建单位，在省内率先实现应创尽创，创建数量居全省首位。

【优化审批服务】 从为经济发展营造良好营商环境出发，在省内外寻标对标达标，改进行政审批工作方式，提高工作效率，以承担的 9 大类行政许可事项为基础，对照对标城市标准，对受理方式、跑腿次数、收费标准和办理时限等方面进行梳理整改。审批效率在承诺时限的基础上提速 20% 以上，实现 1 项审批“零跑腿”，8 项审批“只跑一次”，达到同类审批全国一流水平。实行“互联网 + 政务服务”，通过省政务网“网上预审批”，利用省政务服务网、省局、潍坊市局网站三网平台优势，实现所有审批事项网上咨询、网上办理、网上审批事项公开、网上公示公告。同时，采用“互联网 + 快递”的方式，进一步优化审批流程，实现让信息多跑路，让群众少跑腿。2017 年度受理各类审批事项 9461 件，按期办结率 100%。审批窗口 12 次被评为“月度红旗窗口”，并以第一名成绩被授予“2017 年度红旗窗口”。在潍坊市政务服务中心组织的回访测评中，群众满意度 100%。

【赋码追溯】 继续推动食品生产企业实施赋码追溯，督促食品生产企业在产品或其包装上赋予以食品安全为主要内容的二维码，将食品生产管控的全过程予以展示，消费者通过智能手机下载相关软件进行扫描，即可查询到企业或产品的相关信息。2017 年潍坊市实施赋码追溯的食品生产企业达到 1020 家。

党组书记、局长：张长坤
党组副书记、副局长：宋希明
党组成员、副局长：祝业光、刘洪宝、王斌
电话：0536-8095811
地址：潍坊市东风东街 6396 号阳光大厦 20 楼东区
邮编：261061

（撰稿：王燕燕　核稿：周强）

潍城区

【概况】 潍坊市潍城区市场监督管理局，加挂潍城区食品药品监督管理局牌子，为政府工作部门，内设 11 个科室、2 个直属机构和 9 个派出机构。潍城区市场监督管理执法大队，为潍城区局所属公益一类事业单位。全局核定行政编制 152 名，事业编制 49 名。2017 年，辖区有食品生产单位 80 家，食品流通单位 2332 家，餐饮服务单位 691 家，药品生产经营单位 420 家，医疗器械生产经营单位 156 家，化妆品生产经营单位 571 家。

2017 年，潍城区认真贯彻习近平总书记关于食品药品安全“四个最严”的要求，以“发挥市场机制、让市场管市场”为治理方向，以保障和改善民生为出发点，以体制机制创新为突破口，扎实推进食品安全各项工作，全区食品药品安全保障水平和群众满意度稳步提升。在巩固完善食品安全工作“一二三四”推动体系（即统一的领导机构、调度考评和包靠督导两项工作机制、三支专业队伍、落实四级责任）的基础上，重新调整由潍城区委常委、常务副区长任主任的食品安全委员会，统筹调度全区食品安全工作，在全区科学发展综合考核中，食品安全指标的比重达到 3%。每年《政府工作报告》将食品安全工作列入重点工作事项。区人大常委会多次对《食品安全法》贯彻落实情况进行执法检查，区政协坚持每年对食品监管工作进行调研，形成党委统领、政府主导、部门履职、企业主责、社会参与的食品安全共治共创工作模式。检查食品生产经营单位 9850 家次，发现整改问题 3460 个，先后开展专项执法 43 次，查办食品违法案件 60 件，罚款 116 万。

【监督检查】 *食品安全*。坚持“政府引导、市场推动”，倒逼企业落实主体责任，先后召开 8 期主体责任落实专题培训会议，督促食品企业单位强化自律意识，自觉守法。组织 1000 余户食品生产经营单位实现“亮企”“亮店”“亮厨”，督促在明显处公示证照、承诺书、索证索票等信息，主动接受监督。深化驰著名商标、绿色有机食品、示范单位等创建活动，打造瑞福油脂、隆泰等一批“食安山东”示范企业，创建省级文明诚信市场 3 处、驰名商标 2 件、著名商标 3 件、绿色有机食品 34 个，省级“清洁厨房”、示范食堂、示范店 32 家、示范街区 2 条。精心打造“食安潍城”电视栏目，播出企业诚信访谈电视节目 28 期，通过龙头带动、示范引领提升全区各类食品生产经营业户诚信意识。实施食品快检工程，建成市场、超市快检室 8 处，全部实施第三方专业化托管，日检 400 批次以上，及时公示结果，并开展“你点我检”“你送我检”活动，向市民提供免费检测服务，让消费者变为监督者，推动深化完善社会监督。加强“三小”登记备案管理工作，登记小作坊 102 家，小餐饮 780 家，备案食品摊点 446 家，登记备案完成率达到 100%。

药品、医疗器械。结合辖区监管现状，将辖区 820 余家药械生产、经营、使用单位按照类别进行分级分类，制定检查计划，确定监管频次和重点监管内

容。注重落实日常监督检查痕迹化，进一步完善一企一档，建立规范化、标准化药械监管档案和层级清晰、分类准确的监管层级。开展信用等级评定基础性工作，根据评定等级确定下一年度重点监管事项，强化生产经营单位安全主体责任，完善企业制度建设，维护市场秩序。

【监督抽检】 全年抽检食品 604 批次，10040 个项目，发现不合格食品 10 批次，依法依规进行处置，并全部进行公示。

【专项整治】 深入开展食品安全风险隐患大排查大整治行动，围绕“守护舌尖安全”整治工作，突出农药使用、食用农产品、肉及肉制品、烧烤等重点环节，坚持问题导向，强化治理整顿，检查食品生产经营单位 9850 家次，发现整改问题 3460 个；出动执法人员 660 余人次，检查药品、医疗器械生产、经营、使用单位累计 330 余家次，下达责令整改 65 家次。为加大对食品违法犯罪行为的打击力度，潍城区局会同潍城公安分局制定《关于加强食药基层基础建设深化行政执法与刑事司法衔接的指导意见》，加大联手打击违法犯罪行为合力。先后开展专项执法 43 次，查办食品违法案件 60 件，罚没款 116 万。

【亮点工作】 潍城区局联合潍城公安分局制定《关于加强食药基层基础建设深化行政执法与刑事司法衔接的指导意见（试行）》，将食品药品安全行政执法与刑事司法衔接联动工作机制向基层派出所和市场监管所进行延伸落实，构建社区融合、执法办案联动、食药安全协查员聘用、信息实时共享、联合督办、联合信息发布等 6 项工作机制，确定公安食药环侦大队和市场监管执法大队、公安派出所和市场监管所在打击食药违法犯罪时实行“四统一”“四同时”工作模式。“四统一”即在市场监管执法大队（所）和公安食药环侦大队（派出所）在制定全年工作计划时，坚持统一重要时间节点（段）、统一重点领域、统一重点区域、统一开展专线整治行动；“四同时”即在公安食药环侦大队（派出所）和市场监管执法大队（所）执法办案时，发现食药违法案件同时出现场，双方法制员同时确定案件主办方，同时固定案件证据，同时做出食品、药品检验认定初步意见，实现市场监管部门、公安部门联合执法常态化，形成联手打击违法犯罪行为的合力，推动执法办案水平不断提升。

党委书记、局长：刘红
电话：0536-8577722
地址：潍坊市潍城区福寿西街 83 号
邮编：261021

（撰稿：苏新建　核稿：常金升）

寒亭区

【概况】 2017 年，潍坊市寒亭区市场监督管理局内设 11 个职能科室，2 个直属局，5 个市场监管所，4 个直属事业单位；核定行政编制 104 名，事业编制 52 名。截至 2017 年底，全区食品药品监督管理对象总计 4585 家，其中食品类监管对象 3791 家，包括食品生产企业 69 家，食品流通经营业户 2231 家，餐饮服务单位 1486 家，备案小作坊 5 家；辖区内有监管对象 794 家，包括药品生产企业 1 家、药品批发企业 7 家、医药连锁总部企业 10 家、连锁药店及单体门店 196 家，保健食品生产企业 1 家、保健食品经营企业 156 家，化妆品经营企业 47 家，一级以上医疗机构 16 家、一级以下医疗机构 342 家，药械化安全性监测上报机构 18 家。

2017 年，寒亭区组织食品专项整治活动 19 次，查处食品药品案件 35 起，罚没款 29.84 万元。开展食品自主抽检 1113 批次，超额完成年度抽检任务；开展药械保化类监督抽检 236 批次，发现不合格药品 3 批次，全部立案查处，药品监督抽检问题发现率 5.45%，处置率 100%。

【监督检查】 食品安全。强化网格化监管，对网格责任重新进行明确分工，定人、定岗、定责，健全横到边竖到底的全覆盖网格化监管网络。突出重大节日、重要会议等时间节点，超市、农贸市场、“六小”、学校食堂等重点场所，粮油、肉、乳制品等与群众生活密切相关的品种为重点领域，开展全方位日常监管。2017 年，出动执法人员 6000 余人次，检查食品生产经营业户 2700 多家次，新建“阳光厨房”46 家。积极组织食品从业人员培训，参训食品单位达 370 家，培训从业人员 563 人次。

药品、医疗器械、保健食品和化妆品。先后制定 2017 年度药品、医疗器械、保健食品、化妆品生产经营企业日常监督检查工作计划，重点对辖区内药品生产企业实行年度检查，每年检查 2 次；辖区内 7 家药品批发企业、10 家医药连锁总部，3 家二类精神药品经营企业实行季度检查，每年检查 4 次，检查结果数据录入电子监管平台。2017 年，出动检查人员 1300 余人次，检查药械化生产经营单位 600 余家次，超额完成全年计划监管任务。

【监督抽检】 认真做好食品药品抽检工作，制定年度食品药品监督抽检计划，加大随机抽检力度。

食品方面，配合上级抽检38次，抽检样品490批次，开展自主抽检1113批次，其中包含创建“山东省食品安全先进县（区）”的专项抽检300批次，不合格26批次。配合潍坊市食品药品检验检测中心重点监督抽检药品25批次，监督抽检药品55批次，抽检保健食品、化妆品20批次，快检中药饮片18个品种136批次，其中不合格药品、化妆品4批次，全部依法处理。

【专项整治】 结合创建省级食品安全市工作，先后组织开展各类食品安全专项整治活动19项，食品生产环节开展分级分类专项检查、生产区域性风险防控、一非两超、中凯冷库专项检查、肉制品等专项整治；食品流通环节开展放心肉菜示范超市公开评价、日本核辐射地区食品专项检查、中小学校周边食品、畜禽产品、银耳粉丝、小食品店、食品摊贩等专项整治；餐饮服务环节开展活禽屠宰饭店、小饭桌、高考餐饮保障、阳光厨房、学校食堂（含托幼机构）、建筑工地食堂专项检查。药械方面，在对药包材生产企业、特药经营企业、药品使用单位、批发和连锁经营企业配送率开展统计调研的基础上，开展中药饮片专项检查、药品经营企业飞行检查、药品风险防控专项整治、含可待因复方口服溶液专项检查、加强疫苗流通专项检查、化妆品索证索票和标签标识专项检查等10余项检查，实现对药品批发企业、零售连锁总部全覆盖。

【省级食品安全市创建】 2017年以创建省级食品安全市为主线，对创城区域内的全部管理单位进行整治整改和规范提高，为进一步提高整改质量和效率，根据责任分工，重新制定工作方案，层层传导压力，对负责6种业态的所有业户，实施分区、分街、分片、分点整治，将责任落实到所，具体到人，统一标准要求，逐条逐项检查，逐户逐一规范。寒亭区迎审办和上级局下达整改督办事项，逐级进行签字认领，寒亭区局督查组进行现场监督抽查，发现问题及时下达督办单，相关责任单位限期整改，形成责任落实闭环效应。活动中印发督办单13期，督促整改问题279个。

党委书记、局长：刘荣君
电话：0536−7251252
地址：潍坊市寒亭区丰华路986号
邮编：261100

（撰稿：王东杰　核稿：刘桂平）

坊子区

【概况】 潍坊市坊子区市场监督管理局，加挂食品药品监督管理局牌子，为政府工作部门。内设11个职能科室，2个直属机构，5个派出机构和1个直属事业单位。领导班子配备1正3副，2个直属机构和1个直属事业单位是副科级单位。行政编制114名，事业编制34名，实有行政编制106人，行政工勤2人，参公事业编制27人，事业编制19人。截至2017年底，辖区内有食品生产单位48家，食品经营单位1731家，餐饮服务单位532家，药品生产经营单位180家，医疗器械生产经营单位120家，化妆品经营单位73家。

【监督检查】 加大食品检查力度，检查食品业户1022户，办理食品案件39件，确保群众饮食安全。药械保化方面，检查药品、器械生产、保化品经营使用单位832家，整改问题94个；完善投诉举报政务热线统一受理、分流、处置、反馈机制，受理食品药品消费投诉案件820起，受理处结率100%。加大执法办案力度，全年办理食品药品案件65件，移送公安机关药品类案件1件，罚没款58.5万元，案件公开率100%。

【监督抽检】 食品方面，充分发挥抽检对日常监管的靶向性，全年累计自主抽检966批次，其中食品生产流通环节抽检382批次，合格率96.8%，餐饮环节583批次，合格率94.8%。积极做好国抽、省抽工作，累计国省抽280批次，市抽390批次，检测不合格的全部进行严肃查处。在11处快检开设“免费检测”窗口，随时接受消费者送检样品，日均检测量达到600批次左右。在坊子中百超市和凤凰商贸城开展“你送我检”快检活动，为群众免费提供检查240批次。加强“区两会”、中高考、鲁能足球杯期间食品安全监管，对承办活动食堂和周边餐饮进行检查69户次、抽检42批次、快检426批次，确保活动食品安全。药品方面，飞检药品零售、医疗机构24家，协同市所完成抽检41批次、合格率97.6%，确保药械质量安全有效。

【专项整治】 2017年，新推荐“食安山东”餐饮服务品牌示范店1家、示范学校食堂3家。选取86家启动“阳光厨房”建设，安装摄像头150个。加快推进“明灶亮厨”和“食安山东”品牌创建，完成“亮企”12家、“亮店”1000家，创建“食安山东”生产加工示范企业4家、流通示范单位9家。选取佳乐家为试点超市，开展大中型超市放心肉菜公开评价和示范创建活动，其他超市全面铺开。深入推进医疗器械监管。认真组织开展药品生产企业、药品市场、中药饮片、疫苗专项检查，出动执法人员 780 余人次，检查各类业户 238 家，责令整改 74 家。上报药品不良反应监测报告 284 份，医疗器械不良事件监测报告 60 份。制定《坊子区医疗器械专项整治 2017 行动方案》，出动执法人员 141 人次，检查使用单位 37 家、经营企业 10 家，立案 1 件。大力加强餐饮保化监管。针对小饭桌难点，严格执行学校食堂四查制度及小饭桌动态公示制度，公示小饭桌 48 家，建立档案，使全区小饭桌食品安全处于可控范围。将“六小”业态纳入监管范围，新登记备案证 681 个，“六小”业态经营得到初步规范。积极指导“三小”业户严格落实“六个标准”，登记小作坊 98 家、小餐饮 746 家，街办备案食品摊点 446 个，有效解决监管弱项。深入开展保健食品、化妆品专项整治，检查各类经营企业 135 家，整改 47 家，相关检查信息全部录入电子监管信息系统。

【食药行刑衔接】 积极加强与公安机关联合办案，与公安分局建立并执行部门联席会议制度、信息通报制度、案件线索和涉嫌犯罪案件移交制度，增强行刑衔接执法力。2017 年移送公安机关案件 2 件、申请法院强制执行 3 件。

党委书记、局长：赵新坤
电话：0536-3315898
地址：潍坊市坊子区凤中街 5 号
邮编：261200

（撰稿：刘云飞　核稿：刘云飞）

奎文区

【概况】 潍坊市奎文区市场监督管理局（挂潍坊市奎文区食品药品监督管理局牌子），内设办公室、政工科、消费者权益保护科、食品监管科、商标广告管理科、药品和医疗器械监管科、餐饮保健食品、化妆品监管科、产品质量综合监督科、特种设备安全监察科、市场合同管理科、审批服务科等 11 个科室。核定行政编制 39 名，实有 79 人（其中 3 人为工勤人员）。设有企业注册局、公平交易局等 2 个直属局。核定行政编制 14 名，实有 11 人。设有市场监督管理执法大队、消费者协会办公室、奎文区个体私营经济服务中心 3 个下属事业单位。核定事业编制 49 名，实有 27 人。设立大虞、东关、北苑、廿里堡、梨园、广文、北海路、潍州路市场监督管理所等 8 个派出机构（加挂食品药品监督管理所牌子）。核定行政编制 83 名，实有 66 人。截至 2017 年 12 月，奎文区有食品生产单位 21 家，食品经营企业 4883 家，食品加工小作坊 49 家，小餐饮经营单位 1640 家。药品生产企业 1 家，药品经营连锁总部 6 家，药品批发企业 5 家，药店（含连锁门店）250 家，医疗器械生产企业 3 家，医疗器械经营企业（含药店）450 家，医疗机构 256 家。

【监督检查】 以巩固食品安全城市创建成果为统领，以“食安山东”品牌创建为切入点，扎实开展食品生产环节的赋码追溯、食品流通环节的“双证制”管理、餐饮环节的“明厨亮灶”行动。2017 年有 17 家食品生产企业实现赋码追溯，韭菜和韭苔产品全面实施合格证和市场销售凭证“双证制”管理，251 户餐饮服务单位参与“明厨亮灶”行动，90 家餐饮服务单位完成视频监管采集系统和视频监管线路，单位量化分级率达到 98%，学校食堂量化等级 B 级以上率 100%。组织开展医疗器械“规范实施年”活动，指导帮助 1 家企业向潍坊市局申报医疗器械生产和经营质量管理规范典型示范企业。切实做好药品和医疗器械不良反应监测上报工作，2017 年上报药品不良反应 545 例、药械不良反应事件 274 例。

【监督抽检】 实行市场快检第三方托管全覆盖。南下河市场依据“有产地产出及质量证明的随机快检，无产出及质量证明的批批快检”原则，采取随市工作制，利用“二班倒”的方式，保证快检室 24 小时正常运转，随入市随检，日均检测 210 个批次。进一步加大监督抽检力度，配合潍坊市局完成国抽、省抽、市抽抽检任务。结合奎文区实际情况，制定自主抽检计划，对农贸市场、大中型超市、食品生产企业、食品生产加工小作坊校园周边等隐患大、风险高的重点领域的重点品种进行监督抽检，全年完成食品自主抽检 1073 批次，完成药品抽检 55 批次。

【专项整治】 建立行刑衔接机制，与食药环侦中队联合办公，实现行政执法和刑事程序无缝对接，确保依法精准打击处理食药违法犯罪行为。在加强日常监管的同时，奎文区从与人民群众日常生活息息相关的高风险食品药械入手，在城乡接合部、集贸市场、校园周边等重点区域和春节、两会、春秋季开学、国庆及中秋等重要时段，围绕肉类、蔬菜、食用油、水产品、禽畜肉制品、酒类、食品添加剂及角膜塑形眼睛、中药饮片、疫苗等开展 20 余项专项整治行动，实现“月月有行动、季季有安排”常态管理。全年立案查办案件 85 起，并将办结案件全部予以公示。加强投诉举报体系建设，畅通投诉举报渠道，并认真查处，确保投诉举报事事有回音，件件有落实。截至 2017 年底，受理并处理食品药品投诉举报 1226 件，处结率

100%，满意率 100%。

【亮点工作】 创城驱动食药监管工作再上新台阶。奎文区作为主查区域、必查区域，先后代表全市迎接 7 次国家和省组织的中期评估、满意度测评、巡回观摩检查、“双随机”检查、验收和评议表决，成绩均名列前茅，为潍坊市 2017 年 6 月 28 日被授予“国家食品安全示范城市”做出突出贡献。

社会共治有效推进，提高群众参与积极性。开展食品安全宣传周等活动，贴近百姓大力宣传普及食品安全及相关法律法规知识。创新检测新模式，南下河市场的“你点我检”检测模式，调动群众参与食品药品监管积极性，推进社会共治。

党委书记、局长：李中强（2017 年 3 月离任）
孙先政（2017 年 3 月任职）
电话：0536-5121697
地址：潍坊市奎文区新华路 4012 号
邮编：261041
（撰稿：郝琳　核稿：王鑫娜）

青州市

【概况】 青州市市场监督管理局，加挂青州市食品药品监督管理局牌子，设置食品监管科、食品流通科、协调科、药品和医疗器械监管科、保健食品和化妆品监管科科、不良反应检测科等食品药品相关业务科室，12 个基层监管所。在青州经济开发区综合设置市场监管局，为开发区管委会内设行政机构。全局设行政编制 237 名、事业编制 93 名，实有在编人员 325 人，其中行政人员 246 人，事业人员 79 人。截至 2017 年底，全市有食品生产企业及食品小作坊 419 家，餐饮服务单位 1800 余户，食品流通业户 3400 余户。药品生产企业 5 家，药包材生产企业 7 家，医疗器械生产单位 4 家，医疗机构制剂室 2 家，药品经营单位 450 家，医疗器械经营单位 240 家。

2017 年，青州市进一步健全监管体系，完善市、镇、村三级食品农产品质量安全监管体系。全市划分为 52 个监管网格，实行领导干部到网、工作人员进格、协管人员到点，全面落实监管责任；对全市 1196 名食品安全协管员进行培训，市镇两级落实协管员补助待遇，按照“谁主管，谁负责”和属地管理原则，层层签订责任书，全面落实食品安全承诺制度，严格责任落实，提高监管效能。提升保障水平，继续推进青州市检验检测中心和快检室第三方托管，全市建设快检室 32 处，执法人员全部配备执法终端，确保“智慧监管”平台有效运行；开展食品安全事件应急演练，全面提升执法监管和保障水平。

【监督检查】 通过省食品安全先进市创建验收。持续推进食品安全标准化建设，严格贯彻落实《山东省食品小作坊小餐饮和食品摊点管理条例》。2017 年，登记小作坊 13 家，小餐饮 286 家，打造“食安山东”食品生产示范企业 2 家，“食安山东”餐饮示范单位 4 个、放心肉菜超市 3 家。8 家企业使用省级食品安全追溯体系平台，2 家企业使用自建食品安全追溯平台，规模化以上食品企业采用信息化追溯手段达到 100%。在“双四”宣教和食品安全“八进”的基础上，建成潍坊首处“食品安全主题公园”，列入青州市“活力城市”重点项目。实行食品生产企业分级分类监管，督促企业建立健全各项内部质量安全管理制度。督促食品供货商建立追溯体系，鼓励有条件的供货商建立电子追溯体系。在大中型商超开展“放心肉菜”公开评价工作，组织开展创建“放心肉菜示范超市”活动。在食品流通环节全面推行“一本通”制度，发放一本通 4 万余份，为供货商建立“户口”，实现食品安全可追溯。进一步规范药品、医疗器械、保健食品和化妆品市场秩序，检查涉药涉械单位及保健食品、化妆品经营使用单位 896 家。收集上报药品不良反应病例 1180 余例，上报医疗器械不良事件 606 例，化妆品不良反应 91 例。

【监督抽检】 不断加大抽检力度，2017 年抽检食品药品 3210 批次，其中药品快检 150 批次。

【专项整治】 针对食品药品的重点领域，开展假劣调味品、中小学校周边食品店、畜禽水产品、经营环节牛羊肉中“瘦肉精”、中药制剂和中药饮片生产、注射用透明质酸钠、定制式义齿、体外诊断试剂、免费体验方式非法经营医疗器械行为、保健食品欺诈和虚假宣传等综合整治行动。2017 年查办食品药品违法案件 878 起，侦破食品安全刑事案件 34 起，抓获犯罪嫌疑人 47 人，受理投诉举报 1014 起，处结率 100%。

【亮点工作】 推行智慧化监管新模式，提升监管执法效能。作为全省首批“山东省智慧食药监系统”试点单位，为一线食品安全监管人员配备移动执法终端和便携式打印机，充分发挥省局移动监管平台 APP 的移动监管执法作用，推行食品生产企业、餐饮单位、食品流通业户的全程智慧化监管，即时查询业户基础信息，上传监管资料，将过去对监管对象的单一性检查向综合性执法检查转变，有效提高监管效能。积极建设在线“明厨亮灶”“透明工厂”“食安地图”、监管指挥中心等项目，加强远程视频监控平台建设，设立信息监控中心，结合“亮企”“亮店”“亮厨”行动，对学校食堂、重点餐饮单位的后厨、快检室和餐饮具消毒保洁情况进行远程视频监控，使事后监管向事前、事中监管转变。

*升级改造农贸市场，守好老百姓的菜篮子。*针对长期以来农贸市场经营分散、流动性强、难管理的实际，对城区东阳便民市场、腾达农贸市场、角楼山货大市场等多处农贸市场等进行全面改造升级，完善各项配套设施，对于无法建立市场的地段设立食品摊贩集中疏导点，吸纳900余户流动摊贩入市规范经营，实行食品安全承诺、健康证明、产品来源等统一标牌公示，建立快检室并推行第三方托管，解决流动摊点经营脏乱差、食品安全无保障等问题，市场内食品安全保障水平明显提升。其中，东阳城便民市场通过改造升级，实施严格的市场准入制度、积极推行“一本通”、设立便民免费检测窗口，由一个大棚市场转变为一个规范化、标准化市场，年市场交易额达到7800万元，被评为“山东省文明诚信市场”。

*实施品牌战略，促进产业发展。*全市拥有青州银瓜、青州蜜桃等地理标志证明商标5个，云门春、金保罗、隆盛等6个食品行业驰、著名商标，青州柿干、青州敞口山楂、云门陈酿国家地理标志保护产品3个，三品一标210个，拥有广通蚕种、金保罗食品2家省级重点龙头企业，83家潍坊市级重点龙头企业。打造国家级一村一品示范镇2个，省级一村一品示范镇2个，华盛农业种子种苗、圣登堡山楂干红、百纳城葡萄酒、九州农庄蔬菜、家家富蔬菜等具有一定知名度和影响力的企业品牌。通过品牌化发展、标准化生产，带动整个行业上档升级。

党委书记、局长：张道文
电话：0536-3221405
地址：青州市范公亭东路3578号
邮编：262500

（撰稿：王琳　李莹　核稿：刘朝阳）

诸城市

【概况】 诸城市市场监督管理局于2015年2月组建成立，有在职干部职工327名。截至2017年底，全市有食品生产企业521家、食品流通业户4288户、餐饮服务单位2437家、药品经营业户471户。全市食品产业形成肉食品、粮油、蔬菜、茶叶四大系列，低温肉制品、调理食品、淀粉、调味品、保鲜蔬菜等20多个大类400多个品种。2017年，食品加工产业完成主营业务收入520.5亿元，实现利税35.5亿元，惠发食品在上交所上市，诸城外贸入围省制造业百强，得利斯、诸城外贸进入省民营企业百强，昌城健康食品小镇融合发展示范园被确定为首批国家级农村产业融合发展示范园。

2017年，诸城市坚持以食品安全城市创建为推进，大力推行“政府主导、部门主管、企业主体、社会共治”四位一体创城工作机制，严格落实责任，强化监管执法，深化专项整治，有力提升食品药品安全治理水平。圆满完成潍坊市安排的国家食品安全示范城市创建工作任务，省级食品安全市创建顺利通过省食安办验收。

【监督检查】 *强化组织保障。*完善落实“党政同责、全员有责、全域定责、全程追责”的食品安全工作责任机制，细化分解目标责任和工作任务，层层签订责任书，严格落实镇街属地管理、部门监督管理和网格化监管责任。持续加大财政投入力度，将创城宣传、监管及质量检测、装备配备等所需资金全部纳入财政预算。加强食品安全督导检查，推行市领导分工包靠、食安委有关成员单位按职责包靠、镇街园区按辖区包靠等制度，压实工作责任。

*强化常态规范。*健全完善各环节齐发力、全过程无“盲点”的监管体系，食用农产品方面，重点抓好市场准入和质量检测制度的落实；食品生产环节，引导企业加强从原料进厂、生产加工、出厂销售到售后服务的全过程监控；食品流通环节，全面推行“两帐一本一承诺”制度，鼓励有条件的供货商建立电子追溯体系；餐饮服务环节，重点落实“七统一两提升”工作规范，组织开展“清洁厨房”、“明厨亮灶”、量化评级等活动；加强“三小”单位综合整治，登记备案1960余户。加强药械市场监管，重点推行药品经营企业GSP认证和药品电子化管理，严格药品经营许可，深化药店规范化建设，强化药品不良反应监测和医疗器械不良事件监测。将食品安全监管与国家卫生城市复审相结合，集中力量对食品经营业户的证照、制度、卫生等逐户指导，逐项规范，食品经营持证率显著提升。

*强化部门协作。*充分发挥食安办的牵头作用，强化对食品安全工作的综合协调和统筹指导，落实联席会议、调度例会、信息发布、绩效考核等工作制度，建立统一高效、协调联动的食品综合监管机制。依托“三安”联动系统，推进部门间信息共享和联动执法，实行检打结合、边检边打，严查食品药品违法违规行为，保持严打高压态势。

【监督抽检】 把质量检验检测作为食品药品安全监管工作的重要措施，不断完善以诸城市检验检测为骨干、镇街快检室检测为辅助、企业快检机构为补充、第三方委托检测为辅助的食品药品质量检测体系。

13 处镇街全部成立食品快检室和农产品质量检测室，在龙城市场等 10 家大型农贸市场、商场超市建设快检室，日均检测量 600 批次左右。全年抽检各类食品 4577 批次、药品 110 批次。

【专项整治】 坚持问题导向、主动进攻、重典治乱，突出重点领域、重要品种和重大时期，采取局所联动、部门联合、镇街联查等方式，组织开展节日市场、畜禽水产品市场、校园周边、注射用透明质酸钠、定制式义齿、隐形眼镜等 10 余次专项整治，严查食品药品违法违规行为。

【亮点工作】 *品牌引领工程*。围绕打造“食安龙城”，深入实施品牌战略，倾力打造优质食品品牌，鼓励引导企业积极争创驰著名商标、山东名牌和省（市）长质量奖，不断提升企业知名度和产品美誉度。2017 年，食品行业拥有驰名商标 12 件、著名商标 22 件、地理标志证明商标 9 件、山东名牌 14 个、省长质量奖 1 个。组织实施“千百十”食品安全放心品牌创建活动，116 家单位创建为“食安山东”示范单位。

产业提升工程。坚持食品安全监管与产业发展相结合，着力推进食品产业化、标准化和集群化发展，以产业水平提升推进食品质量提高，以产品质量提升助推产业整体发展。全市发展起 300 亩以上的规模种植园区 300 多个，规模化畜禽饲养场 3000 余处；建成千亩以上农业标准化示范园区 63 个，培育起标准化示范养殖园区 235 个；食品企业参与制修订国家标准、行业标准 25 项，惠发等企业联合制定省内首个食品企业联盟标准。

信息化工程。积极创新监管思路、工作机制，积极创新食品农产品质量安全监管机制，建设诸城市食品安全网格化监管平台，各辖区建立监管对象电子档案和食安地图，投资建设食品安全监管视频监控系统，对全市食品龙头企业和重点出口企业进行视频实时监控。开发应用移动执法终端食安通 APP，对日常检查、监督抽检、执法办案等工作全部采用信息化手段，构建覆盖广泛、监管有力、运转协调的食品安全监管网络机制。

党委书记、局长：王桂华
电话：0536-6212429
地址：诸城市繁荣西路 53 号
邮编：262200

（撰稿：马宗强　核稿：金永山）

寿光市

【概况】 寿光市市场监督管理局（挂市食品药品监督管理局牌子）设置 13 个职能科室，2 个直属机构和 16 个派驻机构，另有 4 个公益 1 类事业单位。核定全局机关行政编制 50 名，企业注册局行政编制 10 名，公平交易局行政编制 10 名，16 个派出机构有行政编制 190 名。核定事业单位编制数：市场监管执法大队编制 57 名、消费者投诉维权中心编制 15 名、市场监管信息中心编制 7 名、计量测试所编制 22 名。

【监督检查】 全福元商业集团、寿光地利农产品物流园等 7 家市场、超市的快检室实现第三方检测机构托管，全市食品供货商一本通备案达 586 家，使用“一本通”经营业户 5200 余家，25 家食品生产企业实现赋码追溯，引导 7 处食品摊贩进疏导点规范经营，583 户进点经营摊贩实行备案登记管理。

围绕寿光市生产种植的蔬菜和农村群众日常消费的肉、面、食用油等产品，以及儿童食品、民俗食品和地方特色产品，重点整顿校园食堂、建筑工地食堂、农家乐旅游点、大中型超市、批发农贸市场等单位；把校园食堂工程纳入全市重点工程，大力实施标准化校园食堂建设工程，在全市学校食堂、重点餐饮单位后厨和市场快检室建设远程视频监控工程；食品生产经营单位实现监管覆盖率、建档率、量化分级率均达到 100%，学校食堂量化等级 B 级以上单位达 96.5% 以上；大力开展食品药品安全风险隐患大排查大整治工作，排查食品及相关单位单位 3600 多家，发现问题风险 319 个，问题整改率达 100%。

投资 660 万元对农产品物流园、城区 4 大农贸市场等交易场所进行规范化升级改造，达到市场规范要求；制定《全市食品生产加工小作坊园区管理规划和实施方案》，3 家小作坊转型升级为食品生产企业；餐饮质量安全提升正在有序开展，规模以上食品生产企业大力危害分析与关键控制点体系（HACCP）或 ISO 22000 认证比例达到 87.5%。

修订完善食品安全事故应急预案及应急管理指挥机构、处置流程，成立由 17 个部门单位 73 人组成的寿光市食品安全突发事件应对处置专家库，审慎稳妥地应对处置“问题大葱”等热点舆情问题，寿光民声、“12331”等举报平台畅通无阻，受理处理食品药品投诉举报 547 起，及时处置网络舆情 8 件，按期办结率 100%，寿光市人大对《食品安全法》贯彻落实情况进行调研，与 60 多家食品药品生产经营单位行政座谈。

【监督抽检】 出台《寿光市食品抽检监测工作方案》《2017 年寿光市蔬菜检验检测管理办法》等文件，全局自行组织抽检 28 次、完成定性定量抽样检测 2494 批次、快速检测 3000 批次，食品质量合格率保持在 97% 以上，全市组抽检食品食用农产品 5962

批次、达到 5 份 / 千人以上。推进检验检测中心建设步伐，完善局、所两级快速检测力量，全市公办学校食堂 100% 配备快检室，实现中心突出保障有力、重点区域抽检到位、监测全环节流程覆盖，构建市镇村、点线面全方位食品安全检测体系。

【专项整治】组织开展“守护舌尖安全”、畜禽水产品、农村市场、高速公路服务区、食品、保健食品欺诈和虚假宣传等专项整治工作 30 多次，对群众反映强烈、危险度高、需要重点整治的行业、品种、区域逐一进行规范。

【亮点工作】食安创城工作。以创建省级食品安全市为抓手，以“食安寿光”建设为平台，健全食安委工作规则程序职责，完善食品、农产品质量安全联习会议机制，出台蔬菜、外来菜质量安全监管责任办法，各镇街区、各部门将创建工作纳入食品安全中心工作去，健全网格化管理机制，大力推行“品牌引领示范”行动，37 家企业被评为“食安山东”示范单位，开展食品安全系列宣教活动 60 多场次，创办 207 家科普宣传阵地，制发悬挂食安标语材料 7 万余份，表彰 114 家食品诚信单位，群众食品安全总体满意度达到 90% 以上。顺利通过 2017 年 4 月省级中期绩效评估和年底潍坊市级验收、省级验收，其中中期绩效评估 93.83 分，位列潍坊县级市第一。

规范农村聚餐。全面落实《山东省农村集体聚餐食品安全指导服务规范》，印发《关于做好全市农村集体聚餐食品安全工作的通知》，制定《农村集体聚餐报告登记表》《农村集体聚餐现场指导检查记录表》《农村集体聚餐食品安全须知》，全面规范提升农村集体聚餐食品安全信息报告、指导服务和风险防控水平，各镇（街区）制定农村集体聚餐食品安全治理和指导服务工作计划，2017 年全市各级单位接到农村集体聚餐报告 13 次，现场指导检查 13 次，发放《农村集体聚餐食品安全须知》3280 份，有效保障人民群众集体聚餐安全。

信息平台建设。开发“寿光市食品安全信用与监控追溯”管控平台，实现食品安全智慧建设。为生产者和消费者服务，对企业、农民、部门行为进行监控，达到对食品生产、流通、仓储、无害化处理等环节监管的全程覆盖，截至 2017 年底，全市校园食堂安全监控系统配套联网 162 家，羊口镇完成试点工程，全镇 32 家单位实现食品安全视频联网管控。

党委书记、局长：寇振彤
电话：0536-5200727
地址：寿光市东升路 1266 号
邮编：262700

（撰稿：付晴晴　核稿：林健）

安丘市

【概况】安丘市市场监督管理局挂安丘市食品药品监督管理局、市食品安全委员会办公室牌子，为市政府工作部门。内设 15 个科室，下辖 2 个直属局和 3 个事业单位，除经济开发区外，设立 12 个镇街市场监督管理所和 3 个专业市场监督管理所作为派出机构。全局核定编制 289 名，其中公务员编制 202 名、事业编制 87 名。2017 年实有公务员 200 人、事业 87 人、工勤 6 人、编外 37 人。

2017 年，全市食品药品监管工作坚持问题导向、深化业态整治，补齐监管短板、提升治理亮点，保证全市食品安全总体态势稳定向好。提高自身业务水平，在潍坊市局举办的食品药品法律知识竞赛中获团体三等奖，1 人获优秀个人奖。全市 960 家食品企业实现“亮企、亮店、亮厨”，2017 年新增食安山东生产流通示范单位 29 家、餐饮示范单位 2 家，截至 2017 年底，全市拥有“食安山东”示范创建生产企业 4 家、流通单位 35 家、餐饮服务单位 11 家、餐饮安全示范街 1 条、学校食堂 6 家。3 家单位创建省级“放心肉菜示范超市”，2 家农贸市场创建省级食品安全管理规范化农贸市场，将于 2018 年 6 月进行验收。2017 年，累计培训部门业务骨干、村镇干部、村级食品农产品质量安全协管员等 5500 多人次，食品生产经营单位负责人 1700 余人次，从业人员 1.49 万多人次。设置广告牌 1700 多块，张贴宣传版面 6500 多张，悬挂横幅 1200 多幅、张贴标语 9800 多条，发放张贴《通告》《公告》16000 多份，食品安全宣传一条街、文化大院等实现主要村居、社区全覆盖。成立投诉举报指挥中心，构建市场监管“12315”“12365”“12331”及政务服务热线“12345”各热线平台多位一体的投诉举报大格局，实行统一受理、分办处置、集中反馈，投诉举报处结率、反馈率均达到 100%。

【监督检查】开展食品生产企业、批发市场、商场超市和餐饮单位参创点的拉网整治，按照大镇每月 10 ～ 20 户，小镇每月 5 ～ 10 户的进度，对标整改，全域覆盖，着力解决证照不全、卫生不达标、进销货记录不完整、准出准入制度不落实等突出问题，对违法违规行为跟上检查执法。建立食品监管电子档案信息平台，利用移动执法终端实时上传监管信息，实行“一品一档”“一企一档”“一店一档”，监管信息通过政府门户网站公开，建设“阳光厨房”实时监控平台。

【监督抽检】 全市县级食品安全监督抽检由安丘市食安办牵头，市农业、林业、水利、畜牧、市场监管等部门专人抽样、集中送检，安丘市检验检测中心承检，确保抽检针对性和靶向性。2017年，潍坊市级以上食药监部门抽查安丘市食品2380批次，检出不合格样品17批次，合格率为99.3%。安排本级食品安全监督抽检计划2850批次，对食用农产品和风险性较高、消费量较大食品类别进行重点抽检。实际完成抽检2947批次，检出不合格样品8批次，合格率为99.7%，不合格产品全部处理完毕。全年组织药品抽样送检95批次，全部完成检验，发现不合格药品2批次。

【专项整治】 部署开展肉制品、畜禽水产品、大桶水、白酒、韭菜“双证制”管理、养老机构食堂、网络订餐等30余项专项整治，联合有关部门开展“守护舌尖安全”行动、食品安全风险隐患大排查大整治、“庆十一、迎十九大”“食安护佳节”等综合性整治行动，全年查处食品违法案件90余起，罚没款160余万元。开展药品、医疗器械专项整治，集中打击药械流通领域违法经营行为，针对冷链管理药品、医疗器械和特殊药品实施重点监管，查处各类药械违法行为为25起。对全市药品批发企业及零售连锁总部、医疗机构剂室、药包材生产、使用单位以及市直医疗机构进行检查，完成药品抽检84批次。

【亮点工作】 *省级食品安全市创建*。深化“安丘模式”，顺利通过省级食品安全市验收。创建工作纳入安丘市委、市政府建设实力安丘、活力安丘、魅力安丘的重点工作项目和考核项目，作为重要目标列入政府工作报告和“十三五”规划。市镇两级“一把手”负责制，加大组织领导和资金投入，实施党政同责、两城同创、同步推进，开展全民参与、全域创建、全业态规范，创建进度不断深入、创建成效持续扩大，全市食品安全治理水平显著提升。2017年4月在创建省级食品安全市中期评估中，安丘市列全省第二批35个创建单位第一名；9月，省食安办在安丘市召开创建省级食安先进市县推进工作现场会，并作先进经验交流；12月顺利通过省级评估验收，名列潍坊第一、全省前茅。

“智慧监管”平台建设。全部执法人员配备移动执法终端，与省、潍坊市食品安全监管平台实现互联互通。组织建设“阳光厨房”实时监控平台，计划用3年时间覆盖全市300家学校、幼儿园食堂和大中型餐饮服务单位，实现视频采集、实时监控、证据处理、应急指挥、公众展示等功能一体化，提升监管效能和应急突发事件的处置能力，一期投资280万元建成100家，截至2017年底完成建设20家。

党委书记、局长：张宪宝
电话：0536-4261711
地址：安丘市市北区拥翠街中段
邮编：262100

（撰稿：李沛瑶　核稿：韩科理）

高密市

【概况】 高密市市场监督管理局加挂高密市食品药品监督管理局牌子，设1名食品药品专职副局长，食品药品监管科室4个，分别是食品安全综合协调科、食品监管科、药品医疗器械监管科、保健食品化妆品监管科，食品药品执法中队5个，14个基层市场监督管理所分设食药专职副所长，有食品药品监管人员59人。截至2017年底，全市有餐饮单位1188家，食品流通单位3384家，食品生产企业98家，医疗机构18家，药品生产企业1家，经营单位580家。化妆品生产企业1家，主营及兼营化妆品单位526家。

食品加工产业是高密市工业经济的传统产业之一。2017年，高密市食品加工企业有98多家，规模以上企业45家，涉及果蔬加工、畜禽加工、粮油加工、发酵制品等10多个子行业，其中果蔬加工类企业22家，畜禽加工类企业7家，粮油加工类企业8家，发酵制品类企业4家，其他类企业7家。

【监督检查】 对全部监管单位进行全覆盖检查，按要求做好学校食堂的“四查”和食品生产企业的分级分类检查工作。出台GSP飞行检查方案，根据20%的抽查比例，开展GSP飞行检查，抽查药品经营企业102家，下达现场检查通知书102份，收回证书4家，对存在的问题严格督促整改，2家医院制剂室和1家制药厂进行巡查。建立化妆品生产经营单位基本档案，建立健全监管网络，努力消除监督盲区和监管的薄弱环节。重点检查经营企业的索证情况、进货台账等，查处销售“三无”产品、过期产品及标签标识违法违规等行为。全年检查化妆品生产企业1家，化妆品经营企业242家。辖区18家医疗机构开展药品不良反应和医疗器械不良事件监测报告监督检查，针对监测制度、机构设置、岗位职责、上报情况等进行全面检查。全年上报药品不良反应病历1100例，其中新的药品不良反应（ADR）病历报告224例、严重病历报告67例，上报医疗器械不良事件553例，其中严重医疗器械不良事件病历139例。

【监督抽检】 全年完成食品流通环节国抽19批次、省抽38批次、市抽371批次，不合格6批次；生产环节市级以上抽检206批次；不合格2批次；餐饮环节市级以上抽检 168 批次，不合格 9 批次；市级以上抽检 772 批次，不合格 16 批次。自主监督抽检 1440 批次，不合格 15 批次，全部在高密市政府网站和省抽系统进行公示。完成药品监督抽验送检 92 批次，检出不合格 6 批次。针对化妆品添加禁限用药物、重金属超标和微生物污染等问题，实施监督抽检，全年抽检 10 批，全部合格。

【专项整治】 食品安全。2017 年开展节日食品、建筑工地食堂、无证经营、肉制品、核辐射食品、畜禽水产品、银耳、婴幼儿配方乳品标签、调味品、活禽交易市场、大桶水、学校食堂、肉及肉制品、H7N9、网络销售、鲜奶吧等 18 个专项整治工作。药品、医疗器械。先后开展疫苗、麻黄碱类复方制剂、中药制剂、隐形眼镜、体外诊断试剂、注射用透明质酸钠、处方药、计生“两非”、使用单位等 11 个专项整治，严厉查处违法违规经营行为，检查企业 524 家，进一步规范药械市场秩序。化妆品。重点加强对化妆品的进货渠道、索票索证、进货台账以及所进货物的生产日期、保质期等方面的监督检查，把好原材料的进货关；加强对场地环境、设备设施、卫生状况的监督检查，对达不到有关要求的，限期整改，切实改变化妆品经营混乱的现象。全年开展化妆品索证索票和标签标识、农村和城乡接合部化妆品市场、化妆品重点、化妆品生产企业等 4 个专项整治。

【亮点工作】 推进“智慧监管”。为推进食品安全监管信息化监管进程，解决“人少事多”的矛盾，高密市政府投资 251 万元，通过市政府采购建设“智慧电子监管平台”，推动市场监管信息的共用共享，截至 2017 年底，移动终端全部发放到位，各监管模块调试完毕，正式投入使用。基本实现市场监管业务特别是食品药品监管业务处理的智能化、信息化、高效化。

强化示范引导。根据食品生产、流通、餐饮、小作坊示范单位建设标准，整理印制 3000 余册《高密市食品安全示范单位建设作业指导书》。指导书从生产经营场所布局、设施与设备、内部管理要求到监管要求等进行精简分类讲解，有效推动食品生产经营单位规范化建设。

党委书记、局长：岳国彬
电话：0536-2322040
地址：高密市康成大街东 1688 号
邮编：261500

（撰稿：门小林　核稿：李敬先）

昌邑市

【概况】 昌邑市市场监督管理局（挂昌邑市食品安全委员会办公室、昌邑市食品药品监督管理局牌子），为市政府工作部门。承担市食品安全委员会办公室日常工作，负责商品、产品质量和食品药品安全监管。局机关内设 13 个职能科室，行政编制 45 名。设企业注册局、公平交易局 2 个直属副科级行政机构，行政编制 12 名。下辖市场监督管理执法大队，为副科级参公事业单位，参公编制 37 名。辖计量检定测试所、消费者协会办公室 2 个事业单位，事业编制 25 名。设 10 个基层市场监督管理所（挂食品药品监督管理所牌子，各镇街区食品安全委员会办公室设在市场监督管理所），行政编制 92 名。2017 年，昌邑市有食品生产企业 81 家、食品销售业户 1600 家、餐饮单位 629 家（年营业额 5.88 亿元）、药品经营企业 227 家、医疗器械生产企业 4 家（年销售收入 2717 万元）、医疗器械经营企业 205 家（年销售收入 243 万元）、药品、医疗器械使用单位 576 家、保健食品经营单位 185 家、化妆品生产企业 1 家、化妆品经营单位 197 家、化妆品使用单位 74 家。

2017 年，昌邑市以创建国家食品安全示范城市和省级食品安全市为契机，建议昌邑市政府实行食品安全“一票否决制”，落实食品安全社会责任。与有关部门联合开展“食药安全，创新圆梦”食品药品科技周科普宣传和食品安全宣传周活动，发放宣传材料 7 万余份，开展宣传活动 349 场次，开放食品安全科普基地 12 个，落实网格化监管责任，强化小作坊、小餐饮、小摊贩整治，加强食品生产企业分级分类监管，推行食品企业赋码追溯。以保障公众药械安全为中心，规范药械生产、经营和使用行为。加强保健食品和化妆品市场监管。发放保健食品经营许可证 40 个，特殊化妆品监管覆盖率 100%。强化化妆品不良反应监测，培训 2 家潍坊市级、4 家县级化妆品不良反应监测哨点单位经营人员，上报不良反应 43 例。办理食品药品类案件 36 件。

【监督检查】 2017 年，昌邑市局完成 1033 户食品销售业户分级，占总户数 85%。指导 2 家农产品批发市场托管快检室检测食用农产品 7.7 万批次。检查双证制韭菜经营业户 26 户次。检查学校（含托幼机构）食堂 356 家次，其他餐饮服务单位 1000 家次。对 227 家药品经营企业、4 家医疗器械生产企业、205 户医疗器械经营企业和 576 家药品、医疗器械使用单位开展监督检查，责令整改问题 552 家。以保健食品、化妆品批发企业、大型商场超市为重点区域，以增强免疫力、改善睡眠类、辅助降血糖、减肥类、抗疲劳类保健食品和美白祛斑类、防晒类、染发类等特殊化妆品为重点品种，实现监管覆盖率100%。

【监督抽检】 食品生产流通抽检671批次，完成全年任务124%。餐饮服务抽检，配合完成省级13批次、潍坊市级160批次，县级199批次，不合格处置率100%。药品和医疗器械抽检药品62批次，不合格处置率100%。保健食品抽检11批次。化妆品抽检9批次。

【专项整治】 对41家肉制品加工企业开展专项整治，重点整治生产规范、生产条件。开展畜禽和水产品市场专项整治，重点解决索证索票不齐、检疫检验证明不齐、非法添加等问题。开展小餐饮、小饭桌、鲜奶吧、农村集体聚餐等专项整治，检查餐饮单位1550家次，督促70家餐饮单位整改问题。开展中药饮片、城乡接合部和农村地区药店诊所药品质量安全、疫苗流通环节专项整治以及定制式义齿使用单位、隐形眼镜经营环节、避孕套经营环节、体外诊断试剂经营使用等专项整治，规范药械市场秩序。开展保健食品流通环节集中整治百日行动、化妆品索证索票和标签标识专项检查、农村和城乡接合部化妆品市场检查、全市流通环节保健食品欺诈和虚假宣传专项整治、保健食品、化妆品风险隐患大排查大整治等专项整治，规范保健食品、化妆品经营秩序。

【亮点工作】 规范食品生产流通环节监督抽检不合格食品核查处置工作。针对食品生产流通环节监督抽检不合格食品处置流程不理顺、食品生产流通违法违章行为不能及时有效查处等问题，制订《食品生产流通环节监督抽检不合格食品核查处置工作规范》，理顺内部工作秩序，提升食品安全监管效能。

引导食品生产企业建立信息化追溯体系。全市有68家企业、86种食品使用二维码，2家规模以上企业、5家小型企业使用省局追溯平台。

餐饮食品质量可追溯工作机制。为全市餐饮单位统一印制并发放餐饮服务公示牌和《食品、食品原料、食品相关产品及食品添加剂进货查验记录》《餐饮具、加工用具清洗消毒记录》《食品添加剂使用记录》《餐饮服务食品安全规章制度》，督导餐饮单位按要求填写有关记录，落实索证索票及进货查验制度。

组织餐饮单位食品安全管理员和从业人员培训。各基层市场监管所及时组织培训，宣传食品安全法律法规和有关食品购销、索证索票方面知识，推进食品质量追溯体系建设。

党委书记、局长：宋晓波
电话：0536-7212127/7112579
地址：昌邑市奎聚路378号
邮编：261300

（撰稿：冯景仁　核稿：刘洪文）

临朐县

【概况】 临朐县市场监督管理局加挂临朐县食品药品监督管理局牌子，为县政府工作部门。设13个职能科室，企业注册局、公平交易局2个副科级直属机构，12个股级派出机构，市场监管综合执法大队1个参公管理单位，3个事业单位。县食品安全委员会办公室设在县市场监督管理局，承担县食品安全委员会的具体工作。截至2017年底，临朐县有食品生产企业155家，食品流通经营单位2008家，餐饮单位1408家，药品生产单位2家，药品经营单位305家，药品使用单位528家，其中一级以上医疗机构25家。医疗器械生产单位1家，医疗器械经营单位50家。保健食品、化妆品生产企业3家。

2017年，临朐县严格落实企业主体责任，完善食品安全全过程监管，强力推进专项整治，净化提升食品安全环境，加快推进“品牌临朐”建设，规范产业升级发展，拓展食品安全宣教载体，完善多元化群防共治体系，加强组织领导，构建新型食品安全监管责任体系，在全县营造出安全放心的食安环境。

【监督检查】 完善食品质量安全追溯体系，全县食品生产企业在产品或包装上喷涂标贴食品安全二维码，将食品生产管控的全过程予以展示，实现赋码追溯全覆盖。做好年度食品企业分级分类监管，根据风险评价指标，为全县生产企业逐一确定风险等级，落实差异化监管机制。以食品供货商为抓手，在食品流通环节和供货环节全面推行“一本通”，落实食品农产品来源渠道，实行可追溯监管。依托县“智慧临朐”平台，在全县学校食堂、重点餐饮单位后厨和市场快检室建设远程视频监控工程，实行“阳光厨房”电视直播、“透明快检”网络直播，截至2017年底，覆盖全县56家快检室以及学校食堂、大型餐饮酒店后厨。持续实施品牌引领行动，聚焦县域特色产业，实施分级、分类、分业态创建，着力打造“品牌方阵”。2017年，临朐县新创“食安山东”食品生产加工、餐饮服务示范单位3家。

【监督抽检】 规范全县12个镇街市场监管所快检室管理运行，保障正常运转经费，加强实验室人员的业务培训和检测技能提升，切实承担起辖区食品农产品安全检测任务。围绕与群众生活密切相关的大宗食品、食用农产品，进行高密度、不间断、广覆盖的监督抽检，针对问题风险点提高抽检靶向性和有效性，依托第三方机构，完成县级抽检1425批次。相关案件信息、抽检结果均及时通过“智慧临朐”平台、政府网站进行公开。认真做好国抽、省抽和市抽后处理工作，市级以上抽检不合格20批次产品，严格落实问题食品召回制度，严格依法及时处置到位，处置率100%。完成药品抽验任务89批，合格率100%。

【专项整治】 突出县域食品药品安全风险导向，针对重点区域、重点时期、重点品种问题隐患，先后部署开展“守护舌尖安全”、食品市场经营秩序规范整治、“一非两超”等较大规模专项整治32次，保持打假治劣持续高压态势，6次组织约谈重点问题企业和经营单位，倒逼经营者诚信经营，净化提升全县食品安全环境。结合省级卫生县城创建，深入贯彻落实山东省“三小”管理条例，制定《食品摊点备案管理办法》，加大食品摊贩备案力度，并将此列入镇街科学发展考核，集中备案登记食品小作坊、小餐饮、食品摊点589户，办理健康证明2126人，发放“三小”经营业户信息公示牌、食品安全卫生管理制度及量化分级管理公示牌6800份，新办营业执照2520户、食品经营许可证1549户，有效解决“三小”单位无证无照经营、卫生环境不佳、露天占道经营等突出问题。加大案件查办力度，坚持严打重治，发挥稽查执法“拳头”和“利剑”作用，强化检打结合、行刑衔接，形成打击违法犯罪合力。2017年，临朐县查办各类食品药品违法案件356起。

【亮点工作】 按照全县“一村一警务助理”工作开展，实行食药安全监管“警务助理一人兼”，组织分2期对350名村级警务助理进行食药安全专题业务培训，临朐县财政拨付专门补助资金，设立奖励基金，保障村级警务助理履职能力和工作热情。

“3·15”国际消费者权益日之际，举办“打开舌尖上的问号”—2017食安临朐“3·15”特别节目大型文艺汇演，采用歌舞、小品、相声、快板等群众喜闻乐见的形式，寓教于乐，宣传《食品安全法》《农产品质量安全法》等法律法规，普及食品农产品安全常识，为消费者答疑释惑，并举办“2017守护百姓舌尖安全”在行动食安临朐大舞台文艺巡演活动，在全县各镇街园区下乡巡回演出25场（次），有效激发全县上下支持参与食安创城热情。

制定出台《临朐县食品安全事故应急预案》，依托市场监管综合执法大队成立40人应急常备分队，负责全县食药安全突发事件应急处置工作，通过武装部完成装备配置和队伍集训，定期组织开展应急演练，提升食品药品安全事故应急处置能力。

党委书记、局长：郑勃
电话：0536-3169618
地址：临朐县城龙泉路4128号
邮编：262600

（撰稿：陈圣谦　核稿：冯伟）

昌乐县

【概况】 昌乐县市场监督管理局，加挂昌乐县食品安全委员会办公室牌子，为县政府工作部门，负责全县范围内食品药品、工商行政管理、质量技术监督等工作。核定行政编制149名，事业编制78名，实有人员221人，其中，公务员147名，参公人员34名，行政工勤6名，事业人员34名。全县有各类食品经营业户4700余户，其中食品生产企业70户，食品流通业户3100余户，餐饮服务业户1500余户。2017年，按照工作总体部署，扎实推进食品安全各项工作开展，其中省级食品安全县创建、网格化监管、快检室托管、“明厨亮灶”、稽查办案等工作取得显著成绩。全年监督检查食品药品生产经营和使用单位4700户次，立案查处70余起，监管覆盖率96%。

【监督检查】 食品生产。做好食品生产许可审批发证权限工作，完成9家食品生产企业发证。推进追溯体系建设和企业赋码追溯工作，全面实施食品生产企业赋码追溯，督促企业将链接产品原料、加工工艺和加工过程、检验报告等信息的二维码印制在包装上，截至2017年底，完成80%。加强企业获证后监管，督促不合格项目整改，协助约20家食品生产许可证企业进行现场核查。组织铭基（山东）食品有限公司和潍坊四季丰食品有限公司参加年度“食安山东”食品生产加工示范企业申报工作。

食品流通。指导监督农贸城、佳乐家、全福元、美联购物广场快检室履行好日常快检工作，检测数据实时上传监管部门，完善检测不合格样品后处理工作。继续推行实施“一本通”，开展供货商培训，建立以“一本通”为载体的追溯体系和召回制度，鼓励有条件的供货商建立电子追溯体系。落实《山东省食品小作坊小餐饮和食品摊点管理条例》，全面推进“六项标准”，对备案后的小摊贩进行监管。大中型商超以及农贸市场入场销售者、韭菜产品供货者实行“双证制”管理，开展30批次韭菜产品“双证制”专项抽检。在大中型超市开展“放心肉菜”公开评价工作，完成对佳乐家昌盛店、全福元超市的公开评价。

餐饮服务。开展“明厨亮灶”和“清洁厨房”提升工程，“明厨亮灶”餐饮单位达到260余家。与广电公司合作，选取 120 余家餐饮单位、学校食堂等安装监控设备，实现对餐饮单位、学校食堂加工操作过程、农残检测的实时监控。9 月 29 日，潍坊市学校食堂快检室暨阳光厨房建设现场推进会在昌乐县召开。开展持证单位量化等级评定，对符合要求的餐饮单位量化分级并张贴脸谱。印发《关于对小餐饮小作坊进行摸底的通知》，为“三小”条例正式实施后登记、备案、监管工作奠定基础。邀请媒体记者深入“三小”场所进行宣传，启动“在一线助规范”行动，“一对一”帮助“三小”业户进行规范。

药品、医疗器械。开展“规范药店提升”行动，要求药品经营企业做到“六统一、六禁止、六承诺、三服务”，药品经营企业的店容店貌明显改善，管理质量明显提升，有效保障群众用药安全。对药品生产企业和药品经营连锁总部进行全覆盖检查和风险大排查，检查药品生产企业 6 家次，药品经营连锁总部 4 家，GSP 跟踪检查药品零售企业 28 家。开展药品、医疗器械经营使用单位质量提升和风险大排查活动，检查 749 家次。报送药品不良反应 798 例，医疗器械不良事件 434 例，化妆品不良反应 46 例。

保健食品、化妆品。完善保健食品、化妆品档案管理，实行档案动态化管。对化妆品生产经营日常检查同步上传日常监管系统，录入 53 家企业。严把经营许可关，对经营现场严格核查，认真审查经营资质，核查保健食品经营许可现场 95 家。强化日常监管，围绕产品标签、说明书、管理制度、索证索票和台账管理规定等情况进行检查。开展保健食品、化妆品专项整治，检查保健食品经营企业 234 家，化妆品经营企业 85 家。

【监督抽检】 狠抓食品抽样检测，完成自主抽检 830 批次，食品生产企业抽样检测全覆盖。保健食品、化妆品抽样 21 个批次，药品抽样 71 批次，检测信息全部网上公示，不合格的全部依法处理。

【专项整治】 2017 年，开展桶装饮用水、速冻肉、肉制品、学校食堂及周边、保健食品、食用植物油、“六小”、畜禽产品、水产品、超范围超限量使用添加剂、网络订餐、农村市场、药品、中药饮片、医疗器械等 30 多项食品药品安全专项行动，检查食品药品经营单位 4500 余户次，对存在的违法行为进行严肃处理，并在网站上公开处罚案件。

【亮点工作】 建立“阳光厨房”“智慧监管”平台，实施食品安全监管提升工程。将不合规食品安全操作问题定期向存在问题的餐饮单位反馈，督促业户整改提高，提高业户的守法自觉性和自律意识，对情节严重的行为进行查处，切实提高食品安全监管工作水平。与 195 家餐饮单位签订安装协议，120 家餐饮单位的后厨加工过程、快检室操作监控联网到监控平台，实现实时监控。

党委书记、局长：王永信
电话：0536-6236336
地址：昌乐县城关商务社区 1 号楼 1222 室
邮编：262400

（撰稿：刘命锋　韩志萌　核稿：高希涛）

潍坊高新技术产业开发区

【概况】 潍坊高新技术产业开发区市场监督管理局成立于 2014 年 3 月 8 日，加挂潍坊高新技术产业开发区食品安全委员会办公室牌子，为党工委、管委会内设机构，副县级规格。内设综合科、法规科、登记许可科、食药监管科、工商监管科、质量技术监管科、价格监管科 7 个科室，均为正科级，配科级领导职数 7 正 4 副。设立新城东、新城西、清池、新钢新昌 4 个市场监督管理所，为局派出机构，副科级；设立市场监督稽查大队，为局所属事业单位，正科级。截至 2017 年 12 月 31 日，机构总编制 97 名，其中行政编制为 62 名，事业编制为 35 名，派出机构（市场监管所）编制 35 名；实有监管人员 122 人，其中派出人员为 41 人，食品监管 13 人，药品监管 10 人，化妆品监管 9 人，医疗器械监管 9 人。

截至 2017 年底，潍坊高新区辖区有食品生产单位 25 家，食品经营单位 2547 家，药械生产单位 32 家，药械经营单位 324 家，药械使用单位 226 家，保健食品生产企业 1 家，保健食品经营企业 75 家，化妆品生产企业 2 家，化妆品经营单位 89 家。

2017 年，高新区局按照《潍坊市食品药品监督管理工作要点》的总体部署，以“持续提升食品药品安全保障水平”为目标，以“创建国家食品安全示范城市、打造‘食安潍坊’品牌”为主线，坚持问题导向，强化日常监督检查和监督抽检，落实食品经营者主体责任，守住不发生重大食品安全问题的底线，切实保障人民群众“舌尖上的安全”，全面提升食品安全监管水平。

【监督检查】 以信息化为手段，进一步加强过程监管。研发建设以“一库四平台”为基本框架的“智慧监管”信息化系统，制作网格监管电子地图，建立食品生产经营业户全科电子档案，实现电子档案与书式档案互补，全面建立食品经营业户一户一档。对业户证照、从业人员健康证设置到期提醒功能，形成监管完整链条，避免监管交叉、监管缺位。通过监管信息电子留痕、监管事项自动提醒、所有业务自动流转等功能，刚性引导工作人员规范行使权力，避免选择性执法。同时，整合监管资源，前移监管触角，打造集“快检监控、肉菜追溯、消费维权、物价采集”四项功能于一体的“食安公平屋”，通过快检全覆盖、价格明示、检测实时监控、数据实时汇集，严把市场准入关口，实现食品药品安全形势动态掌控。

【监督抽检】 抽检食品 491 批次，其中食用农产品抽检 310 批次，检出不合格食品 19 批次，问题发现率达 3.87%，不合格食品全部立案查处，并全部按规定对外进行公示。

【专项整治】 坚持问题导向，以治理整顿和打击违法犯罪作为重要手段，围绕重点时段、重点食品和重点区域，严厉打击食品经营违法行为，着力解决群众关心的突出问题。相继开展“六小”、无证无照、学校食堂、桶装饮用水、餐厨废弃物、保健食品等专项整治 18 次，联合公安、城管、城建、经发等部门联动联治，形成打假治劣的高压态势。截至 2017 年 12 月 31 日，出动执法人员 8000 余人次，检查各类食品经营场所 12000 家次，取缔小食品店小餐饮店 81 家，提出整改建议 1136 条，责令整改相关证照、索证索票、进货查验台账、后厨卫生等问题 6350 余个。各业态生产经营单位持证率 99% 以上。查处食品类案件 39 起，罚没款入库 23 万多元。

【积极推进快检全覆盖工程】 严格按照“五有”和“五规范”标准，建成规快检室 22 各，其中基层监管所快检室 4 个，谷德佳乐家、金马佳乐家、十甲市场等经营单位快检室 3 个，学校幼儿园食堂快检室 12 个，餐饮单位快检室 3 个，形成快检能力每天 2200 批次，基本满足快检需求。统一为快检室安装监控摄像，对检测过程进行全程监控，检测仪器实行定孔检测（即每个品种都固定检测通道），检测结果自动上传监管平台，每天在 LED 屏上滚动播出公示，充分发挥食品快检作用。

【“网络厨房”建设】 以“网络食堂”建设为重点，加快推进“明厨亮灶”。所有学校幼儿园食堂全部纳入网络监管，各大、中型酒店、重点餐饮单位入网量达 100 家以上。以餐饮业百分制监管为基础，建立社会协管员参与评分机制，实行量化评级标准、过程、结果三公开，提高社会参与度、认可度。A 级、B 级达标市场主体数量分别增加 30%。

党委书记、局长：杜业新
电话：0536-8882530
地址：潍坊高新区桐荫街 2687 号
邮编：261061

（撰稿：王兵　核稿：张波）

潍坊滨海经济技术开发区

【概况】 潍坊滨海经济技术开发区市场监督管理局，为潍坊滨海经济技术开发区党工委、管委会内设机构，副县级规格，滨海区 2018 年大部制体制改革后，取消行政级别，定编 50 名，配领导职数 1 正 4 副，业务上接受潍坊市食品药品、工商、质监等部门的指导和监督。主要职责是：负责对全区生产、流通、消费环节的食品安全和药品的安全性、有效性实施统一监督管理；同时负责工商行政管理、质量技术监管工作；承办区党工委、管委会交办的其他工作。滨海市场监管局内设综合处、食药监管处、工商监管处、质量技术监管处 4 个处室，分别配领导职数 1 正 1 副。设立大家洼市场监督管理所（定编 15 名），配所长 1 名，副所长 2 名；设立央子市场监督管理所（定编 10 名），两所为滨海区局派出机构，负责辖区内的食品药品监督、工商行政管理、质量技术监管工作。

【监督检查】 截至 2017 年底，全区各类食品生产经营单位 1543 户，其中食品流通业户 872 户，餐饮经营业户 627 户，学校食堂 31 家，药店 60 家，食品（含食品添加剂）生产企业 13 家。完善食品安全责任体系，深化完善目标管理考核，强化食品安全责任，滨海区管委会与区食安委 19 个成员单位签定《食品安全责任书》，细化任务，落实责任，确保各项任务的组织实施。完善联合办公、联合执法、联合信息发布“三联”工作机制，强化食品安全长效监管措施。全面完成食品快检室第三方托管，建设滨海区食品安全远程监管平台。

【监督抽检】 2017 年，滨海区局强化监督抽检，加大信息公开力度，完成食品、食品相关产品以及食用农产品的监督抽检工作。根据监督抽检任务，实施不同批次和频次的分类抽检，进一步增强抽检针对性、靶向性。加大抽检信息公开力度，引导公众消费，督促企业自律。安排组织区级抽检 380 批次，食品抽检完成率 150%，经检验，不合格食品 6 批次，合格率为 98.9%，通过监督抽检发现的不合格食品案件进行立案查处，罚没款 20238.18 元，所有抽检及案件处罚信息全部公示。

【专项整治】 开展食品安全专项整治，保障人民群众饮食用药安全。先后开展“一非两超”、桶（瓶）

装饮用水、肉制品等各类专项整治行动。各类专项行动中出动食品安全执法检查人员497人次，检查各类食品生产、经营单位1800户次，下达监督意见书560份，提出整改意见879条。

开展集中用餐单位食品安全专项整治行动，规范重大活动餐饮服务食品安全保障行为。以学校（含托幼机构）、机关、企事业单位、建筑工地食堂为重点场所，以持证情况、餐饮具清洗消毒保洁、食品留样等为重点控制点开展风险隐患排查，严防群体性食品安全事件发生。扎实开展重大活动餐饮服务食品安全保障工作，完成滨海国际风筝会、冲浪比赛、中高考等各类重大活动餐饮服务食品安全保障任务，出动驻点食品安全监督人员60多人次，开展现场快速检测100多个品种，做到保障工作"零"差错，食品安全"零"事故。

加大对学校食堂及学生小饭桌的监管。辖区31所学校食堂予以一户一档，进行4次季度检查，下达《监督意见书》49份，个别存在安全隐患的单位，都下达限期整改通知书，要求其限期整改，全部完成整改落实。

加大食品小作坊小餐饮和食品摊点的规范力度。结合日常监督检查，随时做好摸底工作，随时调整监管档案，确保不遗漏任何一处，全面做好监管工作，切实将食品小作坊小餐饮和食品摊点的食品安全整治规范到位。2017年底，全区登记食品小作坊10家，小餐饮登记数27家，食品摊点备案数84个。

加强药品经营使用单位日常监督检查。出动执法人员394人次，检查药品经营单位74户次，药品使用单位62户次，覆盖率100%。查处过期药品18个品种，60盒（瓶），针对发现的问题要求各相关单位立即进行整改，并上交整改报告。推进滨海区药械化安全性监测工作，组织开展药械化安全性监测工作培训，培训相关单位和工作人员以及化妆品不良反应监测哨点的监测人员50余人次。

开展药品、保健食品、化妆品抽检工作。抽检34批次，其中药品流通环节21批次、保健食品10批次、化妆品5批次，合格率达100%。

党委书记、局长：高升明
电话：0536-5331085
地址：潍坊滨海经济技术开发区未来大厦15楼1519室
邮编：261108

（撰稿：王晓军　核稿：曹增春）

潍坊峡山生态经济开发区

【概况】 潍坊峡山生态经济开发区市场监督管理局加挂峡山生态经济开发区市场监督稽查大队牌子，为党工委、管委会内设机构，正科级规格，配领导职数1正2副，核定行政编制32名（含派出机构），对辖区生产、流通、消费环节的食品安全和药品的安全性、有效性实施统一监督管理，并负责工商行政管理、质量技术监督工作，同时承办党工委、管委会交办的其他工作。内设办公室、工商科、食药科、质监科、稽查大队、审批大厅6个科室及王家庄、太保庄、岞山、郑公市场监督管理所4个派出机构。截至2017年底，有行政编制32名，实际在岗在职在编人员16名，社会化用工人员10名。

2017年，峡山区局先后开展畜禽产品质量安全专项检查、食品农产品质量安全"百日"专项整治、学校食堂食品安全检查、大桶水专项治理行动、"三小"规范提升、病死畜禽专项整治；校园周边食品经营单位检查无证食品和过期食品。做好31家食品生产企业的风险等级评定工作；开展生产环节无证生产加工和生产环境不规范专项整治，对全区7家生产企业开展肉及肉制品的专项治理行动，检查肉制品类、白酒类、酱腌菜类食品生产企业10家，查处隐患4家，药品抽验20批次，抽验合格率100%。

【监督检查】 **食品安全。**峡山区局对全区食品生产经营单位进行风险等级和量化分级评定，先后投入17.16万元制作1320套监管公示牌，对经营者的管理制度、经营证照、安全承诺书等内容经监管人、经营者签名后悬挂公示；落实监管关口前移，建立完善农产品批发市场进出场检测和追溯制度，把好市场出入两道关口，实现前至产地、后到餐桌的信息全程追溯；各市场监督管理所履行"属地管理"原则，先后开展30余次食品药品安全专项整治行动，排查隐患317处，下达责令整改书46份；同时结合督导检查、飞行检查对学校食堂开展拉网式检查，及时消除安全隐患。检查食堂11家次，发现隐患5处，全部下达责令改正书；开展学校抽检6次，抽检156批次，合格率为99.36%。

药品、医疗器械。积极推进新版GSP贯彻实施，强化日常监督检查，开展含麻黄碱类复方制剂、中药材、中药饮片等专项检查。检查药品、医疗器械经营单位45家，使用单位38家次，下达责令改正通知书6份。利用快检技术手段，发现质量可疑药品，及时抽样送检，增强抽验品种的针对性和靶向性。

【监督抽检】 配合完成国家、省市抽样检测任务，同时开展自主性抽样检测，2017 年完成食品生产、流通、餐饮服务环节抽检样品指标分别为 303 个批次，完成抽检 595 批次，合格产品 590 批次，合格率达 99.16%。督促潍坊艺德龙生态农业发展有限公司构建快检室，并与山东拜尔检测有限公司签订第三方托管协议，实现对入场经营的大姜批批检测，每天抽检 10 批次，发现问题及时处理。

【专项整治】 2017 年先后开展“一非两超”、桶（瓶）装饮用水、肉制品、集中用餐单位等各类专项整治行动，出动食品安全执法检查人员 412 人次，检查各类食品生产、经营单位 1250 户次，下达监督意见书 46 份，提出整改意见 259 条。

【宣传培训】 印发全区创城宣传工作方案，在峡山区电视台和《潍坊日报·今日峡山》开辟食安峡山宣传专栏，先后刊登各类材料 30 余篇宣传创建动态和食安常识；组织各街道举办食品质量安全培训班 9 期，培训 1300 人次，开展“三小”培训 7 期，培训 150 人次，提升基层监管人员的政策法规水平和基层监管能力。指导各所对食品生产企业、学校食堂、大型超市、药店等重点场所定期开展飞行检查，严格监管食品药品原辅料执行索证索票、进货记录制度情况，保证重点场所、重点行业的经营行为。加大社会宣传力度。进一步加大投入力度，不断扩大宣传的层面、密度和声势，在做好常规宣传的基础上，突出抓好微信、短信、网络等媒介的宣传，面向农村群众、企业工人等群体的宣传以及社区、居民点等区域的宣传，确保群众知晓率和参与度。

党支部书记、局长：翟兴
电话：0536-4719695
地址：潍坊峡山生态经济发展区金控大厦
邮编：261325

（撰稿：刘健　核稿：曹文超）

潍坊综合保税区

【概况】 潍坊综合保税区市场监督管理局为党工委、管委会内设机构，副处级规格，配领导职数 1 正 2 副，核定行政编制 10 名，主要职责是：负责对全区生产、流通、消费环节的食品安全和药品的安全性、有效性实施统一监督管理；负责工商行政管理、质量技术监督工作；承办党工委、管委会交办的其他工作。2017 年，全区有食品生产企业 1 户，食品经营业户 90 户，食堂 12 户，药店 6 户，村级卫生室 18 户。

【监督检查】 严格按照“有责、有岗、有人、有手段和落实日常监管、监督抽检责任”要求，形成“党政综治、部门合治、行业自治、业态整治、社会共治”五治并举模式，实施“双四宣教”、风险防控、“三小”整治等措施，持续用好专项整顿治理和监督检查“双随机”有力武器，深入开展隐患排查，锲而不舍地开展治理整顿，严惩重处违法违规行为。出动执法人员 292 人次，车辆 216 次，责令整改通知 174 次，排除食品安全隐患 389 条。

【监督抽检】 强化食品药品抽检检查。区级抽检 50 批次，药品 5 批次，合格率 100%。产品主要包括肉制品、粮食、蛋制品、蔬菜、水果、乳制品、酒类、食用油及其制品等，公布检测项目总数量 638 项，公布率 100%。

【专项整治】 紧盯群众关心、社会关注的热点、难点、焦点问题，先后组织开展“食安护佳节”“守护舌尖安全”“地沟油”“ 婴幼儿配方乳粉”“鲜肉及肉制品”等食品安全专项整治行动。开展学校幼儿园食堂、农村市场等专项整治行动，重点排查农村、中小学校及周边等领域。严格依法查处互联网食品安全违法行为，对入网食品生产经营者，重点查处未依法取得食品生产经营许可或者超过许可范围从事食品生产经营以及欺诈和虚假宣传等违法行为。

【亮点工作】 深入开展“放心肉菜示范超市”创建，全面实施“清洁厨房”工程，严把“受理、审核、发证”关，落实餐饮服务食品安全操作规范，全面完成各类餐饮服务单位量化分级评定工作。“明厨亮灶”覆盖主要大中型餐饮服务单位，“六小”业态分别制定监管办法、明确行为规范，通过实施备案登记、统一标牌公示、限时定点经营、引导入驻园区等措施综合治理，有效提升集约化、规范化水平。

实行食品监管“一户一档”制度。分类建立全区食品、保健食品、药品、化妆品、医疗器械企业分级分类监管档案，摸清辖区食品安全风险点和风险区域，所有监管对象电子和纸质档案实行网格化监管全覆盖，不留食品安全监管死角和隐患。食品监管人员对每村、每户留下监管痕迹并及时归档。认真落实领导干部到网，工作人员进格，协管人员到点，实行定岗、定责、定人、定事，横向到边，纵向到沿，做到工作精细化。

突出追踪溯源，构筑食品追溯体系。实施“阳光厨房”工程。在辖区行知学校学校食堂、保利酒店推行“阳光厨房”电视直播工程试点，2017 年建成涵盖全区 2 家餐饮单位的视频监管采集系统，形成全民参与食品安全的局面。全面推行赋码追溯行动。山东正信生物科技股份有限公司加入省食品安全追溯平台，将链接产品质量检测结果等信息的二维码印制在包装上，完善追溯链条，让潍坊保税产品带着“身份证”闯天下，既打造食品品牌，又发挥倒逼源头自律作用。在食品经营领域推行“一本通”，实现以购溯源、管住供货商、规范购货商，建立起流通环节食品安全源头可溯、安全可控、去向可查的长效机制。

党支部书记、局长：王欣伟
电话：0536-7620308
地址：潍坊综合保税区行政服务中心一楼
邮编：261205

（撰稿：丁淑晗　核稿：张维东）

济宁市

【概况】 济宁市食品药品监督管理局（济宁市食品安全委员会办公室）为市政府工作部门，内设15个职能科室，其中机关党委加挂机关党建科牌子，下设济宁市食品药品稽查支队和济宁市食品药品检验检测中心（济宁市药品不良反应与药物滥用监测中心）2个直属单位。截至2017年底，济宁市局编制总额168名，实有158人（不含机关工勤），其中局机关编制46名，实有43人；济宁市食品药品稽查支队编制36名，实有34人；济宁市食品药品检验检测中心事业编制86名，实有81人。截至2017年底，济宁市有食品、药品、保健食品、化妆品和医疗器械生产经营业户84352家。其中：食品（含保健食品）生产企业848家，食品和食用农产品销售业户40684家；餐饮服务单位20725家，学校食堂1345家；食品“三小”业户17347家；药品生产企业38家，医疗机构制剂室9个，药包材生产企业15家，化妆品生产企业11家；药品批发企业35家，药品零售连锁企业62家，零售连锁企业门店2100家，零售单体药店278家；医疗器械生产企业69家，经营单位786家。

2017年，济宁市坚持稳中求进，深化供给侧结构性改革，推进新旧动能转换，坚持源头严防、过程严管、风险严控，以保障和改善民生为出发点，着力推进济宁市食品药品安全治理体系和治理能力现代化，守好不发生系统性、区域性和重大食品药品安全事件的底线，全面提升食品药品安全水平和保障能力。

【食品安全监管】 2017年11月，济宁市委、市政府出台《关于加强食品安全工作的意见》，对各级党委、政府工作部门落实食品安全党政同责提出明确要求。济宁市政府出台“食安济宁”品牌引领实施方案，提出“促产、重品、严管、狠打、共治”十字方针。“食安济宁”建设取得显著成效，创建“食安山东”食品生产加工示范单位27家，食品流通示范单位118家，餐饮服务示范单位（街区）161家，济宁市认证“三品一标”产品1369个。打造金乡大蒜、微山湖大闸蟹、玉堂酱园等一批在全省乃至全国响当当的品牌。

食品生产。全面实行风险分级分类监管，将食品生产企业划分为4个风险等级，根据监管情况实施动态调整。截至2017年底，济宁市高风险企业5家，较高风险企业109家，较低风险企业508家，低风险企业144家。全力推进食品生产企业追溯工作，制定《食品安全追溯体系工作推进实施方案》，明确重点产品、推进措施和时间节点，逐步建成全覆盖、多形式、标准化的食品安全追溯体系。2017年，有353家企业纳入省级食品安全追溯公共服务平台，录入产品信息905条，可查询追溯信息611条。

食品流通。全面落实主体责任，开展59家大中型商超放心肉菜公开评价活动，印发《济宁市食品安全管理规范化农贸市场创建行动方案》《关于进一步加强创建全国文明城市攻坚冲刺阶段城区农贸市场督导检查工作的通知》，对城区22处农贸市场督导检查115次，印发《创建全国文明城市工作督导意见书》和《农贸市场创城攻坚冲刺阶段问题台账》，反馈问题92条次。提升食品追溯能力，截至2017年底，济宁市有2058家食品销售单位安装使用食品安全电子监管系统，累计生成电子追溯信息6.6万余条，建立食品安全档案超过10万套。食用农产品重点品种全程监管，与济宁市农业局联合印发《济宁市实施韭菜产品“双证制”管理强化产地准出市场准入衔接工作方案》，在全市范围内推进实施韭菜产品“双证制”。

餐饮服务。强化集体聚餐单位监管，组织开展学校食堂、旅游景区、工地食堂及高速公路服务区自查和飞行检查。加强对网络订餐单位监管，对美团、百度、饿了么3家网络餐饮服务平台进行检查，召集3家网络餐饮服务平台负责人进行座谈。圆满完成济宁市“两会”、山东省青少年射击锦标赛等185次重大活动的餐饮服务食品安全保障工作。深入开展“三小”监督管理工作，组织各县（市、区）局开展以进社区、进业户等多种形式的《山东省食品小作坊小餐饮和食品摊点管理条例》实施主题宣传培训活动，培训6300余人次，发放《条例》读本7100余本、宣传彩页1.2万余份。明确“三小”业户重点帮扶对象，按照“六项标准”进行“一对一”帮助规范，督促其落实主体责任，明确355家帮扶业户，建立帮扶名录。

【药品监管】强化政策宣传培训，举办济宁市各级药品监管机构、药品生产流通企业、医疗机构培训会，传达学习中央、省、市文件精神，推动各项工作落实。强化日常监督检查，制定《2017年药品生产单位日常监督检查计划》《2017年特殊药品日常监督检查计划》《2017年药品市场监管重点工作分解明细表》，明确市县两级工作任务，压实各县（市、区）局的监管责任。开展药品质量提升2017行动，结合往年各类监督检查情况和抽验情况，有针对性开展跟踪检查。加强信用体系建设，依据《济宁市食品药品安全信用分级分类管理办法（试行）》，对38家药品生产企业中的33家进行信用等级确定。通过评级情况，确定检查频次和检查重点。突出“飞检”重要作用，针对2017年部署的专项整治工作，按照企业自查、县局检查等各方面反映的情况，有针对性地开展飞检7次，突出查办违法违规行为。加强风险防控管理，按照济宁市药品安全风险评估制度开展风险会商工作，拉出15大项风险清单，形成《济宁市药品市场监管风险管理分析》，上报省局风险信息27条。开展“一企一策”药品质量提升行动，通过约谈、针对性检查、责令召回产品、行政处罚等措施有效降低风险发生的概率。稳步推进化妆品市场整治，开展基层化妆品市场规范化建设示范创建，向省局推荐48家基层化妆品市场规范化建设示范创建单位。

【医疗器械监管】推进医疗器械专项整治2017行动和“规范实施年”活动，注重做好源头控制和过程监管。开展培训，提升内功。分期分批举办监管人员法律法规培训班6期，企业规范培训班2期，培训监管人员230余人次，企业负责人、质量负责人300余人次。调查摸底，分类实治。在企业自查基础上，结合抽验、日常监管、不良事件监测情况，分析企业在实施规范过程中存在的问题和困难，进行分类检查。实施约谈，明确问题。分两次对生产企业进行集体约谈，从质量管理体系建立、规范执行情况等方面，指出企业存在的问题，明确企业所承担的义务和责任。全面检查，确保规范。采取飞行检查、日常监督检查、季度督导检查、市县局联动相结合的方式，对生产企业和冷链管理产品经营企业进行全面检查。2017年，检查生产企业63家，冷链经营企业65家，其他经营企业376家，对存在问题的企业及时跟踪检查，确保整改到位。

【专项整治】建立完善食药监、农业、畜牧、渔业等行政部门与公安部门的联勤联动机制，全面启动联勤检查、联动执法、案件移送、联合研判机制。2017年开展联合执法91次，出动执法检查人员28868人次，检查农资市场、农资企业、农产品经营业户、食用林产品生产园区4823家，检查饲料兽药生产、经营企业、规模养殖场9791家次，畜禽水产品养殖企业、水产品专业合作社销售者3558家，检查食品生产、经营、餐饮销售者61479家，检查学校食堂89家，下达责令整改通知书或监督意见书4585份，取缔无证经营者703家，吊销《食品经营许可证》71户，关闭不合格建筑工地食堂2家，立案查处197件。开展药品质量提升行动、互联网药品信息服务和交易服务专项整治、济宁市疾病预防控制机构和疫苗接种单位疫苗质量监督检查、处方药销售管理专项整治、药品流通领域违法经营行为集中整治回头看、药品GSP认证跟踪检查、中药材中药饮片专项整治、使用单位药品质量监督检查、医用氧市场整治、城乡接合部和农村药店和诊所药品质量安全整治、执业药师在岗履职、医疗器械专项整治等专项治理行动。2017年，检查药械生产经营使用单位6800家次，责令整改812家次，收回、撤销药品GSP证书41件，立案查处536件，罚没497.7万元。

【基层基础建设】大力推进基层监管所标准化建设，要求基层监管所全部达到“十个一”标准，重点加强急需的执法车辆、取证、快检、应急处置等装备配备，逐步提高一线执法能力。申请济宁市政府追加抽检经费2次，召开4次专题约谈会和座谈会大力督促县级提升食品抽检力度。济宁市食品药品检验检测中心搬迁改造项目列入济宁市政府投资项目计划，济宁市财政2017年安排配套资金2000万元，全力保障搬迁改造项目建设进度。济宁市政府将食品药品检验检测能力建设列入2017年度为民办十件实事之一，全力推进县级检验检测中心建设进度，确保实验室面积、仪器设备等达到标准要求，为食品药品安全工作提供有效技术支撑。截至2017年12月，邹城市等10个县市区的县级食品药品检验检测中心全面建设完成，实验室面积1.37万平方米，检验仪器设备总值由4276万元增长至6793万元。任城区、济宁高新区、太白湖新区、济宁经开区等投入财政资金327万元均配备食品快检车。

【服务食品医药产业发展】深入推进“放管服”改革。编制《“一窗受理”事项受理材料标准化手册》，办件模式统一为“一窗受理，集成服务”，实现“前台后室”服务模式。14项政务服务事项全部统一纳入政务服务大厅办理，9项政务服务事项实现“只跑一次”和“零跑腿”。大力推动仿制药一致性评价工作。组织药品生产企业、临床试验机构培训研讨5次。济宁市应开展一致性评价的化学药品口服固体制剂批准文号192个，涉及药品生产企业9家。截至2017年底，山东鲁抗医药股份有限公司、辰欣药业股份有限公司的30个品种进入药学研究和预BE阶段。

【社会共治】 2017年，组织开展“12331”投诉举报宣传日、食品安全宣传周、食品安全知识和法律法规“六进”等系列宣传活动300余场次，指导培训4万余人次，发放科普读本、宣传彩页、张贴画等各类宣传资料25万份。通过济宁市局网站及微信公众号“食药安全在济宁”，发布信息1778条。连续3年举办“食安济宁在行动”3·31大型主题晚会，出品“民以食为天——食安济宁之歌”食品安全主题歌曲，全年在济宁电视台黄金时段播放“食安济宁”公益广告。在《济宁日报》、济宁电视台开辟“食安济宁”专栏。建立企业信用档案，实施“红黑名单”制度，强化食品生产经营者的责任意识和诚信意识。聘请68名人大代表和政协委员担任食品执法执纪社会监督员。2017年，全市受理“四品一械”投诉举报3070件，案件按时办结率、回复率均达到100%。

【党风廉政和干部队伍建设】 严格落实党风廉政建设责任制，巩固“两学一做”教育实践活动成果。2017年初，签订《党风廉政建设责任书》，层层落实责任。深入开展“遵规守纪大教育”活动，以深化全面从严治党为主线，以推进“两学一做”学习教育常态化、制度化为抓手，以加强党章、党规、党纪教育为重点，扎实开展系列学习教育和警示活动。深入开展“济宁市干部作风建设”专题学习研讨，局主要负责人带头讲党课，2017年4月，制定出台《食品药品安全领域侵害群众利益不正之风和腐败问题整治查处工作方案》，努力营造风清气正、真抓实干、锐意创新的工作氛围。

2017年，举办“济宁市食品药品安全监管与法治能力提升专题培训班”“济宁市食品药品安全监管依法行政”“食品安全快速检测技能培训”等22期培训班，培训行政执法人员1455人次。济宁市局选拔任用科级干部6人，轮岗交流8人次，考录招聘公务员和事业专业技术人员7名，干部队伍年龄学历和专业结构进一步改善。2人分别被授予“全省富民兴鲁劳动奖章”“济宁市五一劳动奖章”，28人被授予“优秀共产党员”“全省创先争优优秀致公党员”“济宁市驻村联户先进个人”等荣誉称号，济宁市局被评为“政协提案双向评议优秀单位”“履行人口和计划生育职责先进单位”。

【“食安济宁在行动”3·31大型主题晚会】 2017年3月31日晚，“食安济宁在行动”3·31大型主题晚会在济宁电视台演播厅成功举办。晚会通过短片回顾食安委各成员单位一年的工作，展示“食安济宁”建设的成果，权威发布食安委各成员单位围绕保障济宁市人民群众“舌尖上的安全”，开展监督抽检、专项治理、严打及推进示范创建等一系列权威信息，通过4G直播连线直播执法部门对餐饮店进行执法检查的情况，向观众演示“食品快检”，普及食品快检知识和食品安全科学常识。

【全过程严控药品市场风险】 济宁市局坚持问题导向，全面落实“四个最严”和“源头严防、过程严管、风险严控”要求，把药品市场风险防控作为监管工作的“风向标”“指挥棒”。强化风险防控机制建设。制定药品安全风险评估制度，印发加强药品风险管理工作的通知，对54名药品监管人员进行药品市场风险管理知识培训，组织开展药品市场风险排查，拉出风险清单15大项，形成《济宁市药品市场监管风险管理分析》，印发各县（市、区）指导药品市场监管工作。落实风险防控监管措施。制定全年药品市场监管工作计划，依据风险分析开展针对性日常监管、专项整治、飞行检查、监督抽验。每季度根据风险分析，围绕新发现的高风险因素及时增加专项检查项目，努力做到风险及早发现、及早处置、及早解决。“紧螺丝”确保防控实效。先后开展疾控机构和接种单位疫苗质量专项检查、互联网药品信息交易服务等9项专项整治工作，对每项工作都坚持“监管相对人自查自纠”“县局检查”“市局督查”“落实违法违规行为处罚”四步走，拧紧监管螺丝。截至2017年11月，济宁市局检查药品经营、使用单位5482家次，责令整改697家次，收、撤药品GSP证书54件，查处违法违规案件435件，罚没款157.4万元。

【食品快检进市场、进社区、进乡村】 2017年4月，济宁市局制定《2017年“食品快检进市场进社区进乡村”活动工作方案》，深入排查食品安全问题隐患，让“问题食品”无处藏身。对快检不合格的样品，及时按照规范进行抽样，及时送交具备资质的专业检验检测机构进行检测。经检验确认不合格的，由当地县级食品药品监管部门对相关批次食品依法做好处置工作。截至2017年10月底，济宁市完成食品快检40671批次，快检发现问题食品424批次。所有快检结果全部依法进行公示，问题食品全部依法进行处置。

【“双安双创”】 全域推进“双安双创”工作，济宁市成立由市委书记、市长任组长，市委副书记、常务副市长任常务副组长，其他副市长任副组长的“双安双创”工作领导小组。2017年12月8日，济宁市召开创建山东省食品安全先进市暨全域推进“双安双创”工作动员大会。济宁市委书记王艺华出席会议并作重要讲话，济宁市委副书记、市长傅明先主持会议，省食安办副主任、省局副局长李超群作创建辅导报告。济宁市人大常委会、市政府、市政协有关领导，各县（市、区）党委、市食安委成员单位主要负责人，市直其他部门、单位负责人，中央、省驻济单位负责人，有关高等院校和企业负责人以及市食品行业有关协会、企业代表等约 500 人参加会议。

党组书记、局长：吴琼
调研员：邓德光
党组成员、副局长：王富裕、樊存甫、朱秀娟
地址：济宁市任城区建设路 13 号 5 号办公楼
电话：0537-2996290
邮编：272125

（撰稿：杨锋　核稿：徐连臣）

任城区

【概况】 济宁市任城区食品药品监督管理局基本设办公室、食品药品安全监管指挥中心、政策法规科、许可服务科、食品生产监管科、食品流通监管科、餐饮服务食品监管科、学校食品安全监管科、保健食品、化妆品监管科、药品安全监管科、药品市场监管科、医疗器械监管科、药械不良反应监测中心、文明办、效能督查室 15 个科室（中心）；设阜桥、观音阁、古槐、越河、济阳、南苑、安居、唐口、喻屯、金城、南张、长沟、仙营、李营、廿里铺食品药品监督管理所等 15 个派出机构。下设任城区食品药品稽查大队，并在 15 个食品药品监督管理所设稽查中队。2017 年，任城区局在编干部职工 169 人，其中行政编制 97 人，事业编制 72 人。辖区内有食品生产企业 103 家，食品流通单位 2982 家（其中：商场超市 43 家，食用农产品批发市场 3 家，农贸市场 6 家，集贸市场 7 家，食品供货商 134 家），餐饮单位家 5526 家（其中：许可 4161 家；小餐饮登记 1365 家），登记小作坊 74 家，各镇街发放食品摊点备案证 1469 个；药品生产企业 4 家，制剂室 5 家，药包材企业 5 家；化妆品生产企业 1 家；药品批发企业 2 家，仓库 1 家，药品零售连锁企业 8 家，药店 418 家（其中零售连锁门店 401 家，单体药店 17 家），二级以上医疗机构 11 家，一级医疗机构及厂矿医院 63 家，村居卫生室、社区服务中心、厂企卫生所、个体诊所等 698 家，疫苗接种单位 23 家；有 17 家医疗器械生产企业，其中 13 家企业持有《医疗器械生产许可证》和《医疗器械产品注册证》，医疗器械经营企业 400 余家。

2017 年，任城区局牢固树立责任意识，按照“四个最严”要求，坚持源头严防、过程严管、风险严控，突出重点领域和关键环节专项整治，不断创新监管工作机制，深入推进“四品一械”监管工作，不断提升食品药品安全综合治理能力，确保全区食品安全形势稳重向好发展。截至 2017 年底，任城区局受理各类食品经营申请 6019 个，准予许可 5986 个，同比增长 49.84%。另外，承接济宁市局下放许可审批事项，发放《食品生产许可》证 29 家，办结执业药师注册 130 个（2016 年 8 月下放以后），组织认证 91 家。药品零售企业变更 115 家，注销 3 家，新开办药店 48 家。

【监督检查】 结合文明城市创建工作，以小作坊、小餐饮和食品小摊点为整治重点，集中全局执法力量对辖区食品药品生产经营单位开展为期半年的全覆盖、无缝隙、地毯式风险排查专项行动。出动执法人员 9800 余人次，检查食品药品经营业单位 1.2 万户，下达整改意见书 1200 份，整改提升 2032 家，取缔 275 家。*食品生产*。对企业法人和质量负责人进行专题培训，切实履行食品安全第一责任人责任，督促食品生产企业建立“全覆盖、多形式、标准化”的食品安全追溯体系。48 家企业在山东省食品安全追溯平台进行注册，12 家企业录入数据，对 102 家生产企业进行分类分级。*食品流通*。继续完善食品追溯体系建设，有近 500 家商超、食品供货商、生产厂家安装食品安全电子监管系统，实现电子可追溯。开展大中型商超放心肉菜公开评价活动，推行韭菜合格证和市场销售凭证“双证制”管理。*餐饮服务*。开展寻找笑脸活动。餐饮服务单位量化分级率 100%，167 家餐饮单位达到优秀（A 级）水平，中型以上餐饮单位全部达到 B 级以上。大力实施“厨房亮化”工程，新增“厨房亮化”单位 900 余家，“厨房亮化”达标率 70%。对小饭桌开展备案管理，及时向社会公示名单。在学校幼儿园食堂推行色标化管理，发起“厨房革命”，从规划建设、设施配套、流程布局、食品“五关”，深入推进食堂管理方面“清洁厨房、明厨亮灶、量化分级”等有效措施的落实。*药品生产*。对照 GMP 查找缺陷项 260 余条，接收整改资料 50 余份，下达警告 1 份，签订药品生产质量安全承诺书 14 份；全年完成药品、药包材监督抽验 16 批次。*药品市场*。开展药品抽验 55 批次，收回 GSP 认证证书 1 家，警告 24 家，责令改正 36 家，立案查处 23 家，当场处罚 9 家，办结执业药师注册 130 个，组织认证 91 家。*医疗器械*。开展医疗器械生产经营“规范实施年”活动，建立经营企业监管档案 465 家，生产企业监管档案 17 家，使用单位监管档案 57 家，立案 2 起，下达责令改正通知书 65 份。*不良反应监测*。上报国家药品不良反应监测中心药品不良反应报告 2400 例，医疗器械不

良事件报表560例；药物滥用监测报表81份；化妆品不良反应监测报表82份，超额完成全年计划数。

【监督抽检】 全年承接国家、省、市级抽检任务912批次。进一步加大区级监督抽检力度，全年抽检食品3130批次，突破每千人3批次以上的抽检覆盖率。完善食品快检体系，以城区食品快检中心和新购买的新型食品快检应急指挥车为平台，专门成立由1名中国海洋大学食品工程学博士组成的食品安全风险研判小组，开展"你点我检""你送我检"食品快检活动，开展食品快检8661批次。

【专项整治】 制定《严厉打击食品药品安全领域违法行为专项行动方案》，抽调精兵强将，组成食品生产流通、餐饮、药械3个专项执法检查组，由3名副科级领导干部带队，突出"四品一械"与群众日常生活最为密切的重点领域和关键环节。开展各类食品药品专项执法检查，先后开展食用油、食品添加剂、餐饮油烟排放、肉及肉制品、鲜奶吧乳制品、元旦春节期间、中秋国庆期间食品安全大检查、企事业单位食堂、建筑工地食堂、养老机构食堂、夏季食品安全风险排查、畜禽水产品抗生素、禁用化合物及兽药残留超标专项整治行动、大桶水、医院周边食品专项整治行动。2017年，立案查处违法案件137件，罚没款141万余元，向公安机关移送涉嫌犯罪案件7起。

【省级食品安全市创建】 任城区委、区政府召开创建动员大会，区委书记作动员讲话，区长、区人大常委会副主任、区政府各分管副区长、区政协副主席出席会议，全面部署落实"双安双创"工作。区政府专门批准同意2018年创建工作专项经费预算1528.54万元，按照"十个一"标准，15个基层监管所全部配备执法车辆，配齐执法装备，并投资116万元购置新型食品快检应急指挥车。印发《济宁市任城区推进省级食品安全先进市和农产品卫生质量安全县（区）创建工作实施方案》，成立区委、区政府主要领导任组长的创建工作领导小组，严格落实食品安全"党政同责""一岗双责"。在任城区电视二台设立"双安双创"电视专栏，在重要地段、重点场所等醒目位置，利用户外广告牌、电子显示屏、社区宣传栏、悬挂宣传横幅等，大力宣传"双安双创"工作。召开新闻发布会，营造全社会关心支持、主动参与创建的浓厚氛围。

【推进"放管服"改革】 把食品经营许可审批权全部授权给各镇（街道）食品药品监管所，《食品经营许可证》办理时限由法定时限30个工作日缩短至8个工作日。与中国邮政速递物流股份有限公司济宁市分公司签订协议，在食品药品领域启动送证上门便民服务。《食品经营许可证》发放形式采取监管人员送证上门或邮寄方式送达。2017年，受理各类食品经营申请6019个，准予许可5986个，同比增长49.84%。

【社会共治】 积极举办"12331"投诉举报宣传日、2017年食品安全宣传周、"透明工厂日"、学校食堂开放日、"你送我检""你点我检"、食药安全进校园、安全用药月等活动。依托互联网信息技术，打造全方位、立体化的食品安全进社区便民服务新平台，在银都花园社区、红星新村社区两个社区试点安置两部食品安全多功能宣传车。同时，在任城区电视二台开办食品药品安全专栏《食安任城》，打造食品药品安全宣传新阵地。

党委书记、局长：李书争
电话：0537-6768866
地址：济宁市任城区建设北路32号
邮编：272008
（撰稿：张超　核稿：魏永强）

兖州区

【概况】 济宁市兖州区食品药品监督管理局设办公室、财务科、人事科、法制科、行政许可科、食品生产监管科、食品流通监管科、餐饮保化监管科、药品生产监管科、药品市场监管科、医疗器械监管科、不良反应监测中心等12个科室，下设1个食品药品稽查大队和10个镇街食品药品监督管理所。编制104名，实际在职82人，其中，党组成员5人，职工77人。全年执法2万余人次，检查各类食品、药品生产企业150余家次，商场、食品（杂）店、餐饮、药店等单位2万余家次，实现对7家农贸市场（含2个便民疏导点）、70余家食品、药械生产企业、752家药品经营使用单位、3000余家食品经营单位的监管全覆盖，办理食品经营许可1231户。

【监督检查】 2017年，兖州区建立食品农产品、食品生产流通环节基础档案数据库，对重点食品、药品生产环节严格执行检查检验、巡查、不定期抽查制度。严把市场准入关，着力抓好食品流通、药品经营使用环节的监管，全面督促管理相对人建立落实进货查验、索证索票等制度，严厉查处无证经营、超范围经营和经销假冒伪劣产品等违法行为。切实加强餐饮消费环节的监管，深入推行餐饮业食品卫生监督量化分级管理和监督公示制度，逐步提高准入门槛，督促生产经营单位完善基础设施，强化内部管理。

【监督抽检】兖州区针对近年来食品药品安全抽检中发现的存在高风险隐患的食品进行梳理、汇总，认真分析系统性、区域性等食品安全隐患，制定2017年食品监督检查抽检方案和抽检计划。抽验药品158批次，食品和农产品1809批次，对不合格的品种，依法立案查处，清除食品安全监管盲点，提升全区食品安全水平。

【专项整治】兖州区局加强食品生产、食品流通、餐饮服务、药品生产及药品、医疗器械、保健食品、化妆品经营使用7个重点领域的安全监管工作，先后组织部门开展打击食品安全违法犯罪“百日行动”、羊肉及制品专项整治行动、农村餐饮环节专项整治等联合执法活动。加强重点领域的安全监管工作，先后组织开展蜜饯、食用植物油塑化剂风险排查、畜禽水产品抗生素、药包材专项整治等专项整治工作20余次，出动执法人员1万余人次。

【“食品快检进市场”活动】兖州区局深入推进“食品快检进市场（集市）”活动，把关人民群众“舌尖上的安全”。在息马地市场、兴隆市场、百意超市大卖场、大润发超市和各镇街驻地集市和年货市场开展多次“食品快检进市场”活动，全年快检食品3500批次，保证市民“舌尖上的安全”。

【学校食堂整治】兖州区局分别在2月和8月开展学校（含托幼机构）食堂食品安全专项检查。8月29日，举行2017年兖州区学校（幼儿园）食堂及学生小饭桌食品安全培训会，105家学校食堂、35家学生小饭桌的450余名食品安全责任人及食堂安全管理员。在每季度1次拉网式检查的基础上，要求各学校（幼儿园）食品安全负责人每周开展自查，对各单位自查情况进行随机抽查。执法人员下达监督意见书357份，当场行政处罚决定书15份，责令改正通知书15份，同时约谈相关责任人。

党组书记、局长：许振文
电话：0537-3415586
地址：济宁市兖州区九州方圆行政办公中心
A座20楼
邮编：272100

（撰稿：李倩　核稿：蒋国强）

曲阜市

【概况】曲阜市食品药品监督管理局内设办公室、政策法规科、综合协调督查科、食品生产监管科、食品流通监管科、餐饮服务食品监管科、保健食品化妆品监管科、药品监管科、医疗器械监管科、许可服务科、药品不良反应与药物滥用监测科，下设曲阜市食品药品稽查大队（副科级事业单位），在12个镇街分别设立食品药品监督管理所，为局派出机构。核定编制106名，在职人员54人。2017年全市有药品生产企业7家，药品零售业户245家，食品生产企业69家，食品经营业户3809家。

【监督检查】**全力推进巩固国家卫生城市工作。**通过逐街逐户宣传，发放食品安全宣传材料、张贴公益广告、发放餐饮服务业行业规范和文明餐桌提示牌等方式，宣传食品安全知识，营造浓厚氛围；巩固工作阵地，精细划分监管网格，根据巩卫工作的重点区域和监管难点，监管网格由原来的32个扩展为41个，对建成区食品经营业户进行全覆盖、无缝隙监管，巡查频率保持两天一次；坚持问题导向，对建成区食品经营业户全部建立问题清单台账，集中共性问题7项，制定解决方案13个，实行问题清单一天一汇总，整改落实一天一汇报，逐街逐店逐项销号。有2000余家餐饮店进行“搬家式”打扫卫生，700余家业户进行内部环境改造，环境卫生、餐具消毒、三防设施、前灶后厅等突出问题得到有效解决。

全面开展食品行业执法大检查。以粮食制品、肉制品、食用油、乳制品、酒类、饮料、调味品、保健食品等热销食品为重点，加大对生产经营企业的监督检查力度，督促食品企业落实食品安全主体责任，进一步增强食品安全责任意识，严格执行全过程质量安全控制制度，利用“双随机”检查、季度检查、日常巡查等执法检查手段，检查食品生产企业、食品经营业户，有效防止突发性、季节性、群体性的食品安全问题。

开展全市药品市场执法检查行动。加大药品、医疗器械生产经营企业监督检查力度，以合规性检查、“双随机”检查、季度检查为执法检查手段，对药品、医疗器械生产企业和药品连锁经营总部开展全覆盖执法检查，重点整治无证经营、超范围经营、私设仓库和违规销售处方药等违法违规行为。大力提升医疗机构、社区诊所、计划生育服务机构、疾病预防控制机构等单位的规范化管理水平，进一步落实药品使用环节全过程质量管理制度，加强对疫苗、生物制品、血液制品、毒麻药品、精神药品、终止妊娠药品等高风险品种的管理，最大限度提升控制药品风险的能力。

【监督抽检】健全完善农贸市场食品及食用农产品准入机制。投资50余万元，在全市7处农贸市场全部建设食品安全快检室，培训农贸市场驻场快检员 10 名，同时利用 2 部食品安全检测车在全市进行食品安全巡检，检测项目达到 50 余项，实现食品检测“天天检、批批检”的工作目标。“食品快检进市场进社区进乡村”活动在全市 17 处场所持续开展，快检范围涵盖乡镇集贸市场、校园周边、食用农产品批发市场及部分商场超市，快检品种包括蔬菜、水果、畜禽肉、干鲜调味品、水产品、食用农产品等 22 个品种，检测 2100 批次，超额完成食品快检工作任务。

按照每千人次 3 批次食品抽检任务量，曲阜市食安办调动多方力量，联合多家综合性检测机构，超额完成食品监督抽检任务。县级食品抽检完成 1960 批次，抽检结果按照程序要求面向社会进行公示，对抽检发现的不合格食品依法进行处置。

【专项整治】 联合曲阜市食安办、市教体局召开秋季学期学校食堂食品安全工作培训会议，对全市学校食堂、托幼机构食堂、学生小饭桌开展“大整改、大检查、大提升”专项行动和量化分级管理提升行动。小餐饮“一对一”帮扶工作有序开展，“三小”监管“六项标准”达标率 100%。印发《关于进一步加强我市农村市场食品安全监管工作的通知》，在流通、餐饮环节进行 17 个批次的畜禽水产品抗生素专项抽检，在 2 家大中型超市开展放心肉菜公开评价活动。指导白酒、食用植物油生产企业建设食品安全追溯体系。连续开展食品添加剂、蜜饯食品、植物油塑化剂风险排查、食品添加剂使用“对标规范”行动、食品小作坊依法登记等专项整治行动。开展药品质量追溯系统专项检查和药品生产合规性执法检查，重点完善原料药、中成药、中药饮片等药品质量追溯体系，形成“来源可查、去向可追、责任可究”的企业质量追溯信息链条，药品质量提升效果十分显著。

【亮点工作】 **强化三安联动**。健全食品安全监管部门（食安）、农产品质量安全监管部门（农安）和公安“三安联动”监管工作机制，发挥食安办“牵头抓总”作用，食安委成员单位协调联动能力进一步增强，各执法部门定期交流监管信息，加大联合查处食品药品违法案件的力度，行政执法和刑事司法衔接工作机制初现成效。

提升检验检测能力。在全市 7 处农贸市场全部建设食品安全快检室，培训农贸市场驻场快检员 10 名，同时利用 2 部食品安全检测车在全市进行食品安全巡检，检测项目达到 50 余项，全市食品安全快检体系基本建立，实现食品检测“天天检、批批检”的工作目标，食品快检在食品风险预判、问题食品筛查等方面的优势得到充分展现。同时，及时公开检测信息，发布预警信息，宣传检验检测工作的重要作用，增强广大市民对食品药品安全的信心。检验检测中心按照预定时间完成前期创建工作。

推进社会共治。通过曲阜市政府网站发布消费预警提示信息、食品（含食用农产品）监督抽检信息，开展公益广告宣传、食品安全宣传周、安全用药宣传月等多种形式的宣教活动，提高公众自我保护和参与监督的能力，营造“人人关注、人人参与、人人维护”食品药品安全的良好社会氛围，最大限度保障公众知情权、参与权和监督权，监管工作透明度和群众满意度不断提升。

党组书记、局长：孔卫东
电话：0537-4411099
地址：曲阜市天官第街西首
邮编：273100

（撰稿：王冠之　核稿：薛皓）

邹城市

【概况】 邹城市食品药品监督管理局负责全市生产、流通、消费 3 个环节的食品、药品、医疗器械、保健食品、化妆品实施统一监督管理，同时承担市食品安全委员会日常工作。内设人事秘书科、政策法规科、综合协调督查科、食品生产监管科、食品流通监管科、餐饮服务食品监管科、药品监管科、医疗器械监管科 8 个科，下设邹城市食品药品稽查大队（副科级事业单位），在 16 个镇（街道）分别设立食品药品监督管理所，为局派出机构，全局有干部职工 126 名。2017 年，邹城市食品药品监督管理工作在济宁市 14 个县市区食品药品监管系统考核中名列前茅。2017 年 2 月，邹城市获“山东省食品安全市”称号。

【监督检查】 常态化监管，强化日常巡查和抽样检测，突出稽查办案，深挖大要案，深入推进“行刑”衔接，坚决杜绝“以罚代法”，严惩食品药品生产经营违法行为。坚持有问题的违法生产经营单位必须停产停业整顿、整改不达标的必须关闭取缔、违法单位和责任人必须进行经济处罚、触犯法律的必须严格依法惩处，查处案件做到原料来源、产品流向不查清不放过，问题产品健康威胁不消除不放过，不法企业及相关责任人不惩处不放过，案件警示教育不到位不放过，整改措施不到位不放过，深挖大要案，深入推进“行刑”衔接，坚决杜绝“以罚代法”，严惩食品药品生产经营违法行为。全年查处一般程序案件 290 件，向公安机关移交涉嫌犯罪案件 5 件，向畜牧、工商、卫生等部门移交案件 20 起，没收涉案物品 230 个品种

1 万余公斤，罚没款 215 万元。

【监督抽检】 在食品安全专项检查、投诉举报、日常排查等工作中，利用抽检、快检技术及时排查、消除食品安全风险隐患。统一食品抽样规则和检验标准，投入 355 万元开展本级食品安全监督抽检 5660 批次，突破每千人 4 批次以上的抽检覆盖率。不合格食品全部处置到位、公示到位。每周二、周三、周四，定期开展“食品快检进市场进乡村进社区”和“你送我检”活动。针对公众关注度高、媒体曝光多的果蔬、肉制品、面制品等重点品种，进行农药残留、瘦肉精、吊白块、亚硝酸盐等 70 余项快检检测。2017 年累计快检食品 6778 批次，提前 2 个月超额完成市委、市政府确定的“免费为群众快检食品 4000 批次，确保群众舌尖上的安全”为民办实事项目。药械环节监测药品（化妆品）不良反应、医疗器械不良事件、药物滥用报告 1108 例，送检药品 180 余批次。

【专项整治】 以全市食品药品安全“亮剑行动”为总领，食品环节深入开展排查安全隐患防范四类风险、一次性餐饮具、大桶水、“五毛”小食品、保健食品非法宣传、食品非法添加和滥用食品添加剂、鲜奶吧、校园及周边食品等 20 余项专项整治；药品环节对孔圣堂制药每季度开展 1 次 GMP 检查，药品经营企业、一级以上医疗机构、农村卫生室、诊所开展基本药物、含特殊药品复方制剂、计生药品、农村药品、非药品代替药品、体外诊断试剂、隐形眼镜等 15 次专项行动。全年检查食品药品经营单位 3 万余家，下达责令整改通知书 920 余份，撤销、收回药品经营企业 GSP 证书 9 家，新办理从业人员健康证 2370 个。

【亮点工作】 以“食安山东”“食安邹城”建设为统揽，持续开展企业信用等级评价、分级分类动态监管、生产单位信息化追溯体系建设、“放心肉菜”大型商场超市公开评价、餐饮质量提升工程、电子化监管、“三小”登记备案和“三小”帮扶等工作。全面推行药店统一温湿度管理和非药品专柜专区销售，严格 GSP 认证换证。全市 32 家食品药品生产企业注册建立企业信息追溯体系，6 家超市通过“放心肉菜”大型商场超市公开评价，1440 家餐饮单位量化分级 B 级以上，建成学校食堂、大中型餐馆等“视频厨房”186 家，新建成 1 条省级食品安全示范街、2 家“食安山东”示范学校食堂，“三小”登记备案 1180 家、帮扶 61 家。药品经营企业 GSP 新认证 54 家。

开展食品安全周、安全用药月、文明城市创建、食品药品安全知识“六进”、学校食堂开放日、食品快检宣传等活动，利用电视台、广播、报纸、电子屏、宣传栏等深入宣传食品药品安全知识，通过人民群众喜闻乐见的形式持续加强宣传教育，引导公众和企业树立正确的食品药品安全意识；建立和完善食品安全举报奖励制度，鼓励和支持公众举报食品安全违法行为，激发群众参与的积极性和主动性；定期发布监管计划、检测结果、案件查办等食品药品安全相关信息，保障人民群众的知情权；认真做好舆论引导工作，对网络传言及时作出回应，让群众解事实真相，减少社会震动，消除各种不稳定因素。全年发放宣传手册 3 万余份，电台播放“食安邹城”栏目 48 期。开展专题培训 25 场次，累计培训食品药品负责人及从业人员 5000 余名。营造全社会人人关心食品药品安全、人人参与食品药品安全监督的良好氛围，推动食品药品安全社会共治。

着力提升依法行政能力，加强和改进制度建设，建立行权运行平台、集中审批平台、投诉举报平台“三个平台”，全面依法行政。全年接收、处理各类咨询、投诉举报 230 起，群众回复满意率 100%。开展食品药品法律知识进课堂、食品药品法律知识进农村、食品安全知识进宴席“三进活动”，全面普法学法。强化业务培训，练就队伍过硬业务，通过邀请专家集中培训、现场练兵、以会代训、定期轮训等方式培训执法人员 420 人次。深入推进党风廉政教育实践活动，大力整治系统内庸懒散拖、吃拿卡要、办关系案、人情案、金钱案等，塑造系统良好政风行风。

党委书记、局长：王振兵
电话：0537−5307366
地址：邹城市太平东路 2666 号
邮编：273500

（撰稿：张雁　邱阳阳　核稿：韩文）

微山县

【概况】 微山县食品药品监督管理局（加挂县食品安全委员会办公室牌子）局机关内设办公室（加挂政策法规股牌子）、人事财务股、综合协调督查股、食品生产流通监管股（加挂保健食品化妆品监管股牌子）、餐饮服务食品监管股、药品医疗器械监管股、药品市场监管股 7 个职能科室，行政编制 16 名，配备局长（主任）1 名、副局长（副主任）3 名（其中 1 名兼任县卫生局副局长）。在各乡镇（街道）设立 15 个食品药品监督管理所，承担本区域食品药品监管和行政执法工作；行政编制 66 名，下属事业单位微山县食品药品稽查大队，核定事业编制 30 名，配备大队长1名。截至2017年底，实有人员106名，其中局机关15名，乡镇（街道）监管所62名，稽查大队29名；空缺行政编制5名，事业编制1名。截至2017年底，全县有食品生产企业70家，食品经营单位2096家、餐饮服务单位1324家（其中：学校食堂91家，企事业单位食堂133家）、保健食品经营企业317家、化妆品经营企业310家、药品生产单位3家、药品批发企业2家、药品零售连锁企业5家、零售连锁门店149家、单体药店7家、药品使用单位630家，医疗器械生产企业4家，医疗器械经营企业42家。

2017年，微山县围绕保障人民群众饮食用药安全这一中心任务，严格落实经营主体责任和监管部门监管责任；积极推动监管制度、监管理念、监管手段、监管方式的创新；突出抓好餐饮业质量安全提升工程、开展创建“放心肉菜示范超市”工作、加强学校及周边食品安全监管、开展畜禽水产品专项整治、强化农村食品安全监管和加强网络食品经营监管等6项重点工作。

【监督检查】 *食品生产*。提升企业主责意识和生产规范化水平，对全县70家企业开展全覆盖检查，对企业主体资质、食品安全负责人履职尽责、落实生产经营控制过程、食品添加剂使用、产品标签标识等方面进行全面清查和治理，建立并及时完善监管档案。针对重点产品、重点区域、重点问题涉及的相关企业加大检查频次，提高监管效能。全年培育“食安山东”食品生产加工示范企业2家。根据国家、省、市局食品抽检安排，对腐竹、蛋制品、冷冻食品、白酒、饮料、罐头等生产企业组织开展监督抽检183批次，不合格1批次。完成县级抽检173批次，不合格7批次。

食品流通。重点从索证索票、进货查验、电子“一票通”、从业人员健康查体等方面抓好落实。推进“食安山东”食品流通示范单位（店）创建活动，培育食品流通示范单位4家。全年开展“食品快检进市场、进超市”“你送我检”活动4次。完成省级、市级抽检任务335批次，重点对畜肉、蔬菜、酒类、熟食、干菜、发酵面制品、酱腌菜等品种进行抽检，发现不合格产品16批次。完成县级抽检870批次，不合格21批次。

餐饮服务。深入实施品牌战略，加快推进食品安全示范街、示范店、示范学校食堂创建工作，培育“食安山东”学校食堂示范单位3家、“食安微山”餐饮店4家。餐饮老字号1家，地方风味名吃1家，省级“清洁厨房”23家。加强学校（幼儿园）食堂、企事业单位食堂、大型餐饮聚集区及重大活动食品安全监管，实施学校食堂季度监督检查制度，覆盖率达100%；餐饮单位量化分级等级评定和信息公示覆盖率达到95%以上，学校食堂达到100%。发挥监督抽检重要作用，提高监管针对性，全年省、市级抽取281批次，涵盖熟肉制品、食用油、餐饮具、火锅底料、酱料，不合格11批次。县级930批次，不合格55批次。

药品。按照新版GSP标准，加强对已认证企业的认证检查、跟踪检查、飞行检查。全年有11家连锁门店通过新版GSP认证。推进药品不良反应监测工作，全年收集上报药品不良反应676例。药品省、市抽抽样119批次。其中药品生产环节抽样10批次，药品流通环节抽样31批次，药品使用环节抽样78批次。合格115批，不合格4批次。

医疗器械。贯彻落实《医疗器械经营、使用质量监督管理办法》，加大对高风险品种的检查频次和追溯检查。结合医疗器械专项整治2017行动，集中开展体外诊断试剂、定制式义齿、一次性使用无菌医疗器械、无菌和植入性医疗器械、注射用透明质酸钠、器械流通领域专项整治等专项行动。加强医疗器械不良事件监测，收集上报医疗器械不良事件198件。

保健食品、化妆品。开展保健食品、化妆品安全隐患“大排查大治理大整改”行动，排查保健食品生产企业原辅料购进渠道、索证索票和储存使用管理，治理以非法保健食品会议营销为重点，打击培训班、讲座等各种组织形式的保健食品违法宣传行为，防止群体性事件发生。整改保健食品集中交易市场、农村市场和小药店、小食杂店等问题易发、多发的场所和消费者投诉举报多的品种，打击销售过期变质、假冒伪劣等不合格保健食品和冒用保健食品标识文号、扰乱保健食品市场秩序的行为，确保全县保化市场的安全稳定。

畅通社会诉求渠道。对微山县政府网站政民互动、留言，“12331”举报投诉平台等各类举报投诉，迅速核实处理。受理各类投诉举报275件，受理办结率、回复反馈率均100%。

【监督抽检】 加大抽检力度，充分发挥抽检监测发现问题、排查风险的重要作用，坚持把抽检监测作为加强食品药品安全工作的重要支撑手段，依托权威检测机构，增强抽检针对性，针对食品药品监管的薄弱环节和可能危害公众健康安全的问题，对农贸市场、重大活动和学校食堂的食用农产品进行重点抽检，有效防控食品安全系统性、群体性风险。2017年，完成国家、省、市食品安全监督抽检918批次，药品119批次，保健食品10批次，化妆品4批次。完成快检2704批次，县级抽检1973批次，超额完成千人抽检样品3批次的任务。同时做好抽检信息发布和不合格品后处理工作，做到食品监督抽检不合格产品核查处置率100%，食品监督抽检结果公布率100%。

【专项整治】 开展重大节日节前食品药品安全大排查、大整治，假劣调味品专项检查，深入城区对小作坊、小餐饮店、小摊点进行拉网式专项规范整治。在抓常态、不断强化日常监管的基础上，持续开展夏季食品药品专项整治“百日行动”，农村食品、学校食堂及校园周边食品安全、畜禽水产品专项检查、保健食品、农村药品集中整治、药品流通领域违法经营行为集中整治“回头看”、中药材（饮片）市场专项检查、药包材、互联网药品、医疗器械专项整治 2017 行动等一系列专项检查活动。出动执法人员 4560 人次，检查食品药品生产、经营、使用单位 2715 家次，责令整改 327 家次，立案查处各类案件 548 起，其中一般程序 366 起，简易程序 182 起

【宣传培训】 为进一步提高执法人员的执法能力和综合业务素质，提高监管相对人的食品安全责任意识，全年举行食品药品监管培训会、举办全县学校食堂食品安全培训班、开展学校食堂开放日活动、开展农贸市场开办者培训班、肉及肉制品经营业户开展专项培训、食品安全进社区培训活动、“12·4”法制宣传日等普法宣传活动 20 余次。充分利用政府信息公开平台、网站、报刊、电视、微信公众平台等媒体广泛宣传食品药品监管工作。加大宣传经费投入，拓宽宣传途径，与微山县电视台联合打造《食安微山》专栏，每天固定时段在电视上播放食品药品监管动态、整治成果及法律法规知识等内容；加大与微山县司法局的协作，利用普法平台每月向公众发送 1 ～ 2 条食品药品法律法规内容，提高公众遵法守法意识；依托局微信公众号平台加强宣传工作。全年《食安微山》报道 53 期，各类媒体报道食品药品的信息和文章 157 篇，为加强食品药品监管，增强法律法规意识和遵法守法的自觉性营造良好的社会氛围。

【亮点工作】 以省级文明城市、卫生县城复审为契机，集中 10 个乡镇食品药品监督管理所、科室、稽查大队 60 余人，组成 9 个现场网格督导组，对城区小作坊、小餐饮店、小摊点进行综合整治。开展“在一线助规范”活动，确保微山县局领导班子成员在内的食品监管人员全员实施包保帮扶，全部纳入“一对一”帮扶目录，以上率下，定期对所帮扶“三小”业户进行指导，经过一系列的整治活动，规范整治小作坊、小餐饮店 532 家，颁发《食品小作坊小餐饮小摊点登记证》871 个，其中颁发《小餐饮登记证》477 个，颁发《小作坊登记证》152 个，小摊点 242 个。开展“食品安全护苗行动”，抓牢学校食堂监管。在扎实推进“四查”制度落实的前提下，定期与县教体局联合举办全县学校食堂食品安全培训班、家长讲堂、学校食堂开放日活动，并邀请县检察院业务骨干在培训会上对食品安全违法犯罪现状及相关案例进行讲解，以案说法，各食品药品监管所同步开展学校食堂大培训、“学生小饭桌”集体约谈、“小饭桌”登记公示、食品安全排查整治等系列活动，切实保障师生饮食安全。

党组书记、局长：孙东军
电话：0537-6539308
地址：微山县奎文路 54 号
邮编：277600

（撰稿：李艳　核稿：石义恒）

鱼台县

【概况】 鱼台县食品药品监督管理局，加挂鱼台县食品安全委员会办公室牌子，系县政府工作部门之一，正科级，内设办公室、人事科、督查科、政策法规科、行政许可科、综合协调督查科（挂宣传和应急管理科牌子）、食品生产科、食品流通科、餐饮科、学校食堂科、药械一科、药械二科等 12 个职能科室。局下设鱼台县食品药品稽查大队（副科级事业单位），在 11 个镇街分别设立食品药品监督管理所，为局派出机构。核定人员编制 71 名，其中局机关行政编制 11 名，镇街监管所行政人员编制 44 名，稽查大队事业编制 16 名。2017 年底，全局在岗 51 人，其中局机关 10 名，稽查大队 15 名，镇街监管所 26 名。

【监督检查】 加强学校食堂食品安全监管，对学校、托幼机构食堂进行专项检查。把季度检查与日常监督检查有机结合，划分出重点及次重点监管区域。对全县 78 家中学、托幼机构食堂、小餐桌进行全覆盖检查，重点检查学校食堂许可管理、制度和人员管理、场所环境、设施设备、食品采购、食品贮存、加工经营、清洗消毒、非法添加和滥用食品添加剂、食品运输等 10 个方面是否存在违法行为。对存在食品安全隐患的 27 家食堂下达监督意见书，要求其限期改正。加强防控，严防食物中毒事故发生。加大对学校食堂食物中毒事故的防控力度，督促学校食堂严格落实《餐饮服务食品安全操作规范》。严禁学校食堂加工制作冷荤凉菜；严禁采购、贮存、使用亚硝酸盐；严防学校食堂食物中毒事故的发生。

对辖区内药品批发零售企业、诊所、卫生室组织开展检查。以城乡接合部、乡（镇）村等为重点区域，以药店、诊所（主要包括个体诊所、民营医院等小型医疗机构）、卫生室（主要包括社区卫生服务站、村卫生室）为重点检查对象，以药品采购渠道、索证索票，核查票、账、货相符为重点检查内容，严厉打击销售、使用假劣药品行为，严肃查处从非法渠道购进

药品行为，严格规范药品购销、使用行为。加强对药品生产企业济宁姜翰中药饮片有限公司和山东辰龙药业有限公司GMP跟踪检查及日常监督检查，并按时上报所有检查结果济宁市局及省局网络数据库。检查药店56家，药品使用单位365家，写现场检查笔录421份，下达责令整改126家，对违法单位进行立案处罚6家。召开药品市场监管暨处方药整治工作会议，加强药品企业法律培训及GSP培训，认证药店7家。

完成药械安全性监测上报工作。2018年初组织召开药械安全性监测工作会议，表彰2017年先进单位和先进个人，同时将监测任务分解到各涉药械企业，实行季度通报制度。上报药品不良反应535例，医疗器械不良事件190例，化妆品不良反应4例，药物滥用120例。

【监督抽检】 充分发挥抽检监测的技术支撑作用，完成省局下达的流通领域42个批次、济宁市局下达的140批次、鱼台县局1200余批次的食品抽检任务、省评价性抽验30批、市评价性抽验64批次，风险检测92批。规范运行食用农产品快检室，组织开展“食品快检进市场”活动，完成快检2620批次，为精准有效监管提供依据。

利用日常监督检查和抽验相结合的工作方式，以检查发现的质量可疑药品、近两年药品质量公告和以往抽验出现的不合格药品品种为抽验对象，对全县药品生产、经营、使用单位进行抽验，全年抽验药品84批次。

【专项整治】 开展粉皮粉条专项整治。按照《济宁市食品药品监督管理局关于印发粉皮粉条风险防控专项整治方案的通知》要求，指导督促以粉皮粉条作为食品原料的学校食堂、机关事业单位食堂、各类餐饮服务单位做好粉皮粉条等食品及食品原料采购索证索票进货检验制度落实，严防来源不明、资质不全以及检验不合格的粉皮粉条流入餐桌。充分发挥现有快检设备的作用，加大对粉条的快检筛查，快检33批，未发现异常。开展食用植物油塑化剂风险排查，重点检查食用植物油生产企业的管道、设备、容器以及包装材料。开展食品添加剂氮气使用监管专项排查。对全县食品生产企业的食品添加剂氮气使用情况进行摸底排查，主要涉及膨化食品、糕点等氮气使用企业，查清具体的使用情况，包括氮气来源，在摸清底数的基础上，建立辖区内氮气使用企业管理档案。开展流通环节专项整治。先后开展校园周边、农村食品市场、蒜薹风险监测、畜禽水产品等专项整治，出动执法人员1226人次，检查经营业户186家，下达责令整改通知书52家。对食品“三小”开展摸底备案。对辖区食品经营单位进行全面调查摸底，对符合“三小”登记条件的进行登记造册，逐户督促办理《食品经营登记证》。将“三小”监管“六项标准”制作宣传单页，随登记证一起发放，使经营人员明白规范经营的标准要求。

【亮点工作】 以创建省级食品安全县为契机，抓实“三小”综合整治。鱼台县以创建省级食品安全县为契机，深入开展城区小作坊、小餐饮店、小摊点拉网式规范整治，全面规范“三小”食品生产经营行为，提升食品安全保障水平。规范整治小作坊、小餐饮店130家，颁发《食品小作坊小餐饮登记证》78个。

党组书记、局长：田书敏
电话：0537-6216045
地址：鱼台县鱼新二路老政府一楼东首
邮编：272300

（撰稿：潘正国　核稿：田书敏）

金乡县

【概况】 金乡县食品药品监督管理局，加挂金乡县食品安全委员会办公室牌子，系县政府工作部门之一，属正科级单位。内设办公室、财务科、人事科、督查室、宣传和应急管理科、政策法规科、行政许可科、综合协调科、食品生产监管科、食品流通监管科、餐饮服务食品监管一科、餐饮服务食品监管二科、学校食堂监管科、农贸市场监督管理办公室、药品和医疗器械监管一科、药品和医疗器械监管二科、药品不良反应监测中心和稽查大队（副科级事业单位）。在全县13个镇街分别设立食品药品监督管理所，为局机关派出机构对生产、流通、消费三个环节食品、药品、保健食品、化妆品和医疗器械实施监督管理，同时承担县食品安全委员会日常工作。截至2017年底，行政编制和事业编制总计104名，实有人员94名。

截至2017年底，全县有食品生产企业60家，15大类产品，其中蔬菜制品企业30家，调味料生产企业10家，饮料生产企业10家，其他少数企业生产的产品有糕点、罐头、粮食加工品、酒类、水果制品、糖果制品、淀粉制品、方便食品、膨化食品、蛋制品、饼干及其他食品等。食品流通商户3624家，持证率97%，其中大型商场超市2家，中型超市19家，其余为副食店。1290家餐饮经营单位，实行量化分级管理1098家，其中优秀等级12家，良好等级275家，一般等级811家，其余为三个月内新开办餐馆。有药店156家，其中1家药品批发企业，4家药品连锁总部，连锁门店及单体药店151家，连锁率96.6%，全部获得药品经营许可证。医疗器械生产企业3家，经营企业 50 家。有化妆品生产企业 1 家、经营企业 215 家，保健食品生产企业 1 家。

【监督检查】 食品生产。按照产品风险分级分类，对所有生产企业进行日常检查；开展国家、省、市产品抽样 195 批次，开展小作坊抽样 150 批次；对 23 家食品生产企业进行技术审核，注销食品生产企业 1 家；组织 56 家企业开展“透明工厂”体检日活动；与 28 家食品生产企业签订食品安全承诺书；组织金得利食品生产企业申报“食安山东”示范企业。

食品流通。累计开展食品监督抽检和风险监测 786 批次，开展“食品快检进乡村”活动 24 次，快检生鲜肉、蔬菜、熟肉制品等食品 2258 批次；进一步加强节日市场、农村市场、现场制售经营户、中小学校周边食品安全监管工作；对山禄大蒜市场、凯盛物流园、诚信超市、大润发超市、客都超市及部分食品供货商开展双随机检查；组织流通环节食品销售单位近 252 名食品安全管理员进行学习培训，逐步建立抽查考核机制，推进企业落实主体责任。

餐饮服务。开展省、市、县三级食品安全抽检 884 批次，抽检品种涉及熟肉制品、水产品、酱腌菜等 13 个品种；出动执法人员 200 余人次对 68 家学生小饭桌开展春秋两季专项检查；在全县 13 个镇街开展养老机构餐饮服务专项检查；对 182 家餐饮服务单位进行食品安全监督量化分级和等级公示；圆满完成中高考、国际大蒜节、“两会”等重大集体活动食品安全保障工作；积极推进“食安山东”品牌创建，奎星路中段被评为“食安山东”品牌示范街区，金城路通过市级验收审核。

学校食堂。开展省、市、县学校食堂食品安全抽检 350 批次；开展全年季度检查，出动执法人员 1200 余人次，检查各类学校食堂（含托幼机构）600 余家次；邀请学校学生、学生家长、社会监督员、新闻媒体记者 700 余人，开展学校食堂开放日活动；督促较大学校食堂在暑假期间，清理库存食品；组织育才学校、实验小学幼儿园、卜集周集幼儿园等 10 余家学校开展食堂暑期升级改造工作，改造总面积 2000 多平方米，学校总投资 500 多万元；联合教体局印发、张贴学校食堂食品安全明白纸 150 余份；对 18 家学校食堂（含托幼机构）进行无证经营专项清理整治，其中关停 2 家幼儿园食堂；累计组织召开全县学校食堂管理培训会议 5 次，对全县各中小学、幼儿园等学校食堂分管负责人及食品安全管理人员 3110 余人次进行食品安全知识培训；对 150 余家学校食堂分别建立电子和纸质监管档案，覆盖全部《食品经营许可证》有效期内的监管对象。

药品、医疗器械、保健食品和化妆品。完成药品快检 340 批次，药品抽验 109 批次，其中重点抽验 23 批次，跟踪抽验 6 批次，经抽验未发现不合格药品审核上报药品不良反应 668 份，其中新的、严重的报告 143 份，新严比例达到 21.41%；审核上报医疗器械不良事件 158 份；收集上报药物滥用报告 19 份，化妆品不良反应报告 10 份；对 18 家零售药店 GSP 重新认证和首次认证，跟踪检查药品零售企业 68 家次，对 5 家违反 GSP 的企业下达限期整改通知书；开展医疗器械规范实施年活动，检查医疗器械生产企业 28 家次，医疗器械经营企业 40 余家次；累计检查药品批发企业 4 家次，连锁总部 5 家次，连锁门店及单体药店 100 余家次，检查医疗器械使用单位 360 余家次，下达整改意见书 50 余份，查处违法违规行为 18 起。

【监督抽检】 2017 年，金乡县局出动执法人员 13148 人次，检查单位 10158 家次，完成县级食品安全抽检 1936 批次，下达责令整改通知书 1837 份，立案查处违法违规行为 295 起，罚款 250 万余元。

【专项整治】 开展全县食品药品安全问题集中整治“百日行动”，针对人民群众关心的食品药品安全重点、难点、热点问题和全县安全隐患多的重点产品和重点区域，进行全面风险排查和隐患整治，期间出动执法人员达累计出动执法人员 1512 人次，对农村市场、农贸市场、承办大型宴席的酒店、学校和托幼机构食堂等重点区域，加大监督检查力度，下达责令改正通知书 216 份，立案查处违法违规行为 47 起。

开展流通环节糖果市场、乳酸菌饮料、鲜面条、全蝎酒、豆芽、进口食品、重点水产品等专项检查。餐饮服务领域，相继开展亚硝酸盐及含铝食品添加剂、现制现售乳制品、食用油等专项整治行动。药品和医疗器械领域，开展互联网药品信息服务和交易服务、处方药销售、药品流通领域违法经营行为集中整治回头看、中药材（饮片）市场、城乡接合部和农村地区药店诊所药品质量安全集中整治、GSP 认证跟踪检查、特殊药品专项检查等 7 次专项整治。

【社会共治】 利用“3・15”消费者权益保护日、食品安全宣传周、安全用药月、“12・4”宪法日等有利宣传时机，广泛宣传、普及食品药品安全常识和法律法规知识，增强全社会对食品药品安全的参与意识。组织食品供货商、食堂食品安全管理人、小饭桌开办者、食品安全信息员等各类与食品药品质量安全相关人群，集中开展业务培训。采取以会代训方式对辖区内 140 余家药品、医疗器械等生产和经营企业进行培训教育，明确企业质量安全主体责任，增强企业的安全意识，规范企业的生产行为。制定发布“金乡县食品药品生产经营单位诚信红黑榜”，加大守信激励、失信惩戒力度，督促和警示监管对象全面履行质量安全责任。组织有关食品生产单位、食品流通单位和餐饮服务单位开展“食安山东”品牌创建。截至2017年底，完成23家“食安山东”品牌示范单位创建工作。

【行政许可】 金乡县局行政许可科于2014年3月初入驻金乡县行政审批中心，设立业务受理窗口，统一承担受理、发证等行政许可审批事项。全年制发《食品经营许可证》405个、《小餐饮登记备案证》151个、《小作坊登记备案证》193个，对18家零售药店GSP重新认证和首次认证。按时办结率达100%，申办人无提出异议。

党组书记、局长：李颖然
电话：0537-3171897
地址：金乡县金城东路32号
邮编：272200

（撰稿：李军　张运军　核稿：杨升垒）

嘉祥县

【概况】 嘉祥县食品药品监督管理局为县政府的工作部门之一，正科级，负责对全县食品、药品、保健食品、化妆品和医疗器械的生产、流通和消费实施统一监督管理，承办县食品安全委员会交办的日常工作，设有办公室、人事财务股、行政许可股（挂政策法规股牌子）、综合协调督查股（挂宣传和应急管理股牌子）、食品生产流通监管股、餐饮服务食品监管股、保健食品化妆品监管股、药品监管股和医疗器械监管股9个职能股室。下设嘉祥县食品药品稽查大队为副科级事业单位。全县有13个食品药品监督管理所。为县局派出机构。全局核定人员编制134名（含工勤人员2名），其中局机关核定行政人员编制15名，乡镇监管所核定行政人员编制人员49名，稽查大队核定事业编制68名。全局实在岗97人，其中，2017年新录用公务员1名、事业人员1名，新增事业编4名（招考1名，退役士兵2名，其他单位1名），尚缺37人。2017年，嘉祥县有食品生产企业70家，食品加工小作坊35家；食品流通经营单位2968家；餐饮服务单位1720家，其中学校食堂81家，小餐饮473家；全县有药品经营企业208家，药品使用单位671家，药品生产企业1家；医疗器械生产企业8家，医疗器械经营企业18家；保健食品生产企业2家，化妆品生产企业2家。2017年，嘉祥县局科学谋划、积极作为，不断加强日常监管，深入开展治理整顿，全县未发生重大食品药品安全事件。

【监督抽检】 坚持以问题为导向，突出重点场所、重点品种、重点环节、重点检测项目，提高监督抽检的靶向命中率，开展“快检进超市、进商场、进食堂、进餐饮服务、进农贸市场”和食品安全“你点我检”活动。2017年，全县新建快检室3处，配置快检车1台，抽检食品22大类2643批次，抽检频次达到每千人3.76批次，合格率为91.64%；食品（含食用农产品）快检4720批次，合格率为99.34%，并实现重点品种全覆盖、各个业态全囊括、检测结果全公示。

【专项整治】 实行风险隐患清单管理，突出关键点位的风险防范治理，严控生产源头，盯紧重点领域，聚焦公众关切。突出生产加工、市场流通、餐饮服务等重点环节，开展食品药品大检查“百日行动”“守护舌尖安全”、畜禽产品、调味品、韭菜等24项专项整治活动。2017年，检查食品药品生产经营单位2.4万家次，下达监督意见书1261份，排查消除安全隐患710个；办理《食品流通经营许可证》1020份、《餐饮经营许可证》702份；立案查处违法案件241件，追究刑事责任3人。其中，组织开展双随机抽查6次，查处违法案件17件，严厉打击食品药品违法行为。

【示范创建】 组织开展“食安嘉祥”品牌引领行动，开展食品药品示范店、食品生产行为规范年、餐饮质量安全提升工程、餐饮服务单位厨房亮化、放心肉菜示范超市等系列示范创建活动，发挥示范带动作用，强化企业内部管理，规范经营行为，提升质量水平。2017年，创建食品药品示范店200个，指导帮扶11家食品生产加工企业获得生产许可，指导2家食品生产企业、3家学校食堂申报“食安山东”示范单位，指导帮扶1家药品经营企业提档升级为集团公司。

【宣传教育】 推动宣传形式从平面到立体演变，深入开展“食药安全进万家”活动，构建空中“五条线”（广播电视、报媒网站、微信、手机短信、投诉电话）和地上“五条线”（户外广告、宣传板报、LED屏、横幅、宣传画册）全方位、立体化的宣传网络。2017年，嘉祥县局以广场宣传、文艺会演等形式开展以食品安全宣传周、药品安全宣传月、食安进万家等主题宣传活动34场，发放各类宣传资料4.6万份。

【体系建设】 立足嘉祥县实际情况，研究制定《嘉祥县创建省级食品安全先进县督导方案》《嘉祥县创建省级食品安全先进县宣传方案》，修订《嘉祥县重大食品安全事故应急预案》《嘉祥县药品安全突发事件应急预案》《嘉祥县食品药品安全突发事件应急处置规程》等相关文件，修改完善行政执法人员文明行为规范、学习制度、投诉举报办理制度等工作制度22项，修订完善党员学习教育制度、党员谈心制度等8项制度，进一步完善督查督办、联席会议、信息通报、应急处置等工作制度，建立健全风险预警、企业自律、社会监督、应急处置、责任追究等工作体系。

党组书记、局长：付廷峰
电话：0537-6566016
地址：嘉祥县昌盛街15号
邮编：272400
（撰稿：夹书兴　谷琳琳　核稿：陆志敏）

汶上县

【概况】汶上县食品药品监督管理局（县食品安全委员会办公室）为县政府职能部门，负责对全县生产、流通、消费环节的食品、药品、保健食品、化妆品、医疗器械实施统一监管，同时承担县食品安全委员会具体工作。内设办公室（党建科）、人事财务、政策法规等8个职能科室，下设城区、开发区、康驿、南旺食品药品监督管理所等14个派出机构，下辖食品药品稽查大队1个事业单位，核定人员编制总量136名，实有在岗人员126人。截至2017年底，辖区内监管对象总数近8000家，其中食品生产加工企业36家、销售经营企业2980家、餐饮服务单位821家（含学校及托幼机构食堂110家）；小作坊登记252家，小餐饮登记811家，小摊点备案208家；药品生产企业2家、批发企业2家、零售连锁企业5家、零售连锁门店和单体药店230家；医疗器械经营企业26家；化妆品经营企业126家。

2017年，汶上县坚决贯彻“四个最严”，坚定落实“四有两责”，在全面推进中突出重点，在发力落实中攻克难点，“食安汶上”纵深推进，“双安双创”高位启动，“餐饮质量安全提升工程”全面实施，各项工作取得新的进展，全县食药安全形势继续保持稳定。

【监督检查】压实监管责任，健全监管档案。全面推进网格化、规范化、痕迹化“三化”监管。灵活运用双随机检查、飞行检查等方式，综合采用公开曝光、红黑名单、约谈告诫等方法，找准监管的风险点与着力点，实施分级分类、差异化监管。2017年开展双随机检查17次，飞行检查15次，检查食品生产企业54家次，食品流通企业120家次，学校食堂120家次，药品经营使用单位142家次，医疗器械经营使用单位123家次；公开行政处罚、许可信息22期，监督抽检信息12期。

【监督抽检】在食品抽检方面，坚持“扩量、提率”。围绕实施“食安护佳节”、“大中型商超放心肉菜评价工程”、规范化农贸市场创建、韭菜产品“双证制”管理等专项活动，结合汶上县食品行业特点特色，根据风险程度，聚焦重点品种，实施靶向抽检、精准抽检。食品监督抽检经费投入160万元，抽检总量2390批次，为2016年的5倍，样本量达到每千人3.4批次。精心组织“食品快检进市场、进社区、进乡村”，“食品安全你点我检”活动40余次，快检肉类、蔬菜、水果等食品3100余批次。在药品抽检方面，抽验总量80个批次，快速鉴别295个批次。问题食品药品处置率100%。

【专项整治】把严惩重处食药领域违法违规行为作为主攻方向，以实施“食品药品安全大检查百日行动”“守护舌尖安全整治行动”两大行动为主线，围绕农村、城乡接合部、学校（幼儿园）及其周边等重点区域，紧扣春节、端午、中秋等重点时段，锁定网络订餐、农兽药残留、两超一非、处方药销售、保健食品虚假宣传等突出问题进行12个方面系列整治，严惩重处违法违规行为。注重加强“行刑衔接”“三安联动”，研究制定《汶上县食品药品行政执法与刑事司法衔接工作细则（试行）》，形成打击“四品一械”违法犯罪行为合力。累计检查各类生产经营主体9800余家次，停业整改970多家，收回、撤销药品GSP认证证书5家，立案查处107起，罚没款80余万元。

【审批优化】围绕打造“最简审批、最优服务”，编制公布“零跑腿”“只跑一次”服务事项，精简手续，压减时间，创新服务，实施代办、陪办、助办、上门办，对残疾人、失业人员、困难群众等特殊群体或者重大项目，开通绿色通道“特殊办”。审批办理《食品经营许可证》1443家，为2016年同期两倍；办理《食品生产许可证》15家；GSP认证18家；执业药师注册25人。

【“双安双创”】汶上县成立“双安双创”工作领导小组，“双安双创”写入《政府工作报告》，列入为民所办十件实事，立足汶上实际制定出台“双安双创”综合方案和两个专项方案，配套印发责任分工。组建综合协调、宣传教育、督导考核等5个“双安双创”领导小组工作机构及“三安联动”办公室，实施集中办公。将创建资金全额纳入财政预算，列支600多万元，用于协管员补贴、“十个一”执法装备、快检室（快检车）、食品抽检、信息化项目建设。进一步调整充实村（社区）协管员队伍，落实“培训、考核、报酬”，实现村（社区）全覆盖。注重“线上、线下”结合，充分利用电视、网站、微信、公交车等平台载体，普遍采取设立宣传栏、电子显示屏、户外高炮广告牌、建筑围挡等方式，同时，发动借助美团、饿了么等网络订餐平台及大型商超力量，全方位、多角度铺开创城宣传，群众知晓率迅速提升，创建氛围日益浓厚。

【“智慧监管”】 借力大数据、云计算等现代信息技术，对接应用省局监管、抽检、审批、统计信息系统。启动建设“汶上县食品药品“智慧监管”平台”，以信息化升级监管效能。引导鼓励食品生产经营企业利用“互联网 +”、手机 APP 等手段公开食品生产加工过程，主动接受群众及社会监督。2 家食品生产企业建成“透明工厂”，126 家食品流通企业安装食品安全电子监管系统，32 家餐饮单位实现“明厨亮灶”。

党组书记、局长：刘传松
电话：0537-7161121
地址：汶上县社会福利中心大楼 3 楼
邮编：272500

（撰稿：胡昌清　核稿：陈尚会）

泗水县

【概况】 泗水县食品药品监督管理局（泗水县食品安全委员会办公室），内设办公室、人事财务科、综合协调督查科（挂宣传科和应急管理科牌子）、政策法规科（挂行政许可科牌子）、食品生产监管科、食品流通监管科（挂保健食品化妆品监管科牌子）、餐饮服务食品监管科、药械生产和医疗器械监管科、药品市场监管科、药械不良反应监测科等 10 个科室，外派 13 个镇（街道）食品药品监督管理所。县食品药品稽查大队在泗水县局的领导、指导下工作。2017 年，泗水县局接收 2 名退役士兵，招考 3 名公务员，新招收 10 名劳动派遣，12 名公益岗。截至 2017 年底，编制 91 名，实有正式人员 65 人，劳动派遣 30 名，公益岗 12 人。截至 2017 年底，全县有药品生产企业 2 家、药品批发企业 3 家，药品连锁企业 4 家，药品零售药店 107 家、一级以上医疗机构 28 家、社区诊所、村卫生室 486 家。食品生产企业 86 家、食品流通单位 4411 家，餐饮服务单位 879 家，保健食品生产企业 2 家，经营单位 110 家，化妆品生产企业 1 家、经营单位 2300 余家。

【监督检查】 全年出动执法人员 2 万余人次，检查食品生产企业、商场超市、食品店、学校食堂、餐饮店、农贸市场、食品批发商户、药品生产企业、药品批发企业、药店、卫生室、卫生院和医疗器械、化妆品生产使用等主体 9000 余家次；完成 128 家大中型商超、乳品店电子监管系统的安装使用，在食品批发等领域推广“一本通”，促进食品可追溯。

【监督抽检】 全年完成国家、省、市级食品抽检 198 批次，县级食品抽检 1713 批次，完成药品快检 240 批次，药品抽检 129 批次，发现不合格食品 49 批次、药品 3 批次，均依法处理。8 月，提前完成“开展十次专项行动，免费为民快检食品 1000 批次”的民生实事。2017 年完成食品快检 3044 个批次，食品抽检 2583 批次（含农、林、水 870 个批次），超额完成千人 3 批次目标。食品抽检、快检工作先后保障县党代会、人代会、政协会等会议和桃花节、杏花节、梅花节等一系列旅游活动。

【专项整治】 2017 年，先后开展畜禽水产品禁用化合物、食品添加剂“两超一非”、保健食品虚假宣传、“特殊药品”、医用氧、化妆品等十多个专项整治，结合抽检工作立案查处案件 277 起，罚没入库 160 余万元。

【“双安双创”】 贯彻落实国家、省、市“双安双创”工作部署。12 月 16 日，组织召开泗水县省级食品安全县创建和国家农产品质量安全县创建推进工作动员会议，在全县启动“双安双创”工作，创建经费纳入财政预算 150 万元。2017 年，13 个基层所实现每所 1 辆执法车，新购置快检设备 13 套、台式电脑 45 台、手提电脑 25 台、打印机 21 台、便携式打印机 15 台、摄像机 13 台、行车记录仪 15 台，基层监管所基础设施建设得到加强。

【行政许可】 严格落实“放管服”改革精神，简化程序、优化服务、提高效率，全年审查发放食品生产许可证 27 个，发放食品经营许可证 1429 个，注册执业药师 27 个。6 月 1 日“三小”条例出台当天，发放第一批《小作坊、小餐饮登记证》6 个，全年发放《小作坊登记证》307 个、《小餐饮登记证》498 个，备案食品摊点 223 个。泗水县局服务窗口在审批大厅 60 多个单位中连续 5 个月绩效考核排名位列全县第一，该窗口被泗水县妇联评为“巾帼文明岗”。

【服务工作】 3 月 14 日，全员动员参与省级卫生城市和省级文明城市创建工作，60 多名工作人员投入到创建活动中，印制发放文明就餐桌牌 3000 多个、食品经营信息公示牌、图说《我们的价值观》、创建文明城市承诺书、禁烟标识 6000 余份。通过创建工作，解决餐饮店持证率低、“三防”（防蝇、防尘、防鼠）措施不到位、后厨油烟不达标等重点问题。

党组书记、局长：杨玉辰
电话：0537-4232566
地址：泗水县泉鑫路3-1号疾控大楼
邮编：273200

（撰稿：徐帅　核稿：单继攀）

梁山县

【概况】梁山县食品药品监督管理局，为县政府工作部门，除承担县食品安全委员会日常工作外，承担辖区内生产、流通环节的食品、药品、保健食品、化妆品、医疗器械的监督管理工作。内设8个职能科室，1个三安联动办公室，下设1个食品药品稽查大队和14个食品药品监督管理所，在全县组建626人的协管员队伍。核定行政编制80名，核定事业编制人员30名。截至2017年底，梁山县局实有行政编制67名，其中县局机关20名，乡镇监管所47名，空缺编制13名；实有事业人员27名，空缺编制3名。2017年，梁山县有药品生产企业4家，药品批发企业3家，药品连锁公司总部5家，单体药店19家，连锁公司下属门店147家，二级医疗机构2家，一级医疗机构23家，卫生室及其诊所529家，疫苗接种单位20家；医疗器械生产企业4家，医疗器械经营企业23家；食品生产企业86家，食品加工小作坊232家，食品经营单位3953家；保健食品生产企业1家，保健食品经营单位190家；化妆品经营企业118家。

2017年，梁山县以创建省级食品安全县为主线，紧紧围绕“保食品药品安全”中心任务，坚持稳中求进工作总基调，全县未出现食品药品安全责任事故，食品药品监管各项工作取得良好的成绩。

【监督检查】食品安全。2017年，梁山县局按照“一户一档”要求全部建立食品生产经营信用档案，各生产经营单位均建立有效的索证索票制度。在梁山水泊商场等大型连锁超市建立集中快检，统一配送制度。在全市率先开展“山东省“智慧监管”平台”使用推进工作。对全县82家食品生产企业进行等级评定。开展大中型商场超市放心肉菜创建活动，对山东梁山水泊商场等4家创建单位进行公开评价。

药品、医疗器械。2017年完成对3家药品生产企业和一家药包材生产企业日常监督检查，对良福制药有限公司生产的二类精神药品“扎来普隆”进行专项检查，并将检查结果及时录入药品生产企业直报系统，并纳入企业诚信考核体系。

【监督抽检】2017年，完成2260批次的年度抽检任务，发现不合格食品65批次，合格率97.12%。抽检结果全部公示，不合格食品全部得到有效处置。

【专项整治】开展染色橘子等各类专项整治活动以及茶叶等专项检查，检查经营户14824户次。发挥稽查执法“利剑”作用，采取“部门联动打、追根溯源打、行刑衔接打”等方式，加大案件查处力度，受理食品药品各类投诉举报672起，查处各类案件331起，移送公安机关案件18起。开展疫苗、互联网药品信息服务和交易服务、处方药销售等专项整治。开展药品流通领域违法经营行为集中整治回头看工作，重点检查城乡接合部和农村地区药店诊所药品质量安全。

【宣传培训】积极与《中国食品安全报》《大众日报》《济宁日报》等国家、省、市级报刊等媒体取得联系，推广食药监管经验，宣传食安知识，在各大新闻媒体刊发新闻稿件56篇。与梁山县委外宣办合作举办食安委成员单位外宣通讯员培训班，并组织开展济宁市暨梁山县食品安全应急演练。

开展“你点我检”活动，对消费者点到的及提供的食品开展现场快检，并在稽查队设立“你送我检”快检点。发放食品安全宣传材料2300余份，开展快检1200余批次。开展“透明工厂”体验日活动，组织80余名消费者、食品生产经营者、食药监局监管人员走进菱花集团，让大家了解产品的原料使用、生产流程和出厂检验，让大众理性看味精，安心消费。召开全县药品医疗器械暨不良反应培训会议，药品、医疗器械生产企业、医疗机构代表签订《企业质量安全诚信承诺书》。组织药品生产经营企业、医疗机构开展诚信实践活动，签订《梁山县药品生产经营企业药品质量安全诚信承诺书》和《梁山县药品医疗器械使用单位药械质量安全诚信承诺书》。

党组书记、局长：陈家民
电话：0537-7316278
地址：梁山县城人民北路166号
邮编：272600

（撰稿：薛文娟　常立秀　白云　核稿：郭恒旭）

济宁高新技术产业开发区

【概况】济宁高新技术产业开发区市场监督管理局为济宁高新技术产业开发区管委会内设机构，承担辖区内食品药品、工商、质监等市场监管职责。在食品药品监管方面，除承担区食品安全委员会办公室日常工作外，还依法承担辖区内生产、流通、消费环节的食品、药品、保健食品、化妆品、医疗器械的监督管理工作。高新区局内设4个职能科室，5个市场监督管理所。核定编制63名（局机关行政编制19名，所属市场监管所行政编制42名，工勤编制2名），实有人员54名。2017年，在全区范围内开展植物油塑化剂、大葱、肉类、学校食堂及学校周边食品安全、农产品批发市场、食品生产加工小作坊、药品、医疗器械、化妆品等重点业态、重点场所专项整治，对4家大中型商超开展放心肉菜评价。全区食品药品安全整体情况稳中向好，全年未有发生重大食品药品安全事件。

【监督检查】 *食品生产*。开展风险分类分级监管工作，对辖区内44家食品生产企业进行风险分类分级，其中A级企业4家，B级企业40家。

食品流通。1265家食品经营单位实现全覆盖监管，相继开展植物油塑化剂、大葱等专项整治8次，4家大中型商超开展放心肉菜评价。检查农贸市场2个、食品经营门店917户次，下达责令改正通知书34份。

餐饮服务。结合国家文明城市创建工作，对全区范围内的1328家餐饮单位进行全面检查，整改经营主体136家，发送宣传资料5000余份。相继开展“食安山东”示范品牌创建工作，餐饮环节量化分级行动，合理引导消费者；开展餐饮服务质量提升行动，辖区内中型以上餐饮单位和学校食堂量化分级全部达到B级以上；开展学校食堂及小饭桌专项检查，培训学校负责人和食品安全管理人员200余人次，实现对全区76家学校食堂和44家小饭桌季度检查的全覆盖。顺利完成济宁市人大政协会议、孔子文化节、中高考等重大活动食品安全监督保障活动21次，人数1500余人，未发生重大食物安全事件，确保重大活动的食品安全。

药品。开展药品生产企业质量提升活动，对辖区8家药品生产企业进行全覆盖式检查，列出整改意见44条，并将检查结果及时录入药品生产企业直报系统，纳入企业诚信考核体系。配合上级完成药品生产企业认证和检查7次。严格执行药品经营企业申办、变更、认证标准及指导规范，严格市场准入。办理执业药师注册登记114件；完成《药品经营许可证》变更16件，药品零售企业《药品经营质量管理规范》（GSP）认证31户、变更4户。完成济宁市局交办的药品经营企业定点、验收22件。结合监管能力，加强药品经营使用企业、医疗机构日常监督检查，开展药品批发和药品连锁总部“回头看”活动，对辖区14家药品批发企业和连锁总部进行监督检查，下达整改意见60余条；对全区119家药品零售企业开展监督检查和量化分级，下达责令改正通知书45份。

医疗器械。开展医疗器械生产经营规范提升活动，收到企业自查报告54份，检查医疗器械生产企业8家，检查医疗器械经营单位47家。开展医疗机构专项治理行动，检查医疗机构30家。完成三类医疗器械经营许可验收8件。

【监督抽检】 *食品抽检*。按照每千人5批次的样本量完成生产、流通、餐饮环节区级年度食品安全抽检1336批次，包括粮食及粮食制品、肉及肉制品、蛋及蛋制品、蔬菜及蔬菜制品、调味品、食糖等20个品种，其中不合格19批次，抽检结果全部公示，不合格食品全部得到有效处置。

食品快检。投入资金48.8万元，购置食品快检车辆，开展食品快检进社区进乡村活动，完成食品安全快检1400批次，快检品种主要涉及肉及肉制品、瓜果蔬菜、米面制品等，快检项目主要包括瘦肉精和农药残留等。

药品抽检。开展药品生产环节监督抽检34批次，其中省级药品重点抽检18批次，地方监督抽检16批次；药包材抽检3批次；药品流通环节监督抽检156批次，其中省重点56批次，地方抽检100批次，数量和品种占全市第一。

【专项整治】 2017年组织开展植物油散装食品、大葱、小饭桌、春季学校食堂、校园周边环境、药品生产企业质量提升、药品批发和药品连锁总部“回头看”等专项整治20余项；2017年立案查处食品药品违法案件38起，办理案件协查17次，罚没款20余万元。受理举报投诉102起，投诉举报处结率100%、回复率100%。

【全区食品安全工作会议】 2017年4月17日，高新区管委会组织召开全区食品安全工作会议，调整区食安委成员单位，签订食品安全责任书，表彰食品安全示范单位，安排部署2017年食品安全工作；区食安办组织召开部门联席会议4次，分别就“三小”业态监管、学校食堂监管等工作进行部署研究。

【“三小”行业规范提升】 2017年6月，高新区食安办召开“三小”行业监管工作推进会议，厘清各部门工作职责，对“三小”行业的登记备案工作进行部署。印发《高新区食品小作坊小餐饮和食品摊点规范提升行动实施方案》《关于开展“在一线助规范”活动的通知》等文件。建立“三小”工作台账，摸清辖区“三小”经营业户底数。采取多种形式对监管人员进行“三小”条例培训，开展“三小”一对一帮扶

18户，深入学校、社区、农村，对“三小”业户进行面对面讲解指导，广泛开展“三小”条例宣传提升。发放《小作坊登记证》8张；《小餐饮登记证》429家；《食品摊点备案证》121家，培训监管人员100余人次，发放宣传资料1000余份。

【服务企业】 主动对接辰欣药业股份有限公司，深入了解企业现状，重点解生产管理方面存在的问题和困难，解决企业在许可认证、监督检查和投诉举报等方面出现的问题。2017年，帮助企业消除风险隐患25件，顺利通过上级检查8次，针对企业上市问题对发审委做访谈证明，指导企业成功上市。积极对接山东鲁抗医药集团有限公司迁置重建项目，帮助企业顺利通过省局药品生产许可验收和GMP认证。帮助山东健桥药业有限公司通过山东省药品现代物流企业验收，该公司是济宁市第一家药品现代物流企业。

党支部书记、局长：徐恩秀
电话 / 传真：0537-3255721
地址：济宁市高新区崇文大道5566号科技馆C区
邮编：272000
（撰稿：潘海波　路昊　王永涛　核稿：于同文）

济宁经济开发区

【概况】 济宁经济开发区市场监督管理局设综合科、食品药品监管科、质量监管科、工商管理科、政策法规科5个科室，派出马集镇、疃里镇2个市场监督管理所；现有工作人员25名，其中行政编制12名，事业编制7名，劳务派遣6名。辖区内有市场主体608家，其中食品生产企业23家，食品经营业户288家，餐饮服务业户93家，学校、托幼机构、机关事业单位食堂24家，托餐备案经营6家，药品经营单位26家，卫生院3家，医疗诊所2家，卫生所101家，保化产品经营单位35家，奶粉店7家。2017年，开发区局严格按照济宁市局年初制定的工作重点，切实加强日常监管，积极开展食品、药品监督管理专项行动，依法打击违法经营食品、药品违法行为，全面提高监管工作能力和业务水平，保障好辖区居民饮食用药安全。

【监督检查】 2017年，开发区局加大食品药品安全监管力度，完善食药安全监管机制。将食品药品安全工作纳入年度重要议事日程。召开食品药品安全工作会议，强化食药安全监管责任意识，安排部署食品药品安全行动计划。落实食品药品安全监管责任。向两个镇市场监督管理所印发《食品药品安全目标考核方案》，专门部署和强调日常监管工作、重点领域监管任务、节假日食品安全保障、学校及学校周边食品安全监管工作，以及食用农产品、水产制品等重点品种的联合、专项整治工作。

全年组织开展各类专项整治和联合行动10余次，累计出动执法人员300余人次，执法车辆100余台次，检查食品生产、经营、餐饮单位、药品及医疗器械经营单位680余次。截至2017年底，在配合济宁市局监督抽检中发现4批次食品不合格，立案查处2起；在自行组织的监督抽检中发现10批次食品不合格，立案查处6起，2起移交嘉祥县局，4起移交济宁市稽查支队；在监督检查中发现违法经营行为立案3起。立案11起，罚没款52370元。

开展科普宣传，提高辖区食品药品安全意识。区局先后组织开展“3·15”食品安全宣传、食品安全宣传周、韭菜产品双证制宣传、打击食品、保健食品欺诈虚假活动专项宣传等活动。发放各类宣传手册2300余份，各类食品安全宣传单1700余份。

在全区范围内明确126名食品安全协管员，做到网格化监管覆盖全区所有行政村。制定出台协管员管理制度规范，确保各村协管员设施建设到位，人员到岗，协管员培训完备。

【监督抽检】 全年完成食品安全监督抽检694批次，达到每千人5.09批次，完成年初制定计划的169%，发现不合格食品10批次，不合格率1.5%；完成药品重点抽检10个批次，完成全年计划的100%，地方监督抽检完成23个批次，完成全年计划的115%。抽检合格率100%。不合格批次，全部给予后置处置。

【专项整治】 *食品生产*。对辖区内的23家食品生产企业进行格式化检查，重点查看企业进货查验、索证索票及生产控制执行情况。建立23家食品生产企业日常监管档案，签订食品安全目标责任制书。组织辖区内所有食品生产企业负责人和相关管理人员参加产品质量和食品安全知识培训班。此次专项检查行动出动车辆8台次，人员56人次，下达责令整改通知书7份，要求整改的内容全部得到落实。

食品流通。先后集中开展农村食品市场专项执法检查、食品快检进市场活动、食品摊贩监督专项检查、食品流通市场抽检行动、元旦、清明节、中秋、国庆、春节等节日市场专项执法检查，重点检查农村居民经常购买食用的米、面、油、肉以及食用农产品。行动开展以来，出动车辆72余台次，人员260余人次，检查食品经营业户300户次，食品摊贩131家，严格

规范索证索票制度及进销货台账制度，对进货查验、索证索票不齐全的责令当事人限期改正。

餐饮服务。重点对辖区内食品经营业户、经营摊点、餐饮单位开展整治。重点检查餐饮服务单位证照情况、是否严格落实索证索票和进货查验制度、是否安装并使用油烟净化设施。此次专项整治检查餐饮业户121家，督促餐饮业户安装油烟净化设施46户，下达责令改正通知书87份。

学校食堂安全。重点对校园食堂、学校周边小卖部开展整治，辖区内15家学校食堂从三防设施、卫生制度的建立、索证索票等方面会同教育部门实行卫生监督，进行抽查，督促开展食品安全自查，提高管理水平和卫生规范，保障广大学生和教职工的食品安全。积极开展“食安山东”餐饮服务示范单位创建工作，截至2017年底，有1家学校食堂申报创建成功。

韭菜“双证制”。对辖区内涉及销售、加工韭菜及韭菜产品的商场、超市、便利店、餐饮单位等是否严格落实韭菜“双证制”管理进行检查，督促经营户在销售韭菜时及时索要双证。行动检查食品经营单位290余家，对其中31家未及时索要双证的单位下达责令改正，韭菜“双证制”落实稳步向好。

药品流通。开展为期1个月的摸排调查，行动涉及辖区内26家药品经营企业，出动监督执法车辆20余辆次，出动执法人员50余人次，通过查看资料、听取汇报、实地检查等形式，重点检查医疗企业服务资质、医疗人员技术资质、医疗经营范围等。行动下达整改通知11份，规范药品市场领域经营秩序。

【“双安双创”】 全局上下高度重视“双安双创”工作，12月25日，组织召开全区“双安双创”工作动员大会，强化措施、统筹推进，机关部门齐抓共管，夯实企业主体责任，强化考核问责。多次召开调度会、推进会，全面落实创建任务。

党支部书记、局长：马云标
电话：0537-6812331
地址：济宁市经济开发区嘉诚路与呈祥大道交叉口东北100米
邮编：272415

（撰稿：韩刚　顾长宾　核稿：马云标）

济宁太白湖新区

【概况】 济宁太白湖新区市场监督管理局设综合科、政策法规科、工商行政管理科、质量技术监督管理科、食品监督管理科、药品监督管理科、应急宣传科、许庄市场监督管理所、石桥市场监督管理所9个科（所）和1个稽查大队。2017年，济宁太白湖新区局有干部职工45人，党组成员5人。截至2017年底，全区有食品药品监管对象1260家，其中食品流通业户497家、餐饮经营业户375家、工地食堂10家、学校及幼儿园食堂19家、小饭桌31家、“三小”业户225家、食品生产企业8家；卫生室50家、药店23家、化妆品店5家。2017年，太白湖新区局认真贯彻落实省、市食品药品监管工作要点，以保障人民群众的饮食用药安全为目标，以解决群众反映强烈、社会危害严重的食品药品安全问题为切入点，不断强化监管职责，切实履行食品药品安全监管职能。

【监督检查】 **食品安全**。全面强化食品、保健食品生产经营监督检查，切实督促企业主体责任落实，推动行业管理水平提升。全面开展生产企业分类分级监管，对全区8家食品生产企业进行分类分级并根据确定的风险等级开展监督检查，分类分级率达到100%。严格实施餐饮单位量化分级，对全区375家餐饮单位实施量化分级，中型以上餐饮及学校食堂量化分级B级以上达到100%。对食品、保健食品经营单位进行全面规范，重点检查是否存在未经许可销售食品、保健食品行为；是否建立并落实进货查验、索证索票等食品安全管理制度；是否存在欺诈或虚假宣传行为等方面。2017年，太白湖新区局出动执法人员1000余人次，开展食用农产品安全监管32次，检查疏导点100余次，检查食品生产企业16家次，检查各类食品、保健食品经营业户1100余户次。

药品、医疗器械。进一步加强药械日常监督检查，加大对执业药师在岗履职的监督检查力度，加大药械安全知识宣传，督促经营企业建立健全各项规章制度，规范药品经营企业的经营行为，督促药械经营企业和使用单位积极开展自查自纠工作，加强药品经营企业GSP跟踪检查，提升药店管理水平，规范药械市场秩序。

化妆品。化妆品日常监管工作严格按照《化妆品卫生监督条例》等法规及上级有关规定，制定详细的监督检查计划，将化妆品监管与其他监管工作同安排、同布置，按照《化妆品经营企业日常监督现场检查工作指南》的要求对化妆品经营企业开展全面检查。督促经营户认真落实索证索票、进货验收及台账管理制度，强化对化妆品的进货渠道、标签标识、有效期限及产品合格证明等情况进行日常检查，确保产品质量安全，维护群众合法权益。

【监督抽检】 2017年，开展区级食品监督抽检634批次，确保抽样量每千人4.9份；开展食品快检“进市场、进乡村、进社区”活动10余次，快速检测水果、蔬菜、食用油等900余批次；完成药品抽检35批次。

通过监督抽检，全年发现并办结不合格食品案件 9 起，罚款 89216 元，移送公安机关食品案件 2 起。

【专项整治】 食品生产。为切实消除食品安全隐患，努力解决食品生产企业存在的突出问题，严格开展食品生产加工专项整治。先后开展食用植物油塑化剂、羊肉及其制品、食品添加剂“对标规范”等各类专项执法检查 7 次，认真检查企业落实质量安全主体责任情况，重点查看企业进货查验、索证索票制度执行情况，严查超范围超剂量使用食品添加剂、违法添加非食用物质行为，对涉嫌存在质量安全问题的产品及时进行抽样检测。

食品流通。按照济宁市局统一安排，太白湖新区局加大对食品流通市场重点时段、重点品种、重点区域的食品专项整治。重点针对安全风险较高的婴幼儿配方乳粉经营店、学校周边食品经营店等业户进行专项检查。先后开展专项整治活动 16 次，开展食品、保健食品欺诈和虚假宣传专项整治行动 3 次。

餐饮服务。2017 年，全面开展餐饮服务环节专项整治，对辖区内 400 余家餐饮服务单位进行专项检查，重点是学校食堂、机关企事业单位食堂、旅游接待餐饮单位、火锅餐饮单位等，涵盖肉制品、火锅底料等食品和食品原料，进一步规范餐饮服务食品安全经营秩序，保证消费者饮食安全。

药品。为严厉打击制售假劣药品违法犯罪活动，规范药品流通秩序，太白湖新区局进一步加大对药品经营使用环节的专项整治力度。2017 年主要开展城乡接合部和农村地区药店诊所药品质量安全集中整治、药品使用单位药品质量管理监督检查和执业药师在岗履职专项检查，通过专项整治进一步提高药品经营单位的安全责任意识和诚信自律意识，营造更加放心安全的药品消费环境。

医疗器械。2017 年，继续加大对医疗器械经营使用环节的监管力度，进一步整治医疗器械在使用环节中存在的突出问题，并积极探索并建立长效监管机制。开展医疗器械规范实施年活动，装饰性彩色平光隐形眼镜、无菌和植入性医疗器械专项整治、互联网医疗器械经营专项整治等。

“学校食堂开放日”。2017 年 6 月 27 日，选取全区 7 个学校食堂，邀请 240 余名学生家长参与“学校食堂开放日”活动。工作人员和学校食堂负责人带领学生家长们参观食堂粗加工区、蔬菜类肉类切配间、烹饪间、餐具清洗消毒间等功能间，查看食品原料进货台账和食品安全管理制度，食堂工作人员现场展示健康配餐及面包点心的制作过程。参观结束后，太白湖新区局负责人主持座谈会，认真听取家长代表对加强和改进学校食堂食品安全工作的意见建议。

鸟巢啤酒节食品安全保障。2017 年 7 月，鸟巢啤酒节进驻太白湖新区鸟巢体育馆，太白湖新区局制定《济宁太白湖景区鸟巢啤酒节餐饮服务环节食品安全事故应急预案》，并与举办方签订食品安全协议和《济宁太白湖新区食品安全责任告知书》，组织执法人员在活动开展期间进行检查，并安排工作人员值班，确保活动期间食品安全。

“透明工厂”体验日。2017 年 7 月 11 日，选取南阳湖农场面粉厂对公众开放，开展“透明工厂”体验日活动。活动邀请人大代表、政协委员等 30 余人进行实地参观体验。体验者通过进厂区、进车间、查记录等方式，近距离地参观企业先进的生产设备与工艺，目睹生产加工食品全过程。通过本次活动展示太白湖新区食品安全建设成果和食品安全监管工作成效，提高公众食品安全意识。

安全用药月宣传。2017 年 11 月，在全区开展安全用药月活动，引导公众科学认知、安全使用药品，向群众讲解药品基本常识、如何识别违法药品广告、日常用药注意事项、错误用药的危害等，保证公众切实解安全用药的重要性。活动现场，发放宣传手册 400 余份，接受群众有关药品方面的现场咨询 50 余人次。同时，在市场监督管理局信公众号进行线上宣传，确保多方面全方位做好宣传工作。

党支部书记、局长：刘方彬
电话：0537−3297079
地址：济宁太白湖新区创业大厦 A 座 1 层
邮编：272000

（撰稿：苏亚东　核稿：黄立）

泰安市

【概况】 2017 年，全市食品药品监管系统大力实施“食安泰安”建设，全力创建省级食品安全市县，统筹推进“四品一械”监管，全市食品药品安全形势总体稳定向好，食品药品安全抽检合格率处于历史最好水平，群众对食品药品安全的满意度不断提升。保持“省级文明单位”称号，被授予“全市社会治安综合治理先进单位”“全国文明城市创建先进单位”“全市城市管理工作先进单位”“全市十九大安保维稳先进单位”等称号。

截至 2017 年底，市、县（市、区）有食品药品监督管理行政管理机构 9 个（含高新区和泰山景区）、乡镇食品药品监督管理所 87 个，市场监督管理所 1 个；食品药品稽查机构 7 个，食品药品检验机构 5 个，药品不良反应监测机构 1 个。在职干部 747 人，其中局机关在职工作人员 39 人。截至 2017 年底，全市有食品生产加工企业 516 家，食品经营单位 3 万余户，其中批发市场 12 处，农贸市场 39 处，大型商场、超市（经营面积 1000 平方米以上）54 家。餐饮服务单位 12418 家，医药生产企业 15 家，药品批发企业 23 家，药品零售企业 2228 家，药品使用单位 4088 家，医疗器械生产企业 32 家，医疗器械经营企业许可审批 602 家，医疗器械使用单位 4088 家，保健食品生产经营单位 2015 家，化妆品生产经营企业 1257 家。

【食品安全监管】 **食品生产**。以“企业规范提升年”活动为主线，突出风险管理和大型企业监管，制定风险问题清单，建立企业自查制度。积极推进分级分类监管和追溯体系建设，全市 502 家食品生产企业重新评定等级，387 家企业建立追溯体系，165 家企业实施信息化追溯。

食品流通。强化食用农产品市场销售监管，创新推出《食用农产品市场开办者责任清单》《食用农产品市场入场销售者责任清单》《活禽市场经营者责任清单》三张责任清单。召开观摩现场会，推进大中型商场超市“放心肉菜”公开评价工作。加强食用农产品产地准出和市场准入衔接，创新韭菜产品“双证制”管理。

餐饮服务。分别于 5 月、10 月对全市部分学校食堂及校外托管机构进行双随机督导检查，并将检查情况予以通报。学校食堂和中型及以上餐饮经营者量化分级良好率均达到 100%。举办全市餐饮监管人员及餐饮品牌建设培训班，评选 20 家“群众满意餐饮经营单位”、10 家“十佳食堂”。推进旅游景区及周边食品安全监管。与重点餐饮单位签订责任书，圆满完成世界摄影大会、泰山国际马拉松赛、泰山国际登山节、春夏季中高考等重大活动食品安全保障。完成党的十九大期间、2018 年央视春晚泰安分会场演职人员的餐饮食品安全保障工作。黄前水库水源地餐饮集中整治工作，关停搬迁餐饮业户 23 家。

保健食品。开展打击保健食品欺诈和虚假宣传专项行动，联合 5 部门印发《全市打击保健食品非法会销专项行动方案》，规范企业会销行为，制发保健食品消费提示 6000 余份。制定《全市基层保健食品、化妆品市场监管规范化建设三年提升工程实施方案》，力争用 3 年时间，全面提升保健食品、化妆品整体监管水平。

【药品、化妆品监管】 **药品生产**。加强日常监管，检查药品生产企业、医疗机构制剂室、药包材生产企业 59 家次，约谈药品生产企业 4 家次。开展药品生产质量提升 2017 行动，对四类药品（高风险药品、中药、特殊药品、医疗机构制剂）和一个环节（检验环节）开展专项整治。

药品市场。组织开展药品零售企业专项整治“回头看”等集中检查行动，收回药品 GSP 认证证书 16 个，撤销药品 GSP 认证证书 9 个。严格监督实施药品经营质量管理规范，完成对 310 家药品零售企业的 GSP 认证检查，及对 10 家药品批发企业、26 家药品零售连锁企业总部和 758 家连锁门店、单体药店的 GSP 跟踪检查。成立药品流通领域安全专家库，组织开展家庭过期失效药品公益回收活动，全面签订药品质量安全承诺书。

化妆品。化妆品市场监管规范化建设，制定《全市基层化妆品市场监管规范化建设三年提升工程实施方案》，分为示范引导、全面推开、总结提高 3 个阶段，用 3 年时间，进一步规范化妆品市场秩序。结合消费风险提示，不良反应监测数据，过往案件查处情况及日常监管情况等信息，制定符合监管实际的抽检方案，首次开展化妆品市级监督抽检工作，抽检 50 批次。

【医疗器械监管】 开展医疗器械“规范实施年”活动，推进医疗器械专项整治 2017 行动，通过抓企业自律、实战培训、案件督办、督导检查四项措施，进一步提升企业规范化管理水平。全年检查生产企业 27 家，发现和整改不合理缺陷 186 项。

【专项整治】 聚焦公众关切的突出问题和屡禁不止的难点问题，加强部门联动，在“四品一械”各个领域分别组织开展各类专项整治行动，严厉打击食品药品违法行为，持续保持高压态势。泰安市食品药品稽查支队围绕稽查办案这个主要任务，深挖案件线索，加强协作配合，开展专项整治，加大打击违法行为力度。2017 年，全市食品药品监管系统出动执法人员 88843 人次，检查单位 31285 家次，查处案件 3439 件，移交司法机关 11 件，查获违法产品涉案货值 41.61 万元，罚没款总计 1250.56 万元。

【基层基础建设】 强化技术支撑。在食品抽检工作方面，统筹国家、省、市、县四级监督抽检、评价性监测、风险监测等工作，配合做好国家、省级抽检，牵头做好市级抽检，指导做好县级抽检，不断改进工作流程和方式方法，探索建立科学高效的工作机制。以省市考核为导向，加大市、县两级财政投入，提高抽检覆盖率和问题发现率。建立抽检工作以及不合格产品核查处置月调度制度，每月对全市开展的四级抽检、信息录入、公示等情况进行调度、汇总分析和通报，确保各项抽检按时保质保量地完成。2017年，全市完成食品抽检27563批次，达到年度千人4.9批次，分别比2016年增加1.3倍和1.29倍。创建区域完成食品抽检7141批次，达到年度千人8.09批次，分别较上年增加1.03倍和1.02倍。其中，市、县两级23362批次，较上年增加15500批次，增加近2倍。在药品抽检方面，完善组织领导体制，增加抽检批次，组织抽检1921批次。在信息化建设方面，在进一步完善应急可视指挥中心、移动执法终端功能的基础上，争取泰安市财政经费80万元，启动建设全市食品药品信息中心。在应急工作方面，开展食品应急处置演练。与泰安市网信办、泰山新闻网建立合作机制，做到对全市舆情的24小时监测，对重要舆情能够及时处置。2017年，编发舆情周报40期，下达重要舆情督办单20份。完成泰安市食品药品检验检测中心新场所改造全部工程。11月，顺利通过省级项目验收，是全省监管系统中第一个通过验收的地市级建设项目。主动加强与山东农业大学的合作，在中心设立“山东农业大学教学科研实践育人基地”。泰安市药品不良反应监测中心组织抓好对全市上报病例报告的核查工作，积极开展药械风险信号挖掘和监测科研课题研究。加强基层监管所标准化建设，乡镇（街道）派出机构业务辅助用房、执法基本装备标准化配备率达到80%，市、县两级执法基本装备标准化配备率达到90%。

【服务食品医药产业发展】 积极服务新旧动能转换和改革发展，认真贯彻全国和省市深化简政放权放管结合服务改革会议精神，进一步调整权力清单，下放审批权限，精简审批材料30余项，缩短审批时间30%以上。推行阳光审批，落实行政许可和行政处罚“双公示”制度，开展亮诺践诺和电视问政活动，做好“三小”条例宣贯工作，完善双随机监管机制，推进信用体系建设。积极对上争取，将泰邦生物制品有限公司整体搬迁项目列为省局新旧动能转换重点支持的三个项目之一。发展壮大协会组织，泰安市药学会、市餐饮协会积极组织会员单位开展活动，牵头成立市生物医药协会、医疗器械协会。参与组织举办2017年泰山国际医疗设备新产品新技术展览会。落实招商引资工作目标责任制，全面完成年度招商引资任务。

【社会共治】 充分发挥各级食安委、食安办统一领导、综合协调作用，部门间协作交流和信息共享更加通畅。加强宣传引导和科普教育，食品安全宣传周、安全用药月、科技活动周、食品药品投诉举报“12331”主题宣传日、食品药品宣讲团首次宣讲以及创建省级食品安全城市有奖答题、创建风采展等宣传活动成效明显。争取省局资金，与山东医药技师学院合作建设“全省食药监管干部培训教育基地”。与泰安市政府新闻办公室联合召开学校食堂及校外托管机构食品安全督查新闻发布会和药品不良反应监测工作情况新闻发布会。畅通“12331”投诉举报渠道。2017年接到各类投诉举报咨询事项1823件，其中投诉举报412件，咨询1411件，全部进行交办、答复和处置。

【党风廉政建设和干部队伍建设】 始终把党的建设摆到首要位置，认真学习贯彻党的十九大精神，用新时代中国特色社会主义思想武装头脑、推进监管。深入开展“重效率、勇担当、作表率”主题活动，项目攻关、服务提质、强基固本、环境优化、正风肃纪等工作都取得明显成效。利用党组理论中心组集中学习日、双月大讲堂、季度学法日、机关主题党日、灯塔在线等学习平台，加强对党员干部的学习培训。9月在江南大学举办全市食药监系统监管干部综合能力培训班。开展过硬支部建设，完成泰安市局机关和各直属单位基层党支部换届。层层签订全面从严治党和2017年度党风廉政建设目标责任书，落实各级党组织主体责任和班子成员“一岗双责”。坚持利用廉洁教育专题讲堂、反面典型警示台开展党纪政纪教育，组织开展“四风”问题明察暗访，建立健全单位内部控制制度，提升内部治理水平，规范内部权力运行，促进依法行政，推进廉政建设。通过“12345”便民服务热线、“12331”食品药品投诉举报热线、泰安民生网等渠道，接受群众监督。积极组织开展全国文明城市、省级食品安全市县创建活动，文明单位创建工作取得明显成效。各级机关服务、政务信息、组织人事、信访维稳、老干部管理服务、“第一书记”等工作都取得新的成绩。

【省级食品安全市县创建】 围绕中期评估、现场观摩和冲刺验收3个阶段分别召开会议，成立各专项工作组，落实责任，扎实推进。继续推进“十项工程”“十项行动”和“双十项目”，突出14个重点业态，强化督导调度并及时通报结果，全年印发《督导通报》和《督办通知书》12件，督导整改问题112项。

【监管创新】 继续开展“创新奖”评选活动，2017年初确定40个创新项目，制定工作方案，明确责任单位、责任人和完成时间。在食品生产企业全面建立追溯体系的做法，被推荐到泰安市委考核办参加全市经济社会综合考核和全市创新工作评选。泰安市承担的省局食品药品执法办案系统应用试点工作，2个案卷被省局评为优秀案卷，1个案卷被泰安市政府法制办评为优秀案卷。全省保健食品生产风险交流暨生产企业食品安全主体责任落实推进现场会议、全省农村食品安全风险会商会议、省会城市群食品药品稽查执法协作会议、全省药品检验方法研讨分区会议分别在泰安市召开。国务院食安办督查组对泰安市建立保健食品会议营销备案制度、基层保健食品市场监管规范化建设三年提升工程等做法给予充分肯定，在国家总局网站、《中国医药报》上登载。

党组书记、局长：肖和元
党组成员、调研员：刘明
党组成员、副局长：王自坦、刘秀文、孙洪英、杨树国
党组成员、食品药品稽查支队支队长：赵进星
副调研员：张庆民、马洪军
电话：0538-8229543
地址：泰安市东岳大街西段（虹桥宾馆东邻）
邮编：271000

（撰稿：吴琼　核稿：杨树国）

泰山区

【概况】 泰安市泰山区食品药品监督管理局下设食品药品行政执法大队（2017 年 10 月 30 日泰山区食品药品稽查大队更名为泰山区食品药品行政执法大队）1 个正科级事业单位，设财源、岱庙、泰前、徐家楼、上高、省庄、邱家店 7 个食品药品监督管理所。核定机关行政编制 13 名、工勤编制 1 名，7 个监管所核定行政编制 35 名，行政执法大队核定事业编制 22 名，在职在编人员 62 人。

【监督检查】 日常工作。依法开展行政审批工作，许可 3182 家。做好投诉举报处置，接到各类投诉举报咨询事项 1177 件，全部进行交办、答复和处置，按时回复率 97.88%。加强基础设施建设，7 个街道镇监管所全部建成高标准快检室，岱庙、财源、泰前、上高 4 个所增加办公用房，省庄所整体搬迁，监管所基础设施全面提升。增加 35 个公益岗位，解决基层所监管人员不足状况。

食品安全。建立从农田到餐桌的全程、无缝隙管理制度，以乳制品、肉制品、蔬菜、白酒、食用植物油、食用农产品、畜禽水产品、保健食品等为重点品种，以食品生产加工聚集区、食品问题多发区、食品主导产业区和农村、旅游景区等为重点区域，以春节、国庆、两会等为重点时段，以学校食堂、旅游定点接待酒店、农贸市场为重点单位，加强日常监管力度，排查治理食品安全隐患和突出问题。校园及周边环境实现常态治理；4 家超市开展全省放心肉菜公开评价活动，认真开展韭菜双证制监管工作；7 处农贸市场实现制度规范和硬件提升等规范化改造。

药品、医疗器械、化妆品。完善信用体系建设，建立药品经营企业和医疗机构诚信档案，推行信用分级管理，根据分级情况适当增减日常监督检查频次。积极开展日常监督检查，监管覆盖率达 100%。加强对基本药物品种的抽验，依法查处检验不合格的药品。组织开展药品使用单位监督检查。贯彻医疗器械监督管理条例，扎实推进医疗器械整治，加强化妆品现场检查和过程监管。

【监督抽检】 在快速检测方面，完成全区 10 项民生工程，食品安全快检体系建设。全年建成监管所、学校食堂、集贸市场各类快检室 36 个，快速检测 900 余批次。应用快检评估手段，提高评价性抽检合格率和监督抽检问题发现率。在监督抽检方面，提高监督抽检工作标准化、规范化。紧紧围绕群众关心关注的重点食品药品，问题易多发的区域、场所和薄弱环节，持续加大区级监督抽检力度，增大抽检覆盖面。全年完成食品药品抽检 3081 批次，检出不合格 206 批次，问题发现率 6.68%，对不合格产品严格按照规程进行后处置。

【专项整治】 食品生产。辖区内 95 家食品生产企业实施分类分级监管，检查整改不符合项 147 项。推进重点企业升级，2 家产值 2000 万规模企业通过“食安山东”专家答辩。桶装水专项整治“三查”工作方法在全市进行典型发言；2 家生产企业追溯体系建设，作为全市现场将泰山区典型经验向全市推广。召开全区追溯体系建设工作推进会，落实追溯体系建设 81 家，其中 36 家企业注册山东省追溯体系平台，并录入信息。

食品流通。开展以“打造洁净、安全校园”为主题的校园周边环境综合整治专项行动，实现校园及周边环境常态治理。开展农贸市场规范化整治。4 家超市开展全省放心肉菜公开评价活动，认真开展韭菜双证制监管工作；7 处农贸市场实现制度规范和硬件提升的规范化改造。推进市场快检建设工作，4 处大型批发市场全部建立农残快检室；6 处农贸市场购置简易农残快检箱，并开展日常农残检测及公示工作；18 处摊点群在市场内公示来自批发市场的农残快检结果。开展非法会销、保健食品欺诈和虚假宣传进行集中整治，全区近 600 家含保健食品经营经营项目的单位进行全面摸底排查，重点监管 12 家保健食品批发、15 家曾开展过保健食品会销的单位，竭力遏制保健食品夸大宣传、冒充药品等违法行为，规范经营行为，消除保健食品非正常销售安全隐患。

餐饮服务。实施餐饮服务单位量化分级管理，按

照量化分级要求落实餐饮单位日常监管责任，监督覆盖率达到 100%。采用“双随机一公开”机制，配合泰安市局对学校食堂开展飞行检查。扎实做好登山节、各种展览会、苗交会、高考、中考、党代会、人大、政协会议、全国学生运动会、春晚分会场等重大活动食品安全保障。在全省率先对网络订餐第三方平台实行备案，组织开展网络订餐专项行动，取得良好效果。开展“食安校园”建设。打造 5 个示范学校食堂和 8 个学校食堂快检室。在泰山中学组织学校食堂开放日活动，邀请辖区学校、托幼机构负责人和泰安中学家委会成员总计 80 余人参观并进行食品安全知识培训织开展网络订餐专项行动。

药品、化妆品。先后组织开展药品零售企业专项整治“回头看”、药品零售连锁企业集中整治、城乡接合部和农村地区药店诊所专项整治等集中检查行动，收回药品 GSP 认证证书 3 个，撤销药品 GSP 认证证书 2 个。严格监督实施药品经营质量管理规范，完成对 69 家药品零售企业的 GSP 检查，15 家药品零售连锁企业总部和 460 家连锁门店、单体药店的 GSP 跟踪检查。组织开展家庭过期失效药品公益回收活动，全面签订药品质量安全承诺书。

医疗器械。开展医疗器械“规范实施年”活动，推进医疗器械专项整治 2017 行动，通过抓企业自律、实战培训、案件督办、督导检查 4 项措施，进一步提升企业规范化管理水平。全年检查企业 320 户次，发现和整改不合理缺陷 186 项。

【省级食品安全市创建】 2017 年是创建省级食品安全市的第二年，召开中期评估动员会、现场观摩部署会和冲刺阶段现场推进会暨全市创城现场会，成立各专项工作组，坚持高标准、高质量、高要求，细化分工，落实责任，扎实推进。在工作推进上，召开 8 次食安委联席会议，召开各类创城会议、培训 106 次；专题组织食品安全管理培训班 50 期，重点督促社区宣传、示范街创建、市场规范化改造、快检室建设、食安校园建设、追溯体系建设等工作。在工作重点上，推进“十项工程”“十项行动”和“双十项目”，突出群众反映集中的问题，突出短板和薄弱环节，突出 14 个重点业态，采取过硬措施，力求实际效果。建成“食安山东”“食安泰安”示范生产企业 5 家、示范经营单位 38 家、省级“清洁厨房”14 家、示范餐饮单位 76 家、群众满意餐饮店 20 家；每个街道镇打造 1 条食品安全示范街区。规范邱家店小作坊聚集区、上高魏家庄小作坊聚集区、五马市场现场制售作坊一条街、金桂园小摊点群。

党组书记、局长：金永明
电话：0538-6134698
地址：泰安市唐訾路 1 号
邮编：271000

（撰稿：张正　核稿：丁营）

岱岳区

【概况】 2017 年，泰安市岱岳区食品药品监督管理局深入开展食品药品专项整治，全面开展省级食品安全市创建工作，加大食品抽验检测力度，全区食品药品质量安全水平进一步提高。2017 年，全区有 80 家食品生产企业，食品经营单位 2465 家，学校食堂 121 家，“三小”业户 1307 家；药品批发企业 7 家，药品零售企业 232 家，药包材生产企业 1 家，医疗器械生产企业 3 家，三类医疗器械经营企业 72 家。局内设 10 个职能科室，机关核定行政编制 17 名，工勤人员编制 2 名（实有工勤人员 1 名）；下辖 1 个财政拨款事业单位，为岱岳区食品药品行政执法大队，事业编制 21 名，实有事业人员 20 名；设有镇（街道）食品药品监督管理所 11 个，为局派出机构，核定行政编制 61 名，实有行政编制工作人员 41 人。全系统有工作人员 80 人。2017 年，岱岳区继续保持“市级文明单位”称号，先后被表彰为“全区平安岱岳建设先进单位”“全区招商引资工作先进单位”“全区人口和计划生育工作先进单位”“全区新闻宣传先进单位”“全区政风行风建设先进单位”。

【监督检查】 为进一步优化食品药品监管环境，落实执法责任，规范执法行为，提高执法效能，营造全区食品药品健康发展环境，岱岳区食安办牵头，联合公安、卫生、教育、农业、畜牧、各镇街政府，对各辖区重点区域、重点业态进行重点整治。按照“先急后缓”原则，分区域、分阶段组织开展，滚动治理。每批次集中治理约 2～3 个乡镇，根据辖区实际情况，集中优势兵力对辖区存在的突出问题和隐患，进行集中治理。11 个镇街开展区域综合治理，检查食品药品单位 300 余家，查处违法违规案件 100 余起，有效净化市场环境。将继续探索建立综合治理长效机制，开展治理回头看等活动，确保治理成果持续长效。

【监督抽检】 为充分发挥食品抽样检测发现风险的作用，岱岳区局结合工作实际，引入食品抽样检测竞争机制，最大限度的发挥食品抽样检测发现问题的作用。通过公开招标，选定 5 家食品抽检机构，每季度选定 2 家进行抽样检测，根据抽检结果，淘汰不合格率较低的 1 家，在下一季度重新选定 1 家抽检机构，依次递补，有效调动抽检机构发现风险问题的主动性，收到明显效果。全年完成各类食品抽检3051批次，不合格率2.33%。

【专项整治】 食品生产。食品生产企业实施动态监管，辖区80家企业确定风险等级并制作信息公示牌；开展食用植物油塑化剂、食品生产小作坊专项整治，防范小作坊安全风险。

食品流通。开展畜禽产品、农贸市场专项整治，结合区域综合治理，集中整治长城农贸市场、司家庄农贸市场、杜家庄农贸市场、乐园便民摊点群内销售食用农产品的重点区域，检查经营户100余家，责令整改40余户。

餐饮服务。开展火锅类餐饮单位、春季学校食堂食品安全、羊肉及肉制品加工食品、打击加工、经营病死猪肉、旅游景区餐饮单位等专项检查；参与三会（党代会、人代会、政协会）、中高考、全国特种设备理事会等重大活动保障工作，抽取肉、油、蔬菜等6个品种50个批次，快检合格率100%，活动保障期间未发生食品安全事件。

药品、医疗器械。组织开展药品零售专项整治回头看活动、医疗器械专项整治2017行动、医疗器械生产经营企业“规范实施年”活动等专项行动，开展“保稳定、创环境、促发展”区域整治4次，移送案件线索6件；抽验药品69批，7批次检验不合格，均依法进行查处；医疗器械抽验3个批次；开展药品、医疗器械安全性监测，完成药品800例，医疗器械60例不良反应的上报评价工作。

保健食品、化妆品。继续规范保健食品、化妆品经营使用单位索证索票、进货查验和台账管理，核查企业索证索票情况及购销记录，查验产品标识标签，审核产品广告宣传；联合公安、工商、物价等部门在全区开展打击保健食品非法会销专项行动，出动执法人员200余人次，取缔非法经营户2个，立案调查4起，制发保健食品消费提示300余份。

【省级食品安全市创建】 2016年12月26日，省食安办印发通知，把岱岳区列入第二批2017年度“食品安全先进县（市、区）创建单位”，于2018年底前完成验收。打牢创建基础。省级食品安全市创建工作时限2年。通过召开全区创建省级食品安全市动员会、印发创建工作方案、签订创建责任书等形式，分解落实创建责任，筑牢领导基础。按照业态明确创建标准，确定公示内容，制作公示栏，印制统一宣传材料，发送创建信息，营造浓厚宣传氛围；制定创建档案标准，及时添加档案内容，筑牢业务基础。以点带面，逐步推广。选择硬件较好的镇街和监管业态，按照创建标准分类打造创建示范点，以此为标准向全区所有镇街进行推广学习，按照样板进行创建推进，以点带面，从而实现全区各镇街创建达标。强化督导调度。3月17日，召开创建省级食品安全市工作推进会，推进创建工作深入开展；4月21—22日，联合岱岳区政府督查室，有关镇街创建省级食品安全市工作开展情况和食安委履职情况进行督查，通过听汇报、查资料、看现场，了解工作情况，发现问题，提出整改意见。6月9日，迎接省食安办对岱岳区创建工作开展情况的现场督查，受到上级领导肯定。

党组书记、局长：耿传振
电话：0538-8567577
地址：泰安市岱岳区政府西侧岱岳区工商局4楼
邮编：271000

（撰稿：刘大伟　核稿：姚翠英）

新泰市

【概况】 新泰市食品药品监督管理局，加挂新泰市食品安全委员会办公室牌子，为新泰市政府组成部门，正科级。下设1个二级事业单位（市食品药品行政执法大队）、20个乡镇食品药品监督管理所（天宝食品药品监管所于2017年7月整建制划转至泰安市高新技术开发区）、13个机关科室。截至2017年底，新泰市局在编干部职工133人，行政编制58人、事业编制73人、行政工勤编制2人。2017年，新泰市有食品生产企业120家，食品经营企业5485家，小餐饮备案登记1850家，小作坊备案登记1650家，食品摊贩备案400家，药品生产企业5家、药品批发企业4个、药品零售连锁12个、药品零售药店612家、药品使用单位860家，化妆品经营使用单位1050家，医疗器械经营企业390家、使用单位800多家，合计近1.32万家。

【监督检查】 推动追溯机制建设。采取纸质记录、企业自建信息化体系和食品安全追溯公共服务平台3种形式完善食品生产企业追溯机制建设，形成以原辅料采购管理、生产过程控制、产品检验和产品销售管理4个核心环节为主要内容的食品生产追溯信息链条，44家食品生产企业建立较为完整的生产企业食品安全追溯体系。

开展“放心肉菜”评价活动。严格实施市场准入、建立完善追溯体系和全面实行信息公示等措施，不断强化大型超市保障质量安全的主体责任，继续选择开展“放心肉菜”评价活动，组织培训40人次、抽检88批次，引导企业全面建立来源信息可溯、质量安全可靠、群众放心消费的现代肉菜流通与消费格局。

倡导行业自律。成立餐饮行业协会，341个单位加入协会，制定行约行规和自律规范，充分发挥行业协会在行业自我监督、自我管理等方面的主导作用，督促引导企业坚守道德底线，推动形成业界互相监督、行业规范发展的良好格局。

推行校领导陪餐制度。督促学校落实食堂安全主体责任，实行学校领导陪餐制，校领导每周至少在学校食堂陪餐一人次，并做好陪餐记录；学校领导陪餐时，要了解学校食堂运行情况，及时发现和解决食堂管理与食品安全方面存在的问题，最大限度降低学校食堂食品安全风险。

强化药品双随机检查。在日常监管的基础上，定期或不定期开展双随机检查 9 次，监督检查药品零售企业 69 家，责令改正 13 家，立案查处 11 家，收回 GSP 证书 1 家，严重违反 GSP 规定，注销药品经营许可证 1 家。

强化药械日常监管。加强日常监督检查，监督抽查 2 家生产企业、31 高风险医疗器械经营企业和 14 家一级以上医疗机构，提出不合格项目 147 条；签订《医疗器械质量安全承诺书》，督促各企业及使用单位认真履行做出的质量安全承诺，提高自律意识和质量安全意识，规范经营。

明晰政府责任。将食品药品安全纳入全市科学发展观考核、社会管理综合治理考核等考核体系中，与各乡镇街道、食安委成员单位逐一签订责任书，实施食品安全重大事故专项考核“一票否决”。

提升许可效能。建立审批事项目录清单，优化工作流程，受理、现场勘查、审核决定、发证全过程纳入审批窗口办理，实现一站式服务、全环节办理，实行“一窗通办，一次办结，多证合一”，实现各项办理事项“零超时、零差错、零投诉”，得到申办人好评，满意度达到 100%。

强化政务宣传报道。及时公开政务信息，重点公开群众最关心、社会最敏感、反映最强烈的监管信息 87 条。先后在报刊、电视台、网站刊登播发 420 篇（次），其中省部级以上媒体发表 32 篇。代表泰安市局举办“5·25 国际爱肤日”暨化妆品安全公益宣传活动，开展“透明工厂”体验日、学校食堂开放日、“3·8”巾帼建功活动、母亲节趣味运动会、“3·15”宣传、组织开展“宣传月”“宣传周”等系列活动。

【监督抽检】 把抽检工作列入领导班子会议重要议事日程，成立抽检工作领导小组，抽检工作进行月调度。组织食品抽检工作专题研究部署会议，制定食品抽检计划，明确每次抽检的品种、区域及数量，着力提升抽检工作的针对性和靶向性。优先保障食品安全抽检工作经费，为有序开展抽检工作提供资金保障。核查处置工作做到不合格产品控制到位、源头追溯到位、原因排查到位、行政处罚到位、整改落实到位“五个到位”，实行处置月调度制度，建立编号和销号制度。以月饼、肉制品、桶装水、食用油、水产品、蔬菜、水果等为重点品种抽检 5363 批次，食品类抽检合格率 95.12%，药品类抽检合格率 96.87%。

【专项整治】 **综合整治。**加强食安、农安、公安“三安”联动，让违法者上曝光台、黑名单；充分发挥综合协调职能，密切部门配合，强化行刑衔接，向公安移送案件 2 起、刑拘 3 人，向食安委成员单位报送线索 3 件，立案 1 起。

环节整治。食品生产环节，严查无证生产、假冒伪劣、超范超限、违法添加行为；流通环节，全力做好学校及其周边、农贸市场食品安全整治工作；餐饮环节，开展食堂、旅游景区、车站、高速公路服务区、网络订餐整治活动；保健食品环节，组织开展打击“非法会销”行动；药品环节，加强对疫苗、中药饮片等高风险药品的监督管理。

重点整治。飞行检查学校食堂 156 家次，发布校外小饭桌“红黑榜”，引导学生和家长合理选择、理性就餐。中秋节前，查处 8 家月饼生产点，现场封存不合格月饼 680 箱。检查非法会销场所 22 处，查封扣押无证经营的保健食品、食品 180 盒，货值金额 2 万余元，立案 2 起。

集中整治。打造稽查执法办案“痕迹化”工作法，开展学校食堂及学校周边、夏季烧烤、保健食品会销和疫苗、含特殊药品复方制剂、胶囊制剂、隐形眼镜等集中整治行动，受理各类食品药品投诉举报近 420 起，办结民意通 210 余件，罚没款入库 249 万元。

【亮点工作】 **创建省级食品安全市。**坚持认识、机制、投入“三到位”，抓源头、重联动、控风险、求共治“四措并举”，政府主导，各方联动，强化宣传，加大投入，创建工作深入扎实展开。成功召开省级食品安全市现场会，经过中期绩效评估、创建验收、拟名公示等环节，7 月 2 日召开山东省“双安双创”和食品安全工作会议，新泰市被命名表彰为“山东省食品安全市”。

药品不良反应监测。创新开展药品不良反应重点品种监测工作，全年上报药品不良反应报告 1680 例，新的严重报告 277 例，居泰安市第一位，被省局与省卫计委联合授予“山东省药品不良反应监测先进集体”荣誉称号。

“双创”工作。根据工作安排，抽调 100 余人到全市 13 个网格参与卫生城市和文明城市创建工作，制作张贴公益广告、禁止吸烟、文明用餐、节约用餐标志 10 万份，制作现场检查记录、责令改正通知书等 3000 余份，审核办理许可、备案证件 2000 多份，督促各类业户办理证照、健康查体、整改卫生、建立档案，保障创城工作有效推进。

*构建食品药品社会共治格局。*推行学生家长义务监督员制度，开展“透明工厂”体验日、食品安全“你点我检”和学校食堂开放日活动，成立新泰市餐饮协会，充分发挥食安办综合协调和部门监管职能，组建完善村级协管员、行业协会、志愿者、专家库等4支队伍，促使食品药品安全保障由单纯依靠政府监管部门，向多方主体主动参与、共同发挥作用的综合治理转变，形成政府监管、基层辅助、企业自律、公众参与、专家协同“五位一体”的社会共治格局。

*探索食品药品智慧化监管模式。*投资30余万元，配置计算机、移动终端等硬件，开发应用“食药监管”APP，实施“互联网+食品安全”监管工程，促进监管方式由“地毯式”全面监管向“点对点”精准监管的转变。投资180余万元，按照标准机房的设计标准，建设新泰市食药“智慧监管”监控平台和应急指挥中心，连线50家食品经营企业，实现数据同步传输、全程实时监控。

党委书记、局长：陈英鹏
电话：0538-7229552
地址：新泰市东周路566号
邮编：271200

（撰稿：张树禄　核稿：王峰）

肥城市

【概况】 肥城市食品药品监督管理局（挂肥城市食品安全员委员会办公室牌子）为肥城市政府工作部门，主要负责对生产、经营环节的食品、药品、化妆品及医疗器械实施监督管理，同时承担市食品安全委员会日常工作。内设秘书科、政策法规科（挂行政服务科牌子）、综合协调科（挂应急管理科牌子）、食品生产监管科、食品流通监管科、餐饮服务食品监管科、保健食品、化妆品监管科、药品市场监管科（挂药品不良反应监测中心牌子）、医疗器械监管科9个职能科室；下设食品药品行政执法大队，为局属事业单位；在14个镇街分别设立14个食品药品监督管理所（食品药品行政执法中队），为局派出机构。截至2017年底，肥城市局行政编制91名、工勤编制2名、事业编制22名，实有行政人员78人、工勤人员2人、事业人员22人。

【监督检查】 *食品安全。*2017年检查食品生产经营单位12440余家次，查处案件407起。在生产环节，扎实开展好日常监督检查工作，全年检查食品生产企业140余家次，同时组织开展食用植物油塑化剂、茶叶、饮用水、食品添加剂对标规范、真菌毒素超标粮食等专项检查，有效地排查和处置食品安全隐患。全面落实质量安全追溯体系建设，全市38家规模以上食品生产企业使用省级食品安全追溯公共服务平台建立信息化食品安全追溯体系；积极推进食品安全责任险工作，与3家企业办理食品安全责任险。在流通环节，积极落实信用分类监管，建立流通单位的信用档案，开展日常监督检查9000余家次；组织开展放心肉菜公开评价活动，督促大中型商超落实食品安全主体责任，加强肉品、蔬菜等食用农产品质量安全管理；积极开展韭菜产品“双证制”管理，落实食品摊贩备案及信息录入工作；成功举办“食安山东”首批食品流通示范单位授牌仪式，15家食品流通单位获得“食安山东”示范单位荣誉称号，引导全市食品企业进一步增强守法诚信意识。在餐饮环节，组织开展餐饮食用油食品安全专项检查、餐饮环节含“瘦肉精”肉制品安全专项检查、现制现售乳饮品质量安全专项检查、秋季学校食堂食品安全专项检查、敬老院食堂安全专项检查等5项专项检查，净化餐饮服务市场；餐饮质量安全提升工程暨示范单位创建活动中上报“食安山东”示范学校食堂7家、示范店4家、示范街1条；加强量化分级管理，学校（含幼儿园）食堂和中型以上餐饮经营单位量化分级达到100%；开展小餐饮登记和帮扶工作集中行动，全市小餐饮上报数量256户，登记数量260户，登记完成率101.56%，帮扶数量58人。

*药品、医疗器械。*2017年检查涉药单位1037家次，查处简易程序案件442起，一般程序案件44起。严格市场准入，落实GSP认证及新开办变更药店现场核查工作，全年认证药店60余家，核查新开办药店和医疗器械经营企业现场30余家；先后开展骨肽注射液，拉米夫定、中药材（饮片）等十余次药品专项整治。全面提升不良反应监测工作，为全市38家一级以上医疗机构制作问题分析表格，审核评价药品不良反应监测报告表1500例、器械不良事件报告表400余例。加大对重点场所、重点环节的检查频次，主动排查药械市场风险点，整顿规范市场秩序。

【监督抽检】 在食品方面，委托第三方检测机构，抽检4386批次，115455个项目，配合上级机关开展55个品种、579批次的监督性抽检和40个品种、315批次的评价性抽检；在药品方面，自行组织开展监督性抽检56个批次。

【专项整治】 2017年围绕制售过期、变质和伪劣食品等突出问题，有针对性的组织开展学校周边、旅游景区、建筑工地食堂、食品摊贩、集贸市场、畜禽水产品抗生素、食用盐和集中消毒餐具等20余次专项整治行动，大力整顿规范市场秩序，及时消除存在的食品安全风险隐患，着力解决群众反映强烈的突出问题。出动执法人员9300余人次，检查食品生产经营单位7880余家次，下达责令整改132份，立案查处违法案件159起。

【国家卫生城市复审】 2017年，为做好迎接国家卫生城市复审，按照国家卫生城市复审的要求及肥城市政府的工作部署，成立迎审工作领导小组，把复审区域划分为7个片区19个网格，压实包保责任，由分管局长包片、科所长包网格、普通干部职工包路包店，责任细化分解到每名监管人员。迎审期间，出动执法人员9300余人次，检查食品生产经营单位7880余家次，下达责令整改132份，立案查处违法案件159起。4月，各科所留好值班人员，其余人员全部投入迎审一线。采取“地毯式”排查的方式，严格按照迎审标准整顿食品经营单位。同时加大创城经费保障力度，累计投入迎审专项经费36万元。迎审期间，免费向食品经营业户发放必查项目清单9000余份、一票通档案册76000余本、标签标识6800余套、食品安全公示牌4270余份，消毒记录本1360余本、禁烟标识8000余份、“文明餐桌”桌签13000余份、“三防”设施6980余处。根据工作实际，将迎审工作与“食安泰安”“食安山东”等创建活动有机结合，精心打造一批涵盖各个业态的示范街区和示范单位，有效推进国家卫生城市复核验收工作。在创建初期，参照日常监管情况，把社会公认基础好的单位推荐为示范单位；在培育过程中，采取样板引领，由点及面的办法推进示范建设，组织其他业主到示范店现场观摩学习，带动提升周边单位食品安全水平的提高。创建“省级清洁厨房”19家、“食安山东”示范店28家、“食安泰安”示范店32家，打造迎检示范店72家、示范街2条。

【审批服务优化】 以深化“放管服”改革为契机，以提高群众满意度为目标，努力优化审批服务，全年办结食品经营许可业务2466件，受理、审查药械审批许可业务307件，办结食品小作坊小餐饮登记514件，发放、复审药店从业人员健康证明1210个，公开向社会承诺“最多跑一次”行政审批事项2项。

【省级食品安全市创建】 2017年为省级食品安全市验收年，将省级食品安全市创建与国家文明城市创建、迎接国家卫生城市复审有机结合，进一步加大对餐饮、食品经营单位整治规范力度，提升全市食品安全水平。10月，省考核组对全省创建省级食品安全市的40个县（市、区）进行满意度测评，肥城市列12位。12月23日，省级食品安全先进市创建考核组对肥城市创建情况进行终期评估，考核组对随机抽取的基层食药监管所、食品生产、流通、餐饮企业等14种监管业态26个监管现场进行全面详细的检查，并给予高度评价。

党组书记、局长：马兴国
电话：0538-3212765
地址：肥城市龙山路西段文广大厦
邮编：271600
（撰稿：孙庆恒　王铭丽　核稿：楚红梅）

宁阳县

【概况】 宁阳县食品药品监督管理局主要负责全县食品（含保健食品）药品、医疗器械和化妆品等“四品一械”的安全监管，同时承担县食品安全委员会的具体工作。内设10个科室，下设宁阳县食品药品行政执法大队。在13个乡镇（街道）分别设立食品药品监督管理所，为局派出机构。局机关工作人员103人，其中：核定行政编制19名，实有17人；核定工勤编制2名，实有2人；核定乡镇（街道）食品药品监督管理所行政编制65名，实有61人；核定县食品药品行政执法大队事业编制29名，实有23人。截至2017年底，全县有食品生产企业45家，食品流通单位5126户，餐饮服务单位（含中小学校、幼儿园食堂）1020家，药包材、医疗器械生产企业各1家，药品经营企业188家，县乡村三级药品使用单位536家，第三类医疗器械经营单位22家，保健食品生产企业2家，保健食品经营单位262家。

【监督检查】 食品生产。深化食品生产企业分级分类，在企业中继续推行“五化五星”监管模式；加强产品质量追溯体系建设，鼓励食品生产企业积极参与省局追溯平台建设。

食品流通。督促指导城区7处农贸市场设置食品安全快检室、配备快检设备，规范入场销售经营秩序。围绕校园周边食品和肉、植物油、畜禽产品、调味品、婴幼儿配方乳粉等重点食品开展专项整治行动，存在问题的81家业户下达责令整改。开展放心肉菜公开评价试点，提高公众对食品安全的参与度和关注度。

餐饮服务。全县学校食堂进行大培训大检查大整改大提升，在中小学校幼儿园食堂推广安装食用农产品快检设备52台、油烟分离器60台。推进泰安凌云商社集团中央厨房及冷链配送项目的建设，总投资人民币3000万元，建设3000平方米生产加工车间，规划生产规模为日产5万份。

药品。开展药品流通领域违法经营专项整治回头看，随机开展飞行检查，收回2家药品经营企业GSP认证证书，16起严重违法违规行为进行立案查处。收集、审核、上报药品不良反应775例，医疗器械不良事件238例。健全完善家庭过期药品回收机制，全县43家定点回收单位回收过期、失效药品400多个品规，送交人次1600余人，价值2万余元。

医疗器械。开展“规范实施年”活动，督促企业建立健全质量管理体系。围绕注射用透明质酸钠、装饰性彩色平光隐形眼镜、体外诊断试剂、定制式义齿等高风险产品，开展医疗器械专项整治2017行动，办理各类涉械案件4起，涉案货值1万余元，罚款7.5万元。

保健食品、化妆品。注重诚信体系建设，推进建档工作开展；开展“5·25国际爱肤日”暨化妆品安全公益宣传活动，扩展县级化妆品不良反应监测哨点7家。

【监督抽检】围绕肉及肉制品、乳及乳制品、食用油等高风险食品开展风险隐患排查，截至2017年底，完成食品安全监督抽检2166批次，合格2025批次，不合格141批次，合格率93.49%，比上年提高1个百分点。国家总局和省、市局对宁阳县各环节食品监督抽检623批次，合格593批次，不合格30批次，合格率95.18%；县级食品监督抽检1543批次，合格1432批次，不合格111批次，合格率92.8%。

【专项整治】针对食品、保健食品、医疗器械免费体验等违法违规会销现象，畅通举报途径，处理群众投诉举报254起。联合宁阳县公安、市场监管、物价等部门开展联合执法，办理非法会销案件3起，涉案货值1.9万余元，罚没款3.6万余元。联合宁阳县市场监管局对“五小”及小区内家庭式餐馆、“一桌餐”开展专项整治，对11家“家庭式一桌餐”进行整顿规范。强化抽检不合格食品药品后处置工作和日常稽查办案，划片包干，全力提升不合格食品药品后处置水平。

【亮点工作】实行网格包保，实现创卫监管全面推进。组成8个工作组，划片包干，推进创卫与监管工作结合开展。出动执法人员21000余人次，创城区域内120家生产小作坊、923家食品流通业户、860家餐饮单位累计1900余家食品生产经营业户进行摸底排查，建立问题台账，逐一销号。食品安全项高分通过省级暗访检查和技术评估，被宁阳县委、县政府授予“2017年度创建国家卫生县城责任目标考核一等奖”，22人分别荣获“记三等功”“个人嘉奖”“先进个人”等荣誉称号。

推行错时执法，实现监管无缝隙全覆盖。针对食品生产经营业户营业时间早、持续时间短且集中，与正常工作时间不一致问题，推行早上班、晚下班、不定期、集中查的集中错时执法制，实现监管无缝隙全覆盖。

强化舆论宣传，营造浓厚食药监管氛围。与新闻媒体合作，开办《宁阳食药安全报道》和“食药安全”专版，派驻记者及时跟进报道。树立典型，示范引领，对违法案件进行曝光，推进食药安全社会共治。

党组书记、局长：朱忠琢
电话：0538－5636365
地址：宁阳县七贤路1339号
邮编：271400
（撰稿：沈文峰　张珍　核稿：曹明）

东平县

【概况】东平县食品药品监督管理局为县政府工作部门，负责对全县食品生产、流通、消费以及药械、化妆品实行统一有效的监督管理。根据东平县政府办公室《关于印发东平县食品药品监督管理局主要职责内设机构和人员编制规定的通知》，局机关内设综合科、政策法规科、食品生产监管科、食品流通监管科、餐饮服务食品监管科、药品和医疗器械监管科、保健食品、化妆品监管科和财务科8个职能科室，在14个乡镇均设立派出机构。截至2017年底，单位有行政编制86名，实有行政人员75人，事业编制22名，实有事业人员16人。

2017年全年出动执法车辆5146车次，执法人员10980人次，检查各类经营单位5865户次，下达责令改正通知书4983份，处理有效投诉举报143起，完成监督抽样任务1610批次，查处各类食品药品案件201起，移送公安机关6起，罚没款322万元。2017年，东平县局被东平县委、县政府授予“平安东平建设先进单位”“全县行政执法先进单位”“全县应急管理工作先进单位”“全县政务信息先进单位”等称号。

【监督检查】积极履行食安办综合协调职责，组织各食品安全职能部门全面排查食品安全隐患，对食用农产品种植养殖、食品生产加工、流通、消费等各环节开展检查整治行动。明确政府、企业、监管部门的三方责任体系。东平县政府与各乡镇、街道及各相关部门签订2017年度食品（药品）安全目标责任书，将食品安全工作纳入政府年度目标考核，实行重大食品安全事故“一票否决”制度。认真履行部门监管职责。与全县中小学校（含托幼机构）食堂、食品生产企业、大型食品流通企业、餐饮经营业户分别签订食品安全责任书，与所有药品经营单位签订药品安全承诺书，进一步强化企业第一责任人意识和风险防控意识。以乡镇食药监管所为单位建立监管网格，细化巡查监管责任，构建“监管有人抓、案件有人办、市场有人巡、责任有人担”的县乡村三级网格化监管体系，提高食品药品监管水平。扎实开展食品安全保障工作。2017 年，顺利完成党的十九大、两会、白佛山庙会、中高考、国际美食节等重大活动及重要节日的食品安全保障工作，实行驻点监督、全程监管，完成保障任务 32 次。

【监督抽检】 根据泰安市局关于 2017 年抽检工作任务和要求，积极向当地政府进行汇报，争取抽检经费，制定食品安全监督抽检工作方案，明确抽样范围，确定抽样种类，落实抽样责任，把抽检任务分解到稽查队和各个监管所。强化抽样质量，突出抽检的问题性、靶向性，提高抽检覆盖率，为食品质量安全监管提供技术依据。全年抽检 1610 批次，完成 2‰ 的抽检任务。

【专项整治】 *坚持问题导向，强化专项整治。*围绕群众关心、问题突出的重点地区、重点环节和重点品种，开展各类专项整治。特别是旅游景区、农村集体聚餐、食品“三小”、夜市烧烤、牛羊肉、阿胶类食品、病死猪肉、畜禽水产品、毛皮动物胴体、农产品、网络食品经营、中药饮片、保健食品、计生药具、问题疫苗及上级通报的假劣药品等专项整治活动，及时查处不合格产品，消除食品药品安全隐患。

*加强学校及其周边食品安全监管。*联合县教育局、安监局等部门开展春、夏季学校安全集中整治行动，进一步全面排查清理学校食堂食品安全风险隐患，督促指导学校建设标准化学校食堂。对学校周边的食品店、餐饮店、食品摊贩等开展集中整治，检查学校食堂 160 余家次，摸排校园周边小摊贩 268 家，下达责令整改意见书 297 份。

*药品流通领域和医疗器械集中整治。*确定“抓紧一条主线，突出四项重点，落实四项措施”工作思路，扎实推进专项整治稳步开展。先后开展药品零售企业专项整治“回头看”活动、中药材（饮片）市场专项整治、药品零售连锁企业专项整治行动、城乡接合部和农村地区药店诊所药品质量安全集中整治、医疗器械专项整治 2017 行动等专项执法检查。检查规范 670 多家药品、医疗器械经营使用单位，查处违法违规案件 80 余件。在“农村卫生室规范经营”行动中，充分发挥药品票据核查的技术优势，对重点单位开展审计式核查，先后查处多家乡村卫生室非法渠道采购药品案。

党组书记、局长：刘思山
电话：0538−2823515
地址：东平县东山路 017 号
邮编：271500

（撰稿：李哲　核稿：冯殿光）

威海市

【概况】 威海市食品药品监督管理局（挂威海市食品安全委员会办公室牌子）为市政府工作部门，主要负责生产、流通、消费环节的食品、药品、保健食品、化妆品及医疗器械的监督管理工作，同时承担着威海市食品安全委员会的具体工作。设有办公室（财务科）、政工科、行政审批科（政策法规科）、科技与信息科、综合协调科、食品生产监管科、食品流通监管科、餐饮服务食品监管科、保健食品化妆品监管科、药品生产监管科、药品市场监管科、医疗器械监管科 12 个职能科室，机关行政编制 40 名，实际在岗 40 名。下辖 4 个直属单位，威海市食品药品稽查支队，副处级参照公务员法管理单位，核定编制 31 名，实际在岗 27 人；威海市食品药品检验检测中心，正科级事业单位，全额拨款，机构编制 51 名，实际在岗 43 人；威海市药品不良反应监测中心，正科级事业单位，全额拨款，机构编制 6 名，实际在岗 5 人；威海市医疗器械产品质量检验中心，正科级事业单位，全额拨款，机构编制 10 名，实际在岗 0 人。截至 2017 年底，威海市有食品生产企业 721 家、小作坊 454 家，食品流通单位 21797 家，餐饮单位 8912 家，保健食品生产企业 15 家。药品生产企业 24 家，化妆品生产企业 16 家。药品批发企业 19 家，连锁总部 38 家，药店 1679 家；医疗器械生产企业 84 家，医疗器械经营企业 1788 家。

2017 年，威海市坚持以人民满意为目标，以创建国家食品安全示范城市为主线，针对影响食品药品安全的突出问题，按照有问题必整治、有整治必有结果的工作思路，大力推广抽查与抽检相融合、监管与服务相融合、执法与宣传相融合、日常监管与专项整治相融合的治理模式，推进行业规范发展、产业提质增效，全市食品药品安全持续稳定向好，全市食品抽检合格率达到 97.8%、药品抽检合格率达到 98.5%。

【食品安全监管】 食品农产品全程可追溯体系建设。引导保健食品、乳制品、肉制品、食用植物油、食品添加剂等重点食品生产企业全部建立食品安全追溯体系。在全省率先启用山东省食品安全追溯公共服务平台。2017年，威海市710家食品生产企业全部建立电子台账，记录2705种产品信息。

示范创建。出台《威海市餐饮质量安全提升工程实施方案》《威海市食品小作坊小餐饮和食品摊点规范提升行动实施方案》，全面实施“食安威海”品牌引领行动。食品生产领域，制定《威海市“食安山东”食品生产加工示范企业创建实施方案》，举办培训班2次，培训化验员400余名，创建“食安山东”食品生产示范企业41家，放心食品生产基地3处，小作坊集中园区5处，通过HACCP认证企业122家；食品流通领域，制定《食用农产品集中交易市场质量安全管理提升实施方案》《威海市创建省级“放心肉菜示范超市”实施方案》，完成7家省级规范化农贸市场创建现场核查、5家国家级“放心肉菜”示范超市申报、14处食品摊点示范区创建，指导家家悦集团2家连锁门店升级改造设施设备；餐饮服务领域，制定《威海市“明厨亮灶”示范店创建实施方案》《威海市餐饮示范街区创建实施方案》，打造餐饮服务示范街26条，创建示范单位1468家，创建“食安山东”餐饮服务品牌17个。

“三小”规范提升。开展“三小”调查摸底和规范提升，对454家小作坊、1501家小餐饮发放登记证，对1061个食品摊点发放食品安全公示卡。小作坊园区化，制定全国第一个《豆制品小作坊集中加工区建设及管理规范》，建成豆制品集中加工园区4处；荣成市投资2亿元建设干制海产品加工园区，引导400多户干制海产品小作坊签约进驻。小餐饮街区化，新打造乐福小餐饮美食城、豪业圣迪美食广场等小餐饮聚集区5处，建设餐饮服务食品安全示范街26条。小摊点区位化，开展规范化摊点群创建，建成规范化便民食品摊点群14个。

“双随机”抽查。建立市级抽查对象名录库、执法检查人员名录库和抽查事项清单，采取随机抽取被检查对象、随机选派检查人员的“双随机”模式进行抽查。2017年，针对学校食堂，各级监管部门开展“双随机”抽查237次、检查1960家次。

食品安全抽检。2017年制定并下达全市食品农产品抽检计划28452批次，抽检数量达到10.1批次/千人，发布食品安全抽检信息188期，公布22791批次抽检结果，其中不合格501批次，合格率97.8%。

【药品监管】 GSP认证及跟踪检查。组织对417家药品零售（连锁）企业新办、变更和GSP认证现场核查。出动执法人员3594人次对全市19家药品批发企业、30家药品连锁总部，805家零售连锁企业门店，74家单体零售药店开展GSP认证跟踪检查，覆盖率达到51%。依法收回8家、撤销2家、注销8家药品经营企业GSP证书。

药品生产企业监督检查。开展监督检查112次，检查药品生产企业24家、药包材生产企业11家、医疗机构制剂室4家，跟踪检查企业6家，5家使用特殊药品生产制剂企业监督检查13次；约谈企业6家，对5家企业下达《责令改正通知书》，立案查处违法违规企业1家，主动申请撤销中药提取物备案2家。

药品、化妆品质量抽验。制定印发《2017年全市第一季度药品抽验方案》《2017年威海市药品质量抽检工作计划》和《2017年威海市化妆品监督抽检工作计划》等文件，组织实施药品、化妆品质量抽验工作。2017年，完成省级评价抽检计划147批，省重点抽检259批（生产环节30批，流通使用环节229批），地方监督抽检704批次；化妆品流通领域监督抽检142批次（国家级监督抽检26批次，省级监督抽检16批次，市级监督抽检100批次）。

化妆品监管。制定《威海市基层化妆品市场监管规范化建设三年提升工程实施方案》，组织开展规范化建设；编写基层化妆品日常监督检查操作指南，开展全市化妆品监管人员专题培训3期；2017年出动执法人员52人次，对全市所有15家化妆品生产企业开展现场检查，发现企业存在缺陷74项，行政处罚化妆品生产企业3家，查处各类化妆品案件30起，累计罚没款31.75万元，查扣非法进口化妆品67万余元。

【医疗器械监管】 审批现场核查。2017年派出检查组79次，出动执法人员300余人次，威高生物科技公司等12家企业的31个二类产品注册进行质量体系核查15次，复查15次，关闭缺陷项65个；威高股份有限公司等17家企业的生产许可证延续、变更事项进行体系核查18次，复查18次，发现关闭缺陷项74个；威高洁盛等11家企业研发的60个二类新产品240批次的样品进行现场抽样并对样品真实性进行核查；配合省检查组对威高骨科公司等5家企业的12个三类产品注册进行质量体系核查7次，关闭缺陷项40个，从源头上保障医疗器械产品安全有效。

日常监管。印发《2017年全市医疗器械监督管理工作要点》《2017年威海市医疗器械生产企业监督检查方案》《2017年威海市医疗器械经营企业监督检查方案》《2017年威海市医疗器械使用单位监督检查计划》，加强日常检查和专项检查，强化全过程监管和风险管理，将医疗器械办案数量和质量列入绩效考核。率先开展市级医疗器械抽检，抽取一次性使用精密过滤输液器、血管支架等样品 86 批次。2017 年全市出动执法人员 1718 人次，检查生产企业 68 家、经营企业 442 家、使用单位 312 家，立案 50 家，罚款 155.77 万元，没收违法所得 3.84 万元，警告 9 家。

飞行检查。2017 年出动执法人员 112 人次，对 10 家医疗器械生产企业，28 家医疗器械经营企业完成飞检，发现并关闭缺陷项 86 个；检查威海市立医院等 9 家三级医院，发现并关闭缺陷项 32 个；配合省局对威高骨科、威高股份、威高富森、威高血液净化、威高新生、威高日机装、威高药业、威海洁盛、威海博华、威海吉兴 10 家医疗器械生产企业进行飞检，发现并关闭缺陷项 50 个；配合省局飞检经营企业 3 家，发现并关闭缺陷项 15 个。

医疗器械不良事件监测。推进全市医疗器械生产企业建立健全医疗器械不良事件检测机构，全市所有二三类医疗器械生产企业建立专门机构或指定部门负责医疗器械不良事件监测工作。在威高集团建成全国第一家省级医疗器械生产企业不良事件监测平台，全面降低威高集团产品风险和市场风险，促进产业转型升级。2017 年，全市上报医疗器械不良事件报告共 2922 份，其中严重报告 815 份，占 27.9%；二级以上医疗机构全部开展监测工作，医疗器械不良事件报告上报单位覆盖率持续保持 100%。

【专项整治】 2017 年，威海市局针对日常监管中发现的问题，在食品领域牵头组织开展“守护舌尖安全”整治行动，围绕食用农产品农兽药残留、食品非法添加、集体食堂、网络订餐等开展专项整治 20 余项；食品生产环节重点加强肉制品、调味品、食用植物油、水产制品、饮用水等重点产品整治；食品流通环节，先后开展食用农产品批发市场、进口食品、农村食品安全等专项整治活动；餐饮服务环节针对旅游景区、学校食堂、建筑工地进行集中检查，集中解决影响餐饮食品安全的突出问题。药品领域，开展药品生产质量提升行动、生产企业数据可靠性专项检查、中药材（饮片）经营使用环节专项整治、GSP 认证跟踪检查等专项整治。医疗器械领域，对社会反映较为集中的注射用透明质酸钠、定制式义齿、隐形眼镜等产品开展专项整治 5 次。2017 年，全市办结各类食品药品违法违规案件 3207 件，罚没款 949 万元，移交司法机关处理案件 57 起。

【基层基础建设】 “三个中心”建设。加快推进省医疗器械产品检验检测中心威海分中心和药品检验检测中心（总投资 2.97 亿元、建筑面积 2.39 万平方米）建设，完成土建工程封顶。食品检测中心加速推进实验室二期工程建设，申报海洋生物制品质量安全检测公共服务平台项目，与药品食品职业学院筹建“威海检验检测认证学院”，申报食品安全国家标准修订建议 3 个，药品、保健食品、化妆品检测能力新增项目 19 项、产品 23 种、参数 184 个。

基层所标准化建设。建立稳定增长财政投入机制，在全国率先提出基层食品药品监管所装备配备“十五个一”标准和人员配置“5+1”标准，配备执法装备总计达到 9441 台（套），总值 5611 万元。村社一律配备食品安全协管员，每人每月补贴 200 元。在全市 64 个涉农镇设立农安办，按“十有”标准配齐设施设备，在 107 个生产基地设立农产品质量安全信息追溯点。

【服务食品医药产业发展】 提质增效。进一步压缩简化内部审批环节和时限，在实行一次性告知的基础上，建立容缺受理制度；对 8 项审批事项、11 项行政权力事项和 3 项公共服务事项实行全程网办；畅通绿色通道，开设预约服务。2017 年，全程网办 337 件，通过审批绿色通道办理申请事项 264 件，通过预约服务办理申请事项 178 件。

药品质量提升行动。出台《威海市鼓励仿制药质量和疗效一致性评价工作专项政策》，对威海市开展仿制药一致性评价药品生产企业给予资金支持，对通过一致性评价的品种每个最高给予 250 万元资金支持。帮助威海市立医院取得临床试验机构资质，具备承接 BE 试验能力。迪沙药业、山东华素、达因制药等企业仿制药一致性评价工作全面启动。

医疗器械产业提升工程。争取威海市医疗器械产业园列入国家总局与山东省政府签订的食品药品安全战略合作协议重点扶持园区。开展医疗器械规范实施年活动。选取 2 家医疗器械生产企业作为质量管理规范典型示范企业，发挥典型引领作用，确保全市所有医疗器生产企业和冷链管理产品经营企业全部达到质量管理规范要求。

【社会共治】 食品安全信用体系建设。制定《威海市食品安全信用体系建设实施方案》《威海市食品药品安全信用分级分类管理实施方案》《威海市食品药品安全黑名单管理办法》等 3 个总体方案，编制食品安全信用信息资源目录 31 条。全市 26945 家食品生产经营单位全部建立食品安全信用档案，录入威海市信用信息共享平台，根据信用分级实行分级分类监管。与教育、商务、旅游、工商、质监等部门合作，对信用等级高的单位在原料集中采购、旅游定点单位评定、产业推介、“重合同、守信用”单位评定、市长质量奖等方面优先进行推荐；对信用等级低的单位，加大监督检查力度，在金融、土地、许可等方面给予联合惩戒。将严重失信的 10 家食品生产经营者纳入“黑名单”管理，在网站、微信、报纸、电视台等媒体曝光。

宣传引导。2017年，公开各类政府信息1200余条；公布本级食品药品抽检信息51期、行政处罚案件信息131期，有重大影响典型案件8起，食品药品黑名单信息7条；发布食品药品预警信息24条。在媒体开设“你点我检”“食安随手拍”“食安你我他”等专题专栏10余个；与威海电视台联合打造《食药现场报道》栏目，收视率达2.4%，居威海市电视节目榜首；“威海食品药品安全”微信公众号，年发布原创信息200多条，关注人数达到1.8万人，影响力指数位居全省食品药品监管系统前列。

【党风廉政和干部队伍建设】 健全完善制度体系。印制《2017年度工作制度汇编》，修订完善八大类60余项制度，建立健全食品药品监管工作制度体系；完善《理论中心组学习制度》《“三会一课”制度》《民主生活会制度》《组织生活会制度》，严肃党内政治生活；修订《机关公务车辆及驾驶员管理办法》，实行执法执勤派车申请制度；制定《政府采购操作规程》，加强经费支出管理，规范政府采购行为。

廉政风险点排查。结合新形势下食品药品监管工作特点，对岗位风险点进行重新排查梳理，查找出岗位风险点41个，其中一级风险28个，二级风险11个，三级风险2个。从主要领导、分管领导、科室负责人、执法人员、检验检测人员、窗口服务人员层层落实廉政风险防控措施。

监管执法能力提升。采取业务骨干、外聘专家授课等形式举办“四品一械”业务知识培训班18期，培训2000余人次。坚持“走出去”对标先进，组织20余名干部赴青岛、苏州、无锡等地进行稽查执法、实验室建设等方面学习。实施“以考促学”，编写食品药品监管知识试题24套，定期组织闭卷考试，优秀率达100%。参与组织稽查执法办案、药品检验、食品安全国家标准等技能竞赛，分别获得全省团体第三、第二和第四的好成绩。

【监管创新】 风险清单管理。根据风险会商情况，分领域、分环节制定食品药品安全风险清单，制定相应防控措施，实现“风险清单化、清单责任化”。2017年，在药品生产领域确定3类风险点，药品经营使用领域确定15项风险点，食品生产领域确定12类风险清单，食品经营领域确定风险点3项，医疗器械生产经营领域确定风险点17项。建立问题清单反馈落实工作机制，明确市、县两级工作职责，督促企业按照问题清单自查整改，确保企业守法、规范生产经营。

深化“三安联动”机制。与公安、检察院、法院等部门联合组建行刑衔接联动办公室，建立联动工作机制。在重大案件上，邀请检察院、法院提前介入，提高涉刑案件移送质量。与农业、卫计委、商检等部门签订合作备忘录，强化部门间协作配合。联合查办案件34起，移交涉嫌犯罪案件8起，执行行政强制案件4起。

电子追溯管理。电子追溯管理是对“一票通”追溯监管的完善和提升，可实现食品进销数据标准化，信息电子化，管理现代化。截至2017年底，威海市44家大中型商超、378家连锁超市、426家食品批发单位和448家婴幼儿配方乳粉经营单位全部使用电子软件系统，采用信息化手段采集、留存经营信息，实现电子追溯。

【国家食品安全示范城市创建】 2017年6月29日，国家食品安全宣传周主场活动上，威海市被授予首批国家食品安全示范城市，成为全国唯一的整建制“双安双创”城市。在全国“双安双创”成果展山东展区，威海市小作坊园区化、放心肉菜示范超市、校餐、三安联动等工作亮点得到集中展示，是全省宣传展示亮点最多的城市。11月，文登、荣成、乳山顺利通过第二批省级食品安全市创建试点验收，威海市成为全省唯一的全域创建市。

党组书记、局长：傅世涛
党组成员、调研员：刘书晓
党组成员、副局长：傅世强、王桥、邵全启、王琦
党组成员、副调研员：傅圣野、陈勇
电话：0631－5289156
地址：威海市文化东路44号
邮编：264200
（撰稿：汤华飞　核稿：辛运锋）

环翠区

【概况】 威海市环翠区食品药品监督管理局（挂威海市环翠区食品安全委员会办公室牌子）为区政府工作部门。机构设置为8个职能科室和8个派出机构。根据《威海市环翠区机构编制委员会关于调整威海市环翠区食品药品监督管理局内设科室的通知》，职能科室分别为综合科（挂财务科牌子）、行政审批科、政工科、政策法规科、药品与医疗器械监管科、食品生产监管科、食品流通和保健食品、化妆品监管科、餐饮服务食品监管科。机关行政编制21名，科级领导职数4名（其中1名副局长兼任区卫生局副局长）。派出机构为8个镇（街道）食品药品监督管理所，共核定行政编制49名。环翠区局为区政府22个工作部

门之一，部门领导职数按 3 名配备。威海市环翠区食品药品稽查大队为隶属区局管理的副科级财政全额拨款事业单位，核定编制 21 名。截至 2017 年底，全局有工作人员 93 人，在编人员 86 人。其中行政编制 70 名，实有 70 人；事业编制 21 名，实有 16 人；非编聘用人员 7 人。

截至 2017 年底，环翠区登记建档生产企业 50 家，其中食品 40 家、药品 6 家、化妆品 4 家；食品加工小作坊 46 家；规模以上酒店 23 家、商场 16 家；专业批发市场 3 处；非政府批准的集贸市场 7 处；食品流通企业 3398 家，餐饮服务单位 1892 家，其中企事业单位食堂 186 个；药品经营单位 292 家，药品使用单位 256 家。所有业态总计 6000 余家业户。

【监督检查】 镇（街道）食品药品监督管理所负责属地辖区内食品药品的日常监管工作。主要通过定期检查情况备案、不定期巡查、现场教育引导、集中执法行动等形式，加强食品药品安全监管。主要监管对象为辖区食品、药品等生产企业，商场超市、专业批发市场等食品流通企业，酒店、机关企事业单位食堂等餐饮服务单位，药品经营和使用单位。全年出动监管人员 19800 余人次，辖区所有监管对象开展 2 轮日常监管。

【监督抽检】 2017 年，全区组织开展的食品安全监督抽检工作以问题发现率为导向，重点覆盖蔬菜、禽蛋、畜禽肉及其副产品等高危品种，同时对大米、小麦粉、食用油、酒类等大宗消费品进行全面监管。2017 年全区累计抽检样品 3186 批次，抽检品类包括粮食加工品、食用油、油脂及其制品、调味品、肉制品、乳制品等 28 大类 70 个食品品类。其中检出问题样品 14 大类 23 个食品品类合计 112 批次，全年任务整体合格率 96.48%。

2017 年完成药品监督抽验 90 批次，中药材及中药饮片专项快检 113 批次，医疗器械抽检 13 批次，化妆品抽检 8 批次，收到不合格报告 9 份，全部进行处理。

【专项整治】 环翠区全年开展元旦春节期间食品安全、守护舌尖上的安全、农村食品安全监管、水产品加工质量安全、餐饮具集中消毒单位、大桶水、学校周边食品安全、进口化妆品、旅游餐饮单位、药品零售（连锁）企业超范围经营和非法回收等 10 余项专项整治。出动执法人员 16800 余人次，整治业户、经营者总计 7600 余家。

2017 年，受理“12331”投诉举报、市长热线、市区舆情通报等累计 1264 件，处置完结率达到 100%。全年办结案件 346 起，办案数量、罚没款数额为上年的 5 倍、4 倍。对美团、百度等网络外卖订餐行业的处罚案件实现突破，走在全市前列。

【国家食品安全示范城市创建】 2017 年 6 月 29 日，威海市被授牌命名正式成为首批“国家食品安全示范城市”。期间举办的全国食品安全示范城市成果展上，威海各县市入围 4 个项目，环翠区局负责的食品安全联动指挥中心、放心食品超市建设等 2 个亮点工作经验得到集中展示，汪洋副总理到现场观摩指导。通过重点培育一批放心食品生产示范企业、打造一批小作坊集中园区、创建一批食品经营示范单位，全面实施“食安环翠”品牌引领行动。建成小作坊集中区、小餐饮聚集区，全区食品创建示范单位 300 余家，连锁商超覆盖全部镇街。在威高食尚地美食广场等餐饮单位全面深化“寻找笑脸就餐”活动、“清洁厨房”行动和“明厨亮灶”建设。按照示范先行、以点带面、逐步推开的思路，在海都大酒店探索推行富有特色的“六常工作法”，通过标签明示、颜色区分、定位放置等方法，建立一整套的酒店厨房规范操作流程，并被省局作为样本在全省推广。在省、市、区主要媒体持续做好食品安全宣传工作，扎实开展食品安全进社区、进农村、进企业等“五进”活动，在全区上下营造人人关注“食安”工作、人人参与“食安”创建的浓厚氛围。

【“现场检查 + 监督抽检”餐饮监管模式】 2017 年，环翠区局组织区级餐饮抽检批次 2412 批次，其中 75 个批次不合格。重点抽检消毒餐饮具、食用植物油、酱腌菜、粉条、豆芽等高风险品种，抽样范围涵盖大中型餐馆、小吃店、学校食堂、建筑工地、养老院食堂等各种业态。其中，全区 85 所中小学、托幼机构食堂实现抽样检测全覆盖，抽取 361 批次，其中 28 个批次不合格。强化重大活动保障工作，2017 年承担区两会、中高考、锦湖轮胎女子公开赛、2017 年威海超级铁人三项系列赛、2017 年山地自行车赛威海环翠站、第八届威海国际食品博览会、全国卫生城镇和健康城市经验交流会、2017 威海人居节、2017 渔具博览会、INTERPOMA CHINA 2017 国际苹果种植设备技术大会及展览会等重大活动食品安全保障任务，认真部署，责任到人，并依托快检技术手段，实行全过程全覆盖监督检查，确保活动期间的餐饮服务食品安全。

【食品药品安全宣传活动】 在全区范围内多次组织大型食品药品安全宣传活动，广泛深入地宣传食品、药品、医疗器械、化妆品安全法律、法规和科普常识。3 月 31 日，在市区多处同时开展“12331 食品药品安全投诉举报日宣传活动”；5 月 25 日“护肤日”，在环翠区北仓社区开展主题为“安全护肤，美丽人生”的宣传活动，邀请威海市中医医院皮肤科专家为市民答疑解惑；6月26日“国际禁毒日”，联合环翠公安分局等各禁毒委单位在威高广场开展主题为“远离毒品，阳光一生”的主题活动，提高全民识毒、防毒、拒毒能力；9月，“全国安全用药月”与威海市局共同主办“红色药品，绿色回收”大型过期药品回收公益宣传活动，活动的开展有利于解决家庭过期失效药品处置不当的问题，有力保障广大居民的用药安全和身体健康；积极开展食品药品安全宣传进校园活动，在威海各中小学开展主题为“远离毒品，从预防药物滥用开始”的大型宣讲活动，为学生们讲解药物滥用危害，提高学生用药安全意识和自我保护意识。全年开展活动宣传对象达8000余人次，发放食品药品安全常识手册、宣传单等材料2万余份，提高广大市民对食品药品、化妆品安全知识的了解，营造良好的社会氛围。

党组书记、局长：杨玉梅
电话：0631-5197721
地址：威海市环翠区建设街57号
邮编：264299

（撰稿：李正杰　核稿：杨玉梅）

文登区

【概况】 威海市文登区食品药品监督管理局（挂威海市文登区食品安全委员会办公室牌子）内设办公室（挂综合协调科、财务科牌子）、政工科、政策法规科（挂行政许可科牌子）、食品生产监管科、食品流通监管科（挂保健食品、化妆品监管科牌子）、餐饮服务食品监管科、药品医疗器械监管科7个科室和食品药品稽查大队（事业单位），下设天福、环山、龙山、经济开发区、文登营、大水泊、高村、张家产、泽库、侯家、宋村、泽头、小观、葛家、米山、界石等16个食品药品监督管理所，编制120名，实有工作人员109人。截至2017年底，文登区有食品药品、医疗器械监管相对人6457家，其中：食品生产企业117家，食品经营单位5038家，药品生产企业4家，药品经营使用单位679家，医疗器械生产企业3家，医疗器械经营使用单位616家。

2017年，文登区局以创建国家食品安全示范城市和省级食品安全市为统领，紧紧围绕保障人民群众饮食用药安全这条主线，创新监管方式，着力增强监管能力，全面开展后厨洁净工程，积极推广“一票通”全覆盖使用，突出重点领域专项整治，食品药品安全治理水平不断提高。全年立案查处食品药品及医疗器械违法案件1452起，侦办食品犯罪案件17起。12月，文登区顺利通过省级食品安全区验收。文登区局被评为威海市药品不良反应监测工作先进集体，被文登区委、区政府授予“先进集体”称号。

【监督检查】 *推行量化分级管理。*完成全区5000余家食品药品生产经营单位量化分级工作，依照监管等级和信用等级确定巡查监管力度。狠抓原料采购、生产加工环境、关键环节控制、出厂检验和非法添加整治工作，借助“食安威海”品牌引领，促进企业规范自律。全区规模以上食品生产企业全部取得先进管理体系证书，城区餐饮服务单位“清洁厨房”达标率98%，乡镇达标率90%。

*强化薄弱环节监管。*将食品加工小作坊、小餐饮和食品摊点纳入日常监管和规范提升范围，实施基层人员一线助规范活动，全面规范从业者主体资格、进货查验、食品质量、环境卫生、设施设备及操作流程。按照“一坊一档、一店一档、一摊一档”的要求，建立“三小”信用档案。

*提升风险防控能力。*按照“管理必训、上岗必训、重要单位和节点特训”的思路，采取集中培训与分散培训相结合的方式，先后组织食品安全知识集中培训47场次，集中培训从业人员4512人次，18116人进行上岗前培训，进一步提高食品生产经营单位管理者和从业人员食品安全知识水平及风险防控能力。

*深化简政放权改革。*按照审批更简、监管更强、服务更优的要求，将食品经营许可授权下放到16个基层所，业户可就近在辖区基层所办理相关业务，极大地方便群众，全年办理各类行政许可3015件。

【监督抽检】 坚持“防治结合，预防为主”，依托快检技术和监督抽检，将食品药品安全防线前移，有针对性地增加抽检频次，扩大抽检范围，将农贸批发市场、农村大集、大型商超快检纳入常态化管理，定期分析汇总数据，增加监督检查靶向性。全年抽检食品药品样品4200批次，组织开展食品快检47场次，发现并及时处置不合格食品68批次。建立市场开办方和企业法人约谈制度，先后约谈市场开办方和企业法人70余人次，食品经营主体责任进一步压实。

【专项整治】 突出重点领域专项整治，采取一个专项一个整治方案、一条整治思路、一套整治队伍的办法，通过“突击检查、拉网式检查、飞行检查、专项检查”等检查方式，开展农贸市场、敬老院食堂、学校及其周边、农家宴等重点行业和品种专项检查整治23次，整改违法行为241起。坚持“分类管理、帮大扶优、严惩违法”的思路，加强药品经营单位的专项监督检查和行政处罚力度，对存在问题严重的经营单位依法收回、撤销经营许可证。全年开展基药配送、处方药销售、GSP 跟踪、执业药师在职在岗、二类疫苗、中药材中药饮片、注射用透明质酸钠、隐形眼镜等专项检查整治 13 次，收回药品经营许可证 2 个。

【亮点工作】 *开展后厨洁净工程*。以“场所洁净、人员健康、加工规范”为目标，按照“业务科摸排问题、基层所推进整改、局党组检查验收”工作思路，在全区餐饮店开展后厨洁净工程，重点治理设施不齐全、卫生脏乱差、操作不规范等问题。先后摸排餐饮服务单位 1473 家，整改问题 558 项，立案查处违法行为 4 起，在城区、乡镇设置 15 条“后厨洁净工程”示范街，确定 73 家后厨洁净卫生餐饮单位为示范创建单位。

推广“一票通”全覆盖使用。以“全程跟踪、环环相扣、规范使用、方便经营”为目标，在全区食品生产、食品流通、餐饮服务和食品“三小”行业进行“一票通”全覆盖推广。坚持“告知在先、教育先行、惩戒紧随”的思路，以强化宣传教育为先导，以狠抓关键源头为突破，以查处违规行为为抓手，督促食品生产经营业户规范使用“一票通”，着力构建“上可溯源头，下可追流向”的闭环食品安全追溯体系。2017 年，查办违反“一票通”制度案件 87 起，有力推进“一票通”全覆盖使用。

党组书记、局长：李宗栋
电话：0631−8260330
地址：威海市文登区世纪大道 86 号
邮编：264400

（撰稿：黄建昌　核稿：董文君）

荣成市

【概况】 荣成市食品药品监督管理局内设办公室（挂政工科牌子）、财务科、综合协调与科技信息科、政策法规科（行政许可科与其合署）、食品生产监管科、食品流通监管科（挂餐饮服务食品监管科牌子）、药品与医疗器械监管科（挂保健食品化妆品监管科、药品不良反应和医疗器械不良事件监测科牌子）等 7 个科室，下设荣成市食品药品稽查大队（副科级事业单位），将原有 22 个食品药品监督管理所整合为 13 个。核定行政编制 130 名，事业编制 28 名；2017 年，行政工作人员 124 人，事业工作人员 26 人，另有工勤人员 7 人。承担着全市 1 万多家“四品一械”生产经营使用单位的监管任务，其中食品生产企业及小作坊 404 家，食品流通经营业户 5200 多家，餐饮服务单位 3400 多家，药品经营使用单位 410 家。

2017 年，荣成市局紧密结合荣成人员和辖区实际，立足职能，创新服务，扎实深入地推进各项监管执法工作，参与荣成市国家文明城市、威海市国家级食品安全城市的成功创建，以优异的成绩获得“山东省食品安全市”称号。巩固和发展食品药品安全稳定向好势头，监管效果得到全面提升。全年受理投诉举报 741 起，抽检 5220 批次，不合格 81 批次，合格率 98.45%，完成威海市级抽检后处理 59 批次。同时在许可审查、资料汇集、风险规避和问题化解等方面为企业创新发展提供最佳服务，全年办理食品生产许可 268 份，食品经营许可 3731 份。

【监督检查】 围绕食品安全城市创建这一中心工作，通过严格落实网格化监管，开展全面的督导检查工作，按规定完成各项日常监督检查、专项检查计划，开展党组飞行检查、科室季度飞行检查，全年飞行检查食品生产经营业户 403 户，发现问题 1255 个，并及时对违法违规行为启动问责机制。重点强化对海洋食品生产企业、高风险食品生产企业，学校食堂、敬老院食堂等餐饮重点领域，“五毛”小食品、食品批发商、学校周边、景区周边重点经营业户监管工作。

【监督抽检】 2017 年度完成食品监督抽检 5220 批次，抽检靶向性增强，问题发现率显著提高，排查风险隐患，保障食品安全的重要手段，为后续核查处置、信息公示及数据统计工作的顺利开展提供有力保障。持续开展“快检进市场”活动，全年完成快检 1.5 万批次。坚持专人专车每周二、三、四进驻各农贸、集贸市场进行现场检测，从源头保障食用农产品质量安全。2017 年 9 月，广源蔬菜批发市场某经营业户购进 2352 斤萝卜，快检结果为不合格，执法人员和市场开办方立即暂扣并组织监督抽检，经检测该批萝卜不符合食品安全标准，被集中销毁。

【专项整治】 全年开展生产领域蜜饯、动物源性食品、桶装水、盐渍水产品、生产环节食用盐、糕点、茶叶、食品添加剂、标签标识、虚假宣传、塑化剂等 12 个专项整治活动。流通领域开展羊肉及其制品、婴幼儿配方乳粉、进口食品、保健食品、调味品、日本核辐射区食品、学校周边“五毛”小食品、禽畜产品、H7N9 疫情防控、农村食品安全、韭菜产品“双证”管理、散装白酒等 20 项专项整治活动。餐饮领域深入开展假劣调味品、禽畜产品、旅游景区及周边食品安全、非法渔获物、建筑工地食堂、地沟油、现制制售乳饮品、敬老院食堂等专项整治活动 18 项。针对药品、医疗器械领域监管存在的薄弱项和风险点，先后开展打击不按规定经营处方药、血液制品、疫苗、中药材中药饮片、一次性使用无菌医疗器械、植入性医疗器械等 7 项专项检查，全年查办药品案件 634 起，医疗器械案件 14 起。重点开展化妆品标签标识、农村和城乡接合部化妆品市场检查、化妆品生产环节监督检查、进口化妆品专项检查、美容机构专项整治 5 项专项检查。全年查办化妆品案件 34 起，逐步加大药品经营使用环节安全风险隐患排查治理力度。

【亮点工作】 开展全城覆盖、标准提高、环节拉长的“明厨亮灶”工程。7 月，荣成市评选出“明厨亮灶”示范店 23 家和 1 个小餐饮集中示范区。做到“意识领先、标准高端”。通过开设电视专栏、各大官方公众号推介、对接智慧荣成的旅游推介平台，征信红名单奖励等方式得到广泛社会关注。全年制作电视节目 20 期，相关内容被新华网、大众网、山东省电视台等各大国家级、省市级媒体报道。

打造省级规范化市场。针对批发市场经营环境简陋，设施设备陈旧，卫生不达标等问题，9 月联合广源批发市场开办方斥资 30 余万元进行升级改造，深入调研、合理规划、积极动员、全面整改，硬化地面、增加人员、升级设施、加强管理，实现市场全面提档升级。

“三小”规范提升。打造规范化豆制品加工园，实现基础设施配备统一、规范化管理统一、食品原料及食品添加剂采购及使用统一；打造人和海米产业园，统一规划、综合治理、政府投资，以集中规范化、规模化生产线取代原有分散的生产加工小作坊，统一监管和追溯，打造人和海米这一荣成品牌，促进荣成海洋食品产业结构升级和区域经济发展。

对外宣传实现突破。多次在国、省、市级媒体刊登发表，在自媒体方面创建“食安荣成”公众号，全年累计推送原创内容 100 篇，形式包含文字、图片、视频等，多次被“中国荣成”“今日荣成快报”“威海市食品药品监督”等官方公众号转载，累计阅读量近 10 万。成为荣成市局对外宣传、及时发布信息的主要途径。按经营业态分别建立流通、餐饮、生产、药械、学校食堂、协管员微信群。监管人员可随时以文字、图片实例、经典案例、宣传小视频、语音提示等形式对监管和创城要求、整改方法进行讲解，极大地提高工作效率。

党组书记、局长：张建华
电话：0631−7518159
地址：荣成市成山大道中段 8 号
邮编：264300

（撰稿：孙逊　核稿：马军波）

乳山市

【概况】 2017 年，乳山市食品药品监督管理局将省级食品安全市创建与国家食品安全示范城市创建有机结合、相互促进，把创建工作贯穿食品安全监管全过程，以严格标准把各项创建任务落到实处，切实履行监管职能，提升监管能力，引导生产者和经营者诚信经营，推动食品药品安全形势持续稳定向好。

【日常监管】 技术支撑体系建设。以农兽药残留、非法添加非食用物质、滥用食品添加剂等问题突出领域为重点，扩大抽检监测范围，增加抽检监测频次，按照威海市局每千人 3.5 批次的标准，制定全年食品监督抽检计划 2551 批次，达每千人 4.5 批次，较上年增加 1772 批次，增幅达到 227.47%。按照“标准、规范、实用”原则，推进食药监管所食品安全快速检测体系建设，采购食品快检车 1 辆作为食品快检的机动力量，在 16 个监管所全部建立食品快检室，定期开展快检工作。累计组织两会保障、黄山路市场、金谷园农产品批发市场、贸易城市场、乳山寨镇大集、冯家镇大集、你送我检等食品快检 154 次，完成食用农产品农药残留快检 2200 批次。计划年内在 15 个镇区级便民服务中心、24 个社区、4 个大型商超设置食品药品信息查询终端，构筑食品药品安全屏障。

坚持重点整治，提高监管效率。小餐饮、食品加工小作坊、小食品店、食品小摊贩数量多、分布散，是食品安全问题易发频发业态。乳山市局制定《乳山市食品小作坊小餐饮和食品摊点规范提升行动实施方案》，按照“六项标准”对“三小”进行规范提升，将全市的“三小”业户纳入监管，全面启动“三小”3 年规范提升行动。规范提升 154 家小作坊，符合条件的 124 家全部办理登记，登记数量列威海市第一位。结合食安市创建要求，将城区划分为 19 个创城网格，每个网格定人、定岗、定责，有效推动创城任务的落实。指导城区 7 处便民摊点群升级改造成便民市场，分区设置熟食区、海鲜区、蔬菜区，实行对流动摊贩的统一管理，彻底告别马路市场，保障老百姓吃上放心菜。对餐饮单位坚持日常监管与量化分级相结合、动态考评与年度考评相结合，全面加强餐饮服务领域食品安全量化分级管理。2017 年，完成餐饮量化分级评定 1296 家，其中 A 级 61 家，B 级 1108 家，C 级 127 家。B 级以上餐饮店占比 90.2%。全市 67 家学校食堂量化分级全部达到 B 级以上，其中达到 A 级标准的 28 家。在全市范围内开展食品摊点备案登记 94 家。

强化食药监管所规范化建设。按国家总局标准，设立监管所内设机构，完善办公设备和生活设施。充实监管所执法力量，2016 年年底公开招聘公益岗 17 人充实到监管所，协助开展食品安全监管工作。建立健全食品安全四级监管网格，在全市 601 个村、25 个社区设有食品安全协管员。出台《乳山市食品（农产品）药品协管员考核方案》，乳山市财政投入专项资金用于协管员工作补贴发放。考核政策的落地生根，极大地调动食品协管员工作的主动性和积极性，尤其是在上报农村集体聚餐、排查“黑作坊”“黑窝点”等方面发挥监管“触角”作用。

*完善分级分类。*结合食品生产企业的食品类别、生产规模、食品安全管理能力和监督管理记录情况，对食品生产企业实施差异化的监督管理。全市 84 家食品生产企业进行分级分类管理，并根据风险等级和信用等级制定日常监督检查计划，全部建立监管信用档案。食品经营单位全部实施分级指导、分类管理。同时，加强对 3 大农贸市场、含现场制售的食品经营者等高风险业态的日常监督检查频次，制定《食品流通环节食品安全风险信用分级分类管理工作指导意见》及年度监督检查计划，对监管业态动态管理，并及时调整信用档案，切实提高食品安全监管的针对性。

【专项整治】 *加大专项整治工作力度。*重点围绕农村食品安全、学校食堂、肉类及其制品、网络订餐、农贸市场、调味品、食品添加剂、韭菜、小饭桌等食品隐患领域开展专项整治。党的十九大期间，开展食品生产流通全领域隐患排查。检查食品药品经营单位 4516 家次，下达责令改正通知书 1517 份，并对照日常监管实际，及时调整监管信用档案未发生重大食品安全事故。

*旅游旺季食品安全综合治理。*为保障旅游旺季银滩旅游度假区食品安全，将银滩划分为 6 个网格区域，组织 11 个监管所 30 名骨干力量，重新编排 6 个专项整治小组，集中治理规范季节性营业的餐饮单位。整治餐饮单位 245 户，取缔无证经营 13 户，下达责令改正通知书 172 份，有效提升渔家乐、夜间烧烤等餐饮单位的食品安全水平。先后组织 7 次早餐市场专项检查，结合食品安全专项抽检，重点对非法使用含铝添加剂的经营行为进行查处，并结合“三小”提升工作，对全市 42 家便民早餐店进行现场规范和备案管理。

*加强食品药品案件查办力度。*完善执法办案调度督导制度，形成每周科室调度、每月局党组调度机制。截至 2017 年底，一般程序案件立案 258 起，审结案件 215 起，罚没款 119 万元，较 2016 年同期增长 20%。同时，实行“三安联动”机制，与农业、畜牧、海渔、公安、卫计等部门实现执法数据、资源、信息共享，形成监管合力，移交公安局处理案件 5 件、移交市畜牧兽医局案件 1 件、移交农业局处理案件 1 件，加大食品安全违法犯罪打击力度。

【示范创建】 在全市食品生产经营企业中倡导从食品产业链源头做起，实现源头可控、去向可查、问题可溯、责任可追的食品安全追溯体系，大力开展食品销售者台账部署落实。2017 年，“一票通”再出新举措，投入大量资金，先后 3 次召开食品批发商会议，将食品销售台账格式从档案盒形式逐步推广为粘贴册形式，强化一票通开具内容的全面要求，并监督批发商送货时及时粘贴台账。较好地改变零售商一票通收拾杂乱的缺陷。重点培育 13 家食品流通单位为省级食品流通经营示范店、2 条省级餐饮示范街、7 家餐饮示范单位（食堂）。威海市级餐饮示范单位（食堂）100 余家、示范街 4 条。依托“中韩食品与生物科技产业园”“经济开发区海洋食品产业园”两大食品生产基地，推动食品生产企业、食品集中项目园区实行良好生产规范。12 家规模以上食品生产企业，取得 GB/T 22000 或 HACCP 认证企业达到 75%，其中肉制品生产企业认证比例达到 100%。

【省级食品安全市创建】 乳山市局为“食安山东”的示范创建、推进省级食品安全市的创城工作，向省局争取到专项资金 108.97 万元，用来提升食药监所规范化建设、监管执法能力建设、食品药品检验检测能力建设等工作部署。乳山市局充分利用专项资金，推进省级食品安全市的创建。

党组书记、局长：于吉东
电话：0631−6670030
地址：乳山市新华街 316 号
邮编：264500

（撰稿：李霞　核稿：吴楠）

威海火炬高技术产业开发区

【概况】 威海火炬高技术产业开发区市场监督管理局（威海火炬高技术产业开发区食品安全委员会办公室）为管委内设机构，正县级规格。负责对高区生产、流通、消费环节的食品安全和药品的安全性、有效性实施统一监督管理，承担着区食品安全委员会的具体工作。内设 8 个职能科室、4 个市场监督管理所盒 1 个事业单位。高区市场监督管理局机关行政编制 61 名，事业编制 8 名。2017 年，实有食品生产领域市场经营主体 17 家，食品流通领域市场经营主体 2201 家，餐饮领域市场经营主体 1403 家；实有药品生产企业 5 家，药包材生产企业 4 家，药品批发及零售企业 187 家，医疗器械生产企业 36 家。

2017年，高新区局深入学习贯彻党的十九大精神，持续坚持“大市场、大质量、大安全”，以做“市场准入的导航者、质量发展的引领者、民生安全的守护者”为己任，不断加强改革创新和监管执法，为全区经济健康发展和社会稳定作出应有贡献。截至2017年底，全区有17家食品生产企业；流通领域食品及食用农产品经营主体有2201户；各类餐饮服务单位1403家，学校及托幼机构食堂100家，机关企事业单位食堂123家，学生小饭桌19家；药品生产企业5家，药包材生产企业4家，医疗器械生产企业36家，药品批发企业4家，药品零售连锁总部5家，零售药店178家（含连锁门店154家，单体药店24家，连锁率达86.5%）；保健食品生产企业3家，保健食品经营单位159家。

【日常监管】 开展“食品安全进校园、进社区、进企业”活动，选派工作人员到山东大学（威海校区）等单位举办食品安全讲座8场，培训学校和旅游餐饮从业人员近700人。实施网格化管理，聘请96名食品安全协管员，构建区、镇街、村居（社区）、重点企业“四位一体”的食品安全应急管理体系，努力从源头上消除食品安全隐患。过程严管。对照创建食品安全城新标准，根据风险高低和企业信用等级确定监管的重点品种、重点行业、重点领域、重点部位和关键环节，按照“一品一策”“一域一策”原则，实施差异化监管。推行“双随机一公开”抽查机制，全面实施模块化、规范化、痕迹化监管。抽检严格。健全食品抽检检测计划、资金、信息“三统一”运行机制，扩大食品抽检检测覆盖率。2017年完成国家、省、市抽检102批次，评价性抽检100批次；完成本级生产、流通、餐饮、药品等各类监督抽检504批次；食用农产品快速检测350批次。所有抽检结果全部上网公示，问题处置率达100%。

【专项整治】 2017年先后开展日本辐射区食品、H7N7疫情防控、大中型商超电子追溯、药品流通、中药材转型整治等40余次专项整治行动，检查各类企业3000余家，圆满完成市人代会、市食品博览会等6次大型活动的餐饮保障任务。违法严查。坚持“执法必严、违法必究”原则，先后组织开展餐饮消费安全专项整治，食品加工、食品添加剂使用专项整治、企业证照持有专项整治等执法检查，出动人员1000多人次，发现问题230多个，查处案件28起，查获有害食品850多袋，罚款数额7万多元，有效保护老百姓“舌尖上的安全”。

【行政许可】 严格市场准入，把好食药安全第一关口。食品安全方面，抓好生产加工环节许可监管，全年受理8家食品生产企业的生产许可证续展、增加生产单元的工作，受理食品生产企业委托加工备案12份。新登记流通许可证576户、餐饮许可证402户。药品安全方面，严格执行药品经营许可标准，认真开展GSP认证现场检查验收和认证38家。

党组书记、副局长（主持工作）：蒋延传
电话：0631-5681102
地址：威海火炬高技术产业开发区文化西路288号高新大厦西附楼
邮编：264209

（撰稿：闫庆波　核稿：于延平）

威海经济技术开发区

【概况】 2017年，威海经济技术开发区市场监督管理工作紧紧围绕服务经济发展、服务民生改善、服务安全稳定，以深化改革创新为引领，不断夯实基础、强化效能，全面履行各项监管职能，推动食品药品监管工作不断向前发展。

【监督检查】 2017年，按照分类分级管理要求和日常监督检查计划，全年完成食品生产企业84家次、食品流通单位3142家次、餐饮服务单位3026家次、集体食堂365家次的检查工作。落实《山东省食品小作坊小餐饮和食品摊点管理条例》，加强辖区内“三小”监管力度，开展“三小”行业规范提升行动，普及推行“亮证经营、安全承诺、原料公示、票据留存、加工规范、场所清洁”6项标准，全区登记备案“三小”业户470户。将“一票通”使用情况列入日常监督检查内容，并以齐鲁小商品、丰禾小商品、长峰农贸市场为重点区域，推动食品批发企业落实“一票通”追溯制度，督促建立食品安全监管档案，确保入市食品质量合格。组织企业开展风险隐患清单自查，督导食品生产企业落实食品安全主体责任，在规模以上食品生产企业普遍推行良好生产规范活动。2017年，全区新增ISO 22000认证企业3家，纳入“山东省食品安全追溯公共服务平台”食品生产企业48家。深化药品日常监督检查，改进监管方式措施，加强药品流通和使用后续安全监管，按照GMP要求加强药品生产的日常监管，全年对药品生产企业进行2次全面检查，检查药品生产企业16次，覆盖率达到100%。开展化妆品、医疗器械生产源头监管，推进《医疗器械生产质量管理规范》实施工作，检查化妆品生产企业8次、医疗器械生产企业10次。开展新版GSP认证后的跟踪检查工作，检查批发企业和连锁总部7次，对药品零售连锁门店进行GSP认证和经营地址变更认证现场检查 142 家，GSP 跟踪检查 24 家，行政许可现场核查 48 家。推进医疗器械不良事件监测工作，上报药品不良反应报告和医疗器械不良事件 178 起。

【监督抽检】 2017 年，经区局重点做好食品生产企业监督抽检工作，着力提升科技化监管检测手段，配备快速检测设备 55 台，打造快检中心 6 个。3 月 20—24 日，组织开展为期 5 天的食品安全快速检测培训活动，各相关职能科室和各市场监管所执法人员 40 余人参加培训。全年完成国抽省抽市抽总计 71 批次、区抽 33 批次，食品企业抽检覆盖率 100%。加大流通、餐饮环节食品抽检力度，重点对蔬菜、水果、畜禽肉、水产品、乳制品、婴幼儿配方奶粉、茶叶、酱油、植物油等预包装食品进行抽检，完成省抽市抽总计 442 批次、区抽 846 批次，其中食用农产品抽检 375 批次。结合日常检查开展药品抽样检验，完成药品抽验 65 批、医疗器械抽检 9 批、化妆品抽检 11 批。

【专项整治】 2017 年，组织开展学校食堂、小饭桌、旅游餐饮接待单位、校园周边餐饮单位专项检查，开展畜禽水产品、海米、即食海蜇、地沟油、鲜奶吧、养老院食堂、建筑工地食堂等食品安全专项整治，涉及餐饮单位 965 家、学校食堂 62 家、小饭桌 17 家、旅游餐饮接待单位 6 家、旅游景区周边餐饮单位 150 余家、小餐饮 190 家，累计出动检查人员 2488 人次。查处食品违法违规案件 156 起，收缴罚没款 17.34 万元，警告、责令整改 173 家，责令停产停业整顿单位 2 家，取缔无证生产经营业户 1 家，移送公安机关案件 2 起。开展疫苗预防接种单位全面检查行动，检查区内全部 7 家接种单位；开展中药饮片流通领域专项整治，规范中药饮片的采购、验收、储存、销售、调配等行为；打击经营单位不凭处方销售处方药的行为，查出问题单位 9 家，整改到位 7 家，移交查处 2 家；加强第二、第三类医疗器械管控，查处擅自经销注射器单位 3 家、违规销售隐形眼镜单位 1 家。

【国家食品安全示范城市创建】 经区局于 2017 年初成立创建攻坚阶段领导小组和督导小组，召开全区创城成员单位动员会议，分解创城责任清单，按照“严密排查、问题导向、标本兼治、铁腕治患”的总要求，以最严格的标准抓好创建工作，做好“创建国家食品安全示范城市”验收工作。经区局以巩固“创建国家食品安全示范城市”成果为契机，不断加大食品安全综合协调力度，健全完善社会监督体系、食品安全责任体系、诚信体系、风险防控体系和应急管理体系，抓攻坚、抓持续、抓深入，守住食品安全基本线，保障“舌尖上的安全”，维护群众健康。进一步完善食品安全委员会成员单位联合执法监管机制和群众监督机制，优化社会监管体系模式，充分发挥村（居）、企业食品安全协管员、食品安全监督员的多维立体作用，全方位、多渠道地搜集食品违法线索信息，做到监管重点关口前移、重心下移、全程监管。通过网格化监管对食品经营者进行全面摸底调查，开展“守护舌尖安全”等专项整治活动，实现综合排查与专项检查的有机融合。加强风险管控，实行风险信用分类分级管理，结合智能化监管平台对区内高风险食品单位实施双随机检查。完善应急管理体系，细化预案操作手册，制订食品安全事故应急预案，开展全区食品安全知识培训和食品安全突发事件应急演练培训，进一步强化监管队伍应急处置能力和食品安全委员会成员单位之间的协调配合能力。

【餐饮示范单位创建】 经区局继续推进“食安山东”等品牌创建，推进餐饮单位“六常法”管理（常分类、常整理、常清洁、常维护、常规范、常教育）。2017 年，创建“食安山东”餐饮服务品牌示范街（区）1 条、示范店 1 家、示范学校食堂 1 家，新增“六常法”管理餐饮单位、学校食堂各 2 家，均顺利通过验收。

【监管创新】 经区局持续推进市场监管大数据平台建设，利用智能化监管手段高效监管。继续完善“一单两库一细则”（随机抽查事项清单，市场主体名录库、执法检查人员名录库，规范“双随机”抽查工作细则）建设和抽查工作机制，解决执法任性和随意性问题。结合市场监管平台开展“双随机一公开”抽样检查，逐步实现对企业“一次抽查，全面体检”，减轻日常监管对企业正常经营的干扰，促进执法公开公正。

【依法行政】 强化行政执法，严肃查处食品药品违法案件，按照从严从细原则，把关各类行政处罚案件核审，对存在问题及时提出修改意见建议，有效提升案件质量，较好规避执法监管风险。全年食品药品领域结案 172 起，主要是抽检不合格和标签违法案件，有力打击食药领域的违法违规行为。

【普法宣传】 结合“3·15”消费者权益保护主题活动，开展“三小”条例宣传工作，发放“三小”条例宣传材料 6 种、1800 余份，监督经营单位张贴“三小”条例宣传画，培训人员 200 余人次。开展以“食药安全　创新圆梦”为主题的科技宣传周活动，围绕创建国家食品安全示范城市等重点工作，大力宣传食品药品监管法律法规，普及安全用药、合理用药基本知识，提高居民食品药品安全科学素养和自我保护能力。全区公众参与人数 800 人次，发放宣传单、宣传折页 1.5 万张。

【领导考察】 4 月 20 日，中共中央政治局常委、国务院总理李克强，在省委书记刘家义，省委副书记、代省长龚正，威海市委书记孙述涛，市委副书记、市长张惠等陪同下，到经区考察“放管服”改革、探索市场监管综合执法、加强市场主体事中事后监管等方面工作，听取经区局工作汇报，实地考察皇冠市场监管所工作情况，对利用“互联网 +”做好审批改革更好地服务百姓、推进综合执法体制改革和利用“双随机一公开”方式监管等工作给予充分肯定，并提出新的希望和要求。

党组书记、局长：于政涛
电话：0631−5928700
地址：威海市经济技术开发区青岛中路 106 号
邮编：264205

（撰稿：张玲娟　核稿：林均涛）

威海临港经济技术开发区

【概况】 威海临港经济技术开发区市场监督管理局为临港区管委内设机构，挂临港区食品安全委员会办公室牌子，承担本辖区内工商、质监、食药的监督管理职能。局内设 7 个职能科室和 3 个市场监督管理所，设立 1 个下属事业单位，机关行政编制 35 名，事业编制 10 名。截至 2017 年底，辖区食品生产企业 20 家，化妆品生产企业 4 家，食品流通单位 465 家，餐饮服务单位 320 家，登记食品小作坊 39 家；药品生产企业 3 家，医疗器械生产企业 3 家，药品批发企业 1 家，医疗机构 5 家，村级卫生室 36 家，诊所 2 家，药品经营企业 63 家。

临港区局全年紧扣食安创城验收攻坚战，筑牢食品安全底线，重点突出食品药品安全监管，紧紧围绕产业发展中心任务创新食药安全监管模式，提出创树“定岗定则、AB 角负责、社会共治”的网格化监管工作思路，把全区分为 4 个大网格、7 个小网格，全力推进系统化、常态化、程序化、痕迹化、规范化等“五化”监管，扎实开展监管工作，为食品药品产业发展立规矩、清障碍、指方向，确保辖区食品药品安全。

【监督检查】 *食品安全宣传*。开展节日食品安全、“12331”热线宣传日、食品安全宣传周等宣传活动，印制发放宣传材料 2 万余份；举办食品药品生产经营使用者培训班 13 期，培训食品生产经营单位负责人、管理人员和在校学生等 2100 余人次；构建辖区食药宣传阵地，在临港区官方网站上建立食药安全专栏，定期公示各类监督检查、消费警示等信息，加强各级媒体宣传，在各级媒体上进行食药宣传报道 50 余篇。

网格化监管。围绕创建国家食品安全示范城市中心任务，强化“城区化、镇域化、乡村化”的网格化监管，摸索并推广六清工作方法（监管底数清、生产经营情况清、监管等级清、监管频次清、监管内容清、整改情况清）。制定年度监督检查工作计划，对药品、医疗器械、化妆品生产经营单位实行分类分级监管，按照频次开展重点内容检查，区督导组整改期间累计出动网格监管人员 1000 余人次，发放各类资料 2.3 万份。

部门执法联动。完善检打联动和行刑衔接工作机制，加强部门间统筹协调，进一步深化食安、农安、公安“三安联动”，集中各类监管资源和执法力量拧成“一股绳”，形成打击食品药品安全违法犯罪行为合力，移交公安食品涉刑案件取得重大突破，2017 年临港区查处食品药品案件 84 起，取缔非法加工水煮花生黑窝点 1 处，移交公安食品涉刑案件 8 起，移交区社会事业局非法行医涉嫌案件 1 起。

【监督抽检】 2017 年，临港区局配合威海市局完成国家、省、市级抽检任务 409 批次，完成区抽 423 批次。开展食品快检进市场、进超市等活动 10 余次，快检食品、食用农产品 509 批次。截至 2017 年底，依法处置抽检不合格食品 22 批次，及时消除食品安全隐患。按照市级药品安全监督抽检计划，完成市级药品监督抽样 30 批次，检出 1 家村卫生室 1 批次不合格中药饮片，立案并办结；抽检化妆品 7 批次，合格率 100%；抽检医疗器械 4 批次，合格率 100%。

【专项整治】 *食品安全*。2017 年以肉、奶、食用农产品等为重点品种，以学校、托幼养老机构、建筑工地、企业食堂、涉旅酒店为重点环节，以集贸市场、学校周边为重点区域，开展畜禽水产品、食品添加剂“一非两超”、含铝面制品、儿童“五毛”食品、瘦肉精、地沟油、植物油“塑化剂”、H7N9 疫情防控、韭菜“双证制”、食品、保健食品欺诈和虚假宣传及标签标识等专项整治检查活动 20 余次，检查食品生产经营单位 1260 家次。

药品、医疗器械、化妆品。紧盯突出问题抓整治，多次开展药品零售（连锁）企业违法违规行为集中整治、中药材（饮片）市场专项整治、药品经营企业 GSP 认证跟踪检查、医疗器械专项整治、城乡接合部和农村地区药店诊所药品质量安全集中整治、化妆品标签检查等专项活动，检查生产经营单位 320 家次。

【亮点工作】 深化推进“双安双创”工作。发挥食安办统筹协调和市场监管牵头单位主力军作用，顺利完成创建国家食品安全示范城市工作任务，全区小作坊园区管理模式成功获推在7月北京举办的国家“双安双创”成果展中展出，向全国推广临港食安特色监管经验。

巩固创新“三小”监管模式。帮扶打铁豆腐工坊争创“食安山东”放心食品生产基地，其“小作坊”集中加工管理模式得到省专家组的肯定；针对临港“小餐饮”业户监管中“治理—反弹—再治理—再反弹”的现实问题，探索开展苘山镇小餐饮美食城规范化建设，引导60余家业户入驻美食城，实行统一监督管理，落实“三小”监管“六项标准”，引导“小餐饮”提档升级，打造威海市镇级小餐饮聚集示范区。结合汪疃镇美丽乡村项目，打造汪疃品牌农家乐优势，进一步提升辖区采摘、垂钓、生态体验等乡村旅游点餐饮服务水平，打造农家乐“明厨亮灶”项目。改造完成神山葡萄等13家农家乐餐饮单位。

党组书记、局长：陈汝忠
电话：0631−55889029
地址：威海市临港经济技术开发区江苏东路20号
科技孵化器9楼
邮编：264211

（撰稿：杨晓非　核稿：孙应刚）

日照市

【概况】 日照市食品药品监督管理局（市食安办），为市政府工作部门，主要负责食品生产、流通、餐饮食品和药品、医疗器械、保健食品、化妆品生产经营和使用单位的监督管理，承担市食品安全委员会日常工作，具体负责食品安全监督管理的综合协调、检查和考核评价工作。日照市局行政编制35名、工勤编制3名，实有人员38名。配备局长（主任）1名、调研员1名、副局长（副主任）5名、副调研员1名，其中1名副局长兼任纪检组长。内设职能科室12个。下设市食品药品稽查支队、市食品药品检验检测中心、市药品不良反应监测中心3个直属事业单位。市稽查支队事业编制27个，实有人员23名。市检验检测中心事业编制34个，实有人员43名。市药品不良反应监测中心编制和人员4名。

截至2017年底，全市有监管相对人58810家，其中，食品生产企业358家、食品生产小作坊1138家、食品批发企业513家、食品零售企业和业户21430家、药品生产企业8家、药包材生产企业7家、医疗机构制剂室2家、药品批发企业13家、药品零售连锁企业15家、药品零售企业745家、药品使用单位2593家、医疗器械生产企业16家、医疗器械经营企业560家、餐饮服务单位8976家、保健食品经营企业和业户9266家、化妆品生产企业2家、化妆品经营企业和业户13168家。

2017年，日照市局以打造“食安日照”为目标，以全国文明城市创建、国家卫生城市复审、省级食品安全市创建为抓手，坚持风险防控与专项治理、综合执法与日常监管相结合的原则，强化正面引导与执法打击，食品药品监管工作取得明显成效，全年未发生重大食品药品安全事故（事件）。食品安全市县创建、食品药品稽查办案、食品药品检验能力建设等多项工作走在全省前列，日照市被授予“山东省食品安全市”称号。

【食品安全监管】 食品生产。在全市规模以上食品生产企业中，推进开展先进质量管理体系认证工作，提升食品生产企业标准化管理水平，全年有26家规模以上企业通过相关认证。开展食品安全追溯体系建设工作，进一步落实食品安全追溯体系建设企业主体责任，鼓励企业采用信息化手段采集、留存生产经营信息。推进食品日常监管系统试点与应用工作，指导五莲县完成食品生产加工环节日常监管工作的试点与应用。

食品流通。推行农产品入市检验、交易备案、准入查验及追溯管理制度。实行食品摊点督导机制，以“三小”条例落实为契机，指导日照市东港区沙墩市场110户食品摊点、东港区东关路市场50户小摊点实行食品安全信息公示，严格履行进货查验、索证索票和过期食品下架等责任。抓培训促监管，送培训入企业，开展7期以“小摊点”备案监管、食品快检实务及监管系统试点应用等为主要内容的业务培训，并走进日照凌云工贸公司、东港区禽蛋协会等企业进行食品法规授课，培训人数1450余人。抢抓创城机遇，对日照市创建全国文明城市区域33处农贸市场“三防”措施进行改造指导，完成对1011户食品经营业户的资金补助。出台《日照市食品安全管理规范化农贸市场创建工作实施方案》，积极争创省级规范化农贸市场，全年有12户农贸市场完成省级食品安全管理规范化创建活动的中期评估。加强重点品种监管，开展对畜禽水产品、调味品及生鲜食品、蔬菜、牛羊肉及制品、茶叶和配方乳粉等食品的专项监督检查，全市食品流通安全稳定势头良好。

餐饮服务。推进餐饮企业食品信息公示制度和“三小”监管“六项标准”，全市餐饮企业食品信息公示栏张贴率达到99%，持证率达到90%以上。落实开展学校食堂大培训大检查大整改大提升活动，对全市31家学校食堂开展飞行检查，推进学校食堂原材料集中定点采购制度，统一色标管理标识和档案规范化管理要求。对“小饭桌”进行监管调研、规范治理并纳入学校食堂检查范围，对269家“小饭桌”进行登记备案信息公示。围绕“旅游富市”战略，以山海天旅游景区为重点，对全市40余家旅游团队接待餐饮单位进行全面监督检查，并联合公安、工商、质检、物价、旅游、海事、食药监、卫计、交通、港航局对夏季市区“五点一线”开展夏季旅游景区联合执法检查，疑似食物中毒事件大幅减少，提升景区餐饮规范化水平。

保健食品。围绕实体经营场所“三无”（无经营资质、无安全警示、无宣传资料）问题，以会销整治为切入点，开展保健食品欺诈和虚假宣传专项整治。同时，提高保健食品的监督抽检质量，全年完成保健食品省抽50批次，检出不合格1批次；市抽200批次，检出不合格8批次，问题发现率远高于全省平均水平。

【药品、化妆品监管】 **药品日常监管**。以药品质量提升行动为抓手，以大容量注射剂、中药饮片、多组分生化药品生产为监管重点，对药品生产企业、医疗机构制剂室、特殊药品经营企业等进行全面检查。注重问题品种监管，开展羟乙基淀粉类注射剂专项检查，参与开展长春西汀葡萄糖注射液的跟踪检查。开展特殊药品专项检查，责令2家区域性批发企业办理运输证明，特殊药品安全未发生流弊事件。在流通使用环节，加强对疫苗、生物制品、含特殊药品复方制剂等高风险药品的检查，强化监管力度。

药品流通。对700余家药品经营企业违法违规行为实施记分管理，占全市药品经营企业总数的70%，其中，约谈44家企业，收回14家企业证书。开展GSP认证跟踪检查，继续开展药品经营企业飞行检查。对34家药品经营企业开展跟踪和飞行检查，回收26家企业的GSP证书，收证率76.47%。对419家经营使用单位开展中药材（饮片）抽检，立案查处16家，罚款2.63万元。对561家零售药店、1207家诊所进行药品质量检查，立案查处146家，罚没款29.48万元。

化妆品。探索出莒县刘官庄基层规范化监管模式，解决监管所不会管、企业不会干、消费者不会自我保护的“三不”难题，相关经验在全省推广。全年完成化妆品国抽省抽62批，检出不合格7批，问题发现率远高于全省平均水平。

【医疗器械监管】 医疗器械监管能力稳步提高。印发行动方案和检查手册，对全市485家生产、经营和使用单位开展医疗器械2017专项整治行动，出动执法人员1484人次，查处违法案件31起。开展“规范实施年”活动，对符合条件的18家医疗器械生产企业、25家冷链管理产品经营企业开展医疗器械质量管理规范化实施工作，在企业自查整改基础上，坚持分类指导，示范带动，稳步推进，通过10余次督导，43家企业建立符合规范要求的质量管理体系。组建21人的日照市医疗器械检查员专家库，充分利用专业人才资源，开展医疗器械咨询、不良事件评价分析及“双随机”等各种检查活动。推进落实供应商评价制度，实现产品监管的全程可追溯，同时，建立完善涉械单位监管档案制度，各区县局（市场监管局）对辖区内所有涉械单位均建立完善的日常监管档案，全市医疗器械监管能力不断提高。

【专项整治】 **食品安全**。围绕肉制品等高风险重点食品生产企业，植物油、桶装饮用水等重点行业，茶业等重点产品加工区域，组织对197家食品生产企业开展食品安全专项整治，依法查处肉制品非法加工点1个、食用植物油塑化剂问题企业9家。围绕畜禽水产品、调味品及生鲜食品、蔬菜、牛羊肉及制品等食品流通重点领域，开展对1126家食品经营企业进行专项整治，抽检557批次食品，检出17批次不合格。以山海天旅游景区为重点，以“亮证经营、安全承诺、原料公示、单据留存、操作规范、场所清洁”为标准，开展旅游景区小餐饮规范提升专项整治，食药监管部门联合投资出租方开展联合检查，对发现的违规行为食药部门依法严肃处罚，其他规范性要求不落实、经营场所脏乱差，拒不改正的，由房屋出租方解除出租合同。同时，以东港福海路、山海天太公岛三路等脏乱差小餐饮集中区为重点，开展脏乱差卫生大扫除联合执法检查。

药品。加大对中药材（饮片）监督检查和监督抽验力度。全市检查中药饮片经营、使用单位419家，快检20个品种800个批次，快检不合格15批次，抽检中药饮片57批，不合格4批，警告24家、限期整改单位24家，立案查处16家，罚款2.63万元。扎实开展城乡接合部和农村地区药店诊所集中整治行动，全市检查零售药店561家，立案查处95家，罚没款13.15万元；检查诊所1207家，立案查处51家，罚没款16.33万元。

医疗器械。扎实开展医疗器械现场检查和集中规范整治行动。全年检查生产企业16家次，经营使用单位469，警告、责令整改单位130余家；查处违法案件31起，立案19起，罚没收入款12余万元，涉案货值1183.64万元，案值10万以上5起；移送公安部门案件 3 件，移交区县局处理案件 1 起，上报省局大要案 4 件。强化风险管理和不良事件监测结果的运用，对医疗器械生产经营使用各业态，采购、生产过程、检验等 8 个主要风险环节进行风险排查，排查出 10 多个风险点，针对各风险点分别制定防控措施 11 余条，对发生严重不良事件和不良事件增长较多的山东振富、山东贝诺斯 2 家企业，及时采取约谈、召回、现场检查、抽验产品等措施。

*保健食品、化妆品。*在全省率先开展进口化妆品专项治理，排查非法进口韩国化妆品集散区 6 个、非法经销点 100 多家，责令整改 76 家，查办案件 16 起，涉案货值 14 万元，初步扭转进口化妆品市场的无序状态。组织开展化妆品标签标识检查、农村和城乡接合部检查，保健食品欺诈和虚假宣传专项整治，全市检查企业 285 家，责令整改 157 家，立案 23 起，发现无证生产线索 1 条，拓展监管广度和深度。

*系列大案要案查处。*以"守护舌尖安全"整治行动为主线，坚持综合执法与专项治理同步推进，全年组织开展 16 项专项行动和专项检查，查处案源 3107 件，同比增长 19.96%，其中，食品案源 2145 件，药化械案源 962 件；移送公安部门食品药品涉嫌犯罪案件 85 件，同比增长 44.07%；报上级大案要案 87 件，同比增长 42.62%，打出新的办案权威，有力地震慑顶风作案的违法犯罪分子，积极回应群众关切。

【基层基础建设】 *完善长效工作机制。*坚持先行先试、创新引领监管的思路，对学校食堂、农产品批发市场、旅游景区景点、食品"三小"单位、农村集体聚餐、一级以下医疗机构、个体诊所、产品会销、广告宣传等重点、难点环节，积极与教育、卫计委、工商以及农口等部门衔接沟通，研判会商，探讨长效监管办法，解决工作短板。期间，联合出台学校食堂大宗食品原料集中采购制度、农产品销售合格证制度等 6 项监管制度。

*加强技术支撑能力建设。*加快推进"智慧监管"工程建设，高标准完成药品实验室改造搬迁和食品实验室改造升级，其中，食品实验室被确定为省区域食品检验中心，整体检验水平进入全省前三位。全年完成抽验任务 9926 批次，其中食品检验数量突破 9000 批次，比上年增加 43%。投入资金 100 余万元，建成覆盖市、县、乡三级的应急处置指挥系统、食品安全天网监控系统、食品快检数据共享系统，初步实现对全市首批 50 家重点食品药品企业的可视化监控，信息化监管迈出重要步伐。

*优化食品药品监管基础。*全市财政投入食品药品宣传、抽检和监管等资金 2200 余万元，企业投入相关资金 3000 余万元，均比 2016 年大幅度增加。区县食品抽检由 2016 年每千人 2.1 份提升至 2017 年每千人 3 份。区县及以下监管机构新增公务员、公益性岗位人员等 148 人，55 个基层监管所办公场所面积普遍由 200 平方米增至 300 平方米左右，基层监管所全部设置食品快检室，监管基础更加牢固。

【服务食品医药产业发展】 *"食安山东"品牌引领行动。*为发挥品牌引领作用，日照市政府将餐饮质量安全提升工程和"食安山东"品牌建设任务纳入重点考核内容，建立推进机制落实工作责任。全市以典型培育为抓手，大力开展食品生产加工基地和示范企业、"食安山东"食品流通示范单位（店）、示范学校食堂和示范店、餐饮安全示范街区等创建工作。全年建成 24 家"食安山东"食品生产加工示范企业，其中，岚山区北方绿茶基地 2015 年被列为全省首批放心食品生产加工示范基地，并在省局 2017 年组织的第三方评估中评价良好；建成 112 家企业"食安山东"食品流通示范单位（店），其中，大中型商场及连锁超市 7 家，食品及食用农产批发市场 1 家，食品供货商 19 家，食品经营店 85 家，授牌单位 81 家；建成 11 家餐饮安全示范学校食堂、7 家餐饮安全示范店、5 条餐饮安全示范街区。

*靠上帮扶药品企业提高生产经营规范化水平。*全年开展新版 GSP 认证 8 次，指导 213 家企业通过新版 GSP 认证，指导 3 家次企业顺利通过新版药品 GMP 认证检查，2 家次企业的品种顺利通过国家、省局的药品 GMP 跟踪检查，2 家次企业通过省局委托的药品委托生产现场检查验收，1 家次通过出口欧盟原料药资格验收。帮促日照市人民医院通过临床试验资格申报，成为日照市首家药品临床试验单位。

【社会共治】 持续开展"12331"投诉举报电话的宣传，积极鼓励公众参与监督，形成震慑合力。2017 年，全市接收群众食品药品质量投诉举报 3734 起，按时办结率和群众满意率均达 100%。在电视台开办"食药监督在行动"专栏，按期参加"行风在线"栏目，并通过新闻媒体，大力宣传曝光反面典型，公布 2016 年十大典型案例，对 200 余起一般程序案件进行实名公开，收到良好的警示效果。印制分发宣传挂图、科普知识读本等 3 万余份，在 400 辆公交车上、6 个户外大屏轮番播放食品药品公益宣传，营造良好的食品药品安全工作氛围。

【党风廉政和干部队伍建设】 *增强党组自身建设和管党治党示范带动作用。*完善党组议事规则和决策程序，把党组工作纳入制度化、规范化管理，强化"一把手"责任担当，严格班子成员"一岗双责"。抓党建促工作，组织开展 4 次党组中心组学习和多期主题党日活动，指导各基层党支部开展以"不忘初心、锤炼作风、担当作为、走在前列”为主题的组织生活会，丰富七夕合唱比赛、领誓入党誓词等党建工作形式，推动全面从严治党向纵深发展，向科室、直属单位和广大党员延伸，强化队伍政治业务素质。干部队伍全年无违规违纪现象发生，打造专业化监管队伍。日照市局机关连续六年保持“省级文明单位”称号。

*增强纪律规矩意识和作风建设力度。*贯彻中央八项规定《实施细则》和省委《实施办法》精神，深入开展作风集中整顿。印发《作风建设集中整顿实施方案》，着力解决“纪律还不够严、作风还不够扎实、工作动力还不足、能力素质还不强”等问题。设立领导接访日、一把手参加“行风在线”及阳光政务热线栏目，在日照市局门户网站开设公众信箱、在线举报等专栏，畅通“12331”举报投诉热线，解决群众关切。全年参加“行风在线”6次，参加电视问政1次，受理社会各界咨询、投诉27件，一把手阅批率100%，按时办结率100%，当事人满意率100%。同时，加强经常性监督，整治中梗阻现象，保持工作活力。日照市局审批服务窗口连续12个月被市政务服务中心评为优质服务窗口，有13人次被表彰为优质服务标兵。

*提高廉政建设和廉政监督能力。*将党风廉政建设和反腐败工作列入领导班子、干部队伍目标管理，纳入食品药品监管和党建工作总体布局，出台落实主体责任实施办法、责任清单等5大类12项重点任务，层层签订党风廉政建设责任书，压实责任。局党组定期研究党风廉政建设，每月听取纪检组工作汇报，经常性开展党内监督。全年先后开展党风廉政专题教育6次，印发党风廉政建设学习资料4期，组织观看警示教育片2部，强化廉政警示教育。注重加强关键环节控制，重新修订4大类68项规范管理制度，规范执法权力和涉财涉物权力运行，定期查找稽查办案、产品抽检、许可认证、技术设备和大宗试剂采购、实验室建设项目等重点环节的廉政风险点，并加大对直属单位的审计力度，强化GMP、GSP和食品QS认证前的廉政谈话和事后跟踪监督，发现苗头性问题，及时警告约谈整改，及时完善防控措施，确保监督到位，不出问题。同时，还对照“三定”职责，梳理执法依据27部、行政权力107大项，登记主要职责7项，具体责任事项33项，梳理与其他部门间的职责边界10项，编制事中、事后监管制度13个，登记公共服务事项10项，绘制行政权力流程图56幅。

【监管创新】 *全国文明城市创建食品药品综合执法行动。*深入实施落实全国文明城市创建、卫生城市复审、省级食品安全市创建相关任务，聚焦食品“三小”证照不全、餐饮企业“三防”措施不落实以及药品制假售假用假等食品药品安全突出问题，划分责任网格，坚持领导带头、全员上阵，市区联动、部门联合，执法下沉、直插一线，排查隐患、反复督导的原则，开展“三城同创”综合执法行动。全市检查规范食品“三小”单位9300余家，限期整改到位3621家，停业整顿246家；检查药品经营使用单位962家，收回药品GSP证书14张。全市95%以上的食品药品企业达到食品药品安全管理规范要求。

*实施典型引领带动工程。*印制企业统一管理规范模板2万本，集中对500家重点食品药品企业进行全面规范，打30家食品药品典型示范企业，召开各类现场会14次，以点带面，集中复制推广，推进产业全面规范升级。打造规范化保化品监管示范乡镇1处，省局在日照市召开现场会，相关经验受到省局充分认可，形成的监管办法在全省进行推广。

党组书记、局长：赵久成
党组副书记、调研员：薄伟
党组成员、副局长、纪检组长：吕相喜
党组成员、副局长：李慎征、李爱国、王金枝、张颂国
党组成员、副调研员：牟宗强
电话：0633—8866908
地址：日照市东港区北京路128号
邮编：276826

（撰稿：王晓梅　核稿：赵子超）

东港区

【概况】 日照市东港区食品药品监督管理局（区食品安全委员会办公室）组建于2014年5月，核定行政编制52名，事业编制22名，现在编人员69人。全面履行食品、药品、保健食品、化妆品和医疗器械，即“四品一械”监管工作。设8个职能科室：办公室、食品综合协调与应急管理科、食品生产监管科、食品流通监管科、餐饮服务科、药品与医疗器械监管科（挂区药品不良反应监测中心牌子）、政策法规科、督查考核科。在日照街道、石臼街道、秦楼街道、河山镇、涛雒镇、后村镇、西湖镇、南湖镇、陈疃镇、三庄镇、日照农产品批发市场设立11个食品药品监督管理所作为东港区局派出机构。组建东港区食品药品稽查大队（加挂区“12331”投诉举报受理中心牌子），为东港区食品药品监督管理局所属财政拨款事业单位，规格为副科级。

截至2017年底，全区登记在册的食品药品监管对象29808家，其中，许可的食品生产单位689家（食品生产企业148家、小作坊541家），食品经营单位

12457 家（餐饮服务单位 4447、食品流通单位 6804 家、小餐饮 1206 家）。

2017 年，东港区局以“三城联创”为抓手，紧紧围绕 2017 年全区食品药品监管工作要点，强化日常监管，扎实开展专项整治，严厉打击违法行为，圆满完成各项工作任务。

【监督检查】“三城联创”。在巩固 2016 年创建成果基础上，划分 13 个网格具体落实，实行分管领导包保责任制，创立“双轨”工作制，加强部门联动，落实属地责任，强化错时执法，扎实开展各项创建工作。整改规范食品药品企业 8520 家，补发食品安全公示栏 2560 个，张贴文明餐桌标识 4 万余份，发放创城明白纸、宣传画、检查表 1.2 万余份。

食品安全。开展韭菜“双证制”专项整治，加强农贸市场监管。结合创城工作要求，对所有农贸市场进行市级规范化农贸市场评价，新建食品快速检测室和快检公示栏并投入使用，推进城区农贸市场全面规范提升。城区有 15 家农贸市场、1 家摊点疏导中心，7 处农贸市场成功创建省级规范化农贸市场，2017 年 11 月德瑞沙墩市场代表日照市顺利通过省中期评估，创建数量列各区县之首。依托“三城联创”，以网格为单位进行摸底排查，建立“三小”名册，整体推进“三小”行业备案登记工作，强化“三小”监督管理。全年办理《小作坊登记证》477 个、《小餐饮登记证》897 个，督促核发小摊点备案信息卡 900 余张。

【监督抽检】科学合理开展食品药品抽检工作。结合国抽、省抽、市抽及东港区局制定的食品安全抽检计划，开展有针对性、计划性的食品安全抽检，抽检食品药品 2536 余批次。

【专项整治】开展系列专项整治行动。运用现场检查和抽样检测手段，开展畜禽水产品专项整治。检查农贸市场 35 户次，畜禽产品经营户 220 户次，监督抽检水产品 20 批次，张贴《食用农产品市场销售质量安全监督管理办法》60 余份。开展肉制品及速冻调理肉制品专项行动，对大型商超开展放心肉菜公开评价活动，全年公开评价 5 家大中型商场超市。开展豆制品、肉制品加工小作坊专项整治行动，实现豆制品、肉制品小作坊生产规范、质量合格、监管到位。对学校食堂及校园周边开展食品安全整治工作，对学校食堂、小餐桌、校园周边食品安全问题进行专项规范整治。以城乡接合部、农村市场为重点区域，开展假劣调味品专项检查。

严厉打击食品药品违法行为。紧盯社会影响面大、群众反映强烈的食品药品安全隐患，加大违法行为打击力度。2017 年，全区查处一般程序食品药品案件 109 件，移交公安机关案件 26 件，罚没款 107.53 万元，入缴国库 82.05 万元。

【亮点工作】确立“二三四”机制，深化“网格工作制”。坚持两种导向，解决方向问题。明确目标导向和问题导向，详细梳理全国文明市创建、国家卫生城市复审和省级食品安全城市创建标准要求，结合食品药品日常监管中发现的问题，坚持对标创建、逐层提升，通过“三城联创”工作，实现持证率 100%，“三防”设施规范化，校园周边清除“三无”食品，张贴文明用餐标示 4 万余份。深化三种检查，解决干到什么程度的问题。深化全域排查、常规巡查和督导检查，横向到边、纵向到底，排查“四品一械”经营单位 13587 家，开展专项督导行动 32 次，发布督导简报 5 期。明确四种责任，解决谁来干的问题。明确网格直接责任、科室指导责任、属地监管责任和班子成员的包保责任，划分 13 网格、明确责任主体、层层压实责任。

创立“双轨”工作制，提升工作效率。恰当处理创城工作与本职业务工作的关系，坚持集中办公与集中创城相结合的“双轨制”。坚持每周一、周三、周五集中办公，周二、周四、周六集中创城，一手抓本职工作，一手抓创城集中整治。

明确弹性巡查制度，强化创建效果。针对监管中发现的监管时段缺乏针对性、监管效果不佳的问题，强化错时执法，提升创建效果。针对夜市、烧烤及部分农贸市场经营时间多为晚上的现状，开展错时监管，夜间开展集中整治与督查。针对农批市场豆制品经营时间集中在凌晨 3:00—5:00 的现状，先后组织错时清理行动 32 次。

将党建与业务相结合，抓党建促发展。开展“做先锋卫士，建食安东港”党建品牌创建工作，充分发挥支部战斗堡垒作用和党员先锋模范作用，在“三城联创”工作中深入挖掘身边楷模，开展“寻找身边的感动”系列活动，推选出 7 名先进典型人物，发布 6 期创城简报，在简报上刊登先进典型的感人事迹，打造积极向上的工作氛围，形成“比学赶超”的工作环境。

深化“放管服”改革，提高审批服务效率。创新“120 服务”模式，引入“互联网 +”思维，采取线上申请与线下申请“双轨制”，顺应物流发展迅速的时代特征，率先采取 EMS 邮寄送达方式，让经营业户足不出户免费领取相关证照。

党组书记、局长：申永帆
电话：0633-2957806
地址：日照市东港区艳阳路 24 号

邮编：276800

（撰稿：赵舒欣　核稿：贾胜军）

岚山区

【概况】日照市岚山区食品药品监督管理局为区政府组成部门，承担全区食品生产、流通，餐饮服务、保健食品、化妆品，药品、医疗器械生产、经营和使用的监督管理。设行政科室6个，行政编制11名；设乡镇街道食品药品监督管理所（岚山头、安东卫、虎山、碑廓、黄墩、高兴、巨峰、中楼）8个，编制31名；设食品药品稽查大队（加挂投诉举报中心牌子）事业编制14名，不良反应监测中心事业编制2名。

截至2017年底，全区“四品一械”监管对象4388家，其中，食品生产企业114家，食品流通企业2729家，餐饮服务单位644家（其中学校食堂79家），保健食品经营单位165家，化妆品经营单位363家；药品生产企业2家，药品批发企业1家，药品零售企业165家，医疗机构184个，计生服务机构9个，医疗器械经营企业12家。

2017年，岚山区以创建全国文明城市、省级食品安全市为抓手，狠抓企业规范，全区食品药品安全形势稳定向好。日照岚山区北方绿茶被评为“山东省食品生产示范基地”之一，岚山区被命名为“山东省食品安全区”。

【监督检查】强化“四品一械”监管。结合全国文明城市创建、全国卫生城市复审、省级食品安全市创建工作，对岚山区1.2万余户“四品一械”监管企业开展拉网式规范检查，排查、整改安全隐患1300余处，现场发放、更换证件600余张，督办健康证1100余张，张贴文明餐桌宣传画5000余张，全区95%以上业户达到管理规范要求。同时，协助日照市局开展药品许可核查26家次，上报药品不良反应789例、医疗器械不良事件236例、药物滥用15例；完成辖区内重大活动保障12次，保障就餐人员9000人次。

【监督抽检】全区开展食品快检2万批次，监督抽检食品、食用农产品2360批次，合格率达96%；药品监督抽检60批次，合格率100%。

【专项整治】针对群众关注的制假售假、非法添加、以次充好、保健食品非法宣传兜售、学校食堂、农村食品市场、含麻黄碱类复方制剂、疫苗等突出问题，开展食品药品专项安全整治20余次。建立实施涵盖农安、食安、公安的食品安全“三安联动”监管工作机制，进一步完善部门间信息通报、联合执法、行刑衔接、隐患排查等协调联动。全年开展联合执法检查9次，立查食品药品违法案件166起，受理投诉举报272件，移交涉嫌犯罪案件11起；销毁假劣食品药械品种规格617个，货值24.96万元。

【亮点工作】**基础建设方面**。投入资金200余万元，购进食品快速检测车、实验室仪器设备及办公执法装备3000余件。新建基层食品快检室8处。依托电信“青果”视频监控平台，初步建立起以50家食品生产、经营企业为试点的监控体系，推进食品药品“智慧监管”。指导全区8家农贸市场建设食品农残快检室，配备统一的农残快检公示栏，督促指导197户食品经营单位完成“三防”设施建设，补助资金1.99万元。升级改造安东卫、汾水等5处农贸市场，安东卫大集在全市率先建成大集快检室，岚山区第一中学、实验小学在全市率先建成中小学校食堂快检室。

示范创建方面。打造400余个食品药品示范点、示范企业，培植省、市级“清洁厨房”262家、餐饮服务示范店（学校食堂）10家、食品流通示范单位25家。

普法宣传方面。在各乡镇街道设立食品安全宣传文化一条街、宣传文化大院，对421个行政村开展《致群众一封信》等食品药品安全知识普及。编发岚山特色食品安全宣传画、创先进区宣传折页12万余份，开展投诉举报宣传日、安全用药宣传月、食品安全宣传周等普法宣传活动24场次。在新闻媒体刊发食品药品电视稿件44篇、信息220篇。在城区主干道两侧、防护栏及公交站亭安装食品安全宣传板262块，喷装公交车体广告4路40辆。

党组书记、局长：林令香
电话：0633-2618677
地址：日照市岚山区轿顶山路公安局北楼6楼
邮编：276807

（撰稿：郑冉　核稿：管玲玉）

莒　县

【概况】莒县食品药品监督管理局，作为县政府组成部门，负责对生产、流通、消费环节的食品安全和保健食品、化妆品、药品以及医疗器械的安全实施统一监督管理，同时承担县政府食品安全委员会的具体工作。核定编制122名，其中行政编制101名，事业编制19名，工勤编制2名。现有在编在岗人员79人。

2017年8月，莒县整合县市场监督管理局、县食品药品监督管理局组建新市场监督管理局。新组建的市场监督管理局负责全县工商行政管理、质量技术监督和食品药品安全等市场监管工作，同时承担县食品安全委员会的日常工作。设立办公室（挂人事财务科、食品安全综合协调科、宣传和应急管理科牌子）、行政服务科（挂政策法规科牌子）、食品生产流通监管科、餐饮服务食品监管科、保健食品化妆品监管科、药品及医疗器械监管科和经济开发区食品药品监督管理科（挂莒县经济开发区食品药品监督管理所牌子）7 个职能科室，下设食品药品稽查大队（副科级）1 个财政拨款事业单位。在乡镇（街道）设置 20 个基层食品药品监督管理所，为莒县局派出机构，承担本区域食品药品监管和行政执法工作。设立村级食品药品监管协管员 1195 名，覆盖县、乡镇（街道）、社区的三级食品药品监管网络初步建成。

2017 年，莒县局不断加大督查力度，进一步规范大中型商超、农贸市场、中小学食堂、药店等经营单位，组织开展多次专项整治行动，先后出动执法人员 8000 余人次，办理食品药品案件 367 起，移送公安机关 11 起，排除食品药品安全隐患，筑牢莒县食品药品的安全防线。

【监督检查】 *食品安全*。重点抓好消费量大的农贸市场、大型商超、餐饮单位聚集区等重点区域的日常监督检查和抽样检验力度，加强对承办重大活动餐饮单位的日常监管，强化问题排查、整改，及时消除食品安全隐患。

药品、医疗器械。完善药品、医疗器械检查流程，强化全程溯源管理，进一步规范药品、医疗器械生产经营和使用行为，维护市场秩序，同时，加强药品不良反应、医疗器械不良反应监测。

保健食品、化妆品。加强保健食品经营登记备案管理和化妆品日常监督检查，对经营企业按“一店一档”标准进行技术指导，逐户入网登记，提高检查覆盖范围、经营备案率和监管效能。

【监督抽检】 全年完成抽检任务 2457 批次，其中，生产科、流通科、餐饮科分别完成县抽 737 批次、1360 批次、360 批次。组织开展中秋月饼市场专项抽检、冬季火锅市场专项抽检和药品监督抽验工作，药品抽样 60 批次，医疗器械抽样 5 批次；组织开展 80 余批次农产品快检、350 批次药品快检工作，对快检情况进行及时公示。

【专项整治】 围绕消费量大、安全隐患多的重点品种、重点单位和重点区域，深入开展市场治理整顿，着力解决突出问题。在茶叶、肉及肉制品、乳制品、韭菜农药残留、露天烧烤摊点、夏季食用农产品，中秋节月饼、冬季火锅市场等领域，开展食品专项检查活动。在学校食堂及校园周边、旅游景区、建筑工地、养老机构食堂等重点区域，开展食品安全整治行动。在药品领域，开展药品流通使用环节药品质量安全集中整治、药品、医疗器械专项检查、中药材（饮片）市场专项整治行动。在医疗器械领域，开展医疗器械专项整治 2017 行动和医疗器械质量管理规范检查活动，完成生产质量管理规范确认工作。在保健食品、化妆品领域，加强专项整治力度，开展农村及城乡接合部化妆品市场专项检查、化妆品标签标识专项检查，打击违法违规行为。

【亮点工作】 *创建省级食品安全县*。印发省食品安全先进县创建实施方案及宣传方案，与创建单位签订创城责任书和《2017 年度食品药品安全暨创建山东省食品安全先进县责任书》，形成乡镇、部门实施方案 42 份。多次召开创建工作推进会议，将创建的 6 项指标、30 项工作任务细化为 73 个重点项目，明确责任分工。莒县局把创建省级食品安全县作为全年工作的重点，超额完成全年县食品抽检任务，对检测不合格的产品及时启动不合格核查后处理程序，并做好结果上报和公示。2017 年，莒县成功申请创建省级食品安全县。

扩大“食安山东”示范创建成果。打造“食安山东”食品生产示范企业 5 家，餐饮服务示范街 4 条，示范食堂、流通示范单位 73 家。加强“食安山东”企业追溯体系建设，5 家相关企业电子信息追溯系统正在建设完善，其他企业正按照要求推进。开展“食安山东”食品流通示范单位“回头看”活动，加强跟踪检查取得示范称号的单位，巩固食品安全示范创建成果，发挥典型引领作用。

推进保健食品、化妆品市场监管规范化建设。探索出保化品市场监管规范化建设“刘官庄经验”，获省局认可并组织各市食药监局到俏佳人日化、兰兰理发店、万杰超市、于庄社区 4 处化妆品监管示范样板进行集中观摩，相关经验在全省进行推广。

党组书记、局长：洪滔
电话：0633-6217959
地址：莒县青岛路疾控综合办公楼 6 楼
邮编：276599

（撰稿：张亚杰　核稿：马现杰）

五莲县

【概况】 五莲县食品药品监督管理局隶属县政府序列，属于正科级行政单位，内含 6 个职能科室、1 个食品药品稽查大队、12 个基层食品药品监督管理所。2017 年，干部职工 84 人，其中在职人员 78 名。

局党总支部下设7个党支部，党员75名。2017年，五莲县以“食安五莲”建设为载体，不断强化队伍建设，狠抓日常监管，扎实开展各项食品药品安全专项整治，未发生食品药品安全事故，全县食品药品安全态势平稳。五莲县局被授予“省级文明单位”。

【监督检查】 实施目标责任制。召开五莲县食品药品安全工作暨食安委全体成员会议，细化目标任务，落实监管责任，形成食品药品安全齐抓共管的良好局面。

建立食品药品经营单位诚信档案。对食品药品经营单位的经营场所、食品安全状况、从业人员、留样等信息实行动态管理。推行网格化监管机制。建立县、乡（镇、街道）、村（社区）三级监管网格化，实行网格化监管，各村（社区）设立食品安全协管员，采取以村（街）为单元、分户监管、责任到人的监管措施，确保食品药品安全监管全覆盖。

【监督抽检】 狠抓检验检测体系建设。在罗山商场、晶美商贸城、解放路农贸市场、同俗农贸市场、金沙商场等5个农贸市场和五莲县百货大楼有限公司、日百集团新玛特购物中心五莲店、日照银座商城有限公司五莲分公司、日照福都购物广场有限公司、潍百集团五莲佳乐家超市等5个大型商超，分别设立食用农产品快速检测室，配备食品快检仪，培训快检技术人员，积极开展食用农产品快速检测工作。同时，开展“你点我检”活动，无偿为群众提供快检服务并公示快检结果，实现食品安全快检技术与老百姓的“零距离接触”。科学制定覆盖食品、保健食品的监督抽检计划，加大蔬菜水果的农药残留、畜禽肉、水产品的兽药残留抽检力度，努力提高食品抽检工作的针对性、靶向性，及早发现和控制食品安全风险，为日常监管提供技术支撑，将食品安全监管从“事后监督”转向“事前预防”。全年完成重点食品国抽13批、省抽51批、县级监督抽样1200批次，完成基本药物监督抽样35批、高风险非基本药物监督抽样5批、中药材中药饮片监督抽样10批、医疗器械监督抽样3批、化妆品监督抽样10批。

【专项整治】 食品安全。加强食品信用量化分级管理。指导辖区所有食品经营者建立诚信档案，履行诚信经营承诺，全县食品经营量化分级率、建档率达到90%。完善食品药品安全红黑榜制度。加大对食品药品违法行为曝光力度，倒逼企业规范经营行为，提升食品安全水平。积极落实“放管服”政策。优化行政审批服务流程，简化部分审批手续，让群众只跑一次腿；强化现场核查，取缔无证经营行为，规范食品生产经营行为，开展肉串、烧烤、桶装水等领域专项治理。全面提高流通环节食品质量安全监管。严格落实食品经营“一票通”等食品经营制度。开展学校食堂季度检查和飞行检查，加强学校食堂食品原料集中招标采购管理。开展旅游景区食品安全专项整治，加大对酒店、餐厅、饮食摊点等餐饮服务单位的监督检查力度，整治索证索票不全、台账记录不完整、生熟荤素混放、保洁消毒不到位等问题。

药品、医疗器械。对辖区内疫苗、生物制品等冷链储运药品的经营使用、特殊药品管理、中药饮片质量安全管理、药品购进验收、处方药销售和药师在职在岗等情况、定制式义齿、隐形眼镜及护理液等、眼科用高风险医疗器械、计划生育医疗器械、冷链储运等医疗器械产品经营使用情况开展全面检查。全年检查药械化经营使用单位720家次，出动执法人员1650人次，对监督检查中发现的问题全部进行督促整改。

化妆品。对化妆品专营店、美容机构基础档案建档及不合格化妆品开展专项检查，完成120家化妆品专营店及美容医疗机构的建档工作。

【社会共治】 明确“宣传也是监管”理念，结合重大节日开展食品安全“进机关、进社区、进校园、进农村、进企业”宣传活动，以食品安全宣传周、“3·15”国际消费者权益日、“12331”投诉举报宣传日等活动为重点，通过悬挂横幅、摆放展板、设立咨询台、发放宣传资料等方式，广泛宣传食品安全知识，发放宣传资料2万余份。充分发挥“食安五莲”微信公众号、电视专栏等本地主流媒体作用，全面宣传食品安全知识、监管动态等。分类别、分批次对全县食药监管人员和食品经营从业人员开展安全知识培训，举办培训40场次，培训人员5000余人次，全面提升从业人员的安全意识和知识水平。

党组书记、局长：李世华
电话：0633-7985570
地址：五莲县富强路166号
邮编：262300

（撰稿：刘健　核稿：王伟）

日照经济技术开发区

【概况】 日照经济技术开发区市场监督管理局（挂区食品安全委员会办公室牌子），设立办公室、政策法规科、行政审批科、食品药品监督管理科、质量监督管理科、市场监督管理科、综合稽查大队7个职能科室，下设北京路市场监督管理所、奎山市场监督管理所2个派出机构。全局职员编制29名，配备局长 1 名，副局长 3 名。

截至 2017 年底，全区有食品生产企业 43 家，食品流通企业 960 家，餐饮服务单位 172 家（其中大型餐饮服务单位 2 家、中型餐饮服务单位 5 家、小型餐饮服务单位及小饭店 165 家），学校食堂 49 家，药品零售经营企业 46 家，医疗器械生产企业 2 家，医疗器械经营企业 50 家（其中三类经营企业 14 家、二类经营企业 36 家），药械使用单位 115 家，化妆品经营单位 13 家，化妆品使用单位 56 家。

2017 年，日照经济技术开发区局以“三城同创”为抓手，加强食品药品日常监管、抽检和技术支撑，促进食品药品业态规范提升。

【监督检查】 *提升食品药品业态规范化水平。*结合“三城同创”工作，对北京路街道和奎山街道的主要路段和重点区域、重点部位实施全覆盖、地毯式检查，建立问题台账，实行销号落实。全年检查食品、药品经营 1000 余户次，发放各类证照 319 户，督促补办过期健康证 100 余个。

*加强许可管理，把好市场准入关。*督促食品药品经营业户按规定办理许可证、登记证、营业执照和从业人员健康证，严格把关、快速办理，确保从入口把好食品药品质量安全关。全年核查食品生产企业 18 家，核发食品经营许可证 787 户（其中食品流通许可证 481 户、餐饮服务许可证 271 户、单位食堂 35 户），现场验收药店 15 家、三类医疗器械经营企业 5 家。

*强化学校食堂食品安全监管。*严格落实学校食堂食品安全“四查”制度，督促学校开展月度自查，全面开展季度检查、飞行检查、督导检查，并对问题责令限期整改到位。全年开展学校食堂季度检查 4 次、飞行检查 2 次、督导检查 1 次，检查学校食堂 200 余家次。开展业态规范整治和现场指导帮扶，精心打造开发区中学食堂、濮院幼儿园食堂等一批学校食堂示范样板，相关经验在全区学校食堂进行观摩推广。

*开展“三小”规范提升行动。*开展“三小”规范提升工程。对辖区内“三小”单位进行全面调查摸底并详细登记从业信息，做好“三小”档案管理。开展“一对一”帮扶行动，每名监管人员确定一个“三小”业户作为重点帮扶对象，定期指导帮扶“三小”业户改善生产经营环境硬件，纠正经营问题，严格落实索证索票和“一票通”制度，确保“三小”达到“六项标准”。全年完成 130 家小作坊、小餐饮登记工作。

【监督抽检】 强化食品药品抽检的技术支撑能力，提升监管效能。开展区级水产品、学校食堂、节日市场、餐饮环节、流通环节等专项食品安全抽检工作。全年完成区级食品抽检 117 批次，经检验不合格 4 批次（其中，水产品不合格 2 批次、学校食堂食品不合格 2 批次）；完成药品抽检 25 批次；医疗器械抽检 4 批次。同时，配合完成上级抽检 480 批次，经检验不合格 17 批次。问题品种核查处置率达到 100%。

【专项整治】 *食品安全。*开展植物油塑化剂专项整治，检查植物油生产企业 10 家，抽检植物油 4 批次，经检验全部合格。推进食品快检室建设与规范运行，一次性配齐农贸市场食品快检室的设备设施，开展检测人员技能培训，完善工作制度和检测流程，每天检测并公布入市蔬菜、水果等商品检测结果。建设食品快检数据共享系统，实现快检数据共享融合，推进农贸市场规范化创建工作。

*药品。*突出对疫苗、麻醉药品、生物制品、含麻黄碱类复方制剂等重点品种的监管，重点检查药品质量管理体系建立落实情况，药械采购、验收、储存、养护等环节管理情况，督促药品经营使用单位全面落实药品安全主体责任，切实解决当前药品经营使用环节存在的突出问题。全年检查药品经营使用单位 110 余家次，责令整改 8 家，立案查处 2 家。

*医疗器械。*实施医疗器械专项整治 2017 行动，开展定制式义齿、避孕套和医疗器械产品包装标识专项检查。全年检查定制式义齿生产企业 1 家、牙科诊所 6 家，出动执法人员 8 人次；检查避孕套经营企业 36 家；检查医疗器械产品包装标识生产企业 2 家，检查产品 10 件，出动执法人员 4 人次。

【亮点工作】 *推进农贸市场提档升级。*制定农贸（便民）市场整治工作方案，坚持以人为本原则，联合区规划办、建设局、财政局、交警大队、行政执法局三大队、社会事业局、北京路街道，关闭开发区东韩家村摊点群、大董家村摊点群、安源路早市，拆除北京路市场。改建扩建大连路市场，拆除原有大棚，新扩 5000 平方米的钢结构大棚 1 座，建设经营房屋 150 余间，辐射周边 7 个社区村居。新建太原路农贸（便民）市场，内建 2000 平方米钢结构大棚 1 座，安排经营户 86 户，解决安源路早市关闭后经营户安置问题。新建连云港路农贸（便民）市场，占地面积 2 万平方米，建筑面积 8000 平方米，建有钢结构交易大棚 4 座，建设经营房屋 200 余间。

*提高农贸市场管理标准。*制定《市场食品卫生管理制度》等 20 余项制度，实施“六个一致”规范，开展示范性农贸市场和星级诚信经营户创建活动。连云港路市场被评为市级文明诚信市场，大连路市场、连云港路市场正在全力争创省级规范化市场。在连云港路市场、大连路市场建立市场经营户红黑榜制度并定期公示。2017 年，大连路市场评选文明经营户 20 户，每户颁发奖金 2000 元。同时，开设“食安课堂”，培训市场经营户、管理员 400 余人次。

推进农贸市场食品快检室建设。按照建设标准，一次性配齐设备设施，完善工作制度和检测流程，开展检测人员的技能培训，全年建成3处标准化、规范化的农贸市场快检室并全部投入使用。推进农贸市场快检数据共享、实时监控，方便消费者查阅。上级监管部门通过平台，可及时了解掌握每日快检情况，采取相应监督抽检措施。

党组书记、局长：丁鑫
电话：0633-8351336
地址：日照经济技术开发区天津路10号
邮编：276826

（撰稿：张秀云　核稿：丁鑫）

日照山海天旅游度假区

【概况】 2017年3月，山海天旅游度假区食品药品监督管理局组建成立，开始履行职能，全面开展工作。区局编制11名，其中，行政编制4名，事业编制7名，现有11人。设局长1名，副局长2名。内设综合科、食品药品监管科、督查协调科、公共卫生管理科、稽查科5个职能科室。

2017年，山海天旅游度假区局以实施规范化管理为载体，以食品安全保障为重点，扎实开展治理整顿，有力保障全区的食药安全稳定。2017年，获得全区目标管理绩效考核先进单位称号；探索建立的食药“智慧监管”模式，在全市食药监系统推广，学校食堂规范化管理走在全市前头。

【监督检查】 实施网格监管和夜间巡查制度。将监管区域划分若干网格，从旅游旺季开始，对接待游客较多的中等以上的酒店，强化各网格组监管力度。安排2名监管人员，在每晚11点前针对餐饮重点区域的食材原料、争议矛盾等进行巡查整治。统一印制“食品安全温馨提示”宣传折页2万余份。

开展星级评定，倒逼餐饮经营者强化自我管理。按场所布局、卫生状况、消费者反映等评定标准，对1455个民俗餐饮经营户进行星级评定，实施激励机制，倒逼民俗旅游餐饮单位下力气改善内部经营环境，不断提升规范化管理水平。现有五星级经营户10个、四星级经营户20个、三星级经营户1540个、二星级经营户60个，并发布评定奖牌。

凝聚各方监管力量，营造共治氛围。注重发挥基层辅助监管作用。积极与街道办事处、市场监管所、旅游管理办、综合执法中队等部门联动，开展农村社区食品安全知识宣传，举办食品安全知识培训，引导举办红白喜事聚餐进行主动申报，通过发挥基层辅助力量的作用，弥补监管人员不足的短板，营造共治氛围。开展联合执法检查活动。与日照市食品药品稽查支队联合检查9次，与区公安局、消防大队、综合执法局联合对重点区域的餐饮经营户进行规范治理，责令停业整顿32户。开展校园“小手拉大手”活动。联合教育部门，印制“食品药品安全知识”卡通图片，搭建“小手拉大手”食品安全共治平台。

【监督抽检】 扎实开展食品药品抽检工作。结合国抽、省抽、市抽及度假区局制定的食品安全抽检计划，开展有针对性、计划性的食品安全抽检，抽检食品药品240余批次。

【专项整治】 开展学校食堂“厨房色标及规范化管理”。实施以“红、蓝、绿”为基色的色标管理，相关管理经验在全市得到推广。与教育部门联合制订出台《学校食堂原材料定点采购管理办法》，对米、面、油、猪肉等主要食材推行集中公开招标采购，在严格质量标准的前提下，采取公开招标方式确定商家供货资格，各学校根据实际需要从中标商中自主选择。对采购食材采取统一标识，特别是对米、面、油等包装食材的生产日期、保质期和入库时间等信息记录祥实，规范食材采购行为。

【亮点工作】 探索建立“食药“智慧监管””平台。建设由智能执法系统、智能控制系统和信息公开平台三部分组成的“山海天食药智慧平台”，量化检查标准，实现取证、文书制作等监管程序自动化并实时上传，24小时无缝隙自动监控从业单位经营现场；同时，生成记录从业单位专属信息的二维码，并实现现场检查信息的动态自动更新，消费者可扫描二维码查看该单位食品安全状况、同类业态检查排名、消费者评价情况等信息，构建“部门监管、公众参与、行业自律”的食药监管模式。平台覆盖全区学校及托幼机构食堂、重点餐饮级药品经营使用等单位。

党工委委员、局长：刘靖
电话：0633-8316916
地址：日照市山海天太公一路23号山海天管委
邮编：276825

（撰稿：李华杰　核稿：刘靖）

莱芜市

【概况】 莱芜市食品药品监督管理局（挂莱芜市食品安全委员会办公室牌子）为莱芜市政府工作部门，负责对全市生产、流通和餐饮环节的食品安全，化妆品、医疗器械和药品的安全性、有效性实施统一监督管理，承担着市食品安全委员会的具体工作。内设11个职能科室：办公室、政策法规科（挂行政审批服务办公室牌子）、食品安全综合协调科、食品监管一科、食品监管二科、食品监管三科、药品化妆品生产监管和风险管理科（挂科技与标准科牌子）、药品化妆品市场监管科、医疗器械监管科、人事科、财务科，下设莱芜市食品药品稽查支队（副县级）、莱芜市食品药品检验检测中心（正科级）2个直属单位。核定莱芜市局机关行政编制32名，工勤编制2名，在编行政人员32名，工勤人员2名；核定莱芜市食品药品稽查支队编制25名，现有在编人员24名；核定莱芜市食品药品检验检测中心核定编制38名，现有在编人员38名。

2017年，莱芜市食品药品监管系统认真落实省局、莱芜市委市政府部署，以推进“食安莱芜”建设、创建省级食品安全市县为引领，以防控食品药品风险、保障饮食用药安全为目标，坚持源头严防、过程严管、违法严惩，着力构建预防为主、风险管理、全程控制、社会共治的食品安全格局，莱芜市食品安全形势总体平稳，没有发生系统性、区域性食品安全风险问题。

截至2017年底，全市有“四品一械”（食品、药品、保健食品、化妆品、医疗器械）生产经营使用单位17008家，其中，食品生产企业156家，食品流通单位8213家，餐饮服务单位4962家，保健食品经营企业1113家，化妆品生产经营企业489家，药品生产企业1家，药品批发零售企业19家、零售门店466家，医疗器械生产企业6家、经营企业197家，药品、医疗器械使用单位1386家。

【食品安全监管】 莱芜市局在食品监管中重在提高监管实效。在日常检查中重到位，全面推行“双随机”抽查机制和“四不两直”检查方式，在餐饮环节开展“星期三查餐饮”活动，在食品生产环节开展“每月一类、每周一企”活动。针对突出问题抓整治，针对农村地区食品药品监管薄弱的现象，开展农村食品药品专项整治三年行动，重点检查小食品店、食品小作坊、小餐饮、食品摊点以及农村卫生室、单体药店、个体门诊，截至2017年底，检查348个行政村1022家单位，责令改正106家，立案调查53件。同时，积极抓好保健食品虚假宣传、韭菜双证制、畜禽水产品专项整治等工作。抓好示范创建，推进典型引领。积极参与创建全省食品安全城市创建，持续推进“食安山东”“食安莱芜”品牌引领行动，开展“放心肉菜超市创建”工作，突出正向引领，打造更多示范典型。截至2017年底，全市“食安山东”“食安莱芜”示范单位总数达到472家。餐饮质量安全提升工程被莱芜市政府列为2018年为民办的实事。

【药品监管】 莱芜市局配合医药购销“两票制”的实施，以药品购销渠道为重点，突出重点品种，组织开展全市中药材（饮片）专项整治活动，规范药品GSP跟踪检查的工作程序，制定全市GSP跟踪检查计划，重点对各区开展GSP跟踪检查情况进行督查和飞检，扎实推进流通领域违法经营行为集中整治，严厉打击违法违规行为，撤销3家药店的GSP认证证书，收回5家药店的GSP认证证书。加强疫苗监管工作，强化过渡期疫苗监督管理，突出高风险品种监管，督促2家疫苗经营（配送）企业销毁过期库存疫苗，并核减疫苗经营范围。开展化妆品市场基层监管三年规范化建设工作，明确全市6个乡镇为基层监管规范化建设试点乡镇。开展化妆品飞行检查和随机抽查，2017年监督检查单位65家，出具监督意见书16份。

【医疗器械监管】 莱芜市局以“规范实施年活动”为抓手，不断提升医疗器械生产经营企业质管水平。制定《莱芜市医疗器械生产经营“规范实施年”》活动方案，召开专题部署会议，明确工作目标和任务，针对全市医疗器械生产企业、冷链管理产品经营企业和其他第三类医疗器械经营企业分别开展培训，并对各区进行全面督导检查，截至2017年底，全市医疗器械二类、三类生产企业均符合规范要求，3家一类生产企业基本符合规范要求；冷链经营企业原有21家，其中3家体外诊断试剂企业因整改达不到要求主动撤销体外诊断试剂经营范围，其余18家基本符合规范要求；三类经营企业246家，检查210家，其中符合规范的178家，符合规范的占三类经营企业的85%。

深入开展医疗器械专项整治2017行动。在辖区内全面开展注射用透明质酸钠、定制式义齿、隐形眼镜、避孕套等四类产品的集中整治，对涉及的重点区域、重点企业集中进行排查、整治、规范，切实达到整治一类产品、规范一种行为的目的。开展无菌和植入性医疗器械经营使用单位、互联网医疗器械经营等专项检查。加大对案件的查处力度，全年立案12件，结案8件，罚没款58.8万元，对5家经营企业、医疗机构存在的进货查验记录不规范等问题给予警告的处罚。

【专项整治】部署开展动物源性肉制品、畜禽水产品、农村食品药品、酱腌菜、肉制品、保健食品虚假宣传等专项整治行动，开展旅游景区餐饮单位专项检查、养老机构餐饮服务安全专项整治、食盐市场专项检查、现制现售乳饮品质量安全检查、餐饮环节食用油检查、医疗器械专项整治2017行动等专项检查。全年累计查办案件430起，罚没款327万元，移送公安部门案件21件，办结8件，抓获犯罪嫌疑人10人。处置涉案物品货值超过50万元。2个食品案例进入全省30个优秀执法案例。

【基层基础建设】莱芜市食品药品检验检测中心于2017年11月通过实验室资质认定，食品检验能力实现从无到有的跨越。官寺市场等13处集贸市场、商场超市快检室运行顺利，委托快检、自主快检覆盖城区市场70%的食用农产品。2017年为各区配备10辆食品快检车，20个基层所全部配齐快检设备。全市均形成移动快检（车辆）、市场快检、基层监管所检验、中心实验室检测相互衔接、政府与市场互为补充的保障体系。

钢城区局按照“四有两责”和“十个一”标准，制定基层食药监管所标准化建设工作方案，全力推进基层食药监管所标准化建设，全区5个乡镇食品药品监督管理所全部完成标准化建设。

【服务食品医药产业发展】2017年莱芜市生物医药产业现有重点企业16家，包括1家骨干企业（泰禾生化）和4家成长性企业（耀华医疗器械、康福德实业、珅诺基药业、宏葵生物）。2017年完成主营业务收入43.8亿元，增速10.1%；纳税总额0.3亿元，增速13.8%，均完成年度目标。莱芜市局作为莱芜市生物与医药产业牵头服务部门，为做好服务产业发展工作，牵头起草并制定《莱城区生物医药产业园项目推进方案》，成立生物医药产业项目推进指挥部，由分管市领导担任总指挥，明确项目节点，强化服务，做好项目保障，对重点项目每半月一次现场督查，每季度召开一次专门会议，研究分析项目推进落实情况。莱芜市局充分发挥职能作用，深入开展“摸排消”活动，实施精准帮扶，加强规划指导、审批许可、质量监管等工作，加强与省局的沟通协调，企业完善技术资料、进行厂房设计、申请办理注册、生产许可证相关事宜，2017年珅诺基药业、宏葵生物、迪凯尔、华安、泽凯尔、济世药业、禾宝药业等多家企业的在建项目进展顺利。

【社会共治】抓好食品安全工作，关键的是把党政同责落到实处，动员全社会的力量来开展工作。莱芜市委市政府将食品安全工作作为全市重要的民生大事要事来抓，并给予充分保障。莱芜市委市政府将食品检验体系建设纳入2017年市政府为民办实事项目，将餐饮质量提升工程列入2018年市政府为民办实事项目，重点推进10个食品安全项目建设，将食品安全工作作为一项长期的事业纳入全市总体发展规划，写入《莱芜市国民经济和社会发展第十三个五年规划纲要》，出台《莱芜市食品药品安全“十三五”规划（2016—2020年）》等10个政府类文件，将食品安全工作各项目标具体化、明确化、责任化，将“食安山东”建设和食品抽检合格率纳入对各区经济社会发展综合考核，权重占到3.5%。莱芜市政府印发《莱芜市食品安全工作评议考核办法》和《莱芜市食品安全工作责任约谈办法》，将食品安全作为全市八个“一票否决”事项之一。莱芜市食安委、食安办积极履职，主动开展工作，针对监管工作中的热点难点，加强组织协调，积极开展全市“守护舌尖安全”专项整治，组织多部门开展食品保健食品欺诈和虚假宣传整治、韭菜“双证制”、校园食品安全等执法检查活动。

【党风廉政和干部队伍建设】认真开展“两学一做”常态化制度化专题教育。严格落实党风廉政建设责任制，扎实开展反腐倡廉各项工作，坚持领导带头，认真贯彻落实中央“八项规定”，莱芜市局党组定期研究党风廉政建设，定期分析莱芜市食品药品监管系统党风廉政建设现状，切实做到“三个及时”（及时发现问题、及时解决问题、及时提醒注意）。

着重抓以“清、制、查、核、建”为重点的廉政风险防控工作。组织领导干部查找廉政风险点211个，针对性地制订271条防范措施，构建前期预防、中期监控、后期处置防控工作机制。编印《党规党纪汇编》，收录52部现行的党规党纪和法律法规，为党员干部学习掌握运用党纪法规提供重要的工具书。召开纪律作风建设动员大会，全面开展纪律作风整治工作，以理想信念教育为基础，以风险岗位廉政教育为重点，以廉政勤政先进典范为榜样，以违纪违法案例为反面教材，让市食品药品监管系统每一名党员干部牢固树立正确的世界观、人生观、价值观，筑牢拒腐防变的思想道德防线和精神堡垒。以作风纪律建设促进食品药品监管工作，以食品药品监管工作业绩检验纪律作风建设成效。

【“星期三查餐饮”】莱芜市局于2017年8月开展“星期三查餐饮”活动。在每周星期三的日常检查工作，莱芜市局主动邀请人大代表或政协委员、热心市民、新闻媒体记者参与，对执法人员的执法行为全程进行监督，检查面对全市范围内的各类餐饮服务业态，采取“双随机”和“三不一直”的方法，即随机抽取执法人员、分类随机抽取被检查单位，活动中不发通知、不打招呼、不听汇报、直接进入现场，采取实地检查、快速检测、监督抽检等方式进行检查。每期均在莱芜电视台、《莱芜日报》、大众网等媒体公开报道，同时通过媒体将一批硬件设施到位、软件管理完善、食品安全有保障的诚信餐饮服务企业展示给群众，曝光一批基础卫生差、管理混乱、食品安全风险高的失信企业，倒逼餐饮单位自觉加强自律，落实主体责任，不断提高食品安全水平。截至2017年底，活动开展13期，检查餐饮单位29家，下达《监督意见书》112份，约谈学校食堂责任人2名，责令歇业整改餐饮单位1家，查封、扣押不符合食品安全要求的食品100余公斤。

【宣传应急】 2017年，莱芜市局加大新闻宣传和科普宣传力度，建立新闻定期发布制度，发挥新闻发言人作用，全年围绕创建食品安全城市、2016年食品安全状况等主题召开2次新闻发布会。在《莱芜日报》开设“食品药品安全周刊”，每周1版，全年发布46期50个版面。组织开展“食安山东”品牌展示、“透明工厂”体验日、学校食堂开放日、你点我检、食品标准知识竞赛、食品安全法律知识竞赛等10余场活动，公众累计参与达3000余人次。通过门户网站向社会发布监管信息75期，发布消费提示、红黑榜22次。发布微博微信52期。规范应急预案管理，修订完善市级食品、药品2个应急预案，指导各区监管部门编制预案，加快形成上下衔接的应急预案体系。积极回应食药热点事件，有效防控舆情风险。

党组书记、局长：许司东
党组成员、副局长：杜洪生、李传宝、孙慎东
副局长：郭芳
电话：0634-5673010
地址：莱芜市莱城区胜利南路38号
邮编：271199

（撰稿：亓学文　核稿：王清）

莱城区

【概况】 莱芜市莱城区食品药品监督管理局（挂莱芜市莱城区食品安全委员会办公室牌子）系莱芜市莱城区政府工作部门。负责对生产、流通、消费环节的食品安全和药品的安全性、有效性实施统一监督管理，承担着区食品安全委员会的具体工作。局机关行政编制12名，配备局长（主任）1名、副局长（副主任）3名，实有人数11人；内设5个职能科室（办公室、政策法规科、食品监管科、药品监管科、保健食品化妆品和医疗器械监管科）；副科级直属事业单位1个，为莱城区食品药品稽查大队，区政府核定区食品药品稽查大队事业编制15名，实际在编人员25名，退休2名。派出机构7个（凤城、口镇、羊里、牛泉、高庄、苗山、和庄食品药品监督管理所），核定编制35名，实际在编人员30人。同时，在各行政村设立村协管员407人。

截至2017年底，莱城区有食品生产企业83家，食品流通企业1500余家，餐饮企业1100余家，“三小”1200余家。涉药、涉械单位有900余家，其中药品零售企业196家，医疗机构400余家，医疗器械经营单位300余家。

2017年，莱城区局牢牢把握保障食用药安全这一根本目标，以创建省级食品安全区为主线，细化工作措施、完善工作机制，认真贯彻落实《食品安全法》的相关规定，2017年被省食安委授予“省级食品安全区”的荣誉称号；开展食品安全宣传周活动，开展重点食品、重点场所食品安全专项整治；开展药品、医疗器械、化妆品专项整治，全区未发生重大食品药品安全事故。

【监督检查】 以加强日常监督检查为重点，以树立食药执法权威为目标，对重点场所如学校及其周边，大型超市、餐饮店、农村地区和城乡接合部等区域加大巡查力度；抓好重点品种的监管；对食品关键环节和薄弱环节加强监管，确保公众饮食安全。严厉打击各类违法违规行为，截至2017年底，莱城区局立案80起，结案80起。

构筑食品药品风险防控体系。通过网站、报纸、短信平台等有效信息渠道，及时通报工作，发布食品药品安全信息，曝光违法案例。落实企业主体责任，建立企业“约谈”制度，实行预警告诫谈话。规范药店经营行为，推动药品监管工作向纵深发展，提升药品零售企业的管理质量和服务水平，确保人民群众用药安全。

健全投诉举报查处反馈机制。完善投诉举报体系，规范工作流程，制定“12331”投诉举报受理、协调处理、审查反馈、跟踪督查以及举报奖励办法等。全年受理举报投诉176件，办结率100%。在莱芜市政府广场开展2017年度食品药品投诉举报工作宣传活动，发放宣传材料1000余份，提升“12331”社会知名度。

完善联合打假制度。召开联席会议，制定完善有关制度。具体执法工作中多次与莱城区公安局、城建

局、市场监管局、卫计部门协调配合对重点领域、重点环节、重点单位从事违法食品、药品生产经营的行为进行打击，联合公安部门联合办案1起，创城期间多次与莱城区城建局、市场监管局联合执法，对占道经营商贩、露天烧烤经营单位依法进行查处。

【监督抽检】 建立健全食品药品快速检验检测机制。年初按照每千人3批次标准要求，制定1600批次的食品抽检计划，全部抽检完成，并在政府网站、《鲁中晨刊》上进行公示。在莱城区局和7个镇（街道）食药监管所建立快检室，能完成各类食品中甲醛、吊白块、亚硝酸盐、农药残留等50种物质的快速检测。通过对食品质量的快速筛查、定性鉴别，及时发现安全隐患，为食品安全定性提供科学依据。抽检药品140批次，配备中药饮片快检设备2件，为及时下架、退市、销毁、追溯不合格食品、药品提供科学的技术保障。

【专项整治】 开展学校食堂督导检查。重点围绕各监管所监管责任落实情况、学校主体责任落实情况及学校食堂食品安全管理情况进行检查。开展农村食品专项整治活动，开展猪肉及其制品“规范整治打击”专项行动，重点对集贸市场、香肠加工企业的猪肉及其制品使用量较大的单位进行规范整治，特别对口镇16家香肠加工企业进行专项检查，建立健全监管档案。开展药品、医疗器械专项检查，开展药品经营企业GSP认证跟踪检查、医疗器械经营使用单位监督检查、开展角膜塑形用硬性透气接触镜的专项整治等工作。

【“明厨亮灶”】 本着饮食安全第一理念，在32家学校、幼儿园食堂先行试点推行“明厨亮灶”工程，在局机关就可以全方位、全过程监控食材从进入餐厅到递出窗口的整个过程。显示屏24小时播放从储藏室、消毒间、洗菜配菜到灶台的场景画面，提高餐饮服务单位食品安全管理水平，提升学生的就餐安全。

【责任保险】 莱城区局联合保险公司召开食品安全责任保险工作促进会议。2017年16家肉制品等规模以上企业积极办理食品安全责任保险，同比增长93.75%。2017年1家餐饮企业办理该保险，在其他业态中实现零突破。

党组书记、局长：袁明勤
电话：0634–5631160
地址：莱芜市莱城区凤城西大街235号
邮编：271199

（撰稿：安庆　核稿：李耐明）

钢城区

【概况】 莱芜市钢城区食品药品监督管理局（莱芜市钢城区食品安全委员会办公室）系莱芜市钢城区政府组成部门，负责对食品安全、药品、医疗器械、化妆品生产、流通和消费环节的安全性、有效性实施统一监督管理，承担着钢城区食品安全委员会办公室的具体工作；钢城区局设4个科室：办公室（挂人事政工科牌子）、政策法规科、食品监管科、药品医疗器械化妆品监管科。下设1个食品药品稽查大队、5个镇（街道）食品药品监督管理所（挂稽查中队牌子）。核定钢城区局机关行政编制人员11名，实有11人，稽查大队事业编12名，实有12人，派出机构5个，核定编制24名，实际在编人员21人。局领导班子6人，包括党组书记1名，局长1名，副局长3名，稽查大队大队长1名，另副局级干部1名。同时，在各行政村设立食品安全协管员231人。

截至2017年底，钢城区有食品生产企业食品生产单位13家，食品流通单位（业户）2123家，餐饮服务单位（业户）1212家，另有食品小作坊、小摊贩500多家。药品、医疗器械生产经营使用单位有430家，其中药品生产企业1家、零售连锁企业2家，零售药店88家、村（社区）卫生室及个体诊所195家、医疗器械经营单位150家。

钢城区局以创建省级食品安全市为首要任务，坚决贯彻落实习近平总书记关于食品安全工作的“四个最严”等重要指示精神，大力推进食品安全战略实施，不断深化提升“食安钢城”建设，完善食品药品安全监管体制机制，做到源头严防、过程严管、风险严控、夯实责任，推动全区食品药品安全形势持续改善，不断提高人民群众的满意度和获得感。被莱芜市人民政府授予“莱芜市食品安全先进集体”称号。

【监督检查】 食品安全。在生产环节开展食品品种风险分级建档工作，对食品流通环节尤其以大中型商超为重点，按照“四无”标准落实进货查验、索证索票等工作，督促建设快检室，探索建立食品全程追溯机制；在餐饮服务环节持续开展“量化分级”动态评定工作，加大对学校食堂及小饭桌的监管频次和规范程度；在保健食品环节开展建档工作，大型商超、批发企业和专卖店建档率达到100%。

药品。开展涉药单位检查行动，以城乡接合部、农村为重点检查区域，以农村卫生室、药品零售药店、个体诊所为重点检查单位，检查医疗机构184家，药店77家，药品生产企业1家，基本实现全覆盖。查处违法违规行为160余项，办理违法案件40件。

医疗器械。组织第三类医疗器械经营企业对照

《医疗器械经营质量管理规范》相关要求，开展全面自查，不断完善质量管理体系，整改25家，其中医疗器械专营店12家，眼镜店11家，连锁药店2家。检查医疗机构15家、眼镜店15家、美容美体机构24家、避孕套经营单位44家，责令改正违法违规行为40余项。

化妆品。对进口化妆品、特殊类化妆品标签标识进行重点检查，对辖区内化妆品专营、兼营及使用单位进行专项检查。检查化妆品使用单位（美容、美发、美体店）14家次，化妆品专营单位（专营店）9家次，化妆品兼营单位（商超、药店、母婴用品店）38家次，责令改正违法违规行为10项。

【监督抽检】2017年，制定《钢城区食药监局2017年食品抽检实施方案》，根据方案制定月计划，全年完成抽检各类食品1000批次，其中食用农产品539批次，问题样品数54批次，其中食用农产品41批次，不合格率5.4%，超出创建省级食品安全市创建达标要求（5%）0.4个百分点，在规定的时间内全部由稽查大队依法处理。全年完成药品抽验任务104批次，未收到不合格批次报告。

【专项整治】结合实际，创新方式方法，聚焦风险隐患，围绕重点区域、重点环节和重点品种，以“双随机”和“四不两直接”检查方式进行检查。监管落实落细，开展农村食品药品专项整治、守护舌尖安全整治、饮料及农村食品安全专项治理、酒类产品质量安全专项整治等活动，对发现的问题立案查处43起。移送公安机关案件1件，刑事拘留1人。

【“智慧监管”】2017年投资55万元建立食品安全“智慧监管”平台，与钢城区智慧城市建设项目优势互补，将“智慧监管”平台融入智慧城市中。为一线监管执法人员配备信息化执法终端设备，使执法人员能在日常检查、监督抽验、执法办案等工作中采用信息化手段，提升监管效能。与100家餐饮单位签署“明厨亮灶”合同，通过信息化手段对餐饮单位的后厨进行监管。积极推进“透明工厂”“食安地图”、监管指挥中心等项目建设。

局长：潘长喜
电话：0634-5659006
地址：莱芜市钢城区府前大街58号。
邮编：271104

（撰稿：蒋於成　核稿：苏玉德）

临沂市

【概况】临沂市食品药品监督管理局主要负责全市食品生产、流通、餐饮服务环节质量安全，保健食品、化妆品安全，以及药品、医疗器械全程质量安全监管，内设13个科室，核定行政编制50名。下辖市食品药品稽查支队、市食品药品检验检测中心、市药品不良反应监测中心、市医药技工学校4个直属事业单位，核定事业编制200名。全市有各类市场主体11万余家。其中，食品生产经营单位74657家，化妆品生产经营单位26018家，药品生产经营单位3145家，医疗器械生产经营单位558家，药械使用单位6158家。2017年，全市食品药品监管系统认真贯彻党的十九大精神，坚持常规工作抓规范、重点工作求突破、特色工作树亮点，不断夯实基层基础，提升监管能力，加强日常监管，开展治理整顿，推行社会共治，助推医药产业发展，确保社会公众饮食用药安全，守住不发生系统性、区域性重大安全问题的底线，全市食品药品安全形势总体平稳。

【食品安全监管】坚持问题导向，全面推进食品药品安全战略，认真把好从农田到餐桌每一道防线。制定食品生产企业“两清单两制度”整治方案，解决隐患问题340个，立案查处违法企业336件、小作坊164件。突出经营者，加大日常监督检查力度，严格索证索票管理、进货查验制度管理，开展专项检查。梳理风险隐患82条，检查农村批发市场22处、集贸市场428处、农村庙会和集市590处、食杂店5578处；推行韭菜“双证制”管理，市场经营产品质量状况持续向好。开展寻找笑脸就餐和量化分级、“明厨亮灶”和“清洁厨房”行动，全市发放《小作坊登记证》4360张，《小餐饮登记证》4717张，备案食品摊点9270家，总登记备案率达100%。量化分级26949家，其中A级1503家，B级10747家，C级14699家，“清洁厨房”5604家，“明厨亮灶”单位1032家。

【药品监管】全年监督检查药品生产企业121家次、药包材生产企业18家次、医疗机构制剂室16家次、特殊药品经营企业32家次、备案中药提取物生产企业8家次、中药提取产外车间8家次。发现严重问题9项，全部整改到位。检查药品零售药店2081家，立案查处274家。高密度开展飞行检查，整改主要缺陷项目80项。药品购进环节索证索票率达100%，撤销GSP证书77份，收回39份。对全市6000家医院、卫生室、诊所进行摸底排查，下达责令整改通知书536份，立案查处295件，全市69家药品使用单位通过规范化确认。

【医疗器械监管】 开展医疗器械专项整治2017行动和规范实施年活动。办理三类医疗器械经营许可98件，二类医疗器械经营备案876件，一类医疗器械产品备案45个。

【专项整治】 2017年，临沂市局坚持问题导向，沿着发现、整顿、巩固、规范思路，深化“三安联动”，全面推进食品药品安全战略。组织开展“守护舌尖安全”、打击食品安全违法犯罪“清源”行动和医疗器械专项整治2017行动等系列活动。5月11日，召开含铝食品刑事案件研讨座谈会，市法院、市检察院、市公安局有关领导参加，对查处案件相关问题达成一致意见。全市查处各类违法案件3728起，移送司法机关65起，出具假药认定证明73份，涉及品种345个。打击成效位居全省前列。其中，在守护舌尖安全整治中，查处食品案件4475起，配合公安机关破获食品犯罪刑事案件120起，抓获犯罪嫌疑人268人。

【基层基础建设】 围绕检验机构、检测设备、技术人员三个关键环节，加强市县两级检验检测体系建设。争取上级建设项目，在检验检测体系、执法装备配备等方面，争取中央和省级财政资金专项补助2507万元，占全省拨付总额1/9。检验检测中心具备11300个参数和844个方法，12157个项目检验资质，涵盖食品、药品、化妆品、医疗器械、洁净区检测等5大领域，检验检测能力建设走在前列。初步形成以市级食品药品检验检测中心为龙头，县级综合性检验检测中心为骨干，第三方和快检为补充的格局。10月17日，中国医院药物警戒系统（CHPS）在临沂市人民医院启动。市医院各科室医护人员及市药品不良反应监测中心工作人员共计100余人参加启动培训。10月25—27日，市食品药品检验检测中心参加全省药品检验技能竞赛，荣获团体二等奖，两名选手分别被授予“山东省食品药品监管系统药品检验技能标兵”和“山东省食品药品监管系统药品检验技术能手”荣誉称号。11月7—8日，市食品药品检验检测中心承办临沂市第十届“劳动之星”职业技能竞赛食品检验技能竞赛，获得个人成绩第一名、兰陵县检验检测中心获得团体一等奖。强化技术支撑，监督抽检、评价性监测突破4万批次，快检14万余批次，同比增长100%，食品合格率为96%，药品合格率为100%。完成药品评价性抽验261批次，合格率达到100%。监督抽验1498批次，问题发现率大幅提升。

【服务医药产业发展】 围绕建设“大美新”临沂，加快实施新旧动能转换，主动认领任务，加快推进实施。代市政府起草《全市促进医药产业转型升级的实施意见》。指导帮扶鲁南制药、罗欣药业2家企业9个项目，成功入围省局12个帮扶重点企业、重点项目，享受行政审批、许可认证等“快速通道”待遇。全面完成“三引一促”确定目标，到位资金2.401亿元，引进人才21名，其中A类1名、B类1名、C类19名。

【社会共治】 发挥市食安办牵头抓总作用，坚持监管者、从业者和消费者三方共同发力，携手编织保障安全“天网”。2月21日，全市食品药品监督管理工作会议召开，总结2016年食品安全工作，分析当前形势，对2017年全市食品安全工作进行安排部署。3月31日，市局组织全市监管系统开展食品药品投诉举报“12331”系列宣传活动。5月12日，市局举办专题培训班，全市各县区食品药品监督管理局、市场监管局和市局机关、稽查支队相关科室业务骨干240人参加培训。5月25日，启动山东省“5·25护肤日”暨临沂市化妆品安全公益宣传活动。活动期间发放各类宣传材料2000份，接受群众咨询300人次，现场义诊皮肤病患者100人。5月26日，组织开展学校食堂集中开放日活动。全市702家中小学、幼儿园食堂集中对外开放。6月29日，临沂市政府召开新闻发布会，正式启动2017年全市食品安全宣传周活动。9月26日，市人大常委会副主任刘淑秀带队一行对全市食品安全监管工作进行调研。秉承“以宣传促监管，以应急保监管”理念，营造良好舆论氛围。10月，组织开展安全用药月活动。10月26日，开展“安全用药志愿者在行动”活动，发放宣传资料3000多份。11月2日，举办安全用药进社区活动。11月3日，举办安全用药进幼儿园活动。全年妥善应对处置负面舆情81件，被省局采用政务信息105篇，各级新闻媒体刊发稿件2000篇。培育守信从业者。建立信用档案，实行分级分类监管，引导行业自律。培育理性消费者。建立高效信息传导机制，组织开展检查、抽检，第一时间向社会公布结果。实行有奖举报，出台奖励办法。畅通“12331”“12345”、行风热线和网络等多种投诉举报渠道，引导社会公众积极参与监督。全年受理投诉举报8001起，全部得到妥善处置。

【党风廉政和干部队伍建设】 全面落实从严治党主体责任，“三重一大”事项报告制度，加强党的建设和党风廉政建设。夯实主体责任，印发《2017年度党建工作要点》《2017年度党风廉政建设责任制工作任务分工》《2017年党风廉政建设工作要点》，层层签订党风廉政建设责任书。修订完善《机关工作人员考勤管理制度（试行）》和《机关会议管理制度》制度。制定市局党组会议议事规则，对重大问题决策、重要干部任免、重要建设项目安排及大额度资金使用等，集体研究，民主决策。认真执行中央“八项规定”精神和省市委实施办法，严格落实相关规定，严控公务接待范围，严禁超标准接待，公务接待费用大幅降低。狠抓党组织建设，调整充实机关党委和机关工青妇组织，完成党支部换届。深入开展“两学一做”学习教育、党员画像、“三练”和“受教育、亮承诺、见行动”等活动。推行党员积分制管理。5月16日，市局召开推进“两学一做”学习教育常态化制度化工作会议。会议部署“两学一做”工作任务。

【监管创新】 *推行稽查审稽*。以系统性、区域性、行业性产业为重点，对生产企业质量安全管控体系进行“诊断”，做出客观、公正评价和处理意见。对29家面粉企业、27家医疗机构和493起不合格食品核查处置进行审稽，有效化解监管风险。

学生生活委员会全覆盖。本着谁最关心学校食品安全就请谁参与监督的思路，吸纳学生、家长和社会人士组成学生生活委员会，随机检查食堂食品安全，全市1709所中小学全部成立。为学校食品安全监管提供临沂方案。

构建药品监测系统。坚持药品、医疗器械监测“两网兼容并行”，精心打造组织网络、工作运行、教育培训“三个体系”，稳步推进打基础、抓规范、强监管、提效能“四步走”战略。建立监测站点4397个，网上直报点773个，乡镇以上医疗机构全覆盖，实现监测广、标准严、数据准、报告快。上报各类监测数据1.7万条，发布风险信号16个，各项数据均居全国前列。其中，临沂市人民医院被列为第一批国家药品不良反应监测哨点，全省仅3家。

开启“互联网+”食品药品监管模式。积极打造监管新生态，开展电子监管试点。在沂水县建立食品生产加工企业监管信用档案。在华丰国际副食城试点食品追溯电子监管系统，可打印电子“一票通”，实现食品来源可追溯、去向可追查、责任可追究。在莒南县试点学校食堂食品安全远程视频监控系统，实时监控食品制售关键区域现场操作，远程视频监控部分功能向社会开放，教师、学生及家长实现实时在线监控。促进监管方式由“地毯式”向“点对点”精准监管转变。

局长：任兴业
党组书记：段华
党组成员、副局长：娄平（2017年7月病故）
党组成员、副调研员：王良成
党组成员、副局长：李守君、朱俊春
党组成员、支队长：邢波
党组成员、副局长：郑宝松
副调研员：高述刚、杨斌、王家宾
电话：0539-8315293
地址：临沂市兰山区北京路31号府佑大厦B座
邮编：276000

（撰稿：李洋　刘理　核稿：杨景平）

兰山区

【概况】 临沂市兰山区食品药品监督管理局为正科级行政单位，负责全区食品、保健食品、化妆品、药品、医疗器械“四品一械”监督管理工作同时承担区政府食品安全委员会具体工作。内设办公室、政策法规科、食品生产监管科、食品流通监管科、餐饮服务监管科、规划财务科等9个职能科室，4个药械稽查科、10个食品稽查科，在各镇街设11个食品药品监督管理所，为兰山区局的派出机构，在职在编职工164人。全区有食品生产企业149家，药品、医疗器械生产企业14家，食品药品经营企业和医疗机构、餐饮服务单位4万余家。2017年，兰山区率先在全市建成省级食品安全先进区，被区委、区政府记“集体三等功”。

【监督检查】 *食品生产和流通*。实施食品安全风险分类分级加监管，全区149家食品生产企业根据风险分级完成监督检查；推进企业体系认证工作，规模以上食品生产企业GB/T 22000或者HACCP认证比例同比提升10%，全面推行质量安全授权制度，通过企业授权质量安全负责人，对原辅料入厂、生产控制、出厂检验和产品放行等环节实施全过程签字负责，督促企业落实主体责任，完成企业数146家。加强食用农产品市场监管，强化市场开办者和经营户主体责任，推行“一票通”制度，为农产品质量安全追溯提供依据。推进农贸市场整治提升，4个农贸市场作为试点开展规范化农贸市场建设，新增2家“放心肉菜示范超市”。全面贯彻落实《山东省食品小作坊小餐饮和食品摊点管理条例》，在监管基层所大力推进“在一线助规范”一对一帮扶工作，按照“指导—督查—再规范”路子，帮助“三小”业户达到“六项标准”要求。

餐饮服务。深入开展“食安山东”品牌引领，督促餐饮服务行业环境升级改造，推动优秀餐饮单位申报“食安山东”示范，新增1处“食安山东”餐饮品牌示范街，1个“食安山东”餐饮品牌示范店。强化学校食堂食品安全监督检查，全面落实学校“四查”

（监管对象月度自查、监管部门季度检查、飞行检查、督导检查）制度，完成辖区619家学校食堂食品安全4次季度检查，同时，开展2次学校及周边食品安全飞行检查，检查单位112家，组织20家学校举办食堂开放日活动，学生家长、教师代表及社会各界人士500人参加，征集意见建议1650条，活动反响强烈，及时在学校门口公示345家登记备案“小饭桌”。

药品、医疗器械。严把药店准入关，核查办理药店零售许可106家；强化药店督导检查，对新开办和通过认证零售药店，进行GSP认证和跟踪检查，新增GSP证书90张，收回GSP证书9张，撤销GSP证书7张。

保健食品、化妆品。开展化妆品三年提升工程、农村和城乡接合部化妆品、加强食品、保健食品欺诈和虚假宣传等专项整治；做好化妆品生产企业卫生规范跟踪检查和保健食品、化妆品购进渠道专项检查，加强日常监管、行政许可和稽查工作衔接。

【监督抽检】坚持问题导向，按照每千人3批次食品抽检量，结合全区食品监管现状和“你点我检”市民投票结果，强化监督抽检。完成监督抽检4482批次，合格率96.14%，涵盖生产、流通、餐饮等各环节，生产企业抽检覆盖全区现有在产生产企业以及食品加工小作坊，流通单位抽检对象包含商场、超市、商店、农贸市场、食品批发市场等，餐饮单位抽检对象包括各类型餐馆、食堂等。

【专项整治】开展药品生产质量提升、中药饮片、特殊药品、定制式义齿、“守护舌尖安全”行动、禽畜水产品抗生素、桶装水、食用油、标识标签等专项检查行动30次，食品药品违法犯罪高发态势得到遏制，突出问题得到整治。强化稽查办案，坚持有案必查，查办各类食品、药品、化妆品、保健食品、医疗器械案件490起，比2016年同期增长82%，9起案例在全市食药监系统作为典型案例，通报移交公安20起，通报农业等部门及外地监管单位等27起，净化食品药品市场环境。

【宣传培训】畅通“12331”“12345”和行风热线投诉举报渠道，加大举报奖励力度，鼓励公众积极举报食品药品违法行为，受理投诉举报3028件，同比增长4.49%，办结率100%。秉承“以宣传促监管，宣传力也是执法力”理念，先后组织开展“12331”主题宣传日、食品安全宣传周、“三小”宣传进社区、透明工厂、“你点我检”等系列宣传活动20场，发放各类宣传材料1万份。依托微信公众号、自媒体等及时发布权威食品药品安全信息，被各级新闻媒体采用新闻稿件、政务信息等300余篇。开展监管人员和经营主体岗位技术和法律法规培训，组织培训班30期，培训人员8000人次，宣传培训工作在全市系统名列前茅。

【亮点工作】建立兰山区医疗机构、学校食堂、协管员等工作微信群，加强政策宣传，上传典型做法，树立行业标杆，及时在线答疑解惑。简化行政审批手续，受理完成食品药品生产经营许可4518件，同比增长58%。推动食品快检室标准化建设，全区11个监管所及5个市场快检设备均接入“临沂市食品快检信息平台”，实时上传日常快检数据，推动数据共享；积极探索推进韭菜“双证”管理工作，强化从田间到餐桌全程质量安全管控。

从细致入手，及时发现上报红花注射液药品不良反应事件聚集性信号，药品因此召回，受全省通报表扬。加强业务学习，荣获市食药监系统第六届稽查执法技能竞赛团体三等奖。全年完成50余次国家、省、市区重大活动食品安全保障工作。

党组书记、局长：上官兰香
电话：0539-5250183
地址：临沂市兰山区金雀山路51号
邮编：276000
（撰稿：武伟红　核稿：王金玺）

罗庄区

【概况】临沂市罗庄区食品药品监督管理局（挂临沂市罗庄区食品安全委员会办公室牌子）系临沂市罗庄区人民政府工作部门，正科级建制单位，内设办公室（挂人事科牌子）、政策法规科（挂行政许可科牌子）、食品安全协调督查科（挂应急管理科牌子）、食品生产流通监管科、餐饮服务食品监管科、保健食品化妆品监管科、药品医疗器械监管科、财务科8个职能科室，全区8个街镇均设立食品药品监督管理所，行政编制36名。直属事业单位3个：食品药品稽查大队，正科级参公单位，事业编制11名；食品药品投诉受理中心，正科级建制单位，事业编制34名；罗庄区药品不良反应监测中心，股级一类事业单位，编制3名。2017年罗庄区局被评为“临沂市药品不良反应监测工作先进单位”，被罗庄区委、区政府授予“2017年度经济社会发展综合考核优胜单位一等奖”“2017年度一线攻坚突破先进单位三等奖”。1起稽查执法案件入选全国食品药品稽查执法优秀案例目录。

【监督检查】 食品安全。建立网格化、痕迹化监管工作机制，合理划分监管区域，将监管区域划分成16个监管网格，绘制监管网格图，每个网格配备2名执法人员，明确监管人员区域、职责和监管对象；将日常监管责任落实到所、到队、到人，做到监管不留死角，不留空白，不留盲点，避免工作缺位。完善执法文书、资料，确保底数清、情况明，对巡查到位的监管单位全部建立监管档案，按经营种类分类别、分层次存放。把62家食品生产企业、432家学校食堂、大型餐饮单位列为重点风险管控对象，对餐饮单位推行实施量化分级，全区所有餐饮主体建立文字、电子档案，实行一户一档管理。监督检查食品生产企业263家次、餐饮店、内部食堂11253户次、超市（食杂店）10956户次、婴幼儿乳粉经营户253户次，约谈重点业户432户次。按照“食安山东”工作要求，精心组织，积极扶持，严格标准，从主体资格、采购活动、经营过程、食品质量等方面入手进行规范提升，17家食品经营单位获得“食安山东示范店”荣誉称号，28家餐饮单位获得“山东省清洁厨房”荣誉称号。以一般程序立案查处食品药品违法行为142宗、简易程序立案案件351宗。

药品、医疗器械。进一步规范药品、医疗器械市场秩序，坚持依法行政，严厉打击违法违规行为，检查药品流通单位、使用单位766家次，医疗器械经营使用单位336家次。新开办药店18家，换发《药品经营许可证》2家，变更《药品经营许可证》许可登记事项48件。受理零售药店申报GSP认证材料30家，29家通过认证。完善药品不良反应（医疗器械不良事件）监测体系，上报药品不良反应报告648例，医疗器械不良事件报告336例。

保健食品、化妆品。突出保健食品重点企业、重点领域监督检查力度，检查保健食品经营单位293家次。开展化妆品经营单位“三年提升工程”规范化建设筹备试点工作。组织开展29批次不合格化妆品后续处理、打击食品、保健食品欺诈和虚假宣传、农村和城乡接合部化妆品市场专项整治等活动。上报化妆品不良反应报告88例。

【监督抽检】 坚持问题为导向，针对群众关注度高、消费投诉较多、与百姓日常生活密切相关的米、面、食用油、酒、面条、烘炒食品、卤肉制品、凉菜、糕点等食品种类，涵盖生产、流通、餐饮三个环节进行抽检，抽检1661批次，达到抽检批次占全区总人口千分之三以上要求，检出不合格食品81批次，全部完成监督抽检不合格食品后处置工作；以高风险注射剂、高投诉率、中药饮片及严重不良反应上报较多品种为重点抽验品种，完成药品抽验50批，检出不合格药品1批次，为行政监督提供技术支撑。

【专项整治】 开展学校食堂、校园周边、旅游景区、食品“三小”、夏季饮品、企事业单位建筑工地食堂、国庆、中秋节日食品市场、“两超一非”问题、医疗器械生产经营等专项整治行动，检查各类食品药品经营单位3653家次，下架不合格食品、临近保质期食品590多公斤，农产品快检233批次，药品快检65批次，督导整改安全隐患310处。

【投诉举报】 完善投诉举报制度，快速、准确处理投诉举报，反馈查处结果作为联系群众重要纽带，受理“12345”“12331”等各渠道投诉举报案件1531件，按照“有报必动，有案必查”原则，及时受理举报投诉案件，及时将查处结果回复举报人，根据投诉举报线索立案查处71件。定期对受理举报线索进行分析、汇总、研判、整理，查找出影响本地区食品药品安全薄弱环节和突出问题，集中力量，有针对性地采取专项整治措施，努力从源头上消除食品药品安全隐患。

【亮点工作】 实施“阳光食堂、透明厨房”工程。罗庄区有区属学校76家，托幼机构300家，在校生12万多人。是食品安全事件易发区，是食品安全工作重点。联合区教体局在学校食堂全面推行“阳光食堂、透明厨房”建设工程，“校园食品安全共治系统”初步形成，成为全市率先建设县区。

成立食品生产企业商会。6月28日组织全区58家食品生产企业，在全市率先成立第一家食品生产企业商会。有利于加强行业自律，推动制定行业标准，减少恶性竞争和无序竞争，推动行业健康发展。

党组书记、局长：刘春
电话：0539-7086060
地址：临沂市罗庄区临沂国防教育中心6楼
邮编：276017

（撰稿：周世洋　核稿：张海峰）

河东区

【概况】 临沂市河东区食品药品监督管理局为河东区政府工作部门，负责对生产、流通、餐饮环节的食品安全和药品、医疗器械、化妆品的安全性、有效性实施统一监督管理，承担着区食品安全委员会具体职责。编制77名，内设办公室、法制科、食品安全协调督查科、食品监管一科、食品监管二科、药品监管科、医疗器械化妆品监管科、行政许可科、宣传和应急管理科、风险管理科、人事科、规划财务科等12个职能科室；下设区食品药品稽查大队及投诉受理中心2个正科级事业单位，在全区8个镇街、临空区设立食品药品监督管理所。公务员36人，事业编17人，参公4人。

全区各类监管对象1.2万余家，其中医药生产企业2家、药品连锁总部2家、零售企业药店201家；医疗器械生产企业3家、医疗器械三类经营企业42家、医疗器械二类备案经营企业168；食品生产企业132家、食品添加剂企业4家；各类食品流通、餐饮等经营单位1万余家；保健食品经营单位234家；化妆品生产企业4家、化妆品经营单位701家。

2017年获得综合考核先进单位、全区招商引资先进单位、2017年度引技术先进单位、民生建设工作先进单位、全区宣传思想文化工作先进单位、全区依法行政暨法治政府建设工作先进单位、全区食品药品安全工作先进单位、平安河东建设先进单位等荣誉称号。毛皮动物胴体专项整治经验得到市食安办、市局高度评价，作为先进经验在全市进行推广。

【监督检查】 *食品安全。*实行“网格化”监管，坚持学校食堂季度检查、日常巡查、餐饮服务单位评级等制度，对138家企业进行风险分级分类监督管理。全区所有食品生产企业签订食品安全责任书，与所有学校食堂、建筑工地食堂、养老机构食堂、承接喜宴饭店签订食品安全责任书。对食品生产经营单位和“三小”从业者开展大培训活动，组织培训18次，培训3800余人次。对食品生产、流通、餐饮服务等环节进行摸底排查，新纳入管理2158家，对无证幼儿园、养老机构、机关食堂、旅游景区饭店（包括农家乐）、农村红白事饭店等376家单位纳入管理监管实行重点抽检。

*药品、医疗器械、化妆品。*根据省市局相关要求，认真开展药品零售企业经营行为、中药材（饮片）、城乡接合部和农村地区药店诊所药品质量安全和药品生产质量提升等专项整治行动。药品抽检50批次，其中，4批次不合格。上报药品、医疗器械、化妆品不良事件病例报告716例。

全年受理投诉举报641起，办结率100%。受理各类许可审批1985件，同比增长58.8%。

【监督抽检】 以食用农产品批发市场和农贸市场快检室建设为重点，逐步落实“快检四进”，进超市、进餐桌、进农贸、进集市，在8个镇街建成15处快检室，逐步实现基层快检网络全覆盖，推进公众免费快检服务，完成快检7623批次。在配合完成国家、省、市食品药品抽检任务基础上，加强区级抽检，实行重点区域抽检全覆盖。完成区级抽检2548批次，同比66.1%。

【专项整治】 开展严打专项行动。区委政法委和食安委联合召开“严厉打击食品药品违法犯罪行为守护舌尖安全专项综合整治行动”会议，针对“四品一械”领域布置严打行动。行政案件立案144起，同比增长67.4%。刑事案件立案7起，6人被公安机关刑拘，1人被治安拘留。其中打掉生产销售窝点3处，抓获犯罪嫌疑人5人，刑事拘留5人（1人在逃），取保候审3人，起诉4人，查扣“植物减肥丸”等假药4000余粒及制假设备1宗，销售网络遍及全国25个省市，涉案价格600余万元，被列为公安部督办案件。在毛皮动物胴体专项整治行动中，配合公安机关打击非法加工制作狐狸肉窝点，打击犯罪分子嚣张气焰。

【毛皮动物胴体专项严打整治】 9月28日召开全区毛皮动物胴体严打整治动员会议，印发《工作方案》和《考核奖惩办法》，区政府与各镇街及区直有关部门签订《毛皮动物胴体整治目标责任书》。由区食安办亲自牵头，实行“两驻（驻汤头和驻凤凰岭）四组（无害化处理工作组、联合执法巡查组、打击违法犯罪组、舆情信息应对组）三督导（3个督导组）”工作制度。定点取皮收皮、定点收购胴体达4950吨。区食安办主任、公安分局食药环大队大队长、凤凰岭街道主任亲自带队到制假窝点查处，成功侦破8个非法加工制作、销售狐狸肉窝点，查处并无害化处置狐狸肉约32.68吨，抓获26人，刑拘26人，取保候审18人，批捕8人。其中潘某特大“狐狸肉冒充狗肉”案涉案货值540余万元，销售到河南、河北、山东、江苏、安徽等5省31地市，列入省公安厅督办。破除历年来狐狸肉冒充狗肉特重大案件。河东区毛皮动物胴体专项整治经验得到市食安办、市局高度评价，作为先进经验在全市进行推广，并列入全市专项整治行动并督导。

党组书记、局长：王家楼（2017年3月离职）
管佃富（2017年3月任职）

电话：0539-8080301
地址：临沂市河东区凤凰大街中段
邮编：276034

（撰稿：胡孝鹏　核稿：武国华）

沂南县

【概况】 沂南县食品药品监督管理局负责对全县生产、流通、消费环节的食品、药品、保健食品、化妆品和医疗器械实施监督管理，同时加挂县食品安全委员会办公室牌子。局机关设办公室（挂人事财务科牌子）、政策法规科（挂行政许可科牌子）、食品安全监管科、药品医疗器械监管科、食品安全协调督查科（挂宣传和应急管理科牌子）、保化监管科6个职能科室；设食品药品稽查大队和药品不良反应监测中心2个副科级事业单位；设15个乡镇（街道）和1个城区食品药品监督管理所，为局派出机构。核定编制137名，其中机关行政编制23名，基层监管所行政编制85名，稽查大队事业编制20名，药品不良反应监测中心事业编制9名。截至年底，实有人员115人，其中机关行政17人，基层监管所73人，稽查大队17人，药品不良反应监测中心8人。2017年，全县有食品生产企业95家、食品流通单位1560家、餐饮店1235家、学校食堂166家，药品生产企业6家、药店239家、医疗机构（含卫生室）400家，化妆品经营单位232家。

2017年，沂南县局紧紧围绕“三宜沂南”建设中心任务，以“12331”工作思路为统领，主动适应经济社会发展新常态，以落实全面深化改革重大决策为契机，以新思想确立新目标，以新时期总要求引领新征程，以新征程争创新辉煌，着力推进全县食药监管事业平稳健康发展。全年出动执法人员8000人次，执法车辆5100余辆次，检查监管相对单位8300余家次，下达责令改正1800余份，立案352起，向外地发函协查4起，受理各类投诉举报496件，回复率和群众满意率均达100%。在全市稽查比武大赛中获团体一等奖、食品组个人第一名并有1人代表临沂市参加全省稽查比武大赛，荣获个人第二名。

【监督检查】 建立食品安全“智慧监管”平台。着力打造食品安全监管“科技名牌”，与县移动公司、阳光保险正式签订食品安全“智慧监管”平台合作协议，将310家食品药品生产经营单位纳入平台，进行过程监管，为每个基层监管所配备华为M3平板一部，局各科室之间，科所之间建立专线传输，为食品药品业务科室配备无线打印机、平板电脑，用于食品抽检、稽查办案等工作。做好餐饮服务保障工作。参加各类会议活动餐饮保障59天86餐次，达1.2万余人。严把企业许可关，受理食品生产许可材料46份，现场核查通过46家、办理行政审批手续2300件。

突出重点，精准定位，药械监管机制进一步健全。坚持日常检查与飞行检查相结合机制，在药品检查中，将认证标准作为日常检查依据，确保质量规范得到严格执行并保持常态化；坚持日常检查与“双随机”检查相结合机制，为提升药械监管科学性，对药械生产企业与经营主体开展随机检查，确保检查精准性、科学性、靶向性；坚持一企一档机制，为全县药品生产经营与医疗器械经营主体建立档案478件，及时更新药械经营主体各类信息93条，随时掌握企业动态，提高药械监管效益，全年药械立案案件176件。

抓出亮点，提升能力，药品不良反应监测工作实现新突破。全年审核、评价药品不良反应1118例，完成市级指导性计划101.6%，严重报告215例，二级医疗机构比例56%。审核、评价医疗器械不良事件467例，完成市级指导性计划103.8%，有伤害比例34.5%，审核、评价化妆品不良反应80例，完成市级指导性计划100%。药品、医疗器械、化妆品不良反应报告质量评估，四个季度均为A级。药品不良反应监测方面，发现药品临床使用风险1例。医疗器械不良事件监测过程中，发掘有价值医疗器械风险信号6例。风险信号发掘规范医疗器械临床使用，减少类似不良事件发生。市局根据风险信号对生产企业进行飞检风险信号被反馈到生产企业，促使生产企业对产品包装、产品质量、生产工艺进行改进。根据化妆品不良反应监测特点，结合医疗机构特点，设计、制作《化妆品不良反应调查表》，准确收集患者信息和化妆品信息22条，提高报表质量。在全省化妆品质量评估工作会议上作为典型经验推广。

成立由县长任组长，分管副县长任副组长，县直19个相关部门和16个乡镇（街道、开发区）主要负责人为成员创建工作领导小组；3月7日县政府召开动员会，对食安县创建工作进行安排部署；制定《沂南县创建省级食品安全先进县工作方案》《沂南县创建省级食品安全先进县责任分工表》；根据工作实际需要及时调整日常工作机构；建立经费保障、督导考核，宣传、抽检等专项机制，为创建提供制度保障；借助3月“12315”“12331”集中宣传活动，通过电台、网络、宣传车，印制宣传彩页等各类宣传材料2万余份，营造全社会关注食品安全浓厚氛围。加强部门协作，深入开展综合治理。与县农业局共同推动农业生产过程质量控制，严格控制禁限用农药、兽药等农业投入品生产、销售和使用，建立健全农产品追溯制度，为农产品和投入品佩戴“产地、生产者、生产日期”等信息“二维码身份证”。初步建立与省级平台联网县级农产品质量监管平台1个，建立乡镇、行政村、生产基地、农业投入品店、市场追溯示范点60个；将全县食品生产企业93家划分为A、B、C三类等级，确定监管频次，落实监管责任；对小作坊开展摸底排查、备案登记、培训宣传、引导帮扶等系列工作，总结提炼出“备案管理+风险监控+服务支持”监管新模式；在全县范围内全面推行“一票通”制度，全面落实韭菜“双证制”，免费发放《山东省食用农产品市场销售凭证》5000份，把好源头关，建立完善流通环节食品安全追溯体系；全面推行餐饮环节网格化监管模式，形成“县监管局、乡镇监管所、村级协管员”3个监管层级；坚持学校食堂“四查”制度，与学校、幼儿园签订食品安全责任书204份；全面排查校园周边小饭桌，对31家符合条件小饭桌进行备案登记和公示；坚持重拳出击，严格依法办案，县局联合县公安局、农业局、卫计局、法院等部门实施“最严厉处罚”，强化行刑衔接。

【专项整治】 全年完成食品抽检任务1622批次，药品抽检任务74批次；配合市局完成市级生产流通环节监督抽检280余批次，餐饮环节监督性抽检450余批次。全年抽检药品70批次，不合格药品6批次，问题发现率8.57%；完成药品快检413批次。

【亮点工作】 案审四审制。按照政策法规科进行案件初步审查，案件预审委员会对案件进行预审，案件审查委员会进行合法合规审查，案件审核委员会进行终审，从程序上保证案件审核规范性，防止出现错案，全年集中召开18次预审会，16次案审会，审查案件336件。

召开“三小”现场观摩会。9月21日，全市贯彻省食品“三小”条例现场会暨食品安全风险防控工作会议在沂南圆满召开，在推行“三小”落地、落实在一线助规范、餐饮质量提升工程得到与会领导高度肯定，扩大“三小”工作在全市影响。学校食堂纳入重点管理。新成立餐饮服务监管科，坚持学校食堂“四查”制度，与全县各学校、幼儿园签订食品安全责任书204份；按照“亮证经营、安全承诺、单据留存、原料公示、厨房清洁”5项标准对学校周边食品店、餐饮店、食品摊贩进行全面检查整治；全面排查校园周边小饭桌，对31家符合条件小饭桌进行备案登记和公示。

党组书记、局长：曹际新
电话：0539-3619855
地址：沂南县玉泉路99号
邮编：276300

（撰稿：朱晓东　核稿：仉迎华）

郯城县

【概况】 郯城县食品药品监督管理局隶属郯城县人民政府管理，系正科级行政机关单位。局机关有行政编制18名，实有人员18名，配备局长1名，副局长3名。内设办公室、食品安全协调督查科（挂宣传和应急管理科牌子）、食品生产监管科、食品流通监管科、餐饮服务食品监督管理科、保健食品化妆品监管科、药品监管科、医疗器械监管科、规划财务科9个职能科室。下设13个乡镇（街道）食品药品监督管理所和1个城区食品药品监督管理所，核定行政编制88名，实有人员77名。直属事业单位食品药品稽查大队，为副科级事业单位，核定事业编制23名，实有人员20名。

2017年，郯城县有药品生产企业5家，药品使用单位495家，其中二级以上医疗机构3家，疾病预防控制中心1家，一级医疗机构37家（县直医院3家、乡镇医院19家、民营医院15家），村级卫生室、个体诊所、厂矿及学校卫生室455家，药品经营企业182家，其中药品批发企业1家，药品连锁总部1家，零售药店180家。保健食品生产企业2家，化妆品生产企业1家，食品生产企业200家，食品流通单位1708家，餐饮服务单位784家。

2017年，郯城县局深入贯彻落实党的十八大、十九大会议精神，全面贯彻“四个最严”和新《食品安全法》，紧紧围绕重点任务目标，主动适应经济发展新常态和作风建设新常态，加强风险防控，强化管服并举，全力服务大局，不断提升食品药械监管能力和安全保障水平，确保全县人民群众饮食用药安全。累计新发、变更、注销、延续“四品一械”证件3724件；上报药品不良反应1138例，医疗器械330例，化妆品85例；立案查处“四品一械”违法案件481件，其中涉食品案件275件，涉药械案件206件，移交司法机关6件，取缔黑作坊等无证生产、经营单位55家，查没销毁假冒伪劣产品3吨，收缴罚没款319万元；受理各类投诉举报583起，全部进行调查处理，处理率100%；开展“12331”主题宣传日、食品安全宣传周、安全用药月、食品药品知识“五进”系列讲座等活动，累计发放宣传材料10万余份，接受群众咨询1200人次。

【监督检查】 坚持监管关口前移，更加注重过程监管、痕迹监管和系统监管，在14个乡镇基层监管所建立规范执法台账，确保监管有迹可查。严格落实日常巡查制度，加大日常监管频次，对一般性食品药品生产经营单位按规范等级做到每月巡查1至4次，对大中型超市、医疗机构、学校食堂等食品安全重点领域做到每周巡查1次，累计出动监管人员1.2万人次，巡查食品生产经营单位5000家次。组织全县“四品一械”生产经营使用单位从业人员召开食品安全培训会议，累计开展培训23场次，培训人员3000人次，与其签订食品安全责任书，夯实主体责任。组织开展文明餐桌、寻找笑脸就餐等活动。深入开展餐饮服务单位量化分级及食品安全监督量化分级工作，完成量化分级2300余家，城区食品经营单位量化分级覆盖率达98%以上。深入推进韭菜“双证制”工作，在大中型商超、农贸市场张贴文件通告2200余份，印制销售凭证1000余份，为政策全面落地打下基础。继续推进药械领域新版GMP、GSP认证工作，累计完成认证 89 家。全面开展药品电子监管入网工作，实现药品电子监管全覆盖。

【监督抽检】 在食品生产、流通、餐饮服务环节开展食品安全监督抽检 2173 批次，总体合格率达 98%，完成药品送检 76 批次，其中不合格 6 批次，公示率、核查处置率达到 100%。

【专项整治】 食品安全。结合“守护舌尖安全”专项整治行动要求，针对全县食品安全重点区域，先后组织开展食用油、桶装水、糖果、酒鬼花生米等专项整治活动，累计查处违法违规案件 53 起，捣毁食品生产黑窝点 7 个，查获、销毁、更换不合格饮用水桶 10 万余个，没收违法产品货值 27 万元。深入开展学校食堂大检查、大规范、大提升活动。联合教体局对全县中小学食堂开展全面检查，累计检查中小学食堂（含托幼机构）120 家，对 12 家《餐饮服务许可证》过有效期、28 家索证索票不健全及食品留样不规范的学校食堂全部当场下达《监督意见书》，要求限期整改。深入开展节假日食品安全专项检查，保障节日期间人民群众饮食安全。

药品、医疗器械。开展药品生产、流通和使用环节专项检查，重点开展城乡接合部和农村地区药店诊所药品质量安全集中整治，累计检查药品生产经营单位 2200 余家次，下达《整改通知书》183 份，查处违法违规行为为 53 个，立案处罚 26 起，撤销 8 家、收回 2 家零售药店《药品经营质量管理规范认证证书》；深入开展医疗器械规范实施年、医疗器械专项整治 2017 活动，累计检查药械生产经营企业 1300 余家次，查处违规问题 18 起。

【亮点工作】 聚焦食品“三小”，着力化解监管难题。郯城县局以《山东省食品小作坊小餐饮和食品摊点管理条例》实施为契机，深入开展“三小”条例贯彻宣传，积极探索食品“三小”监管新模式。按照“让流动的固定下来，让分散的集中起来”工作思路，在学校、商场周边建立标准化经营店面 280 余家，引导分散食品摊贩入户经营，根据“三小”监管“六项标准”，开展食品“三小”单位拉网式规范整治工作，实现食品“三小”单位园区化管理，彻底清除马路市场。在抓好城区规范同时，坚持重心下移，将“三小”规范整治工作延伸至乡镇，重点培养 4 个乡镇典型，召开全县“三小”规范整治工作现场会 4 次，将“三小”规范成果进行全县推广。累计整治规范食品小作坊、小餐饮 784 家，依法关停 33 家。通过整治，实现全县食品“三小”场大规范、大提升。9 月 20 日，临沂市贯彻食品“三小”条例现场会议在郯城县召开。

党组书记、局长：田勇
电话：0539-6221515
地址：郯城县郯西路 174 号
邮编：276199

（撰稿：张浩然　核稿：徐秀琴）

沂水县

【概况】 沂水县食品药品监督管理局作为县政府工作部门之一，负责对生产、流通、消费 3 个环节的食品、药品、保健食品、化妆品和医疗器械实施监督管理，同时承担县食品安全委员会日常工作。实有干部职工 186 人，局机关内设办公室、政策法规科（加挂宣传与应急管理科）、食品安全协调督查科、食品生产监管科、食品流通监管科、餐饮服务食品监管科、保健食品化妆品监管科、药品监督管理科、医疗器械监管科、规划财务科 10 个职能科室；下设食品药品稽查大队、药品不良反应监测中心两个事业单位，其中食品药品稽查大队为副科级事业单位，内设 8 个稽查中队。

2017 年，沂水县局全面贯彻落实党的十九大和十八届历届全会精神，不忘初心，牢记使命，围绕先进县创建工作目标，站在食药监管服务经济，保障群众饮食用安全高度，坚持用系统创建思路，创新工作方法，有效工作措施，全面提升食药安全水平，各项工作取得显著成绩，顺利通过省级食品安全县验收。全年办结各类食品药品违法案件 1000 起，受理各类投诉举报 832 起，全县食品安全形势稳定向好。

【监督检查】 严格落实食品安全零容忍，实行顶格处罚严。提出“百人千案，万次巡查”工作目标，按照“食品安全零容忍，顶格处罚严打击”原则，不断强化食安、农安、公安“三安”联动，建立跨部门、跨区域案件协查、产销监管衔接等协调联动机制。全年受理投诉举报 832 起，查处各类食品药品案件 1004 起，超过全市案件数量四分之一，开展各类监督检查 1.8 万次，向外地监管部门发出协查函 30 份，联合食药环侦大队破获食品药品刑事案件 22 起，抓获犯罪嫌疑人 96 人（其中，刑事拘留 79 人，取保候审 17 人），逮捕 19 人，移诉 131 人。

【监督抽检】 抽检各类食品 3400 批次，位列全市前列。其中，在食品生产环节 1260 批次，合格率 97.8%；在食品流通环节，配合省局委托检验机构人员对婴幼儿配方乳粉、果品、蜂蜜、咸鱼、豆制品、畜禽产品、饮料等涉及 11 种商品 1100 余批次进行抽检，不合格 18 批次，合格率 98.86%；在餐饮服务环节，抽检食品1183批次，不合格10批次，合格率99.3%。对所有抽检情况全部进行网上公示，公示率达100%。针对抽检不合格食品78批次，第一时间对其进行查封扣押，并督促生产经营管理人员及时发布不合格产品召回公告，确保所有不合格食品自抽检结果公布之日起彻底扎死，禁止流动，抽检不合格食品问题处置率达100%，对不合格食用农产品问题处置力度，对所有快检不合格食用农产品全部进行销毁处理，并第一时间通报源头监管部门，强化源头治理，确保食用农产品问题处置率位列全市第一。

【专项整治】 对婴幼儿配方乳粉、酒类、畜禽水产品、进口食品等重点品种进行多次专项整治，有效保障食品安全。开展旅游景区周边“农家乐”规范提升和专项整治工作，保障游客饮食安全。自6月1日“三小”条例实施以来，对“三小”开展专项治理行动，实现“三小”登记备案总数6860家。以打假治劣、规范经营、优质服务、创新模式为重点，积极开展医疗器械专项整治2017行动，制定印发专项整治方案，检查定制式义齿单位4次，避孕套类器械37次，透明质酸钠类单位13次。检查各类医疗机构116家次，下达责令整改19家，对零售药店开展飞行检查，发现5家问题较为严重的给予撤销GSP认证证书处理，有效打击经营企业违法违规行为。药品不良反应网络直报551例，严重报告比例25.95%，对25个监测站点进行药械化妆品不良反应督导培训。完成319批药物抽检工作，超额完成全年任务。

【食品医药安全宣传】 打造多条食品安全宣传示范街，将城区东皋公园打造成食品安全主题公园，充分利用饿了么、美团等网络订餐流动车宣传食品安全知识，营造良好社会氛围。同时，在县电视台设立《食安蓝盾》专栏，每月定期播出；建立20个食安微信交流群，及时发布食药安全动态，积极引导各环节食品从业者、学校老师、学生代表、各级食药监管人员以及人大、政协、新闻媒体朋友参与食安交流，提高监管效率。加入食安微信交流群人数达5000人，信息共享、社会共治水平进一步提高；定期召开新闻发布会、媒体通气会，支持新闻媒体开展舆论监督。健全完善食品安全有奖投诉举报机制。充分利用“12345”市民热线、“12331”食品药品投诉举报热线，畅通投诉举报渠道，依法维护消费者合法权益；创新工作模式，120个中小学成立由家长、学生、老师、人大代表组成的“学生生活委员会”，充分发挥自我监督作用，切实做到让最关心这件事的人管理这件事，实现校园食品常态化管理，形成齐抓共管良好态势。

【亮点工作】 *实现乡镇街食安办与标准化食药所合署办公。*根据先进县创建标准要求，在19个乡镇街打造19个标准化基层监管所，全部与市场监管所分离，建设独立办公场所，全部达到320平方米以上标准，监管所全部实现“四统一”（统一“六室一厅”建设、统一规章制度、统一宣传标识、统一执法装备），每个监管所配备5名以上监管人员，每个监管所配齐“十个一”执法装备，并及时更换新设施设备，全面实现“设施标准化，装备现代化”标准要求，在每个监管所配备一套快检装备，专门用于食用农产品快检工作，有效地提升基层执法监管能力。乡镇街办公场所设立独立食安办办公室，配备2～3名工作人员，进一步整合基层监管力量，有效地解决监管人员不足问题。在全县359个农村社区建立协管员队伍，融入基层网格化管理，形成高效联动监管网络，确保基层监管队伍有岗、有责，基层监管工作有人、有手段。

*在全国首家开展城乡同步食用农产品快检工作。*在城区三大批发市场设立高标准、高规格快检室，并引入第三方检测机构，开展“全覆盖、批批检、百分百”快检工作；在各乡镇120余个集贸市场设立快检室，由食安办统一组织农业、畜牧、食药监等部门，建立快检队伍19支，统一开展“全覆盖、集集检、百分百”快检。检测食用农产品16.8万余批次，占全市总量80%以上，快检数量在全省各县区中位列第一，筛选出不合格产品420余批次、6800余公斤，依法及时进行销毁处理。3月28日，中央四套《中国新闻》栏目对食用农产品快检进行报道；《临沂政务信息》第31期以专刊专报形式进行刊载；《山东食品药品监管简报》第8期进行详细介绍。

*推动食品产业结构优化升级。*制定《食品生产企业车间改造的基本要求与标准》，提升现有食品生产企业生产条件与设备工艺。300余家食品生产企业完成改造提升，占比达90%。其中山东鼎邦健康食品有限公司车间净化标准达到药用GMP标准，顺利通过国际质量体系认证，在国内乃至国际达到领先水平。成功申报5家“食安山东”示范企业并全部通过验收，成功指导9家规模以上企业通过国际质量体系认证，总数达27家。以“沂水县十品（食品）生产加工基地”为创建主题，围绕酒类、饼干、炒货、淀粉糖及淀粉类产品、糕点、膨化食品、糖果、调味品、小麦粉及食品添加剂等10大类产品实施示范创建活动。

*实施“智慧监管”工程。*以乡镇监管所为单位，全面绘制“智慧监管”地图，将食品生产企业、大中型超市快检室、学校食堂等全部纳入“智慧监管”范围，实施远程监控，并实时传输到乡镇监管所终端平台，提高食品安全监管科技化水平。“智慧监管”地图覆盖240家生产企业，部分大中型超市及餐饮服务

单位。

党组书记、局长：李振现
电话：0539-2253079
地址：沂水县沂城街道东环路北段
邮编：276400

（撰稿：牟瑞海　刘中华　核稿：张文富）

兰陵县

【概况】 兰陵县食品药品监督管理局为县政府工作部门，局机关行政编制21名，实有人员22名，配备局长（主任）1名，副局长（副主任）3名。设立办公室、政策法规科、食品安全协调督查科（挂宣传和应急管理科牌子）、食品生产监管科（挂食品流通监管科牌子）、餐饮服务食品监管科、保健食品化妆品监管科、药品监管科、医疗器械监管科、规划财务科9个职能科室。下设17个乡镇（街道）食品药品监督管理所和1个城区食品药品监督管理所，核定行政编制90名，实有人员69名。直属事业单位食品药品稽查大队，为副科级事业单位，配备大队长1名（党组成员），副大队长3名，核定事业编制36名。药品不良反应监测中心（挂县药物滥用监测中心牌子），为股级事业单位，配备主任1名，核定编制5名。

【监督检查】 食品安全。对食品生产经营单位开展全面集中摸底排查，建立监管档案，进行分类监管。以18个基层监管所为依托，细化网格，加强日常检查，规范食品生产经营行为，严厉查处食品违法行为。密切关注舆情信息，掌握监管动态，加大对重点品种、重点区域、重点环节日常监督检查力度和频次。重视源头治理，对所辖区域部分生产企业和食品流通经营单位进行重点检查，重点防范食品安全风险。加强网络食品经营监管工作，开展自建平台备案工作，对获得食品经营许可从事网络销售单位严格监管。强化企业责任主体意识，通过教育培训、监督检查、同被监管单位签订责任书等形式，增强企业“第一责任人”意识，引导企业守法经营，强化自律意识，完善内部管理制度，承担起食品质量安全主体责任。督促企业落实食品安全追溯体系建设主体责任，在白酒、肉制品等产品企业实行信息化追溯体系，实现原料进货查验、生产过程控制、产品出厂检验、产品销售全过程可追溯。下半年以创建国家卫生县城为契机，规范整治食品生产经营企业、“三小”，及时更新企业风险分级分类评定等级，积极推动“三小”备案管理，城区食品行业经营状况得到升级。

药品、医疗器械。加大对药品流通和使用环节监管力度，对乡镇医疗机构、农村卫生室、药品经营企业、民营医院进行拉网式检查，规范医疗机构用药用械行为，突出检查药械购货渠道、购进验收情况、药房或药库设备是否符合药品储存要求、药品养护及各项保证药品质量制度是否健全等。消除安全隐患，规范全县药械经营使用秩序。检查食品生产经营主体6000次，下达责令整改通知书230份，立案查处362起，涉刑案件4起。对辖区内600家涉药单位进行拉网式排查，检查药械经营单位1120次。检查化妆品经营单位210家，化妆品生产企业1家。上报药品不良反应1106例，医疗器械不良事件511例，化妆品不良反应81例。

开展“12331守护食品药品安全”尚德守法，共享共治食品安全、食品安全宣传周、学校食堂开放日、透明工厂等宣传活动，展出板报20余块，接待咨询群众1000人次，发放食品药品安全知识资料3万份。举办药品经营企业培训会议2次，同时加大对学校食堂工作人员培训，累计培训600余人次，提高食品药品企业责任人和相关人员第一责任人意识和安全责任意识。

【监督抽检】 按时完成抽检任务，积极配合国家局和省市局完成国抽、省抽和市抽任务，食品抽检1923批次，其中有16批次不合格产品，处理率100%，药品抽检90批次，不合格19批次，全部立案查处。

【行政许可】 严格规范审批，把好市场主体准入关，新办《食品经营许可证》1445个，《食品生产许可证》42个、延续《食品生产许可证》18个。新开办药店52家，GSP认证37家。

【专项整治】 开展各类专项整治活动，受理投诉举报627起，处理率100%。食品监管方面，组织开展春节期间食品安全专项检查、肉及肉制品专项整治、脚臭盐专项治理、过期食品专项整治、桶装水专项整治、五无食品专项整治、中秋国庆期间食品安全专项整治等行动，多次会同教育、公安、城管等部门联合开展学校食堂及周边食品安全专项检查，先后参与菜博会、两会、高考、中考等重大活动餐饮服务安全保障工作。药械监管方面，按照“全覆盖、零容忍、严执法、重实效”总要求，开展针对药品经营企业飞行检查活动和中药材（饮片）市场专项整治等活动，检查企业22家，收回GSP证书2张。

【产业状况】 突出打、建、创并举，放、管、服结合，推进产业做大做强。2017年，辖区内有食品生产企业121家，食品流通商户1101家，餐饮经营单位627家，单位食堂245家，医疗机构655家，药品经营单位227家，药品生产单位1家，医疗器械生产企业2家，医疗器械经营单位253家，保健食品经营企业69家，化妆品零售企业1305家，化妆品生产企业1家。

【亮点工作】规范“三小”行业，对全县食品生产企业、食品小作坊开展全覆盖日常监督检查，积极推动“三小”登记备案工作，试行“线上线下”两条路径，既可以从许可系统网上自主申请，也可以到辖区所现场申请，简化办证条件，降低准入限制。发放《小作坊登记证》232张，《小餐饮登记证》372张，食品摊点备案497家。

党组书记、局长：祝学海
电话：0539—5207002
地址：兰陵县会宝路2号
邮编：277799

（撰稿：赵莹　核稿：房照军）

费　县

【概况】费县食品药品监督管理局加挂费县食品安全委员会办公室牌子，系县政府工作部门之一，正科级，对全县药品、医疗器械、保健食品、化妆品和生产、流通、餐饮服务环节的食品安全实施监督管理，承接餐饮服务许可职责和药品经营（零售）许可职责（跨县区零售经营除外）。内设办公室（挂人事科牌子）、政策法规科（挂行政许可科牌子）、食品安全协调督查科（挂宣传和应急管理科牌子）、食品生产监管科、食品流通监管科、餐饮服务食品监管科、保健食品化妆品监管科、药品生产和市场监管科、医疗器械监管科、规划财务科、机关党支部11个职能科室，下设费县食品药品稽查大队（副科级事业单位）和费县药品不良反应监测中心2个直属事业单位，并在13个乡镇（街道）、经济开发区分别设立食品药品监督管理所，为局派出机构，具体承担本行政区域内食品药品监管和行政执法工作。行政编制77名（局机关行政编制18名，所行政编制59名），事业编制25名（稽查大队20名，药品不良反应监测中心5名）。实有人员93名（行政编制72名、事业编制18名、参公管理编制2名、工勤编制1名）。

【监督检查】2017年全县有食品生产经营户4812家，食品生产企业62家，小作坊121家，食品流通经营户3300家，集贸市场41处，餐饮服务单位1288家；药品生产经营使用单位726家，其中药品生产企业2家，药品批发企业1家，药品零售连锁总部2家，药品零售企业203家，使用单位518家（一级医疗机构15家，二级医疗机构5家，卫生室、所460家，厂矿企事业38家）。**食品生产**。食品生产企业实施分级分类监管。完善风险排查制度，制订消除措施及消除风险节点时间，明确责任人，确保隐患消除。大力推进实施质量受权人制度，保证企业食品安全管理人和食品专业技术人员发挥专业特长，保证食品质量安全。推进食品安全追溯试点工作。实现食品生产经营全过程可追溯，落实主体责任。深入开展“食安山东”品牌创建工作。以示范带规范，提升中小型食品企业产业素质，树立“食安山东”品牌良好形象。**食品流通**。对流通环节食品经营单位日常监管实行“双随机一公开”检查制度，原则上每年度覆盖1次。重点检查是否落实“一票通”追溯制度，是否给零售商提供许可证和产品合格证明文件等。同时积极开展“食安山东”品牌创建工作。全县40家超市和食品经营店获得“食安山东食品流通示范单位”称号。**餐饮服务**。对餐饮食品经营单位日常监管实行“双随机一公开”检查制度，原则上每年度覆盖1次。学校食堂施行学校月度自查、属地监管部门季度检查、上级监管部门年度飞行检查制度。每季度由属地监管所对学校食堂检查1次。**药品、医疗器械**。严格按照工作部署，开展药品零售企业经营行为专项整治行动及中药饮片专项整治活动，深入开展医疗器械生产经营“规范实施年”活动，做好药品、医疗器械专项整治工作，做好第二类医疗器械备案现场核查工作，取得良好成效。现场检查药品经营使用单位76家，出动执法人员156人次，责令整改、立案17起，行政处罚13起，罚没款15万多元，撤销4个GSP证书。现场检查医疗器械经营使用单位46家（其中器械经营企业15家、医疗机构21家，眼镜店10家），立案1起，责令整改11起，专项整治成效明显。

【监督抽检】全局充分发挥技术支撑作用，以食品药品抽检为抓手，突出监督抽检靶向性和针对性，有效防范生产、流通、餐饮服务、药品、医疗器械、保化环节食品药品安全隐患。2017年，委托社会第三方食品药品检验机构，有计划有组织对食品生产企业、大中型餐饮服务单位、各级各类学校（幼儿园）食堂、建筑工地食堂、食品店、蔬菜店、超市、医院、药店等生产经营食用油、面粉、肉及肉制品、中药饮片等食品药品实施监督抽检。抽检3159批次食品，不合格126批次，合格率96.01%。抽检药品70批次，不合格9批次，合格率87.14%，处置率100%。全局率先在全市完成食品快检建设工作三年计划，投资60余万元在全县13个乡镇（街道）、经济开发区、大型超市、高校食堂、批发市场等处建立食品快检室

14 处，配备食品快速检测仪器 28 台，培训操作人员 200 余人次，每月快速检测食品样品 496 批次，并建立食品快检工作台账，实行痕迹化管理。

【专项整治】 按照上级部署和实际，抓住元旦、春节、五一、国庆中秋“两节”、党的十九大等重点时段，突出重点区域，突出重点品种，突出重点环节，及时对群众关注度高、投诉举报集中食品药品品种、食品药品行业开展食品药品安全专项整治活动，规范整顿食品药品市场生产经营秩序。2017 年先后在农村、农贸市场、旅游景区、学校食堂及周边、“三小”等重点区域，就乳制品、蔬菜、肉制品、食用油、食品添加剂、儿童食品、中药材、基本药物等重点品种，开展“五无”(无生产厂家、无生产日期、无保质期、无食品生产许可、无食品标签)、“一非两超”(非法添加非食用物质、超范围超限量使用食品添加剂）等专项整治活动。期间，出动执法人员 1000 余人，出动车辆 400 余台次，接到“12331”“12345”等热线转来群众投诉、举报咨询 310 个，立案处罚 62 起。

【省级食品安全县创建】 全局把创建省级食品安全县作为工作重中之重，全力以赴按照《山东省食品安全城市和食品安全先进县（市、区）验收细则(2016)》及省食安委有关文件要求，认真研究省级食品安全县测评体系（有 65 个考评指标、2 条加分项、3 条减分项、2 条否决项），逐条对照分析，逐项抓好整改落实，力争拿到加分项、避免减分项、杜绝否决项。找准薄弱环节，着力整改，严格对标落实，继续争取上级配套资金，加大创建力度，不断规范食品市场秩序，着力提升食品安全保障水平，全面推进食品安全工作再上新台阶，最终实现省级食品安全县创建工作取得圆满成功，让食品安全工作成果全民共享。

党组书记、局长：陈士文
电话：0539-5220160
地址：费县御史街 3 号
邮编：273499

（撰稿：赵姝雯　林洋　核稿：张富文）

平邑县

【概况】 平邑县食品药品监督管理局加挂平邑县食品安全委员会办公室，系县政府工作部门，负责全县“四品一械”监督管理工作，承担县食品安全委员会具体工作。设办公室、政策法规科、食品安全协调督查科、食品生产监管科、食品流通监管科、餐饮服务食品监管科、医疗器械化妆品监管科、药品生产监管科、药品市场监管科、医疗器械监管科、规划财务科、人事科、宣传应急科、行政许可科等 14 个职能科室。设 13 个镇（街道）食品药品监督管理所和 1 个城区食品药品监督管理所。机关行政编制为 21 名，实有 16 名，其中工勤 1 名，配备局长 1 名，副局长 3 名。13 个镇（街道）食品药品监督管理所和 1 个城区食品药品监督管理所行政编制为 76 名，实有 72 名。设平邑县食品药品稽查大队和平邑县不良反应监测中心两个事业单位，其中稽查大队编制 50 名，实有 25 名，不良反应监测中心编制 5 名，实有 5 名。全县食品生产企业 127 家，保健食品生产企业 2 家，食品经营单位 4916 家，其中食品流通经营单位 3820 家，餐饮服务单位 1326 家。药品生产企业 11 家，药品和医疗器械经营企业 323 家，药品及医疗器械使用单位 467 家。2017 年，平邑县局在全市经济社会发展综合考核名列全市第五，食药监系统综合业务考核名列全市第三。

【监督检查】 坚持以日常监管为主、专项整治为辅、飞行检查和“双随机”检查为补充监管模式。履行食品生产监管职责。不断健全食品生产企业食品安全追溯、质量受权人管理、食品企业预警等机制，实施分级分类分层监管，严格落实企业主体责任，下达《责令整改通知书》63 份，停业整顿 11 家，立案 20 起，涉案货值 1.76 万，罚没款 56.75 万。加强餐饮服务食品安全监管。推进量化分级管理和“明厨亮灶”工作，量化分级管理率达到 95% 以上，硬件设施不断完善。检查 1320 余家次，下达责令整改通知书 246 份。对 5 家新建学校食堂实行图纸合理性审定，组织 163 家学校食堂开展学校食堂开放日活动。持续整顿食品流通秩序。按照“抓好超市、倒逼生产和批发、规范零售”原则，健全“一票通”追溯体系。检查 2400 余家次，下达责令整改通知书 586 份，对韭菜实行“双证制”管理。摸底上报“三小”979 户，其中小作坊 339 户，小餐饮 304 户，食品摊点 336 户，登记备案率达到 100%。加强药械安全监管。签订《药品质量安全承诺书》347 份，集中约谈 6 次，完成 GMP 认证 1 家、GSP 认证 20 家。健全山银花经营备案管理、药品生产动态监管、质管人员报告、案件查处通报等系列制度，规范全过程管理。对山银花和中药饮片生产经营备案 133 份，跟踪监督金银花市场交易，打击“挂靠”“走票”等违法行为。开展中药质量、药品零售、药品使用安全等专项整治及飞行检查 12 次，下达责令整改 205 份，立案 44 起。开展医疗器械生产经营质量管理“规范实施年”活动，扎实推进医疗器械生产经营企业质量管理规范。以健全相对人档案、落实保健食品经营许可、健全工作机制等 15 项监管工作为要点，制定监督检查要点明白纸，开展日常监督管理，检查保健食品、化妆品生产经营企业265家次，下达责令整改通知书57份。

【监督抽检】 在大型批发市场和银座、大润民等大型超市建立12个农残快速检测室，建成县食药监局和地方食药监所两个县级快检中心和13个基层所快检室，实现农药残留、瘦肉精、吊白块、亚硝酸盐等32个项目检测。结合“你点我检”、食品快检进校园等活动快检食品1630批，实现常规检测项目和检测区域全覆盖。按照统一组织领导、统一制订计划、统一政府招投标、统一组织实施、统一数据分析、统一结果利用、统一信息发布“七统一”原则，加强各环节抽检工作，结合时令季节性特点、百姓节日消费特点，重点突出监督检查中存在问题多、举报投诉多、高风险隐患多的品种，完成食品抽检3893批次，其中不合格413批次，监督抽检问题发现率10.6%，不合格样品核查处置率达到100%。

【专项整治】 开展地方区域性罐头、肉制品、大桶水、白酒、植物油、学校食堂及学校周边、餐饮环节羊肉、假劣调味品、婴幼儿配方乳粉、流通环节现场制售食品、日本核辐射区食品、食用农产品、韭菜、中药质量、药品零售、药品使用安全医疗器械生产经营质量管理规范实施年等专项整治，没收并销毁假冒伪劣、不合格、“三无”等食品药品2300千克，严厉查处各类违法案件238起。向公安机关移交食品药品违法案件23起。

【亮点工作】 加强食品生产企业监管。坚持分级分类监管、食品安全追溯、质量受权人管理、食品企业警示、风险预警排除、食品安全责任保险、双随机检查等机制得到不断健全。对120家企业进行分级分类，根据相应监督检查频次，完成监督检查290家次。免费向企业发放基本台账1300余本，实现从原料采购、生产过程控制、产品出厂检验、产品交付控制等全过程记录，并全部纳入省局电子追溯体系平台，有效解决企业不合格产品追溯难问题。在加工工艺关键流程、产品质量关键控制点、关键岗位作业区等重点区域悬挂警示牌及作业指导书1600余套。严格执行风险防控“两清单一销号制度”，逐一核查、逐一销号食品安全风险隐患172处，隐患有效整改率100%。全面落实企业自查制度，与企业签订《食品质量安全承诺书》120份，对生产加工环境脏乱差、食品添加剂“两超一非”“对标规范”、企业不能持续保持获证生产条件等主要问题，督促企业进行自查自纠，对落实食品生产主体责任不到位企业立案处罚32起，对超范围添加食品添加剂7起案件向公安机关进行移送。

党组书记、局长：陈山坤（2017年2月离任）
吴电祥（2017年2月任职）
电话：0539–4221650
地址：平邑县蒙阳路58号
邮编：273399

（撰稿：时光辉　核稿：孙加清）

莒南县

【概况】 莒南县食品药品监督管理局负责对全县生产、流通、消费环节食品安全和药品安全性、有效性实施统一监督管理，同时加挂县食品安全委员会办公室牌子，承担县政府食品安全委员会具体工作。局机关内设办公室、人事科、行政许可科、食品协调科、餐饮服务监管科、食品流通监管科、食品生产监管科、药械化妆品监管科等8个职能科室；下辖食品药品稽查大队，副科级事业单位；设立14个食品药品监督管理所，为局派出机构。核定行政编制86名，事业编制40名，实有行政编制69人，事业编制38人，退役士兵公益性岗位23人。2017年，辖区内有食品生产企业109家、食品加工小作坊633户、食品流通企业2220家、餐饮服务单位767家、小餐饮148家、学校食堂68家，药品生产经营企业181家、医疗器械生产经营企业107家、药械使用单位582家，保健食品经营企业146家，化妆品经营企业232家。

2017年，莒南县局紧紧围绕省级食品安全县创建，以“抓监管、筑基础、强服务、保安全”为目标，坚持源头严防、过程严管、风险严控、稳中求进，全力保障全县人民群众饮食用药安全，全县食品药品安全形势总体稳定并向好发展。成功创建省级食品安全县，顺利通过省级文明单位复验，获“临沂市2017年度档案工作先进集体”“2017年度县直先进单位”等市县级荣誉7项，全市食品药品监管综合考核第四名。

【监督检查】 推行食品安全“智慧监管”，采取“以租代建”模式，投入80万元建设“智慧监管”平台，将学校食堂及200家重点食品生产经营企业电子监控接入“智慧监管”平台，执法人员通过电脑和执法终端进行网上办公、监管执法、网格化管理、视频监控、统计分析和企业数据管理等工作。健全食品安全追溯体系，在4家规模以上食品生产企业建设食品质量安全追溯平台，实现覆盖食品生产加工全过程追溯；在2家农贸市场、386家中小型超市和160家食品供货商实行“一票通”追溯管理制度，实施“以供控购、以购溯源、管住批发、规范零售”链条式管理。推行学校食堂精细化管理，围绕布局设计科学化、操作加工标准化、风险防控全程化、安全检查常态化、责任落实严格化“五化”标准，着力打造学校“健康食堂”，确保学生食品安全，全县 80% 学校食堂达到“健康食堂”标准，其中 7 家被评为省级示范学校食堂。启动“药品经营百日规范管理”行动，整治药品经营单位从非法渠道采购药品、质量管理人员挂靠等屡禁不止问题；开展为期一个月药械经营使用单位专项检查行动，当场处罚 50 家，查封扣押 30 家，责令整改 209 家。

【监督抽检】 推行以“统一制定抽检计划、统一组织食品抽样、统一公示抽检信息、统一组织问题处置”为主要内容的食品监督抽检“四统一”模式，按照千人 3 批次标准，组织食品监督抽检 2619 批次，不合格 94 批次，不合格率 3.59%，抽检结果网上公布率、问题食品后处置率均达 100%；组织药品监督抽检 65 批次，不合格率 21.5%；药品不良反应、医疗器械不良事件及化妆品不良反应监测任务完成率分别为 92.5%、104%、103.8%，质量评估等级均为 A。

【专项整治】 组织开展打击食品安全违法犯罪“清源”行动等集中整治行动 8 次，查处食品药品违法案件 213 起，其中食品案件 159 起、药品案件 45 起、医疗器械案件 9 起、保健食品及化妆品案件均为 0 起；查办涉案货值 10 万元以上大案要案 1 起，向公安机关移送案件 19 起。

【亮点工作】 深入推进示范创建工作。将省级食品安全县创建作为全局年度中心工作，设立创建工作专线，实施专业指导、专线督查、专项考核；推行定任务、定标准、定责任、定进度、定奖惩“五定”措施，全员参与创建。扎实开展“食安山东”品牌创建，7 家食品生产企业、64 家食品流通单位、36 家餐饮服务单位获得“食安山东”品牌。

规范食品生产经营行为。以省级食品安全县创建为平台，以规范管理提能力、严打重罚显威力、宣传教育聚合力、督查督办增效力、强化责任促动力为主要手段，同步启动食品生产经营规范提升工程、食品“三小”综合整治工程、农贸市场整治改造工程，对 4000 余家食品生产经营企业进行全面规范提升，633 户食品加工小作坊、148 家小餐饮、390 家食品摊贩实施登记备案管理，2 家规模较大农贸市场完成市场升级和业态规范。

建设“六统一”规范化监管所。统一配备执法设备，每个监管所配备一辆执法车，建设一处食品快检室，其他装备配备达到“十个一”标准；统一优化办公环境，50% 监管所业务及辅助用房面积达到 320 平方米以上，其余均超过 200 平方米；统一人员教育培训，基层监管人员获稽查比武市级第一名、省级二等奖；统一日常监管模式，实施全程化日常监管，推行标准化执法、错时执法和痕迹化管理；统一档案管理模式，所有信用档案达到统一封面设计、统一内容规定、统一格式装订、统一档案盒存放“四统一”标准；统一内部管理标准，无一人违纪违规。

党组书记、局长：夏培记
电话：0539−7223555
地址：莒南县城嵋山路 76 号
邮编：276600

（撰稿：王均峰　核稿：夏培记）

蒙阴县

【概况】 2017 年，蒙阴县食品药品监督管理局在编 69 人。其中，公务员编制 45 人，局机关工勤 2 人，事业编制 22 人；内设办公室、政策法规科（挂行政许可科牌子）、食品安全协调督查科（挂宣传和应急管理科牌子）、食品生产监管科、食品流通监管科、餐饮服务食品监管科、保健食品化妆品监管科、药品监督管理科、医疗器械监管科 9 个科室，直属食品药品稽查大队、药品不良反应监测中心（挂药物滥用监测中心牌子）2 个事业单位，下设蒙阴街道等 10 个乡镇（街道）食品药品监督管理所。有食品生产企业 59 家，食品流通单位 3330 家，餐饮服务单位 1984 家，保健食品生产经营企业 137 家，药品生产企业 3 家，药品零售企业 138 家，社区村卫生室和诊所 456 家，医疗器械生产经营企业 70 家。

2017 年，蒙阴县局先后获得临沂市食品药品监督管理系统第六届稽查执法技能竞赛团体三等奖、全市食品安全法律知识竞赛团体第六名、“2017 年度平安蒙阴建设先进单位”“2017 年度全县党委系统信息工作先进单位”等称号。

【监督检查】 严格许可、备案条件，办理食品生产许可事项 22 家、食品经营许可事项 1505 家；新开办药品零售连锁企业 10 家，注销 2 家，变更许可事项 14 家，通过 GSP 认证企业 11 家。做好食品小作坊、小餐饮登记，并积极开展“在一线助规范”活动，按照“三小”监管“六项标准”，对“三小”单位进行一对一指导帮扶。登记小作坊 172 家、小餐饮 398 家。加强党的十九大期间食品药品安保工作，完成孟良崮战役胜利 70 周年纪念大会、全省新农村建设现场会、全市农业观摩会、县两会、中高考、环云蒙湖自行车赛等各类重大活动餐饮服务保障任务。执行学校食堂“四检查”制度。季度检查累计172家次，督导检查6家，飞行检查4家。检查情况及时进行公示和通报，并督促学校食堂整改落实。继续实行向县教育体育局通报学校食堂季度检查情况制度。开展学校食堂大培训大检查大整改大提升行动。利用暑期指导5家学校食堂进行改造提升。组织开展学校食堂开放日活动。按照“实施分级、分类、分业态创建”思路，培育蒙阴“食安山东”品牌，用品牌正能量引导公众消费。创建“食安山东”品牌示范单位2家，其中，山东蒙山酿酒有限公司选为2017年度全省两家优秀示范企业代表。印发《关于全面落实韭菜“双证制”管理的通告》1800份、市场销售凭证样本300份、公示牌80个，检查农贸市场、大中型超市、餐饮单位等190家，抽检韭菜产品3批次，快检6批次，未发现不合格情况。

【监督抽检】 加大监督抽验力度。推进食品快检工作，完成食品快检并上传平台230批次。开展食品快检进市场活动，检测食品100个批次，全部合格。制定监督抽检计划，及时处置不合格产品。食品生产流通抽检500批次，餐饮抽检205批次，药品45批次，不合格产品全部处理完毕，处置率达到100%。

【专项整治】 突出重点环节、重点品种、重点区域、重大节日食品药品安全集中整治。食品安全。结合“三小”条例实施，对小餐饮小作坊进行摸排，优化改善生产经营环境；根据社会热点、群众举报、上级要求及风险监测结果等，陆续开展冷冻食品、婴幼儿配方乳粉、畜禽水产品、毛皮动物胴体、银耳、蔬菜、月饼、粉条粉丝、外卖餐饮食品等专项整治；以学校食堂、敬老院食堂、农村集体聚餐、旅游景区农家乐等为重点，着重查处采购、使用劣质食用油、不合格调味品、非食品原料和滥用食品添加剂等餐饮服务环节违法行为。在春节、清明、端午、中秋等重大节日前开展年夜饭、节令食品专项检查，切实保障节日期间饮食安全。药品。开展药品流通领域违法经营行为专项整治、药品零售企业经营行为、药品经营使用环节飞行检查、医疗器械生产经营规范实施年活动，对疫苗、中药饮片、无菌和植入性医疗器械等重点产品组织专项行动。针对重要时间节点开展夏季药品市场专项检查。累计查办案件561起，同比增加116%。

【基础建设】 投入73万余元，为12个队所配齐执法车辆，建立11个食品快检室，购置食品药品快检设备，并接入“临沂市食品快检信息平台”。研发《食品经营备案管理系统》《食品经营许可辅助系统》，实现对食品经营许可及小作坊、小餐饮登记数据再利用和统一综合利用。

【省级文明县城创建】 召开创城专题会议，安排部署具体工作。成立创建工作领导小组，按照“划片、包区、定岗、定人、定责”原则，细化任务分工，砸实责任。抽调10个乡镇监管所和机关科室人员36人，确保监管全覆盖。坚持把创建工作与监管工作相结合。对照创建标准，加强市场监管，逐项规范，跟踪整改。出动执法人员3500人次，检查餐饮单位、药品生产经营使用单位1700家，下达整改意见书750份。印制并发放创建省级文明县城宣传海报3000份，“文明餐桌”温馨提示牌2000个，“打包袋”提示标语1200余张，“文明餐桌 俭以养德”标语1500份，餐饮服务单位行为规范1200份，食品安全信息公示牌1800个，市民文明公约1600份，解答群众疑问2900余人次。

【信息宣传】 举办食品安全宣传周，组织开展“食品安全四进”等宣传活动，透明工厂、学校食堂开放日、食品快检进市场等互动活动，参与“3·15”、安全生产宣传周，举行校园巡回宣讲40余场，深入食品生产企业、餐饮服务单位、药品经营企业开展专题培训600余人次；开展全县乡镇（街区）分管负责人“三小”条例培训5期次。加强网络宣传阵地建设，将日常检查和专项整治情况、消费警示信息等通过政务网站、微博、今日头条等平台进行发布，公开监督抽检、行政处罚、许可备案信息，回应社会关切。利用广播电视网络报纸，广泛宣传食品药品监管工作及其成效，全年投报各类信息685篇。

【依法行政】 以省局法制处党支部与县局党支部结成共建共创对子为契机，邀请省局法制处领导进行业务帮助和指导，对“三小”和食品电商监管进行执法调研，把食品电商纳入“三小”条例适用范围，破解监管难题。结合监管实际，定期对执法人员开展检验检测、法律法规、执法能力等相关学习。严格执法证件管理，积极做好行政执法证件新办、审验、换发等工作。2017年新办理执法证1人，年审31人，换证13人。坚持严格执法、公正执法、文明执法，强化行政执法监督，健全案件审核、重大案件合议制度，严格自由裁量权使用，严防权力滥用。出台行政执法公示、执法全过程记录、重大执法决定法制审核等三项制度实施方案，促进执法公开透明、合法规范。开展案卷评比活动，提升案卷办理质量。在全省案卷评比中，有1个案卷被省局评为行政执法典型案例，被收录在《山东省行政执法典型案例汇编》中；在全市食品药品行政处罚案卷评查中，1个案卷受到市局通报表扬；在全县案卷评比中，报送3个执法案卷均被县法制办评为较好等次。全年未发生诉讼案件，发生 3 起行政复议案件也被县法制办全部给予维持处理。

党组书记、局长：党涛
电话：0539-4812938
地址：蒙阴县新城路 232 号
邮编：276299

（撰稿：耿坤坤　核稿：王芳）

临沭县

【概况】临沭县食品药品监督管理局加挂临沭县食品安全委员会办公室牌子，为县政府工作部门，正科级，对生产、流通、消费 3 个环节食品、药品、保健食品、化妆品和医疗器械实施监督管理，同时承担县食品安全委员会日常工作。内设办公室（人事科）、政策法规科（行政许可科）、食品安全协调督查科（宣传和应急管理科）、食品生产监管科、食品流通监管科、餐饮服务食品监管科、保健食品化妆品监管科、药品医疗器械监管科、财务科 9 个科室，下设 10 个镇（街）食品药品监督管理所，直属食品药品稽查大队和药品医疗器械不良反应监测中心两个事业单位。全局人员编制 93 名，其中行政编制 66 名，事业编制 24 名，工勤编制 3 名。

【监督检查】食品生产。实行“培训＋约谈”模式，夯实企业主体责任。定期开展食品生产企业从业人员培训，与集体约谈、个别约谈相结合，对共性问题进行集体约谈，对存在问题比较突出个别企业，点名批评并进行单独重点约谈。分级分类监管促进行业梯队初步形成。建立信用档案，实行分级分类监管，对 54 家食品生产企业进行信用等级评价。建立健全食品生产经营企业电子信用档案，根据不同企业具体分类评级，确定监管重点、频次及措施方法，实施提升一批、整改一批、查处一批，逐步构建守信激励、失信惩戒机制。引导食品生产企业建立、完善和实施食品安全追溯体系，组织开展食品生产环节抽检 2 次，抽取样品 55 批次，合格率 100%。

食品流通。实行食品批发商登记备案制度。食品批发商和经营总代理在县食品药品行业联合会进行登记备案，与销售商签订食品安全质量保证书。80 余家较大批发商和总代理在县行业联合会登记备案，占全县批发商总代理 70%。在食品流通环节规范使用“一票通”。按照流通环节食品经营要求，行业联合会设计印制统一规范“食品经营一票通”，督促食品经营者自觉索证索票、规范经营。食品经营户“一票通”覆盖率达 70%。在集贸市场、农贸市场、超市等食用农产品销售集中区域开展“你点我检”食品快检活动，2017 年快检食用农产 760 批次，合格率 100%。

餐饮服务。创新利用“互联网＋”，依托“食安临沭”微信公众号开辟“食安地图”栏目。开展校园绿色餐饮行动，严格落实学校食堂季度检查、飞行检查和督导检查，及时开展隐患排查整治。指导各级各类学校成立监督委员会 114 个，占就餐学校总数 95%。常态化开展学校食堂开放日活动，组织 42 所学校、托幼机构食堂同步开展学校食堂开放日活动，全县学生家长、教师代表及社会各界人士 1100 人参加，征集意见建议 1650 条。开展食品安全“净网”行动，重点对网络订餐加强监管，检查饿了么、美团外卖等订餐平台 5 家，对入网 392 家餐饮单位进行全面摸底建档。建立会员交易大平台，引导餐饮单位实行大宗商品集中采购配送。巧媳妇酱油”成功纳入集中采购库，150 家餐饮单位以市场最低价格一次性集中采购 2000 箱巧媳妇酱油。临沭县行业联合会指导 5 家一次性餐具生产企业实现有效整合，并在 500 余家餐饮单位实行集中配送。与县太平财产保险有限公司合作开发餐饮场所安全责任险，在学校食堂、较大型餐饮单位进行推广。

药品、医疗器械。开展医疗器械生产经营“规范提升年”活动，强化规范实施，完善质量体系。探索建立“双随机”抽查机制，采用抽签等方式，随机抽取检查对象和执法检查人员。随机检查药店 118 家，医疗机构 83 家，立案查处违法违规行为 26 起。对冷链药物、特殊管理药品、中药饮片、疫苗、诊断试剂等重点品种，开展药品使用环节质量监管专项检查。开展过期药品回收活动，在已有定点回收药店基础上，进一步向镇（街道）、村扩展，增加定点回收药店数量。坚持问题导向，提高药品监督抽验工作靶向性。抽验药品 60 批次，其中不合格药品 14 批，问题发现率 23.3%，对涉案假劣药品全部查扣，并依法予以立案查处。创新检测方法，不良反应监测工作连续四年领跑全市。

【监督抽检】探索实行“双随机”抽检机制，对重点抽检单位现场确定抽检品种，委托第三方机构依据大数据分析确定检测项目，提高抽检样品问题发现率。完成食品抽检 2485 批次，达到全县人口 4‰，抽检合格率为 96.90%，在临沭县政府网站公示抽检结果 15 期。完成药品抽检 60 批次，问题发现率为 23.3%，对涉案假劣药品全部查扣，并依法予以立案查处。申请财政资金 45 万元，新增快检设备 9 套，全年累计开展快检 384 批次，合格率 100%。

【专项整治】食品安全。深入开展“守护舌尖安全”整治行动。开展毛皮动物胴体肉专项整治，严打毛皮动物胴体肉冒充牛羊肉等违法经营行为，禁止毛皮动物胴体流入食品及饲料加工领域。开展校园及周边食品安全专项整治，全年规范整治学校食堂及周边食品经营单位400余家，扣押问题食品110公斤。深入开展“三小”食品专项整治。全面实施《山东省食品小作坊小餐饮和食品摊点管理条例》，对全县“三小”进行集中调查摸底登记造册，严厉打击生产经营有毒有害、掺假造假、使用来源不明原料等违法违规经营行为。此外，还开展假劣调味品、银耳、粉丝、粉条、建筑工地食堂食品安全、蜜饯、餐饮服务单位食用油、牛百叶、肉制品等食品安全专项整治行动24次。

药品、医疗器械。开展特殊药品和含麻黄碱类复方制剂、中药饮片、药品流通领域违法经营行为等专项整治行动9次，检查药品及医疗器械生产经营单位1350家次。

【亮点工作】 **指导成立全省首家县级行业联合会，引导行业自律规范。**2017年1月，临沭县局指导成立临沭县食品药品行业联合会，为山东省首个县级食品药品行业联合会。行业联合会办公场所400多平方，设有电教室、实景模拟室、办公室和档案资料室等，实景模拟室把商场超市、餐馆等食品经营场所整体搬进培训课堂，全方位、多角度、立体化地呈现各类食品生产经营场所设备设施、陈列布局、操作流程等情景。2017年，依托这一平台累计组织各类人员培训54期，共计2600余人。

对农村食品安全监管实行“全覆盖＋回头看”模式。全面摸清各镇街食品经营单位底数，整合县局和镇街监管所执法力量，划定监管区域，确保镇不漏村，村不漏户，对经营户进行第一轮全覆盖日常监督检查。在此基础上，根据问题多少，隐患严重程度大小确定监督检查频次，有重点地开展第二轮“回头看”。该模式有效解决各镇街监管力量不足问题，可全面掌握农村食品经营状况，提高监管、抽检、稽查执法等针对性和靶向性。

媒体联动，加大宣传力度，营造诚信经营良好氛围。县行业联合会与临沭电视台联合制作“临沭食事药闻”宣传专栏，开播7期，积极宣传食品安全监管工作动态，引导广大群众积极参与食品安全社会共治。

党组书记、局长：朱孟英
电话：0539-6239600
地址：临沭县顺河东街136号
邮编：276700

（撰稿：陈杰　王光　核稿：朱孟英）

临沂高新技术产业开发区

【概况】 临沂高新技术产业开发区市场监督管理局有干部职工29名，行政编制14名，事业编制3名，招聘人员12名。设马厂湖、罗西两个食品药品监督管理所，为局派出机构。

2017年，临沂高新区局认真履行监管职能，积极适应经济发展新常态，坚持问题导向，突出“四个最严”，以“食安山东”建设为统领，“打、建、创”并举、“放、管、服”结合，加快构建高效严密、社会共治的食品安全治理体系，做到源头严防、过程严管、风险防控，守住不发生系统性、区域性重大食品药品安全问题的底线，确保“舌尖上的安全”。全区食品药品安全形势总体稳定向好，全年无食品药品安全事故发生。

【监督检查】 强化日常监管，对食品药品生产、流通、餐饮、学校（幼儿园）、机关食堂进行不定期检查，加大执法力度，与其他部门联合执法，确保食品药品安全，防止群体性中毒事件发生。对所有药品生产、经营和使用单位进行安全隐患排查，发现问题，及时与相关责任人进行沟通并督促整改到位；受理行政许可事项245个，办结245个，办结率达100%；通过进学校、企业、入市场、农村集市积极开展食品药品安全宣传活动，充分利用标语、宣传栏、临沂新闻走进高新区专栏等媒介，大力宣传食品药品安全工作重要性、必要性和相关知识，不断提高人民群众食品药品安全意识和参与积极性；积极开展“3·15”食品安全宣传、药品安全宣传月和食品安全周、学校食堂开放日、你点我检、快检进市场等活动，发放食品药品安全宣传资料5000余份；做好药（械）不良反应监测工作，完成报告药品不良反应100例、医疗器械不良事件40例、化妆品不良反应10例；积极回应“民意快线”反映问题，接到“12345”“12331”热线群众反映问题240件，投诉举报145件，满意率100%。做到领导重视、执法到位、及时回应，群众满意度不断提升；食品监督抽检519批次（同比增长76.53%），其中农产品274批次，不合格10批次，合格率98%。

【专项整治】 开展节前大检查工作，规范食品生产经营行为，加大对初级农产品、米面油、熟食制品、乳制品、肉制品、调味品、韭菜、儿童食品等进行重点检查检测。会同区教育局、卫生局等部门对辖区内所有中小学校、幼儿园进行联合专项整治检查，检查校园食堂现状、食堂设施情况、证照情况、从业人员健康状况、食品来源及存在问题，通过检查落实专人负责校园食品卫生，建立食品留样登记制度，同时开展校园及学校周边食品安全专项检查。对“三小”（小作坊、小餐饮、食品摊点）进行宣传、培训、备案工作。加大对药品、保健食品、化妆、医疗器械生产经营环节开展互联网非法售药、药品使用环节、中药饮品使用环节，含特殊药品配方制剂、非法销售终止妊娠药品等 6 次专项整治，按照整治方案要求对相关企业逐一进行检查，对管理制度、购进、验收、储存、陈列、销售等各个环节加强规范，发现问题督促企业整改，完善与公安部门联勤联动执法工作机制，开展“守护舌尖安全”、农药使用、毛皮动物胴体肉、集体用餐、畜禽水产品整治、农村食品安全等 7 次集中整治行动。召开联席会议 4 次，联合执法 3 次；严厉打击违法违规行为，立案查处 15 起，食品行政案件 12 件，药品 3 件，行政罚没款 22.6 万元。

【产业状况】 纳入食品、药品、医疗器械、餐饮服务、企事业食堂、保健食品、化妆品监督管理对象有 2393 家，食品生产企业 38 家，流通企业 1420 家，药品生产企业 5 家，批发企业 7 家，零售企业 54 家，医疗器械生产企业 4 家，经营企业 85 家，保健食品生产企业 1 家、经营企业 54 家，化妆品生产企业 3 家，经营企业 65 家，各级各类医疗机构（含村卫生室、个体诊所）89 家，餐饮服务单位 568 余家。

【亮点工作】 实施分级分类监管，落实日常监管责任。围绕工作重点，制定高新区局监管计划，明确时间表、线路图。部署开展食品生产企业风险等级、监管频次，进一步完善食品生产企业信用档案，依法公布信用档案内容，落实各级监管职责，形成以属地监管为主，飞行检查为辅的食品生产监管体系。加强企业食品安全人员管理。推进实施质量受权人制度，对企业受权人开展培训，提升从业者法律意识和专业素质，夯实食品企业主体责任，着力强化企业主体责任意识，积极促进企业自律。

局长：马德世
电话：0539-7118858
地址：临沂高新区科技大道与新华路交汇西50米路北
邮编：276017

（撰稿：邓旭龙　核稿：马德世）

临沂经济技术开发区

【概况】 临沂经济技术开发区市场监督管理局 2014 年 3 月成立，下设芝麻墩、梅家埠、朝阳 3 个市场监督管理所，工作人员 48 名。辖区内有食品生产企业 33 家、食品流通企业 756 家、餐饮服务企业 860 家；药品生产企业 3 家、批发零售企业 66 家；医疗器械生产企业 1 家、经营单位 19 家；化妆品生产企业 2 家。

【监督检查】 组织召开全区食品安全培训会议和药品监管工作会议，传达省市食品药品安全工作会议精神；通过讲解法律法规、剖析典型案例、现场解疑释惑，重点提出食品药品生产经营单位要做到规范化生产经营、索证索票制度落实到位等内容，提高食品药品生产经营单位人员业务能力。3 月 15 日，开展“3·15”国际消费者权益日宣传、咨询服务活动。活动通过摆放宣传展板、现场咨询、发放宣传资料、真假食品药品对比等形式进行。接受食品、药品安全相关咨询 160 人次，发放宣传手册 1000 份。3 月 31 日，皇山农贸市场开展“12331”投诉举报主题活动和《山东省食品小作坊小餐饮和食品摊点管理条例》宣传活动。通过悬挂横幅、摆放宣传展板、发放宣传资料等形式向广大市民宣传食品药品投诉举报知识和《山东省食品小作坊小餐饮和食品摊点管理条例》知识。发放知识手册 300 余本、宣传资料 800 余份，接受咨询 150 余人次。有效提高“12331”投诉举报热线、《山东省食品小作坊小餐饮和食品摊点管理条例》知晓度和公众对食品药品安全关注度，增强公众共同参与食品药品安全监管积极性。根据春节、元宵、端午、国庆、中秋等节假日食品消费特点，开展以年夜饭供餐单位、农贸批发市场、旅游景区及周边餐饮单位，经营保健食品药品连锁超市为重点专项检查。严格落实《餐饮服务食品采购索证索票管理规定》，监督检查食品及食品添加剂等原辅料索证索票和台账建立情况；加强对大型超市及药品连锁超市所经营保健食品安全监督，进一步落实餐饮服务单位食品安全第一责任人责任，净化和规范节假日期间餐饮消费市场，消除食品安全隐患。严格按照上级有关要求，强力推进“守护舌尖安全”、大桶水专项整治、肉制品专项整治、配制酒、乳制品等专项整治活动，积极开展宣传、巡查、抽样检验，及时准确地上报各项检查数据。

联合区教育局对全区 108 家学校和托幼机构食堂进行季度食品安全检查三次。检查过程中着重对学校食品安全制度建设、从业人员健康管理、餐用具清洗消毒、食品留样制度等内容开展自查，同时加强关键环节控制和监管，加强对设施设备检查，严格落实索证索票制度，确保食品原材料来源可靠，最大限度地消除食品安全隐患。联合开发区建设局对辖区内建设工地食堂进行专项检查。主要围绕证照情况、从业人员健康证明、食堂环境卫生状况、索证索票制度落实情况、加工制作等相关管理制度情况、食品安全管理制度情况等6项重点开展监督检查，检查覆盖率达100%。检查组按照“找缺补差、拾遗补漏、边查边改、完善提高”原则，对未达到标准或前期达标后期反弹的，建立不达标台账，督促责任单位落实整改，查摆问题8条。检查过程中，检查组要求建筑施工企业要建立以项目负责人为第一责任人食品安全责任制，配备专兼职食品安全管理人员，建立健全食品安全管理制度、企业自查自纠制度；建筑工地食堂要落实“亮证经营、安全承诺、单据留存、原料公示、加工规范、清洗消毒、场所清洁、餐餐留样”八项要求，并制订食品安全事故应急处置预案，一旦发生食品安全事件，迅速采取措施控制事态发展，及时做好相关处置工作。出动执法人员180余人次对辖区内食品、药品、医疗器械生产经营企业进行日常监督检查，检查内容主要包括：产品标识、生产场所、管理制度运行落实情况和原辅材料购进使用情况等方面。针对检查中存在问题，依法对相关企业下达《责令整改通知书》，督促其严格按照法律法规、标准要求组织生产经营。按照省、市局要求，认真履行“三小”监管职责，“三小”整治工作初见成效，实现“五到位”：安排部署到位、督办指导到位、摸底调查到位、法规培训到位、许可审批到位。

【监督抽检】 积极协助上级主管部门完成食品生产、流通、餐饮环节国抽、省抽、市抽1000余批次，完成药品抽检19批次，为食品药品安全情况摸底奠定良好基础。此外，联合山东中质华检测试检验有限公司对辖区内生产、流通、餐饮环节进行重点产品抽样检验工作，抽样1000批次。抽样区域涵盖辖区内重点农贸市场、单位食堂、流通超市、餐饮单位以及所有正常生产企业。根据抽检结果对检验不合格单位进行后处理工作。

【专项整治】 加强药品经营日常监管，开展药品安全专项检查工作。和药品经营单位签订《药品经营和使用单位安全用药承诺书》和《不销售终止妊娠药品承诺书》，严格落实企业第一责任人主体责任。加强辖区内药品经营企业GSP跟踪检查及日常监督检查，并对GSP检查中发现的不合格项要求全部进行整改，整改合格率达100%。强化农村药品监管，完成对乡镇卫生院药品质量日常检查，加大力度整治药品、医疗器械、保健食品违法广告，加强监督检查工作，对区级医疗机构和批发企业进行专项检查。加大药品、医疗器械不良事件监测力度。按照市局年初制定目标，结合自身工作实际，制定具体工作计划，将目标责任层层细化、分解，并实行月报制度。上报药品不良反应121例，完成率100%；医疗器械上报40例，完成率80%。

【产业状况】 临沂经济技术开发区生物医药产业园是开发区重点扶持发展产业园区，位于开发区中部核心位置，交通区位优越，物流优势明显，名牌企业林立。生物医药产业园形成生物医药为主，医疗器械为辅产业格局，生物制药领域骨干企业主要有翔宇健康制药、临沂医药集团、瑞盛生物科技、金方制药等企业。医疗器械领域主要有广顺医疗器械、凯洋医疗器械、德维比斯等骨干企业。农副产品加工产业园区总规划面积12.7平方千米。园区规划分“农副产品加工区、食品加工区和配套服务区”3个区域，是开发区实施沂蒙优势农副产品资源转换和经济发展核心园区。围绕皮毛产业和食品加工产业两大主攻方向，以华东皮草交易中心和沂蒙优质农产品交易中心为依托，通过市场带动工厂，不断加大园区建设投入，发展特色农副产品交易展示，焙烤食品、休闲食品、肉制品、发酵制品、乳制品、调味品等食品加工及高端皮草加工制造项目。

局长：冯飞
电话：0539-8800298
地址：临沂市经济技术开发区沂河路3号
邮编：276023

（撰稿：张健　核稿：任文丹）

临沂临港经济开发区

【概况】 临沂临港经济开发区市场监督管理局于2013年12月经临沂市编办批复设立，承担全区食品药品、工商和质监日常监管和行政执法职能，着力解决开发区日常监管和行政执法难题。食品药品方面主要承担区食品安全委员会办公室日常工作，对区内食品、药品、医疗器械、保健食品、化妆品生产经营、使用全过程的监管任务，履行行政许可、日常监管和行政执法等工作。内设机构7个，派出机构4个，即：办公室、法制科、行政审批科、食品药品监管科、质量监督管理科、市场监管科、综合稽查大队和4个基层监管所。有局长1名，副局长2名，全局有干部职工45人，其中行政编制27人，事业编制4人，合同编制14人。

2017年，临港区局新发放食品经营许可264份，核发食品生产许可10份，发放药品经营许可2份，换发药品经营许可15份。全区有餐饮单位186家、食品经营户567家、食品生产企业17家；公立医院4家、民营医院2家，村级医疗机构102家、个体诊所7家，药品经营企业41家，二类医疗器械备案16家；

化妆品经营店 15 家。

2017 年，临沂临港经济开发区食品药品监管工作围绕确保公众饮食用药安全目标，积极履行食品、药品、医疗器械等生产经营使用环节许可和监管职能，积极推进“食安山东”创建工作，深入开展学校食堂、保化品、药品和医疗器械专项整治，重点加强行政执法和监督抽检力度，不断规范食品药品市场秩序。

【监督检查】 制定监管计划，强化示范创建。突出监管计划性，制定食品生产、流通、餐饮环节及药械经营使用环节日常监管工作计划、食品抽检计划，明确检查步骤、对象、时间、检查重点和检查标准，加强问题企业跟踪整改检查。加强生产经营单位食品安全监管。加大推动“食安山东”创建力度，充分发挥示范引领作用、辐射作用和示范效应。2017 年，临港区局开展学校食堂飞行检查 2 次，季度巡查至少 1 次。餐饮服务单位及时开展量化分级等级信用评定工作，评定 54 家，临港区实验中学食堂等 2 家学校食堂和山东金典有限公司分别成功创建“食安山东”示范食堂和“食安山东”食品生产示范企业。

及时开展培训，提高从业人员素质。强化食品药品从业人员培训力度，通过组织开展食品药品生产经营负责人和学校食堂等重点单位负责人相关知识培训，提升临港区食品从业者管理水平。累计培训 1200 余人次，培训范围涵盖食品生产经营环节及药品、医疗器械使用经营环节等方面。

注重宣传教育，促进社会共治。通过线下“3·15”、食品安全宣传周、学校食堂开放日等宣传日开展宣传咨询活动以及线上临港区网站市场监管专栏及微信公众平台，推送重要食品安全警示、抽检及执法办案等信息。发放宣传材料 2000 余份，解答各类咨询 400 余人次，临港区门户网站、微信公众号公示抽检、处罚情况 17 次，信息 46 次。主动向社会公布“12331”“12345”等举报投诉电话，向生产经营单位免费发放进货查验台账、供货商台账等各类规范台账，指导各单位建立健全食品安全管理制度，加强内部管理。对食品生产经营、学校食堂等单位进行全面指导检查，严格按照要求建立进货查验、索证索票制度，提高食品安全管理水平。办理投诉举报 24 起，办结率达 100%。

【监督抽检】 2017 年，临港区局重点对肉、蔬菜、食用油、餐具、膨化食品和节令食品等进行抽检，完成监督性抽检（不含国抽、省抽和市抽）食品 644 批次，同比增长 1.3 倍。其中 610 批次合格，34 批次不合格，合格率为 94.72%。药品方面，全年抽检 16 批次，合格率 100%。立案 13 起，罚没款 3.63 万元。

【专项整治】 开展食品安全专项整治。开展食用农产品专项整治。重点指导辖区超市、菜店、餐饮单位购入韭菜时严格落实双证管理模式，没有合格证明韭菜产品，一律不得进入市场进行交易，对发现不合格韭菜产品，依法进行严厉处置。开展隐患排查，通过对学校食堂等重点场所，火锅、烧烤等重点行业开展专项整治，规范经营行为，排查安全隐患。先后开展调味品、婴幼儿配方奶粉等风险食品安全专项整治行动。出动执法人员 1100 人次，检查各类经营单位 750 家次。

开展“三小”提升整治工作。对全区“三小”进行调查摸底、登记备案，开展“一线助规范”行动，印制食品小作坊生产加工各类规范台账 1000 份，印制食品安全监管信息公示牌、食品摊贩安全监管信息公示牌 150 份，免费发放至各“三小”主体。全年办理小作坊 14 家、小餐饮 20 家。

开展药品医疗机构整治工作。以药店、诊所、卫生室列为重点监管对象，对经营含麻黄碱复方制剂、中药材中药饮片企业进行重点检查。加大不良反应监测力度，完成药品不良反应 118 例，医疗器械不良反应 63 例。

【亮点工作】 加强学校食堂规范化培训，强化校长负责制，着力提升学校食堂管理水平，监管过程中逐步引导学校食堂采取公司化连锁运营，统一原料管理市场化运作模式。加强学校食堂集约化管理，新建临港实验中学，整合辖区初中食堂，全区初高中学校食堂全部采用连锁化、规范化、市场化运作模式。

局长：李纪强
电话：0539–7668393
地址：临港经济开发区坪上镇厉家寨村中兴商务大楼
邮编：276624

（撰稿：鲁娀　核稿：孟辉）

蒙山旅游度假区

【概况】 蒙山旅游度假区市场监督管理局位于国家 5A 级旅游景区龟蒙景区，辖区内有 2 个市场监督管理所，现有编制 13 名，执法车辆 2 辆，食品药品快检设备 3 套。辖区有食品生产企业 9 家，药品经营单位 21 家，食品经营单位 320 家，学校食堂 30 家。

【监督检查】 蒙山旅游度假区管委会将食品药品安全工作纳入重要议事议程。区食安委印发《关于调整充实蒙山旅游度假区食品安全委员会成员构成的通知》，重新梳理、调整各级各部门食品安全责任。区局同时制定日常监管计划，突出工作重点，推进“三小”条例贯彻落实。登记小餐饮37家，小作坊9家，食品摊点18家，提前完成“三小”登记备案工作。柏林、蒙山景区两市场监管所建立监管网格，对辖区“四品一械”生产、经营、使用单位落实网格化管理，分工明确，责任到人。通过开展日常检查、“双随机”飞行检查、宣传培训、建立企业监管信用档案等方式，严格履行食品药品日常监管和风险监测。向药械和保化“智慧监管”系统录入药品监管信息70条，保化监管信息25条。强化行政许可，严把市场准入。累计审核发放《食品生产许可证》5份，《药品经营许可证》3份，《食品经营许可证》72份。作为临沂市唯一一家5A级景区所在地，蒙山区局着重开展为期半年景区周边食品安全专项整治活动，确定2个主景区、4个小景区分三阶段进行，对景区周边饭店、超市、流通摊贩集中整治、取缔或备案管理，确保景区周边食品安全。开展笑脸就餐活动，学校食堂开放日活动，要求餐饮单位做到亮证经营、安全承诺、单据留存、场所清洁，并不得经营过期食品，出动执法人员210人次，检查各类生产经营单位230家次，对发现问题下达限期责令整改26份，警告2起。

【监督抽检】 临沂蒙山旅游度假区管委会拨付蒙山区局食药安全抽检经费42万元。根据辖区实际，制定《2017年度食品抽检计划》，抽检涵括食品生产、流通、餐饮、药品、保健食品、化妆品等环节，按照计划开展食品监督抽检工作。先后在景区酒店、学校食堂、农家乐、农村食杂店等环节进行抽检，抽检品种涉及米面、粮油、肉类、蔬菜、水果、酒水、蜂蜜等26个类别。累计出动执法人员200余人次，检查食品生产经营主体230家次，配合国家、省局、市局抽检食品194批次，自行组织食品抽检241批次，药品10批次，收到不合格报告12批次，均立案查处，不合格报告后处理率100%，并定期将抽检结果和立案查处情况在管委会网站公示。

【专项整治】 2017年先后开展羊肉制品、旅游景区周边食品、学校食堂、畜禽水产品、假劣调味品、守护舌尖安全、婴幼儿配方乳粉标签标识，医疗器械、药品流通环节违法行为、食品保健食品欺诈虚假宣传等专项整治工作。联合区公安、旅游、教育、卫生、执法等部门，出动执法人员800余人次，检查各类生产经营单位420家次，开展学校食堂季度检查82家次，“双随机”飞行督导检查40家次，配合市局督导、飞行检查组检查4次，对检查中发现问题下达限期责令整改20份，立案查处违法生产经营食品、药品案件13起。党的十九大期间，根据蒙山管委会安排，每日报送问题排查及化解台账，排查梳理食品药品生产、流通、餐饮服务、保健食品、化妆品经营环节各类安全隐患20项，消除学校及托幼机构食堂食品安全隐患5处，保证食品药品市场秩序稳定。蒙山区局先后派出稽查大队及基层监管所执法人员到省、市局参加执法能力培训，积极参加市局举办法制案卷评审和稽查比武活动，并有一名执法人员获得“临沂市食品药品稽查技能能手”称号。

【亮点工作】 2017年4月26日，首届蒙山健康文化节在沂蒙山旅游区云蒙景区（蒙山国家森林公园）举行。蒙山区局启动重大活动餐饮服务食品安全保障工作预案，以实际预防为主，及时规避群体食品安全事件发生，并积极与主办单位和救援小队沟通协调，给予一定技术指导，设立两个应急小组，派驻6名执法人员24小时驻点坚守，在活动现场、集体就餐区域，进行监督与服务，严格落实主体责任，必要时对重点食品、高危食品以及群众携带原材料进行快检，确保活动安全顺利举行。针对蒙山旅游度假区景区及周边餐饮单位、农家乐季节性消费特点和存在食品安全风险隐患，积极采取措施，加大监督检查频次和依法惩处力度，大力推行“明厨亮灶”“清洁厨房”“寻找笑脸就餐”行动，开展餐饮食品监督量化分级管理。针对景区中小型饭店、农家乐、河流流域沿线民宿等重点单位，执法人员着重检查经营单位许可情况、购进验收、索证索票、消毒保洁、健康查体、非法添加等内容。同时与管委会旅游局联合实行农家乐星级评定，提高餐饮服务单位与农家乐食品安全意识。

局长：公洪涛
电话：0539-4812938
地址：临沂蒙山旅游度假区市场监督管理局
邮编：273304

（撰稿：张其泉　核稿：公洪涛）

德州市

【概况】 德州市食品药品监督管理局（挂德州市食品安全委员会办公室牌子）为市政府工作部门。新组建的食品药品监管局负责全市食品生产、流通、餐饮服务环节食品监管及药品、医疗器械、保健食品化妆品监管职责，同时加挂食品安全委员会办公室牌子，负责全市食品安全综合监督、组织协调、重大食品安全事故查处职责。德州市局设 13 个职能科室：办公室、政策法规科、食品安全综合协调科（挂宣传和应急管理科牌子）、食品生产监管科、食品流通监管科、餐饮服务食品监管科、保健食品化妆品监管科、药品生产与安全监管科、药品市场监管科、医疗器械监管科、人事科、财务科、审批服务科，机关编制 44 名。

全市系统总编制 1472 名，其中行政编制 992 名（含参公 49 个），事业编制 480 名。全市 134 个乡镇（街办）建设 135 个食品药品监管所，每个乡镇所确保 5 名以上的行政编制。全市 8177 个行政村（社区）配备 8364 名协管员、信息员。德州市食品药品稽查支队编制为 49 名。德州市食品药品检验检测中心，加挂德州市药品不良反应监测中心牌子，事业编制 63 名。

德州是食品医药产业大市，现有食品生产加工企业 1087 家，其中主营业务收入过亿元的 56 家。食品流通单位 2.6 万家，餐饮单位 1.2 万余家。药品、医疗器械生产经营及使用单位 5295 家，化妆品经营单位 5200 家。涌现出“双汇”“光明”“保龄宝”“德州扒鸡”“古贝春”“齐鲁安替”“百多安”等一大批食品医药龙头企业和名牌产品，全市食品医药产业总值突破千亿元。德州是国家唯一以生物制造为主体的生物产业基地，拥有“中国功能糖城”“中国金丝小枣之乡”“中国粮油食品城”、京津冀地区“优质农产品供应基地”等 20 余个特色地域名片。

2017 年，德州市食品药品安全工作，以建设“食安德州”为目标，以创建省级食品安全市为抓手，坚持党政同责、部门协作、社会共治，扎实推进基层基础、检验检测、科技创新、追溯体系和综合执法五大建设。在省级食品安全市创建验收中，德州市以全省总分第一名的成绩验收成功，群众对食品安全的满意度近 80%。健全完善覆盖市县乡村四级的监管体系。各县市区按照“四有两责”要求，从人员编制、场所装备、教育培训着手，着力提高基层监管能力。健全完善“1+10+X”食品药品检验检测体系，扎实推进“智慧监管”工程，探索“互联网＋政务服务”平台建设。食品安全监督抽检 25940 批次，合格率 97%。

【食品安全监管】 对全市 986 家食品生产企业开展飞行检查；28 家大中型商场超市肉菜质量安全进行公开评价；改造升级 19 个农贸市场，新建 8 处便民市场，4000 余户流动摊点集中入驻。以春季和秋季学校开学为节点，对学校周边食品经营单位进行排查，检查学校食堂及周边食品店 3831 家次，下达责令整改通知书 715 份。联合市委督查室、市教育局、市城管执法局组织开展学校食堂及校园周边“两店一贩”专项督导检查，随机抽查学校食堂 67 家，校园周边食品经营单位 31 家，提出整改意见 221 条。开展打击生产销售假冒伪劣、非法添加保健食品专项整治，检查重点经营企业 879 家，查扣违法保健食品 536 盒（瓶）。

【药品监管】 全面贯彻落实国家药品医疗器械审评审批制度改革创新意见，稳妥有序推进药品生产企业上市持有人试点工作。开展药品生产质量提升 2017 年行动，组织辖区 30 家药品生产企业开展风险会商。2017 年，全市 166 家药品零售企业通过 GSP 认证和专项认证，持续对药品批发企业开展整治，开展药品零售企业规范整治专项行动，城乡接合部和农村地区药店诊所药品集中整治，开展互联网药品、高风险药品、中药饮片、疫苗质量、计生药械等一系列专项整治。落实药品质量抽验工作计划，完善抽验机制，全市药品评价性抽验 178 批，合格率 100%。部署开展全市基层化妆品市场监管规范化建设三年提升工程。开展非特殊用途化妆品备案后检查工作，检查备案产品 117 个。7—9 月在全市组织开展化妆品标签标识专项检查，出动执法人员 2180 人次，检查重点化妆品经营企业 1160 余家。

【医疗器械监管】 开展医疗器械专项整治 2017 行动、互联网医疗器械经营监督检查、规范实施年活动。2017 年，全市出动执法人员 5971 人次，检查生产企业 50 家，责令改正 16 家，检查医疗器械经营企业 481 家，责令整改 71 家，检查医疗器械使用单位 1112 家，责令整改 850 家，查处违法案件 36 件。按照抽验计划对辖区内有关单位进行产品抽样，抽取 48 个品种 55 批次的医疗器械，抽样完成率 100%。

【专项整治】 组织开展十大专项整治，重点对学校食堂、高速公路服务区、高风险药械、“三小”、网络订餐、养老机构餐饮食品安全开展专项治理，以“零容忍”的态度，严厉打击各类违法违规行为。加强跨部门、跨区域合作，建立食安、农安、公安“三安联动”机制，强化行刑衔接，建立省会城市群和“两省三市”（德州、沧州、衡水）食品药品稽查（侦查）联动协作区。2017 年全市查处食品药品违法案件 3128 起，同比增长 17.9%；向公安机关移交案件 31 件，同比增长 80%。

【基层基础建设】 制度建设。完善食品药品监管制度建设。制定《法律顾问管理暂行办法》《德州市食品药品安全黑名单管理办法（试行）》等一系列制度，制定《重大行政决策程序实施办法》。代省局起草《山东省食品药品监管系统行政执法监督管理办法》，参与《山东省食品小作坊小餐饮和食品摊点管理条例》释义起草工作。开展规范性文件清理工作。清理规范性文件 14 件，其中继续有效 6 件，拟修订 1 件，废止 7 件。

技术支撑能力建设。健全“1+10+X”检验检测体系，“1”即投资 2 亿元，以打造鲁西北、冀东南区域性检验检测中心为目标，新建市级检验检测中心，项目建设列入 2018 年市城建计划。“10”即整合组建 10 个县级检验检测中心。“X”即在基层监管所、农产品批发市场、大型商超、大型餐饮单位、学校食堂建立食品快检室，截至 2017 年底，建成 419 个。

基层监管所标准化建设。按照“四有两责”要求，从人员编制、场所装备、教育培训着手，提高基层监管能力。全市 135 个乡镇建成 134 个基层监管所，按照所均 5 人标准充实工作人员。持续推进基层监管所规范化建设，截至 2017 年底，70% 以上的所达到“十个一”标准要求，履职尽责能力得到全面提升。

【服务食品医药产业发展】 品牌建设。贯彻落实国家药品医疗器械审评审批制度改革创新意见，持续推进品牌引领和规范提升行动，打造“品牌方阵”，用“正能量”引领公众消费。深化“食安山东”建设。以行业品牌、区域品牌为重点，在全市打造一批放心产品生产基地、示范街区和示范单位，树立正能量，创出正面典型。目前，全市“三品一标”认证产品 366 个，“三品一标”认证总面积达 753 万亩，占食用农产品产地总面积的 79.29%；食品生产、流通、餐饮环节创建“食安山东”品牌 790 个。

服务举措。优化发展环境。深化放管服改革，实现审批事项“全程网办”。2017 年，全系统办理各类审批事项 13985 件，均按时办结。严格落实涉企检查备案、企业受权人、分层分级分类监管等制度，制定优化产业发展的政策措施，开辟行政审批“绿色通道”，现代医药产业发展驶入“快车道”。

产业状况。全市“三大园区”（德州生物技术产业、禹城糖药产业、临邑医药工业园）“三大基地”（中药材种植、高新医疗器械生产、原料药生产基地）“两大市场”（德州、庆云医药市场）的现代医药产业见发展雏形。

【社会共治】 搭建立体化宣传平台。充分利用广播、电视、报纸等传统媒体及网络、微信等新媒体力量，开辟“食品安全城市在行动”“食安德州”专栏，普及食品药品安全知识，告知群众真相，增强群众的安全意识。

开展科普宣传活动。组织开展食品安全宣传周、安全用药月、三小宣贯、食品药品安全知识“五进”（进社区、进学校、进农村、进机关、进企业）、百家透明工厂体验日、千家学校食堂开放日、“你送我检、你点我检—万批食品检测进行时”等形式多样、丰富多彩的活动，累计发放各类食品安全宣传资料 5 万余份，接受群众咨询 2 万余人次，动员全社会力量理解、支持、参与食品药品安全监管。

及时回应公众关切。强化“12331”投诉举报平台、短信服务平台、政务网站、微信公众号平台建设，重点推进有奖举报制度，形成全方位、立体化服务网络。2017 年，通过各种渠道接收投诉举报 2854 件，投诉举报办结率、回复率和群众满意率均为 100%。

【党风廉政和干部队伍建设】 全员大培训。采取“走出去、请进来”等方式，4 月和 11 月分别组织两次全系统大培训和业务骨干巡回大讲堂，邀请省局、省公安厅食药环总队及德州市政府、市纪委、市检察院的专家领导，抽调市局业务骨干进行授课，将全系统监管人员全部轮训一遍，提升队伍整体能力素质。

锤炼队伍。通过让工作人员集体参与创建省级食品安全市观摩、市政协委员民主评议等大活动，发扬实干苦干、勇于担当精神，提高干部职工大局意识、责任意识、协作意识、争先意识，提升整体工作能力，从而锤炼出强队伍。

党风廉政建设。认真履行“一岗双责”要求，逐层级、逐岗位签订党风廉政建设责任书，建立主要负责人直接主抓、领导班子成员主动担责，一级抓一级、层层传导压力的责任机制。狠抓工作纪律和工作作风，通过建章立制，定规矩、划红线，筑牢全系统拒腐防变思想防线。

【亮点工作】 “三全”模式创建省级食品安全市。推行全域创建、全程管控、全民共建“三全”模式，创建省级食品安全市。全域创建是明确“市市创、县县创”，全市 13 个县市区全部争创省级食品安全市（先进县市区），全市一个标准，共同参与创建。全程管控即省级食品安全市与省级农产品质量安全市“双城联创”、互促共进，创建领域覆盖“从农田到餐桌”全过程。全民共建即健全责任体系，压实“党政领导、属地管理、部门监管、企业主体、从业人员、社会共治”六方责任，凝聚各方力量，全域行动、全员参与、全程配合，

“两省三市”稽查（侦查）联动协作机制。由德州市发起，联合河北的沧州、衡水，3 个市食品药品监督管理局（食品和市场监管局）、公安局共同成立稽查（侦查）联动协作区，加强冀鲁交界“跨区域”执法联动，食品药品监管、公安两部门行政执法与刑事司法衔接“跨部门”协作，消除稽查盲点，解决当前食品药品监管难点、热点问题，发挥稽查办案“利

剑”作用，以“零容忍”的态度重拳打假，严惩重处食品药品领域违法犯罪行为。11 月 9 日，在德州市召开食品药品稽查（侦查）联动协作区第一次联席会议，共同签署食品药品稽查（侦查）联动协作区域协作备忘录，制定区域协作机制，共同打击食品药品违法犯罪，两省三市食品药品监管、公安部门将围绕“发现线索要到位、立案调查要到位、行刑衔接要到位、处罚追责要到位、有奖举报要到位”的稽查工作思路，健全完善“区域协防、信息共享、横向联动、快速查处”工作机制，共同为食品药品经济健康快速发展和广大人民群众饮食用药安全保驾护航。

*“1711 社会共治”体系。*探索建立“1711 社会共治”体系，聘请 100 名社会监督员作为监督吹哨人，70 名专家学者作为智囊团，100 名企业质量受权人，参与风险会商和隐患排查；1000 名学生、社会团体志愿者作为社会宣传员，普及食品药品安全常识。

党组书记、局长：王胜强
党组副书记、调研员、副局长：董立新
党组成员、副局长、卫生和计划生育委员会副主任：张新杰
党组成员、副局长：刘有堂、边家山、李建忠
党组成员：孙朝勇
电话：0534−2624260/2621279
地址：德州市德城区解放南大道 27 号
邮编：253006

（撰稿：徐晔　核稿：信明喜）

德城区

【概况】 德州市德城区食品药品监督管理局设有综合办公室、政策法规科、食品安全综合协调科、食品生产监管科、食品流通监管科、餐饮服务食品监管科、药品与医疗器械监管科、保健食品与化妆品监管科、创建省级食品安全城市办公室、审批中心 10 个内设科室，下设新湖、广川、新华、天衢、黄河涯、二屯食品药品监督管理所 6 个派出机构，设食品药品稽查大队 1 个二级单位。全局有 85 名编制，其中，行政编制 50 名，事业编制 35 名，退役士兵公益性岗位 66 名。2017 年底，到位 70 人（37 个行政编制人员，33 个事业编制人员）。

2017 年为创建省级食品安全市的攻坚年，德城区作为主城区，积极承担重要任务，德城区局加大对食品生产经营业户监督管理力度，全力构建安全责任、全程监管、风险防控、信息化监管及社会共治五大食药监管体系，全区食品药品安全形势稳定向好，治理能力、保障水平和群众满意度得到明显提升。顺利通过省级食品安全市验收，并在全市食药安全综合考评中取得第一名的成绩。

【监督检查】 *日常监管实现“全覆盖”。*一方面规范行政审批，严把准入关，另一方面坚持日常监管与量化分级相结合，动态考评与年度考评相结合。开展食品生产企业风险分级分类管理、餐饮服务食品安全量化分级管理、强化流通环节台账登记及索证索票制度落实、药械安全性监测等工作，完善许可档案及监管档案，规范执法文书书写，使监管常态化、痕迹化、规范化。

*扩大公众参与构建共治格局。*大力构建政府监管、行业自律、部门协同、企业负责、公众参与、媒体监督的示范创建格局。在宣传方式上，将传统与现代手段相结合，建立全覆盖、高密度、高频率、立体化宣传格局。开展食品药品安全培训 140 余次，培训 7000 余人次，组织开展安全应急演练 2 次，设置食药安全宣传点 200 余处，开展食药安全进社区、进学校、进企业活动 50 余次，发放宣传单页 9 万余份，营造人人参与、共同关注食品安全的良好舆论氛围。

【监督抽检】 德城区局通过开展监督性抽检强化技术支撑，推动风险隐患由被动处理向主动防控转变。全年开展监督性抽检 1992 批次，对外公示监督抽检信息 16 期，包括食用农产品、食品生产、食品流通、餐饮服务、保健食品等各个环节，做到区级食品安全监督抽检品种全、环节全。同时，开展食品快检 2300 余批次，形成对监督抽检的有力补充，并通过“你送我检”活动增强群众的参与感。

【专项整治】 2017 年，德城区局结合日常监管情况，针对风险高发、百姓关注的业态，如学校食堂、校外托管机构、药械生产经营、保健食品、化妆品虚假宣传等方面，有针对性地开展专项整治活动，全面净化食品药品市场。检查食品生产业户 70 余家，食品流通业户 5000 余家，餐饮单位 4000 余家，检查中小学校、幼儿园食堂 130 余家，校外托管机构 140 余家，药械经营使用单位 200 余家，保健食品经营企业 340 余家，化妆品经营使用单位 90 余家，下达责令整改通知书 1200 余份，移送公安机关 3 起。

【亮点工作】 *创建省级食品安全市。*2017 年度，全区开展创建省级食品安全市工作，结合创建省级食品安全市检查项目和标准，对各相关单位进行督导检查，督导业户近万余家，打造示范经营单位近 6000 家，切实加大监督管理力度。全区 3 家餐饮单位、3 家食品生产企业、3 条街区、7 家食堂登上“食安山东”品牌榜，起到“培育一个、示范一批、带动一片”

的良好效果，带动全区食品生产经营水平全面提升。2018年1月顺利通过省食安办验收，成功创建省级食品安全市。

联合执法“亮利剑”。针对食品药品风险点，德城区局有的放矢，精准监管，联合区公安分局开展食品药品十大联合执法行动，对食品药品领域严重违法违规行为一律从严从快惩处。全年累计出动执法人员3000余人次，执法车辆900余台次，检查业户500余家，发放公告600余份，下达整改通知书120余份，移送公安机关3起。该行动获得省市系统、各级食安办和区委区政府的充分肯定及重要批示，在社会中引起较大反响。

“智慧监管”提升工作效能。全力建设“天网工程”，初步建立包含政务执法、企业报备及公众服务等3个平台的总体架构，为食药监管部门统一监督管理提供技术保障。辖区150余家学校及托幼机构食堂、3家大型餐饮店、10家药械经营单位及9家养老机构安装调试完毕，安装进度将逐步向其他经营业户推进。积极推行电子“一票通”监管系统。将食品信息、溯源流向、供货商信息等全部录入，形成电子台账，方便信息查询和共享，实现远程监管和精确控制。通过“智慧监管”，形成行政执法、企业自律、社会监督“三位一体”的食品安全监管格局。

完善硬件设施建设。2017年，德城区局开展办公楼（原大学路交警支队车管所）维修改造项目，新办公场所内建设大型食品药品安全检测室，同时，在辖区六个食药监管所、所有农贸市场及商超建立食品安全快检室，为三八路便民市场、德州扒鸡美食城管理有限公司、山东德百集团超市有限公司大楼店及天衢店，配备快速农残检测设备，为日常监管和专项检查提供技术支撑。

党组书记、局长：焦振东
电话：0534－2628091
地址：德州市德城区三八路银座写字楼1601
邮编：253000

（撰稿：朱彦妹　核稿：李国庆）

陵城区

【概况】 德州市陵城区食品药品监督管理局内设8个职能科室和1个直属食品药品稽查大队，在全区设置13个食品药品监督管理所，由陵城区局和乡镇人民政府双重管理。2017年7月1日，新增军转公益岗位26人。全局总编制156名，其中：机关编制18名；每个乡镇（街道）食品药品监督管理所核定行政编制5名，13个乡镇食品药品监督管理所总计核定行政编制65名；区食品药品稽查大队核定事业人员编制73名。全局实有在岗人员120人。全年新办理《食品经营许可证》1267份，《食品生产小作坊登记证》62份，《小餐饮登记证》86份，《二类医疗企业登记证》13份，《药品经营许可证》16份，《食品生产许可证》22份。

【监督检查】 实行属地管理，依据各业态标准，将监管内容量化，为每个监管对象建立监管档案，加大规范整治力度，提升各环节监管整体水平。同时，创新监管模式，将从前拉网式、地毯式的监管向着有重点、有针对性的日常监管转变，标本兼治，重在治本，有效地延伸监管触角，拓宽监管领域。坚持“全方位”高标准规划，强化监管措施，提升监管效能，实现监管的标准化。加大对食品药品生产经营者的监管巡查力度和频次，对检查中发现的问题限期整改，整改到期后继续督促检查，确保整改到位。尤其强化对小食品店、小餐饮店、小作坊、小诊所、小药店等“五小”单位的日常巡查、监督指导和宣传教育，做好规范提升工作，做到每户必到、每户必查、每户必纠。2017年出动执法人员5600余人次，检查食品药品生产经营单位6100余家次，查处食品违法案件271起。针对陵城区两会和中高考等重要节点就餐人数集中的特点，陵城区局组织执法人员提前介入，对餐饮承办单位进行全方位监督检查。对集中就餐服务单位、考点食堂以及考点周边食品经营单位餐饮服务食品安全保障能力进行现场评估，并与集中就餐服务单位签订《重大活动餐饮服务食品安全承诺书》。对检查中发现的问题，执法人员进行现场指导，并下达责令整改通知书责令其立即整改。完善的工作机制和强有力的工作措施，确保全区两会、中高考期间接待宾馆、考点学校食堂的餐饮食品安全。

【监督抽检】 加大食品监督抽检力度，增加抽检批次，扩大抽检范围，结合日常监管工作发现问题食品，提高抽检工作靶向性，基本实现重点区域、重点环节、重点品种全覆盖，运用抽检技术支撑提升食品安全监管水平。全年完成县级抽检1722批次，其中，合格样品1606批次，不合格样品116批次，抽检合格率为93.26%。

【专项整治】 开展食品“三小”专项整治。制定印发食品“三小”专项整治方案、《创建明白纸》及《整改达标标准》，组织执法人员逐户整改规范。在小作坊整治上，按照“提升一批、规范一批、取缔一批”思路对全区小作坊进行全面规范提升。对整改达标并抽检合格小作坊发放食品生产加工“一票通”专用票据，允许其产品进入单位食堂、超市销售，倒逼不达标单位进行彻底整改。全区小作坊规范达标率达到90%以上，升级为企业3家，取缔5家。在小餐饮整治上，重点开展以“清洁厨房”为重点的规范整治，对厨房脏乱差餐饮单位，下达限期整改通知书，督促其按照“清洁厨房”标准对厨房实施改造。通过整治规范，70%以上的餐饮饭店达到净化、亮化“清洁厨房”标准。在小流通店整治上，重点围绕营业场所整洁有序、索证索票开展整治，实现食品离地离墙，摆放有序，散装食品公示、低温食品按规定保存，无过期变质食品。同时，为整改达标的生产经营单位统一发放两档一夹，实行“票档一体”，规范索证索票管理，解决食品安全溯源问题。

【特色工作】 结合省级食品安全市创建工作，13个乡镇食药监管所全部按照“乡镇提供住房、陵城区局装修、乡镇食药所使用”的原则，实行标准化达标建设。乡镇食药所办公用房面积均达到320平方米以上，分设“八室一厅”，执法装备达到“十个一”标准。13个乡镇食药所全部建立高标准食品快检室，检测项目不低于50项，每天检测不低于10批次。

【亮点工作】 2017年8月20日，陵城区局组织成立全市首家食品药品监督协会。会员120名，身份涵盖全区党政干部、人大代表、政协委员、团委、妇联、工会、新闻媒体、志愿者、教师、医务工作人员。协会的成立有效拓宽食品药品监管信息渠道，提升食品药品安全社会知晓度和群众参与度，形成社会共治的浓厚氛围。

9月29日，在陵城区职业中等专业学校举办“陵城区食品安全事故应急知识培训暨食品安全事故应急演练”。由陵城区政府牵头，陵城区局与区农林局、区教育局、区公安局、区畜牧局、区疾控中心、区委宣传部等18个单位参加演练，参演人员59名。通过桌面推演方式设置五个情景，全程模拟食品安全事故处置过程。演练锤炼检验新形势下食品监管队伍应急处置能力、各部门间配合协调能力及食品保障和风险防控能力。

党组书记、局长：徐建平
电话：0534-8282427
地址：德州市陵城区陵北路9号
邮编：253500

（撰稿：石宝梅　核稿：付光瑞）

乐陵市

【概况】 乐陵市食品药品监督管理局主要负责辖区内生产、流通、消费环节食品安全、保健食品化妆品安全和药械安全，承担市食品安全委员会的具体工作。内设办公室、人事财务科、政策法规科、餐饮服务食品监管科、食品流通监管科、食品生产监管科、药品生产及安全监管科（药品不良反应监测科）、药品市场科、医疗器械监管科、保健食品、化妆品监管科、综合协调科、创建省级食品安全市办公室、行政审批科；在乡镇设11个基层食品药品监督管理所，每所配备所长1名。截至2017年底，在岗人员80人，其中局机关41人，乡镇监管所36人，西环政务服务大厅3人。2017年以创建省级食品安全市为中心开展一系列专项整治活动。

【监督检查】 集中利用2个月的时间，开展“三小”大排查，将全市食品加工小作坊、食品小摊点、小餐饮全部纳入监管。采取不打招呼、不提前通知、直奔现场的飞行检查方式，检查食品药品经营业户和企业200余家，发现问题54个，责令整改32家，立案查处12家。全年上报药品不良反应621例，医疗器械不良事件145例，化妆品不良反应17例。全年立案查处食品药品违法案件231起，移送公安机关7起；组织人员对案卷进行规范和评查，完善案卷管理制度。

【监督抽检】 加大食品药品抽检力度，全年完成食品药品监督抽检1560个批次，其中合格1543个批次，不合格17批次，合格率达到98.9%。抽检保健食品20个批次，不合格1个批次，抽检化妆品10个批次，不合格0批次。

【专项整治】 大力开展食品药品专项整治工作，围绕调味品、进口食品、畜禽水产品、地沟油、婴幼儿配方奶粉、中药饮片、医疗器械、化妆品标签标识等内容，先后开展30多次专项整治行动，依法取缔违规经营11家，累计查处不合格食品药品25批次。有效打击食品药品的违法行为。2017年5月，持续开展大东吴市场专项整治，执法人员针对农贸市场营业时间特点，开展错时执法，每天早上6:30—8:30，对业户开展检查。通过5个月的专项整治，大东吴市场食品摊位和店铺的卫生状况有极大的改善，食品安全水平得到提升。根据监管行业特点，在高温季节和重大节假日等重要节点，有针对性地开展安全隐患排查，确保将食品安全隐患消灭在萌芽之中。加强联合执法，严厉打击各种违法行为。

【特色工作】 依托专业配餐公司，会同乐陵市教育局探索推行中小学统一营养配餐模式，2017年有5家学校的近3000名学生由浩玥配餐公司提供统一配餐，这一模式由分散监管变为点对点精准监管，提升监管效能。对此，山东电视台、德州电视台、《德州日报》等媒体给予报道，德州市政府领导也给予高度评价。

党组书记、局长：宋丙伦
电话：0534－6268401
地址：乐陵市第三行政服务中心
邮编：235600

（撰稿：李路焰　核稿：刘丽霞）

禹城市

【概况】 禹城市食品药品监督管理局加挂禹城市食品安全委员会办公室牌子，系市政府工作部门之一，正科级建制，对生产、流通、消费3个环节食品、药品、保健食品、化妆品和医疗器械实施监督管理，同时承担市食品安全委员会日常工作。内设办公室（挂政策法规科牌子）、食品安全综合协调科（挂宣传和应急管理科牌子）、食品生产监管科、食品流通监管科、餐饮食品监管科、保健食品化妆品监管科、药品医疗器械安全监管科7个职能科室，11个乡镇食品药品监督管理所和1个食品药品稽查大队（副科级事业单位）。截至2017年底，核定编制121名（实有99名），其中机关编制23名（实有18名），稽查大队编制42名（实有42名），食品药品监管所编制55名（实有39人）。

2017年，全市有食品生产企业115家，食品生产加工小作坊73家；流通经营单位3161家，其中食品小摊贩461家；餐饮单位1643家，其中学校食堂48家，小饭桌37家，企事业单位食堂108家。全市有药品生产企业4家，药品经营单位126家，药品使用单位420家，医疗器械经营单位92家。保健食品生产企业3家，经营单位138家；化妆品经营单位116家。随着人民群众饮食用药安全意识的不断提升，监管力度的不断加大，全市食品药品市场环境稳定持续向好，产业发展健康有序。

【监督检查】 积极做好“12331”（食品药品投诉举报电话）、“12345”投诉举报工作。全年处理来信和德州市局转办案件73起，“12345”热线投诉举报案件132起，“12331”投诉举报案件81起，实现投诉举报处置群众满意率100%。

食品安全。开展食品生产加工小作坊规范提升行动，将小作坊全部纳入管理。督导各大商超、农贸市场全部建设食品快检室，快检数据要同步上传至监管部门。推行“电子一票通”追溯体系，实现食用农产品产地准出和市场准入无缝衔接。实施餐饮服务单位量化分级管理，推行“明厨亮灶”和“清洁厨房”工程，加大对肉及肉制品、蛋、奶、食用油、饮品、白酒等重点品种，学校（幼儿园）食堂、小饭桌、农村自办宴席、小餐饮、集中配餐单位、高速服务区、建筑工地食堂等重点业态的监管力度，排查治理食品安全隐患和突出问题。

药品、医疗器械。开展药品、医疗器械专项整治，重点打击非法购进药品，不按规定温度运输存储药品，无资质经营药品等行为，全面排查药品、医疗器械经营中的风险隐患。

保健食品、化妆品。进一步规范保健食品经营行为，督促及时办理经营许可证。加大对保健食品违法广告的查处力度，坚决杜绝虚假宣传、夸大宣传等违法行为。

【监督抽检】 在食品生产环节，省级抽检23批次，市级抽检182批次，全部合格；在食品流通环节，省级抽检5批次，全部合格；市级抽检138批次，6批次不合格。不合格产品主要集中在蔬菜，不合格项目为农药残留超标；餐饮服务环节，省级抽检34批次，全部合格；市级抽检81批次，1批次不合格。不合格品为豆腐皮，不合格项目为苯甲酸超标；药品环节，市级抽检50批次，3批次不合格。不合格品为2批针剂和1批中药饮片，针剂不合格项目为可见异物，中药饮片不合格项目为杂质；保健食品环节，国家级抽检4批次，省级抽检4批次，市级抽检25批次，全部合格；化妆品环节，国家级抽检1批次，市级抽检10批次，全部合格。上述不合格品全部依法处置，处置结果全部网上予以公示。制定出台《2017年食品安全监督抽检计划》，围绕肉及肉制品、乳制品、调味品、功能糖等重点品种，开展抽检工作，全年抽检1597批次，处置不合格产品68批次。

【专项整治】 针对风险程度较高的重点食品药品、重点区域、重点时段，开展专项整治。开展农村集贸市场食品安全整治，学校食堂及校园周边食品安全整治，小摊贩、小作坊、小餐饮规范提升，猪肉市场专项行动，保健食品虚假宣传专项整治，疫苗专项行动等50余次。

【亮点工作】 作为全省首批食品生产加工示范基地创建单位，禹城局以功能糖聚集区为基础，按照“创得出、站得住、叫得响”的目标，积极开展规范提升行动，创建成功。

党组书记、局长：吴洪涛
电话：0534－7367998

地址：禹城市榆林街西首（海泰家园东临）
邮编：251200

（撰稿：宋凯　核稿：秦涛）

宁津县

【概况】 宁津县食品药品监督管理局内设办公室、食品监管科、保健食品化妆品监管科、药品监管科、医疗器械监管科、人事财务科、食品药品投诉举报中心、食品药品安全事故应急办公室 8 个职能科室，下设 12 个乡镇食品药品监督管理所，5 个食品药品稽查中队。宁津县局有干部职工 87 人，退伍军人公益性岗位 39 个。截至 2017 年底，辖区有食品生产监管单位 61 家，药品经营单位 85 家，二类医疗器械 21 家，三类医疗器械 9 家，餐饮服务单位 855 家，食品经营业态 7 类 1119 家，保健食品经营单位 39 家。

2017 年，宁津县局强化机关作风建设，制定、完善 16 项工作和生活制度，形成《制度汇编》，制定《关于行政处罚从轻、减轻等相关适用规定》《关于食品、药品检验不合格案件处置的 13 条规定（试行）》，促进机关依法行政，执法人员依法履职。宁津县局在德州市食品药品监督管理系统第六届稽查执法办案技能竞赛中荣获优秀组织奖。11 月 21 日，在德州市局组织的食品安全法律知识竞赛中，宁津县局代表队荣获全市团体一等奖（第一名）。

【监督检查】 *食品安全。*A 级企业 3 家，B 级 32 家，C 级 16 家，监督检查企业 60 家 118 家次，督促整改 25 家；开展“三小”规范提升行动。办理登记备案 387 家，其中小作坊 59 家、小餐饮 99 家、食品摊点 229 家；开展“在一线助规范”行动。建立“一对一”帮扶名录，定期指导，帮扶对象 200 余家；强化餐饮食品安全监管。发布餐饮服务食品安全警示信息 3 件，检查餐饮单位 2400 家次，出动执法人员 2879 人次；持续推进农贸市场规范化建设。8 月为全县 5 家农贸市场统一制作食品市场安全公示栏，免费发放 2 套快检设备，对市场人员进行培训并投入使用；积极推行韭菜“双证制”落实工作。印制《关于全面推行韭菜产品合格证与市场销售凭证的通告》1000 份，韭菜产品守法诚信经营承诺书 2000 份，《食用农产品销售凭证》500 本，11—12 月抽检韭菜 30 批次。

*药品。*制定《宁津县食品药品生产质量提升 2017 行动方案》，成立专项检查工作领导小组；制定药品零售企业 GSP 认证跟踪检查计划，20 家企业进行 GSP 跟踪检查并将整改情况进行确认落实。

【监督抽检】 2017 完成食品 13 大类 54 个食品细类 1458 个批次的抽样，占全年抽样计划任务 101.6%。药品 50 批次；重点食用农产品（蔬菜、水果、生鲜肉）快速检测 90 批次。

【专项整治】 集中开展牛羊肉、畜禽水产品、生鲜肉、双节期间食品、婴幼儿配方乳粉标签标识、大葱、咔哇潮饮、饮料、学校周边“三无”食品、“五毛”小食品和假冒伪劣食品专项整治。9 月，集中开展为期 1 个月的学校周边食品安全专项检查“回头看”活动，严格检查供货商主体资质，严格落实进货查验和进销货记录制度，并通过学校食堂开放日、发放宣传单、悬挂小饭桌公示牌等方式引导学生科学消费、健康饮食。

集中开展中药材（饮片）市场、城乡接合部和农村地区药店诊所药品质量安全、专项整治。检查药品经营企业 26 家，使用单位 13 家，出动执法人员 104 人次，立案查处 62 件；继续开展医疗器械“四类产品”专项整治。对购买装饰性彩色平光隐形眼镜（美瞳）发布消费警示。

【科学管理校园食品安全】 *参与规划审核，确保新建学校食堂合理布局。*学校食堂在新建、改造或整改规划方案上与县教育局实行联席会议研讨审核，基本实现合理布局，2017 年参与规划审核新建学校食堂 5 所。

*加强业务培训，建好服务平台。*强化培训。4 月组织开展为期一周的全县学校食堂食品安全管理员培训会议，主要对原料采购、食品添加剂采购使用管理、清洗消毒等方面进行系统培训，督促学校食堂落实食品留样、索证索票和进货查验等制度；8 月，联合宁津县教育局对 60 所学校的 285 名学校负责人、学校食品安全负责人、食堂操作人员，分 2 批开展全县学校食堂食品安全培训，要求学校严格落实学校主体责任，确保学生开学后吃到安全营养第一餐；组织 35 家学校食堂快检人员进行快检设备操作培训，保障食品原料安全。打造监管互动微信平台。校园食品安全监管互动微信群 210 名从业人员，宁津县局充分利用微信方便、快捷的优势，在交流群及时转发上级文件、通知要求，发布动态、交流心得、发表意见，督促学校及学校食堂经营者落实食品安全主体责任，提升监管人员的服务质量。

*加大监管力度，强化风险控制。*印发《关于开展学校食堂食品安全大培训大检查大整改大提升的通知》，季度监督检查 290 家次，覆盖率 100%，督导整改 17 个；组织学校食堂食品专项监督抽检 110 批次。

*层层签订责任书，严格落实食品安全责任制。*县局与分管局长，分管局长与相关科、所、队，各所、

队与学校食堂经营者，层层签订责任书，严格落实主体责任；加强业务指导培训，确保学校食品安全风险可控制、采购渠道可掌握、出现问题食品可追溯。

开展学生营养改善计划，倡导合理营养膳食。大力推行“营养膳食”活动，指导学校为学生合理供餐，截至2017年底，全县17所学校食堂聘请专、兼职营养师并建立营养餐管理与技术档案，确保学生吃的更营养、更健康。

2017年9月，在德州市委组织的专项检查中，被抽查的7处学校食堂平均分90分以上。11月28日，宁津县局代表德州市接受省局对学校食堂的食品安全检查，被随机抽查的3处学校食堂平均分95.5分，位列被抽查县第一名。

党组书记、局长：袁慧泉
电话：0534-5222970
地址：宁津县城阳光大街
邮编：253400

（撰稿：时艳君　核稿：袁慧泉）

庆云县

【概况】庆云县食品药品监督管理局为县政府工作部门，主要负责辖区内生产、流通、餐饮服务环节食品安全、保健食品、化妆品安全和药械安全，承担县食品安全委员会具体工作。内设办公室、人事财务科、食品药品稽查大队、食品行政许可中心、综合协调科、法制科、风险检测检验科、器械保化科、药品市场科；在乡镇、街道设9个基层食品药品监督管理所。截至2017年底，在岗人员73人，其中局机关28人，乡镇监管所45人。

2017年，庆云县局紧紧围绕“四个最严”根本要求，以创建省级食品安全县为总抓手，以确保党的十九大胜利召开为目标，积极创新监管理念，全面提升监管水平，深化改革，大力推进“智慧监管”创新，群众满意度大幅度提升，全县食品药品安全形势稳中有升。庆云县局连续10年被评为“省级文明单位”；2018年3月，经群众满意度调查、现场检查和社会公示，庆云县省级食品安全县创建工作整体水平达到验收合格要求，由省食安委命名为“山东省食品安全县”。

【监督检查】**食品生产。**对食品生产企业和小作坊组织开展检查，重点检查企业必备生产设备、生产环境、产品出厂检验等环节，严厉查处超范围使用食品添加剂，非法使用工业原料、非食用物质和过量使用防腐剂等违法行为。2017年查处案件数和罚没款数较上年都有明显增加。

食品药品流通。对企业进货查验、索证索票及台账记录等制度落实情况，食品标签标识，食品储存条件等进行重点检查。加强对食品批发市场、大型超市的监管力度，严厉查处无照经营，超范围经营食品等违法违规行为。重点对药品经营企业是否严格执行药品GSP有关规定，是否存在饮片分包装、改换标签等行为以及是否生产经营未经注册的注射用透明质酸钠、胶原蛋白、肉毒毒素等违法行为进行重点排查。

【监督抽检】不断加大抽检力度和广度，依托检验检测，完善技术监管路径，为强化监管提供强有力的技术支撑。2017年抽检食品1342批次，合格食品1300批次，不合格食品42批次，问题发现率3.13%，全部核查处置完成，核查处置率100%。抽检药品40批次，不合格1批次，抽检合格率97.5%。

【专项整治】积极开展专项整治行动，消除隐患。坚持问题导向，突出重点场所品种、监管薄弱环节、问题多发业态，深入推进食品药品安全治理。先后组织开展春节期间食品药品安全专项检查、肉及肉制品专项检查、联合县公安局、城管局等9部门开展创建工作联合整治行动等20余项食品药品安全专项整治行动。检查各类业户2000余家，整顿规范400余家，消除食品安全隐患100余起，食品药品市场秩序稳中向好。

【宣传培训】庆云县局始终坚持“宣传也是监管”的理念，大力创新方式方法，推动食品安全社会共治。充分利用报纸、网络等传统媒介和微信、头条号等新载体新手段，生动形象寓教于乐的方式，大力宣传食品安全知识，提升公众兴趣和关注度，让公众都详细了解庆云县局食药监管工作。在各乡镇驻地显要位置和人口密集区域悬挂条幅、张贴宣传画等丰富形式，渲染食品安全环境，营造浓厚创建氛围。注重培训教育，把日常安全培训教育和宣传相结合，大力压实各生产经营单位主体责任，提高安全意识。2017年拍摄电视宣传专题片10期，刊发报纸专题报道20期，设置条幅、墙体广告等3000余处，散发明白纸宣传折页等资料10万余份，培训人员1000余人次。

【监管创新】**大力推进食品安全智慧追溯系统建设。**在原纸质一票通基础上，庆云县局依托信息化手段，利用“互联网+”的先进技术，并借助“政府云平台”的有利载体，研发出电子一票通食品安全追溯系统，把食品生产经营各环节的监管全部实行电子化，实现对所有食品交易信息的实时、快速、“智慧监管”，大大提高监管效率和力度。流通领域系统安装完毕，移动终端配齐，监管效果充分显现。

持续推进食品天网工程建设。2017 年继续扩大安装范围，拓宽传输网络，升级相关设备。截至 2017 年底，全县完成安装 900 余户，上传信号的各类业户 550 余家，系统运转良好，实现对各类食品经营业户全天候、全方位、无死角的监督，大大提高食品安全监管效率，降低执法成本，缓解人员、车辆不足的矛盾。

【省级食品安全县创建】 *建立组织体系*。成立由县长任组长的创建工作领导小组，高位推动全县创建工作，同时从食药、农业、畜牧等 10 个单位抽调 15 名优秀干部组建庆云县创建指挥部，强化协调督导，形成完善有力的创建工作机构。

明确责任体系。建立县、乡、村“三位一体”的创建工作体系，层层签订责任书，层层压实责任，形成一级抓一级、层层抓落实的创建工作格局。

完善制度体系。结合庆云县实际，制定出台《庆云县创建山东省食品安全先进县工作实施方案》等一系列文件、制度，明确创建工作思路、重点、措施等内容，为科学有序推进创建工作提供制度保证。

严格考评奖惩。充分发挥考评指挥棒作用，把食品安全创建工作纳入年终考评，健全完善考评奖惩办法，引导形成争先恐后的工作局面，切实有效地推进创建工作。

2018 年 3 月，经群众满意度调查、现场检查和社会公示，庆云县省级食品安全县创建工作整体水平达到验收合格要求，由省食安委命名为“山东省食品安全县”。

党组书记、局长：黄卫东
电话：0534-6109609
地址：庆云县建设街南首 1789 号
邮编：253700

（撰稿：尹占山　核稿：孙勇）

临邑县

【概况】 临邑县食品药品监督管理局（临邑县食品安全委员会办公室）成立于 2002 年，负责辖区内食品生产、流通、餐饮服务环节食品监管及药品、医疗器械、保健食品、化妆品监管，承担县政府食品安全委员会的具体工作。局机关内设综合办公室、政策法规科、食品安全综合协调科、应急管理办公室、食品生产监管科等 23 个职能科室，配备行政编制人员 34 名、行政工勤 2 名；下设临邑县食品药品稽查大队，配备参公人员 4 名，事业编制人员 37 名；下设 12 个乡镇（街道）食品药品监督管理所，配备行政编制人员 24 名，事业编制人员 11 名。截至 2017 年底，全县有食品生产企业 64 家，涉及白酒、面粉、肉制品、畜禽、蛋白制品等五大品类，拥有洛北春、金锣、禹王蛋白等多家食品龙头企业；全县大中型超市 3 个，农贸市场 2 个，食品批发市场 1 个，各类食品经营业户 3000 余户，保健食品、化妆品经营单位 291 家，药品及医疗器械生产经营单位 110 家。

2017 年，临邑县围绕“立足当前确保安全，着眼长远规范提升”总体目标，按照“标本兼治、综合治理”的工作要求，积极探索新形势下食品药品监管工作新思路、新方法，大力开展省级食品安全县创建，各项工作稳步推进，全县食品药品安全形势稳定趋好。

【监督检查】 *严格食品药品生产经营市场准入*。2017 年，临邑县局认真落实食品药品市场主体准入制度，依法规范食品经营许可证核发行为。截至 2017 年底，指导办理《食品生产许可证》14 份、《食品经营许可证》1224 份，《药品经营许可证》4 份，对 8 家药品经营企业开展 GSP 认证；新“三小”条例实施后，指导办理小餐饮、小作坊登记 544 份。

进一步加大食品药品稽查执法力度。2017 年，临邑县局不断加大对辖区内食品药品生产经营单位的监督检查力度，全面规范食品药品生产经营市场秩序。2017 年累计行政处罚公开案件 426 件，其中药品、医疗器械 37 件、保健食品、化妆品 24 件、食品生产 10 件、食品经营 355 件，吊销《药品经营许可证》1 件。进一步规范投诉举报处置程序，确保投诉举报渠道畅通，取得显著成效。截至 2017 年底，受理食品安全类投诉举报 172 起，所有投诉举报线索均在法定时间内通过信函、电话、网络等形式及时处理。

严厉打击食药违法犯罪行为。进一步贯彻落实“三安联动”工作制度，严格执行联合执法、协调联动有关规定。2017 年，临邑县局累计移送食品类违法犯罪线索 3 条，立案 1 条；移送售卖假药案件线索 3 条，立案 3 条。

稳步推进药品不良反应医疗器械不良事件监测工作。2017 年上报药品不良反应 910 例；上报医疗器械不良事件 328 例；上报药物滥用事件 43 例。

【监督抽检】 截至 2017 年底，临邑县局对全县基本药物和高风险药品进行全覆盖监督检查，全年药品快检 312 批次，监督抽验检品 50 批次，有效地在源头上控制假劣药品。增强食品安全监督抽检靶向性，科学编制并组织实施《2017 年临邑县食品安全监督抽检工作实施方案》，承接国家、省、市级食品抽检 299 批次（其中 3 批次不合格），开展县级食品监督抽检 1935 批次（其中 36 批次不合格），监督抽检信息及时在临邑县局网站公示，抽检不合格食品核查处置率达到 100%，市场秩序进一步规范。

【专项整治】 围绕公众反应食品药品安全突出问题，扎实开展各类专项整治。先后开展非法渠道购进药品、超范围经营药品、中药饮片、“假劣调味品”“三小”规范提升、“会议营销模式”保健食品销售、早餐放心工程专项整治等多次市场专项整治活动，并对植物油、蜜饯、动物源性食品等多类重点消费品开展专项检查，累计出动执法人员 1.5 万余人次，巡查相关单位 4000 余家，进一步规范食品药品市场秩序，保障人民群众舌尖上的安全。

【省级食品安全县创建】 **完善乡镇标准化食药监管所建设。**截至 2017 年底，临邑县 12 个乡镇（街道）320 平方米标准化食药所全部装修完毕并投入使用。

加强基层执法人员装备配备。截至 2017 年底，全县 12 个乡镇（街道）食药所全部按照国家总局执法装备“十个一”标准完成装备配备，各乡镇（街道）食药所资产全部达到 54 万元以上，部分所达到 90 万元以上。

食品快检室建设全面铺开。全县 12 个乡镇（街道）食药所、35 家学校食堂、13 家大型餐饮单位、2 家大型商超、2 家企业食堂、3 家农贸批发市场全部建设安装食品快检室，实现食品快检的常态化和快检数据的及时上传，进一步提高食品安全问题发现率，严把农残药残第一关口。

积极构建县食品药品“智慧监管”平台。投入 300 余万资金建设临邑县食品药品监管指挥中心，视频监控终端、移动执法终端于 2017 年底全部配置到位。监管指挥中心集实时监管、移动执法、预警系统、诚信体系、在线追溯、美食地图六大功能于一身，真正实现领导可看、百姓可查、监管可研判的“智慧监管”。

建立健全食品药品协管员监管网络。制定出台《临邑县食品药品协管员考核管理办法》，明确各基层食品药品协管员职责，全县 885 名食品药品协管员补助在 2017 年底全部按照考核结果发放到位，确保全县食品药品网格化监管纵向到底，横向到边。

扎实打好宣传基础。充分利用广播、电视、报纸及网络、微信等媒体力量，开辟“争创省级食品安全县”专栏，普及食品安全知识，增强群众食品安全意识。组织开展食品安全宣传周、透明工厂体验日、学校食堂开放日等专题宣传活动 6 次；食品安全知识“五进”（进社区、进学校、进农村、进机关、进企业）活动 30 余次，“你送我检”“你点我检进市场”等公益宣传活动 20 余次，累计发放宣传海报 1 万余份，宣传折页、彩页 5 万余份，一封信 18 万余份，三角旗、台卡、手提袋、围裙等宣传纪念品 4 万余套；制作安装固定宣传媒介如宣传道旗、果皮箱、高炮、宣传栏等 600 余处，大大提高人民群众参与监督的积极性、主动性，动员全社会力量理解、支持、参与食品安全监管。

协同推进各创建业态发展。充分发挥临邑县食品安全委员会办公室牵头抓总作用，积极组织各相关单位召开创建工作联席会议 10 余次，对工作推进中遇到的问题展开深入讨论，列出工作计划和解决方案，确保各项措施落到实处。

党组书记、局长：王刚
电话：0534−2148000
地址：临邑县永兴大街 269 号
邮编：251500

（撰稿：赵洪洲　核稿：王刚）

齐河县

【概况】 齐河县食品药品监督管理局（齐河县食品安全委员会办公室）系县政府工作部门之一，正科级，负责对生产、流通、消费环节的食品安全和药品的安全性、有效性实施统一监督管理，承担着县食品安全委员会的具体工作。人员编制 147 名，截至 2017 年底，实有人员 107 人。内设办公室、食品安全综合协调股、政策法规股、食品生产监管股、食品流通监管股、餐饮服务食品安全监管股、药品市场监管股、药品生产与安全监管股、医疗器械监管股、保健食品化妆品监管股 10 个职能股室；下属齐河县食品药品稽查大队（副科级事业单位）、食品药品检验所 2 个事业单位，在 15 个乡镇（街道）分别设立食品药品监督管理所，为局派出机构。

截至 2017 年底，全县食品生产领域有食品生产企业 60 家。流通领域有食品流通单位 2523 家，其中大中型商场超市 4 家，集贸市场 69 个，食品经营店 1760 家，食品摊贩 694 家。餐饮领域有餐饮单位 825 家，其中大型餐馆 7 家、中型餐馆 47 家、小型餐馆 495 家、小饭店 164 家、企事业食堂 38 家、学校（托幼机构）食堂 74 家。持有效餐饮服务许可证的 793 家，量化分级 724 家，其中：优秀等级 23 家、良好等级 537 家、一般等级 164 家。药品领域有 119 家药店，其中 37 家单体店，77 家连锁店，4 家连锁总部，1 家药品批发企业。保健食品经营企业 128 家，化妆品经营企业 175 家。医疗器械生产企业 3 家，经营企业 58 家。

2017 年，齐河县继续开展全省食品安全先进县创建工作。2017 年 5 月，省食安办对齐河县开展创建中期评估；2017 年 12 月 24 日，省食安办组织相关单位成立验收组，对齐河县创建省级食品安全县进行验收。

【监督检查】 食品安全。以农产品种养殖、食品生产加工、流通、消费“四大环节监管”为重点，突出对“一区两边四小”（农村地区、城镇周边、校园周边、小作坊、小市场、小餐馆、小摊贩、小食品店）的日常管理，确保食品从农田到餐桌全过程的安全监管。强化“三小”治理。规范小食品店亮证经营；设置疏导点，引导食品摊贩入市经营；开展小餐饮质量提升行动。启动“一线助规范”活动，每名基层监管所人员确定一个“三小”业户作为重点帮扶对象。

药品、医疗器械。扎实开展药械安全专项整治。组织开展疫苗、药品经营使用单位、城乡接合部和农村地区药店诊所药品质量安全集中整治工作、计生药械等专项整治，组织开展高风险医疗器械、牙科器械、隐形眼镜等专项检查，检查药械经营单位 710 家次，对药械生产、经营、使用单位的检查覆盖率达 100%。

2017 年，查处食品药品违法案件 289 起，其中食品案件 185 起，药械案件 89 起，医疗器械案件 14 起，化妆品案件 1 起。全县食品药品安全形势稳中向好，未发生重大食品药品安全事故。

【监督抽检】 加强食品药品抽检工作。2017 年，按照全县每千人 4 份的抽检量，完成食品抽检 2850 批次。送检药品 50 批次，不合格药品 2 批次。收集上报药品不良反应事件 1020 份，医疗器械不良事件 105 例。在各乡镇开展食品快检进大集活动，使快检车的快检和宣传实现常态化，受到老百姓赞扬。开展“你送我检”便民服务活动，在城区设 3 个快检便民服务点，免费为群众快速检测肉制品、蔬菜水果、米面等食品，让群众买得安心、吃得放心。加快推进食品快检室建设。2017 年，15 个乡镇食药监管所、38 家学校食堂均建设基层监管所快检室。

【专项整治】 食品生产。开展学校食堂、羊肉、网络餐饮、植物油、啤酒、猪肉、工业盐、中高考食品安全等食品安全专项整治，检查餐饮单位 900 余家，检查食品流通单位 2500 余家，食品生产企业 60 家。

药品、医疗器械。组织开展疫苗、药品类阿胶、计生药械、吉林假药以及定制式义齿等专项整治，检查药械经营单位 580 家次。

【行政许可】 2017 年办理《食品经营许可证》许可事项 1149 项，其中《食品经营许可证》核发 1020 件，包括流通领域 522 件，餐饮服务 447 件，保健食品 51 件，《食品经营许可证》注销 129 件；办理《食品生产许可证》许可事项 17 项，其中新开办 5 件，变更 2 件，换发 10 件；办理《食品加工小作坊登记证》123 件、《小餐饮登记证》233 件。受市局委托，办理药品经营许可事项 58 项，其中新开办 19 件，变更 34 件，注销 5 件；办理医疗器械事项 32 项，其中发放《第二类医疗器械经营备案凭证》31 件，《医疗器械经营许可证》1 件。2017 年行政许可信息在县信用平台全部公示，并在政务服务平台录入业务信息 1334 条。

【宣传教育】 开展“12331”“3·15”、食品安全宣传周、食品安全“五进”“小手拉大手”等宣传活动，累计发放宣传页 12 万张、宣传手册 8 万册，《致广大市民的一封信》25 万份，各类调查问卷 10 万份。利用多功能快检车在城区和各乡镇巡回宣传，每天黄金时间段在迎宾广场、德百广场大屏幕播放创建宣传片 1 小时；开展学校食堂开放日、透明工厂体验日等活动。强化社会监督。每年邀请人大代表、政协委员、新闻媒体调研监督食品安全，全面提升广大群众和社会各界对食品安全监管的关注度、参与度。受理“12331”“12345”等群众投诉举报案件 130 件，处理满意率达 100%。发挥微信公众号、政务网站主阵地作用，在电视台、报纸开辟食品安全创建活动专栏。

开展食安课本进校园活动。县食品药品监管部门和教育部门联合，为齐河县第四中学编印赠送 1700 本食品安全教材，将食品安全正式纳入教学课程表，对学生进行食品安全教育。

【亮点工作】 推进食品安全“智慧监管”建设。各乡镇 700 余家小作坊、学校食堂、餐饮单位、超市副食店等食品生产经营单位全部安装视频监控系统。执法人员利用手机、电脑等智能终端实行网络在线监管，可随时知晓后厨、加工间食材的来源和操作实况，消除监管“盲区”和“真空期”，且每家单位生成单独二维码，在学校、经营单位门口张贴，接受群众监督，发现问题可直接上报食药监管部门。

建立乡镇综合执法办公室，探索城乡网格化管理新模式。全县乡镇均建立综合执法办公室，平均 15 名工作人员，由环保、维稳、食药监管、公安、工商、人社、计生等部门抽调精干力量组成。乡镇综合执法办公室可按照委托权限，行使对食品药品生产经营单位的行政检查权、违法行为制止权和提请行政处罚权。乡镇综合执法办公室的建立，整合、夯实基层执法队伍，极大补充基层监管力量，使食品监管工作关口前移、重心下移，为食品监管工作增加“千里眼”和“顺风耳”。

党组书记、局长：郭庆泉
电话：0534-5021222
地址：齐河县城区阳光路252号
邮编：251100
（撰稿：张红梅　核稿：屠晓芹）

平原县

【概况】 平原县食品药品监督管理局编制数114名，现有正式人员93人，内设机构7个，下设乡镇食品药品监督管理所12个。2017年，平原县有涉食单位2048家，其中食品生产企业111家，小作坊77家；食品经营单位1235家；餐饮服务单位625家。有涉药单位395家，其中药品生产企业1家，药品批发企业1家，药包材生产企业1家，连锁有限公司3家，药品零售单位106家；药品使用单位283家。保健食品、化妆品经营业户187家。2017年，办理《食品经营许可证》994个，其中，食品销售类出证475个，餐饮服务类出证519个;《食品生产许可证》9个，“三小”20个；《第二类医疗器械备案凭证》8个；完成药品经营许可55项工作。

2017年，平原县局以创建省级食品安全县为契机，以“四个最严”为遵循，以“四有两责”为引领，扎实开展省级食品安全县创建工作，有效巩固全县食品药品安全稳定向好的形势，公众对食品药品安全的满意度稳步提升，守住不发生食品药品安全事故的底线。

【监督检查】 *强化监管，加大监督检查力度。*2017年排查涉食单位2048家，其中食品生产企业111家，小作坊77家；食品经营单位1235家；餐饮服务单位625家；涉药单位394家和保化品经营业户187家。在排查的过程中，及时对新开办的企业建立信用档案，注意留存监管痕迹，签订食品药品安全责任书2500余份。全年，累计出动执法人员1.2万余人次，监督检查食药单位4200余家次，发出责令改正通知书1030余份，办理案件406件。

*做好“十九大”期间安保维稳工作。*制定《四类风险安全隐患排查整治行动实施方案》《食品药品安全风险清单管理制度》和《关于加强党的十九大安保维稳工作实施方案》，加强对安全隐患排查工作及党的十九大安保维稳工作的组织领导，并积极召开工作调度会和专项整顿行动工作大会，对排查情况进行专题部署和调度，并根据工作开展情况及时召开研判会议，把食药安全隐患排查工作列入重要议事日程。安保维稳期间，排查食品生产经营单位1000余家次，下达改正通知450余份，特别是在生猪肉和桶装水的专项检查中，联合食药环队对全县130户生猪肉经营摊点进行监管，67户两证两张不全，及时沟通畜牧部门从屠宰检疫源头把好关；对全县240家桶装水经营业户进行检查，并联合食药环对6家桶装水生产点进行监管。药品领域检查涉药单位620余家次，下达责令改正通知书152家次。

*做好“三小”行业规范提升工作。*积极开展“三小”条例宣传及“三小”从业人员的培训工作，印制发放宣传单页1000余份，张贴条例解读500余张。并开展“在一线助规范”活动，各监管所建立“一对一”帮扶名录，确定43家帮扶对象，不断促使“三小”行业规范提升。

【监督抽检】 2017年配合国家、省、市局完成食品领域监督抽检139批次，药品监督抽检50批次，保健食品10批次，化妆品10批次；完成县级食品领域抽检1429批次，问题发现率为5.74%；快检韭菜39批次，全部合格。对不合格样品全部依法进行处置，及时有效化解风险。

【专项整治】 2017年，平原县局积极开展各项食品药品专项整治活动。组织开展肉制品、桶装饮用水、食用植物油塑化剂、严防真菌毒素超标粮食流入食品生产企业和食品生产企业食品添加剂使用“对标规范”等5项食品生产环节专项整治行动，检查企业22家次，责令整改和规范问题7个，及时消除问题隐患。开展婴幼儿配方乳粉标签标识、生鲜猪肉、韭菜“双证制”、散装白酒、假劣调味品等食品流通环节专项整治行动，检查流通业户892家次，责令整改和规范问题272个。开展网络订餐、餐饮环节牛、羊肉及其制品、夏季烧烤、夏季学校食堂食品安全等餐饮环节专项整治行动，检查餐饮单位446家次，责令整改和规范问题178个。开展药品零售企业规范经营专项整治行动、医疗器械经营使用单位规范经营使用专项整治行动、城乡接合部和农村地区药店、诊所药品质量安全集中整治、医疗器械专项整治2017行动、计划生育药械市场专项整治行动、中药材（饮片）市场专项整治等专项整治行动，检查药械经营使用单位290家次，暂收回药品GSP证书13本，责令整改和规范问题101个。

【亮点工作】 *落实学校主体责任。*为规范学校食堂食品安全管理，强化学校校长第一责任人意识，确保校园食品安全。平原县局组织全体班子成员，划片分区对全县35家中小学学校食堂进行飞行检查，采取事先不告知，突击检查的形式。同时，通报平原县学校食堂存在的共性问题，并现场送达食品安全主体责任告知书，学校主要负责人当场签订《学校食堂安全承诺书》。通过此次飞行检查，进一步强化学校校长主体责任意识，为强化学校食品安全管理，推动学校食堂食品安全责任落实打下坚实的基础。

扎实推进创建省级食品安全县工作。落实党政同责，强化部门协调，构建纵向贯通横向联动工作机制。6月，平原县在全市范围内率先出台《平原县关于落实食品安全党政同责实施意见》，明确党委、政府的职责，强化县乡党委政府对食品安全的领导责任。建立“三安联动”联席会议常态化机制，2017年12月先后召开2次会议，初步明确在行刑衔接、联合执法等工作中的各自职责，推进监管、执法、检测、信息等资源共享与合作，为今后的食品安全监管，实现无缝衔接，奠定坚实的组织基础。充实监管队伍，强化科技支撑。新招录24名退役士兵公益性位人员，补充到基层监管所一线；12月，开展全县村居安全员食品协管培训班，全县879名村居安全员进行食品安全协管工作相关业务培训，明确职责，讲解业务知识，使之发挥信息员、协管员、管理员、宣传员的作用。12个监管所配备食品安全快检设备，并在10月19日对监管人员进行专门的培训，使监管人员能够对农残、瘦肉精、吊白块等项目进行检测，提高平原县局监管技术支撑；在大型超市及农贸市场建立2处农残快检室，全部投入使用；在城区6所学校建立食品快检室，并要求学校每天对食材进行检测，并将每天的检测结果进行公示，每月监督检查时必对学校食堂的快检情况进行检查，对做的不到位的学校食堂将责令其整改。积极开展主题宣传活动、设计制作“创建”专题宣传片，联合文体广新局在800多个村庄进行巡回演出、在15辆执法车上安装车载喇叭和LED电子屏、发放宣传桌牌5000余个、利用科协宣传阵地制作57个村庄食安宣传牌以及利用广播电视台每月进行宣传。为12个监管所配备食品安全快检设备，并对监管人员进行专门的培训，提高监管技术支撑。在城区6所学校食堂建设快检室及在大型超市及农贸市场建立2处农残快检室，全部投入使用。

党组书记、局长：刘涛
电话：0534-4299210
地址：平原县莲花池西街563号
邮编：253100

（撰稿：祁伟　核稿：李玉彬）

夏津县

【概况】 夏津县食品药品监督管理局（夏津县食品安全委员会办公室），为县政府正科级工作部门，承担食品安全综合协调和食品生产、流通、餐饮消费、药品、医疗器械、化妆品监督管理职能。配备局长1名，副局长3名（其中1名兼任县卫计局副局长），班子成员4名，干部职工106人，局机关内设9个职能科室。下设食品药品稽查大队为副科级事业单位，在全县设置14处乡镇（街道）食品药品监督管理所，为县局派出机构。加强对全县507个农村（社区）食品药品安全协管员的规范化管理，县、乡、村三级监管网络初步形成，基本实现全覆盖、无缝隙的监管新模式。全县纳入“四品一械”监督管理的对象有2326家，其中食品生产企业186家，食品流通经营业户1510户，餐饮服务单位306家，药品经营单位90家，医疗器械经营单位51家，保健食品生产企业1家，保健食品经营单位6家，化妆品经营单位7家，化妆品经营使用单位119家，保健食品、化妆品兼营单位50家。

【监督检查】 **食品安全。**创新监管集中就餐单位。针对集中就餐单位是重点风险防控区域问题，成立集中用餐管理办公室，对全县集中就餐单位实行一口管理、统一标准、专业监管，加大巡查频率，确保集中就餐单位的饮食安全。通过重点整治，夏津县局与香赵庄镇政府联合，在香赵庄镇创建两处小型食品工业园区，帮扶食品生产小作坊和生产企业入园，实行集中管理，有效地减少食品违法违规行为的发生，得到上级领导的好评。

药品。以网格化监管结合日常监督检查等形式对城乡接合部、医疗机构周边药店、药品批发单位、零售药店及药品使用单位进行全面的药品安全隐患大排查，严厉打击药品经营单位、医疗机构从非法渠道购药等违法行为。通过强化源头管控，坚持常态打击，加大查处力度，建立齐抓共管长效机制，有效保障人民群众用药安全。

医疗器械。以提高医疗器械质量安全水平为目标，以风险管理为手段，以突出问题为导向，与稽查队人员对医疗器械经营和使用单位实行联合检查，对检查中发现的违法问题依法进行查处。全年检查医疗器械经营企业47家，使用单位200余家，出动检查人员360余人次。

化妆品。2017年以“坚持问题导向、实行风险监管、强化检查督查、落实主体责任”为监管抓手，落实监管规范化、信息化、网格化、痕迹化，推行化妆品风险分级管理、强化日常监管、开展专项整治，建立最严格的覆盖全过程的监管制度。全年巡查化妆品经营使用单位78家。现场下达责令整改25家，立案处罚9家。

【监督抽检】 2017年完成全年的各类抽检任务1550批次，合格率达98.4%。同时积极开展“食品快检五进”（食品快检进机关、进学校、进市场、进农村、进社区）活动，对肉制品、蔬菜、腌制品等易发生问题的产品进行快检，确保市场的食品安全。

【专项整治】 深入开展食品安全“百日利剑”整治行动，并在此基础上开展食品生产企业、小作坊、学校周边食品经营业户、学校食堂、药品药械等重点领域的专项检查。截至2017年底，发现各业态违法违规行为178起，其中责令整改150起，立案查处28起，罚没收入70余万元。同时，与夏津县公安机关多次进行联合行动，强制拆除小作坊和无证生产企业2处，行政拘留1人。规范整改42家，实现监管常态化。

【亮点工作】 全力推进省级食品安全县创建工作。组织编写《食品药品日常监管与行政处罚实务指导》一书，加强执法队伍的政治理论、业务知识培训，累计培训执法人员600余人次。并加强对食品药品协管员和各业态从业人员的培训，累计培训6期2700余人。规范食品快检室建设，在改造提升的5处乡镇食品药品监管所全部设置标准化的食品快检室，同时，还建成1处便民市场（文化路便民市场）食品快检室和德百、家庭号2处大型超市食品快检室。对条件适合的餐饮单位开展“明厨亮灶”建设指导工作，在夏津县宾馆率先推广“4D”管理模式（4D是用来创造和维护良好工作环境，优化企业资源并提高利用率，降低成本，提高利润的前沿管理方法，包括整理到位、责任到位、培训到位、执行到位），并向全县餐饮单位推广。

党组书记、局长：孟宪忠
电话：0534-3212536
地址：夏津县中学街35号
邮编：253200

（撰稿：张晴　核稿：王谦）

武城县

【概况】 武城县食品药品监督管理局，加挂武城县食品安全委员会办公室牌子，系县政府工作部门之一，正科级，对生产、流通、餐饮3个环节食品安全、药品、保健食品、化妆品和医疗器械实施监督管理，同时承担县食品安全委员会日常工作。内设办公室、法规科、食品科、药械科4个内设科室和8个镇街食品药品监督管理所，下设食品药品稽查大队1个事业单位（副科级事业单位）。整合现有行政编制51名，实有人员41名，工勤编制2名，实有人员1名，事业编制25名，实有人员33名。全县有食品生产企业62家，食品流通环节经营单位1824家，餐饮服务单位857家，一级医疗机构13家，二级医疗机构3家，农村卫生室304家，个体诊所32家，药品批发企业1家，药店56家，保化经营单位56家。

2017年，武城县局以保障全县食品药品安全为根本任务，以创建省级食品安全县为抓手，坚持问题导向，狠抓日常监管，突出专项整治，排查安全隐患，食品药品监管能力和安全保障水平实现新提升，全县食品药品安全形势稳定向好发展，未发生一起食品药品安全事故。

【监督检查】 实行属地化管理，实现日常监管全覆盖。武城县局将食品流通、餐饮、小作坊以及小诊所等环节全部由基层食药所监管，将监管标准高的食品生产企业全部由生产科监管，将专业性强的医院、卫生院、连锁药店、医疗器械及城区大型门诊全部由药械科监管，根据“环节归口、监管到位、责任到岗”的原则，实行属地化管理，按照各环节要求的巡查频率将所有食品药品生产经营业户全部纳入监管范围，实现日常监管无缝衔接构建“横向到边、纵向到底、无盲区、全覆盖”的责任监管体系。

细化监管内容，实现监管规范化。在日常监管中，监管人员严格执行食品药品的有关法律法规、规则制度，食品药品生产经营业户的监管和检查内容都按省局标准模板，按程序、不漏项，查准、查实，不遗漏任何风险问题，实现监管过程标准化、规范化。

强化落实责任，实现监管痕迹化。对所有食品药品生产经营业户的监管记录、违法违规、问题处置、整改和复查情况全程记录保存，留有监管痕迹。对所有食品药品生产经营业户全部建立监管档案，将违法违规、问题处置、整改和复查等情况纳入档案，日常监管记录公示在监督栏，基本实现一户（企）一档，确保日常监管有章可循、责任追究有据可依。

【监督抽检】 武城县局以食用量大、消费量广、容易存在安全隐患的食品为重点抽检品种，增强靶向性，避免抽检重复交叉和监管空白盲区，确保食品“精准抽检”。截至2017年底，组织监督抽检食品1266批次，食品不合格65批次，对抽检结果不合格的食品，武城县局加强追踪溯源，开展后续清查和处置工作，及时消除食品安全隐患，确保全县食品市场进一步得到净化。

【专项整治】 开展学校食堂及校园周边食品安全专项检查。先后利用夏季和党的十九大期间两个时间阶段，采取“培训一批、约谈一批、检查一批”的方式，对学校食堂及校园周边食品经营业户负责人进行培训，提升食品安全意识；联合教育局对学校负责人进行约谈，强化食品安全第一责任意识，对学校食品安全实行共治；对存在食品安全隐患的学校食堂和食品经营业户，党组成员分别带队进行重点交叉检查，对限期未整改的，进行严管重罚，彻底消除食品安全隐患，保障师生饮食安全。截至2017年底，培训学校食堂及校园周边食品经营业户200余人，约谈学校负责人30余人，检查食品经营业户200余家，下达责令整改通知书30余份；开展企业集体食堂、建筑工地食堂以及农村宴席等大型聚餐专项整治行动，及时发现并消除食品安全风险隐患。推行韭菜产品“双证制”管理工作，严禁不具有合格证和市场销售凭证的韭菜产品进入食用农产品市场。开展保健食品、医疗器械市场、中药材（饮片）经营使用环节等领域专项整治活动，完善药品不良反应监测体系，强化药品抽检，切实加大对药品的监管力度，规范医疗器械市场秩序，提升药品经营使用质量管理水平，严防系统性、区域性质量安全事件的发生，保障公众用药安全。开展餐饮环节羊肉及其制品专项检查和严厉查处违法添加罂粟壳等非食用物质行动，提升消费信心；开展假劣调味品专项检查工作，举一反三排查食品安全隐患；开展以猪肉市场为主的畜禽产品专项整治行动，加强流通环节食品安全风险防控和畜禽产品安全监管，严厉打击掺假造假等违法违规行为。

【省级食品安全县创建】 *强化基层基础建设。*按照创建要求和标准，积极协调各镇街党委、政府，争取食药所办公用房，根据食药所办公场所实际情况进行改造建设；配备办公桌椅、电脑、打印机、执法记录仪、执法车辆等基本装备；在办公场所醒目位置设立信息公开栏、工作职责和工作制度，规范明确岗位职责；规范档案管理，实行一户一档监管档案，逐步健全监管对象信息库；基层所快检室全部建设完成，快检设备经安装调试到位，截至2017年底，全部高标准完成8个镇街食药监管所标准化建设。

*初步建立“智慧监管”系统。*通过前期招标、安装、信息录入、初步调试，武城县局建设完成“智慧监管”总控室，每个基层监管所建设完成分控室，“智慧监管”系统功能基本成型。截至2017年底，学校食堂、大型婚宴餐饮单位、药店等重点监管单位经安装摄像头，视频监控画面可以实时传输到“智慧监管”总控室。

*应急能力进一步提升。*制定印发武城县重大食品安全事件应急预案，完善食安委成员单位应急预案，建立食安委成员单位信息互通互联制度。召开全县食品安全应急培训暨桌面推演活动，邀请山东行政学院教授、德州市局领导现场指导培训，食安委成员单位、各镇街及学校有关负责人参加，开展全县食安委成员单位及各镇街参加的应急演练，由各单位人员分组模拟食品安全事故发生场景演练应急过程，分组讨论应急环节，由山东行政学院教授现场指导食品安全事故应急过程中存在问题，讲解应急过程注意事项，使参会人员能真实感受事故处置应急过程，提升应急能力。

党组书记、局长：王春林
电话：0534-2175678
地址：武城县振华西街55号
邮编：253300

（撰稿：田金金　核稿：孙敬峰）

德州经济技术开发区

【概况】 德州经济技术开发区市场监督管理局承担全区食品安全、药械、保健食品、化妆品的监督管理工作。2016年5月，经济技术开发区进行大部制改革，整合城市管理局、市场监督管理局、安全生产监督管理局等部门职能成立综合执法监管部，部机关设立食品药品监管科及宋官屯、长河、袁桥、抬头寺、赵虎5个市场监督管理所，具体承担全区食品、药品、医疗器械、保健食品、化妆品生产、流通及服务环节的监督管理工作。2017年德州经济技术开发区综合执法监管部以创建省级食品安全市和创建国家级文明城市为契机，整合科室职能，优化监管资源配置，紧紧围绕确保公众饮食用药安全的目标，不断创新监管机制，突出抓好重点难点问题，全力推进食品药品安全监管，全区食品药品安全形势总体稳定向好。

【监督检查】 食品生产环节，根据食品品种风险程度和企业生产过程控制水平，对食品生产企业确定企业风险等级，完善风险管理档案，进行分级分类监管；食品流通环节，强化流通环节食品质量监管，加强食品质量抽样检验工作，把快速检测作为日常监管的新方式、新手段，全力推行“一票通”追溯制度，强化落实食品经营单位主体责任；餐饮服务环节，继续推进监督量化分级管理工作，全面落实农村自办宴席申报制度。排查治理食品安全隐患和突出问题，加大对肉及肉制品、蛋、奶、食用油、饮品、白酒等重点品种、食品问题多发区等重点区域的监管力度。加强药品、医疗器械、保健食品、化妆品市场监管力度。全年检查食品生产企业50余家次，餐饮单位4100余家次，食堂近600家次，药品经营企业150余家次；累计下达责令改正通知书140余份，限期改正并做好跟踪落实；建立餐饮和流通单位档案近1900份，签订食品安全承诺书近1900份。

【监督抽检】 全年完成县抽1200余批次，其中食品1100余批次，药品50批次，保健食品25批次，化妆品10批次，其中不合格食品39批次，全部立案查处完毕。食品抽检合格率达到96.5%，药品评价性抽检合格率达到100%。

【专项整治】 先后开展“两节”食品安全、商超“放心肉菜”公开评价、婴幼儿配方乳粉标签标识规范和监督检查、农贸市场质量安全、畜禽水产品、学校食堂、大型社会餐饮、景区餐饮、食品加工黑作坊、餐饮油烟污染、露天烧烤、“守护舌尖安全”、食品虚假宣传、严防真菌毒素超标粮食流入食品生产企业、食品添加剂“对标规范”、云南南诏药业公司骨肽注射液等注射剂排查、计生药械专项整治、定制式义齿、隐形眼镜、避孕套产品保健食品、配制酒及玛咖制品、含麻黄碱类复方制剂等30余次食品药品安全专项整治行动，累计出动执法人员3650人次，检查大中专中小学幼儿园食堂近300家，对其中216家督促整改；检查食品生产企业60家次，全部进行风险等级评定；检查食品经营业户1000余家次，督促整改710家；检查药械单位110家次，制作责令改正通知书90余份，均整改完毕。

【重大活动食品安全保障】 先后为德州市2017年两会、中高考、“智慧德州”等近20次会议及活动提供重大活动食品安全保障，采取事前制定预案、事中驻点监督、事后认真总结的措施，对德州富豪康博置业有限公司富豪康博酒店、山东德州扒鸡集团有限公司崇学院分公司、德州凯元温泉度假村有限公司等会议及活动承办餐饮服务单位的就餐和加工场所环境卫生、从业人员健康及个人卫生、餐用具清洗消毒等进行监管检查，对食品原辅料采购索证索票、原料清洗、加工操作、餐饮上桌等环节进行实时监控，对发现的问题进行及时有效的处理，确保重大活动期间的食品安全。保障期间，累计派出安保人员400余人次，进行快检800余批次，制作文书20余套，工作检查记录表800余份，有效保障重大活动期间的食品安全，确保无食品安全事故发生。

【食品安全城市创建】 强化宣传，营造浓厚创城工作氛围。全方位多维度立体化宣传食品相关法规和安全知识，在中国食品安全报、中国食品经济网等媒体发表食安新闻70余篇；设置户外广告塔28处、道旗560套、护栏480个、宣传栏143个，制作条幅700余条、海报2万余份、宣传页5万份、调查问卷10万份；组织百家透明工厂活动、学校食堂开放日活动、“你送我检”活动，以横幅、展板、现场咨询和实物检测等形式，向过往群众宣传食品安全法律法规以及食品安全科普知识，收到良好的宣传效果，切实提高群众对创城工作的认可度和满意度。取长补短，积极学习先进地区创建经验。组织监管人员相继前往杭州、镇州、徐州、济宁等地考察，从现场准备、材料整理、基层基础建设等多个层次进行深入学习，找准差距，明确目标，为创建工作奠定基础。以点带面，促进创城工作全面开展。按照“典型引路、示范带动，突出重点、全面推进”工作思路，充分发挥典型的示范带动和辐射作用，在全区各食品经营业态中选取示范点和示范街，进行重点整治，制作各业态档案样板，通过立标杆、树榜样、做示范，以点带面，发挥示范创建的引领带动作用，促进全区创城工作全面开展。

【国家文明城市创建】 *承办“文明餐桌”行动。*6月7日，开发区宣传部、文明办，德州市局及4区食药监管部门，以及100家餐饮企业代表在澳德乐参加启动仪式。发放张贴社会主义核心价值观宣传海报、禁烟标志、创城桌牌、文明餐桌标识牌等宣传材料2000余份。

*开展创建全国文明城集中整治活动。*6月10日，综合执法监管部全体工作人员利用周六时间向全区食品流通、药品零售单位发放张贴宣传海报、禁烟标志，向餐饮单位发放桌牌、标识牌。此次活动出动工作人员300余人，向建成区3000多家食品、药品、餐饮经营单位发放宣传海报6000余份、禁烟标志6000余张、创城桌牌近8000个、文明餐桌标识牌近3000个，努力营造全民参与的浓厚氛围。

【第三方检测】 委托第三方检测机构对辖区内学校及其周边食品生产经营单位、商场超市、批发商店、农贸市场等进行快检，年检测2万余批次。重点突出畜肉、蔬菜、调味料、淀粉制品等食品原料，对食品致病微生物、化学危害物质、非食用物质及易滥用的食品添加剂等危害因子进行重点检测，及时发现高危品种，增强监管的靶向性。截至2017年底，检测6200余批次。

党组书记、综合执法监管部部长：李希河
电话：0534−2771226
地址：德州经济技术开发区大学东路
邮编：253000

（撰稿：丁菲　核稿：林鸣）

德州运河经济开发区

【概况】 德州运河经济开发区市场监督管理局是工商、食药、质监三局合一的行政执法单位，组建于2014年1月，是运河开发区管委会下设的正科级单位，下设办公室、政务服务中心（工商业务科）、质监科、食品监管科、稽查大队、药品药械监管科、法制科，设有运河、黑马市场监督管理所2个派出单位。实有工作人员47名，其中在编30名。辖区有食品生产企业19家，食品流通户1156户，餐饮户295户，集中聚餐单位60家，小作坊19家，大型批发市场及农贸市场11处，药品经营单位44家，药品使用单位54家，医疗器械经营单位52家，医疗器械使用单位54家，保健品经营单位55家，化妆品经营单位24家。

【监督检查】 食品安全。严格落实“网格化”监管模式，构建横向到边、纵向到底全覆盖的监管网络。完成1800余户市场经营主体的网络定位，定人定责，突出问题发现力度，及时下达整改意见，问题单位“回头看”，确保监督整改措施到位，消除安全隐患。食品安全监管方面，以夏秋季、传统节假日、中高考、学校开学前等为重点时段，强化对加工小作坊、集中就餐单位、小餐饮、校园周边、农村小超市及食品摊贩等食品经营单位监管力度，扎实开展季度检查和飞行检查，严防群体性食品安全事故发生。

药品、医疗器械。严厉打击违规购进、储存、经营、使用药械行为，重点查处违规存储药品、药品超期、卫生不达标、计算机操作不规范等行为。在保健品、化妆品方面，摸底排查、一店一档，重点检查从业人员持有健康证、虚假宣传、“三无”产品等。全年检查食品生产经营单位3823户次，药品药械经营使用单位268家次，下达整改意见书98份，责任约谈13次。

【监督抽检】 2017年，运河区局监督抽检以发现问题为导向，严格抽检程序，实现监督抽检与信息公开、核查处置联动，倒逼生产经营单位规范管理，保障人民群众食品用药安全。全年完成食品监督抽检531个批次，药品抽检30个批次，超额完成全年不少于240个批次的食用农产品抽检计划，整体合格率97.35%，监督抽检中发现的问题的处置率达到100%，核查处置结果全部公示上报。各类市场主体新建、扩建快检室6处，完成食品快检6万多批次，利用快检手段、排查风险隐患。强化“三品一械”各类不良反应监测工作，上报药品不良反应监测报告145例、医疗器械不良反应32例、药物滥用4例、化妆品不良反应8例。

【专项整治】 围绕学校、托幼机构食堂和校园周边、农村自办宴席、食品“三小”、网络外卖、旅游景区等潜在风险点，开展“守护舌尖安全”“清源”行动，以及农产品、畜禽水产品、肉制品、乳制品、药品、医疗器械等各类专项整治行动23场，检查经营主体2000多家次。专项整治、投诉举报及稽查办案相结合，完善重大案件报告、集体讨论和案件合议制度，组织案件讨论会6次，受理各类投诉举报422件，排查食品、药品安全风险点107个，搜集案源信息47条，查处食品安全违法案件6起，行政处罚信息全部公开。

【省食品安全城验收】 在省食品安全城市创建验收中，德州市以全省总分第一名的成绩验收成功，群众对食品安全的满意度接近80%。运河区作为主城区之一代表德州市创建食安城，全面落实食品安全属地责任，发挥政府主导作用，强化经费保障，夯实治理基础，成立以党工委副书记、管委会常务副主任任组长，28个区直单位为成员的创建工作领导小组；制定创建工作联席会议制度，组织召开全区食品药品安全暨创建省级食品安全市工作推进会议，分解、细化各部门的创建任务，压实部门责任；将创城工作列入全区重点突破项目，定期专题研究创建工作。创建期间，全区规范食品生产经营单位1587户，提升小作坊、小餐饮73户，创建迎查点全部打造成为食品安全标杆示范单位，组织各类宣传活动28场，发放宣传手册近20000份，开展各类培训会40余场。1800多名专职食品安全管理员上岗并履职尽责，1800户食品生产经营单位主动进行食品安全承诺，5223名食品从业者通过自学或集中轮训的方式学习法律法规。运河区在省级食品安全市中期评估验收、模拟测评、全省观摩、最终验收中都取得优异成绩，通过创建工作，运河区全面推动食品安全各项工作，食品安全治理能力和保障水平实现大步跨越和质的提升。

【“一站式”审批服务】 发挥运河区局三局合一职能优势，将所有登记业务集中到政务大厅，实现“一个窗口对外”“一站式审批”，精简步骤、优化流程、提高效率。严格审查验收程序，严把准入关，加强现场指导，全程帮扶办理。2017年办理食品经营许可468个，帮助2家食品生产企业取得食品生产许可证，4家食品生产企业顺利换证，药品经营许可4件，新版GSP认证3家，实现行政受理“零推诿”，服务过程“零障碍”，服务流程“零差错”，服务结果“零投诉”。

【智慧化监管】 推进“智慧监管”工程，执法人员配备移动执法终端，推行移动执法软件系统，借助执法办案系统、数据分析系统、现场文书制作系统、定位功能、实时上传功能等，实现对执法人员和业户双向监督；推行“阳光餐饮”工程，现实餐饮服务单位食品加工操作过程可视化，截至2017年底，试点推行20家。把各个环节放到阳光下，将公众点评、媒体曝光有机结合，推进“阳光餐饮”示范街区建设，打造“阳光餐饮”服务品牌。

党组书记、局长：王玉国
电话：0534-2187315
地址：德州运河经济开发区华兴路386号
邮编：253000

（撰稿：张杰　核稿：李彤彤）

聊城市

【概况】 聊城市食品药品监督管理局（聊城市食品安全委员会办公室）系市政府工作部门，正县级，负责对生产、流通、消费环节的食品安全和药品的安全性、有效性实施统一监督管理，承担着市食品安全委员会的具体工作。内设办公室（挂宣传和应急管理科牌子）、政策法规科（挂行政许可科牌子）、食品安全协调督查科、食品监管一科、食品监管二科、食品监管三科、药品医疗器械风险管理科、药品化妆品生产监管科、药品化妆品市场监管科、医疗器械监管科、人事科、财务科等12个职能科室，行政编制44名；下设聊城市食品药品稽查支队（副县级）、聊城市食品药品检验检测中心（正科级）、聊城市药品不良反应监测中心（挂聊城市药物滥用监测中心牌子，正科级）3个直属单位，人员编制95名。

截至2017年底，全市有食品生产企业977家，食品流通单位21075家，餐饮服务单位10466家，化妆品生产企业2家，药品生产企业22家，药包材生产企业11家，医疗机构制剂室11家，药品批发企业23家，零售连锁企业总部34家，药品零售门店1756家，医疗器械生产企业25家，医疗器械经营企业1316家。

2017年，聊城市局强化食安委、食安办工作体系，逐步完善监管体制机制，全面加强日常监管，持续强化风险防控，深入推进示范创建，严厉打击食品药品违法违规行为，不断巩固社会共治格局，食品药品安全形势持续稳定向好。获“法治政府建设和依法行政先进单位”“市级文明单位”“‘两学一做’学习教育常态化制度化示范单位”称号。

【食品安全监管】 按照分级分类检查计划，对全市977家食品生产企业开展监督检查。推进食品生产企业追溯体系建设，326家企业使用省级食品安全追溯公共服务平台，1家乳制品和1家婴幼儿配方生产企业建立食品安全追溯体系。召开全市大中型商超公开评价工作动员会，组织70余人次食品流通检查员，对22个大中型商超开展公开评价工作。开展“你送我检”工作，在全市37个食品市场、商超设置“你送我检”服务点，现场快件食品1247批次。推进韭菜产品“双证制”，聊城市局与市农业委员会联合印发《聊城市实施韭菜产品“双证制”管理 强化产地准出市场准入衔接工作方案》，建立“周调度、月汇报”推进制度。严格落实学校食堂四查制度，在餐饮聚集区、大中型餐饮单位公示监管责任人，接受社会监督。加强小饭桌监管，在学校周边公示达标的小饭桌785家，方便学生家长选择与监督。完成“中共聊城市第十三次党代会”“聊城市第十七次一届人大会”等17次重大活动餐饮保障工作。与全市22家保健食品生产企业签订承诺书，督促落实企业主体责任。推进保健食品生产企业“一企一档”工作，完善企业监管信用档案。加强食品小作坊小餐饮和食品摊点登记备案工作，全市登记备案小作坊1340家，食品摊点422家，小餐饮3125家。

【药品监管】 开展药品生产企业GMP跟踪检查，对2家企业开展检查，排查化解安全风险。对2家药品生产企业、38个品种开展仿制药一致性评价，召开药品上市许可持有人工作座谈会，持续加强药品注册工作。扎实推进GSP认证，发放认证证书232个。编制药品经营监管工作手册，印发至基层监管人员，提高监管效能。健全化妆品生产企业监管档案，更新“一企一档”“一品一档”档案材料。印发《聊城市基层化妆品市场监管规范化建设三年提升工程实施方案》，16个乡镇纳入首批基层化妆品市场监管规范化试点。

【医疗器械监管】 推进医疗器械生产经营“规范实施年”活动，开展医疗器械生产经营“规范实施年”培训，在东阿县开展现场观摩活动，与全市所有医疗器械生产企业签订《医疗器械生产质量管理》告知书。完成7批次国家医疗器械抽样任务、29批次省级医疗器械抽样任务。做好医疗器械产品、企业备案工作，截至2017年底，全市备案第一类医疗器械产品52个，办理医疗器械出口备案 5 份。

【专项整治】 开展"守护舌尖安全"、畜禽水产品、食品保健食品欺诈和虚假宣传、餐饮服务、阿胶生产经营、高风险药品和血液制品、医疗器械整治等治理整顿，2017 年，全市查处食品药品违法违规案件 3642 件，罚款 1300 余万元，移交公安机关 8 起。完善行刑衔接机制，制定《食品药品有关事项鉴定程序（试行）》，畅通产品认定环节，加强与公安机关协作配合。在全市系统探索建立区域协作办案机制，在大案要案查处、执法抽检、线索交流方面加强合作。利用省会城市群食品药品稽查联动协作平台，推进跨行政区域案件查处工作。

【基层基础建设】 推进基层监管队伍建设。乡镇（街道）食品药品监管所核定人员编制 617 名，实有 590 名，到位率为 95.6%。加强全市系统监管执法能力建设，全市开展执法能力培训 40 余次，提升基层监管执法、检验检测和应急管理能力。

推进监管机制建设。完善食安委、食安办工作机制，根据聊城市政府领导分工调整，及时调整市食安委成员单位，召开市食安委联席会议 6 次，研究部署全市食品安全工作。加强系统法治建设，制定《关于全面加强全市食品药品监管系统法治建设的实施意见》，推动建立权责法定、执法严明、公开公正、廉洁高效、守法诚信的食品药品监管部门。开展《山东省食品小作坊小餐饮和食品摊点管理条例》宣传贯彻工作，发放 4.5 万份宣传材料。加强食品药品安全诚信体系建设，推动冠县食品药品监督管理局进行全领域、全环节、全方位试点，全市药品生产环节进行全方位试点。按照省、聊城市盐业体制改革要求，做好盐业体制改革工作。

加强检验检测能力建设。聊城市食品药品检验检测中心完成 15 台（套）总值 755.5 万元的设备采购。开展实验室资质认定扩项工作，经省质监局评审中心现场评审考核，确认 6 个产品、700 个方法，以及 706 个产品中的 13278 个参数。2017 年，承担并完成食品药品抽检监测 4457 批次。

推进"智慧监管"工程建设。食品药品"智慧监管"工程建设再次被列入聊城市政府工作报告。按照"倒排工期、加快推进"工作要求，加快项目建设进度，建设完成市县乡三级监管专网、100 家餐饮服务单位视频监控系统、市县乡三级视频会议暨应急指挥系统、办公自动化 OA 系统，提升信息化监管水平

完善应急管理体系。市县两级完善应急预案和应急管理操作手册，推进国家总局和省局重大信息直报系统使用，年内全系统无瞒报、漏报、缓报问题。采取专家授课、现场随机应对、模拟记者现场采访、事件回应等方式，11 个县市区 60 余人组织突发舆情事件应对能力提升培训和桌面演练，提高应对突发事件能力。建立与媒体信息通报机制，降低恶意报道、不实报道风险。指导食品生产、食品流通、餐饮企业，张贴悬挂食品安全应急方案宣传图，督促食品生产经营企业落实主体责任。

加强不良反应监测。收录药品不良反应病例报告 6718 例，新严病例报告 722 例，新严病例报告比例 10.7%；收录医疗器械不良事件病例报告 1279 例，严重病例报告 279 例，严重病例报告比例 21.8%；化妆品不良反应监测病例报告 226 例；药物滥用监测报告 237 例。

【服务食品医药产业发展】 加强行政许可。提升业务能力，推广"A+N"工作机制，全员受理，首问负责，使所有行政审批人员一职多岗，做到业务一专多能。优化审批流程，压缩审批时限，梳理许可审批事项"最多跑一次、零跑腿"清单，积极推行网上预审、邮寄送达措施，减少企业办事成本。行政许可工作在聊城市行政服务中心考核中，5 月、6 月均取得第一名。

推进生物医药产业转型升级。按照聊城市政府工作部署，牵头开展《聊城生物医药产业转型升级规划》编制工作，成立规划编制工作领导小组，召开 20 余家药品生产企业和十几个市直部门对接会议，协助中标企业国家总局南方医药经济信息研究所开展为期近三个多月的实地调研，并就规划编制情况向聊城市长办公会进行专题汇报。

【社会共治】 加强宣传引导。深入开展"12331"、食品安全宣传周、法制宣传等大型宣传活动，通过设置宣传台、咨询台、投诉举报台、专家授课、开通科普栏等多种形式，增强公众食品安全意识，提升参与监督的积极性和主动性，全市主题宣传活动近 300 个场次，发放宣传材料 19 万余份，受众人数 18 万余人，咨询人数 1.5 万余人。畅通投诉渠道。制定《食品药品投诉举报催办督办制度》，规范投诉举报处置工作，全年受理投诉举报 1190 件，全部按规定处理完毕。加强媒体合作。扎实做好食品药品监管新闻宣传，建立媒体资源和信息资源"双共享机制"，搭建"互联网 + 全媒体"宣传平台，各级新闻媒体刊发稿件 1566 余篇，市县两级微信公众平台和《今日头条》发布监管信息和科普信息 7317 条。加强行业自律。加强与聊城市阿胶行业协会、东阿县保健食品协会沟通协作，发挥政府和企业之间的桥梁和纽带作用，充分利用协会在行业内的号召力，加强行业自律，实现安全与发展共赢。

【党风廉政和干部队伍建设】 认真学习贯彻习

近平总书记系列重要讲话，切实增强“四个意识”，不折不扣地把中央、省委和聊城市委市政府的决策部署落到实处。开展“两学一做”教育实践活动，推进“两学一做”学习教育常态化制度化。开展“党员进社区”活动，提高服务基层、服务发展的能力和水平。严格落实“三会一课”制度，定期召开党员大会、民主生活会、党小组会议，组织党组成员为全体干部职工讲党课。坚持党风廉政工作与业务工作同部署、同落实、同检查、同考核，及时研究部署党风廉政建设和民主评议工作。严格落实廉政建设责任，主要负责人与分管负责人、分管负责人与分管处室（直属单位）之间层层签订《党风廉政建设责任书》。扎实开展文明创建活动，党组织和党员发挥表率和先锋模范作用，创建成为市级文明单位。开展“1+1”好支部共建行动，结对冠县斜店乡后社庄村、前社庄村、十里铺村党支部，开展主题党日、特困户走访慰问、宣讲党的十九大精神等活动，搞好结对共建工作。

【示范创建】 经省食安委批准，聊城市创建省级食品安全市。引导推荐各县（市）申请创建省级食品安全县，冠县成功创建省级食品安全县，茌平县创建工作通过市级验收，莘县、东阿创建工作稳步推进，临清、阳谷、高唐被省食安办纳入2018年创建单位。在茌平县召开全市省级食品安全县推进会，通过现场观摩、座谈交流等形式，相互学习创建经验，整体提升创建水平。组织聊城市食安委成员单位7个部门，对莘县、东阿县、茌平县创建工作，开展2次集中督导检查，通报存在的问题和改进措施。持续开展“食安山东”品牌创建活动，截至2017年底，全市创建食品生产加工示范企业28家，食品流通示范单位（店）310个，打造餐饮示范街28条、示范餐饮单位80家、示范学校食堂65家。召开食品生产加工示范企业现场观摩暨经验交流会，推广质量管理先进经验。实施阿胶质量提升行动，推进生产工艺、质量标准的提升创新，强化阿胶追溯体系建设及DNA技术应用实践。开展便民服务示范药店创建活动，鼓励企业开展用药咨询、免费煎药、定点过期药品回收等便民措施，全市创建示范药店26家。

【风险防控】 推进分级分类分层监管，对不同的产品、产业、领域、区域，依据风险高低和信用程度，划分等级和类别，确定检查频次。通过“双随机”检查、飞行检查、专项检查等方式，检查食用植物油、食品添加剂、肉类、蔬菜、阿胶、生化药、植入类医疗器械等重点产品，加大风险排查力度，全市出动检查人员2.3万人次，检查食品药品企业单位4万余家次，发现问题企业6600余家次，全部责令整改到位。坚持问题导向，强化食品抽检监测，充分发挥抽检的技术支撑作用，全年开展食品安全抽检7347批次，其中，监督抽检6847批次，问题发现率3.33%；评价性监测500批次，合格率达到96%以上。切实做好党的十九大安保维稳工作，扎实开展食品药品安全领域风险隐患排查行动，全系统排查化解各类风险隐患2700余处，党的十九大期间未发生重大食品药品安全事件。

党组书记、局长：姚惠杰
党组成员、副局长：朱明华、李继荣、于永辉
市食品药品稽查支队支队长：梁宝河
副调研员：冯贺成、高卫胜、陈立明
电话：0635-8536109/8536129
地址：聊城市东昌府区湖南路东路6号
邮编：252000

（撰稿：刘博　核稿：陈鹏）

东昌府区

【概况】 聊城市东昌府区食品药品监督管理局主要承担全区范围内的生产、流通、消费3个环节的食品、药品、保健食品、化妆品和医疗器械监督管理，同时承担区食品安全委员会办公室日常工作。在编120人，其中行政编制人员54名，事业编制人员66名。学历情况：研究生5名、本科74名、大专33名、中专以上12名、高中2名。下设9个职能股室：办公室、政策法规股、食品安全综合协调股、食品生产流通监管股、餐饮服务食品监管股、保健食品化妆品监管股、药械监管股、人事股、财务股。直属事业单位1个：稽查大队。设12个镇（街道）食品药品监督管理所，正股级建制，为东昌府区食品药品监督管理局派出机构，分别为：新区、古楼、柳园、梁水、沙镇、郑家、堂邑、道口铺、闫寺、侯营、斗虎屯和张炉集食品药品监督管理所。全区有监管对象12178户，其中，食品生产企业73户，食品流通经营户5743户，餐饮服务单位4689户，化妆品生产企业1家，化妆品经营户195户，保健食品经营户222户，药品生产企业7家，药品经营使用单位992家，医疗器械生产企业10家，医疗器械经营使用单位246家。

【监督检查】 食品生产、流通。辖区内食品生产企业按照风险分级分类监管原则，确定年度检查频次。2017年出动执法人员650余人次，检查食品生产企业210余家次，发现问题企业23家，全部完成整改，对企业违法行为依法进行立案查处。2017年东昌府区局生产环节查处违法案件18起，违法行为涉及生产超限量使用食品添加剂及生产不合格食品，

涉案货值达 4.09 万元，罚没款 22.65 万元，没收涉案食品 777.58 公斤。按照大中型商超和供货商风险分级管理方案实施要求，加强对企业的监督检查，督促企业落实主体责任，履行好进销货台账建立健全，进货查验等义务。流通环节检查食品经营户 1149 家，检查 595 家次，出动执法人员 3297 人次，下达限期责令整改通知书 219 份，完成整改 482 家，对不符合规定的严重违法行为依法进行立案查处，查处违法案件 89 起，涉案货值达 7.36 万元，罚没款 56.73 万元，没收涉案食品 554.24 公斤。

餐饮服务。突出监管重点，加强餐饮环节日常监管力度，开展餐饮服务单位量化分级管理，积极推进“明厨亮灶”工作，结合聊城市文明城市提名城市创建，深入推进文明餐桌行动，对学校（含幼儿园）落实“四查”制度，做到全覆盖无盲点。检查餐饮单位 5042 家次，出动执法人员 11244 人次，检查学校食堂 588 家次，季度监督检查覆盖率 100%；开展飞行检查 2 次，检查学校食堂 13 家；督导检查 1 次，检查学校食堂 6 家；每学期开学前开展校外托管机构食品安全专项检查，检查 1200 家次；其他餐饮单位，A 级每年不低于 1 次检查，B 级不低于 2 次检查，C 级不低于 3 次检查，实现检查全覆盖。

药品、医疗器械。根据年度监督检查计划，对全区药品、医疗器械生产、经营、使用各监管业态进行监督检查，全年检查药品生产单位 14 家次，药品经营单位 412 家次，药品使用单位 668 家次，医疗器械生产单位 10 家次，医疗器械经营单位 210 家次，医疗器械使用单位 165 家次，完成年度检查计划。

保健食品、化妆品。深入市场检查督导，规范经营单位落实《保健食品生产经营企业索证索票和台账管理规定》，做好现场监督检查记录，所有监督检查工作都留下工作痕迹，对日常监管及专项整治中发现的问题及时进行分析总结，提出各项应对措施，更好地强化监管。

【监督抽检】 根据《食品安全法》《食品安全抽样检验管理办法》《食品安全监督抽检和风险监测工作规范》，制定印发《东昌府区食品药品监督管理局食品安全监督抽检工作规范（试行）》。认真制定年度食品安全监督抽检工作计划，按照“全覆盖、严防控、查风险、重处置”原则，2017 年食品安全监督抽检涵盖肉及肉制品、食用油、酒类等 31 类食品（含食用农产品），完成监督抽检 1881 批次，检验项目 436 项，区本级抽检合格率达到 97.92%。严格按照《食品安全法》要求组织公布每批次样品抽检信息，向公众共享食品安全监管成果。

【专项整治】 2017 年，针对群众关注度高的假冒伪劣阿胶及其制品、疫苗流通质量、饮料市场、畜禽水产品市场、网络食品经营、农村市场食品安全、豆芽、大葱、保健食品、食品欺诈和虚假宣传等 21 项专项检查和整治，稽查大队联合各个科室共同开展专项行动，出动执法人数 1861 人次，对 976 余家食品生产、经营者，化妆品经营者，药品经营者进行检查，提高食品药品安全意识，规范生产经营行为。在元旦、春节、中秋节、国庆节、市区两级人大、政协、党代会、中高考期间等重大节日期间开展食品安全专项整治，完成市区两级人民代表大会、政治协商会议、党代会、中高考、中印国际象棋大赛、创新驱动智汇水城 2017 院士专家聊城行、中央环保组来聊环保督查等 15 次重大活动餐饮服务食品安全监管工作，确保食品安全监管零事故，派驻驻会监督人员 42 人次，检查 223 次，出动执法人员 470 余人次，保障就餐人员 24798 人次。

【亮点工作】 **搭建举报热线**。东昌府区局稽查大队认真落实投诉举报工作部署，推动社会共治，加大打击力度，狠抓投诉举报受理和处置工作。把落实投诉举报奖励制度作为提高食品药品安全监管水平的突破口，引导群众主动参与，发挥群众力量维护全区食品药品安全，2017 年审核并发放 4 笔举报奖励，总计 1200 元。

商超推行电子一票通。东昌府区局 2016 年在全区大中型商超推行电子信息化追溯系统，2017 年全区大中型商超全部实现电子一票通追溯体系，全区供货商 286 户，有 291 户供货商安装电子一票通，安装率达 96%，使用率达 100%。实现食品从生产企业到批发企业，批发企业到零售企业的全程追溯链条的电子数据，将不合格食品挡在流通环节以外。

快检常态化。2017 年东昌府区局快检室检样 2685 批次，包括专项抽检、现场快检、消费者送检等，样品合格率为 98.3%，不合格样品全部依法处理。检验样品涵盖果蔬、酱腌菜、肉制品等类别，检验项目包括农药残留、瘦肉精、亚硝酸盐等 52 项。开展快检进社区、快检进市场、快检进高速公路服务区、快检进校园等活动，现场抽取样品 436 批次，敦促超市和农贸市场等经营单位严格把控进货渠道，拒绝问题食品流入市场；开展食品安全“你送我检”及食品安全知识宣传活动 9 次，接待群众 400 余人次，现场接受群众免费送检 367 批次，方便百姓检测家中食物，群众能够更加放心食用；开展重大活动快检，抽检 102 批次，保障两会、国际摄影大会等重大活动、会议期间食品安全。

党组书记、局长：张凡红
电话：0635-8220229

地址：聊城市东关街 3 号
邮编：252000

（撰稿：王亚坤　核稿：白允力）

临清市

【概况】2017 年临清市食品药品监督管理局有工作人员 86 人，其中，市食品药品稽查大队 29 人。乡镇监管队伍逐步建立健全，下设 16 个基层食品药品监督管理所。2017 年，临清市有食品生产企业 65 家，中小学、幼儿园食堂 101 家，食品经营餐饮单位 4500 余家。药品生产企业 3 家：山东合众正源现代中药饮片有限公司、华润三九（临清）药业有限公司、山东康宁药业有限公司，医疗器械生产企业 2 家：山东玉源乳胶手套有限公司、临清市恒发卫生用品有限公司。药品批发企业 3 家：山东华源天宏药业有限公司临清友和医药分公司、山东泰祥医药有限公司、山东华美医药有限公司。药品零售连锁 3 家：临清市鲁泰康惠平价大药房连锁有限公司、临清市百姓大药房连锁有限公司、临清市康之源大药房连锁有限公司，制剂室 1 家：聊城市第二人民医院制剂室，药品经营单位 146 家，医疗器械经营单位 90 家，药品使用单位 700 余家。

【监督检查】重大活动期间食品安全保障。把元旦、春节、两会、高考、十一等重要时段、重大活动期间食品安全工作作为重点工作来抓，制订具体工作计划或安排，明确责任和目标，将工作任务和责任分解到人，确保重要活动期间不发生食药安全事故。

日常监管。针对全市重点区域、重点部位、重点环节的食品、保健食品、化妆品、药品和医疗器械，按片区联合监管模式对安全隐患进行排查整改，同时对日常监督检查中发现问题较多的食品加大监督抽检力度，落实食品生产经营者主体责任。截至 2017 年底，出动执法人员 5600 人次，检查单位 2750 余家（次）。新发《食品生产许可证》10 个，换证 17 个，开办药品零售企业资格审查 17 家，《药品经营许可证》（零售）审核 21 家，受理变更许可内容审核 35 家，GSP 认证审核 7 家，换发《药品经营许可证》7 家。

根据临清市委、市政府的工作部署，结合食品药品监督管理职能职责，按照全局动员、统一安排、责任到人的原则，把“文明城市”创建和“卫生城市”复审工作纳入常态化管理，推进各项工作任务落实。在全市开展食品经营整治活动，挨家挨户加班加点张贴食品经营信息公示牌，督促食品从业人员办理健康证和《食品经营许可证》，宣传相关法律法规，强调食品安全的重要性，推进市场食品安全制度化。“双创”期间，发放公示牌 1080 余个，张贴制度 6300 张，政务中心窗口受理食品经营许可申请资料 1649 件，发放《食品经营许可证》1471 件、《健康证》7850 个。

宣传工作。采用“宣传＋监管”模式，对全市 16 个镇办的食品经营单位、敬老院、学校幼儿园食品从业人员进行大培训，累计培训 3600 人次。2017 年，临清市 16 个镇办均举办“三小”条例宣传培训会，发放宣传册 1700 余份，培训食品小作坊、小餐饮和食品摊点从业人员 1500 余人，张贴“三小”条例相关宣传海报 2000 余份。密切与新闻媒体的联系，强化正面宣传，快速稳妥处理群众举报的食品药品安全问题。及时公布执法抽检信息和不合格食品召回、下架信息，提高消费者的自我保护意识和安全消费能力。同时，畅通举报渠道，确保“12331”投诉举报电话 24 小时畅通。2017 年处理投诉 130 余起，做到投诉举报受理率 100%、办结率 100%、群众满意率 100%。

【监督抽检】根据上级抽检计划，对全市食品药品生产、经营、餐饮环节进行抽样检测。2017 年，完成国家、省和聊城市食品抽检 1000 批次，其中针对小作坊、小餐饮的抽检 15 批次；完成县级抽检 240 批次。抽检品种涵盖粮食加工品、豆制品、肉制品、食用油、蔬菜、鸡蛋、酱油、醋等涉及人民群众日常生活的品类。28 批次检测不合格产品全部进行相应处理。

【专项整治】2017 年，临清市局开展假劣调味品、粉丝粉条、畜禽水产品、韭菜产品“双证制”管理、散装白酒、保健食品、食品欺诈、医疗器械等 10 多项专项整治和重要时段、重大活动期间的食品安全专项检查。办理食品药品一般程序案件 132 件。全年检查药店 600 家次，县级医院和镇卫生院 30 家次，检查村卫生室 500 家次。开展问题食品药品、假劣产品集中销毁活动 3 次。

【亮点工作】打造“执法人员说食安”品牌，抽调具有专业知识、丰富工作经验的人员组成宣讲团，深入镇、村，集市、庙会和企业、学校进行宣传培训。注重从实际出发，各分管副局长带领业务骨干组成宣讲小组，授课内容分为食品流通、餐饮服务、生产加工小作坊、食品药品违法违规案例 4 个方面。授课人员根据各自专题方向精心备课，认真研读新《食品安全法》《药品管理法》《山东省食品小作坊小餐饮和食品摊点管理条例》等法律法规，广泛收集和整理食品药品违法案例，制定各个专题的宣讲提纲，并形成通稿。培训会上，授课人员采取授课讲解、案例分析、互动交流等方式，针对不同的经营主体分别采取不同的培训形式，通过通俗易懂的例子帮助参训人员学习和理解法律条文和食品药品生产经营知识，避免以往单一的以会代训，单向灌输的培训形式。同时开展反面案例警示教育，授课人员结合执法过程中的违法违规案例，向参训人员说明违法违规行为的严重后果，督促食品药品生产经营者依法依规经营。开展食品安全宣传周、安全用药月、食药小课堂等活动，执法人员现场向消费者讲解食品药品安全知识，宣传“12331”食品药品投诉举报电话，发放宣传彩页、食品药品安全知识读本、食品安全法等宣传材料。2017 年，累计开展宣传培训 28 次，培训各行业人员 3600 人次，实现培训对象全覆盖。

党组书记、局长：唐明慧
电话：0635-2366906
地址：临清市永清路中段
邮编：252600

（撰稿：李凯　核稿：杨永平）

阳谷县

【概况】 阳谷县食品药品监督管理局（阳谷县食品安全委员会办公室）为县政府工作部门，负责对生产、流通、消费环节的食品安全和药品的安全性、有效性实施统一监督管理，承担着县食品安全委员会的具体工作；内设办公室、食品安全综合协调科（挂宣传和应急管理科牌子）、人事科、规划财务科、政策法规科（挂行政许可科牌子）、食品生产监管科、食品流通监管科、餐饮服务食品监管科、保健食品化妆品监管科、药品监管科、医疗器械监管科等 11 个职能科室；下设食品药品稽查大队，属副科级事业单位；保留药品不良反应监测办公室；在全县 18 个乡镇（街道）分别设立食品药品监督管理所，为县局派出机构，承担辖区内食品药品监管职能。2017 年，全局有在职干部职工 161 人，其中公务员 46 名，工勤人员 2 名，事业人员 113 人。

2017 年，全县有食品生产加工企业 106 家，食品流通环节经营业户 2368 家，餐饮服务单位 1644 家，中小学食堂 41 家，学生小饭桌 19 家，药品生产企业 1 家，药品批发企业 2 家，药品零售企业 138 家，保健食品生产企业 3 家，保健食品经营店 152 家（含经营），医疗器械生产企业 5 家，三类医疗器械经营企业 40 家，二类医疗器械经营企业 102 家。乡镇以上医疗机构 40 家，社区服务站、村级卫生室、专科门诊总计 902 家。

【监督检查】 *食品生产*。阳谷县局认真开展食品加工小作坊监管，推行肉制品、白酒等高风险产品生产企业质量安全追溯系统。全县 170 家小作坊建立基本信息档案，记录登记情况、监督检查结果、监督抽验结果以及违法行为查处等情况。全县 106 家食品生产企业根据《食品生产企业分级分类监管工作指导意见》综合评估确定食品生产企业风险等级，实施食品生产企业风险分级分类监管档案，定期组织检查，形成监管记录并纳入监管档案。2017 年全县未发生区域性食品生产安全事故。

食品流通。严格落实食品进货查验制度，并以供货商为抓手，积极推广“一票通”制度和韭菜“双证制”，2017 年全县 95% 以上的流通环节食品经营者建立进货查验制度，实现可追溯监管。2017 年 1—8 月对全县的网络食品经营者进行专项治理整顿，全年检查网络食品经营者 37 家，处理网络投诉举报 19 起，取缔网上销售“三无”食品 1 家。在全县农贸市场、大型超市组织开展“食品快检进市场”“你送我检”“你点我检”活动 12 次，针对群众比较关注的农药残留问题，食用农产品和畜禽肉及其制品组织开展快检 143 批次，抽检结果全部合格。

餐饮服务。开展量化分级管理和“明厨亮灶”创建工程。引导学校食堂基础设施改造，阳谷县有学校食堂 41 家，已全部取得《食品经营许可证》，并实现“明厨亮灶”。将量化分级管理工作融入日常监管工作中，按照量化分级管理等级确定日常监督检查频次，每季度对餐饮服务单位按照动态等级评定表进行日常监督检查，并做出动态等级评定结论，按照评定结果张贴“笑脸”。截至 2017 年底，对 1020 家餐饮单位进行评定，其中 A 级餐饮单位 79 家、B 级餐饮单位 692 家、C 级餐饮单位 249 家。

药品、医疗器械。推进药品 GMP、GSP 实施工作，大力推进药品电子监管，建设药品可追溯体系，实现生产经营企业入网率 100%。加强基本药物监管，严格检查配送企业合法资质、质量管理体系、电子监管核注核销、数据上传，基本药物市场得到有效规范。不断提高医疗器械备案、审查效率，开展医疗器械调研，提高监管措施靶向性，全年上报药品不良反应 684 例，医疗器械不良事件 108 例。开展无菌和植入类医疗器械专项监管，加大高风险医疗器械监管力度，变生产链为责任链，切实保障人民群众用药用械安全。

【监督抽检】 阳谷县局把监督抽检作为监管工作的重点，全年抽检工作任务按品类落实到食品生产、流通、餐饮各环节，对监管范围内的重点品种、重点环节进行全覆盖抽验。2017 年，食品监督性抽检完 1000 批次，不合格食品全部依法处理，并积极配合完成国家、省、市局安排的食品抽检工作。配合聊城市局完成食品评价性抽检 20 批次，评价性抽检合格率 100%。

【专项整治】 2017 年阳谷县局围绕群众最关心、最迫切需要解决的实际问题，相继开展“守护舌尖安全”、学校周边食品安全、畜禽水产品专项整治、韭菜专项整治、白酒、阿胶、中药材（饮片）、计生用品等一系列专项整治行动，办理各类食品药品案件 846 件，移交公安机关 2 件，严厉打击食品药品领域违法行为，有效维护人民群众切身利益。

【行政许可】 严格按照审批时限做好食品生产经营许可证办理发放工作。2017 年接待办事群众咨询 1600 余人次，全年无群众投诉及不满意情况，办理发放《食品经营许可证》1424 个，其中食品销售经营者 986 家，餐饮服务经营者 409 家，单位食堂 29 家。2017 年，阳谷县局窗口被阳谷县政务中心管理办公室评为“红旗窗口”。

【亮点工作】 全面推动“明厨亮灶”工程，实现后厨“阳光操作”。2017 年阳谷县局大力实施餐饮质量提升工程，以推进“明厨亮灶”为切入点，打造看得见的食品安全。提出“打开一堵墙，后厨见阳光”口号，在阳谷县城区域内全面推进“明厨亮灶”工程，全方位加强餐饮单位安全监管。引导、督促餐饮经营单位通过规范化改造，实现后厨净化、亮化、可视化，推动阳谷县餐饮业发展全面提档升级。截至到 2017 年底，“明厨亮灶”工程覆盖县城区横向 3.2 公里、纵向 4 公里，面积达 12.8 平方公里，涉及街道 26 条，规范餐饮单位 993 户，全部达到“清洁厨房”标准，“明厨亮灶”率达 90% 以上。全县 41 家学校食堂全部实现“明厨亮灶”。

党组书记、局长：岳彩祥
电话：0635-6219009
地址：阳谷县景阳路 312 号
邮编：252300

（撰稿：张亚军　核稿：吕绪森）

莘　县

【概况】 莘县食品药品监督管理局（挂莘县食品安全委员会办公室牌子），为县政府工作部门。主要负责对生产、流通、消费环节食品安全和药品的安全性、有效性实施统一监督管理，同时承担县食品安全委员会的具体工作。内设 9 个职能股室，1 个直属副科级事业单位食品药品稽查大队，派出 24 个镇（街道）食品药品监督管理所。截至 2017 年底，核定编制 190 名，实有人员 184 人，其中公务员 44 人，机关工勤 2 人，事业编 138 人。

莘县被授予“中国蔬菜第一县”，申报注册莘县香瓜、莘县蘑菇、莘县西瓜、莘县蔬菜等多个地理标志商标。2017 年，举办第六届中国（莘县）瓜菜节。建立莘县农产品质量安全管理和可追溯平台。截至 2017 年底，全县各类食品药品经营业态 8600 余家，其中食品生产企业 170 家（其中肉制品企业 62 家、速冻食品企业 34 家、小麦粉企业 19 家、食用油企业 11 家及其他加工企业 44 家），小作坊 1200 余家，食品流通环节 4000 家，餐饮环节 1766 家，药品生产企业 2 家，药品经营单位 185 家，医疗器械经营单位 25 家，药品、医疗器械使用单位 760 家，保健食品经营单位 320 家，化妆品经营单位 190 家。2017 年，监督检查食品药品生产经营使用单位 1.2 万余家次，出动执法人员 8100 余人次，发出责令整改通知书 1700 余份，立案查处食品药品违法违规案件 1669 件，受理投诉举报和咨询 201 件（其中立案查处 17 件），办结 201 件，办结率 100%，做到重点区域检查覆盖率 100%、安全隐患排查率 100%。

【监督检查】 食品安全。2017 年，全县受理申请食品经营许可 1617 家，验收合格颁发《食品经营许可证》1617 家。受理食品生产许可 45 家，颁发《食品生产许可证》45 家，食品小作坊小餐饮登记 112 件。生产环节对全县食品生产企业分级分类分层监管，截至 2017 年底，A 类企业 16 家、B 类企业 46 家、C 类企业 64 家、D 类企业 62 家。创建“食安山东”企业 7 家，流通环节实行风险分级管理，建立流通环节检查人员数据库，畜禽水产品、供货商开展双随机检查，进一步强化事中事后监管，开展大中型商场超市放心肉菜公开评价工作和“你送我检活动”。全县批发企业负责人进行食品安全培训，强化驻场监管、信息公示、一票通、快检等工作，规范食用农产品批发市场，贯彻落实韭菜“双证制”管理工作，强化产地准出市场准入衔接工作，确保韭菜产品安全。推行大中型超市（商场）食用农产品自行检测工作。截至 2017 年底，有 3 家商超购置快检设备，建立食用农产品快检室。莘县局完成全县 976 家餐饮服务单位的量化分级和等级公示工作，评出 A 级单位 8 家、B 级单位 270 家、C 级单位 698 家。示范学校食堂 5 家，示范店 9 家，省级“清洁厨房”18 家，市级“清洁厨房”12 家，打造“明厨亮灶”单位 120 家，创建放心特色早餐 20 家。完成县两会、第六届中国（莘县）瓜菜节、第十三届世界王氏大会等 7 次重大活动食品安全保障工作。约谈美团外卖、百度外卖食品企业负责人，督促他们对入驻商家资格严格审核把关，进一步净化全县网络食品购物环境，维护群众合法权益。

药品、医疗器械。坚持以整顿和规范药品、医疗器械市场秩序为目的，强化市场监督管理，坚决查处各类违法违规行为。出动执法人员300余人次，监督检查药械经营、使用单位600余家，责令整改180余家，立案195起。上报药品不良反应293例，医疗器械不良事件2例。

保健食品、化妆品。深入推进“一企一档”“一店一档”，严格档案动态化管理。开展化妆品标签标识专项检查，检查化妆品经营使用单位86家。未按照规定落实进货查验和记录制度，索证索票制度落实不到位的化妆品专营商户，责令其限期整改。

【监督抽检】 坚持问题导向，强化风险防控。针对米、面、蔬菜、水果和熟食等食品品种，开展监督抽检，排查食品安全隐患，配合国家、省、市三级监督抽检生产环节226批次，不合格10批次；食品经营环节抽检364批次，不合格4批次；学校食堂抽检80批次，不合格4批次。食用农产品和大型超市等场所快检食品1625批次，不合格11批次，并把结果现场向消费者公示。对不合格样品进行核查处置，防止不合格食品流向市场。配合聊城市局完成药品监督抽验130批次，不合格3批次；完成保健食品市抽任务33批次。

【专项整治】 食品安全。按照省市统一部署，开展春季学校食堂及学生小饭桌、假劣调味品生产环节食用油塑化剂、肉制品兽药残留、阿胶制品等专项检查活动。

药品、医疗器械。安排部署中药配方颗粒、中药饮片专项检查、定制式义齿、装饰性彩色平光隐形眼镜等专项整治行动。部署开展农村和城乡接合部药店诊所专项整治行动，各药店、诊所上报自查整改报告807份。同时开展化妆品标签标识专项检查。

【宣传培训】 2017年，莘县局举办食品药品集中培训21场，培训监管人员和监管对象3800余人次。认真组织开展食品安全宣传周宣传和学校食堂开放日等活动，耐心接受群众咨询。通过电视、广播、主流媒体、微信公众平台、编发简报等多种形式，深入普及食品药品安全法律知识和科普知识。全年在国家、省、市级报刊、网站发表新闻稿件137篇，编辑播放《食药之窗》专题栏目24期、转载食品药品安全常识536篇。

【亮点工作】 加快推行食品批发企业仓储“色标管理”及食品送货车辆“二维码”监督管理模式，2017年9月22日召开全县食品供货商食品安全培训会议，对进一步加快推行食品批发商仓储“色标管理”及食品送货车辆“二维码管理”工作进行安排部署，截至2017年底，78家供货商仓储实行“色标管理”，178辆食品送货车实行“二维码管理”。

局长：史占忠
电话：0635-7311059
地址：莘县政府街207号
邮编：252400

（撰稿：程爱春　核稿：刘永利）

茌平县

【概况】 茌平县食品药品监督管理局（茌平县食品安全委员会办公室）内设11个职能科室，直属事业单位1个（茌平县食品药品稽查大队）；派出14个乡镇（街道）食品药品监督管理所；核定编制127名，在职112人。2017年，茌平县局在茌平县委、县政府和聊城市局的领导下，以创建省级食品安全县为抓手，不断强化日常监管，加强队伍建设，深化专项整顿，着力强化风险防控，积极营造社会共治格局，保持食品药品安全持续稳定向好发展趋势，全县食品药品监管水平得到大幅提升。

【监督检查】 食品安全。食品生产环节，重新确定77个生产企业的风险等级；完成国抽20批次、省抽28批次，聊城市局对25家食品生产企业进行抽检合格率100%；对135户食品小作坊完成摸底备案；生产企业集中培训40个小时；完成食品添加剂氮气、真菌毒素等各种专项检查；结合创县工作发放企业信息公示牌等信息公示，实现监管公开、透明。食品流通环节，畜禽水产品抽检255批；备案供应商信息288户，备案食品700多个品种；发放A级信用备案卡53户、B级信用备案卡183户、C级信用备案卡46户，取消备案许可资质6户；新增安装30余家电子一票通软件；分两次为288家食品供应商400余人次开展培训；食品摊点备案登记40余家，制作发放食品摊点公示牌40余个，划定食品摊点经营区域2个55家。餐饮服务环节，做好学校食堂监管工作。完成学校餐饮视频监控接入信息中心及10所学校快检室建设。检查学校食堂242家次，实行量化分级52家，年度评定等级B级以上占96%；组织“周末讲堂”总计64家学校（含托幼机构）食堂和集体用餐配送单位268人参加，发放材料5000余份。培训食品安全员1420人次，考核成绩在官方网站公示；对集体就餐餐饮服务单位监管检查，出动执法人员460余人次，检查单位160余家次，督查中发现问题完成整改。与茌平一中、大型企业等重要群体联合制定应急预案，组织应急演练，防止食品安全事故发生。

药品。加大监管力度，强化企业安全责任意识，全面推行规范化监管，健全完善监督检查、抽样检查、不良反应监测等机构和措施的系统联动机制，及时发现和消除药品安全隐患。组织开展药品生产企业风险排查、药品生产质量提升行动和药包材等专项检查工作；开展流通环节药品质量专项检查药品零售企业303家次，查处违法违规单位88家；积极推进GSP飞行检查工作；集中开展城乡接合部和农村地区药店诊所药品质量安全集中整治；在医疗器械方面为42家单位备案建档，持证率100%，保证辖区内医疗器械市场规范、合法、可追溯；出动执法人员120余人次检查保健食品“三非”问题经营单位60余家；检查化妆品经营单位118家。

依法行政。2017年办理行政许可1305件；开展全面摸底排查、专项整治活动出动执法人员1.2万余人次，检查食品经营单位4860余家次，药品、医疗器械生产、经营、使用单位830余家次；办结案件170件；“12331”投诉举报261条，受理投诉举报78起，办结率达100%。组织开展“中国梦，党在心中”演讲比赛、法律知识竞赛、环湖徒步比赛、爬山比赛等活动。先后3次邀请县纪委、检察院等单位业务骨干进行“廉政建设和依法行政”“以案释法律师培训”专题辅导授课。与茌平县检察院联合制定《关于建立食品药品行政执法检察监督工作机制的意见》，强化并严格执行问题食品后处理机制，确保行政处罚、责任追究到位。

食品检验能力提升。食品快检室和餐饮服务示范街区建设成效显著。建设茌平县局及14个乡镇(街道)派出机构、9个学校和6个商贸市场和大型超市食品快检室39个。

【监督抽检】 完成县级和派出机构快检设备配备和快检室建设，完成县局1个、14个乡镇（街道）派出机构快检室建设，指导农贸市场、大型商场超市、部分学校食堂建立快检室15个。先后4次开展“食品快检进市场”“你送我检”等快速检测活动，通过“零距离”提高群众安全意识。狠抓经费保障，提高抽检批次。逐年增加食品安全监管经费，建立与职责相匹配的财政经费投入保障机制。截至2017年底，全县设立快检室39个，通过购买第三方服务完成抽检3378批次，达到每年每千人3.02批次，不合格产品117批次，核查处置率达100%。药品完成抽样快检300批，完成率100%;上报药品不良反应报告453份、医疗器械不良事件报告182份，上报率达到100%。

【专项整治】 食品生产环节完成食品添加剂氮气、真菌毒素等各种专项检查；食品流通环节完成开展豆芽、婴幼儿奶粉、牛羊肉“瘦肉精”、饮料等专项检查；抽检278批次，不合格5批次，均完成核查处置；餐饮环节组织完成年夜饭、鲜奶吧、食用油、网络食品第三方平台等专项检查及两会、高考等重大活动餐饮保障等工作。药品、医疗器械方面组织开展药品生产企业风险排查、药品生产质量提升行动和药包材等专项检查工作；开展流通环节药品质量专项检查药品零售企业303家次；积极推进GSP飞行检查工作；集中开展城乡接合部和农村地区药店诊所药品质量安全集中整治；组织医疗器械方面42家单位备案建档。

【省级食品安全县创建】 党委统揽、政府主导。成立由县委书记、县长任组长的创建工作领导小组，将创建工作纳入党委、政府重要议事日程。完善县、乡两级食品安全监管机构建设，配齐配强监管人员，进一步加强乡镇（街道）和行政村协管员队伍建设，形成网格化监管体系。加强责任体系建设，按照“地方政府负总责、监管部门各负其责”监管工作要求，签订《食品安全目标责任书》，全面落实各方责任，加强督查考核。

部门联合、多方协作。建立“三安”联运机制，落实跨部门、跨区域的案件协查、行刑衔接等协调联动机制。完善全程追溯机制，行政区域内食品生产经营者依法持有有效许可证或纳入备案管理，推进食品安全网格化监管。健全考核评价机制，将食品安全纳入绩效考核、领导干部综合考核评价，形成“政府统一领导、牵头单位协调、成员部门负责、各方联合行动”的食品安全监管长效机制。

全域划分、网格管理。建立智慧食安电子监管信息系统，融电子档案建立、执法检查电子化信息记录、远程视频监控、企业二维码应用、内部办公管理系统等功能于一体。建立大数据分析系统，抓取智慧食安电子监管平台数据，将许可、动态评级、执法监督、远程执法数据进行汇总分析。建立食品安全风险监测系统，与快检设备对接，实时采集检测数据、自动上传检测结果。建立电子一票通追溯系统，依托电子软件，以流通环节大型超市、批发商为主要使用对象，以履行进货查验记录为主要内容，实现进销货物全程追溯。

突出重点、严惩重治。开展农资市场、农产品种植、水产品养殖专项整治，强化源头治理。对辖区内的食品生产经营户汇总建档、备案。开展A级单位随手查、“笑脸店外迎客”和“食堂开放日”活动。引导学校食堂组建伙食委员会、膳食委员会，邀请部分学生家长代表、新闻媒体、社会监督员4000余人次走进学校食堂，现场体验参观学生就餐的操作过程和就餐环境。

固强补弱、规范提升。推进“食安山东”品牌引领战略，创建“食安山东”示范生产企业 2 家；“食安山东”流通示范店 29 个；“食安山东”餐饮服务食品安全一条街 1 条；省级示范学校食堂 1 所。引导农产品批发市场升级改造。综合治理“三小”等难点问题，引导食品生产加工小作坊、食品摊贩逐步进入便民服务市场、园区等。

党组书记、局长：张雷
电话：0635-4273809
地址：茌平县新政西路 716 号
邮编：252100
（撰稿：朱晓征　饶晓宇　核稿：刘峰　曹晓君）

东阿县

【概况】 东阿县食品药品监督管理局（挂东阿县食品安全委员会办公室牌子），属县政府工作部门，负责对生产、流通、消费环节的食品安全和药品的安全性、有效性实施统一监督管理，承担着县食品安全委员会办公室具体工作。内设 9 个职能股室，下设食品药品稽查大队，为局所属副科级全额拨款事业单位。全县 10 个乡镇（街道）均设置食品药品监督管理所，为县局的派出机构。全局核定编制 78 名，实有在职人员 85 人。

2017 年，全县食品生产领域有食品生产企业 144 家，其中，阿胶制品企业 100 家；流通领域有食品流通商户 2175 家，其中一级批发单位 127 家，零售单位 1418 家，批发兼零售单位 630 家；保健食品生产企业 15 家，批准文号 55 个；餐饮领域有 938 家餐饮经营单位，其中中型餐馆 20 家，中小学校食堂 17 家，幼儿园食堂 12 家，企事业单位食堂 11 家；东阿县有食品生产企业 152 家，包含 21 家保健食品生产企业。其中，阿胶制品生产企业 100 家，占食品生产企业总数 65.8%，小麦粉、挂面、方便面、糕点等生产企业 20 家，酒类企业 4 家，饮用水企业 8 家，肉制品企业 3 家。食品经营单位 3653 家，其中食品零售企业 2773 家，餐饮服务单位 880 家，其中大型酒店 9 家，中型酒店 129 家，各类学校食堂 57 家。药械领域有 151 家药店（其中 150 家单体店，1 家连锁店），药品生产企业 6 家，药品批发企业 2 家，医疗器械生产企业 1 家，药包材生产企业 4 家，药用辅料生产企业 1 家，县级医疗机构 3 家，乡级医院 10 家，民营医院 2 家，农村卫生室 182 家。

【监督检查】 食品安全。坚持“源头严防”，切实加强食品生产环节监管。食品生产企业进行季度巡查，对存在问题及制度落实不到位的，责令企业限期整改，并到期进行复查。持续开展专项检查，督促企业做好过程质量控制、生产自律。坚持“过程严管”，切实加强食品经营环节监管。强化学校食堂风险管理，实施学校及幼儿园食堂餐饮安全季度监督检查制度。每年初与各学校签订食品安全责任书，严格落实食品安全责任制。配合省督导组对学校食堂及“三小”条例实施情况开展飞行检查，配合省考核组顺利完成对“三小”行业的考核任务。积极开展重大活动食品安全保障，圆满完成县两会、中高考、牡丹节期间食品安全保障任务。坚持“风险严控”，切实加强市场秩序整治。扎实开展食品安全专项整治，2017 年，全县组织开展韭菜、地沟油、食品添加剂、假劣调味品、活禽市场调查、畜禽水产品等专项整治工作。出动执法人员 1400 余人次，检查各类食品经营户 700 余户，对检查中发现的问题进行跟踪整改。严格许可标准，规范审批程序，切实把好许可准入关，2017 年，全县发放《食品经营许可证》1170 张（其中，食品销售 811 张，餐饮 359 张）、《食品生产许可证》87 张。坚持“重点突破”，切实整顿阿胶市场秩序。根据东阿县委办公室、县政府办公室关于印发《东阿县阿胶类产品市场专项整治工作实施方案》，东阿县局、县市场监管局联合各乡镇、街道办事处在全县范围内开展阿胶类产品市场专项整治活动。检查食品类商贸公司、电子商务公司 905 家，阿胶类产品生产企业 109 家。

药品、医疗器械。加强对生产经营企业及使用单位日常监管，按照年度计划对辖区内生产经营企业及使用单位进行检查，对存在问题的企业及时进行指导、更正。加大对辖区医疗器械生产经营企业日常监管，重点检查企业是否无证经营二、三类器械，是否超范围经营、是否建立并执行医疗器械购进验收制度及销售记录制度等。开展医疗器械质量规范实施年活动，督促辖区内生产企业及部分经营企业严格按照生产、经营质量管理规范的要求规范生产经营行为。开展药品、医疗器械整治。组织开展药品流通领域违法经营行为集中整治、药品使用质量专项检查、疫苗、中药材、中药饮片专项整治、角膜塑形镜、冷链运输企业及医疗器械 2017 专项整治行动等一系列专项检查，出动执法人员 1000 余人次，检查相关单位 150 余家次；开展药品流通领域飞行检查及医疗器械 2017 年度飞行检查。

投诉举报。除上级转交、外县市协查外，通过投诉举报信箱、“12331”热线、“12345”市长热线等方式接收消费者投诉举报，严格执行投诉举报受理制度和程序，保证有诉必理，有理必查，有查必果，确保群众满意。2017 年，接到食品药品举报投诉 244 起，全部处理完毕。

【监督抽检】 东阿县局在食品监管领域配合上级部门和第三方检验机构进行国、省、市三级抽检425批次，县级抽检1500批次；药品监管领域顺利完成全年药品抽验任务80批次。

【专项整治】 开展阿胶及其系列产品、韭菜、地沟油、中药饮片及医疗器械等各项专项整治累计30余起，出动各类执法人员5200余人次，检查相关单位3000余家。坚持“重点突破”，切实整顿阿胶市场秩序。根据东阿县委办公室、县政府办公室关于印发《东阿县阿胶类产品市场专项整治工作实施方案》，东阿县局、县市场监管局联合各乡镇、街道办事处在全县范围内开展阿胶类产品市场专项整治活动。检查食品类商贸公司、电子商务公司905家，阿胶类产品生产企业109家，切实规范全县阿胶市场秩序。

【省级食品安全县创建】 建立健全创建工作网络。成立由县长任组长，副县长任副组长，各相关部门主要负责人为成员的东阿县创建省级食品安全县工作领导小组，统一领导、组织和协调先进县创建工作。同时，印发《东阿县创建省级食品安全县工作方案》。突出重点品种，注重监督抽检。制定印发《东阿县2017年食品安全抽检计划》，并按计划完成抽验任务，范围覆盖33大类食品。强化日常监督，严格落实企业主体责任 。通过强化日常监督检查，逐步建立、完善食品监管档案，督促食品企业严格执行进货查验和记录制度。制定餐饮质量安全提升（建设在线“明厨亮灶”“食安地图”、监管指挥中心等信息化项目）实施方案，并严格按照实施方案开展工作。

【国家卫生县城创建】 组织东阿县局全体人员开展爱国卫生活动，多次深入各社区城中村、小区、背街小巷、旱厕及“五小”行业进行摸底调查，掌握底数、人员、卫生等基本情况，每天进行卫生清扫，开展除“四害”及病媒微生物防控活动，及时更新健康教育宣传栏，举办健康教育知识讲座6场，全县食品经营单位培训会8次，培训人员1600人次，发放创卫相关材料8000余份（套）。

党组书记、局长：杨茂杰
电话：0635-2178509
地址：东阿县曙光街西首路南
邮编：252200

（撰稿：张明明　核稿：柴润生）

冠　县

【概况】 冠县食品药品监督管理局（冠县食品安全委员会办公室）为县政府工作部门，负责对食品、药品、保健食品、化妆品和医疗器械的安全性、有效性实施统一监督管理，承担着县食品安全委员会的具体工作；行政编制90名，事业编制42名，有职工129人。内设办公室、政策法规科、食品安全协调督查科、食品生产监管科、食品流通监管科、餐饮服务食品监管科、保健食品化妆品监管科、药品（医疗器械）综合监管科、人事科、财务科、许可科11个职能科室，下设冠县食品药品稽查大队、冠县药品不良反应检测中心、县食品药品快检中心3个直属单位，每个乡镇（街道）设立1个食品药品监督管理所，为股级派出行政机构。

2017年，冠县有食品生产加工企业（有效期内）68家，其中小麦粉类16家，酒类4家（含酒精），饮料类5家，肉制品类5家，蔬菜制品类6家，调味品类4家，食品添加剂生产企业1家，其他类27家。食品流通业户建档3709户，其中批发户320户，普通零售户3389户，学校周边520户，肉及肉制品经营户390户。大型饭店6家，中型饭店88家，小型饭店1192家，学校食堂55家，幼儿园食堂101家，总计2242家。药品经营企业130家（含连锁药店99家、单体药店31家），药品使用单位628家（含一级医院19家、二级医院4家、卫生室和个体诊所510家），医疗器械经营单位95家。保健食品经营单位108家，其中既经营药品又经营保健食品的103家，仅经营保健食品的5家，化妆品经营单位155家。全年发放《食品生产许可证》12个，《食品经营许可证》2040个，《小餐饮登记证》638个，《小作坊登记证》413个，《小食品摊贩备案证》360个，《药品经营许可证》5个，《医疗器械许可证》2个。

2017年，冠县把保障群众饮食用药安全作为中心任务，以打造“食安冠县”放心工程为抓手，深入开展食品药品安全专项整治工作，继续强化食品药品市场监管，大力推进机关作风建设，确保全县人民群众饮食用药安全有效。

【监督检查】 “智慧监管”。进一步增强“智慧监管”能力，全面升级“智慧监管”系统，安装防火墙，优化升级“电子一票通”系统；研发“食安笑脸地图”接入“智慧监管”平台。截至2017年底，食品药品安全监管系统录入监管信息2.74万余条；视频监控系统安装220余家，其中，食品安全示范街“明厨亮灶”率达100%，公众可通过扫描二维码查询企业实时运行情况；电子一票通追溯系统用户282家，送货记录信息 164.5 万余条。

监督频次。在做好日常监管全覆盖的基础上，将学校食堂及周边食品、高风险食品生产企业、农贸市场、大中型食品经营单位列为重点监管范围，加大监督检查力度。领导班子带领科室业务骨干不定期实行“双随机”抽查和飞行检查，促进监管效能进一步提升。全年出动执法车辆 4200 多次，出动执法人数 16800 余人次，查处案件药品 93 件、医疗器械 31 件，保化 18 件，食品生产案件 66 件，食品流通案件 340 件，餐饮案件 87 件，罚没款 251 万余元。

宣传工作。借助新媒体发展之势，与传统媒体相结合，充分运用宣传牌、宣传标语、纸媒、电视专题节目等多途径、多形式开展食品安全知识宣传工作。在城区 5 个广场设立宣传栏 10 个。在冠县电视台开办食品药品综合专题节目《食药之窗》，全年 26 期，累计播出 72 期；新闻节目《食药执法在行动》不定期在冠县新闻节目中播出；官方微信公众号“食品药品监管与安全”每天定时更新，2017 年推送文章 1224 篇，其中“放心工程”A 级单位专题报道“食尚冠县”点击阅读量平均在 2000 人次以上；政务头条号“冠县食事药闻”在全国食药系统指数排行始终位于前列，阅读量达 960 多万人次，始终位列全国食药系统排名前十，其中 8 月全国排名第一，并获得 2017 年度全国“最佳问答互动头条号”称号。

食品从业人员培训。在每个乡镇（街道）开展食品安全知识集中培训，2017 年开展放心工程巡回培训 23 场，培训管理相对人高达 7000 余人次；开展食品安全进校园培训 39 场，培训人员 2.52 万人次。确保培训教育无盲区、全覆盖。

药品、医疗器械不良反应监测。完善基层监测网络，各药品经营单位、医疗机构建立药品不良反应、医疗器械不良事件监测工作小组，明确专人负责 ADR 监测上报工作，2017 年，冠县局成功上报药品不良反应 1165 例，医疗器械不良事件 359 例。

【监督抽检】 制定食品抽检监测计划，统一管理经费、信息，改进抽检监测方式，开展明确各环节抽检重点，扩大抽检监测覆盖面，每季度开展 1 次日常抽检，并同时开展月饼专项抽检、小作坊、淀粉制品等专项抽检，突出问题导向，提高问题发现率和处置率，加大不合格（问题）产品核查处置力度。2017 年县级监督抽检 2657 批次，不合格 103 批次，合格率 96.1%。抽检结果和不合格产品核查处置情况在官方微信平台和中国冠县信息公开栏目中向社会公示。2017 年增设快检室 2 处，全县 26 个快检室和快检车针对性开展月饼、韭菜、酒类、水产品抗生素等专项抽检 10 余次；全县 81 所学校食堂建立快检室，做到“逢购必检、逢检必严”；在农贸市场及重点商超等 4 家企业实行快检第三方托管。2017 年，全县食品快速检测 33050 批次（其中学校食堂检测 17161 批次、第三方检测 7442 批次），不合格 341 批次，合格率 98.9%。

【专项整治】 2017 年，冠县食品药品稽查结合创建省级食品安全县工作，按照全局网格化责任划分制度，坚持日常监督与专项检查相结合，多次开展拉网式大检查，横到边，竖到底，严格检查，不留死角。着重开展食品安全各项专项检查：对学校食堂及学校周边食品店进行规范整治工作、对鲜奶吧进行专项检查，开展羊肉及其制品专项检查、韭菜“双证制”专项检查、肉制品（冻肉）专项检查、“五毛”食品专项检查、畜禽水产品专项检查，专项治理食品小摊贩。

【亮点工作】 **建设食安冠县“放心工程”。**食安冠县“放心工程”，即根据评定标准对所有取得许可证的食品生产经营单位进行等级评定，达到优秀等级（A 级）的单位授予食安冠县“放心工程”满意单位。全县评定单位 3926 家，其中 A 级单位 136 家。等级评定结果在生产经营场所显著位置对外公示。按照“食优则扶”理念通过食安笑脸地图、微信公众号等多种媒介进行宣传，引导和倒逼食品生产经营单位自我提升，以达到“奖惩并举、全面提升”效果。

实施“星级放心药店”。“星级放心药店”是指从环境优美、管理优良、质量安全、服务优质、热心公益药等 5 个方面对药店进行综合评分，划分等级，并在店内显著公示，倒逼经营者诚信自律。组织 20 余家药店经营单位的负责人，到冠县鑫民大药店七分店、冠县利康大药店和冠县昊源大药店 3 家星级药店现场观摩。在观摩中，工作人员现场讲解经营规范和管理经验，各企业负责人学别人长处，明自身短板，共同提高。在创建活动中评选出“五星级放心药店”22 家。

推行“食安笑脸地图”。研发食安笑脸地图，并将放心工程评定结果为 A 级的食品生产经营单位在地图上以大笑笑脸形象标识；将具有冠县地域特色和一定群众基础的单位，在确保食品安全的前提下，以“特色早餐”“特色餐厅”标识录入食安笑脸地图；同时将食安笑脸地图与美团外卖、百度外卖、饿了么等网络订餐平台对接，引导消费者到食品安全等级高的单位购物就餐，倒逼食品经营企业改造升级。通过消费者“点赞”功能，实时掌握群众对该单位的满意度。截至 2017 年底，有 162 家食品生产经营单位和具有地域特色的特色早餐、特色餐厅正式上线，点赞总数超过 19.8 万。

打造“食品安全示范街”。结合工作实际，制定“四个 100%”（许可证持有率 100%；健康证持有率 100%；培训合格率 100%；索证索票率 100%）基本标准和 14 项具体标准。各食品经营单位严格按照标准改造升级。在创建过程中，各单位安装视频监控、后厨改造等各项投入累计达 58 万余元。工业路食品经营单位实现“华丽转身”，成为冠县食品行业领域人员素质高、自律意识强、索证索票完善、设施设备齐全、“明厨亮灶”100% 的食品安全示范街。

实行食品安全“微管理”。以业务科室、基层监管所为单位，逐次建立管理相对人“微管理”。冠县局餐饮监管科建立学生小饭桌微信群，实行“微管理”，每周“微管理”报情况、保平安。各基层监管所借鉴经验，充分利用新媒体优势，根据行业特点建立生产企业小作坊监管群、餐饮经营监管群、学校食堂监管群等监管群，所有通知和信息通过微信群及时传达和沟通，各经营业户的好做法及检查整改情况通过微信群公示，既减轻监管工作量，又为各经营业户提供经验交流平台。

党组书记、局长：王学广
电话：0635-5238939/5236110
地址：冠县冉子东路 16 号（汽车站西邻）
邮编：252500

（撰稿：李振江　核稿：王红菊）

高唐县

【概况】 2017 年，高唐县食品药品监督管理局承担高唐县食品药品安全监管工作。同时，高唐县局加挂高唐县食品安全委员会办公室牌子，承担高唐县食品安全委员会办公室工作。内设 11 个职能科室和 1 个局所属副科级事业单位稽查大队，代管高唐县检验检测中心，13 个派出机构（基层食品药品监督管理所），聘请 87 名农村食品监管协管员和 36 名社会监督员（其中党员 24 名，非党 12 名），机关核定行政编制为 12 名，实际在岗人员为 13 名；高唐县检验检测中心核定编制为 25 名，实际在岗人员为 27 人；高唐县食品药品稽查大队核定编制为 31 名，实际在岗人员为 52 人；开发区及各镇（街道）均成立食品药品监管所，总核定编制为 57 名，实际在岗人员为 47 人；人事代理人员 14 人（包括各乡镇借调人员 9 名）；退役士兵专项公益性岗位 88 人。

截至 2017 年底，全县有食品生产企业 143 家，有效期内食品流通户 2685 家，餐饮业户 1377 家，涉药单位 781 家（其中药品生产企业 1 家，药品经营单位 118 家，药品使用单位 662 家），保健食品、化妆品经营使用单位 504 家，医疗器械生产企业 2 家，经营单位 127 家。

2017 年，高唐县局坚持全年不发生食品药品安全事故的底线思维，牢固树立安全发展观念，全力推动食品药品监管工作与时俱进，切实筑牢人民群众饮食用药安全防线，高唐县食品药品安全形势稳定向好。高唐县局被评为“高唐县党委信息工作先进单位”、聊城市精神文明建设委员会第三届“聊城市群众满意文明行业”“省级文明单位”。琉璃寺食品药品监督管理所、赵寨子食品药品监督管理所被评为“聊城市食药系统先进监督管理所”。

【监督检查】 以“创建国家文明城市提名城市”为契机，强力推进食品安全整治。通盘考虑城区内监管业态，在创城工作上实施错位运行机制，把创建区域细划为 6 个片区，每个片区由一名副科级干部带队，全面负责业务范围内的监管工作，逐片、逐社区、逐街、逐户上门工作，做到横向到边，纵向到底，循序渐进、稳扎稳打。根据创城工作安排，分阶段分时限部署重点工作，统筹研究解决疑难问题，以顽固区域和易反弹区域作为整治重点，加大监督检查力度。加大风险隐患排查治理力度，形成监督管理、检验检测、稽查执法三位一体、相互支撑的风险防控治理体系。制定隐患清单，盯紧肉制品、乳制品、水产品、疫苗、血液制品、保健食品、学校食堂、农村市场、“三小”单位等风险集中度较高的场所领域和产品，对高唐县 5000 余家“四品一械”经营单位进行了全覆盖地毯式排查。完成“两会”、中高考等重大活动餐饮保障 8 次。查处食药违法案件 211 起，罚没金额 77 万余元，强化行刑衔接，涉嫌违法犯罪案件 3 起并移交公安处理。

【监督抽检】 完成国抽、省抽、市抽任务 741 批次（不合格 17 批次），药品快检 300 批次（不合格 5 批次），县级 600 批次的食品（含食用农产品）。2017 年，在聊城市组织开展的评价性抽检中，高唐县抽检的 45 批次产品全部合格，合格率达 100%。

【专项整治】 突出肉制品、乳制品、水产品、疫苗、血液制品、保健食品、学校食堂、农村市场、“三小”单位等风险集中度较高的场所领域和产品，开展风险隐患排查，对在排查过程中发现的违规违法行为重拳出击，形成排查、整改、规范良性循环。在城乡接合部、集贸市场、校园周边等重点区域和元旦、春节、两会、中高考期间、中秋、国庆等重要时段，开展蔬菜、糕点、大桶水、瘦肉精、调味品、食品添加剂、食用油塑化剂、植入性医疗器械、义齿等 20 余项食品药品专项整治行动，实现“月月有行动、季季有安排”常态管理。

【“二维码”追溯】 6月10日，率先在聊城市启动食品流通环节“二维码”追溯系统，完成对全县400余户供货商登记备案、安装调试设备。供货商通过生成唯一的“二维码”（一品一码）可以杜绝假货流通，消费者通过扫码详细解食品来源及相关信息，监管人员通过扫码可以第一时间掌控食品源头，精准快速应对处理。

【示范创建】 2017年7月，顺利通过省局遴选，成功列入山东省2017年度食品生产加工示范基地创建名单，成为聊城市唯一一家入围县（市）。截至2017年底，基地创建工作有序开展，初步划定高唐城区为创建区域，并遴选12家食品生产企业作为基地骨干企业，开展学习交流活动。

【小餐饮规范提升】 启动小餐饮规范提升行动，通过着力扶持打造一批示范店，引导小餐饮迈向“正规化”。选取部分高唐特色“老豆腐”店进行升级改造，出台标准、入户指导、逐一整改，成功选树第一批示范店。

党组书记、局长：罗少勇
电话：0635-5103881
地址：高唐县时风科技楼
邮编：252800
（撰稿：李梦林　核稿：田俊婷）

聊城经济技术开发区

【概况】 聊城经济技术开发区市场监督管理局于2014年4月成立，承担质监、工商、食药职能。有干部职工41人，在编人员21人、劳务派遣人员20人。内设办公室、监管执法大队、企业注册登记中心和5个市场监管所（分局）。

2017年，全区有食品药品生产经营单位3052家，其中食品生产单位21家、食品加工小作坊93家、食品流通单位1567家、餐饮服务单位1289家、药品经营单位82家。辖区内争创“食安山东”食品生产示范企业2家、“食安山东”餐饮服务品牌示范店2家、“食安山东”餐饮服务品牌示范学校食堂1家、“食安山东”食品流通示范单位7家、省级“清洁厨房”2家、市级“清洁厨房”4家，餐饮服务品牌示范街1条，2017年新申报“食安山东”食品生产示范企业1家。

【监督检查】 制定2017年度食品药品各环节监管计划，开展豆芽销售环节食品安全专项检查；开展学校食堂大检查大提升治理工作，8月3—4日，执法大队联合开发区教育局、安监局举办学校安全培训班，对全区35家大、中、小学和幼儿园负责人、食品安全管理人员进行培训。辖区内3家学校食堂在省局组织的全省检查评比活动中取得良好成绩；开展药品流通领域违法经营整治活动，6家药品批发企业进行全面检查。扎实安排部署开展“三小”监管工作，制定并印发《关于做好食品小作坊小餐饮登记管理工作的通知》，明确各科室与市场监管所（分局）的职责分工；筹办、召开全区食品安全工作会议，印发《关于做好食品摊点备案和监督管理工作的通知》，明确由行政执法局负责划定食品摊点经营区域和经营时段，各乡镇政府、街道办事处负责食品摊点备案工作。2017年，立案查处食品药品违法案件19起，罚没款172889.3元。

【监督抽检】 2017年以学校食堂、校园周边食品经营户、食用农产品批发市场、农贸市场等为重点场所，以蔬菜、水果、肉类等为重点产品，组织快检360批次；组织食品监督抽检240批次，不合格10批次，合格率95.8%。

【专项整治】 组织开展食品药品专项整治活动。起草印发《关于印发〈2017年全区食品安全专项整治工作方案〉的通知》，在1—5月开展食品药品专项整治活动。通过汇总各监管所（分局）上报情况，摸清食品药品生产经营单位3052家，其中食品生产单位21家、食品加工小作坊93家、流通单位1567家、餐饮单位1289家、网络食品经营户12家、药品经营单位82家、医疗器械经营单位41家；建档2911家，其中食品生产单位21家、流通单位1532家、餐饮单位1253家、药品经营单位75家、医疗器械经营单位30家，下达责令整改通知书1860份。

【聊城周公河农产品商贸城综合治理】 制定印发《聊城周公河农产品商贸城综合治理工作实施方案》，由执法大队牵头组织14家单位联合开展综合治理工作。督促市场开办单位落实食品安全管理机构，督促3家市场开办单位分别设置食品安全管理机构，配备食品安全管理人员和专业技术人员。初步建立食用农产品追溯体系，督促市场开办者建立500余家入场销售者档案；督促市场开办者印制并发放食用农产品购销“一票通”，初步建立食用农产品追溯体系。督促市场开办单位落实各项食品安全管理制度，帮扶市场开办者制定了食品安全管理、培训、入场查验、市场检查、快检等制度，建立食品安全事故应急预案；

督促市场开办者印制入场查验记录表、日常检查记录表，并定期开展日常检查。开展食品安全培训，分5期分别对3家市场开办单位和600余家入场销售者进行食品安全培训，明确开办者和入场销售者的责任和义务，并对使用“一票通”、进货查验记录等事项进行重点讲解。开展食用农产品快速检测，在市场快检室建立之前，执法大队快检中心对蔬菜区和果品区开展食用农产品快速检测，快检279批次，不合格9批次，不合格产品依法责令相关销售者进行下架处理；7月12日，市场开办单位开始正常开展快检工作，快检1080批次。指导完善硬件设施，执法大队联合物流园区管委会对市场周边违章建筑进行拆除，并对蔬菜区广场摊贩进行清理；督促蔬菜和果品区划定摊位分割线。联系、制作、安装2块市场开办单位公示栏，公布食品安全管理制度、食品安全管理人员、抽检结果以及不合格产品处理结果、投诉举报电话等信息；制作并发放500块入场销售者公示牌，公示销售者名称、电话、农产品品种、产地、承诺书等信息。

局长：李杰
电话：0635-8518116
地址：聊城经济技术开发区黄山北路6号
邮编：252000

（撰稿：卜雪峰　核稿：于明涛）

聊城高新技术产业开发区

【概况】聊城高新技术产业开发区市场监督管理局成立于2014年7月，有稽查执法大队、办公室、注册中心、工商行政管理科、食品药品监督管理科、质量技术监督管理科6个部门，有九洲、顾官屯、许营、韩集4个市场监督管理所，在职人员56名。2017年，高新区局按照高新区党工委、管委会及聊城市局要求努力履行职责，各项工作有序开展，全年全区无食品药品安全事故发生。

【监督检查】*食品生产*。按照分级分类监管要求制定生产企业年度检查计划，对辖区内食品及食品添加剂生产企业加强日常检查力度和频次。召开全区食品生产经营企业培训会议，重点讲解食品安全法修订部分，提高生产企业的责任意识与安全意识。

食品流通。开展大型商超放心蔬菜评价活动，筛选出一批百姓购物放心满意的优选超市。对辖区内流通环节散装白酒进行细致摸排和检查。选取辖区内人流量比较密集的振华超市开展食品快检进市场活动。开展中秋节、国庆节双节期间食品安全整治活动，有针对性地对月饼、食用植物油等食品开展专项检查。开展进口食品专项检查，以进口食用植物油、酒类、肉类、水产品等进口食品为重点品种，以大中型商场超市、进口食品专营店、进口食品贮存场所等为重点场所，组织开展专项检查。

餐饮服务。持续推进量化分级管理，督促餐饮服务单位全面落实食品安全主体责任。积极开展餐饮食品安全专项整治，严厉查处餐饮服务环节违规添加剂等非食用物质违法违规行为。积极推进餐饮服务示范单位创建和“明厨亮灶”建设工作。组织全局食药口负责人对“食药化日常监管系统”进行系统学习，形成日常监督检查录入机制。开展学校食堂“大培训、大检查、大整改、大提升”整改行动，对学校食堂食品安全监管推进网络“智慧监管”建设。推进校园视频监控的安装和使用，2017年辖区内学校食堂全部实现视频联网监控。

药品。开展城乡接合部和农村地区药店诊所药品质量安全集中整治行动，严查证件不全、违期超期的不合格经营行为。开展药械市场专项检查，维护药品、医疗器械市场经营秩序。摸底检查辖区内药品经营单位，理清监管对象基本信息。

食品抽检。针对辖区内重点环节、重点领域和重点品种进行抽检，截至2017年底，完成食品安全抽检155批次，100%完成全年计划。配合完成国抽、省抽和市抽抽检任务424余批次。

【专项整治】开展食品药品摸底排查行动，排查食品经营户894家，餐饮经营户487家，学校食堂19家，食品生产企业29家，药品经营单位31家，药品使用单位52家。开展流通环节豆芽食品、瘦肉精、牛百叶等专项整治活动，出动检查人员300余人次，排查相关经营单位60余家。开展药品流通环节和使用环节的专项检查，检查药品经营单位29家，药品使用单位49家，发现各类问题72项，将检查发现的问题详细记录要求立即整改，并采取回头看的方式对企业落实整改情况进行复查，确保各单位问题整改落实到位。开展食品生产企业专项检查，企业从原料购进、验收、关键控制点、出厂检验等方面开展全面检查，检查食品生产企业29家，约谈企业3家，发现问题18项。开展学校食堂专项检查，督促学校建立以校长为第一责任人的食品安全责任制，明确食品安全管理组织和专职食品安全管理人员。做好党的十九大期间食品药品维稳工作，加强重点品种、重点单位和重点区域食品药品监督检查。加强保健食品监督检查，检查保健食品生产企业1家，经营单位37家，发现问题7项，限期责令改正。加强医疗器械生产经营单位监督检查，对辖区内2家医疗器械生产企业、53家经营、使用单位进行检查，发现问题4项，全部整改完毕。

【宣传培训】 以《山东省食品小作坊小餐饮和食品摊点管理条例》实施为契机，对监管所人员进行“三小”相关法律条文进行学习培训。开展食品安全进社区活动，累计发放各类宣传材料 2000 余份，咨询 200 余次。开展“3·15”消费者权益保护日、食品安全宣传周、安全用药月、安全生产月等活动，发放各类宣传材料 5000 余份，悬挂条幅 20 余条，现场接受群众咨询 100 余人次。召开全区药品经营及使用环节药品质量安全培训会议，48 家诊所、卫生室、3 家卫生院、1 家社区服务中心和 33 家药店的负责人参加会议。

【亮点工作】 食堂检查量化评分，评级排名促进整改。2017 年 5 月 15—17 日，采取“三不一直”方式，对辖区 14 家中小学校和幼儿园开展学校食堂食品安全督导检查，以《高新区学校食堂食品安全督导评分表》为标准，对标准进行量化评分。按照评分进行排名，排名结果公布在教育系统网站。

局长：吕鹏生
电话：0635－8506781
地址：聊城高新技术产业开发区长江路 1 号
邮编：252000
（撰稿：张西健　孟伟凤　核稿：王天猛）

聊城江北水城旅游度假区

【概况】 聊城江北水城旅游度假区市场监督管理局成立于 2014 年 6 月，对生产、流通、消费 3 个环节食品、药品、保健食品、化妆品和医疗器械实施监督管理，承担工商行政管理和质量技术监督管理工作。内设 5 个职能科室，在 4 个乡镇（街道）分别设立市场监督管理所，为局派出机构。有在职人员 26 名，其中行政人员 25 名，工勤人员 1 名。

截至 2017 年底，度假区有食品生产企业 10 家，其中面粉生产企业 3 家；全区有中小学及幼儿园学校食堂 12 个，餐饮经营单位 450 家，零售药店 21 家，卫生院 4 家，卫生室 88 家，小作坊 81 家，小餐饮 76 家，食品摊点 159 家。度假区地处聊城南部农村，全区食品生产企业规模较小，食品从业人员文化程度相对较低。

2017 年，度假区注重发挥政府领导、部门协同、县乡（镇）村（社区）联动、社会共治作用，构建全方位、多层次的社会协同机制，树立食品药品监管的新理念；加大宣传力度，全面开展食品抽检，强化“三小”提升，以日常监管深化专项整治，以专项整治强化日常监管。

【监督检查】 2017 年，度假区局对全区学校食堂开展季度检查 4 次，飞行检查 2 次。按照年度工作计划对全区食品生产企业开展监督检查，督促企业在经营场所公示检查中存在的问题，责令其限期进行整改，组织执法人员对整改情况开展“回头看”大检查。全区药品经营使用单位开展飞行检查 2 次，要求存在问题的药品经营和使用单位提交整改报告；药品经营使用单位开展专项检查，日常检查和跟踪检查，对部分经营单位进行约谈。

【监督抽检】 2017 年，按照年初抽检计划，度假区局完成食品抽检 49 批次，合格率 100%。配合完成食品抽检 436 批次，合格率 98%。6 月，度假区食品快检室按照标准建成，为“你送我检”搭建平台，全年完成食品快检 120 批次。

【专项整治】 围绕群众关心的热点、难点问题，突出重点部位、关键环节，相继开展豆芽菜、饮料、银耳、日本核辐射食品、植物油、打击走私“洋垃圾”、中药材中药饮片等 20 余次食品药品专项整治。形成巡查记录 1000 余份，现场检查笔录 200 余份，下达责令整改通知书 49 份。查处食品、药品、医疗器械违法违规案件 5 件。核查群众举报 11 件，处理率 100%。

【“三小”工作】 5 月 26 日，度假区局召开“三小”工作负责人专题会议，研究部署推进“三小”工作。6 月，召开“三小”条例暨文明创建培训会。会议对食品小作坊、小餐饮和食品摊点从业者进行食品安全法律法规培训，解读“食品小作坊、小餐饮和食品摊点”规范标准，累计培训“三小”食品从业人员 300 人。对辖区内小作坊、小餐饮、食品摊点开展全面摸底调查，并进行整顿规范。符合条件的小作坊、小餐饮发放登记证，并建立一户一档的信用档案。针对“三小”现状，开展“在一线帮扶”工作，明确帮扶名单，并将帮扶名单在各市场监管所公示。开展一对一帮扶，逐步使“三小”经营规范化。依法组织开展监督检查，对不符合要求的食品小作坊、小餐饮和食品摊点按照有关规定从严处罚。

【食药安全宣传】 举办“3·15”主题宣传、食品安全宣传周活动，发放宣传资料 800 余份，悬挂宣传标语 20 幅，以集中宣传形式在集贸市场全面宣传食品药品安全知识。建立姜堤乐园、动物园等 7 个科普宣传站。开展从业人员培训，制定培训计划，印制食品药品从业人员培训材料，针对食品生产流通和餐饮服务、药品、医疗器械经营使用不同环节分别对全区从业人员进行培训，开展培训 6 期，培训人员 360 人次。以食品药品安全知识大讲堂的形式，深入乡镇、社区、学校、农村、建筑工地，面向广大消费者、从业者和媒体，开展科普宣传，全面普及食品药品安全知识。

局长：侯杰
电话：0635–7100722
地址：聊城江北水城旅游度假区南湖湿地公园
邮编：252000

（撰稿：王庆林　周雪芹　核稿：侯杰）

滨州市

【概况】 滨州市食品药品监督管理局为市政府工作部门，负责对生产、流通、消费环节的食品安全和药品的安全性、有效性实施统一监督管理，承担市食品安全委员会的具体工作。局机关内设办公室、人事科、财务科、法规科、综合协调科、生产科、流通科、餐饮科、保化科、药品科、市场科、器械科、行政许可科 13 个职能科室，下设市食品药品稽查支队、市食品药品检验检测中心和市药品不良反应监测中心 3 个直属单位。局机关公务员编制 40 名，工勤 2 名，实有公务员 33 人，工勤 2 人；稽查支队编制 23 名，实有 21 人；不良反应监测中心编制 8 名，实有 8 人。

2017 年，全市有食品生产企业 567 家，小作坊 981 家；流通环节食品经营业户 16353 户；餐饮服务单位 11545 家，其中小餐饮 2971 家；药品生产企业 10 家，基本药物生产企业 3 家；药品批发企业 17 家，零售药店 1259 家；医疗器械生产企业 15 家；保健食品生产企业 4 家，经营企业 1547 家；化妆品生产企业 4 家，经营企业 1329 家。全年办结案件 1415 起，受理各类投诉 4185 起，咨询 2826 起，举报 1346 起，立案查处 25 起；组织开展重大活动餐饮安全保障 78 次，保障 4 万余人安全就餐。

【食品安全监管】 *食品生产*。对全市 567 家生产企业实施分类分级监管，科学评定为：A 级 156 家，B 级 377 家，C 级 33 家，D 级 1 家。全市日常监督检查企业 864 家次；滨州市局飞行检查企业 78 家次，发现问题 118 条，下达整改通知书 32 份，责令停产停业 4 家，立案查处 1 家；检查覆盖率、“痕迹化”落实率、问题企业依法处置率均达到 100%。完成国、省、市抽检任务 1149 批次，不合格产品 27 批次，抽样完成率、核查处置率、抽检公示率均达到 100%，问题发现率为 2.35%。推进追溯体系建设，制定推进方案，自建电子化追溯体系生产企业 15 家，使用省局平台生产企业 35 家。开展植物油、蜜饯、肉制品、添加剂等专项监督检查工作，规定时间内全面完成各项整治任务。规模以上企业推行先进管理方式，有 46 家企业采用 HACCP 等管理体系。

食品流通。与农业部门建立产地准出与市场准入衔接机制，推行韭菜“双证制”，与畜牧部门开展畜禽产品百日专项行动。开展市级环节监督抽检 1490 批次。开展大中型商超放心肉菜公开评价工作，对 19 家大中型商超进行公开评价，完成专项抽检 696 批次。开展羊肉及其制品专项检查工作，检查各类相关单位 1043 家，责令整改 27 家。继续牵头开展畜禽水产品专项整治工作，开展监督抽检 1952 批次，检查相关单位 4548 家，查处违法使用兽药畜禽水产品销售者 2 个，违法使用兽药餐饮服务者 3 个。

餐饮服务。制定《2017 年滨州市餐饮服务食品安全监督抽检方案》，完成市级监督抽检 1040 批次，省级监督抽检和国抽任务 255 批次，全部处置完成并公示。持续推进餐饮环节“明厨亮灶”“清洁厨房”、学校食堂“大培训、大检查、大整改、大提升”等活动。全市实施“明厨亮灶”1815 家，创建“清洁厨房”3163 家。开展市级学校食堂飞行检查 2 次，检查单位 31 家，县级飞行检查 22 次，检查学校食堂 140 家。开展学生小饭桌专项检查，春秋两季开学前对全市春季 274 家、秋季 295 家学生小饭桌进行登记，并在门户网站公示。

保健食品。检查保健食品生产企业 4 家 11 次，检查经营企业 20 家 26 次。全年完成保健食品 46 批次流通环节、1 批次生产环节省级监督抽检抽样工作，配合山东省食品药品检验研究院完成 19 批次保健食品国家级监督抽检抽样工作。

【药品监管】 *药品生产*。2017 年，全市企业 GMP 执行情况良好，未发生重大药品安全事故。认真落实《药品生产日常监督管理办法》，对辖区内监管对象完成日常监督检查任务，检查覆盖率达到 100%。完成生产环节评价性抽验 27 批次，经青岛市食品药品检验研究院检验全部合格。完成医疗机构制剂抽样 12 批，经滨州市食品药品检验检测中心检验全部合格。开展药品质量提升行动，制定《滨州市药品生产质量提升 2017 行动方案》，针对多组分生化药品、中药提取物、违规委托生产、药用辅料等四类药品开展质量提升行动。全年监督检查企业 9 家次，发现主要缺陷 2 条，一般缺陷 40 条，要求企业限期整改 5 家，限期整改率达 100%。对辖区内两家麻精药品区域性批发企业分别进行现场监督检查，全年未发生麻精药品流弊事件。西王药业有限公司的注射用无水葡萄糖市场占有率为 85%。

药品经营。全年检查药品经营使用单位 2345 家，立案查处 44 家，吊销《药品经营许可证》9 家，注销零售企业《药品经营许可证》162 家。完成省评价性交叉抽验 100 批，省专项抽验 31 批，省重点监督抽验 210 批，地方监督抽验 500 批，检验不合格药品全部处置完毕。对 20 种中药材（饮片）开展快检抽样，全市快检 1210 批次。开展全市药店诊所药品质量安全集中整治行动，检查零售药店 1197 家，其中限期整改 633 家，立案 55 家，罚没 10.444 万元；检查诊所 1341 家，其中限期整改 602 家，立案 7 家，罚没款 1.7 万元。受理药品零售企业 GSP 认证申请 225 家，现场检查药品连锁总部 3 家，连锁门店 130 个，单体药店 76 家。

化妆品。2017 年检查化妆品生产企业 4 家 10 次，经营企业 25 家 30 次。开展全市基层化妆品市场监管规范化建设，计划利用 3 年时间将全市基层化妆品市场建设规范化。全年完成化妆品 36 批次流通环节、1 批次生产环节省级监督抽检抽样工作，配合山东省食品药品检验研究院完成 26 批次化妆品国家级监督抽检抽样工作。全年发现问题化妆品 7 批次，问题发现率 11.29%，名列全省第二。

【医疗器械监管】 推进“规范实施年”活动，全市医疗器械生产企业和冷链管理产品经营企业全部符合规范要求，第三类医疗器械经营企业符合规范率达到 90%，其中山东颐兴医疗器械有限公司被省局评选为全省医疗器械生产质量管理规范典型示范企业。健全医疗器械监管机制，全面实施“网格化、标准化、痕迹化”监管要求。全年审核新开办医疗器械经营企业申请 62 家，批准发证 51 家；变更许可 34 家，到期延续企业 10 家，注销企业 18 家。全年完成日常监督检查医疗器械生产企业 15 家次、经营企业 540 家次，使用单位 509 家次，立案查处违法违规案件 34 起，罚没款 64.8 万元。全年抽验 42 批次，收到检验报告 42 份，39 份合格，合格率 93%。

【专项整治】 开展畜禽水产品抗生素、羊肉及其制品、保健食品欺诈和虚假宣传专项整治、化妆品生产企业专项整治、春节食品市场、超标假劣调味品、中药材（饮片）经营使用环节等 20 余项专项整治，查处各类食品药品案件 1415 起，罚没款 1029.8 余万元，吊销许可证 4 家，责令停产、停业整顿 1 家，取缔无证生产、经营 22 家。加强行刑衔接和部门联动，健全完善执法联动、工作通报和信息共享等工作制度，与公安机关召开联席会议 4 次。移送公安案件线索 20 余起，双方开展联合执法 20 余次，向公安部门出具假药鉴定意见 8 份。认真开展违法药品、医疗器械保健食品广告监测工作，监测违法广告 2 起，并移送工商部门处理。

【基层基础建设】 坚持依法行政。制定印发《2017 年全市食品药品监管系统依法行政工作实施意见》和《2017 年全市食品药品监管法制工作要点》，组织各级签订依法行政责任书。按照推行权力清单、责任清单的要求，严格以法律法规、部门规章和规范性文件为依据，逐一对职权归属进行清理确定，建立权力清单和责任清单制度。根据法律法规变化、“三小”条例施行，以及餐饮科监管单位下放等动态调整权力清单，调整后行政权力事项 119 大项 212 小项，其中行政审批 10 大项 10 小项，行政处罚 86 大项 149 小项，行政强制 1 大项 4 小项，行政确认 1 项，行政奖励 1 项，行政监督 10 大项 28 小项，其他权利 10 大项 19 小项。

加强检验检测机构能力建设。全面完成实验室建设，改造工程自 2017 年 1 月开始，9 月改造建设完成，10 月完成专家验收。改造后食品实验室达到 4100 平方米，药品实验室 2000 平方米，达到创建省级食品安全市验收标准和全省食品药品安全“十三五”规划刚性指标。开展扩项认证，食品检验能力扩增到 99 个产品、23188 个参数、1120 个检验方法，药品实验室检验能力涵盖本地产品和常见问题产品。市级检验能力大幅提升，被列为全省 5 个区域性检验检测机构之一。加强仪器设备的管理更新，食品检验设备总值达到 3297 万元，达到省级食品安全市食品检验设备总值不低于 3000 万元的要求，全部仪器设备总值达 3713 万元。

提升不良反应监测质量水平。2017 年药品不良反应监测完成报告 5787 份，每百万人口报告数为 1503 份，严重报告数 389 份，占报告总数的 6.72%，新的一般报告数 970 份，占报告总数的 16.76%；医疗器械不良事件监测完成报告 1231 份，严重报告比例 17.87%；化妆品不良反应监测完成报告 202 份，其中严重报告 5 份，顺利完成省中心下达的每百万人口 50 份的目标；药物滥用完成报告 307 份，其中医疗机构报告数为 102 份。

行政审批。深化放管服改革，对 13 大项审批服务事项梳理出 46 份证明材料。建立深化放管服改革进一步优化政务环境工作台账，对 45 项工作任务进行分解，牵头做好定期调度，各项任务目标于年底前全面完成。加大网上办理深度，大厅受理的所有事项实现 100% 全程网办，并推出“零跑腿”事项 2 项，“只跑一次腿”的事项5项，推行证照免费邮寄服务。全年办理各项行政许可事项2745件。加大信息公开力度，发布许可公告108份，通过工商企业信息网筛查认领企业9763家，涉税企业信息上报639家，接受电话及网上咨询6500余人次。

【社会共治】调整市食安委组成成员，根据市委、市政府换届和领导分工调整情况，及时草拟市食安委成员调整文件，经市领导审核签发后印发市食安委成员单位。制定《2017年全市食品安全宣传周活动方案》，协调市食安委各成员单位、市妇联、市科协等部门参加食品安全宣传周活动。

【党风廉政和干部队伍建设】始终把班子和队伍建设摆在突出位置，按照“四有”的要求，深入贯彻落实中央八项规定，扎实推进“两学一做”学习教育常态化制度化，不断增强干事创业的激情，汇聚食药监管的强大合力。严格落实从严管党治党责任，打造坚强战斗堡垒，认真落实党风廉政建设责任制。

深入查找风险点。坚持用制度管权、管事、管人，积极开展廉政风险点排查，突出领导班子和重点工作岗位、重要工作环节，严查各类风险，根据风险点，有针对性的认真梳理补充完善规章制度，充分发挥制度的约束保障作用。严格执行民主集中制和“三重一大”有关规定，全面推行党务政务公开，强化政风行风建设，不断强化机关作风建设，积极营造真抓实干的良好风气。

【科普宣传教育】坚持“开门监管”，通过深入开展形式多样、常态化的宣传教育活动，广泛宣传监管工作和科普知识。先后与《滨州日报》《鲁北晚报》、滨州电视台等市级媒体建立合作关系，广泛宣传食品药品基本知识和安全监管工作，在重要版面和时段开设“食药监管”“创建省级食品安全市”等宣传专栏。采取系列报道、公益宣传短片及户外大屏等形式，深入宣传创城动态、食品药品安全知识和监管工作成效。全年在市级媒体发表新闻稿近200篇。充分运用门户网站、微博、微信等宣传平台，精心编辑食药安全信息，加强与公众互动交流。组织开展食品安全宣传周、“3·31”食品药品投诉举报宣传日、学校食堂开放日等社会活动，提供食品安全咨询2200人次，累计发放宣传材料30余万份，10万余人积极参与各种活动，营造食品药品安全“人人有责、人人参与、人人受益”的良好氛围。

【省级食品安全市县创建】省级食品安全市县创建工作实现全域创建的目标。滨城区、开发区、高新区和北海新区不断加大财政投入力度、日常监管力度、业态整治力度、创城宣传力度、社会共治力度，创建工作有序推进。在省食安办组织的中期评估中取得好成绩，群众满意度测评达到77.8%，5个市的现场观摩取得第一名。博兴县在2016年通过省级验收的基础上，以专项整治为突破口，全面提升业态水平，不断巩固提升创建成果，为2019年省级食品安全县复审打下基础。邹平县创新监管方式，以示范创建为引领，全面提升食品安全监管水平，顺利创建为省级食品安全县。无棣县、阳信县自2016年12月创建以来，明确目标任务，强化监管措施，各项工作正在有序进展。沾化区、惠民县被纳入2018年创建单位后，党委政府高度重视，迅速健全创建机构和班子，创建工作正式提上日程。全市及各县区的创建工作先后被《中国医药报》《中国食品药品监管》等媒体刊物报道。

党组书记、局长：赵惠民
党组副书记、调研员：李宝奎（2017年9月任职）
党组成员、副局长，市卫生和计划生育委员会党组成员、副主任：田茂忠（2017年2月离任）
副局长、市卫生和计划生育委员会副主任：崔连民
党组成员、副局长：焦永泉、苏建伟
党组成员、副局长：敬志强（2017年9月任职）
党组成员、副调研员：董保云（2017年9月离任）
食安办副调研员：杜红
食品药品稽查支队支队长：张延国（2017年9月任市局副调研员）
食品药品稽查支队支队长：董海涛（2017年9月任职）
电话：0543-8176800
地址：滨州市黄河二路413号公共卫生大厦
邮编：256600

（撰稿：郭甜　核稿：程庆湖）

滨城区

【概况】滨州市滨城区食品药品监督管理局设有5个职能科室，综合办公室、督查协调科、餐饮监管科、食品监管科、药品和医疗器械监管科。下设1个直属单位，滨城区食品药品稽查大队；10个派出机构，秦皇台、三河湖、杨柳雪、滨北、梁才、市中、市东、市西、彭李、北镇等乡镇（街道）食品药品监督管理所。有行政编制64名，实有58人，事业编制20名，实有14人。

截至2017年底，全区有食品相关企业59家，其中食品企业56家，食品添加剂企业3家。流通环节食品经营业户4090家，其中商场超市1808家，批发

市场（含食用农产品）1家，食品店1365家，农贸市场11家，集贸市场5家，食品供货商900家。餐饮服务单位3488家，其中餐饮服务经营者3205家，单位食堂168家，中央厨房2家，小饭桌113家。小作坊100家，小餐饮477家，食品摊点123家。药品生产企业1家，医疗机构制剂室2家。药品经营企业258家，其中药品批发企业4家，药品零售连锁总部11家，药品零售连锁门店196家，药品零售单体47家。医疗器械生产企业1家。医疗器械经营企业401家，其中三类医疗器械经营企业161家，二类医疗器械经营企业240家。医疗机构574家。2017年新办理审批件2598件，注销88件，变更109件。其中食品生产许可新办理60件，食品销售许可新办理1381件，餐饮服务类新办理916件，单位食堂新办理86件，食品类注销50件，变更38件；药品企业新办理76件，变更57件，注销38件，GSP申报79件，换证14件。全年检查食品生产经营单位1万余家次，抽检3980余批次，提出整改意见3190条，处理各类举报440余起，查处违法案件230余起，罚没240余万元。积极借助“互联网+”手段，充分利用微信公众号、中国滨城网等，打造新型宣传平台；积极开展食品安全宣传周、“12331”等大型集中宣传活动，主动回应社会关切的热点问题，做好舆情应对工作。

【监督检查】 食品安全。食品生产方面，对全区59家食品生产企业按照风险等级进行划分，并确定监督检查频次；完成食品生产许可相关环节的食品生产准入工作；对全区食品生产企业开展5次大规模培训；指导帮助安琪酵母和娇点商贸有限公司两家企业实现“食安山东”品牌创建工作；引导食品生产企业推进追溯系统平台应用。食品流通方面，积极开展“你送（点）我检”和大中型商场超市放心肉菜公开评价活动；落实韭菜“双证制”工作。餐饮监管方面，起草制定《滨城区重大活动餐饮服务食品安全保障监管办法》；组织完成中高考、全国中小学生足球比赛等13项重大活动期间餐饮服务食品安全保障工作；积极组织参与2017年度省级“食安山东”的创建，1家学校食堂，1条街区通过滨州市局验收；通过“透明厨房”“视频厨房”“网络厨房”等方式，在全区范围内推进“明厨亮灶”工程。牵头制定《滨城区餐饮行业油烟、露天烧烤污染整治攻坚工作方案》，发放《关于开展餐饮业油烟污染整治的通告》2532份，对全区3600家餐饮单位进行摸排，督促2138家餐饮单位安装油烟净化设备。

药品。认真做好含麻黄碱类复方制剂、中药饮片、冷链品种等特殊药品的购销管理，与68家药品经营企业签订承诺书；开展药品生产、经营和使用单位的日常监督检查工作，重点查处医用氧生产、医疗机构自制制剂、处方药销售、中药饮片管理，检查3家药品生产企业，162家药品经营企业，40家使用单位，责令限期整改；开展过期失效药品监督销毁工作，3月开展销毁16家过期失效药品回收点的过期失效药品共计3.85吨，货值21万余元；7月和9月监督销毁批发企业过期失效药品2批，10月监督销毁过期失效疫苗1批。

医疗器械。与2家生产企业和14家体外诊断试剂经营企业签订承诺书；抽验软性亲水接触镜1批；和滨州市局联合对1家生产企业、3家塑形角膜接触镜经营企业、14家体外诊断试剂经营企业进行检查，责令限期整改。

不良反应监测。完成药品不良反应、医疗器械不良事件、化妆品不良反应报表的上报及审核共计502份。2017年8月，对辖区内所有二级医疗机构医疗器械情况进行摸底，并对全区所有二级医疗机构的药品不良反应及器械不良事件上报情况进行检查督导。

【监督抽检】 完成各类抽检工作任务2779余批次，其中国家、省、市食品抽验任务1400余批次，自行组织食品抽验1279批次，药品抽验100批次；食品抽验超额完成全年任务的128%，抽检品种和数量较上年均有所提升，通过抽验查处不合格食品、药品案件31件。

【专项整治】 部署开展假劣调味品、畜禽水产品、牛羊肉瘦肉精、餐饮具消毒、秋季餐饮食品安全、中药材（饮片）、疫苗等二十余次专项集中整治行动，联合滨城区教育局对滨城区全区学校、幼儿园内部食堂及周边食品安全进行专项整治。

【技术支撑体系建设】 在13个农贸市场、10家超市设立食品快速检验室；10个基层监管所全部配置快检室，并配发10辆电动快检车，实现固定与流动相结合的食品快速检测全覆盖；为执法人员配备单兵执法设备；全面推进食品药品监管基础建设，对100条数据专线及1000家监管业户的监控设备情况进行摸底，大力推进电子监管平台建设。

【“三安联动”监管工作机制】 牵头草拟《关于建立滨城区食品安全“三安联动”监管工作机制的意见》并报滨城区委、区政府审核印发，成立“三安联动”领导小组，制定工作制度和流程，进一步强化公安、食安、农安联动，健全部门之间执法案件信息共享、案件移送、联合查办等协调联动机制。

【“协管员”制度】 积极探索“协管员”制度，将各基层监管所网格和乡镇社区协管员网格捆绑，实现

"两网合一"，并完成对全区 648 名协管员的培训工作。

党组书记、局长：王晓勇（2017 年 2 月离任）
赵建武（2017 年 2 月任职）
电话：0543-3336501
地址：滨州市滨城区黄河十六路 969 号创业大厦
邮编：256600

（撰稿：李山　核稿：刘瑾）

沾化区

【概况】 2017 年，滨州市沾化区食品药品监督管理局有工作人员 55 人，其中行政人员 46 人，事业人员 8 人，工勤人员 1 人，内设办公室（挂行政许可与法制室牌子）、食品监管股（挂保健食品化妆品监管股牌子）、餐饮监管股、药品医疗器械监管股、食品安全协调股，下设食品药品稽查大队，为财政拨款事业单位，辖 11 个乡镇（街道）食品药品监督管理所（富源、富国、冯家、滨海、下洼、泊头、大高、古城、利国、黄升、下河），为局派出机构。截至 2017 年 12 月 31 日，全区食品药品生产经营单位共计 2798 家，其中：食品生产单位 39 家，食品经营单位 2648 家；药品生产单位 1 家，药品经营单位 110 家。2017 年，沾化区局认真学习贯彻党的十九大精神，积极探索食品药品监管工作的新路子，围绕保障辖区群众饮食用药安全这一中心任务，恪尽职守，创新举措，各项工作均取得较大进展。2017 年出动执法人员 4180 人次，检查重点食品药品经营单位 3820 余家次。开展 15 次食品药品行政相对人集中教育培训活动，培训 2500 余人。

【监督检查】 *食品生产*。对 62 家食品生产企业进行全覆盖检查。开展羊肉及其制品"规范整治打击"等专项检查。查办食品生产环节案件 20 起。认真抓好滨州市局下放食品生产许可事项承接工作，发放《食品生产许可证》26 份。

食品经营。对食品经营户 2648 余家，批发、集贸市场 72 个次，进行拉网式检查，查办食品经营类案件 137 起，下达责令整改通知书 1400 余份，全年核发《食品经营许可证》1200 份。

药品、医疗器械。针对突出问题，制定具体措施方案，落实责任和人员，加强药械市场监管。组织执法人员对辖区内的药械市场特别是中药饮片、隐形眼镜等重点品种进行检查，检查药械生产经营使用单位 120 余家次，查办药械类案件 28 起。

【监督抽检】 积极配合国家总局、省市局开展抽验工作，抽检药品 68 个品种，68 个批次；食品生产环节、食品经营环节抽检 475 个批次，完成自主抽检 450 个批次（其中食用农产品抽检 240 个批次）；样品全部送检，部分批次完成检验，对不合格食品药品进行立案查处。严格执行《2017 年全区药品医疗器械化妆品不良反应 / 事件监测工作计划》，今年上报市不良反应监测中心药品不良反应监测 129 份，医疗器械不良反应监测 51 份。

【专项整治】 2017 年先后开展元旦、春节、五一、端午、六一、中高考期间、国庆中秋双节期间食品药品安全专项检查，重点开展"守护舌尖安全"、畜禽水产品抗生素禁用化合物及兽药残留超标、学校食堂大培训大检查大整改大提升等专项整治行动。2017 年 9 月 10 日，党的十九大安保维稳期间，省局局长马越男来沾化区督导食品药品安全工作，对沾化区局监管工作给予充分肯定。

【依法行政】 2017 年沾化区局正式聘请滨州民颂律师事务所的职业律师担任常年法律顾问；为一线执法人员配备 10 台执法记录仪；建立法制档案室，行政执法案卷由沾化区局统一保管，为沾化区局行政执法工作顺利开展，规范行政执法行为，最大限度地减少履职风险，保障工作人员合法权益打下坚实基础。2017 年沾化区局严格落实行政执法"三项制度"，先进做法被沾化区政府在全区推广。全年查办食品药品违法案件 206 起，其中食品类案件 137 起、餐饮服务类案件 41 起、药械类案件 28 起，实现罚没收入 127.17 万元，行政处罚信息在"中国·沾化"门户网站公示，行政执法案件无一起行政复议；接到群众投诉举报 71 起，调查处理 66 起，处理结果及时向举报者回复。

【行政许可】 全面推进放管服改革，切实提升服务效能。进一步简政放权，创新审批服务方式，进一步优化审批流程，做到"信息多跑路、群众少跑腿"，提高审批服务效率。2017 年核发《食品经营许可证》1200 份；发放《食品生产许可证》26 份；严格贯彻落实《山东省食品小作坊小餐饮和食品摊点管理条例》，做好"三小"调查摸底和食品小作坊小餐饮登记工作，协调做好食品摊点备案工作，发放《食品小作坊登记证》125 份，《小餐饮登记证》60 份，食品摊点备案 253 个。

【队伍建设】 2017 年沾化区局组织执法人员专业培训 5 次，全面提升执法队伍整体素质。在 2017 年度全市食品药品监督管理系统第六届稽查执法技能竞赛中，沾化区局获得团体二等奖。11 月 27 日全市食品安全法律知识竞赛中，沾化区局选手获得团体总分第二名的好成绩。被沾化区委区政府授予2017年度全区科学发展观综合考核表现突出单位荣誉称号。自2009年至今，沾化区局连续8年获得“山东省文明单位”荣誉称号。

党组书记、局长：高树强
电话：0543-7313673
地址：滨州市沾化区金海四路50号
邮编：256800

（撰稿：何健　核稿：高树强）

惠民县

【概况】 惠民县食品药品监督管理局，为县人民政府工作部门，负责全县“四品一械”监管工作。内设综合协调办公室、规划财务股、食品监管股（挂保健食品化妆品监管股牌子）、餐饮监管股、药品医疗器械监管股和稽查大队，6个股室队。下设惠民县食品药品稽查大队，在孙武、何坊、武定府、桑落墅、麻店、辛店、石庙、淄角、胡集、魏集、李庄、清河、姜楼、大年陈和皂户李等乡镇（街道）分别设立食品药品监督管理所，为局派出机构。截至2017年底，实有人员81名，其中局机关19名，稽查大队10名，镇街监管所52名，缺24名。全县食品领域有食品生产企业51家，食品流通商户1672家，餐饮领域有餐饮单位924家，药品领域有药品零售企业186家，药品批发企业1家，药包材生产企业1家，医疗器械经营企业52家，保健食品零售企业89家，化妆品零售企业121家。

【监督检查】 2017年，惠民县局完成对食品生产企业的信用分级和档案整理，评出A级企业10家，B级企业26家，C级企业16家。开展卫生先进县创建督导检查60次，检查食用农产品农贸市场2处，商超、食品店等业户310家。开展羊肉及其制品专项检查工作，检查经营羊肉及其制品的销售业户32家，农贸市场2家，大中型商超及便利店80家，对发现的问题进行责令整改8家。开展大中型商超放心肉菜公开评价工作，创新“六统一”评价方式，对2家大中型商超进行公开评价。

对学校食堂开展季度检查4次、飞行检查2次、督导检查1次。举办“学校食堂开放日”活动，邀请300余名家长、人大代表、政协委员和镇办领导实地参观食堂的加工操作过程。对学生小饭桌进行登记、公示，并公布举报电话，督促小饭桌加强自律，接受社会监督。2017年完成重大活动餐饮服务食品安全保障5次，保障2570人安全就餐，无食品安全事件发生。对餐饮单位开展量化分级动态评定工作，全年评定924家，其中优秀59家，良好586家，一般279家，评定率达到100%。申报1家省级示范学校食堂和1条示范街，省局验收通过并发文公布。

对新开办药品零售企业进行GSP认证，通过认证药品零售企业26家。检查药品生产、经营、使用单位775家次，出动执法人员1451人次，累计查处违法案件36起。检查医疗器械经营、使用单位390家次，出动执法人员942人次，累计查处违法案件5起。全年评价医疗器械不良事件69份，药品不良反应81份。

【监督抽检】 2017年完成食品生产、流通环节抽检359个批次，不合格5批次；餐饮环节抽检43批次，全部合格；药品环节完成监督性抽验90批次，1批次不合格，药品快检500批次。

【专项整治】 在全县开展羊肉及其制品、农村食品安全、农产品批发市场及农贸市场、大中型商场连锁超市、食品生产加工小作坊小摊贩小餐饮等10余项专项整治，出动执法人员6200人次，检查业户2700余家，责令整改1200余家，立案168件，结案168件。做好重大活动餐饮安全保障工作，对全县两会、第六届苗博会、中高考、国际孙子文化旅游节等重大活动进行用餐保障，活动中监督检查相关餐饮单位210余家，出动执法人次800余人次，纠正各类违法违规行为100余起，保障就餐人数3000余人次。开展畜禽水产品专项整治工作，检查兽药经营单位8个，检查发布兽药信息及销售兽药网站1个，畜禽屠宰单位5个，水产品养殖单位6个，集中交易市场15个，畜禽水产品销售者102个。

【亮点工作】 2017年2月24日，惠民县局组织全体干部职工召开“解放思想大讨论、机关作风大转变、干部素质大提升”系列活动动员会议。与会人员共同学习殷梅英书记、夏培剑县长在大会上的重要讲话，要求全局上下明确目标，突出重点，全力推进活动，要通过系列活动的开展，实实在在地解决一些实际问题，促进工作，努力实现惠民食药事业又好又快发展。

党组书记、局长：任敬亮
电话：0543-5051508
地址：惠民县开源街17号
邮编：251700

（撰稿：王群　核稿：任敬亮）

阳信县

【概况】 阳信县食品药品监督管理局内设办公室、食品安全协调股、食品监管股、餐饮监管股、药品医疗器械监管股，下属事业单位食品药品稽查大队，辖信城、金阳、河流、翟王、劳店、商店、温店、洋湖、流坡坞、水落坡10个乡镇（办）食品药品监管所。县局机关行政编制15名，工勤编制2名；各乡镇（办）食药监管所核定行政编制50名（各所5名），均为正股级派出机构。有职工73人，在编在岗工作人员69人，县局机关27人、乡镇基层监管所46人。

2017年，阳信县有食品生产企业93家、食品加工小作坊306家、食品流通经营业户1602家、各类市场20处、各类餐饮单位835家，学校食堂49家、化妆品经营单位156家、药品、医疗器械经营使用单位464家，总计3525余家。

2017年，新办《食品生产许可证》26家，《食品经营许可证》1172家，食品小作坊登记318家，小餐饮登记317家，食品摊点备案147家，“一对一”帮扶33家。全年出动执法人员1.8万人次，检查各类食品药品企业8千家次，查办各类案件163起；接收投诉举报46起，查实3起、立案3起、结案3起；完成重大活动保障9次，保障5000余人安全就餐，无一例食品安全事故发生。

【监督检查】 *食品生产经营各环节*。出动执法人员12308人次，监督检查4044家单位，下达责令改正通知书1013份。实行食品生产企业分级分类管理，推动10家企业落实食品安全责任保险，推进16家企业与省局食品安全追溯系统对接。开展“寻找笑脸”就餐、厨房亮化、厨房清洁、文明就餐行动。实施量化等级评定和分级管理，现场检查和量化评分餐饮单位523家。积极推进餐饮单位诚信体系建设，建立餐饮单位信用档案769家。

药品、医疗器械、保健食品、化妆品经营使用环节。出动执法人员2486人次，检查药品经营企业91家、各类医疗机构333家、保健食品、化妆品经营单位288家。配合省局完成飞行检查。现场核查验收各类药品、医疗器械经营使用单位23家。配合市局完成药品经营企业的GSP认证检查和认证后的跟踪检查工作，认证企业12家、跟踪检查8家。

强化执法检查、监督抽检、畅通“12331”群众投诉举报渠道。接收投诉举报46起、查实3起、立案3起、结案3起。查处食品药品行政案件163起，结案131起，案件罚没金额107万余元。

【监督抽检】 投入65万余元，开展监督抽检工作，完成1350批次的抽检计划，发现问题产品及时予以处理。14家大中型商场超市建立食品快检室。开展“你送我检、你点我检”、快检进市场活动，抽检蔬菜、水果、肉制品等品种107批次；开展实施韭菜产品“双证制”管理强化产地准出市场准入衔接；实施大中型商场超市放心肉菜公开评价工作。搜集上报药品不良反应812例，医疗器械不良事件50例，化妆品不良反应2例。

【专项整治】 由阳信县食安办牵头组织开展“守护舌尖安全”和畜禽水产品抗生素、禁用化合物及兽药残留超标专项整治行动。发放通告6000余份、出动检查人员4500余人次、各类抽检300多批次、检查相关经营业户6000余户、培训各类经营业户负责人2000余人，查处山东阳信宏源清真肉类有限公司牛肉含“瘦肉精”问题，立案81起，行政处罚75万余元，阳信县公安局侦破违反食品安全的犯罪案件7起，抓获犯罪嫌疑人9人，上网追逃1人。

食品安全。开展肉制品兽药残留专项检查、假劣调味品等专项整治，检查相关单位3416家，下达责令改正通知书421份。餐饮环节开展餐饮业食品市场经营主体资格专项清理规范执法工作，出动执法人员1200人次，检查城区所有餐饮单位，发放文明宣传画1500余张，发放节约用餐台签5000余份。

药品。检查长春长生生物科技有限责任公司生产的吸附无细胞百白破联合疫苗，均未发现不合格疫苗。开展经营药品类易制毒化学品的批发企业、零售企业及医疗机构使用放射性药品监督检查工作，检查批发企业1家、经营企业25家、使用单位11家。

【省级食品安全县创建】 投入创建宣传经费24.4万余元，加强创建工作宣传。在县电视台等媒体开辟创建专栏，建立微信公众号及时宣传。举办食品安全宣传周活动，开展食品安全进社区、进校园、进机关、进农村、进企业活动，集中宣讲活动达14场次；张贴固定宣传标语460余条，印刷张贴发放《致广大群众的一封信》3万多份，印制《创建宣传手册》8万份；开展“食品安全知识进课堂”活动。

加强基层执法能力建设和食品监督抽检工作。翟王、洋湖、温店、金阳、商店、劳店6个基层监管所场所面积基本达到创建标准，其余4个乡镇正在积极改善中。投入46万余元，增加基层监管所执法检查、取证、快检等仪器设备，10个基层所在执法车辆，快检设备，移动打印机，传真复印机，打印机，摄像机，照相机，电脑，执法记录仪和执法工具箱“十个一”方面全部达标，并全部建立食品快检室。

【烹饪大赛】 成功举办以“赏梨园美景、展精湛技艺、品阳信美食”为主题的阳信县餐饮行业首届“美豪居”杯烹饪大赛暨美食展，来自阳信县19家饭店的41名选手参赛，现场制作66道菜，饭店展示78道菜，特色小吃29种，评出一二三等奖、优秀组织奖47个，提升阳信县餐饮行业影响力和美誉度。

党组书记、局长：从恩涛
电话：0543-8262301
地址：阳信县阳城六路567号阳信县商务中心D区2楼
邮编：251800

（撰稿：张柳　核稿：韩汝明）

无棣县

【概况】 无棣县食品药品监督管理局为无棣县人民政府工作部门，负责全县食品、药品、化妆品、医疗器械的监管工作。内设办公室（挂规划财务室牌子）、食品安全综合协调股（挂行政许可与法制股牌子）、食品监管股（挂保健食品化妆品监管股牌子）、餐饮监管股、药品医疗器械监管股5个职能股室；机关行政编制14名，工勤编制2名；配备局长（主任）1名，副局长（副主任）3名（其中1名兼任县卫生局副局长）。下设无棣县食品药品稽查大队，为财政拨款事业单位，核定编制14名，配备队长1人（副科级），副队长2人（正股级）。设立海丰、棣丰、信阳、车王、碣石山、小泊头、埕口、柳堡、西小王、佘家、水湾11个镇（街道）食品药品监督管理所，为无棣县食药监管局股级派出行政机构，各核定行政编制5名。代管无棣县综合检验检测中心，为县政府直属财政拨款事业单位，核定编制10名，配备主任1名（正科级），副主任1名（副科级）。截至2017年底，无棣县食药监管局实有人员76名，其中局机关17名，稽查大队13名，镇街监管所42名，综合检验检测中心4名。

截至2017年底，无棣县有食品生产企业49家，食品流通企业1612家，餐饮服务企业1018家，小作坊139家，小摊贩263家，保健食品生产企业1家，保健食品经营企业26家，化妆品生产企业1家，化妆品经营企业21家，药品生产企业2家，药品批发企业1家，药品使用单位239家，药品连锁企业5家（下设130家门店），单体药店19家，医疗器械经营企业31家。2017年以来，无棣县局以创建省级食品安全县为契机，不断加大投入，强化监管措施，以创建促监管，以提升促发展，食品药品安全保障能力进一步提高，食品药品安全形势保持总体稳定。

【监督检查】 食品安全。“食安山东”品牌创建工作取得显著成效，2017年，新创成“食安山东”食品生产加工示范企业1家，餐饮示范街1条。着力发挥“食安山东”品牌引领作用，构建“横向到边、纵向到底、责任到人、不留死角”的基层食品安全组织网络，对食品生产、流通、餐饮服务企业进行拉网式监督检查。同时组织开展“食品快检进超市”“学校食堂开放日”“透明工厂”体验日等活动，累计出动执法人员3212人次，执法车辆1104台次查处违法案件162起。

药品、医疗器械。创新监管方式，在无棣万盛堂药店连锁有限公司两个门店试点的“药诊店”获得成功，计划全面推广“互联网＋药品经营”模式。同时坚持目标导向与问题导向相结合，实施精准化监管，着力加强城乡接合部、农村小药店、诊所、加盟药品零售门店的药品监管。全年通过认证药品零售企业22家，上报药品不良反应812份，医疗器械不良事件75份，查处药品、医疗器械案件19起，有效保障群众健康安全。

保健食品、化妆品。对化妆品、保健食品监管企业建立一企一档，实行动态化管理，及时更新监管档案信息，将监管档案与生产经营许可、日常监管等工作有机衔接，及时把握生产经营企业动态变化，增强监管工作的针对性。

【监督抽检】 2017年完成本级食品抽验1424批次，不合格65批次，食品快检2246批次。组织药品重点监督抽检18批次，地方监督抽检55批次，不合格药品6批次，药品快检224批次。对不合格食品、药品均进行及时查处。

【专项整治】 食品安全。以创建省级食品安全县为抓手，搭台借力，相互促进，在全县开展羊肉及其制品、农村食品安全、农产品批发市场及农贸市场、大中型商场连锁超市等10余项专项整治。累计检查食品生产经营企业2675家，督促办理各类食品经营许可或备案1368家，张贴统一公示牌2672张，下达监督意见书1232份，责令整改31家，劝导关闭14家，取缔3家，立案83起，移交公安机关案件1起。

药品、医疗器械。以药店（包括零售连锁总部）、诊所（包括村卫生室）、第三类医疗器械经营企业为主要整治范围，以执业药师是否“挂证”兼职、购销渠道是否合法、贮运质量管理是否到位、岗位人员管理及培训是否符合要求为整治重点，在全县范围内开展药械安全专项整治，进一步落实和规范药械安全主体责任和经营行为。2017年，累计出动执法人员726人次，执法车辆155台次，检查药品经营使用单位276家，疫苗接种单位12家，医疗器械经营使用单位 43 家。

【展会经济助推产业健康发展】 大力发展展会经济，为食品药品企业搭建发展平台。2017 年 7 月，举办“健康无棣・滨州行—颐养悦生汇”活动，万德酒业、十里香等企业参加。8 月，组织 12 家健康产品企业参加第 22 届世博威・中国国际健康产业博览会，积极促成中农晟桑有限公司与外商达成合作意向。

【规范化农贸市场建设】 按照高起点规划、高标准建设的原则对老区菜市场进行改建。新建仿古式建筑，科学设置销售摊位，统一牌匾标识，使其成为城区一处靓丽风景。同时，严格落实食品安全管理制度，完善食品检测室建设，派驻驻场监管人员，农贸市场食品安全长效管理机制逐步完善，食品业户经营行为得到全面规范。

党组书记、局长：王健伟
电话：0543-6781182
地址：无棣县政务中心主楼
邮编：251900

（撰稿：田雪丽　核稿：李大海）

博兴县

【概况】 博兴县食品药品监督管理局为县政府工作部门，内设办公室、食品综合协调股（挂法制室牌子）、食品监管股、餐饮监管股、药品医疗器械监管股（挂保健食品化妆品监管股牌子）5 个股室，下设 1 个食品药品稽查大队（事业编制单位），12 个镇（街道）食品药品监管所（城东、博昌、锦秋、湖滨、店子、兴福、曹王、陈户、吕艺、庞家、纯化、乔庄）。核定编制 88 名（其中行政编制 70 名，事业编制 17 名，工勤编制 1 名），在岗行政编 63 人，事业编 16 人，工勤 1 人。

截至 2017 年底，全县有“四品一械”监管对象 5183 家，其中食品生产企业 100 家，食品流通 1857 家，餐饮服务单位 1260 家，学校食堂 73 家，药品、医疗器械生产经营企业 226 家，医疗器械使用单位 352 家，保健食品经营 204 家，化妆品 453 家，小作坊 99 家，小餐饮 559 家。

2017 年，博兴县局以巩固省级食品安全县为中心，狠抓食品药品监管，县域内全年无食品药品安全事故，市委、市政府重大决策部署考核名列全市第三。2017 年 2 月，博兴县被省食安委评为省级食品安全县，博兴县局被市政法委、法制滨州建设领导小组授予“法制单位创建先进单位”称号，在市局组织的第六届稽查执法技能竞赛中荣获三等奖。

【监督检查】 食品安全。全年办理《食品生产许可证》39 个；《食品经营许可证》1276 个，其中食品流通类 673 个，餐饮许可 541 个，保健食品许可 62 个；小餐饮小作坊登记 640 家；开展植物油塑化剂、食品添加剂氮气使用情况、茶叶质量安全监管，以及食品添加剂使用“对标规范”专项行动；对食品、保健食品生产企业标签标识进行规范和监督，加强农村市场食品安全风险防控，完成韭菜产品“双证制”工作，强化对食品加工小作坊的规范管理；开展食品药品安全领域内的风险隐患排查工作，全年排查出风险隐患 64 起，整改 63 起。完成全年重要节日、重要活动以及省级以上体育赛事的餐饮保障任务；约谈县内大中型超市、网络订餐平台，对 73 家学校食堂开展大培训大检查大整改大提升专项工作；飞行检查学校食堂 39 家，并将检查结果网上公示；完成工地食堂、老年公寓食堂专项检查；对全县 1050 家餐饮单位进行量化分级并网上公示，对学校周边的 21 个学生小饭桌全部备案登记、公示。

药品、医疗器械。新开办药店（门店）25 家，注销 12 家，变更 26 家，换证 10 家，GSP 认证 33 家，GSP 跟踪检查药品经营企业（门店）64 家。实施医疗器械规范示范年活动，开展药品、医疗器械检查 287 家。完成不良反应核查 92 例，审核上报不良反应 643 例；完成药械安全性监测 42 例；确定过期失效药品回收点 28 处。与博兴县卫生计划生育局等部门联合销毁过期麻疹疫苗 5816 支，甲肝疫苗 630 支。

保健食品、化妆品。严格保健食品专营店开办标准，加大保健食品会议营销检查频次。在县电视台就如何规范老年人保健食品市场进行公众解答。开展化妆品标签标识专项检查，开展博兴县化妆品市场监管规范化建设三年提升工程。配合省局完成保健食品抽检市抽 8 个批次，化妆品国抽 2 批次、省抽 6 个批次，上报化妆品不良反应 6 例。

社会共治。联合县农业局、畜牧兽医局、粮食局开展全县生猪肉、粮食市场大检查；对未注册幼儿园进行专项整治；与环保部门联合开展行业自查自纠；与教委联合开展学校食堂专项检查；举办“食堂开放日”“开学第一课”活动；与大学生联合开展食品安全进社区宣传；联合京博开展“12331”投诉热线宣传；与县食安委成员和部分大型食品企业开展“3・15”、食品安全周大型宣传活动。重视政务公开，通过“博兴食品安全”微信公众号大力普及食品安全知识；联合教育部门对学校食堂、小饭桌食品安全管理员进行重点培训，全年培训食品药品从业人员 2012 人次，药品、医械人员 200 人次。在大型商场超市开展食品安全“你送我检”互动活动，为消费者快检 155 批次的产品。

【监督抽检】 2017年配合完成国抽、省抽、市抽任务及不合格产品后续处理，其中县抽食品1447批次，不合格61批次，合格率95.6%；为配合日常监督和餐饮保障工作，快检食品及原材料1143批次；药品抽检77批次，其中重点抽验22批次，监督抽验55批次，不合格4批次；快速检测中药饮片200批次。

【专项整治】 开展肉类、酒类、节日食品、天津假劣调味品、日本辐射食品等15次专项整治行动；对网络订餐乱象、保健食品欺诈及虚假宣传活动进行集中整顿；开展县级医院疫苗、城区卫生室药品质量安全整治等。全年查处违法案件180起，其中食品156起，药品20起，医疗器械2起，化妆品2起；结案一般程序案件184起，罚没款158.6万元；应诉案件3起，移送公安机关10起，申请法院强制执行16起。处理“12331”投诉举报59起，协办案件1起。

【示范创建】 餐饮环节完成1个示范学校、1个示范单位和1条示范街的申报工作。截至2017年底，全县有省级食品生产示范企业4个（其中1个企业停产中），食品流通示范单位42个，示范食堂2个，餐饮服务示范单位6个，示范街3条，地方风味名吃1个。

【全面推广双随机检查】 制订“双随机一公开”检查细则，对全局78名执法人员进行编号造册，将随机抽取的12人分3个小组，各由一名分管局长带队，对随机抽取的“四品一械”经营现场进行检查，出动人员36人次，车辆39辆次，检查对象192家，建议立案17起。

党组书记、局长：王会永
电话：0543-2167160
地址：博兴县博城四路103号
邮编：256500

（撰稿：魏芳萍　核稿：赵国升）

邹平县

【概况】 邹平县食品药品监督管理局系县政府工作部门之一，正科级单位，负责全县生产、流通、餐饮环节食品、药品、保健食品、化妆品和医疗器械实施监督管理，同时承担县食品安全委员会日常工作。内设财务股、法规股、生产股、流通股、餐饮股、药械股6个股室，下设食品药品稽查大队（副科级事业单位），长山、魏桥、临池、焦桥、韩店、青阳、孙镇、明集、九户、台子、码头、黛溪、黄山、高新、西董、好生等16个镇（街道）食品药品监督管理所。行政编制100名（其中镇街食药监管所80名），工勤人员编制2名，稽查大队编制12名，编制总额114名。截至2017年底，实有在岗人员110名，其中局机关21名，稽查大队11名，镇街监管所78名。

2017年，邹平县有食品生产企业110家，小作坊55家；食品流通单位1478家，食品摊点396家；大中小型餐饮企业1115家，学校食堂124家，小餐饮722家；药品经营单位423家，药品使用单位520家，医疗器械生产企业2家，医疗器械经营单位74家。2017年，有5家食品生产企业、19家餐饮单位、39家商场获得“食安山东”品牌认证。畅通“12331”网络投诉平台，全年受理各类投诉举报225件，办结率达100%。

【监督检查】 *食品生产*。全年检查食品生产企业214家次，检查覆盖率98%（有3家生产企业长期停产）；“痕迹化”检查生产企业192家次，“痕迹化”检查覆盖率90%，检查食品生产加工小作坊70户次，检查覆盖率90%。

食品流通。对食品销售单位进行检查，出动执法人员3150人次，查处食品销售案件128起，罚没款金额达108万元。委托第三方专业机构对16个镇街37家大中小型超市进行食品安全状况现场评估，对评估中发现的问题，要求业户积极整改。

餐饮服务。在黄山街道代庄小餐饮聚集区开展“在一线助规范”三小一对一帮扶行动，帮扶效果显著，2017年该餐饮区被命名为“食安山东”餐饮服务品牌示范街区。对所有大中小型餐饮企业进行量化等级评定，根据要求，量化分级A级，日常监督检查每年不少于1次，B级不少于2次，C级不少于4次，日常监督检查达到全覆盖。

药品、医疗器械。以实施药品质量管理规范为重点，进行GSP认证20家，检查药械生产、经营、使用单位568家次，出动执法人员1200余人次。

【监督抽检】 2017年，在食品生产、流通、餐饮环节，配合完成国抽94批次、省抽134批次、市抽389批次，组织县抽3328批次。聘请第三方检测机构对县城区15家大中型超市和4家农贸市场销售的食用农产品进行快检，快检4300余批食品。药品环节完成100批次药品监督性抽检。

【专项整治】 *食品生产*。组织食品生产环节专项整治10余次，包括大桶水无证生产、动物源性食品生产、食用植物油塑化剂、速冻肉制品、速冻粽子、蜜饯、食品添加剂氮气、真菌毒素超标粮食、食品添加剂对标规范、标签标识规范和监督检查等专项整治。

食品流通。开展集中交易市场、食用农产品批发市场、农村市场、学校周边、节日市场、商场超市、食用农产品、保健食品、畜禽水产品、猪羊肉产品、酒类产品、调味产品、婴幼儿配方乳粉等多项专项整治。

餐饮服务。开展学校食堂及周边、车站和高速路服务区及旅游景点、敬老院食堂等重点区域，对牛羊肉、植物油、火锅底料、餐饮具等重点品种进行专项整治。

2017 年邹平县局稽查大队开展严厉打击畜禽水产品抗生素化合物及兽残超标专项稽查等 9 个专项稽查，查处“两超一非”、制假售假和互联网食品安全违法行为专项稽查，食品、保健食品欺诈和虚假宣传专项稽查。研判食品快检信息及日常稽查数据，自行组织开展冷冻食品专项稽查、水产品专项稽查、食安净网专项稽查 3 个专项稽查。

【“以案促改”】 为提升执法效能，邹平县局探索建立“以案促改”执法机制，对案件形成原因进行深度挖掘，将整改情况作为减轻处罚的依据，从而扩大案件查处的辐射效应，达到整改规范的最终目的。实施以案促改以来，立案查处食品药品违法案件 416 起，移交公安机关 12 起，为 2016 年的 7 倍。

【县级食品安全示范镇街创建】 开展县级食品安全示范镇街创建活动，成立专门评估小组，制定评估方案和验收细则，通过创建推动落实政府、部门、社会和企业责任，打通监管工作“最后一公里”。

【药品使用质量规范化管理】 邹平县政府办公室转发《全县药品使用质量规范化管理提升工作实施方案》，6 月 29 日召开现场推进会，推广由镇政府对每个购买药品阴凉柜，建造阴凉库的卫生室补贴 1000 元资金。投资镇卫生院对药库进行改造，增加阴凉库等做法。截至 2017 年底，全县 16 家乡镇卫生院新建、改建阴凉库，300 余家卫生室、140 家体诊所、400 余家零售药店全部配齐阴凉柜。

【第三方服务】 为提升创建工作水平，弥补技术人员不足、技术能力有限的问题，通过公开招标，遴选有合法资质的第三方专业公司，在协助市场监管、抽检检测、示范评估中开展工作，取得良好效果。在食品生产、流通、餐饮等各环节，通过公开招标与上海英格尔公司签订合作协议，投资 50 万元对全县主要食品企业进行全面体检，帮助企业解决问题，预防食品安全风险。

党组书记、局长：姜伟
电话：0543-4268678
地址：邹平县鹤伴二路 679 号
邮编：256200

（撰稿：崔松　核稿：姜伟）

滨州经济技术开发区

【概况】 滨州经济技术开发区市场监督管理局（正科级）为开发区管委会工作机构，业务上接受市级食品药品、工商、质监部门指导，受市级食品药品、工商、质监部门委托，承担食品药品、工商、质监日常监管和行政执法职能，内设办公室、行政许可科、工商行政管理科、质量技术监督科、食品药品监督管理科行政编制 11 名，工勤编制 4 名，配备局长 1 名、副局长 3 名，下设里则、杜店、沙河 3 个市场监督管理所，每所核定行政编制 4 名。

2017 年，全区有各类食品监管服务对象 2436 家，其中饭店、学校企业工地食堂、餐饮服务经营单位 1266 家；流通领域食品经营业户 1146 家；农贸市场 3 家；集贸市场 2 家；年食品业务收入 500 万以上且经营面积超过 1000 平方米的大型商场超市 1 户；食品生产企业 18 家（规模以上食品生产企业 3 家），从业人员 360 人，主要产品有烘焙类糕点、调味料、速冻面制品、饮料、小麦粉、蜜饯和水果制品，年总产值 2.5 亿元，销售收入 1.5 亿元。化妆品原料生产企业 1 家，保健食品经营企业 52 家，化妆品经营户 164 家，药品批发企业 1 家，零售药店 59 家（其中零售连锁企业 2 家，门店 51 家，单体药店 6 家），医疗器械经营企业 10 家，年销售收入 900 余万元。

2017 年，开发区局以创建省级食品安全市为重点，不断完善监管体制，创新监管方式和方法，全年累计悬挂创城倡议宣传标语 1157 处，设立大型广告宣传牌 54 块，督促相关单位设立无障碍设施、通道 97 处。完成食品快检 20825 批次，发现不合格产品 14 批次，分别进行下架、召回、销毁处理。巡查各类主体 1473 户次，下达责令改正通知书 1102 份，整改问题 2149 个。查处食品药品案件 18 起，结案 13 起，罚没款 10.3 万元。

【监督检查】 强化日常监管检查，将辖区内所有食品经营业户划分为不同的网格，各网格设定监管人员，实现“网格化”监管。构建“县、乡、所、村”四级食品监管网络。在全区 188 个行政村均聘请食品安全协管员，分别签订目标责任书，由区财政出资落实政策待遇，充分利用食品安全协管员对食品经营业户底子清、情况明、消息灵的优势，使之成为办事处联系群众、服务群众的桥梁纽带，构筑起食品安全监管四级监管服务网络。针对开发区餐饮业户的实际情况，实行分片包干，责任到人的原则，由三个市场监督管理所执法人员对辖区内所有食品药品经营单位尤其是餐饮服务单位，逐街道、逐店进行拉网式摸底和检查，确定重点地段、重点单位，帮助食品药品经营单位查找薄弱环节，指导建立食品药品安全管理制度，加强内部管理，提高食品药品安全管理水平。进一步严格审批食品流通许可和餐饮服务许可，严把市场准入关，对申请从事食品流通和餐饮服务的单位，现场进行指导，针对问题进行整改，对达不到许可要求的单位一律不予发证，确保群众饮食安全。

【监督抽检】 开发区局在3个市场监管所、公办学校食堂、大型商场超市、农贸市场等单位设立食品快检室18处，同时结合食品安全城市创建的具体要求，有重点有指向有计划地开展抽检工作。2017年，全区抽检各类食品药品1223批次，相比去年同期上升47%，其中食品监督性抽检承担国抽91批次，省抽152批次，市抽572批次，本级抽检288批次；食品评价性抽检88批次，药品抽检31批次，医疗器械抽检1批次。合格1202批次，合格率98.3%。

【专项整治】 2017年，围绕食品生产、食品流通、餐饮消费、药品药械经营等重点环节，开展学校食堂、小饭桌、小作坊食品安全专项整治，牛羊肉、畜禽水产品专项整治等行动，进行“全覆盖、无盲点”专项整治行动39个，出动执法人员1700余人次，检查各类经营主体893户次，下达各类执法文书388份，取缔非法经营4家，查处过期食品一宗，药品立案两起，排查食品药品安全风险隐患1145处，责令整改问题2911个。

【食品“智慧监管”平台建设】 *学校幼儿园食品安全自主管理平台模块*。开发区局自主开发的“智慧监管”平台以三大模块为基础，以三个子系统为主要应用，提升监管效能，确保人民群众饮食安全。其中包括投资150余万元的学校幼儿园食品安全自主管理平台（“智慧监管”平台）模块，在全区规模较大的学校幼儿园食堂设立检测室，利用信息化模式将学校幼儿园食堂的检测结果及日常监管有机地结合起来，执法人员足不出户就能监控到学校幼儿园食堂的留样、消毒、索证索票等日常管理情况。开发区12所学校幼儿园食堂食品快检室与管理平台全部开始正常运行，能够对每天所购进的食材进行检测，平台现储存检测信息1万余条，各类监管信息2万余条，退回、销毁不合格食品20余批次。通过对检测数据信息、日常管理信息进行实时上传、汇总和统计分析，实现食品安全监管的智能化信息化。全年召开学校、幼儿园食品安全提升培训会议3次，组织辖区内12家公办学校、幼儿园食品快检人员以及管理人员进行集中培训。

“明厨亮灶”远程视频监控系统模块。该模块投资120余万元，覆盖开发区所有农贸市场、12所公办学校幼儿园食堂、3所私立幼儿园和部分大型餐饮业户。充分运用现代网络和信息技术，对食品加工操作现场实时监控，从而实现监督前移、实时监督、无缝监管的食品安全监管新模式。

移动执法监管系统模块。将所有的执法文书、检查文书做成电子版置入系统内，每个执法小组配备一台平板电脑，实现执法人员的日常监管巡查、执法办案取证等工作。通过现场执法APP应用+移动终端+移动无线打印设备开展现场执法工作，执法痕迹实时上传至“智慧监管”系统的服务器，方便查询及调取。移动执法终端还与“明厨亮灶”食品监管系统相连，可随时随地监管食品加工制作现场。

局长：王者庆
电话：0543-3183100
地址：滨州市渤海十八路667号中海大厦
邮编：256600
（撰稿：苗玥玥　核稿：张婕）

滨州北海经济开发区

【概况】 2014年3月11日，滨州北海经济开发区市场监督管理局正式成立，整合工商、质监、食品药品监管全部职能，实现包括食品安全监管在内的各类商品质量监管的统一、行政执法的统一、市场准入的统一和对外服务的统一。区局内设综合协调和应急科、工商科、质监科、食药科，下设滨州北海经济开发区马山子镇市场监督管理所1个；全局有干部职工18人，其中公务员10人，参公人员1人，招聘人员7人。截至2017年底，全区有市场主体1917户，注册资金268亿元，从业人员9083人，其中：食品药品生产经营单位297家，包含食品生产企业7家，食品流通单位135家。2017年，紧紧围绕食品药品机构设立、制度落实、基层建设、监督抽检、宣传教育、执法办案、日常监管7大方面工作，全年累计检查食品药品生产经营单位1000家次，出动执法人员2600人次，扣押不合格食品200份，回收过期药品124份，查办食品案件10起，累计罚没款9.6万元。

【监督检查】**强化基层基础建设**。基层监管所业务及辅助用房达到320平方米以上，在执法车辆，快检设备，移动打印机，传真复印机，打印机，摄像机，照相机，每电脑、执法记录仪和执法工具箱“十个一”方面全部达标，建成北海食品安全快速检测室。完善各项食品药品工作制度，制定《食品事故应急预案》和《药械事故应急预案》，严格落实24小时值班值守制度；对涉及食品药品的舆情信息，及时开展调查处置工作，为开展食品药品监管工作提供组织和制度保障。高位推动宣传教育工作，开展宣传进社区、进市场、进商超等活动20次，发放《致北海群众的一封信》、小扇子、手提袋、安全知识小册子等1万份，在21个村庄和5个小区设置宣传栏26个，在付台子桥附近设置1块大型宣传牌，在彩虹桥、北海二路桥、顺河路桥设置18个宣传牌，多处路面两侧路灯杆设置路灯宣传牌100块。组织创建成员单位举办创城培训班15次。

食品生产监管。每季度至少完成1次监督检查，并现场提出对7家食品生产企业整改意见，责令企业限期提交整改报告；强化餐饮服务监管力度，积极清理无证照餐饮单位，摸底排查整治小餐饮50余家，特别是对学校食堂、建筑工地食堂、职工食堂等就餐人数多的单位进行月月检查；整治食品流通“牛鼻子”，督促食品经营单位建立食品供货商电子化经营信息监管档案，加大执法力度，重点查处“五无”食品和“一非两超”食品违法经营行为，始终保持打假治劣高压态势，做到高频次监管，严厉打击食品违法行为；严格药品、医疗器械经营管理，深化GSP跟踪检查，进行认证跟踪检查工作，重点检查药品的购销渠道、分类管理、质量管理人员在岗、各种质量档案记录等情况，在检查过程中针对存在的问题进行现场指正及警告责令改正；做好规范药房创建工作，对12家乡村卫生室药品基础性大检查，重点检查药械的质量、来源、贮存环境，确保农村药品质量和群众的用药安全。

【监督抽检】完成国家、省、市、区级食品抽检508批次，食品抽检合格率98.8%，全年发现不合格食品7批次，累计罚没款7.12万元。药品监督抽检15批次，合格率100%。

【专项整治】2017年相继开展“守护舌尖安全”专项整治、打击食品犯罪“利剑”行动、农村市场专项整治等50项整治活动，深入摸排食品生产及小作坊、餐饮服务、药械经营等行业的“潜规则”和风险隐患点，针对食品生产企业原料把关不严、使用超量、违法添加，餐饮服务单位卫生条件不合格、原料质量不达标、操作不规范，药械经营单位不凭处方单销售处方药、进货渠道不明等特点，积极实施量化分级管理制度，实施风险分类分级划分，突出风险把控，将原有事后查处、被动监管转变为过程排查、预防为主，极大的改进和提高食品药品生产经营控制水平。

【“小群”解决“大问题”】为进一步加快从“事后监督”向“事前预防”转变，对全区食品生产、食品流通、餐饮服务单位分别建立业户微信群，定期发布监管信息、业务指南、政策法规等内容，并在群内第一时间对经营者提出的问题答疑解惑，解决业户进货记录怎么填、供货商档案怎么完善、厨房卫生如何清扫等实际问题。针对这些信息在群里面向全部业户一次性解答，告知怎么做、注意什么、下一步需要干什么等，帮助业户及时了解办事流程，实现全员共同学习的良好效果。

党支部书记、局长：佘洪伟
电话：0543-6585315
地址：滨州北海经济开发区管委会办公楼
邮编：2501907

（撰稿：成根　核稿：刘承东）

滨州高新技术产业开发区

【概况】滨州高新技术产业开发区市场监督管理局成立于2014年2月28日，加挂滨州高新技术产业开发区食品安全委员会办公室牌子，正科级行政机构。按照市编办批复行政编制10名，工勤编制2名，配备局长1名，副局长3名。下设小营、青田2个市场监督管理所，每个市场监督管理所核定行政编制4名；内设综合协调和应急科、食品药品监督管理科、工商行政管理科和质量技术监督科4个科室，业务上接受市食品药品、工商、质监部门指导，受市食品药品、工商、质监部门委托，承担食品药品、工商、质监日常监管和行政执法职能。截至2017年底，实际在编人数为14人，政府雇员10人，内设办公室、工商科、质监科、食药科、小营所、青田所和稽查大队（小营所、青田所和稽查大队合署办公），从事食品药品监管工作的公务员8人、政府雇员5人。

截至2017年底，全区有食品流通单位221户，餐饮服务单位204家，保健食品经营单位48家，化妆品经营单位87家，食品生产企业10家，食品加工小作坊7家，药品生产企业1家，药店31家。生产企业涉及大容量注射剂、小麦粉、淀粉糖、谷物加工品（谷物碾磨加工品）、桶装饮用水、蜂产品、食品添加剂7个产业。2017年，累计出动执法人员1569

人次，检查相关单位 774 家次，整改问题 286 件。

【监督检查】 2017 年，高新区局按照国家总局“四有两责”的要求，建立食品药品长效监管机制，对全区所有食品生产经营单位按照不同规模、业态确定监管标准和年度检查频次进行监督检查。截至 2017 年底，检查食品生产企业 20 家次，出动执法人员 60 人次；检查食品流通单位 282 家次，出动执法人员 618 人次；检查餐饮服务单位 407 家次，出动执法人员 734 人次；检查药品生产企业 1 家次，出动执法人员 3 人次；检查食品加工小作坊 10 家次，出动执法人员 28 人次；检查药店 54 家次，出动执法人员 126 人次。累计出动执法人员 1569 人次，检查相关单位 774 家次，整改问题 286 件。

【监督抽检】 2017 年，在生产、流通和餐饮环节累计抽检食品 414 批次，其中 14 批次不合格，整体合格率为 96.62%。抽检不合格食品涉及蔬菜、调味品 2 个品类，不合格项目涉及农药残留和食品添加剂。全年抽检药品 18 批次，合格率 100%。

【专项整治】 2017 年开展节前食品药品安全、春夏季食品安全、学校校园及周边食品安全、农村食品安全、大蒜、经营环节牛羊肉及制品、畜禽水产品、食品和保健食品虚假宣传等专项整治 28 次，累计出动执法人员 1200 余人次，检查相关单位 592 家次，整改完成各种隐患 136 处。下达《责令整改通知书》《监督意见书》162 余份，下架火腿、香肠、酱菜、罐头等超期食品 126 包，假劣白酒 36 箱。

【“三个”创新破解监管难题】 *创新“闭环式”监管，破解业态提升难题。*实行“培训、检查、再培训、再检查、不合格处罚”的方式，提升各食品业态自律水平和安全意识。在“培训、检查”解决思想认识和怎样做的基础上，再培训、再检查，进一步解决疑难问题，通过帮扶引导，实现提升，对培训不过关、又不认真整改的实行“闭环式”监管，依法按照相关法律、法规给予处罚。开展食品安全培训 16 次，培训相关人员 1200 余人次，督导检查各业态 774 家次，整改完成问题 286 件，实现辖区食品生产经营者培训全覆盖，其中，重点业态从业人员培训 3 次。

*创新“帮扶式”监管，破解“三小”监管难题。*制定印发《开展“在一线助规范”活动方案》，建立《“一对一”帮扶记录簿》，每名监管人员结对帮扶 1 家“三小”业户，直到帮扶达标，再帮扶第 2 家，以此类推，实现全面提升。同时，打造标杆，规范引领。高新区兴学食品加工小作坊主要加工制作丸子和馄饨，是全区所有中小学食堂食材供应的主要来源，高新区局严格按照食品生产许可相关标准进行指导和帮扶，积极打造“SC”级标准小作坊，树立小作坊监管标杆，带动整个“三小”业态全面提升。高新区局“先行先试、结对帮扶、打造标杆、以点带面、全面提升”的做法在全市得到推广。截至 2017 年底，打造标杆小作坊 2 家，带动提升“三小”81 家。

*创新“统一性”监管，破解学校监管难题。*在全面落实“四查”制度的基础上，实现全区所有中小学校食堂食材采购委托一家企业进货和快检把关。由高新区管委会委托滨州高新区兴安物业有限公司在春、秋季开学前，以公开招标的形式，选择信誉好的食材供货商，统一由该公司严格把关后，供应给辖区所有中小学食堂。同时，在供货前由市场监管所通过“食品快检站”进行快检把关，发现问题，立即依法处理，保障问题食品不流入学生餐桌。全年累计检查学校食堂 128 家次，整改问题 26 件，落实季度检查 100% 全覆盖。

党组书记、局长：吴玉平
电话：0543-3160315
地址：滨州高新技术创业服务中心西附楼 529 室
邮编：256600

（撰稿：张奕凡　核稿：张学钢）

菏泽市

【概况】 菏泽市食品药品监督管理局（加挂菏泽市食品安全委员会办公室牌子）属市政府工作部门，主要负责全市食品生产、流通、餐饮服务环节食品安全、保健食品、化妆品安全及药品、医疗器械全程质量安全监管。内设办公室、政策法规科（挂审批服务科牌子）、食品安全协调督查科（挂宣传和应急管理科牌子）、食品生产监管科、食品流通监管科、餐饮服务食品监管科、保健食品化妆品监管科、药品生产监管科、药品市场监管科、医疗器械监管科、科技信息科、人事科、规划财务科 13 个科室及机关党委。下设菏泽市食品药品检验检测中心（正县级）、菏泽市食品药品稽查支队（副县级）和菏泽市药品不良反应监测中心（正科级）3 个直属单位。机关行政编制 52 名、科级职数 27 个。

2017年全市有食品生产企业782家、食品流通企业22026家、餐饮服务单位8639家；保健食品生产企业4家、经营单位1232家；化妆品生产企业4家、经营单位4905家；药品生产企业37家，药品批发企业44家，药品零售连锁企业47家，零售药店1905家，医疗器械生产企业85家、经营单位959家，其他药械单位8935家。

2017年，菏泽市局认真贯彻落实市委、市政府和省局决策部署，秉承“监管保安全、服务促发展”工作理念，按照“四个最严”要求，强化全过程、全方位监管，规范整治、监督抽检、稽查办案、示范创建、社会共治等工作扎实推进，成效显著，全市食品药品安全形势持续稳定向好，食品药品产业重现快速发展势头。

【食品安全监管】 菏泽市政府常务会坚持每季度听取食品药品安全工作汇报。市食安成员单位建立健全联席会议、风险会商、集中决策、执法联动等工作制度，推动食品药品安全科学发展考核权重提高1.18个百分点，促进“党政同责”“四有两责”的责任落实。建立农安、食安、公安“三安联动”机制狠抓从农田到餐桌的全过程监管和全方位整。集中开展“守护舌尖安全”综合治理和食用农产品、畜禽产品、淀粉制品等一系列专项整治行动，监测蔬菜、果品、畜禽及农业投入品等2000余批次，城区餐饮服务单位、商场超市持证率达到95%以上，222家高毒农药经营单位、15餐饮具集中消毒企业全部建档。城区餐饮服务单位、商场超市持证率达到96%以上。针对性开展创城攻坚“百日会战”，并跟踪督查、问责问效，加快创建进度。针对监测、监督抽检中问题较多的食用农产品，部署开展以源头控管为主的夏季攻势，累计快检筛查26798批，处置疑似问题产品692批。设置小作坊集中加工区4个、夜市烧烤集中经营区7个、小吃一条街9条，登记备案“三小”业户2700余家。开展打击保健食品生产经营专项整行动和打击保健食品生产企业标签标识规范和监督检查，推进日常监管网格化，督促基层“定格、定人、定责、定标”，监督检查保健经营企业1144家，责令整改288家，完成行政处罚案件84件，罚没款合计6.9万元。完成省抽、市抽保健食品监督抽检159批，其中省抽49批、市抽110批。

【药品监管】 邀请国内知名GMP讲师，开展专题培训班三期，培训300余人次。开展各类监督检查，全市37家药品生产企业、8家药包材企业、7家医疗机构制剂室，接受国家总局飞检4家次、省局各类检查36家次，市县两级日常监督检查145家次。对全市30家在产企业进行风险等级评定，确定A级4家，B级12家，C级9家，D级5家。综合利用检查、抽检、不良反应监测、投诉举报等多种渠道，收集各类风险信号，针对小容量注射剂、中药饮片、阿胶存在的风险隐患，及时组织风险会商会3次、召开集中约谈会6次、现场办公8次。对全市34家生产企业及制剂室开展质量提升监督检查，开展多组分生化药品、原料药、阿胶专项整治。采取各类检查与抽检相结合的方式，加大抽检品种的针对性，全年评价性抽检90批次，监督抽检30批次，核查省内外核查不合格报告82份。开展中药材（饮片）市场专项整治、城乡接合部和农村地区药店诊所药品质量安全集中整治和互联网药品交易（服务）专项检查，对药品零售（连锁）企业药品经营许可与GSP认证可实施合并审查。对17家药品批发企业和678家药品零售企业进行GSP跟踪检查，责令整改467家，收回证书3家，撤销证书4家，吊销《药品经营许可证》1家。飞行检查药品经营企业272家，责令整改175家，撤销GSP认证证书6张，立案7起，罚款1.9万余元。

【医疗器械监管】 开展隐形眼镜经营环节、避孕套生产经营环节、注射用透明质酸钠经营使用环节、定制式义齿生产使用环节专项整治行动。推动“规范实施年活动”深入开展，分片区举办医疗器械生产经营质量管理规范培训班5期，对全市23名检查员进行实训，对46家生产经营企业开展集中现场检查。开展无菌和植入类医疗器械生产经营使用单位监督检查，检查一次性使用无菌医疗器械生产企业11家次，责令整改4家，跟踪检查4家；检查无菌和植入性医疗器械经营企业16家，责令整改6家，立案查处1家；检查使用单位452家，责令整改35家。办理第一类医疗器械产品备案62件、第一类医疗器械产品备案变更21件、第一类医疗器械生产备案8件、第一类医疗器械生产备案变更5件、第二类医疗器械经营备案405件、第二类医疗器械经营备案变更85件、第二类医疗器械经营备案标注取消备案3件。开展化妆品生产专项整治、美容媒体美发经营单位使用化妆品专项检查、化妆品索票索证标识标签专项整治行动，监督检查化妆品经营使用单位582余家，责令整改90家，立案查处案件59件。开展国产非特用途化妆品网上备案后检查工作。完成国抽、省抽化妆品监督抽检62批，其中国抽26批、省抽监督抽验36批。

【综合治理和专项整治】 深入开展“药品质量提升年””医疗器械规范实施年”活动，跟踪检查GMP、GSP认证企业280余家。对监测、监督抽检中发现问题较多的20种食用农产品，部署开展以源头控管为主的夏季攻势，在银田农贸市场、汇丰农贸城、三信连锁配送中心等设立专门执法中队，每晚至清晨对入场食用农产品快检筛查，累计快检 8841 批，处置疑似问题产品 212 批。开展学校食堂、夜市烧烤、“三小”业态、建筑工地食堂、中药材市场、假劣医疗器械、保健食品等 19 项专项整治行动，关停学校、景区周边小餐饮、食品摊贩 87 家、无证粉条小作坊 64 家，收回药品 GMP 和 GSP 证书 5 张，取消 4 家医疗器械企业经营资格；设置小作坊集中加工区 4 个、夜市烧烤集中经营区 7 个、小吃一条街 9 条，登记“三小”业户 2511 家、登记备案率全省第一。

【基层基础建设】 菏泽市食品药品检验检测研究院投入资金 2036 万元，新增仪器设备 58 台（套）仪器，设备总数达到 550 台（套），价值 6500 余万元。现有工作人员 190 人，其中研究生 43 人，本科学历 110 人，高级职称 29 人，中级职称 66 人，市拔尖人才 2 人。具备食品（含保健食品）检验资质 742 个产品，1301 个产品中 30132 个参数，2536 个方法；药品检验资质 213 项；兽药 2 个产品中 161 个参数；化妆品 38 个产品中的 702 个参数，31 个方法；医疗器械 39 项；动植物源性基因和转基因 132 个方法，检验资质总数位居全省同类机构前列。参加山东省“技能兴鲁”职业技能大赛，荣获食品检验团体一等奖，3 人分别获全省第二名、第三名、第六名；参加全省药品检验技能竞赛，取得总分第三名，荣获团体二等奖。2 人分别被授予“山东省食品药品监管系统药品检验技能标兵”和“山东省技术能手”荣誉称号。

【服务食品医药产业发展】 研究制定生物医药产业发展阶段性推进计划和招商引资方案，列出 128 家大型医药生产企业和科研院所，建立走访联络和项目包保责任制，策划组织京津、长三角、珠三角三大集中招商和广东大健康企业菏泽行、中国药科大学科研成果推介会、生物医药大健康产业发展论坛等活动。协调国家总局加快牡丹保健食品审批进度，优选 8 家企业 46 个品种开展仿制药一致性评价。帮扶菏泽市中医院顺利通过国家总局药物临床试验基地资格评审，菏泽市立医院完成验收前各项准备；与广州博济生物科技公司合建生物样本检测实验室，与山东大学合建保健食品功能检测实验室，研发技术支撑能力走在全省前列。修正药业、广州博济、霸王集团等与菏泽市达成项目合作意向，华信制药与国药集团、百瑞制药与上海复星、道中道与日本三井、赛托生物与博诺康源等合作取得较大进展，步长制药整体搬迁项目进展顺利，道中道保健食品项目成功落地并提请生产许可，广州博济生物科技公司合建的生物样本检测实验室运营良好，精准招商、专题招商成果丰硕。

【社会共治】 组织食品安全宣传周、“3·31”守护食药安全等 17 次主题宣传活动，邀请媒体记者、网络达人等跟进检查执法全过程，直播食品快检、夜市烧烤整治等行动，50 余万人在线同步观看；组织 4 次“食药安全媒体联盟”通报会，发布信息被 400 余家媒体链接、转发；“网上听民声、线下解民忧”在线交流活动实现全员轮值、实名交流、时时在线，网贴点击量突破 1000 万次；广泛宣传“12331”投诉举报电话，倾力打造微信平台，“菏泽食品药品安全”微信号 17 地市排名位于前列。完成农贸市场、大中型商超、学校食堂快检室 162 家，“明厨亮灶”餐饮单位 1205 家，运用“民生实事”推升公众食品安全满意率。实现全市食品药品负面舆情零通报，集体食物中毒事件零发生，市长热线转办数量 6 件，同比下降 114%。

【党风廉政与干部队伍建设】 开展学习贯彻党的十九大精神、“两学一做”学习教育、“法治食药监”建设、“双联双创”“庸懒散”治理、廉洁自律教育等活动。全面推行监督检查“双随机一公开”、监督抽检“双盲”管理机制，加强重大案件集中会审、抽检和处罚信息依法公开，积极落实事前谈话、事中监督、事后回访防腐措施，加强机关办公、用车、用钱秩序管理，强化党员干部担当精神，激发工作热情培养，改善学风、会风、作风。菏泽市局机关先后荣获“全市思想教育先进单位”“全市依法行政先进单位”等 17 项荣誉称号，40 余人获国家总局和省市通报表彰。

【法规制度建设】 制定印发《菏泽市食品药品监督管理局关于全面加强全市食品药品监管系统法治建设的实施意见》，明确菏泽市食品药品监管系统法治建设的 7 大主要任务和 24 项具体措施。组织对规范性文件进行清理，清理规范 10 件，废止 3 件。参加全国网络餐饮食品安全管理立法研讨会、省局“三小”条例配套制度研讨会和“山东省食品药品监督管理系统履职尽责容错纠错实施办法”研讨会。承担“三小”条例第六章“监督管理和服务”释义工作。制定简化优化公共服务流程工作台账制度。组织有关科室、单位编制并修改公共服务事项目录 5 项，完成涉及行政许可、备案、转报、公共服务事项等 47 项证明、盖章类材料目录。落实行政执法人员持证上岗和资格管理制度，完成 2017 年 17 名 2 年年审执法人员和 4 名 4 年年审执法人员材料提报工作，按规定程序注销 9 人执法证件。

【“食安菏泽城市会客厅”】 与中国邮政集团公司菏泽分公司签署战略合作协议，联合打造线下体验、线上销售两个“食品安全城市会客厅”。采用“互联网 + 食品安全”理念，借助邮政公司遍布城乡的线下实体销售门店、运营良好的“买卖惠”网上购销平台，打开菏泽优质食品的销售渠道。鼓励全市“食安山东”示范企业和管理规范且有安全保障的食品生产企业，精选名优特色食品，长期在展厅展示。

【省级食品安全市创建】 成立以市长为组长的创城领导小组，部门联合集中办公，细分责任目标，督促指导各主创区、各有关部门对照创建标准抓落实。集中开展“守护舌尖安全”综合治理和食用农产品、畜禽产品、淀粉制品等一系列专项整治行动，针对性开展创城攻坚“百日会战”，并跟踪督查、问责问效，加快创建进度，取得阶段性成果。

党组书记、局长：郝丕进
党组成员、副局长：李世新、李涓、于志强、李庆
副调研员：蒋方艳、张策、郭宝锋
电话：0530−5623553
地址：菏泽市中华路2777号
邮编：274000

（撰稿：刘训国　李勇　核稿：郝丕进）

牡丹区

【概况】 菏泽市牡丹区市场监督管理局为区政府工作部门，负责辖区内食品药品、工商、质监日常监管和行政执法职能。现有局领导13人，在职干部职工719人，内设15个职能股室、4个事业单位，下设20个市场监督管理所。机关行政编制57名，配备局长（主任）1名，副局长（副主任）3名，内设机构领导职数33名。派驻乡镇办事处市场监管所行政编制168名。组建区市场监督管理稽查大队，财政拨款事业编制70名，配备大队长1名、副大队长3名。

截至2017年底，牡丹区有食品药品生产经营单位8601家。食品类生产企业113家，小餐饮、小作坊、小摊点2180家，餐饮单位1643家，食品经营单位3909家（含保健食品经营单位387家，药品经营单位323家），农贸市场2家；医疗机构472家，其中公立医院21家，民营医院21家，各类诊所430家；保健食品、化妆品生产经营单位282家，其中保健食品生产企业17家，化妆品经营单位265家。

2017年办理《食品经营许可证》2320个，其中食品流通许可公司170家、个体户1395家，餐饮许可755家，审批保健食品行政许可21家；核发药品经营许可证92家；新增“食安山东”示范创建学校食堂5家、示范餐饮店50家、学校食堂在线检测实验室5家、“明厨亮灶”餐饮单位100家，“明厨亮灶”单位达到230家。为67所学校幼儿园食堂办理《食品经营许可证》；牡丹区美食一条街、齐鲁工业大学（菏泽校区）食堂、菏泽外国语学校、菏泽银座颐庭酒店有限公司荣获2017年度“食安山东”餐饮服务品牌示范单位称号。

2017年，牡丹区局开展省级食品安全市创建工作，实施餐饮店标准化建设，大力推行“明厨亮灶”工程，加强食品药品从业人员教育培训，开展食品药品集中专项整治活动，督促各大商超建立快检室或快检平台，规范“三小”整治提升“食安”水平。2017年查处食品药品违法案件540件，查扣各类食品2467公斤，货值金额1.23万元。2017年，被牡丹区委、区政府表彰为“科学发展创先争优先进单位”，被山东省文明委复评为“省级文明单位”。

【监督检查】 2017年，牡丹区局对1643家餐饮单位完成安全监督量化分级，评出优秀等级单位220家；对106家生产企业进行分级分类分层评定。开展食品上下游责任溯源追查、问题食品销毁、责任查处等工作，涉嫌犯罪的依法移交司法机关。督促企业落实主体责任，建立并执行食品进货、销售查验等登记记录，有效实现食品安全可追溯。牡丹区学校食堂，食品原料、食品添加剂、食品相关产品可追溯率达100%。组织相关业务科室和基层市场监管所的力量，对饭店餐饮单位、流通领域食品经营单位、集贸市场进行排查，确保监管不留盲点、不留死角。针对食品流通环节监管中的重点场所、重点品种、重点问题不定期开展食品专项治理。全年举办系统法制培训班3期，培训人员近480余人次，举办食品生产、流通、餐饮环节监管对象培训班9期，培训人员1560余人次，举办食品协管员培训86期，培训人员900余人次。

【监督抽检】 对辖区内高风险、较高风险的44家食品生产企业进行全覆盖检查，全年抽检5664批次，检验项目数81617项，其中流通领域不合格食品151批次，不合格率4%，同比降低8%，快检食品1.8万批次，不合格率0.12%，同比降低7.8%。完成药品100批次监督抽检任务，不合格28批次，监督抽检工作位居菏泽市第二；加强疫苗流通和中药材（饮片）市场监管，对50批次的43个品种中药材进行抽查快检，检查药店诊所1487家次；开展保健食品、化妆品专项检查，检查保健食品企业404家、化妆品企业265家，完成国、省、市各级抽检26批次。

【专项整治】 开展重要节日期间食品安全执法检查、进出口食品专项检查、面粉生产企业食品安全、校园周边“五毛”小食品安全、农村食品市场、韭菜“双证制”执行等专项检查。开展医疗器械专项整治行动，对群众关注度较高的注射用透明质酸钠、定制

式义齿、隐形眼镜、避孕套产品进行集中整治，检查医疗器械生产企业 3 家，经营企业 126 家次，使用单位 72 家次；加强疫苗流通和中药材（饮片）市场监管，对 50 批次的 43 个品种中药材进行抽查快检，检查药店诊所 1487 家次；完成 77 家药品经营企业 GSP 认证跟踪检查；“智慧监管”信息录入 1487 份。开展保健食品、化妆品专项检查，检查保健食品企业 404 家、化妆品企业 265 家，完成国、省、市各级抽检 26 批次；在全区 5 家区直医疗机构、19 个镇（街道）卫生院和 16 家民营医院设立不良反应监测点，上报药品不良反应信息 1630 例；医疗器械不良事件 197 例，化妆品 35 例。

【省级食品安全市创建】 投资 400 万元用于食品抽检，购置检测车 22 辆，价值 320 万元，累计投入 720 万元。通过组织成立领导小组，与各镇街道、各相关部门签订目标责任书，实行包保责任制，对照 30 条创建指标 60 项验收标准逐项分解，全面落实创建任务，明确责任主体和配合单位，确保食品安全城市创建工作有条不紊开展。

【小作坊、小餐饮、小摊贩集中区建设】 在银座和谐广场和阅城国际南门两侧规划建设小餐饮集中区，在南火车站及菏泽市第三人民医院大门东规划建设小摊贩集中区。银座和谐广场建设快速检验室并投入使用且将检测结果在公示栏进行公示、其他的“三小”集中区采用快速检验车定时检测并将检测结果在显示屏上公示。

党组书记、局长：程明远
电话：0530−5783491
地址：菏泽市牡丹区万象城 B1（7 ～ 10 层）
邮编：274000

（撰稿：李佩　核稿：程明远）

定陶区

【概况】 定陶区市场监督管理局（加挂定陶区食品安全委员会办公室、定陶区食品药品监督管理局牌子），区政府正科级直属部门。内设办公室、人事股、财务股、政策法规股、食品监督管理股、餐饮服务监督管理股、保健食品化妆品监督管理股、药品监督股、医疗器械监督管理股、审批服务股等 15 个职能股室，下设 6 个局属事业单位、12 个镇正股级（街道）市场监督管理所。核定编制 216 名，现有人员 650 人。

2017 年，定陶区有食品及食品添加剂生产企业 72 家，食品经营单位 1609 家，餐饮服务单位 612 家，其中大中型餐饮单位 15 家，药品（医疗器械）生产企业 8 家，药品（医疗器械）经营企业 65 家，区级医院 7 家，乡镇卫生院 18 家，村级卫生室 380 家，保健食品经营单位 43 家、化妆品经营单位 65 家。区内食品规模以上企业 5 家，主要生产花生油、大豆肽、白酒、罐头等产品，工业产值 2 亿元。建有山东润鑫化工园，落户药品（医疗器械）生产企业 8 家，医药中间体企业 32 家，2017 年规模以上生物医药企业主营业务收入 128.7 亿元，同比增长 9%。

2017 年，定陶区局出动执法人员 9100 余人次，食品药品生产经营单位监督检查覆盖率 95%，全年办理食品经营许可 1027 户，其中受理发放食品销售许可 731 户，餐饮服务许可 296 户，办理《小餐饮小作坊登记证》420 户，另外受理发放《健康证》6319 份，按时办结率达 100%。2017 年获得“创建省级食品安全市先进单位”“安全生产先进单位”、承担全市科学发展综合考核单位第一等荣誉称号，得到区委、区政府的肯定。

【监督检查】 推行食品药品“网格化、规范化、痕迹化”监管，对全区 68 家食品生产企业实施分级分类监管，推进实施质量受权人、食品安全责任保险、“内部吹哨人”和追溯体系制度，流通食品“一票通”、餐饮食品安全量化分级等重点工作，对全区餐饮服务单位全部建立监管档案，统一制作食品安全公示栏、标识牌和制度牌，统一印发《食品原料进货查验登记台账》《餐具消毒记录》《餐厨废弃物处理台账》和《食品添加剂使用台账》等台账 2 万份，各类餐饮单位全部签订食品安全承诺书。推进餐饮单位量化分级管理，餐饮量化分级 A、B 等级合计覆盖率达 100%，强化风险防控，突出索证索票不齐全、标签标识等重点内容，学校及周边、城乡接合部、农村等重点区域，葡萄酒、淀粉类制品、进口食品、农村食品、冷冻肉制品等重点品种，规范、整治、打击、示范创建相结合，出动执法人员 5600 人次，检查食品生产单位、小作坊 302 家次，食品经营户 3027 家次，批发市场、集贸市场 12 个，餐饮服务单位及学校食堂 1200 余家次。加大对“三品一械”（药品、保健食品、化妆品、医疗器械）生产经营企业的检查力度，严厉打击违法违规行为，监督检查各类药械和保化品生产、经营、使用单位 210 余家次，净化医药市场经营秩序。

【监督抽检】 加大抽样检测力度，全年完成食品抽样检测 2351 批次，药品抽检 85 批次。同时利用食品快检车开展进市场、入社区、“你点我检”等公众参与的快速检验检测活动，累计食品快检 2 万余批次，从源头上杜绝食品药品安全事故发生。

【专项整治】 相继启动春节、中秋国庆、注射用透明质酸钠、医疗器械2017行动综合治理和学校及周边食品、农村食品、粉条、羊肉及其制品、中药饮片等专项整治，核查食品药品经营单位主体资格，推行食品“一票通”和食品供货商备案管理制度，出动执法人员1520余人次，检查食品经营户352家次，肉类食品经营户120家次，保健食品经营企业75家次，责令整改56家。

【省级食品安全市创建】 开展食品生产、流通、餐饮环节规范整治工作，按照“分工负责、责任到人、统一标准、协调配合、整体推进”的工作思路，划分10个网格，采取边整治规范，边检查验收的方式，形成由基层市场监督管理所和监管科室上下联动、协同合作、共同规范整治的工作格局。12个镇（街）市场监督管理所都至少配备5名以上食品监管人员；通过规范化建设和多方调剂，12个基层市场监督管理所办公用房面积均达到320平方米以上，配备食品快检车、执法用车及移动打印机、传真复印机、摄像机、照相机、电脑、执法记录仪、执法工具箱等必要执法装备，达到并超过国家总局“十个一”标准。设置食品摊贩疏导点两处，积极引导食品摊点集中规范经营。范蠡商场、汇元便民市场、西关农贸市场升级改造工作全面完成并投入规范运营。创建省级食品安全市期内未发生重大食品安全事故，群众食品安全满意率达到73%以上，食用农产品监测合格率达到97%以上，食品安全监督抽检合格率达到98%以上，2017年12月底顺利通过省专家组的考核验收。

党组书记、局长：赵宪锁
电话：0530-2110801
地址：定陶开发区顺达路西段路北
邮编：274100

（撰稿：张秋涓　核稿：赵宪锁）

曹　县

【概况】 曹县市场监督管理局（加挂曹县食品安全委员会办公室、曹县食品药品监督管理局牌子），组建于2015年6月，为县政府正科级直属部门，内设办公室、政策法规股、食品生产监督管理股、食品流通监督管理股、餐饮服务监督管理股、保健食品化妆品监督管理股、药品监督管理股、医疗器械监督管理股等15个股室；下设副科级市场监督管理执法大队和27个正股级乡镇（街道）市场监督管理所（加挂食品药品监督管理所牌子）。核定行政编制数233名、事业编制50名，现有在职人员759人。

2017年，曹县有食品生产企业89家，食品经营单位4082家，其中食品销售经营者2278户，餐饮服务经营者1493家（其中学校食堂254家）。药品生产企业3家，医疗器械生产企业16家，药品器械经营企业226家（城区61家、乡村165家），药品使用单位584家（公立医院6家、民营医院13家，乡镇卫生院28家、村卫生所537家），保健食品、化妆品经营单位812家（城区238家、乡村574家）。

【监督检查】 严格执行分级分类监管，对全县84家食品生产企业开展分级分类评级活动，其中A类企业6家，B类企业69家，C类企业9家，并根据级别制定印发年度检查计划。组织开展植物油塑化剂专项检查、严防真菌毒素超标粮食流入食品生产企业专项监督检查、食品添加剂使用“对标规范”专项整治、肉制品专项检查等活动，抓好农产品批发市场监督管理。督导喜地城批发市建立健全并严格落实进货检查验收、索证索票、购销台账等质量管理制度，指导建立农产品质量检测中心，并在醒目位置公布农产品快检结果。开展食品快检进市场活动，利用快检车，每周开展不少于10批次的抽检检测。把牛羊肉和瘦肉精列为监督抽检的重点品种和重点项目，加大抽检力度，增加抽检频次。突出抓好学校监管，严格落实四项检查制度，与所有学校签订责任书，在218所学校周边张贴食品安全消费警示，选取曹县民喜中学、曹县致远学校、曹县第一私立高中、曹县万通学校、曹县华梁中学等5所学校作为试点，学校快检室达到11个，录入系统快检信息7979条。全面启动“智慧监管”平台，所有一线执法人员安装手机端移动平台端口，可现场录入检查信息，完成信息数据录入1253条。

【专项整治】 2017年在全县范围内开展小作坊、小餐饮和食品摊点调查摸底工作，对其生产经营规模、从业人员数量、加工经营品种等进行详细登记，逐步分类建立监管档案。通过典型示范，重点围绕康地金街、新安江路等“三小”聚集区打造一批示范店、示范区、示范街；围绕韩集麻糖、练庄粉皮等地方特色食品着力打造小作坊示范集聚区。发放“三小”证件918户（其中小餐饮539户，小作坊30户，食品摊点349户）。组织开展地沟油、餐饮具、火锅店等专项检查，严查“两超一非”、购进使用过期、“三无”食品等违法行为。开展禽畜水产品专项整治，出动执法人员500人次，检查集中交易市场87个、水产品销售者72家、餐饮服务者162家，下达整改通知书43份。开展药械专项整治。检查批发总部8家次，零售企业270家次，责令整改278次。开展中药材、中药饮片专项整治，对辖区内的批发总部、零售药店、医疗机构开展中药材中药饮片专项整治工作，检查39家，下达责令限期整改通知书18份，立案查处5家；加强药械化妆品不良反应、药物滥用监测。联合县卫计局深入各级医疗机构进行督导检查，对乡镇医疗机构27家、县直医疗机构6家进行培训，培训人员450余人；收集上报药品不良反应847例，严重的107例，新的85例，新的严重的12例；医疗器械不良事件247例，严重的65例；化妆品报表73例；药物滥用报表23例。

【示范创建】 按照由点到面、示范引领的原则，由各监管所选取基础条件好、管理比较规范、责任心强餐饮单位参与创建，县局科室进行跟踪指导，全程指导山东银香大地乳业有限公司、菏泽盛庆食品有限公司完成示范企业材料上报、现场评审答辩等工作，全县有71家食品业户通过“食安山东”示范单位验收达标，“三品一标”认证个数达到143个。

【韭菜“双证制”】 联合曹县农业局印发推行韭菜“双证制”实施方案，召开银座、三信、快购、鲁商大中型商超、喜地城批发市场负责人座谈会。在超市、农村集市、广场张贴通告1000份，印制合格证、销售证2000本。从11月1日开始，组织27个乡镇监管所进行执法检查，发现没有双证的一律下架处置。组织监督抽检25批，快检125批次，移交农业部门不合格样品6批次。

党组书记、局长：苗丹
电话：0530-3205696
地址：曹县长江东路中段
邮编：274400

（撰稿：于庆军　核稿：苗丹）

单　县

【概况】 2015年6月25日，单县整合单县工商行政管理局、单县食品药品监督管理局、单县质量技术监督管理局职能、人员等，组建单县市场监督管理局（加挂单县食品安全委员会办公室、单县食品药品监督管理局牌子）。2016年12月25日，原单县食品药品监督管理局办公地点迁至单县市场监督管理局（地址：单县向阳路东段路北），内设办公室、政策法规股、食品安全协调股、食品生产监管股、食品流通监管股、餐饮服务监管股、药品市场监管股、医疗器械监管股、保健食品化妆品监管股、市场监督管理稽查大队；下设药品不良反应监测中心1个局属事业单位和22个乡镇食品药品监督管理所（正股级派出机构）。整合后，单县局核定编制165名，现有753名，从事食品药品监管人员193人名，行政编制125名，事业编制68人名。

2017年，单县有食品生产企业62家、食品经营单位6499家、小作坊21家、小餐饮132家；药品批发企业2家、药品连锁总部及门店314家、单体零售药店17家、医疗机构538家、医疗器械生产企业14家、保健食品经营单位137家、化妆品经营单位212家。

【监督检查】 2017年先后开展学校（托幼机构）食堂开放日活动、羊肉及其制品规范整治、医疗器械会销形式专项检查、进口食品专项整治、药品经营企业GSP认证工作及食品药品抽验等工作，稳步推进餐饮量化分级工作、厨房亮化工程工作。集中培训食品药品从业人员3712人次。督促食品生产企业完善产品质量管控体系，食品生产企业监督检查覆盖率100%。现场检查食品生产小作坊小餐饮100余家，责令改正30家。学校、幼儿园食堂的监督覆盖率达到100%，取缔餐饮经营单位11家，重大活动餐饮保障21次，新评A级餐饮单位10家、B级46家，厨房亮化35家。对7家药品经营连锁总部及314个门店开展跟踪检查，收回1家GSP证书。完成药品不良反应监测报告976份、医疗器械不良反应监测报告469份、化妆品不良反应监测报告3份。利用大众网、《菏泽日报》今日单县版、菏泽市局网站、单县人民政府网等媒体发送食品药品监管信息868条次，开展食品安全宣传周、食品药品安全知识进社区、进学校等活动，累计发放宣传彩页1.85万份。设立“12331”专线举报电话，制定有奖举报办法。

【监督抽检】 2017年完成食品国家级抽验6批次，检出不合格1批次，省级抽验112批次，检出不合格8批次，市级抽验202批次，检出不合格14批次，县级抽验2291批次，检出不合格106批次；药品省级抽验1批次验，市级抽验20批次，检出不合格4批次，县级抽验110批次，检出不合格26批次。对检出的不合格食品、药品，及时立案查处，查处率达到100%。

【专项整治】 先后开展“守护舌尖安全”综合治理、学校及周边食品、大桶水、羊肉及其制品、“三小”、打击医疗器械非法销售、打击保化品非法广告宣传、严查执业药师在岗在职、城乡接合部及农村小卫生室小药店的等13专项整治，出动执法人员6622人次，检查相关单位4231家次，立案112件（药械18件、食品94件），发出责令整改通知书124份，宣传或现场宣传112场次，取缔2家非法销售彩色平光隐形眼镜店，涉案货食品药品数 38 公斤，收回 1 家 GSP 证书，移送线索至公安机关 12 起。

【省级食品安全县创建】 召开创建动员大会，成立领导小组，从各个创建责任部门抽调业务骨干集中办公。建成病死畜禽无害化处理厂、定点屠宰厂、餐饮具消毒厂、农贸市场等硬件设施，投资 1000 多万元组建检验检测中心。在农贸市场、大中型超市、学校食堂建成快检室 26 个，配备 11 台食品流动快检车和 11 处快检室。引进专业化养殖公司，积极推进畜禽规模化、规范化养殖。投资 3500 万元建成投产 1 家病死畜禽无害化处理中心。选择 7 家基础条件较好，开展餐饮服务食品安全示范街、示范店创建工作。在交通要道、大型广场等人流量较大的场所设置永久性大型宣传标牌，每个行政村（社区）利用墙体设置不少于 10 处宣传标语。借助短信、微信、电子屏等现代媒介，广泛宣传创建工作。

党组书记、局长：李志卫
电话：0530−4728009
地址：单县向阳路东段
邮编：274300

（撰稿：李长伟　核搞：李志卫）

成武县

【概况】 成武县市场监督管理局（加挂成武县食品安全委员会、成武县食品药品监督管理局牌子），为正科级县政府直属部门。内设办公室、人事股、财务股、监察室、食品生产流通监管股、餐饮服务监管股、食品督查协调股、药品市场监管股、保健食品化妆品安全监管股等 21 个股室，下设市场监管执法大队、药品检验所、药品不良反应监测站等 8 个事业单位。14 个镇（街道办、县开发区）均成立市场监督管理所（加挂食品药品监督管理所牌子、局正股级派出机构）。核定编制 162 名，其中公务员 128 名，事业财政拨款 43 名，事业自收自支 301 名，工勤 2 名。

截至 2017 年底，县内有食品生产企业 42 家、流通单位 2604 家、餐饮服务单位 503 家，小餐饮 74 家，小作坊 161 家，食品摊点 174 家；药品经营企业 181 家，药品使用单位 328 家；医疗器械生产企业 10 家、经营单位 90 家、使用单位 328 家，保健食品经营企业 171 家，化妆品经营企业 280 家。

【监督检查】 贯彻落实“三小”条例，登记小餐饮 74 户，小作坊 161 户，食品摊点 174 户，确定 117 户“一对一助规范”工作帮扶对象。积极探索“智慧监管”模式，以食品快检能力建设为突破口，全面加强食品安全监管。注重两会、中高考、中秋节、国庆节等重大活动保障，对用餐的学校食堂、宾馆就餐的酒店实现监督检查全覆盖，制定食品安全应急预案，确保出现事故反应迅速，及时处置。建立“错时执法管理”机制，推行错时管理，进行轮流值班错时管理。办理 45 家菏泽市局委托的药品经营零售企业（连锁门店、单体门店）许可证的核发、变更、补发、注销等工作。随机抽取 40 余家认证合格后 24 个月内未进行跟踪检查的企业，进行跟踪检查。畅通投诉渠道，及时分流、及时督办、限时办结，受理食品 107 件，药械 34 件，保化品 13 件，办结率 100%。

【监督抽检】 全年完成食品检验 856 批次，合格 809 批次，合格率为 95%。抽检药品经营和使用单位 66 家，利用药品快检箱筛查 262 批次，完成地方监督抽检 90 批次，发检验报告 76 批次，其中不合格药品 4 批次。协助配合国抽 1 批，省评价抽检 6 批、专项抽检 2 批、重点监督抽检 40 批。

【专项整治】 2017 年先后开展春节、春秋季学校食堂、中高考、餐饮环节食用油、集体食堂等 20 余项食品安全专项整治。检查食品生产企业 200 余家次，餐饮服务单位 560 余家次，保健食品、化妆品经营单位 375 家次，查处无照经营、索证索票不齐全、超范围经营等违法案件 600 余起。开展麻醉药品、精神药品、含麻黄碱类复方制剂及不良反应报告数量较多品种等重点药品等专项整治，检查眼镜店、学校周边商铺、夫妻保健门市、医疗器械经营公司、药品经营企业等涉药单位 1200 余家次，医疗器械生产经营企业 50 余家次，责令整改药械企业、药店、诊所 200 余家次，责令整改 116 家次，立案查处 169 起，移交公安机关案件 4 起。

【食品快检全覆盖体系建设】 建立全县食品快检中心，推广商超食品快检，充分发挥食品快检车作用，安排专人在农贸市场、集贸市场、社区、广场为买菜群众免费开展食品快速检测，并通过电视台对外公示快检结果。在 14 个镇（办、区）市场监管所设立食品快检站，在基层监管所形成“监督检查—快速筛查—靶向抽样—法定检验—立案查处”新型食品稽查模式，全年对 1622 批次食品进行快速检测。

党组书记、局长：祝兆东
电话：0530−7356515
地址：成武县贾河社区南定砀路北

邮编：274200

（撰稿：孟凡涛　核稿：祝兆东）

巨野县

【概况】巨野县市场监督管理局（加挂巨野县食品安全委员会、巨野县食品药品监督管理局牌子）。内设办公室、食品监督管理股、餐饮服务监督管理股、医疗器械监督管理股等15个职能股室。下设副科级市场监督管理执法大队和17个正股级乡镇（街道办事处）市场监督管理所，负责食品药品监管执法等工作。全局核定编制360名，实有628人。

2017年，全县有食品生产企业51家，食品流通5812家，餐饮服务928家；药品生产企业2家，药品经营企业287家，医疗器械经营单位45家，医疗机构634家；保健食品生产企业2家，保健食品经营单位215家，化妆品经营单位119家。全县食品生产企业健康发展，其中花冠集团年产值3.52亿元，利税8439万元。医药生产企业2家，其中山东百维制药有限公司年产值6100万元，利税320余万元；山东鲁润阿胶药业有限公司，业务收入1.3亿元，利税154万元。巨野县局发挥政策、信息、技术优势，积极协助县委、县政府开展招商引资和大项目建设，协助、鼓励县内医药生产企业合资合作开展产品研发、技术创新工作，生物医药企业产品竞争力、市场占有率有效提升。

2017年，巨野县局严格落实监管责任，出动执法人员2.4万人次，监督检查食品药品生产经营使用单位8130家次，集中开展肉类制品、农产品、调味品等20余项专项整治，立案910起，移交司法机关2起。先后被评为“科学发展综合考核先进单位”“创先争优先进单位”“党的十九大安保维稳工作先进集体”“巨野县2017年度先进窗口”“2017年度全县信息工作先进单位”“2017年度网络文化工作先进单位”等称号。

【监督检查】量化评定食品生产企业，评出A级14个，B级28个，C级9个。完善“网格化”监管责任机制，对全县5800余家食品流通单位实施“一票通”追溯制度，指导发放食品流通环节“一票通”3.6万余本；开展餐饮服务监督量化分级和等级公示工作；组织保障两会、中高考、大项目观摩等20次重大活动饮食安全；对全县1100余家“三小”场所实施登记备案管理，开展“一对一”帮扶，实现规范提升；进一步简化办证流程，缩短办理时限，办理《食品经营许可证》3800余件；打造“明厨亮灶”餐饮单位130家，增设学校快检平台5处，上报示范学校食堂10个、示范店20个、示范街区2条。将新版GSP认证工作与日常监管、专项整治等工作有机结合，转报80家药店完成GSP认证；建立健全保健食品、化妆品监管信用档案95家，电子监管信用档案95家；对药品和医疗器械使用单位建立监管和信用档案。上报不良反应监测报表967例，其中药品719例，器械206例，化妆品42份。集中办理“12345”市长热线、市电视台《行风热线》、“12315”“12365”“12331”投诉举报热线等所有渠道案件，接受举报投诉116件，其中食品流通58件、餐饮33件、食品生产8件、医疗器械1件、药品12件、化妆品4件，群众满意率达99%以上。

【监督抽检】财政预算列支170余万元用于食品抽检专项经费，实现食品监督抽检4739批次，网络公示23期，抽检项目128496个，发现不合格食品144批次，抽检合格率97%，处置率100%。食品生产环节，国抽43批次，合格率95.34%，省抽86批次，合格率100%；食品流通环节，国抽13批次，合格率61.5%，省抽89批次，合格率87.6%，市抽112批次，合格率87.5%；餐饮环节，省抽40批次，合格率75%，市抽80批次，合格率95%。

【专项整治】相继集中开展守护“舌尖上安全”、春秋季学校食堂、学校及周边食品安全、学校食堂、职工餐厅、承接群体性聚餐餐饮单位、乡镇卫生院、小诊所、食用农产品、肉类及制品、水产品、调味品、节日食品及终止妊娠药品、含麻黄碱类药物、疫苗等20余次专项整治。开展党的十九大安保维稳、食品药品安全领域风险隐患排查化解等工作，出动执法人员2.4万余人次，执法车辆8000余车次，查处各类食品药品违法违规案件910余起。其中，药品违法案件296件，涉案货值2.06万元，医疗器械案件4件，2件假药案件移交公安机关。

【亮点工作】与巨野县委宣传部联合，对全县1100余名农村食品安全信息员和农村主厨组织开展操作技能培训；对全县1100余家食品加工小作坊、小餐饮、食品摊点从业人员集中开展规范提升暨从业人员食品安全培训；邀请具有资质的检验公司工程师对全县学校（含幼儿园）食堂、企业职工餐厅等重点监管对象食品安全快检平台建设进行系统培训；结合全年业务培训和法制任务目标，特邀知名高等院校教授专家授课，全员综合素质水平明显提升。

党组书记、局长：王备松
电话：0530-8225133

地址：巨野县新华路南段
邮编：274900

（撰稿：张建增　核稿：王备松）

郓城县

【概况】郓城县市场监督管理局（加挂郓城县食品安全委员会办公室、郓城县食品药品监督管理局牌子），为县政府正科级直属部门。内设办公室、食品监督管理科、餐饮服务食品安全监管科、药品监管科、医疗器械监管科、保健食品化妆品监管科、食品安全协调科等科室。下设23个正股级乡镇（街道）市场监督管理所（加挂食品药品监督管理所牌子）。全局核定编制460名，实有819人。

全县有食品生产企业100家、食品经营单位1223家、餐饮服务单位542家，药品批发企业2家，药品连锁总部及零售门店200家，单体零售药店26家；医疗器械生产经营企业8家，城区医院11家、乡镇卫生院34家、村级卫生室200家。保健食品生产经营企业300家，化妆品生产经营企业820家。

规模以上食品生产企业4家，山东省郓城县龙泉淀粉制品有限公司被评为“食安山东”食品生产加工示范企业；神舟食品有限公司是山东省无公害产品生产单位、农业综合开发重点产业化项目；水浒系列白酒被评为山东省优质产品，被评为“中国历史文化名酒”，荣获首届中国食品博览会金奖；山东省郓城县三羊食品进出口有限公司，被评为“山东省农业产业化重点龙头企业”“山东省肉类食品行业综合实力50强企业”，所生产的“三羊”牌冷冻调理羊肉制品被评为“山东名牌”。

【监督检查】办理“三小”食品备案登记1494件，其中小餐饮332件，小作坊208件，小摊点954件；新增宋江武校等5所学校快检室；申报“食安山东”品牌学校食堂示范单位4家；通过专家验收4D管理模式的餐饮服务单位1家；实现分类分级管理食品生产企业93家；建立由县食安办牵头、县局法制科为主体，联合公安、法院、检察院、纪检监察部门重大案件联合会商制度，移交涉嫌食品药品犯罪案件3起，批捕4人，刑事拘留6人；指导帮扶通过GSP认证药品企业11家；查获药品经营单位销售假“人用狂犬疫苗”案件1起；查处医疗器械生产经营企业和一级以上使用单位违法案件42件；上报药械化不良信息1552份；查处保健食品、化妆品违法案件32件。

【监督抽查】2017年，完成食品监督抽检6700批次、检验项目220万个，不合格食品225批次，抽检率5.02/千人；通过电视台、自媒体、纸质通告发布食品抽检公示信息13期，印制张贴抽检信息通告1.1万份；依法查处抽检不合格食品案件159起，公开销毁抽查不合格食品120公斤，处置率100%。快检中药饮片120批次，组织药品监督抽检100批次。

【专项整治】2017年，开展食用农产品、畜禽水产品、瘦肉精、餐饮具、白酒企业、乳制品、校园景区周边食品安全及春节、中秋等节日期间的专项整治行动50余次，查处食品违法案件840起。组织开展中药材（饮片）市场专项整治，监督检查药品零售企业和医疗机构34家，快检中药饮片120批次，组织药品监督抽检100批次；组织开展保健食品欺诈和虚假宣传、化妆品索证索票等专项整治行动20余次，查处保健食品、化妆品违法案件32件。

【省级食品安全县创建】成立由县委书记和县长任组长，县委副书记和常务副县长任常务副组长的“食安郓城”领导小组，57个部门单位主要负责人任成员，通过召开创建工作启动动员会、部门协调会、工作调度会等28次会议，研究制定“食安郓城”具体实施方案和明确的时间表、路线图。建立“党政同责，部门分工负责，经营主体为第一责任人”的责任机制。拨付农产品质量安全县创建资金118万元，建设农产品质量安全信息追溯平台；打造“绿色基地”，推进占地7000亩、总投资12亿元的菏泽市首个农业PPP项目——郓城县农业产业园建设；投资6000万元新建规范化农贸市场5处，改扩建2处，投资800万元建成县检验检测中心，配备专业技术人员58人；投资132万元新建流通领域快检室15处；2017年高质量、高标准完成每千人5.02份县级食品检验样本量，抽检经费400万元作为专项列入财政预算；投入2000万元配置大型食品快速检测车9部、基层监管所快检室13处、执法车辆41部，选聘乡村协管员、信息员1000余名，延伸食品安全监管工作触角，加强基层食品安全监管能力“十个一”标准化建设。加快推进“放心肉菜示范超市”创建。组织79场次的食品安全周宣传活动。

党组书记、局长：袁良臣
电话：0530-6522784
地址：郓州大道中段
邮编：274700

（撰稿：魏春　核稿：袁良臣）

鄄城县

【概况】 鄄城县市场监督管理局（挂县食品药品监督管理局牌子），设食品监督管理股、餐饮服务监督管理股、保健食品化妆品监督管理股、药品监督管股和医疗器械监督管理股5个行政股室、17个乡镇(街道）派出机构、稽查大队及药品不良反应监测站。现有人员498人；从事食品药品监管人员137名，其中公务员90人、参公3人、工勤2人、事业42人。

2017年，鄄城县有食品生产企业57家，食品批发单位290家，食品零售单位984家，餐饮服务单位391家，药品生产企业9家（含中药饮片加工企业7家），国家级中药材专业市场1处（舜王城中药材专业市场），药品经营单位105家，药品使用单位338家，保健食品经营单位123家，化妆品经营单位126家。

2017年，鄄城县局以巩固省级食品安全县创建成果为先导，扩大宣传攻势，践行食药法规，食品药品安全状况平稳向好。全年立案查处食品药品违法案件483起，发放《食品经营许可证》762张，《山东省食品小作坊小餐饮登记证》609张，全县全年未发生食品药品安全事故。

【监督检查】 对全县26家大中型超市进行公开评价，8家商超成绩优秀，结果统一向社会发布。推行韭菜产品合格证和市场销售凭证“双证制”管理，从源头韭菜批发户入手，实现全县韭菜经营户全部双证销售，韭菜产地准出、市场准入有机衔接。量化分级管理，5家学校食堂参与示范单位创建、32家餐饮单位参与“清洁厨房”建设，餐饮单位B级通过率达到70%，全县学校食堂全部达到B级。督促药械化经营使用单位落实药品安全主体责任，与药品经营户签订《2017年度药品安全责任书》。制定《鄄城县基层化妆品市场监管规范化建设三年提升工程实施方案》，并进行摸底调查。上报药品不良反应报告921份、医疗器械不良事件报告332份、化妆品不良反应报告45份。局党组班子成员、食品相关科室、基层人员每人都确定一个“三小”业户作为帮扶对象，进行“三小”在线助规范，规范小餐饮486家、小作坊123家。

【监督抽检】 全年完成食品快检3176批次，发现问题的品种进行送检；完成食品抽检2272批次，比2016年同期抽检总数增加30.5%，不合格率3.12%。完成药品监督抽检100批次，不合格率为20%，另配合菏泽市局完成药品重点抽检48批次。完成舜王城中药材专业市场中药材抽检100批次，不合格率17%。抽检结果在鄄城县政府网站和鄄城县局官方微信公众号及时公示，不合格报告书移交相应稽查队及乡镇（街道所）查处。指导大中型商超建立农副产品“快速检测室”6处。

【专项整治】 开展学校食堂及周边、化妆品标识标签、中药材（饮片）市场、医疗器械冷链经营专项等专项整治20余项。联合县教育局组织开展中小学食堂及周边食品安全整治，以“五毛”小食品、面制品、膨化食品、饮料为重点品种，对问题比较突出的学校食堂负责人开展约谈，监督检查学校食堂108户次，立案查处经营户15户。开展舜王城中药材专业市场集中整治活动，市场300余家商户签订质量管理承诺书，更换白色包装袋3万余条，完善标签2万余个，增加地垫500多个，查处违禁劣质中药材20多个批次、10多个品种，立案6起。全年专项整治出动执法人员1万余人次，查处案件140余起，责令整改200余家。

【“双随机一公开”抽查机制】 积极探索与审批制度改革相适应的“双随机一公开”抽查监管机制，制定实施方案和相关制度，成立工作小组。开发“食品药品监管双随机系统”软件，统筹协调内部联合，整合抽查任务，食品检查对象和执法人员随机抽取。进行行政审批现场核查60次、日常监管检查154次，检查中责令整改71家，行政处罚42家，现场核查时长缩短三分之一，日常检查问题发现率提升近20%。在鄄城县机构编制网公开食品药品监管随机抽查事项清单，在鄄城县政府网站开辟“鄄城县食品安全信息公开”专栏对抽查情况和结果、行政处罚案件及抽检情况进行公开，全年公开食品药品处罚信息6期，食品抽检情况公示25期。加强抽查结果的运用，对抽查发现的违法违规行为进行严肃处理；对抽查结果进行收集汇总和统计整理，通过数据监测、挖掘和比对分析综合研判近期食品违法活动特征，及时发现问题和防范系统性食品安全风险。

党组书记、局长：吕宪勇
电话：0530-2414333
地址：鄄城县孙膑南路116号
邮编：274600

（撰稿：陈倩　核稿：宁存光）

东明县

【概况】 东明县市场监督管理局（加挂东明县食品安全委员会办公室、东明县食品药品监督管理局牌子），为县政府正科级直属部门。内设办公室、人事科、财务科、政策法规科、食品监督管理科、餐饮服务监督管理科、保健食品化妆品监督管理科、药品监督科、医疗器械监督管理科、审批服务科、稽查科等15个科室，下辖1个县级开发区、2个城区办事处和12个正股级乡镇市场监督管理所（加挂食品药品监督管理所牌子），负责所驻辖区食品药品监管等工作。核定局机关行政编制55名，派出机构行政编制75名，实有455人。县内食品生产、流通、餐饮、保健食品监管对象2000余家，药械生产经营使用单位400余家，化妆品经营单位200余家。

东明县食品生产加工行业涉及粮食加工、饮料加工、冷冻饮品加工、糕点膨化食品加工、食用植物油加工、调味品加工、啤酒加工、豆制品加工、罐头食品加工、淀粉制品加工、炒货制品加工、速冻食品加工和食品添加剂加工等行业等方面。截至2017年底，有企业45户，从业人员2000余人，年产值约40亿元。生物医药规模以上企业12家。实现主营业务收入10.5亿元，利润总额0.6亿元。生物医药产业发展动力不足，主要存在产业规模小、品种单一、高端产品少、科技创新和市场开发能力弱等问题，企业主营业务收入普遍较少，产品附加值低，部分企业亏损。

2017年，东明县局围绕“严监管、重整治、保安全”，狠抓队伍融合、健全机制、职责落实、依法行政等重点工作，坚持问题导向，重点学校及周边、中高考期间、全国门球赛保障等食品安全整治和药品市场、保健食品市场等专项整治，全年立案查处76起、责令整改90多家，辖区未发生重大食品药品安全事故。

【监督检查】 2017年，东明县局，办理食品经营许可844件，“三小”登记备案458家，“三小”登记备案“一对一”帮扶完成率100%。餐饮单位完成量化分级400多家，“清洁厨房”达标24个，“明厨亮灶”50多家，督促并组织从业人员健康查体1800余人，建成并正常运转学校检测平台7个。划片分区推行网格化监管，15个基层监管所目标任务明确到人。对肉类、豆制品和保健食品等重点品种、学校及周边等重点区域，采取宣传引导、排查摸底、依法监管相结合，多举措推动企业落实食品药品安全主体责任。年内开展专项检查20次，拉网式检查1次，出动执法人员5000余人次，检查食品、药品、保健食品、化妆品和医疗器械企业（单位）2400余家次，覆盖率100%。上报药械不良反应（事件）监测报表900余份。开展食品抽验2438批次，其中61批不合格，合格率97.5%；药品快检410批，送检103批。“12331”投诉举报明确专人受理、专人查办、专人回复，受理35余起，办结率、回复率100%。

【监督抽检】 2017年，东明县局把食品抽验工作摆上重要议事日程，一把手亲自抓，分管领导靠上抓，以综合协调科为主，食品生产、流通、餐饮、食品稽查队、快检室、各食药所全力配合，协调推进，科学分工，明确责任，做到早动员、早部署、早行动，超额完成2400批的年度计划，最终完成年度抽验2438批次。采取强化领导，明确责任；突出重点，全面推进；争取资金，委托抽验；严把资质，严控录入；问题导向，迅速处置等有力措施，围绕重点品种、重点领域、重点环节、重要时段及高风险产品加大抽检力度，针对食品问题多发区、农贸市场、食用农产品、学校食堂食品等抽检重点品种和区域，提高抽检靶向性。2017年，完成国抽39批次（不合格1批），省抽109批次（全部合格），市抽299批次（不合格19批），监督抽检2438批次（其中农产品975批次），监督抽验不合格61批次，国、省、市和县局监督抽验完成率均达100%，合格率97.5%，问题发现率2.8%，问题处置率100%。录入率和录入正确率双100%。

【专项整治】 2017年，东明县局相继开展学校及周边、中高考、全国门球赛保障等食品安全整治和药品市场、保健食品市场专项整治，出动执法人员1600余人次，张贴公告、发放宣传资料等4000余份，移交案件3起，查处假劣药械3个品种、5个批次，没收非法生产经营食品400余公斤，有力打击辖区内涉食涉药违法行为。

党组书记、局长：李云飞
电话：0530-7212658
地址：东明县曙光路东段
邮编：274500

（撰稿：李首红　核稿：李云飞）

菏泽经济开发区

【概况】 菏泽市经济开发区市场监督管理局（加挂菏泽市经济开发区食品药品监督管理局、菏泽市经济开发区食品安全委员会办公室牌子，正科级单位，属开发区管委会直属部门。内设办公室、食品药品监管科等7个科室，增设投诉受理中心；下辖开发区市场监督管理执法大队（正科级财政拨款事业单位）和丹阳、岳程、佃户屯3个市场监督管理所，副科级。核定行政编制37名，事业编制20名。全局有115人，其中公务员41人，事业编制74人。

2017年，辖区有食品生产企业50家，餐饮服务单位720家，食品经营店1300余家，药品经营单位96家，医疗器械经营单位95家，医疗机构97家（村卫生室 85 家，医院 12 家），保健食品经营企业 68 家，化妆品经营企业 110 家，美容美体店 139 家。

2017 年，经济开发区局扎实推进重大活动食品安全监管力度，相继开展两会餐饮服务、山东省第 17 届职工运动会餐饮、全市政协委员培训会议餐饮等食品安全保障工作，均保质保量圆满完成各项监管任务，确保重大活动期间饮食安全，并被菏泽市政协通报表扬。

【监督检查】 全年办理食品经营许可 1232 户，药品行政许可 9 户，审核药品零售经营企业 GSP 认证申报材料 11 户。在全区开展“三小”业态调查摸底工作，登记小作坊 18 户，小餐饮 206 户，食品摊点 21 户，共计 245 户。按照属地监管原则，加强保健食品、化妆品日常监管，4 月 21 日，举办保健食品、化妆品从业人员培训班，130 余人参加。检查保健食品经营单位 69 家，化妆品经营单位 72 家。建立保健食品、化妆品经营企业“一企一档”“一店一档”纸质及电子档案，全部完成辖区大型商场超市、专卖店的保健食品、化妆品经营企业的建档工作。完成辖区内白癜风医院制剂室、花城气体厂、菏泽福美来医用包装有限公司、华鹏玻璃（菏泽）有限公司等 4 家药品生产企业监督检查，出动执法人员 30 人次，发现 39 项缺陷项，督促逐项完成整改。

【监督抽检】 组织开展食品快检点、快检车检测食品 1.4 万余批次，合格率 99%。配合菏泽市局开展重点食品监督抽检，监督抽检 248 批次，不合格 12 批次，合格率 95.2%。餐饮环节市级监督抽检 30 批，不合格 4 批次，合格率 86.7%；国家级监督抽检 17 批，不合格 1 批次，合格率 94.1%。流通环节茶叶专项监督抽检 3 批，全部合格。生产环节完成中央转移地方抽检任务 74 批次（国抽、省抽），不合格 1 批次，合格率 98.6%；市抽 18 批次，全部合格。完成全年区级监督抽检 1340 批次，上半年抽检 600 批次，合格率 94%，下半年 740 批次，合格率 92%。对辖区药品生产企业、医疗机构制剂室、医院、药店进行监督抽检，完成对零售经营环节及使用环节的共计 20 个批次的监督抽检，配合菏泽市局及市检验中心完成 6 个批次的中药饮片专项抽检，配合省局 5 个批次的评价性抽检，合格率均为 100%。

【专项整治】 以创建省级食品安全市为抓手，相继开展夜市餐饮摊点、畜禽水产品、肉制品、乳制品、饮料、蜜饯、学校食堂、学校周边及校园内食品经营单位等食品专项整治，检查集贸市场 28 个次，检查商场、大中型超市 39 户次，学校食堂（含托幼机构）共计 26 户次，检查食品经营者 2876 户次，其中检查现场制售 64 户次，查处无照经营 21 户，有效维护辖区食品市场经营秩序。

【省级文明城市创建】 层层签订责任状，明确奖惩措施，制定具体实施方案，确定工作目标。采取机关科室与基层所两级联动的方式，划分 5 个网格，分块进行地毯式清查，摸清底数，分类做好提升、整治、取缔台账。简化许可程序、缩短许可时间，及时做到证照齐全，免费发放文明餐桌公约牌、禁烟标志牌、食品公示牌，检查经营商户 3718 户，其中无照 179 户，无证 98 户，下达《限期整改通知书》277 份，规范公益广告 79 户，发放 LED 宣传单 4000 份，LED 创城宣传标语上屏 689 户。配合区办事处、商务局、社发局、城管局、卫计委等部门做好集贸市场、户外广告、经营性公共场所等规范监管工作。同时，积极参与全区引导文明出行活动，在和平路与中山路交叉口按照执勤，引导市民遵守交通法规，文明出行。

【推进“放管服”改革成果】 继续推进注册资本登记制度、“先照后证”“三证合一、一照一码”等相关改革事宜，实施简政放权，推进注册便利化，简化审批环节，最大程度降低设立企业门槛和创业成本，有效激发经营者的投资创业热情，市场主体数量显著增加。办理“三证合一”和“两证整合”6600 户，食品经营许可 1232 户，药品行政许可 9 户，审核药品零售经营企业 GSP 认证申报材料 11 户；接待登记咨询 1.8 万余人次。坚持“双告知”事中事后监管制度，将登记注册信息及时告知企业和开发区社会发展局，告知 2103 户次。

党组书记、局长：张文阁
电话：0530–5315415
地址：菏泽经济开发区中山路 226 号
邮编：274000

（撰稿：孔红霞　核稿：张文阁）

菏泽高新技术产业开发区

【概况】 菏泽高新技术产业开发区市场监督管理局是菏泽高新区管委会正科级直属部门，业务上接受市级工商、食品药品监管、质监部门指导，承担辖区内食品药品、工商、质量技术监督管理和行政执法职能。内设综合监管科、食品监督管理科、药品监督管理科、公平交易科等 6 个股级科室和投诉举报中心、个体私营经济服务中心 2 个股级事业单位。下设吕陵、万福 2 个股级市场监督管理所，负责所驻辖区食品药品监管等工作。核定行政编制 24 名，事业编制人员

8名，实际到位人员31人。2017年，区内有食品生产企业28家、食品经营企业166家、餐饮服务单位170家；药品生产企业12家，医疗器械生产企业4家，药包材生产企业2家，药品批发企业15家，医药连锁门店22家，一级医院4家，门诊卫生室60家。

2017年，高新区局把创建山东省“食品生产加工示范基地”和省级“食品安全城市”作为加快新旧动能转换的重要抓手，多渠道推进，多层次发力，着力提升全区食品安全监管效能。通过“示范基地”和“食安城市”双创双建，食品企业的食品安全意识明显增强，主体责任得到落实，食品经营者普遍加强食品生产痕迹化管理，区域食品安全水平明显提高。

【监督检查】 开展药品生产企业跟踪检查、中药材市场质量检查、药品流通领域违法经营行为专项检查、新版GSP跟踪检查、新修订《药品经营质量管理规范》监督实施检查、城乡接合部药店和门诊专项检查、医疗器械专项检查。对全区“三小”业态进行拉网式排查，摸清“三小”业态数量、分布范围、规模人员等基本情况；在学校、社区、市场、“三小”经营业户等场所，张贴悬挂宣传画200张、发放宣传彩页500份、组织调查问卷100份；开展“三小”业态“在一线助规范”活动，采取一对一方式帮扶指导“三小”业户规范提升。全年办理小作坊、小餐饮登记106家。与辖区26家食品生产企业签订《食品安全告知书》《承诺书》，督促企业严格按照食品安全法的自觉履行食品安全主体责任。结合7月食品安全周活动，开展“透明工厂”体验日活动。8月，高新区局联合区社会发展局在创业大学联合举办全区学校食堂（幼儿园）及各类餐饮单位食品安全培训班，邀请专家针对食品安全法律法规和餐饮服务食品安全操作规范进行培训。启动山东省食品药品安全“智慧监管”工程工作，分行业归纳注册信息，建立网络监管基础，按时完成“智慧监管”平台初期建设。

【监督抽检】 全年完成生产领域省抽12批次，市抽6批次；流通领域省抽监督抽检24批次。餐饮服务行业实施餐饮省抽24批次。专项抽检华信制药公司阿胶原料1批次；组织区抽检鲜蛋、蔬菜、水果、淀粉及淀粉制品、蔬菜制品、调味品等食品440批次，足额完成创建食品安全城市每千人4批次抽检任务，抽检结果在高新区网站公示300批次。同时，实施食品快检44批次，监督抽检128批次。

【专项整治】 开展“食品安全进校园”专项治理，春季开学后，对学校食堂食品进行安全检查，出动执法人员42人次，出动执法车辆9车次，检查学校食堂10家、幼儿园食堂4家、初级中学食堂4家、中等职业学校2家，限期整改5家。利用秋季学校开学后的一个月时间，对全区中小学、幼儿园及校园周边食品经营者开展食品安全风险隐患排查整治。开展高风险食品排查，从亮证经营、安全承诺、单据留存、“一票通”等入手，对重点品种包括面制品、芝麻油、生鲜肉、粉条等进行检查。开展农村市场食品安全专项检查，针对集贸市场等重点区域，着重规范农村市场食品经营者在进销货查验记录、索证索票、食品安全自查自检等关键环节的经营行为。开展药品市场专项整治，累计出动药品执法人员80余人次。组织开展疫苗、中药饮片、村卫生室药品、计划生育药品、药品生产环节等专项执法检查，检查药品经营和使用单位180余次。

【示范创建】 召开“食品生产加工示范基地”发展规划论证会议，对创建期末15项主要预期目标全部进行量化，每一项创建任务都落实责任单位。按照《食品生产许可证审查通则》的要求，帮助企业完善质量管理体系，指导企业改进工艺流程，健全规章制度，细化申报材料。高新区食品生产企业协会定期召开会议，通报食品安全形势，排查食品安全风险，开展食品生产企业员工监督食品安全，企业岗位比武和技能比赛等活动。与区卫计委、社发局等涉及食品安全的部门协调联动，保持和新闻媒体的密切联系，开展“大众网友进企业”“透明工厂日”等活动，合力强化食品安全的全方位监督。5月“食品生产加工示范基地”通过省食安办组织的专家评估，11月顺利通过省食安办的验收答辩。

党组书记、局长：仝卫东
电话：0530-6200319
地址：菏泽市中华西路2059号
邮编：274000

（撰稿：郭福才　核稿：孟雪启）

大事记

2017 年山东省食品药品监督管理大事记

1 月

2016 年 12 月 31 日—2017 年 1 月 13 日

省食安办对拟命名的山东省食品安全示范城市、食品安全先进县名单进行公示。

1 月 3—13 日

3 日，省局制定《2017 年省“两会”食品安全保障监管工作方案》，安排部署省“两会”食品安全保障监管工作。4—6 日，省局对淄博、潍坊、烟台、枣庄、菏泽 5 市食品生产企业开展飞行检查。5 日，省局印发《关于做好 2017 年省“两会”餐饮安全保障监督抽检工作的通知》，组织开展专项抽检。9—11 日，省局对 4 家省“两会”食品安全重大活动餐饮服务保障单位进行现场监督检查。12 日，省局副局长陈耕组织召开省“两会”食品安全保障监管工作部署会，对省“两会”食品安全保障监管工作进一步作出安排。13 日，省局印发《2017 年省“两会”食品安全保障监管工作方案》，对省“两会”食品安全保障监管工作作出具体安排。

1 月 9 日

省药品不良反应监测中心召开首次生产企业（威高集团）不良事件数据反馈与风险交流会。

1 月 9—17 日

9 日，省局党组副书记、副局长桂敦山召开省局第三轮第一书记报名动员会，部署做好省局及直属单位第三轮第一书记报名工作。16 日，省局党组会研究同意省局餐饮服务食品监管处李玉陵等 5 人担任第一书记，本次帮包地点为菏泽市成武县白浮图镇徐官庄村等 5 个行政村。17 日，省局副局长李超群、廖发银到东平县新湖镇第一书记帮包村，开展春节走访慰问活动，看望困难群众和老党员。

1 月 10 日

山东药品食品职业学院召开全体干部职工会议，宣布省委组织部关于学院领导班子党政正职任免的决定。刘玉东任山东药品食品职业学院党委书记；张晖任山东药品食品职业学院院长。张立敏不再担任山东药品食品职业学院党委书记；李爱玲不再担任山东药品食品职业学院院长、党委副书记。

1 月 11 日

省局党组印发《关于认真开好 2016 年度民主生活会的通知》《关于在“两学一做”学习教育中召开专题组织生活会和开展民主评议党员工作的方案》。

1 月 12 日

省局党组印发《关于做好党的十九大和省第十一次党代会代表推荐提名工作实施方案》，组织做好党的十九大和省第十一次党代会代表推选工作。

1 月 13 日

全国食品药品职业教育教学指导委员会师资队伍建设工作委员会成立大会暨第一次委员工作会议在山东药品食品职业学院召开。

1 月 17 日

省十二届人大常委会第二十五次会议举行全体会议，听取省人大法制委员会关于《山东省食品小作坊小餐饮和食品摊点管理条例（草案）》等审议结果的报告。省局党组书记、局长马越男列席会议。18 日，省十二届人大常委会第二十五次会议高票通过《山东省食品小作坊小餐饮和食品摊点管理条例》。

1 月 20 日

省食安委召开省食安委全体会议。会议通报山东省 2016 年食品安全工作情况和 2017 年工作打算，听取省食安办负责人关于山东省首批示范创建试点市、县验收情况、拟推荐、表彰示范创建单位名单和《“食安山东”品牌建设实施意见》《山东省食品安全先进市、县（市、区）创建管理办法（暂行）》起草情况的汇报，安排部署下步工作。会议由省委常委、常务副省长、省食安委主任孙伟主持。副省长、省食安委副主任王书坚出席会议并讲话。

1 月 22 日

国家总局药品审评中心召开 2016 年度总结表彰暨党风廉政建设工作会议。省局挂职团队继 2015 年后再获“先进挂职团队”荣誉称号，刘斐等 3 人被评为“解决积压先进个人”。

1 月 23 日

省局直属机关党委召开第一次会议，研究党建工作，推荐优秀共产党员和工会积极分子。

1 月 25 日

省局发文同意在瑞康医药股份有限公司开展集团内药品直调试点。

1 月 27 日

省局举办 2017 年春节联欢会，局机关全体人员及直属单位参加。

2月

2 月 3 日

省局印发《内设机构职责》，公布新修订的“三定”方案，药械风险管理处、行政许可处正式成立。

2 月 4 日

省食安办印发《关于命名山东省食品安全示范城市、山东省食品安全先进县（市、区）的通知》《山东省食品安全先进市、县（市、区）创建管理办法（暂行）》。

2 月 6—7 日

省局对省“两会”餐饮保障单位进行重大活动食品安全监督检查。

2 月 6—23 日

省局直属机关党委召开第二次会议，研究相关党建工作。23 日，省局直属机关党委召开第三次会议，研究机关党建相关工作，印发《中共山东省食品药品监督管理局直属机关委员会关于公布局机关有关处室党支部书记和党支部委员会成员的通知》。

2 月 9 日

省局副局长李宇红主持召开行政许可工作交接会议，安排部署行政许可工作。

2 月 10 日

省局印发通知贯彻落实国务院关于第三批取消中央指定地方实施行政许可事项的决定。

2 月 13 日

省食安办印发《关于继续做好蒜薹质量安全风险防控工作的通知》，要求济宁、临沂市食安委按照省政府领导批示要求，高度重视并切实加强蒜薹风险防控工作，及时消除风险隐患。

省局在济南召开全省食品流通和餐饮监管工作会议，贯彻落实全国食品经营监管工作会议和全省食品药品监管工作会议精神，总结 2016 年食品流通和餐饮监管工作，分析面临的形势，部署安排 2017 年工作任务。

省局部署开展 2017 年无菌和植入性等医疗器械监督检查，印发《关于做好 2017 年度无菌和植入性等医疗器械监督检查的通知》，明确检查目标、范围、重点和工作要求。

2 月 14 日

省局印发《关于及时公告学生小饭桌登记情况的通知》。21 日，省局在省局网站公布 8322 家学生“小饭桌”名单。

省局第三轮第一书记正式赴菏泽市成武县开展帮扶工作，为期 2 年。

2 月 15—16 日

省局召开全省食品生产监管工作会议，总结 2016 年工作、安排部署 2017 年工作。

2 月 20 日

省局研究制定全省食品生产环节重点风险信息和监督抽检风险清单及防控措施。

省局根据副省长王书坚在《对顺利推进我省仿制药一致性评价工作的建议》上的批示要求，与省科技厅衔接仿制药一致性评价推进工作。

省局党组书记、局长马越男主持召开全省食品药品安全“智慧监管”工程项目建设专题会。

2 月 21 日

省局印发《关于认真贯彻落实习近平总书记重要指示精神积极开展宪法学习宣传工作的通知》，将学习宣传宪法作为“七五普法”的重要内容，列入年度普法计划。

2 月 22—24 日

省局参加全国食品药品监管系统科技标准工作会议，以“服务监管 引领监管，加强科技支撑能力建设”为题作典型发言。

2 月 23 日

省政府印发《关于推进省以下财政事权和支出责任划分改革的意见》，将跨区域食品药品安全保障确定为省级财政事权，将食品药品安全确定为省与市县共同财政事权。

省局印发《2017 年餐饮安全监管工作计划》。

2 月 24 日

省局印发《2017 年全省流通环节食品安全监管工作计划》。

2 月 27 日

省局印发《山东省食品小作坊小餐饮和食品摊点条例宣传贯彻工作方案》，启动全省系统宣传贯彻工作。

2 月 27—3 月 1 日

省局在济南召开全省药品生产监管工作会议，省局副巡视员辛仁东出席会议并讲话。

2 月 28 日

省局印发《山东省食品药品安全“十三五”规划实施任务分解方案》，对全系统各级各部门规划实施工作提出明确要求。

省局印发《关于通报 2016 年食品安全监督抽检不合格食品生产企业名单的通知》，要求各市局加强对抽检不合格企业的日常监管和监督抽检。

省食安办印发《2017 年全省“守护舌尖安全”整治行动总体方案》，针对公众反映强烈的突出问题和抽检监测发现的食品安全风险，围绕重点区域、重点环节和重点品种，开展五个方面的专项整治，防范区域性、系统性风险隐患，保障公众“舌尖上的安全”。

2月28—3月1日

省局在济南召开全省医疗器械监督管理工作会议。会议充分肯定2016年全省医疗器械监管工作，分析当前面临的形势和任务，对2017年全省医疗器械监管工作进行部署。省局副巡视员刘本功出席会议并讲话。

3月

3月1日

省局副局长廖发银主持召开省局离退休干部工作领导小组会议，审议通过《2017年省局老干部工作要点》。

3月1—2日

省局在济南召开2017年全省药品市场监管工作会议，传达学习全国药品监管工作会议精神，总结2016年全省药品市场监管工作，部署2017年药品市场监管工作主要任务。省局副巡视员辛仁东出席会议并讲话。

3月2日

省局对网络订餐食品安全进行双随机检查，分别对饿了么济南分公司以及饿了么、美团外卖、百度外卖等线下6家餐饮经营实体店进行现场监督检查，并通过网络订餐方式购买30份样品，安排省食品药品检验研究院进行检验。

3月3日

省局召开《山东省食品小作坊小餐饮和食品摊点管理条例》新闻发布会。省局副巡视员刘本功出席并介绍《条例》制度设计主要内容及宣传贯彻工作的安排和部署。新华网、《中国医药报》、省电视台、大众网、齐鲁网等近20家媒体记者参加新闻发布会。

3月5—25日

省局赴美开展药品审评审批与监管模式培训，学习和借鉴美国药品在注册、生产质量管理规范、产品召回机制以及政府部门的权威引导等方面的经验和做法。省局副局长李宇红带队，局机关、直属单位以及相关市局18人参加。

3月6—8日

全省抽检监测暨考核工作会议在济南召开，会议传达全国食品安全抽检监测和预警交流工作会议精神，总结2016年全省抽检监测、考核、风险管理和统计工作情况，安排部署2017年工作。

3月8—23日

8—9日、22—23日，省局党组书记、局长马越男分别到淄博、日照调研餐饮质量安全提升工作。8—10日，省局党组成员、副局长陈耕带队赴菏泽、泰安就餐饮质量安全提升进行实地调研。

3月8—28日

8日，省局印发《2017年药化生产监管工作要点》《2017年度药品生产监督检查计划》，安排部署全年药品化妆品监管工作，确保各项工作科学有效。省局召开动员部署会议，派检查组对山东省28家（30个受理号）医疗机构开展药物临床试验资格认定和复核检查工作。9—18日，开展集中检查。28日，召开集体审核会议，顺利完成山东省药物临床试验机构资格认定和复核检查工作。

3月10日

省局印发《2017年全省食品药品监管法制工作要点》，明确全省法制工作思路以系统法治建设为统领，加强监管制度建设，强化执法监督，深化放管服改革，推进诚信体系建设，促进严格规范公正文明执法，为食品药品监管改革创新提供强有力的法治保障。

3月13日

省局印发《关于下达2017年度省级食品安全抽检监测计划的通知》《关于印发国家总局〈2017年食品安全监督抽检计划〉和〈2017年食品安全风险监测计划〉实施计划的通知》。

省局印发《2017年全省药品化妆品市场监管工作要点》《2017年全省药品化妆品市场监督检查计划》。

省局在济南召开全省食品药品监管系统网络安全与信息化培训班。邀请公安部信息安全等级保护中心、电子科技大学有关专家，就网络安全和大数据提升政府治理能力进行专题讲座。培训采取视频会议方式，总计1000余人参加。

3月13—29日

13—15日，省局完善行政受理中心设施布局，调整设立行政许可咨询室。16日，省局确定行政许可咨询事项与咨询时间，发布关于行政许可事项咨询服务的公告。20日，省局行政许可处、注册处、审评中心进驻行政受理中心，开展电话和现场咨询服务。21日，省局启动产品注册咨询服务工作，分时间分专业积极开展“面对面”“一对一”咨询指导服务。27日，省局副局长李宇红到行政受理中心检查许可咨询服务工作。29日，省局党组书记、局长马越男，副局长李宇红到行政受理中心调研，对行政受理中心工作定位和许可咨询服务等工作提出要求。

3月14—16日

省局在济南召开全省食品药品安全科技标准工作座谈会。会议通报全省检验检测机构考核评价、食品检验检测技能竞赛及“智慧监管”项目进展情况，解读“十三五”期间全省系统信息化发展思路。省局党组副书记、副局长桂敦山出席会议并讲话。

3 月 15 日

省食安委印发《关于全面贯彻落实山东省食品小作坊小餐饮和食品摊点管理条例的通知》，对贯彻落实工作作出部署，并对加强宣传培训、加快完善制度措施、坚持监管与服务并举等工作明确市县人民政府、省食安委有关成员单位的任务分工。

省内第一家网络第三方平台在省局备案。

3 月 17 日

省局网上公开征求《山东省食品小作坊小餐饮登记管理办法》意见。

3 月 21 日

省局发布《收回药品 GMP 证书公告（2017 年第 1 号）》和飞行检查通告，收回平邑多尔药业有限公司和山东顺天易中药饮片有限公司两家公司 GMP 证书，公布检查情况，并印发《做好飞行检查后期处置工作的通知》，安排查处事宜，同时针对河北兴隆希力药业有限公司平邑车间发现问题通报河北省局。

省局印发 2017 年全省药品评价抽检实施方案，明确各环节的任务批次，并对抽检的范围、进度、抽样方法、抽样程序等细节提出具体要求

省局下达 2017 年全省药品质量抽检工作计划，安排省级药品质量抽检 9850 批，地方监督抽检 14260 批，并根据问题导向原则，对具体任务、批次、重点企业和重点品种进行明确，切实提升抽检针对性和靶向性。

3 月 22 日

省局印发 2017 年药包材质量监督抽检工作计划，对 199 批药包材的抽检品种、批次、包装、检验项目和抽样方案进行详细规定。

省局印发《山东省抽检不合格药品核查处置工作程序（试行）》《山东省药品质量抽检信息公布工作制度（试行）》，明确处置流程，进一步规范抽检不合格药品的核查处置和信息公布。

3 月 23 日

省局印发 2016 年生产环节全省食品安全监督抽检不合格食品企业名单。

3 月 25 日

省政府办公厅印发《关于“食安山东”品牌建设的实施意见》，进一步深化“食安山东”品牌引领行动，大力实施品牌强省战略和食品安全战略。

3 月 27 日

省局党组书记、局长马越男主持召开专题会议，听取稽查局工作情况汇报，分析稽查工作存在的困难和问题，研究加强稽查执法工作的措施。省局副局长陈耕、驻局纪检组刘明组长出席会议，省局相关处室负责人以及稽查局中层以上干部、相关案件办理人员参加会议。

3 月 27—30 日

省局对济南、菏泽 3 家中药饮片生产企业进行飞检，收回 2 家药品 GMP 证书，对 2 家涉嫌违法违规的企业责成相关市局进行立案查处。

3 月 28 日

省局召开 2017 年全省药品抽检工作会议暨评价抽检培训班，会议传达全国药品抽检工作会议精神，总结 2016 年药品抽检工作，分析面临的形势和存在的问题，研究部署 2017 年重点工作，会后组织开展全省第一批评价性抽样。

3 月 30 日

组织召开第一季度省食安委部分成员单位联席会议，通报风险监测情况，研究“食安山东”品牌建设、专项整治等工作。省公安厅、农业厅等 12 个成员单位以及省局相关处室和稽查局的相关人员 20 余人参加会议。

省局与济南海关、济南口岸办进行座谈，研究建立药品进口管理协作工作机制。

3 月 31 日

省局稽查局及各市局开展以“12331 守护食品药品安全”为主题的系列宣传活动。

4 月

4 月 1 日

省局组织召开深化药品审评审批制度改革工作会议，传达全国药品注册会议精神并部署改革重点工作。省局副巡视员辛仁东出席会议并讲话，省局相关处室和直属单位负责人参加会议。

4 月 5 日

省局对落实“放管服”改革任务进行自查并将自查情况报告省政府办公厅。

省局印发《全省 2017 年全省化妆品生产环节监督检查计划》，计划全年开展跟踪检查、随机检查和有因检查 30 家次，占全部企业数的 30%，并首次公布 10 家跟踪检查企业名单。

4 月 4—15 日

省局党组书记、局长马越男陪同全国人大来山东省开展《药品管理法》执法检查工作。

省局副巡视员刘本功到淄博市新华医疗器械、新华制药等单位开展实地调研。

4 月 5—21 日

5 日，省局召开省第十一次党代会食品安全保障工作会议，对会议保障工作作出部署安排。省局党组成员、副局长陈耕出席会议并讲话。7 日，省局安排部署省十二届人代会第七次会议食品安全保障工作，制定具体保障方案。14 日、17 日，省局对十二届人大第七次会议餐饮接待单位食品安全进行专项检查。

21 日，省局陪同省人大常委会副主任夏耕检查十二届人大第七次会议代表接待餐饮单位食品安全。

4 月 6—9 日

省食安办组织济南、青岛、烟台、潍坊、威海等 5 个创建市到北京参加国家食品安全示范城市综合评议，5 个市政府负责人针对达到创建标准所采取的措施及取得成效、存在的主要问题和巩固创建成果的工作思路、措施等进行现场汇报、答疑，得到与会专家们的一致好评。

4 月 7 日

省局与省交通运输厅、山东高速召开联席会议，研究推进服务区食品安全工作措施。

省局印发《放心肉菜大中型商超公开评价方案》。评价采取“双随机一公开”的方式，依法对大中型商超食品安全管理合规性、销售食品（含食用农产品）质量安全水平、食品安全管理员安全知识水平等 3 个方面进行检查。并分别于 6 月和 10 月完成 2 次集中评价。

省局第二轮第一书记派驻地东平县委负责人带队送 5 名第一书记返回工作单位，代表派驻地党委、政府向省局赠送锦旗。省局选派第二轮 5 名第一书记，顺利通过省委组织部考核验收，圆满完成帮包扶贫任务。

4 月 7—14 日

全省初级药品 GMP 检查员培训班在威海召开，全省各级监管人员 160 人参加。培训结束后对威海 13 家药品生产企业进行模拟检查，对全省 32 家药品生产企业开展跟踪和随机检查。

4 月 10 日

省局印发《2017 年全省化妆品抽检监测工作计划》。2017 年山东省化妆品抽检监测计划共计 1062 批次，包括国家抽检监测任务 450 批次及省级抽检监测任务 612 批次，省抽生产环节安排 152 批次，流通环节安排 460 批次。风险监测计划 120 批次。

4 月 10—28 日

省食安办对拟列为国家食品安全示范城市的济南、青岛、烟台、潍坊、威海等 5 个市在省政府网站、省内主流媒体及省局门户网站向社会公示。

4 月 11—14 日

11—13 日，世界银行贷款中国食品安全示范项目专家鉴别团在山东省开展实地调研和项目鉴别工作。14 日，省局党组副书记、副局长桂敦山参加国家总局世界银行贷款中国食品安全项目工作会。

4 月 12 日

省局上报省考核办《关于调整“山东省食品药品安全考核”形式的报告》，拟将“山东省食品药品安全考核”分别按照“山东省食品安全考核”和“山东省药品监管考核”制定实施方案和考核细则，改变原有考核模式。

省局参加世界卫生组织与国家总局食品药品审核查验中心对山东省药品审评认证机构和药品 GMP 检查员能力建设情况检查。

省局召开药品批发企业《药品经营许可证》变更及委托药品现代物流企业储存配送药品有关问题的专题会商。

4 月 13 日

省局研究药品追溯体系建设相关问题，就电子监管码停用后山东省药品生产企业追溯体系建设情况进行了解，研究药品生产环节追溯体系建设初步方案。

4 月 13—14 日

省局汇总全省先行提升餐饮质量安全实施方案，编写《山东省先行提升餐饮质量安全水平“1+1”措施白皮书》。

4 月 17—28 日

省食安办启动开展 35 个省级食品安全县(市、区）中期评估工作。

4 月 18 日

省局印发学校食堂食品安全飞行检查通知，安排部署省市县三级为期 1 个月的以学校食堂为主，校园、旅游景区周边食品安全为辅的飞行检查。

省局发布 2017 年第二期药品质量公告，12 批次重点监督抽检假冒生产药品目录，6 批次重点监督抽检不符合标准规定药品目录。

省局印发《关于学习习近平总书记重要指示精神有力有效推进“两学一做”学习教育常态化制度化的通知》。

4 月 18—19 日

省局举办全省食用农产品批发市场监管业务培训班，各市局食品流通科（处）、食用农产品批发市场所在基层监管所监管人员总计 200 多人参加培训。

4 月 18—21 日

省局牵头组织对山东宏益腾药业有限公司进行飞行检查，对该公司被投诉有关情况进行调查处置。

4 月 19 日

省局组织召开深化药品医疗器械审评审批制度改革推进会，学习贯彻国家最新政策要求，研究部署下一步重点工作。省局副巡视员辛仁东出席会议并讲话。

4 月 20 日

省局印发《2017 年全省药品安全监测工作要点》，对全省药品化妆品不良反应监测、药物滥用监测及医疗器械不良事件监测等工作统一安排部署。

省局印发《2017 年医疗器械抽检工作计划》，就职责分工、时间安排、工作任务等进行部署安排，2017 年计划抽查检验 138 个品种 927 批样品，按照方案要求，12 月底，要完成省抽绩效考核。

4月21日

省局组织召开全省药品日常监管系统使用培训视频会，对全省药品日常监管人员就系统操作和推进工作进行专题培训。

省局组织召开仿制药一致性评价重点企业工作研讨会会，对新华制药股份有限公司一致性评价品种遇到的问题实施精准指导服务。

4月24日

省局向省质量强省及品牌推进办公室提报山东省食品药品行业质量提升工作目标和工作措施，到2020年食品抽检合格率达到96%以上，药品抽验合格率达到98%以上；80%以上市、县（市、区）创建成为省级以上食品安全城市和食品安全先进县（市、区）。

4月25日

省局到聊城调研药品类阿胶质量追溯体系建设及药品品牌建设相关内容，并形成《关于药品类阿胶质量追溯体系建设的调研报告》。

省局启动基层监管机构标准化建设、市级检（监）测能力建设项目和县级资源整合项目实施情况普查。

4月25—26日

省局副局长李超群赴潍坊开展食品药品安全风险管理和考核工作情况调研。

省局赴菏泽调研药审制度改革工作推进情况，并现场组织西部片区相关市局及重点企业召开深化药审制度改革推进会暨培训会。

4月26日

省局召开药品抽检系统演示及需求确认论证会，对新开发的药品抽检系统进行功能演示，对照药品抽样、检验各环节实际需求进行各功能模块的确认。

4月26—27日

省局副局长李宇红带队赴淄博市开展食品药品行政许可和基层能力建设专题调研。

4月27日

省局对《山东省食品小作坊小餐饮登记管理办法》进行法制审核，完成登记备案和公报程序。

省局召开药品不良反应、医疗器械不良事件风险会商会。省局巡视员欧阳兵、副巡视员史国生参会并讲话。

4月28日

省局召开山东省2017年风险监测品种确定内部论证会，对监管风险高、抽检不合格率高的品种进行风险评估和论证。

省局召开化妆品抽检工作机制协调会，对化妆品抽检计划制定、抽样检验、核查处置、信息发布等方面进行商定。

4月30日

省局组织修订食品及医疗器械行政处罚裁量基准，组织各处室单位调整行政审批目录、权力清单、公共服务事项目录等。

5月

5月

省局组织编写《“三小”条例释义》，并与省人大法工委、省法制办研讨交流，于5月底印发至各市县局及基层监管所。2—4日，省局举办《“三小”条例》师资培训班，对各市、县局选派的业务骨干兼宣讲师资270余人进行培训。17日，省食安办、省住建厅、省食品药品监督管理局联合印发《山东省食品摊点备案办法》，对食品摊点监管职责分工、备案程序、信息公示卡管理等作出明确规定。省局举办山东省食品小作坊小餐饮登记管理办法视频培训，市、县、乡5000余名人参加视频培训。19日，省食安办印发食品摊点备案信息表、信息公示卡样式及打印模板，规范和统一全省食品摊点备案管理。向各市印发《山东省食品小作坊小餐饮和食品摊点规范提升行动实施方案》，在全省部署开展“三小”规范提升行动。23日，省局印发《关于印发食品小作坊小餐饮和食品摊点日常监督检查记录表的通知》《关于印发食品小作坊小餐饮登记有关文书及登记证格式的通知》。24日，省局印发《关于开展山东省食品小作坊小餐饮和食品摊点管理条例实施主题活动的通知》，并筹备主题活动。

5月下旬

省食安办组织省海洋与渔业厅、省卫生计生委、省畜牧兽医局等部门组成4个督查组对济南等8个市的畜禽水产品抗生素、禁用化合物及兽药残留超标专项整治工作情况进行督查。

5月2日

省食安办印发《关于征求〈山东省餐饮质量安全提升工程实施方案意见〉（征求意见稿）的函》，向省农业厅等17部门、各市局和省局有关处室征求意见。

省局印发《集中推进全省食品药品安全监管数据汇聚和信息系统建设应用的实施方案》。

省局在济南召开全省食品安全抽检监测信息系统培训班，省市县三级300余人参加培训。

5月2—10日

2—5日，省局联合省政府研究室赴烟台、淄博等地就药审制度改革助推医药产业创新发展开展专题调研。8—10日，联合调研组赴四川、广东等地调研医药产业新旧动能转换，参与南方医药经济研究所和省局合作意向框架协议洽谈。

5月3日

省局召开宏益腾药业涉嫌违法违规生产出口药品案件进展调度会，督促加快协查进度。印发对该公司飞行检查情况的通报，部署依法对该企业采取风险控制措施。

省局印发《关于出具医疗器械产品出口销售证明有关事宜的通知》，明确医疗器械产品出口销售证明的出具主体、有关情形和证明格式等事项。

省局印发《2017年山东省互联网医疗器械经营监督检查工作方案》，部署开展全省互联网经营医疗器械企业监督检查工作，集中对注射用透明质酸钠、软性角膜接触镜、避孕套等医疗器械互联网经营和信息服务开展监督检查。

5月3—12日

3日，省局部署2017年机关干部到基层蹲点调研工作。省局党组副书记、副局长桂敦山出席工作启动会。8—12日，省局机关15名处级及以下干部分成6个调研组，到即墨、威海环翠区等6个县（市、区）局和乡（镇、街道）就基层监管队伍、执法能力、产业发展、事权划分、工作机制、监管创新等情况进行蹲点调研。

5月4日

省局与省政府研究室联合开展深化药审制度改革促进医药产业创新发展调研，省局副局长李超群参加。

5月4—5日

省局党组副书记、副局长桂敦山带队赴菏泽调研检验检测体系建设、信息化建设等相关工作。

省局在济南召开2017年全省化妆品监管工作会议，传达学习全国化妆品监管工作会议精神，总结2016年全省化妆品监管工作，部署2017年化妆品监管工作主要任务。省局副巡视员辛仁东出席会议并讲话。

5月4—11日

4日，省局赴齐鲁制药有限公司调研新旧动能转换，落实全省药品检查员实训基地建设等事宜。4—5日，省局党组书记、局长马越男赴威海市开展推进新旧动能转换、促进食品医药产业转型升级专题调研。8日，省局副局长陈耕赴章丘调研食品安全新旧动能转换工作。10—11日，省局党组书记、局长马越男带队赴广东省开展推进新旧动能转换、促进食品医药产业转型升级专题调研。

5月5日

省食安办转发《国务院办公厅关于进一步加强“地沟油”治理工作的意见》的通知，并提出有关要求。

省局印发《2017年国家医疗器械抽检抽样实施方案》，部署开展2017年国家医疗器械抽检抽样工作。抽样产品包括金属带锁髓内钉、金属股骨颈固定钉、医用低温箱、球囊扩张导管、软性接触镜、一次性使用输液器等49个品种226批样品。

5月8日

省食安办印发2017年第一季度市县两级食品检验检测能力建设情况通报。

5月8—12日

省局党组副书记、副局长桂敦山带队赴成都、贵阳调研食品药品大数据应用研究等工作。

省局召开药品风险监测品种专家论证会，以本省企业生产品种为主，针对风险隐患大的品种和项目邀请专家进行风险评估和论证。

5月8—28日

省局开展2017年上半年评价性监测抽样工作，分5个抽样组赴17市，历时20天完成8500批次抽样工作。

5月9日

省局公布《山东省保健食品备案申请办事指南》，启动山东省保健食品备案工作。

省局副巡视员史国生带队赴江苏，对药械抽检机制及开展情况、检验机构建设和促进药品产业发展的经验等方面进行调研。

5月9—10日

省局副局长李宇红带队赴四川省开展促进医药产业发展财政支持政策、基层监管能力建设、检验检测体系建设、深化改革助推医药产业创新发展和相对集中后行政许可工作专题调研。

5月9—11日

省局副巡视员辛仁东带队对东营、滨州、淄博3市的14家药品、化妆品、医疗器械进行现场调研，并在滨州市召开药化生产企业座谈会，深入了解当前企业在产业发展、审评审批改革等方面的问题和意见建议。

省局在威海举办全省医疗器械生产质量管理规范检查员实训班，70名省级骨干检查员参加培训。培训班结束后，参训人员分为22个组对全省44家重点监管医疗器械生产企业开展飞行检查。

5月11日

省局驻局纪检组组长刘明到省审评认证中心调研指导工作。

省局印发《关于征求〈山东省重大活动餐饮服务食品安全保障监管办法（征求意见稿）〉意见的函》。

省局副局长李宇红在全国系统规划财务暨基层能力建设工作会议上作典型发言。

5月12日

省局印发《山东省化妆品监督抽检工作规程（试行）》，对化妆品抽检计划制定、抽样、检验、不合格产品的核查处置、信息发布等事项进行详细规定。

省局印发《山东省药品不良事件聚集性信号监测处置工作程序（暂行），明确聚集性信号的表现特征和主要情形，对聚集性信号的监测发现、审核调查、分析研判、风险处置和信息发布等各环节，确定各级各部门的工作职责和处置原则。

省局副局长、机关党委书记陈耕到省食品药品检验研究院对党委书记抓基层党建突破项目进行专题调研。

5 月 16 日

省局在济南召开推进大中型商场超市公开评价现场会。

省局印发《关于在全省开展医疗器械经营企业和使用单位双随机抽查工作的通知》，在全省范围内部署开展第三类和需冷链储运医疗器械经营企业、三级以上医疗机构的双随机抽查工作。

省局党组书记、局长马越男到省食品药品检验研究院检查指导，围绕争创全国一流实验室提出具体要求。省局副巡视员史国生参加。

5 月 16—19 日

省局副局长陈耕带队赴济宁、枣庄督查畜禽水产品抗生素、禁用化合物及兽药残留超标专项整治行动。

5 月 17 日

省局发布 2017 年第 3 期药品质量公告，公布 41 批次中药饮片质量抽检不合格情况。

5 月 17—18 日

省局针对前期飞行检查的 49 家企业检查情况，经过风险会商，分别采取收回 GMP 证书、责令整改、警示约谈等相关处置措施。

5 月 17—23 日

17 日，省局印发《山东省药品生产质量提升 2017 行动方案》，开展多组分生化药、胶类产品、中药提取物等六大类重点领域集中整治。5 月 23 日，组织召开全省药品生产质量提升 2017 年行动部署动员电视电话会议，标志着山东省药品生产重点领域的大治理拉开大幕。

5 月 18—19 日

省局在济南召开全省药品安全监测工作会议。回顾总结 2016 年药品安全监测工作，安排部署 2017 年重点任务。省局副巡视员史国生参加会议并讲话。

5 月 18—21 日

省局在济南举办全省药品 GSP 骨干检查员培训班，全省近 190 名药品 GSP 检查员参加培训。理论培训结束后，将检查员分成 18 个组，对 36 家药品批发企业、18 家零售药店开展飞行检查、跟踪检查实训。

5 月 19 日

省局发布《关于药品生产跟踪检查和随机抽查结果的通告》，公布省局对济南、青岛等 12 市 40 家药品（含药包材）生产企业的跟踪检查、随机抽查结果和处理措施。

5 月 20—24 日

省局分别组织对潍坊中孚药业、辰欣佛都药业生产的注射用阿洛西林钠、溴芬酸钠滴眼液不良反应聚集性信号进行调查、抽检，并采取风险控制措施。

5 月 22 日

省食品药品检验研究院的科研项目“山东省中药材和饮片质量标准规范化研究”荣获山东省科学技术进步二等奖。

5 月 23 日

省局派出 5 个检查组到 10 个市对化妆品生产企业进行跟踪和随机检查。

省局召集部分市局、药品生产经营企业、研发单位等召开药审制度改革工作座谈会，听取鼓励药品医疗器械创新相关政策的意见和建议。省局党组书记、局长马越男出席会议并讲话，省局副巡视员辛仁东、史国生参加会议。

5 月 25 日

省局印发《关于开展中药材（饮片）市场专项整治工作的通知》，在全省组织开展中药材（饮片）经营使用环节专项整治。

省政府办公厅印发《2017 年全省食品安全重点工作安排》，部署山东省食品安全年度重点工作。

全省“5·25 护肤日”暨化妆品安全公益宣传活动启动仪式在临沂举办。省局副巡视员史国生、临沂市政协副主席李凤兰出席并讲话。

5 月 26 日

国家总局副局长孙咸泽到省食品药品检验研究院、省审评认证中心视察指导。省局党组书记、局长马越男，副局长李宇红陪同。

5 月 27 日

省局印发《山东省医疗器械专项整治 2017 年行动省局实施方案》，组织对省内 4 家注射用透明质酸钠、1 家隐形眼镜、9 家避孕套生产企业实施全覆盖监督检查，抽取 10 家第三类或需冷链储运医疗器械经营企业、3 家三级医院和 4 家医疗美容机构实施监督检查。

5 月 31 日

省局联合省教育厅印发《关于进一步加强学校校园及周边食品安全管理工作的通知》。

省局党组印发《关于推进“两学一做”学习教育常态化制度化的工作方案的通知》。

6月

6 月

省局梳理调整省局权力清单、审批目录清单、公共服务事项清单，审核校对行政许可事项办事指南、服务手册并进行反馈、确认。

6 月 1 日

省局印发《山东省药品质量风险监测工作方案》，针对风险隐患较大的 15 个品种和项目开展检验研究。

6月1—2日

全省食品药品监管系统规划财务工作暨基层能力建设现场会议在威海召开。

6月2—4日

省局在济南举办全省第二期药品GMP检查员培训班。国家总局药化监管司司长丁建华讲话，国家总局审核查验中心的6位专家对药品生产监管重点分别进行授课。

6月5—7日

省局副巡视员刘本功带队到济宁、泰安调研医疗器械监管工作，并督导检查两市医疗器械专项整治2017行动开展情况。

6月5—9日

省局在齐鲁制药组织GMP检查员实训，并组织10个检查组对全省20家注射剂和胶剂等高风险药品生产企业开展跟踪检查。

6月6日

省局党组书记、局长马越男，副局长李宇红到政务服务大厅检查指导工作。

6月6—7日

省局顺利通过国家总局专家组对山东药品进口口岸局和口岸检验所进行现场评估考核。

6月7—8日

省局副巡视员辛仁东赴德州调研药品生产、经营企业相关情况。

6月8日

美国FDA驻华办公室主任古丽博士一行到省局交流访问。省局党组副书记、副局长桂敦山出席座谈并介绍山东省在食品、药品和医疗器械监管方面开展的工作和职责等。相关业务处室、单位负责人参加。

省食品药品检验研究院召开首届理事会成立大会。省编办副主任王振乾，省局党组副书记、副局长桂敦山，副巡视员史国生出席会议。

6月8—9日

全省食品药品监管法制工作推进会议在济南召开。会议传达全国系统法制工作会议精神，通报2016年系统法制工作情况，研究推进2017年重点工作任务。省局副巡视员刘本功出席会议并讲话。

6月9日

省局药品日常监管信息系统正式上线运行，标志着山东省药品监管工作初步实现“智慧监管”。

6月11日

省食品药品检验研究院申报的检验检测机构资质认定扩项和标准变更获得山东省质量技术监督局的批准，省食品药品检验研究院食品检验能力基本涵盖卫生计生部门新发布的所有标准。

6月12—13日

省局举办2017年第二期全省药品评价抽检培训班，对第一期药品评价性抽检进行总结，安排第二期药品评价性抽检的重点领域。

省局配合国家总局南方经济所开展药品安全风险点项目调研活动，赴济南和泰安与相关市、县局收集基层监管中的风险点和相关数据。

6月13日

省局召开全省10家化妆品生产企业跟踪和随机检查情况风险评估会。

省局直属机关委员会印发关于《“两学一做”学习教育2017年学习计划》的通知。

6月14—17日

省财政厅、省食品药品监管局组成联合调研组，由省局副局长廖发银带队，到东营、青岛两市调研基层标准化建设、检验检测体系建设情况和药审制度改革相关财政奖补政策等工作。

6月15日

西藏自治区人大常委会及食品药品监督管理局来山东省调研“三小”地方立法工作。省局副局长陈耕介绍《山东省食品小作坊小餐饮和食品摊点管理条例》起草思路、制度设计和宣贯执行情况，并与调研组就立法及监管工作进行交流。

省局发布2017年第4期药品质量通告，对8批次质量抽检不合格药品进行通告。

省局召开全省第二期药品生产跟踪检查19家企业风险评估会。

6月16日

省局副巡视员辛仁东在泰安召开省局新旧动能转换重点项目现场对接会，现场调研如何推动山东泰邦血液制品有限公司加快发展有关事宜。

6月16—30日

省局对招标入围的25家第三方检测机构开展飞行检查工作，对各机构管理规范性、数据真实性、准确性，抽样、检验能力和政府任务适应性各个方面进行全面检查，并现场抽取合格样品留样200余份，开展留样再测。

6月17日

省局印发《关于做好省局直接组织检查处置不合格药品后处置工作的通知》。

6月20日

省局举办食品经营许可系统视频培训会，部署食品经营许可工作，进行食品经营许可系统应用培训。

省局印发《2017年1—5月份涉及我省药品生产企业监督抽检不合格信息的函》，对国抽和各省抽检涉及山东省药品生产企业的107批不合格产品加强监督管理工作。

6月20—22日

省局副巡视员史国生带队赴德州和泰安调研药品抽检、追溯体系建设情况，了解药品检验能力和不良反应监测方面运行情况。

6 月 21 日

省局印发《关于加强疫苗流通监管工作的通知》，部署进一步加强疫苗流通监管工作。

省局征求《关于实施三通道行政许可的工作方案》和《关于实施并联审批的工作方案》的意见和建议。

6 月 22 日

省局召开全省中药领域风险问题会商会，省中药材行业协会、省内部分重点中药企业参加，共同研究当前中药行业存在的风险问题。

省局印发《关于对食品安全检（监）测能力建设项目和县级食品安全检验检测资源整合项目组织验收的通知》，正式启动项目验收工作。

6 月 23 日

省局印发《山东省食品药品监管系统履职尽责容错纠错实施办法（试行）》。

6 月 26 日

省局组织仿制药一致性评价专家，指导山东省首个仿制药一致性评价品种注册申报工作。

6 月 27 日

省局印发《山东省食用农产品批发市场质量安全监督管理办法》，于 2017 年 8 月 1 日起施行。

省局召开全省新的药品抽检系统视频培训会，对系统功能模块及操作进行演示，并在第二期药品评价性抽检中正式上线运行。

6 月 27—28 日

省局副巡视员刘本功带队赴德州开展基层执法规范化调研，实地走访禹城市局、齐河县局及部分监管所，并与市局及部分县区局、基层所进行座谈交流，深入了解事权划分及执法规范化建设情况。

6 月 28 日

省局党组副书记、副局长桂敦山，副巡视员史国生到成武县白浮图镇省局派驻第一书记帮包村，参加第一书记帮包村“七一”庆党建活动并看望慰问老党员。

6 月 29 日

省局在全省统一启动食品安全“你送我检”“你点我检”活动。

省食安办第二季度省食安委部分成员单位联席会议在省局召开。会议通报 2017 年上半年“食安山东”品牌建设、专项整治和食品安全风险监测等工作情况。省公安厅、农业厅等 9 个成员单位，省局相关处室和省局稽查局的相关人员参加会议。

省局印发《关于开展“十三五”期间医疗器械不良事件重点监测工作的通知》，到 2020 年末完成腹膜透析机、过氧化氢低温等离子灭菌器、医用电子直线加速器、医用悬浮床、一次性使用血液净化体外循环血路等 5 个品种的重点监测工作。

6 月 29—30 日

省局在济南召开全省医疗器械飞行检查风险会商和抽验工作培训会议。省局副巡视员刘本功出席会议并作讲话，22 个飞行检查组组长、省局医疗器械监管处、药械风险管理处及相关直属单位有关人员参加会议。

6 月 29 日—7 月 3 日

全国“双安双创”成果展在北京举行。中共中央政治局委员、国务院副总理、国务院食品安全委员会副主任汪洋，国务院食品安全委员会办公室主任、国家总局局长毕井泉等领导亲临山东省展区视察。山东此次是作为全国参加“双安双创”成果展的 19 个省（自治区、直辖市）之一参展。

6 月 30 日

省局完成《山东省食用农产品批发市场质量安全监督管理办法》合法性审查及提交省政府公报备案事宜。

省局组织“庆七一”主题当日活动，重温入党誓词，省局党组书记、局长马越男讲党课。

7月

7 月

省局发布食品安全监督抽检信息通告 4 期，涉及食品 1262 批，其中合格 1191 批，不合格 71 批。省局研究论证食品药品监管信用信息管理系统需求说明书，协调推进系统建设。

7 月 1 日

省局发布依申请公共服务事项进驻政务服务中心办理的公告，制定省局内部办理流程。

7 月 1—10 日

省局对招标入围的 25 家第三方检测机构开展飞行检查工作，并现场抽取合格样品留样 200 余份，开展留样再测。

7 月 2—4 日

全省“双安双创”和食品安全专题研讨培训班在济南开班。本次培训经省委组织部同意，由省食安办、省农业厅和省局联合举办。副省长王书坚出席开班式并讲话。

7 月 3—7 日

省局组织 16 家取得食品检验资质、实际具备食品检验能力的省市两级食品药品检验机构对外开放。实地展示食品检验工作基本程序，讲解工作程序、科普知识、食品安全标准概况等方面内容。

7 月 4—5 日

全省化妆品抽检培训工作会议在济南召开，会议总结上半年化妆品抽检中存在的问题，分析化妆品抽检面临的形势，调度各市化妆品抽检进度。培训邀请中检验和省院的专家对化妆品抽检的原则、技术规范、法律法规进行讲解并对化妆品监督抽检的规程和工作新机制进行解读。

7月5—7日

在日照召开全省基层化妆品市场监管规范化建设现场会，推广刘官庄镇化妆品监管规范化建设经验和做法，现场观摩部分示范样板。省局副巡视员辛仁东出席会议并讲话。

全省药品注册现场核查员培训班在威海举办。全省药品注册核查员140余人参加。培训班邀请国家总局审核查验中心领导和省内外知名专家授课，从数据完整性核查要点、我国药物临床试验核查现状、药物临床试验核查要点解析、药品注册生产现场检查要求等方面进行系统全面的培训。

7月6—14日

省局对济南、青岛、烟台、威海的学校食堂、旅游景区、高速公路服务区、“三小”规范情况等进行飞行检查。

7月6—27日

6日，省局研究处置山东华鲁制药生产的羟乙基淀粉130/0.4氯化钠不良反应聚集性信号。27日，再次进行风险研判，制定防控处置措施。

7月7日

省局与第三方平台就山东省药品追溯体系建设进行交流座谈，了解平台运行情况、山东省企业追溯建设相关情况，初步确定全省药品信息化追溯体系建设基本思路。

7月7—26日

7日，省局副局长陈耕到省政府参加第五届世界摄影大会筹备会议。12日，省局印发《关于印发第五届世界摄影大会食品安全保障工作方案的通知》，部署保障工作和会前监督抽检工作。18日，省局赴泰安督导第五届世界摄影大会食品安全保障会前检查工作。26日，印发《进一步加强第五届世界摄影大会食品安全监管工作通知》。

7月10日

省局召集部分市局和重点企业负责人召开药品上市许可持有人制度试点工作推进会。省局副巡视员辛仁东参加会议并讲话。

7月11日

省局在泰安召开全省农村食品安全风险会商会。会议通报省局对农场市场食品安全检查情况，参会人员梳理分析当前山东省农村市场食品安全存在的风险隐患，就加强山东省农村市场食品安全提出意见建议。

省局印发《关于做好2017年第三季度餐饮服务环节食品安全监督抽检工作的通知》，部署全省开展餐饮服务环节第三季度监督抽检工作。

7月11—13日

省局局长马越男召开专题会，研究药品医疗器械风险、食品安全、示范创建等工作。

7月12—13日

省局党组成员、副局长李宇红带队赴济宁市调研行政许可质量抽查和新旧动能转换工作，对接重点帮扶企业和项目。

省局召开“十三五”期间医疗器械不良事件重点监测启动会暨培训班，对开展重点监测工作的监测哨点进行技术指导，培训腹膜透析机、过氧化氢低温等离子灭菌器、医用电子直线加速器、医用悬浮床、一次性使用体外循环血路等5个品种风险点及重点监测实施方案。

7月13日

全省“食安山东”大学生志愿者在行动启动仪式在济南举行。省食安办副主任、省局副局长李超群出席活动并讲话，并为全省各高校大学生志愿者授旗。

省局对上半年药品抽检进展情况进行调度，对17地市评价性抽检、监督抽检和专项抽检的任务完成情况、数据录入情况进行督导通报。

7月14日

省局印发《关于开展化妆品标签标识专项检查的通知》，在全省组织开展化妆品标签标识专项整治。

7月17日

省食安办、省局印发《关于印发2017年度各市经济社会发展综合考核“食安山东”建设与食品药品安全指标考核工作方案的通知》，新增“食安山东”建设模块，将食品安全城市及先进县创建，“食安山东”品牌建设，餐饮质量安全提升工程，“三小”治理纳入指标体系。

省食安办印发《关于落实“三小”条例加快建立食品摊点管理机制的通知》，要求各地加快建立分时分区经营、备案工作、信息通报、责任落实、考核通报五项机制，全面开展“三小”监督管理与规范提升工作。

7月18日

省局印发《山东省食品安全管理规范化农贸市场创建行动方案》，自2017年下半年开始，在全省范围内组织开展食品安全管理规范化农贸市场创建工作。

省食安办印发《关于落实“三小”条例加快建立食品摊点管理机制的通知》，推动建立五项机制，推进食品摊点规范提升。

7月18—19日

省局党组书记、局长马越男，副巡视员刘本功陪同国家总局副局长焦红到威海、青岛、淄博调研医疗器械监管工作。

7月19日

省局启动药品风险监测项目抽样工作，并对新药品抽检系统风险监测抽样检验功能进行试用。

省局发布第5期药品质量公告，对14批次不合格药品进行通报。

7月20日

省局党组书记、局长马越男主持召开深化药品上市许可持有人制度改革座谈会，探讨推进药审制度改革助推产业发展的措施。

7月21日

省局就《山东省食品药品监管系统食品类案件办理指导意见（一）》（征求意见稿）征求系统内外意见。

7月24日

省局印发《全省基层化妆品市场监管规范化建设三年提升工程实施方案》，在全省开展基层化妆品监管规范化建设工作。

省局承办国家总局药品审评中心新录用员工在山东培训工作。

7月24—25日

省食安办召开食安委成员单位和省局有关处室《山东省餐饮业质量安全提升工程实施方案》研究讨论会，并书面征求修改意见。

省局副巡视员刘本功带队赴潍坊开展基层执法规范化调研，实地走访寿光市局、青州市局及部分监管所，并与市局及部分县区局、基层所进行座谈交流，深入了解事权划分及执法规范化建设情况。

7月25日

省局与省工商局签订《企业信息交换共享合作协议》，通过引入社会信用代码，实时获取企业登记注册和信用信息，进一步创新监管方式，优化服务质量。

省局副巡视员辛仁东在淄博主持召开深化药审制度改革鼓励药物创新座谈会，解读药品上市许可持有人改革新政，加快推动山东省试点工作步伐。

省局召开行政许可媒体通气会，详细介绍集中许可职能、实施“全程网办”、许可通道“一变三”、审批“串联改并联”、全方位公开信息、多渠道咨询指导服务等工作，20余家新闻媒体参加媒体通气会。

7月26日

省局副局长李宇红带队赴聊城市进行生产许可质量抽查、开展新旧动能转换和优化许可流程专题调研，并对接重点帮扶项目和企业。

省局对经营环节牛羊肉中“瘦肉精”开展专项检查。

省局与卫生计生委、人力资源社会保障厅沟通药品信息化追溯体系建设相关内容，听取两部门药品信息化追溯体系建设需求，共同推进药品追溯体系建设。

7月27日

省局印发《关于开展医疗器械专项整治2017行动督查工作的通知》，启动对各市局专项整治工作督导检查。

7月27—28日

省局党组书记、局长马越男，副局长李宇红赴江苏就新旧动能转换进行专题调研。

省局召开“食安山东”餐饮服务品牌示范创建评审会议和餐饮质量安全风险会商会议。

7月28日

省食安办印发2017年上半年市县两级食品安全检验检测能力建设情况通报。

7月31日

省局小摊点17市分布地图上线运行并实现首家摊点录入。

7月31日—8月2日

省局副局长陈耕、省农业厅副厅长林国华带队到潍坊、临沂调研全面推行韭菜合格证、销售凭证“双证制”管理等工作。

8月

8月

省局发布食品安全监督抽检信息通告7期，涉及食品1770批，其中合格1675批，不合格95批。

8月1日

省局副巡视员刘本功带队赴枣庄督导检查医疗器械专项整治2017行动。

8月1—3日

省局在济南举办食品安全抽检监测任务承检机构能力提升培训班。针对食品抽样、检验有关要求、常见问题及对策，检验过程质量控制，各环节抽检具体要求及常见问题开展培训。

8月2日

全国药物创新研发与药品注册审评高级研讨会暨全省药品审评骨干人员培训班在济南正式开班，国家总局药品审评中心党委委员王涛、省局副局长李宇红出席会议并讲话。国家总局药品审评中心新录用101名大学毕业生、山东省药品审评业务骨干62名和药品生产研发企业代表160名参加培训。

8月7日

省局印发《关于开展医疗器械经营多仓协同管理试点的通知》，选择瑞康医药股份有限公司作为第一批医疗器械多仓协同管理试点经营企业，试点期限为2年。

省局审核山东省首个保健食品备案资料，发放省内首张保健食品备案凭证并公开相关信息。

8月8日

省局印发《关于推荐省级餐饮安全检查员的通知》，调整完善省级餐饮安全检查员库。

省局印发《关于征求〈餐饮服务食品安全操作规范（修订稿）〉修改意见的通知》，充分征求并收集汇总各方意见。

8 月 8—31 日

省局制定食品安全保障工作方案，开展中国民营经济大会、第五届世界摄影大会和中央环保督察组食品安全保障和督导工作。

8 月 9 日

省局与省教育厅联合印发《关于开展学校食堂食品安全大培训、大检查、大整改、大提升的通知》。

省局党组成员、副局长陈耕检查重大活动接待单位餐饮安全保障监管工作。

8 月 10—11 日

省局在青岛召开全省互联网药品交易（信息）服务监管工作座谈会会，研究讨论互联网药品交易（信息）服务监管工作。省局副巡视员辛仁东出席会议并讲话。

8 月 11 日

省局党组书记、局长马越男主持召开专题会议，研究“放管服”改革服工作。

省局召开抽检任务分配会议，分配下半年评价性监测及风险监测任务，总计 8794 批次。

8 月 13 日

省局赴青岛召开深化药审制度改革工作座谈会，推进创新药物、仿制药一致性评价和药品上市许可持有人制度试点工作。省局副巡视员辛仁东出席会议并讲话。

8 月 14 日

省局印发《山东省食品药品安全“十三五”规划实施计划》，明确全省食品药品监管系统各级各部门具体任务，制定 2017—2020 年的年度具体工作目标和举措。

8 月 14—17 日

全省食品药品监管系统政务工作培训班在济南举行，各市局、省局各处室、各单位 260 余人参加培训。省局副局长李超群参加并授课。

8 月 15 日

省局建立仿制药一致性评价信息交流平台，公示 60 余家 1039 个品种的相关信息。

8 月 15—18 日

省局在济南组织举办全省食品安全标准培训班。省卫生计生委食品安全标准工作有关负责人应邀参加培训，各市局、检验检测机构，省局有关处室、省食品药品检验研究院总计 200 余人参加培训。

8 月 17 日

省局副巡视员刘本功带队督导检查济南市局医疗器械专项整治 2017 行动。

8 月 17—18 日

省局在烟台组织召开食品药品安全监管科技工作座谈会。国家总局科技和标准司副巡视员任玫玫，省局党组副书记、副局长桂敦山参加会议。

8 月 17—24 日

省局赴各市开展食品安全抽查工作，抽查分听取汇报、查阅资料、现场检查、情况反馈四项内容。

8 月 18 日

省局印发《行政执法监督管理办法》《行政复议行政应诉案件报告办法》《山东省食品药品监管指导性案例管理办法》《行政处罚文书规范》等制度文件，进一步加强系统执法监督、复议应诉工作，加强执法办案指导，规范和统一行政处罚文书。

8 月 20—9 月 2 日

省局赴日本食品安全风险预警与追溯体系培训。培训团由省局副局长廖发银带队，总计 17 人，分别来自省局机关、有关直属单位和部分市局。

8 月 21 日

省局印发《关于加强经营环节食品风险防控工作的通知》，要求各地加强风险排查，加强监督检查，加强案件查办，加强信息公开，加强应急值守，严防区域性、系统性食品安全风险，为党的十九大胜利召开创造和谐稳定的良好环境。

8 月 21—31 日

省局组织开展食品药品检验检测机构考核评价工作。通过实验室现场考察、盲样考核、留样再测等方式，对全省 17 家市级食品药品检验检测机构进行综合评价，进一步增强检验工作规范性，提升检验质量。

8 月 22 日

省食安办印发《关于实施国家、省食品药品安全“十三五”规划的分工方案》。

8 月 22—24 日

省局副巡视员刘本功带队督导检查泰安、临沂医疗器械专项整治 2017 行动。

8 月 22—30 日

省局全面梳理所有行政许可事项和部分备案事项，汇总统计拟取消下放事项、精简申报材料及优化审批审评流程等数据。

8 月 23—24 日

省局副巡视员史国生带队赴淄博、聊城调研药品品牌建设工作，了解品牌建设工作现状，听取意见建议。

8 月 23—25 日

省局副局长李宇红主持召开深化简政放权、放管结合、优化服务改革工作会议。

8 月 25 日

省局完成《关于进一步促进药品流通行业转型升级创新发展的意见》法制审核。

省食安委全体会议在济南举行。省委常委、常务副省长、省食安委主任李群，副省长任爱荣出席会议并讲话。会议听取全省食品安全工作情况汇报，研究审议《山东省餐饮质量安全提升工程实施意见》。省食安委各成员单位及相关部门负责人参加会议。

全省食品药品监督管理工作视频会在济南召开，省局党组书记、局长马越男出席会议并讲话，会议总结 2017 年上半年全省食品药品监管工作，对下半年工作作出安排部署。

8 月 27 日

省食安委印发《关于调整山东省食品安全委员会组成人员的通知》。

8 月 27—9 月 2 日

省局赴法国、英国药品监管考察工作。考察学习英法药品监管经验和实验室管理经验。考察团由省局副巡视员辛仁东带队，药化生产处、省食品药品检验研究院相关人参加。

8 月 28 日

省局印发《关于开展秋季学校食堂食品安全专项检查和动态公示学生小饭桌登记情况的通知》。

8 月 28—31 日

省局征求 34 个部门对《山东省餐饮质量安全提升工程实施意见（审议稿）》的意见并会签。

8 月 29 日

省局印发《全省食品安全规范化农贸市场创建名单》，全省总计有 224 家农贸市场参与首批创建工作。

省局发布 2018 年省级重点监督抽检企业名单，其中生产企业 1937 家，流通企业 949 家，餐饮服务单位 45 家。

省局印发《山东省食品安全先进市、县（市、区）验收细则（2017）》。

8 月 29—31 日

全省医疗器械监管培训班在济南举办，总计 240 余人参训。省局副巡视员刘本功出席开班仪式并作讲话，同时讲解医疗器械质量管理体系有关内容。

8 月 30 日

省局印发《关于进一步促进药品流通行业转型升级创新发展的意见》，优化全省流通布局，提升药品流通规模化、集约化水平，促进产业发展。

8 月 31 日

省局举办全省农产品批发市场信息采集系统应用视频培训会议，对各市负责食用农产品批发市场监管和统计工作的骨干人员（暨本地许可系统培训师资）进行培训。

9月

9 月

省局发布食品安全监督抽检信息通告 5 期，涉及食品 1948 批，其中合格 1882 批，不合格 66 批。省局在全省范围内遴选药品上市许可持有人重点项目，对以“企业整体搬迁”或“同集团整合品种”形式申报持有人的申请，予以重点指导。

9 月 1 日

省局印发《关于规范食品快速检测方法使用管理的通知》，进一步明确食品快检的适用范围、采购和使用食品快检设备的要求、食品快检的应用及结果的处置、食品快速检测方法的发布等内容。

9 月 4—5 日

国务院食品安全委员会第十四督查组组长王明珠带队对山东省开展为期两天的食品安全工作督查。副省长王随莲、王书坚分别参加相关活动，省局党组书记、局长马越男陪同活动。督查组对山东省食品安全工作取得的成绩给予充分肯定，同时，也指出存在的问题，提出整改意见建议。

9 月 5 日

省局与省农业厅联合印发《关于全面推行韭菜产品“双证制”管理进一步强化产地准出市场准入衔接的通知》，对韭菜产品全面推行食用农产品合格证、食用农产品市场销售凭证“双证制”管理，探索建立食用农产品产地准出市场准入衔接机制。

省局印发《全省食品药品安全“智慧监管”工程 2017 年（四期）项目建设实施方案》，明确项目建设内容、职责分工及时间安排等。

9 月 6 日

省局印发《关于开展农村和城乡接合部化妆品市场检查的通知》，部署开展农村地区和城乡接合部化妆品经营使用专项检查。

省局印发《关于在全省开展互联网药品交易（信息）服务专项检查工作的通知》，在全省部署开展互联网药品交易和信息服务专项检查。

省局印发《关于切实做好当前网络安全重点工作的通知》，组织各市局、省局机关各处室、各直属单位深入开展网络安全风险隐患排查，切实做好全省食品药品监管系统网络安全工作。

9 月 6—29 日

6—8 日，省局成立 9 个专项督导组，赴 17 市局对党的十九大安保维稳工作开展专项督导。8—11 日，副省长任爱荣，省局党组书记、局长马越男到滨州督导党的十九大安保维稳工作。28—29 日，各督导组又对所督导市局进行暗查暗访。

9 月 13 日

省局党组书记、局长马越男主持召开餐饮质量提升工程专题会。

省局印发关于进一步加强现制现售乳饮品质量安全监管工作的通知。

省局公布 2016 年“食安山东”餐饮服务品牌示范单位名单。

9月13—16日

省局启动山东省药物临床试验机构资质认定复核整改现场核查工作，组织专家组对山东省肿瘤医院药物临床试验机构整改情况进行现场检查，形成整改报告上报国家总局。

9月14日

省食安办、公安厅、商务厅、工商局、食品药品监管局等9部门在济南联合召开全省食品、保健食品欺诈和虚假宣传整治工作电视电话会议，贯彻落实国务院食安办工作部署，推进食品、保健食品欺诈和虚假宣传整治工作。省食安办副主任、省局副局长王建政主持会议并讲话。

省局组织各地开展学生“小饭桌”食品安全监督检查，及时公布9768家学生“小饭桌”登记名单，保障学生就餐安全。

9月14—16日

省局副局长李宇红到枣庄、济宁、临沂三市开展食品安全检（监）测能力和县级资源整合项目实施情况督导检查。

9月15日

省局印发《山东省食品药品监管系统执法办案指导意见（一）》。该《意见》对法律适用规则、食品安全标准、违法所得认定等执法办案难点问题予以明确规范，于10月1日起实施。

全国医药创新与发展国际会议在烟台举行。省局党组书记、局长马越男出席。

省局网信办邀请国家总局信息中心、国家行政学院、山东大学、山东师范大学、电子科技大学、省计算中心等单位有关专家，全面梳理全省食品药品安全“智慧监管”工程前期项目，评审论证2017年度省局各处室（单位）项目需求，研究确定2018—2020年项目建设中期规划方向及2018年项目建设内容。

9月18日

省局印发《关于进一步促进药品流通行业转型升级创新发展的意见》，促进药品流通行业转型升级、创新发展。

省食安办等9部门印发《关于进一步加强食品、保健食品欺诈和虚假宣传整治工作的通知》，安排部署下一步工作重点。

省局印发《贯彻落实〈总局关于第一类、第二类医疗器械生产企业实施医疗器械生产质量管理规范有关工作的通知〉实施方案》，明确推进第一类、第二类企业实施《医疗器械生产质量管理规范》的指导思想、工作目标和主要任务，在组织领导、宣传培训、示范引领等方面对各市局提出工作要求。

9月18—19日

国家总局局长毕井泉来山东省调研药审制度改革，并与山东省签署省部共建合作协议，省委副书记、省长龚正出席并参加签约仪式。

9月19日

省局参与组织召开药品医疗器械审评审批制度改革工作座谈会，组织8家省内重点企业主要负责人出席座谈会，结合自身实际对推进药审制度改革工作提出意见建议。

9月19—20日

全省药物滥用监测报告和分析研判专题培训班在济南举行。省局副巡视员史国生出席并讲话，省公安厅、省司法厅、省卫生计生委有关负责人受邀出席会议。

9月20日

省局印发《2017年下半年全省食品安全评价性监测工作方案》和《2017年下半年食品安全风险监测工作方案》，启动下半年评价性监测及风险监测工作。

9月21日

省局公告省局“零跑腿”和“只跑一次”事项清单。2项公共服务事项为“零跑腿”事项，26大项行政许可事项为“只跑一次”事项。

9月21—22日

省食安办在潍坊安丘市组织召开省级食品安全市县创建工作现场会，对前期创建工作进行总结，对下一步创建工作作出部署安排，现场观摩安丘市部分创建工作典型，安丘、黄岛、文登、沂水、陵城等5个创建县（市、区）作交流发言。潍坊市政府副市长李平到会致辞，省食安办副主任、省局副局长王建政出席会议并讲话。

9月22日

省委省政府召开重点工作推进会，省局党组书记、局长马越男汇报全省食品药品监管系统安保维稳工作情况。

9月25日

省局印发《关于深化放管服改革进一步优化政务环境的意见》。该《方案》以打造“审批事项少、监管效能高、服务质量优”的食品药品监管政务环境为目标，实施削权减证、提升效能、精准监管、规范用权“四大行动”，规定事权下放、简化材料、优化流程等10项任务及25项具体措施，并明确任务分工和进度要求。

省局印发《流通环节保健食品、食品欺诈和虚假宣传专项整治工作方案》，落实《国务院食品安全办等9部门关于印发保健食品、食品欺诈和虚假宣传整治方案的通知》要求。

9月25—27日

全省医疗器械经营环节检查员实训班在济南举办。本次培训采取现场授课和实地模拟检查相结合的模式，强调检查员参与式学习，使检查员在专业技能、实践经验、工作方法、团队合作等方面得到提高。

9 月 26 日

省局梳理完成省级取消下放行政权力事项表并报送省编办。拟取消国内药包材生产企业变更药包材生产场地等 2 个行政许可小项，拟下放“食品生产许可”一个大项（含 3 个小项）中的 4 个产品类别。

省局转发《总局关于推进药品上市许可持有人制度试点工作有关事项的通知》和《山东省药品上市许可持有人试点工作程序和申报资料要求》。

9 月 26—27 日

全省流通环节食品安全风险会商会议在济南召开，省局副局长陈耕到会并讲话。

省局在菏泽召开“食安山东”建设和“守护舌尖安全”整治专题片区座谈会，枣庄、济宁、泰安、莱芜、聊城、菏泽市局相关科室负责人和各市部分县局负责人参加座谈。

9 月 26—28 日

省局组织召开 2017 年度全省系统行政执法案卷评查会议，对随机抽取一般程序办结的 54 份食品药品行政处罚案卷进行集中评查赋分。

9 月 27—28 日

省局与财政厅组成联合调研组，由省局副局长李宇红带队到山东药品食品职业学院就教学能力建设开展实地调研。

9 月 27—29 日

省局在潍坊市举办 2017 年全省第三期药品 GMP 检查员实训班，来自药品生产监管、检验、稽查战线的 70 余名省级药品 GMP 检查员参加实训。

9 月 28—30 日

省局赴临沂、莱芜开展食品药品暗访检查工作。

9 月 29 日

省食安办组织召开第三季度省食安委部分成员单位联席会议。省公安厅、住建厅、农业厅等 10 个成员单相关负责人参加会议。会议通报第三季度食品安全监督抽检和风险监测情况；交流 2017 年“守护舌尖安全”整治行动和“食安山东”品牌建设进展等情况。

9 月 30 日

省局《关于开展农村市场食品安全风险防控工作的通知》，在全省开展农村市场食品安全防控和专项整治。

省局印发《山东省食品药品监管系统实施合作协议任务分解方案》。

10 月

10 月

省局发布食品安全监督抽检信息通告 6 期，涉及食品 862 批，其中合格 852 批，不合格 10 批。省局组织开展全省系统清理规范中介服务项目和证明材料工作，组织编制省级食品药品备案事项服务指南和业务手册。

10 月 7—30 日

省局开展下半年评价性监测抽样工作。

10 月 9 日

省局与北部战区陆军保障部联合发文，部署开展驻鲁部队食品安全监督抽检工作。

省局印发《关于开展食品经营许可及小作坊小餐饮登记工作监督检查的通知》。

10 月 9—20 日

省局梳理行政处罚及强制事项清单网络运行流程，调整行政权力动态调整系统。

10 月 10 日

省局调度全省秋季学校食堂专项检查情况，形成《2017 关于秋季学校食堂食品安全检查工作的报告》，报送国家总局。

10 月 10—12 日

省局在济南举办全省药品零售企业监管培训班，全面提升全省药品零售企业监管能力，全省各级监管部门和稽查、审评机构 180 余人参加培训。

10 月 11 日

省局印发通知，征求各市《餐饮服务明厨亮灶工作指导意见（征求意见稿）》的修改意见。

省局印发《关于印发 2017 年化妆品生产环节风险两清单的通知》，要求各市局对全省化妆品生产风险进行防控。

国家总局副局长焦红一行到山东省调研医疗器械监管工作。焦红充分肯定山东省医疗器械监管工作，指出省局在医疗器械方面工作扎实，措施得力，亮点频出，在实践中探索一些可行做法，很多工作在全国走在前列。

省局党组副书记、副局长桂敦山陪同省编办政府机构编制处人员到省盐务局调研食盐监管体制改革工作。

10 月 13 日

省食安办组织召开食品、保健食品欺诈和虚假宣传整治工作调度会议，调度各单位整治工作进展情况。省公安厅、商务厅、工商局、新闻出版广电局、通信管理局、网信办、山东出入境检验检疫局，以及省局稽查局等单位联络员参加会议。

10 月 16—27 日

省局组织开展全省系统行政执法监督检查，17 市各抽查 1 个县区局和 1 个监管所，重点围绕监管制度建设、“三小”条例宣贯实施、推进“放管服”、信用体系建设等进行检查，进一步规范食品药品行政执法行为。

10 月 17 日

省局党组书记、局长马越男主持召开专题会议，听取“智慧监管”工程食品、药化日常监管系统和食品安全追溯公共服务平台项目进展，研究信息化建设推进措施。省局党组副书记、副局长桂敦山参加会议。

省工商联评估组对省局简化优化公共服务工作进行第三方评估。省局副巡视员刘本功带领法制处、办公室、许可处、科标处、稽查局参加座谈。评估组现场查阅相关文件资料，并对省局政务服务中心和“12331”投诉举报中心进行实地考察。评估组对省局优化简化公共服务的工作举措和成效给予充分肯定。

10 月 18—20 日

省局联合省住建厅赴日照、临沂对全省建筑工地食堂食品安全开展督导检查。

10 月 20 日

省局与省农业厅联合召开全省推进韭菜产品“双证制”管理工作视频会议，对推进韭菜产品“双证制”管理工作进行动员部署。

10 月 23—24 日

省食安办迎接国务院食品安全办食品、保健食品欺诈和虚假宣传整治行动专项督查，陪同督查组到泰安市检查。

10 月 23—27 日

省局印发《关于做好全国化妆品生产许可交叉互检迎查工作的通知》，筹备全国化妆品生产许可交叉检查迎查相关工作。

10 月 25 日

省局与省畜牧兽医局联合开展严厉打击危害肉品质量安全违法违规行动“百日行动”。

省食安办印发 2017 年第三季度市县两级食品安全检验检测能力建设情况通报。

省局召开全省食品药品监管系统援疆援藏工作座谈会，省局副局长李宇红出席会议并讲话。

10 月 25—27 日

省局联合省人力资源社会保障厅共同举办山东省药品检验技能竞赛决赛。各市局、省食品药品检验研究院 60 名选手参加竞赛。

10 月 26 日

省局研究起草《2017 年全省食品安全考核工作方案》并报考核办审核。

省局组织召开《〈药品管理法〉修正案（草案）》意见征集专题座谈会。省局副巡视员刘本功参加座谈，省局相关处室、直属单位，烟台、菏泽等 6 市局，鲁南制药、润华山东等 9 家药品生产经营企业有关人员发表意见建议。

10 月 26—27 日

全省医疗器械规范实施年活动推进工作会在济南召开，省局副巡视员刘本功出席会议并讲话。会议对全省规范实施年活动开展情况和省局飞行检查情况进行通报，对下一步医疗器械生产质量管理规范实施工作提出要求。

10 月 29 日—11 月 5 日

省局副局长李超群带队一行 5 人赴新西兰、澳大利亚开展食品安全考察工作。此次考察学习澳大利亚、新西兰食品先进监管经验和实验室管理经验，综合处、省食药院相关人员参加。

10 月 30 日

省局印发《关于全省系统落实“谁执法谁普法”普法责任制的实施意见》，进一步明确全省系统普法职责任务。通过建立以案释法制度，围绕热点问题普法，在执法实践中释法等措施，推动形成分工负责、各司其职、齐抓共管的普法工作格局。

10 月 31 日

省局组织召开第二批省级食品安全市县创建推进会，总结前期省级创建工作情况，深入分析存在问题，安排部署下一步省级验收、第二批创建市现场观摩等工作，对省级验收中的现场检查操作手册进行详细解读。

省局制定《国务院食品安全办等 14 部门关于提升餐饮业质量安全水平的意见》任务分解表，并印发关于填报任务清单的通知。

11 月

11 月

省局发布食品安全监督抽检信息通告 9 期，涉及食品 3352 批，其中合格 3286 批，不合格 66 批。

11 月 1 日

省局副巡视员史国生带队赴国家总局汇报药审中心新入职人员在山东实训情况和山东增设济南药品进口口岸有关事宜。

省局与省农业厅联合召开新闻发布会，全面启动监管韭菜产品生产销售“双证制”监督管理，并赴济南七里堡市场、匡山市场对济南市局韭菜产品“零点行动”进行督导。

11 月 3 日

省局完成山东大学第二医院等 3 家药物临床试验机构 5 个专业的整改检查工作，并将整改情况上报国家总局。

省局组织召开《〈医疗器械监督管理条例〉修正案（草案征求意见稿）》意见征集专题座谈会。济南、淄博、威海等市局及威高集团、瑞康医药等企业、省局相关处室和直属单位参加座谈。省局副巡视员刘本功出席座谈。

11 月 6—10 日

省局组织开展第二批省级食品安全市创建现场

观摩。现场观摩淄博、泰安、德州、滨州等4市的32个创建典型单位。省食安办副主任、省局副局长李超群参加观摩并在总结会上讲话。

11月6—30日

省局开展全省食品安全管理规范化农贸市场创建行动中期评估工作，完成对全省37家农贸市场的创建中期评估。

11月8日

省局召开餐饮服务食品安全事件处置风险会商会。

省局在青岛大学附属医院组织召开全省药物临床试验工作推进会，加快推进山东省Ⅰ期药物临床试验能力建设。

11月10日—12月15日

10日，省局制定全省学校食堂食品安全督查方案，组织省级检查员分4组进行实训，统一督查标准、要求。11月13日—12月15日，带队组织省级餐饮安全检查员赴17市督查学校食堂食品安全工作。

11月13日

省局印发《关于进一步加强食用农产品质量安全监管工作的通知》，落实国务院办公厅《关于进一步加强农药兽药管理保障食品安全的通知》要求。

省政府印发《山东省盐业体制改革实施方案和山东省食盐监管体制改革方案》。

11月15—16日

省局在济南召开全省食品药品监管统计工作暨培训会议，会议传达食品药品监管总局2017年统计工作会议精神，总结山东省2017年度统计工作，部署安排2017年统计年报和2018年定期统计报表有关事项。

11月15—17日

全省医疗器械使用环节检查员实训班在青岛举办，西藏自治区食品药品监管局副局长多吉欧珠、日喀则市食药局副局长巴桑罗布等一行6人全程参加实训。培训班结束后，参训人员分为7个组对省内11家三级医院开展飞行检查。

省局与省科技厅、省卫生计生委、省中医药管理局等部门联合举办第二届山东（临沂）传统医药创新发展国际学术研讨会。省局副巡视员辛仁东参加会议。

11月15—30日

省局组织行政执法案卷专家复评。在执法案卷评查的基础上，邀请省政府法制办、省高院和省局法律顾问团队专家对遴选的30个案卷进行复评，复评意见将汇总形成行政执法典型案例点评汇编，作为办案指导参考。

11月17日

省局印发全省系统《行政执法信息公示制度》《行政执法全过程记录制度》《重大行政执法决定法制审核制度》，并在省局网站开通行政执法信息公示专栏，编制完成省局行政执法事项清单、指南及流程图等，并向社会公布。

省信息化领导小组办公室印发2017年山东省政府网站绩效评估报告，省局位列省直部门第二名。

11月17—18日

省局副巡视员辛仁东参加京津冀鲁药品生产监管联席会议，并签署四省合作协议文本。

11月24—26日

省局在菏泽举办全省药物临床试验质量管理规范培训班。邀请国家总局领导和上海交大第一附院、中国医学科学院肿瘤医院等多名专家，围绕深化药审制度改革鼓励药械创新等热点问题进行讲解。

11月29日

省局副局长廖发银到省医疗器械产品质量检验中心调研。廖发银听取检验中心在技术支撑作用、监督抽检、科研和人才队伍建设以及党建等方面工作汇报，并就如何做好监督抽检工作提出建议，对检验中心下一步工作提出要求。

省食安办等部门转发《国务院食品安全办等14部门关于提升餐饮业质量安全水平的意见的通知》。

11月30日

省局印发《关于报送2017年餐饮监管工作总结及有关材料的通知》，调度各市2017年餐饮监管工作总结、亮点和有关数据，并进行汇总。

省局组织开展全省食品、保健食品欺诈和虚假宣传整治专项督查。

经省局向财政厅争取，下达2017—2018年县级食品安全快速检验车省级补助资金3833万元，专项用于全省88个县配备食品安全快速检验车。

省局印发2017年全省化药生产企业检验能力评估结果的通报，对存在问题的企业采取针对性监管措施。

省局对《山东省药品医疗器械飞行检查实施办法》挂网公开征求意见，修改完善《山东长期停产药品生产企业和制剂室恢复生产或配制前监督检查的管理规定》。

12月

12月

省局发布食品安全监督抽检信息通告5期，涉及食品6637批，其中合格6520批，不合格117批。

省局组织开展2017年国家食品安全考核及全省食品安全考核材料上报工作。

12月4—5日

全省食品药品检验检测工作专题座谈会在济南召开。会议通报机构能力考核评价、技能竞赛等工作情况，并围绕提升检验检测能力、省级区域检验检测机构布局规划等内容进行座谈讨论。

12 月 4—6 日

省局副局长李宇红带队赴济南市开展食品安全督导工作。

12 月 4—15 日

省局组织开展全省食品安全督查工作，此次督查划分为 8 个督导组，对各市人民政府食品安全工作开展现场检查。

12 月 5 日

省食安办在济宁市召开省级食品安全市创建工作推进会，省食安办副主任、省局副局长李超群出席会议并讲话。

省政府新闻办举行全省医疗器械专项整治 2017 行动暨三年专项整治行动新闻发布会，省局副局长廖发银介绍 2017 行动情况、三年专项整治总体成效、主要做法及下步工作打算。

12 月 5—6 日

全省食品药品标准管理工作专题座谈会在济南召开。会议邀请省卫生计生委食品安全标准与监测评估处有关负责人解读食品安全标准工作开展情况，并围绕食品药品补充检验方法研制及跟踪评价、标准管理水平提升等内容进行座谈讨论。

省食安办在淄博举办全省“食安山东”建设与质量安全受权人专题培训班。省食安办副主任、省局副局长李超群出席培训班并作总结讲话。淄博市副市长盖卫星为培训班致辞。

12 月 6 日

省局召开医疗器械注册风险会商会。省局副巡视员辛仁东出席会议并讲话。

12 月 7—8 日

全省医疗器械风险交流会议在济南召开，总计 130 人参加会议。会议就山东省医疗器械质量安全风险进行深入交流，对下步监管重点和防范措施进行研究。省局副局长廖发银出席会议并讲话。

12 月 8—20 日

省食安办组织开展第二批食品安全先进县（市、区）省级验收。

12 月 11 日

省局与新疆建设兵团十二师食品药品监督管理局签订对口支援合作协议。省局副局长李宇红参加签约仪式。

省局印发《关于进一步加强疫苗流通监管的通知》，进一步规范疫苗冷链配送与全程追溯管理，强化疫苗流通监管。

12 月 11—14 日

省局副局长李宇红带队赴淄博开展食品安全督导工作。

12 月 11—18 日

省编办印发关于调整省食品药品监管局机构编制事项的通知，增设食盐监管安全监管处，增加行政编制 5 名，正处级领导职数 1 名，副处级领导职数 1 名。18 日，局党组会研究成立食盐质量安全监管处，并根据编制情况配齐配足处室人员。

12 月 12 日

省局、省财政厅印发《食品药品违法行为举报奖励实施办法》。

12 月 13 日

省局副局长廖发银调研济南市局医疗器械监管工作。

省局发布《关于下放一批省级公共服务事项的公告》和《关于下放药品化妆品保健食品销售事项证明办理事项的通知》，将药品化妆品自由销售证明办理工作下放各市。

12 月 13—14 日

省食安办召开“食安山东”餐饮服务品牌示范创建评审暨创建工作推进会议。

12 月 15 日

省政府召开深化审评审批制度改革鼓励药品医疗器械创新专题会议，副省长任爱荣出席并讲话，各相关厅局负责人参加会议，并对省局代拟的《关于深化审评审批制度改革鼓励药品医疗器械创新的实施意见》（征求意见稿）提出修改意见和建议。会后，参与起草深化审评审批制度改革鼓励药品医疗器械创新专题会议纪要。

12 月 15—20 日

省局开始“三小”登记备案率核查工作。20 日，汇总整理“三小”规范提升经验材料汇编。

12 月 18 日

省局部署对 2017 年度全省系统食品药品安全信用信息基础数据进行维护，协调推进信用系统建设。

12 月 18—29 日

省局完成规范性文件清理工作，对 17 件有效期届满后仍需继续实施的规范性文件延长有效期，重新登记编号并公布；对 15 件有效期届满不再实施或者已被新的文件取代的规范性文件宣布失效和废止。27—29 日，省局公布现行有效的规范性文件目录，并部署对现行有效的文件进行评估。

12 月 19—21 日

19 日，召开省十三届人大一次会议和省政协十二届一次会议筹备工作会议，省局副局长李宇红到会并讲话。21 日，省局印发省十三届人大一次会议和省政协十二届一次会议食品安全保障方案。

12 月 19—22 日

省局组织召开全省系统行政执法检查通报会暨行政执法监督能力培训会，通报执法检查及案卷评查情况，分析存在问题并提出工作要求，邀请专家开展执法能力培训。省局党组副书记、副局长桂敦山出席会议。

12月20—21日

省局副局长廖发银赴淄博调研医疗器械监管工作。

12月22日

全省系统食盐监管体制改革工作座谈会在济南召开，省局党组副书记、副局长桂敦山参加会议并讲话，省局人事处、食盐监管处、相关直属单位、各市局分管领导、相关科室负责人参加。

12月25—27日

省局党组副书记、副局长桂敦山带队赴菏泽、泰安两地就盐业体制改革进展情况进行督查，并将督查报告报省政府办公厅。

12月26日

省局印发全省药品生产质量提升2017行动开展情况的通报。

12月27日

省食安办公示“2017年食安山东餐饮示范单位”。

国家总局药品审评中心山东实训总结表彰会暨实训基地揭牌仪式在济南举行。省局副巡视员史国生出席并致辞，与会领导共同为“国家食品药品监督管理总局药品审评中心实践培训基地”揭牌。

12月28日

省局推进第二批削减的省级权力事项衔接落实，报送职能办关于连锁药店经营许可整改落实情况报告。

省食安办召开第四季度省食安委部分成员单位联席会议。

省局印发《山东省长期停产药品生产企业恢复生产监督管理规定》。

12月29日

省局印发《关于印发“食安护佳节”行动方案的通知》，在全省开展“食安护佳节”行动，切实做好2018年元旦、春节、元宵节期间的食品安全监管工作。

省局党组书记、局长马越男与国家总局药品审评中心主任许嘉齐许签订战略合作补充协议，并共同为“国家食品药品监督管理总局药品审评中心药品创新与审评制度改革联系点”揭牌。

附 录

重要政策法规

国家食品药品监督管理总局　山东省人民政府
食品药品安全战略合作协议

为深入贯彻党的十八大和十八届三中、四中、五中、六中全会精神，全面贯彻习近平总书记系列重要讲话和治国理政新理念新思想新战略，落实中央对山东省工作走在前列的目标要求，进一步提升食品药品安全保障水平，经国家食品药品监督管理总局和山东省人民政府充分协商，签署以下合作协议。

一、合作目标

按照十八届五中全会确立的“五大发展理念”和习近平总书记关于食品药品监督管理“四个最严”的要求，立足山东省食品药品监督管理和产业发展实际，落实“十三五”国家食品安全规划和药品安全规划，力争用3~5年时间，使山东省食品药品安全保障水平和治理能力显著提高，食品药品安全状况明显改善，食品药品产业健康快速发展，人民群众满意度明显提升，将山东省打造成为食品药品安全省、放心省。

二、合作内容

（一）国家食品药品监督管理总局支持山东省食品药品监管工作和食品药品产业发展。

1. 支持山东省食品医药产业新旧动能转换。支持山东省实施新旧动能转换重大工程，做大做强食品医药产业。支持济南药谷、烟台生命科学创新示范区、淄博高新区医药创新中心、威海火炬医疗器械产业园等重点项目建设。支持山东省建设科研创新平台，鼓励支持山东省重大创新药物和医疗器械研发，并给予重点帮扶。指导引进国内外知名食品药品生产企业。

2. 指导山东省深化药品医疗器械审评审批制度改革。支持山东省开展食品药品监管制度创新和服务创新，指导山东省进一步完善改革政策措施，推动各项重点任务落实。支持山东省加快市场潜力大、临床急需药物品种的一致性评价工作。支持山东省深化药品上市许可持有人制度试点，发挥药品技术转让审评授权优势，吸引更多的新技术、新品种落户山东。共同探索优化审评审批流程、加快产品上市的政策措施。

3. 支持山东省开展食品安全城市创建和品牌建设。指导山东省全域推进食品安全城市创建工作，整体提升食品安全治理能力、保障水平和人民群众获得感。支持山东省开展“食安山东”建设，实施食品品牌创建，推动产业转型升级和提质增效。支持山东省开展“品质鲁药”建设，提升“品质鲁药”的公众认知度。帮助搭建宣传平台，指导山东省加大宣传力度。

4. 帮助提升食品药品监管基础支撑能力。加大中央财政转移支付力度，重点支持山东省加强县、乡基层食品药品监管工作标准化建设。支持山东省建设药品医疗器械安全重点实验室、省级食品药品区域检验检测平台以及医疗器械区域检验检测平台。支持山东省加快推进药品进口口岸局（所）建设，支持山东省加强生物制品检验能力建设。支持山东省加快“智慧监管”工程建设，打造食品药品监管工作大数据平台。支持山东省参与、承担国家级食品药品安全科技攻关项目和国家食品药品监督管理总局主导的食品药品监管理论研讨、标准制定、检验检测技术、风险监测和安全评价等方面的研究工作。

5. 加大人才支持力度。指导和支持山东省引进培养高层次领军人才、紧缺人才。加强干部交流，每年互派厅处级干部挂职锻炼。帮助山东省搭建国际交流合作平台，共同强化国际交流合作，争取每年共同举办一次国际交流活动。指导和支持国家食品药品监督管理总局药审中心、高级研修学院、南方医药经济研究所等单位加强与山东省食品药品监督管理局的合作。支持山东省食品药品监督管理局利用现有教育培训资源建设区域性食品药品监管干部培训基地。支持山东省加快职业化检查员队伍建设，开展相关试点。

（二）山东省人民政府全面加强食品药品安全工作。

1. 落实属地管理责任。将食品药品安全工作纳入全省经济社会发展规划和年度工作计划，进一步推动各级政府落实“四有两责”等属地管理责任，完善食品药品监管体制机制，强化职能配置和力量配备。督促各地建立稳定的食品药品安全财政投入保障机制，进一步加大对食品药品安全的投入保障力度。

2. 强化食品药品安全工作。以“食安山东”建设为统领，坚持源头严防、过程严管、风险严控，不断提升食品药品安全治理能力和保障水平，坚决守住不发生系统性区域性重大食品药品安全问题的底线。加强食品药品监管科技研发及创新体系建设，切实提高食品药品监管的科技支撑能力。坚持正向引领，全面开展食品安全城市创建和品牌建设，进一步提升山东食品药品安全整体形象。

3. 支持并积极承担国家食品药品监督管理总局各项改革试点任务。积极承担国家食品药品监督管理总局有关药品医疗器械审评审批制度改革、食品安全城市创建、信息化建设、应急体系建设等先行先试任务，高标准做好相关工作，探索创新食品药品安全监管体制机制。

4. 全面推进食品药品“十三五”规划重点任务落实。贯彻“十三五”国家食品安全规划和药品安全规划、山东省“十三五”食品药品安全规划要求，加大督导考核，确保规划目标如期实现。加大地方财政和建设资金投入力度，加快提升基层监管执法能力，加强检验检测体系建设、“智慧监管”工程建设和执法装备配备。重点建设药品医疗器械安全重点实验室、10个左右省级食品药品区域检验检测平台、2～3个医疗器械区域检验检测平台，以及建设分子生物学、蛋白质组学技术和仿制药一致性评价等药品技术支撑平台；建设大动物临床实验室和高风险医疗器械、生物材料风险评价等实验平台，建设大型有源设备评价实验室。

5. 加强食品药品监管队伍建设。坚持监管重心下移，着力加强基层监管机构人员队伍建设，确保人员力量与监管任务相匹配。加大培训力度，采取人才引进、在岗培训、出国深造、挂职锻炼等手段，着力提升监管队伍能力素质。加强职业化检查员队伍建设，强化检查员教育培训、管理和监督，尽快建成职业化检查员队伍。

三、合作机制

（一）成立战略合作领导小组。战略合作领导小组组长由国家食品药品监督管理总局局长和山东省省长担任，副组长由国家食品药品监督管理总局分管副局长和山东省分管副省长担任。领导小组下设办公室，办公室主任由国家食品药品监督管理总局规划财务司司长和山东省食品药品监督管理局局长担任。领导小组不定期召开会议，协调重大合作事项，总结和部署相关工作。

（二）完善日常协调工作机制。领导小组办公室根据工作需要，强化沟通协调，落实领导小组会议确定的具体事项。

（三）建立总结评估机制。建立合作重点工作实施情况定期评估制度，及时总结工作成效。

四、其他事项

（一）本协议一式两份，双方各执一份，自签订之日起五年内有效。

（二）合作过程中未尽事宜，由双方另行商定。

国家食品药品监督管理总局
山东省人民政府
2017年9月19日

省委办公厅　省政府办公厅
印发《关于食品安全党政同责的意见》的通知

鲁办发〔2017〕58号

各市党委和人民政府，省委和省政府各部门（单位），各人民团体，各高等院校：

《关于食品安全党政同责的意见》已经省委、省政府同意，现印发给你们，请结合实际认真贯彻落实。

中共山东省委办公厅
山东省人民政府办公厅
2017年12月26日

关于食品安全党政同责的意见

为认真贯彻落实党的十九大精神，切实践行习近平新时代中国特色社会主义思想，按照党中央、国务院关于加强食品安全工作一系列决策部署，进一步加强全省各级党委、政府对食品安全工作的领导，强化食品安全属地管理责任，大力实施食品安全战略，深化“食安山东”建设，提升食品安全治理能力和保障水平，让人民吃得放心，依据《中华人民共和国食品安全法》，现就落实食品安全党政同责提出如下意见。

一、强化党委食品安全工作领导责任

（一）将食品安全工作纳入重要议事日程。各级党委要把食品安全工作作为一项重大政治任务，纳入国民经济和社会发展规划，作为年度重点工作进行安排部署；纳入社会主义精神文明建设、党风廉政建设、社会治安综合治理等，与党的各项工作同步规划、同步部署、同步推进、同步落实。

（二）强化党委主要负责同志领导责任。党委主要负责同志每年要主持召开党委常委会会议，听取食品安全工作专题汇报，研究重大事项，协调解决重点难点问题。开展专题调研，检查指导食品安全工作，并提出明确要求。

（三）建立食品安全工作报告制度。党委要将食品安全工作列入定期向上一级党委报告工作的重要内容，同时每年以书面形式专题报告食品安全工作情况。上一级党委要就下一级党委的专题报告提出意见要求，指导下一级党委做好食品安全工作。

（四）加大食品安全工作支持力度。党委要领导和督促本级人大常委会、政府、政协、法院、检察院党组履行职责，全力支持食品安全工作。推动其他群团组织、社会各界开展食品安全相关工作和活动。加强食品安全监管部门领导班子和干部队伍建设，优化专业结构，配强监管力量，增强食品安全监管统一性和专业性，切实提高食品安全监管水平和能力。

（五）严格食品安全考核评价。在经济社会发展综合考核中加大对食品安全工作的考核力度。将食品安全工作评议考核结果作为对领导班子和领导干部综合考核评价以及实行奖惩的重要参考，让干得好的有体现、干不好的有惩戒。对在食品安全工作中作出突出贡献的单位和个人，按照有关规定给予表彰奖励。

二、强化政府食品安全行政责任

（六）强化食品安全工作部署。政府要统一领导、组织、协调本地食品安全工作，每年的政府工作报告要对食品安全工作作出部署。制定实施年度食品安全重点工作安排、食品安全专项规划或实施计划。政府主要负责同志每年要主持召开政府常务会议，听取食品安全工作专题汇报，研究重大事项，及时协调解决重点难点问题，贯彻落实上级相关决策部署。

（七）加大食品安全工作保障力度。政府要建立完善食品安全监管资源投入长效机制，夯实食品安全监管基础，确保监管工作有责任、有岗位、有人员、有手段，切实满足食品安全工作需要。明确相关部门职责，完善规章制度，健全统一权威的监管机构。加强食品安全监管队伍、协管员队伍和食品犯罪侦查队伍建设。加强食品安全技术支撑能力建设，加大装备保障力度。加强食品安全宣传教育，普及食品安全知识。

（八）健全食品安全应急管理体系。政府要统一领导、组织、协调本地食品安全突发事件应对工作。建立健全食品安全应急管理体制，制定完善食品安全事故应急预案，健全重大信息报告机制和监测预警机制，及时妥善处置食品安全突发事件，预防和减轻社会危害。

（九）推动食品安全工作责任落实。政府要督促本级食品安全监管部门、下一级政府依法履行食品安全责任，并开展评议考核。对职责分工不明确、职能交叉的工作，政府应依法确定本级食品安全监管部门和有关部门的职责。对涉及跨领域、多部门的重点难点问题，要加强组织协调，统筹推动落实。

（十）切实发挥食品安全委员会作用。食品安全委员会要根据同级党委、政府关于食品安全的工作部署，每年召开全体会议，研究食品安全工作，就重大问题提出解决措施，报请同级党委、政府研究，并督促各地各部门做好相关工作。加强各级食品安全委员会办公室建设，充分发挥食品安全委员会办公室总牵头、总调度、总督查等作用。

三、强化党委、政府工作部门食品安全责任

（十一）加大党委工作部门支持保障力度。党委工作部门要结合工作职责，在食品安全战略和政策研究、监管和侦查机构建设、干部队伍配备、宣传舆论、社会治安综合治理、检查督办、追责问责、组织社会力量参与等方面，支持食品安全工作，形成工作合力。

（十二）强化政府工作部门监管责任。食品安全监管部门要严格落实对食品生产经营活动的监管责任，依法组织开展食品安全监督检查、抽样检验、案件查处、信息发布、事故应急处置等工作，着力防范区域性、系统性食品安全风险。各相关工作部门要依法履行行政监管、违法犯罪案件侦办和相关工作职责。在政府的统一领导下，加强部门间协调配合，共享资源、互通信息，切实防范监管失责缺位，提升食品安全协同共治能力。

（十三）充分发挥群团组织作用。工会、共青团、妇联、科协等群团组织要充分发挥自身优势，搭建辐射面广、群众参与度强的工作载体，开展形式多样的宣传普及和社会监督活动，增强消费者食品安全意识和自我保护能力。

四、保障措施

（十四）坚持“一岗双责”。党委、政府要将食品安全工作作为“一把手”工程，党政主要负责同志要带头执行党和国家关于食品安全工作的各项方针政策和决策部署，其他负责同志要加强对分管领域食品安全工作的组织领导。各级党委、政府相关工作部门的主要负责同志要做好本系统本领域的食品安全工作，相关负责同志要做好分管领域的食品安全工作。要将履行食品安全“一岗双责”的情况，作为年度述职的重要内容。

（十五）强化督查督办。党委、政府要健全食品安全党政同责督查机制，将食品安全重大决策部署、重点工作纳入督查督办范围，加大督查力度，强化责任落实。建立警示通报和约谈制度，对未按规定履行食品安全工作职责、未按要求完成食品安全工作目标任务、重大食品安全隐患未能及时发现或者发现后未能及时整改消除，造成不良影响的责任单位及责任人，予以警示通报、约谈，并限期整改。

（十六）严格落实责任追究制度。党委、政府要建立责任追究制度，对不履行食品安全监管责任或者阻碍干涉食品安全监管部门履行职责，导致本地发生区域性、系统性食品安全风险和重特大食品安全事故，或者在应对食品安全突发事件中处置不力，造成重大损失或者恶劣影响的领导干部，按照干部管理权限，依纪依规严肃问责；涉嫌犯罪的，移送司法机关依法处理。

本意见自2017年12月26日起施行。此前发布的有关文件规定，凡与本意见不一致的，按照本意见执行。

山东省人民政府关于餐饮质量安全提升工程的实施意见

鲁政发〔2017〕29号

各市人民政府，各县（市、区）人民政府，省政府各部门、各直属机构，各大企业，各高等院校：

为贯彻落实党中央、国务院关于提高餐饮业质量安全水平的决策部署，进一步强化“从农田到餐桌”全过程食品安全工作，结合我省实际，制定本实施意见。

一、指导思想

深入学习贯彻习近平总书记系列重要讲话和视察山东重要讲话、重要指示批示精神，全面落实食品安全“四个最严”要求，按照省第十一次党代会关于把好饮食用药安全每一道关口的部署要求，以“走在前列”为目标定位，以“食安山东”建设为统领，坚持严字当头，源头严防、过程严管、风险严控，着力解决重点难点问题，全面提升食品安全水平，助推食品产业转型升级，不断提升人民群众满意度和获得感。

二、工作目标

到2020年，全省食品安全水平、产业发展水平与全面建成小康社会的标准要求相适应，将山东建设成为全国食品最安全地区之一，努力打造食品安全放心省。

（一）人民群众食品安全满意度力争达到80%以上；食品抽检合格率达到96%以上；食品相关产品抽检合格率达到95%以上。

（二）农药经营许可、限制使用农药定点经营、农药经营店标准化经营基本达到100%。农产品标准化生产覆盖率达到85%以上。畜禽标准化规模养殖比重达到85%。

（三）规模以上重点食品生产加工企业全部建立食品安全追溯体系。食用农产品批发市场全部建立快速检验室，入场销售者建档率和食品安全自查落实率均达到100%。大中型商超重点食用农产品基地直采率达到70%以上。农村地区基本消除“三无”食品。

（四）学校食堂量化分级B级（良好）以上达到100%，季度检查覆盖率达到100%。中央厨房、集体用餐配送单位“明厨亮灶”率达到100%。大中型餐饮服务单位“清洁厨房”率达到100%。

（五）食品小作坊、小餐饮和食品摊点（以下简称“三小”）登记备案率和监管覆盖率均达到95%以上。

（六）“三品一标”产地认定面积占同类农产品产地面积的比例达到60%以上，认证数量达到14300个。创建100处省级现代渔业示范园区、300处省级经济林标准化示范园、40个食品生产示范基地、850家食品生产示范企业、5000家流通示范单位、10000家餐饮服务示范单位、700条“三小”示范街（区）。

（七）所有市、县（市、区）创建成为省级以上食品安全市和食品安全先进县（市、区）。所有涉农县（市、区）创建成为省级以上农产品质量安全县（市、区）。

三、主要任务

（一）**提升食用农产品源头治理水平。**将提高农业供给质量作为主攻方向，推动农业规模化、标准化、绿色化发展。加强产地环境保护和农业面源污染治理，深入实施土壤污染防治行动计划，开展耕地质量保护和提升行动。建立完善水产品产地环境监测等监管机制。大力推进畜禽养殖企业标准化改造。探索建立食用农产品产地准出制度，打造追溯监管平台，提升源头追溯能力。（责任单位：省农业厅、省海洋与渔业厅、省林业厅、省畜牧兽医局、省环保厅）

（二）**提升食品生产加工质量安全水平。**在规模以上食品生产加工企业全面推行先进管理方式，实施企业自查、监督检查、第三方协查的“三查”模式。强化风险管理，执行一市一清单、一企一清单“两清单”制度，加大高风险食品生产加工企业监管力度。持续开展食品添加剂使用“对标规范”行动，降低食品添加剂超范围、超限量使用问题发生率。（责任单位：省食品药品监管局）

（三）**提升集中交易市场规范化水平。**加强食用农产品批发市场监管，实施“四个一”建设，即完善一套食品安全管理制度、设立一个快检室、配备一块信息公示屏、建立一本经营业户动态档案。深入开展农贸市场食用农产品质量安全管理规范化建设行动。加强食用农产品入市监管，严格准入标准，以高风险品种为切入点，探索建立食用农产品合格证和市场销售凭证“双证”制度，推动产地准出与市场准入相衔接。（责任单位：省食品药品监管局、省商务厅、省农业厅、省海洋与渔业厅、省林业厅、省畜牧兽医局）

（四）**提升大中型商超食品质量安全水平。**开展大中型商超放心肉菜质量安全公开评价，推动“放心肉菜”示范超市创建。推行农超对接、厂超挂钩、“基地＋加工企业＋超市”等采购模式，推进品牌食用农产品、出口企业“三同”食品进超市。推行放心肉菜、品牌食品信息公示制度。全面推动大中型商超食品现场制售场所硬件改造，规范制售行为。（责任单位：省食品药品监管局）

（五）**提升进口食品质量管理水平。**推进实施“进口食品安全放心工程”，深入开展酒类、食用植物油、肉类等重点进口食品专项治理。规范口岸检验检疫监管执法行为，加强进口食品追溯管理和收货人备案管理。严厉打击进口食品走私行为。（责任单位：山东出入境检验检疫局、青岛海关、济南海关、省公安厅）

（六）提升食品相关产品质量安全水平。加强食品包装材料、容器、食品生产经营工具等食品相关产品生产加工的监管，严格实施生产许可，依法加大监督检查和抽查力度。强化“食品级”标识管理，规范产品标识及使用说明。规范餐饮具集中消毒行为，定期公布集中消毒单位名单。（责任单位：省质监局、省卫生计生委、省食品药品监管局）

（七）提升餐厨废弃物等无害化处理水平。强化餐厨废弃物利用和无害化处理，实行闭环式管理，严防“地沟油”流向餐桌。完善配套政策措施，健全病死畜禽、肉类加工废弃物和检验检疫不合格畜禽产品处理机制，推广无害化处理技术。培育与城市规模相适应的废弃物无害化处理和资源化利用企业。（责任单位：省住房城乡建设厅、省畜牧兽医局）

（八）提升产业规划管理水平。将食品产业纳入地方经济社会发展规划和城乡规划，加快建设产业特色明显、集群优势突出、结构布局合理的现代食品产业体系。规划建设一批食品及食用农产品产业聚集区、园区，在原料富集地区建设特色食品加工示范基地，提高产业集中度。结合城市改造、社区商业建设和旅游基础设施建设，优化居民社区、办公集聚区、商圈、学校、医院、景区（点）和交通场所等重点场所的食品经营规划布局。（责任单位：省发展改革委、省经济和信息化委、省住房城乡建设厅、省食品药品监管局）

（九）提升食品产业健康发展水平。以提高质量安全水平和核心竞争力为中心，推动食品产业转型升级。充分发挥“互联网+”优势，创新电子商务与食品产业的集成应用模式，促进食品产业线上线下融合发展。大力促进冷链物流行业健康规范发展，推进冷链物流信息化、标准化，构建符合我省实际的现代化冷链物流体系，保障生鲜农产品和食品消费安全。支持餐饮企业发展连锁经营、中央厨房，实现原料统一加工、集中配送。大力发展早餐、快餐、团餐和网络订餐等大众餐饮服务形式，规范发展高铁网络订餐。推动中华老字号及地方老字号食品传承升级，开发适应市场需求变化的新产品。（责任单位：省经济和信息化委、省商务厅、省食品药品监管局、济南铁路局）

四、重点工作

（一）深入开展农业投入品管控行动。推行农业良好生产规范，推广生产记录台账制度，严格执行农业投入品生产销售使用规定。深入开展化肥农药使用量零增长行动，大力推行农资连锁经营，开展放心农资下乡进村。积极探索推行植物病虫害、动物疫病统防统治专业化服务。开展农兽药残留超标治理、畜禽水产品专项整治，严厉打击违禁超限量使用农兽药、非法添加、滥用抗生素等违法违规行为。（责任单位：省农业厅、省海洋与渔业厅、省林业厅、省畜牧兽医局）

（二）深入开展“清洁厨房”行动。在大中型餐饮服务单位大力推行“明厨亮灶”工程，将养老机构、机关、企业、社会组织等单位的食堂纳入实施范围，不断扩大覆盖面。深入实施餐饮服务食品安全量化分级管理，继续开展“寻找笑脸就餐”活动。推行色标管理，鼓励开展白手套、白毛巾、白口罩“三白”行动，提升厨房卫生管理水平。（责任单位：省食品药品监管局、省民政厅、省总工会）

（三）深入开展校园绿色餐饮行动。强化学校食品安全主体责任，落实学校月度自查和监管部门季度检查、飞行检查、督导检查等学校食堂（含幼儿园）“四查”制度。加强校园食品安全风险源头控制，推动大宗物品统一集中采购，鼓励专业公司参与学校食堂管理。定期开展学校食堂开放日活动，组织家长评议。开展“品牌食品进校园”活动，引导学生养成科学合理膳食习惯。实施学生小饭桌动态登记公示和星级管理，逐步推行“微管理”，方便学生家长选择和监督。（责任单位：省教育厅、省食品药品监管局）

（四）深入开展窗口单位食品安全提升行动。将食品安全纳入旅游景区和交通场所综合治理范围。严格许可审查，强化日常检查，监督景区及交通场所食品生产经营者严格落实食品安全主体责任，着力提升景区及其周边和铁路、机场、车站、码头、高速公路服务区等场所食品安全保障水平。（责任单位：省食品药品监管局、省旅游发展委、省交通运输厅、济南铁路局、山东出入境检验检疫局）

（五）深入开展食品安全“净网”行动。实行线上线下联动监管，规范网络食品交易行为。主动收集网上负面评论，提高监管靶向性。监督网络交易第三方平台建立入网食品生产经营者审查登记、违法行为制止及报告等制度。重点加强网络订餐监管，网络餐饮服务应具有实体店铺并严格遵守餐饮服务食品安全操作规范；送餐人员保持个人卫生并持有健康证明，送餐容器无毒、清洁，符合卫生标准。（责任单位：省食品药品监管局、省网信办、省通信管理局）

（六）深入开展“三小”规范提升行动。全面实施《山东省食品小作坊小餐饮和食品摊点管理条例》，加强对“三小”登记、备案工作的监督检查，推进“三小”综合治理。按照“亮证经营、安全承诺、单据留存、原料公示、加工规范、场所清洁”六项标准要求，落实正面与负面清单，鼓励支持“三小”集中生产经营，规范提升“三小”生产经营水平。（责任单位：省食品药品监管局、省住房城乡建设厅、省工商局）

（七）深入开展农村食品安全提升行动。以农村群众日常消费食品、儿童食品以及民俗食品、地方特色食品等为重点，针对销售标签标识不规范、超保质期、商标侵权和仿冒食品等违法行为，加大农村地区食品安全监管力度。将农村集市、庙会等临时性集中消费场所及农村聚餐、农家乐等纳入管理范围。加强对农村食品供货商的监管，严格食品经营许可。严厉打击销售“三无”食品行为。（责任单位：省食品药品监管局、省工商局、省农业厅、省海洋与渔业厅、省畜牧兽医局）

（八）深入开展“守护舌尖安全”行动。聚焦人民群众反映强烈的突出问题和屡打不止、屡禁不绝的重点难点问题，突出重点区域、重点场所、重点品种和重要时段，持续开展系列整治行动，严厉打击非法添加、制假售假等违法犯罪行为。健全完善食安、农安、公安“三安”联动机制，强化行刑衔接，建立常态化公开曝光机制，形成有效震慑。（责任单位：省食安委各相关成员单位）

（九）深入开展品牌创建行动。以“安全、健康、口碑”为核心，“点线面”结合、立体化推进“食安山东”品牌建设和“齐鲁灵秀地、品牌农产品”公用品牌建设，全产业链培育放心品牌。深入开展食品安全市、县（市、区）和农产品质量安全县（市、区）创建，整体提升山东食品品牌形象。通过持续创建和培育，带动更多企业积极争创品牌，形成品牌集聚效应。（责任单位：省食安委各相关成员单位）

五、保障措施

（一）加强组织领导。将餐饮质量安全提升工程作为改善民生、促进发展的重大任务，纳入重要议事日程，坚持党政同责，实行食品安全工作政府负总责和政府主要负责同志负总责。各级各相关部门要制定具体实施方案，落实工作责任，创新监管方式，确保各项任务落到实处。各级食安委、食安办要充分发挥综合协调作用，形成协同推进的整体工作合力。（责任单位：省食安办、各级人民政府）

（二）加强政策支持。制定完善相关配套政策，加大财政投入，统筹食品安全等相关资金，保障餐饮质量安全提升工程顺利实施。落实有岗位、有职责、有人员、有手段“四有”要求，加强食品安全检验检测、“智慧监管”、应急处置和基层监管能力等建设。发展改革、经济和信息化、财政等部门要研究制定支持政策，加大对食品安全监管和产业发展的扶持力度。（责任单位：省发展改革委、省经济和信息化委、省财政厅、省食品药品监管局、各级人民政府）

（三）加强制度保障。健全食品及食用农产品安全标准体系，鼓励完善地方特色食品标准，引导企业制定完善企业标准。健全食品安全追溯体系，引导企业建立食品安全可追溯制度，着力实现上下游食品安全可查询可控制可追究。健全食品安全管理体系，鼓励企业执行良好生产经营规范，实施危害分析与关键点控制。健全食品安全信用体系，引导企业依法诚信经营。（责任单位：省卫生计生委、省农业厅、省海洋与渔业厅、省林业厅、省畜牧兽医局、省食品药品监管局）

（四）加强社会共治。广泛开展宣传教育活动，全面普及食品安全知识和健康营养消费知识，及时公开食品安全信息，曝光违法违规行为。监督企业落实主体责任，鼓励行业协会发挥规范自律和引导作用。畅通食品安全投诉举报渠道，落实投诉举报奖励制度，提高公众参与监督的积极性。（责任单位：省食安委各相关成员单位）

（五）加强考核评估和问责。将餐饮质量安全提升工程纳入食品安全考核指标体系和对各级政府的考核评价，列为“文明城市”“卫生城市”“食品安全市、县（市、区）”“农产品质量安全县（市、区）”创建评定的重要内容，加大督查考评力度。对工作中作出突出贡献的先进集体和个人，按照规定给予表彰奖励。加大问责工作力度，对责任不落实、监管不作为、问题不解决、敷衍塞责的单位和工作人员，依法依纪严肃处理。（责任单位：省食安办、省文明办、省卫生计生委、省农业厅、省人力资源社会保障厅、各级人民政府）

山东省人民政府

2017 年 9 月 20 日

山东省人民政府办公厅
关于“食安山东”品牌建设的实施意见

鲁政办发〔2017〕35 号

各市人民政府，各县（市、区）人民政府，省政府各部门、各直属机构，各大企业，各高等院校：

自 2014 年 4 月省政府启动实施“食安山东”品牌引领行动以来，各地、各有关部门组织开展一系列品牌引领、示范创建和产业提升行动，培育推出了一批食品安全放心品牌和示范单位，“食安山东”整体形象初步确立。为加快推动我省由食品产业大省向产业强省、产品大省向品牌大省的转变，打造“食安山东”品牌新优势，经省政府同意，现提出以下意见。

一、总体要求

（一）指导思想。严格落实习近平总书记“四个最严”要求，认真贯彻落实《山东省人民政府关于加快推进品牌建设的意见》（鲁政发〔2016〕24 号）精神，大力实施品牌强省战略和食品安全战略，以“食安山东”建设为统领，以“安全、健康、口碑”为核心，聚焦重点产品、重点行业、重要业态和关键环节，通过持续培育、整体创建、巩固提升，实现品牌数量持续增加、品牌经济贡献率显著提高、公众消费信心明显增强，努力打造山东食品安全整体形象，将山东建设成为全国食品和食用农产品消费最安全、最放心的地区之一。

（二）推进原则。将保障食品安全作为创建工作的核心理念和首要前提，坚持正向引领，强化扶优汰劣，提振消费信心。

坚持市场主导，政府推动。发挥市场机制作用，增强企业品牌意识，激发市场主体活力。强化政府推动，加快推进“放管服”改革，优化政策供给，大力营造精心培育、用心呵护、放心共享的品牌建设氛围。

坚持严控严防，产管并重。实施源头严控、过程严管、风险严防，严格农业投入品监管，完善“从农田到餐桌”可追溯体系，健全风险防控机制，加大违法行为惩处力度，全面提升农产品、食品安全保障水平。

夯实产品质量基础。加快完善守信激励和失信惩戒机制，引导企业诚信守法经营。

坚持多元参与，社会共治。统筹社会、行业、企业和个人多个层面，更多激发社会组织活力，促进全社会广泛参与，形成共治共建共享格局。

二、工作目标

坚持“点线面”立体化推进，在持续开展品牌引领行动的基础上，完善创建标准，树立示范标杆，分行业、分领域、分层次进行复制推广，全域推进食品安全城市创建和农产品质量安全县创建（以下简称“双安双创”），实现增点、连线、扩面，打造品牌方阵。到2020年，完成以下创建目标：

深化品牌引领行动，不断拓点增量。创建省级农业标准化生产基地1000处，建设省级现代渔业示范园区100处，稳步推进无公害、绿色、有机和地理标志农产品认证，继续开展畜禽标准化示范场、现代畜牧业示范区、经济林标准化生产示范园创建。

创建“食安山东”生产加工示范企业850家、食品生产加工示范基地40个（包括生产企业聚集区和小作坊聚集区）、流通示范单位5000家、餐饮服务示范单位（街区）3000家。规模以上食品生产加工企业ISO 22000或HACCP认证比例提高10%，其中乳制品、婴幼儿配方食品和特殊医学用途食品等高风险产品企业认证比例达到95%以上。

突出分行业分业态创建，实现连点成线。婴幼儿配方乳粉、乳制品等重点食品行业创建覆盖率（示范单位数量 / 全行业单位数量，下同）分别达到100%、80%；肉制品、食用油、白酒等大宗食品行业创建覆盖率分别高于食品生产环节平均创建水平10%、20%、50%。

大中型商场、连锁超市、大型批发市场等主体业态创建覆盖率达到60%以上，并推动其他业态参与创建，实现全覆盖；餐饮消费聚集街（区）、中央厨房和集体用餐配送单位等业态创建覆盖率均达到80%以上；学校食堂量化分级良好以上比例达到100%。

推进餐饮具集中消毒单位规范化建设。建设和升级改造一批农产品批发市场、冷链加工配送中心、农贸市场、社区菜市场和储备设施。

扎实开展“双安双创”，实现由线扩面。80%以上市、县（市、区）创建成为省级以上食品安全城市和食品安全先进县（市、区），132个涉农县（市、区）全部创建成为省级以上农产品质量安全县，先进市县各类示范单位创建数量明显高于其他地区。

全省所有设区的市餐厨废弃物处理工程建成并运行。病死畜禽无害化处理率达到100%，实现行政区域全覆盖、收集体系全覆盖和大型规模化养殖场全覆盖。

三、主要措施

（一）打造品牌示范体系。

1. 大力发展现代农业。大力推广测土配方施肥、生物农药和绿色控害植保技术以及农业废弃物利用技术，防治农业面源污染。加强产地环境检测，建立健全监测结果通报制度和质量诚信体系。加快发展高端高质农业、高效特色农业，加快高标准农田建设，推动农业标准化、规模化、绿色化生产。积极推进现代农业、渔业、林业、畜牧业示范园区建设，深入开展农业标准化生产基地创建活动，打造畜禽养殖标准化示范场，引导和带动全省农业标准化生产。全面加强原粮质量监管和预测预报。

2. 强化重点行业品牌培育。加快建立品牌创建标准体系，推进品牌创建标准化。督促食品生产经营企业建立食品安全管理标准体系，优化内部管理控制体系，提升标准、认证和质量管理水平。推动食品生产经营企业建立实施良好行为规范，强化食品安全危害分析和关键点控制，加大质量受权人制度实施力度。培育推出一批“食安山东”食品生产经营示范单位，鼓励企业研发营养与健康食品，支持发展一批传统特色食品，进一步提升婴幼儿配方乳粉、肉制品、乳制品等重点食品及大宗食品行业产品品质，培育一批品牌形象突出、服务平台完备的食品生产加工园区和龙头骨干企业。

3. 促进多种业态创新。优化食品产业区域布局，推动产业集约化、规模化和标准化发展。鼓励支持食品生产经营企业升级和技术改造，发展食品直营加盟连锁、统一配送等现代经营模式，促进食品流通和餐饮服务经营业态多元化、规范化和现代化。鼓励大众餐饮连锁、集体用餐配送和中央厨房发展，提升品牌带动作用和主食加工配送能力。实施餐饮业质量安全提升工程。开展“厨房亮化”“清洁厨房”和“寻找笑脸就餐”活动。

4. 深入开展“双安双创”工作。按照“市市创、县县创”原则，深入开展食品安全城市和食品安全先进县创建活动，落实属地责任，坚持问题导向，从人民群众日常生活接触最多、感受最深的地方入手，实施精准创建，全面提升食品安全治理能力。扎实推进农产品质量安全县创建活动，探索建立具有地域特色的质量监管和农资监管模式，提高县域农产品质量安全监管水平，打造农产品质量安全省。

（二）提升品牌基础支撑能力。

1. 推进食品安全标准建设。推动食品安全标准制修订，鼓励企业制定严于食品安全国家标准、地方标准的企业标准，实施企业产品标准自我声明公开和监督制度，接受社会监督，提高企业改进质量的内生动力和外在约束。完善农业地方标准体系，加强标准制修订，细化制订一批农民看得懂、用得上、易操作、真管用的简明技术规程。

2. 加快追溯体系建设。加快推进建设覆盖全省主要农产品的监管追溯平台，全省涉农县（市、区）所有农业投入品经营门店、产业化龙头企业生产基地、农民专业合作社生产基地等均纳入监管追溯范围，实现全部农业投入品和主要农产品可追溯。健全食品追溯管理制度，督促和指导企业依法建立质量安全追溯体系。以大型食品生产经营企业为主体，围绕婴幼儿配方食品、肉制品、乳制品、食用植物油、白酒、蔬菜、水产品等重点品种，加快推进食品安全追溯体系建设，推动追溯链条向食品原料供应环节延伸，实现全产业链可追溯管理。

3. 提升品牌科技内涵。鼓励食品企业自主创新，提升科技创新综合实力。加大科研投入，采取产学研用联合的方式，建设一批公共研发、设计和服务平台，鼓励开展与食品安全有关的基础研究和应用研究，加大对制约行业质量提升的关键共性技术攻关力度。

4. 加强人才培育。大力引进、培育和壮大一批行业领军人物，引领食品产业发展。开展“食安山东·齐鲁名匠”评选活动，每年推出一批在安全质量、工艺技能、创意设计等方面有杰出贡献的先进人物，建立齐鲁名匠工作室，推动传统技能和文化的传承。开发品牌理论和实践培训课程，开展行业系统培训。

（三）增强品牌运营能力。

1. 讲好品牌故事。加大知名自主食品品牌宣传力度，提高自主品牌影响力和认知度。鼓励电视台、广播电台以及平面、网络等媒体，在重要时段、重要版面安排进行公益宣传。推进“食安山东”形象标识的使用和推广。加快线上线下融合，注重应用新媒体，拓展品牌推广渠道。发挥行业协会、社会组织作用，联合举办品牌展示会、品鉴会等系列活动。搞好科普宣传，倡导健康消费，引导公众选择放心品牌。

2. 提振消费信心。构建食品安全信用体系，健全企业信用档案和信用信息系统，完善信用累积、评价、共享及“黑名单”制度，加大联合激励和联合惩戒力度。加大信息公开力度，全面、及时、准确发布产品质量信息，支持和引导新闻媒体开展舆论监督，为消费者提供真实、可信、权威的信息。建立消费者评价机制，将消费者实际评价导入“食安山东”品牌创建标准，提高公众认可度。

3. 加强品牌评价与管理。借助行业协会、科研院校等第三方机构开展食品品牌创建标准和评价体系研究，完善行业品牌评价标准，开展品牌价值评价与发布工作，评选推出“食安山东”示范品牌和示范单位，探索建立行业性综合服务平台，推出知名品牌目录。加强对示范品牌的后续监管，实施动态管理和跟踪评价，对不能持续达标的单位及时进行淘汰。

（四）强化监管服务保障。

1. 强化源头严控。开展化肥农药使用量零增长行动，实行严格的农业投入品使用管理制度，将农业投入品纳入信息化可追溯范围。强化产地检验检疫、食用农产品上市前检测，加强农产品收贮运环节监管，严把产地准出关。推进渔业规模化、组织化与标准化进程，保障初级水产品质量安全。加强对生猪定点屠宰企业和家禽屠宰企业的规范管理，严厉打击私屠滥宰、注水或注入其他物质、违法添加使用“瘦肉精”等行为，推进病死畜禽无害化处理。进一步加大食用林产品质量安全监测力度，组织开展食用林产品质量安全专项整治行动，严厉打击在食用林产品生产过程中违法使用国家禁限用农药等行为。大力推动农业废弃物资源化利用、无害化处理。

2. 加强过程严管。坚持产管并重，强化过程控制，建立全程监管制度，形成全覆盖、无缝隙的食品安全监管网络。不断强化日常监督检查，全面加强食品抽检监测力度，加强产品信息发布和不合格产品核查处置。聚焦重点难点问题和薄弱环节，加大专项整治和综合治理力度，着力消除安全隐患，坚决查处各类违法违规行为。加强餐厨废弃物处理项目运行监管。

3. 实施风险严防。完善食品抽检监测“三统一”机制，扩大抽检监测覆盖面，提高问题发现率。健全完善风险管控机制，加强风险监测、会商、交流、评估，实施分级分类分层监管，完善“双随机一公开”监管机制，防范系统性、区域性风险。着力建立覆盖全省城乡的食源性疾病监测体系。完善应急机制建设，提高事故防范和应急处置能力，妥善处置食品安全社会舆情事件。

四、强化组织保障

（一）加强组织领导。各级政府要建立食品品牌建设协调推进机制，制定具体实施方案和推进举措，及时研究解决重大问题，推动落实各项重点任务。把

“食安山东”品牌建设纳入重要工作议程，明确部门分工，加强部门合作，确保品牌建设工作落到实处。各级食安委要充分发挥组织领导作用，加强对实施工作的协调指导。充分调动行业协会、科研机构、大专院校、消费者组织、新闻媒体等各方力量，形成推进品牌建设合力。

（二）强化政策资金支持。完善品牌建设配套制度，加大资金支持力度，尤其是加大追溯体系、品牌标准建设和宣传推介等方面的投入。发挥财政资金引导作用，带动更多社会资本投入，支持自主食品品牌发展。全面落实支持品牌发展的各类税收优惠政策。

（三）加强督导考核。建立健全考核评估、督导检查机制，加强省对市的食品安全工作考核，将食品品牌建设工作作为衡量食品安全工作开展情况的重要参考指标。市对县（市、区）也要建立相应的考核机制。要加强跟踪调度、督促检查和效果评估，定期通报工作推进和完成情况。

山东省人民政府办公厅
2017 年 3 月 15 日

山东省人民政府办公厅关于印发《山东省食品安全工作评议考核办法》的通知

鲁政办发〔2017〕62 号

各市人民政府，各县（市、区）人民政府，省政府各部门、各直属机构：

《山东省食品安全工作评议考核办法》已经省政府同意，现印发给你们，请认真贯彻执行。

山东省人民政府办公厅
2017 年 8 月 31 日

山东省食品安全工作评议考核办法

第一条 为贯彻落实党中央、国务院和省委、省政府关于加强食品安全工作的决策部署，强化各市政府食品安全组织领导和监督管理责任，不断提升食品安全保障能力，确保公众身体健康和生命安全，根据《中华人民共和国食品安全法》等法律法规规定和《国务院办公厅关于印发食品安全工作评议考核办法的通知》（国办发〔2016〕65 号）要求，结合我省实际，制定本办法。

第二条 本评议考核办法考核对象为各设区市政府。

第三条 考核工作由省食品安全委员会（以下简称省食安委）统一领导。受省食安委委托，省食品安全委员会办公室（以下简称省食安办）会同省食安委有关成员单位具体负责对各市政府实施考核工作。

省食安委有关成员单位根据职责分工，对各市政府食品安全监督管理责任落实情况进行监督检查。

第四条 考核工作坚持目标导向、问题导向和结果导向，遵循客观公正、突出重点、奖惩分明、注重实效的原则。

第五条 考核主要从食品安全工作措施落实情况和食品安全状况两个方面，对食品安全工作组织领导、监督管理、能力建设、保障水平等责任落实情况进行评议考核。具体考核指标、内容和分值在年度食品安全工作考核方案及其细则中体现，并根据年度食品安全重点工作进行调整。

第六条 每年 1 月 1 日至 12 月 31 日为一个考核年度。省食安办在每年 6 月底前，组织相关部门和单位制定当年度考核方案及其细则，报省考核办审定后印发实施。

第七条 考核分为平时考核和年终考核。

（一）平时考核。每年下半年，省食安办可根据需要会同相关部门和单位组成考核组，依据考核方案及其细则对各市政府当年度食品安全工作进展情况进行实地检查，通过听取汇报、核查资料、明察暗访等方式，发现工作亮点，督促责任落实。省食安委有关成员单位按照工作责任，分别对各市责任部门考核指标完成情况、监管责任落实情况、上年度问题整改情况进行督导调度，及时掌握考核任务执行情况。平时考核情况作为年终考核重要参考。

（二）年终考核。

1．自查评分。各市政府按照考核方案及其细则，对当年度食品安全工作情况进行全面总结和自评打分，形成自评报告。自评报告和相关材料于次年 1 月 10 日前报送省食安办。各市政府对自评报告和相关材料的真实性、准确性负责。

2．部门评审。省食安委有关成员单位按照考核方案及其细则，结合平时考核情况，对各市自评报告中相关指标内容进行考核评审，于次年 1 月 25 日前形成书面意见送省食安办。各部门和单位对相关指标评审结果的公平性、公正性、准确性负责。

3．第三方评估。根据年度食品安全重点工作安排和工作需要，省食安办可委托社会评估调查机构、高等院校、科研院所等机构，选取部分重点考核指标或与群众食品安全获得感关系密切的考核事项开展第三方评估，并出具评估意见。第三方机构对评估意见的真实性、公正性、公平性负责。

4．综合评议。省食安办对相关部门和单位的评审意见及平时考核情况等进行汇总，可参考第三方机构作出的评估意见，会同相关部门和单位作出综合评议，形成考核报告，于次年3月10日前报省食安委审定，考核结果报告省政府。

第八条 考核采取评分法，基准分为100分。考核结果分A、B、C三个等级。各项重点工作任务全面完成，亮点突出，得分排在前6名的为A级；各项重点工作任务基本完成，得分排在第7名及以后的为B级。

有下列五种情形之一的，考核等级为C级：

（一）对发生在本行政区域内的食品安全事故，未及时组织协调有关部门开展有效处置，造成严重不良影响或者重大损失的；

（二）对本行政区域内涉及多环节的区域性食品安全问题，未及时组织整治，造成严重不良影响或者重大损失的；

（三）市政府或其相关部门隐瞒、谎报、迟报食品安全事故的；

（四）本行政区域内发生特别重大食品安全事故，或者连续发生重大食品安全事故的；

（五）国家和省部署的年度食品安全重大工作事项未开展未落实的。

第九条 考核结果交由干部主管部门作为对各市政府领导班子和领导干部综合考核评价以及实行奖惩的重要参考。评议考核中发现需要问责的问题线索移交纪检监察机关。

第十条 考核结果由省食安委通报各市政府，并抄送各市食安办。

对考核结果为A级的市政府，由省食安委予以通报表扬。

对在食品安全工作中作出突出贡献的单位和个人，按照国家和省有关规定给予表彰、奖励。

对考核结果为C级的市政府，省食安委委托省食安办会同相关部门约谈该市政府有关负责人，必要时由省政府领导同志约谈该市政府主要负责人，该市有关领导干部不得参加年度评奖、授予荣誉称号等。

各市政府应在考核结果通报后1个月内，对通报的问题提出整改措施与时限，并书面报省食安委。

第十一条 对在食品安全工作评议考核工作中弄虚作假的，予以通报批评；情节严重的，依法依纪追究相关人员责任。

第十二条 各市政府可参照本办法，结合实际依法制定本地区食品安全工作评议考核办法。

第十三条 对直接承担食品安全监管责任的省食安委成员单位的考核，由省食安委委托省食安办另行组织，重点考核食品安全工作履职、年度重点工作落实、食安委制度执行等情况。

第十四条 本办法自印发之日起施行。《山东省人民政府办公厅关于印发〈山东省食品安全责任目标考核办法〉的通知》（鲁政办发〔2006〕103号）同时废止。

山东省食品药品监督管理局关于印发《山东省食品药品监管系统履职尽责容错纠错实施办法（试行）》的通知

鲁食药监发〔2017〕36号

各市食品药品监督管理局，省局机关各处室、各直属单位：

《山东省食品药品监管系统履职尽责容错纠错实施办法（试行）》已经局务会议研究同意，现印发给你们，请认真遵照执行。

山东省食品药品监督管理局

2017年6月23日

山东省食品药品监督管理系统履职尽责容错纠错实施办法（试行）

第一章 总 则

第一条 为进一步激发食品药品监管工作人员依法履职、干事创业的积极性，营造锐意改革、勇于创新、敢于担当的良好环境，推动监管和服务工作的落实，根据法律法规、省委省政府有关要求和《总局关于进一步加强依法行政履职尽责工作的指导意见》等规定，制定本办法。

第二条 食品药品监管部门及其工作人员履行食品药品（含医疗器械、化妆品，下同）监管职责，实施尽职免责减责、容错免责减责，适用本办法。

第三条 履职尽责、容错纠错应当坚持职责法定、尽职免责、失职追责、宽容失误、有错必纠、公平公正的原则，做到事实清楚、证据确凿、程序合法、定性准确、处理适当。

第四条 食品药品监管部门及其工作人员在依法履职过程中，由于客观因素或难以预见情形而造成一定损失或不良影响，但是已经按照职能分工、岗位职责和监管工作计划等要求履行职责的，按照有关规定和程序，予以免责减责。

第五条 食品药品监管部门及其工作人员在改革创新过程中，出于公心、主动作为，但因缺乏经验等原因未能实现预期目标或工作出现偏差、错误的，不作负面评价；及时纠错改正，按照有关规定和程序，免除相关责任或从轻减轻处理。

第二章 履职尽责和干事创业

第六条 食品药品监管部门应当按照法律法规规章及“三定规定”履行食品药品安全监督管理职责。按照分级管辖、权责统一和督查指导原则，明确省、市、县三级食品药品监管部门在行政审批、日常检查、行政处罚、其他事项等方面的职权，落实监管责任。

第七条 建立完善权力清单、责任清单、行政审批事项目录清单、公共服务事项清单，细化监管职能、法律依据、实施主体、职责权限、管理流程、监督方式等内容，明确与监管权力相对应的责任事项、责任主体和责任方式，严格按照清单要求履行法定职责。

第八条 食品药品监管部门在行政审批、日常检查、监督抽检、行政强制、行政处罚等工作中，应依法进行审查审评、调查取证，形成完整证据链，做出相应的执法决定，做到认定事实清楚。

第九条 食品药品监管部门应当遵循上位法优于下位法、特殊法优于普通法、新法优于旧法等原则，全面准确适用法律、法规、规章的规定。

第十条 食品药品监管部门应当按照法律规定的步骤、方式、时限履行职责，细化食品药品监管行政执法程序，规范行政审批、日常检查、行政处罚等行政行为，建立健全行政裁量基准制度、执法信息公开制度、重大执法决定法制审查制度，做到程序合法。

第十一条 按照行刑衔接有关要求，对于涉嫌犯罪案件，应当及时移送公安机关并抄送同级人民检察院；对公安机关通报的已查清的涉案产品流向，要依法监督生产经营者采取措施；对公安机关商请提供检验结论、认定意见的，食品药品监管部门应当及时提供协助。

第十二条 食品药品监管部门应当依法履职尽责，大胆改革创新，积极勇于作为，推动食品药品监管工作创新发展、持续发展、领先发展。积极选树先进典型，对依法履职、干事创业等工作中做出突出贡献的，给予表彰、奖励。

第十三条 完善分类、差异化考核评价和激励机制，鼓励创新、允许试错、宽容失败。加大对工作实绩的考核权重，科学设计考核工作体系，实现考核结果公平公正。

第十四条 对重大改革创新项目开展风险评估，经所在单位集体讨论决定后实施。对涉及依法履职、改革创新的信访举报，查无实据、确属诬告或有轻微违规行为但不够追究纪律责任的，应及时澄清事实，消除负面影响。

第三章 责任追究与减免

第十五条 食品药品监管部门及其工作人员有下列情形之一的，应当承担责任：

（一）未按照法定条件及程序实施行政许可，或者超越法定职权予以行政许可的；

（二）未按要求进行监督检查，造成严重后果的；

（三）经风险评估或者抽样检测得出不安全结论后，未及时采取相应监管措施，造成食品药品安全事故或者不良社会影响的；

（四）未依法履行信息公开职责，造成严重后果的；

（五）未依法处理食品药品投诉举报，造成严重后果的；

（六）对发现的违法行为、安全隐患等问题未及时处理，造成严重后果的；

（七）瞒报、谎报、迟报食品药品安全事故或接到食品药品安全事故报告未及时处理，造成事故扩大或者蔓延的；

（八）滥用行政裁量权或者选择性执法，不按规定查处食品药品违法行为的；

（九）对涉嫌危害食品药品安全犯罪案件，未依法移送公安机关处理的；

（十）无正当理由，不履行或者拖延履行上级交办工作，造成严重后果的；

（十一）有违反明令禁止规定的明知故犯行为或者谋取私利行为的；

（十二）其他应当追究责任的情形。

第十六条 食品药品监管部门及其工作人员有下列情形之一的，可以从轻或者减轻责任：

（一）主动采取补救措施，消除不良影响或者有效阻止危害后果发生的；

（二）主动承认错误，积极配合责任案件调查的；

（三）其他依法可以从轻、减轻追究责任的。

违法、不当行政行为情节轻微并及时纠正，未造成不良后果或者不良后果被及时消除的，可以免予追究责任。

第十七条 食品药品监管部门及其工作人员履行职责过程中，符合下列情形之一的，应当认定为履职尽责：

（一）按照法律法规、事权划分规定、年度监督检查计划、“双随机”抽查要求等，已履行监督检查职责的；

（二）按照法律法规、事权划分规定、年度抽检计划方案等，已履行抽检工作职责的；

（三）已依法对行政相对人作出责令整改或者停产停业整顿的决定，行政相对人擅自违法生产经营的；

（四）因行政相对人隐瞒、伪造、毁灭证据或者提供虚假材料，致使作出错误执法决定，或者逃避案件调查，致使行政执法行为不能及时作出的；

（五）对拒不执行行政处罚决定，已依法申请人民法院强制执行，被执行人仍违法生产经营的；

（六）因当事人擅自隐匿、转移、变卖、损毁被查封、扣押的物品导致危害后果发生的；

（七）因不能预见、不能避免且不能克服的不可抗力因素，导致食品药品监管部门及人员未能依法履行职责的；

（八）因相关食品药品监管部门或其他有关部门错误或者不当行政行为，以及食品药品检验、鉴定、认证等机构的原因，导致作出错误判定或者处理的；

（九）因标准缺失或者现有科学技术水平的限制不能发现存在问题，导致食品药品安全问题无法定性的；

（十）按照事发当时法律法规和有关规定，不应追究责任的；

（十一）其他履职尽责依法不应当追究责任的情形。

第十八条 食品药品监管部门及其工作人员干事创业过程中，符合下列情形之一的，可以予以容错：

（一）因法律法规、政策界限不明确而出现偏差，导致行政行为不当，且没有造成严重后果的；

（二）在推进改革和体制机制创新中，因缺乏经验，先行先试出现探索性失误或未达到预期效果，但经过民主决策程序的；

（三）在审批工作中，为提高效率、方便企业进行容缺受理、容缺审查，已经事后完善的；

（四）应对食品药品安全突发事件、处理食品药品重大事项、化解矛盾焦点等工作中，为有效避免更严重损失，采取了非常措施，导致出现工作失误造成不可避免较小损失的；

（五）没有为个人、他人谋取私利或为单位谋取不正当利益的；

（六）其他可以予以容错的情形。

第四章 容错纠错程序

第十九条 对食品药品监管部门及其工作人员的责任追究，根据干部管理权限实施。

第二十条 食品药品监管部门启动问责程序的，由所在单位纪检监察机构会同法制、业务监管、稽查等机构进行调查，综合考虑问题发生的事实依据、背景原因、动机目的、情节轻重和性质后果等因素，依法依纪提出初步认定意见，经所在单位集体研究后由纪检监察机构反馈被问责人，并做好相关解释工作。个人也可以直接提出认定申请。

其他有权机关启动问责程序的，由所在单位纪检监察机构会同法制、业务监管、稽查等机构进行调查核实，依法依纪提出初步认定意见，经所在单位集体研究，认为符合履职尽责或容错情形的，由所在单位向其他有权机关提出书面意见。

第二十一条 食品药品监管部门及其工作人员受到责任追究时，符合履职尽责或容错情形的，上级食品药品监管部门可以按照干部管理权限向有关问责机关提出书面免责减责的建议。

第二十二条 认定属于履职尽责或容错情形的同时，应一并启动纠错程序，由食品药品监管部门纪检监察机构向纠错对象发送纠错通知书，说明纠错事由，提出纠错要求，责成限期整改。纠错对象应当认真分析原因、深刻汲取教训，防止类似错误再次发生。

第二十三条 食品药品监管部门纪检监察机构应采取适当方式，跟踪了解纠错对象的整改情况。对整改不力、不良影响继续蔓延的，根据情节轻重，采取批评教育、诫勉等组织处理措施；对拒不整改、造成严重后果的，按照有关规定给予纪律处分或追究相关责任。

对同一类问题频繁出现或同一监管领域集中出现的易错情形，食品药品监管部门纪检监察机构应当针对性研究分析，找出易错风险点和问题症结并警示提醒，防止类似错误和问题重复发生。

第二十四条 经认定符合履职尽责或容错情形的，在考核、选拔任用等方面不受影响，并可以从轻、减轻或免予有关党纪政纪处分。

第五章 附 则

第二十五条 本办法由山东省食品药品监督管理局负责解释。

第二十六条 本办法自印发之日起施行。

重要新闻报道

《人民日报》摘

山东对食品摊点实行备案管理

近日，《山东省食品小作坊小餐饮和食品摊点管理条例》正式实施。山东启动登记证发证工作，山东省食药监局在历下区文东食药监所颁发了第一张登记证。山东省食品小作坊小餐饮和食品摊点的生产经营和监管工作走上法治化轨道。

山东对食品小作坊、小餐饮实行登记制度，对食品摊点实行备案制度。登记、备案不收取任何费用。任何组织和个人不得伪造、变造、冒用、出租、出借、买卖登记或者备案凭证。

条例规定，食品小作坊、小餐饮和食品摊点从业人员应当每年进行健康检查，取得有效健康证明后方可从事食品生产经营活动。患有国务院卫生行政部门规定的有碍食品安全疾病的人员，不得从事接触直接入口食品的工作。

（2017-6-5）

《中国医药报》摘

山东全力推动食品药品安全治理模式转型

习近平总书记近日针对食品安全的重要讲话，对当前和今后一个时期食品安全工作提出了更新更高的要求。山东省食安办主任、食品药品监管局局长马越男表示，山东将以习总书记讲话精神为指引，以人民为中心，坚持全面从严治党、依规治党的方法举措，全面落实“四个最严”要求，严字当头，推动食品药品安全治理模式转型。

“山东各级食药监管部门要牢固树立风险管理理念，努力推动监管工作由事后被动处置向事前主动防控转变，由传统监管向现代治理转型，着力防范食品药品安全区域性、系统性风险，不断提升食品药品安全治理能力和保障水平。”马越男说，在今后的工作中，山东食药监管工作将把风险管理理念贯穿于监管全过程，改变过去保姆式、运动式和大海捞针式监管，注重抓重点、抓关键、防风险，积极探索食品药品安全治理新路子。

在实施网格化全覆盖检查的基础上，加大飞行检查、暗访暗查的力度，全面摸清食品药品各环节、各领域的真实情况与风险隐患，突出抓好重点领域、重点品种和关键环节监管。

在食品领域，聚焦食品生产掺杂使假、以假充真、“两超一非”等问题，加大监督检查力度，督促企业推行良好行为规范，管住生产源头；对农产品批发市场、大型商超和连锁超市，以设立驻场监管机构、食品快检进市场、完善产品追溯体系等手段，实施重点监管；建立实施餐饮安全“四查”制度，加强对学校食堂、中央厨房、集体用餐配送单位等重点餐饮业态的监管。

以提高问题发现率为目标，改进抽检监测方式，明确各级抽查分工和重点。结合产品和地域等特点，对问题突出产品、季节性和节日期间集中上市产品进行有针对性抽检。完善跨部门食品抽检监测计划、经费、信息“三统一”机制，避免抽检重复交叉和空白盲区。

针对公众反映强烈的突出问题和屡禁不止、屡打不绝的重点难点问题等，持续开展“守护舌尖安全”系列整治行动。

以机制创新推进风险管理提档升级，建立多渠道风险排查机制，建立全省统一的舆情监测处置平台；将大数据技术与风险管理相结合；建立风险防控责任考核机制，在食品安全城市创建中，将食品小业态管理、农贸市场整治等风险隐患较多的领域，作为创建和考核重点，落实风险防控责任。

（2017-1-3）

山东：全域推进“双安双创”创建试点效应显现

为全面落实习近平总书记食品安全“四个最严”要求，深入实施食品安全战略，山东以打造全国农产品和食品消费最安全、最放心的地区为目标，全域推进“双安双创”工作，全省上下参与创建积极性明显提高，创建试点的放大和扩散效应已经形成。

“山东将‘双安双创’作为持续改善民生、推动产业发展和提升食品安全水平的重要抓手，持续加大创建力度，切实保障人民群众‘舌尖上的安全’。”山东省食安办主任、省食品药品监管局局长马越男表示，山东省出台了食品安全市县创建3年行动计划和农产品质量安全监管能力提升实施方案，提出“市市创、县县创”要求。从2016年年初开始，计划用3年时间，使80%以上的市、县（市、区）创建成为省级以上食品安全市县，所有涉农县（市、区）全部创建成为省级以上农产品质量安全县。目前，省内17个设区市中，被确定为首批国家食品安全示范城市的5个市全部实施全域创建，又有5个市、48个县同步开展省级创建，创建市县总体比例已达60%；农产品质量安全创建试点市 3 个、县 53 个，“双安双创”数量继续保持全国领先。

为筑牢从田间到餐桌的每道防线，山东省全面实施食安、农安、公安“三安联动”监管机制，推进监管、执法、检测、信息等资源共享与合作，实现食品安全监管全程无缝衔接。强化源头治理，采取农药经营告知、实名购买、定点经营等多种方式，严管禁限用农兽药等农业投入品，所有县（市、区）均建立农药登记备案和高毒农药定点经营制度。大力推广健康养殖，积极发展专业合作组织，打造质量保障联盟。深入开展生猪定点屠宰资格审核清理工作，进一步规范生猪屠宰市场秩序。积极推进病死畜禽专业无害化处理体系建设，累计投资 18.4 亿元建成投产无害化处理厂 42 家，在建 39 家，配套建设病死畜禽收集暂存点 1315 处，处理能力达 60 万吨 / 年。

针对公众反映强烈的突出问题和屡打不绝、屡禁不止的重点难点问题，集中统一开展“守护舌尖安全”整治、食品安全“清源”行动、羊肉及其制品规范整治、毛皮动物胴体监管联打、水产品安全专项治理、进口食品销售市场专项治理、禁限用农药治理以及畜禽水产品抗生素、禁用化合物和兽药残留超标专项整治等行动。始终保持严管严控高压态势。实施“部门联动打、追根溯源打、行刑衔接打”，提高打击时效，食品违法违规多发高发态势得到遏制，一些突出问题得到有效解决，打击成果连续多年位居全国前列。2016 年以来，全省已查处食品违法违规案件 37884 件，侦破犯罪案件 1262 起。

（2017-1-13）

以“四个着力”让监管跑在风险前面

山东省食安办主任、省食品药品监督管理局局长马越男

2016 年，山东省下大气力狠抓食品药品监管工作，全省食品药品安全形势总体稳定向好。我们形成了以“食安山东”建设为统领，“打、建、创”并举，“放、管、服”结合的监管思路。

但当前，食品药品安全领域风险隐患还很多，存在问题仍然不少。2017 年，山东省食品药品安全工作要做好“四个着力”（着力强根基、着力防风险、着力抓引领、着力提升公众获得感），甩开膀子、撸起袖子加油干。

着力强根基

基层基础是我们事业发展壮大的根本。我们要推动各级出台有效管用的政策措施，建立经费保障机制，确保基层监管机构有职责、有岗位、有人员、有手段。不断完善监管体制，加快推进基层监管机构标准化工程和监管队伍建设项目。

检验检测是监管的眼睛，各地要结合当地产业特色来发展检验检测能力，实现差异化发展。

目前，山东省局正在以一个 APP 集成日常检查、抽样检验、稽查执法等各项功能，实施移动监管执法和办公，今年将在全省推开。全面实施“智慧监管”工程，形成数据利用与系统应用之间的良性促进。

着力防风险

食品药品安全监管，本质上就是对风险的管控，让监管“跑”在风险的前面。2017 年我们将在实施网格化全覆盖检查的基础上，进一步加大飞行检查、暗访暗查的频次和力度，继续深入推行“双随机”抽查机制，提升检查效果。

加强后处置，对发现的风险隐患、问题产品追根溯源、一查到底，确保处置到位。加强探索性检验方法研究，注重运用标准之外的检验方法，排查风险隐患，发现行业“潜规则”。

针对公众反映强烈的突出问题和屡禁不止、屡打不绝的重点难点问题，持续开展“守护舌尖安全”系列整治行动。

要根据风险高低和信用程度，对不同的产品、产业、领域、区域进行等级和类别的划分。在此基础上，合理划分省市县乡各层级监管事权，每一个层级都要有针对性地制定措施，“一品一策”“一域一策”，各管各的事，确保风险管理无缝隙、全覆盖，实现对所有风险的有效管控。

着力抓引领

典型引路和示范带动是推进工作的有效手段和方法。必须把抓引领作为开创各项工作新局面的一个有效抓手，坚持“点线面”相结合，以开展食品安全城市创建为载体，全域推进食品安全市县创建，实现由线到面，进一步放大“食安山东”品牌效应。

加强监管与促进产业发展是互助互进和共利双赢的关系。必须坚持监管与服务同步，规范与发展并举，通过加强监管、打击治理、示范创建等有效手段，进一步改善产品供给质量，创造新的供给，满足新的需求，引领食品医药产业健康发展和转型升级。

加快仿制药一致性评价进程，采取“一企一策”“一品一策”，集中力量对重点企业、重点品种开展技术指导，帮助解决实际困难。全面推进药品上市许可持有人制度试点，让新药研究成果在本地转化，将优质“青苗”培育成“参天大树”。

着力提升公众获得感

食品药品安不安全，人民群众最有发言权。要以“公众视角”改进宣传工作。坚持“早说话”“敢说话”“会说话”“说对话”的宣传工作定位，创新宣传载体和形式。针对社会热点事件，要充分借助专家学者的力量开展权威回应，敢于向谣言“亮剑”。

要按照地方政府食品安全负总责的要求，推动地方政府将餐饮业质量安全提升作为一项重要工作进行研究部署、统一规划，积极推广现代管理模式和集约经营，培育一批大型知名餐饮示范企业，促进传统餐饮业改造升级。

针对农残超标、掺假使假、虚假宣传等问题，持续出重拳，坚决遏制问题蔓延势头。要联合相关部门，突出抓好旅游景区、车站码头、高速公路服务区和学校周边食品安全监管，提升城市形象。及时发布权威信息、消费提示和风险警示，回应公众关切。

（2017－1－24）

郭文奇副局长在山东检查春节食品安全工作时强调要时刻紧绷食品安全这根弦

按照国务院食品安全委员会第四次全体会议部署安排，1 月 22—23 日，国家食品药品监管总局副局长郭文奇带队检查山东省春节期间食品安全保障工作情况。

山东省是全国重要的食品生产供应基地，食用农产品产量、食品工业规模均居全国首位。郭文奇一行实地检查了济南市和该市章丘区食品生产企业、超市、批发市场、餐饮聚集区和高铁车站餐饮服务区等重点区域和场所的监管工作，重点检查了节令食品、肉制品、水产品、蔬菜等重点品种的安全监管情况。

在济南市的省博店大润发超市里，不少市民在这里排队购买“安心牌”活鱼。该超市营运处区经理杨伟向检查组介绍，超市严把四个环节，源头采购信息可追溯，暂存无添加并全程监控，检测有资质并每批次检查，销售严把收货关票据齐全，通过这四关来确保活鱼的食用安全。郭文奇叮嘱企业负责人：“食品风险点一定把控牢，食品企业要对老百姓负责。”

在济南市章丘区局和章丘区双山食药监管所里，检查组详细了解基层落实“四有两责”、开展标准化建设，以及保障春节食品安全工作等情况，对山东省食药监管工作人员热情饱满、乐业敬业表示认可，并希望监管人员保持高昂的士气和干劲，把工作再抓得严一些、细一些、紧一些。

在济南维尔康肉类水产批发市场，检查组详细查看了市场的快检室及抽检报告。在宽厚里餐饮服务街区，看到餐饮企业外面悬挂的笑脸墙，检查组建议对餐饮企业分级悬挂笑脸的做法进行广泛宣传推广，让老百姓知道如何选择安全等级高的餐厅。

一天多的检查行程紧密，工作高效。对检查过程中山东食药监管部门食品安全工作安排部署、风险排查、督查整改、应急值守、宣传引导等情况，检查组表示认可。春节至“两会”期间食品安全工作非常重要，检查组要求，各级食药监管部门要进一步加强重点品种和重点区域食品安全监管，加强节日热销食品、民俗特色食品和节日餐饮服务监督检查，加大节日重点食品特别是食用农产品的监督抽检力度，加强应急值守和突发事件应对。郭文奇反复叮嘱大家：“食品安全很重要，老百姓都很期待，一定要时刻紧绷这根弦！”

（2017－1－25）

山东省委书记姜异康、省长郭树清对食药安全工作分别作出批示：必须将食药安全工作抓紧抓实

日前，山东省食品安全委员会全体会议召开。会议总结了 2016 年全省食品安全工作，研究部署了 2017 年工作任务。山东省委书记姜异康、省长郭树清对食品药品安全工作分别作出批示。

姜异康在批示中指出，加强食品药品安全工作关系广大人民群众的身体健康和生命安全，必须作为一项重大政治任务和保障民生工程抓紧抓实。面对依然复杂严峻的食品药品安全形势，全省各级党委、政府及有关部门要坚决贯彻落实习近平总书记“四个最严”重要指示精神，在已有工作基础上，不断深化“食安山东”建设，切实提高食品药品安全监管能力和水平，将全过程严防、严管、严控要求落到实处，保证广大人民群众吃得放心、用得安心。

郭树清在批示中指出，近年来，全省各级相关部门认真贯彻习近平总书记关于食品药品安全系列重要指示精神，做了大量富有成效的工作，“食安山东”建设取得新进展。新的一年，希望大家全面落实党中央、国务院和省委、省政府的部署要求，坚持把以人民为中心的发展思想贯穿到工作全过程。要不断完善食品药品安全监管体制机制，坚持严字当头，做到源头严防、过程严管、风险严控，夯实各环节、各方面责任。要加强基层监管力量和职业化检查员队伍、基础设施建设，加快构建食品药品全程追溯体系，提升监管执法与技术支撑能力。要凝聚社会共治合力，推动食品药品安全形势持续改善，不断提高人民群众满意度和获得感。

（2017－2－6）

山东命名首批食品安全示范城市、先进县市

近日，山东省食品安全委员会下发通知，命名济南市等 5 个市为“山东省食品安全示范城市”，命名沂源县等 12 个县（市、区）为“山东省食品安全先进县（市、区）”。

自 2015 年以来，按照国务院食品安全委员会和山东省委、省政府总体部署，山东省食安委组织开展了首批国家食品安全示范城市和省级食品安全县（市、区）创建试点。通过创建，地方政府对食品安全工作的重视程度明显提高，部门协作配合明显增强，食品安全治理能力和保障水平明显提高，群众满意度有了进一步提升。

根据《山东省食品安全城市和食品安全先进县（市、区）验收细则（2016）》，山东省食安办组织对

首批5市13县（市、区）进行了群众满意度调查、现场检查、部门联合复核评价和社会公示。其中，济南、青岛、烟台、潍坊、威海5个市，沂源县、高青县、滕州市、广饶县、邹城市、新泰市、五莲县、兰山区、禹城市、冠县、博兴县、鄄城县等12个县（市、区）整体水平达到验收合格要求。

下一步，山东省食品安全委员会将向国务院食安办申报济南等5市为“国家食品安全示范城市”，申请进行国家验收。

（2017-2-16）

机器换人 山东实现智慧治理转型

近4年来，山东省食品药品监督管理局累计投入资金过亿元，进行“智慧监管”工程建设，以破解监管人手少、任务重、效率低困局。该局将食品药品安全数据进行整合，积极探索建立“机器换人、机器助人”智能监管新机制，初步实现了从许可审评、抽检监测到日常监管、稽查执法和应急管理等的全过程信息化覆盖。

“智慧监管”破解监管资源不足

如今，山东菏泽千人以上学校食堂的关键区域都安装了电子在线视频监控设施，饭菜制作全程无死角。孩子在菏泽一中上学的刘女士通过手机“愉悦享生活”微信公众号，可随时查看菏泽一中食堂操作全过程。

“比增加巡查次数的威力大，一个摄像头就能让从业人员不敢造假。”菏泽市局餐饮服务监管科科长贾敏说。目前菏泽市已在612家中型以上餐饮单位的后厨安装了2000多个摄像头，并在微信公众号上开放给社会大众，达到社会共治的目的。之前，该市食药监管人员在通过远程监控系统浏览餐饮单位的后厨时，发现某餐厅操作间里有老鼠，马上给餐厅老板打电话。几分钟后，餐厅老板就出现在操作间查看并立即联系捕鼠专业队伍进行灭杀。贾敏说，一位监管人员就可以同时监控这些餐厅的厨房，极大地节省了人力。远程监控的目的是监督，更是威慑，就是要让从业者知道背后时刻有双眼睛盯着自己，从而自觉遵守操作规则。

在山东临沂，某基层食药监管所7名工作人员负责监督近2万家个体。2016年11月上线测试运行的山东省食品药品安全信用信息管理系统，对“四品一械”生产经营者信用信息统一标准，根据信用积分情况，将信用划分为守信、基本守信、失信、严重失信4个等级，同时设置黑名单。此举旨在方便基层工作者根据生产经营者年度信用情况，动态调整风险分级结果，提升监管的靶向性。

“保障食品安全靠人海战术打不起、也打不赢，必须借助信息化手段，实施‘“智慧监管”’。”山东省局局长马越男表示，2014年，山东省全面启动食品安全“智慧监管”工程，信息化是适应新的发展形势，解决监管工作人手少、任务重、效率低的必然选择。

行政许可全程网办群众少跑腿

“智慧监管”给执法人员工作带来便利的同时，2016年，山东省局行政许可事项全部实现网上办理，全省各级可网上办理食品生产许可、食品经营许可、药品零售许可等，群众办事也更加便利。

3月18日，在山东省局行政受理中心，从枣庄赶来补交食品厂变更材料的刘先生说，以前企业办理食品生产许可业务，要到省局行政受理中心递交申请，跑两三趟才能办结。现在只需登录食药监管局官方网站申报食品生产许可事项，跑一趟就可拿到食品生产许可证了。“这是一件利民为民的好事，以后单位再办理这类事情就不必派专人跑，只等许可证下来后直接来拿就行了，企业负担减轻，办证成本大大降低。”

随着全省食品药品安全“智慧监管”工程的逐步建设，去年3月1日开始，山东省局对发证的食品生产许可事项实行“全程网办”，实现了“数据多跑路，群众少跑腿”。山东省局相关负责人表示，“全程网办”的施行，不降低食品生产的法定要求，不减少食品生产的法定条件，因此不会对食品安全产生影响。它只是减少了申请人到受理中心办理业务的次数，方便了行政相对人办理行政许可事项，真正实现了“数据多跑路，群众少跑腿”。

借助平台应急处置一步到达

山东省局在建设应急指挥平台、舆情监测处置平台后，2016年又建立了应急综合平台。今后他们还将把应急指挥平台和舆情监测处置平台纳入应急综合平台，并与指挥监管的其他信息化平台或系统，如许可的、检验的、投诉举报的等进行打通、融合，实现突发事件信息与监管业务信息汇集共享。平台的建设，也让食药监管人员实现了快速把控突发事件，及时回应公众关切，主动作为，提前介入，将事态的影响消减到最小。

在“问题西瓜”事件发生后，山东省局舆情监测处置平台第一时间发现，并向省市县三级推送信息，当地市局对信息快速评估并启动应急机制。食药监管系统内部，各级、各地及时调度、报送、汇总各方信息，为各级食药监管部门掌握事件进展和事态发展提供了第一手资料，为指挥决策提供依据。

据山东省局相关处室负责人介绍，借助于信息化手段，把分散在各级各单位的资源和力量整合到应急平台上来，通过细化明晰事权责任、优化统筹资源配置、健全完善机制流程，有效解决了条块分割、多头指挥、层次重叠、效率低下等问题，变“各自为政”为“合成作战”，变“层层传递”为“一步到位”，在一个平台上实现对突发事件监测、研判、预警、调查、处置、反馈的扁平化、一体化处置，增强了指挥决策、调度支援和协调处置的针对性，使突发事件防范应对工作更加有力、有序、有效。

技术支撑让监管“跑”在风险前

如今，山东省局已具备了实现纵向与国家总局、各地市局，横向与相关委办局的信息整合、共享条件。对外可向相关企业、社会公众等提供数据服务，满足“信用山东”“联合惩戒”“电子监察”等各类数据共享。行政许可、日常监管、抽样检验等各业务系统，实现了业务的网上自动流转，提高了监管效能，强化了信息分析能力，为重点监管提供依据。去年以来，山东省局定期发布食品安全监督抽检信息，且这些数据都进入山东省食品抽检监测系统平台，与国家总局平台实现无缝、实时对接，省、市、县三级联网共用。截至今年1月10日，全省信用信息管理系统已归集企业基础数据36.6万条，并完成31960家企业的信用等级评价。山东省政府“互联网+行动方案”“大数据发展意见”都对“智慧监管”作出重点安排。省经信委将食药监管信息化建设，作为2017年首位重点项目予以支持。

山东省局副局长桂敦山说:“大数据也推动了‘人管秩序’向‘数管秩序’转变。”食药监管本质上是风险管理，技术支撑是实施风险管理的关键。兵马未动，粮草先行。从某种意义上说，信息就是监管工作的“粮草”，要想让监管工作“跑”在风险前面，就必须让技术手段“跑”在监管工作前面。

当前，山东食药监管信息化建设正处于以“数据分析利用”为目标的新的发展阶段，信息化建设已逐步从“业务数据化”向“数据业务化”转变。可以说，信息化建设抓住了数据这一关键，就抓住了建设成效的“牛鼻子”。

（2017-3-28）

山东：副局长值守“12331”热线

3月31日上午，“12331，守护食品药品安全”主题宣传日活动在山东省食品药品监督管理局内举办，山东省局副局长陈耕接听热线电话，接待群众投诉并解答相关问题。

统计数据显示，2016年，山东省局受理投诉举报61962件，同比增长23.10%，均按时办结并答复举报人；解答公众咨询45103件。在投诉举报食品药品各类问题中，位居前三位的是食品（50319件）、药品（5962件）、保健食品（2874件）。

自2012年“12331”电话开通以来，山东省局接收投诉举报及咨询由当年的10350件增加到2016年的约11万件，每年递增30%。2016年，全省共奖励食品药品举报案件289起、举报有功人员272名，共奖励125.48万元，其中单笔最高奖励金额为30万元。

目前，该省已建成较为完善的投诉举报机构队伍。省局和17个市局、137个县局均已成立了投诉举报机构或落实投诉举报职能部门，配备了专门投诉举报工作人员，有力保障了投诉举报工作的顺利开展。

（2017-4-5）

山东探索食品安全评价性监测与综合考评结合机制

山东省食品安全状况如何？百姓日常消费的食品是否安全？山东省食品药品监督管理局通过连续3年开展食品安全评价性监测来寻找答案，并探索将监测结果纳入全省经济社会发展考核，以评价性监测带动监督抽检责任落实。

2014—2016年，山东省局每年安排1.7万批评价性监测计划，开展全省食品安全状况评价。评价性监测按照上下半年各一次安排，根据各市人口和产业分布安排每市监测批次。省局独立组织抽样，采取“三不原则”，即采取抽样不通知当地监管部门，不让当地人员陪同，不提前公布抽样区域和抽样场所，保证过程与结果公平公正。

该局注意监测品种与检测项目全省统一确定，重点选取公众消费量大和监管工作中发现问题较多、风险隐患较大、涉及非法添加的重点食品品种，如粮食制品、肉及肉制品、植物油、水产品及其制品、蔬菜及其制品，同时选取韭菜、芹菜、酱腌菜、粉丝粉条、海米、银耳等近年来经常被检出农兽药残留超标、食品添加剂超标等品种，评价性监测不做全项目检验。数据汇总分析工作由山东省食品药品检验院承担，抽样、检验同步推进，统一规则和标准。

问题产品有没有？在哪里？要搞清楚这些问题，既需要市县区监管部门在日常检查基础上主动发现，也需要抽样检测技术佐证，监督抽检和评价性监测是一个问题的两个方面，市县区监督抽检频次多，找出的问题产品就多，省级评价性监测发现的问题产品就少。问题发现有效引导了监管工作开展，山东各地利用自有计划，大力开展监督抽检，自觉查找问题产品和风险隐患，从3年的评价性监测结果看，问题发现率从原来的不足2%提高到现在的3.23%。

山东省局努力通过对监测发现的重点问题进行分析、研判和会商，针对区域性、系统性风险，及时组织监督检查和专项整治，消除食品安全风险隐患。2015年，针对海米中亚硫酸盐、色素超标等问题，组织开展规范海米生产经营行为集中查处行动；2016年，按照全省不同区域食品安全风险的特征，在17个市分别针对不同食品或环节开展粉皮粉条、酱腌菜、银耳等产品区域性风险防控，均取得了良好效果，提升了监管工作靶向性。

近3年来，山东省评价性监测合格率基本保持在95%以上，食品安全状况稳中有进。青岛、烟台、威海、潍坊等东部沿海经济发达市的合格率和财政保障水平较内陆经济欠发达市高，比较客观地反映了不同地区产业发展状况、消费水平，以及地方政府对食品安全工作的投入和保障力度。

特别是将监测结果纳入经济社会发展综合考核指标后，山东各地重视程度普遍提高，2014~2016 年，市县监督抽检批次和地方资金投入分别从 13 万批次、1.5 亿元提高到 36.4 万批次、4.34 亿元，地方政府属地责任和部门监管责任得到有效落实。

（2017−4−11）

山东公开评价 大中型商超放心肉菜

近日，山东省食品药品监督管理局启动大中型商场超市放心肉菜公开评价工作，对大中型商超食品安全管理合规性、销售食品（含食用农产品）质量安全水平、食品安全管理员安全知识水平进行检查，以督促大中型商超落实食品安全主体责任，加强肉品、蔬菜等食用农产品质量安全管理。

此项大中型商场超市放心肉菜公开评价工作，实施对象为山东省内从事食品（含食用农产品）销售且单店食品（含食用农产品）经营面积达到 1000 平方米以上的大中型商场超市，各市也可根据商超实际经营规模和市场份额占有率水平确定本市评价范围。抽样产品和批次侧重选择当地日常消费量较大且属于老百姓“菜篮子”中的主要品种。

评价工作分别在上半年和下半年各组织一次，上半年集中评价时间为 5 月至 6 月，下半年为 9 月至 10 月。评价工作采取“双随机一公开”的方式，根据山东省局统一制定的山东省大中型商超公开评价评分表，将食品安全管理能力、食品（含肉菜等食用农产品）质量安全水平、食品安全管理人员法规知晓水平、诚信经营等各项检查结果量化为相应的分值，综合现场检查结果、监督抽检结果、人员考核成绩、企业管理体系完善程度及消费者满意度调查等多项指标，对大中型商超食品安全管理水平，特别是肉菜质量安全管控水平进行客观综合评价，并将评价结果于 7 月、11 月统一向社会发布。

（2017−4−17）

李建国在山东开展《药品管理法》执法检查时强调切实增强药品安全法治意识

日前，全国人大常委会副委员长李建国率检查组在山东开展《药品管理法》执法检查时强调，切实增强药品安全法治意识，执法必严，违法必究，为人民群众把好药品质量关和价格关。

检查组听取了山东省政府及有关部门关于贯彻实施《药品管理法》情况的汇报，就药品监管、仿制药一致性评价等问题进行深入了解，并深入济南、淄博两市的药品生产企业、批发企业、零售企业、医疗机构进行调研，围绕《药品管理法》实施中存在的问题，听取意见和建议。

李建国说，以人民群众普遍关心的问题为重点加强执法检查，是全国人大常委会开展监督工作的重要经验。在药品管理方面，老百姓反映强烈的是假药、劣药和药价虚高问题。对于解决这三个方面的问题，《药品管理法》中都有针对性的规定。这些年来不断整治，但问题却屡屡出现，至今仍未断绝，重要原因就是一些药品生产企业和经销单位有法不依，一些政府及其部门执法不严、违法不究。

他指出，解决药品管理领域中的问题，根本在于实现药品管理工作的法治化。要把习近平总书记提出的“最严谨的标准、最严格的监管、最严厉的处罚、最严肃的问责”落到实处，对违法违规行为零容忍、快出手、下重拳，不断提高药品安全保障水平，不断增强人民群众的用药安全感。

李建国说，我国已建立起包括药品行政监管和技术支撑的药品监管体系，但是近年来药品安全领域仍出现一些乱象，暴露出监管方面存在的问题。解决这些问题，必须坚持改革创新，坚定不移地把十八届三中全会确定的医药卫生体制改革任务落到实处，从药品生产、流通、使用全流程推进改革。

李建国说，要加快建立健全统一权威的药品监管体制，确保药品监管能力在深化改革中得到强化。继续加强基层药品监管能力建设，加强药品安全监管队伍专业化建设，保证有稳定的队伍和足够的专业能力履行监管职责。

全国人大教科文卫委员会副主任委员王学军，全国人大常委会委员、教科文卫委员会副主任委员任茂东参加，山东省人大常委会副主任、党组副书记柏继民参加活动，山东省副省长王书坚在座谈会上汇报介绍了山东省贯彻实施《药品管理法》有关情况。

（2017−4−20）

山东积极开展服务创新

近日，为深化山东省药品医疗器械审评审批制度改革，加快推进仿制药质量和疗效一致性评价及药品上市许可持有人制度试点工作，山东省食品药品监管局积极开展“走出去，到基层宣讲国家政策 迎进来，面对面为企业提供技术服务”活动，取得良好成效，改革步伐进一步加快。

活动中，山东省局组织有关处室工作人员认真学习领会国家最新药品上市许可持有人试点工作精神，研究细化制定符合山东省情况的实施方案，并组建政策讲解服务团队到济南康和医药科技有限公司等药品研发机构调研，宣讲改革政策，鼓励企业大胆探索申报药品上市许可持有人。

针对新华制药有限公司、罗欣药业有限公司等山东省药品生产企业在开展仿制药一致性评价中遇到的困难和问题，该局组织山东省仿制药一致性评价技术委员会有关专家开设“门诊”,“面对面”与企业交流，深入探讨解决方案，为企业提供全面的技术支持服务。

（2017-5-4）

山东推行“1+1”措施　提升餐饮质量安全水平

日前，山东省食品药品监管局推出先行提升餐饮质量安全水平“1+1”措施。17 个市结合本地实际，制定先行提升餐饮质量的实施方案，其中 11 个市研究制定了“1+1”措施，力争在 3 年内，聚焦解决餐饮食品安全突出问题，全面提升百姓食品安全获得感。

目前，山东省局正在加强调研，起草《山东省餐饮质量安全提升工程实施方案》。同时，启动先行提升餐饮质量安全水平“1+1”行动。所谓“1+1”措施，“1”是指各市制定在本市所有餐饮服务单位能够推广实施的措施；“+1”是指各市在辖区内的一个县（区）或者一类业态、一个领域推广实施的措施。

据悉，济南、青岛、烟台、潍坊、威海等 11 个市已结合本地实际，制定“1+1”措施实施方案。山东省局根据各市方案编写的《山东省先行提升餐饮质量安全水平“1+1”措施白皮书》显示，各地推广实施的项目并不相同，有的推广“明厨亮灶”，有的推广色标管理，还有的推广“清洁厨房”。各市均根据自己的特点，聚焦解决某一类餐饮消费的突出问题。如淄博市推出的措施是在全市餐饮服务单位推广“清洁厨房”行动，该市制定“清洁厨房”20 项标准，分阶段开展餐馆、快餐店、小吃店、饮品店、集体食堂、集体用餐配送单位和中央厨房等单位的“清洁厨房”行动。

对于“+1”，各地的项目也不完全相同。淄博、烟台、潍坊、威海、日照、滨州均提出，将联合教育部门实施学校食堂大宗物品集中采购。对于学校食堂日常使用量较大的米、面、油、蔬菜等食品原料分别与供货方签订定点采购协议书、食品安全责任书并索取有效资质证明材料和票据。济宁、德州、聊城则提出，在学校食堂、重大活动保障单位等推广实施餐饮食品快检监测措施。

（2017-5-17）

山东全力提升“三小”食品安全整体水平

6 月 1 日，《山东省食品小作坊小餐饮和食品摊点管理条例》（以下简称“三小”管理条例）正式实施，这标志着山东省“三小”生产经营监管工作走上法治化轨道。为带动全省“三小”业户食品安全水平整体提升，山东省食品药品监管局制定了“三小”三年规范提升实施方案，开展“在一线助规范”活动。

据山东省局副局长陈耕介绍，山东省纳入管理的食品“三小”摊点共有 18 万家左右，从业人数达 33 万余人。“三小”管理条例明确了疏堵结合、管服并重、风险管控、社会共治的原则；各级政府及有关部门在“三小”监管和服务工作中的职责；“三小”从业条件、生产经营操作规范、不得生产经营品种、违法行为法律责任；登记备案、禁限清单、风险分级、信用管理、监管服务、违法追责等制度。

为进一步贯彻落实条例，山东省局制定了“三小”三年规范提升实施方案。分 2017 年 6 月至 2018 年 5 月、2018 年 6 月至 2019 年 5 月、2019 年 6 月至 2020 年 5 月三个时间段实施，每个阶段明确规范任务量。

按照三年规范提升实施方案，“三小”业户全部纳入监管，山东省局将开展调查摸底，掌控“三小”监管底数，不允许有“三小”业户游离在监管之外；全面推行“六项标准”：亮证经营、安全承诺、原料公示、单据留存、场所清洁、加工规范；打造示范“三小”，至 2020 年 5 月，每县（市、区）创建食品小作坊、小餐饮或食品摊点示范街（区、园、村）不少于 5 个；严查违法违规行为，重点查处食品小作坊使用超过保质期、腐败变质等不合格食品原料和“两超一非”等问题，对屡查屡犯的依法从严查处。

为了让“三小”经营者了解“三小”管理条例，合法经营，山东省局全面开展“在一线助规范”活动。陈耕说：“山东省有 1826 个食品药品监管所，8756 名工作人员，我们要求基层监管所的所有人员，每人都要确定一个‘三小’业户作为帮扶对象，‘一对一’帮助规范。”该活动同时要求全省市、县（市、区）局负责食品安全监管工作的人员，根据工作实际确定帮扶对象，进行“一对一”帮助规范，对每位业户帮扶半年。此外，还要求省局每个食品监管处也要帮扶一位“三小”业户。如此三年下来，就有 5 万多业户受益。这 5 万多户“三小”业户食品安全及经营水平的提升将带动全省“三小”业户整体水平提升。

（2017-6-7）

山东省委书记刘家义、省长龚正对做好食品安全工作作出批示：以“双安双创”为抓手提升食品安全治理能力

日前，山东省委书记刘家义、省长龚正分别对“双安双创”工作作出批示。

刘家义在批示中指出：保障食品安全事关人民群众身体健康和生命安全，是重大的政治责任。山东省各级各部门要牢固树立“四个意识”，坚决贯彻落实习近平总书记重要指示精神，按照中央部署要求，从严从实做好食品安全各项工作。要以“食安山东”建设为统领，以“双安双创”为抓手，着力整治突出问题、完善体制机制、强化风险管理，严把从农田到餐

桌的每一道防线，不断提升食品安全治理能力和保障水平，努力把山东建设成为全国食品最安全地区之一，让党中央放心、让人民群众放心。

龚正在批示中指出：确保食品安全是重大的民生工程、民心工程，是我们义不容辞的重大责任。各级各部门要坚持以习近平总书记关于食品安全的重要指示精神为指引，全面落实好党中央、国务院的部署要求，认真总结推广“双安双创”试点取得的成功经验，强化责任落实，强化协调配合，强化投入保障，全域推进食品安全城市和农产品质量安全县创建，努力打造山东食品安全品牌，助推食品产业新旧动能转换，为加快实现山东省由大到强战略性转变作出新的更大贡献。

（2017-6-16）

山东全域推进“双安双创”深入开展

日前，山东省举办全省“双安双创”和食品安全工作专题研讨培训班。山东省食品安全委员会成员单位代表，以及各市政府分管食品监管的负责人、第一批食品安全先进县政府分管食品监管的负责人和食药监管局主要负责人等参加培训。

近日，山东省济南、青岛、烟台、潍坊、威海被命名为首批“国家食品安全示范城市”，在首批 15 个被命名的城市中，山东省“国家食品安全示范城市”数量居全国第一。此次专题研讨培训班的开办，旨在巩固“双安双创”创建成果，扩大创建范围，探讨做好当前和今后一个时期食品安全工作的思路和举措。

开班仪式上，山东省副省长王书坚指出，此次创建“国家食品安全示范城市”的放大和扩散效应正在加速形成，各地在创建工作中形成了很多有效的做法，如“三安联动机制”、食品安全网格化管理等，这既是创建实践的经验总结，也是深化创建的重要指导。一定要继续巩固创建成果，以示范创建为主要手段，进一步提高对食品安全工作规律的认识，完善治理体系，提升监管能力，以点带面，辐射带动全省食品安全工作稳定向好。下一步，山东还将扩大创建范围，各地应对照省里提出的“市市创、县县创”的目标，以更大力度、更严要求，推动更多领域、更大范围开展创建活动；结合实际，开展各具特色的示范创建活动，形成上下联创、全域推进的创建工作大格局。

针对目前国家食品安全示范城市的验收标准提高的形势，王书坚要求，各地要坚持高标准、严要求，制定比国家和省更高、更严、更细的标准，高水平开展创建工作，进一步提升人民群众的食品安全感、满意度。对创建成功的市县，相关部门要加强事后管理，通过抽检、年检等方式，督促其持续保持创建状态和合格水平。同时，还要健全退出机制，对通过验收但不能保持的，要及时采取警告、约谈等措施，督促做好整改提高；对发生重大、影响恶劣食品安全事故的，要坚决摘牌，严肃问责。山东将以“双安双创”为抓手，持续加大创建力度，努力打造成为全国农产品和食品消费最安全、最放心地区。

（2017-7-14）

山东以“双安双创”为抓手加强基层监管能力建设

山东淄博博山区城东食品药品监管所近日从原来 30 平方米的办公室搬到了 660 多平方米的办公楼。新的办公场所，一进门就是敞亮的办事大厅，所里的档案、快检设备都有了单独的存放区域，人员也由 3 人增至 6 人。

今年 3 月份以来，博山区局辖区 10 个基层所新增办公面积 3000 余平方米，每个基层所都达到了 320 平方米以上，最大的白塔基层所面积达到了 1000 平方米，每个所工作人员也达到了 5 人以上。

“基层监管所硬件以及人员力量的加强，得益于省级食品安全县的创建。”博山区局局长岳玲介绍，创建省级食品安全县的标准中，对基层监管所的建设有明确的要求，也是检查的重点。

近年来，山东省以“双安双创”为抓手，加大政策支持，补齐短板，加强基层监管力量建设，落实“四有两责”。

滨州市 2016 年启动创建省级食品安全市以来，在滨州杜店市场监管所、4 处学校食堂、3 处农贸市场首批新建食品安全快检室 8 处，投资 90 余万元。冠县作为欠发达县，财力本来十分紧张，但创建省级食品安全示范县以来，累计拨付各项资金 770 余万元，配齐快速检测室 24 处，新上食品快检车 1 辆，此外还投资 2000 万元建成病死畜禽无公害处理厂，投资 4000 万元建立餐厨废弃物处理厂等，从源头上堵住了食品安全隐患。

长期以来，山东省食品安全监管体系滞后于产业发展，历史欠账多，底子薄，不能适应目前监管的需要。“双安双创”工作开展以来，山东省共有国家和省级食品安全创建市 10 个、食品安全创建县 48 个，农产品质量安全创建市 3 个、农产品质量安全创建县 53 个，“两个创建”数量均居全国前列。各创建市将创建列入“一把手”工程，全部由党政主要负责同志挂帅，聚集各方力量和资源，加大政策支持和资金投入，着力补齐短板，落实“四有两责”，高位推动创建工作开展。

据初步统计，2015 年以来，山东省级财政用于食品安全投入达 6.7 亿元；建立省级创建工作奖补制度，2016 年投入 1.17 亿元支持“两个创建”。各地积极落实配套资金，已累计投入 87 亿多元保障创建工作开展，新建、改建农贸市场 161 处；建成无害化处理厂 42 家、正在建设 39 家，配套建设病死畜禽收集暂存点 1315 处，处理能力达 60 万吨 / 年；建设 17 座城市餐厨废弃物处理工程，处理能力达 700 吨 / 日；全省食品抽检监测数量达 42 万批次，达到千人 4 批次的国家创建标准；84 个县完成食品综合性检测机构组建，建成农产品质量检测机构 135 个，食用农产品批发市场全部建立快检室，部分基层监管所建立了食品快检室。

（2017-7-25）

通道“一变三”“串联”改“并联”审批　网上办　山东食品药品行政许可再提速

为促进食品产业、医药产业创新，7 月 25 日，山东省食品药品监管局推出《关于实施三通道行政许可的工作方案》和《关于实施并联审批的工作方案》，明确将食品药品行政许可通道“一变三”。同时，将受审批流程（串联进行）限制，审批时间较长的部分许可事项改为“并联审批”，进一步简化办事程序，提高行政许可审批服务效能。

继推行“互联网 + 政务服务”，在全国食药监管系统率先实现所有省级审批事项全环节、全过程网上办理后，山东省局此次又推出食品药品行政许可通道“一变三”，即在“常规通道”的基础上，增加“创新通道”和“快捷通道”，实施“三通道”行政许可。

根据上述方案，创新药、创新医疗器械、符合《医药工业发展规划指南》（2016 年）的产品和项目，以及产品性能、技术处于国内领先水平，或填补山东省内该类产品空白的，可进入“创新通道”，按照即来即办的原则，第一时间进入办理流程，山东省局指定专人，与申请人及时沟通并提供指导服务。列入国家、山东省重点建设项目、优势品种（产品）升级改造和临床急需、市场短缺的产品，可进入“快捷通道”，单独排队，优先安排各环节的办理，缩短审批时限，通过加快审批速度，助力企业创新发展，加快新旧动能转换。

在行政许可审批方面，过去山东一直实行的是“串联审批”，即上一个行政审批事项的审批结果作为下一个行政审批受理的依据，上一个审批完成后才能进入下一个审批环节，时间较长。如某药品生产企业从 A 地整体搬迁到 B 地，直到产品最终上市，要进行 3 个环节的现场检查和行政审批，全部环节办理完毕最快也需要 18 个月的时间。

为改变这一局面，山东省局《关于实施并联审批的工作方案》明确，今后，对部分受审批流程（串联进行）限制，审批时间比较长的许可事项，实施“串改并”审批。如对药品生产企业整体搬迁或变更生产地址等涉及的《药品生产许可证》变更、药品注册补充申请和药品 GMP 认证；药品生产企业换发《药品生产许可证》和药品 GMP 认证；新开办中药饮片生产企业核发《药品生产许可证》和药品 GMP 认证等，推行“容缺受理、合并检查、关联审批、依序发证”。山东省局行政许可处处长林炳勇介绍，仍以药品生产企业从 A 地整体搬迁到 B 地为例，“并联审批”在受理环节并行同时受理，把各个环节的检查合在一起，最后分别进行审批，费时只要 6 个月左右，此举极大地提高了行政审批的协同性和审批效率。

此外，山东省局还对全部审批事项实行“全程网办”，所有环节、过程在网上办理并留痕。对内，开放查询端口，相关处室可登录系统查询审批事项、审批过程和相关材料；对外，企业可通过申报端和“行政审批查询窗口”实时查询行政审批进度和审批时限，整个行政审批过程阳光透明。

（2017-8-1）

坚持问题导向　深挖风险信号
——山东省药械不良反应监测“三个服务”提升风险管控水平

近日在山东威海召开的 2017 年全国药品不良反应监测中心主任座谈会上，山东省食品药品监管局围绕医疗器械不良事件监测和再评价介绍了在医疗器械不良事件风险信号评价、故障类不良事件一键生成研究方面的经验和做法，受到与会者的好评。

山东省局高度重视药品不良反应和医疗器械不良事件监测工作，注重加强顶层设计，强调药械不良反应（事件）监测要坚持问题导向，做预警药械风险的“侦察兵”、保护公众用药用械安全的“哨兵”。为此，山东省药品不良反应监测中心（以下简称山东省中心）细化监测数据的分析评价，深入挖掘风险信号，有力提升了山东省药品和医疗器械风险发现和防控水平。

为靶向性监管提供技术依据

2016 年 4 月，国家食品药品监管总局责成某呼吸机生产企业对产品进行召回，而依据就是山东省中心提供的风险分析报告；纳入国家“十三五”重点监测目录的悬浮床，也是因为采纳了山东省中心提供的风险信号……2016 年，山东省局采取了将高风险品种列入年度抽检品种目录、制定医疗器械飞检企业名单、约谈 10 家生产企业法人和技术负责人等一系列加强监管的措施，就是依据中心对 5 年来收集的 33 万份医疗器械不良事件报告的评价结果。

5 年来，山东省中心收集药械不良反应（事件）报告数据位居全国前列。如何利用好这些数据为监管提供技术支持？山东省中心成立了专门研究小组，在每年对监测数据进行整体统计、分析基础上，对全省药品、医疗器械生产企业产品的不良反应（事件）报告进行专项评价。在评价中，分析全省生产企业产品严重不良反应（事件）发生的整体态势，研究重点企业5年内不良反应（事件）发生趋势。对于在监测过程中发现的风险点，特别是可能反映产品质量风险的严重不良事件批次聚焦问题，予以详细分析并逐条列出。结合整体数据分析评价情况，撰写生产企业不良反应（事件）数据季度分析报告、年度分析报告，向省局提出针对生产企业、药品和医疗器械产品甚至具体批次产品的监管建议。

开展会商交流　服务产业发展

2016年，山东省中心挖掘医疗器械风险信号50余个，组织专家评价会12次、风险会商会3次，与5家生产企业进行风险交流6次。某灭菌器生产企业针对过氧化氢低温等离子体灭菌器使用不当可能致皮肤伤害的风险，向全国4000多家使用单位发送了告知函以避免操作不当带来的伤害。

2017年年初，在一次针对某企业输液泵拉杆断裂的风险会商会上，山东省局监管处室、专家和相关生产企业20余人进行双向风险交流，给企业的产品设计提出了近10条有价值的修改建议。

对于企业来说，山东省中心提供的不良事件监测数据，是使用者最直接的反馈，方便了企业采取有效措施，从源头上提高产品的安全性，降低风险，防止类似问题重复发生。生产企业对山东省中心采取的风险会商与交流措施给予高度评价，日机装株式会社专门发来感谢信，对山东省中心协助企业分析血液透析装置风险、研究防控措施表示感谢。

避免临床不良事件重复发生

如今，山东省中心根据历年数据的评价结果，遴选出风险突出的婴儿培养箱、呼吸机、血液透析机、输液泵4个品种，在潍坊、淄博、临沂、日照4个市不良反应监测中心和7个医疗机构建立4个医疗器械不良事件专业评价平台，将全省监测的4个品种的不良事件数据反馈到医疗机构，与临床专家共同进行分析评价，共享监测信息。济南儿童医院根据山东省中心反馈的信息，调整了某防粘连产品的使用管理，降低了不良事件风险，减轻了患者经济负担。

2016年，山东省中心共发布药品不良反应监测简报11期、医疗器械不良事件监测信息服务专刊3期，发送短信3000余条，在中心网站发布国家中心警示信息10条。中心主任吴世福表示，如今，不良反应和不良事件监测数据分析评价结果已成为领导的重要决策依据和加强安全监管的重要抓手。

（2017-8-8）

山东省局力促一致性评价工作

为加快推进仿制药质量和疗效一致性评价工作，促进社会资源合理配置，帮扶中小药品生产企业尽快启动一致性评价工作，山东省食品药品监管局在门户网站建立了仿制药一致性评价品种信息交流平台，集中公示山东省寻求合作联合开发一致性评价的品种信息，搭建起药品生产企业和投资方的信息交流平台。

8月15日，信息交流平台上线发布当天，就受到广泛关注，瑞康医药股份有限公司、山东绅联药业有限公司等单位纷纷提出合作意向，通过公示信息积极联系相关药品生产企业，“优势互补”共同开发一致性评价品种。

信息交流平台共公示了山东省60余家药品生产企业1039个品种信息。下一步，山东省局将对平台实行动态管理，定期更新相关信息，药品生产企业可以随时与省局注册处联系，增加或者撤回相关品种信息。

此外，为加快推进仿制药质量和疗效一致性评价工作，山东省局遴选了50名药物临床核查专家，组建了10个检查组，对山东省30家药物临床试验机构进行了集中检查，其中新申请资格认定15个、新增专业2个，资格复核13个。

（2017-8-25）

三年“食安山东”品牌建设成果显现

——山东涌现大批食品优秀品牌和企业

作为国内食品生产、消费和出口大省，山东省食品工业规模、出口总量等多项数据位居全国前列，但利润率和附加值较低，产业转型升级迫在眉睫。

近年来，山东省食品药品监管局不断创新监管理念，通过推进“食安山东”品牌引领和示范创建，引导食品企业把质量安全水平提升转化为市场核心竞争力，在保证食品安全的同时，不断提高食品产业集约化、规模化和标准化水平，有力促进了全省食品产业转型升级。

让质量安全成为企业核心竞争力

在山东荣成泰祥集团的展厅里，该集团播放的不是企业的光辉事迹，而是一段“家丑”——销毁自家产品的视频。2011年6月17日，泰祥集团计划出口到国外的400多吨价值1000多万元的速冻水饺，因为瘦肉精含量指标高出国际标准千分之一而被退货。虽然这些产品完全符合当时的国内质量标准，在国内销售也不存在障碍，但是集团毅然决定全部销毁这些产品。

“如果我们把这批产品卖给同胞，可能不会出现问题，但是将来我们做大后，也许有人会说‘泰祥曾把外国人不吃的东西卖给中国人’，这将是企业永远洗不掉的污点。”泰祥集团董事长于建洋说。销毁问题食品，彰显出于建洋做安全食品的决心和诚意。泰祥集团将上述事例拍成内部教育片，在每年的食品安全周、公司年度总结、提拔干部、新员工入职时播放，警示食品安全是企业的生命线。为提升食品安全质量，泰祥还投入资金5000万元建起检测大楼，并安排检测人员接受 HACCP、ISO9001 等体系培训，甚至到国内外大型实验室进行交流学习。

事实上，泰祥集团的事例只是“食安山东”品牌建设大潮中的一朵浪花。有别于其他品牌建设，“食安山东”品牌建设的关键是以保障“安全”为核心。泰祥集团抓住“食安山东”品牌创建契机，不断提升内部管控水平，提高产品质量，其产品赢得了越来越多的国际市场份额，由原来主销日本和美国，逐步销售到欧洲、东南亚等区域，成为威海食品精深加工行业的“领跑者”。

“其实，泰祥的作为是荣成狠抓食品安全的一个缩影。”荣成市食品药品监管局局长张建华说，“作为滨海旅游开放城市，荣成每年接待外宾人数超过百万，守住‘舌尖上的安全’成为政治任务。为此，我们一手抓软硬件建设，对 22 个基层所进行标准化建设，对所有行政相对单位实行网格化监控，将‘四有两责’要求落到实处；一手抓品牌引领，通过发挥企业主体责任，提高食品产业集约化、规模化和标准化程度，以‘食安荣成’带动产业发展和食品安全水平‘双提升’。”

“互联网 +”改变传统企业经营模式

“食安山东”品牌建设的推进原则是坚持多元参与、社会共治，食药监管部门在改革中推动监管创新，提升食品安全保障水平，增强人民群众获得感。借助“互联网 +”不仅方便了监管，还可以引导公众消费，以新模式改造传统产业。

如今，市民在外就餐都喜欢使用微信 APP 查找就餐场所。为让消费者了解餐饮单位食品安全状况，青岛市食品药品监管局采用互联网大数据技术，对全市 2 万余家餐饮单位进行动态等级评定，将餐饮单位食品安全管理状况分别用大笑、微笑和平脸 3 种卡通形象代表优秀、良好、一般 3 个等级，绘制成“食安笑脸地图”，引导消费者到食品安全管理状况好的饭店就餐。

“食安笑脸地图”页面上，就餐单位的地址和联系方式都一目了然，消费者点击“详情”后，还可了解业态类型、法人、许可证号、许可证有效期等信息。同时，利用上面的导航键可在卫星导航系统的帮助下，引导消费者前往相关就餐场所。借助互联网 + 食药监管推动跨界融合，消费者用脚投票，倒逼餐饮行业诚信自律、改造升级。

“食安山东”品牌建设的落点不仅仅是单个企业的创建和提升，而是通过“点线面”立体化推进，树立行业品牌，擦亮城市品牌，实现增点、连线、扩面，打造品牌方阵。在推进“食安山东”建设过程中，山东省局抓住国家开展“双安双创”工作的有利时机，全域推进国家级、省级食品安全市、食品安全先进县（市、区）创建。目前，该省国家级、省级食品安全城市（县）创建试点覆盖 12 个市、99 个县（市、区），创建工作整体走在全国前列。

充分发挥品牌示范引领作用

在 2016 年山东省品牌建设大会食药品牌分论坛上，国内知名品牌专家中国社科院刘光明教授的演讲让潍坊瑞福油脂股份有限公司董事长崔瑞福心头豁然开朗。崔瑞福一直在思考，在“食安山东”品牌创建中企业是主体，而要更好地落实企业的主体责任，企业家们应如何担当。品牌大会后，刘光明调研了瑞福油脂的企业文化建设和品牌建设情况并提出相关建议。今年 4 月，瑞福油脂在山东省食品行业率先发布企业伦理宪章，“信义立业，止于至善”成为该公司的核心价值观。崔瑞福说，企业伦理宪章相当于一个企业的“宪法”，是一种内在的约束。约束经营者的行为不仅要符合个人利益，还要符合国际、国家、行业伦理要求和利益。

作为小磨香油行业的引领者，瑞福油脂借助“食安山东”品牌建设提升企业品牌水平和内部管理质量。在有质量就有市场，有诚信就有未来理念的指引下，瑞福实行全面质量管理，严格执行 HACCP 食品安全保证体系标准，从原料采购、精选、烘炒、研磨、取油，到净化、灌装、入库，每一道工序都一丝不苟，确保产品 100% 合格，并将质量安全水平转化为核心竞争力。如今，该公司已通过国际实验室认可（CNAS 认证），瑞福油脂也因此成为国内同行业规则制定者，带动整个行业努力实现转型升级。

山东省食安办主任、省食品药品监管局局长马越男表示：“结合食品药品安全监管工作，推动食品药品产业发展，是食药监管部门一直在探索和努力解决的问题。2014 年启动的‘食安山东’品牌引领行动，让我们找到了突破口。3 年来，通过充分发挥品牌示范引领作用，不断探索创新监管途径，山东省涌现出一大批安全放心、公众认可的食品品牌和优势企业。”

目前，山东省拥有“三品一标”产品 10706 个，培育农产品区域公用品牌 300 多个，创建食品生产加工示范企业 466 家、食品流通示范单位 4633 家、餐饮服务示范单位（街区）2063 家，“食安山东”品牌建设提升了公众食品安全满意度，促进了供给与需求的有效衔接，推动了食品产业提质增效。

（2017-9-26）

山东查办保健食品犯罪案件 386 起

日前，从山东省食品药品监管局传来消息，该省食品、保健食品欺诈和虚假宣传整治工作取得阶段性成效，目前已收回严重违法广告批件 23 个，对 14 家播出机构下发整改通知 34 份，停播养生类节目 2 档，查办生产、销售有毒有害保健食品犯罪案件 386 起。

今年 9 月，国务院食安办等 9 部门召开全国食品、保健食品欺诈和虚假宣传整治工作电视电话会议后，山东省食安办等9部门联合印发了《关于进一步加强食品、保健食品欺诈和虚假宣传整治工作的通知》，山东省局和各市局分别成立领导小组，全面加强食品、保健食品欺诈和虚假宣传整治，并将其纳入2017年食品安全考核体系。

随后，山东省局针对食品、保健食品欺诈和虚假宣传整治工作开展了抽检监测。今年以来，该局已下达食品、保健食品生产企业产品抽检任务20574批次，其中食品20211批次，保健食品363批次。目前，已完成食品、保健食品抽检16219批次，发现不合格食品362批次，对不合格产品全部依法处置。同时，还通过强化风险管理，建立食品、保健食品多渠道风险排查机制，依托舆情工作平台实施24小时监测，提高了整治工作的靶向性和精准度。

（2017-11-2）

山东努力深入推进“食安山东”建设

山东省食品药品监管局将党的十九大精神分成新时代、新矛盾、新使命、新思想、新征程、新党章六个专题，组织党员干部深入系统学习。

山东省局党组书记、局长马越男指出，党的十九大报告深刻阐述了新时代中国共产党的历史使命，确立了习近平新时代中国特色社会主义思想的历史地位，提出了新时代坚持和发展中国特色社会主义的基本方略，确定了决胜全面建成小康社会、开启全面建设社会主义现代化国家新征程的目标，对新时代推进中国特色社会主义伟大事业和党的建设新的伟大工程作出了全面部署。

今后，山东省局将努力深入推进“食安山东”建设，把好饮食用药安全每一道关口；全域开展食品安全城市和食品安全先进县（市、区）创建；大力实施餐饮质量安全提升工程，深入开展“守护舌尖安全”系列整治行动，全链条提升食品安全治理能力和保障水平。

（2017-11-3）

山东推进药品信息化追溯体系建设

——计划三年内实现公众药品基本信息、追溯信息可查

近日，山东省食品药品监管局、省经济和信息化委、省卫生计生委联合印发山东省药品信息化追溯体系建设工作方案，旨在努力构建覆盖全省的全品种、全过程药品追溯体系，强化追溯信息互通共享，创新药品监管模式，提升药品质量安全保障水平。该方案自2018年1月1日起施行。

方案明确，到2020年底前，在山东全省范围内实现药品制剂（含进口药品）全品种、全过程信息化追溯。药品生产流通和使用单位通过建立药品追溯体系，及时准确地记录、保存和传递药品追溯信息，实现药品来源可查、去向可追；发生质量安全问题时，确保药品可召回、责任可追究。政府相关部门通过建设药品追溯管理平台，采集药品全流向追溯数据，实现对药品追溯供应链的全过程监管。社会公众可以通过监管部门或者第三方机构提供的药品查询端口（网站、APP、微信公众号等），在日常生活中实现药品基本信息检索和追溯信息自动获取。

方案要求，今年底前，制订统一的追溯标准，为企业或者第三方机构建设信息化药品追溯体系提供基本依据。争取2018年底前，所有药品生产企业、药品批发企业建立药品追溯体系。省级食药监管部门建成全省药品追溯管理平台，并与各类药品追溯信息平台互联互通，全面采集汇聚数据信息，实现药品全过程信息化监管。争取2019年底前，所有零售药店建立药品追溯体系。2020年底前，在医疗机构部署药品信息追溯系统，完成药品信息化追溯体系建设。

（2017-11-20）

山东省委副书记、省长龚正要求全域创建 打造“双安双创”示范省

12月8日，山东省委副书记、省长龚正主持召开山东省政府常务会议，学习全国“双安双创”现场会议精神，研究贯彻落实措施，要求全力打造“双安双创”示范省。

龚正指出，山东是食用农产品和食品产业大省，食用农产品产量、食品工业规模连续多年居全国首位。“双安双创”启动以来，全省认真贯彻落实国务院食安委总体部署，将创建纳入“食安山东”建设，积极构建党政同责、齐抓共管、上下联动、全域推进的工作格局，认真落实创建工作任务，“双安双创”取得阶段性成效。

龚正强调，全省各级各部门要认真贯彻落实全国“双安双创”现场会议精神，大力实施食品安全战略，扎实做好“双安双创”工作。

下一步，山东将巩固创建成果。做好对首批创建市县的年度检查工作，鼓励引导省级创建市、县争创国家级示范单位。研究制定奖励措施，形成正向激励，同时建立动态管理机制，实行有进有出，确保创建成效。推进全域创建。各级各有关部门必须持续深入推进创建工作，打造“双安双创”示范省，到2020年，使所有市、县全部创建成为省级以上食品安全市、县，所有市和涉农县全部创建成为农产品质量安全市、县。要结合创建市、县的财政状况，进一步加大经费扶持力度，提升食品安全的基础能力。强化风险防控。要大力提升食品安全治理能力和保障水平，针对食品安全重点环节、重点区域、重点企业，开展常态化的监

督检查、专项整治，坚决守住不发生系统性、区域性食品安全风险的底线。

（2017-12-13）

山东对 17 市开展食品安全工作专项督查

从 12 月 4 日起，山东省食安委首次对全省 17 市开展食品安全工作专项督查。食安委派 8 个督查组分赴各市进行督查，督查情况将报告省食安委，并视情况报送省考核办或省委组织部，有关情况将纳入对各市 2017 年度食品安全评议考核工作。这是日前记者从山东省食安委食品安全督查媒体通气会上获得的消息。

此次督查旨在进一步强化地方政府属地管理责任，推动党中央、国务院和山东省委省政府关于食品安全工作重大决策部署和各项重点工作落地实施；督促各级全面实施食品安全战略，推动“食安山东”建设和示范创建，落实餐饮质量提升工程实施意见，提升各级食品安全保障能力和水平，努力建设食品安全放心省。

督查内容包括：各市落实党中央、国务院和山东省委省政府决策部署、食品安全党政同责要求的情况；发挥食安委统一领导作用，加强食安办建设，协调解决重点难点问题的情况；严防严管严控风险，保障从农田到餐桌食品安全的情况；基层监管能力建设情况；实施食品安全战略，推动“食安山东”建设，落实餐饮质量提升工程实施意见的情况；2016 年度考核发现的问题整改情况等。

据了解，督查期间，各督查组公开监督电话，接收群众来电、来函，收集群众反映的当地食品安全和监管工作存在的问题。各督查组反馈给各市政府的主要内容，将通过当地主要媒体公布。

（2017-12-20）

《大众日报》摘

孙伟在省食品安全委员会全体会议上强调　创新监管方式和手段实现全过程监管

今天上午（1 月 20 日），省食品安全委员会全体会议召开。会议全面总结 2016 年全省食品安全工作，研究部署 2017 年工作任务。省委常委、常务副省长、省食安委主任孙伟，副省长、省食安委副主任王书坚出席会议。

孙伟充分肯定了去年以来省食安委成员单位取得的成绩，强调要认真学习贯彻习近平总书记、李克强总理关于食品安全的重要指示批示精神，始终坚持以人民为中心的发展思想，时刻绷紧食品安全这根弦，要坚持问题导向，加大源头污染治理力度，严厉打击食品违法行为，进一步创新监管方式和手段，实现全过程监管，深入开展“食安山东”品牌引领行动，促进农业和食品产业转型升级。要坚持固本强基，加强基层监管力量和基础设施建设，坚持依法治理，完善食品安全标准体系，强化协调配合，加强社会共治，为工作开展提供坚强保障。

王书坚强调，要强化风险管理意识，坚决守住安全底线，严防系统性区域性风险发生；要健全完善部门协作联动机制，确保形成工作合力；继续抓好“双安双创”工作，进一步提升“食安山东”品牌。

（2017-1-21）

我省食药安全整治瞄准“四大风险”

“当前，食品药品安全领域风险隐患还很多，存在的问题仍然不少，风险高发期与矛盾凸显期的基本特征尚未根本改变，安全形势依然严峻复杂，特别是‘四大风险’，容不得半点松懈，亟待‘转危为安’。”日前，在全省食品药品监督管理暨党风廉政建设工作会议上，省食安办主任、食品药品监督管理局局长马越男说。

源头风险，环境污染导致的重金属、有机污染物超标等问题日益凸显，农兽药残留超标、违禁使用高毒剧毒农药和过量使用抗生素等问题依然突出。过程风险，食品生产经营过程中的非法添加、滥用添加剂和假冒伪劣等问题仍然突出；网络销售、海外代购、网上订餐等带来新挑战；药品、医疗器械研发数据造假，生产经营掺杂使假、制假售假、擅自改变工艺等问题时有发生。潜在风险，新技术、新原料、新品种层出不穷，未知风险增多，一些潜在风险游离于监管之外。

为全力应对风险，今年我省进一步加大飞行检查、暗访暗查的频次和力度，再度推行“双随机”抽查机制，提升检查效果。结合产品、地域、节令等特点，进行更有针对性的抽检，发现的风险隐患、追根溯源、一查到底。对公众反映强烈的突出问题和屡禁不止、屡打不绝的重点难点问题，持续开展系列整治行动，重点整治食品、药品、医疗器械和化妆品生产销售中掺假、冒牌的违法行为，篡改保质期、过期食品药品翻新再售等欺诈行为，采用非常规手段掺假造假、规避检查检验的各类“潜规则”。推行食安、农安、公安“三安联动”监管机制，从源头上解决安全风险。收集汇总各层级、各环节、各领域的风险点，挖掘大数据背后的潜在规律，制订具有地域和产业特色的风险清单，并实施动态管理。对不同的产品、产业、领域、区域进行等级和类别的划分，分级分类分层监管，各管各的事，各守各的门。

（2017-1-21）

我省命名首批食品安全示范城市和先进县市区

记者日前从省食品安全委员会获悉，济南市等5个市被命名为“山东省食品安全示范城市”，沂源县等12个县（市、区）被命名为“山东省食品安全先进县（市、区）”。

2015年以来，按照国务院食品安全委员会和山东省委、省政府总体部署，山东省食安委组织开展了首批国家食品安全示范城市和省级食品安全县（市、区）创建试点。通过创建，地方政府对食品安全工作的重视程度明显提高，部门协作配合明显增强，食品安全治理能力和保障水平明显提高，群众满意度有了进一步提升。根据《山东省食品安全城市和食品安全先进县（市、区）验收细则（2016）》，山东省食安委组织对首批5市13县（市、区）进行了群众满意度调查、现场检查、部门联合复核评价和社会公示。其中，济南、青岛、烟台、潍坊、威海5个市，沂源县、高青县、滕州市、广饶县、邹城市、新泰市、五莲县、兰山区、禹城市、冠县、博兴县、鄄城县等12个县（市、区）整体水平达到验收合格要求。

下一步，省食安委将向国务院食安办申报济南等5市为“国家食品安全示范城市”，申请进行国家验收。

（2017-2-13）

我省公示8322家小饭桌

春季开学，为保障学生就餐安全，规范学生“小饭桌”食品安全经营行为，全省各地食药监部门组织开展了学生“小饭桌”食品安全监督检查，及时公布了学生“小饭桌”登记名单。目前，全省17市在学校门口和食药监局网站对8322家学生“小饭桌”进行了公示，市民发现“小饭桌”食品安全问题可及时投诉举报，举报电话“12331”。

省食药监局相关负责人介绍，我省多措并举加强对学生“小饭桌”食品安全的监管力度。加强对“小饭桌”的进货记录、从业人员每年进行健康查体并参加集中教育培训、每餐饭菜主副食留样等方面的监督检查力度。通过建立学生“小饭桌”登记档案，定期进行监督检查，并建立监督检查档案。每学期开学前后，食药监管部门会在学校门前及门户网站醒目位置，公示学校周边登记的学生“小饭桌”名单。

（2017-2-27）

整治五大领域守护舌尖安全山东蔬菜瓜果将禁限用农药

记者今天在省食药监局获悉，由省食安办会同省食安委有关成员单位联合制定的《2017年全省“守护舌尖安全”整治行动总体方案》正式出台。今年，我省将重点围绕农药使用、畜禽水产品、集体用餐、“三小”食品和农村食品安全五个方面开展专项整治。

设立农药生产和经营许可，落实农药经营告知制度和高毒农药定点经营、实名购买制度。禁止、限制使用农药用于蔬菜、瓜果、茶叶、中草药等农作物的生产，分期分批对高毒农药采取禁限用措施。将所有农药经营店纳入监管范围，实现农药经营使用可追溯。

以牛肉、羊肉、大菱鲆、乌鳢、鳜鱼为重点产品，以畜禽水产品养殖单位、农贸市场、批发市场等为重点区域，继续开展专项治理，严厉打击在畜禽水产品中违规使用抗生素以及非法使用“瘦肉精”、孔雀石绿等禁用兽药及化合物、超范围超剂量使用兽药、牛羊肉以假充真等禁用物质、水产品中非法使用硝基呋喃等行为。

继续实施学生小饭桌动态登记公示，持续开展校园周边食品安全规范。强化对旅游景点、车站码头、高速路服务区等餐饮服务单位的监管。加强建筑工地食堂监管，严格落实“亮证经营、安全承诺、单据留存、原料公示、加工规范、清洗消毒、场所清洁、餐餐留样”八项要求。严肃查处无证经营或超范围、超效期经营，采购和使用假冒伪劣食品等各类违法违规行为。

推进“三小”综合治理，严厉打击生产经营有毒有害、掺假造假、腐败变质、使用来源不明食品原料等各类违法违规行为。编制正面与负面清单，全面规范“三小”食品生产经营行为。

将农村集市、庙会等临时性集中消费场所纳入监管范围，强化农村食品游商的监管，严肃查处未经许可从事食品销售或餐饮服务、超范围经营食品等违法行为。

（2017-3-4）

实施4类检查　聚焦10大风险

省食药监局日前印发了《2017年全省药品（含药包材）生产环节监督检查计划》，实施日常检查、跟踪检查、随机检查和有因检查4大类检查。

记者了解到，此次检查将聚焦10大类风险。全年监督检查突出目标导向和问题导向，向社会公开山东科兴生物制品有限公司、山东福胶集团东阿镇阿胶有限公司等50家跟踪检查企业名单，将生物制品、注射剂类高风险药品企业，多组分生化药、胶剂企业，价格成本倒挂的药品生产企业，抽验不合格批次较多的企业，信用分级等次较低的企业以及新上市三年内的药品品种，不良反应报告数量多或严重的品种等10类情形列入必查清单，全年直接开展的跟踪飞行和双随机检查至少100家，占全部企业数的20%以上。

此外，对监督检查中查实的违法违规行为，坚决依法从严从重查处，对监督检查情况、企业违法事实、药品召回进展、产品抽验结果等监管信息实施全面及时公开。省食药监局还将不定期督导各地监督检查工作开展情况，将监督检查执行情况纳入对各市年度考核重要内容，对工作开展不力的市局，将予以通报。

（2017-3-10）

我省启动食品药品投诉举报宣传活动日活动

3 月 31 日是全国“12331”食品药品投诉举报宣传活动日，记者从省食药监局获悉，我省各级食品药品监管部门将于当日开展以“12331，守护食品药品安全”为主题的宣传日活动。

省食品药品监督管理局及各市局分管局长将于当日在所在地接听“12331”食品药品投诉举报电话，受理群众投诉举报，听取群众的意见和建议。

（2017-3-26）

我省去年抽检发现问题食品 2625 批次

省食药监局日前发布 2016 年食品药品抽检监测情况，问题食品 2625 批次，不合格药品 603 批次，不合格化妆品 32 批次，不合格医疗器械产品 60 批次。对发现的不合格产品，各级食药监部门已按照有关法律法规逐批采取核查处置措施。

省食药监局共完成省级食品（含保健食品）抽检监测 7.2 万批，发现不合格食品、问题食品 2625 批，整体合格率达 96.36%。不合格项目主要是超范围、超限量使用食品添加剂，食用农产品农兽药残留超标，微生物指标不合格等。抽检监测发现问题比较突出的产品是：干制水产品、银耳木耳、面制品、粉丝粉条等。

另外，药品抽验共完成 10996 批次，发现不合格药品 603 批次，合格率为 96.4%，不合格药品主要是中药材、中药饮片。化妆品抽检共完成 858 批次，发现不合格化妆品 32 批次，合格率为 96.3%，不合格产品主要是美白祛斑类、洗浴类。医疗器械抽检共完成 602 批次，发现不合格产品 60 批次，合格率为 90.03%，不合格产品主要是装饰性彩色隐形眼镜、一次性输注器具。

（2017-3-27）

全省“12331”去年受理投诉 6 万余件

去年，全省受理投诉举报 61962 件，同比增长 23.10%，其中，食品问题高达 50319 件，占 81.2%。这是记者从省食药监局“12331”主题宣传活动上获得的消息。

在投诉举报食品药品各类问题中，位居前三位的是：食品 50319 件，占 81.2%，主要问题是，无证生产、违反《食品标识管理规定》、经营不符合食品安全标准或要求的食品、加工经营场所或就餐场所不符合卫生要求等；药品 5962 件，占 9.62%，主要问题是，无《药品生产许可证》生产经营不符合标准的药品及无证经营药品等；保健食品 2874 件，占 4.64%，主要问题是，生产经营不符合要求的产品、虚假宣传功效等。在解答公众咨询的主要问题中，前四位是：如何办理证照 10794 件，占 24%；如何辨别产品真伪 8095 件，占 18%；要求查询产品备案信息 6746 件，占 15%；如何维权、退换货问题 6296 件，占 14%。

另据了解，目前，省食药监局和 17 个市局、137 个县局均已成立了投诉举报机构或落实投诉举报职能部门，配备了专门投诉举报工作人员，全省共建“12331”电话坐席 147 个，覆盖省市县三级。去年全省共奖励食品药品举报案件 289 起，举报有功人员 272 名，共奖励 125.48 万元，其中单笔最大奖励金额为 30 万元。

（2017-4-2）

我省出台“食安山东”品牌建设实施意见 打造全国食品消费最安全地区

为加快推动我省由食品产业大省向产业强省、产品大省向品牌大省的转变，打造“食安山东”品牌新优势，日前，省政府出台“食安山东”品牌建设的实施意见，以“食安山东”建设为统领，以“安全、健康、口碑”为核心，聚焦重点产品、重点行业、重要业态和关键环节，通过持续培育、整体创建、巩固提升，实现品牌数量持续增加、品牌经济贡献率显著提高、公众消费信心明显增强，努力打造山东食品安全整体形象，将山东建设成为全国食品和食用农产品消费最安全、最放心的地区之一。

实现目标的主要措施是，大力推广测土配方施肥、生物农药和绿色控害植保技术以及农业废弃物利用技术，防治农业面源污染。加强产地环境检测，建立健全监测结果通报制度和质量诚信体系。加快发展高端高质农业、高效特色农业，加快高标准农田建设，推动农业标准化、规模化、绿色化生产。积极推进现代农业、渔业、林业、畜牧业示范园区建设，深入开展农业标准化生产基地创建活动，打造畜禽养殖标准化示范场，引导和带动全省农业标准化生产。全面加强原粮质量监管和预测预报。

加快建立品牌创建标准体系，推进品牌创建标准化。督促食品生产经营企业建立食品安全管理标准体系，优化内部管理控制体系，提升标准、认证和质量管理水平。推动食品生产经营企业建立实施良好行为规范，强化食品安全危害分析和关键点控制，加大质量受权人制度实施力度。培育推出一批“食安山东”食品生产经营示范单位，鼓励企业研发营养与健康食品，支持发展一批传统特色食品，进一步提升婴幼儿配方乳粉、肉制品、乳制品等重点食品及大宗食品行业产品品质，培育一批品牌形象突出、服务平台完备的食品生产加工园区和龙头骨干企业。

优化食品产业区域布局，推动产业集约化、规模化和标准化发展。鼓励支持食品生产经营企业升级和技术改造，发展食品直营加盟连锁、统一配送等现代经营模式，促进食品流通和餐饮服务经营业态多元化、规范化和现代化。鼓励大众餐饮连锁、集体用餐配送和中央厨房发展，提升品牌带动作用和主食加工配送能力。实施餐饮业质量安全提升工程。开展“厨房亮化”、清洁厨房和“寻找笑脸就餐”活动。

按照“市市创、县县创”原则，深入开展食品安全城市和食品安全先进县创建活动，落实属地责任，坚持问题导向，从人民群众日常生活接触最多、感受最深的地方入手，实施精准创建，全面提升食品安全治理能力。扎实推进农产品质量安全县创建活动，探索建立具有地域特色的质量监管和农资监管模式，提高县域农产品质量安全监管水平，打造农产品质量安全省。

意见还指出，提升品牌基础支撑能力要推进食品安全标准建设，加快追溯体系建设，提升品牌科技内涵，加强人才培育。增强品牌运营能力要讲好品牌故事，提振消费信心，加强品牌评价与管理。强化监管服务保障要强化源头严控，加强过程严管，实施风险严防。强化组织保障要加强组织领导，强化政策资金支持，加强督导考核。

（2017-4-9）

全省3月份食品抽检385批次不合格

全省3月份共抽检各类食品（含保健食品和食品添加剂）样品11036批次，其中检验项目合格的样品10651批次，不合格样品385批次，样品合格率为96.51%。这是今天记者从省食药监局获得的消息。

抽检发现的主要问题是：超范围、超限量使用食品添加剂，不合格样品批次数占不合格样品总数的39.2%；农药残留超标，不合格样品批次数占不合格样品总数的27.3%；禁用兽药指标不合格，不合格样品批次数占不合格样品总数的8.83%。此外，有26批次样品质量指标不合格，占不合格样品总数的6.75%，有17批次样品检出有禁用农药，占不合格样品总数的4.42%；有14批次样品检出有致病性微生物，占不合格样品总数的3.64%；有12批次样品检出兽药残留超标，占不合格样品总数的3.12%；有11批次样品检出有非食用物质，占不合格样品总数的2.86%。

（2017-4-10）

国家“食安城”公示　山东五市入围

国家食品药品监督管理总局日前发布《关于首批国家食品安全示范城市综合评议结果的公示》，拟将全国15个城市列为国家食品安全示范城市，其中包括山东济南市、青岛市、烟台市、潍坊市、威海市，占总数三分之一。

据悉，国家食品安全示范城市创建行动2014年开展，河北、山东、湖北、陕西为试点省份。近日，国务院食品安全委员会办公室委托第三方机构，牵头组建综合评议委员会，对上述城市创建工作进行了综合评议。

省食安办主任、食药监局局长马越男表示，山东各级投入创建资金近百亿元，“食安山东”取得了阶段性突破，百姓的舌尖安全得到明显改善。

初步统计，2015年以来，山东各级投入95.7亿元支持创建工作，其中，5个国家级创建市累计投入32.8亿元。各市在创建中，针对薄弱环节，投资22亿元新改建农贸市场161处；投资18.4亿建设病死畜禽无害化处理厂81家，已建成42家；投资11.2亿元，在所有地级市各建成一座城市餐厨废弃物处理厂；全省食品抽检监测批次达到42万份，超过了千人4批次的国家创建标准，5个国家级创建市平均达到千人5.6批次等等。

作为国家试点市的济南、青岛、烟台、潍坊、威海，成立了政府主要负责人任组长、相关部门主要负责人为成员的领导小组，增加财政专项投入，积极探索符合监管实际、富有监管成效的新模式、新机制和新举措，坚持“打、建、创”相结合，开展食品安全综合整治，对违法犯罪行为始终保持高压态势。

（2017-4-15）

李建国在我省开展药品管理法执法检查时强调　切实增强药品安全法治意识

4月11日到15日，中共中央政治局委员、全国人大常委会副委员长李建国率检查组在我省开展药品管理法执法检查时强调，切实增强药品安全法治意识，执法必严，违法必究，为人民群众把好药品质量关和价格关。

检查组听取了省政府及有关部门关于贯彻实施药品管理法情况的汇报，就药品监管、仿制药一致性评价等问题进行深入了解，并深入济南、淄博两市的药品生产企业、批发企业、零售企业、医疗机构进行调研，围绕药品管理法实施中存在的问题，听取意见和建议。

李建国说，以人民群众普遍关心的问题为重点加强执法检查，是全国人大常委会开展监督工作的重要经验。在药品管理方面，老百姓反映强烈的是假药、劣药和药价虚高问题。对于解决这三个方面的问题，药品管理法中都有针对性的规定。这些年来不断整治，但问题却屡屡出现，至今仍未断绝，重要原因就是一些药品生产企业和经销单位有法不依，一些政府及其部门执法不严、违法不究。

李建国说，解决药品管理领域中的问题，根本在于实现药品管理工作的法治化。要把习近平总书记提出的“最严谨的标准、最严格的监管、最严厉的处罚、最严肃的问责”落到实处，对违法违规行为零容忍、快出手、下重拳，不断提高药品安全保障水平，不断增强人民群众的用药安全感。

李建国说，我国已建立起包括药品行政监管和技术支撑的药品监管体系，但是近年来药品安全领域仍出现一些乱象，暴露出监管方面存在的问题。解决这些问题，必须坚持改革创新，坚定不移地把十八届三中全会确定的医药卫生体制改革任务落到实处，从药品生产、流通、使用全流程推进改革。

李建国说，要加快建立健全统一权威的药品监管体制，确保药品监管能力在深化改革中得到强化。继续加强基层药品监管能力建设，加强药品安全监管队伍专业化建设，保证有稳定的队伍和足够的专业能力履行监管职责。

全国人大教科文卫委员会副主任委员王学军，全国人大常委会委员、教科文卫委员会副主任委员任茂东参加，省人大常委会副主任、党组副书记柏继民参加活动，副省长王书坚在座谈会上汇报介绍了我省贯彻实施药品管理法有关情况。

（2017-4-16）

“食安山东”护航舌尖的幸福

对潍坊市奎文区市民赵金霞来说，近来最高兴的事，就是能通过电视里的食品安全频道看到孙女所在幼儿园食堂的后厨了，干净整洁的环境让她一直悬着的心放了下来。潍坊打造可视、可感、可知的“阳光厨房”，不仅监管人员看得见，消费者也看得见，一旦发现问题，监管人员会立即前往处理。

不仅是潍坊，菏泽千人以上学校食堂的关键区域，也都安装了在线视频监控设施。聊城许多学校门口都贴有二维码，手机扫一扫，就可看到后厨。这都是我省“智慧监管”带来的“餐饮革命”。

山东有数十万计的食品生产经营主体，占全国1/4的农产品产量，占全国1/6的食品产量，保障食品安全不仅关乎山东，而且影响全国。近年来，“食安山东”多路出击，食品安全得到保障。

抽检监测是保障食品安全的“杀手锏”。2012年，全省食品抽样合格率为93.2%；2013年抽样合格率93.45%；2014年抽检合格率为95.60%；2015年抽检合格率为96.2%；2016年，我省食品生产环节抽检合格率98.1%，食品流通环节抽检合格率97.8%，合格率均位居各省市前列。

投诉是及时发现食品药品违法行为和安全隐患的重要途径。自2012年“12331”电话开通以来，全省接收投诉举报及咨询电话由10350件增加到2016年的112648件，每年递增30%。

该硬的就要硬起来，一系列的整治，震慑了制售伪劣食品的行为。2012年全省开展滥用食品添加剂、农药兽药残留专项治理行动，检查生产经营单位50.6万户次，检查重点场所10.3万个次。2013年，全省共出动执法人员172万人次，责令整改单位2.9万家，取缔违法经营单位3700余家，整改隐患1600余起。2014年，山东各部门组织开展10项食品安全专项整治，累积查处违法违规案件3567起。2015年，全省开展“守护舌尖安全”整治行动，查处食品安全违法案件45159件，侦破犯罪案件2230起，抓获犯罪嫌疑人2219人。2016年，我省在全国首创“食安、农安、公安”三安联动食品安全监管机制，推进监管、执法、检测、信息等共享合作，提高了打击合力与实效，

当年查处食品违法违规案件37884件，侦破犯罪案件1262起。

“食安山东”品牌引领行动是我省又一关键举措。2014年4月起，打建创并举，我省共认证无公害农产品、绿色食品、有机食品和农产品地理标志7510个；培育农产品区域公用品牌300多个；创建食品生产加工示范企业359家、食品流通示范单位825家、餐饮服务示范单位（街区）2063家。

日前，国家食品药品监督管理总局公示全国15个城市列为国家食品安全示范城市，山东占三分之一。2015年以来，全省各级已投入95.7亿元支持创建工作。

省食安办主任、食药监局局长马越男表示，按照“十三五”规划，我省将加快建立健全最严格的覆盖生产、流通、消费各环节监管制度，形成覆盖从农田到餐桌全过程的监管网络，将山东建设成为全国食品和食用农产品消费最安全、最放心的地区之一。

（2017-5-11）

27家药企上“黑榜”

记者近日从省食药监局获悉，经济南市食品药品检验检测中心、青岛市食品药品检验研究院等9家药品检验机构检测，标示为安国市弘发中药材饮片有限公司等27家企业生产的41批次中药饮片不合格。相关市食品药品监督管理局对抽检不合格药品已采取查封、扣押、暂停销售、产品召回等控制措施，并依据相关法律法规对生产企业和被抽样单位进行了查处。

不合格中药饮片的生产企业是：标示为安国市弘发中药材饮片有限公司、安国市同義中药饮片有限公司、安国市万联中药饮片有限公司、安徽亳州三真中药饮片有限公司、安徽亳州浙皖中药饮片有限公司、安徽方氏中药饮片有限公司、安徽济顺中药饮片有限公司、安徽省泽华国药饮片有限公司、安徽益生源中药饮片科技有限公司、亳州亳药堂药业有限公司、亳州市佰世信中药饮片有限公司、亳州市豪门中药饮片有限公司、亳州市惠康中药饮片有限公司、亳州市永刚饮片厂有限公司、亳州市中药饮片厂、亳州蜀中药

业有限公司、东营百佳益中药饮片有限公司、济南济成堂中药饮片有限公司、济宁邦尔中药饮片有限公司、秦皇岛德信饮片有限责任公司、青岛天成中药饮片有限公司、山东百味堂中药饮片有限公司、山东嘉泰中药饮片有限公司、山东鄄城志远中药饮片有限公司、山东鲁安中药饮片有限公司、山东商都药业有限公司、山东舜生堂中药饮片有限公司生产的北柴胡、蒲黄等28 个中药饮片 41 批次不合格。

（2017–5–22）

力争实现地产品种全省可追溯

围绕全省食品药品安全“十三五”规划确定的目标任务，以创建全国农产品和食品消费最安全、最放心地区为目标，严格按照“四个最严”要求，以“食安山东”建设为统领，深入实施食品安全战略，深化“双安双创”，坚持源头严防、过程严管、风险严控，不断提升全省食品安全治理能力，助推食品产业健康持续发展，捍卫公众“舌尖上的安全”。这是日前省政府办公厅印发的 2017 年全省食品安全重点工作安排所提出的食品安全工作总体思路。

今年我省将夯实监管基础。加大政策支持和投入保障力度，积极推进职业化检查员队伍建设，充实基层监管力量，增强监管的统一性、专业性、权威性；加快制修订食品安全相关制度规范，完成食品安全国家标准跟踪评价任务，完善全省食品安全企业标准管理信息公示公布平台，新制定一批农业地方标准，组织制修订“海上粮仓”重点产业发展急需的技术规范和操作规程；实施“智慧监管”，督促和指导企业依法建立质量安全追溯体系，推进省级农产品质量安全监管追溯平台建设，将无公害农产品、绿色食品、有机食品和农产品地理标志产品率先纳入追溯范围，探索实施食品生产企业“一票通”随附单制度，力争实现地产品种全省可追溯。

我省将强化源头严防。从源头上净化农业生产环境，开展耕地质量保护与提升行动，组织实施土壤改良修复、农药残留治理、地膜污染防治、秸秆综合利用、畜禽粪便治理、重金属污染修复等六项试点工程；实施化肥农药零增长行动；禁止剧毒高毒农药用于蔬菜、瓜果、茶叶、中草药等农作物的生产，分期分批对高毒农药采取禁限用措施；实施农药二维码、条形码可追溯制度。在安丘市、荣成市、惠民县、莘县、沂南县等 5 个县（市）先行开展主要食用农产品合格证管理试点工作。

在过程严管上，贯彻“双随机、一公开”原则，通过彻查隐患，抽检“亮项”、处罚到人、公开信息，曝光违法违规企业，倒逼生产经营者落实主体责任；鼓励食品生产经营企业投保食品安全责任保险；对婴幼儿配方乳粉生产企业进行食品安全生产规范体系检查；加大对校园及周边地区食品安全监管力度，落实学校食堂食品安全管理责任，严防发生群体性食物中毒事件；加强对网络订餐的监管，及时查处网络订餐违法经营行为。

我省从三个方面实施风险严控：开展农产品和食品质量安全风险隐患摸底排查，制定“一品一策”“一域一策”管控措施，实施差异化监管；改进抽检监测方式，明确各层级、各环节、各部门抽检重点，扩大抽检监测覆盖面，减少重复抽检和空白盲区，加大不合格（问题）产品核查处置力度，及时公开抽检结果和不合格产品核查处置情况；推进部门间、地区间抽检监测信息共享，用好互联网、大数据，加强风险监测结果通报与会商研判。

我省将突出示范带动，推动“食安山东”品牌建设，推进食品安全城市和食品安全先进县（市、区）创建三年行动计划。坚持严打重治，深入开展“守护舌尖安全”“瘦肉精”和兽用抗菌药物等系列整治行动，推进畜禽、水产品质量安全专项整治；不断健全食品安全监管协作机制，强化检打联动和行刑衔接，完善涉嫌犯罪案件移送、信息通报机制。

2017 年全省食品安全重点工作安排还提出，落实属地管理责任，加大考评问责力度。

（2017–5–31）

18 万家经营业户纳入小作坊小餐饮食品摊点监管

记者从山东省政府新闻办举行的新闻发布会上了解到，《山东省食品小作坊小餐饮和食品摊点管理条例》（以下简称“三小”条例）今天正式实施，我省 18 万家经营业户纳入监管。

省食安办副主任、省食药监局副局长陈耕介绍，食品小作坊小餐饮和食品摊点是食品生产经营的重要组成部分，目前，全省纳入管理的“三小”共有 18 万家左右，从业人数约 33 万多人。其中，食品小作坊 2.74 万户，从业人员 5.24 万人；小餐饮 9.13 万户，从业人员 20.86 万人；食品摊点 5.59 万户，从业人员 7.01 万人。这些小食品业态具有规模小、数量分布广散乱、生产经营条件差、市场主体资格不全等特点，极易引发食品安全问题。

（2017–6–2）

我省为保健食品“治病”建立追溯制度生产台账

近日，记者从全省保健食品生产风险交流暨食品安全主体责任落实推进工作会议上获悉，2016 年我省保健食品企业总产值 156 亿元，但保健食品正在面临机遇与挑战并存的考验。

在生产环节，我省保健食品依然存在一定风险。2016 年，我省抽取保健食品生产企业产品 191 批，发现不合格产品 11 批次，保健食品乱“贴牌生产”

和非法会销滋生诸多弊病。

如何为保健食品"治病"？据了解，我省将加强原辅料的进货查验，加大生产过程质量管控，加强产品出厂检验，坚决杜绝掺杂使假，甚至非法添加药品等违法犯罪行为。规范保健食品的标签标识，确保贴牌产品的标签、说明书标注符合国家标准，客观反映产品功能信息，避免误导宣传。建立保健食品追溯制度，特别是贴牌企业，更要建立贴牌生产台账。各市要严格按照分级分类和"双随机"要求完成检查频次并实现全覆盖，对企业开展全面体检。对监督检查发现的问题，必须采取有效措施确保企业整改到位，并进行复查确认，形成监管"闭环"。对责任不落实的企业，要及时开展监督抽检、监督检查和责任约谈；对敢于以身试法的企业，严惩重处绝不姑息。

（2017-6-4）

中高考即将来临考生要记住"餐饮四条"

中高考即将来临，为保障广大考生饮食安全，有效预防食品安全事故，省食药监局日前发布中高考期间餐饮服务食品安全警示信息，提醒广大考生、家长要记住"餐饮四条"。

考生和家长外出就餐时应选择持有《餐饮服务许可证》或《食品经营许可证》、环境整洁、信誉度高的餐饮单位就餐，尽量不要选择路边露天摊点用餐（推荐到餐饮服务食品安全监督量化分级B级以上或公示"笑脸"的餐饮单位消费）。用餐前应洗手，注意餐具卫生，倡导分餐制；用餐时应注意辨别食物是否新鲜、颜色和味道是否正常、是否烧熟煮透；就餐应注意科学饮食、荤素搭配、平衡膳食，多食富含膳食纤维、维生素的新鲜蔬菜、水果等清淡健康食品，不暴饮暴食。不食用河豚鱼、有毒或不认识的野生菌和野菜、未烧透的豆浆和四季豆、颜色鲜艳的腌制肉类、发芽或黑色青皮土豆制作的菜肴，不吃或少吃生食海产品，慎重选择熟卤菜、凉菜冷食等高风险食品。就餐后如感到不适，要尽快到就近医疗机构治疗，并保存好消费票据、就诊记录、检验报告、问题食品等相关证据，以便执法部门调查取证。

（2017-6-5）

"千家学校食堂（幼儿园）开放日"启动

今天上午，省食安办、省教育厅、省食品药品监督管理局在济南市市中区育秀中学和三之三幼儿园举办全省"千家学校食堂（幼儿园）开放日"活动，拉开了2017年我省食品安全宣传周的帷幕。从今天起，全省1000家学校食堂（幼儿园）将同步对外开放，接受社会监督。

记者在现场看到，活动邀请学生家长代表、新闻媒体、其他学校食堂负责人及社会各界人士等进行观摩和座谈，食堂负责人带领大家参观，从工作人员更衣洗手、原料购进保管、切配加工、烹饪制作，到饭菜分装、购买就餐以及餐饮具消毒、保洁的全部流程，最后在餐厅展示学校晨检、索证索票及台账记录等相关档案。

（2017-6-26）

食品安全宣传周启动千所学校食堂对外开放

今天，由省食安办、省文明办、省卫计委、省农业厅、省食药监局等23部门联合开展的山东省食品安全宣传周正式启动。即日起至7月13日，公众可体验百家"透明工厂"，参观千所学校食堂，免费检测万批食品等，同时，上百场各具特色、形式多样的食安周"盛宴"将在全省展开。

"食安山东"要打造食品可追溯系统，选择公众关注度高、消费量大的奶品、肉制品、食用油等百家食品"透明工厂"，让消费者去体验，看个明白，看个放心。把全省1000所学校（幼儿园）食堂的大门打开，展现给家长代表、学生代表、社会监督员、新闻媒体。消费者担心自己食品有问题，可以"你点我检"或"你送我检"，选取全省大型超市、农贸市场等场所，对消费者提供的食品开展现场快检，总检测量达到万批次，检验结果及时在大型超市、农贸市场专栏公示。

省农业、海洋与渔业、卫生计生、质监、食药监、畜牧兽医、出入境检验检疫等省市两级食品相关检验机构同步对外开放。各机构分别组织公众参观食品检验实验室，展示食品检验工作基本程序，讲解机构职责、工作程序、科普知识、业务成效、创新研究等，还要现场解答参观者的提问。

此外，省食安办成员单位分别推出食品安全周系列主题活动，为公众准备了一系列的"盛宴"。

（2017-6-30）

全国"食安城"三分之一花落山东

6月29日，国务院食品安全委员会办公室在北京举行"国家食品安全示范城市"授牌仪式，全国15个首批创建城市被命名为"国家食品安全示范城市"，其中包括山东济南市、青岛市、烟台市、潍坊市、威海市。省食安办主任、食药监局局长马越男介绍，创建以来，全省各级投入创建资金近百亿元，"食安山东"取得了阶段性突破，百姓的舌尖安全已得到明显改善。

据了解，为督促落实食品安全党政同责和"四个最严"，鼓励地方政府发挥首创精神，探索食品安全治理制度方法，示范带动全国食品安全治理水平提升，国务院食品安全委员会办公室于2014年部署开展国家食品安全示范城市创建行动，选取河北省、山东省、湖北省、陕西省作为试点省份，探索开展创建工作。

初步统计，2015 年以来，我省各级已投入 95.7 亿元支持创建工作，其中，5 个国家级创建市累计投入 32.8 亿元。各市在创建中，针对薄弱环节，投资 22 亿元新改建农贸市场 161 处；投资 18.4 亿建设病死畜禽无害化处理厂 81 家，已建成 42 家；投资 11.2 亿元，在所有地级市各建成一座城市餐厨废弃物处理厂；全省食品抽检监测批次达到 42 万份，超过了千人 4 批次的国家创建标准，5 个国家级创建市平均达到千人 5.6 批次等等。财政资金的有效投入，保障了全省创建工作的扎实推进。

作为国家试点市的济南、青岛、烟台、潍坊、威海，成立了政府主要负责人任组长、相关部门主要负责人为成员的领导小组，定期召开会议研究部署、督导调度创建工作。增加财政专项投入，用于基层监管机构建设、检验能力提高、监督抽检、信息化建设等食品安全保障。探索符合监管实际，富有监管成效的新模式、新机制和新举措。坚持“打、建、创”相结合，开展食品安全综合整治，对违法犯罪行为始终保持高压态势。构建政府监管、行业自律、部门协同、企业负责、公众参与、媒体监督的创建格局。

济南的“机器换人”，探索在大型食品企业中推行四项深层监管模式，有效解决了大型食品企业的监管难题。青岛的市场管理，对 115 家批发和农贸市场主办者收取保证金，解决市场主办者只收钱不管食品安全的问题。烟台的“三小”治理，建设芝麻糖、海参、豆腐等品种的六个专业村，对小作坊生产加工场所进行全面改造升级。潍坊的科普宣传，构建以网络、电视、咨询电话、广播喇叭为载体的“空中四条线”，把食品安全常识送进千家万户。威海的三安联动，首创食安、农安、公安联动监管工作机制，实现从农田到餐桌全程监管。

目前，我省正在进行“食安山东”品牌建设，借助此次五市上榜的动力，整改存在问题，聚焦薄弱环节，巩固创建成果，建立长效机制，将山东建设成为全国食品和食用农产品消费最安全、最放心的地区之一。

（2017-7-1）

“双安双创”和食安工作专题研讨培训班开班

今天下午，全省“双安双创”和食品安全工作专题研讨培训班开班式在省干部学院举行。副省长王书坚出席开班式并讲话。

王书坚指出，要深入学习贯彻省第十一次党代会精神，充分认识和深刻把握省党代会对食品安全提出的新要求、赋予的新使命，进一步增强做好食品安全工作的责任感和使命感。要严控食品安全源头、严密实施全程监管、严格做好风险防控，狠抓重点工作落实，坚决守住不发生重大食品安全事故的底线。要深化“食安山东”建设，着力巩固创建成果、扩大创建范围、提升创建标准、加强动态管理，全域推进“双安双创”工作。要夯实政府责任、加强协作配合、推动作风转变，努力构建食品安全共治共管新局面，切实保障人民群众“舌尖上的安全”。

开班式之前，为山东省食品安全示范城市和山东省食品安全先进县（市、区）进行了授牌。

（2017-7-3）

中国主流媒体关注“食安山东”

今天下午，由山东省食品药品监督管理局和大众日报社联合主办的“中国主流媒体‘食安山东’行”活动在青岛启动，来自全国各地近 20 家主流媒体的记者参加了启动仪式。此后 3 天，采访团将对青岛、潍坊、济南等地的食品企业、农贸市场、餐饮单位、食品监管部门等进行深入采访。这标志着我省食品安全宣传周进入高潮。

据介绍，近年来，我省以开展“食安山东”品牌引领行动为抓手，以保障食品安全为主线，通过大力开展食品安全城市创建等活动，不断提升食品安全治理能力。特别是近期我省的济南、青岛、烟台、潍坊、威海等五市被命名为首批国家食品安全示范城市，标志着“食安山东”取得阶段性突破。借助全国主流媒体的影响力，“中国主流媒体‘食安山东’行”活动将向公众传递食品安全治理的正能量，更好地保障老百姓“舌尖上的安全”。

（2017-7-9）

首届山东休闲食品大会召开

由省食药监局、大众报业集团主办，济南市食药监局、济阳县委县政府承办的“食安山东”——第一届山东休闲食品大会今天在济阳召开。来自国家和省食药监部门、行业协会以及国内食品领军企业的负责人、业内专家和全国 20 余家主流媒体记者共 300 余人参加了大会。

会上，大家纵论食品行业升级转型、实现新旧动能转换的路线图。济阳县抢抓济南跨河发展、建设省会新城的机遇，打造国际食品名城的做法受到与会者的关注和肯定。济阳县委书记孙斌介绍，济阳将抓住这一机遇，充分发挥当地农产品、环境、区位优势，努力打造国际食品名城。

（2017-7-12）

“守护舌尖安全”兑现举报奖金 42 万余元

今天记者从省食药监局获悉，2017 年全省“守护舌尖安全”整治行动开展以来，各市、各部门按照省食安办的部署安排，深入开展农药使用、畜禽水产品、集体用餐、“三小”食品、农村食品安全等五个方面的专项整治，严惩违法犯罪行为，取得阶段性成效。目前，全省共查处食品安全违法案件 16671 件，取缔无证生产经营业户 1539 家，兑现举报奖金 42 万余元，侦办犯罪案件 668 起，抓获犯罪嫌疑人 1410 名，打掉“四黑”窝点 422 个、犯罪团伙 299 个，有力保障了人民群众饮食安全。

省食药监局相关负责人介绍，在整治上强化部门协作。省公安厅根据阿里巴巴通报的线索，组织开展“鲁剑”3 号行动，检测发现问题样品 112 个，严打网络食品安全犯罪行为。省农业厅扎实开展农药专项整治行动，将涉嫌违规的 35 家农药生产企业及其宣称生产的产品名单通报全省。省海洋渔业部门围绕“三鱼两药”继续开展水产品质量安全专项治理，检查生产经营企业 5018（家次），阳性样品移送处置率 100%，有力打击了养殖生产者违法添加禁用药物行为。省畜牧兽医局开展兽用抗菌药、生猪屠宰扫雷、“瘦肉精”、生鲜乳、农资打假等 5 项专项整治行动，检查企业、养殖场户 105212 家，查处问题 210 起，有力保障畜产品质量安全。省林业厅组织对潍坊、滨州、聊城、济宁、菏泽、临沂等市的食用林产品种植大户、专业合作社、公司的农药使用情况进行专项检查，防止不合格果品流入市场。全省各级卫生计生部门开展餐具饮具集中消毒服务单位监督检查，共检查 350 家，监督覆盖率 65.54%。省住建部门开展校园周边食品无证摊贩和建筑工地食堂专项整治，省工商部门严厉打击食品虚假违法广告和商标侵权行为，省质检部门组织对餐具洗涤剂和家用厨房电器的小批量监督抽查，形成了整治工作合力。

（2017-8-15）

我省曝光二季度 26 批次不合格食品

二季度，省食品药品监督管理局在食品流通环节对畜禽肉及其副产品、水产品、鲜蛋、蔬菜、水果、生坚干果和生干籽类等 6 大类共 320 批次的食用农产品进行了监督抽检。其中抽检项目合格的产品 294 批次，不合格产品 26 批次。对不合格食品已采取责令企业及时采取下架、召回等相关措施。

不合格产品所涉及的企业（供货商）、产品和不合格指标为：

畜禽肉及其副产品。宁津县城明成生猪肉门市部经营的生猪肝沙丁胺醇项目不合格；庆云县农贸农资城业户张占岭经营的生猪肉多西环素（强力霉素）项目不合格；临沂市兰山区成才路汇源农贸市场业户桑昌成经营的生羊肝总砷项目不合格；巨野县金太阳商贸城业户李逢辉经营的生鸡肉、巨野县金太阳商贸城业户李逢义经营的生鸡肉、巨野县段冬梅白条鸡销售门市部经营的羊肝、生鸡肉、巨野县徐小莲熟食店经营的生鸭肉恩诺沙星（环丙沙星＋恩诺沙星）项目不合格。

水产品。安丘市兴安街道商场路商贸城业户李文经营的梭子蟹、威海高技术产业开发区老五海鲜摊经营的梭子蟹、威海高技术产业开发区阿阳海鲜摊经营的花蟹、青岛市市南区纪兆华水产品商行经营的赤甲红海蟹、临沂市兰山区通达路北段汇丰农贸市场业户任振京经营的梭子蟹、广饶县乐园商贸广场国清海鲜经营店经营的梭子蟹、日照市经济技术开发区连云港路市场 4B18 号业户吴刚经营的海水蟹、日照市东港区红翻天水产品经营的梭子蟹、阳信县园亭树林水产调料商行经营的梭子蟹、烟台市芝罘区吕永强水产品店经营的梭子蟹、菏泽市牡丹区袁冰水产品经营部经营的梭子蟹、张春玲经营的梭子蟹镉项目不合格；威海高技术产业开发区彦胜海鲜摊经营的鸦片鱼、日照市经济开发区大连路便民市场 C 区 43-44 号业户佟树合经营的鲫鱼、滨州市沾化区张新华海产店经营的草鱼孔雀石绿项目不合格。

（2017-8-16）

我省食品安全委员会全体会议在济南举行

今天，我省食品安全委员会全体会议在济南举行。省委常委、常务副省长、省食安委主任李群，副省长任爱荣出席会议并讲话。

李群强调，要切实提高政治站位，坚决落实习近平总书记食品安全“四个最严”要求，牢固树立总体国家安全观，牢固树立以人民为中心的发展思想，牢固树立底线意识，增强做好食品安全工作的责任感和紧迫感；要坚持严字当头，以“食安山东”建设为统领，强化风险管控，加强源头治理，实施过程严管，深化示范创建，努力打造食品安全放心省；要完善工作机制，充分发挥省食安委统一领导作用、省食安办综合协调作用，推进各级各部门严格落实食品安全责任，鼓励社会公众多元参与，凝聚食品安全工作合力。

任爱荣指出，要把食品安全工作作为重大政治任务，作为全面建成小康社会的重要内容来抓，严守安全底线，加强协作联动，全面推进餐饮质量安全提升工程，更加扎实细致地做好各项工作。

会议听取了全省食品安全工作情况汇报，研究审议了《山东省餐饮质量安全提升工程实施意见》。省食安委各成员单位及相关部门负责同志参加会议。

（2017-8-26）

打造食品安全放心省明确路线图

——我省将实施餐饮质量安全提升工程，到 2020 年建成全国食品最安全地区之一

记者从今天召开的省政府常务会议上获悉，我省将实施餐饮质量安全提升工程，努力打造食品安全放心省，到 2020 年建设成为全国食品最安全地区之一的总体目标。

此次省政府常务会议原则通过的《餐饮质量安全提升工程实施意见》确定了到2020年山东餐饮质量安全33项量化指标，其中既包括人民群众食品安全满意度力争达到80%以上、食品抽检合格率达到96%以上等评价性指标，又涵盖了农村地区基本消除“三无”食品、中央厨房、集体用餐配送单位“明厨亮灶”率达到100%、大中型餐饮服务单位“清洁厨房”率达到100%等监管指标，还提出所有市、县（市、区）创建成为省级以上食品安全城市和食品安全先进县（市、区）等任务指标。

按照严把从“农田到餐桌”每一道关口的要求，山东将从农业源头、食品流通和餐饮等全链条上入手，在提高农业供给质量的同时，实施企业自查、监督检查、第三方协查的“三查”模式，分类对大中型餐饮单位、集体用餐配送单位、中央厨房等单位进行规范，并在链条末端强化餐厨废弃物、病死畜禽等无害化处理。

同时，为保障餐饮质量安全，山东将在抓重点和补短板上同时发力。

在农业源头，我省将重点抓好产地环境保护、农业面源污染治理等。在食品流通环节，重点抓好集中交易市场和大中型商超监管，管好流通主渠道。在餐饮环节，全面开展“清洁厨房”行动。在食品相关产品上，重点从食品包装、容器、消毒剂、餐饮具等着手加强监管。

补齐餐饮质量安全短板，山东将开展“净网”行动，明确网络餐饮服务应具有实体店铺，送餐人员保持个人卫生并持有健康证明，送餐容器无毒、清洁，符合卫生标准，监督网络交易第三方平台建立入网食品生产经营者审查登记、违法行为制止及报告等制度。同时开展农村食品安全提升行动，将农村集市、庙会等临时性集中消费场所以及农家乐等纳入管理范围。

此外，《意见》明确提出着力提升食品产业发展水平，推动产业由大到强转变，夯实食品安全的产业基础。山东将规划建设一批产业聚集区、园区，在原料富集地区建设特色食品加工示范基地。同时，探索建立食用农产品合格证和市场销售凭证“双证”制度。在品牌建设方面，推进“食安山东”等品牌建设，整体提升山东食品品牌形象。

（2017-9-2）

食安山东，百姓获得感从哪里来

几年前，荣成曾发生这样一幕：泰祥集团将400多吨、价值1000多万元的速冻水饺，倒入自己挖掘的大坑里填埋了，在场许多员工为此心疼地流下眼泪。集团董事长于建洋没有落泪，“这批货是出口的，因微量元素超标遭到退货，这是我们的过失，如果出口转内销，则是罪上加罪，所以要彻底销毁，从头再来。”

此后，痛定思痛的泰祥人采购全球一流生产设备，配备专业技术团队，建起检测大楼。如今，作为“食安山东”品牌引领企业的泰祥集团，早已筑牢“食安篱笆”，中国名牌、中国驰名商标等殊荣花落泰祥。

省食安办主任、省食药监局局长马越男告诉记者，始于2014年4月的“食安山东”品牌引领行动为山东独创，跨行业、多层次、全方位，覆盖从农田到餐桌的全链条食品产业，包括创建农产品、水产养殖、食品生产加工等。山东不断加大品牌引领企业的信息公开力度，健全企业信用档案，完善信用累积、评价、共享及“黑名单”制度，倒逼企业再升级。

目前，全省已认证“三品一证”农产品10706个，食品生产示范企业466家、食品流通单位4633家、餐饮示范单位2063家。数字的背后，是老百姓“食安山东”获得感的提升。

济南市历城区市民张立勇的食品安全获得感，来自于他最爱吃的那口粉皮炖肉。

“最让我放心的是，现在能用手机扫包装箱上的二维码，生产商户、配料、产品执行标准等一目了然。”张立勇爱吃章丘北套粉皮，前些年，这粉皮又粗又乌不筋道，“趴窝”了，现在的粉皮吃起来踏实、放心。

“趴窝”的粉皮是怎么唤醒的？章丘区食药监局局长鲁德刚说，监管人员进驻北套村，按一查、一规、一码等“十个一”标准规范业户，不仅对粉皮配料、加工程序进行监督，还让生产者在包装箱上打上二维码，追根问责。这么一来，传统美食又“醒”了，眼下，北套村的粉皮加工生意已做到了全国。

马越男说，食品安全是产出来的，也是管出来的。我省有数十万计的食品生产经营主体，占全国1/4的农产品产量、1/6的食品产量，保障食品安全不仅关乎山东，而且影响全国。近年来，“食安山东”多线并行，“从头到脚”不留盲点，消费者的消费信心得到增强，“食安山东”带来的获得感一并提升。

源头管控是重点。加强禁限用农药监管，采取农药经营告知、实名购药、定点经营等措施；推互联网+海洋牧场新模式，对海洋牧场生态环境实现在线“可视、可测、可控”；过程严管，针对食品流通70%的农产品批发市场、超市，采取驻场监管、快检进市场，完善追溯体系。

风险管控让监管“跑”在风险前头。对各环节的风险点进行排查并汇集成大数据，列出风险清单、划分风险等级。眼下，我省已将13950家食品生产企业划分为4个风险等级；建立起全省统一的舆情监测处置平台，24小时监测，发现问题立即处置。同时，在日常检查全覆盖基础上，加大飞行检查、跟踪检查等频次与力度，提高检查靶向性。推行“双随机”检查，制定抽查事项清单和抽查细则，一旦发现问题，彻查根源、予以严处。抽检是食品安全的“另一只眼”，2016 年，我省食品生产环节抽检合格率 98.1%，食品流通环节抽检合格率 97.8%，合格率均位居各省市前列。

拳头落下的地方，就是公众反映强烈的突出问题和重点难点问题。我省推行“守护舌尖安全”系列整治行动，重典治乱；持续开展畜禽水产品专项整治行动、农资打假和禁限用农药专项治理行动；开展水产品质量安全专项治理以及瘦肉精、兽药抗菌药、生猪屠宰专项整治等。我省在全国率先推行食安、农安、公安“三安联动”机制，继而形成食药监、公安、农业、海洋渔业、林业、畜牧等相关部门联合打击食品安全违法犯罪态势，持续进行“百日”行动、“清源”行动。2015 年至今，全省共查处食品安全违法案件 8.8 万余件，侦破犯罪案件 3600 余件，抓获犯罪嫌疑人 4800 多人。

“双安双创”是破解食品安全监管难题的“试验田”。2014 年国务院食安办部署开展国家食品安全示范城市创建行动，我省各级投入 95.7 亿元开展创建工作。今年 6 月，全国 15 个城市列为国家食品安全示范城市，山东入选城市占全国的三分之一。目前，全省有国家、省级食品安全创建市 13 个、县 73 个，农产品质量安全创建市 3 个、县 69 个，数量居全国之首。“食安山东”的获得感，正在齐鲁大地上不断演变为老百姓的受益感、尊严感、幸福感、安全感和参与感。

（2017-9-14）

9 部门联手整治食品欺诈虚假宣传

今天记者从全省食品、保健食品欺诈和虚假宣传整治工作电视电话会议了解到，2018 年 7 月前，我省食安办、公安厅、商务厅、工商局、新闻出版广电局、食品药品监管局、通信管理局、互联网信息办公室、山东出入境检验检疫局等 9 部门联手，在全省展开一次整治食品、保健食品欺诈和虚假宣传的专项行动。这是近年来参与部门最多、时间跨度最长、涉及范围最广的一次专项行动。

此次整治要突出整治 4 类违法违规行为：治理未经许可生产、经营、进口食品和保健食品；治理产品标签虚假标识声称；治理利用网络、会议、电视购物、直销、电话等方式违法营销宣传、欺诈销售；治理未经审查发布保健食品广告和发布虚假违法广告。整治的重点包括食品、保健食品生产、经营、进口单位，第三方平台经营者和相关方，以及广告发布单位，涵盖了食品、保健食品生产经营销售全环节。

（2017-9-15）

国家食品药品监督管理总局与山东省政府签订战略合作协议

今天上午，国家食品药品监督管理总局与山东省人民政府在济南签订食品药品安全战略合作协议。省委副书记、省长龚正，国家食品药品监督管理总局局长毕井泉代表双方签字。根据协议，双方将在保障食品药品安全、推进食品药品产业健康发展等方面加强合作。仪式前，龚正会见了毕井泉一行。副省长任爱荣，省政府秘书长王华参加活动。

（2017-9-20）

从农田到餐桌　守护舌尖安全

民以食为天。

这句话古已有之，吃的问题困扰了中国人千年，从食不果腹到走向温饱，从吃得饱到吃得好，再到吃得安全，一路艰辛而漫长。

这句话如今有了更为深沉的内涵，把食品安全作为天大的民生事，是一种责任和担当，是以人民为中心的发展理念最具体的体现。

习近平总书记视察山东提出的“以满足吃得好吃得安全为导向”，是对农业大省、食品大省、人口大省山东的殷切嘱托，而建设食安山东，“建成全国食品最安全地区之一”则是山东庄严的承诺。

认识升级：贯彻以人民为中心的理念

一个现象值得研究。

近年来，一些食品领域冒出一些新词，甚至屡屡成为一时热点：苏丹红、三聚氰胺、孔雀石绿……以此为标志，好像食品安全突然就成了一个问题。事实上，这正是技术发展到一定阶段，认识上升到一定层次之后的结果。

每天中午，家住潍坊市奎文区盈福广场的赵金霞，总是把电视调到食品安全频道，在上面可以观看到区机关幼儿园后厨的直播。看到身着洁白工装的厨师，在明净的厨房忙碌，赵金霞对 3 岁孙女的午餐卫生也就不再担心。

花了上千年解决吃得饱的问题，又花了几十年解决吃得好的问题，随着生活质量和知识水平的不断提升，吃得安全渐渐成为群众的迫切诉求和民生期待。

习近平总书记指出，人民对美好生活的向往，就是我们的奋斗目标。群众有所呼，必须有所应。回应群众对食品安全的新期待，首先就要实现认识论的全新升级，重新认识“民以食为天”，这件“天大的事”就是以人民为中心的理念的具体体现。

山东是农业大省，人口大省，消费大省，农产品出口大省。“柴米油盐酱醋茶”，对百姓是日常琐事，对党和政府是沉甸甸的责任，是一项事关全局的重大民生工程、民心工程。

如今，“食安山东”建设渐入佳境，人民群众的食品安全感正在齐鲁大地上不断演变为受益感、尊严感、幸福感、安全感和参与感。

管理升级：确保从农田到餐桌的安全

从农田到餐桌的安全，是食安山东建设提出的形象化表述。为实现这一目标，管理升级势在必然。

“俺种植的韭菜登上‘韭菜地图’后，不仅销路无忧，而且身价倍增。”高唐县赵寨子镇西韩村农民闫有皋，种植的绿色韭菜长势正旺。2016年，山东绘制全国首张精准“韭菜地图”，将种植面积半亩以上的韭菜地块全部纳入网格化动态监管。

绘制“韭菜地图”，是山东对食品安全全流程监管的一个缩影。我省在全国率先建立产地准出和市场准入衔接机制，并开展食用农产品合格证管理试点。推行模块化、规范化、痕迹化“三化”监管，实现日常检查的制度化。“一品一策”“一域一策”等风险管控措施，让监管跑在风险前面。全省统一的舆情监测处置平台，能够对食品安全舆情信息实施24小时监测，发现问题及时处置。

国庆假期，恰逢中秋佳节，月饼等节令性食品热销。为此，省食药监部门对月饼等食品开展专项监督抽检，发现不合格产品4批次。

坚持问题导向，紧抓节点，开展专项抽检，是山东省确保食品安全的靶向监管的重要举措。山东坚持“最严谨的标准、最严格的监管、最严厉的处罚、最严肃的问责”，深化“双安双创”，严把从农田到餐桌的每一道防线。

食品安全问题难解，一个重要症结在于违法成本过低、代价太小。无论从国内各省的行动还是国际经验来看，重典治乱都是保障食品安全的一剂良方。

“守护舌尖安全”集中整治行动、畜禽水产品专项整治行动、农资打假和禁限用农药专项治理行动、打击食品安全违法犯罪“百日”行动、“清源”行动、农村食品专项整治行动……山东通过持续打击，震慑了犯罪分子，食品安全违法犯罪多发高发态势得到有效遏制。

一组数据彰显了山东打击食品安全违法犯罪的坚定决心。2017年全省“守护舌尖安全”整治行动开展以来，全省共查处食品安全违法案件16671件，抓获犯罪嫌疑人1410名，打掉“四黑”窝点422个、犯罪团伙299个。

制度“缺位”和“碎片化”，是食品监管的又一大顽症。为此，山东提出扎密扎牢食品安全制度篱笆，理顺合作机制，这也成为食品安全管理的一大法宝。《“食安山东”品牌引领行动方案》《山东省食品药品安全“十三五”规划》《山东省食品小作坊小餐饮和食品摊点管理条例》《山东省餐饮质量安全提升工程实施意见》……一系列地方性法规规章密集出台，让违法缝隙日渐消弭。

为破解“九龙治水”困局，山东构建部门齐抓共管、协同共治、高效顺畅的大食品安全格局。省食安委由常务副省长任主任，分管农业、食药监管、公安的副省长担任副主任，29个相关部门主要负责同志为成员，对食品安全工作实施统一领导和综合协调。近期，山东9个部门联手开展的一次整治食品、保健食品欺诈和虚假宣传的专项行动。这是近几年我省食品监管领域参与部门最多、时间跨度最长、涉及范围最广的一次专项行动。

食安山东：诸多成果走在全国前列

食品安全涉及的环节和因素很多，但源头在农产品，基础在农业。习近平总书记在视察山东省农科院时指出，要给农业插上科技的翅膀；加快构建适应高产、优质、高效、生态、安全农业发展要求的技术体系。

构建现代农业体系，以此推动食品安全建设，恰恰是农业大省山东的特点，也是山东的责任和担当。

今年，我省印发的《山东省农业现代化规划（2016—2020年）》，为保证农产品质量规划了路线图：到2020年，全省半数以上的县（市、区）基本实现农业现代化，全省农业科技进步贡献率达到65%以上。

为了总书记的嘱托，省委、省政府高度重视食品安全工作，山东省“十三五”规划纲要对“食安山东”建设进行了重点阐释，谋划发展蓝图；省十一次党代会报告指出，深化食安山东建设，把好饮食用药安全的每一道关口，切实保障人民群众“舌尖上的安全”。

省食安办主任、食药监局局长马越男表示，近几年，山东各级投入创建资金近百亿元，“食安山东”取得了阶段性突破，百姓的舌尖安全得到明显改善。

今年6月29日，第一批15个国家食品安全示范城市命名，我省济南、青岛、潍坊、烟台、威海等五市入围。目前，全省有国家、省级食品安全创建市13个、县73个，农产品质量安全创建市3个、县69个。全省已认证“三品一证”农产品10706个，食品生产示范企业466家、食品流通单位4633家、餐饮示范单位2063家。

在食品安全领域，山东诸多做法走在全国前列：在全国率先推行食安、农安、公安“三安联动”机制，率先以省政府令形式出台了农产品质量安全监督管理办法，率先实施跨部门食品安全抽检监测计划、经费、信息“三统一”机制……

（2017-10-11）

全程可追溯，吃得如何肚里有数

食品来源可追踪、去处可追溯，消费者才能吃得安全吃得放心。食品安全追溯体系犹如一堵防火墙，时刻保卫着消费者的安全。

省十一次党代会报告指出，深化食安山东建设，把好饮食用药安全的每一道关口，切实保障人民群众

"舌尖上的安全"。山东正从多种举措入手，让安全食品触手可及。

来去路径一目了然

执法人员随机拿起一个成品面包，用手机输入产品条形码、批次号，再输入生产日期，点开查询进入产品追溯页面，就可以查看到产品检验与产品的生产、名称、规格、执行标准等全部信息。这是记者日前在济阳县桃李面包有限公司看到的一幕。

济阳县食药监局局长徐洪华介绍说，一旦出现产品质量安全问题，立刻可以追溯到位。追溯平台的开发应用，使日常监管实现科技化、痕迹化、规范化，促进了监管方式由"地毯式"全面监管向"点对点"精准监管的转变。"

烟台苹果深受消费者喜爱，但每年收获的季节，市场上很多仿冒苹果，使得烟台苹果的价值深受其害。为此，烟台打造起了全国首个现代苹果物联网可追溯体系——"泉源苹果物联网可追溯系统产业化经营项目"。工作人员打开24小时监测程序，只需轻轻移动鼠标，就能从各个角度实时观测果园内的苹果生长情况。而消费者通过扫描果品上的二维码，就可以直接登录可追溯平台，查询想要知道的信息。

"山东将加快推进食品安全追溯体系建设，推动追溯链条向食品原料供应环节延伸，实现全产业链可追溯管理。"省食药监局相关负责人介绍。今年我省实施"智慧监管"，将无公害农产品、绿色食品、有机食品和农产品地理标志产品率先纳入追溯范围，探索实施食品生产企业"一票通"随附单制度，力争实现地产品种全省可追溯。

食安笑脸地图让评价权威化

家住青岛市李沧区福临万家小区的王琳，是一个偏爱美食的"背包客"，自称"吃货"的她每到一处目的地，首要任务就是把当地的美食都尝个遍。

"就是想快速准确找到一家干净的餐厅，开开心心吃顿饭。"王琳说，不同食客有不同需求，而随着健康意识的提高，食物干不干净、安全达不达标，成为大家最看重的事情，如何找到权威的美食安全信息，成为她每到一个城市都会纠结的问题。

4月19日，能一键查询笑脸餐厅的全国首张"食安笑脸地图"启用，把王琳担心的问题破了题——青岛把对餐饮单位实施量化分级管理的笑脸搬到了线上地图，消费者跟着"食安笑脸地图"上的笑脸就餐，就能确保食品安全。

9月26日，记者进入"食安笑脸地图"平台，首页里出现"搜索"和"附近笑脸餐厅"两个选项。点击"附近笑脸餐厅"，页面显示出了十公里以内的776家"大笑"餐饮企业和备案的小饭桌信息。记者随机点开其中一个，页面上显示该就餐单位的地址和联系方式，点击详情，还有业态类型、法人、许可证号、许可证有效期等内容。

"我们重点突出食物干不干净、安全达不达标、检测检验结果等餐饮单位的食品安全状况，为市民提供权威专业的就餐指导。"青岛市食品药品监督管理局办公室副调研员颜成霞介绍，"食安笑脸地图"串联起了每个点上的餐饮单位的许可证照、笑脸评定等多个数据，把企业的所有食品安全信用信息讲成了完整的故事。

如今，成为"食安笑脸地图"铁杆粉丝的王琳说，粉地图的最大原因就是地图姓公不姓私，有了政府权威数据，她对就餐的单位更放心了。

目前，"食安笑脸地图"吸引了15万粉丝应用。小小地图不仅成了市民选择就餐的"掌中宝"，也成了餐饮单位的"信用网"，引发了蝴蝶效应。

"上了地图以后，我们对于门店、质量、供应链以及卫生方面的管理要求更严格了，服务也更主动了，会主动邀请监管部门和市民朋友来'后厨'看看。"青岛粥全粥到伟业酒店管理有限公司相关负责人李梦飞看来，地图的推行，启动了整个餐饮行业供给侧改革的"小步快跑"，促进了餐饮业优胜劣汰、改造升级。

"明厨亮灶"，制作过程全透明

9月29日，早上6点，张丽来到幼儿园后厨。准备妥当后，她冲房间的"直播"摄像头微微一笑，便开始有条不紊地忙活了起来。

主播？并不是，其实张丽只是淄博市市直机关第二幼儿园的白案师傅。高清摄像头实时监控、制作过程网络同步直播、手机等移动设备可随时查看，对此，刚开始还觉得有些别扭的张丽，如今已经逐步适应，甚至感觉跟手机屏幕前的家长愈加熟络和信任，也圈了不少家长"粉"。

今年3月，淄博市张店区充分利用"互联网+食品安全"的工作理念，结合"明厨亮灶"的相关要求，在学校、幼儿园食堂，食品快检室、大型餐饮单位及城市综合体等重点监管企业的前端安装视频监控设备进行实时直播。

"以前很少有机会能直接走进或接触幼儿园食堂。不亲眼看看，总觉得不放心。"今年30岁的郑旭午是一名国家二级公共营养技师，更是一名学生家长，对于自家孩子在外的食品安全和健康尤其注意和"挑剔"。如今随着"明厨亮灶"的推行，他才觉得自己心里的"大石头"落了下来。

张店区共有餐饮企业6163家，幼儿园、学校食堂169家，如果仅靠食药监部门去监管，很难监管到位。而通过直播的形式实行"明厨亮灶"，一方面执法人员可随时"查岗"，如果发现问题便能第一时间联系整改；另一方面，消费者也可通过手机即时观看上述单位加工制作过程，实现社会的共同关注、共同监督。

34 岁的于祥是淄博江南濠景生态美食园行政主厨，在他看来，“明厨亮灶”，“明”的是厨房，点“亮”的是人心”。

据省食药监局相关负责人介绍，我省已针对占食品流通 70% 份额的农产品批发市场、大型商超和连锁超市，采取驻场监管、快检进市场、完善追溯体系等手段，实施重点监管，管好流通主渠道。深入开展“寻找笑脸就餐”等活动，累计创建“清洁厨房”8.3 万家，实施“明厨亮灶”工程 3.8 万家。

（2017-10-11）

“食安山东”叫响全国

6 月 29 日，国务院食品安全委员会命名 15 个首批“国家食品安全示范城市”，其中包括济南市、青岛市、烟台市、潍坊市、威海市。山东一下子拿到了“国家食安城”的三分之一，到底用了什么样的“锦囊妙计”？

从源头“天眼”到市场“倒逼”

“一粒大豆、一块生姜、一根大葱、一个土豆，从下地到收获都在‘天眼’的监控之中，农残绝对不会超标。”日前，安丘市兴安街道四海社区大近戈村的李娟“打保票”说。

“天眼”是什么？在该社区检测室，党总支书记程兆德说，“‘天眼’就是联标准和联数据。”每村选出一名农产品质量监测员，他们定期对村里果蔬种植情况开展品种普查和样品抽取，样品农残检测合格后，生成二维码上传市级农产品质量安全监管平台，没有这个二维码，农产品不得进入市场。

潍坊农贸市场、超市里的农产品来自于四面八方，如果农残高的农产品“混”进去怎么办？

潍坊市食药监局副局长王斌把记者带到奎文区南下河市场。市场里人流如织，在一处菜摊前，市民李正义买了 2 斤黄瓜，拿到鼻子上闻闻，觉得有味儿。索性拿着黄瓜来到市场大门旁的市场管理监督办公室进行快检，十几分钟后就出来了结果。工作人员给他打了张单子，并告诉他农药残留不超标，可以放心吃了。

王斌说，“这就是倒逼！让市场管市场。”潍坊率先在全国建立农产品快速检测制度，在大型食品批发市场、农贸市场和超市开设 116 个快检室。

青岛与潍坊异曲同工的“倒逼”办法是“登记表”和“保证金”。记者在李沧区批发市场看到，批发车辆进入市场时，先要“刷卡”确定身份，再填写含有产品种类、重量、来源地、种植户电话等诸多信息的表格。同时，青岛率先试水，对 115 家批发和农贸市场主办者收取质量保证金，以“契约自律”的形式对业户合法合规经营定规立矩。为把“保证金”和“登记表”做实，青岛参照国际最高标准进行检测。在批发市场抽检一次不合格的，一年内不得入市；两次不合格的，三年不得入市；三次不合格的，终身禁入。

省食安办主任、省食药监局局长马越男表示，源头管控是创建“国家食安城”的重点，我省的办法是一“关”二“推”三“追”。

“打铁豆腐坊”里看“三小”转身

威海的“打铁豆腐”是当地的名吃，已有 600 多年的历史。但在前些年的加工过程中，卫生差、设备差，原料不讲究，差点“毁”了这个品牌。做了几十年豆腐的加工户杨立伟，曾因污水和噪音问题被监管部门罚款 8000 元，吓得不敢做了。

“豆腐是百姓餐桌主打菜，一味地罚、关不是办法。”威海市临港区市场监督管理局稽查大队队长邹敬一告诉记者，他们探索了一种小作坊集中作业、集中监管的新模式，将分散的豆腐小作坊集中到园区经营和管理，起名叫“打铁豆腐工坊”。现在园区里已有生产经营业户 19 家，日产豆腐及豆制品 1.5 万公斤，每一豆腐上都有二维码，扫一扫就能看到豆腐的原料来源、生产过程、生产户，追溯起来很方便。这办法很快在威海推广，目前，威海 70% 的豆腐都产自四大豆腐园区，加工户开心，群众放心，一举两得。

烟台对小作坊的管理是“链条式”，通过协会、合作社等方式，规范建设了芝麻糖、海参、豆腐、粉丝等六个专业村，协会、合作社在政府部门指导下，对小作坊生产加工场所进行全面改造升级，政府给予适当的财政补贴。同时，出台一系列管理制度，实现原料采购、生产工艺、人员培训、出厂检验、产品包装“五统一”管理。

“三小”治理是创建“国家食安城”的难点。2015 年，全省纳入管理的食品小作坊、小餐饮和食品摊点有近 18 万家，从业人员 33 万多人。为让“三小”转身，我省制订“三小”登记备案管理办法、统一登记备案证明式样，制订“三小”日常检查手册，以保证登记备案和日常检查工作的规范化、模块化，今年 6 月《山东省食品小作坊小餐饮和食品摊点管理条例》实施，从政府和部门监督管理职责、管理模式和监管措施、从业者责任和行为规范等方面，对我省“三小”管理进行了规范，百姓的饮食安全得到进一步保障。

“食安面孔”到“山东舌尖”的安全感

“好米干饭把子肉”是济南人的最爱，什么样的把子肉才叫好？记者在济南一家超意兴连锁快餐店里看到，一块巴掌大的把子肉，饱蘸着浓郁的汤汁，铺在颗颗莹润、洁白如雪的米饭上，十分诱人。该门店经理说，我们店多数的饭菜来自于总部中央厨房的集中配送，把子肉、炸鸡蛋、四喜丸子等特色菜，都有专业化生产线和严格标准。

“不光超意兴，还有山东凯瑞餐饮集团、山东金德利集团等，我们支持帮助餐饮单位建设中央厨房和配送体系，严格按照中央厨房“五统一”，统一原料、统一配方、统一加工、统一配送、统一品质，这样以来，消费者吃得放心，企业效益好了，监管效果也有保证。”济南市食药监局局长李学忠说。

济南对餐饮单位还有“监管绝活”。几年前，济南就推出了“寻找笑脸就餐”，评定为优秀等级的公示牌中伴有一个大大的绿色卡通“大笑”脸，良好等级的是黄色卡通“微笑”脸，而一般等级的是红色卡通“平脸”，还把这些“脸”挂到了店门口。当时，在省城引起不小反响，特别是“平脸餐馆”觉得“没脸”，纷纷进行整改，消费者的餐饮环境得到明显改善。“寻找笑脸就餐”成为消费者就餐前的安全选择，也成为我省对餐饮单位监管的一幅“食安面孔”。

餐饮单位治理是创建“国家食安城”的节点。我省累计创建“清洁厨房”8.3 万家，实施“明厨亮灶”工程 3.8 万家。

“从源头到餐桌各式各样的监管过程，是创建国家食品安全示范城市的必须条件。”省食安办主任、省食药监局局长马越男说，创建中全省各级已投入创建资金 95.7 亿元，创城中 5 个创建市也都把食品安全工作列入全市经济和社会发展综合考核。创城不是为的一块牌子、一张名片，而是让“山东舌尖”多了一份安全感。

（2017-10-11）

韭菜产品将“来有影、去有踪”

如何杜绝问题韭菜产品走出田间地头？记者从省政府新闻办今天召开的发布会上获悉，山东今日起将全面推行韭菜产品合格证和市场销售凭证“双证制”管理，确保韭菜产品上市交易过程中，进入山东食用农产品市场以及生产加工、餐饮服务环节的，严格查验韭菜产品合格证和市场销售凭证，实现韭菜产品全程可追溯和全过程监管。

“双证制”即由农业生产者出具产地合格证，由经营者出具销售凭证，规范生产、市场行为，实现食用农产品“来有影、去有踪”。“山东将引导生产主体开具合格证，合格证的开具坚持‘谁开具、谁负责’的原则，开具主体为韭菜产品生产者，并对其销售的韭菜产品质量安全负责。韭菜产品生产主体可根据自身实际情况，采取自检合格、委托检测合格、内部质量控制合格、自我承诺合格等四种形式之一作为开具依据。”省农业厅副厅长林国华表示。

与此同时，山东要求韭菜产品供货者、入场销售者开具市场销售凭证。批发市场开办者、韭菜产品入场销售者、食品生产加工企业、餐饮服务单位等四类经营主体，应当查验并留存韭菜产品合格证和市场销售凭证。对未提供韭菜产品合格证或销售凭证的供货者，由上述四类主体督促上游供货者开具韭菜产品合格证或市场销售凭证，否则不得进入市场销售。

山东作为农产品生产大省，生产主体数量众多而且性质多样，如何保障韭菜生产主体正确开具合格证？省农业厅农产品质量安全监管处处长张刚解释，我省绘制的全国首张“放心韭菜”地图，已经在自愿基础上将半亩以上的韭菜生产主体纳入数据库，为查询韭菜产品合格证开具主体信息打下牢固的基础。同时，山东已根据“放心韭菜”地图开发了韭菜地图查询微信客户端，方便市场经营主体和消费者进行查询。

有了“合格证”，还要保障具备合格证的韭菜顺畅入市。省食品药品监督管理局食监二处处长王蕊表示，食用农产品批发市场、直接从种植基地购入韭菜的大中型商超、生产加工企业和餐饮单位，这四类经营主体是把好市场准入关的重要环节，也是食品药品监管部门督促实施韭菜“双证制”的重点。山东要求上述主体加大韭菜“双证制”执行情况自查力度，保证韭菜上知来源、下知去向。同时，有关部门将对不合格的韭菜就地监督销毁，追查来源直至种植者，实现追根溯源。

此外，不仅山东本地产的韭菜入市需持“双证”，外省生产经营主体进入山东省的韭菜也需要有“双证”才能入市。“对外省生产经营主体进入我省的韭菜，参照农业部食用农产品合格证及我省韭菜‘双证制’要求进行管理，否则不得入市销售。即我省食用农产品批发市场、直接从种植基地购入韭菜的大中型商超、生产加工企业和餐饮单位应当对购进、使用的韭菜查验‘双证’，没有合格证或者与合格证同等效力证明材料的外省韭菜，不得进入我省市场销售。”王蕊说。

（2017-11-2）

我省 10 月份食品抽检 1069 批次不合格

日前，省食药监局公布今年 10 月份食品安全监督抽检情况，全省共抽检各类食品（含保健食品和食品添加剂）样品 39092 批次，其中检验项目合格的样品 38023 批次，不合格样品 1069 批次。针对以上监督抽检中发现的问题，各级食品药品监督管理部门已经采取措施依法查处，督促生产经营者立即封存、下架和召回不合格产品，及时查找问题原因、化解风险，并在日常监管工作中，加大跟踪抽检力度，防控食品安全风险。

抽检发现的主要问题是超范围、超限量使用食品添加剂，不合格样品批次数占不合格样品总数的 29.60%；农药残留超标，占不合格样品总数的 24.33%；质量指标不合格，占不合格样品总数的 11.01%。其余问题还包括检出非食用物质、检出其他微生物、兽药残留超标、检出重金属等元素污染物、检出禁用兽药等。

（2017-11-6）

山东首次开展对17市政府食品安全工作专项督查

今天起，省食安委首次开展对17市政府食品安全工作的专项督查，省食安委派8个督查组分赴各市，实地督查工作将在12月15日完成，督查情况报告省食安委，并视情况报送省考核办或省委组织部，有关情况将纳入对各市2017年度食品安全评议考核工作。

此次督查的目的是，进一步强化地方政府属地管理责任，推动中央、国务院和省委、省政府关于食品安全工作的重大决策部署和各项重点工作落地实施；督促各级全面实施食品安全战略，推动“食安山东”建设和示范创建，落实餐饮质量提升工程实施意见，提升各级食品安全保障水平和能力，努力建设食品安全放心省。

督查内容包括：各市落实党中央、国务院和省委省政府决策部署、食品安全党政同责要求的情况；发挥食安委统一领导作用，加强食安办建设，协调解决重点难点问题的情况；严防严管严控风险，保障从农田到餐桌食品安全的情况；基层监管能力建设情况；实施食品安全战略，推动“食安山东”建设，落实餐饮质量提升工程实施意见的情况；2016年度考核发现的问题整改情况等。

另据了解，在实地检查阶段，各市抽2个县（市、区）和不少于4个涵盖食品生产、流通、餐饮和食用农产品种植养殖、畜禽屠宰等各个业态的企业。部分被抽查的县和一部分企业是由省食安办事先确定、密封并严格保密，待督查组抵达被督查市后现场启封宣布。督查期间，各督查组公开监督电话，接收群众来电、来函，收集群众反映的当地食品安全和监管工作存在的问题。各督查组给各市政府的反馈主要内容，将在当地主要媒体上公布。

（2017-12-5）

我省医疗器械专项整治行动　警告责令整改企业2770家

记者从12月5日省政府新闻办召开的新闻发布会上获悉，我省在医疗器械专项整治2017行动中，警告、责令整改生产企业2770家，责令停产停业13家，罚没款808万元。严厉打击了违法违规行为，规范了医疗器械市场秩序。

今年以来，省食品药品监督管理局对社会反映仍然较为集中的注射用透明质酸钠、定制式义齿、隐形眼镜、避孕套4类产品，在全省范围内开展了整治行动，共检查医疗器械生产企业152家，经营企业13550家，使用单位8675家。其中警告、责令整改2770家，责令停产停业13家，罚没款808万元。抽验相关产品151批次，完成检验146批次，其中不合格6批次，不合格率4.1%。

（2017-12-10）

山东食品药品职业教育集团成立

近日，山东食品药品职业教育集团在威海成立。山东食品药品职业教育集团在省食品药品监督管理局、省教育厅、省经济和信息化委员会等有关部门指导下，由山东药品食品职业学院牵头，相关政府部门、职业院校、科研院所、行业协会、企事业单位多方参与，现有加盟院校10所，科研院所、企事业单位和行业协会46家。今后，集团将开展联合办学，联合成立食品、药品科研与技术服务中心，合作进行科学研究和技术开发等方面进行探索。

（2017-12-20）

我省首次启动“食安护佳节”行动

从12月29日至2018年3月5日，我省将在城乡食品生产经营集中区（含小作坊生产聚集区）、旅游景区、城乡接合部、农村地区、庙会灯会、高速公路服务区等“敏感区域”首次开展“食安护佳节”行动，呵护百姓的舌尖安全，营造平安祥和的节日气氛。

此次行动的重点单位是，食品生产企业、集中交易市场、大中型商超、农村食品店、旅游景区餐饮单位、餐饮聚集区（城市综合体）、年夜饭供餐单位、中央厨房、集体用餐配送单位、学校食堂、连锁餐饮企业等；行动的重点品种是，酒类、肉及肉制品、乳制品、食用植物油、蔬菜、水产品、米面制品、元宵、饮料等节日消费量较大的食品。行动期间，在开展日常监督检查基础上，食药监系统将对重点区域、重点单位、重点品种加密监督检查频次、增加监督抽检批次。监督检查采取“双随机”方式进行，省、市、县监督检查和监督抽检结果及时向社会公布。

食品快检是食品安全的“杀手锏”。节日期间，全省各市县食药监部门将在批发市场、年货市场、大中型商超等消费集中区域开展“你送我检”快检活动。节日期间外出就餐者增多，全省食药监部门将针对重点餐饮单位开展现场检查，重点检查许可资质、索证索票、环境卫生、原料贮存以及加工操作关键环节、餐饮具清洗消毒、从业人员健康状况以及食品添加剂管理使用等相关情况，并实施现场抽样。

另据了解，全省将重点打击畜禽水产品违规使用抗生素、禁用化合物及兽药残留超标等违法违规行为，加大对食品制假售假、“两超一非”等违法违规行为的打击力度，对问题企业依法依规从严从重处罚，对不合格产品依法采取停止生产经营、下架、召回等措施。

（2017-12-31）

山东卫视摘

山东：创新监管方式　让老百姓吃的放心安心

“最严谨的标准、最严格的监管、最严厉的处罚、最严肃的问责”，山东创新监管方式，增强食品安全监管统一性和专业性，守护好城乡居民餐桌的安全。

最近，青岛李沧区华中蔬菜批发市场食药监管理所给一名批发商下达了退市通知。因为抽检发现，他销售的蔬菜农残率超标 50% 以上。

李沧区食药局华中食药所主任科员　杨君文

我们就正式通知你，从市场退出去，不限于咱这个华中市场，它是青岛每一家市场不准许入市。

2014 年起，青岛在全国率先实行退市机制。明确规定，在批发市场、农贸市场抽检一次不合格的，供货商一年不准进入青岛销售，两次不合格，三年禁止销售，三次不合格，终生禁止进入青岛市场。对商场超市的要求更为严格。

青岛市食药局流通监管处副处长　毕洪玲

其他业户都会引以为戒，从进货的渠道、包括产品证票的规范会自觉的加强自身的要求。

完善监管，离不开基层监管执法条件和保障水平的提升。山东鼓励各市、县开展个性化、创新性食品安全监管体系建设，聊城冠县就专门为学校食堂的管理建起了“智慧监管”平台。

冠县清华园学校学生家长　杨云霞

我刚才通过扫二维码，看了一下清华园学校的食堂，看了一下环境、后厨还有操作间，现在我们在家里都能了解孩子的吃饭、卫生，挺放心的。

在冠县，包括“互联网 +“智慧监管”、大数据、电子一票通追溯、预包装 食品预警快检”四大监督平台，正在向更多的餐饮单位延伸。

冠县食品药品监督管理局综合协调科科长　郝小翠

这个（监控）系统是在我 们全县的 189 家单位开通并且运行，运行的情况比较良好，在餐饮单位有 169 家，全面覆盖了中小学食堂。

2016 年，山东用于支持制定食品安全风险标准、加强检验能力建设、培养食品专业人才等方面的投入超过 4.4 亿元。按照规划，到“十三五”末，山东的食品抽检合格率要达到 96% 以上，132 个涉农县（市、区）要全部创建成为省级以上农产品质量安全县。

（2017－1－15）

坚持以人民为中心　时刻绷紧食品安全这根弦

省食品安全委员会全体会议今天召开。省委常委、常务副省长、省食安委主任孙伟，副省长、省食安委副主任王书坚出席会议。

孙伟强调要认真学习贯彻习近平总书记、李克强总理关于食品安全的重要指示批示精神，始终坚持以人民为中心的发展思想，时刻绷紧食品安全这根弦。要坚持问题导向，加大源头污染治理力度，严厉打击食品违法行为，进一步创新监管方式和手段，实现全过程监管，深入开展“食安山东”品牌引领行动，促进农业和食品产业转型升级。王书坚指出，要坚决守住安全底线，严防系统性区域性风险发生，健全完善部门协作联动机制，进一步提升“食安山东”品牌。

（2017－1－20）

2016 年山东查处食品安全违法案件 3 万多件

记者日前从全省食品药品监督管理工作会议上了解到，2016 年，山东共查处食品安全违法案件 34876 件，向公安机关移交案件 689 起，取缔无证生产经营业户 2231 家。今年，山东将继续开展“守护舌尖安全”系列行动，重点整治食品、药品生产销售中掺假、冒牌、篡改保质期等欺诈行为。

（2017－1－21 ）

山东出台食品安全先进市、县（市、区）创建管理办法

山东省食品安全先进市、县（市、区）创建管理办法日前出台，办法明确，食品安全先进市、县（市、区）创建期为 2 年，通过后 3 年一复查。期间，如发生重大食品安全事故及弄虚作假造成恶劣影响的将撤销命名、摘牌。

（2017－2－16）

山东公布 8000 多家小饭桌名单

省食品药品监督管理局今天对外发布了全省小饭桌名单，供家长选择。

这次公布达到基本要求条件的小饭桌，共有 8322 家。名单将在各学校门口以及山东省食品药品监督管理局网站（http：//www.sdfda.gov.cn）公示。家长也可以从山东食品药品微信公众号上查询。

（2017－2－22）

山东：2020 年全省“三小”基本实现规范经营

省食品药品监督管理局今天发布消息，《山东省食品小作坊小餐饮和食品摊点管理条例》将于 6 月 1 日起正式施行。全省约有 18 万家“三小”纳入管理，今年，每个县（市、区）小作坊、小餐饮或食品摊点示范街（区、园、村）要不少于 2 个，到 2020 年，全省“三小”基本实现规范经营。

（2017－3－3）

山东启动首轮食品安全飞行检查

省食药监局近期启动今年的首次飞行检查，不打招呼、不下通知、不听汇报，直奔生产企业，对阿胶及制品、食用植物油、肉制品、保健食品等行业企业进行检查。今年，山东将开展不少于 100 次飞行检查，守护舌尖上的安全。

（2017-3-11）

山东：2016 年受理食品药品投诉举报 6 万多件

今天是全国“12331”食品药品投诉举报宣传活动日，主题是“12331，守护食品药品安全”。山东各级食药监部门组织了局长接听热线、集中销毁假冒伪劣食品药品等活动。2016 年，全省“12331”热线共受理投诉举报 61962 件，同比增长 23.10%。其中，食品问题超八成。共有 272 名投诉举报人获得奖励 125.48 万元，单笔最大奖金 30 万元。

（2017-3-31）

李建国在山东开展药品管理法执法检查时强调切实增强药品安全法治意识

11 日到 15 日，中共中央政治局委员、全国人大常委会副委员长李建国率检查组在山东开展药品管理法执法检查时强调，切实增强药品安全法治意识，执法必严，违法必究，为人民群众把好药品质量关和价格关。

检查组听取了山东省政府及有关部门关于贯彻实施药品管理法情况的汇报，就药品监管、仿制药一致性评价等问题进行深入了解，并深入济南、淄博两市的药品生产企业、批发企业、零售企业、医疗机构进行调研，围绕药品管理法实施中存在的问题，听取意见和建议。

李建国说，以人民群众普遍关心的问题为重点加强执法检查，是全国人大常委会开展监督工作的重要经验。在药品管理方面，老百姓反映强烈的是假药、劣药和药价虚高问题。对于解决这三个方面的问题，药品管理法中都有针对性的规定。这些年来不断整治，但问题却屡屡出现，至今仍未断绝，重要原因就是一些药品生产企业和经销单位有法不依，一些政府及其部门执法不严、违法不究。

他指出，解决药品管理领域中的问题，根本在于实现药品管理工作的法治化。要把习近平总书记提出的“最严谨的标准、最严格的监管、最严厉的处罚、最严肃的问责”落到实处，对违法违规行为零容忍、快出手、下重拳，不断提高药品安全保障水平，不断增强人民群众的用药安全感。

李建国说，我国已建立起包括药品行政监管和技术支撑的药品监管体系，但是近年来药品安全领域仍出现一些乱象，暴露出监管方面存在的问题。解决这些问题，必须坚持改革创新，坚定不移地把十八届三中全会确定的医药卫生体制改革任务落到实处，从药品生产、流通、使用全流程推进改革。

李建国说，要加快建立健全统一权威的药品监管体制，确保药品监管能力在深化改革中得到强化。继续加强基层药品监管能力建设，加强药品安全监管队伍专业化建设，保证有稳定的队伍和足够的专业能力履行监管职责。

全国人大教科文卫委员会副主任委员王学军，全国人大常委会委员、教科文卫委员会副主任委员任茂东参加，省人大常委会副主任、党组副书记柏继民陪同检查，副省长王书坚在座谈会上汇报介绍了我省贯彻实施药品管理法的有关情况。

（2017-4-16）

山东规范管理小作坊小餐饮和食品摊点

省政府新闻办今天召开新闻发布会，介绍《山东省食品小作坊小餐饮和食品摊点管理条例》实施情况。

目前，全省纳入管理的食品小作坊小餐饮和食品摊点共有 18 万家左右，从业人数约 33 万多人。今天起实施的《山东省食品小作坊小餐饮和食品摊点管理条例》条例明确了各相关部门的监管服务职责、从业者的操作规范以及登记备案、违法追责等制度。条例实施第一天，山东首张“三小”登记证在济南颁出。

（2017-6-1）

山东地产品种力争实现全省可追溯

山东近日对 2017 年全省食品安全重点工作做出安排，提出将加快制修订食品安全相关制度规范，完善食品安全企业标准管理信息公示公布平台；实施“智慧监管”，推进省级农产品质量安全监管追溯平台建设，将无公害农产品、绿色食品、有机食品和农产品地理标志产品率先纳入追溯范围；加强肉类、婴幼儿配方乳粉等重要产品追溯体系建设，力争实现地产品种全省可追溯。

（2017-6-1）

2017 年山东省食品安全宣传周启动

2017 年山东食品安全宣传周今天在山东广播电视台启动，主题是“尚德守法 共治共享食品安全”。省食安办将联合 23 个部门，举办高端论坛、百家透明工厂体验日等多种活动，普及食品安全知识。

（2017-6-29）

山东 5 城市成为首批国家食品安全示范城市

首批 15 个国家食品安全示范城市日前在北京授牌，济南、青岛、烟台、潍坊、威海 5 城市成为首批国家食品安全示范城市。山东也是国家食品安全示范城市最多的省份。国家食品安全示范城市创建自 2014 年，共开展了三批试点。

（2017-6-29）

山东省食药监局：把好饮食用药关口　保障“舌尖上的安全”

食品药品安全关系国计民生，省第十一次党代会对食安山东建设提出了新的要求。今天的《学习贯彻省第十一次党代会精神·直通厅局》专栏，让我们走进山东省食品药品监督管理局。

省第十一次党代会报告明确提出，要深化食安山东建设，把好饮食用药安全的每一道关口，切实保障人民群众“舌尖上的安全”。虽然只是短短的几句话，却让全省食药监管部门感受到前所未有的压力。

山东省食品药品监督管理局党组书记局长　马越男

我省是食品医药产业大省，食品医药工业规模均居全国首位，是全国重要供应保障基地。产业规模大、链条长、主体多，保障食品药品安全的任务非常繁重。《报告》为做好今后一个时期的食品药品监管工作指明了方向。

是压力也是动力。食药监管部门把学习贯彻党代会精神与做好食品药品监管工作紧密结合起来，以“走在前列”为目标定位，履职尽责、主动作为。

山东省食品药品监督管理局党组书记局长　马越男

严格落实习近平总书记对食品药品安全“四个最严”的要求，坚持源头严防、过程严管、风险严控，不断提升全省食品药品安全治理能力，助推食品医药产业新旧动能转换和健康持续发展，不断提高公众的获得感和满意度。

今后，全省监管部门将不断创新监管方式，提升监管效能。实行精准化监管，严防区域性、系统性风险。紧紧围绕食品药品领域新旧动能转换，推进简政放权，优化公共服务，助推食品医药产业健康发展。持续推进品牌引领行动和示范创建，积极探索食品药品安全治理新途径，在各个领域树典型、立标杆、趟路子、做示范，打造“食安山东”整体品牌。

山东省食品药品监督管理局党组书记局长　马越男

通过实施“打、建、创”并举，“放、管、服”结合，不断提升食品安全治理能力和保障水平，努力实现省委提出的把山东建设成为全国食品最安全地区之一的目标。

（2017-7-1）

“百家透明工厂”体验日活动在济南启动

由省市县食药监部门联合开展的“透明工厂”体验日活动今天在济南启动。活动期间，全省共约 160 家食品生产企业对公众开放。消费者将走进企业，了解食品安全现状，感受食品安全监管成效。

（2017-7-12）

山东省食药监局审批事项办理最多跑一次

省食药监局消息，山东今年在全国率先实现所有省级审批事项全环节、全过程网上办理，申请人从平均跑 4 次变为最多跑 1 次；各类食药许可证、文号变更和药品 GMP 认证审批，变串联为并联，平均审批时限节省半年以上。

（2017-7-25）

山东全面推进餐饮质量安全提升工程

山东食品安全委员会全体会议今天在济南举行。省委常委、常务副省长、省食安委主任李群，副省长任爱荣出席会议并讲话。会议研究审议了《山东省餐饮质量安全提升工程实施意见》。

李群强调，要坚决落实习近平总书记食品安全“四个最严”要求，以“食安山东”建设为统领，强化风险管控，加强源头治理，实施过程严管，深化示范创建，努力打造食品安全放心省；要严格落实食品安全责任，鼓励社会公众多元参与，凝聚食品安全工作合力。

任爱荣对加强协作联动、全面推进餐饮质量安全提升工程等提出了要求。

从 2015 年至今，山东累计查处食品安全违法案件 8.8 万多件，抓获犯罪嫌疑人 4800 多人。

（2017-8-25）

山东：加强源头流程管控　打造安全放心餐桌

习近平总书记指出：要用最严谨的标准、最严格的监管、最严厉的处罚、最严肃的问责，确保广大人民群众“舌尖上的安全”。牢记总书记嘱托，山东不断加强食品生产源头和流程管控，提升小作坊、小餐饮、小摊贩经营质量，让餐桌更安全更放心。

每天对入市生鲜肉菜做二次抽检，是银座济南花园购物广场肉菜上架前最后一道关口，即使供应企业已经做过了严格检验，超市抽检这一关也必须过一遍。不合格的除了要下架销毁，生产企业也会进入黑名单。

济南市食品药品监督管理局流通处处长　初剑锋

使消费者达到三个放心：第一个放心就是通过食品检测，让消费者食品安全放心；第二个就是说通过追溯体系建设，达到责任追溯放心；第三个就是通过商场超市的先行赔付，让消费者达到消费放心。

跟商场超市相比，分散在街头巷尾的小作坊、小饭馆、小摊贩，管理起来的难度就大多了。今年六月一日起，山东出台了第一个《食品小作坊小餐饮和食品摊点管理》的地方条例，济南章丘区做凉皮的牛余梅领到了全省第一张带二维码的小作坊标识。

济南市章丘区食药监局副局长　李宗玉

你看，一刷，信息名称，配料，再一个你的保质期，还有监管信息，谁监管你，都显示出来了，这样可以追溯，这就是你的电子身份证。

拿到这份“官方认证”，牛余梅可是费了不少周折。前几年，因为卫生不达标，两口子的凉皮作坊被停业整顿。

济南章丘牛大姐淀粉制品厂负责人　牛余梅

我说怎么整治啊？咱们也不懂啊。他们（药监局）就说你把面得离开地面，得用那种的板子支起来，有水的地方和干的地方要区分开，就教给我们怎么做怎么做。

济南市章丘区食药监局副局长　李宗玉

第二天早上她就找到局里去了，她说我整改好了，当时我们都很惊讶，接着就过来看，一看，确实一晚上的时间就发生了翻天覆地的变化。可能我想对于小作坊的引导上面，监管人员一定要做到接地气的去引导。把小作坊打死，那不是你监管的目的。

虽说环境卫生达了标，可牛余梅的凉皮买卖还是做不大。两口子几次到饭店和学校食堂上门推销，都吃了闭门羹。

济南章丘牛大姐淀粉制品厂负责人　牛余梅

人家说得要三证齐全，你没有证人家就不收，（凉皮）也没有国家标准，也没有企业标准，人家没法给做（检测），那这怎么办呀？

当地管理部门听说了这个事儿，给她支了个招儿。

济南市章丘区食药监局副局长　李宗玉

我们就积极地引导他去制定凉皮的标准，根据他产品的特性，和他一起去起草这个标准的草案，然后报到省一级的部门去备案，很快就批下来了。

在食药监部门的帮助下，只有初中文化的牛余梅制定出山东第一个凉皮儿小作坊标准。

济南章丘牛大姐淀粉制品厂负责人　牛余梅

就是几年的付出，就好像是有了结果了一样，就是自己的孩子已经有点长大了似的，也很开心。

有了标准的凉皮小作坊，现在变成了一天能卖2千斤的大买卖。眼下，一场大规模的排查、整顿和提升工程，正在全省12万多家“三小”食品点展开，随着卫生标准、操作流程、包装标识等等规范化管理工作的推进，越来越多像牛余梅两口子这样的小业主，开始进入小企业家的行列。

（2017−8−30）

山东：全面提升餐饮质量安全　打造食品安全放心省

省政府常务会议日前原则通过《山东省餐饮质量安全提升工程实施意见》，决定通过三年努力，大大提升全省餐饮安全质量。

《意见》明确，从农业源头、食品生产加工、流通、餐饮、餐厨废弃物等环节入手，全面提升餐桌食品安全。到2020年，将山东建设成全国食品最安全地区之一，努力打造食品安全放心省。人民群众食品安全满意度力争达到80%以上，食品抽检合格率达96%以上；农药经营许可基本达到100%；规模以上食品企业全部建立食品安全追溯体系，农村地区基本消除“三无”食品；学校食堂量化分级B级（良好）以上、大中型餐饮服务单位“清洁厨房”率达到100%；食品小作坊、小餐饮和食品摊点登记备案率和监管覆盖率均达到95%以上；所有市、县（市、区）创建成为省级以上食品安全城市和食品安全先进县（市、区）。

（2017−9−4）

国务院食安委第十四督查组对山东开展食品安全督查

9月4日至5日，国务院食品安全委员会第十四督查组组长王明珠带队，对山东开展为期两天的食品安全工作督查。副省长王随莲、王书坚分别参加相关活动。

在汇报会上，王书坚代表省政府作了汇报。在反馈会上，督查组对山东食品安全工作给予充分肯定，也指出了存在的问题。王随莲表示，山东将及时抓好整改落实，不断提升食品安全治理能力和保障水平。

（2017−9−5）

山东9部门联合整治食品、保健食品欺诈和虚假宣传

省食安办等9部门决定从即日起到年底，突出整治未经许可生产、经营、进口食品和保健食品，产品标签虚假标识声称，利用网络、电话等方式违法营销宣传、欺诈销售，未经审查发布保健食品广告和虚假违法广告等四类违法违规行为。

（2017−9−14）

山东省食药监通报5批次不合格食品

省食品药品监督管理局日前对糕点市场进行了监督抽检。抽检发现，聊城市金麦食品、莘县天福庄园食品、东营市河口三信工贸、东营春建食品、栖霞市温馨食品5家企业生产的慕斯奶酪面包、鲜蛋糕、桃酥等5批次产品不合格，不合格项目主要是菌落总数和霉菌、大肠菌群、铝的残留量等。

对不合格产品，食药监部门已采取责令企业及时采取下架、召回等措施，同时对相关企业进行立案调查，查明生产不合格产品的批次、数量和原因，制定整改措施。

（2017-9-17）

国家食药监局与山东省政府开展战略合作

国家食品药品监督管理总局与山东省人民政府今天在济南签订食品药品安全战略合作协议。省委副书记、省长龚正，国家食品药品监督管理总局局长毕井泉代表双方签字。根据协议，双方将在保障食品药品安全、推进食品药品产业健康发展等方面加强合作。仪式前，龚正会见了毕井泉一行。副省长任爱荣，省政府秘书长王华参加活动。

（2017-9-19）

山东 9 月食品抽检合格率 97%

省食药监局消息，9 月抽检各类食品样品 35947 批次，不合格样品 1103 批次，不合格率为 3.07%。其中，食用农产品、肉制品合格率均超过 97%；餐饮食品合格率仅为 92.34%。主要问题为超范围、超限量使用食品添加剂、农药残留超标、兽药残留超标等。针对抽检发现的问题，各级食药监部门已经采取措施依法查处，督促生产经营者立即封存、下架和召回不合格产品。

（2017-10-11）

为了明天更美好

习近平总书记在十九大报告指出，中国特色社会主义进入了新时代，这是我国发展新的历史方位。新时代的号角，让人激动，更催人奋进。山东的党员干部群众纷纷表示，要撸起袖子、甩开膀子、扑下身子，以奋斗姿态拥抱这个新时代，用奋斗的精神为了更美好的明天而努力。

山东省食品药品监督管理局党组书记、局长　马越男

我们将不断提升食品药品安全治理能力和保障水平，使食品药品安全与时代发展要求相匹配，为实现人民对美好生活的向往作出应有贡献。

（2017-10-21）

山东：今起全面推行韭菜产品“双证制”管理

省政府新闻办今天举行发布会，介绍山东推行食用农产品“双证制”管理有关情况。

从今天起，山东以韭菜产品为突破口，全面推行合格证和市场销售证“双证”管理。凡是纳入“放心韭菜地图”的产品凭双证可以进行市场交易。

山东省农业厅副厅长　林国华

对检出限制使用农药或 2 次检出常规农药超标的韭菜产品生产主体，立即移出“放心韭菜”地图，并依法严肃查处。

而对外省生产经营的韭菜，参照农业部相关规定及山东韭菜“双证制”要求进行管理。

（2017-11-1）

山东 10 月份食品抽检合格率达 97% 三类食品合格率低

山东食药监部门 10 月份共抽检全省各类食品样品 39092 批次，其中检验项目合格的样品 38023 批次，不合格样品 1069 批次，样品合格率为 97.27%。日常消费量较大的食品种类中，食用农产品抽检 14851 批次、粮食加工品抽检 1941 批次、肉制品抽检 2137 批次，合格率均超过 97%。而餐饮食品、蔬菜制品、豆制品合格率均低于 95%。乳制品的合格率最高，高达 99.81%。主要问题为，超范围、超限量使用食品添加剂，农药残留超标，质量指标不合格，检出非食用物质、检出其他微生物，兽药残留超标，检出重金属等元素污染物等。

（2017-11-19）

医疗器械产品抽检不合格率为 4.1%

省政府新闻办今天举行新闻发布会，介绍山东省医疗器械三年专项整治 2017 行动暨三年专项整治行动有关情况。

从今年 4 月份起，山东对社会反映较为集中的注射用透明质酸钠、定制式义齿、隐形眼镜、避孕套等 4 类产品，开展为期 6 个月的集中整治，共检查医疗器械企业和使用单位 2.2 万多家，其中，警告、责令整改 2770 家、停产停业 13 家。抽验的 151 批次相关产品中不合格 6 批次，不合格率为 4.1%。

山东省医疗器械产品质量检验中心主任　施燕平

2017 年在我省抽检计划中首次设置了预警抽检、家用品种抽检、专项抽检和应急抽检，扩大抽验范围，提升了抽检的科学性和靶向性。

从 2015 年起，山东连续三年对隐形眼镜、避孕套、体外诊断试剂等 7 大类产品和体验式经营行为开展专项整治，重点打击无证生产经营、销售使用无证产品等不法行为，共抽查 7.6 万多家企业和使用单位，1039 家企业被停产停业。

山东省食品药品监督管理局副局长　廖发银

不合格项目主要集中在“尺寸”“标志标签”和少量“使用性能”上，基本无重要的安全性指标的不符合标准的情况，我省医疗器械市场产品质量总体稳定、可靠。

（2017-12-5）

山东对 17 市政府食品安全工作开展专项督查

省食安委消息，今天起到 12 月中旬，山东首次派出 8 个督查组对 17 市政府食品安全工作进行专项督查。督查内容包括各市落实党中央、国务院和省委省政府决策部署、基层监管能力建设等六个方面，采用抽查的方式进行。督查情况将纳入对各市 2017 年度食品安全评议考核工作。

（2017–12–6）

山东 11 月食品抽检合格率 96.91%

山东省食品药品监管局日前发布 11 月份食品抽检结果，这次共抽检各类食品样品 54438 批次，查出不合格样品 1680 批次，样品合格率为 96.91%。其中，肉制品、粮食加工品、调味品、酒类合格率均超过 97%；豆制品合格率最低，仅为 93.65%。抽检发现的主要问题为，农药残留超标、违规使用食品添加剂、禁用农药、兽药指标不合格等。针对抽检发现的问题，各级食品药品监管部门已依法查处，并督促生产经营者立即封存、下架和召回不合格产品。

（2017–12–9）

山东开展“食安护佳节行动”守护餐桌安全

省食品药品监督管理局消息，从今天至 2018 年 3 月 5 日，全省将开展“食安护佳节”行动，确保消费者餐桌安全。行动将围绕酒类、肉及肉制品、元宵等节日消费量较大的食品，以城乡食品生产经营集中区、学校食堂等区域为重点进行监督、检查。结果将及时向社会公布。同时，各级食品药品监管部门还将重点打击畜禽水产品违规使用抗生素、禁用化合物及兽药残留超标等违法违规行为。对问题企业依法依规从严从重处罚，涉嫌犯罪的，依法移送公安机关。

（2017–12–30）

山东：食品安全事故 2 小时内上报　分四级响应

省政府办公厅日前印发《山东省食品安全事故应急预案》，要求食品生产经营者发现其生产经营的食品造成或者可能造成公众健康损害的情况和信息，应当在 2 小时内向所在地县级政府食药监部门报告。根据伤亡人数和社会影响，事故特别重大为Ⅰ级、重大为Ⅱ级、较大为Ⅲ级、一般为四级。对Ⅰ级、Ⅱ级食品安全事故实行信息直报。必要时，可直接向国家食品药品监管部门报告。预案明确，发生食品安全事故后，事发单位应当立即组织救治病人；稳妥保护现场，不得转移、毁灭相关证据，配合有关部门做好应急处置和调查工作。

（2017–12–31）

12 月山东食品抽检合格率 97.33%

12 月，山东共抽检各类食品样品 104155 批次，合格率 97.33%，不合格样品 2779 批次。其中，乳制品、食用农产品、肉制品等八大类食品合格率均超过 97%。餐饮食品、蔬菜制品、豆制品等合格率较低，均低于 96%。抽检发现的主要问题有，超范围、超限量使用食品添加剂、农药兽药残留超标等，其中违规使用食品添加剂、农药超标占比达 3 成左右。食药监部门已经依法查处，督促生产经营者立即封存、下架和召回不合格产品。

（2017–12–31）

调研报告

关于深化药品审评审批制度改革
助推全省医药产业创新发展的调研报告

省政府研究室与省食品药品监督管理局联合调研组

2017 年 5 月，省政府研究室与省食药监局成立联合调研组，对深化药品审评审批制度改革、助推医药产业创新发展进行了专题调研。先后到烟台、淄博等市开展实地调研，到四川、广东考察学习，并到南方医药经济研究所就医药产业发展现状和趋势进行深入交流。我省是医药产业大省，必须抢抓改革机遇，强化政策支持，使其成为新旧动能转换的重要引擎，推动医药大省向医药强省转变。对此，我们在深入分析我省医药产业现状和药审制度改革影响的基础上，提出了相关措施建议，形成了调研报告。

一、我省医药产业发展的特点及做法

近年来，我省着力实施创新驱动发展战略，激发医药企业创新活力，不断营造良好发展环境，推动医药产业转型发展。目前，医药产业已经成为我省的重要产业，对全省经济的贡献能力不断提高。主要呈现以下特点：一是总量大。据统计，2016 年，全省医药工业总产值达到 5162 亿元，占全国医药工业总产值的 16.3%，居全国第一位。二是增速快。“十二五”期间，我省医药工业年均增速超过 20%，医药工业销售总额占全省工业比重由 2011 年的 2.0% 增加到 2015 年的 2.9%，利税总额占全省工业比重由 2011 年的 2.8% 增加到 2015 年的 4.5%。三是体系全。化学药品、生物技术药、海洋生物药、现代中药、医疗器械、生物材料、医药包装、制药机械等门类齐全、各具特色的产业体系已经形成，医药产业链向精细化工、医药中间体、药用辅料、包装材料等不断延伸。

调研中发现，各地充分看到医药产业发展的潜力和前景，将其作为战略性新兴产业，制定出台一系列政策措施，走出各具特色的发展路子。主要做法是：

（一）抓园区建设，打造医药产业发展高地。依托医药骨干企业，加强规划布局，创建一批管理规范、环境友好、特色突出、产业关联度高的医药产业园区。烟台市政府制定出台《关于促进医药健康产业创新发展建设国际生命科技创新示范区的实施意见》，发挥中心城区医药健康产业集群优势，规划建设东部国际生物科技园、西部生物医药与健康产业园、南部精准医疗产业园、北部蓬莱医疗器械工业园、中部医药综合物流园、东南部医养结合示范园六大园区。淄博市坚持把医药产业作为战略性新兴产业培育发展，大力实施“倍增计划”，高起点规划布局高新区“一核”、沂源、高青、淄川、经济开发区“四园”五大医药健康产业园区。

（二）抓平台建设，构建医药科技创新体系。围绕完善以企业为主体、市场为导向、产学研相结合的创新体系建设，建立区域性检测中心，着力打造医药产业共性技术创新平台。目前，全省拥有国家级医药创新平台21个，省级创新平台204个。济南药谷投资过亿元打造国家综合性新药研发技术大平台，形成从研发到产业化的完整公共服务体系，吸引山东大学、省药科院、省医科院等研发机构入驻，目前已拥有生物医药研发、生产企业200余家。烟台国际生物科技园瞄准生物医药、海洋生物、生物农业和健康医疗等高端产业，联合中科院上海药物所、同济大学、中国药科大学等国内外知名科研院所，围绕研发创新、中试孵化和配套服务，构建专业化的公共技术和服务平台。

（三）抓龙头培育，做强医药骨干企业。各地立足自身优势，着力培植医药产业龙头，既推动本土传统企业做大做强，又开展招商引资引进外地优势企业，培育了一批医药骨干企业。目前，全省销售收入过亿元的医药工业企业82家，其中过百亿企业3家，50亿至100亿的4家，10亿至50亿的23家。省食药监局建立医药产业重大项目库，对十大创新药物、十大创新医疗器械和50个仿制药一致性评价品种实施个性化服务，着力破解企业发展难题。菏泽市围绕打造“中国北方医药城”的目标，大力培育骨干企业和成长性企业，吸引上海新先锋、陕西步长以及美国的辉氏、富莱汶、赛金等知名医药公司落户，成为带动医药产业发展的龙头。

（四）抓环境建设，优化医药产业发展服务水平。各级各部门围绕医药产业健康发展，不断完善政策措施，优化发展环境。省发改、经信等部门制定了推动医药产业健康发展的意见。省科技厅将药品、医疗器械创新纳入省“十三五”科技创新规划，并在2016年省重点研发计划指南中部署仿制药一致性评价关键技术攻关。省人社厅遴选11个地产新药纳入省医保支付范围，加强创新药推广使用。省食药监局创新监管方式，推行全流程网办行政许可事项、全方位指导创新药物研制、全环节公开审评审批信息工作模式，实施创新、快捷、常规“三通道”并联审批机制，着力提高服务效率和质量。烟台市积极争取国家部委、省有关部门的政策支持，对重点医药健康领域研发、生产、流通等项目，提高审批效率，保障项目尽快实施。菏泽市着力加强生物医药工程实验室培育，引进海外医药产业高层人才，成立“菏泽市生物医药产业知识产权联盟”，积极争取信贷支持，为医药企业做大做强提供优质服务。

二、药审制度改革产生的影响

2015年8月，国务院印发《关于改革药品医疗器械审评审批制度的意见》，提出了提高药品质量和审批标准、推进仿制药质量一致性评价、开展药品上市许可持有人制度试点等多项改革措施，着力解决长期以来药品注册积压、新药上市慢、制药行业低水平重复、创新能力不足等突出问题。2016年，国务院办公厅又印发《关于开展仿制药质量和疗效一致性评价的意见》和《关于印发药品上市许可持有人制度试点方案的通知》，进一步明确改革措施。通过这次调研，我们认为，深入推进药审制度改革，对于提升药品质量安全水平，推动产业转型升级，增强药品国际竞争力和产业集中度，具有里程碑式的重大意义。对于我省医药产业发展来说，既有机遇也有挑战，应对好了，全省医药产业就会实现新的突破；应对不好，就会错失发展良机。综合各地反映，改革带来的影响，主要有以下几个方面：

（一）从上市许可持有人制度改革看。其核心是允许药物研发机构和科研人员持有药品生产批件，摆脱药品上市许可和生产许可“捆绑式管理”束缚，根本目的就是鼓励药物创新，优化资源配置。我省作为全国十个试点省份之一，积极开展持有人试点工作，将有利于激发药物研究机构、科研人员的积极性，吸引全国各地的高端人才和新技术、新品种落户山东，弥补我省药物创新能力不足。需要注意的是，尽管我省药品生产企业众多，但药品研发创新能力不足，高层次研发人才紧缺，全省医药领域院士4人，千人计划13人，远远不及北京、上海、江苏等地。企业为主体的自主创新能力不强，很多中小企业研发能力严重不足。从资源配置来讲，这项改革允许持有人可直接委托一家或多家企业生产药品，避免企业重复建设，实现多点生产。对我省有利的方面是，通过吸引持有人到山东寻找合作伙伴委托生产，可以解决我省部分中小医药企业开工不足的问题；不利的方面是，有些持有人不再以我省药品生产企业为主体申报药品批件，造成创新资源外流，成为我省药品品种注册申报量直线下滑的重要原因之一，严重影响医药产业发展后劲。

（二）从仿制药一致性评价改革看。主要是对已上市药品质量和疗效进行再评价，提高国产仿制药质量，提升医药行业整体发展水平。专家指出，仿制药一致性评价是国产药品生产企业之间的一场“淘汰赛”，是医药行业的大洗牌。我省仿制药品种多、产值大，约占药品总产值的80%以上，需要开展一致性评价的品种有2765个，占上市品种的1/4，涉及120家药品生产企业，其中需要在2018年底前完成评价的品种有851个，涉及企业90家。烟台市反映，需要在2018年底前完成一致性评价的涉及15家企业、75个品种，已有明确规划且付诸实施的只有18个品种，涉及9家企业。有的企业反映，仿制药一致性评价品种研发包括选购参比制剂、开展药学研究、药物临床试验、标准复核等环节，周期约在24个月至30个月之间，从2016年开始三年内完成一致性评价，时间非常紧迫。同时，企业也反映，目前一般品种的一致性评价成本高达500万元，难度较大的品种甚至高达1000万元。我们认为，一致性评价时间紧、要求高，如不能按期完成，企业不能继续生产，这不仅影响企业发展，也将动摇我省医药产业领先地位。

（三）从临床试验改革看。药物临床试验是药品研制过程中的关键环节，国家药审制度改革提出鼓励药物研发创新，建立以药物临床价值为导向的审评审批体系，对药物临床试验能力提出更高要求。目前，我省临床试验机构已增加到35家，但与北京、广东、江苏等省市相比，仍有不小差距，临床研究和管理能力还不够强，不能满足我省产业发展需求。药物临床试验机构的生物等效性试验室资源不足问题更为突出，目前我省每年仅能够承接生物等效性试验项目100个左右，不足需求量的1/3，许多企业只能高价委托省外药物临床机构开展试验。

（四）从医药生产企业现状看。国家推进药审制度改革，有利于促进医药企业的转型发展，创新型企业将借助改革红利，发展得更好更快、质量更高，但是中小企业受实力和能力所限，发展空间受到很大限制，医药产业兼并重组将是大势所趋。据了解，全省药品生产企业400多家，总量大但结构不尽合理，突出表现在“三多三少”：原料药生产企业多，高端制剂生产企业少；低端仿制药生产企业多，高附加值创新药生产企业少；高耗能化学药品生产企业多，科技含量高的生物制品生产企业少。淄博市反映，医药产业结构不合理问题比较突出，近50%的药品生产企业属于低、小、散，面临被市场淘汰或被兼并重组的局面。

三、四川和广东医药产业改革发展的经验做法

在四川、广东两省调研过程中，我们了解到，两省抢抓改革机遇，强化组织领导，加大政策扶持，营造良好环境，有力推动了医药产业快速健康发展。

（一）建立医药产业发展推进机制。四川省建立医药产业创新发展省级联席会议制度，办公室设在省经信委。联席会议主要统筹研究产业发展战略和政策意见，协调解决产业创新发展重大问题，研究优先支持事项和重大奖励事项，督促部门和地方落实有关政策意见。在省食药监局内部设立医药产业发展办公室，负责统筹协调医药产业项目推进。广东省构建政府部门、行业协会、企业定期沟通协调机制，充分发挥行业协会桥梁纽带作用，及时解决企业面临的重大问题，构建全社会同管共治的格局。

（二）加大政策扶持力度。四川省制订了一揽子扶持政策。设立专项资金，对新药研发创制分阶段给予资金支持，对完成临床前研究并获得药物临床试验批件的，按研发费用的一定比例予以补助；对完成临床试验的，分别按当期临床费用的一定比例予以补助；对兼并重组省内企业并继续保留原有药品批文的，按一定比例给予补助。健全政府采购机制，鼓励引导医疗机构采购使用本地药品；制定低价药目录，将符合规定的川企重点品种纳入目录，直接挂网并在同等情况下优先采购。广东省着力营造宽容创新失败的环境，对创新投资进行风险补偿，对投资国家一、二类新药和第三类大型医疗设备研发创新失败，同时单个研发投资已投入1000万元以上的项目，经认定后对已发生的研发费用通过科技保险制度给予补偿。

（三）大力推进药品审评审批制度改革。四川省鼓励支持企业率先通过一致性评价，对省内企业在全国前3位通过一致性评价的品种，省财政一次性给予适当奖励；各市（州）人民政府根据实际情况给予激励。鼓励有条件的医疗机构开展药物临床试验，并优先保障省内企业仿制药的临床试验研究。对获得全省前10位的上市许可持有人项目，省财政一次性给予适当奖励，各市（州）人民政府根据实际情况予以激励。省财政投入1000万元，在省检验院的基础上新建临床生物实验室；成都市投资4亿元建设生物医药中心。广东省统筹省经信委、科技厅、卫计委等部门，给予企业、机构更多的政策及资金扶持，省科技厅将全省一致性评价平台建设项目纳入到2016年应用型科研支助候选项目，并将一致性评价工作纳入2017年度省科技发展专项资金项目中，每个重点项目支持300到800万元。

（四）加强人才队伍建设。四川省加快医药产业

专家委员会等产业“智库”建设，编制市场紧缺的研究型、应用型和服务型人才发展指南，大力实施海内外高层次人才引进“千人计划”、高层次人才特殊支持计划和创新型企业家培养计划。鼓励高等院校、科研机构的科研人员，以兼职兼薪方式参与产学研合作，以兼职或离岗保留身份方式创业、参与或主持企业科研活动。广东省编制出台全省医药产业紧缺人才目录，加强对高端人才和团队的引进，对引进的医药人才和团队，优先推荐入选人才计划。

四、措施建议

通过这次调研，我们认为，医药产业是具有较强成长性、关联性和带动性的朝阳产业，已成为很多地方竞相发展的战略性新兴产业。我省作为医药产业大省，还面临产业层次不高、结构不合理、创新能力不足、高端人才缺乏等诸多问题，必须进一步增强紧迫感，采取更加有力的措施，持续深化药审制度改革，加快推进医药产业新旧动能转换，形成带动全省经济发展的新动能。建议如下：

（一）围绕建设医药强省，着力完善工作推进机制。2016年省里出台的关于促进医药产业健康发展的实施意见提出，到“十三五”末，全省医药产业主营业务收入突破7000亿元，年均增速达到10%以上，产值过百亿元企业达到10家。面对改革发展新形势，实现这一目标，任务十分艰巨，需要建立强有力的推进机制。为此，我们建议借鉴四川模式，省政府结合深化药审制度改革，建立医药产业创新发展联席会议制度，办公室设在经信部门，统筹研究医药产业改革发展重大问题，明确部门职责，落实相关责任，形成推进合力。在省食药监局内部设立医药产业发展办公室，负责统筹协调医药产业项目推进和服务指导。

（二）围绕形成政策叠加效应，着力完善医药产业政策支持机制。进一步梳理发改、经信、科技、财税、金融、卫生等部门支持医药产业发展的政策措施，由医药产业创新发展联席会议办公室统筹协调，将分散的政策和资金整合成“拳头”，重点支持创新药物研发、成果转化、研发平台建设、企业兼并重组等，发挥政策和资金的最大效益。进一步研究制定鼓励药物创新促进我省生物医药产业发展的意见，在资金投入、人才引进、科研立项、成果转化等方面优先扶持医药产业项目。

（三）围绕医药产业集聚发展，着力打造富有特色的产业园区。从全国情况来看，上海、广东、江苏等省市都在抢抓机遇，着力培育产业集群和龙头骨干企业。从我省情况来看，进入全国百强医药企业前二十位的仅有齐鲁制药和山东步长两家企业。这说明我省医药产业集聚发展水平和辐射带动能力还迫切需要进一步提升。建议加强与相关部委的沟通联系，采取省部共建的方式，重点支持烟台生命科学创新示范区、济南药谷、淄博高新区医药创新中心、威海火炬医疗器械产业园等医药产业园区建设，打造一批各具特色、创新能力强的国家级医药产业高新区。推动医药企业兼并重组，鼓励有资本实力和竞争优势的企业，采取收购或兼并的方式，实现优化重组。落实有关优惠政策，引进一批世界级医药强企，鼓励本土骨干企业做大做强。启动“品质鲁药”建设，创建一批具有地域特色的传统中成药、优质仿制药、原研创新药、创新医疗器械等龙头产品。

（四）围绕增强医药产业创新能力，着力加强平台建设。近期，为进一步促进药品医疗器械产业结构调整和技术创新，国家食药监总局起草了加快创新药械上市审评审批、改革临床试验管理、实施药品医疗器械全生命周期管理、保护创新者权益等鼓励创新的4个文件，将给创新能力强的企业带来新的政策红利，实现新一轮跨越发展。我省要聚焦关键技术，强化创新药械综合服务平台建设。一是重点建设分子生物学、蛋白质组学技术和仿制药一致性评价三大药品试验平台和建设大动物临床实验室、高风险医疗器械、生物材料风险评价三大医疗器械试验平台。二是借助国家“千人计划”、高层次人才特殊支持计划和我省“泰山学者”工程，成立研发创新、技术审评、检验检测等方面的高层次专家委员会，形成我省生物医药产业发展的技术咨询平台。三是加强药物临床试验机构建设，鼓励医疗机构积极申报临床试验资格，提高药物临床试验能力，形成适应我省药物创新研发的临床试验平台。四是组建省创新药物研发与注册咨询服务中心，强化政策咨询和指导服务，帮促企业及时获得国家审评认可，加快我省创新药物研发上市进程。

（五）几点具体建议。一是建议将医药产业作为战略性新兴产业，在我省新旧动能转换重大项目中单独列出。二是建议省政府常务会议专题听取我省医药产业发展汇报，研究推进全省医药产业发展的政策措施。三是积极争取将烟台“国际生命科学创新示范区”创建为国家级健康产业创新示范区。四是借鉴外省市的做法，出台仿制药一致性评价奖补政策，对省内同品种前3家通过一致性评价的企业给予适当奖励。五是加快推进我省药品进口口岸局（所）建设，积极争取获得国家生物制品批签发资质。

日本食品安全管理基本情况及启示

山东省赴日食品安全培训团

日本是世界上食品安全监管最严厉的国家之一，也是食品安全状况让人最安心的国家之一。日本在食品监管安全方面的一些做法，比如健全的法律体系、强烈的自律意识、完善的认证制度，以及食品安全知识普及、社会组织作用发挥，带给我们很多启示，非常值得我们学习借鉴。

一、日本的食品安全法律和监管机构情况

（一）日本的主要食品安全法律。

1.《食品卫生法》。该法制定于1947年12月24日，是日本食品卫生行政的主要法律，也是日本控制食品质量安全最重要的法律，适用于除了药品和准药品以外的所有食物和饮料，目的是为了防止日本国民由于食用食物而产生健康危害，改善和提高公众健康水平。该法规定了食品和食品添加剂的标准和成分规格、容器包装、农药残留标准、食品的标识和广告、进口食品的监控指导计划、以及进口食品监督检查等，还规定了国内食品生产、加工、流通、销售商的设施监督检查及相关的处罚条例。

2.《食品安全基本法》。该法是基于2001年9月日本发现亚洲第一例疯牛病后着手制定的，于2003年10月1日实施，目的是为了适应科学技术发展、国际化进程加快和国民饮食生活环境的变化，确保食品安全，是日本确保食品安全的另一部基本法律。该法确立了保护国民健康至关重要、从农场到餐桌全过程确保食品安全的理念，明确了在食品安全监管方面，国家、地方公共团体、食品相关经营者以及消费者的责任和义务：国家及地方公共团体的责任和义务是综合制定确保食品安全性的政策；销售商的责任和义务是具有“确保食品安全性”的意识，为确保食品的安全性，对食品供给过程中各阶段采取恰当的需要的措施；消费者要掌握并理解食品安全知识，同时就食品安全充分表明个人意见。建立了食品影响人体健康的评价制度，设立了下辖于内阁的食品安全委员会。该法实施后，《食品卫生法》继续执行。

3.《食品表示法》。该法是将《食品卫生法》《农林物资规格以及品质表示相关法》（JAS法）和《健康增进法》中关于食品标签标示的有关内容进行整合，实施统一的食品标示方法，于2015年4月1日正式实施，目的在于保护消费者摄取安全健康的食物以及确保消费者对不同产品的选择权。该法对加工食品、生鲜食品和添加剂的标注标准作了统一规定，对标签印刷版面、过敏源标示、营养成分标示都作了规定。

（二）日本的食品安全监管机构。日本全国分为47个一级行政区：1都（东京都）、1道（北海道）、2府（大阪府、京都府）、43个县，均直属中央政府。各都道府县均拥有自治权，国家层面的食品安全监管机构（主要是厚生劳动省、农林水产省）与地方各监管机构之间是业务指导关系。地方政府主要负责三方面工作：制定本辖区的食品卫生检验和指导计划；对本辖区内与食品相关的商业设施进行安全卫生检查，并对其提供有关的指导性建议；颁发或撤销与食品相关的经营许可证。地方政府也进行食品检验，主要由当地的保健所负责抽样，肉品检查所等食品检验机构实施检验。

1. 厚生劳动省。厚生劳动省是负责医疗卫生和社会保障的部门，主要负责日本的国民健康、医疗保险、医疗服务提供、药品和食品安全、社会保险和社会保障、劳动就业、弱势群体社会救助等职责。在地方上设7个厚生局，为厚生劳动省的派出机构。

厚生劳动省下属的医药食品安全局和食品安全部是日本食品安全监管的主要管理机构，主要职能是：执行《食品卫生法》保护国民健康；根据食品安全委员会的评估鉴定结果，制定食品添加物以及药物残留等标准；执行对食品加工设施的卫生管理；监视并指导包括进口食品的食品流通过程的安全管理；听取国民对食品安全管理各项政策措施及其实施的意见，并促进信息的交流。通过制定统一的食品安全标准，对本国食品企业实行许可经营，提高了食品市场的准入门槛。

2. 农林水产省。主要负责农产品的质量安全，所管辖范围涉及农业畜产业、林业、水产业、食物安全、食物稳定供应等。主要职责是监管国内外食物政策、食品物价稳定调整，监管农林水产物生产过程的风险管理，监管农畜产物的生产和管理，监管农协、农业构造、农业者公积金及振兴农村、渔村、都市农业等。在地方设有8个地方农政局，负责监管辖区内跨县域水产品的有机农业标准制度、可追溯制度的实施情况。

3. 食品安全委员会。根据《食品安全基本法》规定，于2003年7月在内阁府中设立，下设12个专业调查委员会。主要职责有：实施食品安全风险评估；向内阁总理大臣提出修改或制定食品安全规范等事项的意见，供内阁法律提案参考；监督或指导食品安全政策具体执行或管理机构的活动；有权要求各大臣听取委员会关于食品安全方面的意见；负责食品安全信息互通与沟通；委托调查；食品安全紧急情势下采取措施。委员会由7名委员组成，全部为食品安全专家，委员当选需经两院同意，由内阁总理大臣任命，任期3年。

作为食品安全风险的评估机构，食品安全委员会对食品安全性与危险性的评估报告提交厚生劳动省、农林水产省和消费者厅，并监督有关省厅的措施是否得力。厚生劳动省和农林水产省作为食品安全风险的管理机构，根据委员会报告发布省令和通知，采取具体监管措施。对于类似暴发疯牛病等国内重大食品安全危机，食品安全委员会则可以作出临时紧急处理对策。

二、日本食品安全监管的主要做法

（一）食品安全监管理念贴近消费者需求。让消费者“安心”是日本厚生劳动省、农林水产省和东京

都、大阪府等政府职能部门，以及社会组织、科研机构对食品安全管理的共同理念，所有工作围绕此理念有序展开。具体表现为：

1. 政府监视指导和检查的重点是围绕消费者曾经产生不安的因素来确定的。比如：东京都福祉保健局健康安全部在 2017 年监视指导计划中，针对肠管出血性大肠菌等引起的食物中毒、食品标示问题、进口食品安全问题以及食品中的放射性物质等消费者重点关心的不安因素，分别安排抽检计划 6400 件、16.6 万件、4.5 万件和 1100 件，其中放射性物质检测计划中对牛的检测做到“头头检”。自福岛地震发生以来，日本各级政府部门和检测机构、协会团体都把放射性物质作为各类食品的重点项目持续监测，研制大米专用快速检测设备，以消除消费者顾虑。

2. 食品安全委员会积极开展风险交流，努力消除消费者不安因素。虽然日本已经建立起完善的法律体系，采取了严格的监管措施，食品安全水平也已经很高，但是公众依然对食品感到不安心，比如农药残留、抗生素、食品添加剂等，这些风险因素从专家的角度来看并不是主要的风险因素。为了消除消费者不安，食品安全委员会积极开展食品安全风险信息交流，组织企业家代表、消费者代表和厚生劳动省、农林水产省、消费者厅的公务人员，不定期就评估发现的食品安全风险进行沟通交流，为各方面提供更多的科学知识和信息，一方面让消费者了解科学的食品安全与风险的分界点，消除公众不安因素，另一方面寻求监管部门、企业、消费者就食品安全风险问题达成共识。

3. 主动公开各类食品安全信息供公众查询。媒体对日本食品安全发展起到了很好的推动作用，因此，日本食品安全监管机构对食品安全信息公开工作都非常重视，特别是发生食品安全问题后，即使问题原因还没有调查清楚，也会在第一时间把发生问题的企业、已经采取的措施等情况及时公布出去，随着调查的深入，不断公布有关进展信息，直到调查工作结束。在食品安全风险信息发布方面也是如此，食品安全委员会及时将食品安全风险评估信息在其网站进行发布，告知公众。

（二）食品安全管理各方责任落实有序、到位。本次考察的无论是厚生劳动省、东京都福祉保健局、大阪府健康医疗部、环境农林水产部等政府机构，还是明治乳业关西工厂（生产企业）、永旺集团店铺（流通）、大阪市中央批发市场等食品生产经营企业，以及大阪 CO-OP 大阪市民协同组合（物流企业），日本食品添加剂协会等社会组织、检测机构，相关各方对食品安全管理的职责明确，运转有序。

1. 企业是第一责任人，主动承担食品召回等食品安全管理职责，无需监管部门强力督促。例如大阪 CO-OP 大阪市民协同组合（物流企业）能够自觉对包括上游供货商、进货查验、工人情绪管理、杀菌消毒去异味等食品经营整个过程进行全方位的管理，保证了会员家庭所购食品的安全；永旺集团店铺（流通）为了保证本店铺初加工食品安全，规定食品加工操作人员每日定时对加工现场进行清洁、消毒，并设定音乐提醒。

2. 社会组织、检验机构自觉承担消费者咨询、宣传教育、食品检查等职能。被访问的几家协会和检验机构都将对外咨询和指导作为重要工作内容，向企业提供专业知识指导，向消费者普及科学的食品知识。比如：日本食品检查财团，每年都要组织 2 次针对食品企业的免费业务培训，在日本国内巡回组织开展，向食品企业介绍最新的食品检验技术、食品风险情况等。大阪食品卫生协会与地方保健所联合，每年组织开展食品卫生指导员巡查活动，重点检查各类食品生产经营业户的营业许可证、从业人员健康管理情况、赔偿保险投保情况以及 HACCP 推广情况，与行政机关检查不同，卫生指导员发现问题后对企业提出指导建议，没有强制性，是行政机关检查工作的有益补充。

3. 政府部门之间职责清晰。在食品安全风险评估和管理方面，食品安全委员会作为独立的组织主要负责食品安全风险评估和风险信息交流；厚生劳动省和农林水产省作为风险管理机构，根据风险评估报告采取相关措施。在进口食品管理方面，厚生劳动省负责制定年度进口食品监控指导计划，并根据计划接受进口企业的进口申报审批、组织对进口食品进行抽检检验，各都道府县及地方保健所主要负责国内食品监管和检测，也对市场流通的进口食品进行检测。

（三）健全发达的各类社会组织作用发挥明显。除了政府部门履行食品安全监管职责外，参与食品安全管理的社会组织十分健全，既有公益财团法人、一般社团法人的协会组织，如食品卫生协会、食品经营协会、安全安心协会、大阪食品卫生协会、食品添加剂协会、农协等，又有各类检验中心，如日本食品检查财团、LSI 株式会社、大阪健康安全基础研究所等，还有东京大学食品安全研究中心、大阪府立环境农林水产品综合研究所等研究机构，各类社会组织与政府机构合作密切，在食品安全方面发挥着各自不同的作用。

1. 各类社会组织是普及食品安全知识的宣传员。社会组织充分发挥自身优势，积极宣传食品安全和健康卫生知识，吸引社会公众参与各类体验活动。比如：大阪食品卫生协会每年 7 月和 11 月分别组织开展预防食物中毒宣传活动，通过发放宣传资料、组织现场体验等方式普及食品安全知识。每年组织一次食品安全安心海报和标语征集活动，对获奖者公开奖励，激发公众参与热情。大阪健康安全基础研究所专门针对中小学生设立“食育”展览室，联合学校开展小学生食品安全知识普及活动。东京大学食品安全研究中心针对消费者关心的问题，设立专门讲堂为消费者答疑释惑，利用网上专栏吸引消费者参与有奖答题并颁发获奖证书。

2. 各类社会组织是维护公众利益的保护员。日本的协会团体多数是自发组织成立的，因此，协会团体在维护会员利益方面不遗余力，发挥着积极作用。比如：日本的农民协会（类似国内的农民专业合作社）是日本的农民合作经济组织，也是连接政府与农民、农民与市场的桥梁。一方面，在种子、农药、化肥的购买和粮食销售上，农协出面与各类销售商进行谈判，确定合理购买和销售价格，保护农民利益，在发生利益纠纷时，也是由农协出面，利用法律手段维护农民利益。另一方面，农协为农民提供种植、农药使用等方面的技术指导。

3. 各类社会组织是政府食品检测工作的协作员。日本第三方检测机构数量众多，虽然各检测机构在规模、检验能力方面存在差异，但是对检验工作的认真程度、对机构信誉的重视程度都是高度一致，因此第三方检测机构的诚信度和权威性都非常高，获得了政府部门和企业的认可。比如：日本食品检查财团是日本国内冷冻产品检测方面最大的机构，拥有60多年的检验经验和业绩，在全日本有6处检查所，既接受企业委托的检测工作，也接受政府委托的进口食品检测工作，财团根据委托出具的检验结论，企业和政府部门都给予认可，没有发生异议或者复检的情况。

（四）日本的食品安全法律体系、监管体制健全稳定。健全的法律体系、稳定的监管体制是日本食品安全的基础和保证。

1. 日本食品安全法律法规体系由基本法律和专业、专门法律法规组成，《食品卫生法》和《食品安全基本法》是两大基本法律，其他与食品安全有关的专业、专门法律法规主要有《食品表示法》《农林物资规格以及品质表示相关法》（JAS法）、《农药取缔法》《健康增进法》《饲料添加剂安全管理法》《转基因食品标识法》等20多部，分别由食品安全委员会、厚生劳动省、农林水产省、消费者厅具体实施。此外，日本还制定了大量的相关配套规章以及众多的产品标准。

2. 日本的食品法律体系保持相对稳定。日本的食品法律法规是伴随着不断出现的食品安全事件和经济社会的发展逐步健全完善的。《食品卫生法》自1947年颁布实施以来，先后经过多次修订，仅1995年以来就修改了10多次，最近一次修改是在2003年5月。根据新的食品卫生法修正案，2003年10月1日实施了《食品安全基本法》，2006年5月实施了《食品残留农业化学品肯定列表制度》，2015年4月1日实施了《食品表示法》。《食品卫生法》虽然经过多次修订，但是作为食品安全基本法律，框架体系没有发生大的调整，也没有推倒重来。

3. 食品残留农业化学品肯定列表制度，即禁止含有未设定最大残留限量标准的农业化学品且其含量超过统一标准的食品的流通。该制度的主要目的就是为了对进口食品农药兽药残留进行更严格的审查，确保进口食品安全。在制度制定时期，日本已制定残留标准的农兽药只有350种，而世界上实际使用的农兽药数有700多种，按照日本原来的规定，对于日本国内没有制定残留限量标准的农兽药，即使发现市场上某种食品中的残留量较高，也不能进行处罚和禁止销售。为此，肯定列表对日本国内没有制定残留限量标准的农兽药设定了统一标准数值0.01PPM，这就意味着只要进口食品中含有的日本没有制定残留限量标准的农兽药超过0.01PPM，就不得进口日本。

4. 食品安全管理事权按照中央、地方政府等划分，公务员分为中央公务员和地方公务员。中央侧重制定法律，并具体承担进口食品监管，地方负责地方性条例制定并承担辖区内生产流通食品的监管（如大阪中央批发市场，由大阪府主办，公务人员驻场管理），并直接设有保健所。自治区域由当地根据需要设立保健所。监管手段主要靠现场监视指导和食品检查，但监视指导无全覆盖要求，食品检查计划数量也远不及我国，但实行抽样员资格管理。

（五）对HACCP体系采取本地化推进模式。HACCP体系是国际公认的能够确保食品安全的有效控制管理体系。目前，日本只对生鲜牛奶、乳制品、加工肉制品、加工水产品、速食食品、软饮料等6种食品制造产业要求实施HACCP认证，由厚生劳动省审批，其他行业自愿申请。为备战2020年奥运会，日本政府对推进HACCP认证纳入了议事议程，并将于明年通过相关法律。目前，地方政府和协会团体、检测机构都积极行动起来，并根据各地实际采取了自主认证制度，共同推进HACCP认证体系。

1. 东京都政府采取了基于HACCP认证的食品卫生自主管理认证制度，分初级认证、一级认证、二级认证、都认证四个认证级别，有效期分别是1年、3年、5年、5年。在认证制度实施过程中，东京都政府只负责制定不同层级的认证标准和条件、选择第三方认证机构并监督工作开展以及对认证情况进行公开。目前，有20家第三方机构承担认证制度的实施，并向东京都政府报告年度认证情况。食品经营企业根据实际情况和标准条件，向第三方认证机构提出申请，第三方机构对申请认证企业进行现场检查，对符合认证条件的给予认证并制发认证标志。通过采取自主管理认证制度，食品质量得到了提升，公众对企业的认可程度和信赖度得到了提高，企业品牌度越来越高。

2. 大阪府实施了食品安全安心认证制度。认证对象主要是食品加工企业和餐饮店，只对与食品加工经营的设施进行认证，不针对具体食品品种。认证工作也是委托第三方大阪食品卫生协会来组织实施，认证有效期为2年。认证流程：业户向卫生协会提出书面认证申请，卫生协会组织对书面材料和现场进行审查，召开审查会议，研究作出认证决定，并将认证情况进行公开。

3. 大阪府环保农产品认证制度。为减少农药化肥的使用，确保食用农产品质量安全和环境安全，大阪府对77个品种的农产品实行了认证制度。生产者每年可申请2次认证，认证条件主要是三条：农药使用不超过规定次数，化肥使用不能超过限量，不能生产转基因食品。认证流程：在农作物种植前，生产者向农协提出书面申请，申请资料提交大阪府审查，并听取大阪府推进委员会意见，作出是否认证决定，通知生产者。对通过认证的生产者，在种植期间，市町村农协、大阪府会还会根据申请情况进行现场检查确认，并现场抽样进行农药残留检测，检测结果在网站公布。获得认证的生产者在出售食用农产品时，可以贴上大阪府认证标示，销售给中间商或者消费者，并做好销售记录。

三、做好食品安全工作的启示

（一）落实企业主体责任。一是监督企业落实食品安全法律法规及各项规范。我国的食品安全法律体系虽然起步较晚，但是发展速度较快，各项地方法规和生产经营规范也比较完善，食品生产经营者不依法生产经营、违规使用禁限用物质、超范围超限量使用添加剂和使用非食用物质是问题食品不断出现的主要原因。必须通过加大飞行检查力度、监督抽检力度、行政处罚力度、信息公开力度等手段，倒逼企业规范生产。二是积极推广国际先进质量管理体系。鼓励大型食品生产企业主动实施危害分析与关键控制点体系（HACCP）、卫生标准操作程序（SSOP）、食品安全管理体系（ISO22000）、食品安全体系认证（FSSC22000）等。引导大型企业加强关键技术攻关、内部管理创新、实施卓越绩效模式，主动组织开展产品内部自检，树立食品安全管理行业标杆。鼓励其他食品企业积极开展产品自检，确保食品安全。三是引导企业主动承担社会责任。引导食品生产经营企业及从业人员开展公德建设，树立打造“百年老店”的自觉意识，建立企业品牌声誉和经济效益相挂钩的价值传导机制。鼓励食品生产经营企业组织开展各类消费者体验活动，持续开展“透明工厂体验”等系列宣传互动活动，增强百姓获得感。

（二）积极推进食品安全诚信体系建设。一是鼓励企业主动建立健全诚信管理制度，加强诚信管理体系建设，严格自律约束，积极公开并严格履行食品安全承诺，主动接受社会监督，提升企业食品安全诚信水平，增强员工食品安全责任意识和诚信意识。二是营造良好的市场环境。对于讲诚信、重信誉、守公德的食品生产经营企业，要通过政策扶持、技术支持，少干预、多服务，从各个方面支持企业发展。对于存在严重失信行为的食品药品生产经营企业，要通过黑名单、行业禁入、联合惩戒等手段，加大监管和惩戒力度，直至驱逐出食品行业。三是积极推广食品安全责任保险。推动大型食品企业积极投保食品安全责任险，加强风险控制与应急管理，提高食品安全事故预防和救助水平，增强解决食品安全事件民事责任纠纷的能力，保护消费者利益，保护企业利益和信誉。

（三）坚持问题导向抓监管。一是大力推行食用农产品认证制度。通过农产品认证，一方面可以增强农民和农民专业合作社的责任意识，主动做好食品安全工作，另一方面为做好追溯体系打下良好基础。我们可以借鉴日本的环保农产品认证制度，发挥好农民专业合作社的作用，在县乡村分级组织。可以按照先重点后全面，先选择部分容易出问题的农产品开展认证，探索经验，逐步完善和推广。二是抓好流通环节进口管理。批发市场食用农产品流通量占了整个流通环节的70%，是流通环节的牛鼻子。目前，应当鼓励批发市场开办者提高进场食品检测频次和加大检测力度，对进入市场的食用农产品进行批批检测，发现问题一律不得进场或者就地销毁，倒逼食用农产品种养殖环节安全生产。三是针对群众特别关切的问题确定监管重点。开展消费者调查，搞清消费者对食品安全“不安心”的因素，及时发布检查、检验信息，增强消费者的满意度和获得感。委托机构对居民家庭一天消费的品种进行添加剂、农兽药残留综合性研究、分析，发布研究结果，消除消费者对添加剂、农兽药残留的莫名恐慌。

（四）鼓励各类社会组织发挥积极作用。一是鼓励各类科研机构开展专业研究。发挥好高校、科研院所得天独道的专业优势，积极开展食品安全方面的研究，搜集国内外食品行业发展最新动向和最新信息，为监管部门出台政策、修订规范、加强监管提供信息服务和智力支持。监管部门可以通过购买服务的形式与各类科研院所等第三方机构开展合作。二是引导各类协会发挥好服务作用。一方面，要利用协会的组织优势，不断完善行业标准和管理制度，规范会员企业的生产经营行为；另一方面，要切实维护好协会会员的利益，通过组织培训、专家讲座、上门指导等方式为会员提供政策、信息、技术服务，增强协会的凝聚力。同时，也要积极承担接受消费者咨询、开展食品安全知识科普宣传等公益工作。三是助力第三方检测机构树立权威性。我省第三方检测机构数量众多，但是在行业内得到公认的机构不多，出具的检验报告经常被企业提出异议或者复检要求，专业权威性不够。建议选择几家综合实力较强的省内第三方检测机构进行重点扶持，引导机构树立质量意识、信誉意识，逐步树立并不断增强在行业内的权威性，为监管部门培育第三方技术服务机构。

（五）*不断改进食品安全监管方式*。一是探索开展 HACCP 本土认证。联合认证机构等组织对我省食品企业 HACCP 认证现状进行调查分析，制定符合实际的分级认证制度，通过认证推进企业加强食品生产经营过程管理，有效防止食品安全隐患。二是强化风险交流和舆论引导。拓宽风险交流参与范围，鼓励媒体、企业和普通消费者参与风险信息交流，企业可以介绍内部生产质量控制情况，消费者可以阐述对食品不放心的主要因素，专家从科学的角度对有关风险情况作出客观真实的分析，取得各方对风险信息的共识，通过参与风险交流的消费者向身边人群和媒体向公众传播真实情况，获取最大成效。同时不断丰富交流形式和载体，培育第三方风险交流平台。三是进一步加大信息公开力度。在信息公开方面我们已经走在了前面，并且取得了实际效果，得到了公众、社会的认可。下一步，建议在食品安全事件处置过程信息、食品安全风险分析评估报告等方面开展探索，逐步进行公开。四是开展全方位食品安全教育。日本全民关注食品安全的意识与他们的教育密不可分。应继续加大力度，把食品安全教育纳入义务教育，从幼儿园、小学抓起，不断扩大“小手拉大手”的实际成效。鼓励协会团体、科研院所、生产经营企业等组织开展面对不同对象的食品安全体验活动，调动公众参与食品安全的积极性，逐步提高国民食品安全意识，营造食品安全人人关注的良好社会氛围。

美国医药产业政策及对我省的启示

山东省赴美药品审评审批与监管模式培训团

药品是一种特殊的商品，既有商品的属性，也与公众健康、生命安全息息相关。作为药品监管者，美国 FDA 在保护消费者和促进公众健康方面做了大量工作，不仅关注医药产品的安全性和有效性，也注重激励医药产业发展，平衡制药企业和消费者的利益关系，让企业有钱可挣，也愿意投入更多的资金研发新药，让消费者有药可用，也可以用上更好、更便宜的药品。

一、给予制造商更多的优惠政策，鼓励新药研发，让消费者有药可用

激励产业发展，必须要让企业有利可图，企业盈利才能拿出更多的经费搞研发，才能制造出更多新药、占领更大的市场、获得更大的利益，形成一个良性循环的上升氛围。美国通过上市前减免税收、补助经费、加速审批，上市后给予一定时期的专利延长保护和市场独占保护等措施，鼓励企业研发新产品，其初衷和目的就是要促进新药、特别是重要的、突破性的新药研发，帮扶医药产业发展，解决公众各种健康需求。

（一）*专利期药品补偿政策*。1984 年，美国颁布《药品价格竞争与专利期补偿法案》，授权 FDA 对经批准首次上市销售或使用的专利药品，给予一次最长 5 年的专利期延长（带有延长的总专利期不得超过 14 年），以补偿专利药用于研发和上市审批的漫长时间，期间不受理其仿制药的申请；对改变剂型、给药途径或使用条件，而具备新的了新的适应症或用途的新药，FDA 会在批准时给予 3 年的保护期。该法案颁布后，专利药的平均有效专利期由 9 年延长到 11.5 年，延长 5 年的专利药占到全部新药申请的 9%，延长 3 年以上的达到 34%，给新药制造商带来了巨额的药品专利独占销售利润，大大激发了制造商研发新药的动力。此外，在证明有显著疗效的前提下，FDA 还可能免除 3 期临床，甚至允许尚在研究中的新药治疗性使用并收费，以此来调动研究者对新药研发的积极性。

（二）*罕见病药品优惠政策*。1983 年，美国颁布《罕见病药品法案》，为研发者提供了一系列的优惠政策：一是基金资助，主要用于罕见病药品的临床研究。联邦政府每年拨付专款总额约 1410 万美元，其中 1000 万美元用于资助已批准项目继续研究，410 万美元用于资助当年新批准项目。二是减免收费。除了减免申请费，还在税收进行减免。扣除罕见病药品临床研究阶段 50% 的费用，在 15 年内有效，其余 50% 费用可减税，总税收可减免 70%；三是对首家获得“罕见病药品”资格认定的新药授予 7 年市场独占保护，期间不会再批准用于同种疾病或病变的药物上市。四是优化审评。FDA 还为罕见病药品临床前和临床研究提供咨询帮助，以缩短研究时间、减少开发成本。美国通过一系列政策鼓励制药公司对罕见病药品的研发，加速了罕见病药品的上市，从某种程度上解决了部分罕见病患者用药的可及性。该法案实施前，仅有不足 10 个罕见病药品上市，而到 2008 年 12 月时就已多达 1951 种。随着精准医疗的深化，罕见病药物的研发持续升温，更多的制药公司纷纷涌向罕见病药物市场。

（三）*儿科用药保护政策*。1997 年，美国颁布《食品和药品现代化管理法案》，授予儿科用药 6 个月的保护期，用以解决临床试验中涉及伦理问题、难操作等问题，鼓励制造商进行儿科群体的临床研究。但是 6 个月的保护期不能单独存在，而是与该产品的各项专利和其他保护期合并计算，相当于是专利和其他保护期的延长。

FDA 为了奖励罕见儿科病和疟疾等热带疾病药

物的研发，2007 年和 2012 年通过立法，授权 FDA 给申请人颁发“药品优先审评券”，用于不符合优先审评条件的药物申请优先审评，药品审查周期从通常的 10 个月缩短至 6 个月。优先审评券可由制造商自己使用，也可转手卖给其他公司。正是这缩短的 4 个月审批时间，让这张神奇的优先券在医药市场上价格也一路水涨船高，从最初的 6750 万美元涨到 1.25 亿美元、2.45 亿美元、3.5 亿美元的天价。

二、鼓励仿制药快速发展，防止药品价格居高不下，让消费者用得起药

从社会角度看，药品可及性是第一位的，既要使消费者有药可用，又要使多数人都能用得上、用得起，经济实惠。美国 FDA 在这方面也做了大量做，不仅关注医药产品的安全性和有效性，还要平衡制药企业和患者的利益关系，使企业有钱可挣，也愿意投入更多的资金研发新药，使患者有药可用，也可以用上更便宜的药品。

在《药品价格竞争与专利期补偿法案》中，美国不仅对专利药规定了补偿措施，对仿制药的发展也给予了优惠政策。一是允许仿制药企业在药品专利到期前就着手研制仿制品，一旦专利到期并获得 FDA 批准，仿制药即可销售。二是简化仿制药上市申报程序，毋需重复已被创新药申请证明了的安全性和有效性研究，即减免临床前动物毒理试验和人体临床研究项目，取而代之的是以参照品牌药品为标准的生物等效性研究，简化了仿制药的审批程序。三是添加了 180 天首仿制药企业的市场专营保护期条款。这些规定为仿制药公司对创新药专利进行挑战提供了法律依据，仿制药的研制和申报数量迅速增长，药价下降，处方和销售量增加，药品可及性大大提高。在过去的 30 年间，美国仿制药产业在规范中得以长足发展。根据 IMS 的数据统计，仿制药目前已占美国处方药市场 88% 的份额，2005—2014 年间，为医保系统节约了 1.68 万亿美元。

同时，由于专利药失去专利保护后，原来的垄断性市场将转变为多个企业基于成本的竞争性市场，控制生产成本便成为制药企业重点关注的问题，一般仿制药生产商会选择将特色原料药的生产外包给具有成本优势的原料药企业生产，外购低成本特色原料药的需求大大增长。根据 IMS 预计，未来十年发达国家市场和发展中国家市场仿制药的年均复合增长率分别达 8% 和 17%，受益于仿制药市场的增长，特色原料药市场需求也在快速增长。

三、树立“以人为本”的理念，严格准入控制和过程监管，让消费者用药安全有效

确保医药产品安全有效一直是 FDA 的主要职责。5 月 16 日，美国新任 FDA 局长戈特利布博士在首次 FDA 全体会议讲到：现在我诚惶诚恐再次有机会为公共服务，有机会与大家一起推动 FDA 保护消费者和促进公众健康这一伟大的使命。

（一）“以病人为中心、为病人服务”的安全有效原则。FDA 非常重视公众健康，总是会在重大药品安全事故后，迅速修订药品监管法律相关条款，有效避免药品安全事故的发生，“以病人为中心、为病人服务”的理念始终贯穿其中。比如：

1938 年磺胺酏剂导致 107 名患者死亡事件，催生了美国《食品、药品和化妆品法案》，要求制药厂商在药品上市前必须提供安全性证明。

1962 年欧洲“反应停”致数千名“海豹婴儿”事件，促使美国通过了《Kefauver-Harris 药品修正案》，要求制药厂商在药品上市前证明其产品的有效性，并要求 FDA 对所有登记的药品生产设施进行至少 2 年一次的现场检查，同时给予 FDA 对处方药广告宣传的监管权。

（二）以临床效果为中心的准入控制政策。FDA 认为所有创新都是为人服务的。对新药而言，FDA 并不重视使用了什么新技术、新材料，更关心是否有临床效果和未满足的公众需求，只有临床数据证明安全、有效的新药，FDA 才感兴趣，甚至可能会参与到新药研发中。

在产品审批方面，FDA 非常注重产品的安全性，对生物药品审评，甚至有自己的实验室，通过试验来验证企业的方法、数据、结论，得出是否许可的依据。同时，FDA 也非常关注产品的有效性，对临床试验要求非常高。但是，FDA 不是简单行使“看门人”的职责，促进创新和新药尽快上市也是 FDA 的重要使命之一。FDA 对新药审评开通了四种加快审批途径，分别是快速通道、突破性疗法、加速批准和优先审评。明确要求对属于优先审评的创新药，必须在 6 个月内完成审评。对于新药申请，从临床试验方案的制定、临床试验进程中问题的探讨到新药上市申请，FDA 的审评部门与企业始终保持密切联系，沟通在审评过程中所发现的缺陷项、需要澄清的信息与问题等，便于申请人准确理解重大缺陷的要求，提高缺陷信回复的质量，这样有效提高了审评效率、缩短批准时间。

（三）基于信任和企业主体责任的监管模式。美国制定的药品、医疗器械相关法规，都是基于对企业信任的基础上的。FDA 监管非常务实，注重科学，该由企业承担的责任都交给企业。FDA 批准产品注册后，即可生产、上市销售，不需要办理生产许可，日常检查也多是事先通知的例行检查，对诚信企业检查的频次也会更低一些。对临床试验机构 FDA 也是持信任的态度，并未设置资质、条件门槛，也基本不检查，全部放由企业、医院、医生负责。FDA 相信企业是讲诚信的，但对违规企业追责都很严厉，如警告信上网公示，严重违规企业终身禁入，高额罚款等，让企

业敬畏 FDA，不敢轻易违规违法。

企业讲诚信，自觉遵法守法，FDA 并不过多干涉企业的生产、经营行为，从而使监管部门与被监管对象之间形成一种互动关系，一种相互信任的关系。既减少了监管部门的工作量，降低了监管成本，又促进企业与监管部门之间的良性沟通，使各种监管政策、措施得到有效落实。

四、其他激励政策

医药产业是一个建立在学术研究上的产业，美国高度重视新药研发，除联邦政府政策、基金支持外，各州政府也高度重视生物医药研发，甚至出资资助相关机构帮助小企业开展研发项目。如：马萨诸塞州生物医药孵化机构（MBI），是隶属于 WPI 大学生命科学与生物工程中心的一个单位，为一些小的医药研发公司提供研发设备、场所、水电、咨询服务，包括与 FDA 沟通交流及法律援助等，州政府承担 40% 的运行经费，其余的按公司规模象征性的每月收取 800-5000 美元的费用，附加条件是与公司签订合同，产品上市后占一定比例股份。当这些公司完成研发或者达到一定规模可独立运行后，就会离开孵化机构。在美国，大约有 10 家左右由政府出资资助的生物医药孵化机构。

另外，美国激励和扶持医药产业发展的政策在实施过程中，极大促进了生物医药技术和小型研发企业的发展，有许多小公司和医药院校专门从事生物医药研发，其产品多数卖给大的制药企业继续研发或者生产，也有部分产品委托其他有能力的企业生产。如：

齐鲁制药波士顿公司，于去年 3 月成立，目前仅有 16 人，年底前计划达到 25 人，新建的实验室也已经开始使用。其实验室也准备向其他小公司开放，提供实验设备和场所，帮助其他企业实现研发项目。

哈佛医学院系统药理学实验室，主要研究炎症和癌症的免疫治疗，既有新药创新，也有对已上市药物的改良和二次开发，同时还参与 FDA 药品相关政策制定的研讨，与研发机构、企业、医院、FDA 和学校都有着很好的沟通交流，其研究人员大部分是哈佛医学院的教授和研究生，还有医院的医生，另外也有波士顿相关领域的研究人员。

五、对我省医药监管政策的启示

美国是世界上医药产业最发达国家之一，我国医药产业目前遇到的主要问题，在美国医药产业发展史上都有迹可循。分析、借鉴美国经验，完善我省医药产业政策、监管措施，培育壮大我省医药产业经济发展新动能，有助于加快新旧动能接续转换。

（一）鼓励新药研发，营造万众创新的环境。

一是充分发挥药品上市许可持有人制度试点工作优势，鼓励研发机构和科研人员独立申请注册新药；支持省内优势制药企业积极承接上市许可人委托项目，改善产品结构，提升核心竞争力。

二是鼓励小型医药研发企业发展，充分发挥小企业研发风险小、转型快的特点，弥补我省医药产业创新能力不足的问题；支持优势制药企业通过购买、收购、委托生产等方式与小企业合作，扩大企业发展空间。

三是鼓励检验机构、科研院校、大型企业以收取租金、管理费的形式，向小型研发企业、研发人员开放符合规范要求的实验室，提供实验设备，支持小型企业和科研人员研发，降低研发成本。

四是结合山东药品、医疗器械产业特点，着力提升各级检验机构检验能力和大动物临床试验分析能力；鼓励在医药产业聚集区设立政府财政支持的服务型检验检测机构或者分支机构，服务当地医药产业发展，吸引优势制药企业入驻。

（二）提高审评审批效率，加快科研创新的产业化速度。

一是开辟快速通道，对以临床价值为导向的创新药物，特别是防治艾滋病、恶性肿瘤、重大传染病、罕见病的药物和儿童用药、先进制剂技术药物，以及创新医疗器械产品等，提前介入指导，加快审查办理、审评审批，促进创新成果尽早实现产业化。

二是实施分类审评审批，采取多通道审评审批途径，对技术要求不同的首次注册、许可事项与变更、延续事项区别对待、分类审批，以切实提高审评审批效率。

三是用好注册收费政策，将药品、医疗器械注册收费全额拨付收取单位，专款用于增加专职检查员和审评员数量、更新专业仪器设备及相关保障器具等，切实保障高质量、快速完成审评审批任务。

（三）有效利用仿制药一致性评价政策，促进医药产业更新换代。

一是组织开展仿制药一致性评价实验方法研究，做好评价资料审查、质量标准复核以及药学研究、临床研究的现场核查等工作，指导企业做好市场潜力大、临床急需品种的一致性评价工作。

二是协调解决参比制剂的审核确认、一次性进口等问题，加强药品进口口岸局（所）通关备案、检验检测能力建设，对用于一致性评价的参比制剂、原辅材料的进口，实施加快程序、优先办理。

三是加大省食品药品检验研究院仿制药质量一致性评价公共服务平台建设和共性关键技术研究的支持力度，为一致性评价工作做好基础服务。

四是引导仿制药生产企业更新工艺、升级产品，同时又要避免借一致性评价提高药价，增加消费者负担。

（四）改革医药产业监管模式，支持新技术、新产业、新业态发展。

一是改革网格化、细则式的单一监管模式，探索建立以信用管理为基础、随机抽查为日常监管手段、抽查检验和不良事件监测为常规风险监测措施、风险预警信号为安全阀、法律法规规定为红线的触发式监管新模式，为诚信、守法经营者营造宽松发展、公平竞争、安全有序的市场环境，对触动安全阀者实施重点监管，对突破红线者列入黑名单。

二是探索建立以包容创新为基础、量身定做为手段、鼓励发展为目的的新技术、新产业、新业态监管模式，审慎对待企业发展中出现的问题，管住任性监管伸出去的手，尽量少打扰企业，多指导、鼓励企业发展。

三是支持医药领域第三方认证机构发展，鼓励制药企业通过第三方认证提高质量管理水平，完善质量管理体系，探索建立与第三方认证机构合作的制度、机制。

美国 FDA 药械风险管理基本情况及启示

山东省赴美药品审评审批与监管模式培训团

美国 FDA 非常重视药品和医疗器械全生命周期风险管理，倡导树立药物警戒的理念，制定了较为完善的法律法规，建立了完善的风险监测体系，严格控制药品和医疗器械风险，其做法值得我们学习借鉴。

一、美国 FDA 药械风险管理基本情况

（一）关于风险管理方面的法律法规。美国《联邦食品、药品和化妆品法》是关于食品、药品和化妆品监管的基本法，共分 9 章，其中第 5 章对药品不良反应报告的要求做出了明确规定。《联邦法典》是美国联邦的各种法律、法规汇编，其中第 21 卷“食品与药品部”的部分章节对药品不良反应有详细的要求。另外 FDA 还发布了多项工作指南，用于指导药物警戒工作开展。

（二）承担药物警戒和医疗器械风险监测工作的组织机构。FDA 建立了较为完善的药物警戒和医疗器械风险管理体系。FDA 下设药品评价和研究中心（CDER）、生物制品评价和研究中心（CBER）、医疗器械和辐射健康中心（CDRH）分别负责药品、生物制品和医疗器械的评价和风险管理，各自设有专门的监测部门，全面监测和评价相关产品的安全性。CDER 内设有各职能办公室和药品流行病学与统计办公室、新药办公室和药品科学办公室，其中药品流行病学与统计办公室下属的药品安全办公室承担了绝大部分药品上市后不良反应的监测工作。新药办公室在药品安全办公室对药品的不良反应做出判断后，执行向制药公司下达修改标签通知等措施；职能办公室中的协调办公室负责对未能按照规定上报不良反应的制药公司采取强制手段；药品安全监督委员会独立于前述的药品不良反应应对体系各部门，直接向 CDER 负责，主要处理与药品不良反应相关的争端和制定药品安全监督的政策规定。FDA 下设国家毒理学研究中心，承担 FDA 安排的上市前和上市后的药品、生物制品和医疗器械产品的安全性评价研究工作。

（三）不良反应（事件）报告主体和报告范围。FDA 要求证书持有人或生产企业、医护人员、公众对发现的不良反应（事件）进行报告。医护人员和公众属于自愿报告，但对药品证书持有人或生产企业，强制要求其向 FDA 报告其产品发生的不良反应情况。不良反应（事件）报告范围包括实际发生的、文献报导的、学术会议报告的、跟踪研究的以及国外对已上市同类产品的不良反应报告等，都属于需要报告的范围。对于一般不良反应报告，由证书持有人或生产企业决定是否上报 FDA，严重不良反应报告和死亡病例报告都要上报 FDA。

美国药品生产企业上报 FDA 的药品不良反应报告，其主要来源也是由医疗机构报告给生产企业的报告。1. 不良反应报告的收集。美国制药企业会制定相关规定，要求工作人员承担上报 ADR 信息的义务；开展 ADR 培训，增加工作人员专业知识，提高其上报意识；建立不良反应数据库，通过多种途径获取 ADR 信息；建立医学信息中心，通过热线形式，从消费者、医护人员等处获取 ADR；工作人员检索国内外文献、跟踪有关的科研项目、学术会议等，收集 ADR。2. 不良反应信息的内部传递。强生、默克等制药企业内部都有一套完善的 ADR 报告流程，凡涉及药品的 ADR 信息，从企业销售人员到技术总监都能够在最短时间、以最快速度反馈到药品安全部门，保证了不良反应的实时上报。3. 不良反应信息的安全性评估。一些大型制药企业会成立专业的药品安全团队以及跨部门药品安全性管理团队，负责进行药品安全性评估，并提出解决方案。需要进行评估的安全信息包括：上市后自发呈报、文献中的 ADR 个案报告和定期汇总更新报告；临床研究汇总数据结果；同类药物核心安全性信息等。不良反应信息评估首先需要对收集到的数据进行筛选，筛除重复信息，对通过筛选的数据作进一步的评估。通过对信息的评估及风险识别，得到评估结果，即不良反应是否可以接受，并采取管理措施，如修改药品说明书、继续进行流行病学研究、甚至召回药品。4. 不良反应信息的反馈。制药企业可以向 FDA 申请获取 MedWatch 报告系统收集的与本企业产品有关的不良反应数据。申请信获 FDA 批准后，FDA 会向该企业发送关于该企业产品的不良反应报告。

（四）药品和医疗器械上市前和上市后的风险管

理。FDA 倡导对药品和医疗器械实施全生命周期风险管理，从上市前研究到上市后临床使用均开展科学规范的风险管理。1. 上市前风险管理。临床研究期间，发生的不良反应（事件），要求注册申请人必须及时上报审批部门，包括预期的、非预期的和严重的不良反应（事件）都要上报。不良反应（事件）由医护人员填写报告，报告给临床试验申请人，由申请人分析、评价后，报告给 FDA 相关部门。2. 上市后风险管理。(1) FDA 药品不良反应报告的收集。FDA 收集药品不良反应病例报告主要有两大渠道：一是 MedWatch 自愿报告系统。该系统主要用以供医药专家和服用药品患者自愿提交药品不良病例报告，并服务于医药专家和医药产品使用者。报告可以通过网络、传真、邮寄或者电子邮件等多种方式，所有的形式都必须通过填写从 FDA 的网页上下载的 3500 表格完成，此系统不接受疫苗相关不良反应的报告。二是制药企业强制报告系统。该系统主要针对制药企业及其销售者，制药企业及其销售者在获知任何不良反应信息时，必须依法定形式提交报告。制药商和其销售者应当以三种形式向 FDA 提交药品上市后不良反应报告：①上市后 15 日报告。该报告应用于严重、意外的不良反应事件，申报者必须在获知第一条不良反应信息起的 15 日内向 FDA 报告，区别于上述自愿报告，申报者须填写 3500A 表格。此种报告要求简单，只需填写患者、报告者、被报告药品名称和不良反应症状四项内容即可。由医疗机构等单位报告给生产企业的报告，由生产企业审核评价后，决定是否上报 FDA。②定期报告。每种药品上市后都必须在前三年内按季度定期上报其不良反应发生的发生情况，三年之后则是每年度提交一次。③跟踪报告。填报者应当在此报告中提交其对某一药品不良反应的最新研究结果。(2) FDA 不良反应（事件）报告的分析评价。FDA 主要依靠不良反应（事件）报告系统（AERS），对通过信息收集系统所获得的不良反应（事件）报告进行分析和评价。生产企业的强制报告系统和针对医疗专业人员、消费者的 MedWatch 自愿报告系统收集的报告，最后由 FDA 统一录入到 AERS 系统。每年专家对 AERS 收集的报告进行甄别和分析，对其中的有效报告分条目编码和储存，以留待下一步安全性评价时调用。

（五）不良反应（事件）监测方式。美国 FDA 采取被动监测和主动监测两种方式开展药物警戒工作。要求证书持有人或生产企业、医护人员、公众对发现的不良反应（事件）进行报告，对不良反应（事件）进行被动监测。为对高风险药品和医疗器械的风险做出全面、科学、客观的评价，美国 FDA 还开展了“哨点行动计划”和 MINI 计划，在全国建立了监测哨点，主动对药品和医疗器械风险进行全面监测评价。

二、几点体会

（一）与我国相比 FDA 在风险监测理念上更科学。FDA 强调以患者为中心，倡导药物警戒的理念，将药品自身固有不良反应、质量问题引起的不良反应（事件）和用药差错导致的不良反应均纳入其监测范围之内；在医疗器械不良事件方面，FDA 将医疗器械故障和对患者造成的伤害均纳入监测范围。因此，FDA 不良反应（事件）监测是真正意义上的风险管理理念，更加科学。对患者来说，不管什么原因导致的不良反应（事件），都属于风险范畴，都会对患者造成伤害，都应当及时得到有效控制，而不能仅仅强调是否属于产品固有的不良反应（事件）。

（二）FDA 建立的药物警戒体系更加完善。FDA 对药品和医疗器械不良反应（事件）监测建立了两套系统，一是药品证书持有人或生产企业强制报告系统，另一个是医护人员和公众自愿报告系统 Medwatch 系统，这两套系统相互补充，能把各方面发现的不良反应（事件）信息都收集上来，由生产企业和 FDA 不同部门进行分析评价，形成较全面的产品安全风险管控评价结论，来加强药品和医疗器械安全监管。而我国目前只有一套自愿报告系统，各企业、医疗机构、公众均通过这个系统报告，对公众来说内容繁杂，非常不方便。

（三）FDA 风险管理体系更加科学。FDA 下设药品评价和研究中心（CDER）负责药品审评认证、不良反应监测等各项工作，各部门相互之间更能发挥工作合力，有利于在药品上市前、上市后安全监管方面风险共享。为及时解决一些突出的安全风险，还建立了药品安全监督委员会，委员来自 FDA、人类健康产业部和其他一些相关部门的专业人员，可以把各相关方关注的药品安全风险统一协调管控好，使得新出现的一些安全风险得到及时管控，发挥了非常好的综合协调作用。

（四）FDA 对企业主体责任落实到位。FDA 对药物安全风险管理要求非常明确，严格要求生产企业或批准证书持有人承担风险管理主体责任。对于上报到报告系统中的不良反应（事件）报告，要求生产企业或批准证书持有人首先开展分析评价，并将分析评价结果报 FDA。对于医生护士或社会公众直接上报到 FDA 的不良反应（事件）报告，FDA 也会先反馈给相关企业，由企业进行分析评价。FDA 每两年会对药品、医疗器械生产企业不良反应（事件）监测工作开展情况进行检查，如企业不报告或监测工作开展不力，会对其发出警示信，并在 FDA 网站公示，督促企业落实其不良反应（事件）报告主体责任人的责任。而我国《药品不良反应报告和监测管理办法》规定企业和医疗机构对发现的药品不良反应自愿报告，对生产企业报告缺乏必要的强制措施，因此，我国药品生产企业报告很少，2016 年全国药品不良反应报告 143

万分，生产企业报告仅占 1.4%，而美国占 94%。

（五）FDA 监管科学务实。FDA 将该由企业承担的责任全都交给企业，对企业监管基于对企业的信任，相信企业是讲诚信的，对企业生产入门放得松，但一旦发现企业违规，对企业追责很严厉，如警示信上网公示，对严重违规企业及其负责人严厉处罚，对企业给予高额罚款，对负责人终身禁入等，让企业敬畏 FDA，不敢轻易违规违法，节约了监管资源，达到了社会共治的效果。

三、几点建议

借鉴 FDA 的一些好做法，对我们的药品和医疗器械不良反应（事件）监测工作提出以下几点建议：

（一）树立药物警戒的理念。监管的本质是风险管理，风险不管来自哪里，都可能会对消费者造成伤害，都应当属于监测管控的范围。因此，监测工作对于药品和医疗器械固有风险、质量风险和不合理使用风险都应纳入风险监测和管控范围，真正树立起药物警戒的理念。建议在修订《药品管理法》时，将药物警戒作为一项重要内容，做出明确规定和要求。

（二）建立完善药品和医疗器械不良反应（事件）报告系统。一是建立“哨点”监测模式。目前，我国实施的自愿报告、被动监测模式，有报告单位点多、面广的优势，但漏报、无法统计分析不良反应（事件）发生率等不足也非常突出，在全面、科学、客观评价药品和医疗器械的安全性方面，存在较大差距。要学习借鉴美国 FDA 哨点行动计划的做法，尽快建立起我们自己的监测哨点，对药品和医疗器械安全风险进行科学评价；二是建立公众报告模式和渠道。公众是药品和医疗器械的使用者，不管在哪里使用，都可能发生不良反应（事件），而不是仅在医院中。目前，我省药品不良反应报告主体是医护人员占 97%，而公众个人报告很少，主要是没用建立起有效、方便的报告模式和渠道。而美国 FDA 对个人报告建有专门的系统，我们也应学习借鉴，建立起方便快捷的个人报告系统。

（三）建立执业医师和药师注册制度。美国的医疗机构每个专业科室都配有至少 1 名临床药师，对临床安全合理用药进行指导。FDA 规定临床医师和临床药师不及时报告发现的药品不良反应，将影响到其执业资格的审评和注册，从而促使相关人员主动报告药品不良反应。目前，我国也正在制定《药师法》，征求意见稿中也设置了药师注册制度。建议协调相关部门，在执业医师和执业药师资格注册时，将药品和医疗器械不良（事件）报告职责列为审查内容，提高执业医师和执业药师报告药品和医疗器械不良反应（事件）的自觉性。

（四）明确生产企业不报告不良反应报告的法律责任。美国把不报告不良反应信息归为犯罪行为，药品和医疗器械生产企业不按时报告不良反应（事件），企业和企业负责人都会受到严厉处罚。处罚类型包括警告、罚金及若干年监禁等。FDA 每两年会对药品、医疗器械生产企业不良反应（事件）监测工作开展情况进行检查，如企业不报告或监测工作开展不力，会对其发出警示信，并在 FDA 网站公示，督促企业落实其不良反应（事件）报告主体责任人的责任。正是这些严厉的处罚措施，使得生产企业能够主动落实好报告不良反应报告的主体责任。建议我国在修订《药品管理法》时，对企业不报告不良反应设立处罚条款，加大处罚力度。建议国家食品药品监督管理总局整合监管资源，在企业产品注册和再注册、认证检查、日常监督检查、案件查办等工作中，进一步明确企业的不良反应监测职责，对违法违规行为加大处置力度。

（五）建立完善诚信体系。美国建立了较为完善的社会诚信体系，FDA 的监管工作会与企业和个人的信誉相挂钩，如果企业出现违法违规行为，在诚信方面将受到很大影响，违法成本很高。FDA 对药品和医疗器械的审批，以及对企业的检查，很大程度上基于对企业的信任，企业或个人一旦失信，会面临严重的处罚，如对企业的高额罚款，个人终身禁入，重者会获刑入狱等等，使得药品和医疗器械企业轻易不敢违法，FDA 树立了绝对的权威。我们要切实加强企业诚信建设，引导企业提高自律意识，守法生产经营。另外，要提高法律法规约束力，内外结合，双管齐下，促使企业自觉守法生产经营，提高监管效能。

山东省食品药品监督管理局各级负责人员

（截至 2017 年 12 月 31 日）

局领导成员

党组书记、局长（省食品安全委员会办公室主任）：马越男

党组副书记、副局长（省食品安全委员会办公室副主任）：桂敦山

党组成员、副局长（省食品安全委员会办公室副主任）：陈耕

党组成员、副局长（省食品安全委员会办公室副主任）：李超群

一级巡视员（省食品安全委员会办公室）：欧阳兵

党组成员、省纪委驻省食品药品监管局纪检组组长：刘明

党组成员、副局长（省食品安全委员会办公室副主任）：李宇红

党组成员、副局长（省食品安全委员会办公室副主任）：廖发银

二级巡视员（省食品安全委员会办公室）：辛仁东

二级巡视员（省食品安全委员会办公室）：史国生

机关部门负责人员

总监

食品安全总监、一级调研员：林平
药品安全总监、一级调研员：张剑锋

办公室（宣传和应急管理处）

主任（处长）：禹金涛
二级调研员：张国栋
副主任（副处长）、三级调研员：李洋均、郭笑巢
副主任（副处长）：慈长安、栾振兴

综合处

处长：王立河
食品药品稽查专员：张建波
副处长：田利珍

法制处

食品药品稽查专员（主持工作）：赵森
二级调研员：周元平、张宗利
副处长、三级调研员：李广春
副处长：王之香

食品安全协调督查处

处长：李忠祥
二级调研员：张琦
副处长、三级调研员：张子欣

食品监管一处

处长、一级调研员：尚青
二级调研员：迟玉聚
副处长：李翠华

食品监管二处

处长：王 蕊
副处长、三级调研员：蔡林圳、张金水
四级调研员：于新生

食品监管三处

食品药品稽查专员（主持工作）：周海亮
二级调研员：李玉陵
副处长：刘彬
四级调研员：赵龙

食盐质量安全监管处

三级调研员（主持工作）：王玲
四级调研员：崔仁舰

药品医疗器械风险管理处

食品药品稽查专员（主持工作）：曹森
副处长、三级调研员：李琳波、邹芳勤

药品化妆品生产监管处

处长：王新建
二级调研员：殷培华
副处长、三级调研员：宗凤玉
副处长：李霞、何召允

药品化妆品市场监管处

处长：隋晓燕

二级调研员：孟祥辉
副处长、三级调研员：陈冰梅
副处长：宗瑜琮

医疗器械监管处
处长：孙敏
二级调研员：刘成刚
副处长、三级调研员：肖杰、付凯

注册处
处长、一级调研员：李涛
三级调研员：刘传民

行政许可处
处长：林炳勇
食品药品稽查专员、一级调研员：白毅
二级调研员：刘斗
三级调研员：董家荣

科技和标准处
处长、一级调研员：任绍彦
副处长、三级调研员：杨峰
副处长：任晓楠

人事处（对外交流合作处）
处长：郭朝波
副处长、三级调研员：王梅、张雪梅
副处长：李刚

规划财务处
处长：张恒心
二级调研员：王正云
副处长、三级调研员：张伦、邵春蕾

离退休干部处
处长、一级调研员：石永敏
二级调研员：马长虹
三级调研员：赵合聚

机关党委
专职副书记：张立军
纪委书记、三级调研员：薛修喜
三级调研员：郭锋

局直属单位领导班子成员

山东食品药品监督管理局稽查局
党总支书记、局长：李玉基
二级调研员：李德臣
副局长、三级调研员：张永海、张绍勇
副局长：孙效晖
二级调研员：田宜勇
三级调研员：刘志刚、唐勤俭、曹金福

山东食品药品检验研究院
党委书记、理事长：李军
党委副书记、院长、执行理事：祝建华
专职党委副书记、执行理事：姜广苓
党委委员、副院长：胡德福、徐丽华
副院长：胡梅
党委委员、纪委书记：王维剑

山东省医疗器械产品质量检验中心
党委委员、主任：施燕平
党委委员、副主任：王延伟、范海清
党委委员、纪委书记：徐志洲

山东省食品药品监督管理局审评认证中心
党总支书记、主任：李泮海
副主任：周勇、陈洪忠

山东省药品不良反应监测中心
党支部书记、主任：吴世福
副主任：田月洁

信息中心
党支部书记、主任：刘继京
副主任：庞岳利、陈新

机关服务中心
党支部书记、主任：公茂龙
副主任：高华

山东药品食品职业学院
党委书记：刘玉东
院长：张晖
党委副书记：许学新
党委委员、副院长：李淑霞
党委委员、纪委书记：车献庆
党委委员、副院长：贾强、杜进元

山东省食品药品监督管理统计报表

本报告所用数据来源于《全省食品药品监督管理统计报表制度》。数据报告期为2016年12月1日至2017年11月30日。报告分别对食品、保健食品、药品、医疗器械、化妆品的相关行政受理、审批、监管等情况进行了汇总分析，供食品药品监管系统参考使用。

表1

2017年食品生产许可情况

产品	企业数	产品	企业数	产品	企业数
粮食加工品	1459	薯类和膨化食品	296	淀粉及淀粉制品	535
食用油、油脂及其制品	645	糖果制品	547	糕点	1549
调味品	1294	茶叶及相关制品	605	豆制品	387
肉制品	1011	酒类	1113	蜂产品	108
乳制品	57	蔬菜制品	740	特殊医学用途配方食品	0
饮料	1962	水果制品	866	婴幼儿配方食品	3
方便食品	493	炒货食品及坚果制品	905	其他食品	295
饼干	241	蛋制品	232	食品添加剂	543
罐头	556	可可及焙烤咖啡产品	11	特殊膳食食品	9
冷冻饮品	100	食糖	223	保健食品	162
速冻食品	2275	水产制品	1007		

2017年各市获证企业数量

生产企业数	食品生产企业数	食品添加剂
合 计	15007	543
济南市食品药品监督管理局	824	30
青岛市食品药品监督管理局	1656	153
淄博市食品药品监督管理局	477	20
枣庄市食品药品监督管理局	639	40
东营市食品药品监督管理局	268	20
烟台市食品药品监督管理局	1413	38
潍坊市食品药品监督管理局	1959	50

续表

生产企业数	食品生产企业数	食品添加剂
济宁市食品药品监督管理局	853	35
泰安市食品药品监督管理局	541	10
威海市食品药品监督管理局	756	8
日照市食品药品监督管理局	601	9
莱芜市食品药品监督管理局	169	1
临沂市食品药品监督管理局	1537	32
德州市食品药品监督管理局	1062	34
聊城市食品药品监督管理局	962	22
滨州市食品药品监督管理局	540	28
菏泽市食品药品监督管理局	750	13

表 2

2017 年食品经营许可情况

<table>
<tr><th colspan="3">分　类</th><th>期末实有</th></tr>
<tr><td rowspan="10">主体业态</td><td colspan="2">食品销售经营者</td><td>445231</td></tr>
<tr><td></td><td>其中：互联网经营</td><td>13428</td></tr>
<tr><td colspan="2">餐饮服务经营者</td><td>185558</td></tr>
<tr><td rowspan="3">其中</td><td>内设中央厨房</td><td>313</td></tr>
<tr><td>集体用餐配送单位</td><td>554</td></tr>
<tr><td>互联网经营</td><td>8515</td></tr>
<tr><td colspan="2">单位食堂</td><td>28069</td></tr>
<tr><td></td><td>其中：学校食堂</td><td>9709</td></tr>
<tr><td colspan="2">食品经营许可证数量（新）</td><td>658858</td></tr>
<tr><td colspan="3" style="display:none"></td></tr>
<tr><td rowspan="6">食品经营项目类型</td><td colspan="2">预包装食品销售（含冷藏冷冻食品、不含冷藏冷冻食品）</td><td>363627</td></tr>
<tr><td></td><td>其中：含冷藏冷冻食品</td><td>198258</td></tr>
<tr><td></td><td>其中：不含冷藏冷冻食品</td><td>165369</td></tr>
<tr><td colspan="2">散装食品销售（含冷藏冷冻食品、不含冷藏冷冻食品）</td><td>161191</td></tr>
<tr><td></td><td>其中：含冷藏冷冻食品</td><td>87052</td></tr>
<tr><td></td><td>其中：不含冷藏冷冻食品</td><td>74139</td></tr>
<tr><td></td><td colspan="2">特殊食品销售</td><td>76146</td></tr>
</table>

续表

分　类			期末实有
	其中	保健食品	54677
		特殊医学用途食品	5918
		婴幼儿配方乳粉	31083
		其他婴幼儿配方食品	15601
	其他类食品销售		31892
	热食类食品制售		178182
	冷食类食品制售		17195
	生食类食品制售		4444
	糕点类食品制售		16065
	自制饮品制售		14419
	其他类食品制售		15878
	食品流通许可证数量（旧）		237189
	餐饮服务许可证数量（旧）		111908
	有效许可证数量总和		1007955

说明：食品经营项目类型部分仅统计了新版食品经营许可证

2017年各市食品经营许可情况

地区	食品经营许可证数量（新）				有效许可证数量总和
	食品销售经营者	餐饮服务经营者	单位食堂	合计	
合　计	445231	185558	28069	658858	1007955
济南市食品药品监督管理局	32415	18860	1928	53203	70274
青岛市食品药品监督管理局	56306	33445	4392	94143	116999
淄博市食品药品监督管理局	14504	7844	1810	24158	47703
枣庄市食品药品监督管理局	11294	4615	684	16593	30150
东营市食品药品监督管理局	17736	6223	1685	25644	34243
烟台市食品药品监督管理局	31711	12365	2494	46570	80641
潍坊市食品药品监督管理局	35324	13306	1937	50567	74223
济宁市食品药品监督管理局	32611	13010	2190	47811	88041
泰安市食品药品监督管理局	19903	7811	963	28677	48943

续表

地区	食品经营许可证数量（新）				有效许可证数量总和
	食品销售经营者	餐饮服务经营者	单位食堂	合计	
威海市食品药品监督管理局	18524	11295	1192	31011	49822
日照市食品药品监督管理局	15061	8110	1092	24263	42510
莱芜市食品药品监督管理局	3613	2388	292	6293	14429
临沂市食品药品监督管理局	54588	15906	4029	74523	103858
德州市食品药品监督管理局	31965	11628	1266	44859	67744
聊城市食品药品监督管理局	18333	5969	501	24803	49236
滨州市食品药品监督管理局	17378	6616	864	24858	34169
菏泽市食品药品监督管理局	33965	6167	750	40882	54970

表 3

2017 年食品生产环节日常监管情况

指标名称	计量单位	食品生产企业	食品添加剂生产企业	食品加工小作坊
检查生产主体家数	家	29078	1151	27929
检查生产主体次数	家次	36302	1437	37138
出动检查人次	人次	89720	3308	84723
快检生产主体数	家次	1326	60	1273
快检食品批次数	批次	3368	93	2050
快检不合格食品批次数	批次	33	0	18
发现违法违规生产主体数	家次	2523	69	2245
其中：非法添加非食用物质	家次	20	0	16
其中：超范围或超限量使用食品添加剂	家次	67	0	51
发现违法违规问题数	个	5749	179	4815
完成整改生产主体数	家次	3977	123	3528
移交稽查部门立案	家次	373	1	144

表 4

2017 年食品经营环节日常监管情况

指标名称	计量单位	销售环节	餐饮服务环节
检查经营主体家数	家	533479	358844
检查经营主体次数	家次	718780	658698
出动检查人次	人次	1205615	1007004
快检经营主体次数	家次	75967	32160
快检食品批次数	批次	395239	102402
快检不合格食品批次数	批次	1448	853
发现违法违规经营主体数	家	15668	12376
其中：非法添加非食用物质	家次	273	104
其中：超范围和超限量使用食品添加剂	家次	698	261
发现违法违规问题数	个	6846	27047
完成整改经营主体数	家	7702	25085
“明厨亮灶”实施户数	户	—	70633
量化分级评定总数	户	—	393042
其中：优秀	户	—	39353
其中：良好	户	—	218927
其中：一般	户	—	134762

说明：“明厨亮灶”实施户数及量化分级评定总数均指期末实有总数，为存量数据

表 5

2017 年食品安全抽样检验情况

指标名称		计量单位	食用农产品	生产加工环节	餐饮服务环节	销售环节	合计
风险监测	监测主体家数	家	1242	619	3788	13532	19181
	计划监测样品批次	批次	3547	891	3366	18687	26491
	已监测样品批次	批次	2892	870	2781	15255	21798
	问题样品批次	批次	105	32	70	569	776
监督抽检	抽样主体家数	家	38436	39713	55911	76863	210923
	计划检验批次	批次	110725	71749	124984	180345	487803
	已检验批次	批次	105755	49646	108254	160623	424278
	不合格批次	批次	3949	1034	4473	5249	14705

表 6

2017 年投诉举报情况

单位：件

项目			食品	保健食品	药品	化妆品	医疗器械	其他	合计
投诉举报信息接收渠道	电话		95211	5628	9472	2362	1979	3836	118488
	网络		11247	574	1133	301	340	263	13858
	信件		5360	256	421	79	130	160	6406
	走访		1137	127	196	43	41	18	1562
	其他		16383	766	1449	423	356	285	19662
	合计		129338	7351	12671	3208	2846	4562	159976
接收投诉举报信息分类	投诉举报	受理	87861	4238	7311	2167	1740	2946	106263
		不受理	5935	360	1054	147	149	148	7793
	咨询		35321	2601	4132	877	945	1428	45304
	意见建议		221	152	174	17	12	40	616
	合计		129338	7351	12671	3208	2846	4562	159976
受理投诉举报环节	研制		—	109	66	0	0	1	176
	生产		8122	258	296	49	95	197	9017
	流通		50395	3073	5755	1602	1187	1501	63513
	消费 / 使用		30765	864	1262	527	464	1259	35141
	其他		1198	384	280	40	29	239	2170
	合计		90480	4688	7659	2218	1775	3197	110017
办理情况	移送其他部门		795	13	40	28	47	402	1325
	立案		2227	47	317	62	58	64	2775
	结案		2196	35	323	62	51	26	2693
	移交司法机关		53	4	10	1	1	0	69

表 7

2017 年各市受理食品投诉举报及立案查处情况

单位：件

单　位	食品投诉举报受理	食品立案	食品结案	食品移交司法机关
合　计	84947	2227	2196	53
济南市食品药品监督管理局	12809	214	196	8
青岛市食品药品监督管理局	35182	394	212	3
淄博市食品药品监督管理局	1847	64	44	0
枣庄市食品药品监督管理局	1411	24	25	1
东营市食品药品监督管理局	764	42	56	0
烟台市食品药品监督管理局	4242	92	107	0
潍坊市食品药品监督管理局	3935	29	12	0
济宁市食品药品监督管理局	2346	130	126	1
泰安市食品药品监督管理局	2156	69	331	0
威海市食品药品监督管理局	3295	62	62	16
日照市食品药品监督管理局	2583	31	105	4
莱芜市食品药品监督管理局	415	22	21	0
临沂市食品药品监督管理局	7480	596	425	5
德州市食品药品监督管理局	2686	110	109	3
聊城市食品药品监督管理局	2111	182	171	0
滨州市食品药品监督管理局	1047	30	29	0
菏泽市食品药品监督管理局	638	136	165	12

表 8

2017 年查处违法食品安全案件情况

分类		计量单位	一般程序案件				简易程序案件	一般程序案件					简易程序案件
			食品生产企业	食品添加剂生产企业	食品加工小作坊	合计		食品销售	餐饮服务	单位食堂		合计	
										合计	其中：学校食堂		
案件总数		件	1974	5	730	2709	634	11290	6343	762	364	18395	1722
案件来源	投诉举报	件	293	2	51	346	100	1287	374	45	—	1706	170
	抽检监测	件	617	0	89	706	5	2875	1351	264	—	4490	76
	执法检验	件	72	0	14	86	5	368	209	51	—	628	41
	日常监管和专项检查	件	865	3	571	1439	507	6556	4311	396	—	11263	1342
	其他部门通报	件	71	0	4	75	9	75	71	4	—	150	3
	其他	件	56	0	1	57	8	129	27	2	—	158	90
货值	5 万元以下	件	1945	3	729	2677	634	11284	6339	761	—	18384	1686
	5 万—20 万元	件	23	2	1	26	—	6	4	1	—	11	—
	20 万—50 万元	件	4	0	0	4	—	0	0	0	—	0	—
	50 万—1000 万元	件	2	0	0	2	—	0	0	0	—	0	—
	1000 万元—1 亿元	件	0	0	0	0	—	0	0	0	—	0	—
	1 亿元以上	件	0	0	0	0	—	0	0	0	—	0	—
货值金额		万元	942.96	28.03	54.34	1025.33	12.37	700.77	266.98	50.39	—	1018.14	11.65
没收违法所得金额		万元	105.31	0.71	27.39	133.41	—	1297.35	52.95	10.42	5.02	1360.72	—
罚款金额		万元	5162.12	143.3	289.99	5595.41	15.08	7444.94	3120.59	771.17	321.41	11336.7	38.92
责令停产停业		户次	62	0	14	76	—	32	37	2	1	71	—

续表

分类	计量单位	一般程序案件				简易程序案件	一般程序案件					简易程序案件
		食品生产企业	食品添加剂生产企业	食品加工小作坊	合计		食品销售	餐饮服务	单位食堂		合计	
									合计	其中：学校食堂		
吊销许可证	户次	1	0	0	1	—	2	0	0	0	2	—
查处无证	件	27	0	29	56	—	86	153	20	7	259	—
捣毁制假售假窝点	户	2	0	2	4	—	0	1	0	—	1	—
移送司法机关	个	25	3	15	43	—	85	32	8	2	125	—
刑事判决数	件	0	0	0	0	—	11	8	1	0	20	—
刑事处罚	人	7	0	8	15	—	11	2	0	0	13	—
行政处罚案件信息公开数	件	1623	4	658	2285	—	10750	5834	650	—	17234	—
符合公开条件的行政处罚案件	件	1633	4	648	2285	—	10764	5802	668	—	17234	—

表 9

2017 年各市局查处食品案件情况

分类	计量单位	生产环节					经营环节					
		一般程序案件				简易程序案件	一般程序案件					简易程序案件
		食品生产企业	食品添加剂生产企业	食品加工小作坊	合计		食品销售	餐饮服务	单位食堂		合计	
									合计	其中：学校食堂		
济南市食品药品监督管理局	件	77	1	20	98	1	621	220	56	26	897	29
青岛市食品药品监督管理局	件	188	4	21	213	12	1148	660	70	18	1878	148
淄博市食品药品监督管理局	件	72	0	15	87	25	562	157	38	14	757	245
枣庄市食品药品监督管理局	件	91	0	7	98	0	86	54	36	24	176	3
东营市食品药品监督管理局	件	44	0	15	59	0	292	235	18	3	545	11
烟台市食品药品监督管理局	件	75	0	5	80	83	163	68	14	6	245	36
潍坊市食品药品监督管理局	件	192	0	13	205	327	215	75	16	10	306	54
济宁市食品药品监督管理局	件	78	0	31	109	0	736	264	40	27	1040	408
泰安市食品药品监督管理局	件	40	0	37	77	87	552	201	16	8	769	293
威海市食品药品监督管理局	件	139	0	151	290	0	1081	639	61	24	1781	20

续表

分类	计量单位	生产环节					经营环节					
		一般程序案件				简易程序案件	一般程序案件					简易程序案件
		食品生产企业	食品添加剂生产企业	食品加工小作坊	合计		食品销售	餐饮服务	单位食堂		合计	
									合计	其中：学校食堂		
日照市食品药品监督管理局	件	55	0	67	122	30	253	78	4	1	335	140
莱芜市食品药品监督管理局	件	19	0	3	22	0	200	46	17	2	263	0
临沂市食品药品监督管理局	件	336	0	164	500	0	1308	586	157	123	2051	49
德州市食品药品监督管理局	件	191	0	89	280	38	1149	787	41	31	1977	191
聊城市食品药品监督管理局	件	106	0	7	113	26	1087	515	15	11	1617	63
滨州市食品药品监督管理局	件	52	0	16	68	0	705	252	55	27	1012	5
菏泽市食品药品监督管理局	件	215	0	69	284	5	1130	1506	108	9	2744	27

表 10

2017 年保健食品生产企业许可情况

<table>
<tr><th colspan="3">类别</th><th>上期末实有</th><th>本期新增</th><th>本期注销</th><th>期末实有</th></tr>
<tr><td colspan="3">生产许可证数量</td><td>412</td><td>101</td><td>0</td><td>513</td></tr>
<tr><td rowspan="10">生产许可证类别</td><td rowspan="2">胶囊剂</td><td>硬胶囊剂</td><td>287</td><td>25</td><td>0</td><td>312</td></tr>
<tr><td>软胶囊剂</td><td>272</td><td>27</td><td>0</td><td>299</td></tr>
<tr><td colspan="2">片剂</td><td>227</td><td>52</td><td>0</td><td>279</td></tr>
<tr><td colspan="2">口服液</td><td>46</td><td>11</td><td>0</td><td>57</td></tr>
<tr><td colspan="2">颗粒剂</td><td>17</td><td>7</td><td>0</td><td>24</td></tr>
<tr><td colspan="2">茶剂</td><td>15</td><td>0</td><td>0</td><td>15</td></tr>
<tr><td colspan="2">粉剂</td><td>41</td><td>11</td><td>0</td><td>52</td></tr>
<tr><td colspan="2">酒剂</td><td>70</td><td>2</td><td>0</td><td>72</td></tr>
<tr><td colspan="2">其他</td><td>62</td><td>16</td><td>0</td><td>78</td></tr>
</table>

表 11

2017 年保健食品生产、经营企业日常监管情况

项　目	单位	生产企业	经营企业	合计
检查主体家数	家	1184	42111	43295
检查主体家次	家次	1549	55563	57112
检查保健食品品种数	种次	1817	—	1817
快检保健食品批次	批次	129	1950	2079
检出不合格保健食品批次	种次	6	54	60
发现违法违规的主体家次	家次	174	1248	1422
完成整改主体家次	家次	200	1710	1910
移交稽查部门的主体家数	家	4	44	48

表 12

2017 年各市局受理保健食品投诉举报及立案查处情况

单位：件

单 位	保健食品投诉举报受理	保健食品立案	保健食品结案	食品移交司法机关
合 计	4159	47	35	53
济南市食品药品监督管理局	746	2	2	8
青岛市食品药品监督管理局	1748	8	5	3
淄博市食品药品监督管理局	127	2	3	0
枣庄市食品药品监督管理局	24	0	0	1
东营市食品药品监督管理局	67	3	0	0
烟台市食品药品监督管理局	609	2	4	0
潍坊市食品药品监督管理局	104	0	0	0
济宁市食品药品监督管理局	103	1	0	1
泰安市食品药品监督管理局	53	2	6	0
威海市食品药品监督管理局	176	2	2	16
日照市食品药品监督管理局	50	2	0	4
莱芜市食品药品监督管理局	7	0	0	0
临沂市食品药品监督管理局	155	14	4	5
德州市食品药品监督管理局	81	1	1	3
聊城市食品药品监督管理局	77	3	3	0
滨州市食品药品监督管理局	19	0	0	0
菏泽市食品药品监督管理局	13	5	5	12

表 13

2017 年查处违法保健食品案件情况

项　目		计量单位	一般程序案件	简易程序案件	合计
案件总数		件	252	50	302
案件来源	投诉举报	件	30	3	33
	抽检监测	件	18	0	18
	执法检验	件	3	0	3
	日常监管和专项检查	件	189	47	236
	其他部门通报	件	1	0	1
	其他	件	11	0	11
货值	5 万元以下	件	252	50	302
	5 万—20 万元	件	0	—	0
	20 万—50 万元	件	0	—	0
	50 万—1000 万元	件	0	—	0
	1000 万元—1 亿元	件	0	—	0
	1 亿元以上	件	0	—	0
主要违法主体	生产单位	件	12	1	13
	流通单位	件	211	44	255
	其他	件	29	5	34
货值金额		万元	57.83	1.78	59.61
罚款金额		万元	1031.52	2.12	1033.64
没收违法所得金额		万元	8.73	—	8.73
取缔（查处）未经许可生产经营		户	1	—	1
捣毁制假售假窝点数		个	0	—	0
责令停产停业		户	1	—	1
其中：生产单位		户	0	—	0
流通单位		户	1	—	1
撤销终止批准文号		件	0	—	0
吊销许可证		件	0	—	0
移送司法机关		件	2	—	2
刑事判决数		件	0	—	0

续表

项 目	计量单位	一般程序案件	简易程序案件	合计
刑事处罚	人	0	—	0
行政处罚案件信息公开数	件	212	—	212
符合公开条件的行政处罚案件	件	212	—	212

表 14

2017 年保健食品广告审批及违法广告查处情况

单位：件

指标名称		数 量
审查核发	受理审查	762
	给予批准文号	714
	视	120
	声	93
	文	501
	不予核发	0
广告复审	复审批准文号	16
	总局责成纠正	1
	本机构建议复审	0
	省级以上监管部门建议复审	15
	收回批准文号	0
广告监管	撤销广告批准文号	0
	移交工商行政管理部门的违法广告	83
	其中：未经审查已发布的违法广告	27
	其中：篡改审批内容并已发布的违法广告	56
发布违法医疗器械广告公告（期数）		11
发布公告的违法广告数		37

表 15

2017 年受理国产药品包装材料申请事项

单位：件

类　　别		2017 年
国产药品包装材料	注册	0
	再注册	0
	补充申请	0

表 16

2017 年药品再注册申请的审批情况

单位：件

类　别	批准		未批准
	国产	进口	
中药天然药物	22	0	1
化学药品	173	0	1
生物制品	5	0	0
合　计	200	0	2

表 17

2017 年药品补充申请的审批情况

单位：件

类别	省局审批事项		省局备案事项	
	批准	未批准	批准	未批准
中药天然药物	26	0	88	0
化学药品	35	0	420	0
生物制品	2	0	5	0
合　计	63	0	513	0

表 18

2017 年直接接触药品的包装材料和容器的审批情况

单位：件

项 目	生产申请		再注册申请		补充申请	
	批准	未批准	批准	未批准	批准	未批准
国 产	0	0	0	0	0	0
进 口	0	0	0	0	0	0
合 计	0	0	0	0	0	0

表 19

2017 年药品补充申请的审批情况

项 目			计量单位	上期末实有	本期新增	本期减少	期末实有
药品生产许可证数量			个	435	20	0	455
	其中：基本药物	生产企业数量	个	147	4	0	151
	其中：基本药物	实施生产企业质量受权人企业数量	个	147	4	0	151
生产企业数量	原料药和制剂		家	290	11	10	291
生产企业数量	生产制剂企业		家	234	3	2	235
生产企业数量	化学药制剂		家	177	0	0	177
生产企业数量	中药制剂		家	117	2	4	115
生产企业数量	生物制品		家	14	2	0	16
生产企业数量	生产原料药企业		家	140	12	8	144
生产企业数量	化学药原料药		家	140	6	2	144
生产企业数量	中药原料药		家	3	6	6	3
生产企业数量	生产化学药企业小计		家	235	0	2	233
生产企业数量	生产中药企业小计（不含饮片）		家	118	0	10	108
生产企业数量	生产中药企业小计（含饮片）		家	178	12	11	179
生产企业数量	中药饮片		家	68	—	—	63
生产企业数量	按药品管理的体外诊断试剂		家	2	—	—	2
生产企业数量	医用气体		家	45	—	—	47
生产企业数量	药用辅料		家	44	—	—	48

续表

项　　目		计量单位	上期末实有	本期新增	本期减少	期末实有
生产企业数量	空心胶囊	家	9	—	—	9
	特殊药品	家	12	—	—	12
	其　他	家	0	—	—	0

表 20

2017 年药品生产企业 GMP 认证情况

项目		计量单位	代码	合计	其中：原料药和制剂生产企业
甲		乙	丙	01	02
认证证书情况	本期认证证书	件	01	105	—
	期末实有 GMP 证书	件	02	679	—
认证企业情况（含通过总局认证）	本期通过 GMP 认证企业	件	03	105	—
	期末实有通过 GMP 认证企业	件	04	679	—

表 21

2017 年药品经营企业情况

单位：家

项目	药品					
	小计	批发		零售连锁		零售
		法人	非法人	企业数量	门店数量	
上期末企业数量	37623	552	60	850	25407	10754
本期新增	3483	1	0	26	2225	1231
本期减少	1196	3	1	36	779	377
期末实有企业数量	37809	550	59	840	26853	9507
其中：生物制品	14744	0	0	361	11215	847
其中：专营药品类体外诊断试剂	0	0	0	0	0	0
其中：专营中药材、中药饮片	690	0	0	41	573	76

表 22

2017 年药品生产企业日常监管情况

项　　目		计量单位	2017 年
本期检查		家次	1785
	其中：基本药物生产企业	家次	629
	其中：血液制品、注射剂等高风险品种生产企业	家次	227
出动检查人次		人次	5874
药品 GMP 检查发现存在严重缺陷		家次	202
责令整改		家次	336
收回 GMP 证书		起	7
其中：在省局政务网站公开		起	6
移交稽查部门立案查处		件	11

表 23

2017 年药品经营企业日常监管情况

项　　目		计量单位	批发企业	零售企业
检查经营企业家次		家次	1955	48699
存在违法违规的经营企业		家次	325	7779
	未遵守 GSP	家次	259	4860
	未遵守 GSP 关于执业药师配备使用要求	家次	4	331
	涉及假药	家次	1	12
	涉及劣药	家次	17	119
	无照经营	家次	0	96
	非法渠道购进药品	家次	4	671
	其他	家次	77	2442
完成整改的经营企业		家次	352	6735
撤销 GSP 证书		张	8	231
移交稽查部门立案查处		家	16	653

表 24

2017 年各市受理药品投诉举报情况

单位：件

单　位	药品投诉举报受理	药品投诉举报受理	药品立案	药品结案	药品移交司法机关
合　计	7804	942	317	323	17
济南市食品药品监督管理局	1173	630	33	29	0
青岛市食品药品监督管理局	2653	82	48	47	1
淄博市食品药品监督管理局	186	45	7	16	0
枣庄市食品药品监督管理局	86	34	4	2	0
东营市食品药品监督管理局	56	0	14	17	0
烟台市食品药品监督管理局	703	9	24	22	7
潍坊市食品药品监督管理局	261	7	3	4	0
济宁市食品药品监督管理局	180	13	17	21	0
泰安市食品药品监督管理局	146	10	8	19	0
威海市食品药品监督管理局	201	27	5	10	0
日照市食品药品监督管理局	203	37	39	14	0
莱芜市食品药品监督管理局	17	3	2	2	0
临沂市食品药品监督管理局	583	17	75	74	2
德州市食品药品监督管理局	253	1	11	13	0
聊城市食品药品监督管理局	218	19	7	8	0
滨州市食品药品监督管理局	103	3	9	8	0
菏泽市食品药品监督管理局	62	5	11	17	0

表 25

2017 年查处药品、药品包装材料案件情况

项目		计量单位	一般程序案件	简易程序案件	合 计
案件总数		件	6935	3230	10165
案件来源	投诉举报	件	416	71	487
	监督抽验	件	547	132	679
	执法检验	件	337	94	431
	日常监管和专项检查	件	5433	2798	8231
	其他部门通报	件	76	9	85
	其他	件	126	126	252
货值	5 万元以下	件	6903	3230	10133
	5 万—20 万元	件	23	—	23
	20 万—50 万元	件	5	—	5
	50 万—1000 万元	件	4	—	4
	1000 万元—1 亿元	件	0	—	0
	1 亿元以上	件	0	—	0
主要违法主体	生产企业	件	147	24	171
	经营企业	件	3597	1837	5434
	医疗机构	件	2661	1305	3966
	其他	件	530	64	594
货值金额		万元	1850.49	30.55	1881.04
罚款金额		万元	3351.93	234.85	3586.78
没收违法所得金额		万元	617.74	—	617.74
取缔无证经营		户	99	—	99
捣毁制假售假窝点		个	17	—	17
责令停产停业		户	111	—	111
其中：生产企业		户	9	—	9
经营企业		户	102	—	102
撤销批准证明文件		件	0	—	0
吊销许可证		件	11	—	11
其中：生产许可证		件	0	—	0

续表

项目	计量单位	一般程序案件	简易程序案件	合 计
经营许可证	件	9	—	9
制剂许可证	件	2	—	2
移送司法机关案件数	件	103	—	103
刑事判决数	件	0	—	0
刑事处罚	人	15	—	15
行政处罚案件信息公开数	件	6070	—	6070
符合公开条件的行政处罚案件	件	6070	—	6070
涉及药包材案件数	件	26	0	26
涉及药包材案件货值金额	万元	16.56	0.00	17

项 目	案件数（件）	货值金额（万元）	罚款金额（万元）	吊销许可证（件）	移移送司法机关案件数（件）
生产假劣药	102	408.04	263.22	0	7
假药	10	2.22	3.85	0	2
按假药论处	9	261.46	1.28	0	5
劣药	26	77.06	139.60	0	0
按劣药论处	57	67.30	118.49	0	0
销售假劣药	765	480.35	382.63	0	39
假药	91	13.82	31.33	0	29
按假药论处	48	345.50	42.41	0	9
劣药	208	58.20	74.56	0	1
按劣药论处	418	62.83	234.33	0	0
其中：互联网销售假劣药	12	0.44	1.46	0	3
假药	2	0.26	0.52	0	3
劣药	10	0.18	0.94	0	0

表 26

2017 年药品广告审批及违法广告查处情况

单位：件

指标名称		数 量
审查核发	受理审查	894
	给予批准文号	880
	视	104
	声	30
	文	746
	不予核发	0
广告复审	复审批准文号	1
	总局责成纠正	1
	本机构建议复审	0
	省级以上监管部门建议复审	0
	收回批准文号	1
广告监管	采取暂停销售措施的次数	0
	撤销广告批准文号	0
	移交工商行政管理部门的违法广告	335
	其中：未经审查已发布的违法广告	9
	其中：篡改审批内容并已发布的违法广告	326
发布违法药品广告公告（期数）		11
发布公告的违法广告数		334

表 27

2017 年互联网药品服务机构审批和监管情况

<table>
<tr><th colspan="3">指标名称</th><th>数　量</th></tr>
<tr><td rowspan="4">信息服务</td><td colspan="2">信息服务受理</td><td>386</td></tr>
<tr><td colspan="2">信息服务审批</td><td>372</td></tr>
<tr><td colspan="2">信息服务驳回</td><td>5</td></tr>
<tr><td colspan="2">收回资格证书</td><td>0</td></tr>
<tr><td rowspan="7">交易服务</td><td colspan="2">交易服务受理</td><td>0</td></tr>
<tr><td rowspan="4">交易服务审批</td><td>第三方平台</td><td>0</td></tr>
<tr><td>BTB</td><td>0</td></tr>
<tr><td>BTC</td><td>0</td></tr>
<tr><td>合计</td><td>0</td></tr>
<tr><td colspan="2">交易服务驳回</td><td>0</td></tr>
<tr><td colspan="2">撤销资格证书</td><td>0</td></tr>
<tr><td colspan="3">移交通信、网信部门</td><td>0</td></tr>
</table>

表 28

2017 年医疗器械审批情况汇总表

类别	本期备案	首次注册		延续注册		许可事项变更		登记事项变更受理	注 / 撤销	期末实有
		受理	批准	受理	批准	受理	批准			
境内第一类医疗器械	245	—	—	—	—	—	—	—	—	3292
进口第一类医疗器械	0	—	—	—	—	—	—	—	—	0
境内第二类医疗器械	—	84	336	165	264	572	390	60	2	3309
境内第三类医疗器械	—	—	0	—	0	0	0	0	0	0
进口第二类医疗器械（不含港澳台）	—	—	0	—	0	0	0	0	0	0
港澳台第二类医疗器械	—	—	0	—	0	0	0	0	0	0
进口第三类医疗器械（不含港澳台）	—	—	0	—	0	0	0	0	0	0
港澳台第三类医疗器械	—	—	0	—	0	0	0	0	0	0
合　计	245	84	336	165	264	572	390	60	2	6601

表 29

2017 年医疗器械生产企业情况

项目			计量单位	生产企业
生产企业情况	生产一类医疗器械产品的生产企业数量		家	542
	生产二类医疗器械产品的生产企业数量		家	627
	生产三类医疗器械产品的生产企业数量		家	109
	生产企业总数		家	1249
		其中：仅无菌	家	59
		仅植入性	家	16
		无菌 / 植入性	家	9
		体外诊断试剂（IVD）	家	91
		定制式义齿	家	160
监管企业情况	重点监管企业总数		家	85
		其中：国家重点监管企业	家	77
		省重点监管企业	家	8
许可情况	本期新增		件	50
	本期变更		件	317
	本期延续		件	80
	本期补发		件	2
	本期注销		件	9
	期末实有		件	736
备案情况	本期新增		件	189
	本期变更		件	107
	本期补发		件	1
	本期备案标注		件	3
	期末实有		件	591

表 30

2017 年医疗器械经营企业情况

项目		计量单位	数量
经营企业情况	仅从事第二类医疗器械经营的企业	家	26194
	仅从事第三类医疗器械经营的企业	家	9652
	同时从事第二、三类医疗器械经营的企业	家	15246
	仅从事无菌医疗器械经营的企业	家	4242
	仅从事植入性医疗器械经营的企业	家	2199
	同时从事无菌和植入性医疗器械经营的企业	家	2003
	从事体外诊断试剂（IVD）经营的企业	家	2834
	为其他医疗器械生产经营企业提供贮存、配送服务的医疗器械经营企业	家	80
许可情况	本期新增	件	3066
	本期变更	件	1856
	本期延续	件	748
	本期补发	件	16
	本期注销	件	328
	期末实有	件	24898
备案情况	本期新增	件	9773
	本期变更	件	2831
	本期补发	件	50
	本期备案标注	件	29
	期末实有	件	41382

表 31

2017 年医疗器械生产企业日常监管情况

<table>
<tr><th colspan="2">项目</th><th>计量单位</th><th>生产企业</th></tr>
<tr><td colspan="2">检查总家次</td><td>家次</td><td>2531</td></tr>
<tr><td colspan="2">生产一类医疗器械产品的生产企业</td><td>家次</td><td>904</td></tr>
<tr><td colspan="2">生产二类医疗器械产品的生产企业</td><td>家次</td><td>1270</td></tr>
<tr><td colspan="2">生产三类医疗器械产品的生产企业</td><td>家次</td><td>491</td></tr>
<tr><td rowspan="2">检查重点企业家次</td><td>国家重点监管企业</td><td>家次</td><td>173</td></tr>
<tr><td>省重点监管企业</td><td>家次</td><td>101</td></tr>
<tr><td rowspan="6">全面检查高风险企业</td><td>含无菌医疗器械的生产企业</td><td>家</td><td>279</td></tr>
<tr><td>其中：未通过检查</td><td>家</td><td>7</td></tr>
<tr><td>含植入性医疗器械的生产企业</td><td>家</td><td>63</td></tr>
<tr><td>其中：未通过检查</td><td>家</td><td>2</td></tr>
<tr><td>第三类医疗器械的生产企业</td><td>家</td><td>296</td></tr>
<tr><td>其中：未通过检查</td><td>家</td><td>4</td></tr>
<tr><td rowspan="2">医疗器械生产企业飞行检查</td><td>省级及以下组织</td><td>家次</td><td>187</td></tr>
<tr><td>停产整改</td><td>家次</td><td>4</td></tr>
<tr><td colspan="2">存在违法违规的生产企业</td><td>家次</td><td>247</td></tr>
<tr><td colspan="2">完成整改的生产企业</td><td>家次</td><td>443</td></tr>
<tr><td colspan="2">移交稽查部门的生产企业</td><td>家</td><td>12</td></tr>
</table>

表 32

2017 年医疗器械经营企业、使用单位日常监管情况

项 目		计量单位	数 量
检查经营企业、使用单位家次		家次	54834
其中	经营企业	家次	27435
	使用单位	家次	27399
省级及以下组织医疗器械经营企业飞行检查		家次	2303
存在违法违规的企业或单位		家次	3522
其中	经营企业	家次	1856
	使用单位	家次	1666
完成整改的企业或单位		家次	4385
其中	经营企业	家次	2429
	使用单位	家次	1956
移交稽查部门的企业或单位		家	300
其中	经营企业	家	181
	使用单位	家	119
移交卫生部门处理的单位		家	4

表 33

2017 年地方医疗器械抽验情况

类 别		合格批次	不合格批次	不合格率（%）
按器械类别分	一类	0	0	0
	二类	0	527	49
	三类	0	119	11
按抽验部门分	生产部门	0	314	38
	经营部门	0	144	10
	使用部门	0	188	12
合 计		0	646	60

表 34

2017 年各市局受理医疗器械投诉举报情况

单位：件

单 位	医疗器械投诉举报受理	医疗器械立案	医疗器械结案	医疗器械移交司法机关
合 计	1637	58	51	1
济南市食品药品监督管理局	371	9	10	0
青岛市食品药品监督管理局	692	11	6	0
淄博市食品药品监督管理局	71	6	1	0
枣庄市食品药品监督管理局	13	2	2	0
东营市食品药品监督管理局	12	2	2	0
烟台市食品药品监督管理局	86	4	1	0
潍坊市食品药品监督管理局	78	2	2	0
济宁市食品药品监督管理局	50	3	4	0
泰安市食品药品监督管理局	35	4	8	0
威海市食品药品监督管理局	24	0	1	0
日照市食品药品监督管理局	25	1	0	0
莱芜市食品药品监督管理局	13	0	0	0
临沂市食品药品监督管理局	76	7	7	0
德州市食品药品监督管理局	34	0	0	0
聊城市食品药品监督管理局	24	4	4	0
滨州市食品药品监督管理局	25	1	1	0
菏泽市食品药品监督管理局	8	2	2	1

表 35

2017 年查处医疗器械案件情况

项目		计量单位	一般程序案件	简易程序案件	合 计
案件总数		件	994	172	1166
案件来源	投诉举报	件	89	2	91
	监督抽验	件	72	3	75
	执法检验	件	54	13	67
	日常监管和专项检查	件	734	153	887
	其他部门通报	件	12	0	12
	其他	件	33	1	34
货值	5 万元以下	件	973	172	1145
	5 万—20 万元	件	12	—	12
	20 万—50 万元	件	4	—	4
	50 万—1000 万元	件	5	—	5
	1000 万元—1 亿元	件	0	—	0
	1 亿元以上	件	0	—	0
主要违法主体	生产企业	件	74	1	75
	经营企业	件	450	68	518
	医疗机构	件	410	101	511
	其他	件	60	2	62
货值金额		万元	810.23	4.69	814.92
罚款金额		万元	1723.82	13.34	1737.16
没收违法所得金额		万元	41.87	—	41.87
取缔无证经营		户	14	—	14
捣毁制假售假窝点		个	0	—	0
责令停产停业		户	16	—	16
其中：生产企业		户	6	—	6
经营企业		户	10	—	10
撤销批准证明文件		件	0	—	0
吊销许可证		件	1	—	1

续表

项目	计量单位	一般程序案件	简易程序案件	合 计
其中：生产许可证	件	0	—	0
经营许可证	件	1	—	1
移送司法机关案件数	件	6	—	6
刑事判决数	件	0	—	0
刑事处罚	人	0	—	0
行政处罚案件信息公开数	件	930	—	930
符合公开条件的行政处罚案件	件	930	—	930

项 目		一般程序案件数（件）	简易程序案件数（件）	货值金额合计（万元）
涉及医疗器械案件	涉及医疗器械质量	188	13	201
	违反证照管理	266	18	284
	违反流通秩序	105	20	125
	其他案件	435	121	556
	小计	994	172	1166

表 36

2017 年各市局查处医疗器械案件情况

地区	案件数（件）	地区	案件数（件）
菏泽市食品药品监督管理局	211	临沂市食品药品监督管理局	58
德州市食品药品监督管理局	151	滨州市食品药品监督管理局	53
青岛市食品药品监督管理局	121	聊城市食品药品监督管理局	49
枣庄市食品药品监督管理局	77	潍坊市食品药品监督管理局	45
威海市食品药品监督管理局	77	日照市食品药品监督管理局	45
淄博市食品药品监督管理局	61	泰安市食品药品监督管理局	40
济南市食品药品监督管理局	58	烟台市食品药品监督管理局	19
济宁市食品药品监督管理局	58	莱芜市食品药品监督管理局	8
东营市食品药品监督管理局	35		

表 37

2017 年医疗器械广告审批查处情况

单位：件

指标名称		数 量
审查核发	受理审查	450
	给予批准文号	450
	视	31
	声	6
	文	413
	不予核发	0
广告复审	复审批准文号	1
	总局责成纠正	0
	本机构建议复审	0
	省级以上监管部门建议复审	1
	收回批准文号	1
广告监管	撤销广告批准文号	0
	移交工商行政管理部门的违法广告	55
	其中：未经审查已发布的违法广告	3
	其中：篡改审批内容并已发布的违法广告	52
	其中：篡改审批内容并已发布的违法广告	326
发布违法医疗器械广告公告（期数）		11
发布公告的违法广告数		8

表 38

2017 年化妆品生产企业日常监管情况

项 目	单 位	2017 年
检查化妆品生产企业次数	家次	1158
出动检查人次	人次	2221
检查化妆品品种数	种次	2213
抽验化妆品批次	批次	471
检出不合格化妆品批次	批次	8
发现生产记录缺失、不完整	家	67
责令停产	家	4

表 39

2017 年各市局受理化妆品投诉举报情况

单位：件

	化妆品投诉举报受理	化妆品立案	化妆品结案	化妆品移交司法机关
合计	2085	62	62	1
济南市食品药品监督管理局	347	7	6	1
青岛市食品药品监督管理局	968	11	7	0
淄博市食品药品监督管理局	57	2	6	0
枣庄市食品药品监督管理局	5	1	1	0
东营市食品药品监督管理局	26	0	0	0
烟台市食品药品监督管理局	83	0	2	0
潍坊市食品药品监督管理局	72	1	1	0
济宁市食品药品监督管理局	46	3	4	0
泰安市食品药品监督管理局	35	0	2	0
威海市食品药品监督管理局	54	0	0	0
日照市食品药品监督管理局	61	3	4	0
莱芜市食品药品监督管理局	6	0	0	0
临沂市食品药品监督管理局	211	25	24	0
德州市食品药品监督管理局	52	1	1	0
聊城市食品药品监督管理局	24	5	3	0
滨州市食品药品监督管理局	29	0	1	0
菏泽市食品药品监督管理局	9	3	0	0

表 40

2017 年化妆品案件情况

项 目		计量单位	一般程序案件	简易程序案件
案件总数		件	416	45
案件来源	投诉举报	件	81	4
	抽检监测	件	41	5
	执法检验	件	6	1
	日常监管和专项检查	件	277	35
	其他部门通报	件	2	0
	其他	件	9	0
货值	2 万元以下	件	400	45
	2 万—20 万元	件	13	—
	20 万—50 万元	件	2	—
	50 万—1000 万元	件	1	—
	1000 万元—1 亿元	件	0	—
	1 亿元以上	件	0	—
主要违法主体	生产企业	件	13	3
	经营企业	件	261	24
	美容美发机构	件	87	16
	其他	件	55	2
货值金额		万元	254.16	1.01
罚款金额		万元	199.17	2.29
没收违法所得金额		万元	56.98	—
捣毁制假售假窝点数		户	0	—
责令停产停业		个	5	—
其中：生产单位		户	1	—
美容美发机构		户	2	—
撤销批准文号 \ 备案号		户	0	—
吊销生产许可证		件	0	—
移送司法机关		件	4	—
刑事判决数		件	0	—
刑事处罚		件	0	—
行政处罚案件信息公开数		人	339	—
符合公开条件的行政处罚案件		件	339	—

表 41

2017 年科研情况

指标名称		计量单位	省级		副省级		地区级		县级		合计	
			行政	事业	行政	事业	行政	事业	行政	事业	行政	事业
科技经费总计		万元	350	3042.5	0	318	274.5	279.1	573	0	1197.5	3639.6
科技项目经费合计		万元	350.00	2981.00	0.00	318.00	274.50	269.10	573.00		1197.5	3568.1
其中：软课题		万元	0.00	2.00	0.00	0.00	0.00	0.00	0.00		0	2
科技项目数合计		项	16	99	0	23	3	19	2		21	141
其中：软课题		项	0	1	0	0	0	1	1		1	2
按项目来源分												
国家科技项目	数量	项	0	27	0	12	0	4	0	0	0	43
	经费	万元	0	973.5	0	200	0	10.6	0	0	0	1184.1
地方科技项目	数量	项	16	23	0	4	3	6	1	0	20	33
	经费	万元	350	526.5	0	36	259.5	215	570	0	1179.5	777.5
其中：地方局项目	数量	项	16	14	0	4	2	2	0	0	18	20
	经费	万元	350	132.5	0	36	109.5	20	0	0	459.5	188.5
其他科技项目	数量	项	0	49	0	7	0	9	1	0	1	65
	经费	万元	0	1481	0	82	15	43.5	3	0	18	1606.5
其中：自立项目	数量	项	0	35	0	0	0	2	0	0	0	37
	经费	万元	0	135	0	0	0	9	0	0	0	144
委托项目	数量	项	0	14	0	0	0	5	0	0	0	19
	经费	万元	0	1346	0	0	15	22.5	0	0	15	1368.5

续表

指标名称		计量单位	省级		副省级		地区级		县级		合计	
			行政	事业	行政	事业	行政	事业	行政	事业	行政	事业
国际合作项目	数量	项	0	0	0	0	0	0	0	0	0	0
	经费	万元	0	0	0	0	0	0	0	0	0	0
科技成果情况												
成果评价项数		项	0	15	0	1	0	0	0	0	0	16
成果转让项数		项	0	13	0	0	0	0	0	0	0	13
成果转让费合同金额		万元	0	61.5	0	0	0	0	0	0	0	61.5
成果推广项数		项	0	2	0	0	0	0	0	0	0	2
科技成果获奖情况												
获奖数量合计		项	0	14	0	4	2	7	0		2	25
其中：软课题		项	0	8	0	0	0	0	0		0	8
国家级奖	一等	项	0	0	0	0	0	0	0	0	0	0
	二等	项	0	0	0	0	0	0	0	0	0	0
	小计	项	0	0	0	0	0	0	0	0	0	0
省部级奖	一等	项	0	4	0	0	0	0	0	0	0	4
	二等	项	0	5	0	0	0	1	0	0	0	6
	三等	项	0	5	0	0	0	0	0	0	0	5
	小计	项	0	14	0	0	0	1	0	0	0	15
社会力量奖		项	0	0	0	4	0	1	0	0	0	5
地方级奖		项	0	0	0	0	2	5	0	0	2	5

表 42

2017 年食品药品监督管理行政复议案件情况

单位：件

项目		对下级机关进行的复议	被同级政府审理的复议	被本部门审理的复议
申请		10	351	0
受理		0	322	0
	药品	0	9	0
	医疗器械	0	6	0
	食品	0	246	0
	化妆品	0	4	0
	其他	0	57	0
中止		0	5	0
终止	申请人撤回	0	42	0
	达成和解	0	0	0
	其他	0	2	0
调解		0	3	0
复议决定	驳回复议申请	0	85	0
	维持	0	143	0
	确认违法	0	18	0
	撤销、部分撤销	0	25	0
	变更	0	1	0
	责令限期履行职责	0	19	0
	合计	0	291	0
	其中：给予赔偿	0	0	0

表 43

2017 年食品药品监督管理行政诉讼案件情况

单位：件

<table>
<tr><th colspan="3">指标名称</th><th>药 品</th><th>医疗器械</th><th>食 品</th><th>化妆品</th><th>其 他</th><th>合计</th></tr>
<tr><td colspan="3">法院受理</td><td>8</td><td>2</td><td>87</td><td>0</td><td>26</td><td>123</td></tr>
<tr><td rowspan="11">一审</td><td colspan="2">原告撤诉</td><td>3</td><td>1</td><td>17</td><td>0</td><td>0</td><td>21</td></tr>
<tr><td colspan="2">驳回起诉</td><td>0</td><td>0</td><td>10</td><td>0</td><td>1</td><td>11</td></tr>
<tr><td colspan="2">中止、终结</td><td>4</td><td>0</td><td>0</td><td>0</td><td>0</td><td>4</td></tr>
<tr><td rowspan="8">判决结果</td><td>驳回诉讼请求</td><td>2</td><td>0</td><td>30</td><td>0</td><td>18</td><td>50</td></tr>
<tr><td>确认违法、无效</td><td>0</td><td>0</td><td>2</td><td>0</td><td>0</td><td>2</td></tr>
<tr><td>撤销、部分撤销</td><td>0</td><td>0</td><td>4</td><td>0</td><td>0</td><td>4</td></tr>
<tr><td>变更</td><td>0</td><td>2</td><td>0</td><td>0</td><td>0</td><td>2</td></tr>
<tr><td>责令履行职责</td><td>0</td><td>0</td><td>0</td><td>0</td><td>0</td><td>0</td></tr>
<tr><td>其他</td><td>0</td><td>0</td><td>16</td><td>0</td><td>0</td><td>16</td></tr>
<tr><td>判决合计</td><td>2</td><td>2</td><td>52</td><td>0</td><td>18</td><td>74</td></tr>
<tr><td>其中：给予赔偿</td><td>0</td><td>0</td><td>0</td><td>0</td><td>0</td><td>0</td></tr>
<tr><td rowspan="8">二审</td><td colspan="2">原告撤诉</td><td>0</td><td>0</td><td>1</td><td>0</td><td>0</td><td>1</td></tr>
<tr><td colspan="2">驳回起诉</td><td>0</td><td>2</td><td>4</td><td>0</td><td>7</td><td>13</td></tr>
<tr><td colspan="2">中止、终结</td><td>0</td><td>0</td><td>0</td><td>0</td><td>0</td><td>0</td></tr>
<tr><td rowspan="5">判决结果</td><td>维持原判</td><td>1</td><td>2</td><td>9</td><td>0</td><td>0</td><td>12</td></tr>
<tr><td>改 判</td><td>0</td><td>0</td><td>2</td><td>0</td><td>1</td><td>3</td></tr>
<tr><td>发回重审</td><td>0</td><td>0</td><td>0</td><td>0</td><td>0</td><td>0</td></tr>
<tr><td>判决合计</td><td>1</td><td>2</td><td>11</td><td>0</td><td>1</td><td>15</td></tr>
<tr><td>其中：给予赔偿</td><td>0</td><td>0</td><td>0</td><td>0</td><td>0</td><td>0</td></tr>
</table>

表 44

行政机构编制、到岗人员基本情况汇总表

指标名称		代码	合计	国家级	省级	副省级	地区级	县级
甲		乙	01	02	03	04	05	06
编制		01	21353	0	132	177	679	20365
其中：事业编制		02	4979	0	0	0	0	4979
到岗人数		03	21081	0	120	159	651	20151
其中：派出人员		04	9564	0	0	0	0	9564
其中：女性		05	6956	0	38	59	190	6669
其中：少数民族		06	132	0	3	1	5	123
其中：中共党员		07	14761	0	112	149	578	13922
其中：民主党派		08	130	0	0	5	14	111
借调人员		09	32	0	0	0	1	31
享受特殊津贴专家人数		10	0	0	0	0	0	0
院士		11	8	0	0	0	0	8
其他国家级高层次目人才项入选人员		12	0	0	0	0	0	0
留学回国人员		13	5	0	0	0	1	4
按学历划分	博士研究生	13	9	0	5	2	0	2
	硕士研究生	14	1012	0	71	32	108	801
	大学	15	12475	0	43	123	481	11828
	大专	16	5629	0	1	2	52	5574
	中专	17	1212	0	0	0	7	1205
	高中及以下	18	744	0	0	0	3	741
按职务划分	部级	19	0	0	0	0	0	0
	厅局级	20	16	0	10	5	1	0
	其中：领导职务	21	11	0	7	3	1	0
	处级	22	482	0	67	96	113	206
	其中：领导职务	23	300	0	48	60	79	113
	科级	24	4329	0	39	57	441	3792
	其中：领导职务	25	1958	0	0	0	271	1687
	科级以下	26	16254	0	4	1	96	16153

续表

指标名称		代码	合计	国家级	省级	副省级	地区级	县级
按专业划分	药学专业	27	1825	0	23	19	103	1680
	医学专业	28	1176	0	3	15	41	1117
	食品、公共卫生及相关专业	29	2307	0	10	8	65	2224
	法律专业	31	5019	0	22	31	165	4801
	化学专业	32	422	0	10	1	29	382
	医疗器械及相关专业	34	336	0	6	1	14	315
	管理与经济专业	33	4832	0	32	55	116	4629
	其他专业	35	5164	0	14	29	118	5003
按年龄划分	35 岁以下	36	5014	0	39	21	155	4799
	36-40 岁	37	3076	0	13	26	95	2942
	41-45 岁	38	4851	0	15	34	106	4696
	46-50 岁	39	3761	0	22	34	114	3591
	51-54 岁	40	2830	0	19	22	111	2678
	55 岁及以上	41	1549	0	12	22	70	1445

表 45

事业单位编制、到岗人员基本情况汇总表

指标名称		省级	副省级	地区级	县级	合计
甲		02	03	04	05	06
编制数		834	329	1659	0	2822
到岗人数		966	334	1774	0	3074
其中：聘用人员		242	47	267	0	556
女性		563	170	781	0	1514
少数民族		4	4	22	0	30
中共党员		533	178	997	0	1708
民主党派		9	10	41	0	60
享受特殊津贴专家人数		2	1	0	0	3
院士		0	0	0	0	0
其他国家级高层次目人才项入选人员		0	0	0	0	0
留学回国人员		8	1	0	0	9
按学历划分	博士研究生	34	10	16	0	60
	硕士研究生	439	119	275	0	833
	大学	400	175	1137	0	1712
	大专	53	24	272	0	349
	中专	15	1	46	0	62
	高中及以下	25	5	28	0	58
按专业划分	药学专业	266	111	512	0	889
	医学专业	32	25	115	0	172
	食品、公共卫生及相关专业	146	74	334	0	554
	法律专业	20	22	169	0	211
	化学专业	58	7	114	0	179
	医疗器械及相关专业	76	1	14	0	91
	管理与经济专业	73	37	176	0	286
	其他专业	295	57	340	0	692

索 引

说明：

本索引是将书首目录中的条目简化成的索引条目，对特载、附录等栏目不作主题索引。索引条目按汉语拼音顺序排列，同一字母条目的次序按原目录前后顺序排列。条目后的阿拉伯数字表示内容所在的页码。

主题索引

A

B

C

D

F

G

P

Q

R

S

T

W

X

Y

Z